直弧形板坯连铸设备

（上册）

杨拉道　黄进春　李淑贤　等著

北　京
冶 金 工 业 出 版 社
2017

内 容 提 要

本书系统地总结了现代化连续铸钢技术装备发展成果，全书共分5篇，包括连续铸钢技术的发展历程、直弧形板坯连铸总体技术、直弧形板坯连铸机械设备、直弧形板坯连铸自动化设备、设备安装与设备管理等。

本书可供连续铸钢领域的工程设计、设备设计、设备安装等科技人员，连续铸钢专业科技创新与开发方面的科研人员，钢铁企业的生产技术人员、生产操作人员、设备维护和管理人员，重型机械制造领域的工艺加工、设备制造等技术人员，大专院校相关专业的师生与科研人员阅读和参考。

图书在版编目(CIP)数据

直弧形板坯连铸设备．上册/杨拉道等著．—北京：冶金工业出版社，2017.4

ISBN 978-7-5024-7376-1

Ⅰ.①直…　Ⅱ.①杨…　Ⅲ.①连铸板坯—连铸设备　Ⅳ.①TF777.1　②TG233.6

中国版本图书馆CIP数据核字（2017）第042619号

出版人　谭学余

地　址　北京市东城区嵩祝院北巷39号　邮编　100009　电话　(010)64027926

网　址　www.cnmip.com.cn　电子信箱　yjcbs@cnmip.com.cn

责任编辑　郭冬艳　美术编辑　彭子赫　版式设计　彭子赫

责任校对　李　娜　责任印制　牛晓波

ISBN 978-7-5024-7376-1

冶金工业出版社出版发行；各地新华书店经销；北京通州皇家印刷厂印刷

2017年4月第1版，2017年4月第1次印刷

787mm×1092mm　1/16；54.25印张；1插页；1323千字；845页

215.00元

冶金工业出版社　投稿电话　(010)64027932　投稿信箱　tougao@cnmip.com.cn

冶金工业出版社营销中心　电话　(010)64044283　传真　(010)64027893

冶金书店　地址　北京市东四西大街46号(100010)　电话　(010)65289081(兼传真)

冶金工业出版社天猫旗舰店　yjgycbs.tmall.com

（本书如有印装质量问题，本社营销中心负责退换）

前　言

连续铸钢技术从出现到工业化大约经历了100年，从工业化至今走过了60多年历程，取得的成绩举世瞩目。表1是几个节点世界和中国粗钢产量及连铸比的发展情况，从表中可以看出，世界钢铁产能从1949年后发展速度加快，连铸技术从1970年以后迅速发展。而中国连铸技术发展则在1980年后才加快了速度，钢铁产能在2000年以后得到了迅猛发展。中国钢铁企业2010年连铸比达到98.10%，基本上实现了全连铸。

表1　代表性年代世界和中国粗钢产量和连铸比的发展情况

项目＼年份	1949	1960	1970	1980	1990	1995	2000	2005	2010	2014	2015
世界粗钢产量/万吨	15800	33823	59090	71561	76980	75319	83600	113000	141400	166500	162300
中国粗钢产量/万吨	15.48	1866	1779	3712	6335	9536	12850	35579	63874	82270	80382
中国粗钢占比/%	0.1	5.5	3.0	5.2	8.2	12.7	15.4	31.5	45.2	49.4	49.5
世界连铸比/%	—	0.34	4.4	26.4	62.8	76.4	86.5	91.1	—	—	—
中国连铸比/%	—	—	1.4	6.2	22.4	47.1	87.5	97.5	98.1	—	—

进入21世纪以来，中国钢铁工业按照绿色发展理念和要求，加大资金、人才、技术研发等各方面的投入，在新一代可循环钢铁制造流程、绿色制造、高端产品等方面进行了有益的探索。通过科技创新优化钢铁制造流程，一批关键生产工艺技术取得了重大突破；大量重点产品实现了质量升级；在节能减排与综合利用领域中，绿色制造取得了重大进展；以企业为主体，市场为导向，产学研用相结合的科技创新体系已经形成；企业科技体制改革取得了明显成效，科技创新人才队伍不断壮大。

中国科技部2012年8月24日发布了“关于印发高品质特殊钢科技发展‘十二五’专项规划的通知”。一大批高科技含量、高附加值的产品研发成功，用于大型变压器、大型水电、火电、核电装备制造的取向硅钢板、磁轭磁极钢板、电站蜗壳用钢板等产品性能达到领先水平；X80管线钢用于建设4000km西气东输二期工程；核反应堆安全壳、核岛关键设备及核电配套结构件三大系列核电用钢在世界首座第三代核电项目CAP1400实现应用；高铁转向架构架用钢，时速350km高速动车车轮用钢实现量产；第三代汽车高强钢达到国际先进水平。建筑、造船、汽车等量大面广的钢材产品整体水平提升，高强钢筋及钢结构用钢比例提高，试点省市400MPa以上及高强钢筋的使用比例已达70%~80%，高强造船板占造船板比例已超过50%。

从2005年到2011年，大中型钢铁企业平均综合能耗由每吨钢（标准煤）694kg降低到602kg；钢铁行业平均转炉煤气回收量由每吨钢47.5m^3提升到81m^3；大中型钢铁企业二氧化硫排放量由每吨钢2.83kg减少到1.69kg；烟粉尘排放量由每吨钢2.18kg减少到1.03kg。

2015年与2010年相比，中国钢铁工业协会主要会员企业平均吨钢能耗（标准煤）从605kg降至572kg，提前达到580kg标准煤的节能规划目标；吨钢耗新水量从4.1m^3降至3.25 m^3，提前实现4.0m^3节水目标；吨钢二氧化硫排放量从1.63kg降至0.74kg，超额实现1.0kg的污染防治目标；吨钢化学需氧量从70g降至22g，超前实现控制目标。

这些综合性指标的变化，充分说明了我国以科技创新为核心的企业创新推动钢铁工业转型升级取得了显著成效，钢铁工业整体水平得到了明显提升。

我国钢铁行业虽然已经取得了巨大成就，但必须看到，我国目前还只是钢铁大国，并非钢铁强国。尽管中国粗钢产量占世界粗钢产量的将近一半，但每年还有上千万吨特殊用途钢材需要进口。钢铁工业所面临的市场疲软、可持续发展动力不足的严峻形势将在很长一段时间内延续和徘徊。这主要表现在科技创新方面：一是原始创新、自主创新与世界先进水平差距明显，体现钢铁工业竞争实力的核心技术尚未完全掌握，总是处于追赶阶段；二是钢材品种和质量还不能完全适应国民经济发展的需求；三是促进企业自主创新机制尚不健全，科技人才总量不少，而高层次科技人才、领军人才不足；四是创新意识、创新精神、创新能力和鼓励创新、保护创新的社会环境、政策措施和管理机制仍需要增强和改善。另外，2015年全球钢铁产能利用率为69.7%，而中国钢铁产能利用率也在此数值区间。所以我国钢铁工业和连铸技术装备的发展还面临着严峻的形势，还有很多工作要做。

德国推出工业4.0高科技战略计划。

德国制造业在全球制造业领域拥有领头羊地位。这在很大程度上源于德国专注于创新工业科技产品的科研和开发，以及对复杂工业过程的管理。2010年7月，德国政府发布《高技术战略2020》，工业4.0是该战略确定的未来十大项目之一。在2013年4月德国汉诺威工业博览会上，德国政府正式推出以智能化、数字化制造为主导的“工业4.0”高科技战略计划，被科技界称作“第四次工业革命”，德国联邦政府投入两亿欧元，主要在机械制造和电气工程领域以工业自动化为前提，以网络实体系统互联网+以及物联网为基础，将生产中的供应、制造、销售信息数据化和智慧化，最后达到快速、有效、人性化的产品供应。

2015年5月8日，中国国务院正式印发《中国制造2025》。这是在新的国际国内环境下，中国政府立足于国际产业变革的大趋势，作出全面提升中国制造业发展质量和水平的重大战略部署。2016年7月28日，国务院发布的《“十三五”国家科技创新规划》确立了科技创新发展新蓝图，提出了加快新材料技术突破和应用，把钢铁行业的高品质特殊钢等列为材料领域发展的方向之一，所有这些，根本目标在于改变中国制造业“大而不强”的局面，通过10年努力，使中国迈入制造强国行列，为实现2045年将中国建成具有全球引领和影响力的制造强国奠定坚实基础。

德国工业4.0和“中国制造2025”等规划的本质都是信息通信技术（ICT）与工业的深度融合，实现以网络化、数字化为基础的智能制造，并全面带动工业企业的创新与转型。未来几十年，新一轮科技革命和产业变革将同人类社会发展形成历史性交汇，工程科技进步和创新将成为推动人类社会发展的重要引擎。解决经济社会发展的关键，就是要充分发挥科学技术是第一生产力，把创新驱动发展战略作为国家和企业的重大发展战略，着力推动基础研究创新和工程科技创新。钢铁行业是制造业领域的前端行业，是国民经济发展的支柱产业，在“中国制造2025”中首当其冲，其节能降耗、绿色制造、智能制造给中国钢铁行业指明了方向，也是钢铁工业追求的目标。2020年中国钢铁行业绿色发展目标见表2。

表2　2020年中国钢铁行业绿色发展目标

类别	项目	2020年目标	
		全行业	重点区域*
能源	每吨钢综合能耗（标煤）/kg	≤580	
	余热资源回收利用率/%	>50	
	吨钢 CO_2 排放量/%	比2010年下降10%~15%	
资源	每吨废钢综合单耗/kg	≥220	
	利用城市中水（再生水），占企业补充新水量/%	>20（北方缺水地区>30）	
	冶炼渣综合利用率/%	>98	
	每吨钢新水耗量/m^3	≤3.5	

续表 2

类别	项目	2020 年目标	
		全行业	重点区域*
环保	每吨钢 SO_2 排放量/kg	0.8	0.6
	每吨钢 NO_x 排放量/kg	1.0	0.8
	每吨钢 COD 排放量/g	28	
	每吨钢烟粉尘排放量/g	0.5	

*重点区域主要指京津冀、长三角等地区。

我们应该正视自己的钢铁工业并准备应对各种复杂情况，正确认识自我，坚守初衷，瞄准目标，以科技创新为驱动，以原始创新、自主创新为核心，以管理创新为龙头，以协同创新为纽带，以新理念、新知识、新技术助推钢铁工业的科技进步，使我国钢铁工业产生可持续发展的原动力，为建设创新型国家积蓄实力。我们必须完善知识产权保护法律体系，它也是保障制造业健康发展的坚实后盾。

在连续铸钢领域，我们必须总结世界连铸技术装备近 60 年工业化生产的实践和经验，研究和开发连铸核心技术，创造出具有自主知识产权的关键技术，从基础研究、基本原理和精细化理念入手，以恒拉速为核心，以连铸总体技术、装备技术、生产操作技术、配套技术的精细化为基础，以稳定生产操作为前提，以世界领先为目标，点点滴滴、扎扎实实、卓有成效地把各项工作做到极致，从而增加连铸产品品种，提高产品质量，节约生产成本，提高生产效率和生产操作控制的智能化水平。

2012 年，国家发改委、财政部、工信部“发改办高技［2012］2144 号”文件下发“关于 2012 年智能制造装备发展专项项目实施方案的复函”，将“高品质钢特厚大型板坯连铸生产线”作为国家 2012 智能制造装备发展专项项目。中国机械工业集团有限公司作为项目的主管部门，中国重型机械研究院股份公司作为完成单位的牵头单位，开展了“高品质钢特厚大型板坯连铸生产线”的科研项目分类开发、试验室建设等项工作。本书作为“高品质钢特厚大型板坯连铸生产线”的基础性研究内容也同时开始，为连续铸钢装备的智能化、数字化发展奠定基础。

1949 年以来，连续铸钢“设备”方面专著较少，1976 年 12 月，北京钢铁学院冶金机械教研室编著的《弧形连续铸钢设备》是最早叙述连续铸钢“设备”较为全面的著作。1990 年，刘明延、李平、栾兴家、于登龙等编写的《板坯连铸机设计与计算》是在总结上海宝钢引进连铸装备的基础上编写的连铸设备方面较完整较深入的著作。

本书由中国重型机械研究院股份公司潜心组织编写，期望能对钢铁行业连续铸钢领域的精细化、数字化、智能化发展起到支撑、推动和抛砖引玉的作用。在这里，作者特别感谢连续铸钢界几位德高望重的知名专家、良师益友史宸兴、关杰、魏祖康等，是他们提供了很多难得的详实史料。并感谢与作者一起工作的同事们以及连铸界同仁，所有的连铸技术装备成果都是大家辛勤努力的共同成果。

由于时间仓促和作者水平所限，书中不妥之处，恳请广大读者批评指正。

作者

2017 年 3 月

目　录

第1篇　连续铸钢技术的发展历程

1　连续铸钢及连铸机基本概念 …… 1

1.1　连续铸钢的优越性 …… 1
1.1.1　常规连铸机的优越性 …… 1
1.1.2　薄板坯连铸连轧生产线的优越性 …… 2
1.1.3　无头轧制 ESP 连铸连轧生产线的优越性 …… 2
1.1.4　双辊薄带连铸连轧生产线的优越性 …… 3
1.2　连铸机的分类 …… 3
1.3　常规连铸机的主要类型 …… 4
1.3.1　立式连铸机 …… 4
1.3.2　立弯式连铸机 …… 4
1.3.3　全弧形单点矫直连铸机 …… 5
1.3.4　全弧形多点矫直连铸机 …… 6
1.3.5　椭圆形连铸机 …… 7
1.3.6　水平连铸机 …… 7
1.3.7　直结晶器弧形连铸机 …… 7
1.3.8　直弧形连铸机 …… 8
1.3.9　旋转式连铸机 …… 8
1.4　薄板坯连铸连轧技术 …… 8
1.4.1　薄板坯连铸连轧生产线 …… 8
1.4.2　无头轧制生产线 ESP …… 9
1.5　薄带钢连铸技术 …… 10
1.5.1　薄带钢连铸技术的种类 …… 10
1.5.2　双辊式薄带钢连铸技术 …… 11
1.5.3　西马克集团的钢带连铸技术 BCT@ …… 12
1.6　其他类型连铸技术 …… 13

2　连铸技术早期研发情况 …… 15

2.1　先驱人物的研究情况 …… 15
2.2　早期的开发和里程碑 …… 16
2.3　带有振动结晶器的早期有色金属生产用连铸机 …… 22
2.4　早期的关键理念 …… 23
2.5　早期的固定结晶器和振动结晶器连续铸钢机 …… 24
2.6　早期的其他技术成果及信息 …… 26

3　试验和工业化并行的连续铸钢时代 …… 29

3.1　试验和工业化初期的连铸技术 …… 29
3.2　弧形结晶器连铸机的发展和演变 …… 44
3.3　试验和工业化并行时代的总结 …… 58

4　连铸技术快速发展的三十年 …… 62

4.1　20世纪70年代石油危机推动连铸技术的发展 …… 62
4.2　20世纪70年代连铸技术发展简要总结 …… 82
4.3　20世纪80年代进一步研究连铸机理 …… 83
4.4　20世纪80年代常规连铸机的典型代表 …… 97
4.4.1　日本钢管福山5号双流板坯连铸机 …… 98
4.4.2　两台大方坯连铸机 …… 100
4.5　20世纪80年代连铸技术发展特点 …… 102
4.5.1　辊列 …… 102
4.5.2　机型 …… 102
4.5.3　设备集成技术 …… 103
4.5.4　中间罐容量 …… 103
4.5.5　连铸生产技术 …… 103

4.5.6 生产能力的提高 …… 106
4.5.7 苏联大断面连铸机 …… 106
4.5.8 薄板坯连铸机及薄板坯连铸连轧生产线的出现 …… 107
4.5.9 北京钢铁研究总院完成双履带薄板坯连铸试验 …… 107
4.5.10 双辊连铸技术 …… 107
4.5.11 20世纪80年代北美建成异形坯连铸机 …… 109
4.5.12 旋转立式圆坯连铸机 …… 114
4.5.13 连铸喷淋（喷雾）结晶器 …… 115
4.5.14 组建中国金属学会连铸委员会 …… 115
4.5.15 20世纪80年代连铸技术的几个世界纪录 …… 117
4.6 20世纪90年代的连铸技术 …… 117
4.6.1 推广应用普遍的技术及新技术 …… 117
4.6.2 开始重视供给连铸生产的钢液质量 …… 121
4.6.3 高效连铸技术引人瞩目 …… 124
4.6.4 20世纪90年代投产的部分宽厚板坯连铸机 …… 129
4.6.5 薄板坯和中厚板坯连铸技术异军突起 …… 129
4.6.6 20世纪90年代后世界知名连铸技术公司 …… 139
4.7 20世纪90年代常规连铸机的典型代表 …… 142
4.7.1 日本钢管福山6号直弧形板坯连铸机 …… 142
4.7.2 德国迪林根5号立弯式板坯连铸机 …… 147
4.7.3 当时世界上最大的异形坯连铸机 …… 150
4.8 三十年间水平连铸技术的发展 …… 150
4.9 20世纪90年代中国连铸技术的发展 …… 155
4.9.1 中国连铸技术发展的三个阶段 …… 155
4.9.2 发生在中国连续铸钢领域的重要事件 …… 157
4.10 连铸技术发展综合性指标基本情况 …… 162
5 21世纪的连续铸钢技术 …… 168
5.1 连铸发展过程的里程碑技术 …… 168
5.2 连续铸钢技术创新取得的成果 …… 170
5.2.1 总体数据 …… 170
5.2.2 大断面连铸机 …… 173
5.2.3 中国国产化液压振动装置的应用 …… 186
5.2.4 全弧形板坯连铸机并没有过时 …… 186
5.2.5 立式连铸机仍然是一部分特殊钢种的最好选择 …… 187
5.2.6 世界上两个最大的连铸机供货商 …… 188
5.2.7 截止到2015年年底以前各个阶段中国拥有的连铸机 …… 189
5.2.8 中国出口的板坯连铸机 …… 190
5.2.9 中国的异形坯连铸机 …… 191
5.2.10 进入21世纪创新技术的研发情况及推广应用 …… 192
5.2.11 连铸生产操作技术炉火纯青 …… 194
5.2.12 连铸生产线工程建设效率迅速提高 …… 196
5.3 薄板坯连铸连轧及无头轧制ESP生产线 …… 197
5.4 薄带连铸工业化应用 …… 203
5.4.1 新日铁—石川岛播磨带钢连铸生产线 …… 203
5.4.2 欧洲Eurostrip带钢连铸生产线 …… 204
5.4.3 韩国浦项（POSCO）PoStrip带钢连铸生产线 …… 205
5.4.4 美国纽柯公司Castrip®带钢连铸生产线 …… 205
5.4.5 中国上海宝钢BAOSTRIP®带钢连铸生产线 …… 207
5.4.6 西马克BCT®带钢连铸生产线 …… 208
5.4.7 沙钢启动国内第一条工业化超薄带生产线项目 …… 208
5.4.8 中国首个完全自主知识产权薄带铸轧项目启动 …… 208
5.4.9 带钢连铸生产线总结 …… 208
5.5 连铸电磁冶金技术的发展 …… 210
5.5.1 钢包电磁搅拌 …… 210

5.5.2　中间罐电磁冶金 …… 211
5.5.3　连铸机主机电磁冶金 …… 214
5.5.4　与普通电磁搅拌不同但未推广的E工艺 …… 218
5.6　电渣重熔与电渣连铸技术的发展 …… 218
5.6.1　电渣重熔 …… 218
5.6.2　电渣连铸技术 …… 220
5.7　短流程钢厂与连铸连轧生产线 …… 221
5.7.1　短流程钢厂的概念 …… 221
5.7.2　短流程中的电炉炼钢 …… 221
5.7.3　短流程连铸连轧生产线 …… 221
5.8　连续铸钢的电脉冲技术 …… 223
5.8.1　电脉冲对金属液体的正面作用 …… 223
5.8.2　关于电脉冲对金属液体作用研究的历史 …… 223
5.8.3　电脉冲对钢液作用的工业性试验实例 …… 225
5.9　连铸机智能化概念 …… 226
5.9.1　奥钢联智能化概念 …… 226
5.9.2　达涅利的连铸技术包 …… 227

6　连续铸钢技术发展大事记 …… 228

6.1　世界连续铸钢技术发展大事记 …… 228
6.2　中国连续铸钢技术发展大事记 …… 239
6.3　中国颁布的部分连续铸钢标准 …… 250
6.4　在中国能够看到的部分连续铸钢著作 …… 252

7　连续铸钢的先驱人物 …… 256

7.1　不可多得的冶金学家沃尔夫博士 …… 256
7.2　沃尔夫博士推举的十三位连续铸造先驱人物 …… 257
7.3　中国设计建设连续铸钢机第一人吴大珂 …… 261

参考文献 …… 263

第2篇　直弧形板坯连铸总体技术

1　基础内容 …… 271

1.1　成套设备及其总体设计的指导思想 …… 271
1.1.1　成套设备的组成 …… 271
1.1.2　总体设计的出发点 …… 272
1.1.3　总体设计的指导思想 …… 272
1.1.4　总体设计的要求 …… 274
1.2　连铸工厂的自然条件 …… 278
1.2.1　气温 …… 278
1.2.2　相对湿度 …… 278
1.2.3　降雨强度 …… 278
1.2.4　风荷量 …… 279
1.2.5　大气压 …… 279
1.2.6　雪荷重、冻结深度和最大地震影响系数 …… 279
1.3　炼钢条件、产品大纲、机型 …… 279
1.3.1　炼钢条件 …… 279
1.3.2　产品大纲 …… 279
1.3.3　板坯连铸机机型 …… 281
1.4　板坯连铸机主要参数 …… 281
1.4.1　连铸机流数 …… 281
1.4.2　炉机匹配、拉坯速度与连铸机初步机长 …… 282
1.4.3　浇注准备时间 …… 291
1.4.4　作业率 …… 291
1.4.5　连浇炉数 …… 292
1.4.6　金属收得率 …… 292
1.4.7　热装热送比 …… 293
1.4.8　板坯冷却时间 …… 293
1.4.9　主要设备环境温度 …… 293
1.4.10　主要设备的使用寿命 …… 294
1.5　年产量计算 …… 296
1.6　生产消耗 …… 300
1.7　业主的基本条件和需求 …… 302
1.7.1　业主拥有的各种能源介质的主要参数 …… 302
1.7.2　业主对环境保护的要求 …… 302
1.7.3　业主对装机技术及控制水平的要求 …… 303

2　辊列设计的前提条件 …… 306

2.1　确定基本参数 …… 306
2.1.1　确定机型与垂直段长度 …… 306
2.1.2　确定结晶器长度 …… 308

2.1.3 选取板坯弯曲矫直方式 …………… 308
2.1.4 确定连铸机主半径 …………… 309
2.1.5 确定其他参数 …………… 310
2.2 辊列设计的两个重要理念 …………… 313
2.2.1 考虑防止周期性结晶器液面波动 …………… 313
2.2.2 避开危险区域铸造速度 …………… 314

3 多点弯矫辊列设计 …………… 317

3.1 辊列草图的完成 …………… 317
3.1.1 求弯曲点和矫直点处的凝固壳厚度 …………… 317
3.1.2 求弯曲点一点弯曲和矫直点一点矫直时两相界应变 …………… 317
3.1.3 求弯曲点多点弯曲和矫直点多点矫直时两相界应变 …………… 317
3.1.4 求各弯曲点的弯曲半径和各矫直点的矫直半径 …………… 318
3.1.5 几何尺寸计算 …………… 318
3.1.6 确定导辊直径 …………… 320
3.1.7 初步确定辊距 …………… 322
3.1.8 画辊列草图 …………… 323
3.1.9 连铸机的最终机长 …………… 323
3.1.10 初步布置驱动辊 …………… 323
3.1.11 喷水冷却区的划分 …………… 324
3.2 辊列的校核 …………… 325
3.2.1 直弧形连铸机角度 …………… 325
3.2.2 两相界综合应变 …………… 325
3.2.3 板坯窄面结晶器下口鼓肚量及窄面足辊确定 …………… 328
3.2.4 辊子强度校核 …………… 329
3.2.5 辊子挠度 …………… 330
3.2.6 内弧辊间隙 …………… 330
3.2.7 扇形段上抽间隙校核 …………… 331
3.3 辊列图的完成 …………… 332

4 康卡斯特曲线辊列设计 …………… 333

4.1 概述 …………… 333
4.1.1 历史 …………… 333
4.1.2 基本概念 …………… 333
4.1.3 专有曲线设计辊列的基本优点 …… 334
4.2 辊列设计过程 …………… 334
4.2.1 曲线参数计算 …………… 334
4.2.2 举例说明设计过程 …………… 337
4.2.3 三次方曲线的精确衔接 …………… 351
4.2.4 三次方曲线的近似衔接与精确衔接的比较 …………… 352
4.2.5 板坯连铸机辊列图绘制 …………… 353
4.3 辊列图的自动生成 …………… 353
4.3.1 运行平台及文件类型 …………… 353
4.3.2 界面及功能按钮 …………… 355
4.3.3 参数输入 …………… 362
4.3.4 数据检测 …………… 363
4.3.5 实际应用举例 …………… 363

5 回旋曲线辊列设计 …………… 365

5.1 概述 …………… 365
5.2 回旋曲线的导出 …………… 365
5.3 回旋曲线作为连铸机弯曲、矫直区域的专有曲线 …………… 367
5.3.1 总体解决方案 …………… 367
5.3.2 回旋曲线与康卡斯特曲线的比较 …………… 368
5.3.3 工程应用精度分析 …………… 370
5.4 相关参数描述 …………… 370
5.4.1 变量的意义 …………… 370
5.4.2 各参数的确定 …………… 375
5.5 实例 …………… 380
5.6 辊列的计算机优化 …………… 389

6 五次方曲线辊列设计 …………… 395

6.1 相关参数的意义 …………… 395
6.2 曲线的建立 …………… 395
6.3 验证方法 …………… 396
6.4 矫直曲线验证结果 …………… 397
6.5 结论 …………… 398

7 辊列设计所用多种曲线的比较 …………… 399

7.1 概述 …………… 399
7.2 弯曲或矫直曲线若干方案 …………… 399
7.2.1 曲率在接点处连续的曲线 …………… 400
7.2.2 曲率变化率在接点处连续的曲线 … 402
7.2.3 曲线上曲率变化率最大值最小时的曲线 …………… 404
7.2.4 算例 …………… 407
7.2.5 结论 …………… 408

7.2.6　高速铁路用高次缓和曲线 …… 408

8　连铸板坯凝固计算 …… 410

8.1　凝固壳厚度 …… 410
8.1.1　凝固壳厚度计算方法 …… 410
8.1.2　基本假定 …… 410
8.1.3　一维传热的偏微分方程 …… 410
8.1.4　方程的无因次化 …… 411
8.1.5　解方程 …… 412
8.1.6　凝固壳厚度计算公式的导出 …… 414
8.1.7　结晶器出口凝固壳厚度计算 …… 415
8.1.8　二次冷却区凝固壳厚度计算 …… 417
8.1.9　凝固壳厚度计算举例 …… 418
8.2　二次冷区喷嘴喷射区域理论换热系数 …… 419
8.2.1　传热方程及其解的形式 …… 419
8.2.2　求 C_0、C_1、C_2 …… 419
8.2.3　换热系数 h_i …… 421
8.2.4　二次冷却水量在板坯长度方向上的分配 …… 422
8.2.5　求某个冷却区喷水冷却区域的平均换热系数 …… 422
8.3　二次冷却区水量与压缩空气量 …… 425
8.3.1　某个冷却区喷淋冷却区域的平均理论换热系数重新梳理 …… 425
8.3.2　计算 X_n …… 426
8.3.3　其他参数梳理 …… 426
8.3.4　修正理论换热系数 …… 427
8.3.5　换热系数与水量密度的关系 …… 427
8.3.6　水量计算 …… 428
8.3.7　比水量计算 …… 429
8.3.8　第 i 个冷却区域内弧平均水量密度 …… 429
8.3.9　压缩空气量计算 …… 429
8.3.10　关于板坯表面温度的说明 …… 430
8.4　喷水冷却区域辊子间平均换热系数 h_i 的计算 …… 431
8.4.1　计算公式 …… 431
8.4.2　求板坯与辊子间接触长度 $\overline{DE}$ 以及内外弧辊子平均直径 …… 431
8.4.3　计算鼓肚量 δ_i …… 433
8.4.4　计算直接喷水冷却区域换热系数 h_s …… 434
8.4.5　$\overline{AB}$ 间的平均换热系数 h_{s1} …… 435
8.4.6　$\overline{CD}$ 间的平均换热系数 h_{s2} …… 435
8.4.7　辊子接触区域总换热系数 h_{sr} …… 435
8.4.8　举例 …… 439
8.5　自然冷却区（非板坯喷水区）辊子间平均换热系数 h_{ci} 计算 …… 439
8.5.1　计算公式 …… 439
8.5.2　举例 …… 440
8.6　板坯表面各辊距间的平均温度计算 …… 440
8.6.1　基本关系式 …… 440
8.6.2　两辊距间的平均温度 T_{sm} …… 440
8.7　鼓肚应变 …… 441
8.7.1　应变计算公式 …… 442
8.7.2　鼓肚变形曲线 …… 442
8.7.3　鼓肚应变 …… 443
8.8　辊子错位应变 …… 444
8.8.1　变形曲线 …… 444
8.8.2　辊子错位时两相界应变 …… 445
8.9　矫直阻力与矫直力矩 …… 445
8.9.1　矫直阻力计算公式 …… 445
8.9.2　矫直力矩 M_i 的计算 …… 446
8.10　凝固计算常用公式 …… 447
8.10.1　液相线及固相线温度 …… 447
8.10.2　碳当量 …… 452
8.10.3　高温铸坯弹性模量 …… 454
8.10.4　换热系数和水量密度公式 …… 456
8.11　钢在不同状态下的密度与弹性模量 …… 461
8.11.1　固相时 …… 461
8.11.2　两相区 …… 461
8.11.3　液相时 …… 461
8.12　对旧有连铸二冷水计算公式的评价 …… 461
8.12.1　计算公式 …… 461
8.12.2　举例比较与结论 …… 463
8.12.3　对其他经验性二冷水计算方法的评价 …… 464

9　板坯连铸机的驱动系统 …… 466

9.1　拉坯阻力的计算 …… 466
9.1.1　结晶器内的拉坯阻力 …… 466
9.1.2　鼓肚阻力 …… 466
9.1.3　辊子旋转阻力 …… 467
9.1.4　板坯自重产生的下滑力 …… 467

9.2 引锭的计算 …… 468
9.2.1 引锭长度 …… 468
9.2.2 引锭重量 …… 469
9.2.3 引锭保持力 …… 469
9.2.4 引锭被保持时的接触应力 …… 469
9.2.5 驱动辊压下油缸活塞直径确定 …… 470
9.3 拉坯力的计算与电机功率的确定 …… 470
9.3.1 鼓肚力所允许的拉坯力 …… 470
9.3.2 确定电机功率 …… 473
9.3.3 实际拉坯力计算 …… 473
9.3.4 拉坯力的平衡 …… 474
9.3.5 驱动辊数量的最终校核 …… 477
9.4 弯矫反力 …… 479
9.5 分段辊配置 …… 481
9.5.1 扇形段辊子结构 …… 481
9.5.2 分段辊配置 …… 483
9.5.3 其他注意事项 …… 485

10 二冷水动态控制 …… 486

10.1 计算前提 …… 486
10.1.1 冷却区划分及有关参数 …… 486
10.1.2 最大拉速、钢种分类、冷却方式、板坯表面温度 …… 486
10.1.3 最大和最小水量 …… 487
10.2 动态控制说明 …… 489
10.2.1 二冷水计算顺序 …… 489
10.2.2 计算结果表格分类 …… 489
10.2.3 动态控制概念 …… 489
10.2.4 动态控制要求 …… 493
10.3 二次冷却区喷嘴布置 …… 495
10.3.1 喷嘴形式 …… 495
10.3.2 喷嘴流量与压力 …… 495
10.3.3 水的流量与喷嘴试验流量密度 …… 496
10.3.4 喷嘴安装高度 …… 496
10.3.5 喷嘴的喷射角度 …… 497
10.3.6 喷嘴的数量 …… 497
10.3.7 喷嘴之间的距离 …… 497
10.3.8 板坯厚度方向的喷嘴布置 …… 500
10.3.9 喷水宽度切换 …… 500
10.3.10 实际使用案例 …… 502
10.3.11 几种喷嘴的特性 …… 502

11 板坯连铸二冷区动态轻压下 …… 511

11.1 动态轻压下技术的概况 …… 511
11.1.1 动态轻压下技术的概念及发展 …… 511
11.1.2 轻压下技术改善中心偏析和疏松的机理 …… 514
11.2 轻压下时连铸机的运转与控制 …… 515
11.2.1 动态轻压下时连铸机运转模式 …… 515
11.2.2 扇形段控制方式 …… 515
11.2.3 扇形段辊缝理论零点标定 …… 517
11.3 与动态轻压下有关的计算 …… 523
11.3.1 总压下量确定 …… 523
11.3.2 结晶器窄面上、下口尺寸规定 …… 525
11.3.3 最小辊缝确定 …… 525
11.3.4 轻压下力和轻压下阻力计算 …… 526
11.3.5 拉坯力监测 …… 528
11.3.6 矫直反力 …… 528
11.4 板坯连铸动态轻压下计算机控制系统描述 …… 529
11.4.1 动态轻压下计算机控制系统拓扑结构图 …… 529
11.4.2 动态轻压下系统模块化设计 …… 530
11.4.3 动态轻压下系统运行的简要流程图 …… 530
11.5 板坯连铸动态轻压下温度场模型 …… 531
11.5.1 功能描述 …… 531
11.5.2 动态切片思想 …… 532
11.5.3 连铸板坯凝固传热方程描述 …… 533
11.5.4 有限差分方程的建立 …… 536
11.5.5 钢的物性参数处理 …… 538
11.5.6 连铸坯凝固传热的边界条件 …… 541
11.5.7 程序计算流程以及参数的输入输出 …… 542
11.5.8 温度场模型的验证与应用 …… 543
11.5.9 对铸坯温度场影响因素分析 …… 551
11.6 板坯连铸动态轻压下扇形段辊缝调整模型 …… 554
11.6.1 功能描述 …… 554
11.6.2 模型建立思想 …… 554
11.6.3 扇形段是否轻压下判断及辊缝计算 …… 554
11.6.4 扇形段入口辊和出口辊处连铸坯中心固相率计算 …… 554
11.6.5 扇形段过负荷压力报警 …… 591
11.6.6 扇形段辊缝调整模型的编程 …… 591
11.7 扇形段辊缝测量 …… 592

11.7.1 扇形段测量辊缝与理想辊缝对比 …… 592
11.7.2 扇形段测量辊缝与液压缸行程关系 …… 593
11.8 钢的高温物性参数 …… 599
11.8.1 美国几个碳钢高温物性参数 …… 599
11.8.2 美国几个合金钢高温物性参数 …… 601
11.8.3 美国几个不锈钢高温物性参数 …… 603
11.8.4 收集到的钢的高温物性参数 …… 606
11.8.5 中外部分钢种高温物性参数 …… 608
11.8.6 《金属凝固与铸造过程数值模拟》一书中金属的高温物性参数 …… 618
11.8.7 《连铸过程原理及数值模拟》中的相关内容 …… 622
11.8.8 常用钢材变形抗力 …… 624

12 连铸机运转方案 …… 627

12.1 引锭上装时连铸机运转方案 …… 627
12.1.1 连铸机基本运转模式 …… 627
12.1.2 准备模式下的运转程序 …… 627
12.1.3 插入模式下的运转程序 …… 629
12.1.4 保持模式下的运转程序 …… 631
12.1.5 铸造模式下的运转程序 …… 632
12.1.6 拉尾坯模式下的运转程序 …… 637
12.1.7 停电时的运转方案与设备保护措施 …… 639
12.2 引锭下装时连铸机运转方案 …… 640
12.2.1 改进后的非动态轻压下运转模式 …… 640
12.2.2 动态轻压下时运转模式 …… 642
12.2.3 准备模式运转程序 …… 642
12.2.4 送引锭模式运转程序 …… 643
12.2.5 点动送引锭模式运转程序 …… 645
12.2.6 引锭保持模式运转程序 …… 645
12.2.7 引锭拉坯模式运转程序 …… 646
12.2.8 稳定铸造模式运转程序 …… 648
12.2.9 快速更换中间罐模式运转程序 …… 649
12.2.10 拉尾坯模式运转程序 …… 649
12.2.11 重拉坯模式（打滑或滞坯）运转程序 …… 650
12.2.12 辊缝测量模式运转程序 …… 651
12.2.13 连铸机停电时运转方案与设备保护措施 …… 652
12.2.14 出坯区设备运转方案 …… 653
12.3 出坯区域的板坯流程 …… 654
12.3.1 非清理坯（包括部分热清理坯）流程 …… 654
12.3.2 冷清理坯（合格坯）流程 …… 655
12.3.3 人工清理后再清理的板坯流程 …… 655
12.3.4 热清理不顺利，冷却后再次机械清理的板坯流程 …… 655
12.3.5 人工清理后再次切割的板坯流程 …… 656
12.3.6 清理前再次切割的板坯流程 …… 656
12.3.7 预定热送坯（包括人工清理坯）再次切割的流程 …… 656
12.3.8 保留坯的流程 …… 656
12.3.9 废坯的流程 …… 657
12.3.10 强制下线的板坯流程 …… 657

13 压缩铸造与电磁搅拌 …… 669

13.1 压缩铸造 …… 669
13.1.1 压缩铸造原理 …… 669
13.1.2 压缩铸造的受力分析 …… 670
13.1.3 理论计算 …… 671
13.1.4 举例 …… 674
13.1.5 压缩铸造的控制 …… 678
13.1.6 压缩铸造时的运转方案 …… 679
13.1.7 压缩铸造的应用效果 …… 682
13.2 板坯连铸电磁冶金技术 …… 683
13.2.1 板坯连铸电磁冶金技术的发展概况 …… 683
13.2.2 板坯连铸电磁冶金技术的分类 …… 686
13.2.3 板坯连铸电磁冶金技术的主要特点和冶金功能 …… 686
13.2.4 板坯连铸电磁搅拌器的安装位置 …… 689
13.2.5 板坯连铸电磁搅拌应用效果及实例 …… 690
13.3 扇形段辊子间插入式电磁搅拌 …… 691
13.3.1 插入式电磁搅拌基本情况 …… 691
13.3.2 电磁搅拌必要的推力与频率 …… 692
13.3.3 16Hz 频率转换成 8Hz 时必要推力的计算 …… 699
13.4 扇形段辊式电磁搅拌 …… 702
13.4.1 扇形段辊式电磁搅拌概况 …… 702

13.4.2 板坯二冷区辊式电磁搅拌器的结构特点 …… 706
13.4.3 板坯连铸机二冷区辊式电磁搅拌成套装备 …… 711
13.4.4 应用案例 …… 718
13.4.5 连铸板坯二冷区辊式电磁搅拌技术与轻压下技术结合应用 …… 726

14 结晶器振动的理论与实践 …… 729

14.1 概述 …… 729
14.1.1 结晶器振动技术的发展历史 …… 729
14.1.2 结晶器振动波形的类别 …… 730
14.1.3 动态调整振动参数的液压振动装置 …… 732
14.2 正弦波振动规律 …… 733
14.2.1 正弦波振动的位移、速度和加速度 …… 733
14.2.2 正弦波振动的负滑动时间 …… 735
14.2.3 正弦波振动的其他参数 …… 736
14.3 李宪奎教授发明的非正弦（偏斜正弦）波振动规律 …… 737
14.3.1 非正弦振动速度函数的建立 …… 737
14.3.2 非正弦振动曲线位移与加速度 …… 741
14.3.3 非正弦振动曲线负滑动时间 …… 742
14.3.4 非正弦振动曲线其他参数 …… 743
14.4 法国索拉克公司“三角形”振动波形 …… 745
14.4.1 三角形振动的位移和速度曲线 …… 745
14.4.2 三角形振动参数 …… 746
14.4.3 有关参数分析 …… 747
14.5 德马克非正弦（偏斜正弦）波振动曲线 …… 748
14.5.1 系数Δ计算方法（一） …… 748
14.5.2 计算θ_m的临界值和最大偏斜率 …… 750
14.5.3 系数Δ计算方法（二） …… 752
14.5.4 负滑动时间 …… 754
14.5.5 负滑动速度比率计算 …… 756
14.5.6 其他参数计算 …… 759
14.6 其他非正弦（偏斜正弦）波曲线 …… 761
14.6.1 薛百忍教授构造的结晶器非正弦（偏斜正弦）波振动曲线 …… 761
14.6.2 基于三角级数的非正弦（偏斜正弦）波振动曲线 …… 763
14.6.3 曾晶高级工程师构造的非正弦（偏斜正弦）波振动曲线 …… 766
14.6.4 曾晶高级工程师对非正弦（偏斜正弦）波三角级数表达式的破解与分析 …… 770
14.6.5 李宪奎教授提出、曾晶高级工程师整理的整体函数的非正弦（偏斜正弦）波振动曲线 …… 772
14.6.6 曾晶高级工程师构造的梯形抛物线型非正弦（偏斜正弦）波振动曲线 …… 774
14.6.7 张兴中教授给出的复合函数的非正弦（偏斜正弦）波振动曲线 …… 776
14.6.8 其他复合函数及分段函数的非正弦（偏斜正弦）波振动曲线简介 …… 780
14.7 新型结晶器振动同步控制模型 …… 783
14.7.1 模型的建立 …… 783
14.7.2 模型的应用 …… 786
14.7.3 结论 …… 788
14.8 生产应用当中的振动模式 …… 788
14.8.1 常用振动模式举例 …… 788
14.8.2 反向控制模型 …… 794
14.8.3 振动参数及有关参数的相互关系 …… 797

15 总体技术中其他技术问题 …… 802

15.1 连铸工厂的平面布置 …… 802
15.1.1 平面布置的先决条件 …… 802
15.1.2 考虑热送热装 …… 802
15.1.3 连铸机在车间内的布置方式 …… 803
15.1.4 连铸设备平面布置时的注意事项 …… 803
15.1.5 典型的连铸生产厂平面布置举例 …… 805
15.1.6 板坯连铸设备机械设备重量 …… 808
15.2 蒸汽排出系统及其计算 …… 808
15.2.1 主要设备 …… 808
15.2.2 A钢铁公司蒸汽排出系统的技术性能 …… 810
15.2.3 冷却室抽风机容量计算及电机功率选择 …… 811
15.3 设计初期阶段的总体技术措施 …… 814
15.3.1 提高板坯内部质量的措施 …… 814

15.3.2　提高板坯表面质量的措施 ………… 819
15.3.3　提高拉坯速度的措施 ………………… 820
15.3.4　提高连铸机作业率的措施 ………… 820
15.3.5　进行热装热送、直接轧制时应采取的措施 …………………………… 821
15.3.6　连铸机总体技术措施实例 ………… 822
15.4　能源介质 …………………………… 824
15.4.1　A钢铁公司用水 …………………… 824
15.4.2　A钢铁公司其他介质 ………………… 829
15.4.3　E钢铁公司对能源介质的品质要求 …………………………………… 836
15.4.4　E钢铁公司能源介质主要参数和用量 …………………………………… 838
15.4.5　E钢铁公司能源介质汇总 ………… 841
参考文献 ……………………………………… 844

第1篇　连续铸钢技术的发展历程

1　连续铸钢及连铸机基本概念

1.1　连续铸钢的优越性

把高温钢液连续不断地浇铸成具有一定断面形状和一定尺寸规格铸坯的生产工艺过程叫做连续铸钢。连续铸钢技术已经有100多年的发展历史，并在20世纪70年代以后迅猛发展，究其原因主要是它与以往的模铸相比有很多优越性。

1.1.1　常规连铸机的优越性

连铸和模铸的根本差别在于，模铸是一次只能把一炉钢液浇铸成多根钢锭，脱模之后经初轧机开坯得到钢坯的；而连铸是把一炉或多炉钢液连续不间断地注入结晶器，从而得到长度连续的铸坯，再经切割后直接变为定尺长度的铸坯；模铸时钢锭冷却速度缓慢，连铸时因强制冷却使冷却速度加快。基于这些基本差别，使得连铸和模铸在许多方面都形成了鲜明的对比。

（1）提高了综合成材率。采用连铸的直接经济效益，首先是提高了综合成材率。过去采用的钢锭开坯方式，切头切尾损失为10%~20%，从钢液到成坯的收得率约为84%~88%；而连铸的切头切尾损失仅为1%~2%，从钢液到成坯的收得率为95%~97%，即采用连铸可节约金属10%左右。金属收得率的提高必然带来综合成材率的提高。一般说来，模铸时综合成材率为80%左右，而连铸时综合成材率可达95%以上。据测算，连铸比每提高10%可使综合成材率提高0.8%~1.5%。

（2）降低能耗。连铸节能主要体现在省去开坯工序的直接节能，以及成坯率和成材率提高的间接节能两方面。据有关资料介绍，每生产一吨钢坯，连铸比模铸可节能627~1046kJ，相当于21.4~35.7kg标准煤（日本生产一吨钢节省热能为1042~1400kJ）。再加上提高综合成材率的节能，按中国目前能耗水平测算，每吨连铸坯综合节能约130kg标准煤。也有的说中国的情况可节省50~90kg标准煤。应当指出，随着浇铸钢种、铸坯断面和轧制工艺的不同，连铸坯节能的具体效益也有所不同。

本章作者：杨拉道，谢东钢；审查：王蓉，黄进春，王公民，王受田，李淑贤

（3）产品的均一性好、质量高。模铸凝固时间长，元素偏析显著，特别是钢锭头部和尾部化学成分差别更大，而连铸坯断面比较小、冷却速度快、树枝晶间距小、偏析程度较轻，尤其是沿铸坯长度方向的化学成分比较均匀，因而连铸坯轧材的均一性比模铸高。随着炼钢工艺的发展和一系列连铸新技术的应用，目前连铸产品质量的各项性能指标，大都优于模铸轧材产品。

（4）易于实现机械化和自动化。在炼钢生产过程中，模铸是一项劳动强度大、劳动环境恶劣的工序。而连铸由于其自身设备和工艺的特点，则易于实现机械化和自动化。近年来，随着科学技术的发展，电子计算机已广泛应用于连铸生产的控制，使连铸这一优越性更加显著，有的连铸机已经实现了电气、仪表、计算机一体化。这不但使操作者从模铸的繁重体力劳动中解脱出来，而且提高了劳动生产率。

除上述突出的优点外，连铸还具有占地面积小、生产周期快、吨坯成本低等优点。因而当连铸在钢铁工业中成功应用之后，整个钢铁工业发生了巨大变化。一方面铸锭车间、均热炉和初轧机已经被连铸机所取代，另一方面连铸的发展正改变着从炼钢到轧钢的生产工艺流程。

1.1.2 薄板坯连铸连轧生产线的优越性

连续铸钢诸多优越性已经给钢铁工业的发展插上了腾飞的翅膀，然而20世纪90年代迅速崛起的薄板坯及中厚板坯连铸技术的巨大优越性更使得人们对“连续铸钢”技术刮目相看。薄板坯连铸连轧在常规板坯连铸轧钢已省去初轧机的基础上，又省去了轧制线上的“粗轧机组”，使板坯厚度与最终轧材的厚度差距进一步缩小，使生产工艺流程更加紧凑，从钢液到成材的生产周期大大缩短。与传统的板坯连铸机和热连轧机生产带钢相比，薄板坯连铸连轧有着更加突出的优越性，具体表现在以下几个方面。

（1）投资成本降低：单流设备每吨钢的投资为常规流程的81%，双流设备每吨钢的投资为常规流程的66%，若年产250万吨钢，其投资仅为常规流程的50%。

（2）能源成本可降低50%，工序能耗减少65%。

（3）金属收得率提高约2%~3%。

（4）每吨钢减少了3~4人·h，只需0.5人·h。

（5）生产线长度缩短60%，生产流程缩短4~5h，在30min内使钢液变成热带卷。

（6）占地面积为常规流程的24%。

（7）维修费用降低近一半。

（8）每吨钢的总生产成本降低65~72美元，制造成本降低22%。

1.1.3 无头轧制ESP连铸连轧生产线的优越性

由ARVEDI和SIEMENS VAI共同开发的ESP带钢无头轧制工艺已经面世。第一条生产线已于2009年2月在意大利Arvedi投产。

（1）ESP生产线的能耗（标煤）为75.03kg/t，接近CSP生产线的63.06~71.53kg/t，比常规连铸和热轧的能耗（标煤）96.29kg/t低约22%。

《世界金属导报》2016年5月10日B01版“普瑞特冶金技术获得日照钢铁三条阿维迪ESP生产线最终验收证书”指出：ESP能耗水平与传统连铸连轧工艺相比降低了45%

之多，CO_2排放量也大幅减少。

（2）ESP生产线生产成本为27.8欧元/吨钢，CSP生产线为26.9欧元/吨钢，而常规连铸和热轧为38.6欧元/吨钢。

按中国价格及实际消耗指标计算的三种工艺现金转换成本：ESP生产线为人民币240.8元/吨钢，CSP生产线为人民币198.2元/吨钢，而常规连铸和热轧为人民币254.8元/吨钢，这主要是电价的影响。

（3）生产流程缩短到7min，意大利ARVEDI无头轧制带钢生产线在7min内使钢液变成热带卷。

（4）ESP生产线总长193m。占地面积大大低于常规流程。

（5）拉速高，浇铸板坯断面95mm×1219mm，稳定拉速5.6m/min。

（6）一条生产线，1台单流连铸机340t/d。作业率90%时，年产量≥260万吨；作业率80%时，年产量≥230万吨；作业率75%时，年产量≥220万吨。高出CSP生产线1倍。

（7）钢液成材率97.9%。

（8）ARVEDI的漏钢率为0.7%。

（9）ESP要比中国薄板坯连铸连轧每吨钢的制造费用约低40元人民币。

1.1.4 双辊薄带连铸连轧生产线的优越性

（1）钢液浇铸成钢带只需25s。

（2）比常规冶金流程能耗降低幅度80%以上甚至到90%。

（3）碳排放只有常规流程的十分之一。

（4）占地面积在所有连铸连轧生产流程中最小。

（5）投资成本在所有连铸连轧生产流程中最低。

1.2 连铸机的分类

（1）按照机型。按照机型连铸机可分为立式连铸机、立弯式连铸机、直结晶器带直线段的直弧形连铸机、全弧形连铸机、多半径椭圆形连铸机、水平连铸机、轮带式连铸机、履带式连铸机，单辊和双辊式连铸机等。

（2）按照铸坯的弯曲矫直方式。按照铸坯的弯曲矫直方式可分为单点矫直连铸机、多点弯矫连铸机、连续弯矫连铸机等。

（3）按台、机、流。连铸机同时共享Z个钢包浇铸时，称作Z台连铸机；用Z个钢包浇铸，而按连铸机的驱动系统的数量X可称作Z台X机连铸机；X个驱动系统浇铸Y流铸坯时称做X机Y流连铸机。因此连铸机往往被称作Z台X机Y流，如1台1机2流，1台2机2流，1台4机4流等。

（4）按照功能。在1台连铸机上，既可浇铸板坯，又能浇铸方坯，或者同时浇铸板坯和方坯时，称作板方坯兼容连铸机或板方坯复合连铸机。如果1台连铸机上，既可浇铸方坯，又能浇铸圆坯，称作方圆坯连铸机。

（5）按照钢种。在连铸机前冠以钢种类别，可以把连铸机称作特殊钢连铸机，不锈钢板坯（方坯）连铸机，合金钢板坯（方坯）连铸机等，以表示与浇铸碳钢连铸机的区别。

（6）按照断面形状。按照连铸机所浇铸的断面形状可把连铸机分为板坯连铸机，带坯连铸机，小方坯连铸机，大方坯连铸机，圆坯连铸机，异形断面坯连铸机（如工字形和八角形）。

按照铸坯厚度区分板带坯连铸机。一般概念认为，当铸坯厚度≥150mm 时称作常规（或“传统”）板坯连铸机。当铸坯厚板为 90～150mm 时，称作中厚板坯连铸机。当铸坯厚度为 40～70（90）mm 时，称作薄板坯连铸机。当厚度为 25mm 左右时，称作带坯连铸机。当厚度为 10mm 左右时，称作薄带连铸机。当厚度小于 3mm 时，称作极薄带连铸机，到目前为止，连铸极薄带最薄可达到 0.15～0.3mm。

（7）按照钢液静压力高度。从结晶器液面向下直至连铸坯出坯线的高度设为 H（亦即钢液静压力的深度），铸坯厚度设为 D，康卡斯特曾提出这样的衡量标准：$H/D>50$ 为高压头连铸机，$H/D=40\sim50$ 为正常压头连铸机，$H/D=25\sim40$ 为低压头连铸机，$H/D<25$ 为超低压头连铸机（习惯上叫“超低头连铸机”）。

（8）按照结晶器是否运动。按照结晶器是否运动，可以将连铸机分为两类：一类是结晶器能够运动的连铸机，占连铸机的主导地位，如立式连铸机、立弯式连铸机、直弧形连铸机、弧形连铸机、椭圆形连铸机等；另一类是铸坯与结晶器同步运动的连铸机，如各种薄带连铸机、水平连铸机等。

（9）按照连铸坯厚度和生产速度。按照连铸坯厚度和生产速度可分为常规连铸机、薄板坯连铸机、薄带连铸机。

1.3 常规连铸机的主要类型

常规连铸机包括立式连铸机、立弯式连铸机、直弧形连铸机、弧形连铸机、椭圆形连铸机、水平连铸机等，它可以浇铸板坯、方坯、圆坯、异形坯等各种断面的铸坯。机型如图 1-1-1 所示。其中工业生产立式连铸机的高度都大于 30m。

1.3.1 立式连铸机

立式连铸机是 20 世纪 50～60 年代之前的主要机型，大体结构如图 1-1-2 所示。这种连铸机的钢液浇铸系统、结晶器、切割装置以及钢坯出口位置都布置在连铸机铅垂线上，整个设备在车间内占用了很大的高度空间。立式连铸机生产时，铸坯在结晶器和二冷段内凝固，由于是垂直布置，钢液内非金属夹杂物易于上浮、铸坯四周散热也比较均匀，并且铸坯在拉坯过程中不受弯矫力作用，所得的铸坯质量好，不易发生内、外裂纹。比较适合不易弯曲的大断面、合金钢以及对裂纹比较敏感的钢种的生产。但这种连铸机的高度过大、工程投资大、产能低，并且由于高度的原因，连铸机下部钢液静压力大，铸坯鼓肚应变大。

1.3.2 立弯式连铸机

立弯式连铸机是在立式连铸机基础上发展起来的一种过渡类机型。它的上部和立式连连铸机一样，不同之处在于立弯式连铸机利用顶弯装置，在铸坯完全凝固后将其弯曲 90°，使铸坯在水平方向出坯并切割。立弯式连铸机部分地降低了连铸机的高度，但是由于拉速低，产能低，目前少量的立弯式连铸机只用于生产厚度尺寸大的板坯。

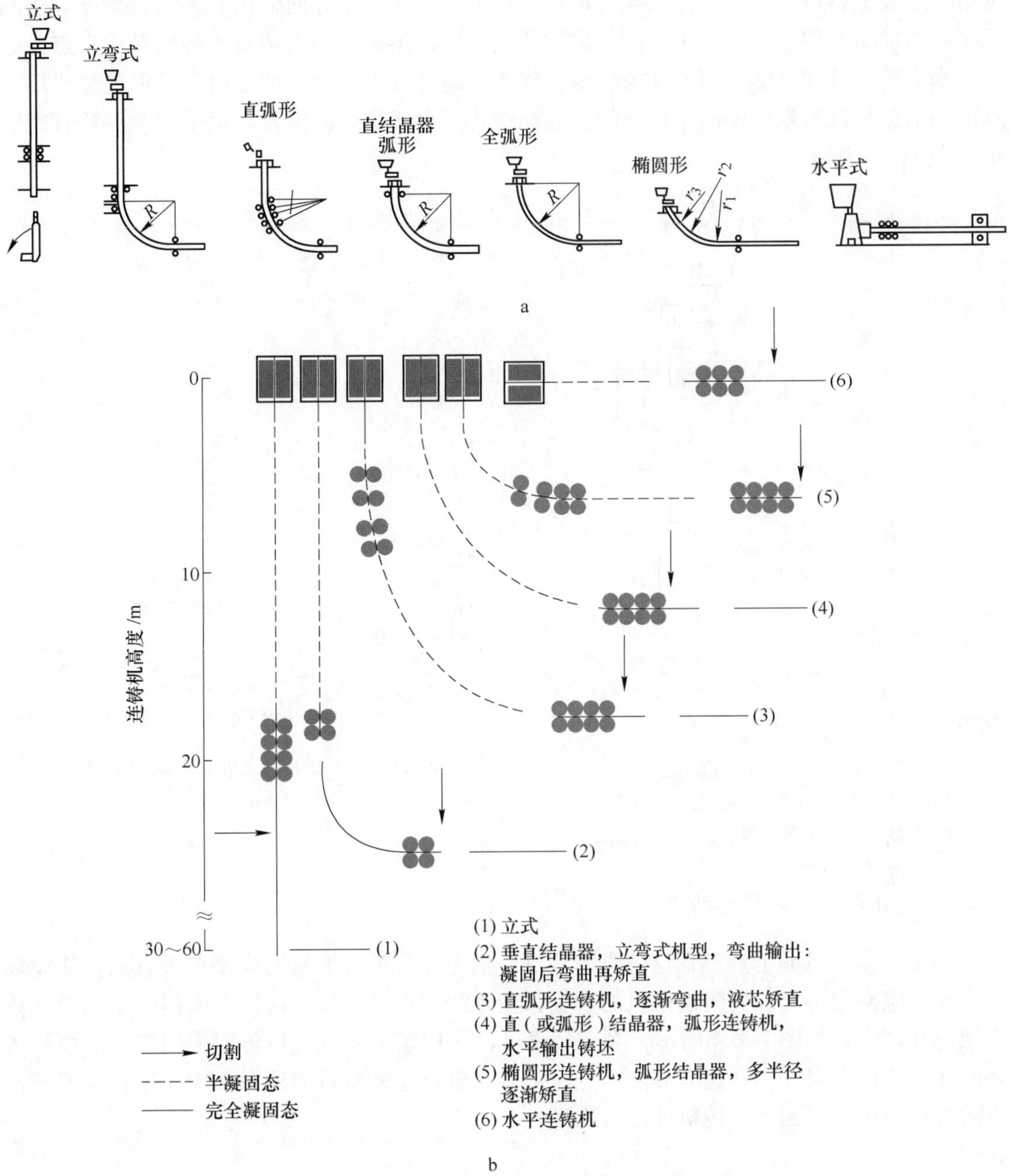

图 1-1-1 常规连铸机和不同型式连铸机的特征和设计高度

a—常规连铸机机型示意；b—不同型式连铸机的特征和设计高度

1.3.3 全弧形单点矫直连铸机

全弧形连铸机是在总结立弯式连铸机缺点的基础上发展起来的。全弧形连铸机的结晶器和二次冷却设备布置在圆弧上，拉矫机布置在矫直点和水平区。铸坯在弧形结晶器内形成，拉出结晶器后沿着弧形轨迹运动，接受喷水冷却，直至完全凝固。全凝固后的铸坯到水平切点处进行矫直，然后拉出连铸机切割成定尺，从水平方向输出。连铸机高度等于圆弧半径再加结晶器的大约一半长度。最初的全弧形连铸机为一点矫直，铸坯在矫直点前必须凝固完毕。这样比起立弯式连铸机来，连铸机高度大大下降，但是由于弧形连铸机矫直点前的冶金长度有限而限制了拉速的提高和连铸坯表面质量的提升。全弧形单点矫直连铸机如图1-1-3所示。

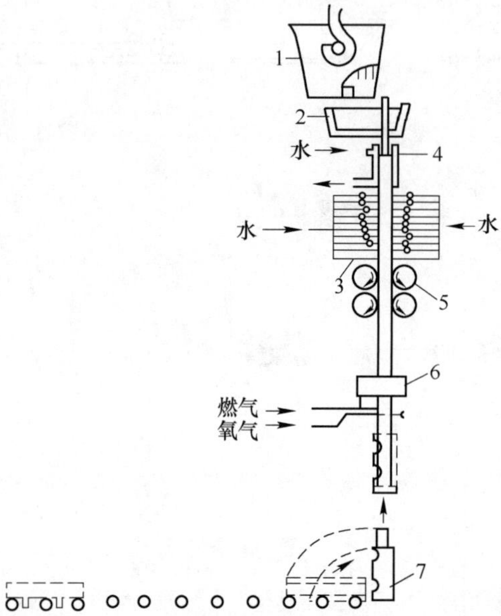

图1-1-2 立式连铸机示意

1—钢包；2—中间罐；3—导向辊；4—结晶器；
5—拉坯辊；6—切割装置；7—出坯装置

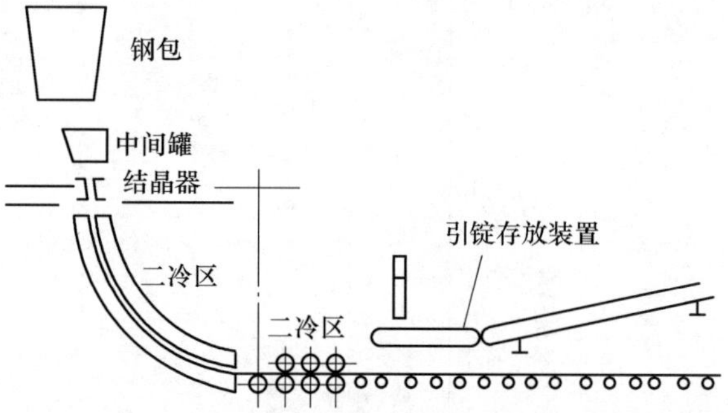

图1-1-3 全弧形单点矫直连铸机示意

1.3.4 全弧形多点矫直连铸机

为了克服全弧形单点矫直连铸机的缺点，把连铸机矫直区域变成多个矫直点，使铸坯的两相界应变变小，从而将连铸机的冶金长度延续到水平区域，这样大大提高了弧形连铸机拉速和产能，如图1-1-4所示。多点矫直可以采用多个半径，也可以采用特定曲线将铸坯两相界的矫直应变和矫直力分散。全弧形多点矫直连铸机目前还有不少应用，全弧形多点矫直连铸机是方圆坯连铸机的主力机型。

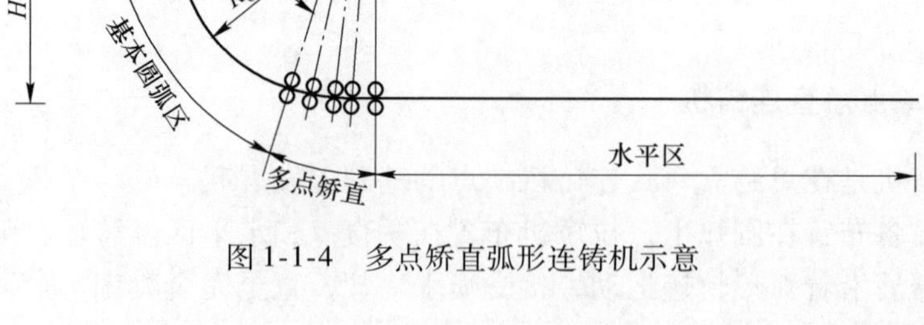

图1-1-4 多点矫直弧形连铸机示意

1.3.5　椭圆形连铸机

为了进一步降低全弧形多点矫直连铸机的高度，出现了多半径矫直，连铸机外弧曲线近似于椭圆的连铸机。20 世纪 80 年代德马克公司针对中国 30～50t 小炼钢炉的特点，设计出了主半径 *R*5. 7m 的多半径连铸机，当时称作超低头板方坯兼容连铸机，曾经在中国很多钢厂推广过，实际上就是椭圆形连铸机。超低头连铸机如图 1-1-5 所示。

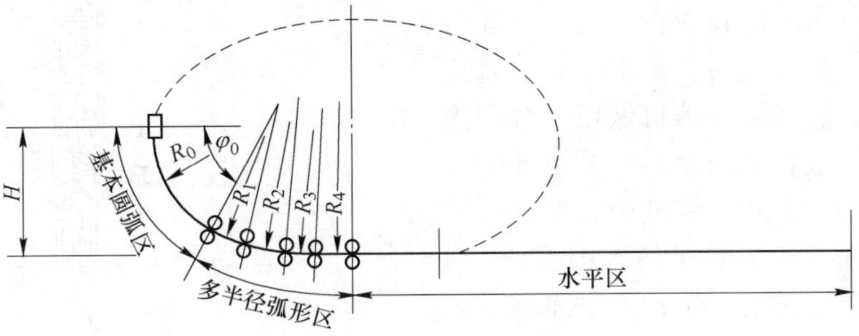

图 1-1-5　超低头连铸机示意

1.3.6　水平连铸机

水平连铸机的中间罐、结晶器、二冷段和拉坯机、切割设备布置在与地面成微小角度的倾斜线上，如图 1-1-6 所示。设备高度更低，投资省，适用于老车间改造及产量较小的非连续性生产。水平连铸机采用全封闭浇铸，凝固过程无弯曲和矫直，适合浇铸合金钢和特殊钢。但由于水平连铸机成材率低，产能低，产品质量存在问题，在钢铁生产中一直被边缘化。

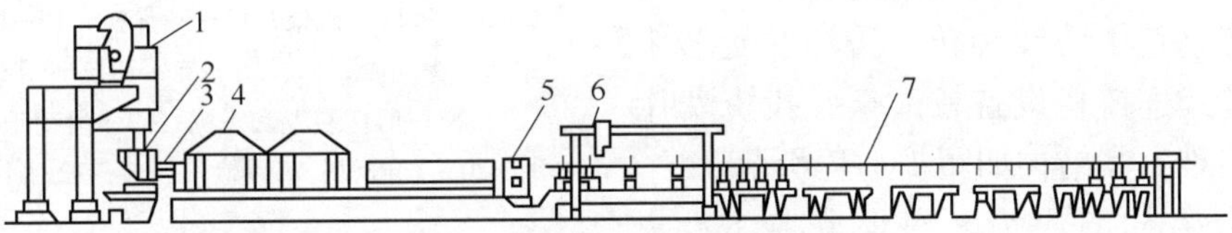

图 1-1-6　水平连铸机示意

1—钢包；2—中间罐；3—结晶器和分离环；4—二冷区；5—拉坯机；
6—同步切割机；7—运输辊

1.3.7　直结晶器弧形连铸机

用户对连铸产品内部质量的要求越来越高，发现全弧形连铸机浇铸的铸坯靠内弧侧约 1/4 处，非金属夹杂物明显聚集，对最终产品的质量有很大影响，特别是超低头连铸机更为明显。在 20 世纪 80 年代，奥钢联最早设计了直结晶器弧形连铸机。该连铸机中结晶器及其足辊是铅垂布置的，从连铸机的弯曲段一开始，采用渐进弯曲（实际上也是多点弯曲）到连铸机的主半径，这种连铸机因为连铸机直线段太短没有被推广。

1.3.8 直弧形连铸机

在直结晶器弧形连铸机的基础上，增加直线段长度就变成了直弧形连铸机，直弧形连铸机采用直结晶器，包括结晶器在内往下有2.0~4.5m的直线段（大多数连铸机直线段长度为2.5~3.0m），带有液芯的铸坯经过直线段后，被多个半径或指定曲线逐渐弯曲成弧形，以后的过程与全弧形多点矫直连铸机完全一样。直弧形连铸机保留有各种连铸机的优点，钢液在直结晶器及其下部的直线段凝固过程中，有利于钢液中大型夹杂物的上浮和均匀分布。避免了铸坯内弧侧1/4处夹杂物富集的缺陷，对生产高洁净钢效果明显，而且拉速高，产能大，铸坯质量高，是板坯连铸机的主力机型，目前大约有90%以上的连铸板坯产能是由直弧形连铸机完成的。本书将以此机型为核心，对板坯连铸机的总体技术及设备进行详细描述。

1.3.9 旋转式连铸机

旋转式连铸机是立式连铸机结构，也称离心旋转连铸机，用于浇铸圆坯。其结晶器、二冷段导辊和拉坯机在浇铸过程中都与铸坯一起绕垂直中心线旋转，铸坯在旋转中下行。旋转式连铸机设备较复杂，投资费用大，维护困难。其结构如图1-1-7所示。

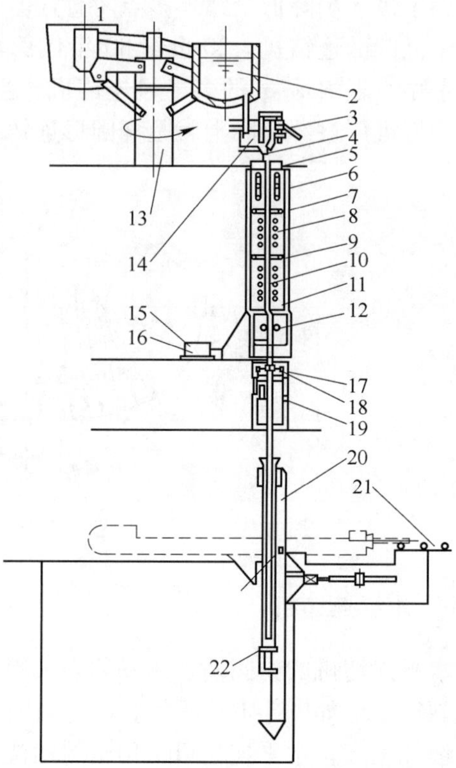

图1-1-7 旋转式连铸机示意

1—起重机运送钢包；2—钢包；3—塞棒；4—浇铸管；5—结晶器；6—1区；7—导辊1；8—2区；9—导辊2；10—3区；11—机架；12—拉坯机；13—回转台；14—中间罐；15，16—旋转和拉坯用电机；17，18—剪切装置和飞锯；19—滑动千斤顶；20—翻倒机；21—输出场地；22—小车

旋转产生的离心力，使坯壳与800~1200mm长度的结晶器表面紧密接触，从而形成均匀致密的结晶组织和光滑的表面，获得无缺陷铸坯。

1.4 薄板坯连铸连轧技术

1.4.1 薄板坯连铸连轧生产线

（1）德国西马克（SMS）公司开发的CSP（Compact Strip Production）生产线，薄板坯厚度范围为40~90mm，在世界范围内共34条薄板坯连铸连轧生产线，有53流薄板坯连铸机。占世界薄板坯连铸连轧66条生产线的51.5%。

（2）德国原德马克（Demag）公司（已与德国西马克公司合并）开发的ISP（In line

Strip Production）生产线，薄板坯厚度范围为 40～100mm，在世界范围内共 5 条薄板坯连铸连轧生产线，有 9 流薄板坯连铸机，占世界薄板坯连铸连轧生产线的 7.6%。

（3）意大利达涅利（Danieli）公司开发的 FTSR（Flexible Thin Slab Rolling）生产线，薄板坯厚度范围为 45～100mm，在世界范围内共 7 条薄板坯连铸连轧生产线，有 15 流薄板坯连铸机，占世界薄板坯连铸连轧生产线的 10.6%。

（4）奥地利奥钢联（VAI）公司开发的 CONROLL 生产线，薄板坯厚度范围为 75～130mm，在世界范围内共 5 条薄板坯连铸连轧生产线，有 10 流薄板坯连铸机，占世界薄板坯连铸连轧生产线的 7.6%。

（5）日本住友（Simitomo）公司开发的 QSP（Quality Strip Production）生产线，薄板坯厚度范围为 90～100mm，在世界范围内共 3 条薄板坯连铸连轧生产线，有 4 流薄板坯连铸机，占世界薄板坯连铸连轧生产线的 4.5%。

（6）奥钢联和中国鞍钢集团公司开发的 ASP（Angang medium—thin slab continuous casting and rolling technology）生产线，其连铸机的技术与 CONROLL 相仿，薄板坯厚度范围为 100～170mm，在中国共 6 条薄板坯连铸连轧生产线，有 6 流薄板坯连铸机，占世界薄板坯连铸连轧生产线的 9.1%。

几种主要的薄板坯连铸连轧生产线布置如图 1-1-8 所示。

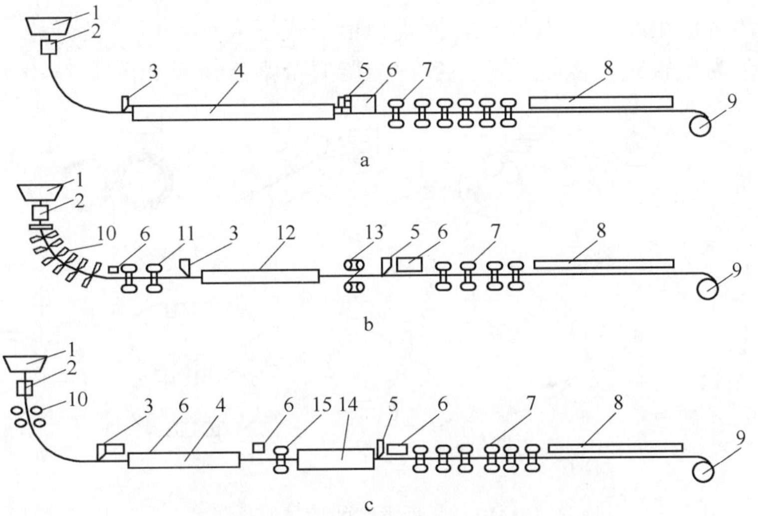

图 1-1-8 几种主要的薄板坯连铸连轧生产线布置

a—CSP 生产线；b—ISP 生产线；c—FTSR 生产线

1—中间罐；2—结晶器；3—剪切机；4—均热炉；5—事故剪；6—除鳞机；7—精轧机；8—层流冷却；9—卷取机；10—带液芯压下；11—预轧机；12—感应加热炉；13—热卷箱；14—保温辊道；15—粗轧机

1.4.2 无头轧制生产线 ESP

第一条无头轧制生产线 ESP（Endless Strip Production）由奥钢联提供，2009 年 2 月在意大利 Arvedi 公司克莱蒙纳厂（the Acciaieria Arvedi Cremona Works）投产，生产线由 1 台 250t Consteel 电炉和 2 台 250t 钢包精炼炉提供钢液，设计能力为年产 220 万吨。中国日照钢铁有限公司 2015 年已经有 3 条生产线投产。ESP 薄板坯连铸连轧生产线布置如图 1-1-9

所示。

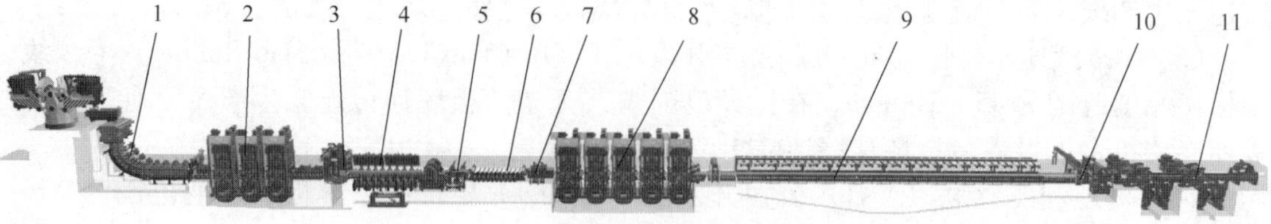

图 1-1-9 ESP 薄板坯连铸连轧生产线布置

1—连铸机；2—三机架大压下轧机；3—摆动剪；4—废坯堆床；5—转鼓剪；6—感应加热；7—高压水除鳞；8—精轧机；9—层流冷却；10—高速飞剪；11—地下卷取机

1.5 薄带钢连铸技术

1.5.1 薄带钢连铸技术的种类

19 世纪就有薄带钢连铸思想的产生（开始用于有色金属），20 世纪 40 年代得到证实，20 世纪 60 年代就开始试验的薄带钢连铸技术已经取得了突破性进展。

薄带钢连铸机按结晶器分为带式、辊式和辊带式三大类。带式又可分为单带式、双带式；辊式又可分为单辊式、双辊式等。各种类型薄带钢连铸机如图 1-1-10 所示。

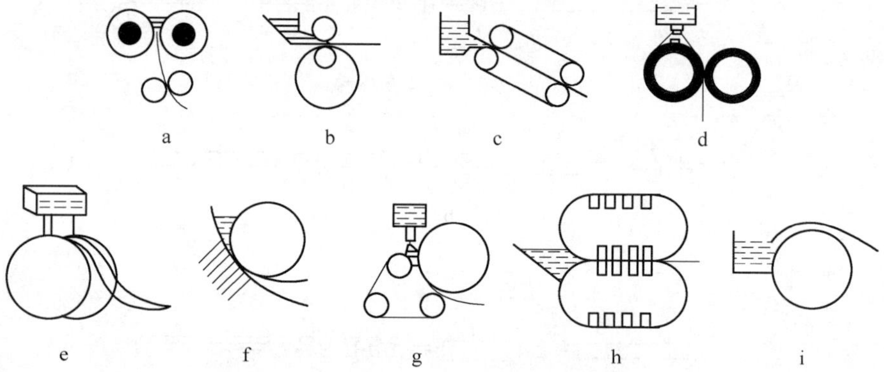

图 1-1-10 各种类型的薄带钢连铸机

a—双辊铸连机；b—Hazelet 环形连铸机；c—双带式连铸机；d—喷射连铸机；e—单辊连铸机；f—内轮式连铸机；g—轮带式连铸机；h—移动模块式连铸机；i—拖拽式连铸机

2012 年，《ISIJ International》中有一篇文章“Progress of Strip Casting Technology for Steel; Historical Developments”把薄带钢连铸工艺分为以下三类，如图 1-1-11 所示。第一类是输送带式连铸机（BC’s），它主要采用水冷式移动结晶器或运输机的输送带。钢液直接浇铸在输送带上（Ⅰ）或喷射（Ⅱ），或浇铸在两个倾斜的输送带（Ⅲ）或两个竖直的输送带（Ⅳ）之间。第二类连铸机利用一个单辊（SRC）来生产厚度薄的带材。主要采用了两种喂送系统，即熔态旋转和熔态拖拉。第三类包括有不同结构的双辊连铸机（TRC）：立式两辊（Ⅰ），水平式两辊（Ⅱ），水平式四辊（Ⅲ），倾斜式双辊（Ⅳ）和不对称式双辊（Ⅴ）等。

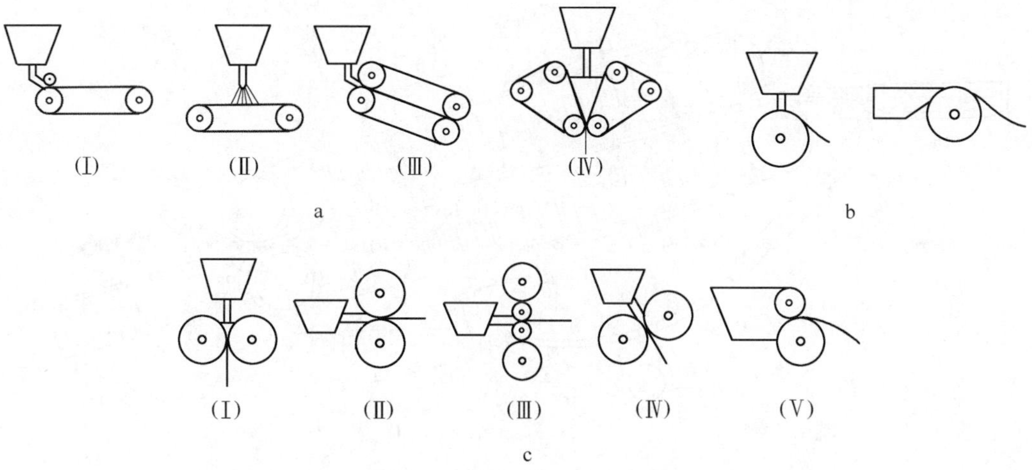

图 1-1-11　三类薄带钢连铸机示意

研究中的薄带钢连铸工艺方案众多，主要区别在结晶器。其中研究最多、发展最快的是双辊式薄带钢连铸工艺。关于 1990 年以前的薄带钢连铸机发展情况可参看刘明延等编，机械工业出版社 1990 年出版的《板坯连铸机设计与计算》第二十六章。

单辊连铸技术：中间罐钢液从侧面流至旋转辊的表面，钢液在辊面上随着结晶形成带钢。带钢厚度不超过 3mm，多数为 1mm，由于是单向冷却，造成带钢内部组织不均匀，长度方向上的厚度也不均匀。

辊带结合连铸技术：将钢液浇铸到冷却钢带上，上面通过与辊轮接触或作为自由面凝固，下面通过与冷却钢带接触而凝固成型，如图 1-1-12 所示。

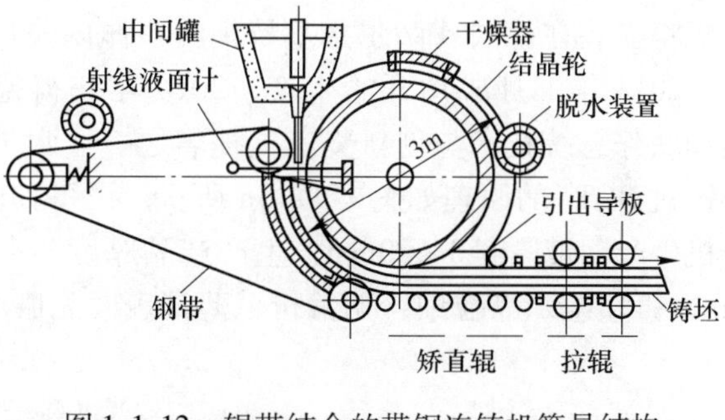

图 1-1-12　辊带结合的带钢连铸机简易结构

带式连铸机：带式连铸机又称作哈兹勒特（Hazelett，也叫“哈兹莱特”）双带式连铸机，最早由美国的 Clarence W. Hazelett 开始研究，从 1948 年以来出现过 60 多套不同结构的试验设备。该连铸机由上下两个机架组成，每个机架内均有两个带环形槽沟的大辊，外套一条薄带钢制的冷却带。在两个机架的冷却带上分左右设置一对钢制的侧端挡块链。在冷却带和挡块链之间构成直平面的铸型。根据上部机架可能抬高的高度和挡块高度及挡块链间距的不同，可以获得不同厚度和宽度的薄板坯，如图 1-1-13 所示。

1.5.2　双辊式薄带钢连铸技术

双辊式薄带钢连铸是以转动的辊子为结晶器，依靠双辊的表面冷却钢液并使之凝固生产薄带钢的技术。其特点是液态金属在结晶凝固的同时，承受压力加工和塑性变形，在很短的时间内完成从液态到固态薄带的全过程。双辊薄带连铸可以获得组织均匀且厚度差相对较小的带钢，生产线示意如图 1-1-14 所示。

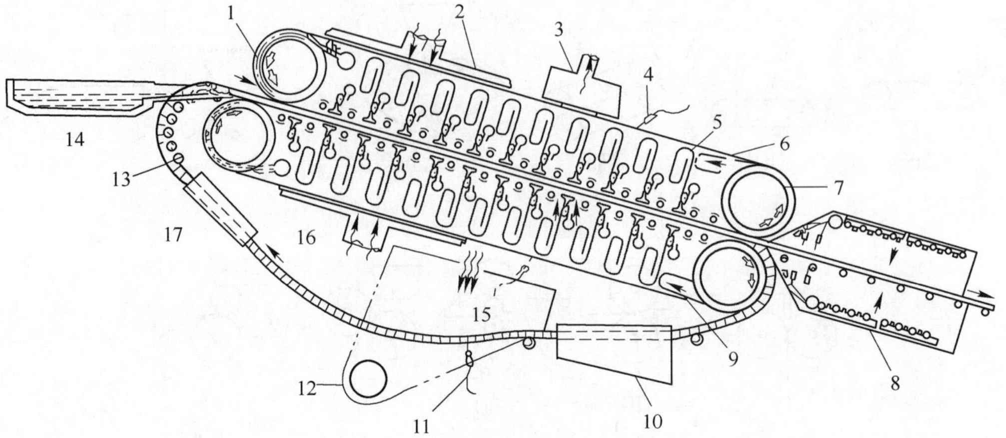

图 1-1-13　Hazelett 式连铸机

1—夹辊；2—钢带干燥器；3—排气系统；4，15—钢带涂层器；5—水槽；6—上部钢带；7—张紧辊；8—二次冷却室；9—下部钢带；10—侧挡块冷却室；11—侧挡块涂层器；12—排气系统；13—侧挡块；14—中间罐；16—钢带干燥器；17—侧挡块预热器

1.5.3　西马克集团的钢带连铸技术 BCT@

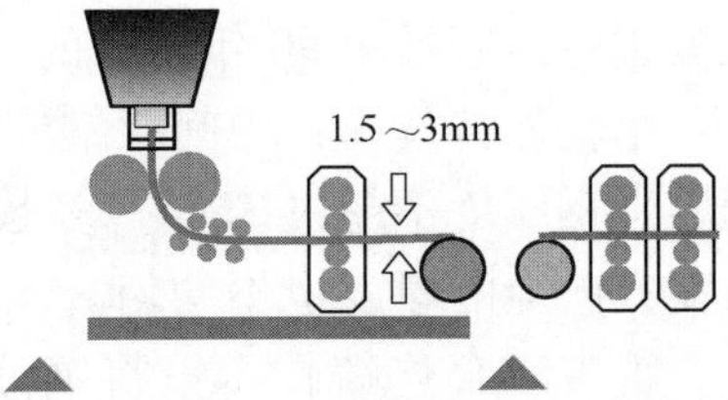

图 1-1-14　双辊式薄带钢连铸生产线示意

2010 年 5 月，萨尔兹基特福拉赫钢公司与西马克集团签订了建造世界上第 1 台工业规模的水平式钢带连铸机 BCT@（Belt Casting Technology）合同。新的 BCT@ 连铸机将安装在德国（萨尔兹基特集团）佩内公司的炼钢厂，2013 年 1 月成功开始生产，2014 年获得德国未来奖和联邦总统技术与创新奖三项提名之一。水平式钢带连铸机 BCT@ 的原理如图 1-1-15a 所示，设备如图 1-1-15b 所示，连铸机长度 3～11m，连铸机生产钢带厚度 8～20mm，生产产品厚度 3～11mm，宽度 1600mm，拉坯速度 10～30m/min，铸坯组织晶粒细，无偏析，薄带表面无振痕。

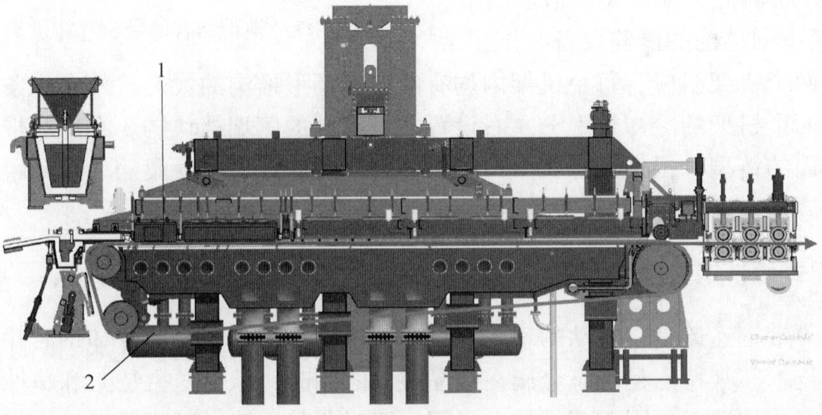

a

b

图 1-1-15　2013 年 1 月投产的西马克集团水平钢带连铸机 BCT[@] 设备
a—原理；b—设备
1—水平铸造；2—转动结晶器

这种水平式钢带连铸技术提供汽车工业的高强度、高延展性、低密度的新钢种，采用移动式结晶器，无保护渣，连铸过程不产生氧化铁皮，适合小批量高品质热轧带钢（例如高铝钢）的浇铸工艺。能够降低成本、减少能耗、降低 CO_2 排放。

1.6　其他类型连铸技术

其他连铸技术是指异形坯（工字形坯）连铸机，曾经有过的八角坯连铸机，用于有色金属的半连续铸造机等。还有进入 21 世纪以后的电渣重熔连铸技术。

在钢铁冶金领域目前应用的主要是异形坯（工字形坯）全圆弧连续矫直或多点矫直多机多流连铸机（beam blank continuous casting），3 流、4 流较多。工字形坯连续铸造产品有宽缘板、窄缘板很多种尺寸组合的断面，例如 1024mm × 390mm × 90mm（腹高 × 翼宽 × 腹厚），775mm × 355mm × 100mm，750mm × 370mm × 90mm，555mm × 440mm × 90mm，750mm × 450mm × 120mm；500mm × 300mm × 120mm 等，最小断面尺寸还有 150mm × 150mm × 102mm 的。连铸工字形坯的最终产品是 H 型钢或工字梁（见图 1-1-16）。

连铸工字形坯的主要优点是可显著减少加工费用，提高收得率；用优质的连铸工字形坯轧成的工字钢质量优于用钢锭开坯或大方坯开坯后轧成的宽缘工字钢。采用连铸工字形坯能提高轧机的轧制能力及成材率。例如用 450mm × 550mm 大方坯轧制 300mm × 300mm × 90mm 宽缘工字钢时，开坯轧机轧制的道次约需 15 道，轧制时间约需 4min。而采用腹部厚度为 120mm 的连铸工字形坯时，可从第 10 道开始轧制，轧制道次缩短为 7 道次，轧制时间缩短为 2.4min 左右，轧制能力提高 70%。另外采用连铸工字形坯，省略初轧工序可提高成材率 8%~9%。用钢锭——开坯方法生产的工字形坯大都用半镇静钢，产品缺陷的发生率高（按照产品尺寸的不同约为 0.5%~20%），但连铸镇静钢铸坯，内部和表面质量都好，由于坯料问题而产生的成品缺陷几乎完全消失，仅余约 0.1%。成品力学性能也较均匀。但是异形坯连铸的缺点是设备复杂，一次性投资较高。

工字形坯连铸机在世界上有很多，例如加拿大、日本和美国。

图1-1-16　工字形坯连铸机，连铸产品及其轧制成的H型钢

中国首台3机3流异形坯连铸机于1998年6月11日在马鞍山钢铁公司建成投产。后来莱钢、包钢、唐钢中厚板材有限公司也相继建立。

2 连铸技术早期研发情况

2.1 先驱人物的研究情况

这里所要说的早期连铸技术，大体上是指20世纪50年代以前。

连续浇铸的概念是转炉发明者亨利·贝塞麦（Henry Bessemer）在1856年提出来的，1857年获得专利后，德国的容汉斯（Junghans）于1933年提出结晶器振动的专利，最初将其用于连铸黄铜。有色金属行业连续铸造的成功经验是连续铸钢发展的主要动力，这些探索可以追溯到美国和德国的先驱们。传统连铸工艺已经有100多年的发展历史。部分先驱人物的研究成果见表1-2-1。

表1-2-1 部分先驱人物的研究成果

1886年	宾夕法尼亚州Atha Wocks的Crucible钢铁公司的阿萨（B. Atha）申请的专利（US 425，846；1890.4.15），包括一个开放型立式结晶器，由铁质厚壁构成，固定连接在中间罐上，采取间歇拉坯方式；该半连铸工艺服役到1910年，共生产了几千吨100mm×100mm的小方坯
1889年	德国杜塞尔多夫（Dusseldorf）的土木工程师代伦（R. M. Deelen）取得专利（DE 51 217；1889.7.30），主要是一个水冷的铜结晶器，由固定式薄壁构成，采取连续的拉坯方式，二次冷却，飞剪切割和垂直存放引锭
1891年	马萨诸塞州的伍斯特的Washburn & Moen制造公司（即后来的美国钢线公司）的Washburn、Daniels和Stover，设计了一个长薄壁水冷结晶器
1898年	来自与其同名公司的Johan O. E. Trotz获得专利（US 894，410；1898.12.17），带有“升降存储”的钢质结晶器，避免结晶器中出现湍流现象
1908年	纽约Monnot冶金公司的Johan F. Monnot获得专利（US 944，370；1909.12.8），采用短的水冷锥形一体式结晶器与中间罐连接，中间罐带有控制流量的塞棒和连铸熔剂添加设施
1915年	宾夕法尼亚州伊利市的美国马鞋业有限公司（Horse Shoe Co.）的John T. Rowley在巴黎获得专利，设计了长2.5m的锥形带槽结晶器，由弹簧夹紧，采取连续的拉坯方式，有连续弯曲和矫直设施；Arthur McKee公司建造的该设备于1920年生产了45mm×45mm以及75mm×75mm的10～50m长度的小方坯
1918年	英国Bayfield的A. Coats取得专利（GB 139 838；1919.1.15），设计的是一个薄壁结晶器，上端是一个喇叭口便于添加润滑油，钢流的控制是由一个电磁驱动的中间罐塞棒实现的
1919年	美国新罗谢尔的Cornelius W. van Ranst取得专利（US 1，385，595；1921.1.15），设计了一个薄壁结晶器，采取了垂直驱动的机械式结晶器振动系统
1927年	德国Villingen的Messingwerk Schwarzwald AG公司的Siegfried Junghans申报了专利（DE 510 361；1930.10.18），采取的固定式薄壁结晶器，并第一次连铸出了几米长的黄铜
1933年	德国Ulm的Wieland－Werke AG公司的S. Junghans申报了全球性的专利（DE 750 301；1944.5.18），对铜连铸进行了实验性研究，包括一个垂直振动的短结晶器

本章作者：杨拉道，谢东钢；审查：王蓉，黄进春，王公民，王受田，李淑贤

续表 1-2-1

1933 年	宾夕法尼亚州拉特罗布的 Vulcan Mold and Iron 公司和 Williams Engineering 公司的董事长 Edward R. Williams 申报了四项专利（US 650，595；715，433；2，079，644；2，284，503；1942. 5. 26），首项专利使用了固定式超薄长壁板式结晶器，采用高速水流冷却（如 30m/s），采用间歇拉坯方式
1934 年	S. Junghans 在德国 Vöhringen 的 Wieland-Werke AG 公司开始设立黄铜生产工厂，并于 1935 年在 Villingen 的试验连铸机上进行铝和铝合金的生产测试；1936 年离开 Wieland-Werke 公司，开始在 Stuttgart-Obertürkheim 创立他自己的试验工厂，由 Berringen 的 Wieland-Werke AG 签约支持，进行镁和镁合金的生产研究，并于 1937 年将经营权转卖给了 Bitterfeld 的 I. G. Farben-industrie AG 公司用于铝和铝合金生产
1937 年	俄亥俄州 Youngstown 的 Norman P. Goss 获得了专利（US 2，225，373；1940. 12. 17），固定式薄铜壁短结晶器，与其上方有耐火衬的“预成型室”相连接，结晶器下方的冷却壁有润滑剂注入机构（认为润滑剂将充满所有空气间隙以促进导热），钢液通过带有浇铸口的钢包进行供应，该钢包具有碳硅棒式电阻加热装置。明尼苏达州的美国钢线公司曾有一套实验设备进行连铸 100mm×100mm 小方坯钢材。 美国康涅狄格州沃特伯里的 Scovill 制造公司（Scovill Mfg. Co. /Waterbury，CT）于 1937 年购买第 1 台 Junghans 黄铜连铸机并于 1938 年投产。这笔贸易是由纽约的 Irving Rossi 斡旋成功。Irving Rossi 于 1938 年成功购买了 Junghans 的专利和德国以外区域的设备制造权
1938 年	安大略 Sudbury 的国际镍业公司的 Albert Welblund 和 Fred Benard 获得专利（US 2，284，704；1942. 6. 2），采取立式水冷的分体短结晶器，在水平方向上进行振动（如频率 100～1500c/min，振幅 0. 05～1. 3mm）以避免黏结，进行 75mm×75mm 的小方坯铜材连铸

2.2　早期的开发和里程碑

表 1-2-2 中列出了前 100 年连铸技术发展过程的每个里程碑。

表 1-2-2　前 100 年连铸技术发展的里程碑

年份	发明者	里　程　碑
1856	Bessemer	双辊式薄带钢浇铸（试验）
1856	Bessemer	带塞棒的中间罐；采用动力油缸的、一端开口的结晶器
1858	Goeransson	带塞棒的钢包
1859	Bessemer	钢包回转台
1885	Lewis	钢包滑动水口（构想）
1886	Atha	带引锭的立式方坯连铸机
1889	Daelen	带飞剪切割的立式方坯连铸机（构想）
1915	Rowley	弯曲/矫直式方坯连铸机
1921	Van Ranst	振动结晶器（构想）
1933	Junghans	振动结晶器和浸入式水口
1936	Junghans	铸坯在线尺寸控制（试验）
1938	Junghans/Rossi	中间罐加热与惰性气体填充；挡渣；喷淋水二次冷却

续表 1-2-2

年份	发明者	里 程 碑
1939	Williams	密排辊列支撑铸坯
1944	Bardin et al.	用于大方坯和板坯的板式结晶器
1947	Harter et al.	通过监视器和结晶器液面自动控制对结晶器进行远程操作
1947	Rossi	用于薄板浇铸的漏斗形结晶器（构想）
1949	Junghans	结晶器中的电磁搅拌
1950	Tarquinee et al.	铸坯在线尺寸控制的高效连铸机（构想）

最引人注目的是 1856 年 Henry Bessemer 关于直接浇铸薄带钢的试验，如图 1-2-1 所示。通过吹炼试验，成功地用坩埚炼制出钢液，之后，他将其注入双辊装置中以浇铸用于生产铜粉（艺术家的黄金）的薄带。不过他未能坚持该项技术，可能是要首先开发炼钢工艺。Bessemer 发明了带塞棒（用来挡渣）的中间罐，如图 1-2-2 所示。10in × 10in 的结晶器位于中间罐下方，利用液压油缸将浇铸好的钢锭向上推动，即不需再次加热而直接轧制。这是最先使用引锭来封闭结晶器底端。随着贝塞麦转炉炼钢法的工业化应用，瑞典 Goeran Fredrik Goeransson 于 1858 年发明了带塞棒的钢包，可将炼制的钢液转移到浇铸位置。随后，被 Henry Bessemer 于 1859 年发明的钢包回转台取代，如图 1-2-3 所示。1885 年，David D. Lewis 发明了钢包滑动水口，如图 1-2-4 所示。

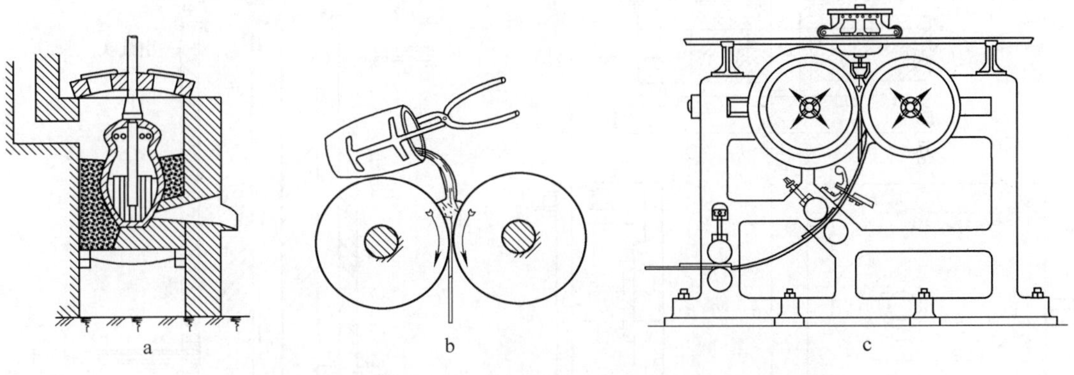

图 1-2-1 1856 年 Henry Bessemer 浇铸薄带钢的试验原理
a—早期的坩埚炼钢；b—双辊浇铸薄带钢示意；
c—Henry Bessemer 浇铸薄带钢用双辊试验设备，1857 年申请专利

1886 年，位于纽约哈里森的 Atha & Illingworth 公司（这是一家工具钢炼钢厂，于 1901 年与另外 12 家特种钢公司一起合并为美国坩埚钢公司）的 Benjamin Atha 设计了类似方坯连铸装置并申请专利，如图 1-2-5 所示。水冷结晶器直接与中间罐相连，具有爪状头部的引锭由一对拉坯辊拉出。据报道，到 1910 年，已浇铸出数千吨 100mm × 100mm 的高碳锉刀钢。同期，德国发明家及钢铁工业的顾问 R. M. Daelen 也独立设计了类似装置（没有实际应用）、带有飞剪切断装置，并于 1889 年申请专利。它揭示了这样一个现象，当环境成熟时，在不同地点对相同的问题可能给出一个完全一致的答案。

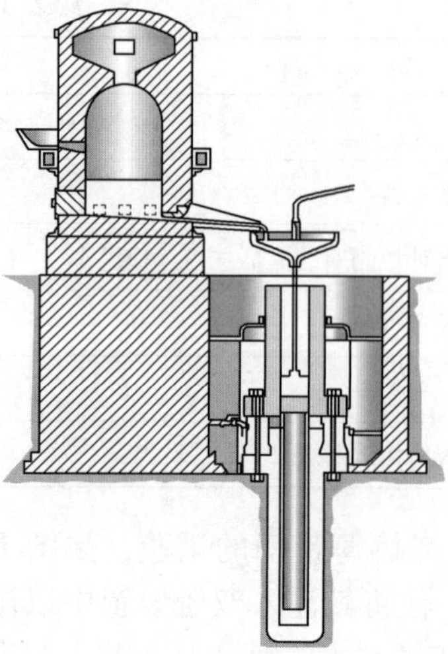

图 1-2-2 Henry Bessemer 采用的固定吹炼转炉、带塞棒的中间罐以及带液压缸的结晶器

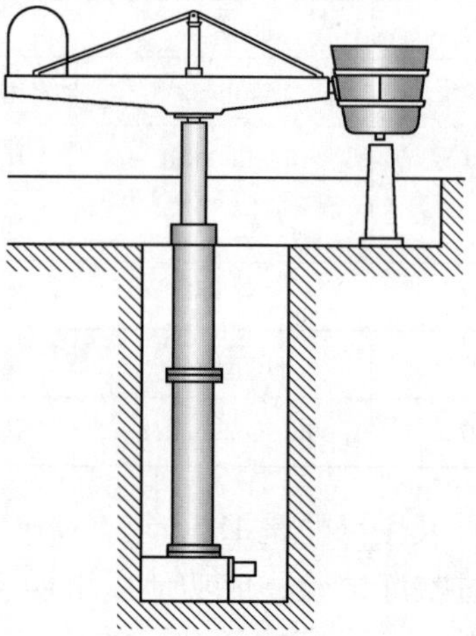

图 1-2-3 Henry Bessemer 设想的用于浇铸钢锭的钢包回转台

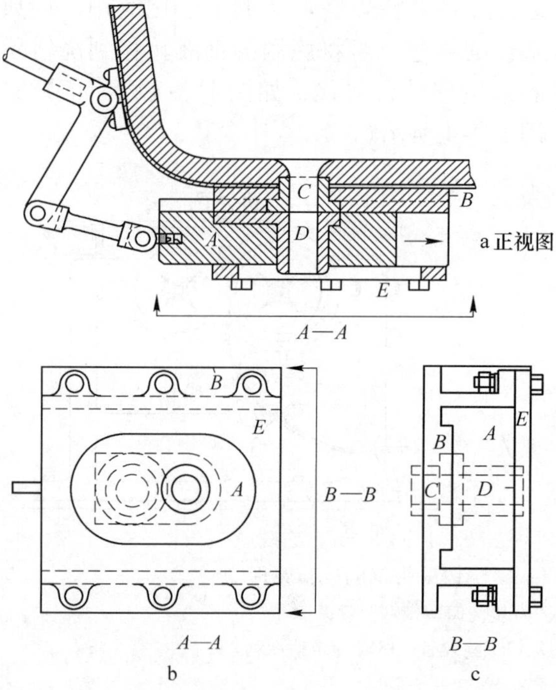

图 1-2-4 D. D. Lewis 于 1885 年发明的首个钢包滑动水口

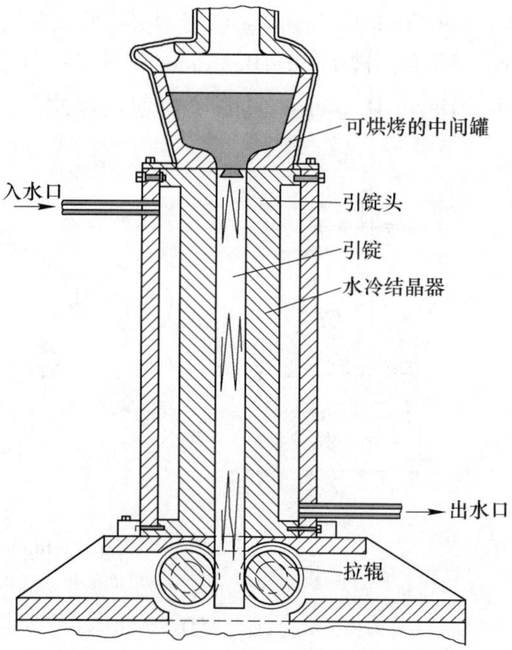

图 1-2-5 B. Atha 于 1886 年发明的方坯连铸装置

1915 年，第 1 台连铸机由美国马鞋业有限公司（Horse Shoe Co.）的 John T. Rowley 设计，俄亥俄州克利兰夫 Arthur McKee 公司（一家正规机器制造厂，1978 年与谢菲尔德的戴维公司合并）制造，已经带有弯曲矫直功能，如图 1-2-6 所示。据报道，该连铸机浇铸出的方坯断面尺寸为 45mm × 45mm 和 75mm × 75mm，长度范围为 10 ~ 50m（没有设置飞剪）。长度控制的不规则产生过大的结晶器摩擦力，有时导致坯壳的粘结和撕裂。因此，

振动式结晶器的出现解决了这一难题。该结晶器是由著名的黑森林钟表店的经理，神秘的发明家 Siegfried Junghans 于 1933 年首先使用（使结晶器做短行程上下往复运动，以减小结晶器摩擦力的概念由 Cornelius W. van Ranst 于 1919 年首先提出，并于 1921 年获得专利，但是当时未获应用，见图 1-2-7）。1936 年，美国纽约市的工程师兼商人 Irving Rossi 遇到了 Junghans，获准在德国以外 Junghans 专利的使用权，这一合作最终将连铸技术推向钢的工业生产。

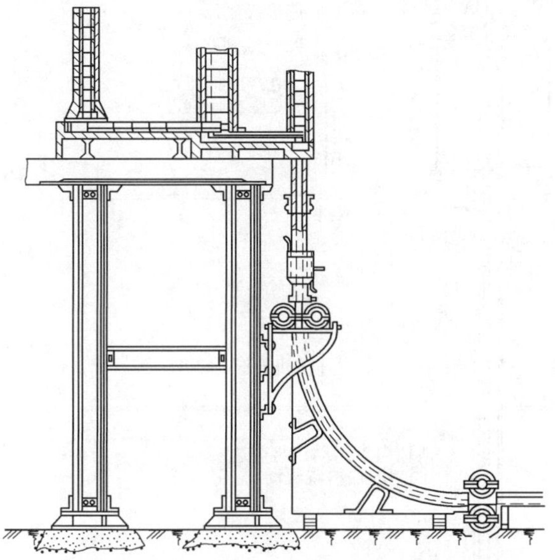

图 1-2-6　J. T. Rowley 于 1915 年发明的首台弯曲—矫直方坯连铸机

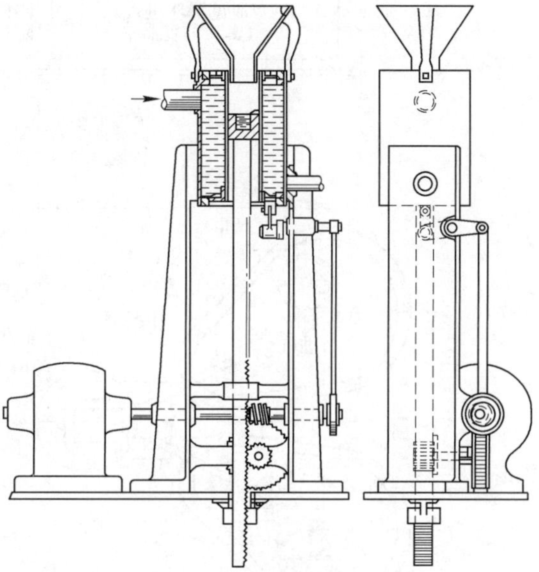

图 1-2-7　C. W. van Ranst 于 1919 年首次提出的振动式结晶器方案

1937 年，Rossi 将第 1 台有色金属连铸机卖给著名的康涅狄格“铜谷”的 Scovill 制造公司，这是一家创新式企业，当时已经应用数项连铸工艺，包括运动结晶器及 Hazelett 工艺。此台连铸机的构造看似简单（见图 1-2-8），由振动结晶器，喷淋水直接冷却装置以及供液态金属与供料系统组成：

（1）全封闭的液态金属由钢包通过一个漏斗进入两个感应加热和惰性保温的两个平行布置容器。

（2）惰性气体压力迫使液态金属通过电阻加热的通道，进入一个小中间流槽，由高度指示器指示其金属液面高度。

（3）液态金属通过重力送料系统经过另一个电阻丝加热的通道进入气封的结晶器。

开始试用阶段真正实现了连续 7 天的浇铸操作。这给“Junghans-Rossi”带振动结晶器的立式连铸机（短式铜结晶器长 0.45 ~ 0.70m，积木式结构，镀铬，钻有水通道，采用菜籽油润滑和惰性气体保护，振动行程 12 ~ 50mm）对有色冶炼工业的迅速推广起到很好的带头作用，1951 年共建造和投产了 12 台连铸机，德国和美国各 5 台，英国 2 台。

连续浇铸技术在有色冶炼工业的成功应用也促使人们研究其在钢铁冶金中的应用，但二战的爆发制约了该项技术的发展。出于同样原因，加上当时对此类活动的严格保密，很少有相关设计和运行的详细报道。Edward R. Williams 为该技术的发展作出了杰

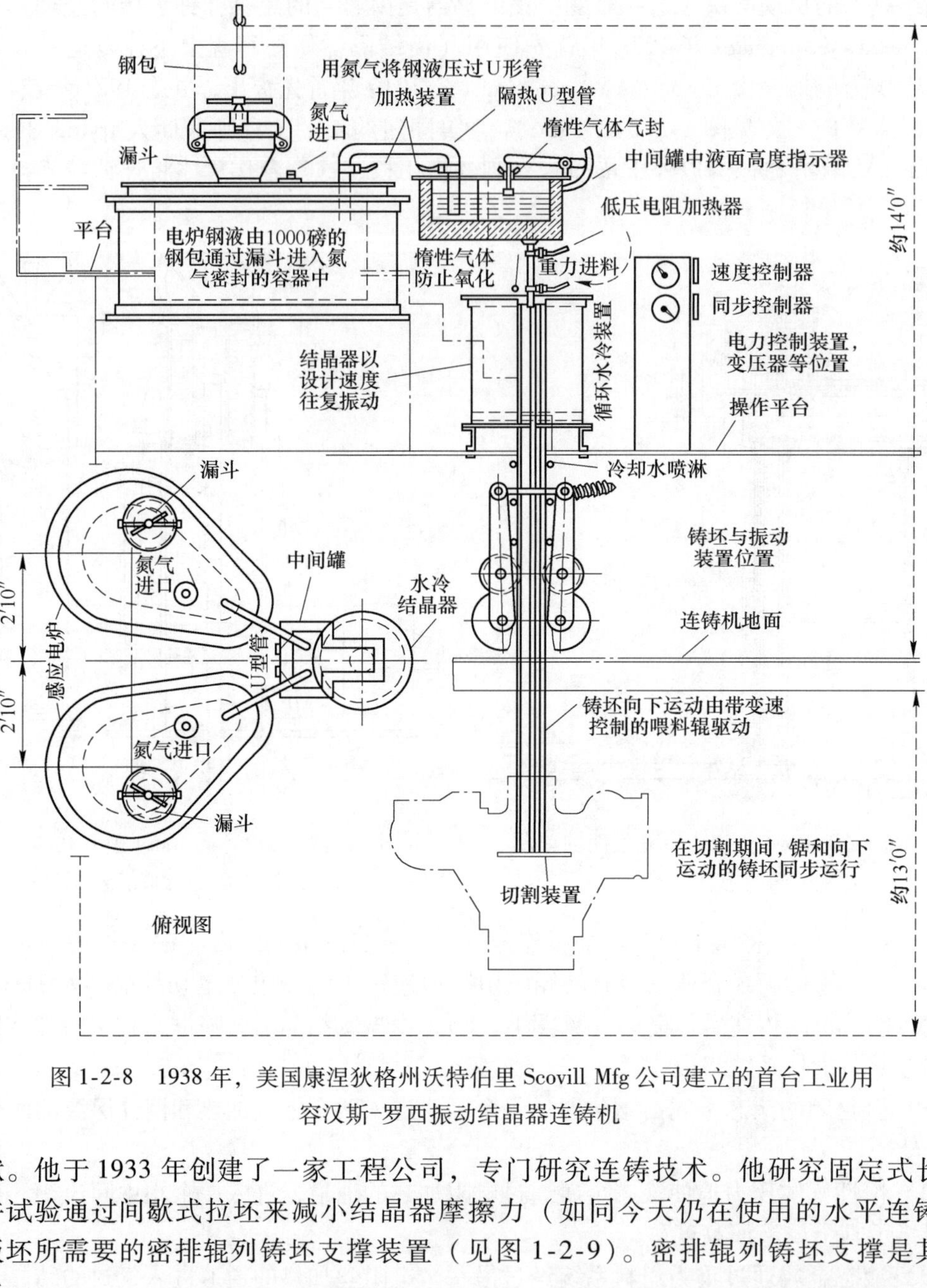

图 1-2-8　1938 年，美国康涅狄格州沃特伯里 Scovill Mfg 公司建立的首台工业用容汉斯-罗西振动结晶器连铸机

出贡献。他于 1933 年创建了一家工程公司，专门研究连铸技术。他研究固定式长结晶器，并试验通过间歇式拉坯来减小结晶器摩擦力（如同今天仍在使用的水平连铸机），浇铸板坯所需要的密排辊列铸坯支撑装置（见图 1-2-9）。密排辊列铸坯支撑是其突出成就之一。

1942 年，Edward R. Williams 与美国共和钢厂合作，开始建造 1 台大型试验连铸机，用于浇铸 100mm × 100mm 的方坯，和 75mm × 215mm 的小板坯。1948 年，他们又与 Babcock & Wilcox 公司在比沃法尔斯的工厂建造了另 1 台试验装置（见图 1-2-10），该装置配备了先进的结晶器液面自动控制装置和远程 TV 监控装置。

对于固定式结晶器（无振动）的研究有很多：1941 年美国的 Bethlehem 钢铁厂、1946 年英国布拉德福的 Low Moor 合金钢厂，1948 年伦敦的 BISRA-Battersea 实验室，1944 年俄罗斯莫斯科的 Tsniichermet 实验室、1947 年日本尼崎的住友金属、1946 年奥地利泰尔尼茨的 Schoeller-Bleckmann 公司、1948 年德国 Mitterdorf 的 Edelstahl Breitenfeld 公司、1949 年奥地利 Kapfenberg 的 Boehler 公司和 1950 年法国 Unieux 的 Holtzer 公司。

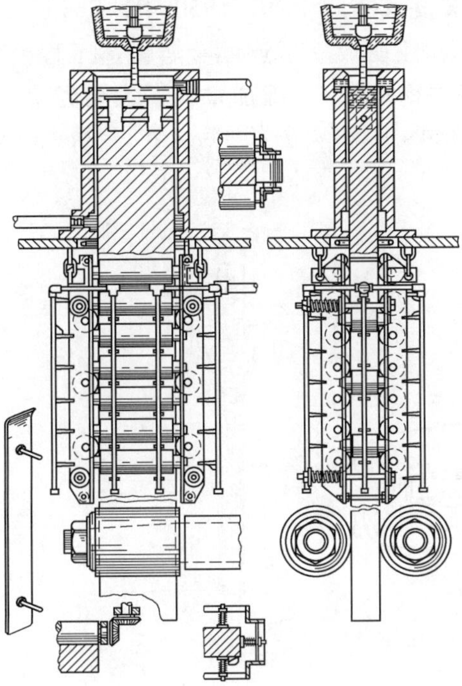

图 1-2-9 密排辊列铸坯支撑装置

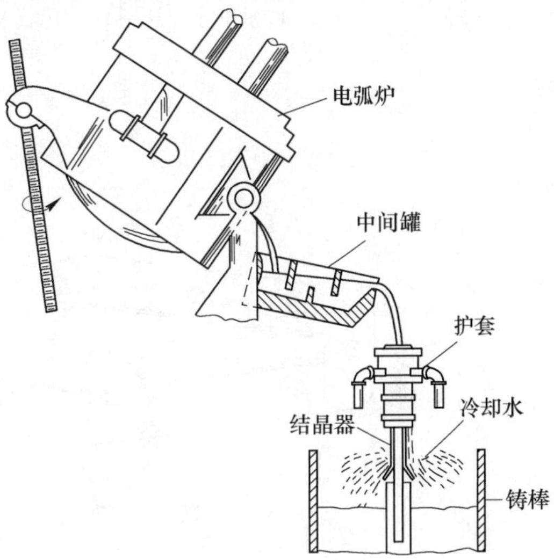

图 1-2-10 Babcock & Wilcox 公司在比沃法尔斯建造的试验连铸机

显然，这些研究受阻于结晶器摩擦力这一问题，相比早期采用 Junghans-Rossi 振动结晶器的试验连铸机，取得的进展很小。而容汉斯 1943 年在勃兰登堡和 1944 年在威藤的试验所取得的成果，由于当时的战争环境，很少为世人所知。1949 年，Junghans 在 Schorndorf 建造了自己的用贝塞麦转炉供给钢液的连铸试验装置，随后又于 1950 年与 Mannesmann 签定合作协议，在胡金根厂建造了 1 台试验连续铸钢机。1952 年，德国与奥地利研究人员合作研究连铸技术，并于 1956 年指定 Demag 为其机器制造商，组成 DMB（Demag-Mannesmann-Boehler）公司。

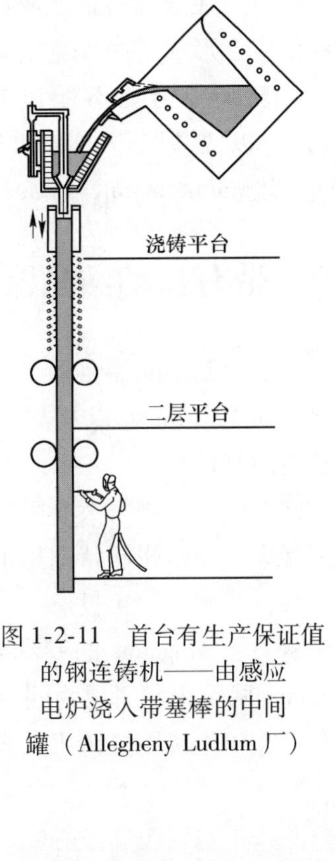

图 1-2-11 首台有生产保证值的钢连铸机——由感应电炉浇入带塞棒的中间罐（Allegheny Ludlum 厂）

同一时期，Rossi 继续独立研究，并将由他设计、Koppers 公司制造的第 1 台连续铸钢机卖给纽约 Watervliet 的 Allegheny Ludlum 公司，1949 年这台机器开始投入生产，主要浇铸 140mm 的方坯和 75mm × 380mm 的小板坯。他对这台机器的产量（每小时至少 20t）和产品质量均做出承诺，因此该连铸机可看作是连续铸钢机商业化的首次尝试。除了图 1-2-11 中可看到的特点之外，由惰性气体填充的中间罐、结晶器和（非浸入式）浇铸管的电阻预热装置也令人瞩目。为了最终将浸入式水口（SEN）应用于浇铸薄板坯，Rossi 提出上部为漏斗口状的结晶器的设想并获得专利，如图 1-2-12 所示，但并未投入实际生产。1950 年，Rossi 与 Allegheny Ludlum 和 Koppers 等股东在美国 Wilmington 注册成立了连续金属铸造工程公司。不久便得到另外四台连铸机的订单（主要来自特种钢厂家），即加拿大安大略省韦兰的 Atlas 钢厂、英国的 Barrow 钢厂、瑞典的 Nyby Bruks 厂和法国的 Forgesd' Allevard 厂。为了经营海外业务，Rossi 于 1954 年在瑞士的苏黎世成立了 Concast 公司。

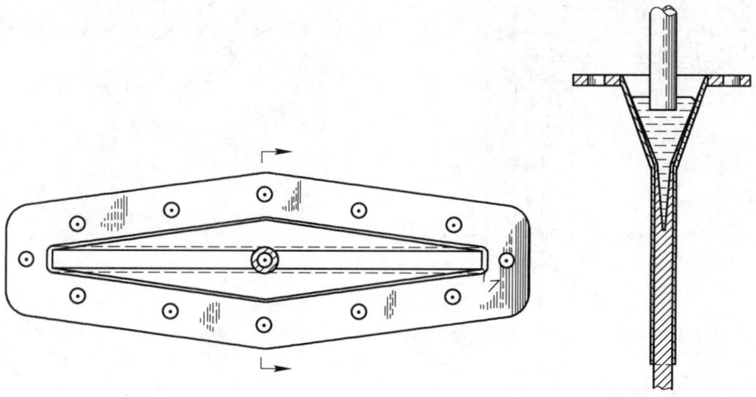

图 1-2-12　I. Rossi 发明的漏斗形薄板坯结晶器
a—俯视图；b—侧剖视图

这样，在连续铸钢工业化一开始，除了那些众多的小规模机器制造厂外，在连铸机设计和供应上形成了两大竞争集团。弧形连铸机的发明最终使 DMB 和 Concast 两大公司联合起来，于 1963 年在苏黎世成立了合资公司，取名为"MBC（Mannesmann-Boehler-Concast）"，以便共同进行专利开发。1969 年，Boehler 离开该联盟去支持新的连铸机企业 VAI，而 Mannesmann 与 Concast 的合作一直持续到 1981 年 Concast 解体。

2.3　带有振动结晶器的早期有色金属生产用连铸机

通过控制结晶器运动（振动，往复运动）来减少黏结成为金属连铸过程中的一个关键因素。在 Van Ranst 以及 Welblund 和 Benard 所做的研究之外，Junghans 采用并证实了振动结晶器的有效性。

该工艺可以进行大断面尺寸的有色金属的工业连铸生产。第 1 台 Junghans 黄铜连铸机由美国康涅狄格州沃特伯里的 Scovill 制造公司（Scovill Mfg. Co. /Waterbury，CT）于 1937 年购买，并于第二年投产——这笔贸易是由纽约的 Irving Rossi 斡旋成功的，他于 1938 年成功购买了 Junghans 的专利和德国以外区域的设备制造权。基于该技术，Irving Rossi 和 Junghans 两位先驱者成为同时代有色金属行业连铸机供应的引领者。带有振动结晶器的早期有色金属生产用连铸机见表 1-2-3。

表 1-2-3 带有振动结晶器的早期有色金属生产用连铸机

年份	公司/工厂，地点	金属	断面尺寸/mm(mm×mm)
Junghans 供货的连铸机			
1934	Wieland-Werke/弗林根，德国	铜 铝	ϕ40～200，100×500 ϕ350，145×430
1936	Junghans/斯图加特-Obertürkheim，德国	铝	①
1938	Scovill Manufacturing Co./沃特伯里，康涅狄格州	黄铜	ϕ200②
1938	I. G. Farbenindustrie/贝特弗尔德，德国	铝	最大 ϕ500，板坯
1939	Wintershall/Herringen，德国	镁	
1940	Leichtmetall-Werke Rachwitz-Berghaus/莱比锡，德国	铝，镁	
Rossi 供货的连铸机			
1938	Bristol Brass/布里斯托尔，康涅狄格州	黄铜	ϕ 最大 250，板坯
1940	Scovill Manufacturing Co./沃特伯里，康涅狄格州	黄铜	65×650
1942	James Booth/伯明翰，英国	铝	ϕ300～400
1943	Extruded Metals/Grand Rapids，密歇根州	铜	
1948	美国金属/卡特里特，新泽西州	铜	ϕ150～200，100×330，90×660
1951	Imperial Chemical Industries/Waunarlwydd，英国③	铝	ϕ500，250×1200

①在线调节尺寸；②薄壁结晶器（12mm）；③由英国 Loewy Engineering 公司的 Bournemouth 工厂承建常规连铸机特点，结晶器长度 0.45～0.7m，大多数采用铜板结晶器，铜板上钻有冷却水通孔，表面镀铬，采用菜籽油润滑，浸入式水口，结晶器液面采用丁烷或丙烷气体保护，结晶器振动行程为 12～50mm，用锯进行切割。

2.4 早期的关键理念

（1）稳定结晶器液面，利用结晶器振动减少黏结。这是自 1886 年 Atha 首先进行的研究活动以来，连铸技术逐渐发展的过程。尽管有色金属占据主体地位，但炼钢连铸方面也积累了大量的经验。在大多数的研究中，结晶器维持自由液位被认为是“理所当然”的，但是有一些先驱，如 Trotz、Monnot 和 Goss 则试图在结晶器上方控制液面，以避免液位过度的不稳定和湍流，如目前大家所公认，结晶器液位控制是传统连铸的一个重要条件，因为任何液位波动都有可能改变正常的弯月面，从而导致坯壳缺陷和坯壳黏结。

在承认不理想的液面控制和出现坯壳黏结之后，大多数研究人员都通过改善结晶器热量传递来增强坯壳强度——比较典型的一种方法是威廉姆斯（Williams）采用的通过间歇式（停－拉）的拉坯方式促进坯壳在停歇时间段生长。然而，在停歇时间内液面的突然上升有可能引起新的坯壳缺陷和黏结。

虽然结晶器液面稳定的控制比连续拉坯控制简单，但是与期望的程度还是相差很远。因此，通过控制结晶器运动（振动，往复运动）来减少黏结成为一个关键工艺因素。在 Van Ranst 以及 Welblund 和 Benard 所做的研究之外，Junghans 采用并证实了振动结晶器的有效性，而且振动技术变成了当时需要攻克的核心技术。

（2）几项重要的技术。

1）中间罐采用感应加热，所有的传输管道都采用电阻加热。

2）结晶器中的浸入式水口。

3）结晶器液面惰性气体保护。

4）结晶器下方直接喷淋冷却。

5）实现结晶器传热效率的最大化。

（3）Junghans 和 Rossi 的坚持不懈。尽管受到了第二次世界大战爆发的影响，但 Junghans 还是在德国空军部门的支持下于 1943 年在绍恩多夫（Schorndorf）建立了一个新的试验工厂，继续他在有色金属方面的研究，该项目还与乌尔姆的 Wieland- Werke AG 公司（Wieland- Werke AG/Ulm）和汉诺威的 Vereinigte Leichtmetallwerke AG 公司（Vereinigte Leichtmetallwerke AG/Hannover）联合开发，他们一起组成了“德国连铸协会”（SG）。

相比之下，Rossi 在战争期间以及战后的活动更为自由些，如表 1-2-3 中介绍的，他分别于 1942 年和 1951 年卖给英国的两台连铸机可以作为佐证。Junghans 和 Rossi，以及紧紧跟随着他们的先驱者们，共同形成了一个多向发展的连铸机制造商“家谱树”。

2.5　早期的固定结晶器和振动结晶器连续铸钢机

采用传统连铸工艺生产钢材的普遍性研究始于第二次世界大战期间，这主要受有色金属行业成功应用连铸工艺的启发，同时也有因战争引起的内在经济压力的影响。关于早期的发展情况，Lippert、Schwarzmaier、Herrmann、Boichenko、Tarmann、Malcor 和 Halliday 等人曾进行过全面回顾。

依据这些权威资料以及其他一些相关材料，表 1-2-4 列举了采用传统连铸工艺进行钢材生产的研究活动。主要按结晶器技术的基本原理，如固定式或振动式结晶器，进行了区分。表 1-2-4 中，V 代表立式，VB 代表立弯式。

表 1-2-4　早期生产钢材用连铸机的研究机型

年份	公司/工厂，地点	结晶器技术	
		固定式	振动式
1941	Bethlehem Steel/莱巴嫩，宾夕法尼亚州	V	
1942	Republic Steel/克利夫兰，俄亥俄州	V①	
1943	Mitteldeutsche SWWFF/勃兰登堡，德国		V
1944	Ruhrstahl/维腾，德国		V
	Tsniichermet/莫斯科，苏联	V	
1946	Low Moor Alloy Steel/布拉德福德，英国	V①	
	Schoeller-Bleckmann/Ternitx，奥地利	V	
1947	住友金属/尼崎，日本	V	
1948	BISRA/伦敦巴特西，英国	V②	
	Babcock & Wilcox/比弗，宾夕法尼亚州	V①	
	Breitenfeld/Mitterdorf，奥地利	V	

续表 1-2-4

年份	公司/工厂，地点	结晶器技术	
		固定式	振动式
1949	Boehler/卡普芬贝格，奥地利	V	
	Junghans/绍恩多夫，德国		V
	Allegheny Ludlum/特弗里特，纽约		V
1950	Holtxer/Unieux，法国	V②	
	Mannesmann/胡金根，德国		V
1951	Krasny Oktyabr/伏尔加格勒，苏联		V
1952	United Steel/巴罗（Boehler，还有巴鲁、巴路、百录等译名），英国		VB
	Kirow Works/斯大林格勒，苏联		V
1953	Kloeckner Stahl/哈斯珀，德国		V
	Maxhütte/Haidhof，德国		V
	NTZM/Novo Tula，苏联		V
1954	Nyby Bruks/埃斯基尔斯蒂纳，西班牙		V
	W. M. Jessop & Sons/谢菲尔德，英国	V②	
1955	BISRA/谢菲尔德，英国	V②	
	住友金属/大阪，日本		V
	Allevard/Le Cheylas，法国		V
	VEB 8th of May/弗赖塔尔，德国		V
1956	Lenin Met. Works/迪欧什捷尔，荷兰		V②
	1st of May Works/加里宁，苏联		V
1957	CNRM/埃诺，比利时		V②
	上海钢铁公司中心试验室炼钢试验厂（后来的上海钢铁研究所）/上海，中国		V
1958	Safau/乌迪内，意大利		V
1958	重庆钢铁公司第三炼钢厂/重庆，中国		V
1959	Von Moos/卢塞恩，瑞士		VB
1960	Steel Co. of Wales/Abbey Works，英国		V②
1960	唐山钢厂/唐山，中国		
1961	United States Steel/南芝加哥，伊利诺斯州		VB
1962	Richard，Thomas & Baldwins/Panteg，英国		V
1963	Tube Investment/布赖尔利希尔，英国		V
	Mclouth Steel/特伦顿，密歇根州		V
1965	Bethlehem Steel/伯利恒，宾夕法尼亚州		V

①间歇式拉坯。②带弹簧的结晶器。

2.6　早期的其他技术成果及信息

在以上诸多研究工作中，具体一些的资料比较缺乏，这主要是由技术保密导致的，再则，二战期间技术转让和信息发布也很少，比如以下研究情况的资料就比较稀少。

1938 年，苏联高尔达宾（M. F. Goldobin）提出履带式倾斜浇铸法，如图 1-2-13 所示。该连铸机的结晶器由上下两条带凹槽履带组合而成，浇铸时凝固铸坯随结晶器一起运动，这种随动结晶器与铸坯同步运动，因之可实现高拉速而无黏结漏钢事故，此设备曾在苏联库兹涅茨克/康拜因公司浇铸 100mm×100mm 方坯，而后在莫斯科的苏比莫托公司和布罗斯基城的贝兹斯基厂实验。经过较长时间试验，因结晶器整体性能差，铸坯出结晶器时履带运动情况不好、铸坯表面有横裂、纵向有毛刺和凸肩、运转时履带有振动等原因，虽然做了很长时间的试验，最终未能转入正常生产。

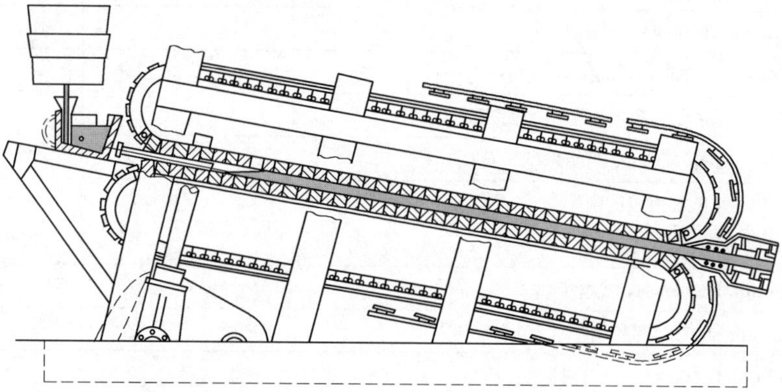

图 1-2-13　苏联高尔达宾履带式连续铸钢机

1941 年报道的在宾夕法尼亚州莱巴嫩的 Bethlehem 钢铁公司（Bethlehem Steel Co./Lebanon，PA）生产了直径为 ϕ100mm 的钢圆坯，含碳 0.1%～0.5%，拉坯速度为 3m/min，采用管状结晶器，中间罐采用硅碳棒加热，结晶器下方安装二次冷却装置。

1942 年，俄亥俄州克利夫兰的共和钢铁股份公司（Republic Steel Corp./Cleveland，OH）在其 Corrigan-Mckinney 工厂采用连铸工艺生产了 100mm×100mm 的碳钢和不锈钢小方坯，以及 75mm×215mm 的小板坯，采用的是 E. R. Williams 的专利。

1943 年，Junghans 在德国勃兰登堡（Bradford）的 Mitteldeutsche Stahland Walzwerke Friedrich Flick KG 公司建造了 1 台试验性连铸机，用于小方坯生产研究，但是由于战争原因试验在 1944 年终止（注：有时候 Junghans 在 Spandauer Stahlindustrie 的试验与 K. Schilcher 和 R. Mitshche 用水平连铸机（HCC）生产直径为 ϕ50mm 圆棒的试验研究似乎是矛盾的，这两个人的工作也隶属于 Flick 集团）。

1944 年、1945 年，有报道称，德国维腾的 Ruhrstahl 股份公司（Ruhrstahl AG/Witten，Germany）对专用碳钢和工具钢进行了直径 ϕ150mm 圆坯的连铸试验。

1946 年，英国布拉德福的 Low Moor Alloy 钢厂（Low Moor Alloy Steelworks/Bradford，UK）开始了奥氏体不锈钢小方坯试验研究，使得 Jack Sydney Gerber 申请了一系列专利，如 1949 年的感应加热中间罐水口（FR 983，781；1951.02.14），1950 年的振动式拉坯

(GB 722，314；1955.01.26)，以及 1953 年的绝热浸入式水口（SEN）（GB 743，348；1956.01.11）等。

由于保密工作盛行，还有很多其他的研究情况鲜为人知，如德国哈根-哈斯珀的 Kloeckner-Werke 股份公司（Kloeckner-Werke AG/Hagen-Haspe）利用碱性贝塞麦转炉（托马斯转炉）生产沸腾钢进行的小方坯连铸试验，采用的是 Junhans 提供的移动式试验连铸机，这种连铸机可能还在 Haidhof 的 Maxhütte 公司用于对平炉（OHF）生产的硅镇静钢进行连铸试验。

相反，有一些试验工作却公布得很详细，尤其是在苏联和奥地利。1944 年，在 I. P. Bardin 的领导下，莫斯科黑色冶金科学研究院（Central Scientific Research Istiute of Ferrous-Metallurgy，Tsniichermet）建造了 1 台生产钢产品用的试验连铸机，其钢液来源于 1.5t 的电弧炉（EAF），对碳钢和低合金钢，铸造了直径为 ϕ100～280mm 的圆坯，(100mm×100mm)～(300mm×300mm) 的方坯，(100～200)mm×(200～800)mm 的矩形坯，研究结果表明，采用断面长宽比大的铸坯，即板坯，可以得到最好的中心致密度。这些努力促成了平板结晶器和铸坯支撑辊列的设计，并且导致了矩形大方坯和宽板坯的进一步发展。

1947～1948 年日本住友金属公司的尼崎制管工厂（Amagasaki Tube Works of Sumitomo Metals）进行了直径为 ϕ90～125mm 的圆坯连铸试验，用于直接穿孔生产无缝钢管，通过一个带有二次冷却的固定管式结晶器进行碳钢和不锈钢的连铸生产。

连铸技术在奥地利的发展是在 1947 年由 Boehler，Breitenfeld，Schoeller-Bleckmann 以及 Voest-Alpine 四家公司联合发起的，随后，该合作组织于 1952 年转变成为“奥地利连铸协会”（OESIG）。1946～1947 年，Ostendorf 在 Schoeller-Bleckmann 公司完成了前期试验之后，Breitenfeld 公司于 1948 年 4 月 9 日建造了 1 台用于生产直径为 ϕ70～80mm 圆坯的试验连铸机。1949 年，卡普芬贝格的 Boehler 公司（Boehler/Kapfenberg）建造的另 1 台连铸机则推动了奥地利连铸技术的进一步发展，该连铸机主要生产碳钢和合金钢，直径为 ϕ80mm 的圆坯，拉坯速度为 0.6m/min，采用管状、长度为 300mm 的短结晶器，并对结晶器中的传热情况进行了深入研究。奥地利所有的研究都是采用固定式结晶器。

1948 年，“英国钢铁研究协会”（Bisra）在他们位于伦敦巴特西（London-Battersea）的试验室进行了早期小规模的试验，生产了直径达到 ϕ75mm 的圆坯，这也建立了带弹簧的结晶器的设计理念，以自行调节消除黏附。这项研究在谢菲尔德的 William Jessop & Sons 厂（William Jessop & Sons/Sheffield）的两流试验机上得到了进一步的发展，同时在谢菲尔德试验室的 Bisra 厂（Bisra/Sheffield Labs）和比利时埃诺的 CNRM 工厂（CNRM/Hainaut，Belgium）也取得了一些相关的进展。采用相同的原理，Vergniaud 于 1950 年在法国 Unieux 的 Holtzer 公司（Holtzer/Unieux）也建造了 1 台试验连铸机。

在美国，共和钢铁公司（Republic Steel）和 B&W 公司达成合作协议，在 B&W 公司位于宾夕法尼亚州的比弗（Beaver Falls Works，PA）建立一个试验工厂，利用 Williams 的工艺，即薄壁固定式长结晶器，没有润滑剂，采用间歇式拉坯。该连铸机于 1948 年 3 月 18 日投入使用，用 45t 电弧炉供应碳含量 w(C) 为 0.15% 的钢液，浇铸直径为 ϕ135mm 的圆坯，这些圆坯在共和钢铁公司进一步轧制成 ϕ32～35mm 的棒材。该装置配备了 X 射线传感器以保证在间歇式拉坯时结晶器液面的波动在预定范围之内。借助远程结晶器摄像头和监视器，通过倾斜中间罐人工控制钢液流量。主要产品为 180mm×180mm 的小方坯和 110mm×230mm 的椭圆坯，拉速分别为 1.7m/min 和 2.7m/min。浇铸钢种包含特种碳素钢、SAE52100 轴承钢和所有标准牌号的不锈钢。椭圆形断面的低碳钢在 Jones & Laughlin 公司加工成无缝钢管。

同样在美国，Rossi 的第 1 台生产钢坯的试验连铸机由 Kopper 公司制造，并于 1949 年 4 月在纽约州特弗里特的 Allegheny Ludlum Steels 股份公司（Allegheny Ludlum Steels Corp./Watervliet，NY）投入运行。该连铸机采用附有铬板的一体式短结晶器，具有结晶器振动技术并且以菜籽油为润滑剂。大部分的不锈钢被铸造成直径为 ϕ140mm 的圆坯或者 75mm×380mm 的小板坯，其最大拉坯速度分别为 1.5m/min 和 1.0m/min，但是生产率却一直远远低于 20t/h 的设计目标。钢液从感应炉倾倒入带有塞棒的中间罐中。浇铸前，对浸入式水口的前端进行电阻加热，浇铸时，中间罐和结晶器液面都由惰性气体屏蔽保护。由于表面质量差这一重大缺陷（不如模铸产品），试验于 1955 年中止。

上述所有的试验设备都是基于立式连铸机设计，然而 Valentine Tarquinee 和 Roya J. Scovill 一项新的发明，并于 1950 年申请了专利（US 2，698，467；1955.1.4），后来将专利让给了 Edward W. Osann。如图 1-2-14 所示，该专利设计的小方坯连铸设备可以达到 220t/h 的高效率，它将已有的一些发明进行了组合，如采用带有升降储钢槽的陶瓷结晶器，Rowley 的铸坯弯曲和矫直技术以及在线改变铸坯断面尺寸技术，所有这些造就了一项“超级现代”连铸技术。

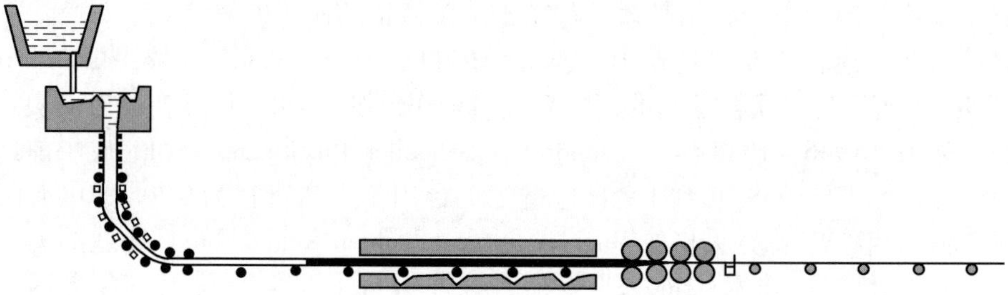

图 1-2-14　印第安纳州 Gary 的 Tarquinee 和 Scovill 申请的专利（US 2，698，467）构思
（高效高速连铸机，结晶器连接有升降式储钢槽，带液芯弯曲和矫直，
在线改变铸坯断面尺寸，采用加热炉进行温度补偿）

Rossi 在特弗里特的研究开始之后不久，便如同 Junghans 和 Williams 一样，创建了一个工程公司致力于连铸的研究，并于 1950 年 8 月 18 日注册，公司名为 Continuous Metalcast Inc. of Wilmington，DE。Allegheny Ludlum 公司、Scovill Mfg. 公司和 American Metal 公司（美国金属公司）同为其参股人。1951 年，应英国谢菲尔德联合钢铁股份有限公司（The United Steel Companies Ltd. of Sheffield）的要求，Rossi 为其 Barrow 工厂建造 1 台小方坯连铸机，产品为 50mm×50mm 的小方坯，拉坯速度设定值为 4.6m/min。为建造这台连铸机，Rossi 通过将美国及加拿大以外的建造权卖给瑞典 Eskilstuna 的 Nyby Bruks 公司（即后来的 Graenges 公司）的方式与其达成合作关系。Barrow 厂的连铸机成为 20 世纪 50 年代连铸技术发展的重要试验性设备。

同时，Junghans 于 1948 年在德国的 Schorndorf 安装 1 台 1t 的贝塞麦转炉，重新开启了他的试验连铸机，并于 1949 年 3 月 8 日连铸出第一块钢坯。随后，由于对耐火材料进行了改进，连铸产品的质量优势得到了凸显，例如在易切削钢中硫的分布更加均匀。Junghans 的连铸产品包括 80mm×80mm 和 100mm×100mm 的小方坯，直径为 ϕ100~265mm 的圆坯以及 80mm×245mm 的小板坯。

3 试验和工业化并行的连续铸钢时代

3.1 试验和工业化初期的连铸技术

工业化连铸机大体出现在20世纪50年代和60年代初期。

20世纪50年代的典型特征之一是经济发展对钢铁产品的巨大需求量。由此，世界钢产量也由1950年的190Mt飙升到1960年的340Mt，其中平炉钢占80%，电弧炉钢和碱性转炉钢各占10%。由于平炉与连铸机的衔接性不好，所以初期的大多数连铸设备都是与小型钢厂的电弧炉相匹配。

1949年，杜塞尔多夫的曼内斯曼股份公司（Mannesmann AG/Dusseldorf）也对连铸技术产生了兴趣，于1950年9月加入原来的“德国连铸协会”（SG），并成为新的“德国钢铁连铸协会”（SSG）领袖。1950年6月，曼内斯曼公司（Mannesmann/Huckingen）的胡金根厂建立了1台试验连铸机，该连铸机采用电弧炉供应镇静钢和低合金钢，生产的铸坯包括直径为ϕ120mm和ϕ130mm的圆坯，140mm×180mm和300mm×300mm的方坯。还用碱性贝塞麦转炉（托马斯转炉）供应的沸腾钢进行了一些试验，生产断面为200mm×240mm的方坯。

根据Junghans和Schaaber的专利，Schorndorf和胡金根的实验工厂进行了结晶器电磁搅拌（M-EMS）试验。采用600mm长的结晶器，将电弧炉供应的沸腾钢连铸成直径为ϕ118mm的圆坯，拉坯速度为0.5m/min，电磁搅拌电流为800A。

随后在胡金根的实验工厂又增加了一流。1952年，德国的SSG与奥地利的OESIG达成合作协议，随后，该成套设备建造权于1956年授予了杜伊斯堡的德马克股份公司（Demag AG/Duisburg），这就产生了一个叫做DMB的供应商，即Demag-Mannesmann-Boehler。

1952年12月2日，在巴罗（Boehler）进行了第一次连铸试验，1953年，拉坯速度已经达到5m/min，1954年7月7日，一整炉7t钢液以11.4m/min的平均拉坯速度和14.5m/min最大拉坯速度连铸成50mm×50mm的小方坯——该最大拉坯速度至今仍然是常规连铸的绝对世界纪录。1955年4月曾尝试25m/min的拉坯速度，但是失败了。最早的连铸机采用的是铜块式结晶器，从1954年初以来一直采用镀铬的管式结晶器（长度812mm）。最早的结晶器振动采用的是Junghans的3:1模型，行程是50mm，拉坯速度为7.5m/min，频率要求为112.5c/min，当采用高拉速时，行程减小（最小达到14mm）。由于在结晶器上升的强大拉力作用下，经常发生坯壳拉裂的情况，因此，Rossi提出采取相反的1:3模型，即1/4的运动周期下降，3/4的运动周期上升，该技术于1953年11月9日得到专利（US 2，743，494；1956.05.01）。相应地，在拉坯速度为7.5m/min时，上升时铸坯与结晶器的相对速度从30m/min降到15m/min。

本章作者：杨拉道，谢东钢；审查：王蓉，黄进春，王公民，王受田，李淑贤

但是在避免黏结方面真正的突破是 1954 年 1 月 8 日哈利迪（I. M. D. Halliday）采用他的“负滑脱”构想，如图 1-3-1 所示，相对于结晶器下降过程中没有与铸坯相对运动的 Junghans 和 Rossi 模型，Halliday 的方法保证了更好的润滑剂渗透性并减小了黏结力，这也就更有利于实现高速连铸。

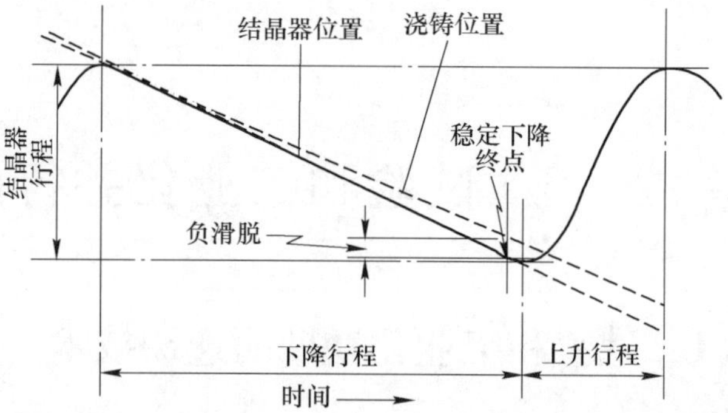

图 1-3-1　Halliday 带有“负滑脱”构想的 3:1 模型原理

为了进一步改善铸坯表面质量和避免漏钢，1957 年 10 月 31 日实现了用伽马射线检测结晶器液面波动的自动控制。1958 年 5 月 6 日，增加了第二流，采用和 1956 年 3 月 14 日第一流一样的弯曲和矫直装置，如图 1-3-2 所示。新增的断面尺寸有 75mm × 75mm 和 50mm × 150mm；除碳钢以外，还浇铸不锈钢。除了 Nyby Bruks 的设计工作以外，联合钢铁公司（United Steel）还通过其子公司，即 Workington 的 Distington 工程公司参与设备的建造，该公司后来成为 British Steel 的一部分，即现在的 Davy Distington 有限公司。

与 Halliday 在巴罗进行研究的同时，BIARA 公司也对结晶器振动采用所谓的“释压”方式进行了一些类似的改进，也是通过在结晶器下降过程中引入相对运动来实现的。1955 年 6 月 21 日，Wilfried C. F. Hessenberg 和 John Savage 将该方法申请了专利（US 2，815，551；1957. 12. 10）。Savage 还提出了“Siamese”三联体（“Weybridge 结晶器”）连铸的设想。1953 年他进入 BIARA 公司，1956 年加入咨询公司——英国 Weybridge 的连铸公司（Continuous Casting Co. of Weybridge，UK）。1963 年，Savage 成为 Distington 工程公司（Distington Engineering Co.）的顾问。

1954 年 5 月，Nyby Brunks 公司自行建立了自己的试验连铸机，该连铸机采用 Rossi 的设计样式，产品规格有断面为 80mm × 80mm 的小方坯和断面为 60mm × 330mm 的小板坯，主要生产不锈钢。连铸工作由瑞典冶金学家 Erik Olsson 负责指导，随后他以首席工程师的身份加入了 Rossi 新成立的连铸公司——Concast AG 公司，该公司于 1954 年 4 月 15 日在瑞典成立。在 Nyby 的连铸机上，有时因火焰切割工人的失误而导致铸坯弯曲，因此 Olsson 于 1960 年第一次提出带液芯铸坯逐渐弯曲的方法（US 3，290，741；1966. 12. 13）。

Olsson 还促进了大阪的住友金属公司试验连铸机的设计，该设备于 1955 年 11 月在 Frank Kyes 的指导下开始运行。Frank Kyes 是纽约华尔街 40 号 Continuous Metalcast 公司的首席工程师，他曾在 Allegheny Ludlum 公司任职直到 1955 年其试验连铸机关闭。大阪工厂于 1901 年建立，是日本第一家私人钢铁公司，由于生产铁路设备而成为一个弹簧钢消耗大户，因此他们想自己制造 1 台带有振动结晶器的连铸机，当他们发现这一连铸技术已被申请专利，便与 Rossi 签订了包括设备制造权的合作协议，后来又将该制造权转给了其姊妹公司——住友造船与机械公司（Sumitomo Shipbuilding & Machinery Co.，即现在的住友重工业有限公司）。其主要产品有断面为 130mm × 130mm 的小方坯和直径为 ϕ115mm 的圆坯，同时开展了很多基础性研究工作，尤其在 Si-Mn 弹簧钢小方坯裂纹和满足一定力学性能的最小轧制比等方面。还进行了 75mm × 200mm 不锈钢小板坯连铸，最大拉坯速度为 6m/min。

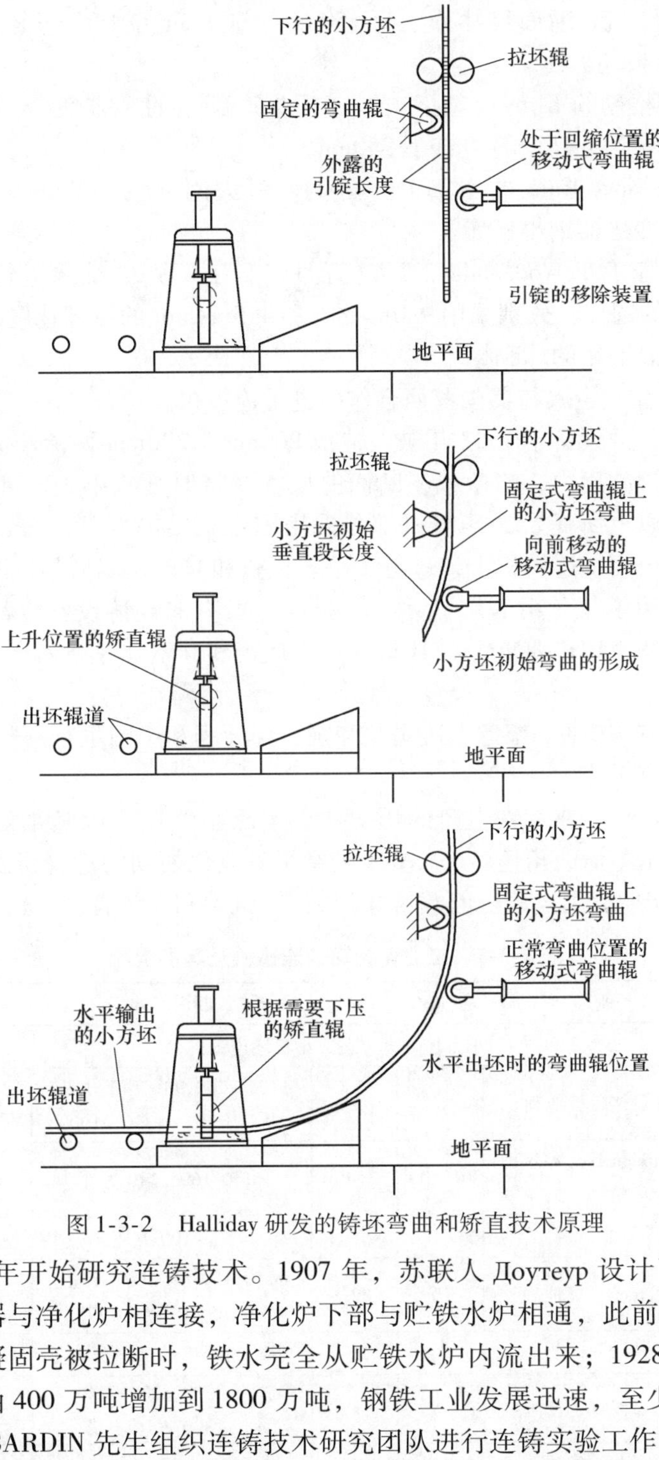

图 1-3-2　Halliday 研发的铸坯弯曲和矫直技术原理

苏联从 1905 年开始研究连铸技术。1907 年，苏联人 Доутеур 设计了水平连续铸造板坯的设备，结晶器与净化炉相连接，净化炉下部与贮铁水炉相通，此前将结晶器置于贮铁水炉的下部，当凝固壳被拉断时，铁水完全从贮铁水炉内流出来；1928 年到 1938 年十年间，苏联钢产量由 400 万吨增加到 1800 万吨，钢铁工业发展迅速，至少从 1944 年开始由苏联科学院院士 BARDIN 先生组织连铸技术研究团队进行连铸实验工作；1938 年，安装了一台活动铸模式连续铸钢机，可浇铸 160mm × 300mm 扁坯和 140mm × 140mm 方坯；进入 20 世纪 50 年代，苏联建起了四个试验工厂，与 Tsniichermet（莫斯科黑色冶金科学研究院）联合创建了：

1951 年，斯大林格勒的 Krasny Oktjabr 工厂（红色十月工厂）建造了两套生产立式不锈钢双流小板坯连铸机，断面尺寸分别为 150mm × 600mm 和 175mm × 300mm，也有说浇铸 180mm × 800mm 板坯。

1951 年，列宁格勒的 Kirov（基洛夫）工厂生产碳钢的小方坯/大方坯连铸机，断面尺寸分别为 200mm × 200mm 和 350mm × 350mm。

1953 年，苏联 Novo Tula 的 NTZM 公司生产最大断面为 200mm × 600mm 的碳钢和 150mm × 475mm 的变压器钢小板坯。

1955 年，加里宁的 Pervoe Maja 工厂（五月一日工厂）的试验连铸机生产了直径为 ϕ40mm 和 ϕ60mm 的圆坯，分别采用 9. 0m/min 和 4. 5m/min 的拉坯速度，并且将铸坯直接热轧成棒材以生产研磨用的球和棒。

1955 年，日本住友金属与美国罗西合作引进了连铸机。

苏联 NTZM 公司的设备于 1957 年被改造成 200mm × 200mm 两流小方坯连铸机，并曾尝试通过加大夹紧辊的压力，略微减小断面的尺寸（将厚度减小 3%～4%），但是这导致了柱状晶间裂纹。以上所提及的连铸机部分采用固定式结晶器，部分已经采用振动结晶器，尤其在 NTZM 公司的连铸机上，进行了很多正弦和非正弦模型的试验，并且在加里宁的连铸机上已经采用了“负滑脱”技术，就这样，所有的连铸设备也都逐渐引进了该技术。在产品上为了适应用户要求，对 H 型钢、不锈钢和硅钢片等系列产品进行了开发并且得到市场的认可。

受到苏联的影响，（原）德意志民主共和国、匈牙利和中国也有一些早期的实验工厂，做了一些独立的研究工作。

这或许是一种优势。在钢铁生产的历史中，不乏小型钢厂以其很好的灵活性获得生存，扮演着主导技术革命的角色。表 1-3-1 列举了工业化初期的连铸机及其供货商。表 1-3-2 汇总了工业化初期商用连铸机的数目（流数）、机型和设计者。

表 1-3-1　工业化初期的连铸机及其供货商

年份	公司/厂区，地点	钢包/t	流数	断面/mm	设计者	供货商
小方坯，大方坯、小板坯连铸机						
1952	Boehler/卡普芬贝格，奥地利	8	2	ϕ100～200，90～140 方坯，（100～160）×（330～1000）	Junghans	DMB
	Rheinische Röhrenmerke/米尔海姆，德国	10(40)	2(4)	ϕ130/160，110 方坯	Junghans	自建
	Barrow/英国			50～100 方坯		
1953	Breitenfeld/Mitterdorf，奥地利	10	2	ϕ110/130，85～100 方坯，（50～65）×（210～275）	Junghans	自建
	CAFL/Unieux，法国	2	2	60 × 80/80 × 105 椭圆坯	Veigniaul	CAFL/Fi.
1954	Mannesmann/白金汉郡，德国	35	4	ϕ260～300，200 × 240，330 方坯	Junghans	DMB
	Fives Lille-Cail/德国，法国	35	4	165/240 方坯，90 × 160	Junghans	DMB
	Low Moor Alloy Steelsworks/布拉德福，英国	3①	1/2	90～140 方坯，65/75 × 250/355	BISRA	Continuous Casting Co.
	Atlas Steels/韦兰，安大略，加拿大	40①	1/2	140 × 90，（100～165）×（486～610）	Rossi	Koppers

续表 1-3-1

年份	公司/厂区，地点	钢包/t	流数	断面/mm	设计者	供货商
			小方坯，大方坯、小板坯连铸机			
1955	Krasonye Sormovo/Gorki，苏联	50	2×2	175×420	Tsniichermet	Stalproekt
1957	Schoeller-Bleckmann/Ternitz，奥地利	18①	1	180×500	Rossi	Schloemann
	VEB 8th of May/弗莱塔尔，德国	5/10	3②	240×320	Baake	VEB Leipzig
1958	Benteler/帕德博恩，德国	18	1（2）③	120~160 方坯，45/65/95×270/300/450	Rossi	Schloessnn
	Terni/Terni，意大利	75	8	110/140 方坯	Junghans	DMB
	重庆重钢 3 厂，中国	30	2	175×250	徐宝升	自建
1959	Stavanger Staal/Jorpeland，挪威	12①	1	165 方坯	Rossi	Nyby
1960	SAFE/阿贡当日，法国	36	4	90/115/200 方坯	Junghans	DMB
	住友金属/大阪，日本	40	2	135~260 方坯，75×200	Rossi	Sumitomo
	八幡制铁所/北九州市，日本			150×1250	Rossi 批准	八幡制造
	Svenma Steel works/Podbrezova，CSFR	50	2	200 方坯	USSR	USSR
	Del Besos/Barcelona，E	15	1③	80 方坯	Rossi	Schloenma
	Revda Met. Works/Revda，苏联			165×225	USSR	Uichenman
	河北唐山，中国	5	1	150 方坯	CERIS	自建
1961	United Steel/巴罗，英国	20	2×2③	50/100 方坯	Rossi	Distington
	Schmidtstahl/Ybbs，奥地利	7	1③	100 方坯	Rossi	Innocenti
	Rio Grandense/Porto Allegre，巴西	10	2	90 方坯	Junghans	DMB
	Chihuahua/Chihuahua，墨西哥	15	2×1③	50~100 方坯	Rossi	Koppers
1962	Breitenfeld/Mitterdorf，奥地利	15	3	90 方坯，50/65×210/275	Junghans	DMB
	Premier Steel/Edmonton，阿尔伯达	21	2③	90/140 方坯	Rossi	Koppers
	K. M. Steel/里士满，澳大利亚	18	2	50~115 方坯	Rossi	Schloenman/Distington
	Huta Baildon/卡托维兹，波兰	2	1	100 方坯	Gliwice	自建
	Roanoke Electric/罗阿诺克，弗吉尼亚	22	2	115 方坯	Williams	Babock&Wilcox
	Appleby-Frodingham/斯肯索普，英国	100	4	230 方坯	Rossi	Distington
	Motala Verkstad/Motala，西班牙	5	1③	80 方坯	Olsson	Motala Verkstad
	F. Meyer/丁斯拉肯，德国	22	2	100~160 方坯，100×500	Junghans	DMB
	Kaganovich/Gorki，苏联	55①	2	230 方坯，150/190×400/550	USSR	Stalproekt
	Uzbetskiy Met. Works/Bekabad，苏联	65	4	200 方坯	USSR	Stalproskt

续表 1-3-1

年份	公司/厂区，地点	钢包/t	流数	断面/mm	设计者	供货商
宽板坯连铸机						
1959	Novolipetsk/Novolipetsk，苏联	100	2×2	(150~180)×(620~1050)	Tsniichenmet	Stalproekt
1960	Stalino Works/Donetsk，苏联	140	4	(150~200)×(600~1200)	USSR	Giprostal
	Yawata Iron & Steel/光市，日本	55①	1	(110~135)×(820~1330)，ϕ170/200，180~210 方坯	Rossi	Sumitomo
1961	Dillinger Hutte/Dillinger，德国	30	1③	200×800/1000/1520	Rossi	Schlnoeman/CAFL
1962	Grillo Funke/盖尔森基兴，德国	85	4/8	(125~225)×1000/1250/1500 280 方坯，130×390	Junghans	DMB

①表示主要生产不锈钢；②表示半连铸生产；③表示立弯式连铸机。

表 1-3-2　初期工业用连铸机台数（流数）、机型和设计者汇总

连铸机类型	Junghans	Rossi	USSR	其他	总　计
大方坯/小方坯	10（43）	12（24）	5（12）	8（14）	35（93）
宽板坯	1（4）	2（2）	2（8）	0（0）	5（14）
总　计	11（47）	14（26）	7（20）	8（14）	40（107）

由表 1-3-1、表 1-3-2 可以看出，25% 的连铸机为立弯式，且几乎全由 Rossi 一家提供，许多还是兼容型连铸机。小方坯和大方坯连铸有一机两流的，而板坯连铸机为一机一流。在生产的钢种上，三大生产商的区别较大：

（1）拥有产品种类繁多的特殊钢生产商的大集团。

（2）专门致力于生产不锈钢的较小集团。

（3）主要生产碳钢和低合金钢的最小集团。

上述区别不仅反映出电炉炼钢的主导地位，也反映出人们出于其产量优势，对合金钢连续铸钢机投资的增加。然而，在铸坯质量上，几乎所有的生产厂却严重依赖于模铸生产。唯一例外的是 Novolipetsk 的两个电炉厂，主要是生产晶粒取向硅钢片，模铸生产能力仅能满足其 30% 的要求，因此，其整个生产完全靠连铸实现。这两个电炉厂也是首先采用结晶器正弦振动装置的厂家。

首台真正工业化连铸设备建立在奥地利的 Boehler 钢厂（Boehler/Kapfenberg，Austrian），如图 1-3-3 所示，是生产种类较多的特殊钢的典型代表，在铸坯规格上也较为灵活。其基础研究和发展也一并进行着，他们通过设计弯曲和矫直曲线来限制带液芯连铸时的铸坯变形范围（图 1-3-4），临界应变值为 0.7%~1.5%，上述试验进一步说明了通过电磁搅拌方式抑制柱状晶生长可减轻柱状晶间裂纹的倾向。

其他类似的典型厂家，主要生产长形产品，它们是：

（1）奥地利 Mitterdorf 的 Breitenfeld 工厂（Breitenfeld/Mitterdorf，Austrian）生产各种线材，从 20 世纪 80 年代后期开始由连铸逐渐代替模铸（大锻件和板坯生产还依靠模铸）。

（2）法国 Unieux 的 CAFL 工厂（CAFL/Unieux，France）。生产低合金钢、不锈钢和工具钢，特点是连铸机配备了具有气动振动装置的结晶器，振动频率 40Hz，采用 150t 液

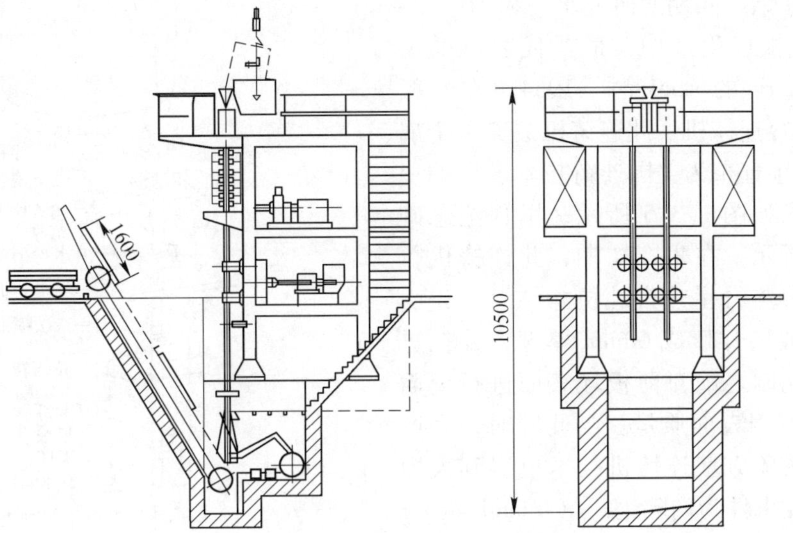

图 1-3-3　奥地利 Boehler 钢厂
（两流 100mm × 400mm 不锈钢小板坯连铸机）

压剪剪切小方坯；

（3）法国 Hagondange 的 Safe 工厂（Safe/Hagondange, France）。最先迎合市场对于汽车工程用钢的需求，进行大规模试验，归雷诺汽车公司（Renault）所有。

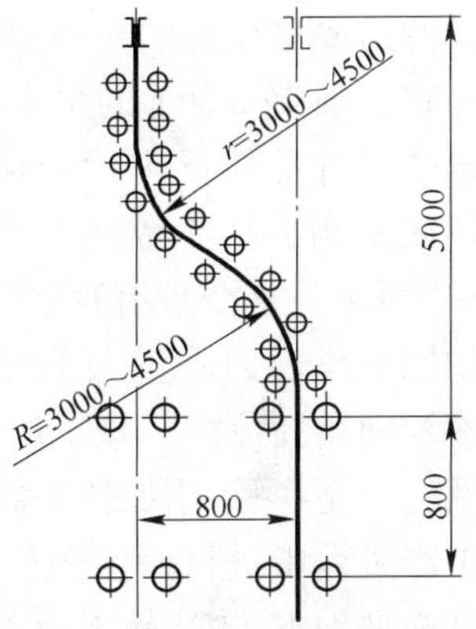

图 1-3-4　在卡普芬贝格的 Boehler 钢厂的两流连铸机上进行的铸坯弯曲矫直的实验

在主要生产普碳钢板的厂商中，有报道显示德国米尔海姆的 Rheinische Röhrenmerke 钢厂（Rheinische Röhrenmerke/Mülheim, Germany，先后更名为 Thyssen 和 Mannesmann）的 1 台连铸机后来为生产无缝钢管提供坯料，该产品已成为曼内斯曼的胡金根厂（Mannesman/Huckingen）四流大方坯立式连铸机的主打产品。为减少圆坯的纵向裂纹，试验中还采用多边形（波纹状）结晶器。

在法国德南的 Cail 工厂（Cail/Denain, France），锻造钢均由大方坯生产，但有些大方坯也被尝试用作无缝钢管，一些小板坯曾专门用于生产电工钢片，并为此配置一套森吉米尔热轧机。苏联的第一条生产线位于高尔基市的 Krasonye Sormovo 厂（Krasonye Sormovo/Gorki），为两流立式大方坯连铸机。另一个进行大型生产试验的特例是位于意大利 Terni 的八流小方坯连铸机首次采用了正弦振动结晶器。

在主要生产不锈钢的各大厂家中，位于挪威的斯塔万格（Stavanger）不锈钢生产厂拥有第 1 台专门生产不锈钢的小方坯连铸机。起初只能浇铸不锈钢窄板坯（“微型板坯”）。

（1）意大利 Terni 的 Low Moor 厂，被塞缪尔奥斯本有限公司（Sumuel Osbornv & Co.）接管以后，建立了第二台连铸机。该连铸机由 Sumuel Osbornv 公司与 Weybridge 连续铸钢公司联合设计。该连铸机开辟了用结晶器保护渣保护钢液面的先河。

（2）Schoeller-Bleckman 公司推出了含钛稳定钢的连铸机，与苏联 Krasny Oktjabr 钢厂

和 Kaganovich 钢厂同期的研究水平相当。

“微型”板坯生产中，最具代表性的为 Welland，Ontario 的 Atlas 钢厂 1954 年的小板坯/小方坯兼容连铸机。此连铸机被美国金属学会于 1977 年宣布为美国连铸技术发展的里程碑。连铸机如图 1-3-5 所示，里程纪念碑如图 1-3-6 所示。在生产初期，此连铸机首次将板坯连铸与行星热带轧机相结合，先由开坯机将小板坯开坯成 60mm 厚度，并在进入行星轧机轧制之前对薄板坯表面进行全面修磨以保证带钢表面质量。与此同时，生产多种长材的两流方坯连铸机技术也得到大力发展。代表性事件为内陆钢厂（Inland Steel）于 1956 年生产沸腾钢的连铸试验。在连铸的特殊凝固条件下，要控制钢的沸腾行为，需要精确平衡钢的氧活度与冷却速度之间的关系，并需要采用低的拉坯速度。

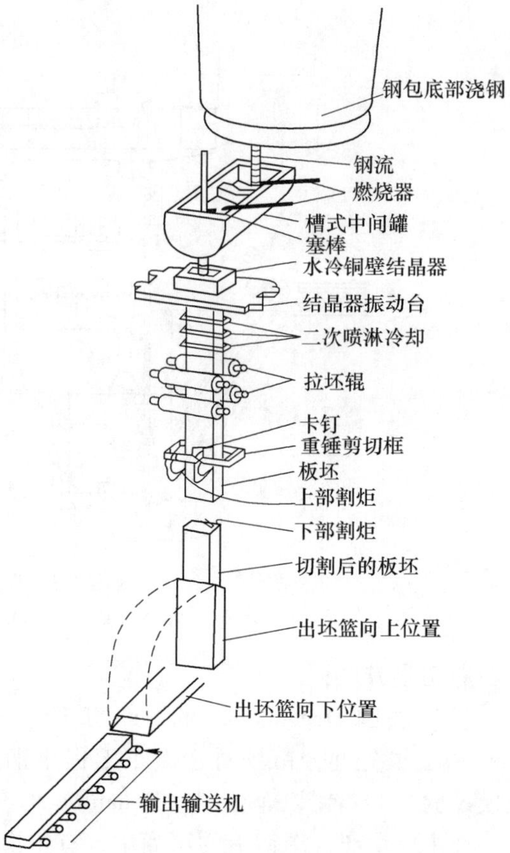

图 1-3-5　韦兰的阿特拉斯钢厂的小板坯/小方坯兼容连铸机

译文

ATLAS 钢铁厂 WELLAND 连铸机

由美国金属学会指定为历史性里程碑

1954 年，首台商用小方坯钢连铸机于北美问世，现今该工艺已经在加拿大、美国等地屡见不鲜。连续铸钢工艺已经取代了传统的模铸流程，直接生产小方坯。

1977 竖立

图 1-3-6　Atlas 钢厂连铸机纪念碑及译文

在德国 Benteler 的多断面兼容连铸机也曾试图用行星轧机进行带钢热轧，让小方坯出坯向一侧，让小板坯出坯向另一侧，如图 1-3-7 所示。这个带有直接热轧的雄心勃勃的计划因板坯表面质量太不理想和带钢轧制前的除鳞问题而流产。该工厂的其他进步特征是拥有一座实验用废钢预熔炉和可以在整个钢生产过程中进行真空脱气。在运行后的 30 个月内便对长材产品无缝管，实现了 100% 的连铸比。

1955 年，（原）德意志民主共和国弗莱塔尔的 VEB 8th of May 厂投产了一套试验连铸机，由 R. Baake 教授设计，是一套浇铸 100 ~ 130mm 的特殊钢方坯或圆坯的三流半连续设备。

1956 年 9 月 12 日，匈牙利 Diosgyör 的列宁冶金工厂投产了 1 台生产特殊钢（轴承钢、工具钢、高速钢、桥梁钢和不锈钢等）的试验连铸机，生产直径为 ϕ130mm 和 ϕ180mm 的圆坯，断面为 180mm × 180mm、200mm × 200mm 的方坯以及 190mm × 210mm 的矩形坯，如图 1-3-8 所示。最初采用的是固定式

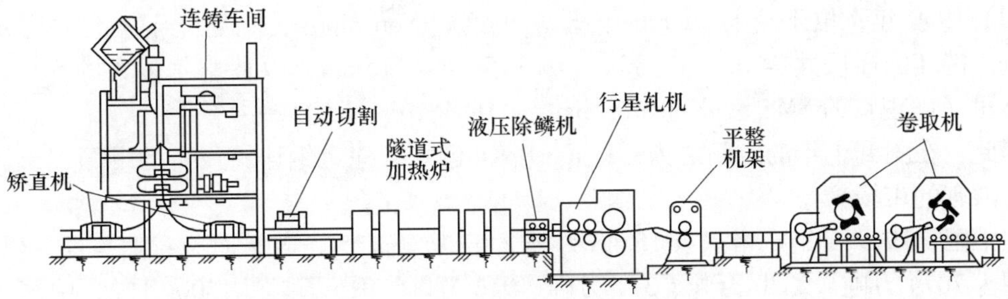

图 1-3-7　德国帕特伯尔尼的 Benteler 钢厂小板坯连铸机与行星轧机

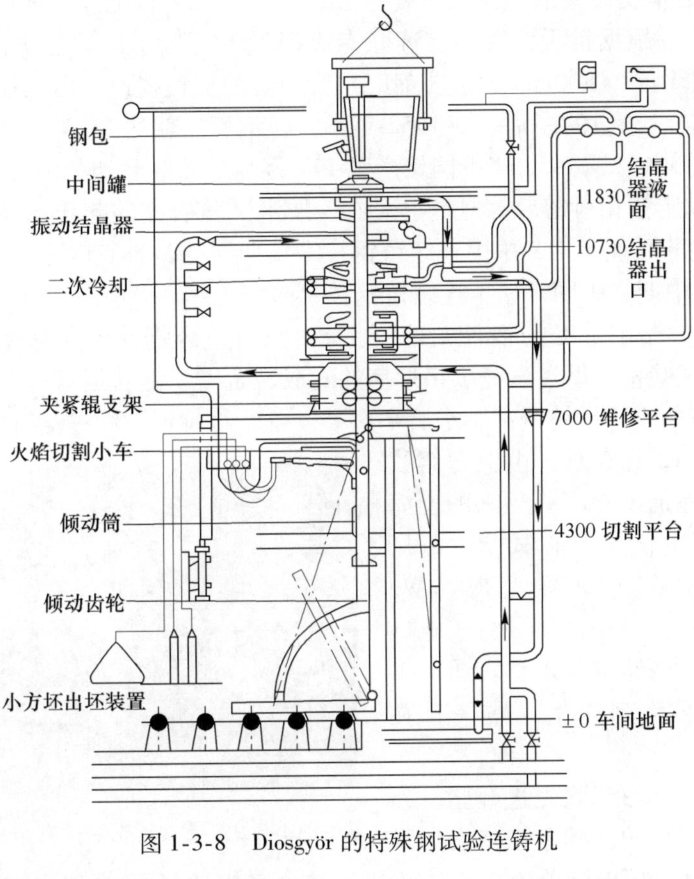

图 1-3-8　Diosgyör 的特殊钢试验连铸机

结晶器，后来采用带弹簧的结晶器，最后采用 Junghans 振动结晶器。

由于广阔的市场覆盖率，Concast 集团的 Rossi 设计的另外三台试验连铸机也值得关注：

（1）1955 年 12 月，法国 Le Cheylas 的 Forgesd' Allevard 公司的连铸设备开始运行，由 Saint-Chamond（即后来的 Clesid 以及 Clecim）的 CAFL Engineering S. A. 公司建造，产品为 75mm × 75mm 和 90mm × 140mm 的弹簧钢小方坯和小矩形坯，拉坯速度分别为 5m/min 和 3m/min。

（2）1958 年，由 Milano 的 Innocenti-Meccanica SPA 公司建造的连铸机在意大利 Udine 的 Safau 公司（后来迁到奥地利 Ybbs 的 Schmidtstahlwerke）投产，产品为 100mm × 100mm、150mm × 150mm、200mm × 200mm 和 240mm × 240mm 的方坯。

（3）1959 年，位于瑞士 Lucerne 的瑞士小钢厂 Von Moos 公司建立了 1 台立弯式试验连铸机，铸坯断面尺寸为 85mm × 85mm 和 115mm × 115mm，由杜塞尔多夫的 Schloemann 股份公司（即现在的 SMS Schloemann-Siemag AG 公司）承建。

因此，在不到十年的时间之内，Irving Rossi 创立了建造钢连铸设备的帝国，形成了一个前所未有的市场。

在中国，1949 年钢产量只有 15.48 万吨，生铁产量 25 万吨，而美、俄、日、德、法、英分别为 7074 万吨、2330 万吨、311 万吨、916 万吨、915 万吨、1500 万吨，中国当年钢产量只占世界钢产量的 0.1%。1951 年 12 月 13 日，李富春向毛泽东和中共中央报告，请求动员全国各方力量支援鞍钢“三大工程”建设，12 月 17 日毛泽东即批示：“完全同意，应大力组织实行”。根据批示，鞍钢在苏联专家指导下开始了以“三大工程”（918m^3高炉，ϕ140mm 无缝钢管，800mm 大型轧钢厂）为中心的工程建设，由此拉开了新中国钢铁工业进入大规模建设阶段的序幕。到 1952 年末，鞍钢职工就达 11.3 万人，1953 年国家派到鞍钢的干部达 7306 人。1953 年中国钢产量 177 万吨，而苏联和美国分别为 3813 万吨和 10125 万吨，钢铁工业相对落后。但是中国连铸技术试验研究的起步却并不太晚，比欧美国家晚 10 年，比苏联晚 5 年，中国连续铸钢技术早期的试验研究情况是：

（1）1955 年中期，中国开始了连续铸钢技术研究工作。

（2）1956 年，中国重工业部钢铁工业综合研究所（今钢铁研究总院）从苏联新图拉引进 1 台半连续试验机，做过试浇工字形坯并轧成轻轨做了铺轨运行等试验研究工作。完成了 ϕ80mm 圆坯的半连续铸钢试验。后来这套设备转给首钢，做过浇铸中空圆坯的试验。

（3）1957 年 12 月 6 日，由上海钢铁公司中心试验室炼钢试验厂（后来的上海钢铁研究所）副主任兼中心试验工厂厂长、上海金属学会理事吴大珂（Wu Dake）先生主持设计的中国第一台工业试验连续铸钢机开始浇铸第一炉钢。图 1-3-9 是浇钢现场，吴大珂先生（右一）在其中。

图 1-3-9　吴大珂先生（右一）在浇钢现场

吴大珂先生在学习苏联先进经验、参考其他国家技术资料的基础上主持设计了中国第 1 台工业试验用单机单流立式连铸机，被命名为“21 型高架立式连续铸钢实验装置”，其设计图纸被上海钢铁公司有关技术人员肯定并被苏联冶金专家依凡钦柯审核肯定。该连铸机由上海钢铁公司投资 12 万元（本来为五六十万元，由于采用上海废品公司仓库中的呆滞物资，最终投资仅为 12 万元），与 0.5t 直筒型侧吹酸性转炉配合。

该连铸机主要设备包括用油润滑的 1.1m 长度的结晶器、结晶器振动装置、3m 长的二次冷却器、六角大轮盘驱动的引锭（一个六角边长为一个引锭节距）及其引锭送入装置、四辊拉（托）坯机。采用气缸脱引锭和 10kgf/cm^2 氧气压力的氧乙炔火焰切割机。设备总高度 16.2m，其中地面以上 12m，生产的矩形铸坯断面 75mm × 180mm。

从 1957 年 12 月 6 日第一次热试到 1958 年 4 月之间，完成了第一阶段试验研究工作（也有说参加试验的还有冶金部钢铁研究院）。

1958年7月17日，国务院总理周恩来在上海市委领导陪同下亲临视察上海钢铁公司中心试验室炼钢试验厂，观看了连续铸锭机组的工作情况，亲切接见了吴大珂先生等参加试验工作的人员。后来又有国务院副总理陈云、李富春先后视察了这台当时新技术的连铸机。周恩来总理视察后，上海科学教育电影制片厂将当时这一新技术拍成了科技电影（电影片头为1958年，编剧：苏伟、李荣普；导演：韩韦、苗振华；摄影：苗振华、裘葛），电影中介绍了该连铸机与模铸的区别：铸坯内部和表面质量好，金属收得率由80%～88%提高到97%。图1-3-10是与上海钢铁公司中心试验室炼钢试验厂立式矩形坯连铸机试验有关的图片。

图1-3-10　上海钢铁公司中心试验工厂立式连铸机及其相关图片
a—中心试验工厂外景；b—钢包倒钢水浇钢；
c—连铸坯连续下行；d—连铸机脱引锭；e—铸坯正在被氧乙炔切割机切割；
f—切断的铸坯倾斜出坯；g—六角大轮盘送引锭装置；h—大量连铸坯存放场

吴大珂是主持中国连续铸钢机设计、建造第一人。

1956 年，徐宝升教授开始了连续铸钢的研究。1957 年夏季，作为重钢三厂总工程师，他率领一个小组到苏联进行连续铸钢的考察和学习。回国后，带领 4 位技术人员，每天工作 12 小时以上，与 30t 平炉相匹配，为重钢三厂设计制造了 1 台总高约 30m 的双机双流立式连铸机，1958 年 12 月 20 日浇铸第一炉钢。这是中国第 1 台工业试生产型立式连铸机，设备总高度 19.3m，用于浇铸生产钢轨垫板所需的断面为 170mm × 250mm、170mm × 280mm 的钢坯。其中结晶器长度 750mm，复合式偏心轮振动，最大拉速 1.6m/min，喷水区长度 6.94m，大节距上装引锭，于 1959 年进行了一年的试验。这台连铸机也是世界上第 1 台使用摆动式电动飞剪机剪断铸坯的连铸机，剪切力 5000kN。1963 年 5 月通过冶金部鉴定，12 月通过国家鉴定，其中飞剪机于 1966 年获得了由国家科学技术委员会聂荣臻主任签发的第 272 号发明证书，并得到了冶金工业部的奖励。

该连铸机在生产期间，北京钢铁研究院、重庆钢铁设计院、包头钢铁设计院、首钢公司研究所以及重庆大学等单位先后派人参加试验研究工作。

1957 年，北京黑色冶金设计院（后来的北京钢铁设计研究总院）赴苏联考察连铸机后为唐山钢厂设计了 1 台单流立式小方坯连铸机，总投资 205 万元，于 1960 年建成投产（1987 年《连铸通讯》第一期第 2 页表述其建于 1958 年，1962 年投产），与 4.5t 空气侧吹转炉配合，铸坯断面 200mm × 200mm，年生产能力 5 万吨。1963 年，西安重型机械研究所为唐山钢厂设计了“三联方坯结晶器”，为研究一机多流进行了探索。1979 年该连铸机改造为双流，铸坯断面改为 140mm × 140mm。

重钢、唐钢立式连铸机一直生产了约 40 年，直到 20 世纪末才拆除，虽然受到与其匹配的平炉、侧吹转炉在生产效率与钢液质量方面的不利影响，但它们的生产效率、质量合格率和漏钢率等技术经济指标，一直处在全国各台连铸机的先进甚至领先水平上，说明我国最早的一批连铸技术与装备有着良好的基础。

1958 ~ 1959 年，北京钢铁研究总院、上海钢铁研究所、唐山钢厂、山西长治钢厂等还进行过水平连续铸钢的试验。

1959 年，徐宝升教授首先设计了一台定名为“轮瓦式连铸机”的实验装置，这是弧形连铸机的原型机，在重钢三厂建立，进行了连续浇铸生铁的试验。

1960 年初开始，时任北京钢铁学院教授、机械系主任兼附属清河钢厂技术副厂长的徐宝升和附属清河钢厂技术科的有关技术人员一起设计了 1 台 $R4.5$m（也有资料说 $R6$m）弧形结晶器试验连铸机，铸坯断面 200mm × 200mm，于当年 9 月试验成功，这是世界上第一台弧形连铸机。

1960 年，西安重型机械研究所负责，与北京钢铁学院、东北工学院等合作，进行了板坯连铸机配合行星轧机工作的连铸连轧机组的设计工作。

1962 年，中国人在文献（Berg- und Huttenmann Monatsh，1962，107，№4，107 ~ 118 页）上看到了 Schaaber 设想的弧形连续铸钢装置，因为未经试验，不能肯定其能否成功。国外对连续铸钢机的试验工作，首先是在瑞士康卡斯特公司的 Von Moos 工厂进行的，他们于 1963 年 4 月才首次在 1 台小型试验装置上浇出了 85mm × 85mm 方坯，比中国晚了两年多。

不能忘记的是，中国从 1958 年开始进行了“倾斜式”连铸机实验研究工作，倾斜式连铸机大体如图 1-3-11 所示。

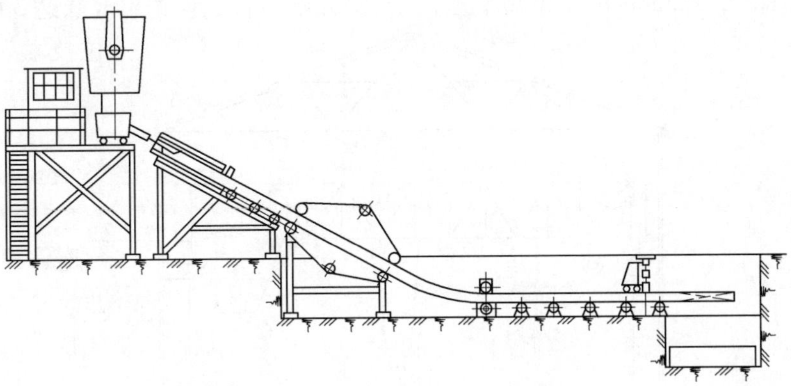

图 1-3-11　倾斜式连铸机示意

第一机械工业部西安重型机械研究所 1958 年 9 月设立连铸专业，曹永昌、李平、文石斧等担任过连铸专业组组长。1958 年 10 月为沈阳钢厂设计了 50mm × 80mm 倾斜式试验连铸机，1959 年配合侧吹转炉进行浇钢试验，成功拉出了钢坯。

1959 年初，第一机械工业部西安重型机械研究所（由曹永昌、李平负责）与沈阳金属所、大连钢厂合作，重新设计了断面为 100mm × 100mm 的倾斜式连铸实验装置，经过试浇，1959 年得出了肯定性的结论。同年第 4 季度完成了更大断面 200mm × 200mm、100mm × 300mm “倾斜式”中型工业用连铸机设计，于 1962 年底在大连钢厂开始浇钢试验，取得了坯形较好、拉速较高，设备运行正常的试验结果。当时，生产特殊钢的大连钢厂要求将铸坯轧成 90mm × 90mm 坯形后按照优质钢标准进行低倍夹杂检验，但是倾斜式连铸机满足不了这一要求，于 1964 年停止了试验。

1960 ~ 1963 年，在大连钢厂“倾斜式”连铸机试验的同时，第一机械工业部西安重型机械研究所技术人员由文石斧牵头和首钢技术人员在首钢试验厂进行“倾斜式”连铸机试验。多年的试验证明“倾斜式”连铸机所浇的连铸坯表层有大量的夹杂物和气泡聚集，铸坯质量很差，不是连铸技术发展的方向，而于 1964 年终止试验。

尽管“倾斜式”连铸机的大量试验未取得成功的结果，却留下了老一辈连铸工作者“献身、创新、求实、协作”，锲而不舍、追求真理的可贵精神，在中国连铸技术发展史上留下了不可磨灭的足迹。

宽板坯连铸技术起源于苏联，分别是在 1959 年的 Novolipetsk 厂和 1960 年的 Stalimo 厂。这些促成了 Novolipetsk 厂新转炉车间一期的六套两流板坯连铸机（不带板坯初轧机）的大胆规划。因此苏联当时的五年规划预见全苏联连铸产量将由 1963 年的 2Mt/a 提高到 1967 年的 22Mt/a。

苏联之外的第 1 台宽板坯连铸机是由 Rossi 和住友金属有限公司（Sumitomo Metals）为八幡钢铁公司的光工厂（Hikari Works of Yawata Iron & Steel Co.）设计制造的，见图 1-3-12，这是首台不锈钢宽板坯连铸机，于 1960 年 12 月 22 日开始生产。到了 1962 年，该连铸机的产品还包括了大方坯，用来浇铸轴承钢 SAE 52100。1970 年八幡钢铁公司与富士钢铁公司（Fuji Iron & Steel Co.）合并，成立了新日本钢铁公司（New Nippon Steel

Co.）以后，此设备便成了该公司连铸发展的核心。在这一切发展中一直有一位杰出的连铸工作者叫 Takashi Harabuchi（原渕孝司），他服务于新日铁连铸事业长达 30 多年。

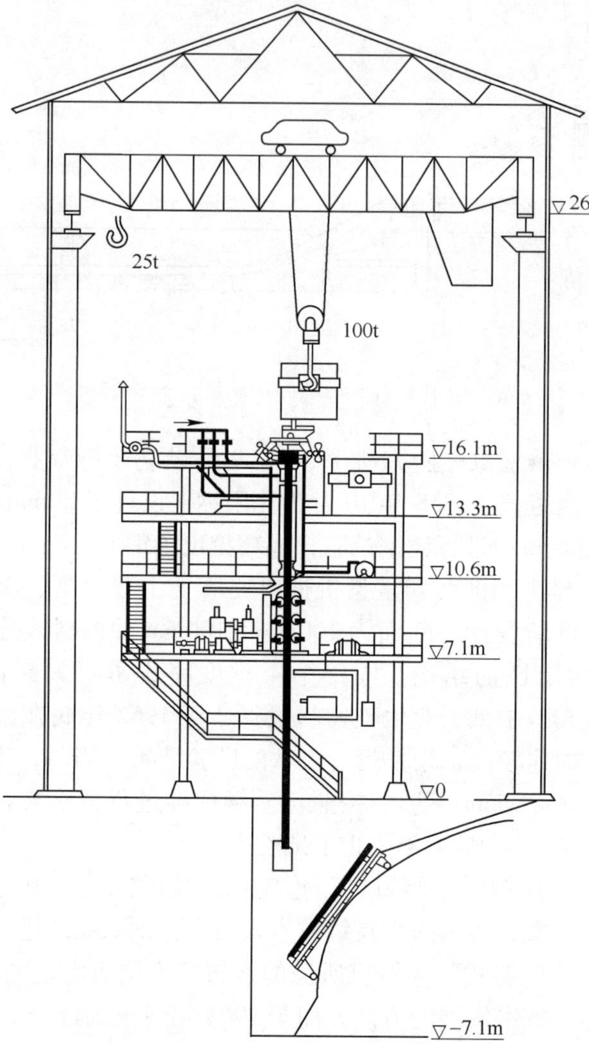

图 1-3-12　日本光工厂的不锈钢宽板坯连铸机示意

带铸坯弯曲的大板坯连铸机于 1961 年 6 月始于德国的迪林根（Dillingen），这也首次开辟了连铸机与转炉（BOF）流程结合的工艺。这是 Schloemann 股份公司 Rossi 设计的板坯断面为 200mm × 1520mm 立弯式连铸机。但如后述，其运行状态包含着铸坯鼓肚和耐火材料等非常难以处理的问题。如图 1-3-13 所示，前 100 炉的铸坯损失为 13%。使用的浇铸装置在板坯宽度上有三个中间罐水口，其中两个为定径水口，另一个则加大了塞棒流量控制的范围。很明显，可以连铸的钢种仅限于 Si 镇静钢和沸腾钢。

1962 年 12 月 17 日，由曼内斯曼（Mannesmann）公司设计的板坯和大方坯兼容型连铸机在盖尔森基的 Grillo Funke Works 厂（Grillo Funke Works/Gelsenkirchen）开浇。这台连铸机与多座 85t 的平炉（OHF）配合生产，产量很快便达到 3 万吨/月，主要产品为 Si 镇静钢，连铸出的产品在 Thyssen 轧成热带。1968 年，该连铸机被重新安装到胡金根厂的

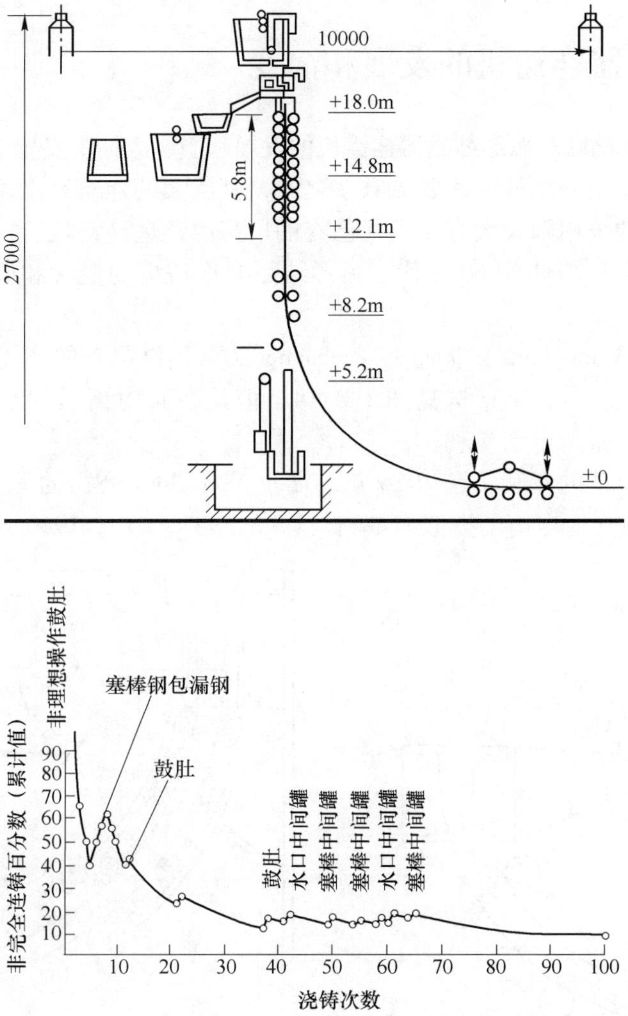

图 1-3-13　迪林根的立弯式宽板坯连铸机示意及生产情况

转炉（BOF）车间，并由原来的 2 流增加至 10 流，连铸产品种类也增多，如浇铸出用于制作无缝钢管的空心圆坯。

随着市场化的形成，Irving Rossi 认为需要对连铸的成果进行更为准确的报道和信息交流，他于 1962 年 4 月 15 日，即 Concast 公司成立 8 周年之际，创办了“Concast News”。第一期重点报道了弯曲矫直中弯曲力矩和应变分布的计算。

Rossi 还一直努力通过避开立式连铸机的束缚来提高拉坯速度，因为高拉速是大型钢厂盈利的关键，而当时立式连铸机拉坯速度和生产效率均较低，立式连铸机生产小方坯、大方坯和板坯的生产率分别为 15t/h，30t/h 和 60t/h。按照单炉浇铸（当时尚无多炉连浇）连铸机最大利用率为 40%（相当于 3504h/年）计，每年生产 100 万吨所需的流数其小方坯为 19 流，大方坯为 10 流，板坯为 5 流。与如今的生产效率相比，小方坯为 50%，大方坯仅为 25%，板坯不足 20%。因此，大型钢厂无意冒险投放巨额资金，特别是铸坯质量低的情况下，当时盛行的是更为廉价的产品，即铝处理钢。

3.2　弧形结晶器连铸机的发展和演变

连铸技术的工业化以及弧形结晶器连铸机的发展和演变大体上发生在 20 世纪 60 年代。

立式连铸机除了生产率低，需要流数多之外，其巨大的建筑高度增加了投资成本，而弧形结晶器连铸机的采用则大大方便了在已有的厂房内建造连铸机。

像很多发明一样，20 世纪 60 年代，弧形结晶器连铸机的概念和研究也是以偶然的方式问世的：

1952 年，德国人 Junghans 的同行 O. Schaaber 为弧形结晶器的连铸机申请了专利（DE 1，025，578；1958. 3. 6），其结构见图 1-3-14，但是在其申请后的数年时间内却鲜为人知，因为当时并不公布所申请专利；

由于不公布所申请的专利，在 1956 年，瑞士 Von Moos 公司的 E. Schneckenburger 和 C. Küng 两人完全独立地申请了类似的专利（US 2，947，075；1960. 8. 2），见图 1-3-15；

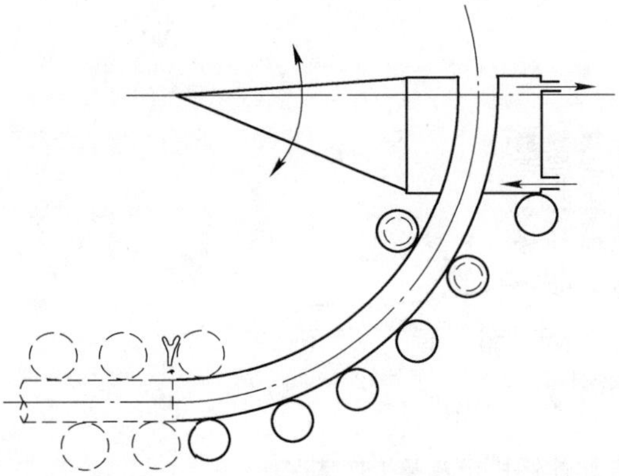

图 1-3-14　Schaaber 的弧形结晶器连铸机专利

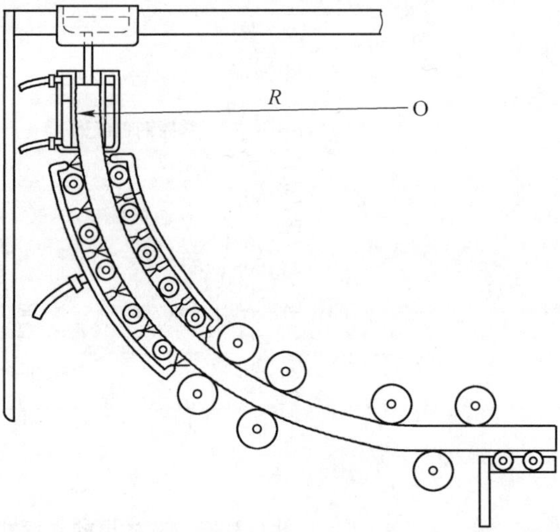

图 1-3-15　E. Schneckenburger 和 C. Küng 的弧形结晶器连铸机专利

20 世纪 60 年代的最初几年，由 United Uralmash 厂研发，并成功设计和制造了数台弧形结晶器的连铸机。

弧形结晶器连铸机早期发展中的几个里程碑见表 1-3-3。而首次采用弧形结晶器进行的工业试验是由曼内斯曼公司 1963 年在 Grillo Funke 厂的连铸机上开始的，浇铸大方坯断面 200mm × 220mm，其四流中的一流已按照 O. Schaaber 的方案进行了改造。

表 1-3-3　弧形连铸机早期发展中的里程碑

开始时期	公司名称，地点	弧形半径/m	流数	断面/mm × mm	设计者/制造商
1960. 9	北京钢铁学院附属清河钢厂弧形试验机	4. 5	1	200 × 200	徐宝升负责，附属钢厂技术人员参加

续表 1-3-3

开始时期	公司名称，地点	弧形半径/m	流数	断面/mm × mm	设计者/制造商
1963. 2. 16	Grillo Funke/盖尔森基兴，德国	7. 5	1	200 × 220	Schaaber/Demag
1963. 3. 29	Von Moos/卢塞恩，瑞士	3. 0	1	80 × 80	Schneckenburger
1964. 4. 8	Uralmash/斯维尔德洛夫斯克，苏联	4. 0	1	150 × 600	/Uralmash
1964. 4	Boehler/卡普芬贝格，奥地利	5. 1	2	90 ~ 140 方坯，(50 ~ 170) × (175 ~ 500) 小板坯	Schaaber/Demag
1964. 6. 24	重钢 3 厂/重庆，中国	6. 0	1	200 × 1700	徐宝升
1964. 6. 29	Dillinger Hütte/迪林根，德国	8. 0	1	200/250 × (1000 ~ 1550)	Concast/Schloemann
1964. 9. 7	Mannesmann/Huckingen（曼内斯曼胡金根），德国	3. 9	1	(150、250、300) × (1500 ~ 2100)	Schaaber/Demag
1965. 1. 25	Atlas Steels/Tracy，魁北克	9. 15	1	127 × (990 ~ 1321)	Concast/Mesta
1965	ZakavkazskiyMet. Zav. /Rustavi 格鲁吉亚，苏维埃社会主义共和国	8. 0	4	200 × 280	USSR
1965. 11	上钢三厂（中国）	4. 56	2	145 × 275	上海钢铁研究所 上钢三厂
1967. 12	重钢二厂（重钢大平炉）	10. 0		浇铸 1 流时：300 × 2100； 浇铸 2 流时：250 × 870； 浇铸 3 流时：350 × 350； 浇铸 4 流时：250 × 250	徐宝升技术总负责 集中全国技术力量

与此同时，瑞士 Lucerne（卢塞恩）Von Moos 公司的设计人员也建立了自己的首台 85mm × 85mm 弧形结晶器小方坯连铸机试验机组，并在曼内斯曼公司试验开始的一个月后开始浇钢，如图 1-3-16 所示。苏联 1964 年在乌拉尔马许（Uralmash）的首台主半径 R4m

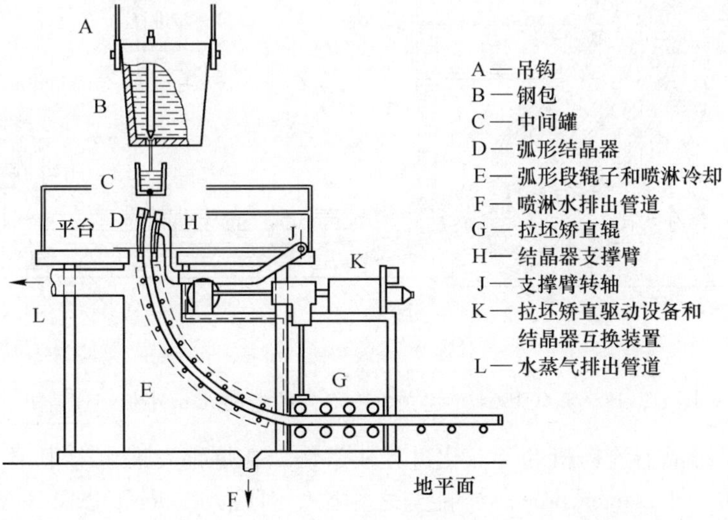

图 1-3-16　1963 年卢塞恩的 Von Moos 公司的首台 85mm × 85mm 弧形结晶器小方坯连铸机试验机组示意

的弧形结晶器试验连铸机浇铸小板坯，断面 150mm × 600mm，如图 1-3-17 所示。图 1-3-17a 是 1964 年刚建立时的连铸机，图 1-3-17b 是 1965 年经过改造而采用曲线矫直的连铸机。

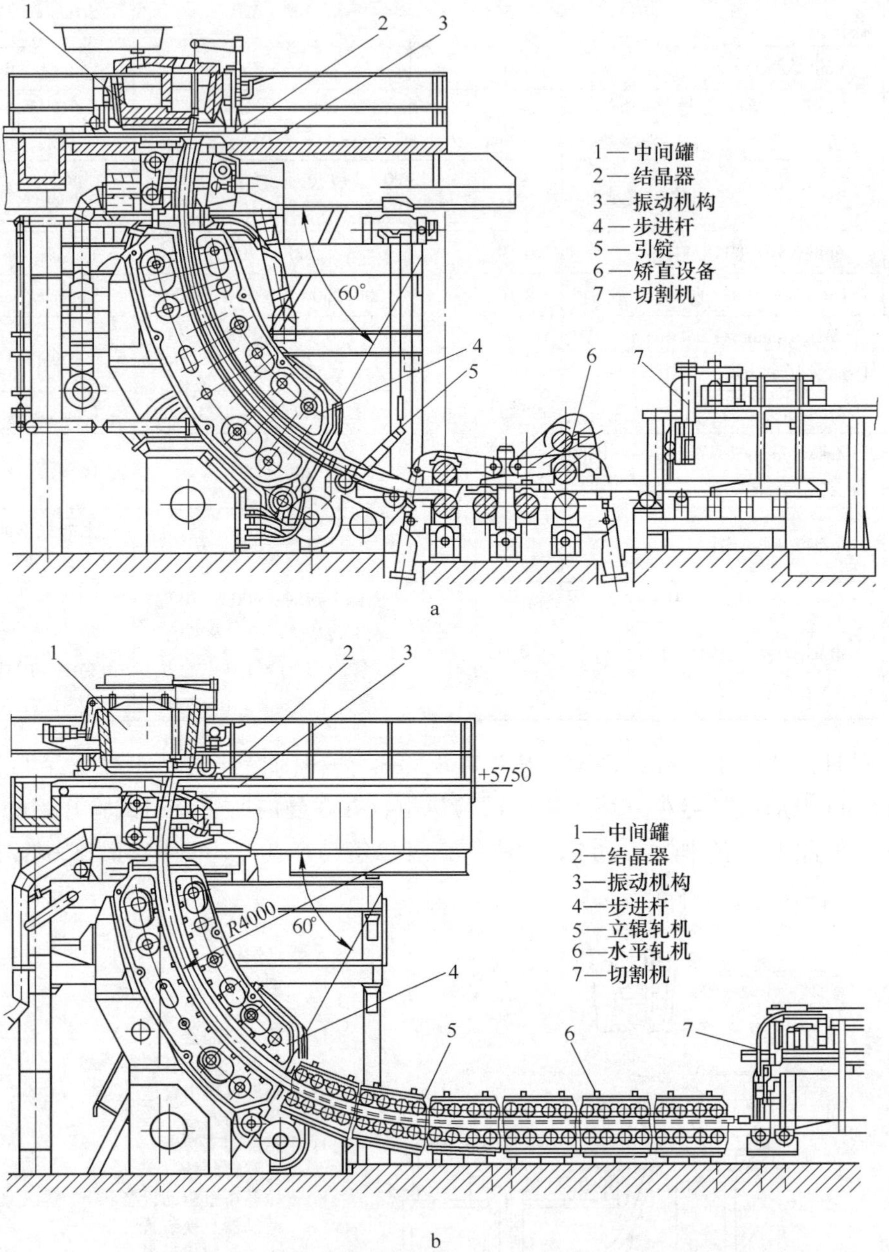

图 1-3-17　苏联 1964 年建立、1965 年改造的 *R*4m 小板坯连铸机

同时，弧形结晶器连铸机的工业化进程非常快，在炼钢发展史上很罕见，只有一百年前的酸性转炉法（Bessemer-process）能与之相比。而后，Concast 公司从 Von Moos 公司获取了世界专利权，并将该机型昵称为“S-型”（以创始人名义），而 Schneckenburger 解释说“S”也可以代表瑞士。截至 1963 年底，Concast 公司已经售出 15 台“S-型”连铸机。

正在人们为能制造高度很低的连铸机而欣喜的同时，1963 年 7 月 5 日，Rossi 以减少铸坯弯曲为目的，又发明了“倾斜式”结晶器的弧形连铸机（专利号：GB1，048，143；1964. 7. 3），如图 1-3-18 所示。

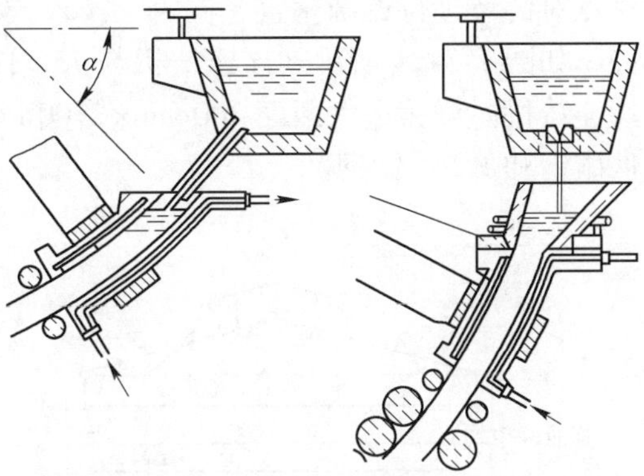

图 1-3-18　带倾斜结晶器弧形连铸机示意

为保护双方的权益，Concast 公司于 1963 年 5 月 22 日在苏黎世（Zurich）与 SSG（德国钢铁连铸协会）和 OESIG（奥地利连铸协会）注册了一个合资企业，命名为 MBC 连续铸造联盟（MBC：Mannesmann-Boehler-Concast），其国外盟友包括 I. Rossi，U. Petersen，H. Blumauer-Montenave，R. Durrer，M. Legrand，W. Staehelin 和 H. Tanner。

在 MBC 连续铸造联盟注册的前一年，即 1962 年 7 月 7 日，Rossi 已在纽约创办了 Concast Incorporated（Coninc 公司），股东有他、Concast AG、美国钢铁公司（National Steel Corp.）和 Mannesmann AG，Continuous Metalcost 是其全资子公司。1971 年 9 月 30 日 Concast AG 获得 Coninc 公司的控制权，并于 1984 年将其全部所有权转交给了 SMS。

第 1 台“三班制”生产操作的弧形结晶器连铸机于 1964 年 4 月在奥地利卡普芬贝格的 Boehler 厂（Boehler/Kapfenberg）投入使用，取代了此前的立式连铸机，如图 1-3-19 所示。

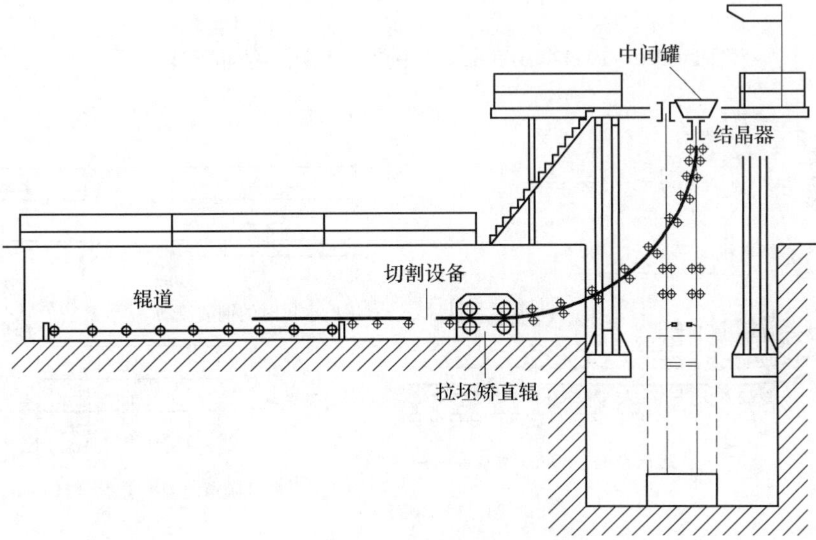

图 1-3-19　Kapfenberg 的 Boehler 厂的首台商用弧形结晶器大方坯/小板坯连铸机示意

1964 年 6 月，迪林根的平炉（OHF）车间也新增了宽板坯弧形结晶器连铸机，如图 1-3-20 所示。在这台连铸机上，同时用到浸入式水口和结晶器保护渣浇铸 Al 镇静碳钢。但在敞口浇铸沸腾钢时，对沸腾现象和凝固行为的控制欠缺，导致了碳含量 $w(C)$ 低于 0. 12% 的钢种在其冷轧板上的划痕和表皮剥离等质量问题。因此，进行了通过真空处理并加少量铝脱氧和开发沸腾钢替代钢种的尝试。1964 年 9 月，德国曼内斯曼的胡金根厂 2 号平炉（OHF）车间的第 1 台宽板坯弧形结晶器连铸机投产。为减小矫直应变，采用了 3 个矫直点对铸坯进行逐渐矫直，同时，浸入式水口浇铸工艺也通过侧面出水口的应用而得到发展，如图 1-3-21 所示。该连铸机与 75t 平炉匹配，主半径只有 3.9m，是真正的超低头板坯连铸机。浇铸最大断面 300mm × 2100mm，浇铸速度 0.6 ~ 0.65m/min，可以浇铸硅脱氧低碳钢和 1.5% 锰钢。

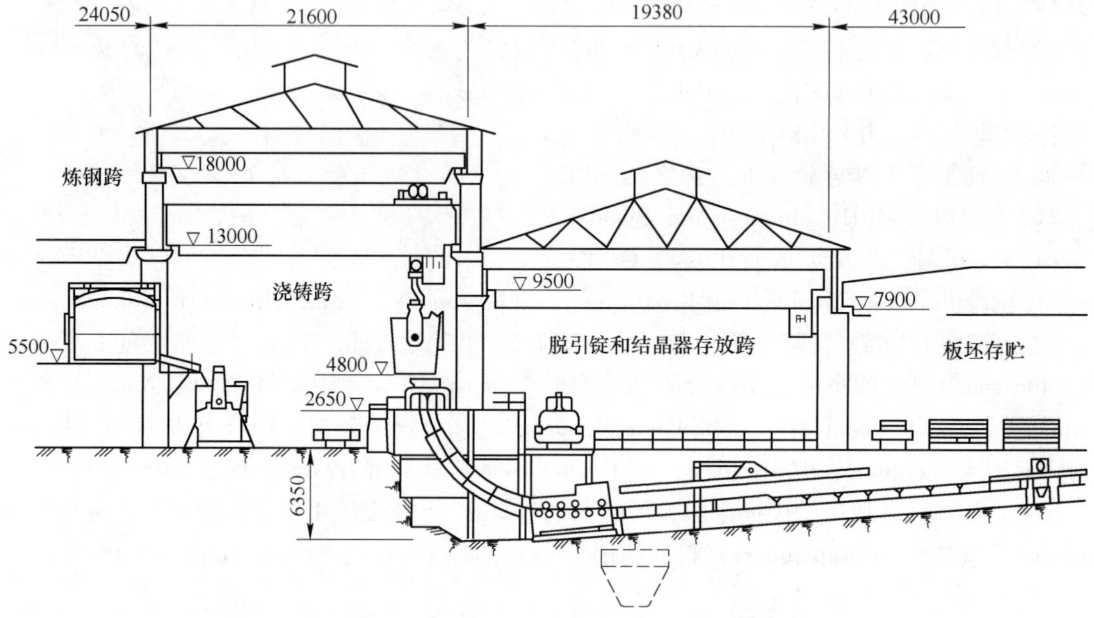

图 1-3-20　1964 年 Dillingen 厂的宽板坯弧形结晶器连铸机

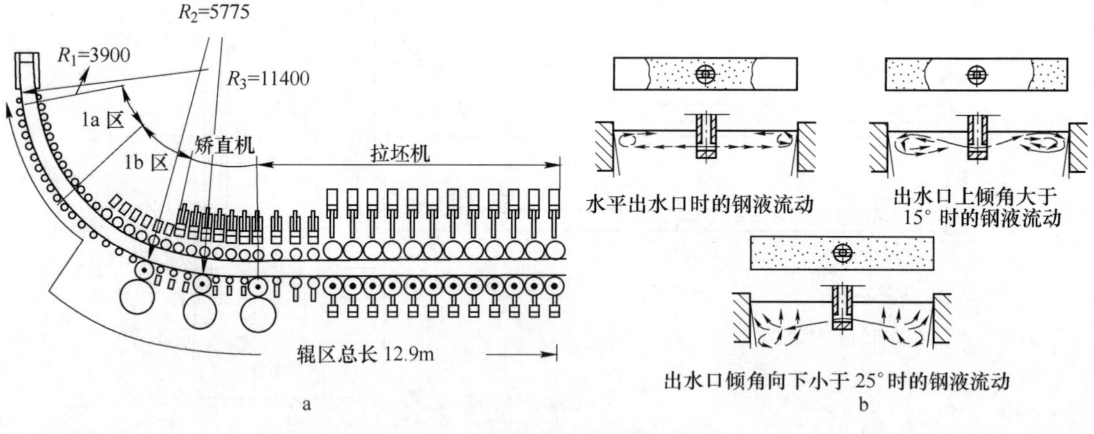

图 1-3-21　减小矫直应变采取的措施

a—1964 年 Mannesmann 的首台弧形结晶器宽板坯连铸机；b—后改良成浸入式水口浇铸

1962 年，在中国国家科学技术委员会和冶金工业部支持下，徐宝升教授和唐昆年负责，重钢三厂技术人员等人参加，在重钢三厂 30t 平炉车间设计了板、方坯兼容弧形连铸机，于 1964 年 6 月 24 日浇铸第一炉钢，这是当时世界上最宽的板坯连铸机。西安重型机械研究所派多人参加设备设计及工艺试验。该连铸机主半径 R6m，差动齿轮振动，最高振动频率65 ~ 70c/min（1984 年重钢改造的振动机构，最大频率改为 210c/min），大节距引锭，采用 15000kN 液压式摆动剪，铸流导向辊辊身长度 1700mm，浇铸单流板坯断面 180mm ×(1200 ~ 1500)mm，浇铸 1500mm 宽度时的拉速为 0. 58m/min。1987 年拆迁到重钢六厂配合转炉生产，将原来结晶器长度 660mm 改为 750mm；110mm × 610mm 的板坯改为 180mm × 220mm 的两流方坯，最大稳定拉速 1. 5m/min，它是世界上第 1 台工业生产型板坯和方坯兼容的弧形连铸机，比康卡斯特、西马克的弧形板坯连铸机还提前 5 天投产，如图 1-3-22 所示。

与此同时，由吴大珂先生主持，上海冶金设计院、上钢三厂联合设计的一台 2 机 2 流弧形方坯连铸机，开始与 8t 侧吹转炉配合，后来将 8t 侧吹转炉改为 25t 氧气顶吹转炉。连铸机弧形半径为 4. 56m，铸坯断面 145mm × 275mm（也有说铸坯断面 150mm × 280mm），1965 年 11 月在上海第三钢铁厂投产。这是上海第一台工业生产型连铸机，如图 1-3-23 所示。

1963 年 10 月，由冶金工业部黑色冶金设计总院副总工程师张铨、炼钢科贾良骥，西安重型机械研究所李平、关杰，天津钢厂总工程师路译儒、技术人员王砚铭等，天津冶金设计院等四个单位的多名技术人员开始讨论在天津钢厂建立圆弧形连铸机的方案，1964 年开始做连铸机的方案设计，并考察重钢三厂弧形板方坯兼容连铸机，1965 年做连铸机详细设计图纸。于 1966 年 3 月在天津钢厂投产了 1 台 *R*6m 单机单流一点矫直、弧形板坯连铸机，这是中国第 1 台与转炉相配合的连铸机（与 20t 氧气转炉配合，也有说与 1974 年 9 月 28 日投产的两台 8t 侧吹转炉配合），浇铸板坯断面 180mm × 700mm，设计年产量 10 万吨。此后天津钢厂和济南钢厂又按照此机型各建设了 1 台。

继给迪林根厂设计的连铸机之后，Concast 公司提供的第二台弧形大板坯连铸机于 1965 年 1 月 25 日在加拿大魁北克的阿特拉斯钢厂（Atlas Steels/Tracy，Quebec）Wellnd 车间开浇，第一炉开浇的是 301 和 304 不锈钢，拉速 1. 016m/min，生产线如图 1-3-24 所示，连铸机如图 1-3-25 所示。与德国帕特伯尔尼的 Benteler 钢厂连铸机相似（见图 1-3-7），该连铸机的特征是连铸板坯由行星热带轧机直接轧制。但没有在轧制前对板坯表面修磨，以消除其表面质量问题。经过许多人数年努力之后，实现了钢液从钢包到结晶器的全保护操作，从而解决了此类表面质量问题。

因此，特别是对不锈钢，很多厂家坚持上立式连铸机。如 1964 年日本 Hachinoh 的太平洋金属公司（Pacific Metals/Hachinoh），1965 年川崎的日本冶金公司（Nippon Yakin/Kawasaki），1969 年日本和歌山的住友金属公司（Sumitomo Metals/Wakayama），1970 年日本冶金公司的第二套板坯连铸机。唯独 1966 年在美国阿拉巴马州阿姆科（Armco）公司巴特勒（Butler）厂的不锈钢连铸机为弧形结晶器连铸机，由 Demag 提供，弧形半径为 10. 5m。此后，该半径成为很多板坯连铸机遵循的“标准半径”。

与此同时，曼内斯曼的胡金根厂新建的 220t 转炉（BOF）车间新增了两台“超低头”板坯连铸机，于 1967 年 5 月 19 日开浇，结晶器长度 700mm，如图 1-3-26 所示。Hermann Schenck 教授于 1967 年 7 月 4 日的庆祝典礼上赞扬这两台连铸机为德国钢铁工业作出的杰出成就。这两台连铸机生产的板坯断面为（150 ~ 250）mm ×（800 ~ 2050）mm，经常浇铸的厚度为 205mm，至拉矫机出口的机长 17. 171m，其中 1 号连铸机于 1976 年停产，到 1992 年累计产钢 0. 8Mt。

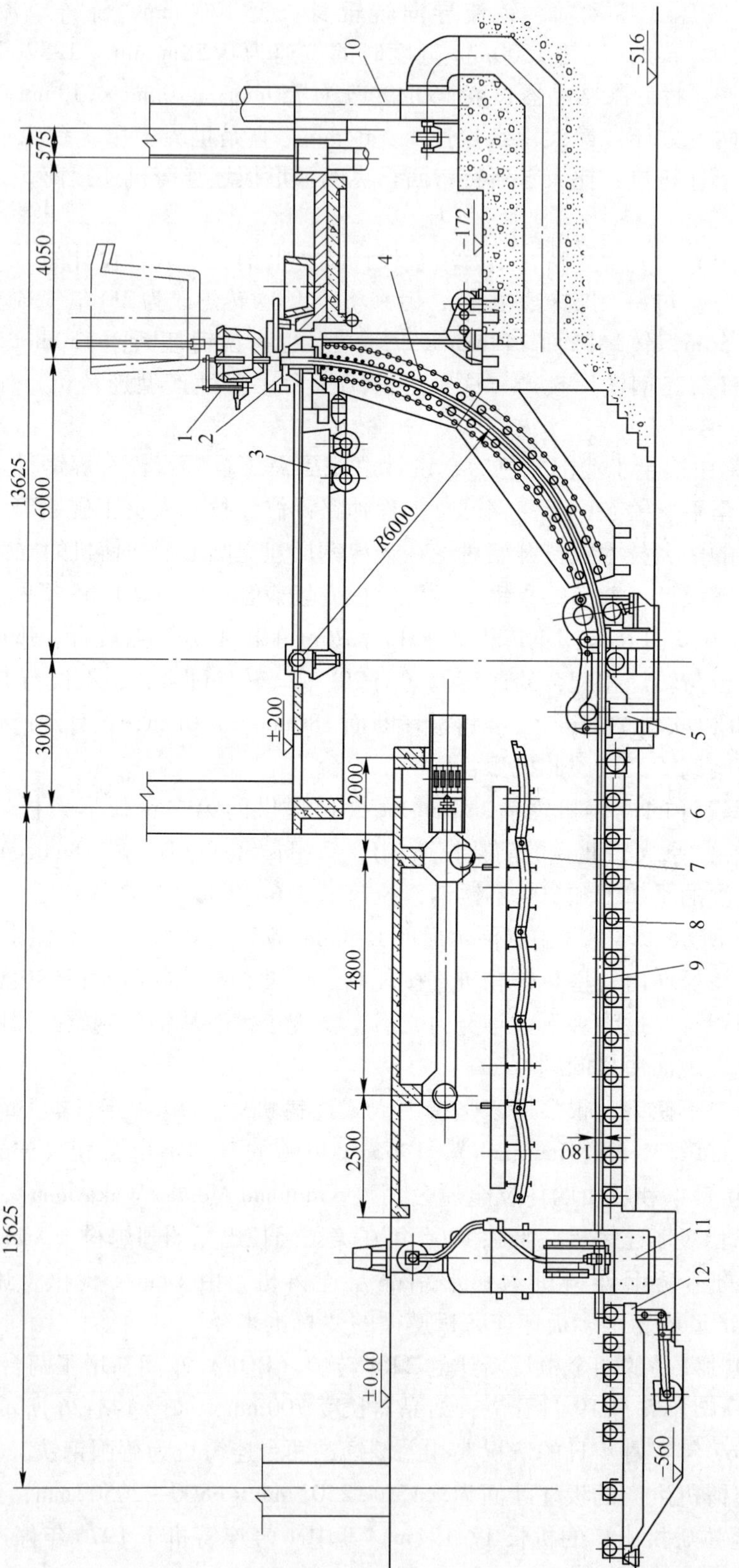

图1-3-22　1964年6月投产的中国重庆钢铁公司第三炼钢厂板方坯兼容弧形连铸机

1—中间罐；2—结晶器；3—振动装置；4—二次冷却装置；5—拉坯矫直机；6—引锭吊挂装置；7—引锭；8—辊道；9—铸坯；10—抽风机；11—1500t飞剪；12—升降辊道

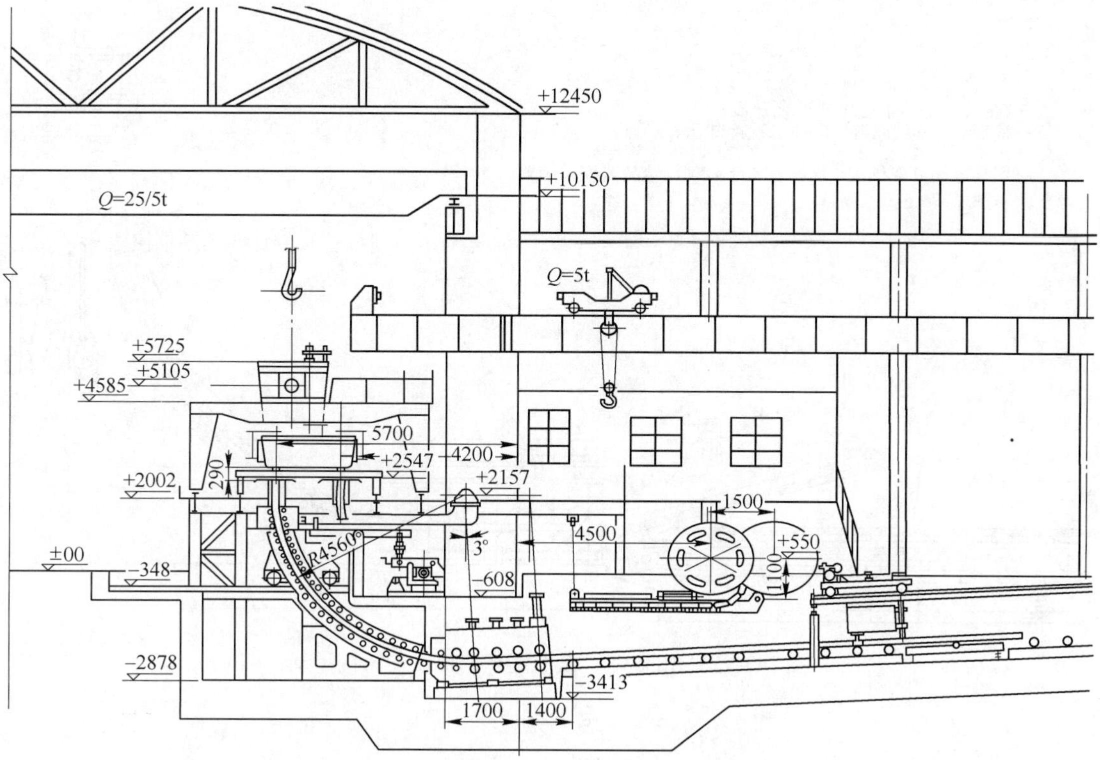

图 1-3-23 上钢三厂 R4.56m 方坯连铸机

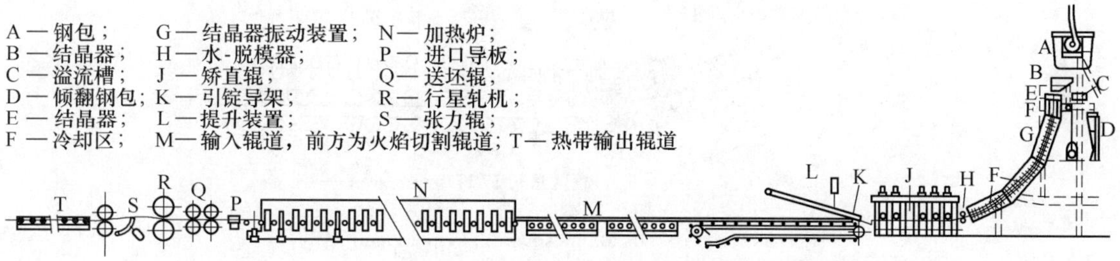

图 1-3-24 Tracy 的 Atlas 钢厂的具有在线行星热带轧机和辊底式板坯加热炉的弧形结晶器不锈钢板坯连铸机生产线

在日本，最早的两台弧形结晶器连铸机于 1967 年投产，即由 Concast 和住友公司（Sumitomo）为大阪的大和钢厂（Yamato Steel/Osaka）制造的连铸机，由德马克（Demag）和日立造船公司（Hitachi-Zosen）为 Tsurumi 的 NKK 厂制造的连铸机。这两台连铸机弧形半径均为 8.0m，并作为特例保留多年。在 Tsurumi 的连铸机上一直进行着大量的连续浇铸，于 1970 年 6 月创造了 28 炉连浇的首个世界纪录。此后，多炉连浇技术通过钢包小车和钢包回转台的普及得到进一步发展。

在中国，重庆钢铁公司第二炼钢厂（习惯称重钢大平炉厂）的板、方坯兼容连铸机继续采用弧形结晶器连铸机，技术总负责人徐宝升为总设计师，抽调全国力量（参加单位有：北京钢铁学院，西安重型机械研究所，重庆钢铁设计院，西南钢铁设计院，武汉钢铁

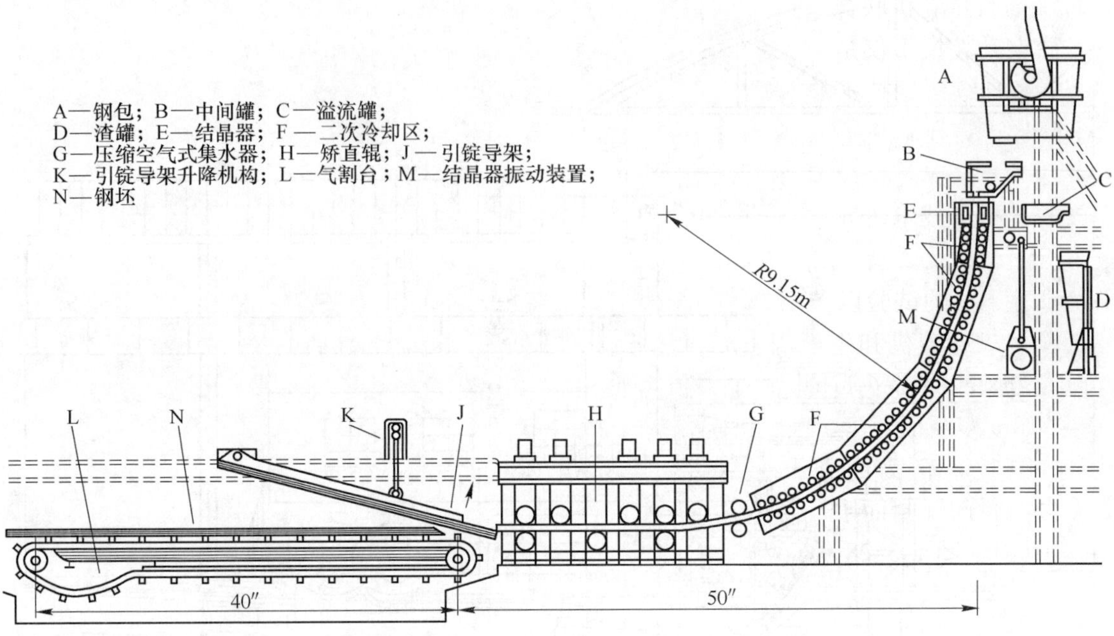

图 1-3-25　Atlas 钢厂弧形不锈钢板坯连铸机示意

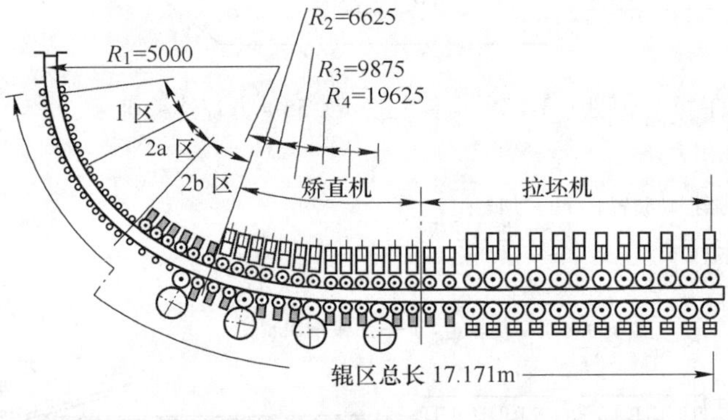

图 1-3-26　1967 年 Mannesmann 的 Huckingen 厂的
2 号和 3 号弧形结晶器超低头板坯连铸机示意

设计院，重钢公司设计院，重庆大学等）组成“国家团队”。这台弧形结晶器连铸机与 75t 平炉（出钢量到 90t）相匹配，主半径 10m，中间罐容量 7t，结晶器长度 760mm（后来改为 820mm），导向辊辊身长度 2300mm，二次冷却区长度 15.7m，采用凸轮杠杆、差动齿轮仿弧的结晶器振动机构，最高频率 60c/min(c—circle)，采用火焰切割装置，大节距引锭，可生产断面（250～300)mm×(1500～2100)mm 的板坯，2 流 250mm×870mm 小板坯和 4 流 250mm×250mm 的方坯，1967 年 12 月 26 日投产。

1967 年，由徐宝升教授主持设计，重钢三厂建成了中国第一台轮带式同步结晶器连铸试验装置，浇铸 20mm×200mm 薄带，该连铸机称为“解放式”连铸机，浇铸出了 50mm×280mm 扁坯。20 世纪 70 年代，又在青岛钢厂建立了一台，进行了一段时间的试验研究工作。

徐宝升教授领导的实验小组还进行了世界上唯一的由弧形连铸机生产的板坯 115mm×

550mm 与行星轧机联合试验。

徐宝升教授不仅是中国弧形连铸机的奠基者和连续铸钢技术的引领人，也是世界上弧形连铸技术装备为数不多的几个奠基者之一。徐宝升教授 1964 年 8 月 24 日完成的“科学技术研究报告——弧形板坯连铸机的设计及试验”总结了在北京钢铁学院试验工厂的试验以及在重钢三厂的工业试验立式连铸机和生产用弧形连铸机。在此报告里他提出了 1967 年 12 月投产的这台 *R*10m 多断面兼容弧形连铸机的总体参数，图 1-3-27 为徐宝升“科学技术研究报告”封面（封面照片为徐宝升，本书作者所加），图 1-3-28 为这台弧形连铸机的立面布置图。

档案号：001916 机 密
分 类：

科学技术研究报告

弧形連續鑄鋼机的
設計及試驗

作 者：徐宝升
北京鋼鉄学院（編号：鋼科-64-0005）
冶 金 部

中华人民共和国科学技术委员会

1964年8月24日 登 记

图 1-3-27 1964 年徐宝升教授完成的科学技术研究报告——“弧形板坯连铸机的设计及试验”封面

中国 1970 年以前投产的连铸机共 13 台，见表 1-3-4。

鉴于弧形结晶器连铸机在提高产量和降低投资成本上的潜力，该机型也引起美国各钢厂的关注。在前面所述 Butler 的 Armco 厂的 1 台连铸机之后，美国突然掀起了兴建连铸机的热潮，1962 年前连铸坯产量为 0，而 1970 年预计连铸坯生产能力为 19Mt，其一半能力来自板坯连铸机，超出 Halliday 预计（当时的 1 台连铸机年产量 1Mt），而 11 台连铸机中，9 台为弧形连铸机。美国四大钢铁厂中，内陆钢铁厂（Inland Steel）发展板坯连铸机的决定是个值得注意的事件，尽管该连铸机在 1972 年之后才投产。

美国第三大生产能力的威尔顿市的 National 钢厂（National Steel/Weirton）的连铸机，由康卡斯特和西马克（Concast and SMS）提供，弧形半径 *R*7.9m，为少有的背靠背出坯的 4 流板坯连铸机。该连铸机于 1968 年 6 月 5 日开浇，配有 300t 真空脱气钢包炉，主要生产镀锡板。

具有更大生产规模的连铸机为美国 McLouth 钢铁公司的 4 台单流板坯连铸机，弧形半径为 *R*12.0m。该连铸机由 Concast/SMS 和德马克公司联合制造，第 1 台于 1968 年 7 月开浇，在沸腾钢从其产品中完全消失之后于 1971 年连铸完全取代模铸。浇铸板坯断面 305mm×(915～1525)mm，拉坯速度 0.8～1.2m/min，一直采用带液芯矫直技术，在线更换中间罐技术更是提高了连铸板坯的浇铸长度，如图 1-3-29 所示。

值得注意的还有通过感应式板坯加热炉实现直接热装的想法。这因需要对板坯表面进行全面的机器火焰清理才能用于冷轧带钢产品而未能实现。

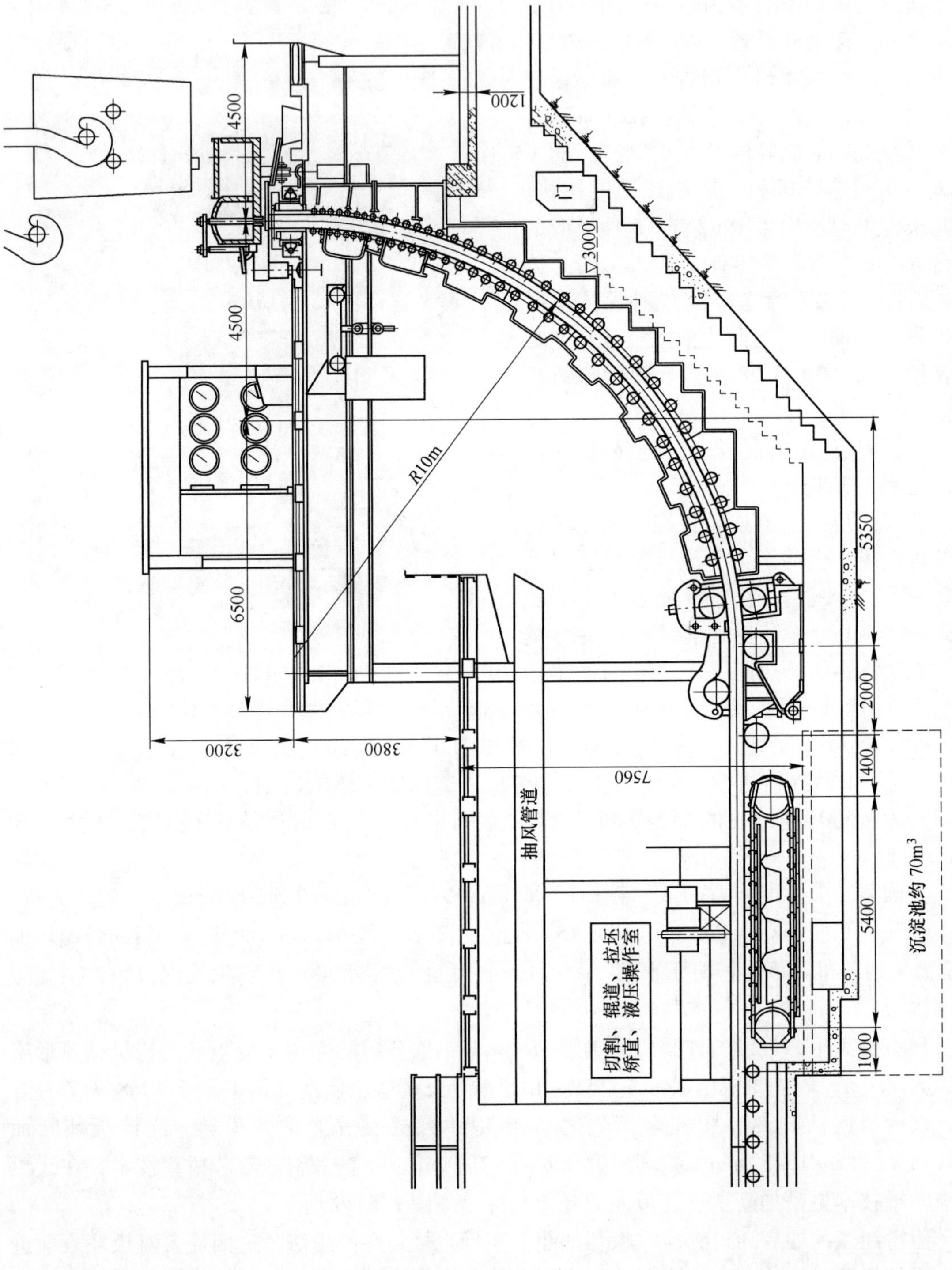

图 1-3-28　1967 年 12 月投产的中国重钢二厂板、方、异形多断面兼容 *R*10m 弧形连铸机

表 1-3-4　中国 1970 年以前投产的连铸机统计

序号	型式、型号	连铸坯断面 /mm×mm-流	台数	机-流	年设计能力 /万吨	配合的炼钢炉	使用单位	连铸机编号	投产年月	设计单位	制造单位	备注
1	立式	170×250	1	2-2	10	30t 平炉	重钢三厂	1 号	1958.12	北京钢铁学院、重钢三厂	重钢三厂	1963 年 11 月通过国家鉴定
2	弧形 $R6$-1700	180×1500-1 110×610-1 (180×250-3)	1	1-1 (1-3)	12	30t 平炉 (10t 顶吹转炉)		2 号	1964.6 (1982 年迁重钢六厂，1983 年底投产)	北京钢铁学院、重钢三厂	重钢三厂	搬迁后只浇 110mm×610mm 的配合 10t 顶吹转炉
3	弧形 $R10$-2300	300×2100-1 300×1550-1 250×870-2 350×350-3 250×250-4	1	1-1 1-2 1-3 1-4	18	80t 平炉	重钢二厂 (重钢大平炉)	1 号	1967.12	北京钢铁学院、重庆院、西重所、武汉院、重钢公司	上海新建机器厂 上海冶矿机器厂 上海东风机器厂 上海建设机器厂等	除 350×350-3 未浇铸过外。其他断面均浇过
4	弧形 $R4$.56-450	150×280	1	2-2	15	25t 氧气顶吹转炉	上钢三厂二转炉	1 号	1965.11	上海钢研所、上海冶金设计院、上钢三厂	上钢三厂	原是配合 8t 侧吹转炉
5	弧形 $R4$.56-1280	120×160	1	1-3	7.5	25t 氧气顶吹转炉		2 号	1970.4	上钢三厂	上钢三厂	原是配合 8t 侧吹转炉
6	弧形 $R5$-1000	135×155	2	1-2	7.5/台	8t 侧吹转炉	上钢五厂四车间	1 号	1970	上钢五厂、上海院	上海沪江机器厂	
7	弧形 $R6$-850	180×700	1	1-1	10	20t 顶吹转炉	天津第二炼钢厂	1 号	1966.3	西重所、天津冶金设计公司	天钢机修厂	1982 年板坯产量达 136130t
8	立弯式	(75×75)、90×90 90×150	1	1-1	2	6t 顶吹转炉	首钢试验厂	1 号	1965.10	首钢	首钢	
9	弧形 $R5$.5-1300	120×120 180×180	1	1-2	5	6t 顶吹转炉		2 号	1970	首钢	首钢	
10	立式	200×200 (140×140-2)	1	1-1	5	5t 顶吹转炉	唐山钢厂一炼钢	1 号	1960.4	北京钢铁设计院		1979 年改造成一机二流
11	弧形 $R6$	180×700	1	1-1	10	13t 氧气顶吹转炉	济南钢铁厂	1 号	1970	济钢	济钢	
12	弧形 $R6$	180×700	1	1-1	10	13t 氧气顶吹转炉		2 号	1970	济钢	济钢	
13	弧形 $R5$	130×190 130×240	1	2-2	5	15t 氧气顶吹转炉	湖南涟源钢厂第三炼钢车间	1 号	1970	涟源钢厂	涟源钢厂	

注：$R10$—2300 中，2300 是指铸流诱导辊辊身长度。

最雄心勃勃的当属 Gary 的美国钢铁公司（USS/Gary），其板坯连铸项目的生产目标为单流年产 2.1Mt。此工程完全基于 UEC（USS Engineers & Consultants Inc.）制造的 190mm × 690mm 实验板坯连铸机，在充分准备之后于 1961 年开始生产。如图 1-3-30 所示，试验连铸机从外观上有立弯式的特点，但带液芯弯曲，另外，在完全凝固之后，设置了在线铸坯定型系统，整个布置很像此前 Tarquinee 和 Scovill 的方案（图 1-2-14）。同时，进行了很多开发，如带有换浸入式水口的中间罐无节流型滑动水口，自动开浇和由拉速控制的带热电偶的结晶器液面控制技术，如图 1-3-30c 所示。自 1967 年 Gary 厂的连铸机运行以后，很多开发集中到沸腾钢替代产品即“Riband”钢种有无脱气设

里程碑

Mclouth 钢铁公司的董事会在今天的一次会议上由主席 Ivor Bryn 宣布，在公司 Trenton 的 Michigan 厂诞生了一项新的连铸世界纪录。9 月 26～27 日成功将 29 炉钢液浇铸成一个宽 52 英寸，厚 12 英寸的板坯，长度为 3435 英尺，板坯总重量为 3469t，浇铸时间为 21 小时 18 min。此纪录超过了公司于 1970 年 9 月 19 日创下的前一纪录：由 23 炉钢液注成 2604 英尺长的板坯。重量为 2647t。

Lyle J.Johnson

图 1-3-29　1970 年，由 Mclouth 钢铁公司董事会主席宣布的板坯连铸机的连续浇钢纪录

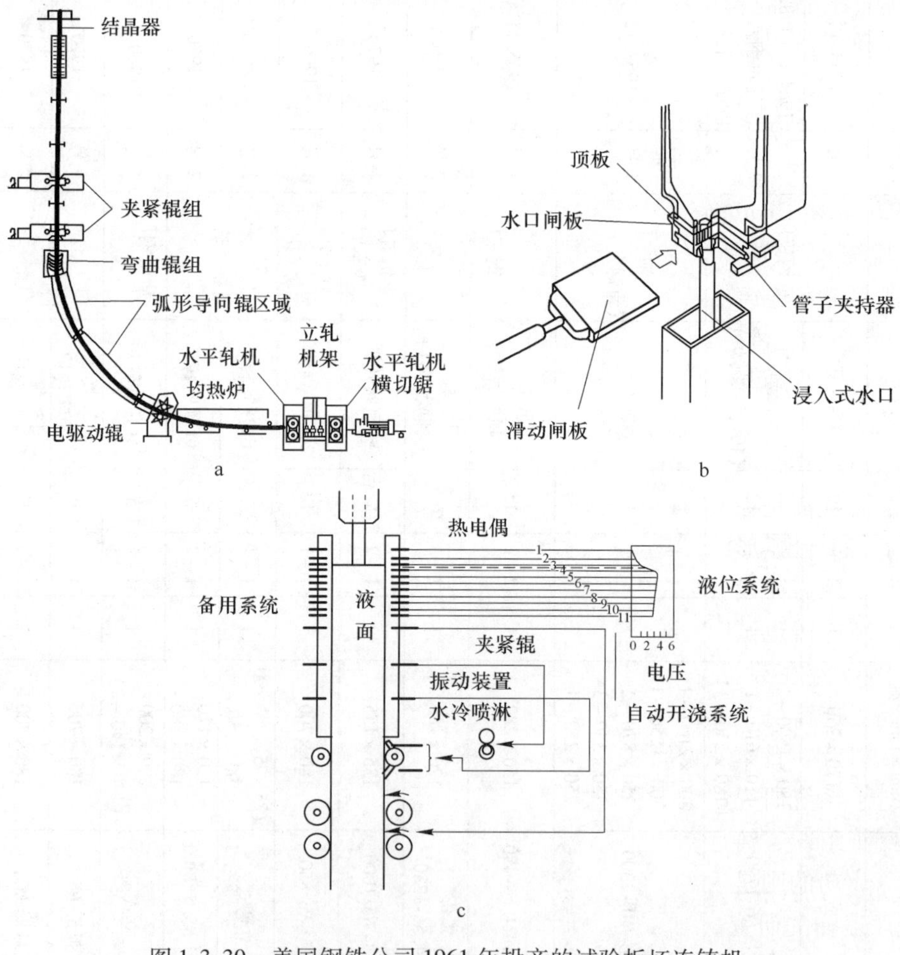

图 1-3-30　美国钢铁公司 1961 年投产的试验板坯连铸机

a—USS 连铸机试验机组外观示意；b—可以更换浸入式水口的中间罐滑动水口；c—采用热电偶的结晶器液面控制及其自动开浇系统

施。板坯在线定型的概念后来已被放弃。经过数次改进后，Gary 厂的连铸机仍然为世界纪录保持者，该连铸机于 1989 年 11 月到 12 月连续浇铸 1025 炉。

在奥地利，直结晶器铸坯带液芯弯曲的概念于 1968 年在 linzin 的 Voest-Alpine 钢厂的第 1 台板坯连铸机上实施。1969 年，OESIG（奥地利连铸协会）脱离了 MBC 连铸钢联盟，基于此前在 Boehler 厂的经验和他们工程部门对连铸机结构的认识，OESIG（与 UEC 类似）开始将自己的连铸机推向市场，即曾经的 Voest-Alpine Industrieanlagenbau（VAI，即奥钢联）。

早在 1967 年，VAI 公司已在 Kapfenberg 的 Boehler 厂装备了弧形结晶器连铸机（图 1-3-21），在机尾之前有一个在线轧制装置用于铸坯压下，即“伯勒尔（Boehler）铸坯压下技术”（BSR 法），其目的是用于改善小方坯和大方坯的中心致密度，然而这种方法也容易造成铸坯中心柱状晶间裂纹。因此，对于此后建造的大多数含在线轧制的连铸设备，主要是减少铸造断面的数量以提高生产率，这样在实芯上的轧压未引起裂纹，而且证明有利于减少锻造方坯的中心疏松。

上述直结晶器/弯曲形机型也被其他制造厂商仿效，如 Koppers、Frik Olsson 和 Enzo Colombo。他们分别于 1961 年和 1963 年离开 Concast，开办了自己的公司：

Koppers 于 1962 年在亚伯达（Alberta）的 Edmonton 的 Premier Steel Mills 厂（即后来的 Stelco 厂）建立了他们的第 1 台垂直弯曲形（VB）连铸设备；

Olsson 于 1963 年 10 月 4 日在瑞典的 Motala Verkatad 厂建立了他的第 1 台连铸机；

Colombo 在 Riva 集团的 Carnono Pertusella 厂设计了连铸机，并授权给 Buttrio 的 Danieli Spa 公司制造。该连铸机于 1964 年投产。

上述小方坯连铸机的特点是，Koppers 和 Olsson 连铸机采用结晶器液压振动机构，Olsson 和 Continua 连铸机采用液压剪技术。此后 Olsson 将自己的专利权卖给了日本广岛的三菱重工公司（Mitsubishi Heavy Industries/Hiroshima），并于 1970 年结束了自己在传统连铸机方面的活动。Continua 和 Danieli 的合作关系一直持续到 20 世纪 70 年代中期，这期间在世界范围内一共制造了 50 多台小方坯连铸机，但大都属于意大利 Brescia 地区小型钢厂的连铸机，而且都是在 Concast AG 和 Innocenti 于 1965 年为布雷西亚（Brescia）的 Ori Martin 厂制造了第 1 台弧形结晶器连铸机之后。因此当时的小钢厂，结合其新型 UHP-EAF 流程，在接受和采用连铸设备批量生产钢筋方面成为领跑者，而这些连铸机的建筑高度都较低。

小方坯连铸也试图获取如高碳线材、棒材和锻造棒材等高质量钢的市场份额，代表性例子为 1965 年在芬兰 Imatra 的 Ovako 厂建立的小方坯连铸机，是当时此类连铸机的首个弧形结晶器连铸机，后来还有纽约州敦刻尔克的 Roblin 厂（Roblin/Dunkirk，NY）的立式连铸机，以及在日本八幡（Yawata）的两台 6 流垂直弯曲形连铸机，这些厂都对基础工艺方法进行了系统研究，如钢中的锰/硅比对氧化夹杂物及其形态的影响，中心疏松和中心偏析对宏观组织、铸坯断面尺寸和铸造条件的依赖性等。

略显成功的则是大方坯连铸机在特种钢市场上的开创。法国阿贡当格（Hagondange）的 Safe 厂最初的研究课题由 Völklingen 的 Roechling 厂（现为 Saarstahl）和同在俄亥俄州 Canton 的共和钢厂以及 Timken 厂继续，在后者的连铸机上，由碳硅棒制作的中间罐加热系统已于 1968 年投入运行。

随着连铸技术的发展，大方坯连铸产品不断向结构钢扩展。1966 年英国特伦河畔的斯托克市的 Shelton 钢铁公司（Shelton Iron & Steel Ltd. /Stoke-on-Trent，UK）开创了全连铸生产的先河，由 55t 和 75t 卡尔多转炉（Kaldo-converters）提供钢液。1968 年，巨型 8 流大方坯连铸机于日本水岛的川崎制钢公司（Kawasaki Steel Corp.（KSC）/Mizushima）问世，该连铸机由 Concast 集团所有制造商联合设计而成。

通过 Bisra 厂的开发，首台“工”字梁坯连铸机于 1968 年在加拿大安大略的 Algoma 公司（Algoma Steel Corp. /Sault-Sainte-Marie，Ontario）投产，产品如图 1-3-31 所示。

图 1-3-31　Algoma 钢铁公司连铸机生产的结构钢“工”字梁坯

经过中间研究机构的常规试验和授权认同之后，用连铸板坯生产厚板结构钢技术逐渐得到认可，例如用连铸板坯生产船板。1967 年瑞典防腐专家曾将一破冰船和一桥梁被海水侵蚀归于连铸钢中的细小硫化物。尽管进一步调查表明，破冰船是由铸锭所轧钢板制作的，但整个事件引起了全世界对连铸利弊的讨论。图 1-3-32 为模铸与连铸的高强度结构钢被海水腐蚀情况对比。

纵观全球连铸技术的发展，20 世纪 60 年代是传统连铸技术大力发展的时期，这一时期主要致力于提高产量（多炉连浇）以及降低建设成本（低头连铸机）。这些技术在欧洲（大都为小型钢厂）和美国（大都为大型钢厂）得到飞速发展，但是生产能力的实际利用率远比预计的要低得多。

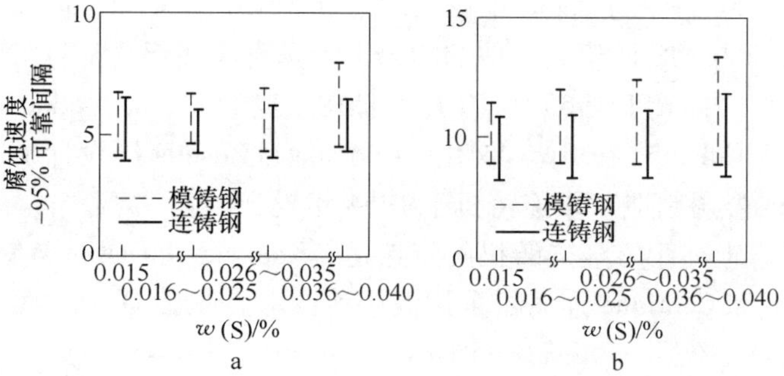

图 1-3-32　模铸钢与连铸钢生产的高强度结构钢板腐蚀率对比
a—喷盐；b—30 天海水浸泡

20 世纪 60 年代，已经实现了连续铸钢技术的工业化运行，而弧形连铸机的出现是这一时期的最大特点之一。

但是苏联的连铸机型式仍以立式为主，进步也较为缓慢。计划 1967 年超过 20Mt/a 的目标在 20 年后的 1988 年才实现，为 26Mt。

时年 81 岁的 Irving Rossi 因连铸技术发展缓慢而沮丧，于 1970 年退出传统连铸，以便将自己有限的精力用到更现代化的连续铸钢技术之中。

3.3　试验和工业化并行时代的总结

（1）20 世纪 50 年代。1953 年，德国曼内斯曼德马克公司开发了结晶器电磁搅拌技术，1954 年又开发了中间罐塞棒控制技术。大约在 20 世纪 50 年代，连铸开始用于钢铁工业。在此期间，连铸装备水平低，发展速度慢，连铸机多为立式单流型，铸坯断面小且主要为方坯。生产规模也较小，钢包容量多为 10 ~ 20t。到 20 世纪 50 年代末，世界各地建成的连铸机约 40 台。值得注意的是 1952 年容汉斯和曼内斯曼公司组建了连铸共同体（即后来的德马克公司）。与此同时奥地利成立了以百录公司（Böhler AG.）为中心的连铸利益共同体；1954 年，罗西（I. Rossi）在瑞士建立了康卡斯特（Concast）连铸公司。这些专门从事连铸技术开发集团的形成，对于后来连铸技术的发展和推广应用起到了重大的推动作用。

20 世纪 50 年代具有代表性的连铸机如下。

1951 年，苏联红十月冶金厂建成了世界上第 1 台不锈钢板坯连铸机，生产断面 180mm×800mm，年产量 3.6 万吨。

1954 年，罗西的康卡斯特公司在加拿大的阿特拉斯（Atlas）厂建成了 1 台板坯断面尺寸为 165mm×620mm 的不锈钢连铸机。

1958 年，曼内斯曼—德马克—伯勒尔公司在奥地利伯勒尔公司建成宽度 1000mm 的板坯连铸机。

1959 年，曼内斯曼—德马克在英国 BRITISH 钢厂建成了 1 台板坯断面为 140mm×915mm 能够浇铸碳钢、低合金钢和不锈钢的连铸机。

1959 年，宽板坯连铸机在苏联的新列别茨克厂建成。

1960 年，世界连铸坯产量为 115 万吨，连铸比 0.34%，这 5 台板坯连铸机占当时总连铸机台数的 13%，其产量却占当时各种连铸机总产量的 30% 以上。这 5 台板坯连铸机的建立标志着板坯连铸机已经步入工业性应用阶段。

（2）20 世纪 60 年代。大约在这一时期，除连铸机机型由立式、立弯式向弧形发生重大转变外，法国东方优质钢公司和曼内斯曼公司开始使用保护渣浇铸，德国迪林根厂的板坯连铸机上也成功地开发了结晶器浸入式水口和保护渣浇铸技术。为了减小铸坯两相界矫直应变，1964 年，美国人奥尔森提出了渐进弯曲渐进矫直技术，1964 年 9 月，曼内斯曼公司设计，在德国胡金根厂投产的 205mm×2050mm 板坯连铸机上采用了三点矫直技术。带液芯铸坯进行弯曲和/或矫直的专利技术在 60 年代就有 6 项，在后来的 70 年代、80 年代又申请过一些专利，如表 1-3-5 所示。

表 1-3-5 带液芯铸坯进行弯曲和/或矫直的专利技术

年 份	发 明 者	B/S-技术	说 明
1960	E. A. Olsson	B：渐变（或累变）	—
1961	E. Schneckenburger	B：累变（连续）	悬链线
1961	C. Bondanelli	B：渐变或连续	双曲线
1963	A. Bungeroth 和 H. Schrewe	S：渐变	$\varepsilon_i < \varepsilon_c$
1964	A. Bungeroth	S：渐变	各矫直点之间补偿
1965	G. L. Khimich 等	S：连续（曲线）	—
1970	E. J. Gelfenbein 等	S：连续	$\dot{\varepsilon} \ll \dot{\varepsilon}_c$
1973	无名氏（Voest-Alpine）	B/S：连续过渡	$\dot{\varepsilon} \ll \dot{\varepsilon}_c$
1981	A. Vaterlaus	B/S：连续（浮动辊）	$\dot{\varepsilon} < \dot{\varepsilon}_c$； $\tau=0$

注：B—弯曲；S—矫直；ε—应变；$\dot{\varepsilon}$—应变速率（i = 瞬间的；c = 临界的）；τ—剪应力。

为确保亚临界坯壳变形，带液芯的铸坯在其能自行保持形状之前必须有支撑。这对圆坯和正方形坯在结晶器之下是必须的。矩形断面铸坯需要辊子支撑，特别是在其宽面上要支撑一段距离；对于板坯，则要一直支撑到连铸机的末端。但是，也一定要防止铸坯被拉坯系统中的传动辊挤压。为了避免因热应力导致坯壳过度变形，还需具备均匀的二次冷却。因此，经过多年的努力，冷却模式与辊子支撑结构的设计在很大范围内已经相当完善，操作上的成功也取决于连铸机的维修。不过，在高速浇铸的临界状态下，即便是连铸机对中良好和冷却均匀，仍明显存在内部裂纹，如图 1-3-33 所示。此时提高冷却强度是有效的。

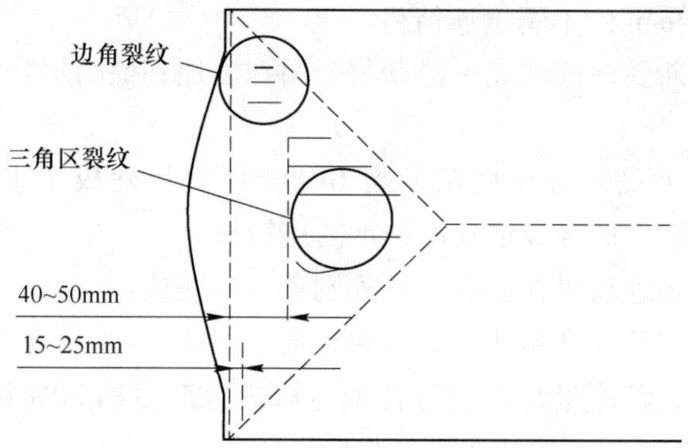

a

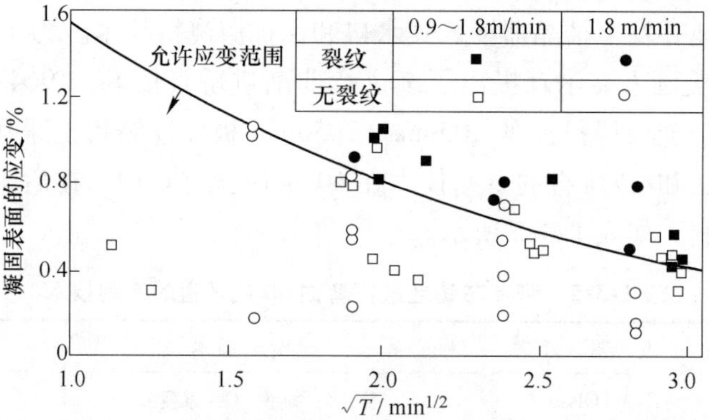

b

图 1-3-33　高拉速连铸板坯内部裂纹和表面应变

a—现代高速板坯连铸中发生的内部裂纹；b—0. 15% 碳钢在不同凝固时间下固液相间临界应变的变化

进入 60 年代以后的不长时间里，结晶器浸入式水口、保护渣、多点矫直（或渐进矫直）这三项技术配合弧型连铸机构成了当时板坯连铸机最基本最规范的技术，它是连铸机质量走向稳定和不断提高的标志性技术。1964 年，英国巴洛光亮钢有限公司研制成功了中间罐塞棒控制技术，1967 年胡金根厂又建成了两台“超低头”板坯连铸机，主要配合小型炼钢炉生产。同年，由美钢联工程咨询公司（USS Engineering & Consultants Inc.）设计、在格里厂投产了 1 台带直线段的（直结晶器）液芯弯曲的连铸机（简称直弧机）。这台连铸机投产后，成功地开发出代替沸腾钢种的所谓“Riband”钢。1968 年，由奥钢联工程部设计的 1 台直结晶器/带液芯弯曲型连铸机在奥地利林茨厂投产。此后，奥钢联工程部（现在的 VAI）和美钢联工程咨询公司（UEC）分别开始经营这种机型。除上面提到的技术、设备外，1962 年，康卡斯特公司获得钢包回转台专利，钢包钢流保护浇铸也引起了人们的关注，1967 年曼内斯曼公司采用了钢包保护浇铸技术，同时出现了中间罐、钢包车、钢包支承台架等配合使用能够实现多炉连浇的装备和技术。

20 世纪 60 年代，加上 50 年代的工业化生产机组，全世界共建起了 30 多台板坯连铸机，使得板坯连铸技术的发展成为连铸技术发展中的一支生力军。苏联 1959 ~ 1968 年建立了各种机型的 4 台 12 流方坯连铸机，12 台 25 流板坯连铸机。到 1970 年，世界连铸比已经由 1960 年的 0. 34% 提高到 4. 4%，连铸坯的实际年产量达到 2600 万吨。

4　连铸技术快速发展的三十年

4.1　20 世纪 70 年代石油危机推动连铸技术的发展

1973 年至 1974 年第一次石油危机，原油价格从每桶 3.011 美元提高到 10.651 美元，1979 年至 1980 年第二次石油危机，原油价格从每桶 13 美元猛增至 34 美元。受两次石油危机刺激，反而促进了连续铸钢节能技术装备的快速发展。另外，这一时期转炉炼钢和电炉炼钢技术日臻成熟，平炉被淘汰的步伐加快，由于转炉冶炼周期短，与连铸机好匹配，能够充分发挥连铸机的作用。

1970 年，西欧的连铸产量为 8Mt，日本和美国的产量均为 5Mt，如图 1-4-1 所示。

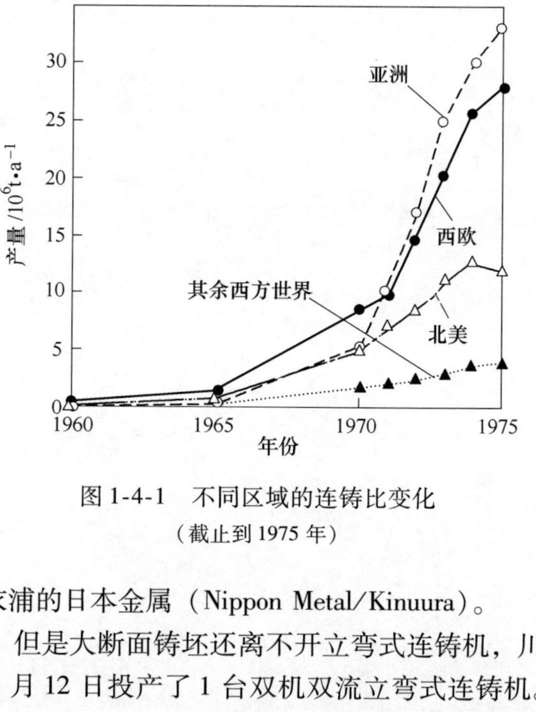

图 1-4-1　不同区域的连铸比变化
（截止到 1975 年）

1970 年后，日本的连铸技术装备飞速发展，主要是因为在综合性钢厂安装了起码 1 台弧形结晶器板坯连铸机，如 1970 年在水岛（Mizushima）、福山（Fukuyama）、广畑（Hirohata）、君津（Kimitsu）和名古屋（Nagoya），1971 年在福山（另 2 台）千叶（Chiba）和和歌山（Wakayama），1972 年在鹿岛（Kashima）和大分（Oita）投产的“第一代”连铸机。最突出的是大分工程，1976 年在没有板坯初轧机情况下投产了 5 台板坯连铸机。当时应用弧形结晶器连铸机还实现了不锈钢的生产，如 1971 年在周南的日新制钢（Nisshin Steel/Shunan），以及 1972 年衣浦的日本金属（Nippon Metal/Kinuura）。

尽管这一时间段投产的大多是弧形连铸机，但是大断面铸坯还离不开立弯式连铸机，川崎制铁公司水岛制铁所第二炼钢厂于 1976 年 11 月 12 日投产了 1 台双机双流立弯式连铸机。该连铸机浇铸板坯断面（215～310）mm×（1600～2500）mm，与 275t 转炉相配，年产量 150 万吨，连铸机半径 *R*10.5m，半地下式，操作平台高度 15.3m，由于该连铸机的投产，水岛制铁所的连铸比由 40% 提高到 50%。这是当时世界上浇铸板坯断面最大的立弯式连铸机。

在苏联，弧形结晶器连铸机也得到持续发展，首台弧形结晶器宽板坯连铸机由 Uralmash 公司于 1978 年为 Nishniy-Tagil 的 Novo-Tagliskiy 厂制造，弧形半径为 7.0m，板坯断面为 250mm×（1500～1800）mm。其突出特点是结晶器下面采用支撑铸坯的步进杆（walking bar）

本章作者：杨拉道，谢东钢；审查：王蓉，黄进春，王公民，王受田，李淑贤

技术、采用渐进矫直技术（3 或 4 个辊子扇形段作为矫直区）和液压剪切技术。

在生产能力一定的情况下，冶金工作者便极力提高连铸机生产率和产品质量。具有代表性的为福山 NKK 公司（NKK/Fukuyama）的试验，几次浇铸将拉速提高到 2.0m/min，用以观察拉速对板坯表面质量的影响，图 1-4-2 所示为拉速对于低碳铝镇静钢（LACK）表面质量的影响，可以看出，较高的拉坯速度对板坯表面质量起到了促进作用。同样，新日铁大分厂在浇铸用于生产镀锡板的弱脱氧的 Riband-1 钢种进行了相同的试验，如图 1-4-3 所示，结果表明，通过高拉速可省去板坯表面的火焰清理。然而，不能一味追求高拉速，否则很容易造成漏钢事故，大多数漏钢是因结晶器保护渣与铝氧粉黏结所致。

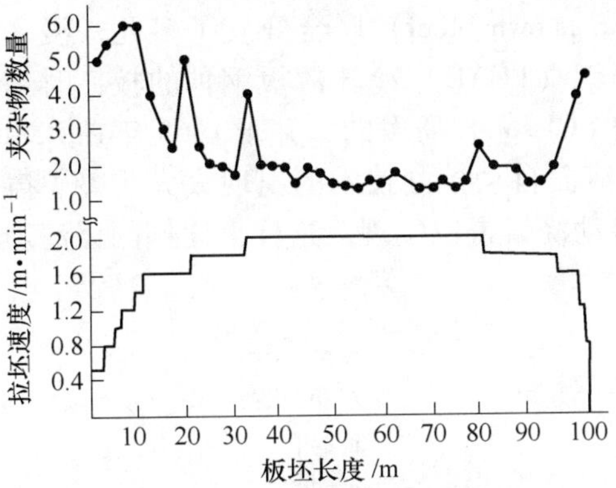

图 1-4-2　NKK 福山厂高效板坯连铸机表面夹渣率与拉速的关系

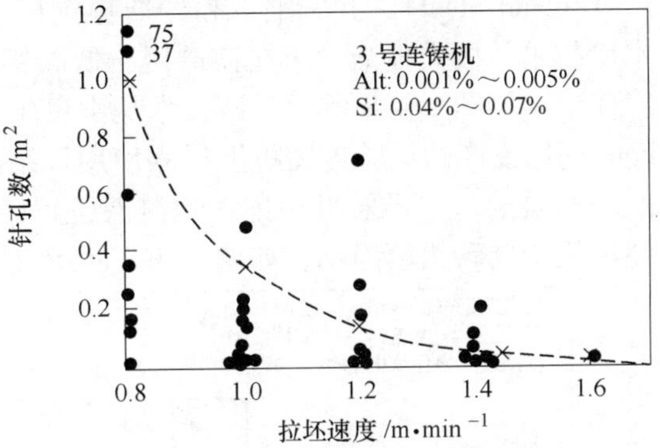

图 1-4-3　新日铁大分厂连铸机铸造 Riband-1 钢种板坯的针孔频率与拉速的关系

高拉速板坯连铸同样会引起板坯内部裂纹，这对高质量要求的带钢以及厚板等都是致命问题。应对坯壳过度变形的一种措施是 Voest-Alpine 厂的连铸机采用的支撑辊小辊距方法，但我们现在知道，辊距过小会使辊子不对中的影响大为增加，因此要求采用最佳的辊距，如图 1-4-4 和图 1-4-5 所示。

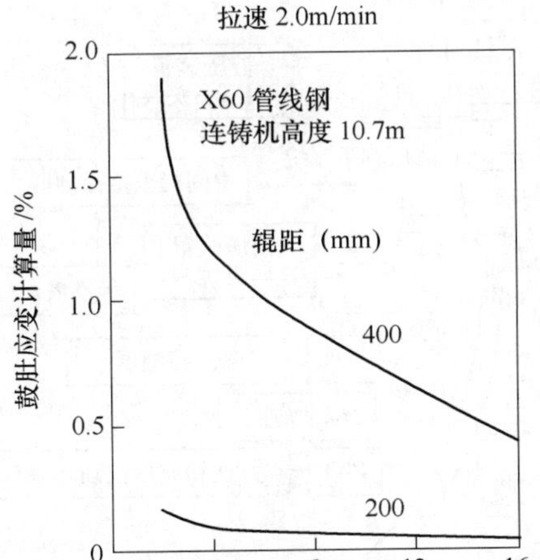

图 1-4-4　不同辊距时，板坯鼓肚引起的固/液两相界应变与铸坯导向长度的关系

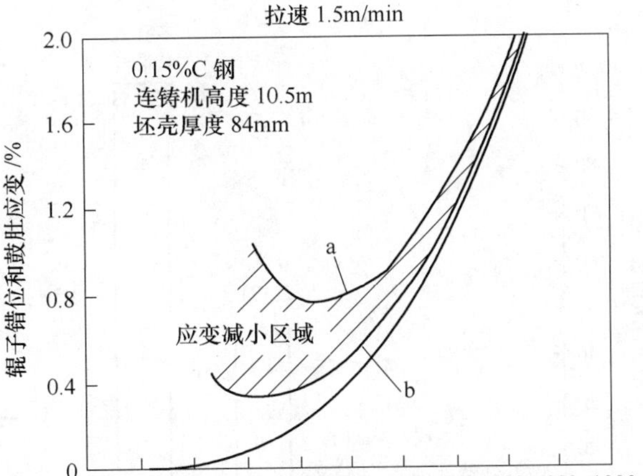

图 1-4-5　固定辊 a 和浮动辊 b 在相同辊距时造成的固/液两相界的辊子位错与鼓肚应变的关系

为避免高拉速铸造带来的问题，美国国家钢铁公司（National Steel Corp.）曾通过铸

造超宽（“jumbo”）板坯并进行纵切来实现高的连铸机生产率，并于 1977 年 11 月 26 日在其 Great Lakes 厂连铸机上投产，板坯断面尺寸为 240mm ×（2500 ~ 2640）mm。这一设计理念曾有数家欧洲钢铁公司仿效。关于后一点，瑞典的 P. O. Strandell 教授提出一个独特的概念，即用热轧辊环进行板坯的纵切，他还设想用“三联轧机”将小板坯转轧成线棒方坯，即利用大宽厚比断面的铸坯中心致密度好的优势。

随着生产能力的逐渐增加，耐火材料问题开始受到冶金工作者的关注。随着钢包塞棒的使用和操作方法的改进，减少了故障炉次的频率，如图 1-4-6 所示，而钢包滑动水口技术的出现才实现了真正的突破，如图 1-4-7 所示。伯利恒钢厂（Bethlehem Steel）、内陆钢厂（Inland Steel）、共和钢厂和杨斯顿钢厂（Youngstown Steel）联合开发了多孔式浸入式水口技术，极大地减少了在铸造用于低碳铝镇静钢（LCAK）冷轧薄板钢种的板坯时精整工作量，如图 1-4-8 所示。该技术是由奥尔森厂（Olsson）研发的，并于 1965 年在 Bethlehem 钢厂投产的试验连铸机上投入使用。结晶器液面自动控制技术的出现大大改善了铸坯的表面质量，主要采用 γ-射线检测液位，使得自动浇铸得以实现。这样大比例的无清理板坯可用于低碳铝镇静钢，如图 1-4-9 所示。

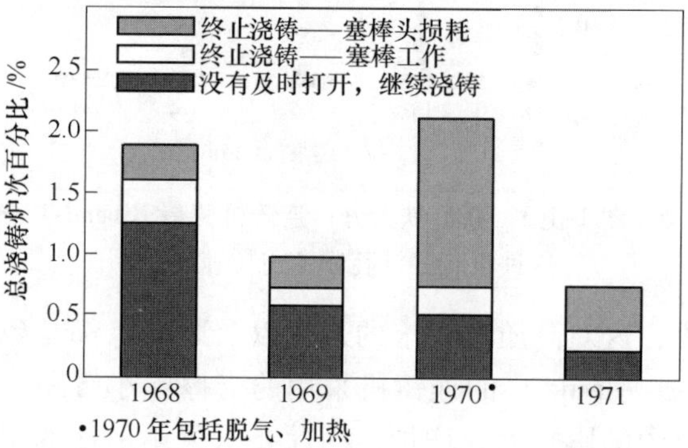

图 1-4-6　连续铸钢中钢包塞棒执行情况示例

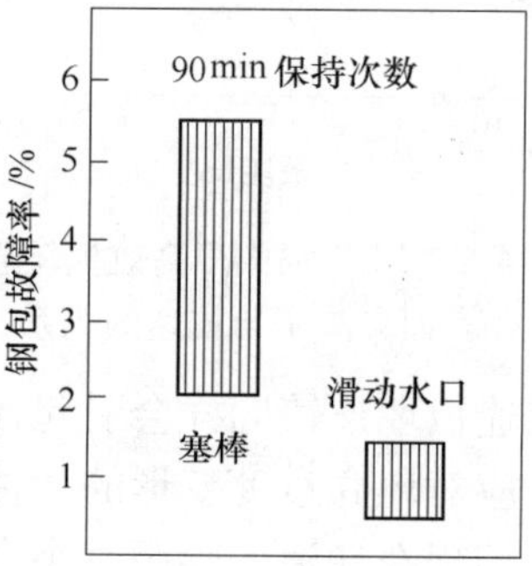

图 1-4-7　采用塞棒和滑动水口钢包生产情况对比

图 1-4-8　采用不同结构的浸入式水口无修整的 LCAK 板坯轧制成的薄板坯表面质量对比

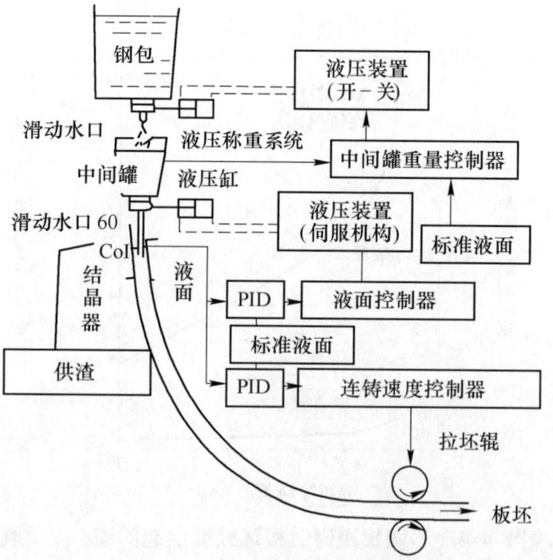

图 1-4-9　鹿岛厂的自动浇铸系统

在低碳带钢由模铸向连铸产品的转化过程中，弱脱氧钢种大量被 LCAK（低碳铝镇静钢）钢种取代。为保证薄板的冷成形性，化学成分的规格需按照低 P、低 N 值调整，还需要在连续铸造中尽量减少增硅和回磷。

在弧形结晶器连铸机上，通过抑制结晶器内流股的冲击深度，可以减少由于采用大直径浸入式水口（SEN）所造成的四回流区对夹杂物聚集的影响，这可以通过水力学模型的研究得到优化。中间罐塞棒吹氩技术可改善铸坯的宏观洁净度、铸造的稳定性和表面质量。但是，真正的突破是实现了钢包防止二次氧化保护浇铸操作。

引入板坯结晶器电磁搅拌来铸造用于低等级薄板和中板的准沸腾钢，如图 1-4-10 所示。在连铸高强度管线钢板坯时，连铸产品在韧性方面大大超过模铸产品。板坯的中心质量有了很大的改善，首先是铸流的电磁搅拌技术，后来为轻压下技术，后者更适应于抗氢致裂纹（HIC）。

在冶金工作者不断研究之下，连铸不锈钢扁平产品，得到全世界的认同和大力发展，如图 1-4-11 所示。钢的洁净度也因钢流的全保护浇注和钢液在中间罐停留时间延长而改善了许多，如图 1-4-12 所示。

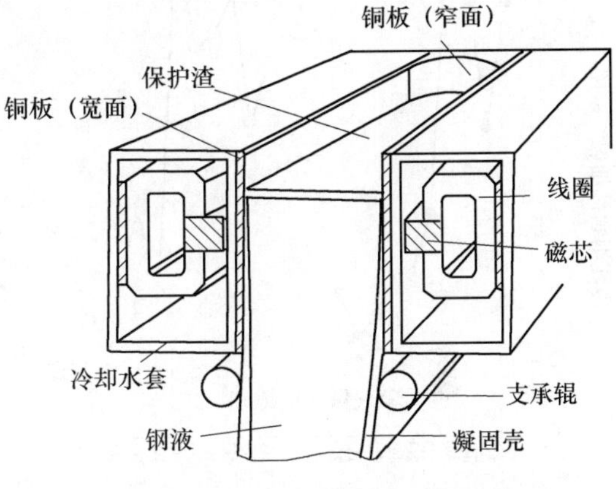

图 1-4-10　日本广畑钢厂用于准沸腾钢连铸的板坯结晶器搅拌装置

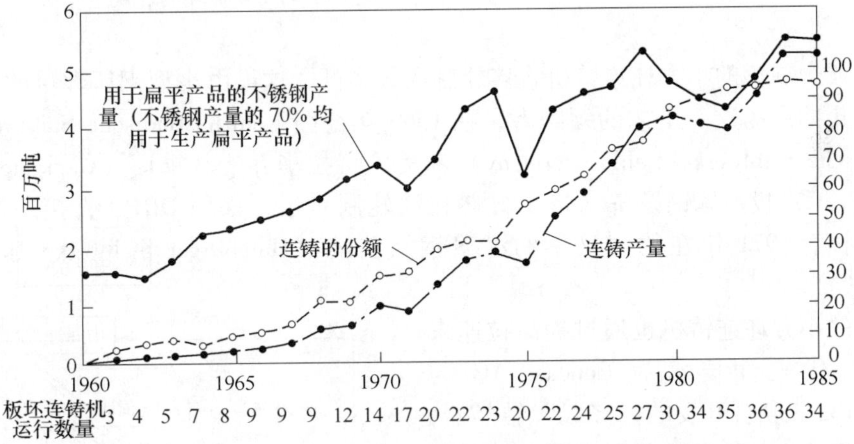

图 1-4-11　不锈钢扁平产品生产和板坯连铸产品份额演变

将铸坯表面全修磨作为标准工艺使表面质量有了很大保证。运用电磁搅拌技术扩大冷轧铁素体薄板的等轴晶的宏观结构则是另一个进步，如图 1-4-13 所示。

在长材生产方面，突出成就是南芝加哥的美国钢铁公司（USS）的高效率小方坯连铸生产工艺，该厂通过 200t 转炉（BOF-Vessles）供应钢液，通过大方坯连铸和在线轧制高速生产小方坯，先在试验连铸机试验，大方坯断面为 190mm × 190mm，拉速达 5.0m/min，成效突出，然后制造 1 台 4 流生产用连铸机，通过 8 机架在线轧机生产断面分别为 100mm × 100mm、125mm × 125mm 和 150mm × 150mm 小方坯。月平均拉速为 3.8m/min（190mm ×

190mm)，拉速范围为 3.1～4.5m/min，漏钢率为 1.3%。生产纪录产生于 1974 年 5 月，产量 73500t，最多连浇炉数为 39 炉。还有离线进行小方坯/大方坯压下研究的报道，如用连轧机架（Armco/Kansas City）、可逆轧制（Cogne/Aosta）和 SMS 的行星大压下量平轧机（PSW）以及 GFM 的四面连续锻造机进行压下。

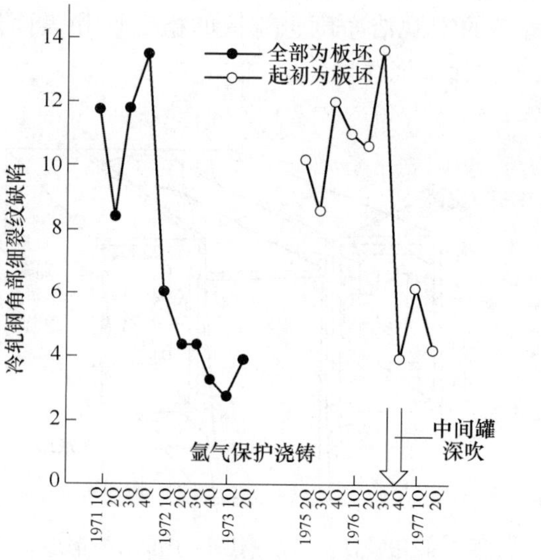

图 1-4-12　和歌山钢厂 304 钢薄板表面质量

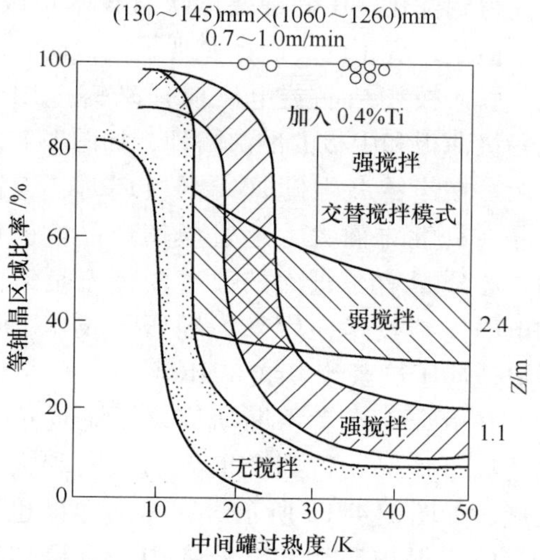

图 1-4-13　Hikari 厂采用 EMS 和不同过热度的 430 板坯的宏观组织对比

采用电弧炉炼钢的小方坯连铸机直接轧制的成本低，这可由小型钢厂数量的快速增长证明。Korf 集团成为这一工艺的领跑者，在 1969 年德国 Kehl 的 Badische Stahlwerke 钢铁公司（Badische Stahlwerke/Kehl，Germany）和美国特拉华乔治敦钢厂（Georgetown Steel/Georgetown，SC）投产炼钢设备（带小方坯在线轧制）后，采用 DRI（直接还原铁）的"样板"技术于 1971 年在德国汉堡的汉堡钢铁公司（Hamburger Stahwerke/Hamburger，Germany）投产。

小钢厂的小方坯连铸机也通过提高拉速来增加产量。代表性技术为 Concast AG 与 Röchling-Burbach 联合开发的"多级"结晶器，实现了在高于正常拉速下的低漏钢率，如图 1-4-14 所示。

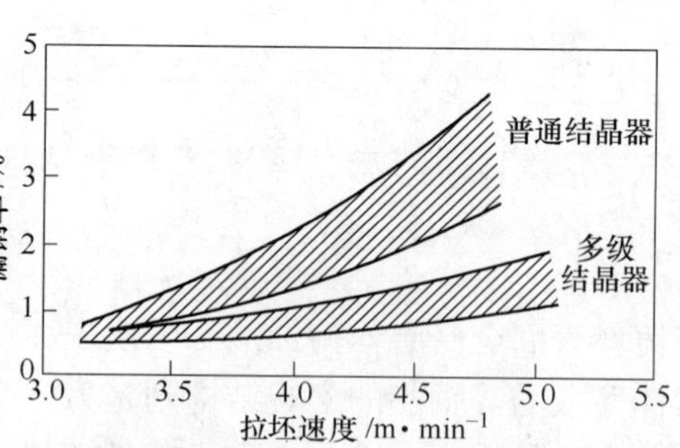

图 1-4-14　Völklingen 厂生产 100mm×100mm 小方坯漏钢率与拉坯速度的关系

在氧化物含量高时，由于易造成铸坯夹渣，长的铸坯支撑和间接冷却多级结晶器并不能有效预防漏钢。因此，小型钢厂需要更方便的漏钢后恢复技术。由 Joseph Rokop 提出的"无铸坯导向"的小方坯连铸机解决了这一问题，凭借的是刚性引锭系统。这已成为"小方坯连铸机的心脏"，此概念后来被全球所有的方坯连铸机设计者接受，这就是后来著名的美国罗克普公司刚性引锭小方坯连铸机，如

图 1-4-15 所示。

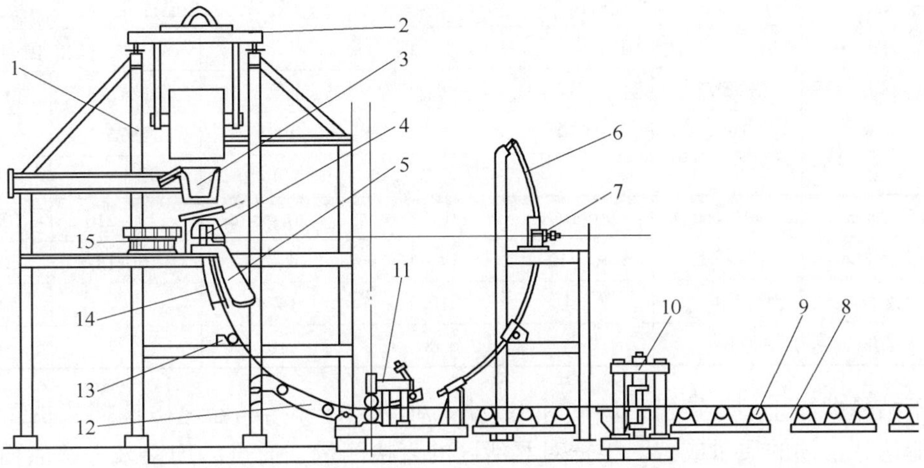

图 1-4-15 带刚性引锭的“不需维修”的小方坯连铸机示意

1—钢结构平台；2—钢包连浇装置；3—中间罐及中间罐车；4—结晶器；5—振动装置；6—刚性引锭；7—引锭存放装置；8—冷床；9—辊道；10—350t 液压剪；11—拉矫机；12—导向装置；13—托辊；14—喷淋集管；15—溢流罐

促使小方坯连铸进入铝处理钢市场的不懈努力带来了像带吹氩的多孔定径水口、特殊的圆盘形水口的开发，但其稳定性不好。

立式离心连铸机作为圆坯生产的最适宜工艺，它依赖定径水口（例如没有铝处理的钢），由连铸机旋转所引起的钢液对流可有效地预防铸坯皮下针孔，并且抑制了柱状晶的生长。德卡兹维尔（Decazeville）厂的连铸机甚至装备了 1 台感应式加热保温炉用于添加合金，提高了温度控制水平，如图 1-4-16 所示。1969 年以后到 1978 年投产的离心立式连铸机见表 1-4-1。

日本日立有限公司自 1975 年以来一直从事旋转连铸机（RCCM）的研究，第 1 台工业用旋转连铸机已于 1980 年安装在日本大山特殊钢有限公司，第 2 台于 1981 年安装在日本名古屋德山有限公司。这两台旋转连铸机的工作效率均很高。

旋转连铸机的主要优点是节省能量和劳动力，并且能够缩短生产时间、用同步旋转连铸机能实现高速铸造，速度相当普通连铸机的 3 倍。它还能直接和轧机匹配，这样可以节省更多相当可观的能量，因为铸坯不必重新加热。

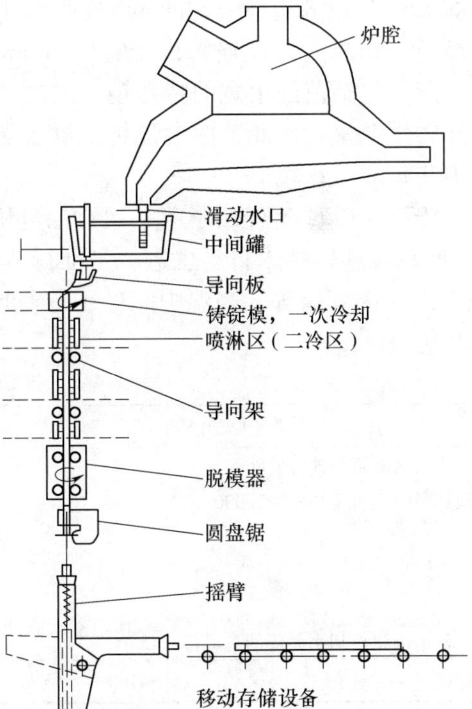

图 1-4-16 法国 Decazeville 的 Ascometal 厂回转立式小型方圆坯连铸机示意

表 1-4-1 20 世纪 70 年代投产的离心立式连铸机

厂家	第一代离心连铸机		第二代离心连铸机			
	法国		美国	日本	法国	
	昂赞厂	德卡斯维尔厂	马克厂	京浜厂	圣—索夫厂	伊姆菲
投产/年份	1969	1970	1974	1974	1975	1978
流数	2	3	2	4	4	2
圆坯直径/mm	90 ~ 160	90 ~ 160	110 ~ 180	120 ~ 140	120 ~ 210	100 ~ 180
每流小时产量/t	10 ~ 12	10 ~ 12	14 ~ 16	18 ~ 24	16 ~ 18	11 ~ 15
冶金高度/m	7.4	7.4	10.2	14.4	11.7	9.35
圆坯最大长度/m	6	6	8	10	12.7	7.2

对于结晶器静止型连铸机，Irsid 和 Rotelec 对 MEMS（结晶器电磁搅拌）的工业应用证明亦能达到上述的质量成效。根据对氧活度的直接测量，通过添加铝来平衡氧而进行钢的洁净度的控制进一步改善了铸坯质量，而小方坯连铸中采用惰性气体进行保护浇铸的方法可以实现在不用结晶器电磁搅拌的情况下安全防止准沸腾钢坯中的针孔形成。用定径水口生产 Al 处理钢时的重要突破是通过向钢包内喷吹合金实现钙处理，这样可得到液态铝酸钙，从而保证水口不易堵塞。

在连续铸造生产特殊钢时，只有大方坯的质量有所保证。突出实例为 1974 年日本水岛的 KSC 厂（KSC/Mizushima）投产的 4 流大方坯/异型坯（轧制“工”字梁）连铸机。1975 年，6 流大方坯连铸机于德国 Ruhrort 的 Thyssen Stahl 厂（Thyssen Stahl/Ruhrort）投产，产品包括范围很宽的特殊钢。通过“快速更换中间罐”技术增加连续浇铸长度，提高了连铸生产率。因此，两台连铸机除保证质量外，年产量达到 1Mt，比 Halliday 预期的超出 100%。

1973 ~ 1974 年经历了第一次石油危机。这要求连续铸钢技术向节约能源转变，如表 1-4-2 所示。连铸技术自身也进一步推行节能，如 Maxhütte 厂的“高温”中间罐和 Foseco 厂的“冷”中间罐等。高温中间罐还有着起动安全、初生夹杂物易于上浮以及表面质量好的内在优势。

表 1-4-2 连铸-模铸工艺能源需求对比 （kcal/每吨半成品）

连铸（单炉浇铸）	模铸
高温钢液需要的能源：8600 预热中间罐所需燃料：30000 设备运行和冷却水循环的总电量：15500	炉子鼓风机和炉子运行的电能：5150 预热铸锭至轧制温度所需燃料： (a) 冷铸锭 400000 (b) 50% 冷锭 250000 (c) 10% 冷锭 200000 初轧机轧制钢锭的电能 17200
总计 54100	总计 222360 ~ 422360

注：1cal = 4.1868J。

正像国际钢铁协会技术委员会在 1977 年预测连铸将稳定增长一样，到 1990 年，日本与西欧的连铸比将超过 50%，而整个西方世界的连铸比超过 45%，但有些专家没那么乐观。实际上，日本的连铸比于 1985 年已经飙升至 90%，为 1975 年 30% 的 3 倍；西欧和美国的同期连铸比分别由18%升至70%，和由10%升至42%，增长4倍。

1979～1980年第二次石油危机可以认为是这次连铸意外发展的主要动力。无论如何，实现成功的必要载体当然是铸坯质量的提高和高的连铸生产率。因此，如100年前先驱者们设想的那样，钢的凝固过程成为炼钢业以及人类社会总收益的主角，法国的公路边上都挂起了节能技术连铸机的标志，如图1-4-17所示。

图1-4-17　法国公路边上的连铸机标志

1970～1980年，世界连铸比从4.4%增长到28.4%，中国的连铸比从2.1%增长到6.2%。几个主要产钢国家1971年至1981年的连铸比如图1-4-18所示。

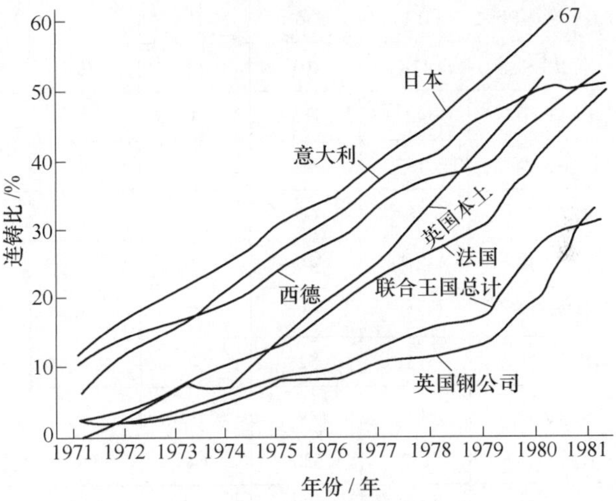

图1-4-18　1971～1981年几个主要产钢国家的连铸比增长情况

20世纪70年代，有一大批大型转炉炼钢厂实现了全连铸，这些工厂的年生产能力都在200万吨以上，见表1-4-3。1978年，国外连铸机台数及连铸比见表1-4-4。20世纪70年代投产的厚度≥300mm或宽度≥2000mm的国外部分板坯连铸机性能见表1-4-5，从表1-4-5中可以看出，这一阶段已经出现了直弧形连铸机。

表1-4-3　20世纪70年代大型转炉炼钢厂实现的全连铸工厂

国别	工厂名	投产年份	机型	连铸机台数	流数	铸坯断面/mm×mm	转炉数量×吨位	年产量/万吨
美国	麦克劳斯公司特伦顿厂	1969	弧形	4	双流	230×(910～1524)	5×110t	240
法国	敦刻尔克厂二转炉车间	1972	弧形	3	双流	250×1650	3×200t	400
日本	新日铁大分厂	1972	弧形	5	双流	300×2200	2×300t 1×340t	800
联邦德国	莱茵豪森厂	1975	弧形	2	双流	(200～300)×(800～1650)	3×300t	350
苏联	新里宾斯克厂一转炉	1966	立式	6	双流	(175～280)×(935～1820)	3×160t	400
	新里宾斯克厂二转炉	1970	立式	5	双流	(250～350)×(1200～2200)	2×300t	400
	新图拉钢铁厂	1971～1975	立式	6	四流	130×130	2×130t	220

表 1-4-4　1978 年国外连铸机的台数及连铸比

国家和地区	方坯		板坯		合计		总产量/万吨	连铸比/%
	机数	流数	机数	流数	机数	流数		
日本	106	347	42	69	148	416	4180.7	40.8
美国	69	225	22	31	91	256	1343.1	11.8
西德	18	78	21	36	39	114	1327.2	34.0
苏联	10	34	29	57	39	91	1220.0	8.3
英国	14	56	13	19	27	75	259.0	12.7
法国	13	38	9	17	22	55	520.9	23.6
意大利	118	401	11	19	120	420	898.4	38.5
西班牙	42	156	3	3	45	159	286.6	25.7
巴西	19	49	11	17	30	66	195.7	17.6
加拿大	18	60	7	9	25	69	199.2	14.6
印度	21	46	2	2	23	48		
墨西哥	22	58	1	2	23	60		
南非	15	52	4	7	19	59		
南斯拉夫	11	36	6	9	17	45		
其他	177	630	64	98	241	728		
合计	673	2266	245	395	918	2667	11967.0	19.9

20 世纪 70 年代，苏联建起了 3 台 20 流方坯连铸机，12 台 22 流板坯连铸机。1981 年统计，苏联共有各类连铸机 48 台，其中小方坯连铸机 3 台，大方坯连铸机 9 台，板坯连铸机 36 台，这些连铸机绝大部分是 1978 年以前建成的。

20 世纪 70 年代，中国连铸技术的发展有五个方面值得一提：

一是第一机械工业部西安重型机械研究所总结了国内连铸技术试验研究经验，从 1969 年至 1971 年和北京钢铁设计院、上海机械学院、上钢一厂、上海东风机器厂等单位共同合作研制成功了两台 $R5$m、铸坯断面为 150mm × 1050mm 的弧形板坯连铸机，第 1 台于 1972 年 3 月 6 日在上钢一厂投产，第 2 台于 1972 年 5 月投产，1980 年又投产第 3 台。当时是起重机吊着钢包浇钢，板坯切断采用水压剪，如图 1-4-19 所示。该板坯连铸机当时浇铸 A3 钢出现板坯表面纵裂难以克服，应上钢一厂申请，1973 ~ 1974 年，冶金工业部、第一机械工业部组织全国科研、设计、生产等 16 个单位 50 余人组成“国家技术团队”，在上钢一厂对该板坯连铸机进行技术攻关，解决连铸工艺、板坯质量及扩大连铸钢种等问题。而浸入式水口、保护渣浇铸两项技术的攻关成功使铸坯表面裂纹等质量问题大大减少，这是当时最大的两项技术成果。技术攻关后，浇铸船板钢成功，用于江南造船厂万吨轮船制造。浇铸的船板钢被英、法、美、联邦德国的劳埃德船板社认可。1974 年 10 月，这台连铸机通过一机部、冶金部组织的鉴定，被认为完全达到设计要求。曾获上海市、冶金部、陕西省科技奖及 1978 年全国科学大会奖。

表 1-4-5 20 世纪 70 年代投产的厚度≥300mm 或宽度≥2000mm 的国外部分板坯连铸机性能

序号	1	2	3	4	5	6	7	8	9	10	11	12	13	14	15	16	17	18	19	20	21	22	23	24
用户	日本，川崎制铁水岛2号	日本，新日铁名古屋厂1号	日本钢管福山3号	日本，新日铁大分厂1号，2号，3号	日本，住友金属和歌山2号	日本，住友金属鹿岛1号	日本川崎制铁水岛6号	日本钢管京浜1号	日本，新日铁大分4号、5号	日本钢管福山4号	比利时阿勒格尼——隆多公司	日本新日铁八幡1号	加拿大LTV Lukens厂	德国Bremen	苏联，新里别茨克厂二车间9~13号	加拿大悉尼1号	加拿大Sydney	意大利丹尼尔	德国，克虏伯，莱茵豪森厂2台	苏联ILITCH厂	苏联亚速钢厂	德国，蒂森，布鲁克豪森1号	英国British	加拿大阿尔勾马
设计、制造厂	住友重机	日立造船	日立造船	日立造船	住友重机	住友重机	住友重机	住友重机	日立造船	日立造船	SMS	住友重机	SMS	VOEST-ALPINE	苏联		VOEST-ALPINE		DEMAG	苏联	苏联	德 SACK公司	SMS/DEMAG	
投产日期	1970	1970/1978	1971	1972	1973	1972 年建 1986.4 改造	1976.11.12	1976.11/1986	1976	1976	1976	1979	1971	1973	1974	1975	1975	1975	1975	1975	1977	1979	1979	
设计能力/万吨·a^{-1}	60	90/240	100	360	60	约150（30%厚板）	275	300	360			300	70	210			200		350			200	125	
最大板坯断面/mm×mm	260×2200	300×2100/245×2150	300×2100	300×2200	300×2100	300×2300	310×2500	300×2300	300×2200	230×2240	160×2000 浇不锈钢	250×2100	228.6×2032 305×2160	310×2150	350×2200	305×2133	315×2134	300×2200	300×1650	350×2200	315×1900	250×2650	305×1830	300×2150
流数/流距/m	2/5.5	2/	2/	3×2/	2/5.5	2/5.6	2/6	2/5.6	2台×2流/	2/		2/7.8	1/0	2/	5台×2流/		2/		2×2/		3台×2流/	2/	2/	2/6.223
机型	全弧	全弧多点矫直	全弧	全弧	全弧	全弧（3点矫直）	立弯	渐近弯曲3点矫直	全弧（单点）	直弧		全弧		直弧	全弧		直弧		全弧	全弧	全弧（多点矫直）		全弧	
垂直段长度/m	—	—	—	—	—	—		4.797		4.8		—			—				—	—				
圆弧半径/m	12.5				10	12.5/18.6/36.5	10.5	50/27/18/13/10.5	10.5	10.5		10.5		10.0			10.0					12.0		
机长/m	27				21.4	23.1	16.9	20.16	38.08	25.3		37.5										23		
拉速/m·min^{-1}	1.4（260mm厚）				0.8（300mm厚）	0.45~1.1	0.52（310mm厚）	0.9（250mm厚）		0.9~1.0		1.6~1.7（250mm厚）									0.3~2.2	0.16~1.6		
引锭装入方式	下装				下装	下装	下装		上装			上装												
炉子容量/t×座数	200×BOF	250×BOF	230×BOF	250×BOF	160×BOF	250×3BOF	275×BOF	284×BOF	340×1 300×2 BOF	270×		320×BOF	166×	280×BOF	350×BOF		100×		300×3BOF	130×	350	430×BOF		
钢液前处理方式						DH							LRF											
钢包回转台型式	钢包车				钢包车	半门钢包车	回转台	回转台				回转台									首台采用回转台			
中间罐容量/t；深度/mm	10；550				20；520		35；800	35；600				70；1200										45；		
结晶器长度/mm	700				700	700	900	800	900	950		900，+COMB									1200			

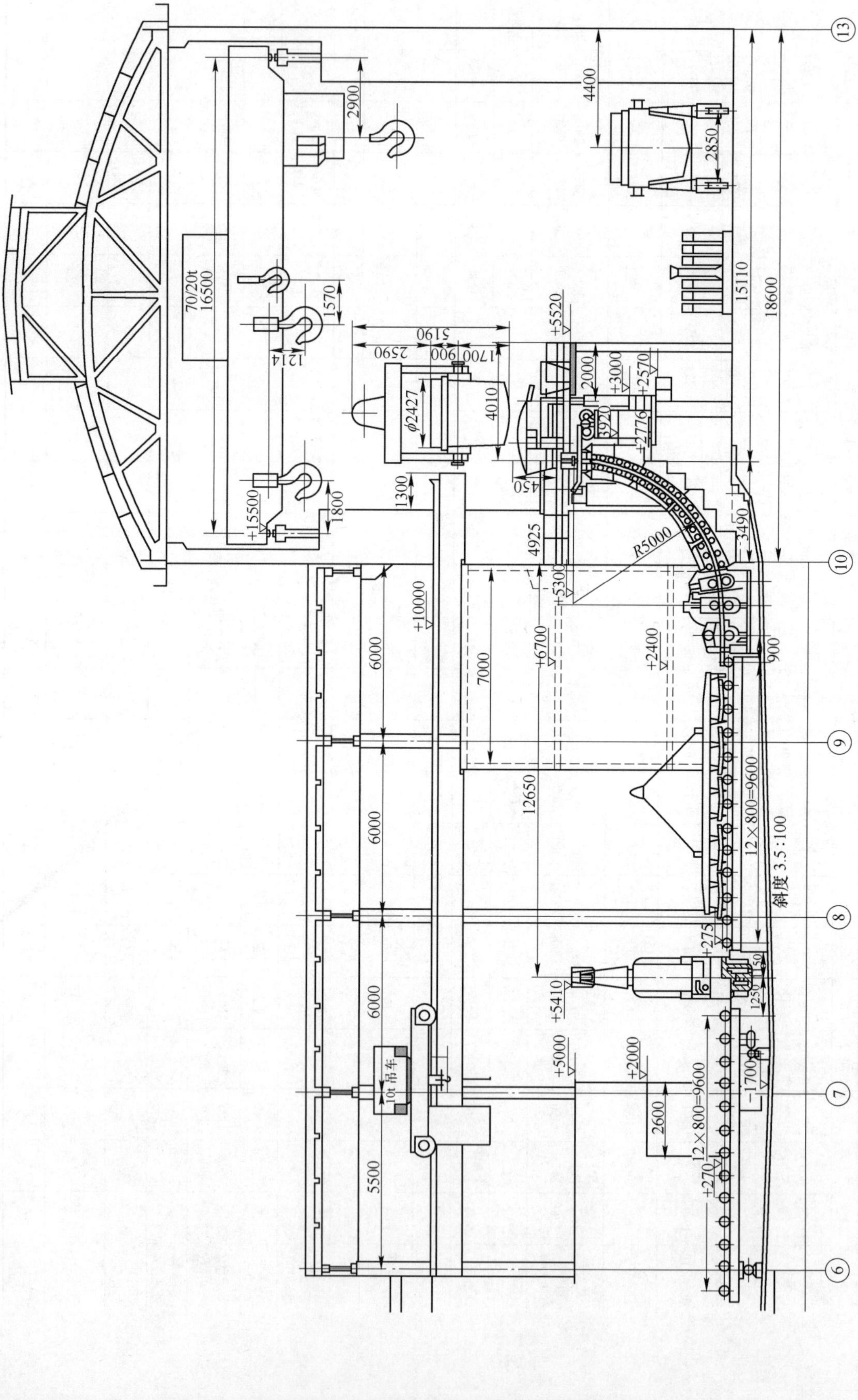

图 1-4-19　中国冶金工业部、第一机械工业部组织的“国家技术团队”对连铸技术进行攻关的 1972 年投产的板坯连铸机示意

1979 年这两台连铸机年产量达到 41 万吨。1980 年上钢一厂又建造了第 3 台。1983 年三台连铸机的年产量达到 60 万吨。

此连铸机一直应用到 1985 年才被另 1 台新的西安重型机械研究所设计的两点矫直（*R*5. 8m、*R*10. 5m）板坯连铸机所取代，新连铸机由丁兰英、王亭、关杰、王受田等负责并参与设计，曾获得机械电子工业部科技进步奖，且一直应用到 2002 年，后又被宝钢集团一钢公司引进西马克的不锈钢和碳钢板坯连铸机生产线所取代。

二是 1971 年，由上海机修总厂设计制造了一台连铸连轧实验机组。采用 *R*2. 5m 圆弧形连铸机生产，浇铸小板坯 50mm ×215mm，铸坯均热后由 300mm 行星轧机轧制成 8. 2mm ×215mm 的带材。该机组本来准备迁入上钢五厂，建立“直接炼钢—连铸—连轧”的“三联”车间，后因故而流产。

三是 1973 年开始，中国援助阿尔巴尼亚艾尔巴桑钢厂板方坯连铸机各 1 台，由北京钢铁设计院卓悌邦负责钢厂的工厂设计，孙铭琨负责连铸工艺设计，西安重型机械研究所王公民作为课题组长负责了板坯连铸机的设备设计，李平作为课题组长负责了方坯连铸机的设备设计，上海东风机器厂负责设备制造。后因情况有变，板坯连铸机在安阳钢厂安装投产。

四是从 1978 年开始，康卡斯特、德马克设计的 *R*10. 3m 半径的 3 台单机单流全弧形板坯连铸机在武汉钢铁公司第二炼钢厂相继投产，其辊列如图 1-4-20 所示。连铸机浇铸板坯断面 170mm、210mm、250mm ×(700 ~1600)mm，结晶器长度 700mm(其中过圆心水平线以上 400mm，以下 300mm)，结晶器下方有铸流支撑格栅，冶金长度 12. 36m，机长约 22m，一点矫直。这种一点矫直的弧形连铸机由于冶金长度太短而没有在中国大面积推广，进入 20 世纪 80 年代，很快被多点弯矫的直弧形连铸机取代。

五是 1978 年，徐宝升教授创造了一种倾斜轮式小方坯连铸机，能以 15 ~18m/min 的速度，浇铸 52 ~70mm 小方坯。这种机型的连铸机已经试验成功，于 1985 年获国家实用新型专利（证书第 1767 号），后来没有推广。

1971 ~1983 年，中国投产的连铸机 32 台，见表 1-4-6。1983 年中国正在建设的连铸机 12 台，见表 1-4-7。

20 世纪 70 年代中末期，为了更多地提高生产量大的板坯连铸机的效率，世界上出现了采用钢包回转台多炉连浇来提高浇铸效率，采用各种形式的上装引锭和扇形段能够整体侧抽更换或从浇铸平台处上抽更换、以缩短浇铸准备时间的弧形板坯连铸机。图 1-4-21 是带直臂式钢包回转台，上装引锭，火焰切割，弧形区四对辊子组成的扇形段侧抽，弧形区扇形段安装在支架上，水平区三对辊子一组的扇形段用浇铸平台下方的起重机吊出更换，水平区辊子采用多点矫直，矫直点增加支撑辊的弧形板坯连铸机；图 1-4-22 是带直臂式钢包回转台，上装引锭，火焰切割，弧形区扇形段上抽，弧形区扇形段安装底座采用香蕉座，水平区采用多辊拉矫机的弧形板坯连铸机；图 1-4-23 是带钢包升降的连杆式钢包回转台，上装引锭，火焰切割，弧形区扇形段上抽，弧形区扇形段安装底座采用香蕉座，水平区采用多辊拉矫机的弧形板坯连铸机。

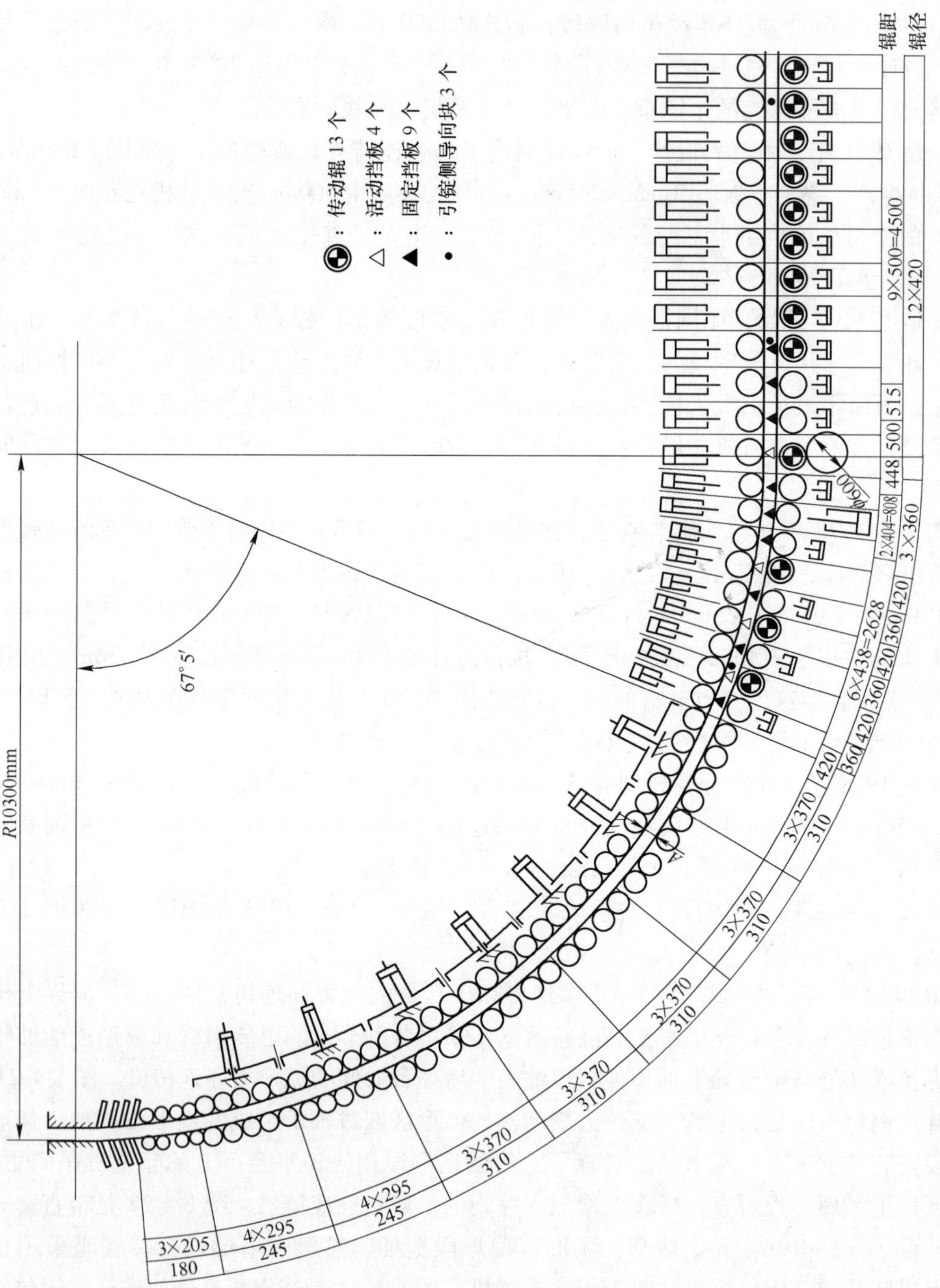

图 1-4-20　1978 年、1979 年投产的武钢 3 台全弧形板坯连铸机辊列

表 1-4-6 1971～1983 年底，中国投产的连铸机

序号	型式、型号	连铸坯断面 /mm×mm	台数	机-流	年设计能力 /万吨	配合的炼钢炉	使用单位	连铸机编号	投产年月	设计单位	制造单位	备注
1	弧形 R6	180×700	1	1-1	10	13t 氧气顶吹转炉	济南钢铁厂	1 号	1970	济钢	济钢	
2	弧形 R6	180×700	1	1-1	10	13t 氧气顶吹转炉		2 号	1970	济钢	济钢	
3	弧形 R5	130×190 130×240	1	2-2	5	15t 氧气顶吹转炉	湖南涟源钢厂第三炼钢车间	1 号	1970	涟源钢厂	涟源钢厂	
4	弧形 R4.56-1280	130×190 130×240	1	1-3	7.5	15t 氧气顶吹转炉	上钢三厂二转炉	3 号	1971	涟源钢厂	涟源钢厂	
5	弧形 R5-1200	150×1050	1	1-1	20	30t 氧气顶吹转炉	上钢一厂三转炉	1 号	1972.3	西重所、上钢一厂、北京钢铁设计院、上海工学院、上海规划设计院	上海东风机器厂 上海重机厂	1974 年通过冶金部、机械部联合组织的鉴定。1978 年荣获全国科技大会奖、1982 年，三台铸机共产坯 51.46 万吨，1983 年为 60 万吨
6	弧形 R5-1200	150×1050	1	1-1	20	30t 氧气顶吹转炉		2 号	1972.5	西重所、上钢一厂、北京钢铁设计院、上海工学院、上海规划设计院	上海东风机器厂	
7	弧形 R5-1200	150×1050	1	1-1	20	30t 氧气顶吹转炉		3 号	1980	西重所、上钢一厂、北京钢铁设计院、上海工学院、上海规划设计院	上钢一厂	
8	弧形 R5.5	160×160	1	2-4	10	90t 平炉	成都 65 厂	1 号	1978	重庆院	成都 65 厂	直结晶器 800mm，带直线段二冷区 750mm
9	弧形 R6-1060	160×220	1	2-4	20	25t 氧气顶吹转炉	上钢三厂二转炉	4 号	1975.3	重庆院、上钢三厂	上钢三厂	
10	弧形 R6-1060	160×220	1	2-4	20	25t 氧气顶吹转炉		5	1978	重庆院、上钢三厂	上钢三厂	

续表1-4-6

序号	型式、型号	连铸坯断面 /mm×mm	台数	机-流	年设计能力 /万吨	配合的炼钢炉	使用单位	连铸机编号	投产年月	设计单位	制造单位	备注
11	弧形 *R*10.3	170×(700~1600) 210×(700~1600) 250×(700~1600)	1	1-1	50	50t 氧气顶吹转炉	武汉钢铁公司	1号	1978	联邦德国	联邦德国	
12	弧形 *R*5.25	170×(700~1600) 210×(700~1600) 250×(700~1600)	2	1-1	50/台	50t 氧气顶吹转炉	武汉钢铁公司	2号 3号	1979	联邦德国	联邦德国	
13	弧形 *R*5-1050	150×150 150×220	2	1-2	50/台	50t 氧气顶吹转炉		2号	1979	大连重机厂 上钢五厂	大连重机厂	
14	弧形 *R*6-850	180×250	1	1-2	5	20t 氧气顶吹转炉	邯郸钢厂 第二炼钢车间	1号	1979	北京钢铁设计院		
15	弧形 *R*6-85*	180×700	1	1-1	10	20t 氧气顶吹转炉		2号	1979	北京钢铁设计院		
16	弧形 *R*6	160×220	1	2-4	20	15t 氧气顶吹转炉	江西钢厂	1号	1981.1		上海东风机器厂	采用原水城部分主机设备及援阿2000液压剪
17	弧形 *R*6	160×220	1	2-4	20	150t 氧气顶吹转炉		2号	1981.12	江西钢厂	江西钢厂	
18	弧形 *R*5	$(80\sim130)^2$	1	3-3	9~12	20t 电炉	深圳蛇口 华美钢厂		1981	意大利 康梯纽	意大利 康梯纽	1984年迁出卖给邯郸钢厂
19	弧形 *R*5.25	70×70、90×90 150×150	2	4-4	20/台	20t 电炉	天津第二炼钢厂	2号	1982.10	联邦德国德马克	联邦德国德马克	大连重机厂制造部分设备
20	水平式	ϕ80	1	1		150kg 中频感应炉	首钢试验厂	3号	1982.3	联邦德国德马克	联邦德国德马克	试浇

续表 1-4-6

序号	型式、型号	连铸坯断面 /mm×mm	台数	机-流	年设计能力 /万吨	配合的炼钢炉	使用单位	连铸机编号	投产年月	设计单位	制造单位	备注
21	弧形 *R*5.25	70×70 90×90 120×120 150×150	1	4-4	17.5	20t 氧气顶吹转炉	邯郸钢厂第二炼钢车间	3 号	1982.9	北京钢铁设计院	衡阳冶金机械厂	移植联邦德国德马克公司小方坯连铸机
22	水平式	ϕ80	1	1-1		500kg（用5t 电炉）	马鞍山钢铁厂	2 号	1982.2			试验设备
23	弧形 *R*6-1200	120×750/950 150×750/950 180×950、 （180×350-2）	2	1-1	8/台	15t 氧气顶吹转炉	安阳钢铁厂第二炼钢车间		1982.6	西重所 武汉院	上海东风机器厂	
24	弧形 *R*5.25	70×70、90×90 150×150	1	3-3	15	15t 氧气顶吹转炉	昆明钢厂第二炼钢车间	1 号	1982.2	联邦德国德马克	联邦德国德马克	
25	弧形 *R*5.25	90×90 150×150	1	3－3	15	15t 氧气顶吹转炉	湖南涟源钢厂第三炼钢车间	2 号	1983.11	联邦德国德马克	大重厂	
26	弧形 *R*5.25	70×70 120×120 150×150	1	3-3	15	15t 顶吹转炉	三明钢铁厂	1 号	1983.4	联邦德国德马克	联邦德国德马克	
27	弧形 *R*6-1200	90×90 120×120 150×150	1	4-4	25	50t 氧气顶吹转炉	马鞍山钢铁厂	1 号	1983.6	联邦德国德马克	50% 德马克 50% 大重厂	
28	弧形 *R*5.25	90×90 120×120 150×150	1	3-3	15	50t 氧气顶吹转炉	昆明钢厂第二炼钢车间	2 号	1983.6	联邦德国德马克	大连重机厂	

注：弧形 *R*5-1050 中，1050 指辊身长度；弧形 *R*6-1200 中，1200 指辊身长度。

表 1-4-7　1983 年中国正在建设的连铸机

序号	厂名	投产日期	型式	台数	机-流	配合炉子	铸坯断面 /mm×mm	年设计能力 /万吨	设计单位	制造单位	备　注
1	柳州钢铁厂	1984. 4	弧形 *R*6-1200	2	1-1	15t 氧气顶吹转炉	120×750、120×950、150×750、150×950、180×950、(180×350 -2)	16	西重所 武汉钢铁设计院	上海东风机器厂	其中有一台可浇 110mm×630mm
2	安阳钢铁厂	(1984)	弧形 *R*5. 25	1	3-3	15t 氧气顶吹转炉	90×90、120×120、150×150	15	联邦德国德马克	大重厂	
3	上钢一厂三转炉	(1984)	弧形 *R*5. 8/*R*10. 5	2	1-1	30t 氧气顶吹转炉	150×900、150×1050、150×1100、150×1150		西重所 上海东风厂 上钢一厂	上海东风机器厂	改建原有的板坯连铸机
4	太原钢铁厂	(1985)	立式	1	1-1	18t 氩氧炉	(140～160) ×(1030～1280)	6	西重所 天津重机厂 太钢	天津重机厂	回转出坯、浇不锈钢的连铸机
5	水城钢铁厂	(1984)	弧形 *R*5. 25	2	3-3	15t 氧气顶吹转炉	90×90	21. 5	北京钢铁设计研究院	衡阳冶金机械厂	
6	南京钢铁厂	(1985)	弧形 *R*5. 25	1	3-3	15t 氧气顶吹转炉	$(70～110)^2$	12	联邦德国德马克	大重厂	
7	杭州钢铁厂	(1987)	弧形 *R*6	1	4-4	28t 氧气顶吹转炉	150×220、150×150、110×110、90×90、(70×70)	50	大重厂	大重厂	在德马克 *R*5. 25m 连铸机的基础上进行改造设计
8	韶关钢铁厂	(1985)	弧形 *R*6	1	2-2	10t 氧气顶吹转炉	160×220、150×150	10	北京钢铁设计研究院	衡阳冶金机械厂	
9	上海钢研所	1984	水平式	1	1-1						试验设备

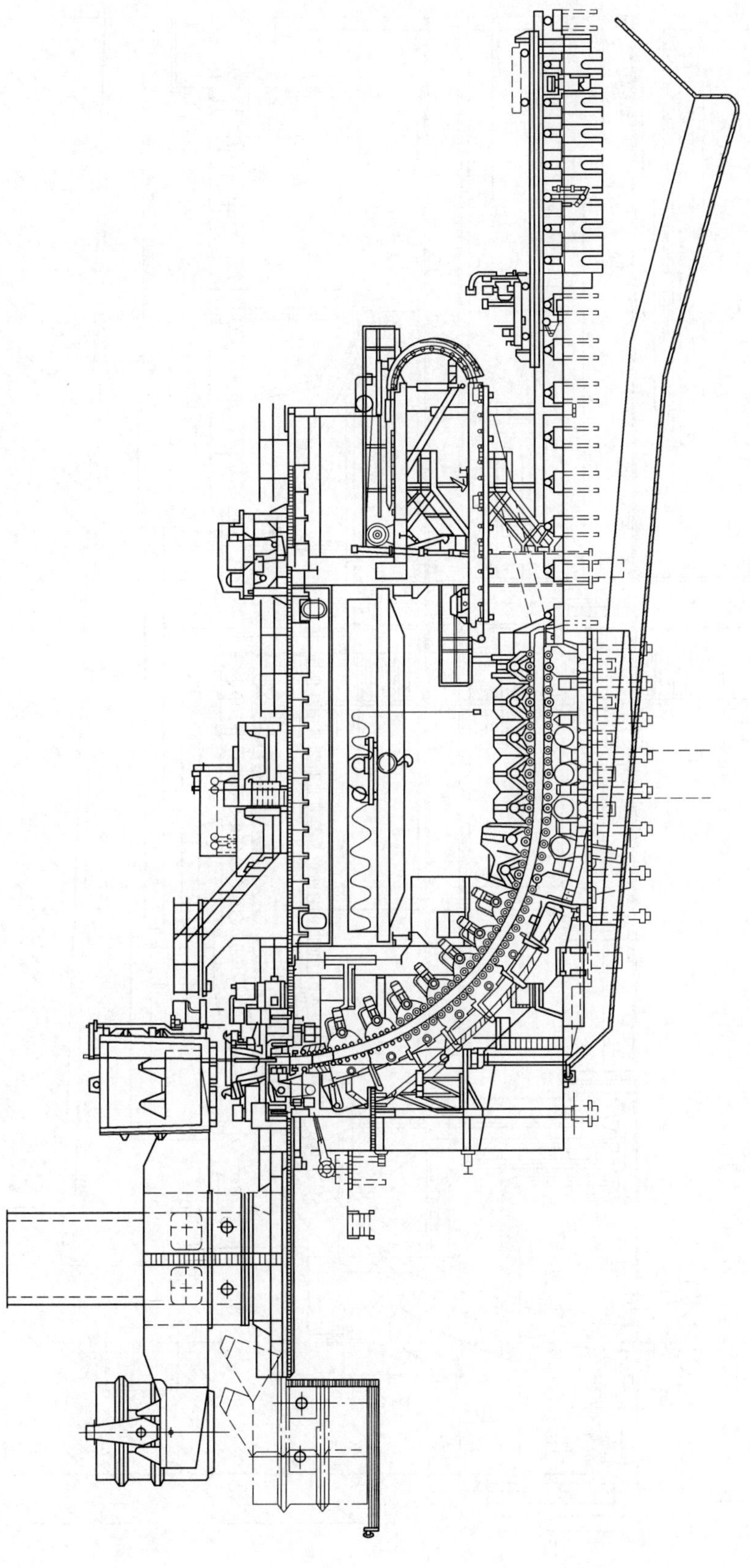

图 1-4-21　带直臂式钢包回转台，上装引锭，火焰切割，弧形区四对辊子组成的扇形段侧抽更换，弧形区扇形段安装在支架上，水平区三对辊子一组的扇形段用浇铸平台下方的起重机调出更换，矫直区辊子采用多点矫直，矫直点增加支撑辊的弧形板坯连铸机

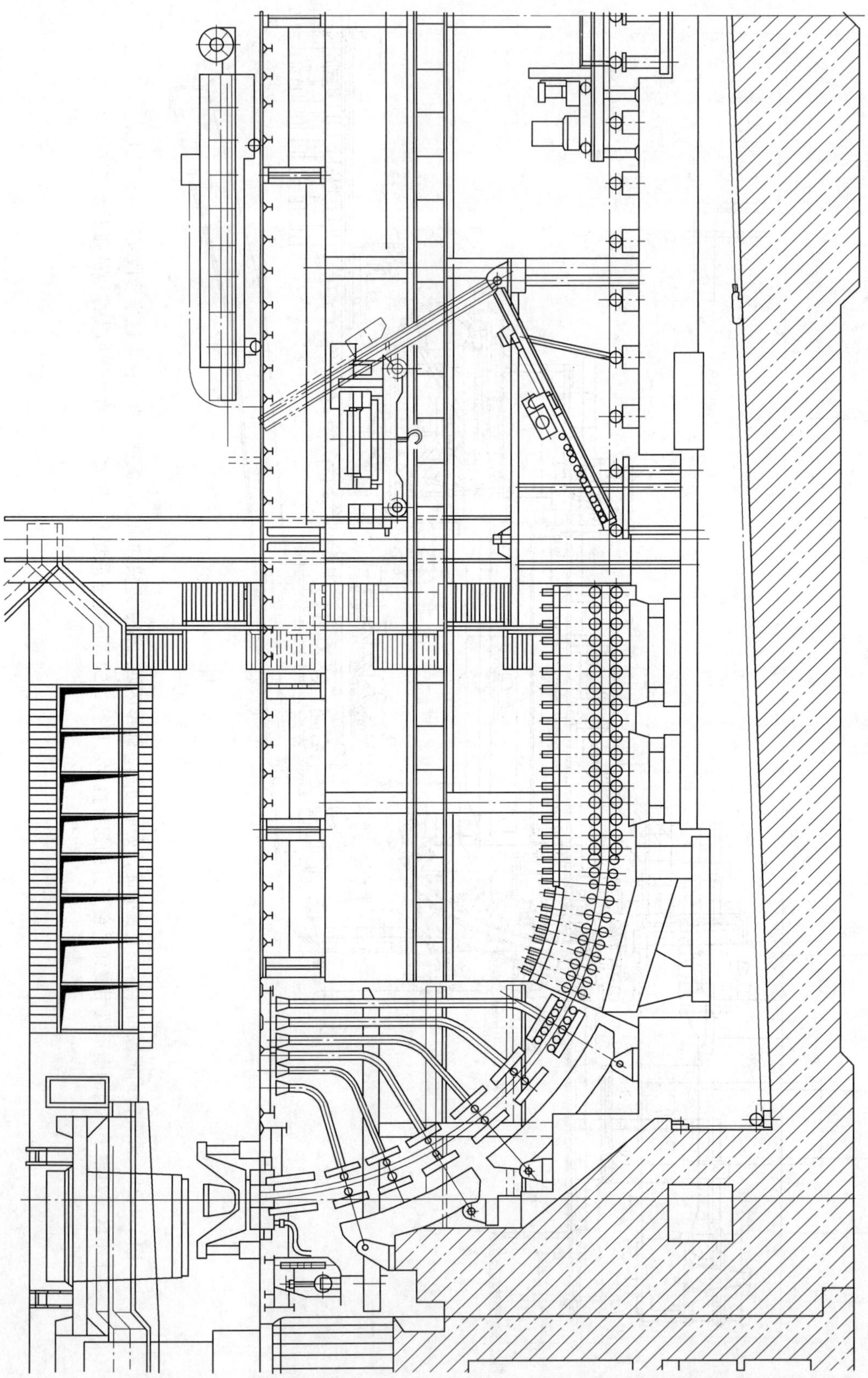

图1-4-22 带直臂式钢包回转台，上装引锭，火焰切割，弧形区扇形段上抽更换，弧形区扇形段安装底座采用香蕉座，矫直区、水平区采用多辊拉矫机的弧形板坯连铸机

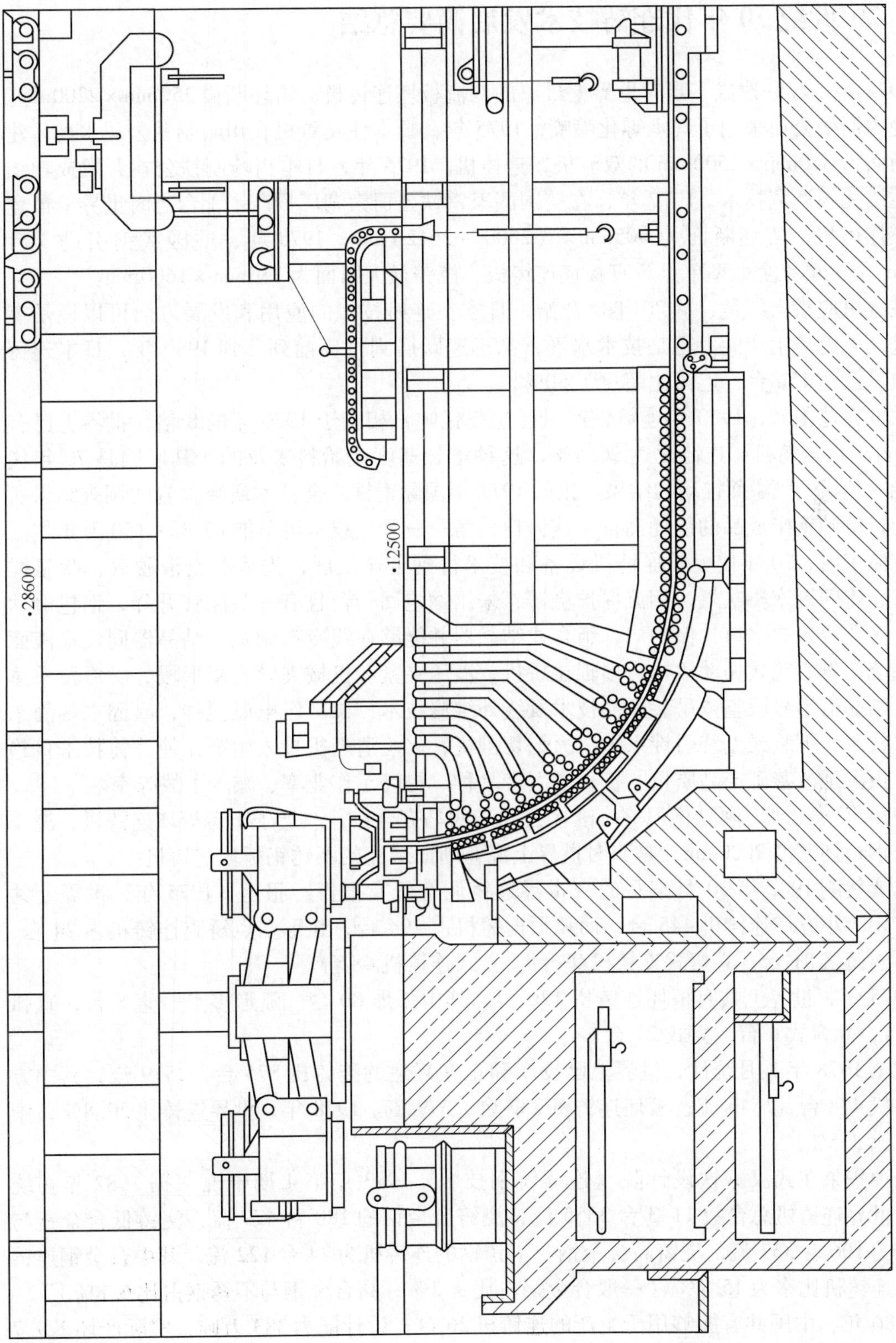

图1-4-23　带钢包升降的连杆式钢包回转台，上装引锭，火焰切割，弧形区扇形段上抽更换，弧形区扇形段安装底座采用香蕉座，矫直区、水平区采用多辊拉矫机的弧形板坯连铸机

4.2　20 世纪 70 年代连铸技术发展简要总结

1974 年，苏联建成了当时世界上最厚的双流板坯连铸机，铸坯断面 350mm × 2200mm。同年曼内斯曼公司采用了气水雾化喷嘴，1975 年，日本住友重机在川崎制铁公司水岛厂建立了断面为 310mm × 2500mm 的双流板坯连铸机。1976 年，日本川崎制铁公司开发成功结晶器在线无级调宽技术，1977 年，在美国国家钢铁公司大湖厂投产了 1 台当时世界上最宽的板坯连铸机，铸坯断面为 305mm × (2500 ~ 2642) mm。1978 年，中国武钢引进 3 台 *R*10. 3m 单机单流全弧型单点矫直板坯连铸机，浇铸最大断面为 250mm × 1600mm。

在这里应指出的是，从 70 年代开始，日本在连铸技术的应用和发展方面可以说是突飞猛进，无论是生产能力还是技术水平，都迅速跃居到世界前列。到 1980 年，日本连铸机的数量已达 156 台，连铸比超过了 60%。

从世界范围看，1980 年连铸钢产量已达 2 亿吨，相当于 1970 年的 8 倍，世界上已有 230 多台板坯连铸机，连铸比达 26. 4%，这种增长速度是始料未及的，其原因是 70 年代两次能源危机的刺激而推动的结果。正如 1977 年国际钢铁协会技术研究报告的调查结果所指出的，就吨钢半成品的能耗而言，连铸比模铸——开坯技术可节能 67 万 ~ 150 万焦尔。

总体来看，70 年代板坯连铸机设备和技术得到迅速发展，先后有钢液脱气，吹氩搅拌技术，中间罐塞棒吹氩，钢流保护浇铸，采用钢包回转台且有一些能够升降，钢包滑动水口，多孔浸入式水口，保护渣，组合式结晶器并能够在线冷态调宽，结晶器同位素液面检控系统，偏心轮式振动机构，多辊拉矫机，液压夹紧和机械夹紧式扇形段，二冷段整体更换、结晶器零号段整体吊装更换技术及线外维修技术，二冷区电磁搅拌，凝固末端静态轻压下技术，下装或上装引锭系统，火焰切割机，火焰清理机投入生产，使连铸技术日趋完善。极大地改善了产品质量、扩大了生产品种、提高了作业率、减少了故障率。

1976 年，比利时阿勒格尼——隆多公司与西马克合作，改造了 1 台板坯连铸机，浇铸的不锈钢板坯宽度 2000mm，是当时世界上浇铸断面最宽的不锈钢板坯连铸机。

据熊毅刚 1982 年 10 月编写的《世界连铸调查研究报告》报道，1975 年，世界上共有大方坯、小方坯连铸机 445 台，而弧形连铸机占 194 台，弧形多点矫直连铸机占 24 台，直弧形连铸机 81 台，立弯式连铸机 98 台，立式连铸机 48 台。

1975 年，世界上共有板坯连铸机 126 台，其中弧形 80 台，弧形多点矫直 8 台，直弧形 11 台，立弯式 6 台，立式 21 台。

截至 1978 年 1 月统计，世界上已投产和正在兴建的连铸机 875 台，2519 流，其中方坯连铸机 478 台，1546 流；板坯连铸机 237 台，379 流。1978 年，世界连铸比 20. 8%，中国连铸比 3. 5%。

据钟华杲在武汉钢铁设计院《连续铸钢技术》1983 年第 4 期中说“据 1982 年初统计，全世界连铸机总台数 1143 台 3355 流，浇铸合金钢的 180 台 479 流，浇铸低合金钢与合金钢的 106 台 357 流，浇铸高合金钢、不锈钢的连铸机为 74 台 122 流。其中合金钢连铸机占总连铸机比率为 15. 7%（一般合金钢占比 9. 3%，高合金钢与不锈钢占比 6. 8%）”。

1980 年，中国共有能够用于生产的连铸机 26 台，设计能力 383 万吨，实际产坯 229. 7 万吨，连铸比 6. 2%。

4.3　20世纪80年代进一步研究连铸机理

随着连铸技术的普及，连续铸钢不再是一门“神秘的艺术”。首先，由凝固基本原理所支持，通过对凝固过程及其在连铸中应用的研究，人们对凝固现象的认识进一步深化。因此，利用与冷却有关的微观结构和微观偏析的模型，为预测高温坯壳的特性提供了工具。

连铸机操作者之间互相交换信息开始是由设备供应商邀请，且定义为“家庭会议”，后来成为国际连铸会议所确认的公开论坛，例如，1976年在法国比亚里茨（Biarritz），1982年和1985年在伦敦（London），1988年在比利时布鲁塞尔（Brussels）和1991年在意大利佛罗伦萨（Florence）等。因此，如今连铸技术已成为大家熟悉的知识，读者可以自由获取连铸信息，如北美、德国、中国、苏联、芬兰、印度等国家均有公开发表的机关刊物。

对操作人员资质的高要求促进了相关的教育过程。另一刺激因素则是新型组合动力学系统的诞生，如“统计（集成）过程控制系统（SPC/IPC）”、“总体质量控制系统（TQC）”和“总体生产性维修系统（TPC）”等。随着自动化技术的进步，预防性维修已成为保证连铸机性能和利用率的关键。

除上述各因素之外，连铸过程还取决于炼钢和精炼等工艺，钢包冶金技术的出现大大改善了精炼工艺。其中，突出技术为“钢包精炼炉”（LF）冶金工艺，此工艺不但可以改善钢的洁净度，而且通过精确的钢液温度控制提高了连铸生产的稳定性，见表1-4-8。随后，LF技术得到飞速发展，如图1-4-24所示。最终，人们普遍承认的较为理想的精炼工艺为两步精炼法，即LF与脱气（多为RH）组合，如ELVAC（电弧炉-LF-真空脱气-连铸）工艺以及连铸过程中快换中间罐、扇形段及凝固终端的电磁搅拌工艺的采用，如图1-4-25所示。在生产高级别钢种时，该工艺可保证高生产率连续浇铸。

表1-4-8　采用LF精炼LCAK钢种时经过控制的中间罐钢液过热度

目标值	在铸造中间	20℃
实际值	在铸造中间	21.2℃（$\Delta T=3.6$℃）
实际值	在铸造结束时	14.9℃（$\Delta T=4.7$℃）

在板坯连铸方面，一直以来的长工序通过可调宽结晶器（可在浇铸期间改变板坯宽度），从根本上得以改善，如图1-4-26所示。采用涡流法检测液面改进了对结晶器液面的控制，如图1-4-27所示。用结晶器壁中的热电偶检测黏结使得在高速铸造下也能防止漏钢。颗粒状结晶器保护渣的重力喂送结束了对结晶器远程监视的需要。后来钢液温度的控制通过中间罐加热得到完善，如图1-4-28所示。中间罐冶金总体上因考虑了钢液与渣层的冶金反应而更为合理，这也对优化结晶器保护渣的选择有效。

总体而言，板坯连铸机的生产率得到极大的提高，如1979年新日铁（NSC）八幡厂（Yawata/NSC）的弧形板坯连铸机，前4个月的平均月产量为115kt，现今板坯连铸机产量远远超出Hallidy预期的1.0Mt/a，为其3倍，见图1-4-29和表1-4-9。目前连铸机的利用率仍显示出生产率进一步提升的潜力，表1-4-10所整理的板坯、大方坯、小方坯当前产量的记录是对这一推断的支持。

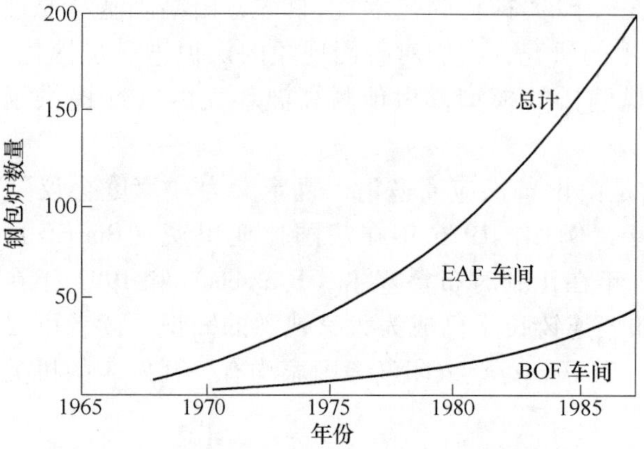

图 1-4-24　钢包炉精炼（LF）发展趋势

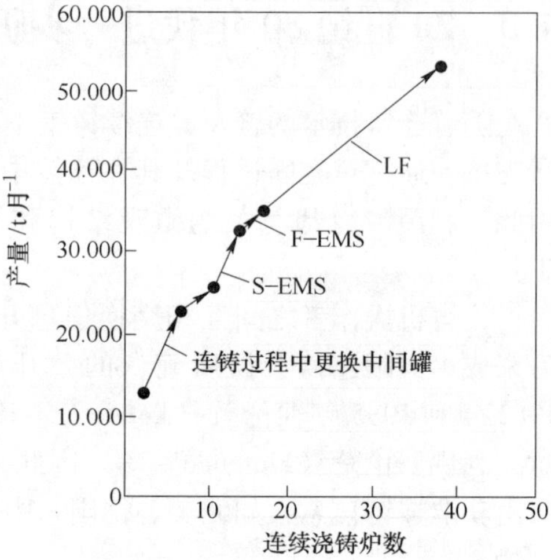

图 1-4-25　Chita 的 Daido 厂两流大方坯连铸机产量增加

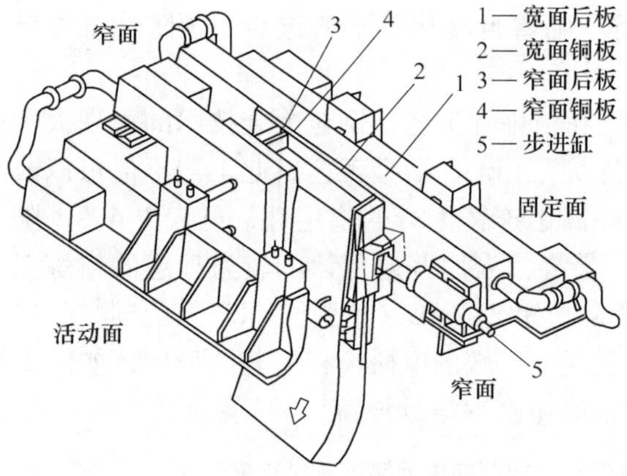

图 1-4-26　名古屋 NSC 厂的可调宽结晶器

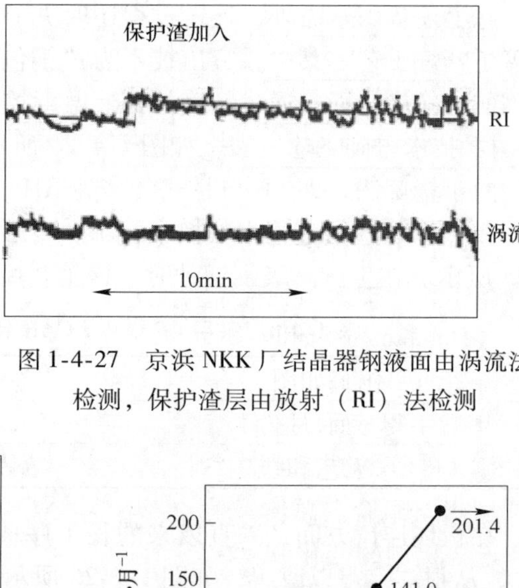

图 1-4-27　京浜 NKK 厂结晶器钢液面由涡流法检测，保护渣层由放射（RI）法检测

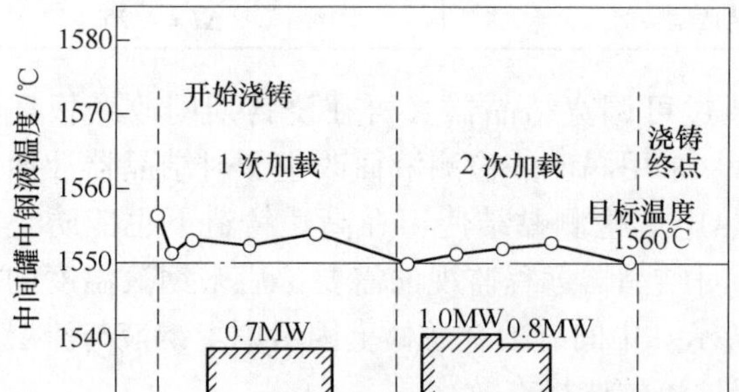

图 1-4-28　日本加古川、神户厂板坯连铸机的中间罐等离子加热

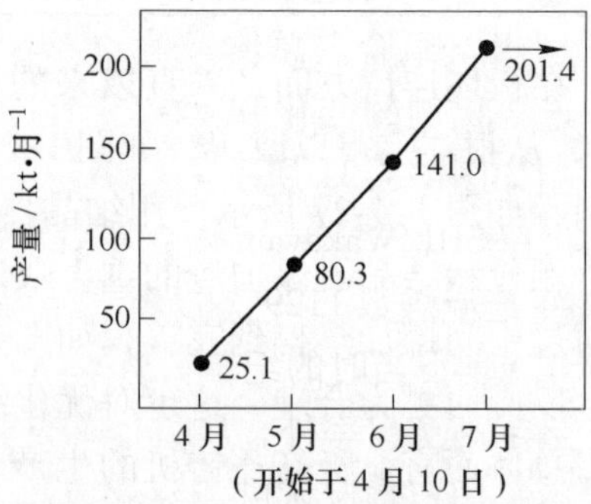

图 1-4-29　八幡厂连铸机产量

表 1-4-9 两流高效板坯连铸机的性能指标

公司/厂，连铸机号	年产量①/Mt·a⁻¹	平均断面/mm×mm	拉速/m·min⁻¹	小时产量/t·h⁻¹	利用系数②
SMI/鹿岛 3	3.6	270×1450④	1.8	660	0.62
NSC/大分 4	3.4	280×1800④	1.3	613	0.63
NKK/福山 5	3.3	220×1250	2.3	592	0.64
USS/Gary2③	3.2	231×2286⑤⑥	1.4	692	0.53
LTV/印第安纳港③	3.2	203×2133⑤⑥	1.4	567	0.64
Sidmar/Gent	3.0	210×2400⑤	1.4	660	0.52
蒂森/布鲁克豪森	2.9	215×2600⑤	1.0	523	0.63
Kloeckner/不莱梅港市	2.9	220×2150⑤	1.4	620	0.53
NSC/名古屋 2	2.8	220×1250	2.0	515	0.62
KSC/千叶 3	2.8	230×1300	1.6	448	0.71

①典型连铸机；②利用系数 = 钢液在结晶器中停留时间/日历时间；③两流独立；④板坯调宽轧机（Sizing-mill）或压力机；⑤板坯纵切；⑥两流板坯连铸机。

表 1-4-10 连铸机月产量记录

公司/厂，连铸机号	月产量/kt·月⁻¹	断面/mm×mm	流数	拉速/m·min⁻¹	小时产量①/t·h⁻¹
NSC/大分 4 号	361	280×1800	2	1.1	511
BHP/Newcastla 2 号	158	400×640	4	0.5	223
Mannesmann/Buckingen5 号	110	ϕ175	6	2.3	156
Bamburger Stahlwerke	80	120×120	6	2.8	113

①利用系数 = 0.95。

当然，实现连铸高生产率并非易事，需要操作和维护人员完美的配合。如汉堡钢厂（Hamburger Stahlwerke）小方坯连铸机连铸率的变化，如图 1-4-30 所示（图中 1990 年后字母表示月份）。还有小型钢厂的 EAF-LF-CC 工艺和线棒材用小方坯连铸是"理想"组合。总体来说，欧洲连铸机多炉连浇比例的变化和其对连铸机利用率的影响如图 1-4-31 所示。日本住友金属和歌山厂（SHI/Wakayama）4 流方坯连铸机 1982 年连浇炉数 1129（相当于连续浇铸了 43 天），创下当时的纪录。

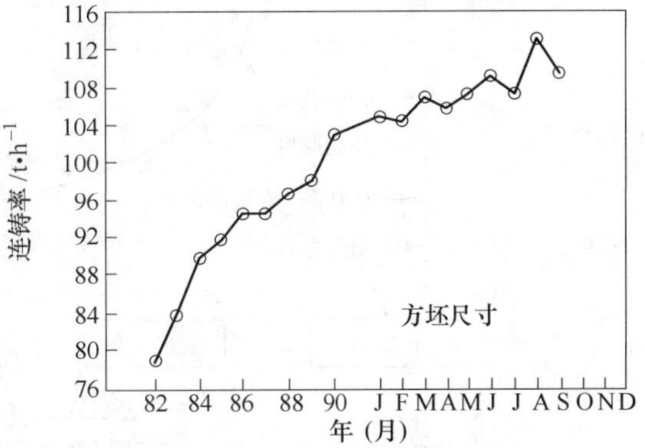

图 1-4-30 汉堡钢厂连铸率的演变

除了高产出率外，质量保证方面也达到了前所未有的水平。在要求苛刻的带钢连铸板坯方面，用户普遍认可了深冲罐镀锡板，搪瓷钢板和晶粒取向 3% Si 钢板，而对于长材，大方坯连铸工艺已能满足生产易切削钢、重载铁路钢轨、车轮钢和车轴钢、轮胎帘线钢丝和轴承钢。总体而言，连铸产品较之以前的模铸产品质量好得多，如图 1-4-32 所示。这受

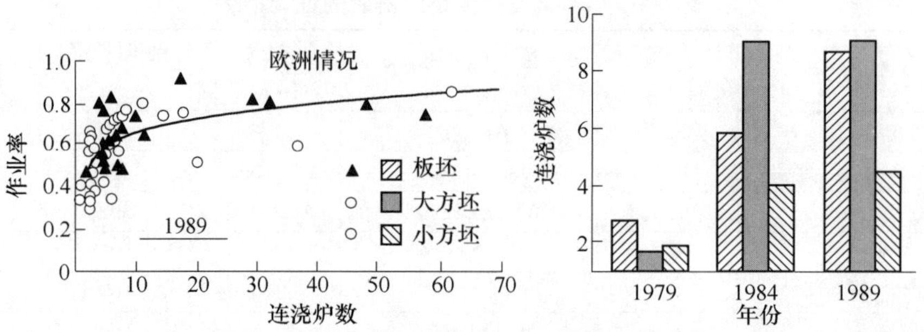

图 1-4-31　欧洲连铸机作业率和连浇炉数

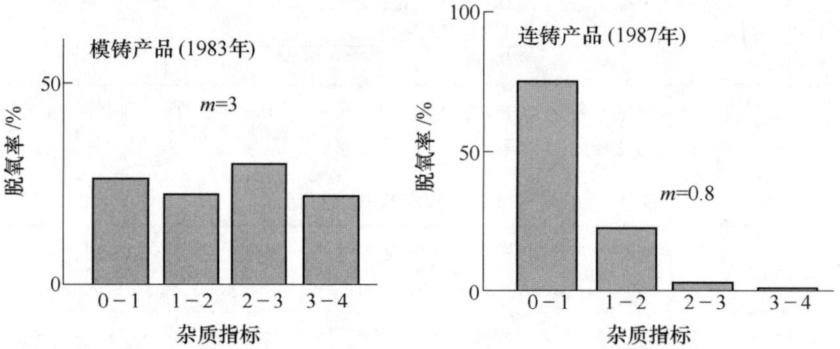

图 1-4-32　车胎帘线钢模铸-连铸产品的脱氧率对比

益于"专家系统"和"人工智能（AI）系统"对质量保证体系的完善，如图 1-4-33 所示。

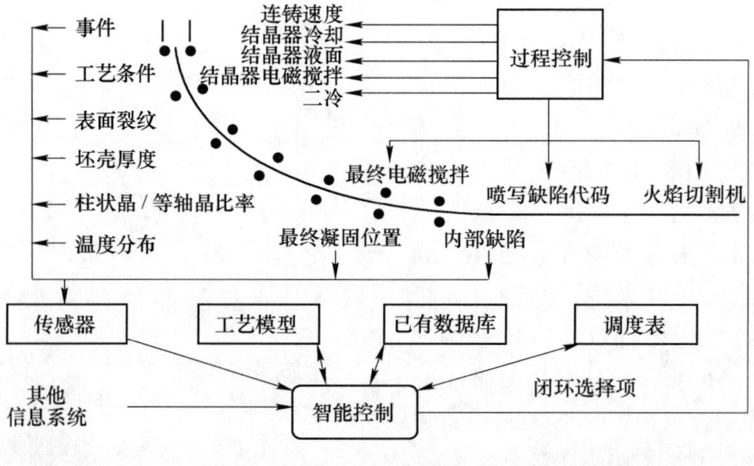

图 1-4-33　BHP/Newcastle 钢厂 4 流大方坯连铸机工艺和质量集成控制（AI）系统

仍有人继续研究通过小方坯连铸进入特殊钢市场，以实现单炉轧制的经济效益。直接（近终型）连铸完全征服的一个领域是用于制造无缝管的圆坯。圆形断面的自支撑特性使得可以以高生产率进行高速铸造，如以 3.5m/min 拉速生产 ϕ175mm 的圆坯。圆坯还适用于直接锻造汽车零部件，因为圆坯在对称构件的旋转热处理中具有变形小的超常优势。只要合理控制工艺，小方坯连铸机可生产大多数要求苛刻的产品。在 Breitenfeld 厂，有 1 台独特的“双机型”小方坯连铸机，可进行4流立式连铸，亦可进行3流立弯式连铸，如图1-4-34所示。该连铸机可连续稳定生产如轮胎帘线钢丝、阀门弹簧钢、工具钢和高速钢。

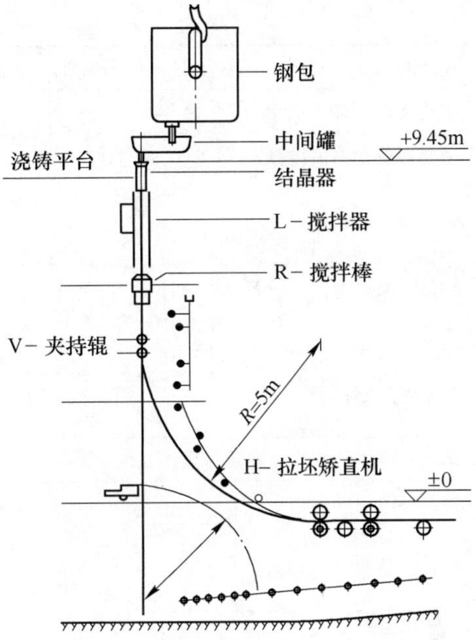

图1-4-34　Breitenfeld钢厂板方坯兼容连铸机示意

传统连续铸钢已发展成为“高科技”。20世纪90年代以前连铸机的特点及发明者汇总见表1-4-11（这是1992年Manfred Michael Wolf博士在加拿大多伦多“美国采矿与冶金工程师协会钢铁学会第75届炼钢年会”上所作的“连续铸造历史”报告中的一个原始表格），然而，部分流行连铸工艺仍存在一些缺陷，使得难以进行铸坯质量和/或过程控制，见表1-4-12，按照传统作业方法，在实际运行中这些影响通常被忽略了（尽管边界条件改变了）。

例如，在Halliday引入结晶器振动的下行程具有恒定的相对速度的“负滑脱”技术后，恒定的周期时间得到了一致的润滑剂渗入量，但振

表1-4-11　20世纪90年代前连铸机的特点及发明者

连铸机/工艺特征（sl = 板坯；bl = 大方坯；bi = 小方坯）	主要发明者/支持者
（a）钢包/中间罐工艺	
钢包精炼	板坯：Sollac/Florange；大方坯：Daido/Chita；小方坯：HSM
用定径水口，对含Al细晶粒钢进行Ca处理	小方坯：Von Roll/Gerlafingen
钢包渣检测器（感应式）	板坯/大方坯/小方坯：AMepa，Mpc
先进中间罐结构（H型）	板坯：NSC/名古屋
往复式中间罐更换	大方坯：Thyssen/Ruhrort
中间罐加热：感应式	板坯：KSC/千叶；大方坯：KSC/Murocan
等离子式	板坯：NSC/广幡，神户/Kakogama；大方坯：NKK/京浜
中间罐塞棒吹氩	板坯：Thyssen/Hattingen
中间罐钢液流动精确控制技术（PCV型）	大方坯：ARVA + VAS/Donawitz
（b）结晶器技术	
“工”字梁坯断面：板式结晶器 管式结晶器	大方坯：Bisra + Algoma；KSC/水岛
爆炸成型的管式结晶器	大方坯/小方坯：SMS Concast + Accumold/加拿大
双流/三流结晶器连铸	板坯/大方坯：SMI/和歌山； 小方坯：Benbeler/Lingen，Acerinck/Algeciras
远程可调宽结晶器	板坯：NSC/名古屋，KSC/水岛
开浇保护渣（放热保温）	板坯：Mannesmann/Buckingen

续表 1-4-11

连铸机/工艺特征（sl = 板坯；bl = 大方坯；bi = 小方坯）	主要发明者/支持者
多孔浇铸（浸入式水口）	板坯/大方坯：Bethlehem + 内陆钢厂
结晶器液面涡流检测	板坯/大方坯/小方坯：NKK/京浜
多锥度结构结晶器	大方坯：Benteler/Paderborn； 小方坯：UES/Stocksbridge
结晶器摩擦力监控设备：加速计 测压仪	板坯/大方坯：CRM/Liege 板坯/小方坯：连续铸造公司
热电偶漏钢报警	板坯：NSC/大分； 大方坯：KSC/水岛，SMI/和歌山；小方坯：神户
运用热电偶的结晶器热状态监控技术	板坯：NSC/堺；大方坯：BS/Clydesdale
结晶器镀层	板坯/大方坯：SMI/Wakayama
热顶结晶器（Hot top）	板坯：Concast + Clecim + Irsid + Sollac/Florange
MEMS	板坯：NSC/广幡；大方坯：神户； 小方坯：Irsid + Rotelec
EMBR	板坯：ABB + KSC/水岛
结晶器液压振动装置	板坯：NKK/福山；大方坯：KSW；小方坯：SHI + Topy/丰桥
高拉速连铸	板坯：NKK/福山； 大方坯：Mannesmann/Buckingen
结晶器远距离监控技术	板坯：Sollac/Florange； 大方坯：Unimetal/Gandrange； 小方坯：Boel/La Louviere
（c）铸坯导向	
动态喷淋冷却控制	板坯：连续铸造公司 + SMS + Thyssen/Hattingen
气水雾化冷却	板坯：Mannesmann/Huckingen；大方坯：FCB； 小方坯：连续铸造公司
结晶器下方超强水冷	大方坯：CRM + Arbed/Schifflange；小方坯：HSW
分段辊铸坯支撑（split roll）	板坯：VAI
辊缝检测仪	板坯：Mannesmann + Wiegard
SEMS	板坯：NSC + 安川，Concast + ABB；大方坯：ABB； 小方坯：Irsid + CEM
凝固终端轻压下：机械式 铸坯温度控制式	板坯：NKK/京浜；大方坯：NSC/君津； 小方坯：NSC/室兰； 小方坯：Irsid + Unimetal/Neuves-Maisons
凝固终端检测技术	板坯：NSC/堺；大方坯：BHP/Newcastle
刚性引锭系统	小方坯：Rokop（罗克普）

续表 1-4-11

连铸机/工艺特征（sl＝板坯；bl＝大方坯；bi＝小方坯）	主要发明者/支持者
（d）其他处理	
计算机辅助质量控制	板坯/大方坯/小方坯：VAS + VAI
热坯表面缺陷检测技术：光学式（ITV） 涡流式	板坯：SMI/鹿岛，NKK/福山； 板坯：Irsid + Sollac/Fos-sur-Mer
液态氧高速火焰切割	板坯：Messer-Griesheim + thyssen/Bruckhausen
在线控冷热装技术	小方坯：住友电气/伊丹；大方坯：NKK/京浜
直接热轧技术	板坯：NSC/堺，NKK/福山，NSC/八幡； 大方坯：Sandvik
压力调宽机	板坯：KSC/水岛，SMI/鹿岛

表 1-4-12　部分流行连铸工艺的缺陷

缺陷工艺特征	可能导致的后果
中间罐不吹氩	初始钢液洁净度不好
富二氧化硅的中间罐保护渣	低氧钢的二次氧化
带滑动水口的高位中间罐	通过板式接头吸入空气
大孔径水口	加速水口堵塞
结晶器人工推渣	润滑和导热均不稳定
放射线结晶器液面控制技术	因保护渣造成钢液面测量不准确
小方坯/大方坯竖直式浸入式水口	保护渣熔化不规律，捕捉气泡，MEMS 下过热熔化
线性结晶器锥度	弯月面附近形成角部气隙，增大结晶器底部磨损
板坯连铸机停机以更换水口或中间罐	辊子弯曲

动行程随拉坯速度变化而变化，不过在改为正弦振动方式之后，并没有得到如同在铸坯与结晶器间采用非正弦（例如三角波周期）振动那样产生的恒定“负滑脱”率，因此润滑剂的消耗量及渗入并不与通用线性拉坯速度/频率同步，它只给出一个在低摩擦力下的窄的拉速范围（其比较见图 1-4-35）。在此例中，假定相对速度 4.2m/min 为渣子渗透的最有利条件（如摩擦力曲线 F 的最小值所示），此条件可通过振动频率与拉坯速度的异步获取，即图 1-4-35 中的虚线。

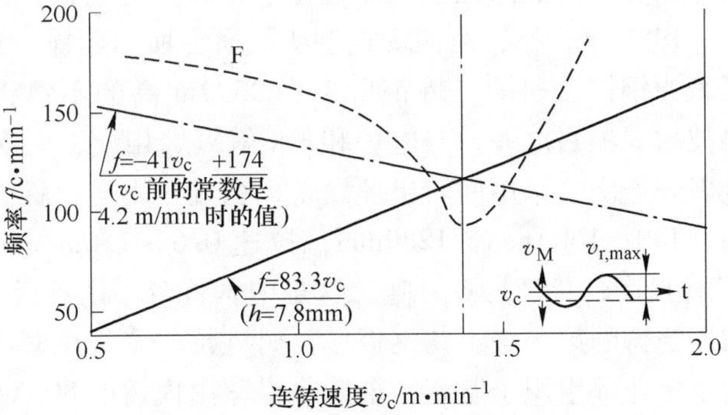

图 1-4-35　结晶器摩擦力和振动频率在拉速同步和异步时的情况对比

因此，若可以实现自动化控制技术，仍有进一步发展精炼和优化工艺条件的空间。如果要实现全自动工艺控制，工艺条件的优化更为重要。

1981 年，中国引进德马克 *R*5.25m 小方坯连铸机（见图 1-4-36）后，第 1 台于 1982 年 2 月 15 日在昆明钢厂投产，第二台 *R*5.25m 小方坯连铸机 1982 年 9 月 25 日在邯钢二炼钢厂投产，第三台1982年10月30日在天津钢厂投产。后来，中国又引进了康卡斯特、达涅利、康梯纽（意大利）、奥钢联、日本三菱、住友、联邦德国克虏伯、美国罗克普等公司的全弧形小方坯连铸机。到2000年中国建成和在建的小方坯连铸机172台624流；到2015年约为593台，2555流。不完全统计的主要类型见表1-4-13。

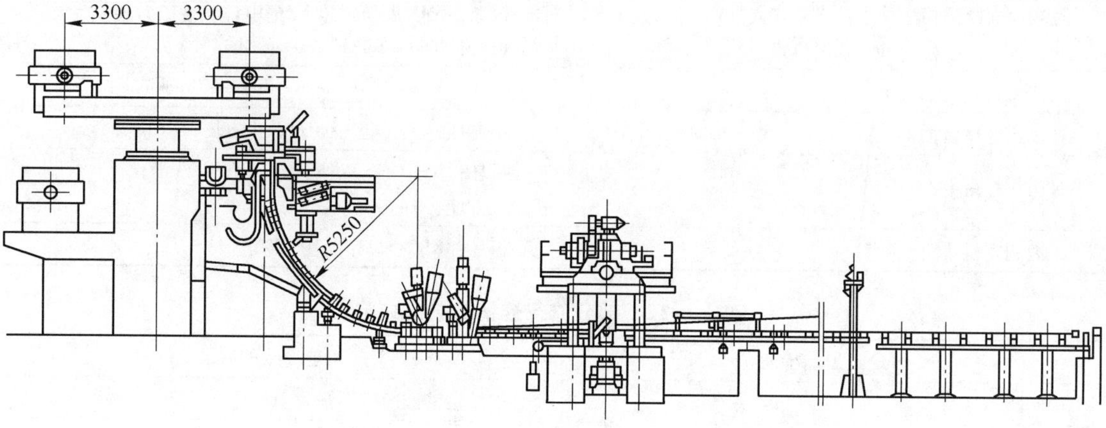

图1-4-36 德马克 $R5.25$m 小方坯连铸机

表1-4-13 主要类型的小方坯连铸机

类型	康卡斯特型	达涅利型	德马克型	三菱重工型	康梯纽型	合计
台数	251	111	67	61	41	531
流数	844	394	227	203	123	1791

在20世纪80年代，尽管弧形、直弧形连铸机是连续铸钢的主流，但是立式连铸机固有的优点在当时对浇铸特殊钢有着重要意义，立式连铸机和弧形以及直弧形连铸机在夹杂物方面有着明显的区别，而且拉速越高，区别越大，如图1-4-37所示。

1981年开始，由西安重型机械研究所李延祚、曹永昌技术负责，完全立足于国内设计了太原钢铁公司第三炼钢厂1台33.2m高的不锈钢立式板坯连铸机。这是国家“六五”科技攻关项目之一，与电炉和18t氩氧炉相配，一次浇铸一炉钢，浇铸成一整根板坯，不能多炉连浇。采用回转出坯设备，引锭车下送引锭设备为国际上的创新结构，浇铸板坯断面（140、160）mm×1280mm，拉速0.6~1.6m/min，冶金长度11.7m。于1985年12月27日投产，年产量6万吨。这是中国首台不锈钢板坯连铸机，在太钢三炼钢连铸出坯线旁利用浇铸的第一块不锈钢板坯，树立了一个纪念碑，如图1-4-38所示。1986年2月28日冶金工业部组织了鉴定，金属收得率由模铸的80.56%提高到89.33%。1986年5月，“太钢不锈钢板坯连铸机”获国家计委、国家经委、国家科委、国家财政部“六五国家科技攻关”奖励。1988年10月14日，太钢1280立式不锈钢板坯连铸机15个科研课题通过国家经委、冶金部组织的鉴定和评定。该连铸机20世纪90年代末和进入21世纪先后进行过两次提升改造，扩大了浇铸断面，实现了多炉连浇，目前可以生产180mm、200mm厚度板坯。

1982年、1983年，由西安重型机械研究所王公民担任课题组长，完全立足于国内设计制造的4台4机4流 $R6.0$m 全弧形一点矫直板坯连铸机相继在安阳钢厂、柳州钢厂各投产两台。浇铸板坯断面180mm×950mm，铸流导向辊辊身长度1100mm，采用2000t水压剪，

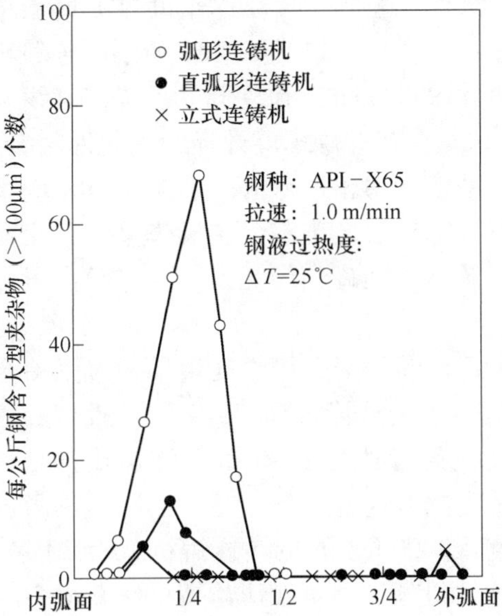

图 1-4-37　不同机型连铸机夹杂物对比

图 1-4-38　太钢三炼钢车间内的纪念碑

年产量 15 万吨/每台。

1985 年 3 月，中国武钢第二炼钢厂实现了全连铸，它所积累的经验为中国其他钢厂树立了样板和目标。炼钢厂全连铸也是 80 年代钢铁流程发展的方向。

1985 年，马钢 1 号水平连铸机和上海工艺所的水平连铸机分别通过冶金部鉴定，马钢二炼钢工业性水平连铸机浇铸出 ϕ80mm 优质碳素钢。1987 年 12 月 3～5 日，冶金部组织全国 59 个单位 156 名代表，对成都无缝钢管厂 ϕ90mm 水平连铸机进行了鉴定，该连铸机浇铸了 1Cr18Ni9Ti 不锈钢，拉速达到 3.2m/min，穿管成材率大于 87.5%。

1987 年 7 月，德马克设计的中国天津钢厂超低头板坯连铸机投产后，在北京钢铁设计研究总院技术改进和推广下，1989 年在南京钢厂投产了第 1 台国产化的超低头板坯连铸机。在以后不到 10 年的时间里又相继投产了 10 多台全弧形 R5.7m 多点矫直超低头板坯连铸机。

1987 年 10 月 4 日和 11 月 5 日，由住友重机供货的台湾高雄两台双机双流 R12.5m 全弧形 5 点矫直板坯连铸机分别投产。流间距 6.9m，台间距 60m，与 250t 转炉配合，上装引锭，浇铸最大板坯断面 270mm×1575mm，冶金长度 35.9m。

1988 年 6 月，中国太钢引进奥钢联 R8m 直结晶器渐进矫直单机单流合金钢板坯连铸机投产，连铸机直线段长度 1190mm，浇铸最大断面 220mm×1630mm，冶金长度 21m。

1988 年 4 月，中国上钢三厂引进奥钢联 R8m 直结晶器渐进矫直板方坯兼容的碳钢、不锈钢直弧形连铸机建成，同年 9 月投产，与 5t 不锈钢电炉和 20t 超高功率不锈钢电炉配合，不锈钢年生产能力 3.5 万吨。浇铸板坯最大断面 200mm×1300mm；双流方坯厚度 160mm，宽度 200～240mm。结晶器长度 715mm，冶金长度 16.7m。实际上到 1993 年，不锈钢年生产能力才达到 1 万吨。

1989 年 7 月 3 日和 12 月 29 日，由冶金部重庆钢铁设计研究院做工厂设计，引进日立造船板坯连铸设备及工程设计技术，中国多个单位与日立造船联合设计的上海宝山钢铁公司两台 R9.555m 双机双流直弧形板坯连铸机相继投产，这是当时被称作世界上最豪华的板坯连铸机。两台 4 机 4 流板坯连铸机设计年产量 400 万吨，如图 1-4-39 所示。连铸机共有 17 个扇形段，铸坯断面（210～250）mm×（900～1930）mm，上装引锭系统，直线段长度 2550mm，冶金长度 39.39m，最大拉速 1.8m/min。它有直臂式可升降的钢包回转台，5 点弯曲 4 点矫直，结晶器在线热态调宽，漏钢预报系统，动态二冷水，二次冷却区 DKS 插入式电磁搅拌，压缩铸造，计算机板坯质量判断，计算机板坯跟踪，主机矢量变频交流电机驱动，出坯区 VVVF 交流电机驱动，DCS 仪表系统，中间罐、结晶器、支撑导向段、振动装置、扇形段维修厂，非常完善。

中国首台罗克普小方坯连铸机 1990 年 9 月 24 日在邢台冶金机械轧辊厂通过了冶金部出厂评审，于 1991 年四季度在河北武安“新兴铸管有限公司”（即 2672 厂）投产。这种机型在后来推广很多。由于德马克 R5.25m 连铸机和美国罗克普 R5.25m 连铸机都是一点矫直，在后来的连铸机升级改造中都改成了两点矫直或多点矫直。

20 世纪 80 年代，世界上厚度≥300mm 或宽度≥2000mm 的板坯连铸机就有 30 多台，见表 1-4-14。从表中可以看出，这一时期在板坯连铸机领域，直弧形连铸机逐渐增多。

弧形（直弧形）连铸机的出现，大大降低了连铸机及建筑厂房的高度。这种机型加速了连铸机的推广，尤其是小型方坯连铸车间可在现有厂房基础上进行改造。由此出现了以弧形结晶器连铸机为基础，由一座电弧炉或小型转炉提供钢液的传统形式的小型钢厂。直到今天，弧形连铸机仍是大方坯和小方坯连铸机的主要机型。

然而，对于弧形板坯连铸机而言，在 80 年代却出现了明显的停滞，这是由于宏观夹杂物和氩气气泡（附带杂质）在连铸机内弧 1/4 区域的聚集加重，增加了超低碳钢（ULC）在后续冷轧时的废品率。因此，为了满足严格的产品洁净度要求，不仅新建连铸机全部采用直式结晶器/弯曲（V-B）型结构，原有的弧形连铸机也在不断地用高代价进行改造和限产，以满足需要量越来越多的洁净钢的需求。

还有，铸坯中断续的中心缩孔和宏观偏析对小断面铸坯内部质量是有影响的。主要影响因素是柱状晶在小断面铸坯自支撑区域生成时，树枝晶搭桥的缘故；对于板坯而言，则是因为靠近液芯末端铸坯的鼓肚导致液芯的抽吸所致。在前者情况下，结晶器内的电磁搅拌（MEMS）引发柱状晶向等轴晶的转变，经常结合有铸流导向区域的电磁搅拌（SEMS）和/或靠近凝固末端的电磁搅拌（FEMS），这是一种完备的措施，电磁搅拌的形式如图 1-4-40a 所示，电磁搅拌的效果如图 1-4-40b 所示。

在板坯方面，NKK 于 1974 年就提出了机械式轻压下，主要是对靠近液芯末端的铸坯进行挤压，规定至少有两对辊子并且最多压下量为 2%。这项技术可有效改善铸坯的内部致密性，越来越多地应用于大方坯连铸机中，对尺寸较小的大方坯和小方坯，接近凝固终端的强喷淋冷却看来同样有效。称为热态轻压下的方法仍需要进一步开发。

20 世纪 80 年代，随着连铸机生产效率的提高，对中间罐、结晶器、振动装置、铸坯诱导装置的线外维修达到了空前的共识，设备快速更换、快速上线是稳定连铸生产操作、提高连铸机生产效率的最有效手段之一。在本书的第三篇，将有两章予以详细介绍。

连铸板坯的热送热装和直接轧制技术在 80 年代就已引起人们的重视。

为了缩短连铸和轧钢之间的生产工艺流程，最大限度地降低能耗，提高金属收得率，缩短从钢液到成材的生产周期，达到理想的经济效益，连铸坯热送热装和直接轧制是

1989 年 7 月 3 日宝钢双机双流板坯连铸机投产浇钢

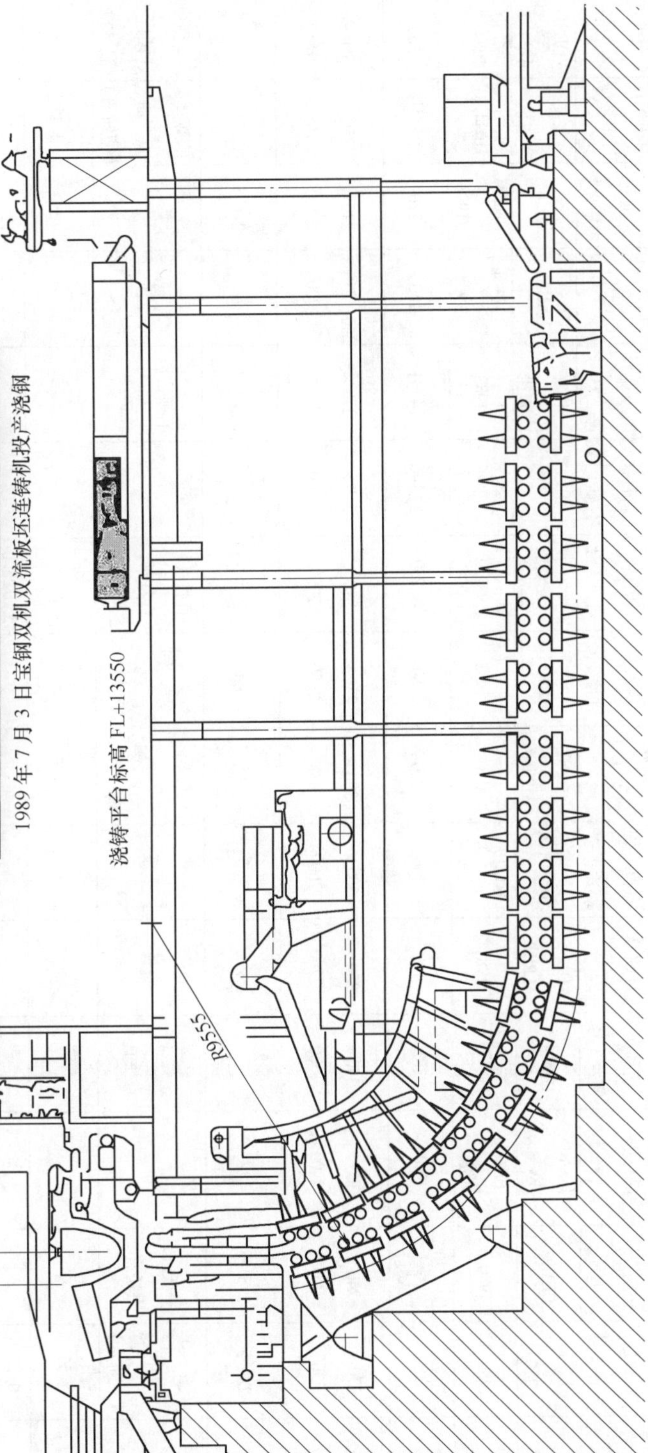

图 1-4-39 1989 年 7 月投产的宝钢引进日立造船的 $R9.555$m 双机双流直弧形板坯连铸机（扇形段 5 对辊子一组，图中 3 对辊子一组为示意）

表 1-4-14 20 世纪 80 年代世界上投产的厚度≥300mm 或宽度≥2000mm 的部分板坯连铸机性能

序号	1	2	3	4	5	6	7	8	9	10	11	12	13	14	15	16
用户	日本钢管福山4号	日本，新日铁君津2号	加拿大伊利湖厂1号	德国，蒂森贝克韦尔特2号	日本，新日铁室兰3号	韩国POSCO 2号	德国派湟—萨尔茨吉特	奥地利林茨4号	德国萨尔茨吉特2号	日本，新日铁君津3号	日本，新日铁君津1号	日本，住友金属鹿岛3号	比利时Chertal厂	法国索拉克，福斯2号	日本钢管福山5号	德国EKO
设计、制造厂	日立造船	日立造船等	DEMAG	德SACK公司	DEMAG	VOEST-ALPINE	DEMAG	VOEST-ALPINE	DEMAG	日立造船	DEMAG	住友重机	DEMAG	FCB	住友重机	VOEST-ALPINE
投产日期	1980改造	1980.3	1980.6	1980/1989	1981.11	1981	1981/1987/1991	1981	1982	1982.2	1982.6改造	1983	1983.4/1988	1984.9/1998	1984.9	1984.3
设计能力/万吨·a^{-1}	204	250	200（20%厚板）	240	182	400	100	200	180	约250	约140	24/月	150	220	25/月	200
最大板坯断面/mm×mm	220×1950	270×2300	240×2030	300×2400	350×1300	250×2200	300×2600	300×1600	250×2600	270×2300	210×2200	270×1600	250、215×2200	240×2200	250×1650	350×1850
流数/流距/m	2/	2/6.5	2/5.98	2/	板2，矩4/	2×2/	1/0	2/	1/0	2/6.5	板2，方4/	2/8.0	2/	2/6.5	2/7.5	2/6
机型	直弧	直弧（5点弯曲、4点矫直）	全弧（2点矫直）		全弧（4点矫直）	直弧	全弧	直弧（连续弯、矫）	全弧（4点矫直）	直弧（5点弯曲、4点矫直）	全弧（板、方兼用）	直弧，渐近弯矫	全弧	全弧（4点矫直）	直弧（6点弯曲、6点矫直）	直弧（渐近弯、矫）
垂直段长度/m	2.165	2.55	—		—		—	1.926	—	2.55	—	3		—	2.45	
圆弧半径/m	8.0	45.0/23.0/15.2/11.2/9.045/11/15.5/30	10.5	12.0	12/15.55/22.65/43.75	10	10.5/12.5/17.5/30	10.0	10.5/12.5/17/30	45.0/23.0/15.2/11.2/9.045/11/15.5/30	10.5	10.5	10.5	12.5/14.57/24.93/49.87	8	10
机长/m	约28	34.26	29	27	41.60（将来46.9）			35	28	38.61（将来42.96）	22.5	42.7		26	42.1	34
拉速/m·min^{-1}		1.6	1.5	0.16～1.6	1.0			0.3～2.2	1.5	1.8	矩0.5/板0.8	2.0	1.7	1.5	最大3	0.9～1.5
引锭装入方式		上装	上装		上装				上装	上装	下装	上装	上装	下装	上装	上装

续表 1-4-14

序号	1	2	3	4	5	6	7	8	9	10	11	12	13	14	15	16
用户	日本钢管福山4号	日本，新日铁君津2号	加拿大伊利湖厂1号	德国，蒂森贝克韦尔特2号	日本，新日铁室兰3号	韩国POSCO 2号	德国派渲—萨尔茨吉特	奥地利林茨4号	德国萨尔茨吉特2号	日本，新日铁君津3号	日本，新日铁君津1号	日本，住友金属鹿岛3号	比利时Chertal厂	法国索拉克，福斯2号	日本钢管福山5号	德国EKO
炉子容量/t×座数	270×BOF	300×2 BOF	230×2 BOF	280×BOF	270×2 BOF	300×BOF	210×BOF	200×BOF	200×2 BOF	300×2 BOF	250×3 BOF	250×BOF	215×2 BOF	310×3 BOF	300×1/2BOF	210×2 BOF
钢液前处理方式		RH；KIP	喂丝，RH-PB		RH-OB（100%）				喂丝	RH；KIP	DH；KIP		RH 等		RH，VSC	喷粉，RH
钢包回转台形式		蝶式	蝶式		直臂（H臂）				蝶式		蝶式	直臂		蝶式	直臂	直臂式（H臂）
中间罐容量/t；深度/mm		60.0/1200	30/760	32/	46/				30/		60.0/1200	65(85)/1130	48(56)/	60/	65/1600	
结晶器长度/mm		900，热状态调宽	900，可调宽		900，定宽厚				700，可调		900，热状态调宽	900	600		950	

序号	17	18	19	20	21	22	23	24	25	26	27	28	29	30	31	32
用户	德国贺什1号，2号	比利时Sidmar厂	德国贺什3号	美国，美钢联格里2号A，2号B	荷兰霍戈文2号	澳大利亚，BHP厂2号，3号（堪培拉港钢厂）	巴西Cosipa钢厂1号	韩国光阳3号	加拿大，STELCO Hilton厂1号、2号	加拿大哈密顿2号	南非Iscor V3	英国British厂1号、2号	美国，USS	巴西Cosipa钢厂2号	瑞典Avesta Sheffield	巴西Cosipa钢厂3号
设计、制造厂	SMS	SMS	SMS	SMS住友重机	DEMAG，日立造船	SMS	Clecim/Usimec	DEMAG日立造船	SMS/DEMAG日立	DEMAG	VOEST-ALPINE	VOEST-ALPINE	Fives-cail-Babcock	VOEST-ALPINE	VOEST-ALPINE	VOEST-ALPINE
投产日期	1985（改造）	1985.11/1988	1985.11	1986.4	1986.1/1997	1986，1989	1987	1987/1988.7	1987	1987.11	1987，1996	1987，1986	1988.11	1988	1988	1989
设计能力/万吨·a^{-1}		300	200	184×2	260(30%厚板)	250	60	180	120×2	106	(168)180	210	180	80	60	80
最大板坯断面/mm×mm	320×1650	(250、240)×2400	320×2720	231×2286	250×2150	300×2200	300×1920	230×2000	285×2032	240×2030	240×2000	254×2032	254×2540，305×1980	300×1900	300×1600	300×1900

续表 1-4-14

序号	17	18	19	20	21	22	23	24	25	26	27	28	29	30	31	32
用户	德国贺什1号，2号	比利时Sidmar厂	德国贺什3号	美国，美钢联格里2号A，2号B	荷兰霍戈文2号	澳大利亚，BHP厂2号，3号(堪培拉港钢厂)	巴西Cosipa钢厂1号	韩国光阳3号	加拿大，STELCO Hilton厂1号、2号	加拿大哈密顿2号	南非Iscor V3	英国British厂1号、2号	美国，USS	巴西Cosipa钢厂2号	瑞典Avesta Sheffield	巴西Cosipa钢厂3号
流数/流距/m	2/	2/6.6	1/0	1/0	2/6.1	2×2/	1/0	2/	2台2流	1/0	2/	2台单流	1/0	1/0	1/0	1/0
机型	全弧	全弧（5点矫直）	全弧（5点矫直）	直弧（5点弯曲、4点矫直）	全弧（5点矫直）	全弧	全弧	全弧（4点矫直）	全弧（多点矫直）	全弧（8点矫直）	直弧		直弧（6点弯曲、4点矫直）			
垂直段长度/m	—	—	—	3.048	—		—	—		—			3.0			
圆弧半径/m	9.8	10.5/13/17/25/49	10.75/12.7/24.0/46.0	10.76	10.5	10.5/12.7/16.5/47.0	10.75	12/15/21/40	12/13.2/15.2/129.0	11.88	10.0		11.89（39英尺）			
机长/m		28.22（33.6）	24.3（将来26.1）	34.9	35.125	30	25.5	35.5		35.05			30.175			
拉速/$m \cdot min^{-1}$		1.25（max1.8）	1.4（最高）	1.8 1.4（浇双坯）	1.2(厚板)/1.8(薄板)			1.8		1.8			1.397（55″）			
引锭装入方式		上装	上装	下装	上装			上装		上装			下装			
炉子容量/t×座数	180×BOF	290×2 BOF	275×BOF	218×3 Q-BOP	320×3 BOF	275×BOF	130×	250×3 LD	127×BOF	145×3 BOF	155×BOF		205×2 Q-BOP			
钢液前处理方式	喂丝，DH			RH，LF	喂丝，RH-OB			喂丝，RH-OB		喂丝，LF	LF、RH-OB		RH、LMF加热及真空			
钢包回转台形式	蝶式	蝶式，$R=6.5m$	连杆式	蝶式				蝶式								
中间罐容量/t；深度/mm		60/950		55/1194	（79）60/			63/1200		44/						
结晶器长度/mm		700，可调宽	自动调宽	可调宽	900，可调宽			900，可调宽		900						

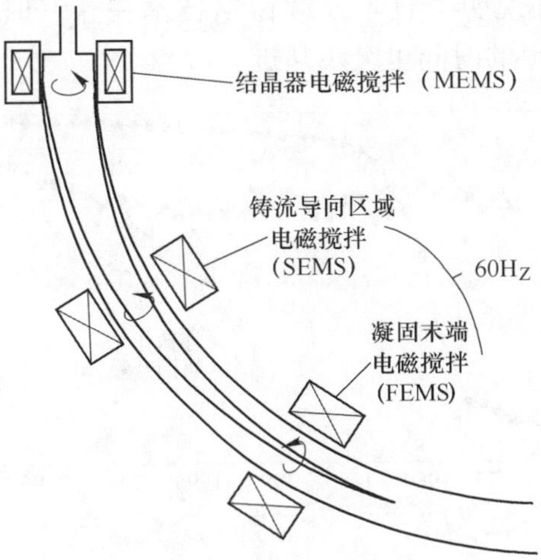

a

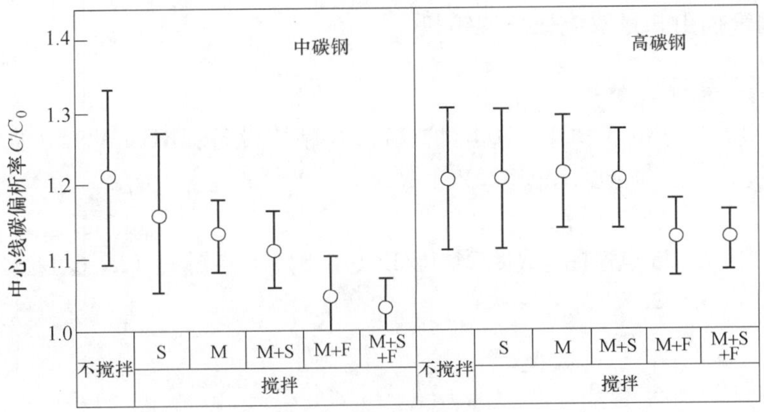

b

图 1-4-40　多级电磁搅拌

a—示意；b—应用效果

实现这一目标的一个重要方向。

所谓热送热装，是指将连铸出来的高温铸坯用保温车运送到轧钢厂，或者通过专用辊道输送到轧钢厂，然后装进轧钢厂的加热炉里。直接轧制是在连铸机后面增加均热炉或局部加热设施，把铸坯加热到轧钢机要求的轧制温度，直接在连铸连轧生产线上进行轧制。当时世界上常规板坯连铸机已实现热送热装、直接轧制的连铸工厂日本占有很大比例，主要有：住友金属鹿岛 3 号机，新日铁八幡厂、室兰厂、堺厂、君津厂，川崎制铁千叶厂、神户制钢加古川厂等。而在加拿大、美国、欧洲、中国台湾、中国大陆（主要是上海宝钢）等国家、地区也有许多这类工厂。

4.4　20 世纪 80 年代常规连铸机的典型代表

在 20 世纪 70 年代至 80 年代，能源短缺的日本连铸技术发展最快，1971 年日本钢产量首次突破 1 亿吨，连铸比却不足 10%，经历两次石油危机后到 1985 年，日本的连铸比超过 90%。图 1-4-41 充分说明了日本连续铸钢技术在这一时期的发展变化，连铸比从 1977 年到 1985 年不到 10 年的时间里突飞猛进。

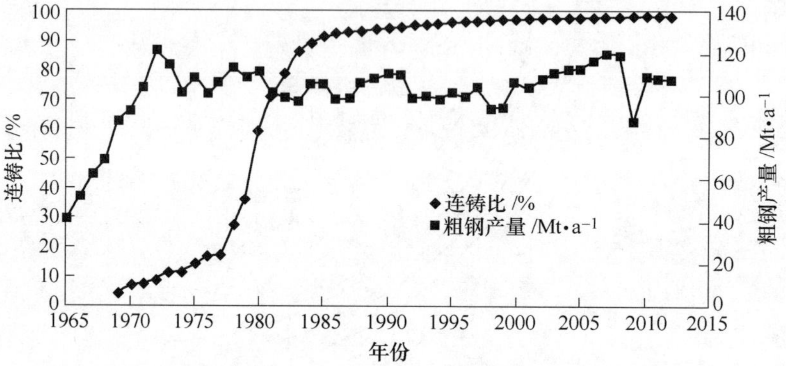

图 1-4-41　日本 1965 ~ 2015 年粗钢产量及连铸比变化

4.4.1　日本钢管福山 5 号双流板坯连铸机

4.4.1.1　主要性能参数

BOF：	No. 3 BOF　300t/炉 ×1/2 ［精炼设备：RH · VSC（真空排渣装置）真空度 13.3322Pa］
机型：	直弧形； 6 点弯曲（*R*48/24/16/12/9.6/8）；6 点矫直（*R*9.6/12/16/24/48/∞）
流数：	2
流间距：	7.5m
垂直段长度：	2.45m
基本圆弧半径：	*R*8m
铸坯断面：	220(250)mm ×(700 ~ 1650)mm
定尺长度：	5.9 ~ 14.5m
连铸机长度：	42.1m（二次冷却区长度约 25m，保温区长度约 16m）
浇铸钢种：	低碳铝镇静钢，厚板钢
拉坯速度：	1.7m/min，2.2m/min，2.5m/min，2.7m/min，max 3.0m/min
生产能力：	300kt/m（30 万吨/月）
投产时间：	1984 年 9 月
设计制造单位：	日本住友重机（SHI）、康卡斯特公司（Concast）

4.4.1.2　主要设备结构、性能及所采用的主要技术

（1）钢包支撑。采用直臂式钢包回转台，回转半径 6560mm。

（2）中间罐。

容量：65t(80t)

钢液面高度：1400mm（1600mm）

滑动水口通过电—液步进缸操作。

（3）结晶器。

1）长度：950mm

2）铜板设计：铜板厚度33～40mm

表面温度：<350℃，螺栓位置避免最大热流区

冷却水缝：水缝宽5mm，非螺栓区间距20mm，螺栓区间距33m

水缝深15mm，螺栓区水缝深21mm

冷却水流速：钢液面处>9.0m/s

通过上述设计使结晶器铜板的表面温度在实际生产中能够控制在320℃以下，以防止结晶器铜板在高速浇铸时温度过高使钢液和铜板之间产生黏结而造成拉漏事故。

3）结晶器下部支撑：宽面采用梳状板，格栅和足辊组合结构；窄面采用足靴和6个足辊支撑结晶器下部1.5m长。

4）结晶器钢液面检测和控制：采用小型的涡流检测器（ECD-Eddy Current Detector）进行钢液面检测，并精确控制钢液面。

5）结晶器下部设置侧面凹度计预测浇铸异常情况，直至减速防止拉漏（命中率约70%）。

6）高速浇铸时结晶器中钢流控制技术：当拉坯速度高达2.7m/min时，浸入式水口的最佳设计及钢液面的精确控制对于防止保护渣卷入都是不够的，因此开发应用了在结晶器中通过移动磁场来防止保护渣卷入的方法。

为了控制钢液流入速度进而控制表面速度，连铸机采用了移动磁场，对于浸入式水口流出的钢液施加制动和加速两种力。前者称为电磁液面稳定器（EMLS），后者称为电磁液面加速器（EMLA），通过施加制动力或加速力，以便确保无论是高速浇铸或低速浇铸（如开浇和拉尾坯等）都能保持表面速度处在最佳范围之内，防止保护渣卷入（试验证明，在板坯浇铸过程中，存在着不引起保护渣卷入的表面流速度最佳范围）。为了适应拉坯速度快速或突然变化，采用计算机来控制结晶器的电磁搅拌。

7）结晶器在线热态调整宽度时，窄面、侧支承辊上下独立驱动。

8）投入保护渣自动供给装置。

（4）结晶器振动装置。采用短臂四连（摇）杆式结构，最初为液压伺服振动，后来改为电—液执行机构伺服控制，可实行非正弦振动。

振幅：3.7～14.4mm

频率：12～400cpm

波形：正弦和非正弦波，非正弦波的波形偏斜率有4种，分别为13.9%；18.7%；27.2%；39.7%。

通过非正弦振动，延长正滑动时间，增加保护渣消耗量，改善对铸坯的润滑；同时实现结晶器上升时，缩短凝固壳和结晶器间的相对速度，从而减少对坯壳的摩擦力。

试验表明，采用非正弦波振动后，保护渣的流入量增加了大约10%，铸坯与结晶器之间的摩擦力降低了大约20%～30%。

（5）二次冷却。

1）42.1m机长中，25m除冷却格栅外全部采用气水冷却。16m长度的保温区采用喷水宽度调节，避免板坯边角过冷，以便输送高温板坯。

2）分段辊密排布置（轻压下区域辊距为275mm）。

3）采用人为鼓肚和轻压下（IBSR）。

（6）引锭。采用上装引锭系统，浇铸准备时间 29min（设计值）。

（7）切割区。为减少切割时的热损失，切割机尽量设置在靠近铸流出口处，并设有与切割车同步移动的侧面保温罩。

（8）铸坯保温和边角加热。切割后的铸坯从保温罩中运送。设置了 32m 长的铸坯边部加热器，每流加热能力为 27×10^6kcal/h(1cal = 4.1868J)。

高速板坯运送线运送速度：max120m/min；板坯车速度：max210m/min。

（9）开发并应用了低黏度，低熔化点的含 LiO_2 的结晶器保护渣，并确保在高速浇铸下，0.3kg/m^2 的消耗量。

4.4.1.3　浇铸实绩

（1）至 1987 年 3 月平均拉坯速度达 2.2m/min，88.8% 的连铸坯拉坯速度超过 2.0m/min，最高拉速已达 2.7m/min；从 1986 年 3 月起，进行过拉坯速度 3.0m/min 的高速连铸。

（2）1992 年实现了年产板坯 300 多万吨的目标。

（3）连铸机的作业率达到 93% 以上。

（4）板坯表面无清理率和对热送钢种的直送热轧机进行轧制的比率达到 90% 以上。

4.4.2　两台大方坯连铸机

4.4.2.1　澳大利亚布罗肯希尔国际钢铁公司大方坯连铸机

由日本神户制钢设计供货的澳大利亚布罗肯希尔（Broken Hill Proprietary，BHP）国际钢铁集团公司 *R*15m，4 机 4 流大方坯连铸机于 1987 年 4 月底投产，同年 10 月完成各种指标的保证值。

该连铸机与 225t 转炉配合，供钢周期 45min，中间罐容量 45t，浇铸方坯断面 400mm × 630mm。拉速 0.8m/min。年产量 200 万吨。

钢种涉及低碳钢、中高碳钢、易切削钢、低合金钢等。采用长水口防氧化保护浇铸、自动开浇、气水雾化冷却，组合式电磁搅拌技术，自动加保护渣，最佳定尺切割，铸坯跟踪监视等技术。

4.4.2.2　英国罗瑟勒姆工程钢公司的大矩形坯连铸机

《Steel Times》1988 年第 8 期（Vol. 216）报道。英国罗瑟勒姆（Rotherham）工程钢公司投资 3700 万英镑在 Aldwarke 钢铁厂建成了两台双流的大矩形坯连铸机。该套设备的突出优点是稳定地生产高质量的工程用钢。

A　连铸设备的主要性能参数

机型	弧形（康卡斯特/戴维迪斯廷顿）
连铸机主半径	*R*16.5m
流数	2/台
钢包容量	165t
中间罐容量	工作容量 22t，超载容量 28t
中间罐实际操作/耐火层	热态/喷锰

结晶器长度	700mm
结晶器空腔断面	400mm × 560mm
锥度	0.9%/m
液面控制	放射法和涡流法
振动	频率 0 ~ 250c/min，振幅 5 ~ 10mm
二次冷却	气水雾化冷却
冷却区数目	5
长度	11.9 ~ 12.5m（自结晶器液面算起）
电磁搅拌形式	ASEA ORC1100/400M 线性搅拌器
电磁搅拌安装位置	上部：弯月面下 1.05m 处；下部：弯月面下 16.55m 处；18.91m 或 21.27m 处
电磁搅拌其他参数	有效长度 1100mm，频率 7Hz，输入电流 355A，输出电流 400 ~ 560A
矫直方式	连续矫直
铸坯切割	Gega 型氧气-丙烷切割机
铸坯长度	一次切割长度 3.05 ~ 5.85m；二次切割长度 2.1 ~ 2.9m
拉速	0.3 ~ 0.7m/min

B 设备特点

（1）防止钢流二次氧化采取的措施。钢包和中间罐上方加罩，减少热损失；钢包和中间罐之间采用陶瓷水口以及中间罐和结晶器之间采用浸入式水口；从钢包底部长水口的周围吹入 Ar 气以及从中间罐的顶部向中间罐中吹入 Ar 气，防止空气进入及有助于夹杂物的上浮；此外，还向钢包及结晶器中加入保护渣。

（2）结晶器。结晶器的锥度为 0.9%/m，结晶器出口端加工有 10mm 的倒棱以避免热坯壳在棱角上受到挤压而产生裂纹；为确保结晶器壁的最佳导热性能，结晶器铜板由含磷量低的铜及微量（0.1%）银冶炼而成的高纯度冷作无氧铜制造。结晶器冷却水量为 $160m^3/h$，相当于水流速 7m/s。

（3）结晶器液面控制。结晶器液面控制系统为两种方法的有机结合，即铯-137 放射检测系统和 EMLI 涡流控制系统。放射检测系统检测开浇时注入结晶器的钢流并控制自动开浇程序。随后正常操作的液位控制便由控制精度很高（±2mm）的涡流控制系统控制。

（4）电磁搅拌。采用电磁搅拌的目的一是减少柱状晶的形成，二是最大限度地改善偏析。在每一流上安装两台电磁搅拌器，这两台搅拌器都是典型的线性搅拌器。型号为 ASEA ORC1100/400M。安装位置分别为：上部搅拌器安装在结晶器弯月面下 105mm 处的结晶器上；下部搅拌器则安装在三个不同位置中的一处，即弯月面下 16.5m，18.9m 或 21.3m 的地方。下面搅拌器应安装在液芯 20% 的凝固面等温线处，这时铸坯中液相穴的断面为 210mm × 50mm。不过这个位置随着拉速和二次冷却条件的变化而变化，因此，液芯搅拌可在上述的三个位置进行。上部搅拌器安装在结晶器的宽面；下部搅拌器安装在窄面，以便于更加接近铸坯。

（5）二次冷却和支导段。二冷采用气-水冷却方式，二冷参数由计算机系统控制。空气压力为 0.2MPa，水流量为 0.5 ~ 5.0L/min。

零号扇形段至第 2 扇形段均在四面设置支承辊。零号扇形段有三排（共 12 根）辊子，每根辊子直径为140mm。上面两排辊子采用奥氏体不锈钢材质，以避免干扰在此位置安装的电磁搅拌器。其余4根辊子采用16CrMo44材质。第1扇形段有五排（共计20根）辊子，第2扇形段有7排（共计28根）辊子。在第2扇形段底部的坯壳厚度已有80mm，可避免产生鼓肚。在随后的第3~8扇形段中，仅设有上下支承辊，不设侧导辊。第3~5扇形段中，每一扇形段由5对辊组成。第6~8扇形段中，每一扇形段只有4对辊，且在第8扇形段中，装有电磁搅拌器，并且第8扇形段可以和前两个扇形段互换，可使得搅拌器安装在最佳位置。

（6）矫直。采用6辊拉矫机对铸坯实行连续矫直。这是因为浇铸的断面大并且当浇铸易切削的高硫钢种时，它的热塑性差，故采用连续矫直以降低矫直时坯壳中的应力和应变。矫直区由结晶器弯月面下的23m处开始，这样，就能保证对所有断面的矩形坯实行带液芯矫直。当以最大拉速浇铸时，液芯的凝固直到距矫直终点前1m处才完结。

（7）计算机系统。大矩形坯连铸设备要求有全面的计算机系统以控制和管理各操作单元之间的相互作用。计算机系统主要包括一个生产计划和管理主系统和钢液二次精炼系统、连铸机监控系统、铸坯存放管理系统以及轧制车间综合控制系统等子系统。

4.5　20世纪80年代连铸技术发展特点

4.5.1　辊列

20世纪80年代板坯连铸机的辊列发生了巨大变化。在此之前弧形板坯连铸机采用的是多辊拉矫机，连铸坯要在矫直点以前凝固，而80年代多点矫直连铸机普及后，解决了液芯连铸板坯两相界的应变，使得板坯的液芯通过了矫直终点，再加上铸坯夹送辊（驱动辊）沿连铸机长度方向上分散布置降低了坯壳应力和应变，从而使连铸机的机器长度进一步加长，拉速进一步提高。过去板坯连铸机液芯可利用机长在20m以下，而80年代达到了20~42m，到90年代最长的板坯连铸机液芯可利用机长竟达到49m。随着液芯通过矫直点，人们很快认识到，辊径辊距等辊列参数对连铸机的产品质量和产量有着很大影响，这就使得“细辊密布”的辊列成为这一时期的追求目标。为了达到细辊密布的目的，辊子中间部位就需要增加支撑，分段辊应运而生。然而“细辊密布”到90年代才真正达到了“名副其实”的程度。充分体现轻压下特点的（直）弧形板坯连铸机水平区的辊径、辊距可分别小到ϕ230mm和ϕ270mm，它是现代化板坯连铸机的又一个基本特征。

4.5.2　机型

20世纪80年代，全弧形逐渐矫直型连铸机与直弧形逐渐弯矫型连铸机在争论中平分秋色，但是越来越多的用户认识到直弧形逐渐弯矫型连铸机在板坯连铸领域有更多优越性。20世纪70年代到80年代各类连铸机所占比例见表1-4-15。

表1-4-15　20世纪70年代到80年代各类连铸机所占比例　　（%）

年　份	立式连铸机	立弯式连铸机	弧形、直弧形连铸机	水平连铸机
1970	28	17	54	约1
1976	16	17	66	约1
1983	15	6	78	约1

4.5.3　设备集成技术

20世纪80年代板坯连铸机中，钢包长水口安装机械手，钢包、中间罐钢液自动称量系统，大容量中间罐，中间罐滑动水口，上装引锭系统，板坯连铸结晶器长度900mm，CrZrCu结晶器铜板；浇铸过程中可自动调宽的结晶器，涡流式及其他多种类型的结晶器液面检控系统，结晶器漏钢预报系统，方坯结晶器注重内型的构造，如钻石形、凸形、抛物线形锥度替代以往的单锥度、双锥度结晶器，结晶器、弯曲段、扇形段可快速吊装更换与对中，板坯四偏心结晶器振动，方坯四连杆结晶器振动，计算机质量判定，最佳定尺切割，切割试样的快速硫印，板坯自动喷印，去毛刺机，细辊密布、分段辊及分散拉坯的辊列布置；辊子堆焊；二冷区气水雾化冷却及其自动控制，扇形段电磁搅拌，颗粒状保护渣及其自动加入设备投入使用，辊缝静态控制技术受到重视，也出现了中间罐等离子加热，结晶器漏钢预报系统，板坯结晶器电磁搅拌技术，液压式结晶器振动装置，压缩铸造，辊缝自动测量，板坯热送热装，热板坯缺陷检查等技术。在自动化控制方面实现了计算机管理，过程控制计算机及PLC为主导的基础自动化三级自动控制系统。仪表系统还采用了分散集中型的DCS系统，电气控制出现了全交流矢量变频控制系统。

4.5.4　中间罐容量

中间罐容量扩大，罐内钢液深度由60年代的300～400mm增长到800～1200mm。见表1-4-16。

表1-4-16　中间罐平均容量的变化　(t)

年份	板坯连铸	大方坯连铸	小方坯连铸
1975	16	12	4
1984	23	16	5
90年代	30～50	20～30	15～25
最大容量	80	40	30

4.5.5　连铸生产技术

（1）炼钢-精炼-连铸的优化组合。在发展完善板坯连铸技术的同时，这一时期，人们已充分认识到采用炼钢-精炼-连铸的优化组合，钢液的纯净度、防氧化措施以及连铸操作人员的水平和连铸机的自动化水平对连铸生产的重要意义。在钢液纯净度方面出现了许许多多钢液二次精炼方法。在提高板坯质量、防氧化措施方面采用钢包浸入式长水口及氩气密封，中间罐保护渣，浸入式水口、滑动水口氩封等保护浇铸措施。

从板坯连铸机浇铸的钢种看，该时期已经涉及了大部分钢种，许多难浇铸的钢种如高级别管线钢、硅钢、超低碳钢、不锈钢、各种类型的合金钢等都能够用连铸机进行浇铸。

（2）在节能方面发展完善了连铸坯的热送热装和直接轧制。所谓“热送”是指将连铸出来的高温铸坯用保温车或者通过专用辊道从连铸车间输送到轧钢厂，而“热装”是将连铸车间输送到轧钢厂的连铸坯装进轧制之前的加热炉里。直接轧制是在连铸机后面增加均热炉或局部加热设施，把铸坯加热到轧钢机要求的轧制温度，直接在连铸连轧生产线上进行轧制。热送热装和直接轧制节能效果如图1-4-42和图1-4-43所示。据报道，热送热装和直接轧制可以节能15%～85%，成材率提高0.5%～3.0%。

热送热装直接轧制技术在1989年以后的薄板坯连铸连轧生产线及21世纪的无头轧制ESP生产线上将其技术优势发挥得淋漓尽致。

热送热装和直接轧制要求的连铸坯是无缺陷高温铸坯，按照温度高低，连铸坯热送工

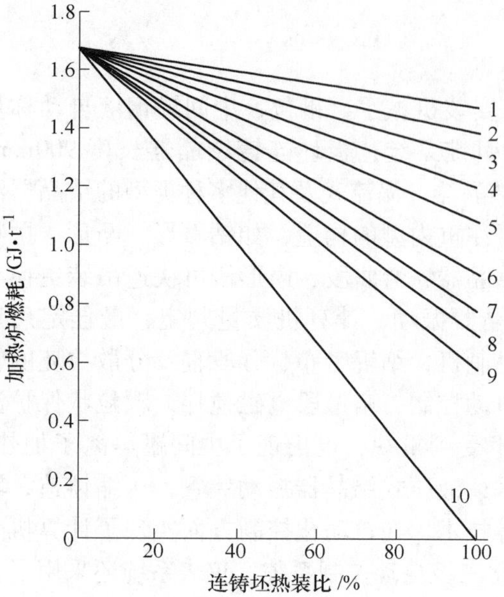

图 1-4-42　加热炉燃耗与热装比、热装温度的关系（设冷装炉燃耗为 1.67GJ/h）

1—热装温度 300℃；　2—热装温度 400℃；
3—热装温度 500℃；　4—热装温度 600℃；
5—热装温度 700℃；　6—热装温度 800℃；
7—热装温度 900℃；　8—热装温度 1000℃；
9—热装温度 1100℃；10—连铸连轧

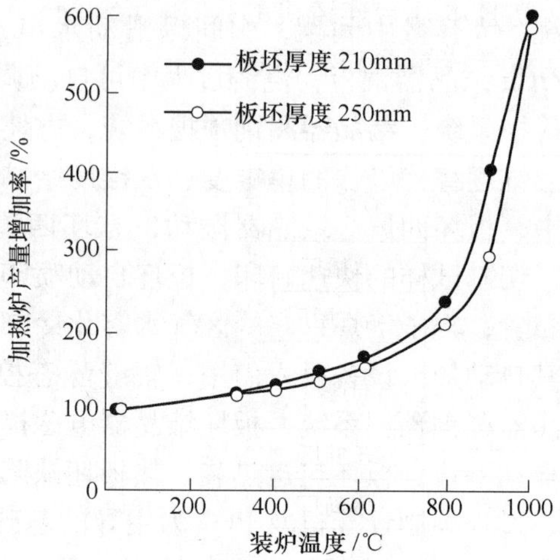

图 1-4-43　热装温度与加热炉产量增加率的关系

艺可分为三种情况：

1）热装轧制 HCR（Hot Charge Rolling）。将经过（或不经过）表面处理的热板坯在大约 300 ~ 700℃装入加热炉。

2）直接热装轧制 DHCR（Direct Hot Charge Rolling）。按照和连铸同一序号，将经过（或不经过）表面处理的热板坯在大约 700 ~ 1000℃装入加热炉。

3）直接轧制 DR（Direct Rolling）。将与连铸同一序号的热板坯不经加热炉，只需在线边角部加热后在约 1100℃条件下直接轧制。

1968 年美国麦克劳斯钢公司将连铸板坯装入感应加热炉，从而迈出了热装技术的第一步。20 世纪 70 年代能源短缺的日本在两次能源危机的冲击下，研究和应用连铸坯热送热装和直接轧制技术，使之得到迅速和高水平的发展。

1973 年日本钢管公司鹤见厂首先实现连铸坯热装轧制工艺（CC-HCR）；1981 年 6 月，新日铁堺厂实现了连铸-直接轧制工艺（CC-DR，连铸机终点和轧机始点之间距离为 130m），1984 年 3 月 CC-DR 占连铸坯的比例已接近 90%，到 1985 年，这个比例达到了 94%；1983 年日本全国连铸坯的平均热装比已达 58%，新日铁公司的平均热装比达到 60% 以上。日本 NKK（现为 JFE）福山厂 5 号板坯连铸机建设在 2 号热带轧线前面，连铸机与热带轧机（HSM）直接连接，于 1984 年 9 月投产后就进行了直接轧制工作，在 20 世纪 80 年代达到 70%~90%；1987 年 6 月新日铁八幡厂在生产中实现了远程 CC-DR 工艺

（连铸机终点和轧机始点之间距离为620m）；新日铁君津厂1987年热装比在75%以上，热装温度高于680℃；水岛钢厂采用HCCV系统（铸坯自动热送系统），实现了连铸方坯的热送热装，热装率达到99%，热装温度达到720℃。表1-4-17列出20世纪70年代末80年代初日本几台连铸机的热送热装情况。图1-4-44是日本钢管福山5号板坯连铸机与第二热轧生产线平面和立面布置图。

表1-4-17　20世纪70年代末80年代初日本几台连铸机的热送热装情况

公司（厂）名称		转炉容量/t×座	连铸机台数/台	开始热装时间/年.月	热装比/%	板坯入炉温度/℃
新日铁	八幡厂		1	1982	70	600
	名古屋厂	250×2	1	1980	94（1980.6）	600
	君津厂	250×3 300×2	4	1980		600
川崎制铁	千叶厂	230×2	3		80（1982）	600~700
	水岛厂		5		70（1981）	
日本钢管	扇岛厂	250×3	3	1979.8	40（1983）	700
	京滨厂			1977		700
神户制钢	加古川厂	240×3	1	1979	50（1981）	
住友金属	鹿岛厂	250×2	2	1976	45（1980）	600

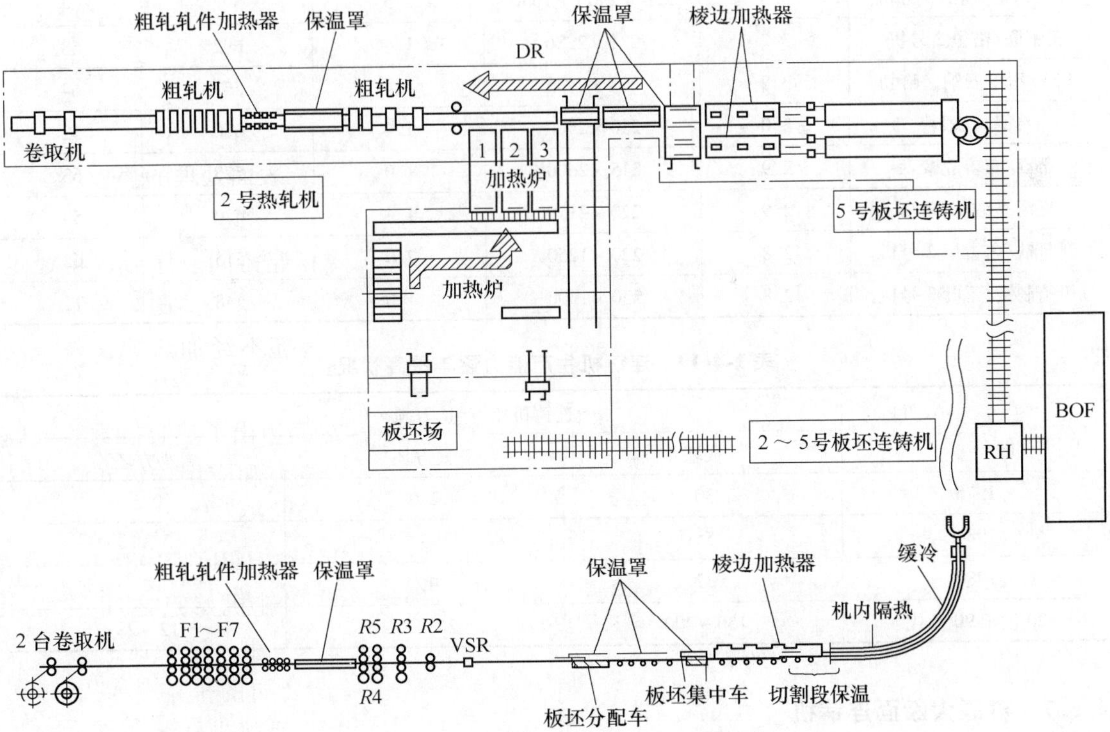

图1-4-44　日本钢管福山5号板坯连铸机与第二热轧生产线平面和立面布置

日本在该项技术上的成功，促进了世界各国对该技术的研究和应用。在欧洲，连铸坯热送热装工艺也得到广泛研究和应用，如德国的不莱梅钢厂、比利时的考克里尔公司彻它尔厂、法国的索拉克公司佛曼伦季厂、奥地利的林茨厂等均不同程度地采用了连铸坯热送热装工艺。

中国连铸坯热送热装工艺的研究和应用起步较晚，武汉钢铁公司是国内第一家研究和应用该项技术的钢铁企业，1985 年 4 月开始在武钢二炼钢厂和热轧厂之间实行 CC-HCR 工艺，但未进行系统的研究，到 1989 年宝钢集团公司引进日立造船 1930mm 板坯连铸机投产后实现热送热装工艺才被其他钢厂重视。

4.5.6　生产能力的提高

20 世纪 80 年代，随着连铸技术的进一步成熟，板坯质量得到提高，生产率、拉速也得到相应的提高，生产故障率明显下降，这期间最具代表性的高效率双流板坯连铸机见表 1-4-18。连铸机的生产能力也已逐步上升，见表 1-4-19。

表 1-4-18　20 世纪 80 年代几台高效率双流板坯连铸机生产水平

公司、厂、机号	产量 $/Mt \cdot a^{-1}$	平均断面尺寸 /mm × mm	拉坯速度 $/m \cdot min^{-1}$	浇铸率 $/t \cdot h^{-1}$	浇铸时间率 /%
住友金属/鹿岛 3 号机	3.6	270 × 1600	2.0	660	62
新日铁/大分 4 号机	3.6	280 × 1800	1.3	613	63
日本钢管/福山 5 号机	3.3	220（250）× 1650	2.5	592	64
美钢联/格里 2 号机	3.2	231 × 2286	1.4	692	53
LFV/印第安纳，哈勃	3.2	203 × 2133	1.4	567	64
希德马/根特	3.0	210 × 2400	1.4	660	52
蒂森/布鲁克豪森	2.9	215 × 2600	1.0	523	63
克洛克纳/布莱梅	2.9	220 × 2150	1.4	620	53
新日铁/名古屋 2 号机	2.8	220 × 1250	2.0	515	62
川崎制钢/千叶 3 号机	2.8	230 × 1300	1.6	448	71

表 1-4-19　连铸机生产能力逐年提高状况

项　目 / 年　份	连铸机年产量/万吨 · $(流 \cdot a)^{-1}$		
	板坯	大方坯	小方坯
1975	30	2.0	2.5
1984	55	9	5
1989	72	12	7
20 世纪 90 年代	150 ~ 200	20 ~ 25	12 ~ 28

4.5.7　苏联大断面连铸机

1983 年 12 月，苏联奥尔斯克的哈利洛沃钢铁公司电炉钢厂 4 流弧形方坯连铸机投产，是苏联当时最大的一台方坯连铸机。年产量 40 万吨，圆弧半径 $R12.0$m，矩形铸坯断面尺寸为 300mm×450mm，用于轧制直径为 ϕ90～160mm 管坯和型钢。

1984 年 12 月，苏联奥斯科尔斯克电冶金公司电炉钢厂四流弧形方坯连铸机投产，是苏联当时最大的一台方坯连铸机。与两台 100t 电炉配合，圆弧半径 12.0m，结晶器长度 1000mm，矩形铸坯断面尺寸为 300mm×360mm，安装结晶器电磁搅拌。

1987 年，苏联利用图 1-1-7 所示的结晶器长度 800～1200mm 的旋转式连铸机铸造成功 ϕ270～600mm 管坯（不是圆坯），当时的产品管坯最小壁厚 9.5mm，壁厚偏差小于 5%，最小内径 ϕ80mm，拉速 0.4～1.2m/min。并且可以对外供货，与 10～150t 炉子配合，占地面积 250m^2。

4.5.8　薄板坯连铸机及薄板坯连铸连轧生产线的出现

薄板坯连铸机及其连铸连轧生产线的出现是 20 世纪 80 年代连铸技术装备发展的最大突破，当时被业内人士称作革命性的变化。技术开发起始于 80 年代中末期，而大规模推广应用在 90 年代以后。开发薄板坯连铸机及薄板坯连铸连轧生产线的商家有 SMS 公司的 CSP 生产线；MDH 公司的 ISP 生产线；达涅利薄板坯连铸机；克虏伯工业技术公司 Ecco 厂薄板坯连铸机；奥钢联薄板坯连铸技术；住友金属的薄板坯连铸技术；美国蒂金斯（Tippins）薄板坯连铸技术等。

1989 年 8 月，德国西马克（SMS）公司为美国印第安纳州纽柯一厂（克劳福兹维尔：Crawfordsville）提供了 CSP 连铸连轧生产线。

4.5.9　北京钢铁研究总院完成双履带薄板坯连铸试验

以干勇、李文采、知水、张伯汀等人为团队的北京钢铁研究总院采用倾斜式双履带薄板坯连铸机完成了厚度 20mm、30mm，宽度 260mm、300mm 的薄板坯试验。所用连铸机倾斜角度 6°，机长 14m，拉坯速度 4～12m/min，驱动直流电机 3kW。用 30kg 中频炉炼钢，进行了 22 炉浇铸试验。后又用 100kg 中频炉炼钢，以 5m/min 速度进行浇铸试验。1988 年 5 月完成了试验研究报告。

4.5.10　双辊连铸技术

直接带材连铸工艺降低了更多生产成本。双辊带材连铸机非常轻（1856 年 Henry Bessemer 提出的设想），如图 1-4-45 所示。

1989 年，新日铁光厂双辊带材连铸机工艺开始试验，采用的是宽度为 800mm，铸辊直径为 ϕ1200mm 的辊子。连铸机在 1991 年进一步升级，安装了宽度为 1330mm 的辊子。试验连铸机以 20～130mm/min 的铸造速度生产厚度为 1.6～5.0mm 的钢带。主要成本项在于复杂的过程自动化控制设备。图 1-4-46a 是设备组成，图 1-4-46b 是

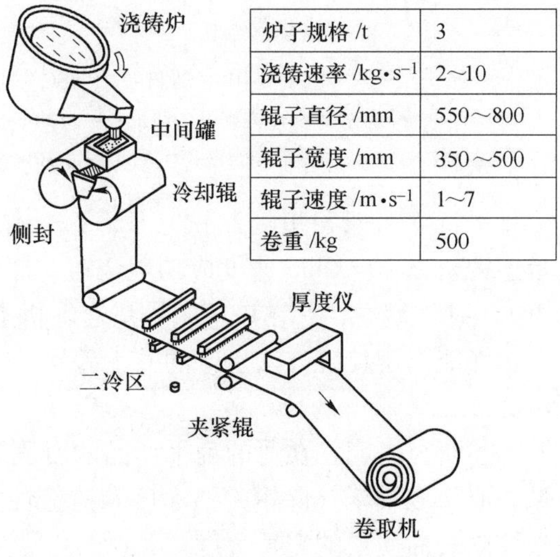

炉子规格 /t	3
浇铸速率 /kg·s^{-1}	2～10
辊子直径 /mm	550～800
辊子宽度 /mm	350～500
辊子速度 /m·s^{-1}	1～7
卷重 /kg	500

图 1-4-45　川崎制铁（KSC）千叶钢厂高合金堆焊带半工业化双辊连铸机

其自动化控制系统。生产 3mm × 800mm 带材的拉速可达到 60m/min，产品如图 1-4-46c 所示。在生产时一个小时内腾空一个钢包，设备产量可达 70t/h，很适合于生产不锈钢。

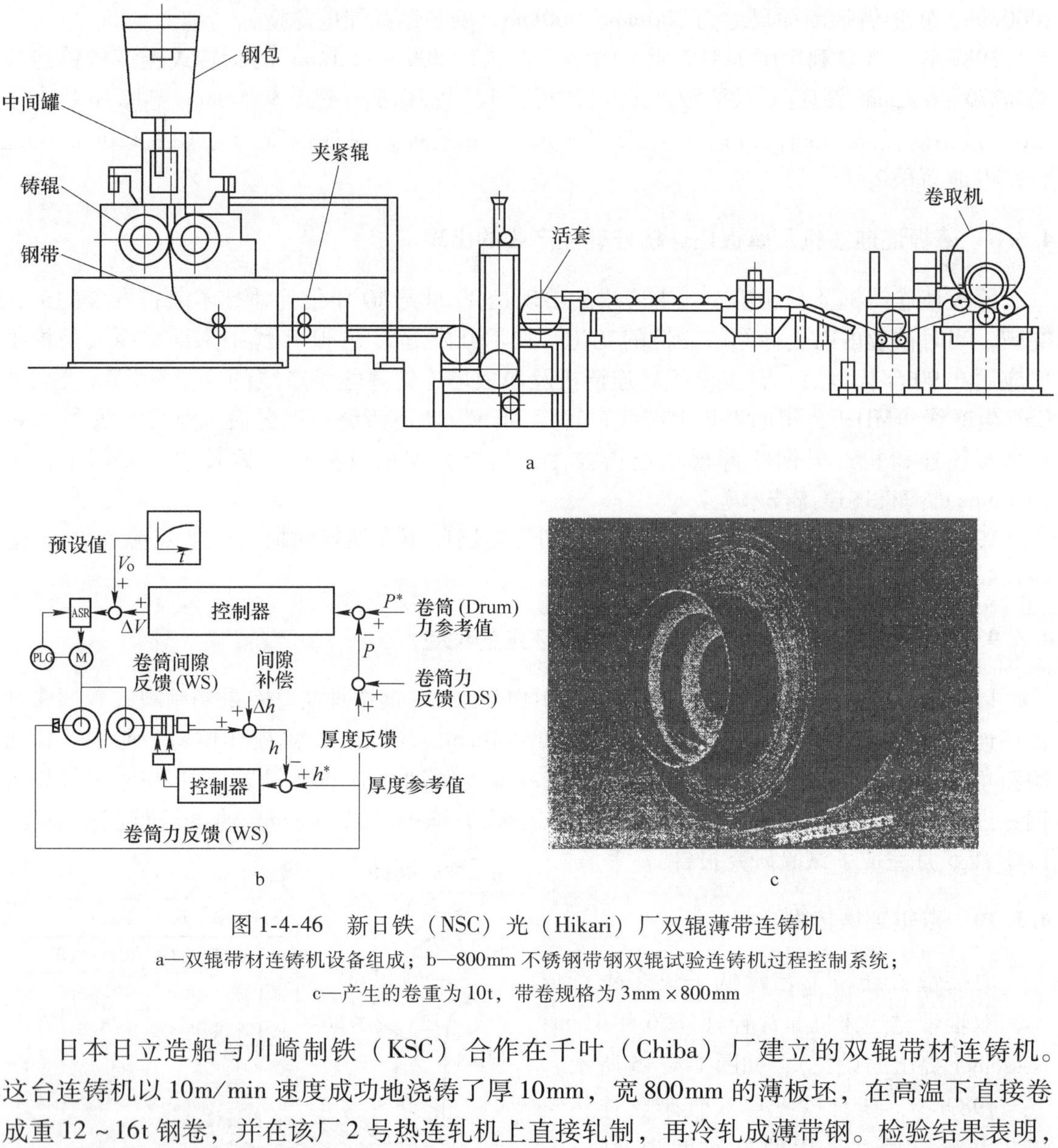

图 1-4-46　新日铁（NSC）光（Hikari）厂双辊薄带连铸机

a—双辊带材连铸机设备组成；b—800mm 不锈钢带钢双辊试验连铸机过程控制系统；
c—产生的卷重为 10t，带卷规格为 3mm × 800mm

日本日立造船与川崎制铁（KSC）合作在千叶（Chiba）厂建立的双辊带材连铸机。这台连铸机以 10m/min 速度成功地浇铸了厚 10mm，宽 800mm 的薄板坯，在高温下直接卷成重 12 ~ 16t 钢卷，并在该厂 2 号热连轧机上直接轧制，再冷轧成薄带钢。检验结果表明，其力学性能与用传统方法生产的并无差别。该连铸机采用立式双带式结晶器。如图 1-4-47 所示。

上述研究表明，在薄的扁平产品的凝固处理上有望产生新的革命。最终的成功尚不可预见，但将取决于（除钢的洁净度和铸造性能的完美控制之外）通过减轻结晶器弯月面问题来控制表面质量的完善程度。

在中国，东北大学自 1958 年开始进行薄带钢铸轧方面的研究，在自制的连续铸轧试验机上铸轧出了 1 ~ 2mm 厚、260mm 宽的球墨铸铁板和变压器硅钢带。1960 年，在长春建立了试验性的连续铸轧生产线，曾铸轧了约厚度2mm，宽度600mm的低碳钢板和铁板各百余吨，试验铸轧高速钢基本成功。

20世纪60年代和70年代初中国在重庆、上海建立过大小两套连铸-行星轧机轧制薄带生产实验线，未能取得成功，此后带钢连铸技术的研究趋于停止状态。

20世纪80年代初，东北大学恢复了薄带钢铸轧研究，1983年建立了1号异径双辊式铸轧机。1990年3月又建成了2号异径双辊式薄带铸轧机，采用直流电机驱动，速度可调，配有磨辊装置，等离子切割机和小型热轧机等。成功铸轧出2.1mm×207mm的高速钢薄带，单炉可达210kg。铸轧出的薄带坯经小变形量的热轧，可做切口铣刀和下料机的锯条，使用性能良好。

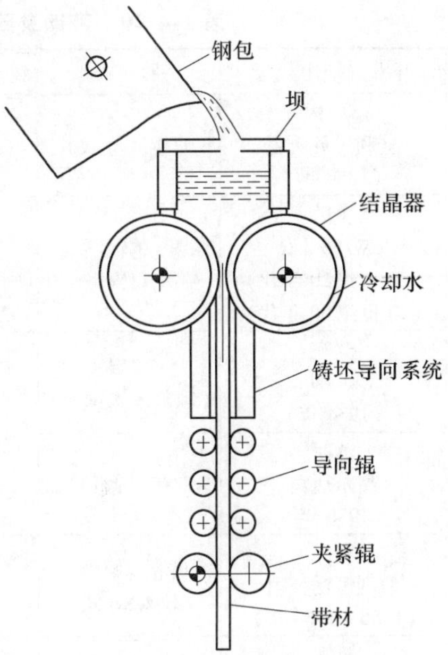

图1-4-47　日立造船带钢液供给的双辊连铸机示意

1984年，上海钢铁研究所建成1台双辊薄带连铸机，辊径ϕ200mm，宽150mm，与50kg感应炉配合，浇铸出了1Cr18Ni9Ti不锈钢。1987年又建成1台直径ϕ500mm、辊面宽度250mm的双辊薄带连铸，1988年铸轧机组建成并调试成功。1992年又建成一台直径ϕ1200mm、辊面宽度600mm的双辊薄带连铸机，成功浇铸出厚度3.0mm、宽度600mm的304不锈钢薄带。2001年上海钢研所并入宝钢集团。

国家“八五”规划期间，东北大学轧制技术及连轧自动化国家重点实验室建立了近终形铸轧研究室并建成了薄带钢铸轧试验线，完善了熔炼和测试手段，铸轧出的W6高速钢薄带的表面质量和边部质量大大提高。表面质量和边部质量已经超过国外大学同类铸轧机所铸轧出的带钢的实物水平。

在这里，为了让读者有一个较为完整的概念，我们把1990年机械工业出版社出版的《板坯连铸机设计与计算》一书中所列的带钢及薄板坯连铸曾经的研究与开发情况列入表1-4-20中，把几种设备的优缺点列入表1-4-21中，把《鞍钢技术》2006年第4期“世界薄带连铸技术的最新进展”一文中部分双辊连铸机的主要技术参数列入表1-4-22中。

4.5.11　20世纪80年代北美建成异形坯连铸机

20世纪60年代，异形坯（工字形坯）连铸在钢铁工业中开始应用，英国钢铁研究协会炼钢部的“钢锭与连铸”分部的异形坯连铸试验成功之后，1968年应用在加拿大安大略省苏圣玛丽市的ALGOMA钢铁有限公司并投产，到1988年初又投产了7台，日本投产了5台，这都是康卡斯特集团的突出贡献。表1-4-23是1988年3月27日《康卡斯特技术新闻》报道的北美浇铸异形坯的钢铁公司及异形坯尺寸。

表1-4-20　带钢及薄板坯连铸曾经的研究与开发情况

工艺	开发（使用）者	形　式	铸坯断面/mm×mm	浇铸钢种	备　注
早期的研究与开发	英国 亨利·贝氏麦 （1856年）	双辊（立式）	(1~2.5)×1000	钢、可锻铸铁	第一个专利； 采用 ϕ1220mm 钢辊； 铸速 15m/min
	美国 CWHazelett （20世纪20年代） （20世纪30年代）	单辊 双辊	3×380	高碳钢 不锈钢	第1台工业性应用
	苏联 Ulitovskii （1934年）	双辊 （倾斜注入钢液）	1.2×500	普碳钢	产品用作屋面板
	苏联 高尔达宾 （1938年）	双带（倾斜）	100×100	普碳钢	已采用放射性钴60控制结晶器钢液面
	美国 伯利恒钢公司 （1956~1968年）	双带（倾斜） （Hazelett式）	(25~150)× (254~610) 75×254	铝镇静钢 不锈钢 （304型）	由于靠近上表面产生严重的夹杂物等质量问题而停止研制
	日本 金属材料研究所 （1966~1970年）	双带 （Hazelett式）	50×254	硅镇静钢 不锈钢 （304型）	因资金及质量问题而停止
	美国 USS研究室 （1967~1970年）	双带 （Hazelett式）	95×760	低碳钢 （RIBAND钢）	经热、冷轧成1.5mm厚的带材，表面裂纹严重，后来停止研制
	法国 Ugin Kuhlman研究室 （1969~1973年）	双带 （Hazelett式）	120×1067	不锈钢 （304型）	因质量问题（离上表面一定距离处含有夹杂层）及研究重点改变、资金短缺而停止
带坯浇铸	日本 川崎钢铁公司	双辊	(0.12~0.5)× (400~500)	硅钢 （4.5~5.5%Si） 不锈钢	试验设备； 铜辊直径 ϕ400~550mm； v=3~12m/s
	日本 日本钢管公司	双辊	(2~6)×100	不锈钢	试验设备； 铜辊直径 ϕ400mm； v=1~25m/min
	日本 日本钢铁公司	双辊	1×200	不锈钢	试验设备； 铜辊直径 ϕ300mm； v=30m/min
	日本 日本钢铁公司	双辊	3×750	不锈钢	
	日本 日本金属工业公司	单或双辊	(1~4)×300	不锈钢	试验设备； 钢辊：直径 ϕ1020/200mm； v=10~40m/min
	日本 早稻田大学	双辊 （倾斜注入钢液）	1×100	不锈钢 硅钢	试验设备
	奥地利 奥地利钢铁联盟	单或双辊	(0.5~1.0)×250	低碳钢 （C<0.05%）	试验设备； 钢辊 ϕ680mm； 辊身宽1000mm； v_{max}=1.5m/s
	美国 阿·勒德隆钢公司	单辊	(0.8~1.0)×560	不锈钢 （试验）	目标是生产冷轧用钢板

续表 1-4-20

工艺	开发（使用）者	形 式	铸坯断面/mm×mm	浇铸钢种	备 注
带坯浇铸	美国 阿连德公司	单辊	0.028×100		制造非晶态合金，年产1～1.5万吨，不久将来产品宽度将增至200mm
	美国 阿姆科钢公司 西屋公司	单辊	(0.75～3.1)×75(900)	低碳钢	由美国能源部资助经费260万美元； 目标是制造汽车用1800mm的钢板
带坯连铸	美国 美国钢公司 巴特勒钢公司	单辊	厚0.025～1.25	钢 非铁合金	
	法国 Irsid Cleim	双辊 （立式注入）	(2～10)×(200×850)	不锈钢	欧洲煤钢联营研究项目
	CSM	双辊 （立式注入）	5×400	不锈钢	
	瑞士 康卡斯特标准公司	单辊	(0.02～0.06)×500	非晶态合金箔	专利应用； $v=20\sim30$m/s
	瑞士 康卡斯特联合服务公司	双辊 （倾斜底部注入）	厚20	普通钢	辊径3m，结晶器长度5.9m，许用铸速达24m/min
	日本 神户钢铁公司	双辊	(1～2)×260	铸铁	试验设备； Fe—C辊，ϕ150mm； 上辊45°布置； $v=5\sim10$m/min
	日本 某公司	双辊	(0.1～0.23)×10	不锈钢	$v=5\sim15$m/s
	日本 日本冶金公司	双辊	6×150	不锈钢	异径辊；倾斜注入
	联邦德国 克虏伯钢公司	双辊	厚1～4	不锈钢	异径辊；倾斜注入
	日本 石川岛重工	双辊 （立式注入）	厚<10 宽200		
	日本 日立造船	双辊 （立式注入）	(5～10)×300		
	日本 日新钢公司 日立公司	双辊 （立式注入）	厚<5 宽200	不锈钢	
	英国 DEC 英国钢铁公司	双辊 （立式注入）	3×400	不锈钢	
	联邦德国 蒂森+IBF Aachen	双辊 （立式注入）	(0.1～2)×150	Si钢	
	联邦德国 MPI Düsseldorf	双辊 （立式注入）	(0.5～2)×100	Si钢 不锈钢	MPI-Max Flanck Institut

续表 1-4-20

工艺	开发（使用）者	形　式	铸坯断面/mm × mm	浇铸钢种	备　注
带坯连铸	美国 LTV 钢公司	"ITR" （内环式）	5 × 343		试验设备； 1963 年开始设计，1975 年停止，1985 年重新开始研制
	联邦德国 MDH/MSA Belo Horizonte	水平式单辊 单带	（5 ~ 10）× 900（1200）	不锈钢	1988 年末建成； $v = 25 \sim 50\text{m/min}$； 750000t/年
薄板坯连铸	美国 纽柯钢公司 （1985 年起）	黑兹勒特式	38 × 1320	普碳钢	1987 年试验； 已停止，改用 SMS 的薄板坯连铸机
	美国 美国钢公司 伯利恒钢公司 （1984 年起）	黑兹勒特式	（12 ~ 15）× 1200	普碳钢	1984 年开始研制，5 年间由美国能源部资助 3000 万美元； 目标是制造 1800mm 宽的汽车用钢板； 已中止试验
	日本 川崎钢铁公司 千叶厂	水平双带式 （带式结晶器， 铜块支撑）	（10 ~ 30）× （100 ~ 150）	普碳钢 不锈钢 硅钢	试验设备，机长 1. 1m； $v_{max} = 12.5\text{m/min}$
	英国 英国钢铁公司	水平移动 结晶车式	75 × 500	普碳钢	试验设备； 1981 年得到欧洲煤钢联的财政资助； 60mm 厚坯，拉速为 14m/min，相当于生产率 170t/h
	日本 日本钢管公司	块式移动结晶器	（25 ~ 50）× 200	普碳钢 不锈钢	铸速 15m/min
	联邦德国 克虏伯钢公司 （1983 年）	黑兹勒特式 （双带） （倾斜 6°）	（20 ~ 70）× 200	碳钢 合金钢	试验设备； 70 × 180mm 坯，铸速达 6m/min
	日本 住友金属工业公司 （1983—至今）	黑兹勒特式 No1 No2	（20 ~ 80）× 600 （30 ~ 50）× 1320	普通钢	（30 ~ 50）× 600mm，铸速 4 ~ 6m/min； 连铸机倾斜 6° ~ 15°
	联邦德国 SMS 公司	固定式结晶器	（40 ~ 50）× （1200 ~ 1600）	普碳钢	1985. 9 第一次试浇
	联邦德国 曼布斯曼—德 马克胡金根厂	固定式结晶器	（40 ~ 70）× 1600	一般热轧板	采用浸入式扁水口浇铸； $v_{max} = 6\text{m/min}$
	意大利 达涅利 Udine	固定式结晶器	（28 ~ 50）× 1000	普碳钢	采用浸入式扁水口浇铸； $v_{max} = 6\text{m/min}$
	中国台湾 分隆钢厂	固定式结晶器	75 × 1520	普碳钢	由意大利达涅利提供； $v_{max} = 6\text{m/min}$
	美国 纽柯尔	固定式结晶器	50 ×（1100 ~ 1350）	普碳钢	由联邦德国 SMS 提供，1989 年上半年投产
	意大利 达涅利	固定式结晶器	（30 ~ 70）× 1400	普碳钢	1989 年末投产； $v = 3 \sim 5\text{m/min}$

续表 1-4-20

工艺	开发（使用）者	形 式	铸坯断面/mm × mm	浇铸钢种	备 注
薄板坯连铸	联邦德国 曼内斯曼—德马克 Boschgotthards 钢厂 Siegen	水平式	（40 ~ 120）× 450	不锈钢	
	日本 川崎重工	水平式	（20 ~ 40）× 200	不锈钢 锰钢	在方、圆坯水平连铸机上浇铸小薄板坯
	日本 日本钢铁公司	立式双带	（50 ~ 80）× 600		v = 4m/min
	日本 川崎钢铁公司	立式双带	30 × 1220		30mm × 800mm 铸坯； v = 10m/min
	美国 SCE 公司	水平式	15 × 200	铝镇静钢 中、高碳钢	

表 1-4-21 几种设备的优缺点比较

形 式	优 点	缺 点
单辊	1. 设备简单； 2. 铸坯内部质量与工艺条件无关	1. 带坯厚度主要取决于工艺条件； 2. 上表面的质量难于控制
双辊	1. 设备简单； 2. 带坯厚度与工艺条件无关	1. 工艺上控制困难； 2. 内部质量主要取决于工艺条件； 3. 沿宽度的恒温控制是必不可少的
同步运动结晶器（双带式等）	1. 拉坯速度高； 2. 不需要用保护渣； 3. 可采用有色金属方面的成熟工艺技术； 4. 可进行热态机械处理	1. 直接热轧困难，需经处理； 2. 钢液导入困难； 3. 侧密封复杂； 4. 不能在浇铸过程中调宽
固定式结晶器	1. 可采用传统的板坯机的一些成熟的工艺和设备； 2. 可进行热态机械处理； 3. 可与现有的轧机连结使用	1. 结晶器和铸坯的摩擦力大； 2. 拉坯速度相对较低； 3. 多炉连铸困难； 4. 直接热轧困难，需经处理
单带、单辊	1. 可实现在线带坯轧制工艺； 2. 可进行热态机械处理； 3. 铸坯不产生弯曲应力； 4. 在浇铸过程中可调整厚度	1. 该原理尚未经试验验证； 2. 浇铸过程中不能改变宽度； 3. 工艺上控制困难； 4. 钢液导入困难
喷射沉积	1. 对于各种材料和复合材料的浇铸工艺灵活； 2. 以相对较简单的工艺而获得高的产品增值； 3. 产品细的晶粒组织几乎无偏析	1. 由于过喷收得率低； 2. 生产率低； 3. 表面组织带有明显的工艺特性

表 1-4-22　部分双辊连铸机的主要技术参数

研究单位	安装地	连铸机类型	炉容/t	辊宽/mm	铸辊直径/mm	铸速/m·min^{-1}	带厚/mm	卷重/t	试验钢种
于齐诺尔/蒂森（德）	法国	同径双辊	90	865	1500	20～100	1～6	25	不锈钢、碳钢、硅钢
浦项/戴维（英）	韩国	同径双辊	1	350	750	30～50	2～6	1	不锈钢、碳钢
新日铁/三菱重工	日本	同径双辊	10	1330	1200	20～130	1.6～5	10	不锈钢
BHP/IHI	澳大利亚	同径双辊	60	1900		30～40	2	18	不锈钢、低碳钢
英钢联	英国	同径双辊	3	400	750	8～21	2～6	3	不锈钢、碳钢、硅钢
日立造船	日本	同径双辊	10	1050	1200	20～50	2～5		
日本金属/克虏伯	德国	异径双辊	10	1050	950/160	30～60	2～5	4.5	合金钢
日本金属/克虏伯	日本	异径双辊	0.4	650	1400/400	5～50	1～5		
CSM/(liva)	意大利	同径双辊	20	800	1500	8～100	2～7	20	不锈钢、电工钢

表 1-4-23　1988 年 8 月前北美浇铸异形坯的钢铁公司及异形坯尺寸

序号	钢铁公司	异形坯尺寸/mm×mm×mm	其他参数	投产时间
1	加拿大安大略省 Algoma 钢铁公司	450×305×100；465/775×355×100；560/675×265×100；735×3310×100	轧制成品压缩比：从 6.3:1 到 16.6:1	1968 年
2	美国德克萨斯州 Chaparrai 钢铁公司	305×200×100	连铸机半径 R7.9m	1981 年
3	美国伊利诺斯州 Northwestern S&W 公司	380×330×90 380×240×100 405×305×90	连铸机半径 R7.9m	1982 年
4	美国印第安纳州 Nucor-Yamato 公司	460×370×120 510×400×120	三流连铸机，圆弧半径 R12.5m	1988 年 8 月
5	美国西弗吉尼亚州 SC of West Virginir	200×200×120 150×150×120		

中国第 1 台异形坯 3 机 3 流三点矫直弧形连铸机 1998 年 6 月 11 日在马鞍山钢铁公司投产，连铸机主半径 R10m，生产铸坯断面 750mm×450mm×120mm 和 500mm×300mm×120mm，还可以浇铸 250mm×380mm 方坯，年产量 63.5 万吨。2005 年 4 月 6 日，又投产了第二台，年产量 80 万吨。据统计，截至 1996 年底，全世界投产的异形坯连铸机有 33 台。

4.5.12　旋转立式圆坯连铸机

20 世纪 80 年代，又有意大利（1982 年）、法国（1982 年）、美国（1984 年）分别建立了 4 流、4 流、3 流旋转立式圆坯连铸机，浇铸断面比 70 年代增大，最大断面分别为 ϕ215mm、ϕ325mm、ϕ240mm。冶金长度普遍提高，地坑深度加深。

4.5.13　连铸喷淋（喷雾）结晶器

1965 年，美国伊利诺斯州，皮奥里亚市的基斯通钢铁与线材公司为了提高 6 机 6 流 75mm×75mm 小方坯连铸机的产量和铸坯质量，考虑采用喷雾水冷结晶器。

1970 年，美国 AMB（ American Machine Building Technology ）公司在实验室对连铸结晶器的各种冷却技术（冷却水管路、倒角变化、结晶器上的水缝和各种器壁材料）进行了研究，同时也研究了喷淋（喷雾）冷却技术。研究结果表明：强化冷却对改善铸坯质量效果并不理想，而且在铸坯与结晶器内壁之间容易产生气隙，冷却水进水温度一般以 30～50℃为宜。喷淋式冷却技术的突出优点是：可使结晶器铜管均匀地冷却，可避免或减少在铜管壁与铸坯之间产生气隙，从而使钢液和初凝坯壳向外传热的速度增加 30%～50%，特别是在结晶器传热量最大的弯月面区提高了冷却强度，明显地助长了铸坯坯壳的形成。

美国 AMB 公司与日本三菱重工集团合作，利用三菱重工试验研究设备进一步研究和完善了喷淋结晶器技术。于 1981 年 9 月 8 日申请了美国专利，专利名称：Spray cooling system for continuous steel casting machine；申请号：US4494594；申请人：Kurzinski，Cass R.（Milford，PA）；专利公布日期：1985 年 1 月 22 日。

1982 年，喷淋（喷雾）冷却结晶器第一次安装在美国阿肯色州、纽波特市的拉泽贝克钢铁厂的一台年产 19 万吨的双流小方坯连铸机上，浇铸断面 100mm×100mm。

1988 年，联邦德国巴德钢铁公司在 5 机 5 流 125mm×125mm 小方坯连铸机上仍然采用喷淋冷却结晶器。据报道，水量减少了 60%，结晶器寿命延长了 25%，浇铸速度提高了 10%。

据北京冶金设备研究所陈克博士 1992 年在第 4 期《冶金设备》杂志写的“喷淋结晶器的研究开发和应用”一文中提到，截止到 1991 年底，已经有 10 多个国家 70 多台连铸机采用了这种结晶器。

中国是 1991 年 9 月开始，刘新、魏祖康等人首先在邯钢进行试验，到 1992 年 6 月，邯钢二炼钢 4 流小方坯连铸机上全部换上了喷淋结晶器。后来安阳钢铁公司、南京钢铁公司等也相继换上了喷淋结晶器。当时认识到，喷淋结晶器的主要优点是：

（1）降低了生产成本。一是不用软化水，简化了供排水系统。二是冷却水压力降低，水量降低了 30%～40%。

（2）冷却强度大，平均热流高出 40%～50%，提高了拉速，提高了生产率。

（3）同样冷却条件，喷淋结晶器出口坯壳厚度加厚了 56%，减少了漏钢率，稳定了生产操作。

中国经过 10 年左右的试验研究及工业应用及判定，又停止了喷淋结晶器的使用，主要原因是喷水回水的处理以及设备变形等方面的综合考虑。

4.5.14　组建中国金属学会连铸委员会

20 世纪 70 年代中期到 80 年代，世界上连铸技术发展迅速，特别是日本。而中国的连铸技术装备起步较早，却在发展上大大滞后。充分认识到这些差距后，在当时还处于计划经济为主的中国，从国家到企业，从技术人员到各科研机构对连铸技术的发展给予了前所未有的关注和重视，并随着国家改革开放战略的实施迅速付诸行动。

1982 年，当时的中国冶金工业部和中国金属学会为适应中国连续铸钢发展形势的需要，决定以中国金属学会炼钢分会的连铸学组为基础，组建中国金属学会连铸委员会。当时集中了全国科研、设计、教学、生产等各个行业从事连续铸钢技术的专家和有志之士，以徐宝升、张铨为顾问，周曙为主任委员、熊毅刚为副主任委员，陈增琪、葛志祺、雷知行为秘书，卜禾、文石斧、王庆奎、王砚铭、李平、宋实、吴月华、倪满森、周川生、周庆叙、邹杏元、蔡开科、蒋冠珞、綦书阡、韩章等为委员，万体娅、李溪滨为专职秘书，包括板坯、方坯、特钢连铸、应用理论及新技术、连铸通讯编辑、连铸自动化六个三级学组，组成第一届中国金属学会连铸委员会共 216 人的庞大队伍。至今已经是第七届，连铸委员会挂靠在“冶金部北京钢铁设计研究总院”（2003 年 11 月改制更名为中冶京诚工程技术有限公司）。

中国金属学会连铸委员会成立的同年 8 月，在昆明召开了第一次全国连续铸钢学术会议，大会提出“组织起来，为迅速发展我国连续铸钢而奋斗”，并印刷了《1982 年连续铸钢学术会议论文选集》。

1986 年调整后的“中国金属学会连铸学会理事会”有周曙、熊毅刚、蔡开科、陈增琪、葛志祺、雷知行、卜禾、倪满森、文石斧、李平、宋实、吴月华、綦书阡、王砚铭、周川生、唐昆年、邹杏元、蔡朗暹、邢栋、且克明、张载珞、史宸兴、骆邦智、章仲禹、阎峰、马译绅、张永霖、邵家望、姜永林、邹孝叔、于登龙、徐宝升、殷琏、张铨。

1987 年 5 月 18 ~ 21 日，在湖南召开了第二届理事会全体会议，讨论通过了“中国金属学会连铸学会章程”。

1982 年创刊《连铸通讯》，1989 年《连铸通讯》更名为《连铸》，1993 年获得中国标准刊号，《连铸》杂志主要面对连铸生产第一线、高校和科研单位的科技人员，除了保持较高的学术性还要兼顾一定的普及性。因此，除刊登一定数量的科技论文外，还发表技术革新和生产管理方面的文章，以满足多层次读者的需求。到 2016 年 10 月已经出刊 207 期。

1990 年 7 月 28 日，中国金属学会（90）金字第 016 号文批准了连铸学会由 36 人组成的第二届理事会。理事长：周曙；副理事长：熊毅刚、蔡开科、潘荫华、何国樑；秘书长：易本熙；名誉理事长：徐宝升；名誉副理事长：殷琏；副秘书长：雷知行、葛志祺；办公室主任：万体娅。

周曙担任连铸学会主任委员到 1998 年，也就在这一年连铸委员会被批准称为中国金属学会连续铸钢分会。1999 年起，第四届连铸分会主任委员由韩国瑞任主任委员一直到 2015 年，1999 年开始，秘书长由许宏伟担任一直到 2016 年 4 月。连铸分会一开始，万体娅任专职秘书（兼办公室主任），1994 ~ 2009 年年底任连铸分会副秘书长。

中国金属学会连铸分会成立后 30 多年里一直活跃在中国连铸技术发展的舞台上，加上《连铸通讯》、《连铸》的创刊及持续发行，使得连铸技术交流及学术研究活动蓬勃发展。连铸分会举办连铸技术讲座、各种培训班和学习班（截止到 1998 年共办了 14 个学习班和培训班），各种细目的连铸技术学术交流会和连铸年会共 100 多次，解决钢厂难题，进行 20 多次连铸技术难题现场咨询，为中国连铸技术的科技进步做出了行业内公认的贡献。

回忆起这些，我们应该感谢世界上迄今为止所有的连铸老前辈和连铸工作者，是他们把这一高效节能技术造福于全人类。

连铸技术的进步与高速发展是相辅相成的，日本新日铁各个制铁所1983年的连铸比达到83%。到1985年上半年，TEKKO SHIMBUN报道日本4个主要钢铁公司连铸比平均达到95.6%，其中新日铁96.0%，日本钢管97.2%，住友金属93.5%，神户制钢94.8%。1985年6月，日本山阳特殊钢公司取得了连浇1万吨高碳铬轴承钢而不更换中间罐的纪录。

到1990年，世界上拥有约390台600流板坯连铸机。世界连铸比由1980年的29.9%提高到1990年的62.8%，而中国的连铸比由1980年的6.2%提高到1990年的22.3%。截止到1983年底，中国在19个钢厂已经建成生产和试验连铸设备43台92流，年产连铸坯600万吨。截止到1986年1月1日，世界上已经投产和正在建设的连铸机共1318台3906流（不包括水平连铸机），其中板坯333台518流；方坯985台3388流。

1990年，中国拥有各种类型的连铸机122台，设计产能2520万吨，连铸比22.42%。

4.5.15 20世纪80年代连铸技术的几个世界纪录

（1）美国LTV公司印第安纳钢厂1983年投产的，与250t转炉配合的两台单流板坯连铸机1987年产量达到305万吨。

（2）日本住友金属扇岛厂1985年投产的3号双机双流板坯连铸机，年产量达到303万吨。

（3）英钢联（BSC）在其Port Talbot厂双流板坯连铸机于1987年一次连浇了300炉，浇钢10.2万吨。

（4）美国钢铁公司Gary厂1988年1月在2号双流板坯连铸机上月浇铸31.84万吨。

（5）美国钢铁公司Gary厂在一台单流板坯连铸机上创造了连浇329炉的纪录，浇铸宽度1168～2273mm板坯9728块，总长98公里，共变换了结晶器宽度522次，共用了151个中间罐。

（6）日本钢管5号连铸机220mm厚度板坯，最大拉速达到3.0m/min。

4.6 20世纪90年代的连铸技术

20世纪90年代，传统连铸工艺已经在生产率和产品质量上开始走向成熟。

4.6.1 推广应用普遍的技术及新技术

90年代常规板坯连铸机的技术进步主要表现在自动化水平不断提高和完善，工艺设备技术更加细化，生产操作炉火纯青。应用很普遍的技术有：适应高拉速结晶器长度及冷却传热结构；拉速高、坯壳薄、最大限度地减少两相界应变；拉速提高后连铸机长度增加；计算驱动电机能力的新方法；高拉速下的保护渣、浸入式水口；大容量中间罐普及；中间罐等离子加热推广；中间罐浸入水口快速更换装置的应用；结晶器在线调宽；结晶器液面检测配合自动开浇；液压非正弦振动；二冷气水雾化冷却；轻压下；多功能辊缝仪；高速切割机；在线去毛刺机推广、热板坯喷号书写设备；热板坯缺陷检查；钢液的成分、温度、洁净度准确控制等。

比起80年代来，90年代应用更多的新技术主要有：钢包回转台结构连杆化，长水口自动安装，钢包倾转3°浇铸以提高金属收得率，中间罐热周转，中间罐冶金技术，保护渣性能的深化研究，保护渣自动加入装置的更多应用，结晶器电磁制动与搅拌的分别应用及复合应用，结晶器在线停机快速调厚（只需25~30min），高拉速结晶器及下方支承系统，各种类型液压振动装置的普及，零号扇形段自动调宽和调厚，能够远距离调节辊缝的液压夹紧扇形段推广，凝固末端轻压下技术的普及，动态轻压下技术的出现，二次冷却水沿板坯宽度方向的无级控制及1:10大流量范围的气水雾化喷嘴，高速火焰切割机，三电（EIC）一体化的自动控制系统，完善的设备档案管理制度等。最重要的两项技术是结晶器液压振动和轻压下技术的应用和推广。

4.6.1.1 能够动态调整波形偏斜率的结晶器液压振动装置

1977年，日本住友重机和日本钢管公司合作，在日本钢管京滨2号试验样机上开始液压振动装置试验，1984年首次应用在福山5号板坯连铸机上，此后又应用到福山6号板坯连铸机等许多连铸机上。这种液压振动装置最初采用的是单液压缸伺服驱动短臂四连杆式，目前已发展成单缸电液执行机构带动的短臂四连杆式。

液压振动的主要目的是在浇铸过程中动态控制振幅、频率及波形偏斜率（主要是调整结晶器上升与下降时间）。当高速浇铸时，结晶器上升时间延长，下降时间相对缩短，负滑动时间相对减少，低熔点保护渣分布下流速度加快，从而降低了因拉速提高使结晶器铜板与坯壳之间的摩擦力增加的幅度。据报道，结晶器总摩擦力可减少25%~30%。另外，负滑动时间缩短能使板坯振动痕迹变浅，控制了板坯表面横向裂纹产生的根源。

奥钢联开发的液压伺服驱动振动系统最早于1995年用于美国阿姆科公司曼斯菲德厂中等厚度的连铸连轧厂。双缸对称驱动的液压伺服振动装置，于1997年和1998年分别应用在林茨钢厂和日本中山钢厂。新一代DYNAFLEX型分离式对称振动台架液压振动装置，分别于1998年和1999年应用于巴西、中国安阳钢厂，后来又在很多钢厂得到应用。

日立造船在快速更换台式的振动装置上去掉了电动四偏心振动发生机构，而在左右两侧加了两个步进缸（由石川岛播磨制造），其振动行程通过脉冲检测（1个脉冲50 μm）。1998年该装置成功地应用于川崎制铁水岛4号双流板坯连铸机上，液压系统压力为21MPa，动力站马达容量110kW ×4台，振动体重量50t。

液压振动装置的另一种形式——谐振式结晶器是德马克公司于1992年发明的。1993年首次投入生产，到2002年就投产了30多台。这种结晶器的铜板和水箱一起相对于结晶器外框架进行振动，它除了具有液压振动装置所应有的功能外，还具有振动时导向精度高，振动质量和惯性力被导向的重叠板弹簧组补偿，激振力仅仅是为了克服铸坯摩擦力和浇铸条件的变化因素。这种谐振结晶器依靠两侧两个液压缸垂直作用于振动体上，液压缸的布置形式与奥钢联和日立造船开发的液压振动装置液压缸的布置形式相同。

西马克公司设计的双液压缸伺服控制振动装置，应用于1998年投产的德国迪林根Stahlwerke厂立弯式板坯连铸机上。

达涅利（戴维）公司开发的双缸对称布置液压伺服控制的液压振动装置，应用于1999年投产的韩国浦项光阳厂4号双流板坯连铸机上，液压缸的更换时间4h，伺服阀寿命7500h。

液压振动可以达到正弦或非正弦振动的效果，它能够动态控制结晶器上升与下降时间，如果上升和下降时间相同，是完全的正弦振动波形，即谐振方程：$y = A\sin(\omega t + \varphi)$；

而常用的四偏心机械振动机构的振动方程为：$y = r[1 - \cos\omega t - (\lambda/4)(\cos 2\omega t) + \lambda/4]$，近似于正弦振动。如果上升时间长而下降时间短则为偏斜正弦振动波形，亦即目前常说的非正弦振动波形。

德马克研究表明，液压非正弦振动时，对于表面横裂敏感钢种的无缺陷率会由四偏心振动时的55%提高到75%。

一般来说，液压振动和谐振结晶器一开始大多用于高速连铸机上，但德国迪林根Stahlwerke厂在400mm×2200mm断面的立弯式（凝固后弯曲）连铸机上也采用了液压振动装置，最大拉速只有0.9m/min。

奥钢联有专家认为振痕深度和负滑动时间没有关系，液压非正弦振动在低拉速、起步拉速及变换拉速时对提高板坯质量（如边角裂纹）也很有效果。反向振动是奥钢联开发出的另一种新的生产操作振动模型，即拉速提高，频率下降，振幅加大。他们认为这样可以控制并减少保护渣的消耗量。这对传统的拉速提高时频率提高、振幅减小的振动理论提出了挑战，也说明液压振动和谐振式结晶器还具有潜在的发展优势和应用前景。目前，新建的要求较高的板坯连铸机大都采用了这一技术。

液压振动可以在浇铸过程中调整振幅、频率、波形偏斜率（结晶器上升、下降时间及速度），从而取得最佳的负滑动时间和保护渣熔化流动效果，因而在20世纪90年代中后期迅速得到推广，在传统的板坯连铸机上大有替代机械振动之趋势。

4.6.1.2　能够跟踪凝固终点的动态轻压下

（1）概述。轻压下技术起始于20世纪70年代末、80年代初，它是在收缩辊缝技术的基础上发展而来的，是90年代末期推广应用很迅速的连铸机关键技术之一。对常规板坯连铸机来讲，是指凝固末端的轻压下，而对中厚板坯和薄板坯连铸机来讲，有的几乎是在凝固过程中的全程轻压下。90年代初的概念认为，常规板坯连铸机轻压下目的在于消除板坯中心疏松和偏析，而中厚板坯和薄板坯连铸机轻压下目的在于减薄板坯厚度，从而提高连铸机的生产操作性，并与后续轧机更好地匹配而取得最佳经济效益。进入21世纪以后的观点认为，中厚板坯和薄板坯的轻压下不仅具有上述效果，它也是减少中心疏松和偏析的手段之一。

轻压下技术在20世纪90年代中期之前，尚无静态、动态之分，到了90年代中后期，才出现了动态轻压下。静态轻压下是在浇铸前预先设定好辊缝，然后按照设定的拉速和生产条件进行浇铸的一种方法，而动态轻压下是在浇铸过程中通过数学模型及计算软件始终跟踪凝固终点的位置变化而调整辊缝及辊缝收缩程度的一种浇铸方法。

（2）动态轻压下技术需要远程调辊缝的扇形段。不管轻压下是静态还是动态，都要对凝固末端轻压下区域扇形段的辊缝进行设定。进行轻压下和不进行轻压下时的辊缝不同，不进行轻压下时的辊缝是按照钢的凝固收缩特性设定的，具有一定的锥度，即收缩辊缝，而进行轻压下时则要使轻压下区域的辊缝具有更大的收缩率，因此有些厂家把轻压下技术也叫作强收缩辊缝技术。

能够动态轻压下的连铸机其扇形段肯定能够远程调辊缝，而能够远程调辊缝的扇形段则不一定能够进行动态轻压下。远程调辊缝的扇形段可以是电动蜗轮、丝杆机械夹紧式的，也可以是液压式的，但是动态轻压下的扇形段几乎全部是液压夹紧结构，因为机械夹紧式的调辊缝结构在连铸机浇铸（即扇形段负载）过程中由于静摩擦阻力过大及设备结构限制等因素而难以实现对辊缝的实时热态调整。因此液压夹紧式远程调辊缝的扇形段是实现动态轻压下技术的关键设备。

(3) 轻压下技术的使用效果。轻压下技术几乎涵盖全部钢种，特别是中高碳钢、低合金高强度钢，如船板钢、桥梁钢、压力容器钢，特别是管线钢（如 X65 ~ X100）。20 世纪 90 年代的生产证明：当轻压下率 $\Delta = 0.8 \sim 1.2$mm/m 时中心偏析面积的比率最低，再提高 Δ 值，中心偏析面积比率无明显改善，总压下量 $\delta = 5 \sim 7$mm 时偏析面积的比率最小，轻压下速率 $v_s = 0.78 \sim 0.86$mm/min 时，平均偏析指数最低，产生 V 偏析和 A 偏析的可能性最小。

据奥钢联介绍，采用动态轻压下，可使 100% 板坯的中心偏析达到 0 ~ 1 级水平，否则碳钢 2 级率达 20% ~ 30%，不锈钢 2 级率达 10% ~ 20%。据介绍，动态轻压下还可以矫正板坯在弯曲矫直过程中产生的变形，消除压痕，提高板坯表面质量。

(4) 奥钢联动态轻压下技术。奥钢联开发的标准阀（开关阀）控制的液压夹紧式 SMART® （Singe Minute Adjustment During ×/Without Restranding Time ）扇形段可以实现远程调辊缝，位置控制精度可达 ±0.1mm，再加上 ASTC （ Automatic Strand Taper /thickness Control ）控制模型就可以达到动态轻压下的目的。单个 SMART® 扇形段的试验首先在奥地利林茨钢厂获得成功，1997 年在芬兰的罗德罗基厂板坯连铸机中全部采用了 SMART® 扇形段。中国武钢 2002 年 8 月、济钢 2003 年 3 月先后投产的板坯连铸机均采用了奥钢联的动态轻压下技术。短短的几年时间，SMART® 扇形段已经发展到第三代。后来中国引进了奥钢联板坯、大方坯连铸机大约 70 多台，均配置了能够跟踪凝固终点的动态轻压下技术。

(5) 西马克/德马克公司动态轻压下技术。德国西马克/德马克开发的 Cyberlink 式伺服阀控制的液压夹紧动态轻压下扇形段，位置控制精度可达 15 μm，首先应用于 1998 年投产的德国迪林根钢厂的立弯型（铸坯凝固后弯曲）连铸机上。后来又将改进型的连杆式扇形段应用在德国胡金根（HKM）厂的 1 号板坯连铸机的水平区域，并能够进行动态轻压下。凝固终点位置依靠检测扇形段的振动而获得。由于 Cyberlink 扇形段布置在连铸机的水平区域，则取消了驱动辊的提升液压缸。

(6) 日本钢管公司人为鼓肚轻压下技术。日本钢管公司发明了一种已实施多年的静态“人为鼓肚轻压下（Intentional Bulging and Soft Reduction，IBSR）”技术，这种技术将铸流诱导设备辊缝的前面部分人为地放大，然后再实施轻压下。据介绍，这种技术不但能起到一般轻压下的作用，而且还可以改善铸坯凝固终点的特性，也就是将板坯凝固末端的 W 凝固形状变为直线状。

(7) 日本住友重机公司的动态轻压下技术。住友重机在板坯连铸机中开发了机械远距离调辊缝、液压夹紧的“机械-液压”组合式扇形段，其原理是利用蜗轮传动丝杆调整辊缝，利用夹紧的液压缸处理滞坯事故。这种结构虽然使用可靠，但需采用机械和液压两种结构，设备复杂，维修工作量大，且不能实现动态轻压下。1995 年，住友重机在和歌山大方坯连铸机上实现了动态轻压下。后来又在板坯连铸机中开发了伺服阀控制的液压夹紧式动态轻压下扇形段，首先应用在 2000 年年底投产的住友金属鹿岛厂 2 号板坯连铸机上和 2001 年年底投产的浦项 3 号板坯连铸机上。住友重机已经用控制模型跟踪了凝固终点。后来他们又提出了人为鼓肚动态轻压下（Intentional Bulging and Dynamic Soft Reduction ）的概念。

(8) 日本日立造船公司液压夹紧式扇形段。日立造船开发了液压夹紧式扇形段，采用日本 NACHI 厂生产的“高速响应电磁阀”（控制时间 1‰ ~ 3‰ s ）实现远距离调辊缝。

（9）意大利达涅利（戴维）公司的动态轻压下技术。达涅利开发的比例阀控制的能够进行动态轻压下的扇形段，于1995年应用在加拿大阿尔勾马（Algoma）厂，生产板坯厚度90mm，生产钢种为包晶钢和低合金高强度钢，这台连铸机能够全程动态轻压下。而后又应用在1998年签约的美国纽柯Hertford厂（生产板坯厚度102～152mm）和同年签约的韩国浦项光阳4号板坯连铸机上（生产板坯厚度230mm），达涅利（戴维）公司依靠检测扇形段所受鼓肚力的有无来获得凝固终点的位置。

4.6.1.3　不锈钢和非合金钢板坯复合连铸工艺的尝试

日本新日铁在其一台连铸中间试验装置上成功地进行了不锈钢和非合金钢复合连铸工艺试验。采用这种工艺，结晶器上方有两个中间罐及两个长度不同的浸入式水口。新连铸工艺的基本原理如图1-4-48所示。不锈钢钢液通过较短的浸入式水口注入结晶器，并在这里形成铸坯外壳；非合金钢钢液由穿过不锈钢钢液的较长的浸入式水口注入结晶器下部。该实验使用电磁制动器（LMF）防止两种钢液互相掺杂。

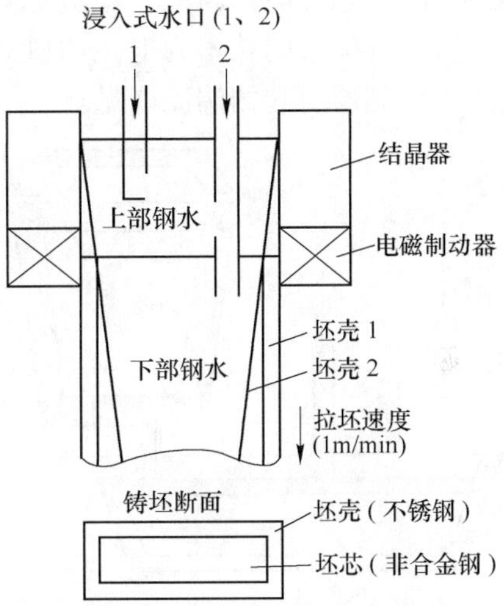

图1-4-48　板坯复合连铸试验原理

新连铸工艺成功操作的先决条件是使用电磁制动器已经过磁流体动力学混合分析（MHD）试验。两种钢液在电磁制动器范围里形成水平界面。非合金钢钢液在不锈钢坯壳内侧凝固并形成坯芯。浇铸试验的铸坯尺寸为800mm×170mm，拉速1.0m/min，结晶器长度900mm，垂直段铸坯长度为8m。试浇439～710mm铸坯时，制动器中心在弯月面下面，磁通量为0.8T（最大值）。从试浇成果可看出，上部钢液与下部钢液之间的界面由于使用了电磁制动器而达到了接近水平的程度。

4.6.1.4　世界带钢连铸机的开发现状

日刊《鉄鋼界》1997年第4期报道了当时各家带钢连铸机的基本参数，见表1-4-24。

表1-4-24　世界各厂家带钢连铸机的基本参数

国家	公　司	工　厂	试验钢种	带钢厚度/mm	带钢宽度/mm	钢包容量/t	铸造速度/m·min^{-1}	辊子直径/mm
日本	新日铁/三菱重工	光厂	不锈钢	1.5～5.0	1330	10	20～130	ϕ1200
	太平洋金属/日立造船	八户厂	不锈钢	2.0～5.0	1050	10	15～50	ϕ1200
	住友金属	直江津厂	不锈钢	1.5～3.0	720	15	50～100	ϕ1400
法国	Myosstis	Isbergues	不锈钢/碳钢	2.0～6.0	865	90	30～900	ϕ1500
澳大利亚	BHP/IHI	Port Kembla	不锈钢	1.0～3.0	1900	60	15～120	ϕ500
意大利	特尔尼特钢	特尔尼	不锈钢	2.0～5.0	800	20	<100	ϕ1500
韩国	Posco Rist/Devy	浦项	不锈钢/碳钢	2.0～6.0	1300	10	<132	ϕ1250

4.6.2　开始重视供给连铸生产的钢液质量

钢液质量主要指钢液的洁净度与温度。这一时期，人们已经认识到保证连铸坯的质量首先要从精准的钢液成分，控制有害元素的含量，控制钢中的气体含量，控制夹杂物种类和形态等源头做起，钢液温度的控制也要从源头开始。

美钢联加里钢厂（USS/Gary）最新设计的连铸机，开浇的前 3 个月，总产量已达 315kt。除了新建连铸机，目前的重点是对旧连铸机进行现代化改造，减少连铸机流数，消除过剩生产能力。

另外，仍在继续研究如何提高质量，特别是钢的洁净度，这一直取决于操作的精细程度。将来的潜力在于广泛采用中间罐加热和中间罐过滤器的应用。一种特别适用于超洁净钢生产的工艺可能是新型“电渣加热”（ESH）系统，如图 1-4-49 所示。

另一有前景的技术为电磁加料通道，如图 1-4-50 所示。该技术可在高速连铸时减少钢液送入结晶器引起的湍流能量。

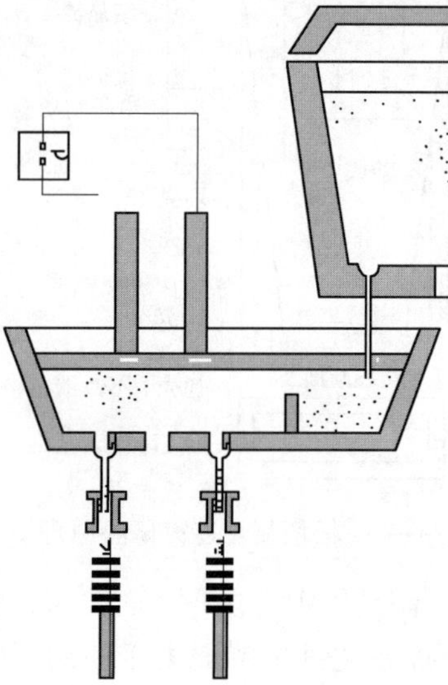

图 1-4-49　连铸中间罐电渣加热（ESH）工艺

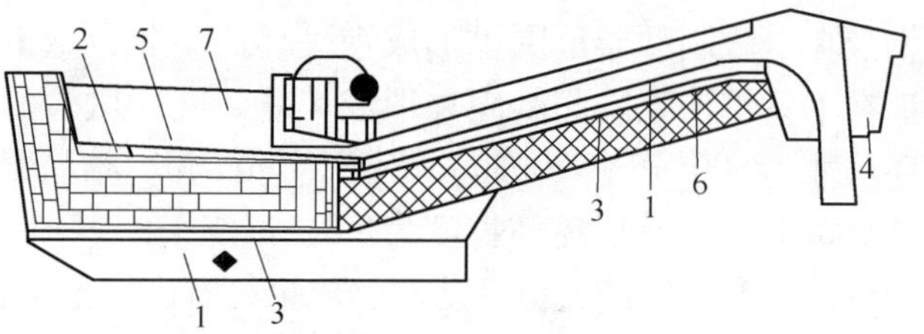

图 1-4-50　运用电磁加料通道的小方坯连铸试验

1—安全衬；2—氧化镁耐火混凝土；3—黏土耐火砖；4—铝土-通气管；5—冲击垫；6—感应器；7—内衬锚固筋

洁净度控制的改进为超低头连铸机生产（低的投资和运行成本）合格铸坯提供了可能的保证。该机型通常建议用于板坯和大方坯，以及倾斜式结晶器或小半径弧形结晶器小方坯连铸。洁净度控制可能用到近终形连铸（Next Net Shape Casting, NNSC）技术中，并在一定程度上可降低成本，如图 1-4-51 所示。

表 1-4-25 是连铸小方坯控制不同特殊钢种质量所采取的措施。图 1-4-52 所示为特钢小方坯连铸质量控制图。

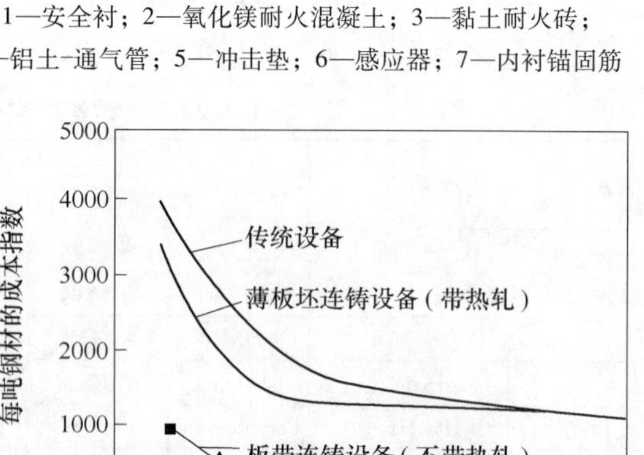

图 1-4-51　在扁平产品生产中常规连铸和 NNSC 工艺的设备投资成本与年生产能力的关系

表 1-4-25 连铸小方坯控制不同特殊钢种质量所采取的措施

钢种 类型	钢种 级别	用途	原料	EAF	LF	VD（BH、TANK、DH）	脱氧	连铸机 浇铸方法	连铸机 最小断面/mm	连铸机 EMS 上部	连铸机 EMS 下部	连铸机 FEMS	连铸机 TSR	连铸机 MSH	连铸特点	备注
DSS	A	拉丝	Cu + 10Sn < 0.25 微量 Ni、Mo、Cr 等 使用 HBI	低 N（50×10^{-6}）	脱氧（Ca）	yes	Ca-Si Fe-Ca	N_2保护	130	yes					EMS-M 防止鼓肚，使用高性能保护渣	延展性良好； 表面好； 无针孔； 用铝镇静钢替代工艺
低 Si 不含 Al	B					yes		N_2	130	yes						
	C					No		N_2	130	yes						
	D					No		N_2	130	yes						
高碳		钢缆线	Cu + 10Sn < 0.30			（No）	Si	N_2	130	yes	yes	yes	yes	—	过热度控制拉速，△型中间罐高活性保护渣（电磁制动）热轻压下	表面； 中心疏松； 中心偏析； 高倍； 低 N 洁净度
		弹簧线	Cu + 10Sn < 0.25			（No）	Si/Al	保护	130		yes	yes	yes	—		
		PC 线	Cu + 10Sn < 0.25			（No）	Si 或 Si/Al	N_2保护	130	yes	yes	yes	yes	—		
		轮胎丝	HBI	高碳出钢	特殊渣不含 Al、Ca、Ti	精炼时间长 yes	Si（Al）	保护	140		yes	yes	yes			
冷镦	Si	冷镦	Cu + 10Sn < 0.25		Ca-Si	No	Si	N_2保护	130	（yes）	（yes）				结晶器液面控制 ±2mm	表面
	Si/Al				Ca-Si	yes	Si	保护			yes					
轴承		套和滚柱（不包括滚珠）	Cu + 10Sn < 0.20	高碳低 S 出钢	不含 Ca，Ti 等的原材料	yes 精炼时间长	Si（Al）	保护	140		yes	yes	yes	yes	完全隔离防止二次氧化	洁净度； 中心疏松； 中心偏析
易切削	低碳不含 Si，Al		Cu + 10Sn < 0.25		Si，Al 平衡	No	Si，Al	保护	140		yes				防止表面裂纹	表面（针孔）； MnS 型
	中碳（Si/Al）							保护							特殊冷却连续矫直	
硼钢	延展性（PSS）		参照 RSS			（yes）	Si-Ca	N_2保护	130	（yes）	yes				特殊冷却模式	参照 RSS
	可淬性		Cu + 10Sn < 0.25	低 N	Ca-Si	yes	Si/Al	保护	130		yes				结晶器液面控制	表面皮下
弹簧钢	合金弹簧	汽车工业	Cu + 10Sn < 0.25		Ca-Si	yes	Si/Al，Al	保护	140		yes	yes	（yes）			夹杂物工程
	表面淬水	汽车工业			Ca-Si	yes	Si/Al，Al	保护	140		yes	（yes）				夹杂物工程

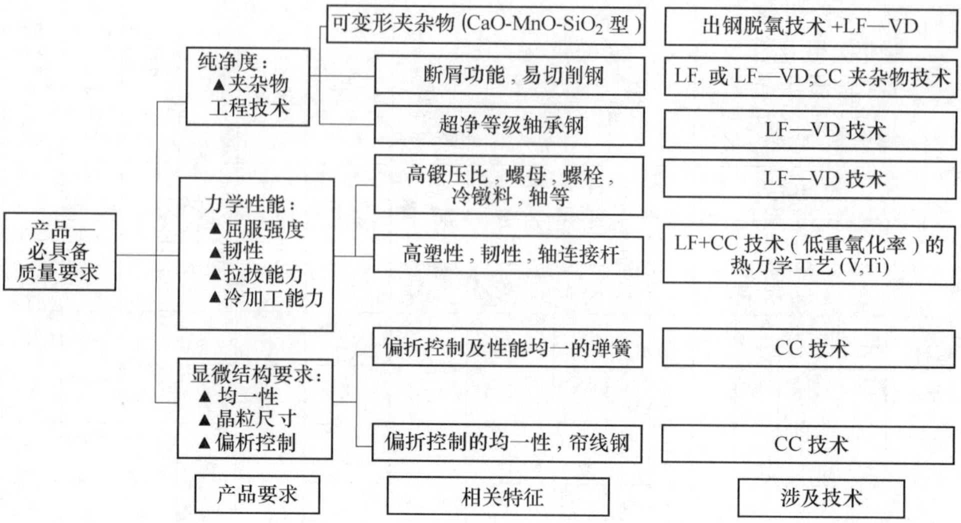

图 1-4-52　特钢小方坯连铸质量控制

4.6.3　高效连铸技术引人瞩目

4.6.3.1　连铸机高效的主要内容

20 世纪 90 年代新建的板坯连铸机基本上都是高效化的连铸机。随着板坯连铸技术的日益成熟和完善，很多 90 年代初期以前投产的连铸机都需要进行高效化改造，以最大限度地发挥连铸机的综合效益。1998 年，中国冶金部钢铁研究总院的“高效方坯连铸技术”项目获国家冶金工业局科技进步一等奖，1999 年获国家科技进步二等奖。

（1）高质量。由于市场竞争日趋激烈，90 年代人们对板坯质量的重视程度已经超过了以往任何一个年代。高质量是高效连铸机的前提条件，它应包括无各种内裂、无偏析、无规定的夹杂物及夹渣、无各种表裂，对热装、热送和直接轧制的铸坯来说，还应该具有较高且适合所浇钢种的出坯温度。根据钢种不同，一般铸坯的无缺陷率应≥90%。1993 年投产的日本钢管公司福山 6 号板坯连铸机热送钢种的无缺陷率已达到 100%。

（2）高拉速高产量。80 年代板坯连铸工艺的完善，操作水平及装备水平的提高，使得 90 年代在保证连铸板坯质量的前提下，连铸机拉速普遍地明显提高。高拉速和高产量是高效连铸机的重要特征，具体指标应该是拉速高，浇铸时间短，金属收得率高，作业率高，起步时间短，连浇炉数多。福山 6 号板坯连铸机在浇铸 220mm 和 300mm 厚度的板坯时，拉速已分别达到 3m/min 和 1.6m/min，上装引锭的浇铸准备时间可以控制在 25～40min 之间，金属收得率在 95%～97% 之间，作业率在 85%～90% 之间，且能够快速更换结晶器厚度，并快速调整零号扇形段和整台连铸机的辊子开口度和锥度。

（3）高效益。高效益主要是指生产成本低、能耗低、纯利润高。即综合经济效益高、生产文明化、安全无事故。

（4）高可靠性。高可靠性是指各种机械、自动化设备长期生产可靠、耐用，维修量小。具体说，机械设备及其元器件在长期高温生产中应能抵抗变形，不易损坏，液压系统无泄漏，电控设备、检测仪表及计算机收集到的数据和发出的指令准确无误，控制精度高，运转平稳，各种配套设施在长期生产期间无故障或易排除故障，漏钢事故少。

（5）高度机械化和自动化。指计算机系统的强化管理使得操作人员少、劳动强度小。如何使老的普通连铸机实现高效化，90 年代普遍有选择地采用了下列技术。

1）结晶器长度及冷却传热结构要适应高拉速的要求。

2）拉速高，坯壳薄，两相界的应变应达到设计要求。

3）连铸机长度因拉速提高而增加，驱动电机能力需达到要求。

4）保护渣、浸入式水口应适应高拉速。

5）其他先进的技术措施（诸如大容量中间罐、中间罐等离子或电磁感应加热、中间罐浸入水口快速更换、结晶器电磁搅拌和制动、结晶器在线调宽、液压非正弦振动、二冷气水雾化冷却、结晶器液面检测、辊缝仪、高速切割机、在线去毛刺机、热板坯喷号书写设备、热板坯缺陷检查等）应根据实际情况有选择地采用。

6）配套设施的能力也须相应地提高，如水、电、气、维修设备及其使用面积等。

7）溢漏率及连铸机故障率降低。溢漏率是影响高效连铸的重要因素，而降低拉速、零拉速是滞坯的主要根源，这些表现在“高效”方面主要是影响连铸机的作业率、对设备的伤害程度以及设备维修工作量的加大。

（6）高效连铸机当时创下的纪录。高效连铸机不仅在板坯方面，在方坯连铸上也取得很大成功，方坯实现高效率的主要措施是用抛物线形锥度、钻石形、凸面形等替代传统的单锥度结晶器，提高振动精度，改进二冷制度等。

1）一个浇次连浇炉数纪录。连铸高效不仅表现在高拉速和高作业率，同时连浇炉数纪录不断创新。1974 年 12 月日本川崎制铁水岛厂连浇 166 炉，浇铸时间 148.1h，浇钢 32582t；1979 年美国国家钢铁公司大湖厂一次连浇 212 炉历经 156.2h，浇钢 49936t；2002 年美国阿什兰厂创板坯单炉连浇 1851 炉纪录；1991 年 8 月 10 日 ~9 月 13 日，川崎钢铁公司水岛厂 1973 年投产的 5 号双流板坯连铸机用 822h 连浇 927 炉共 24.8 万吨钢，创造了当时的世界纪录。2003 年 12 月 ~2004 年 2 月美国 AK 钢公司连浇时间达两个月，浇钢 1354 炉，浇钢量 30 万吨，铸坯总长 45000m。中国安阳钢铁公司一炼轧厂于 2007 年 1 月创连浇 13 天，浇钢 51641t 的纪录。

2）结晶器调宽速度纪录。日本川崎制铁水岛厂在 1991 年 8 月 10 日 ~9 月 13 日浇钢时结晶器单侧热态调宽速度达到 100mm/min，可使窄边移动距离达到 300mm，达到了新日铁堺厂 1985 年板坯结晶器调宽速度的世界纪录。

3）高硅钢高拉速纪录。1996 年，新日铁八幡制铁所第 3 炼钢厂用弧形板坯连铸机浇铸 250mm、含硅量 3% 以上的高硅钢时，浇铸速度由原来的 1.2m/min 提高到 1.6m/min，创造了当时的世界纪录。

4）不锈钢高拉速纪录。1996 年，日本川崎制铁千叶厂 4 号连铸机于 1994 年 7 月开始投入生产，主要生产不锈钢和高碳钢铸坯。该连铸机的机型为直弧形，机长 25.6m，主半径 9.6m。钢包容量 160t，中间罐容量 30t，铸坯宽度 650 ~ 1650mm，厚度 200mm、260mm，二冷区采用气水雾化冷却。该连铸机可进行高速浇铸，最大铸速可达 1.6m/min。该厂高速连铸 SUS304 不锈钢的情况如下：①浸入式水口。随着铸速的提高，结晶器保护渣容易被卷入。为了解决这一问题，将浸入式水口的倾斜角（与垂直方向的夹角）从过去的向上倾斜 5°（即浸入式水口上大下小）改为向下倾斜 35°（即浸入式水口上小下大）。

②为了防止因振痕谷部的偏析而造成带钢表面缺陷，采用高频率低振幅振动。③二冷区进行气水雾化冷却，以 1.6m/min 的铸速进行高速连铸时，铸坯在机长内可完全凝固，得到具有良好形状的铸坯。

千叶厂通过选择最佳的连铸条件，随着拉速提高，并未见到带钢质量恶化，能稳定地生产出具有良好质量的产品。

（7）90 年代以来，人工智能及其分支“专家系统”被引入连铸机中，例如神经元网络控制的结晶器漏钢预报系统。

（8）板坯连铸机生产高碳钢。日本川崎制铁千叶厂 4 号直弧形板坯连铸机不仅生产了含碳量 0.3%~0.6% 高碳钢，也生产了含碳量 1.1%~1.3% 的高碳钢。主要措施是控制连铸坯温度，特别是弯曲矫直区域的板坯温度，中断板坯角部冷却水。拉速在 1.0m/min 时，超声波探伤的不合格率仅为 1.0%。

4.6.3.2　连铸机高效指标汇总

表 1-4-26 是国外一些常规板坯连铸机高效指标的情况，表 1-4-27 是国内外部分方坯连铸机高效指标的情况，表 1-4-28 是国外几个圆坯连铸机高效指标的情况。表 1-4-29 是国外部分常规板坯连铸机对应板坯尺寸的高拉速指标。

表 1-4-26　国外一些常规板坯连铸机的高效指标

年份	工厂名	连铸坯断面 /mm × mm	拉速 /$m \cdot min^{-1}$	作业率 /%	漏钢率 /%	年产量 /万吨
1988	日本住友鹿岛厂 3 号连铸机	270 × 1450	>2.0	>90	<0.02	>300
1985	日本钢管公司福山厂 5 号连铸机	220 × (700 ~ 1650)	2.2 ~ 2.5	93	<0.02	>300
1995	美国阿姆科阿什兰厂	240 × (900 ~ 2040)	2.0	>90	<0.05	200
1992	美国钢公司格拉尼厂	220 × (900 ~ 2040)	1.65	90	<0.05	160
1991	德国克虏伯公司莱茵豪森厂	260 × (850 ~ 1650)	1.6	>85	<0.03	>200
	日本福山厂 6 号连铸机	220 × 1200	3.0	>80	<0.02	>230
	美国钢公司蒙 · 互利厂	(210 ~ 250) × (700 ~ 1650)	2.0	>90	<0.05	260
1990	日本大分厂 4 号连铸机		2.0	>90	<0.05	380
	日本千叶 3 号连铸机	260 × 1600	2.0	>90	<0.05	
	日本名古屋 2 号连铸机	250 × 1200	2.2	>90	<0.05	
2004	日本神户制钢加古川厂		3.5			

表 1-4-27　国内外部分方坯连铸机的高效指标

工厂名	铸坯断面 /mm × mm	原拉速 /$m \cdot min^{-1}$	高拉速 /$m \cdot min^{-1}$	作业率 /%	溢漏率 /%	每流年产量 /万吨
康卡斯特（Concast）公司	150 × 150	2.0	3.5			
德马克（Demag）公司	130 × 130	3.0	4.3			
首钢三炼钢厂	120 × 120	2.4	3.6 ~ 4.0	>85	0.44	
西班牙轧钢公司	130 × 130		3.0	97	0.4	14
韩国浦项公司	160 × 160		2.0	85	<0.5	10

续表 1-4-27

工厂名	铸坯断面 /mm×mm	原拉速 /m·min⁻¹	高拉速 /m·min⁻¹	作业率 /%	溢漏率 /%	每流年产量 /万吨
济钢	150×150	1.6	2.4	>85	<1.0	12
广州钢厂	150×150	1.8	2.4~2.8	>85	<1.0	15
奥钢联（西班牙）	130×130		3.3			
神户钢厂	135×135		4.3			
鲁尔奥特（Ruhrort）公司	130×130		3.5			

表 1-4-28　国外几个圆坯连铸机的高效指标

工厂名	圆坯直径/mm	拉速 /m·min⁻¹	作业率 /%	溢漏率 /%	年产量 /万吨
德国曼内斯曼胡金根厂 1 号连铸机	177/220	3.5	90	<0.5	140
德国曼内斯曼胡金根厂 2 号连铸机	177/220/310/430	2.5	90	<0.5	120
日本住友和歌山厂	187/335	2.7	85	<0.5	60

表 1-4-29　国外部分常规板坯连铸机对应板坯尺寸的高拉速指标

序号	厂家	钢种	最大断面 /mm×mm	拉速 /m·min⁻¹	其他
1	加谷川 4 号机第 1 流	低碳钢	230×1800	2.0	*R*8.8×2.95×39（半径×直线段长×机长）
		厚板钢（中碳钢）	230×1800	1.6	
	加谷川 4 号机第 2 流	中碳钢	230×1230	2.0	*R*10.7×2.95×40.5
2	福山 4 号机	X65；40K	220×1950	0.7~0.85	WR=0.54L/kg
3	福山 5 号机	低碳铝镇静钢	220×(700~1550)	2.2(Max.3.0)	*R*8×2.45×42.1
4	福山 6 号机	Al 镇静钢 Al 硅镇静钢	300×— 220×1200	1.6 3.0	*R*10×3×49
		厚板钢	220×— 250×— 300×—	1.6~1.8 1.4~1.6 0.8~1.0	$\Delta T=30\sim40℃$
		HIC 管线钢	220×(1950~2100)	1.6	
5	水岛 4 号机	中碳钢	220×1300 220×—	1.6 1.8	铌钒钢脆化温度 $T=700\sim850℃$
		低碳钢		2.5	对铌、钒钢气水比减少 30%
6	德国迪林根	厚板钢	(230~400)×2200	0.3~0.9	
7	德国蒂森	厚板钢	215×2600	Max.1.3	
8	君津 2 号	X65；X70	240×— 300×—	1.05 0.75	$K=23.5\sim25\text{mm/min}^{0.5}$
9	加，IPSCO，Regina	X70	203.2×—	0.7~1.0	$\Delta T=30\sim35℃$ $K=25\text{mm/min}^{0.5}$

续表 1-4-29

序号	厂　家	钢　种	最大断面 /mm × mm	拉速 /m · min^{-1}	其　他
10	芬兰罗德洛基 6 号机	w(C) = 0.13% w(Si) = 0.21% w(Mn) = 0.7% w(P) = 0.014% w(S) = 0.009% w(Al) = 0.034% w(N) = 0.0061%	270 × 1800	0.85	R10，×29.26m
11	住友金属鹿岛 3 号		270 × 1450	2.0	
12	川崎制铁千叶 3 号		260 × 1600	2.0	
13	新日铁名古屋 2 号		250 × 1200	2.2	
14	德，萨尔茨吉特 2 号		250 × 2600	0.9	
15	加，IPSCO，Regina		100 × 1650	1.8	
16	Tata 钢公司	低碳钢	215 × 1650	1.65	
17	川崎制铁水岛 2 号	普碳钢 低合金钢	220 × (1400 ~ 1700)	2.0	
18	奥钢联	管线钢 AF768	200 × 1700 (C = 0.08% Nb + V = 0.071% Mn = 1.33% Si = 0.32% Al = 0.037%)	1.4	TD 中温度 1538℃ 液相温度 1521℃ 连铸机半径 R10m
		弹簧钢 CK67	250 × 1280 (C = 0.68% Si = 0.38% Mn = 0.70% Al = 0.027%)	1.1	
		耐磨钢 40MnCr4	250 × 1280 (C = 0.42% Si = 0.32% Mn = 1.05% Cr = 1.08% Al = 0.043%)	0.9	
		热处理钢 C45	250 × 1280 (C = 0.46% Si = 0.26% Mn = 0.57% Al = 0.04%)	1.0	

1997年，日本钢铁协会发表了日本部分钢铁厂连铸机生产的有关数据（包括连铸比、热送比、机械清理比率、故障发生比率），见表1-4-30。

表1-4-30　1997年日本部分钢铁厂连铸机生产有关指标

公　司	日本钢管		新日铁		川崎制铁	住友金属	神户制钢
工厂	福山	京滨	君津	大分	水岛	鹿岛	加古川
模铸比率/%	0.0	7.0	0.0	0.0	1.0	0.4	6.0
板坯连铸比/%	100.0	93.0	100.0	100.0	99.0	99.6	94.0
热送比/%	76.8	60.0	63.8	85.8	71.2	64.8	62.0
机械清理比率/%	1.5	6.7	16.9	12.0	7.3	11.7	20.6
故障发生比率/%	0.6	4.2	2.1	1.0	1.3	0.6	5.5

注：1. 加古川厂机械清理比例较高主要是采取矫直区低温矫直避开钢的脆化点的方法。
2. 极少数钢种仍需采用模铸工艺。

4.6.4　20世纪90年代投产的部分宽厚板坯连铸机

20世纪90年代投产的厚度≥300mm或宽度≥2000mm的部分板坯连铸机见表1-4-31。

4.6.5　薄板坯和中厚板坯连铸技术异军突起

20世纪80年代中期开始研究，80年代末期出现的薄板坯连铸技术，由于具有更加节能等方面的优点，因而成为90年代板坯连铸技术发展的一支生力军。2001年年底统计的世界薄板坯连铸生产线和中薄板坯连铸生产线已经达55条，其年产量接近6000万吨，见表1-4-32。各商家薄板坯连铸连轧生产线的主要特点简介如下。

4.6.5.1　SMS公司的CSP生产线

20世纪80年代初，Busch-hütten的SMS公司大胆创新，采用与Rossi于1947年申请的专利（图1-4-53）类似的漏斗形结晶器。在德国克罗伊茨塔尔SMS的西格兰（Kreuztal/Siegerland）铸造车间建立了一套连铸薄板坯实验装置，设计薄板坯断面(40~60)mm×(1200~1600)mm，所配炉子10~14t，在短期试验后拉速达到6m/min，生产出显微组织和表面质量良好的板坯。

1984年西马克公司决定在德国蒂森（Thyssen）与Stahl公司Buschhütten厂联合研发，试验(30~50)mm×(1200~1600)mm断面薄板坯，采用立弯式连铸机。

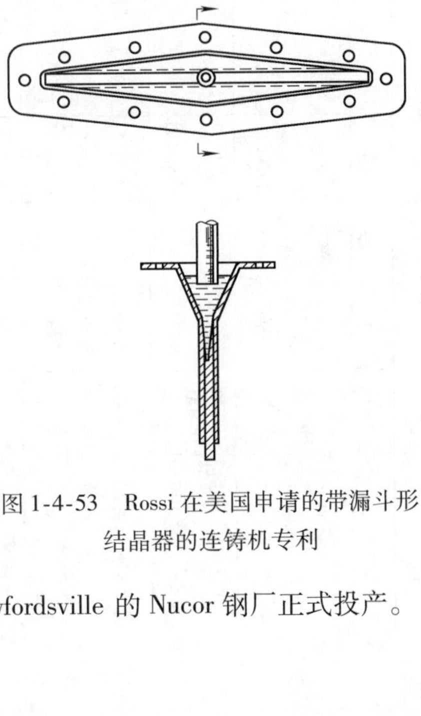

图1-4-53　Rossi在美国申请的带漏斗形结晶器的连铸机专利

在带有结晶器振动装置和保护渣润滑的情况下，试验中的拉坯速度首次达到5.0m/min，并实现了用塞棒控制流量的自动开浇，如图1-4-54所示。之后第1台工业设备于1989年6月在美国印第安纳州Crawfordsville的Nucor钢厂正式投产。

表1-4-31 20世纪90年代投产的厚度≥300mm或宽度≥2000mm的国内外部分板坯连铸机性能

序号	1	2	3	4	5	6	7	8	9	10	11	12	13	14	15	16	17	18
用户	美国 Granite 2号	加拿大，IPSCO Moterrey Loula厂	埃及 Egyptian 公司	德国 Klockner Bremen	英国 Port Talbot厂	美国，美钢联格里厂2号	美国 Citisteel 1号	澳大利亚 BHP Whyalla	日本，川崎制铁水岛4号	中国舞阳钢厂	英国 British厂	日本钢管福山6号	意大利 ILVA Taranto 1号	法国索拉克	美国 Geneva 公司	波兰 Huta Czesto chowa	美国，ACMEAK厂	英国 Teesside
设计、制造厂	住友重机康卡斯特	DEMAG	VOEST-ALPINE	SMS	戴维，住友金属	VOEST-ALPINE	西重所，上海重矿，宝钢	VOEST-ALPINE	日立造船	北京院，第一重机厂	达涅利（戴维）	住友重机	VOEST-ALPINE		SMS；CONCAST	VOEST-ALPINE	VOEST-ALPINE	SMS
投产日期	1990.12	1990	1990	1991（改造）	1991.2	1991.7	1992	1992	1993.1	1993.5.6	1993	1993.12	1994（改造）		1994.4.24	1994	1995	1995（改）
设计能力/万吨·a^{-1}	260（1号+2号）		30	350	200	144	30	150	300	60		月产17.7	180		250（230）	90	220	
最大板坯断面/mm×mm	221×2042	152×3048	300×1500	260×2400	234×2725	305×2540	254×2032	230×2070	220×1900	300×1900	223×2275	300×2100	300×2200	250×2090	254×3200.4	225×2000	228.6×2032	305×2030
流数/流距/m		1/0	1/0	2/	1/0	1/0	1/0	1/0	2/	1/0	1/0	1/0	2/		可浇双流（2×60″）	1/0	2/	2/
机型	全弧（6点矫直）			直弧（5点矫直）	全弧	直弧（连续弯曲和矫直）	全弧（单点矫直）	直弧	直弧	直弧（6点弯曲、4点矫直）	全弧	直弧（10点弯曲、5点矫直）	全弧		直弧（5点弯曲、6点矫直）	直弧	直弧	全弧（5点矫直）
垂直段长度/m	—				—		—	2.6	3	2.55		3						—
圆弧半径/m	12.0			10	12.5	11.6	10.0584	10.0	10.0	10.5	12.5	10.0	10.5		27.2/18.3/…/6.9/…/34.2	8.0	10.5	9.8
机长/m	27.4				30.8	35.66	13.833	34.5	45	28.2077	30.8	49	21.6		24.82			
拉速/m·min^{-1}	1.68				0.9~1.6	0.5~1.6		max2.0	最大2.5	0.8（300mm厚）	0.9~1.6	3（220mm厚）1.6（300mm厚）						
引锭装入方式					下装	上装或下装均可		下装	上装	上装	下装	上装						

续表 1-4-31

序号	1	2	3	4	5	6	7	8	9	10	11	12	13	14	15	16	17	18
用户	美国 Granite 2号	加拿大，IPSCO Moterrey Loula厂	埃及 Egyptian 公司	德国 Klockner Bremen	英国 Port Talbot厂	美国，美钢联格里厂2号	美国 Citisteel1号	澳大利亚 BHP Whyalla	日本，川崎制铁水岛4号	中国舞阳钢厂	英国 British厂	日本钢管福山6号	意大利 ILVA Taranto 1号	法国索拉克	美国 Geneva 公司	波兰 Huta Czesto chowa	美国，ACMEAK厂	英国 Teesside
炉子容量/t×座数	235×2 BOF	150直流电炉		270× BOF	365× BOF	210×	180×	130× BOF	250× BOF	90×1超高功率电炉80×1电炉	365× BOF	250× BOF	300× BOF		235 Q-BOP	100×	203×	275× BOF
钢液前处理方式							RH	LF	RH-KTB	LF			CAB、CAS、RH		LF		CAS-OB	
钢包回转台型式						蝶式			连杆式	直臂（H臂）		连杆式			回转台			
中间罐容量/t；深度/mm	30/				50/（三角形）	45/1070			70/1100	20/700～800	50t	80/			(30～35)/（三角形）			
结晶器长度/mm					900	900，冷却3600GPM	723.9		900	900，调宽	900	950，快换窄边			900，3500GPM			

序号	19	20	21	22	23	24	25	26	27	28	29	30	31	32	33	34	35	36	37
用户	中国上钢三厂	南非 Iscor V2	日本名古屋	巴西 Usiminas 1号、2号	巴西 CST 4号	乌克兰，ILJITSCH MET COMB	中国鞍钢一炼	美国 Tuscal-oosa	德国，Thyssen AG Bruc-khausen厂	芬兰 Rautar-uukki Oy	德国，Dillinger stahlwerke厂	法国索拉克23号、24号	美国伯利恒雀点厂	美国，LTV Indiana Harbor厂2号	德国 HKM厂	土耳其，Eregli Demir 1号改造	比利时 Chertal厂	德国蒂森克虏伯	比利时，Sidmar厂
设计、制造厂	西重所	VOEST-ALPINE		日立造船	SMS/DEMAG	VOEST-APCINE	西重所	SMS/DEMAG	SMS	VOEST-APCINE	SMS	VOEST-APCINE	VOEST-ALPINE	VOEST-ALPINE	SMS/DEMAG	住友重机	SMS/DEMAG	达涅利（戴维）	达涅利（戴维）
投产日期	1995.10	1996	1996	1998	1998	1999	2000.3	1996	1996	1997	1998	1999	2000	2000	2000	2000	2000	2002	2002
设计能力/万吨·a^{-1}	75	180	42	200×2	100	169.5	110	100	340	82.5	140	250	240	180	300		120	300	300
最大板坯断面/mm×mm	300×2000	240×2000	最厚：600 宽：2360	270×2060	252×2060	290×2000	300×2000	125×2600	215×2600	270×2000	400×2200	300×1790	305×2642	254×2235.2	260×2100	300×1600	230×2200	255×2400	220×2000

续表 1-4-31

序号	19	20	21	22	23	24	25	26	27	28	29	30	31	32	33	34	35	36	37
用户	中国上钢三厂	南非 Iscor V2	日本名古屋	巴西 Usiminas 1号、2号	巴西 CST 4号	乌克兰，ILJITSCH MET COMB	中国鞍钢一炼	美国 Tuscal-oosa	德国，Thyssen AG Bruc-khausen 厂	芬兰 Rautar-uukki Oy	德国，Dillinger stahlwerke 厂	法国索拉克 23号、24号	美国伯利恒雀点厂	美国，LTV Indiana Harbor 厂2号	德国 HKM 厂	土耳其，Eregli Demir 1号改造	比利时 Chertal 厂	德国蒂森克虏伯	比利时，Sidmar 厂
流数/流距/m	1/0	2/	1	2×2	2/	2台单流	1/0	1/0	2/	1/0	2/6.4	2台单流	1/0	1/0	2/	1/0	1/0	2/	2/
机型	直弧(7点弯曲)(8点矫直)	直弧	立式	直弧	直弧		直弧(8点弯曲)(8点矫直)	直弧	直弧型(弯/矫半径5个)	直弧	立弯式(凝固后弯曲)				直弧	全弧	直弧		
垂直段长度/m	2.55		10.84	—			2.56			2.5									
圆弧半径/m	10.5	10.0	—	47.4/23.7/…/9.55/…/47.8			10.59	55.3/…/6.5/…/33.0	9.625	10	弯矫半径2个				68/33.5/…/9.1/…/42.5		73/36.5/…/9.1/…/50.0		
机长/m	32.44		12.805				33.01		24.60	29.26	15.66								
拉速/m·min^{-1}	0.3~2.2						0.3~2.2		1.3	0.6~1.0	0.3~0.9								
引锭装入方式	上装						上装		上装	上装									
炉子容量/t×座数	100×2直流电炉	155×BOF		180×BOF	80×BOF		90×3 BOF	150×E	430×BOF	120×BOF	185×BOF			280×BOF	280×BOF	120×BOF	210×BOF		
钢液前处理方式	LF，VD（预留）													LF炉					
钢包回转台型式	连杆式，$R=5.5$						连杆式，$R=5.5$		连杆式										
中间罐容量/t；深度/mm	25/1100；30/1200						30/1100；35/1200		60/	31/1100									
结晶器长度/mm	900，电动冷调宽						900，电动冷调宽		800										

表 1-4-32　截止到 2001 年底世界主要厂商设计的薄板坯和中薄板坯连铸生产线

厂　商	薄板坯连铸机（坯厚：40～80mm）	中薄板坯连铸机（坯厚：90～150mm）	薄-中薄板坯连铸机（坯厚：50～150mm）	合　计
SMS/DEMAG	28	5	5	38
VAI		5		5
DANIELI	6	3		9
SHI	1	2		3
合　计	35	15	5	55

漏斗形结晶器长度 1100mm，结晶器下方有 700mm 长的支撑格栅，振动频率 400c/min，振动电机 20kW。1985 年 10 月 11 日在普通弧形连铸机上以 1.2m/min 拉速浇铸，1986 年 1 月拉速达到 4.0m/min，1986 年 6 月拉速达到 6.0m/min，纯水冷却的比水量为 0.8～2.5L/kg，板坯表面温度通过减少水量达到 1100℃。1986 年 9 月，已经浇铸出 800t 铸坯。

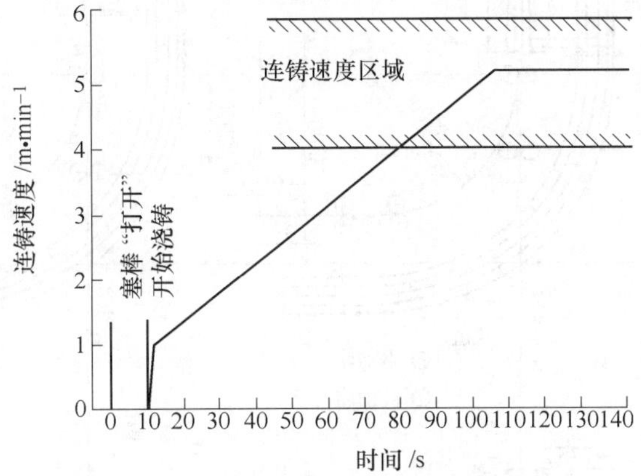

图 1-4-54　Busch-hütten SMS 试验连铸机采用塞棒控制流量实现自动开浇连铸薄板坯（30～50）mm×（1200～1600） mm

1989 年 8 月，德国西马克（SMS）公司为美国印第安纳州纽柯一厂（克劳福兹维尔厂：Crawfordsville）设计的年产 82 万吨铸坯，板坯断面为 50mm×（1000～1350）mm 的薄板坯连铸连轧生产线投入生产，板坯切割采用机械剪，起名叫紧凑型带钢生产（Compact Strip Production，CSP），从而揭开了薄板坯连铸连轧生产线发展的序幕。1992 年 8 月，纽柯二厂（希克曼厂：Hickman）又上了第二条生产线，浇铸薄板坯宽度由 1350mm 变为 1560mm，冶金长度由 5800mm 变为 6020mm。几种 CSP 生产线连铸机辊列如图 1-4-55 所示，纽柯一厂 CSP 生产线布置以及有关参数如图 1-4-56 所示，两台连铸机配一条轧制线的 CSP 薄板坯连铸连轧生产线立体图如图 1-4-57 所示。

西马克公司把 CSP 生产线研制成功后，采用同样的漏斗形结晶器，加上结晶器下方的一对挤压辊，进行“压缩铸造—轧制”CPR（Casting Pressing Rolling）试验装置于 1989 年 5 月试运行，如图 1-4-58 所示。板坯宽度 1200mm，通过带液芯压下将铸坯厚度减小到 20mm，在拉速 7.0m/min 下，实现拉坯速率 80t/h。这种装置最终未能推广。

4.6.5.2　MDH 公司的 ISP 生产线

1987 年 9 月开始，德国德马克（MDH）公司在德国杜伊斯堡（Duisburg）曼内斯曼的胡金根（Huckingen）厂，两台 *R*5m 的超低头板坯连铸机的 1 台上，利用 700mm 长度的平板结晶器浇铸出 66mm×1200mm 和 40mm×1200mm 薄板坯取得成功，拉坯速度 4.5m/min，产量 180t/h。1990 年 3 月开始，到 1991 年 10 月，在意大利阿维迪（Arvedi）公司的克雷蒙纳（Cremona）钢厂利用带钢轧机进行工业性试验，拉坯速度 3.0m/min，将厚度 40mm 板坯轧成 20mm。1991 年建起了一条年产量 50 万吨的 ISP（Inline Strip Production）

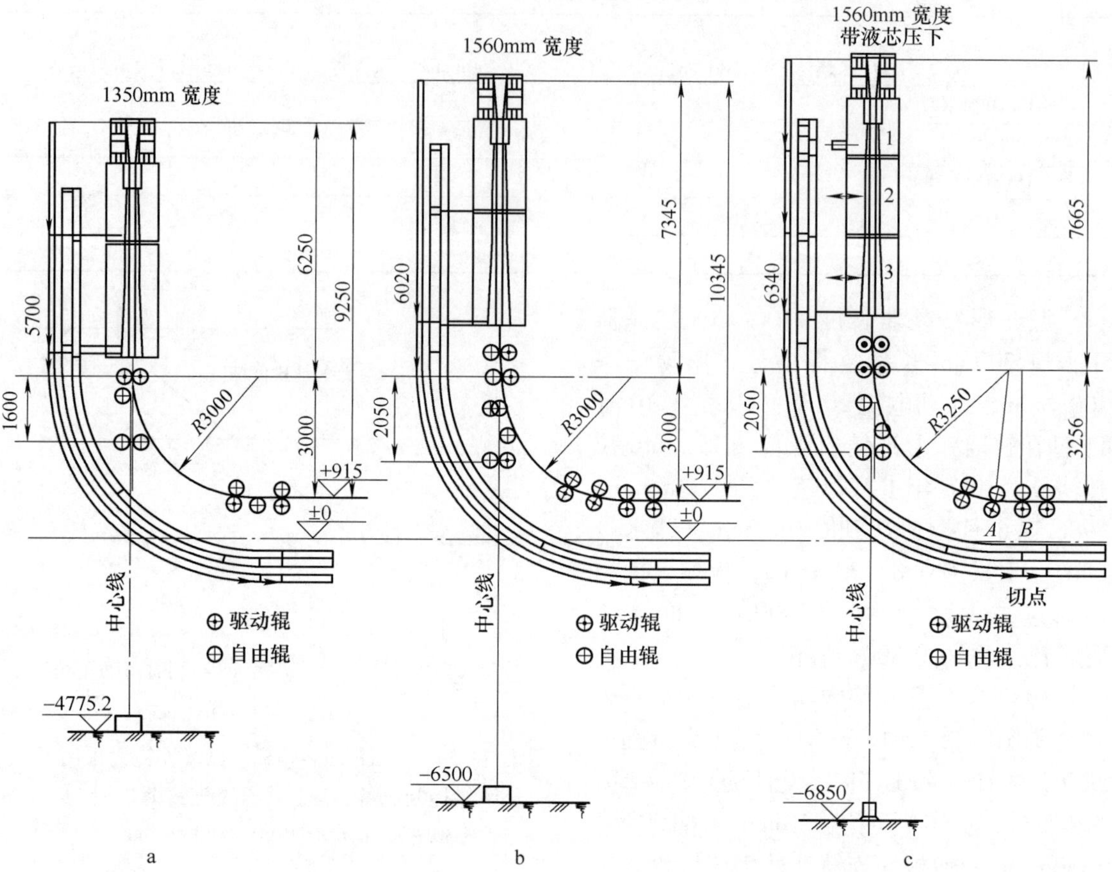

图 1-4-55　几种 CSP 生产线连铸机辊列

a—美国纽柯一厂第一、二流；b—美国纽柯二厂第一、二流；c—中国珠江钢厂

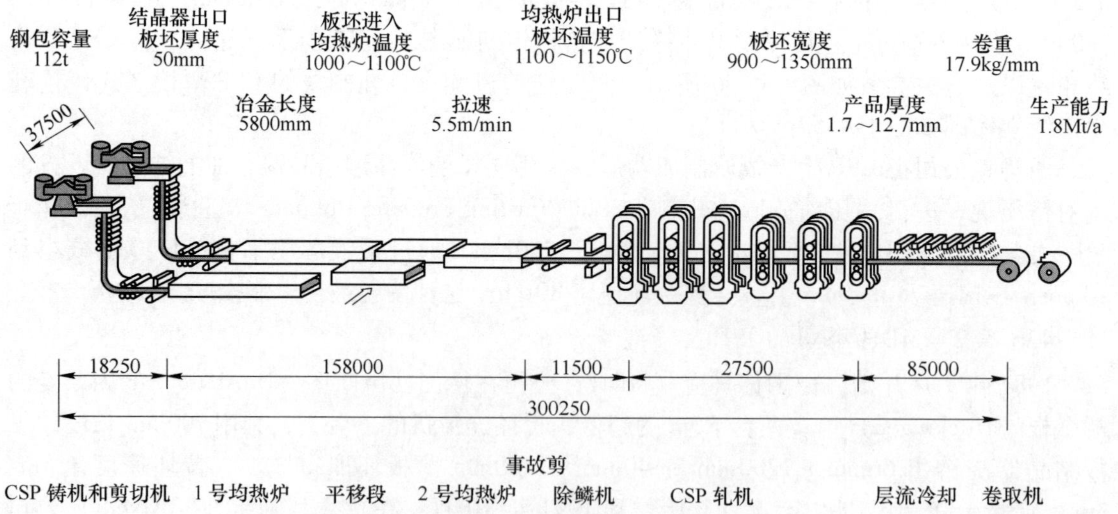

图 1-4-56　纽柯一厂 CSP 生产线布置及有关参数

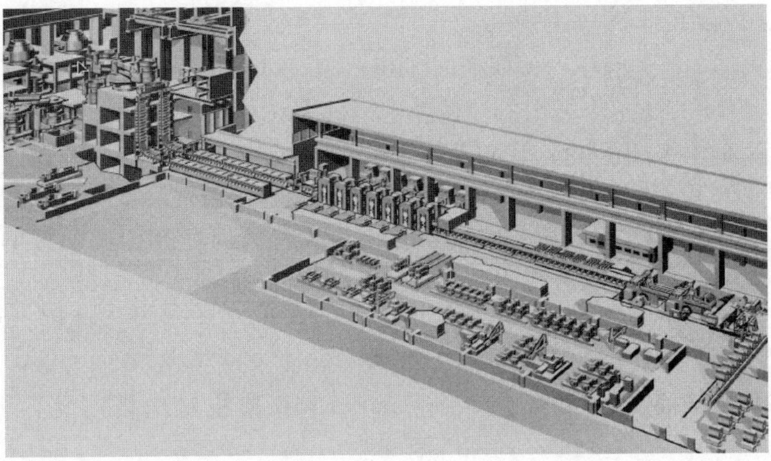

图 1-4-57　两台连铸机配一条轧制线的 CSP 薄板坯连铸连轧生产线立体图

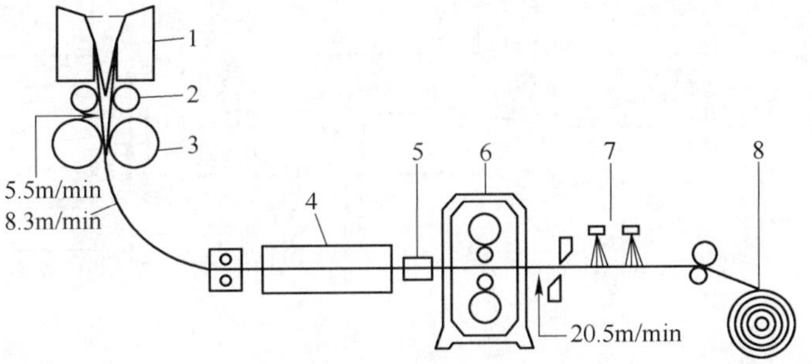

图 1-4-58　德国 Ruhrort 的 Thyssen Stahl 厂能够生产带卷的 CPR 薄板坯试验连铸机

1—结晶器；2—挤压辊；3—轧制辊；4—感应炉；5—除鳞区；6—轧机；7—冷却区；8—卷取机

生产线，并于 1992 年 2 月 22 日投产，该生产线浇铸板坯厚度 60mm，出连铸机前铸轧成 45mm。意大利阿维迪工厂 1 台 1 流 ISP 生产线布置如图 1-4-59 所示。

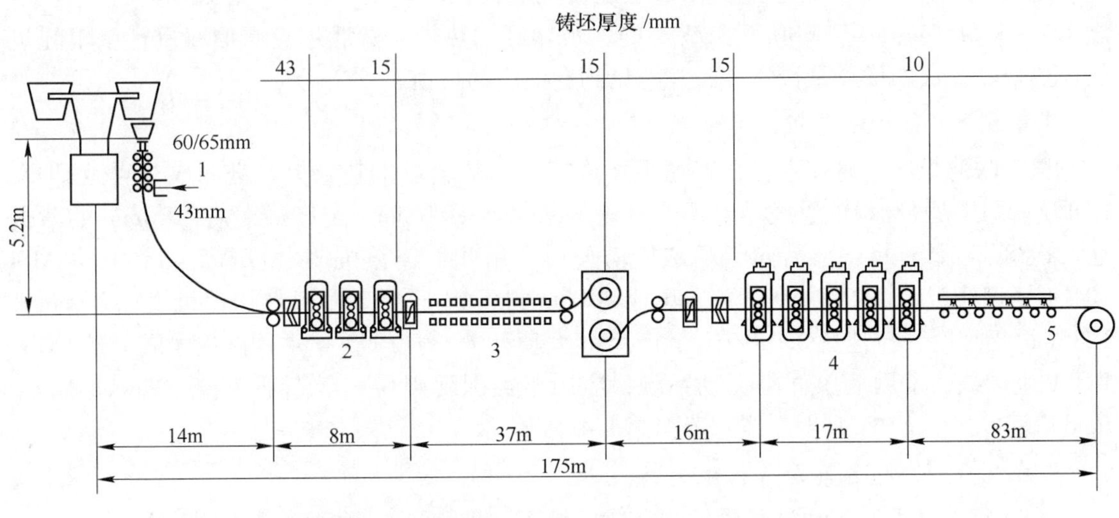

图 1-4-59　阿维迪工厂 1 台 1 流 ISP 生产线布置

1—ISP 连铸机；2—粗轧机；3—克日莫纳炉；4—精轧机；5—地下卷取机

4.6.5.3　达涅利薄板坯连铸机

达涅利薄板坯连铸连轧生产线叫做 FTSRQ（Flexible Thin Slab Rolling for Quality，后来又叫做 FTSC、FTSR）工艺。达涅利薄板坯连铸机为立弯式，开始在意大利的萨柏拉里厂基地进行试验，曲率半径 $R3$m，结晶器厚 50 ~ 75mm。宽 1000 ~ 1650mm，拉坯速度 2 ~ 5m/min。步进式炉长 40m、宽 18m、生产能力为 150t/h。铸坯经 6 机架精轧机轧成厚 2 ~ 12.5mm 带材。截至 1990 年 2 月，达涅利已收到几台薄板坯连铸机的订单，其中瑞士 1 台。FTSR 薄板坯连铸连轧生产线 1997 年 8 月 23 日在加拿大阿尔戈马（Algoma）苏圣玛利厂投产（当时叫做 DSPC 生产线）。阿尔戈马生产线有两流连铸机，与 250 吨钢包配合，年产量 220 万吨，板坯出结晶器厚度 90mm，最终减薄到 70mm，宽度 900 ~ 1600mm，采用 H^2 结晶器，拉速达 5.5m/min。FTSR 薄板坯连铸连轧生产线布置如图 1-4-60 所示。

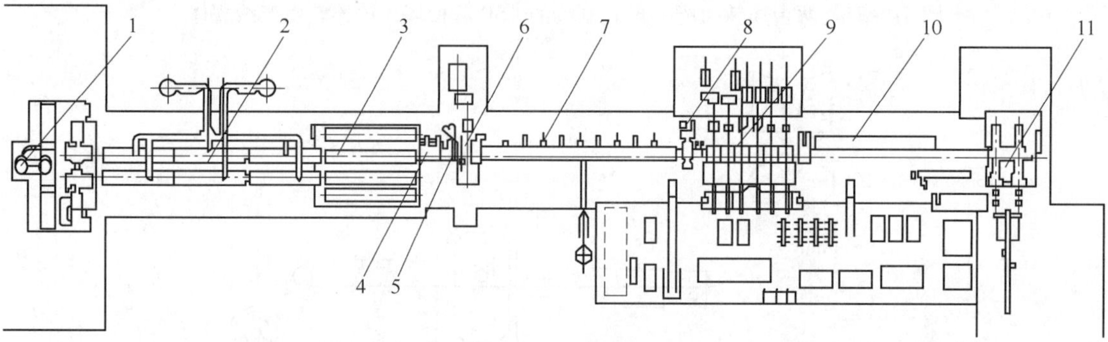

图 1-4-60　典型的 FTSRQ（FTSC、FTSR）生产线布置

1—连铸机；2—旋转式一次除鳞；3—隧道式加热炉；4—二次除鳞；5—立辊轧机；6—粗轧机；7—保温辊道；8—三次除鳞；9—精轧机；10—输出辊道和冷却段；11—卷取机

4.6.5.4　克虏伯工业技术公司 Ecco 厂薄板坯连铸机

克虏伯工业技术公司 Ecco 厂薄板坯连铸机浇铸板坯厚度 80mm、宽 1270mm，拉坯速度 1.4 ~ 3.6m/min，年产 30 万 ~ 75 万吨，板坯经均热炉，然后用克虏伯双重行星辊轧机轧成热带，此法的优点是投资少，没有见到有推广的报道。

4.6.5.5　奥钢联薄板坯连铸技术

奥钢联薄板坯连铸技术是在普通板坯连铸机和热轧技术基础上改进而成，叫做 CONROLL。采用带平行板的直式结晶器，可浇铸厚度 70 ~ 80mm，宽度最大达 2100mm 的薄板坯。1988 年 12 月，瑞典特殊钢阿威斯塔公司采用此种连铸机铸出 80mm × 1560mm AISI 304 不锈钢薄板坯。1989/1990 年，奥地利 Linz 的 VAS 厂的 2 号板坯连铸机生产 80mm × 1285mm 板坯时，拉速达 3.7m/min，产出率达 180t/h。于 1995 年 4 月正式建成一条 CONROLL 生产线，采用液压伺服振动系统，应用于美国阿姆科 · 曼斯菲尔德（Armco Mansfield）钢厂。CONROLL 生产线布置如图 1-4-61 所示。

4.6.5.6　住友金属的薄板坯连铸技术

1989 年 6 月重新起动试验的住友金属（SMI）鹿岛厂的薄板坯试验连铸机（同 Nucor 厂的相似），其试验连铸机为直弧形，直线段高度 1.5m，6 点弯曲 5 点矫直，主半径

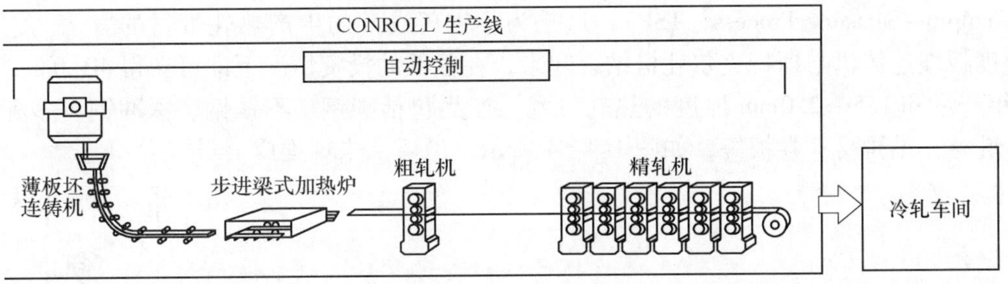

图 1-4-61　奥钢联的 CONROLL 生产线布置

R3.5m，冶金长度 12.8m。试验结果表明，1991 年生产铸坯断面为 90/100/120mm × 1000mm 时，拉速达 5.0m/min（包括包晶钢），即连铸产出率最大为 280t/h。由此证明，生产“中厚板”可提高生产率，如单流连铸机目标值达 400kt/月（120mm × 1500mm，7.0m/min，利用率 0.95），如图 1-4-62 所示。该连铸机简称 QSP（Quality Slab Production）。1996 年 11 月起分别用于美国北极星（BHP）钢厂和美国特瑞科（Trico）狄凯特钢厂，带钢宽度 1565mm，最小带坯 1.8mm，生产线布置如图 1-4-63 所示。QSP 技术的最大特点是将出结晶器 90mm 厚度的液芯铸坯通过未凝固大压下法减薄至 70～50mm。

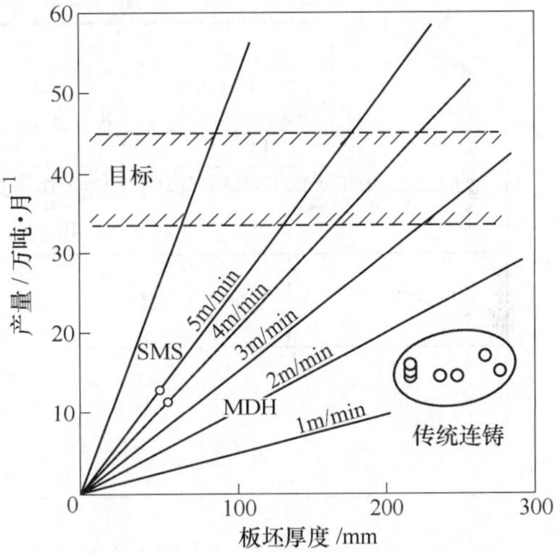

图 1-4-62　连铸机产量与板坯厚度的关系
（宽度 1500mm，金属收得率 0.95）

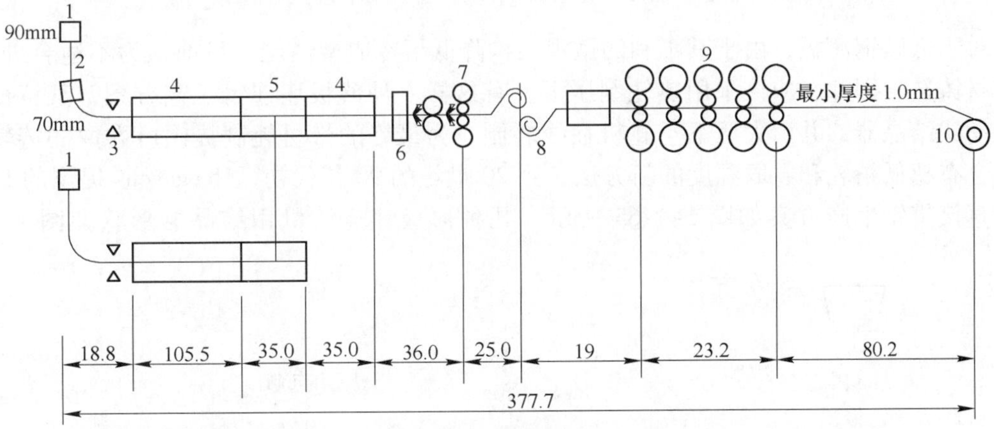

图 1-4-63　第二代 QSP 生产线布置
1—单流连铸机；2—轻压下装置；3—剪切机；4—隧道式加热炉；5—可移动段；6—立辊轧边机；7—单流通过 2 机架除鳞机、初轧机；8—除鳞装置；9—5 机架精轧机；10—卷取机

4.6.5.7　美国蒂平斯-三星薄板坯连铸技术

1993 年美国蒂平斯（Tippins）公司和韩国三星公司联合推出了蒂平斯-三星带钢新技

术（Tippins-Samsung Process，TSP），这是为小钢厂设计的生产热轧带材的方法。它将中等厚度板坯连铸机与斯特克尔轧机结合起来，在很低的投资情况下即可获得 40 万 ~200 万吨/年产量和 1.5 ~2.0mm 厚度的热轧带卷，产品包括碳钢、不锈钢、深冲钢等多种钢种的冷轧材、结构材、卷板等，如图 1-4-64 所示，但后来未见推广。

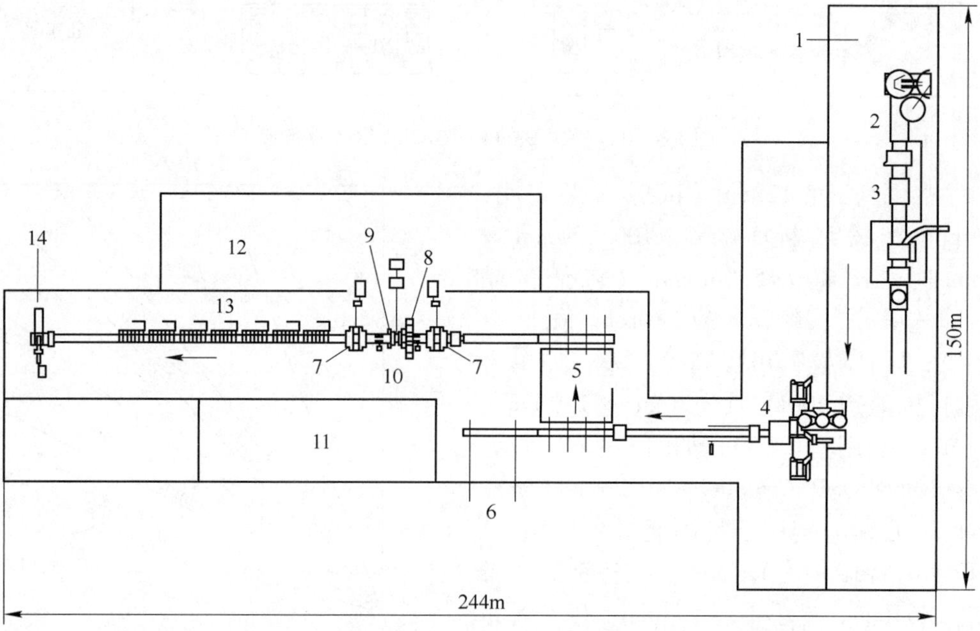

图 1-4-64　TSP 设备及流程布置示意

1—废钢输入；2—电弧炉；3—钢包精炼炉；4—连铸机；5—均热炉；6—冷板坯贮存场；7—卷取机；8—立辊轧边机；9—轧机机座；10—单机架炉卷（斯特克尔）轧机；11—轧辊车间；12—电动机房；13—层流冷却；14—成品带卷

对于低碳钢薄板，由于其不利的微观结构降低了冷成型性能，目前认为不适合进行直接带材铸造，因此，应该采用热轧制压下。有这样一种薄板坯连铸工艺方案，其特征是，带振动式结晶器，并由大压下量轧机在线轧制，为最终的带材轧制提供可卷取的铸轧卷，并结合有超低精轧和卷取温度的新方法，到 20 世纪的 90 年代初，Hoogovens 提议的 LCAK 钢种直接带钢生产方案如图 1-4-65 所示。几种薄板坯连铸机用结晶器形状如图 1-4-66 所示。

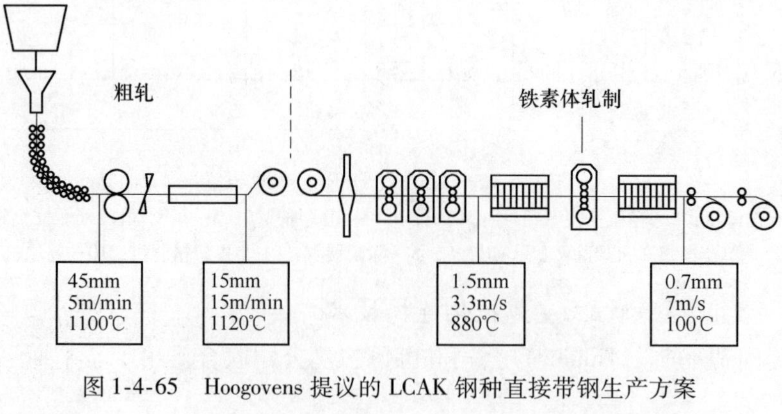

图 1-4-65　Hoogovens 提议的 LCAK 钢种直接带钢生产方案

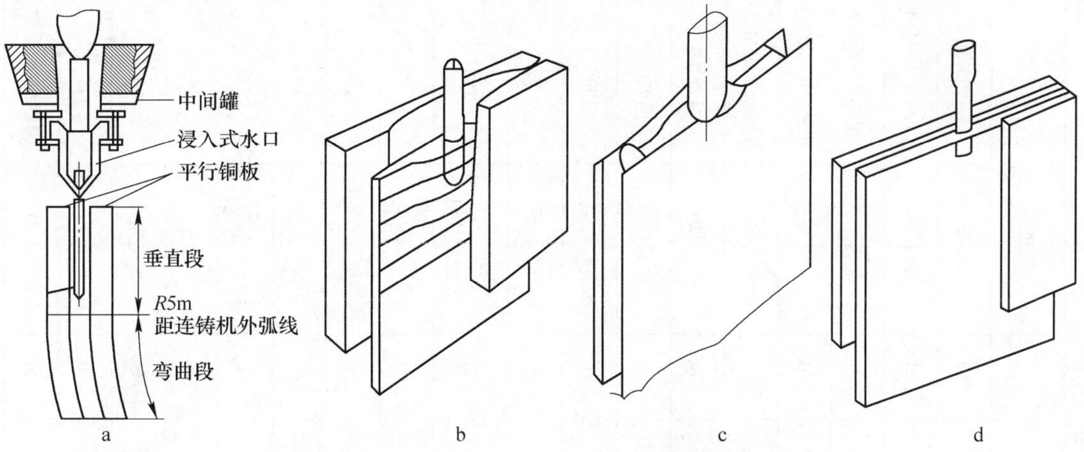

图 1-4-66　四种薄板坯连铸机的结晶器形状

a—ISP 用结晶器；b—CSP 用结晶器；c—达涅利用凸透镜结晶器；d—奥钢联用平行板结晶器

薄板坯连铸连轧产品品种不断扩大（在意大利的 AST 厂，2001 年 8 月用薄板坯连铸机已经生产了不锈钢），产品质量不断提高，自动化生产水平较高，一个年产 100 万吨的钢厂只有 8 个人进行操作。表 1-4-33 是世界上主要厂商设计的薄板坯和中薄板坯连铸机的业绩，薄板坯连铸机共有 53 流。

4.6.5.8　中国开始引进薄板坯连铸连轧生产线

1996 年，中国政府代表团访问欧洲，与德国西马克公司（SMS）签订了以市场换技术捆绑引进 CSP 连铸连轧生产线的协议，此后珠江钢厂率先引进 CSP 生产线，并于 1999 年 8 月投入热试生产。1999 年 12 月邯郸钢铁公司的 CSP 生产线相继投入生产，此后，包钢、马钢、涟钢、酒钢等厂都引进了 CSP 生产线。

鞍山钢铁公司引进奥钢联 *R*5m 直弧形连铸机、日本三菱重工的连轧生产线，创建了具有自主知识产权的中薄板连铸—连轧生产线流程，简称 ASP，于 2000 年投产。后来，此生产线被国内济钢采用。

4.6.6　20 世纪 90 年代后世界知名连铸技术公司

（1）1998 年 12 月，德国的西马克公司兼并了德马克公司，成立了西马克/德马克（SMS/DEMAG）公司，成为世界上实力最强的连铸技术装备公司之一，能够提供各种类型的连铸机。

（2）奥钢联工程技术公司（VAI）在世界冶金行业有雄厚的实力和不凡的业绩。一直活跃在世界冶金技术装备的大舞台上。

（3）2000 年 2 月，意大利达涅利公司兼并了英国的戴维公司成立了达涅利戴维（DANIELI DAVY DISTINGTON）公司。发挥了达涅利公司擅长方坯、圆坯和戴维公司擅长板坯连铸技术装备的优势。

（4）2001 年 3 月 8 日，日本钢管公司、日本住友重机公司、日本日立造船公司成立了 30 多人的联合对外经营体，名称为“JP Steel Plantech Co.”，简称“JSP”，4 月 1 日正式合并。投资比例为日本钢管 34%，住友重机和日立造船各为 33%。2002 年将工程设计、

表 1-4-33 20 世纪 80 年代末和 90 年代世界主要技术设备供应商提供的薄板坯和中薄板坯连铸机及其连铸连轧生产线

序号	国家和地区	钢铁公司	工艺类型	连铸机流数	开发商	铸坯规格（厚×宽）/mm×mm	最小产品厚度/mm	年产能/万吨	轧机	投产期
1	德国	蒂森-克虏伯	CSP	2	SMS	(48~63)×(900~1600)	1.0（1000）	240	7 机架	1999.3
2	美国	纽柯公司克劳福兹维尔	CSP	2	SMS + Nucor	5×(900~1350)	1.43（1000）	180	6 机架	1989.7/1994.4
3	美国	纽柯公司希克曼	CSP	2	SMS + Nucor	50/55×(1220~1560)	1.5（1150）	200	6 机架	1992.8/1994.5
4	美国	纽柯伯克利	CSP	2	SMS	(40~70)×(900~1680)	1.37（1220）	240	6 机架	1996.10/2000.7
5	美国	第纳米克斯（SDI）	CSP	2	SMS	(40~70)×(990~1560)	1.2（1240）	220	7 机架	1995.5/1998.5
6	美国	戈拉廷 华莎（Gallatin）	CSP	1	SMS	50/55×(1000~1560)	1.51（1230）	100	6 机架	1995.4
7	美国	阿克梅 ACM 里弗代尔厂	CSP	1	SMS	50/55×(900~1560)	1.25（900）	100	7 机架	1996.1
8	美国	阿姆科 曼斯菲尔德厂	CONROLL	1	VAI	(76~152)×(635~1283)	1.8	70	1+6 机架	1995.4
9	美国	特瑞柯 Trico 狄凯特厂	QSP	2	SMI	(70~90)×(914~1650)	1	200	2+5 机架	1997.3
10	美国	World Class Processing 世界级制造公司	TSP	1	蒂平斯-三星	(100~125)×(800~1600)	1.5	100	双机架可逆式轧机	1997
11	美国	BHP/北极星公司	QSP	1	SMI	90×(960~1560)	1.4	160	2+6 机架	1997.2
12	美国	杰尼瓦钢公司温亚德厂	CSP	1	SMS	—	—	190	多机架钢板轧机	1994
13	美国	塔斯卡卢萨钢公司	CSP	1	SMS	—	—	90	老厂改造	1996
14	意大利	Arvedi Cremona 厂	ISP	1	MDH + Arvedi	43×(680~1330)	1	70	3+4 机架	1992.1
15	奥地利	奥钢联林茨厂 Lioznoz	CONROLL	1	VAI	80×(1300~1600)	—	80	6 机架	1990
16	瑞典	谢菲尔德公司阿维斯塔厂	CONROLL	1	VAI	(70~80)×(800~2100)	—	80	5 机架	1998
17	韩国	韩宝 Hanbo	CSP	2	SMS	50×(900~1560)	1.5（1200）	200	6 机架	1995.6/9
18	韩国	浦项 2 号光阳厂	ISP	2	DMH	80×(800~1350)	1	200	2×3+5 机架	1999.2

续表 1-4-33

序号	国家和地区	钢铁公司	工艺类型	连铸机流数	开发商	铸坯规格（厚×宽）/mm×mm	最小产品厚度/mm	年产能/万吨	轧机	投产期
19	墨西哥	希尔萨公司蒙得勒厂	CSP	2	SMS	50×(790~1370)	1（1120）	145	6 机架	1995. 2/1998. 9
20	南非	萨尔达尼亚 Saldanha	ISP	2	MDS	(70~90)×(900~1560)	1	140	2+5 机架	1998. 6
21	印度	德罗伊斯帕特多尔维	CSP	2	SMS	55/60×(900~1560)	1. 2（1150）	240	6 机架	1998. 4/2000
22	马来西亚	梅加钢厂（Megasteel）	CSP	2	SMS	50×(790~1575)	1. 2（1150）	200	6 机架	1998. 9
23	马来西亚	ASM	CSP	2	SMS	50×(900~1560)	1. 2	200	6 机架	1998. 3
24	西班牙	阿拉瓦钢公司毕尔巴鄂厂	CSP	1	SMS	—	—	91	—	1996
25	西班牙	ACB 比斯卡亚	CSP	2	SMS	(50~60)×(790~1560)	1. 15（1100）	185	6 机架	1996. 10/2003. 2
26	加拿大	阿尔戈马（Algoma）苏圣玛利厂	FTSR	2	Danieli	(50~90)×(800~1600)	1	200	1+6 机架	1997. 7
27	加拿大	省际钢和钢管公司马斯卡迁厂	ISP	1	DMH	150×(1220~2440)	—	95	—	1997
28	泰国	NSM-乔恩布日	CSP	1	SMS	(45~70)×(1220~1600)	1. 2（1250）	120	6 机架	1997. 10
29	泰国	SSM 暹罗公司	QSP	1	SMI	80~100（厚度）	1	150	2+6 机架	1999. 7
30	捷克	诺瓦胡特 NovaHut	CONROLL	1	—	(100~150)×(600~1575)	1. 5	100	炉卷轧机	1997. 11
31	埃及	亚历山大国立钢厂 ANSDK	CSP	1	SMS	52×(900~1600)	1. 17（1150）	100	6 机架	1999. 9
32	印度尼西亚	KS 浦项钢铁公司 posco	CSP	1	SMS	(45~60)×(900~1530)	1. 49（1050）	100	5 机架	1999
33	土耳其	Cukunrova	ISP	2	MDS	(40~60)×(1020~1550)	1. 5	150	2+4 机架	1995
34	中国	珠钢	CSP	2	SMS	(45~60)×(1000~1380)	1. 2~12. 7	180	5 机架	1999. 8/2002. 7
35	中国	邯钢	CSP	2	SMS	(60~90)×(900~1680)	1. 2（1500）	247	1+6 机架	1999. 12/2002. 10
合计				53				5363		

注：蒂森-克虏伯的连铸机为 1 台双流，其余均为单机单流。

技术人员充实进来，变成 180 人钢铁成套公司，业务规模约 240 亿日元。这一组合集设计、制造、冶金生产于一体，优势互补，足以和其他知名公司一比高低。因“JSP”在日本重名，2005 年又将联合体的简写改为“SPCO”。

连铸板坯的热送热装和直接轧制技术在 80 年代就已引起人们的重视，到了 90 年代，在薄板坯连铸连轧生产中被广泛采用，并已取得了巨大成功。

这一时期在中国进行板坯连铸机设备设计的主要有机械工业部西安重型机械研究所、冶金工业部北京钢铁设计研究总院、冶金工业部重庆钢铁设计研究总院、冶金工业部武汉钢铁设计研究总院，鞍山钢铁公司设计院，中国第一重型机器厂、大连重型机器厂等。在方圆坯连铸领域设计连铸机最多的是原中国冶金工业部北京、武汉、马鞍山、包头、重庆五大设计研究院，各大钢铁公司设计院（所），上海重矿公司，大连重机厂、衡阳冶金机械厂、武汉大西洋公司等。

4.7　20 世纪 90 年代常规连铸机的典型代表

4.7.1　日本钢管福山 6 号直弧形板坯连铸机

4.7.1.1　主要性能参数

BOF：	No. 2 BOF，250t/炉
机　　型：	直弧形，10 点弯曲，5 点矫直
流　　数：	1
铸坯断面：	厚度：220、250、300mm；宽度：675 ~ 2100mm
定尺长度：	4750 ~ 9600mm
垂直段长度：	3m
基本圆弧半径：	*R*10m
冶金长度：	49m
浇铸钢种：	铝镇静钢，铝-硅镇静钢
拉坯速度：	max 3. 0m/min
平均连浇炉数：	3（禁止异钢种连浇）
浇铸准备时间：	33min
最大生产能力：	17. 7 万吨/月
计划生产能力：	16. 0 万吨/月（其中厚板钢 10. 5 万吨，薄板钢 5. 5 万吨）
投产时间：	1993 年 12 月
设计制造单位：	日本住友重机

4.7.1.2　主要设备结构、性能及所采用的主要技术

（1）钢包回转台。

1）采用连杆式液压缸升降的钢包回转台。

2）钢包在回转台上倾斜角度 5°/30s，实际使用 3°，钢包钢液剩 30t 时开始倾斜。

3）钢包升降行程 1600mm。

4）钢包长水口长度 1850mm，插入深度 250mm。

5）正常回转电机功率75kW。

6）钢包就位时的冲击系数1.5。

7）采用钢包能源介质管线自动连接装置，但钢包钢液不测温。

8）干油和液压油均通过滑环回转接头供给。

（2）中间罐及中间罐热周转。

1）中间罐容量。80t（最大86t），液面高度2000mm（溢流高度2100mm）无挡渣墙，配备两个中间罐进行热周转交替。

2）中间罐钢流控制。步进缸、滑动水口。

3）两台中间罐车可分别绕钢包回转台回转（但中间罐车的回转中心不是钢包回转台中心）。

4）设一个中间罐排渣及整修装置，通过1台未用台车将中间罐运出，进行排渣和整修。

5）配备二台维修台车，分别设置在中间罐倾渣位置的中间罐盖和中间罐底的两侧，靠多台机械手，实现机械化维修作业，如水口清理，水口更换等。

6）中间罐车行走和升降采用VVVF变频调速。

7）中间罐盖采用水冷结构。

8）浸入式水口长度985mm，插入深度250mm。

9）渣线250mm，每次移动30mm。

（3）结晶器。

1）长度950mm。

2）结晶器下部支撑方式。宽面：梳状板，格栅；窄面：足靴和辊子。

3）结晶器不但采用了在线热状态调宽技术，而且也采用窄面快速更换结构，在线调整铸坯厚度，更换窄面时间约20～25min，最长30min，每月更换厚度的次数约15次；由于采用了在线调厚技术，结晶器操作更换件由11台减少到3台。热调宽拉速2.0m/min，调宽时，不是软夹紧，宽窄面有0.3mm间隙，这样结晶器寿命可由400炉提高到500～1000炉。

4）采用电磁液面稳定器（EMLS）和电磁液面加速器（EMLA）控制结晶器中的钢液流场。

5）采用涡流计控制液面，液面波动指数F值控制在2.5～3.0之间。

6）铜板厚度。宽面41mm，窄面37mm。

7）结晶器铜板冷却水流速9m/s。

8）铜板表面温度<350℃。

9）铜板水槽之间温差3℃。

10）宽面铜板镀层。Cu+NiCo+0.3mmCr，窄面铜板涂层采用熔射方式。

11）铜板刨修寿命1800炉（250t炉子），每次刨修1mm，总共刨修6mm后铜板报废，长边铜板磨损0.5mm返修。

12）铜板窄面上、下口之差2mm。

13）装在结晶器上的电磁制动器重量约7t。

14）铜板冷却水。①铜板变薄时，水量不变。水量变化分开浇、浇铸中、非正常、浇铸末期 4 种冷却模式。无论什么钢种拉坯速度 <0.5m/min 算开浇，>0.5m/min 为正常浇铸。②铜板进出口水温差 >12℃报警。③水量。

正常时长边：5055L/min。

短边：板坯厚度 220mm，600L/min；板坯厚度 250mm，706L/min；板坯厚度 300mm，865L/min。

开浇时长边：3033L/min。

短边：板坯厚度 220mm，400L/min；板坯厚度 250mm，471L/min；板坯厚度 300mm，577L/min。

15）结晶器锥度为 0.9%、1.1%、1.2%，折算得单侧锥度上、下差值为 9.5mm、11.6mm、12.6mm。

16）结晶器和零号段更换时间 5h。

17）设增压泵提升结晶器窄面冷却水压力。

18）浸入式水口长度 985mm，渣线区域长度 250mm，插入液面以下 250mm，每次换渣线移动 30mm。断面不同，拉速不同，采用不同的浸入式水口。

（4）结晶器振动装置。

1）采用短臂四连（摇）杆式结构，电-液执行机构伺服控制，可实现非正弦振动。

2）振动频率 40 ~ 400c/min；振动行程 1.0 ~ 12mm。

3）非正弦振动最大偏斜率 45%。

4）正常使用的非正弦振动的偏斜率为 20.3%、21.8%、26.1%、28.4%、29.3%，设置有振动波形监视系统。

5）正弦振动时行程与振幅设计极限为：行程 × 振幅≈1920。

（5）二次冷却装置。

1）采用分段辊密排，带 17m 长的轻压下区（包含矫直区），生产中采用“人为鼓肚”后轻压下工艺（每个扇形段人为鼓肚辊缝为 0.5mm，人为鼓肚总量为 2 ~ 6mm）。

2）全部采用气-水冷却；喷水冷却宽度依靠喷嘴升降连续调节，其中Ⅰ、Ⅱ区不幅切，Ⅲ~Ⅴ区部分幅切，其余各区可连续幅切，幅切升降驱动采用液压马达。

3）按 220mm、250mm、300mm 三种不同厚度及不同钢种，控制凝固末端位置，决定冷却模式，确保铸坯在弯曲区和矫直区的表面温度高于钢的脆化温度（750 ~ 850℃）。

4）通过对厚度 300mm 铸坯的宏观硫印检查，发现铸坯靠宽面两侧 1/7 处（约 200mm）残存中心疏松，其位置与 UST（超声波检查）异常发生位置一致，解析计算也表明，坯宽 1/7 处的最终凝固位置比 1/2 处往后延伸约 2m。为了减小最终凝固位置在宽度方向上的不均匀性，除强化靠边部的冷却外，还采用了人为鼓肚和轻压下，其结果是消除中心疏松，厚板产品的 UST 异常坯显著减少。

5）顶部段（T/U）。顶部段可调宽调厚，采用电动调厚且和结晶器同步调宽，电机立式布置。采用液压马达调厚，马达和发信器固定在外弧框架上。

6）弯曲段（B/U）。弯曲段采用液压马达、蜗杆千斤顶调厚，液压马达和发信器固定在外弧框架上。

7）设计指标。①钢液静压力作用于单个辊子的机械应力 <50MPa。②钢液静压力作用于单个辊子的挠度 <0.2mm。③钢液静压力作用于轴承的安全系数 >2.5（按老的 C_0 计算)。④对厚板钢种，铸坯凝固界面的综合应变<0.5%。⑤单位长度的轻压下设计量最大为1.5mm/m。⑥包括辊子在内，轻压下扇形段变形量<1.0mm/单侧。⑦轻压下力的计算有专用公式。⑧驱动辊过载系数1.5，过载时间1.0min。

8）辊子材料。13Cr不锈钢，不堆焊，因为市场上全不锈钢辊比堆焊辊便宜。

9）扇形段冷却。分段辊轴承和辊子底座为一路冷却水，辊子中心冷却为另一路冷却水。

10）驱动辊轴承。用调心轴承、剖分轴承、轴向可移动轴承。

11）二冷水、气及控制。

正常水量25550L/min；正常水压1.0~1.3MPa；水量控制方式：流量控制，水压力差采用孔板调节。5个点测量的板坯表面温度不参与控制，仅仅显示而已。

事故水量8500 L/min；事故水压0.4MPa；事故供水时间10min。

正常时冷却水补偿措施：喷嘴升高后的冲击力补偿；冷却水温度补偿；喷嘴升高后喷到辊子上的冷却水补偿。

正常气量（标态）可供24300m^3/h，实际用14104~11437m^3/h；气压0.4~0.7MPa，使用>0.46MPa。

气水体积比：8.7~54.1。

气量控制方式：根据喷嘴特性进行压力控制。

12）二冷喷嘴。气水喷嘴最大的水量调节范围为20倍。喷嘴不喷水时一直喷少量气，以防喷嘴堵塞。

13）机械冷却水。正常水量39380 L/min；正常水压0.7~0.9MPa；每个回路均安装Y型过滤器。

14）安装扇形段的基础框架。无论是弧形区还是水平区基础框架都安装在水泥基础上，淘汰了容易变形的香蕉座结构。

（6）引锭为上装方式。

（7）为满足宽板坯高速铸造的切割要求，采用两台串联式切割车，后部的切割车作为高速铸造时的备用车并用于切割头尾坯和试样。

（8）开发了用于厚板钢种高速铸造用的保护渣，特性如下：

$w(CaO)/w(SiO_2)=1.46$；黏度：1300℃时0.5Pa·s；熔化温度：895℃；结晶温度：1145℃。

（9）采用干油集中润滑系统，油不回收。

（10）切割机布置方式。一次切割采用两台火焰切割机串联式布置，二次切割也采用两台火焰切割机串联式布置。

（11）去毛刺机。锤刀式结构。

（12）切头搬出装置。

1）切头台车宽度：约1500mm。

2）轨面至台车顶面高度约400~500mm。

3）头坯切割长度：1000mm。

4）尾坯切割长度：600mm。

（13）火焰清理机。配置4面火焰清理机。

4.7.1.3 连铸机的自动化项目

（1）浇铸前钢液处理（温度调整、成分调整）自动化设备。

1）钢包加盖装置。

2）钢液吹氩装置。

3）钢液温度测量装置。

4）测温探头供给装置。

5）铝丝自动加入（AWF）装置。

6）冷钢自动加入装置。

7）保温材料投入装置。

（2）浇铸平台周围设备操作用机器人的设置。

1）浸入式水口（SEN）安装及预热。

2）氩气密封长水口（ASP）安装、预热及搬运。

3）滑动水口（SN）维修（连接和脱开）。

4）保护渣自动投入。

5）浇铸（浇铸准备、温度测量、取样）。

（3）连铸机的自动化系统。

1）连铸机传动系统采用矢量电机，交流变频控制。

2）三电（EIC）一体化控制系统，各个功能独立的控制站（CS）和操作站（OS）通过专用高速LAN联网，因此，控制数据和MMI均为系统公有。操作站的CRT可显示系统的全部信息，画面种类达94种。

3）工业电视（ITV）自动跟踪系统。从钢包到达平台、浇铸开始、板坯切割直到板坯搬运的全过程中共设置35台摄像机。在操作室内设置6台工业电视监视，其中4台用于操作选择，1台用于跟踪，1台用于板坯切割。

4）通信系统的扩充。操作室为了实现由一人进行操作监视，操作台之间的联络还采用了微话筒（Microphone）。

5）每流连铸机仅3个人操作，彻底实现操作省力化。

6）拉坯模式。包括插入模式；保持模式；铸造模式；再拉坯模式1（一边拉尾坯，一边送引锭）；再拉坯模式2（一边拉尾坯，一边浇铸）。

4.7.1.4 浇铸实绩

（1）1996年7月以后，厚板铸坯无清理率达100%；有些需喷丸的钢种，喷丸比率为5%。

（2）实际厚板钢的拉坯速度（钢液过热度30～40℃）。厚度220mm，$v_c=1.6\sim1.8$m/min；厚度250mm，$v_c=1.4\sim1.6$m/min；厚度300mm，$v_c=0.8\sim1.0$m/min。

（3）轻压下试验情况。

1）试验采用的人为鼓肚量0～4.6mm。

2）对于断面220mm×1950mm（厚板50K材，w(C)=0.13%～0.17%）弱冷材，钢液过热度$\Delta T=30\sim45$℃，当轻压下率（SRR）=0.64mm/m以上时，可得到充分的轻压下

效果，碳偏析率最低。

3）对于300mm×（1650～2100）mm（w（C）＝0.16%～0.19%）强冷却，ΔT＝30～40℃，当SRR＝0.9～1.2mm/m时，试验表明，随着SRR的提高，铸坯中心疏松减少，碳偏析率降低。

（4）厚板钢拉坯速度分级。低速≤1.2m/min；中速1.2～1.4m/min；高速1.6～1.8m/min；起步拉速0.3m/min。

（5）保护渣。保护渣的选用按速度分级配置。在生产中保护渣消耗尽量恒定。拉速0.5m/min的保护渣在采用非正弦振动后，可用到1.0m/min的拉速。

就超低碳钢、低碳钢、普碳钢、汽车板钢而言，分别用4种保护渣，除此之外，还有开浇用保护渣。

保护渣消耗量：0.5kg/t钢。

（6）板坯质量改善对策。

1）纵向裂纹：改进结晶器保护渣。

2）角部裂纹：多点弯曲段；非正弦曲线振动；二冷段弱冷却。

3）保护渣卷入：结晶器的钢流控制。

4.7.2 德国迪林根5号立弯式板坯连铸机

辊列如图1-4-67所示。

4.7.2.1 主要性能参数

连铸机台流数	1台，2流
设计年产量	140万吨/年
板坯宽度	1400～2200mm
板坯厚度	230～400mm
板坯长度	最长10.8m
连铸机冶金长度	15.7m
垂直段长度	19.256m
弧形半径	R8m
拉速范围	0.1～2.5m/min
最大工作拉速	0.95m/min
浇铸平台标高	+15.370m
出坯辊道标高	−12.7553m
投产日期	1998年
设备设计制造	SMS

4.7.2.2 主要设备结构特点

立弯式连铸机主机设备支承在由钢结构组成的框架梁上。主要设备包括钢包车、中间罐和中间罐车、结晶器、振动装置、二次冷却设备、二次冷却水收集和排出装置、铸坯弯曲装置、铸坯导向装置、拉坯矫直机、引锭系统、火焰切割机和出坯辊道等设备。

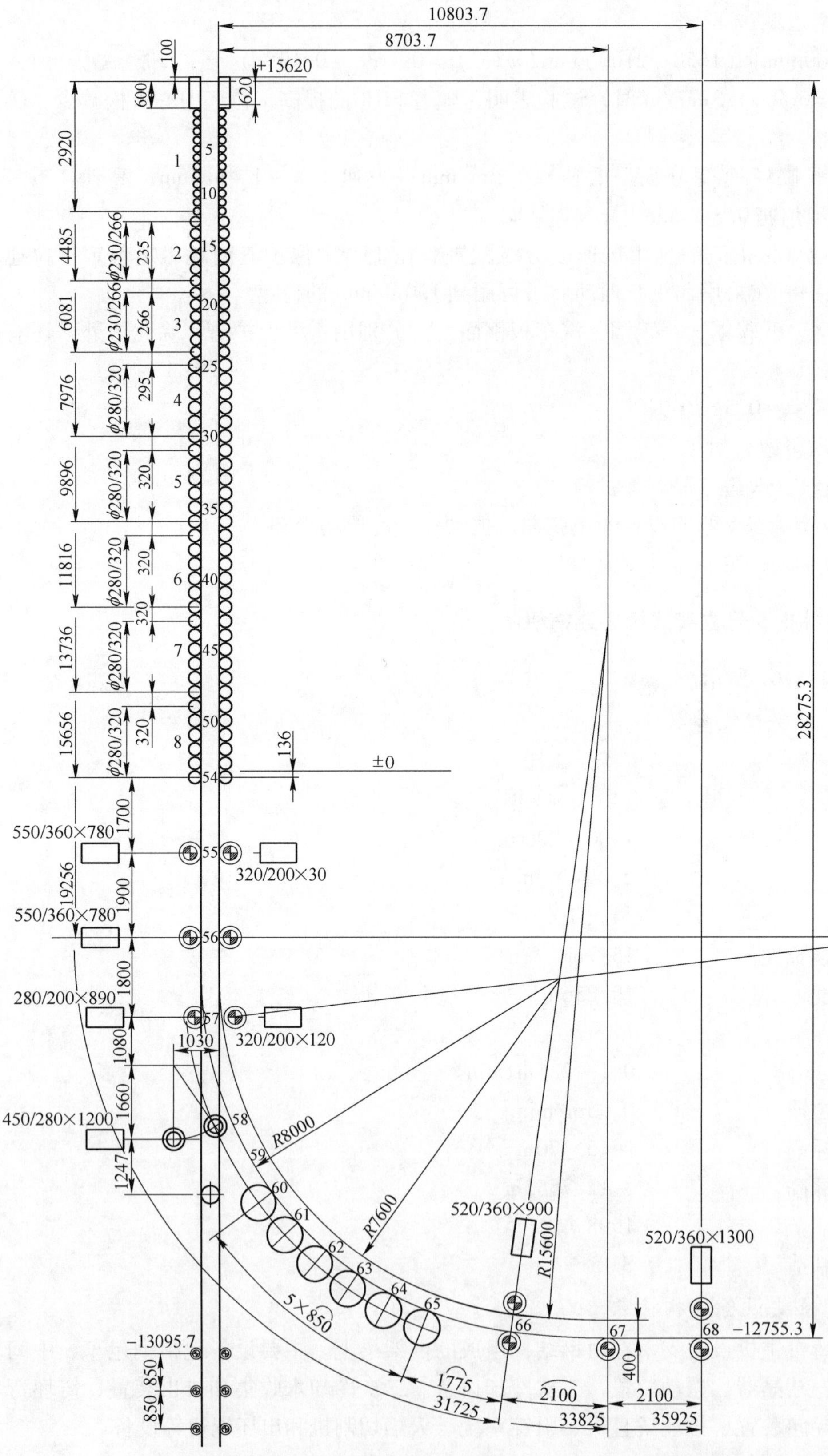

图 1-4-67　迪林根立弯式（5 号）板坯连铸机辊列

（1）钢包车。钢包车由电机驱动，液压升降，具有称量功能。

（2）中间罐和中间罐车。中间罐钢液容量50t，塞棒机构控制钢流。中间罐车由电机驱动走行，液压升降，液压对中微调。

（3）结晶器。结晶器为紧凑型结晶器，不带足辊。结晶器宽边由碟形弹簧夹紧，液压缸释放进行宽度调节。结晶器宽度在维修区进行调节，由电机驱动齿轮箱和丝杆调节结晶器宽度，在线手动进行微调。

铜板长度：700mm，铜板厚度：45mm，铜板材质：CuAg，铜板镀层：Ni。

（4）振动装置。振动装置为短连杆液压振动装置，可以在线调节振幅和频率。振动装置由两片组成，每片由一个带位移传感器的伺服液压缸驱动，四连杆机构导向，按照设定的振幅、频率实现垂直振动。

振幅：±1～±5mm；振动频率：50～240c/min；振动波形：正弦波。

（5）二次冷却设备。二次冷却设备由8个导辊段组成，不带驱动装置，都布置在垂直段，导辊段固定后冷却水自动接通。

导辊段1段支承在振动装置底座上，由12对宽边辊子（三分段辊）、5对窄边辊子、内外弧框架、侧框架和二冷喷嘴等组成。内外弧框架和侧框架用螺杆连接，辊缝由调节垫板进行调节。窄边辊子由2个液压缸和导向杆与侧框架连接，根据铸坯不同的宽度，由液压缸调节两侧窄边辊子之间的距离。

导辊段2～8段结构相同。每个导辊段由6对辊子（三分段辊）、内外框架、辊缝调节装置、导辊段固定装置、导辊段移出滚轮和二冷喷嘴等组成。内弧框架上设有导辊段移出辊轮和辊缝调节导向机构。导辊段安装时，在液压缸的推动下，导辊段滚轮沿导轨进入导辊段设定位置，由4个支承点将整个导辊段支承在梁上，由锁紧液压缸锁紧。调节辊缝时，辊缝调节装置在带位移传感器的液压缸推动下，外侧框架沿导向机构进行滑动，实现辊缝调节。导辊段的更换由专用升降机进行移出和更换。

导辊段2～8段可进行远程调节辊缝，实现动态轻压下。

（6）二次冷却水收集和排出装置。在每个导辊段之间，设有二次冷却水收集和排出装置，用于收集和排出用过的二次冷却水。根据铸坯的不同厚度和宽度，排水装置在厚度和宽度方向可进行调节。

在第8号导辊段和铸坯弯曲装置之间也设有密封板和排水装置，用于保护铸坯弯曲装置和下方的设备。

（7）铸坯弯曲装置。铸坯弯曲装置布置在第8号导辊段之后，设有3对驱动辊和1对顶弯辊，具有拉坯、弯曲铸坯和夹送引锭的功能。

3对驱动辊均具有独立的驱动装置，每个驱动辊上带2个液压缸，驱动辊在机架中可以滑动，起拉坯、弯曲铸坯和夹送引锭的作用。顶弯辊悬挂在机架上，由2个液压缸推动，起顶弯铸坯的作用，同时用于脱引锭。

（8）铸坯导向装置。铸坯导向装置布置在铸坯弯曲装置和矫直机之间，由1根实心光辊和5根盘型辊组成。实心光辊用于导向引锭和脱引锭，5根盘型辊对铸坯起导向作用。

（9）拉坯矫直机。矫直机采用两点矫直，带有5根驱动辊，2根上驱动辊由带位移传感器的液压缸驱动压下，进行铸坯矫直和拉坯。

（10）引锭系统。引锭系统为下装式，刚性引锭，引锭由引锭车进行运输。引锭车布置在 -16.910m 平台上，用于将引锭从等待位运送至装入位。同时引锭车上带3对驱动辊，将引锭向上提升，装入结晶器下口。引锭在等待位置可以进行引锭头的更换。

（11）生产钢种。结构钢、高强度结构钢和其他特殊钢种，产品主要用于酸性气体环境、压力容器、造船和其他特殊用途。

4.7.3 当时世界上最大的异形坯连铸机

1994年12月，德马克在卢森堡普罗菲尔阿尔贝德（Profil Arbed）型钢厂建立的一条大型型钢生产线投产，1995年初达产。

新生产线采用的是紧凑型工艺路线，即连铸—热装炉—轧制工艺。其核心设备是大型异形坯连铸机。这台近终形3流连铸机是当时世界上同类连铸机中最大的。

设计能力：140万吨/a；浇铸能力为300t/h

最大铸速：1.3m/min

铸坯最大尺寸：1119mm × 500mm × 132mm（此时最大拉速0.8m/min）

四壁组合式结晶器：长度700mm，采用Co60检测液面

浸入式水口：2个/每流

连浇炉数：≥30

4.8 三十年间水平连铸技术的发展

水平连续铸钢由于不是钢铁企业的主力机型，往往被人们“忽视”。水平连续铸钢是冶金领域30年来日益发展成熟的一项连铸新技术。由于水平连铸设备高度低，对厂房没有特殊要求，而且设备结构简单，建设投资省，各国均竞相开发。水平连铸技术的发展过程如图1-4-68所示。

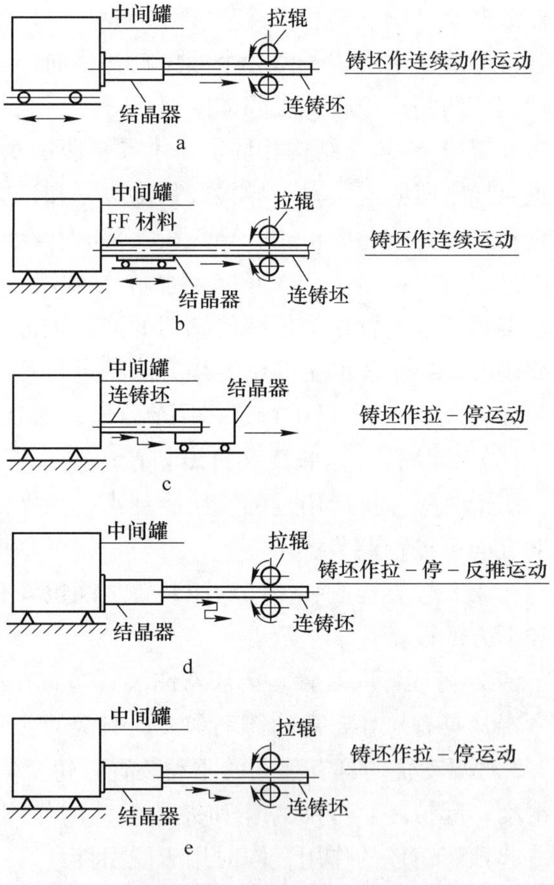

图1-4-68 水平连铸技术的发展过程
a—中间罐和结晶器振动；b—结晶器振动；
c—WATTS法；d，e—铸坯振动

在德国、日本、英国、美国和苏联等发达国家，水平连铸技术进步很快。这些国家均投入了大量的人力、物力进行开发研究，但一般从试验研究至达到

工业性生产规模都经历了 20 年左右的漫长历史，直至 20 世纪 80 年代才先后实现了工业化。

1970～1983 年美国通用汽车公司（General Motors）采用水平连铸，生产出 ϕ32mm、ϕ60mm、ϕ75mm、ϕ96mm 的圆坯，并生产出不锈钢、耐热钢铸坯。德国 Technica-Guss 水平连铸机成功地浇铸出高合金钢和特殊钢，并把断面扩大到 120mm×120mm/160mm×160mm 方坯和 ϕ150mm 圆坯。

德国克虏伯特希尼卡有限公司受到政府研究机构的资助，于 1984 年在西根厂建立了第一套试验性水平连铸机，1986 年建立了第二套并投入试生产，浇铸过 ϕ100mm，ϕ135mm 圆坯以及 135mm×135mm，160mm×160mm 方坯。

1984 年，奥地利卡普芬贝格 Bohler 厂第一炼钢车间由奥钢联设计，投产一台能够浇铸 105mm×105mm 方坯的水平连铸机。

日本钢管公司开发的水平连铸机生产 ϕ75～150mm 圆坯和方坯，主要用来连铸合金钢、不锈钢和某些高铬、高镍铁合金。

西方工业发达国家、苏联、日本和中国成功地研制了多种类型的水平连铸机，并投入了生产，铸坯质量不亚于普通连铸机生产的铸坯。2003 年统计的世界部分国家和地区应用的水平连铸机情况见表 1-4-34。

中国是研究水平连铸技术较早的国家。1979 年，利用 100kg 工频炉和简陋设备试产出第一支 ϕ80mm 水平连铸圆坯。1981 年，特殊钢液水平连铸中间试验项目列入国家“六五”重大节能计划。1982 年，无缝管坯水平连铸工业试验项目列入国家“六五”科技攻关计划。最早建立水平试验连铸机的是马钢钢研所。1985 年，全部采用国产设备，浇出 ϕ80mm 合格的 20 钢管坯，并可直接穿成无缝钢管，这标志着国产化水平连铸机的诞生。

20 世纪 80 年代末至 90 年代初，水平连铸技术在中国得到了推广应用和发展。在消化吸收引进先进技术的基础上，依靠国内技术力量，相继建成吉林钢厂 ϕ80mm 水平连铸机、舞阳钢厂机修厂 ϕ60mm 水平连铸机、成都无缝钢管厂 2 号中断面 ϕ90～200mm 水平连铸机、锦州变压器厂 ϕ3～8mm 焊丝线材水平连铸机。

衡阳钢管有限公司“八五”初期建成 ϕ80～150mm 圆坯水平连铸机。1993 年两台双流水平连铸机共生产圆坯 8.3 万吨，1994 年生产圆坯 13 万吨，是当时水平连铸生产的榜样。

“九五”期间，在国家重点技术推广计划的指导下，水平连铸技术的推广走上了从设计、设备供应、安装、调试到开工试生产的一条龙服务方式。为适应众多的中、小型钢厂的需求，已建成一批具有中国特色的中、小型水平连铸机。中国水平连铸机的应用情况见表 1-4-35。在这些连铸机中，除过去已采用的四种拉坯系统（即液压伺服系统、直流伺服系统、液压脉动系统和直流力矩马达系统）外，1996 年，在石横特殊钢厂率先在中断面水平连铸机上开发出交流变频拉坯系统，并成功地拉出了 20 钢 ϕ120mm/ϕ150mm 管坯以及 45、40Cr、GCr15、60Si2Mn、20CrMnTi 钢等圆坯。

表 1-4-34 部分国家和地区水平连铸机概况

序号	国家及地区	使用厂家	制造厂家	连铸机类型	中间罐容量/t	流数	铸坯断面/mm	连铸机长度/m	结晶器		分离环材质（附其他备注）
									长度/mm	材质	
1	美国	通用汽车公司	General Motors	工业型	15	1	圆 90		总长 900	铍青铜	氮化硼（共建成投产 3 台）
2	比利时	Fonderies Mog-otteaw S. A.	Mannesma ann-Demag	工业型	10	2	方 40 ~ 185；圆 40 ~ 185			黄铜	氮化硼
3	法国	Thome lnd	Beptnll	工业型	4	3	圆 26 ~ 70				石墨
4	德国	BÖenler	BÖ	试验型	3	1	方 70 ~ 85；圆 95 ~ 130	17	100	黄铜	
5	日本	日本钢管公司	N. K. K-戴维	N. K. K-戴维工业型	2. 5	2	方 50 ~ 150；圆 120 ~ 220	35	350 ~ 450	黄铜	氮化硅 +5%~ 15% 的氮化硼
6	日本	住友金属工业公司	住友金属工业公司	工业型	0. 6	1	圆 147 ~ 328	30	350	铜加碳化氟镍镀层	氟化硼
7	德国	博施戈特哈尔兹	Technica Goss	工业型	7	1	方 120 ~ 160；圆 150 ~ 200	40	120	镀青铜	氟化硼
8	英国	How mel	Technica Goss	工业型	3	1	圆 200 ~ 100				
9	德国	齐根厂（BGH）	曼内斯曼-德马克	工业型			圆 120 ~ 300				合金钢、工具钢、不锈钢
10	美国	Cannon Musk-egon	Technica Guss	工业型	3	1	方 30 ~ 100；圆 30 ~ 100	18			
11	日本	日重工机	N. K. K-戴维	N. K. K-戴维工业型			方 75 ~ 120				
12	中国台湾	业昌钢铁公司	N. K. K-戴维	工业型		2	方 80 ~ 115；圆 150				

续表 1-4-34

序号	国家及地区	使用厂家	制造厂家	连铸机类型	中间罐容量/t	流数	铸坯断面/mm	连铸机长度/m	结晶器		分离环材质（附其他备注）
									长度/mm	材质	
13	日本	川崎重工业公司	联邦德国 T. G. 公司	工业型	3～3.5	1	圆 20～96；方 120、扁坯 40×200 20×200			碳衬水冷，铜质	（扁坯为试验性不锈钢等）
14	日本	日本钢管公司	N. K. K-戴维	N. K. K-戴维工业型	5	2	方 114～250；圆 80～330	70	30～450	铬锆青铜，铍青铜	β_ SIALON +30% BN
15	南朝鲜	CeyA CTnA	日本铜管	N. K. K-戴维工业型	2	1	方 100～180；圆 180	55	300～450		加 5%～15% 氟化硅，氮化硼
16	美国	巴尔的摩钢厂	Armco Technica Guss	工业型	7.5	2	方 100～200	55		镀铬青铜	氮化硼（年产 4 万吨各种类型不锈钢）
17	日本	住友尼崎钢管厂				2	圆 185、213 圆 330 不锈钢等		350		与 8t 电炉和 10tAOO 炉配合月产 100t
18	美国	Chaparral	SEC	工业型	35	1	方 130×175	37	100	黄铜	氮化硼（25t/h 结构钢）
19	委内瑞拉	Proccess Metal-mccanicos S. A.	Technica Guss	工业型		1	圆 45、65				
20	捷克	BnTko Bllue	Technica Guss	工业型		2	方 120～185；圆 120～160	65			
21	秘鲁	Fundicion Callao	Technica Guss	N. K. K-戴维工业型		1	圆 35～100				
22	乌克兰	土拉冶金公司	乌克兰科学院-土拉冶金联合企业公司	工业型	10		圆 <200，方 <200	180			设备总重 20t，在苏联 5 个工厂中采用

表1-4-35　中国建设的水平连铸机

序号	单　位	炼钢炉座数容量 /座×t	流数	年产量 /万吨·台$^{-1}$	断面 /mm	投产期
1	马钢钢研所	中频2×1	1	试验机	ϕ60~ϕ80	1982. 2
2	马钢二炼钢	电炉4×5	2	3	ϕ80~ϕ200	1985. 12
3	吉林钢厂电炉分厂	电炉1×5；1×3	2	3	ϕ80	1986. 10
4	天津特殊钢厂	电炉2×10	2	3	ϕ110	1987. 5
5	齐钢电炉分厂	电炉1×40；2×20	2	8	中ϕ130~ϕ160	1987. 11
6	上海司太立公司	工频1×200kg	2	0. 2	ϕ3~ϕ12	1987. 12
7	锦州变压器厂	工频	2	0. 02	ϕ3~ϕ8	1987. 12
8	上海有色焊条厂	工频	2	0. 02	ϕ3~ϕ8	1988. 11
9	成都无缝钢管厂	电炉2×5	1	1	ϕ60~ϕ130	1988. 11
10	舞阳钢厂机修分厂	电炉1×5	1	1	ϕ40~ϕ60	1989. 12
11	衡阳钢管公司	电炉1×30	2	5	ϕ120~ϕ130	1990. 6
12	衡阳钢管公司	电炉2×30	2	5	ϕ120~ϕ130	1992. 7
13	成都无缝钢管厂	电炉2×30	2	4	ϕ90~ϕ200	1990. 9
14	上海钢铁工艺研究所	中频1×0. 5	1	试机	ϕ80	1991
15	重庆铸钢厂	电炉2×5	2	0. 5	ϕ80	1992. 6
16	大连特钢	电炉2×5	2	2	ϕ60~ϕ120	1992. 12
17	重庆特钢研究所	中频1×0. 15	2	0. 02	ϕ3~ϕ8	1992. 11
18	无锡芦材钢厂	中频1×0. 15	2	0. 02	ϕ3~ϕ8	1993. 9
19	济南段店周村	中频1×0. 15	2	0. 02	ϕ3~ϕ8	1993. 6
20	钢研总院五室	50kg真空炉	2	0. 02	ϕ3~ϕ8	1992. 4
21	哈尔滨焊接研究所	中频1×0. 5	2	0. 1	ϕ3~ϕ8	1992. 4
22	浙江萧山大兴轧钢	电炉1×5；2×3	2	3	中70	1993. 11
23	广东阳江荣昌不锈钢厂	中频2×0. 5	2	0. 2	ϕ8~ϕ15	1993. 12
24	广西柳州钢厂	电炉2×20；2×10	3	10	ϕ70~ϕ90	1994. 3
25	云南娥山钢铁厂	电炉3×3	2	3	中70	1994. 9
26	云南宜良	电炉1×10；2×10	2	3	中70	1994. 6
27	深圳全昌不锈钢厂	中频2×1. 5	1	0. 5	中40~70	1994. 9
28	马鞍山耐磨材料厂	电炉1×5	1	1	ϕ60	1994. 11
29	郑州钢厂	电炉2×20	2	3	中70	1994. 10
30	郑州钢厂	电炉2×20	2	4	中90	1994. 10
31	福州福秦钢厂	电炉1×10	2	5	中100	1994. 11
32	江阴华士特殊钢厂	电炉2×5	2	5	ϕ80	1994. 12
33	首钢特钢公司	电炉2×10	2	15	ϕ60~ϕ90	1994. 11
34	阜新矿务局机电公司	电炉2×10	1	2	ϕ60~ϕ90	1994
35	上海申江特钢公司	电炉2×10	1	2	ϕ90	1994

续表 1-4-35

序号	单　位	炼钢炉座数容量 /座 ×t	流数	年产量 /万吨 · 台$^{-1}$	断面 /mm	投产期
36	榆中天水电力局炼钢厂	电炉 2×10	1	2	ϕ90	1994
37	广西贵港钢厂	转炉 2×6	2	4	ϕ60	1994
38	广西贵港钢厂	转炉 2×6	2	4	ϕ60	1994
39	广西贵港钢厂	转炉 2×6	2	4	ϕ60	1994
40	成都无缝三盖钢厂	电炉 1×30	1	5	ϕ210	1994
41	四川汉洲农机钢厂	电炉 2×3	1	1	ϕ60	1994
42	安徽宁国耐磨球厂	中频炉	1	1	ϕ120	1994. 6
43	江苏江都钢厂	电炉 1×5	1	2	ϕ90	1994. 10
44	抚顺钢厂	电炉 3×10	2	3	ϕ80 ~ 120	1994
45	北京科技大学	中频 1×150kg	2	0. 01	ϕ3 ~ 12	1994
46	安钢一炼钢	电炉 2×10	2	8	ϕ90	1995. 5
47	江苏兴化物业公司	电炉 1×1. 5	1	0. 4	ϕ60	1995. 5
48	武钢集团钢研所	真空 50kg	1	0. 02	ϕ3 ~ 8	1995. 9
合　计			82			

4. 9　20 世纪 90 年代中国连铸技术的发展

4. 9. 1　中国连铸技术发展的三个阶段

第一个阶段：1990 ~ 1992 年——重点解决连铸机达产问题

1990 年全国达到设计能力的连铸机仅有 34 台，占连铸机总数的 31%。这个时期主要制定了 YBJ—90《连铸工程设计若干规定》，从设计上注意了设备与工艺参数的优化、断面合理选择及与轧机匹配等问题；还制定了《连铸设备维护与检修的十项基本原则》，从设计与设备工作上认真贯彻了连铸生产技术方针。

强调“以连铸为中心，炼钢为基础，设备为保证”的连铸生产技术方针，不仅适用于炼钢厂的流程与生产组织，而且贯彻于钢铁生产流程的全过程，相关技术的国产化，立足国内，提高产品质量，保障供给。全国贯彻以连铸为中心的技术方针，为连铸机达产奠定了基础。

组织连铸机达产达效攻关，注重装备及其备件的国产化，迅速在一批企业和项目上取得了突破。这个时期，冶金工业部组织设计院和设备制造厂，集中改造 35 台 *R*5. 25m 德马克型小方坯连铸机为 *R*6m 小方坯连铸机，为连铸机实现达产做出了重要贡献。

扩充延伸“炉外处理技术”概念，从铁水预处理到钢液精炼、中间罐冶金等方面，对加快连铸机达产发挥了积极作用。

实现达产，国内连铸机厂家纷纷宣告达到设计年产量。到 1992 年底，基本上解决了困扰行业十多年的连铸机达产问题，1992 年成为我国连铸达产年。一批新投产的连铸机，在短短几天就实现达产或当月实现月达产。1990 ~ 1992 年，连铸比年均增加 4. 75 个百分点，赶上了世界发达国家连铸比年增长最快时期的水平。

第二个阶段：1993～1995 年——推进发展全连铸生产体制的时期

1985 年武钢二炼钢实现全连铸后，1992 年全国炼钢连铸生产技术会议上，提出炼钢厂以连铸为核心组织生产，实现全连铸，推动发展炼钢—炉外处理—连铸“三位一体”组合优化等技术进步目标和措施，优化和稳定了连铸生产组织与工艺规程，组织一批有条件的钢厂，向武钢二炼钢学习，率先实现全连铸生产，并有计划地重点支持一批钢厂全连铸车间的改造与建设，加速了全连铸工厂的建设。1995 年，修订了 YBJ—90《连铸工程设计若干规定》，1995 年 12 月 1 日，YB 9059—95《连铸工程设计规定》公布实施。

在此期间还推进了改进国产连铸机机型的设计，优化炉—机匹配与生产组织，对耐火材料、保护渣国产化及自动化控制装备技术开发等方面做了大量的攻关研究。大大加快了实现全连铸生产的步伐，对提高连铸比起到积极的推动作用。三年平均年增连铸比 5.5 个百分点，最高年增 7 个百分点，超过了发达工业国家连铸比增长最快时期的水平。在此期间，一批新建钢铁公司实现炼钢厂全连铸投产。到 1995 年全国实现全连铸的炼钢厂超过 15 个，如上钢三厂的第二炼钢厂、唐山钢厂第一炼钢厂、马钢第二炼钢厂、天津钢厂第二炼钢厂、南京钢厂转炉分厂、邯钢第二炼钢厂等。

1994 年第四次全国连铸工作会议上，提出了以大力发展连铸生产，促进钢铁工业结构优化思路，要求到 20 世纪末实现全连铸厂（车间）超过 100 个，连铸比达到 80% 的目标（后来，这两个目标都实现了），向全行业发出了加速发展连铸生产的号召。

1994 年 11 月，国家计委批准组建连铸技术国家工程研究中心，旨在把高效连铸的各项成果迅速产业化，加快连铸生产技术的完善与发展。

第三个阶段：1995～1999 年——加快发展高效连铸技术的时期

1995 年初，在广州召开了高效连铸技术研究会，提出连铸高效化向国际先进水平靠近。同年冶金部得到国家计委支持，在 1995 年 10 月将高效连铸技术列为国家重点科技攻关项目。由冶金部钢铁研究总院连铸技术国家工程研究中心与广州钢厂共同承担此任务，冶金部设备研究院、自动化研究院、北京科技大学等单位参加。

这一时期，我国方坯高效连铸技术取得成效。一方面，连铸技术国家工程研究中心与多个企业联合开发了一系列具有自主知识产权的高效连铸技术与装备，如高效方坯结晶器（抛物线锥度、多锥度结晶器）；板簧式结晶器振动；二冷动态自控；多点与连续矫直机；全数字电动与液压结晶器液面自控；神经元网络控制结晶器漏钢自动预警与控制；全数字电动缸伺服控制结晶器正弦与非正弦振动；长寿耐火材料（主要是连铸三大件及含钙耐火材料）和优质保护渣等系统技术开发和产业化成功。另一方面，小方坯连铸机浇铸普碳钢、低合金钢 120mm × 120mm，方坯连铸机拉速最高可达 4.2m/min，浇铸 150mm × 150mm 断面拉速由以往的 1.8m/min 上升到 2.4～2.8m/min；作业率提高到大于 80%，连浇率提高到大于 10h、20h，有的 35h，最高大于 70h，连铸坯合格率达到 99.8% 以上。小方坯连铸机单流年产能力由设计年产 5 万吨/流提高到 10 万～15.5 万吨/流。1995 年首都钢铁公司第二、三炼钢厂提出连铸高效化改造，与此同时济钢也提出高效改造，到 1997 年济钢高效改造后投产，小方坯每流年产分别达到 11 万吨和 13 万吨，大大超过设计年产能力（5 万～8 万吨/流）。板坯高效连铸技术也实现了 200mm 厚度铸坯铸速能够达到 1.8mm/min 以上的较高水平。以高铸速为核心，同时实现高作业率、高连浇率的高效连铸，从总体上推动了中国连铸生产效率与水平稳步、高速、持续增长。

4.9.2 发生在中国连续铸钢领域的重要事件

4.9.2.1 首台国产化舞阳钢铁公司单流板坯连铸机

由上海宝钢集团工程总承包，中国重型机械总公司设备总包，北京钢铁设计研究总院做工厂设计和总体设计，中国第一重型机器厂、大连重型机器厂做设备设计并进行设备制造，宝钢炼钢厂进行操作指导的 300mm×1900mm 单机单流板坯连铸机于 1992 年 11 月 17 日投产热试。采用 75t 电炉（实际出钢量 90t）冶炼的碳素结构钢 SS41，钢液 87t 经 LF 炉吹氩精炼 34min 后，进入 1900mm 连铸机，成功地拉出第一块 250mm×1400mm 全长 28.21m 的板坯。第二次热试采用 90tUHP 电炉冶炼的 93t 钢液，又成功地拉出全长为 32.27m 的板坯。在单炉连铸成功的基础上又进行了双炉连铸试验，采用 75t 电炉和 90tUHP 电炉所炼的 180t 钢液，顺利地拉出全长 61.9m 的板坯。热试连铸坯经过精整火焰切割为 250mm×1400mm×(2200~2900)mm 的板坯运到轧钢厂，经 4200mm 特厚板轧机生产出厚度为 40mm 和 60mm 的合格钢板。

舞钢是生产特宽特厚特殊钢板的厂家。产品包括海洋平台钢、耐高压钢、工程结构钢、电站锅炉钢、压力容器钢、低合金结构钢、优质碳素钢和普通碳素钢等八大类。合金钢比占 35%~40%，板厚 150~250mm，而板厚 80mm 以下约占 80%。

连铸机形式：	直结晶器，6 点弯曲，4 点矫直，直弧形板坯连铸机
基本圆弧半径：	*R*10.5m
台数：	1 台
流数：	1 流
断面尺寸厚度：	210mm、250mm、300mm；宽度：1200~1900mm
定尺长度：	2100~2900mm
冶金长度：	28m
工作拉速：	0.7~1.2m/min
引锭装入方式：	上装式
切割方式：	在线一、二次火焰切割
出坯辊面标高：	+0.9m
浇铸平台标高：	+14.62m
年生产能力：	38.4 万吨

4.9.2.2 方坯连铸技术装备走出国门

北京钢铁设计研究总院设计研发与技术负责、上海东风机器厂制造的 CB-1 型，圆弧半径 *R*6m 2 机 2 流方坯连铸机出口印度尼西亚巴拉瓦加（BARAWAJA）钢厂，与 10t 电炉匹配，于 1990 年 4 月 1 日浇钢成功。浇铸方坯断面 100mm×100mm，120mm×120mm，采用电动机械剪剪断铸坯。结晶器长度 750mm，短臂四连杆结晶器振动装置，活动导坯段长度 1100mm，固定导坯段长度 3000mm×2，五辊拉矫机。这是中国第一台走出国门的方坯连铸机。

1993 年 7 月，武汉钢铁设计研究院技术负责设计供货的 1 台 2 机 2 流罗克普方坯连铸机在马来西亚大荣制钢公司投产。

4.9.2.3 板坯连铸技术装备走出国门

西安重型机械研究所设计研发与技术负责、上海重矿公司工程总包、上海宝钢操作指导，在市场竞标中，得到美国 Citi Steel 圆弧半径 *R*10058.4mm 板坯连铸机更新改造项目。项目名称：2032mm 板坯连铸机关键技术攻关。该连铸机浇铸板坯断面 254mm×2032mm，前工序所配电炉 190t，后工序配有 4200mm 中厚板轧机，70 年代初，是世界上最大的板坯连铸机之一。

长期以来，该连铸机生产的板坯存在着严重的表面横向裂纹、中心线裂纹、角部裂纹等严重质量问题，金属收得率只有 93.7%，50% 的板坯有中心线裂纹，产品质量低，市场滞销。20 多年中，经国际有关公司多次技术改造，始终未从根本上解决板坯质量问题。

在借鉴国际先进技术的基础上，中方 1990 年 12 月提出对该连铸机核心部位进行更新改造的技术方案，1991 年 2 月凭着技术方案的优越性一举中标，进入美国市场，承担了 2032mm 板坯连铸机关键技术攻关及设备更新改造，成为中国板坯连铸技术与装备首次走出国门的一次成功尝试。

改造后的板坯连铸设备与攻关技术成果分两期分别于 1992 年 2 月 26 日和 7 月 20 日投入使用，并一次性热负荷试车成功。设备运行结果表明，板坯表面裂纹减少了 97%，金属收得率由 93.7% 提高到了 96.3%，无中心线裂纹的板坯比率由 50% 提高到 100%，超过合同规定的 95% 的指标，拉坯速度由 19 英寸/min 提高到 22 英寸/min，提高了 16%，钢厂连铸坯的年产量由 20 万吨提高到 30 万吨。同时，减少了环境污染，改善了安全生产条件，减轻了工人劳动强度。

该项目的完成使一个连年亏损的企业在设备改造后的当年扭亏为盈，第二年盈利 432 万美元，第三年盈利 1600 万美元。同时给中国创汇 161 万美元。该项目的主要特点是采用了包括 4 项国际创新技术（已获国家专利）在内的 14 项关键技术，设备运行可靠、技术先进、性能优越、操作维修方便，有效地提高了连铸板坯的质量和产量，显著地提高了经济效益和社会效益，1992 年 7 月 23 日，美方发来贺电表示感谢。

第一批设备投入运营后，国务院重大技术装备领导小组办公室于 1992 年 5 月 5 日用《重大技术装备工作简报》的形式，以“中国大型板坯连铸机技术和装备开始进入国际市场”标题向中央常委、中央书记处、国务院进行了汇报。

该项目 1993 年 12 月获机械工业部科技进步一等奖，1995 年 12 月，获国家科技进步二等奖。

4.9.2.4 立足于国内设计成套、局部引进的百万吨级攀钢双机双流板坯连铸生产线

1993 年 10 月 18 日，由中国重型机械总公司、西安重型机械研究所、重庆钢铁设计研究院、中国第二重型集团公司、大重集团公司等单位协作完成的攀钢 1 台双机双流弧形多点矫直板坯连铸机一次热负荷试车成功。该连铸机主半径 *R*9m，浇铸板坯断面 200mm×1350mm，设计年产量 100 万吨。

攀钢 1350mm 板坯连铸机成套设备是经原国务院重大办、机电部、冶金部共同确定的第一套立足国内设计制造的百万吨级的双机双流板坯连铸机，并列为国家重大技术装备国产化试点工程项目（编号 75-50-07-18）和机械工业新产品试制项目（编号 91124430）。

该连铸机是继宝钢、鞍钢等引进板坯连铸机之后，第一次立足国内以中方为主进行设计的百万吨级的连铸机，总体设计合理，工艺流程顺行，设备布置合理得当，设计具有独创性、先进性。投产后铸坯综合合格率大于98%，钢液收得率大于95%，无清理率大于90%。

引进的主要设备是结晶器、零号扇形段、结晶器振动装置、火焰切割机，主机区域自动化控制系统及部分生产应用软件。其国产化率按设备重量计为95%，按装备投资价格计为80%。

和该板坯连铸机一起第一次在国内进行研制的设备有：LG四连杆钢包回转台，在线调宽的弧形结晶器，高频率低振幅四偏心可调的振动装置，锤刀式去毛刺机，这些设备的国产化成功，填补了中国连铸设备的空白。还具有钢液面自动控制，在线调宽，快速更换台，多点矫直、扇形段整体更换、结晶器振动试验台、辊缝自动检测、小辊径密排列铸坯诱导装置、气水雾化冷却、板坯热装、热送等技术特点，具有保证高生产率、高质量的工艺和装备技术。具有最佳切割、二冷数学动态模型控制，质量在线判定等生产应用软件，具有基础自动化和过程控制计算机两级计算机控制的世界先进的自动化控制系统。连铸机的整体工艺装备水平达到80年代的世界先进水平。

攀钢1350mm连铸技术装备获得三个第一，即世界上第一套落差15m的炼钢连铸生产线；第一次由中国人总承包并以中国人为主设计制造的板坯连铸成套设备；国产化第1台百万吨级板坯连铸成套设备。该项目1995年获机械工业部科技进步特等奖，1996年获国家科技进步一等奖。

4.9.2.5　当时中国断面最大的两台宽厚板坯连铸机

1995年10月18日，上钢三厂大电炉分厂投产了1台300mm×2000mm单机单流合金钢直弧形宽厚板坯连铸机。该连铸机由北京钢铁设计研究总院做工厂设计和辊列设计，西安重型机械研究所做设备设计。连铸机圆弧半径R10.5m，浇铸板坯断面（200、250、300）mm×（1200～2000）mm，稳定拉速0.5～1.6m/min，7点弯曲8点矫直，配100t电炉，直线段长度2.55m，全功能连杆式回转台，二冷分段辊带传动，上装引锭，快速调振幅，振动装置板式导向，二冷气水冷却，全交流传动，配置二次切割、去毛刺机、喷印机等。设计年产量75万吨，浇铸钢种普碳钢、合金结构钢、锅炉钢、工程机械用钢、船板钢、海洋平台用钢、石油管线用钢共14类。仅一次火焰切割机购买国外产品，其他设备均为国内设计制造。

2000年3月22日，鞍钢第一炼钢厂投产了1台300mm×2000mm单机单流直弧形宽厚板坯连铸机。该连铸机由鞍山钢铁设计研究总院做工厂设计，西安重型机械研究所做总体设计和设备设计。连铸机圆弧半径R10.59m，浇铸板坯断面（230、270、300）mm×（1650～2000）mm，稳定拉速0.5～1.6m/min，8点弯曲8点矫直，配90t转炉，直线段长度2.56m，全功能连杆式回转台，二冷分段辊带传动，上装引锭，快速调振幅，振动装置板式导向，二冷气水冷却，全交流传动，配置二次切割、去毛刺机、喷印机等。设计年产量110万吨，浇铸钢种普碳钢、低合金钢、锅炉钢、船板钢、海洋平台用钢、石油管线钢等。包括一次火焰切割机在内的全部设备均为国内设计制造。

4.9.2.6　中国在板坯连铸机上首次采用动态二冷水

1996年、1997年，酒钢钢铁公司两台浇铸断面220mm×1350mm、全弧形8点矫直、单机单流板坯连铸生产线投产，成套设备由西安重型机械研究所、包头钢铁设计研究总院合作设计。该板坯连铸二次冷却水数学模型 12.0 万字。把板坯表面温度、拉速等变量纳入到二次冷却水数学模型及软件系统应用于该台连铸机，填补了国内空白。

4.9.2.7　引进的两台板坯连铸机

1990 年 7 月 30 日，鞍山钢铁公司第三炼钢厂投产了 1 台 250mm × 1550mm 双机双流直弧形板坯连铸机。该连铸机由鞍山钢铁设计研究院做工厂设计和部分设备设计，日本神户制钢（KOBE Steel LTD.）做总体设计和主机设备设计。连铸机圆弧半径 *R*9.3m，浇铸板坯断面（200、230、250）mm ×（900 ~ 1550）mm，5 点弯曲 5 点矫直，配两座 150t 转炉，设计年产量 200 万吨，浇铸普碳钢、优质含磷钢、低合金钢、深冲钢等。这台连铸机采用气囊式引锭。1997 年 10 月 28 日由鞍山钢铁设计研究院改造设计后又投产 1 台单机单流生产线，年产量 185 万吨，配 180t 转炉。

1999 年 11 月 18 日，安阳钢铁公司第一炼轧厂投产了 1 台 250mm × 1500mm 直弧形单机单流板坯连铸机。该连铸机由奥钢联做成套设备总体设计和主机设备设计，北京钢铁设计研究总院做工厂设计和部分设备设计。连铸机圆弧半径 *R*8m，浇铸板坯断面（150、200、250）mm ×（900 ~ 1500）mm，连续弯曲连续矫直，配 100t 电炉，设计年产量 67 万吨，浇铸钢种锅炉钢、船板钢、压力容器钢、低合金结构钢等。这是中国首次采用单元体结晶器液压振动，液压式远程调整辊缝的连铸机。

4.9.2.8　宝钢集团公司基本国产化的两台板坯连铸机

1998 年 4 月 4 日、1998 年 4 月 18 日，宝钢集团公司炼钢部转炉二分厂投产了两台 230mm × 1450mm 双机双流板坯连铸机。由重庆钢铁设计研究院牵头负责，采用宝钢引进日立造船总体设计技术，联合西安重型机械研究所做设备设计。连铸机圆弧半径 *R*9.555m，浇铸板坯断面（210、230）mm ×（900 ~ 1450）mm，5 点弯曲 4 点矫直，配两座 250t 转炉，浇铸硅钢和镀锡板钢。

4.9.2.9　第 1 台完全国产化液压振动装置工业性应用

为了解决连铸板坯表面质量问题，1996 年 3 月，机械工业部管理的国家重点科技项目（攻关）计划子专题项目（合同编号：95-528-02-01-01C）“结晶器振动系统的研究”启动，由西安重型机械研究所关杰、曹永福、薛百忍负责，主要研究液压振动的机械结构、液压系统、液压缸、偏斜正弦振动（非正弦振动的一种）数学模型及自动控制系统。该项目在实验室做样机进行了试验，于 1998 年底圆满完成试验研究任务。1999 年 2 月通过了国家机械工业局（由原机械工业部缩编）行业管理司组织的专家组验收。

第 1 台工业化结晶器液压振动装置于 2005 年 4 月 28 日在宝钢集团单机单流中薄板坯连铸机上投入使用，于 2005 年 7 月 24 日又在唐钢双机双流板坯连铸机上投入使用。到 2016 年为止，所有带振动结晶器的连铸机，除少数小方坯连铸机外，几乎全部采用液压振动装置。

4.9.2.10　兰州钢厂薄板坯连铸机工业试验

国家计委、冶金部将“薄板坯连铸技术研究”列为国家“七 · 五”重点攻关研究课题，由冶金部钢铁研究总院牵头，兰州钢厂、冶金部自动化院等单位参加。兰州钢厂为配合该项目的攻关，在其厂内资金紧张的情况下，投资1200万元新建了一个薄板坯连铸试验车间和1座公称容量为6t的电炉，并与当时的600mm行星轧机相匹配。1990年，中国第1台薄板坯连铸试验机组在兰州钢厂建成，同年10月28日进行第一阶段的首次热负荷试车，拉出了中国第一块断面为50mm×900mm、长6m的薄板坯，并通过了国家验收。

“八·五”期间，国家计委又将“中宽度薄板坯连铸—连轧技术研究”列为重点科技攻关项目，由冶金部钢铁研究总院牵头承担，参加单位有兰州钢厂、冶金部自动化院、冶金部北京钢铁设计研究总院、安阳钢铁公司、北京冶金设备研究院、冶金部设备总公司、西安冶金机械厂等单位。鉴于“七·五”国家科研经费较少，兰州钢厂薄板坯连铸试验机组比较单薄，连铸机的装备水平和自动化控制水平较低，难以进行长期考核生产试验，因此，“八·五”攻关分成两期，第一期攻关课题为“完善兰钢薄板坯连铸试验装置”，完善后的连铸机不仅能进行稳定的工艺试验，而且要求连铸机结构具备一定的先进性，并能够进行批量生产。第二期攻关为结合兰钢技改工程，进行薄板坯连铸连轧的攻关研究。开发的椭圆双曲面内腔的变断面和等断面型结晶器、浸入式水口和保护渣三大关键技术满足了薄板坯连铸工艺及质量要求，经多次试验，薄板坯合格率达97%以上，并达到日产600t的能力。1994年12月通过国家鉴定验收。1995年，“中宽度薄板坯连铸技术”获冶金工业部科技进步一等奖；1996年，“中宽度薄板坯连铸技术”获国家科技进步二等奖。

4.9.2.11　大连重机厂弧形薄板坯连铸机工业试验

1988年，机械工业部拨出科研经费300万元，在机械工业部内部选择建设地点，经过调研，最终决定在大连重机厂进行薄板坯连铸机工业试验。技术方案经过变动后，最后由大连重机厂负责设备设计，西安重型机械研究所负责自动化设计，北京钢铁研究总院负责工艺试验，还有燕山大学、东北大学、西安交大、重庆大学、大连理工大学等单位也参与试验研究。

1989年3月开始，设计立弯式工业试验机组。1990年又改为全弧形多点矫直薄板坯连铸试验方案，电炉容量10t，钢包最大容量20t，铸坯规格（60～50）mm（留有42mm厚度的可能）×(900～1350)mm，连铸机速度0.3～5.9m/min，拉坯速度0.5～5m/min，连铸机基本半径R5.7m，矫直半径$R_1$7.6m、$R_2$11.4m、$R_3$22.7m、$R_4\infty$，采用长度800mm结晶器（上边350mm为直线段，下面450mm为弧线段），机长12.154m，浇铸钢种A3、15、16Mn，设计年产量40万吨。

1994年5月12日开始试验，1996年结束试验，共浇铸76炉钢，60mm×1350mm断面，最高拉速3.7m/min。铸轧后断面46mm×900mm。

1997年，“大重弧形薄板坯连铸机工业试验”获机械工业部科技进步一等奖，1998年，“大重弧形薄板坯连铸机工业试验”获国家科技进步三等奖。

4.9.2.12　中国特钢连铸技术得到发展

20世纪90年代，中国的特钢生产设备和生产技术相对落后，表1-4-36都是从国外引进的方坯连铸机。

表 1-4-36　中国主要特钢企业引进的特钢连铸机

项目＼钢厂	陕西钢厂	长城钢厂	大冶钢厂	重庆特钢	上钢五厂	抚顺特钢	西宁特钢
引进商家	德国克虏伯	德国克虏伯	德国克虏伯	日本三菱	达涅利	达涅利	康卡斯特
冶炼炉	EAF，LF	EAF，AOD	EAF，LF/VD	EAF	LD	UHPLF/VD	UHPLF/VD
吨位×座数	20t×1	10t、18t×1	50t×1	15t×4	15t×3	50t×1	50t×1
钢包容量/t	30	20	70	25	25	60	60
机型	弧形	弧形	弧形	弧形	弧形	弧形	弧形
流数	2（3）	2（3）	4	2	4	4	3
铸坯断面/mm×mm	130×130 200×200	150×150 200×200	140×140 180×180 ϕ155，ϕ195	140×140 180×180 200×200	120×120 140×140 160×160	200×200 240×240 280×320	235×265
设计年产量/万吨	10（15）	6（10）	15～20	6	12	40	25
连铸机半径/m	9/17.5	9/17.5	9/17.5	10	6	12/16.5/30	11/21
拉速/$m \cdot min^{-1}$	1.9；1.1	1.6；1.1	1.7；1.4 2.4；1.6	1.8～2.2 1.1～1.3 0.9～1.2	2.2～2.5 1.7～2.0 1.4～1.6	1.2；1.0； 1.5；0.9	0.6～0.9 一般0.75
流间距/mm	1250	1250	1250	1300	1300	1600	1500
铸坯切割方式	液压剪	液压剪	火焰切割	液压剪	液压剪	火焰切割	火焰切割
辊道传动形式	成组	成组	成组	单独	成组	成组	成组
冷床形式	拉钢机	拉钢机	横移车/拉钢机	推钢机	横移车/推钢机	推钢机	推钢机/冷床

4.9.2.13　每年召开一次全国连铸工作会议

1988年第一次全国连铸工作会议之后，从1990～1997年，每年召开一次全国连铸工作会议。进一步明确发展连铸生产是推动钢铁工业结构优化的重大战略措施；发展连铸生产必须实现炼钢—炉外处理—连铸的系统优化；在联合企业中从炼铁到轧钢，完善各工序的衔接匹配；优化连铸技术；发展高效连铸技术，近终形连铸技术的开发研究与产业化等，并针对不同阶段提出重点发展的各项措施，如连铸机建设、连铸比的提高、各项技术经济指标的提高与落实都有细致缜密的安排。在行业共同努力下保证了中国连铸生产在20世纪90年代实现了高速增长，迅速接近了发达国家连铸比的水平。

4.10　连铸技术发展综合性指标基本情况

20世纪90年代，新建和改造的各类板坯连铸机的数量约202台。到2000年末，世界上共有各类投产的板坯连铸机约550台800流（有一些是重复改造的，按估计值未计入）。2000年世界连铸坯的产量约7亿多吨，连铸比约87%。经过30年的努力，中国的连铸比也由1970年的仅1.4%迅速提高到2000年的87.53%，达到世界连铸比平均值的水平。表1-4-37是20多年来世界连铸比的发展变化情况。表1-4-38是20多年来中国连铸比的发展变化情况。

表 1-4-37　20 多年来世界连铸比发展变化情况

年　份	1970	1971	1972	1973	1974	1975	1976	1977	1978	1979	1980
连铸比/%	4.4	5.8	7.6	9.3	11.3	13.5	15.7	18.4	20.8	24.2	26.4
年　份	1981	1982	1983	1984	1985	1986	1987	1988	1989	1990	1991
连铸比/%	31.5	36.5	40.0	43.0	49.4	52.0	54.8	58.8	61.8	62.8	66.8
年　份	1992	1993	1994	1995	1996	1997	1998	1999	2000		
连铸比/%	70.9	69.7	73.5	76.4	77.6	80.5	83.2	84.4	87.0		

表 1-4-38　20 多年来中国连铸比发展变化情况

年　份	1970	1971	1972	1973	1974	1975	1976	1977	1978	1979	1980
连铸比/%	1.4	2.1	2.2	2.5	3.0	3.5	4.0	3.9	3.5	4.4	6.2
年　份	1981	1982	1983	1984	1985	1986	1987	1988	1989	1990	1991
连铸比/%	7.1	7.4	9.0	10.6	10.8	11.9	12.9	14.7	16.3	22.4	26.7
年　份	1992	1993	1994	1995	1996	1997	1998	1999	2000		
连铸比/%	30.4	34.4	40.3	47.1	53.7	60.0	67.6	75.7	87.5		

图 1-4-69 是 20 多年来世界连铸比发展变化情况。图 1-4-70 是 20 多年来中国连铸比发展变化情况。从图中可以看出，20 世纪 90 年代，中国在常规连铸技术领域发展十分迅速。

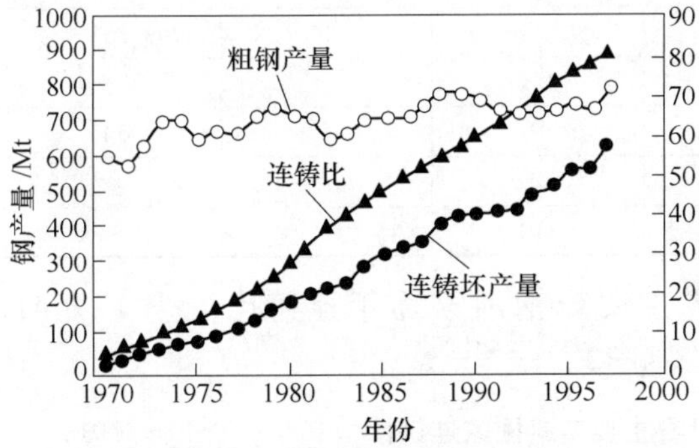

图 1-4-69　1970～2000 年世界连铸比与钢产量

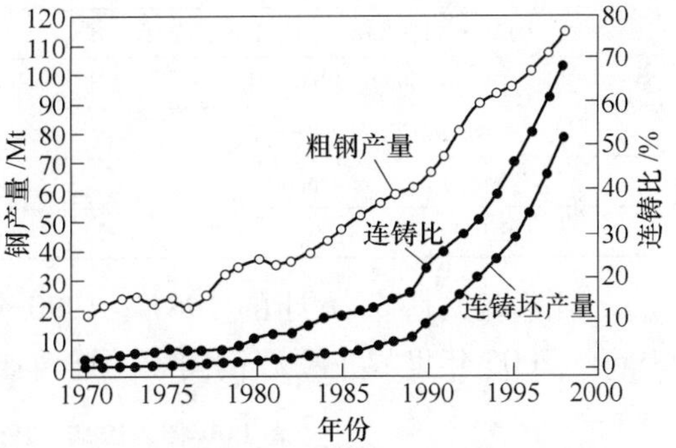

图 1-4-70　1970～2000 年中国连铸比与钢产量

2000 年统计的中国连铸机和年产能力见表 1-4-39。

表 1-4-39　2000 年统计的中国连铸机和年产能力

机别	台　数	流　数	年产能力/万吨	说　　明
小方坯	172	624	5346.5	≤150mm×150mm
方矩坯	104	378	3414	>150mm×150mm
小板坯	41	41	1575	单流，年产能力≤70 万吨
大板坯	22	37	3273	双流，或年产能力>70 万吨
圆 坯	16	40	377	
异形坯	1	3	63	
合 计	356	1123	14048.5	

2000 年 5 月份，连铸机连续 7 周不间断浇铸，连浇炉数最高纪录见表 1-4-40。

表 1-4-40　2000 年 5 月份连浇炉数最高纪录的连铸机　（炉）

连 铸 机	国 家	小方坯	大方坯	板 坯
AK Steel，Ashland	美国			1721
National Steel，Great Lakes 2	美国			1317
British Steel，Llanwern 1	英国			1165
Sumitomo Metal，Wakayama 3	日本		1129	
Sumitomo Metal，Kokura 2	日本		1065	
U. S. Steel，Gary 1	美国			1025
Kawasaki Steel，Mizushima 5	日本			927
U. S. Steel，Edgar Thomson	美国			887
U. S. Steel，Gary2A	美国			880
AK Steel，Middletown	美国			825
LTV Steel，Cleveland East	美国			661
Thyssen Stahl，Ruhrort 2	德国		632	
Siderar，San Nicolas 3	阿根廷			517
Nippon Steel，Kimitsu 1	日本		508	
Daido Steel，Chita 1	日本		502	
British Steel，Port Talbot 1	英国			403
National Steel，Great Lakes 1	美国			402
Voest Alpine Stahl，Donawitz 2	奥地利		365	
LTV Steel，Indiana Harbor 2	美国			351
Nucor Steel，Plymouth	美国	349		
Nisshin Steel，Kure 2	日本			345
Sicartsa，Las Truchas 3	墨西哥	319		
GS Industries，Georgetown 3	美国	310		

国际钢铁协会统计的 1981 ~ 1990 年世界主要产钢国家逐年连铸比见表 1-4-41，1960 ~ 2005 年世界主要产钢国家的连铸比见表 1-4-42。

表 1-4-41　1981 ~ 1990 年世界主要产钢国家连铸比　（%）

国家＼年份	1981	1982	1983	1984	1985	1986	1987	1988	1989	1990
比利时	30. 6	33. 0	38. 4	49. 5	60. 0	72. 4	85. 8	88. 0	90. 0	91. 7
丹麦	95. 8	96. 8	97. 4	99. 5	100. 0	100. 0	100. 0	100. 0	100. 0	100. 0
法国	51. 4	58. 5	63. 8	66. 9	80. 6	90. 1	93. 1	94. 0	93. 7	94. 3
联邦德国	53. 6	61. 9	71. 8	76. 9	79. 5	84. 6	88. 0	88. 5	89. 8	91. 3
爱尔兰	100. 0	100. 0	100. 0	100. 0	100. 0	100. 0	100. 0	100. 0	100. 0	100. 0
意大利	50. 8	58. 5	68. 2	73. 3	78. 6	84. 1	89. 9	92. 9	94. 1	94. 8
卢森堡	7. 0	19. 4	24. 1	26. 2	28. 3	34. 6	37. 5	34. 2	33. 5	34. 1
荷兰	21. 2	31. 0	36. 0	38. 7	39. 1	42. 7	65. 0	75. 6	87. 1	93. 4
葡萄牙	38. 2	46. 5	42. 5	39. 7	42. 8	44. 2	46. 0	46. 9	51. 4	54. 6

续表 1-4-41

国家＼年份	1981	1982	1983	1984	1985	1986	1987	1988	1989	1990
西班牙	39. 5	41. 9	45. 9	49. 4	57. 0	61. 2	66. 7	74. 4	86. 0	89. 0
英国	31. 8	39. 0	46. 6	52. 0	54. 8	60. 5	64. 9	70. 5	80. 2	83. 6
欧共体平均	44. 6	51. 6	58. 8	63. 7	69. 5	75. 9	81. 3	84. 1	87. 8	89. 6
奥地利	62. 4	77. 3	87. 6	89. 0	93. 4	94. 6	95. 7	95. 5	95. 7	95. 9
芬兰	91. 9	93. 4	93. 5	94. 2	93. 5	94. 4	94. 0	93. 9	94. 0	97. 8
挪威	16. 0	29. 6	36. 5	51. 4	55. 6	56. 7	53. 9	53. 4	60. 3	92. 2
瑞典	66. 8	76. 0	79. 7	79. 6	80. 6	81. 8	83. 6	83. 0	82. 3	85. 8
土耳其	48. 4	55. 7	63. 6	72. 0	75. 7	77. 8	79. 2	84. 6	82. 3	82. 2
南斯拉夫	43. 2	47. 4	51. 6	51. 8	53. 5	53. 4	54. 7	61. 9	64. 7	70. 2
欧共体以外西欧国家平均	59. 0	67. 1	72. 3	75. 4	75. 0	78. 1	79. 3	82. 2	82. 5	85. 4
西欧国家平均	46. 2	53. 6	60. 7	65. 3	70. 3	76. 2	81. 0	83. 8	87. 0	89. 0
加拿大	32. 2	32. 8	37. 4	38. 4	43. 6	45. 8	49. 0	69. 3	76. 1	76. 7
美国	20. 3	29. 0	32. 1	39. 6	44. 4	55. 2	59. 8	61. 3	64. 8	67. 1
日本	70. 7	78. 7	86. 3	89. 1	91. 1	92. 7	93. 3	93. 1	93. 5	93. 9
澳大利亚	13. 0	17. 5	24. 6	27. 0	27. 1	27. 0	44. 5	71. 5	80. 0	81. 5
南非	55. 2	61. 2	60. 0	61. 5	64. 7	63. 9	63. 9	69. 6	73. 4	73. 7
西方工业化国家平均	44. 4	54. 9	60. 0	64. 5	68. 7	73. 9	77. 2	80. 0	82. 9	84. 5
阿根廷	49. 2	51. 8	48. 6	47. 4	62. 5	64. 9	65. 3	68. 2	74. 0	78. 2
巴西	36. 4	41. 1	44. 3	41. 3	43. 7	46. 1	45. 5	49. 0	53. 9	58. 5
智利	1. 4	0. 8	1. 3	1. 6	1. 9	2. 7	1. 7	1. 7	1. 6	1. 9
墨西哥	31. 9	37. 9	55. 2	54. 0	51. 0	47. 3	54. 2	55. 9	58. 1	60. 0
委内瑞拉	62. 2	70. 0	76. 8	72. 0	73. 6	71. 3	77. 0	78. 7	83. 5	85. 0
韩国	44. 3	51. 1	56. 6	60. 6	63. 3	71. 1	83. 5	88. 3	94. 1	96. 1
中国台湾省	58. 5	80. 9	84. 7	82. 8	83. 6	88. 3	89. 6	93. 6	93. 1	96. 1
卡塔尔	98. 7	98. 6	98. 7	98. 7	98. 7	98. 6	98. 4	98. 7	98. 5	98. 6
市场经济国家及地区平均	44. 1	54. 3	59. 5	63. 3	67. 1	71. 9	75. 3	78. 2	81. 2	84. 2
保加利亚	0. 0	0. 0	7. 0	10. 0	9. 3	13. 6	12. 4	15. 5	15. 5	15. 4
捷克和斯洛伐克	1. 5	2. 5	5. 1	7. 3	7. 7	8. 2	8. 5	8. 7	9. 2	11. 5
民主德国	15. 8	17. 2	18. 1	25. 6	33. 7	36. 5	37. 6	39. 6	41. 0	41. 1
匈牙利	35. 4	23. 6	39. 3	46. 6	46. 6	52. 1	55. 9	63. 2	55. 6	55. 0
波兰	3. 8	4. 3	4. 0	10. 1	10. 3	10. 6	11. 0	11. 1	7. 7	7. 0
罗马尼亚	20. 7	22. 4	26. 0	30. 2	29. 9	31. 9	32. 4	31. 5	34. 2	36. 5
苏联	12. 2	12. 6	12. 4	12. 7	13. 6	15. 0	16. 1	16. 6	17. 3	17. 9
东欧国家平均	11. 7	12. 3	12. 6	14. 3	15. 2	16. 6	17. 7	18. 2	18. 5	18. 7
世界平均	33. 8	39. 6	43. 0	46. 9	49. 7	52. 4	55. 2	58. 5	61. 2	64

表 1-4-42　1960 ~ 2005 年世界主要产钢国家的连铸比

（%）

年份＼国家或地区	奥地利	比利时	芬兰	法国	德国①	意大利	卢森堡	荷兰	西班牙	瑞典	英国	捷克	匈牙利	波兰	罗马尼亚	土耳其	苏联/俄罗斯	乌克兰	加拿大	墨西哥	美国	阿根廷	巴西
1960																							
1970	8.0		69	0.8	8.3	4.2					1.8						4.3/				3.7		
1975	21.3	4.1	73.6	12.9	24.3	26.7			21.0	24.8	8.5	0.5		2.2			7.1/		13.3	13.2	9.1	24.2	5.7
1980	51.2	25.7	90.2	41.3	46.0	50.1		5.9	36.4	49.0	27	1.5	35.0	3.6	18.1	7.2	12.5/		25.6	29.7	20.3	53.4	33.6
1985	93.4	60.0	93.5	80.6	79.5	78.6	28.3	39.1	57.0	80.6	54.8	7.7	46.6	10.3	29.9	65.7	13.3/		43.6	54.3	44.4	62.4	43.7
1990	95.5	91.7	97.8	94.3	91.3	94.8	34.1	93.4	89.0	85.8	83.6	11.5	55.0	7.0	36.5	82.2	17.9/		76.7	60.0	67.1	78.2	58.5
1991	97.1	92.2	99.4	95.0	89.5	95.1	34.7	95.0	91.8	87.7	85.5	15.0	82.7	6.7	40.1	83.0	17.7/		83.6	62.0	75.1	85.0	56.0
1992	96.7	93.9	99.5	95.2	92.0	96.1	41.6	95.5	93.2	85.8	87.0	21.9	92.2	9.1	38.0	85.0	/17.1		86.5	64.5	78.9	81.5	58.0
1993	96.3	91.2	99.4	95.4	93.9	96.5	38.3	96.9	95.8	88.7	86.1		87.5	9.8	43.0	88.4	/28.0	7.0	91.1	64.4	85.5	95.2	57.3
1994	96.0	94.6	99.4	94.7	95.6	96.2	29.5	96.4	95.7	87.7	87.2	65.2	89.0	12.8	46.2	91.3	/31.7	6.7	96.0	80.2	88.9	94.5	59.3
1995	96.3	97.3	99.2	94.3	95.4	96.4	46.2	95.9	95.5	86.7	86.6	32.6		12.8	45.0	92.5	/37.1	11.5	96.4	79.7	91.0	94.4	63.4
1996	97.8	97.8	99.4	94.6	95.8	96.6	52.8	97.5	95.8	88.2	88.4	47.2		21.3	49.3	93.09	/40.8	12.4	97.0	76.8	93.2	96.1	71.6
1997	96.6	98.8	99.4	94.9	96.0	96.5	83.8	97.5	96.3	87.5	90.0		96.3	54.7	47.0	92.8	/41.0	20.6	97.6	76.8	94.7	96.7	73.9
1998	96.4	98.9	99.4	94.7	95.7	96.1	96.3	97.7	96.3	87.8	94.4	62.6	99.4	62.0	50.0	95.8	/51.7	17.5	97.9	84.9	95.3	96.8	80.4
1999	96.5	99.8	99.5	95.4	96.3	95.9	97.1	97.9	96.6	88.1	95.9	67.9	99.9	71.0	59.9	98.0	/49.8	19.5		92.6	95.9	97.8	88.2
2000	96.2	99.8	99.5	95.0	96.3	96.3	97.5	97.2	96.5	87.2	95.5	87.1	100	72.4	65.3	98.7	/49.7	19.6		93.5	96.4	98.0	90.2
2001	96.4	99.8	99.4	94.7	96.0	96.0	97.2	97.8	96.5	89.1	96.2	87.1	100	59.0	77.4	99.9	/50.9	19.8	97.6	98.6	96.9	97.9	91.6
2002	96.9	99.8	99.5	96.5	96.4	96.3	98.6	98.0	96.8	88.8	95.8	89.0	99.7	71.7	83.6	100	/54.3	19.5	97.7	99.7	97.2	98.0	92.6
2003	96.4	99.8	99.5	96.3	96.2	96.3	99.5	98.2	96.8	89.2	96.2	90.3	100	71.7	81.8	100	/54.3	20.0	97.8	99.0	97.0	98.1	91.9
2004	96.0	100	99.5	96.1	96.8	96.4	100	98.0	98.0	88.8	97.2	90.1	99.6	77.1		100	/54.3	44.6	98.5	96.2	97.2	98.3	92.7
2005	96.2	100	99.5	95.8	96.4	95.7	100	98.0	98.0	88.8	97.8	88.8	99.9	77.2		100	/54.0	44.8	98.8	98.0	96.8	98.5	92.4

续表 1-4-42

年份 \ 国家或地区	委内瑞拉	拉美	埃及	南非	伊朗	沙特	中东其他	中国	印度	日本	韩国	中国台湾	亚洲其他	澳大利亚	新西兰	丹麦	希腊	爱尔兰	挪威	世界总计		
																				产量/万吨	连铸比/%	连铸机总数/台
1960																				165	0.5	36
1970				12.8				1.3		5.6										3000	6.3	325
1975				20.4				3.9		31.3	19.7			0.6		13.1				8500	14.2	651
1980				51.9				6.2		59.5	32.4			10.3		73.3			12.9	19500	29.9	1020
1985	73.5			64.7				10.7		91.1	63.2	83.6		27.1		100		100		33203.7	49.4	1318
1990	85.0			73.7				23.2		93.9	96.1	96.1		80.7	100			100			64.1	约 1420
1991	80.2		96.2	75.9		100		26.5	14.3	94.4	96.4	94.6		80.7	100	100	89.5	100	93.4	45369.6	62.9	
1992	97.8		96.3	79.7	100	100		30.0	16.0	95.4	96.8	94.9		84.0	100	100	100	100	100	45718.9	65.3	1500
1993	96.6	63.7	85.7	84.9	100	100	100	34.0	20.5	95.7	97.8	98.5	69.9	97.9	100	100	100	100		49586.6	69.7	
1994	94.1	64.6	90.4	90.7	100	100	100	40.3	43.9	96.9	97.8	99.0		99.9	100	100	98.9	100	100	52515.4	73.6	
1995	94.2		87.9	92.6	100	100	100	47.1	21.7	95.8	98.2	99.1		100	100	100	100	100	100	55938	76.4	
1996	93.5		93.1	94.4	100	100	100	51.2	33.8	96.4	98.3	99.8		99.3	100	100	100	100	100	57689	77.6	
1997	100		94.3	97.6	100	100	100	60.7	43.8	96.6	98.7	100		99.4	100	100	100	100	100	63901	80.5	
1998	84.9	71.3	97.6	98.0	100	100	100	67.6	50.9	96.9	98.6	100		99.4	100	100	100	100	100	64470	83.2	
1999	100	88.7	95.2	98.2	100	100	100	77.6	54.6	97.2	98.5	99.4	99.0	98.6	100	100	100	100	100	66730	84.4	
2000	100	90.5	96.9	98.2	100	100	100	83.4	60.9	97.3	98.6	99.8	100	99.6	100	100	100	100	100	72660	86.0	
2001	100	85.0	97.4	98.2	100	100	100	85.2	63.3	97.5	98.7	99.5	100	99.4	100	100	100	100	100	73050	87.6	
2002	100	86.0	97.7	98.4	100	100	100	91.2	65.2	97.8	98.6	99.4	100	99.4	100	100	100	100	100	73730	88.4	
2003	100	86.3	97.8	98.6	100	100	100	91.2	65.3	97.7	98.5	99.4	100	99.3	100	100	100	100	100	84610	88.0	
2004	100	91.1		98.7	100	100	100	94.0	65.9	97.8	98.3	99.6	100	99.3	100	100	100	100	100	95600	90.0	
2005	100	90.2		98.5	100	100	100	95.7	65.9	97.8	98.1	99.6	100	99.3	100	100	100	100	100	102190	90.7	

① 德国连铸比在 1990 年以前均为联邦德国的数据。

5　21 世纪的连续铸钢技术

5.1　连铸发展过程的里程碑技术

里程碑式的连铸装备关键技术见表 1-5-1。这是 Manfred Michael Wolf 在美国钢铁工程师协会（AISE）成立的钢铁基金会，于 2003 年组织编写的《钢的冶炼、成形及处理（MSTS）——铸造卷》报告集中所写的连铸“历史问题和关键技术”（2000 ~ 2001 编写）中的一个表。本篇作者做了少许修改。

从表 1-5-1 中可以看出，近年来，连续铸钢领域基本上没有出现里程碑式的装备技术，都是在前人已有概念和已有低层次技术上不断实践、不断精细化、不断完善、提高、发展并产业化，从而使连铸机达到了高效率、高质量、高可靠性生产。

表 1-5-1　里程碑式的连铸装备关键技术

关　键　技　术	主要发明者/实施者（年份）
（1）钢液供应与中间罐操作	
钢包回转台	1970 年后
钢包滑动水口	Benteler（1960）；U. S. Steel-Gary（1961）
钢包炉	Bofors（1967）；Finkl（1968）
钙处理 Al 细化晶粒钢	Von Roll Gerlafingen（1980）
钢包加盖：罩式	Wakayama（1969）
钢包长水口	SAFE Hagondange（1965）
钢包下渣检测装置	MPC（1980）；Amepa（1984）
中间罐惰性气体保护	Timken（1969）；Decazeville（1974）
中间罐回转更换/连接浇铸	Thyssen Ruhrort（1980）
中间罐热循环	Maxhuette（1972）；ALZ（1976）；神户加古川（1989）；住友金属工业和歌山（1996）
中间罐加热：—热辐射式	Timken（1969）
—感应式	Decazeville（1974）；KSC 千叶（1982）
—等离子式	新日铁广幡（1987）；神户加古川（1989）
从中间罐底部吹氩	历年来仅停留在试验阶段
中间罐滑动水口	美国钢铁公司-Gary（1967）；住友金属工业和歌山（1971）
中间罐塞棒吹氩	Rheinstahl Hattingen（1970）
浸入式水口快速更换装置	美国钢铁公司-Gary（1967）；英国钢铁公司 Lackenby（1986）

本章作者：杨拉道，谢东钢；审查：王蓉，黄进春，王公民，王受田，李淑贤

续表 1-5-1

关　键　技　术	主要发明者/实施者（年份）
（2）结晶器技术	
多锥度内腔结晶器	Benteler（1963）；UBC（1986）
结晶器保护渣润滑	Low Moor Alloy Steelworks（1960）
发热型开浇保护渣	Mannesmann（1975）
结晶器保护渣自动供给装置	住友金属工业和歌山（1972）
结晶器液压振动装置	Koppers（1962）；三菱重工（1965）；NKK（1977）
双向流动的浸入式水口	Mannesmann（1965）；Dillingen（1965）
多孔式浸入式水口	Inland Steel & Bethlehem Steel（1968）
结晶器液面控制：	B&W（1948）；Barrow（1958）
—用放射性元素	
—结晶器集成式传感器（涡流式）	MPC（1974）
—悬浮式传感器	NKK（1979）
结晶器电磁搅拌（MEMS）	Arbed/Irsid（1976）
结晶器电磁制动（EMBR）	川崎制铁/ASEA（1982）
使用热电偶的结晶器仪表化：	
—黏结监测	Kawasaki Steel Mizushima（1982）
—表面质量预测	Nippon Steel Sakai（1985）
直结晶器弧形连铸机	
—全凝固	Barrow（1958）；Dillingen（1964）
—带液芯	Olsson（1962）；VAI（1968）
弧形结晶器连铸机概念	Schaaber（1952）；Schneckenburger（1956）；徐宝升（1960）
双坯结晶器浇铸（也叫双浇结晶器）	Atlas Steels Welland（1954）
异型坯结晶器和连铸机	Bisra（1964）；Algoma（1968）
板坯连铸在线热态调宽	新日铁名古屋（1974）；中国 2011 年 7 月 28 日应用于土耳其双流板坯连铸机，同年 12 月 2 日应用于新疆八一钢铁有限公司
结晶器专家系统	大约 2005 年后
（3）铸坯导向、出坯和后续加工	
厚钢板焊接的扇形段上、下框架	VAI，1999 年后
气水雾化冷却	Mannesmann（1975）
二冷水动态控制	Rheinstahl Hattingen（1970）
分段辊支撑铸坯	VAI（1968）
渐进式铸坯弯曲	Olsson（1960）
渐进式铸坯矫直	Mannesmann（1964）
辊缝仪	U. S. Steel-Gary（1976）；Mannesmann/Wiegard（1980）
铸流电磁搅拌（SEMS）：	

续表 1-5-1

关 键 技 术	主要发明者/实施者（年份）
—大方坯/小方坯	SAFE Hagondange（1975）
—板坯（插入式）	新日铁/安川（1973）
—板坯（辊式）	20 世纪 90 年代，鞍钢投产的神户制钢板坯连铸机已采用二冷区辊式电磁搅拌。2007 年中国岳阳中科从武钢开始国产化后，已经快速推广
凝固末端电磁搅拌（FEMS）	神户制钢 Nadahama（1981）
铸流静态轻压下	NKK（1974）
铸流动态轻压下	达涅利 1995；VAI，1997 年； 中国，国产产品 2005 年应用宝钢中薄板坯连铸机
宽板坯纵切	National Steel Great Lakes（1977）
铸坯在线定尺控制	Boehler/Demag（1967）
Al 处理钢在线淬火	住友电气（1982）
实时质量预测	Voest Alpine Stahl Linz（1986）
热表面检查（涡流法）	Sollac Fos（1988）
板坯压力定宽机	新日铁大分（1980）；川崎制铁水岛（1986）
热态直接轧制	Benteler（1962）；新日铁堺厂（1981）
完整的线内快速更换、线外维修设备	1975 年后，西马克、德马克、日立造船、住友重机等
薄板坯连铸连轧生产线的出现	1989 年后，西马克、德马克、达涅利、奥钢联、住友重机等

5.2　连续铸钢技术创新取得的成果

5.2.1　总体数据

进入 21 世纪的 2000 ~ 2014 年，世界粗钢量由 8.36 亿吨增长到 16.65 亿吨，中国粗钢产量由 1.29 亿吨增长到 8.23 亿吨，中国粗钢产量 15 年间增长了约 7 亿吨，中国以外的世界其他国家 15 年间粗钢产量只增加了 1 亿吨，比起 2014 年来，2015 年、2016 年世界和中国的钢产量均稍有回落。2014 年统计，中国年产粗钢 100 万吨以上的钢铁企业共有 73 家，其中 4000 万吨以上的有 2 家，3000 万 ~ 4000 万吨的有 4 家，1000 万 ~ 2500 万吨的有 13 家，500 万 ~ 1000 万吨的有 12 家，100 万 ~ 500 万吨的有 42 家。所以从 2000 年到目前为止的 16 年中，连续铸钢技术领域发生的重大事件大多在中国，理所当然连铸机跟进增加，连铸技术在中国的发展尤为迅猛，所以有人说，进入 21 世纪，钢铁行业大体上就是中国的世纪。进入 21 世纪，连铸技术趋于成熟，连铸工厂主要围绕产品品种、产品质量、降低成本、提高生产操作的稳定性而展开。

图 1-5-1 是 1949 ~ 2000 年中国历年粗钢产量增长情况，图 1-5-2 是进入 21 世纪世界

和中国粗钢产量发展变化，表 1-5-2 是 2000 ~ 2016 年全球和中国粗钢产量及连铸比，表 1-5-3 是1949 ~ 2016 年中国粗钢与生铁产量情况。表 1-5-4 是从 1958 年开始中国连铸机建设与生产的主要指标。

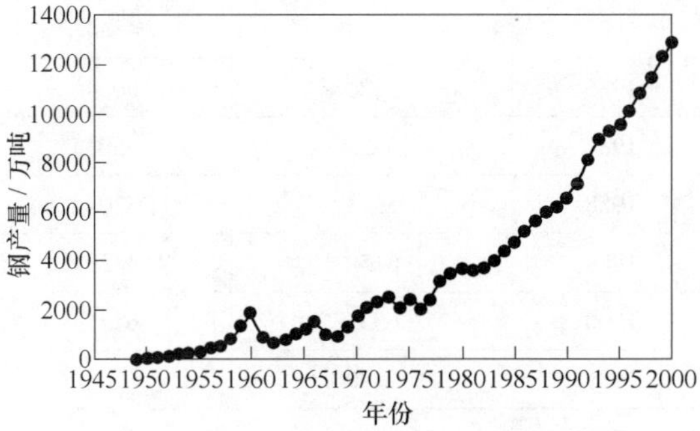

图 1-5-1　1949 ~ 2000 年中国粗钢产量

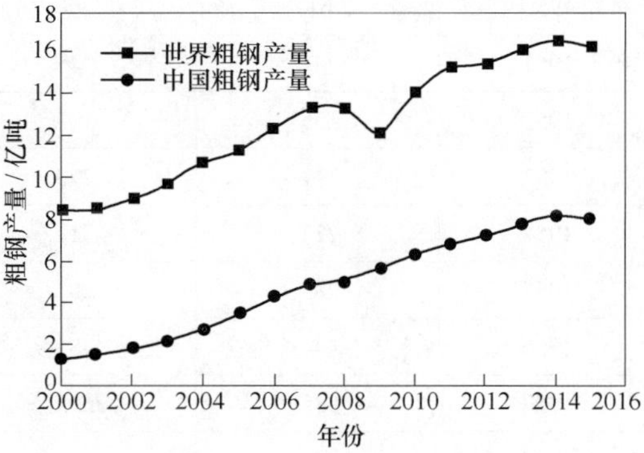

图 1-5-2　进入 21 世纪世界和中国历年粗钢产量

表 1-5-2　2000 ~ 2016 年全球和中国粗钢产量及连铸比

年　份	世界粗钢产量/亿吨	世界连铸比/%	中国粗钢产量/亿吨	中国连铸比/%
2000	8.36	86.5	1.29	84.81
2001	8.47	86.8	1.52	89.68
2002	9.01	88.7	1.82	92.41
2003	9.65	89.5	2.22	95.31
2004	10.69	89.9	2.72	98.35
2005	11.30	91.1	3.53	97.51
2006	12.39	—	4.30	98.57
2007	13.39	—	4.90	98.86
2008	13.29	—	5.01	98.80
2009	12.20	—	5.68	98.90
2010	14.14	—	6.39	98.12
2011	15.29	—	6.83	98.36
2012	15.48	—	7.17	98.50
2013	16.07	—	7.79	98.36
2014	16.65	—	8.23	
2015	16.23	—	8.04	
2016	16.29	—	8.08	
2020			约 7.00（估计）	

表 1-5-3　1949～2016 年中国历年粗钢与生铁产量

年　份	钢产量/万吨	生铁产量/万吨	年　份	钢产量/万吨	生铁产量/万吨
1949	15.8	25	1983	4002	3738
1950	61	98	1984	4348	4001
1951	90	145	1985	4679	4384
1952	135	193	1986	5221	5064
1953	177	223	1987	5628	5503
1954	223	311	1988	5943	5704
1955	285	387	1989	6159	5820
1956	447	483	1990	6535	6237
1957	535	594	1991	7100	6765
1958	800	1369	1992	8093	7589
1959	1387	2191	1993	8954	8738
1960	1866	2716	1994	9261	9741
1961	870	1281	1995	9536	10529
1962	667	805	1996	10124	10721
1963	762	741	1997	10891	11511
1964	964	902	1998	11459	11852
1965	1223	1077	1999	12395	12533
1966	1532	1334	2000	12850	13101
1967	1029	963	2001	15163	15554
1968	904	857	2002	18224	17079
1969	1333	1280	2003	22233	21366
1970	1779	1706	2004	27279	25185
1971	2132	2100	2005	35579	34473
1972	2338	2355	2006	42102	41364
1973	2522	2490	2007	48971	47660
1974	2112	2062	2008	51233	48322
1975	2390	2449	2009	57707	56863
1976	2046	2233	2010	63874	59560
1977	2374	2505	2011	68327	62969
1978	3178	3479	2012	71654	65791
1979	3448	3673	2013	77904	70897
1980	3712	3802	2014	82270	71160
1981	3560	3417	2015	80382	69141
1982	3716	3551	2016	80837	70074

表 1-5-4　中国连铸机建设与生产的主要指标

年份	台数/设计能力/台·万吨$^{-1}$	连铸比/%	连铸坯产量/万吨	年份	台数/设计能力/台·万吨$^{-1}$	连铸比/%	连铸坯产量/万吨
1958	1/5			1983	37/564.5	9.0	358.5
1959	1/5			1984	41/599.5	10.6	460.2
1960	2/10		0.02	1985	48/667	10.8	501.89
1961	2/10			1986	65/983	11.89	622.45
1962	2/10		0.0907	1987	74/1112.5	12.97	724.0
1963	2/10		1.2127	1988	90/1444	14.73	872.0
1964	3/15		2.383	1989	112/2201	16.37	1004.0
1965	5/61		2.932	1990	122/2520	22.42	1480.65
1966	6/66		3.0	1991	130/2638	26.67	1882
1967	7/76			1992	147/3077.5	30.0	2428
1968	7/76			1993	174/—	34.4	3060
1969	7/76			1994	209/—	40.3	3670.64
1970	9/93	1.4	24	1995	427/5294	47.1	4377
1971	9/93	2.1	30	1996	447/6000	53.3	5392.9
1972	10/115.5	2.2	50	1997	362/10297	60.7	6508
1973	13/153	2.5	65	1998	336/—	68.8	7730
1974	13/153	3.0	70	1999	356/14048.5	78.3	9600
1975	13/153	3.5	86.517	2000	386/14196.5	85.73	10610
1976	13/153	4.0	75.64	2001	—	89.44	13360
1977	13/153	3.9	85.0	2002	551/29204	93.7	16790
1978	21/312	3.5	111.0	2003	654/35493	95.40	21211.2
1979	25/397	4.4	147.85	2004	684/40592.75	96.03	26196.8
1980	25/397	6.2	229.63	2005	765/43943.75	95.7	34049.1
1981	27/422	7.1	254	2006	996/—	98.5	41470.8
1982	33/507.5	7.94	274.9				

5.2.2　大断面连铸机

5.2.2.1　特大断面连铸机

表 1-5-5 是国内外特厚板坯（厚度≥400mm）、特大方坯、特大圆坯连铸机。

表 1-5-5　国内外特厚板坯、特大方坯、特大圆坯连铸机汇总

序号	钢铁公司	连铸机类型	铸坯断面/mm×mm	投产时间	供货商
1	澳大利亚 BHP 公司 4 流方（矩）坯	弧形	400×630	1987 年	神户制钢
2	日本新日铁名古屋	立式	（400、600）×2360	1996 年	日立造船

续表 1-5-5

序号	钢铁公司	连铸机类型	铸坯断面/mm × mm	投产时间	供货商
3	德国迪林根 5 号连铸机	立弯式	400 × 2200； 450 × 2200	1998 年； 2010 年	西马克
4	韩国浦项	直弧形	400 × 2200	2011 年 2 月 14 日	奥钢联
5	美国俄亥俄州坎顿铁姆肯钢材（Timken Steel）公司 Faircrest 钢铁厂	立式	460 × 610	2014 年 10 月 21 日	SMS Concast
6	德国迪林根双流立式连铸机	立式	（300 ~ 500） （预留 600） × 2200	2015 年 9 月 3 日	西马克
7	首钢集团首秦有限公司	直弧形	400 × 2400	2010 年 6 月 29 日	奥钢联
8	江阴兴澄特钢有限公司	直弧形	450 × 2600	2014 年 10 月 15 日	中冶京诚
9	江西新余钢铁有限公司	直弧形	420 × 2400	2011 年 3 月 10 日	中冶赛迪
10	河南南阳汉冶特钢公司	直弧形	420 × 2700	2011 年 5 月 18 日	中国重型院
11	唐山文丰山川轮毂有限公司	直弧形	400 × 2400	2013 年 10 月 26 日	中国重型院
12	江阴兴澄特钢公司 3 流圆坯	弧形	ϕ1000mm 特大圆坯	2011 年 11 月 21 日	中冶京诚
13	湖北新冶钢特种钢管公司 4 流方（矩）坯连铸机	弧形	410(425) × 530	2011 年 5 月 16 日	中冶连铸
14	安徽芜湖新兴铸管三山钢铁公司 4 号方圆坯连铸机	弧形	方：410(425) × 530 圆：ϕ500 ~ ϕ800	2016 年 3 月 21 日	中冶京诚

1996 年、1998 年，特厚板坯连铸机分别在日本新日铁名古屋制铁所（设计浇铸厚度为 400mm、600mm，但未见浇铸 600mm 厚度的报道）和德国迪林根钢厂（设计浇铸厚度为 400mm，2010 年又改造为 450mm）投产后，在 2010 后又积极发展起来。这主要起源于奥钢联 2010 年 6 月和 2011 年 2 月分别投产的两台特征鲜明的宽厚板坯连铸机。

2010 年 6 月 29 日，奥钢联技术总负责并提供主要设备的中国首钢集团首秦公司 400mm × 2400mm 单机单流直弧形特厚板坯连铸机投产，该连铸机与 3 座 100t 转炉（BOF，冶炼周期 36min）匹配，圆弧半径 R11m，带液芯连续弯曲连续矫直，垂直段实际高度 3106.71mm（奥钢联标记 3570mm），弯曲区（投影长度 1700mm）包容 8 对辊子，矫直区（投影长度 4500mm）包容 13 对辊子。中间罐钢液容量 46t，连铸机共有 19 个扇形段，冶金长度 45m，结晶器长度 800mm，铸坯断面（250、300、350、400）mm ×（1600 ~ 2400）mm，稳定工作拉速 0.52 ~ 1.1m/min，浇铸钢种包括普碳钢、中碳微合金化钢、管线钢、高碳钢等 13 个类别 52 个钢种。出坯辊面标高 −5685mm，设计年产量 110 万吨，配置有现代化的几乎全部连铸新技术，它打破了直弧形连铸机在此之前不能浇铸 400mm 厚度板坯的禁忌。

2011 年 2 月 14 日，奥钢联技术总负责并供货的韩国浦项 400mm × 2200mm 特厚板坯连铸机为双机双流直弧形板坯固态矫直，与 300t 转炉（BOF）相匹配，垂直段高度 4000mm（奥钢联标记），圆弧半径 R16m，采用拉坯矫直机。冶金长度 24m，结晶器长度 800mm，铸坯断面（250、400）mm ×（1000 ~ 2200）mm，浇铸 400mm 厚度拉速控制在 0.40 ~ 0.45m/min，浇铸 250mm 厚度拉速控制在 0.9 ~ 1.0m/min，设计年产量 130 万吨。这台连铸机的特点就是在凝固终点后而固态矫直，如图 1-5-3 所示。

然而，中冶京诚工程技术有限公司很快就在江阴兴澄特钢公司把 2009 年建成的浇铸

370mm×2600mm 断面、圆弧半径 R11m 的直弧形板坯连铸机改造成为能够浇铸 450mm×2600mm 断面的连铸机，2014 年 10 月 15 日浇铸了 450mm×1900mm 模具钢板坯，第一浇次浇铸了 450 多吨钢液，第二浇次浇铸了 1650 多吨钢液，它可以浇铸高速钢、锅炉钢、工具模具钢、耐候钢、机械工程钢、船板钢、压力容器钢、管线钢等。

5.2.2.2　板坯厚度大于等于300mm 的板坯连铸机

进入 21 世纪，板坯厚度大于等于 300mm 的板坯连铸机在中国增加很快，特别是 2005 年以后。中国完全国产化的这类连铸机基本由中冶京诚工程技术有限公司、中国重型机械研究院股份公司、中冶赛迪工程技术有限公司设计供货；其余引进的这类连铸机主要由奥钢联［2011 年 10 月奥钢联更名为“西门子奥钢联冶金技术有限公司”；2015 年 1 月，三菱-日立冶金设备制造有限公司和西门子奥钢联冶金技术有限公司合作成立了“普瑞特冶金技术有限公司（Primetals Technologies，Limited Co.）”］和达涅利-戴维公司供货。

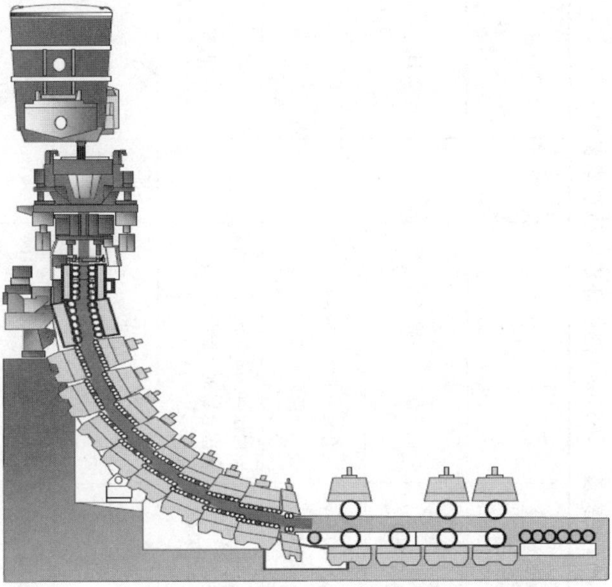

图 1-5-3　2011 年 2 月 14 日投产的韩国浦项直弧形双机双流凝固后矫直的特厚板坯连铸机

表 1-5-6 是统计到 2015 年年底，中国进入 21 世纪后正在生产和建成的 300mm≤厚度<400mm 或宽度>2000mm 的全部板坯连铸机基本参数。需要指出的是，21 世纪新建立的板坯连铸机绝大部分为直弧形，因为弧形连铸机和直弧形连铸机浇铸铸坯夹杂物指数明显不同，如图 1-5-4 所示。

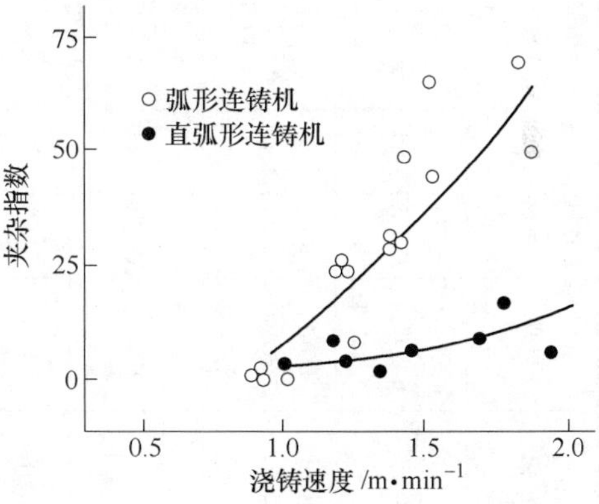

图 1-5-4　弧形、直弧形连铸机夹杂物指数比较

5.2.2.3　宽度最大的厚板坯连铸机

2010 年 10 月 30 日，南京钢铁有限公司中厚板卷厂投产了 1 台 320mm×2800mm 单机单流直弧形连续弯曲连续矫直板坯连铸机，由西门子奥钢联设计，这是宽厚板坯连铸机中浇铸板坯最宽的连铸机。主半径 R10.0m，与 120t 转炉配合，最大出钢量 135t。前工序配置 LF-VOD、RH、LF/RH 等钢液精炼设施，铸坯断面（220、260、320）mm×(1600～2800)mm，拉速 0.65～1.35m/min，设计年产量 160 万吨，浇铸钢种为管线钢、锅炉钢、压力容器钢、桥梁钢、汽车大梁钢等。

5.2.2.4　大型不锈钢板坯连铸机

进入 21 世纪，不锈钢产量迅速增长，不锈钢连铸机增加很快。中国不锈钢粗钢产量由 2001 年的 73 万吨增加到 2014 年的 2169.2 万吨（2015 年的 2156.22 万吨），是 2014 年

表 1-5-6　截止到 2015 年年底，中国进入 21 世纪正在生产和建成的 300mm≤厚度＜400mm 或宽度＞2000mm 的板坯连铸机基本参数

序号	工厂名称	设备设计、制造或总承包单位	机型	连铸机主半径/m	台×流	炼钢炉座数×容量/t	精炼炉	钢包容量/t	铸坯断面/mm×mm	钢种	设计能力/万吨·a^{-1}	投产日期/年.月.日
1	舞阳钢铁有限责任公司电炉厂	宝钢集团 中冶京诚 一重	直弧形 6 点弯曲 4 点矫直	*R*10.5	1×1	电炉 1×70 超高功率交流 1×90	LF LF/VD	90	(210、250、300)×(1200~1900)	低合金钢，普碳钢	60	1992.11.17
2	上海浦东钢铁(集团)有限公司电炉炼钢厂	中冶京诚（工厂设计） 中重院（设备设计） 上重矿（设备制造）	直弧形 7 点弯曲 8 点矫直	*R*10.5	1×1	电炉 2×100 超高功率直流	LF-VD	100	(200、250、300)×(1200~2000)	合金钢，优碳钢，压力容器钢，低合金结构钢	80	1995.10.18，2006 年因世博会拆除
3	鞍钢股份第一炼钢厂	中重院，鞍钢院，上海路桥，大重，西安冶机	直弧形	*R*10.59	1×1	转炉 3×100	3×LF 1×VD 1×RH	100	(230、270、300)×(1650~2000)	船板钢，结构钢，深冲钢，高压容器钢，管线钢，军工用钢等	120	2000.03.22
4	河南南阳汉冶公司（西峡龙成钢铁有限公司）	武钢二手设备（原康卡斯特、西马克）	全弧形	*R*8	1×1	转炉 1×80			(210、250、300)×(800~1600)	普碳钢，结构钢，低合金钢	50	2004
5	宝山钢铁股份有限公司炼钢厂一炼钢 3 号机	日本 JPCO 中冶赛迪 中重院	直弧形 8 点弯曲 5 点矫直	*R*10	1×2	转炉 3×300	KIP、CAS、RH、LF	300	(220、250、300)×(1200~2300)	汽车用钢，管线钢，船板钢，桥梁钢，耐候钢，结构钢，锅炉钢，容器钢等	230	2004.12.12
6	江苏沙钢集团宏发炼钢连铸厂	康卡斯特二手设备 中重院改造	全弧形	*R*10.75	1×1	转炉 3×180	3×LF 3×RH	190	(200、320)×(1800~2720)	普结钢，低合金高强度钢，结构钢，船板钢，高压容器钢，锅炉钢，耐腐蚀钢，管线钢，工程机械用钢	150	2004.09.28
7	秦皇岛首秦金属材料有限公司炼钢部 2 号机	西马克 首钢国际工程公司 首钢机电公司	直弧形 7 点弯曲 6 点矫直	*R*10.3	1×1	转炉 3×100	LF RH	100	(200、250、320)×(1500~2400)	碳钢，低合金钢，船板压力容器钢，锅炉钢，汽车大梁钢用钢，桥梁钢，管线钢，机械工程用钢，耐候钢，模具钢	140	2006.03.25
8	舞阳钢铁有限责任公司新建厚板厂	中重院	直弧形 连续弯矫	*R*10.5	1×1	100	LF VD	120	(200、250、300、330)×(1300~2500)	宽厚板钢种	130	2007.01.18

续表1-5-6

序号	工厂名称	设备设计、制造或总承包单位	机型	连铸机主半径/m	台×流	炼钢炉座数×容量/t	精炼炉	钢包容量/t	铸坯断面/mm×mm	钢种	设计能力/万吨·a⁻¹	投产日期/年.月.日
9	湘潭钢铁集团有限公司新炼钢厂	奥钢联 中冶京诚	直弧形 连续弯矫	基本形 *R*10	板坯 1×1 方坯 3流	转炉2×120	2×LF VD	135	(260、300)×(1200~2300) 方坯300×430	板坯钢种同第1台方坯：碳结钢，合结钢，高碳钢，轴承钢，弹簧钢	120	2007.05
10	包头钢铁（集团）公司第二炼钢厂	达涅利	直弧形	*R*9.5	1×1	转炉2×210	2×LF RH	210	(200、250、300)×(1200~2300)	低碳钢，包晶钢，中碳钢，高碳低合金钢	152.5	2007.10
11	湖南华菱湘潭钢铁公司新炼钢厂2号机	奥钢联 中冶京诚	直弧形 连续弯矫	*R*10	1×1	转炉2×120	LF VD	135	(260、300)×(1500~2300)	碳素钢，低合金高强钢，锅炉钢，压力容器钢，管线钢，桥梁钢，工程机械用钢	120	2007
12	舞阳钢铁有限责任公司新建厚板厂	中重院	直弧形 连续弯矫	*R*10.5	1×1	100	LF VD	120	(200、250、300、330)×(1300~2500)	宽厚板钢种	130	2008.10.15
13	天津钢铁有限公司电炉炼钢车间	中冶京诚总承包	直弧形 连续弯矫	基本弧 *R*10	1×1	电炉2×110 超高功率交流	2×LF VD	110	(180、200、250、300)×(1050~1600)	碳素结构钢，低合金结构钢，高强度结构钢，船板钢，管线钢，压力容器钢，锅炉钢，耐磨钢	115	2008.12
14	莱芜钢铁集团银山型钢有限公司	奥钢联 中冶东方北雷；莱钢	直弧形 连铸弯矫	基本弧 *R*10	1×1	转炉3×120	2×LF	140	(200、250、300)×(1500~2500)	普碳钢，低合金钢等	150	2008
15	济南钢铁集团总公司第三炼钢厂	达涅利 中冶京诚	直弧形 多点弯矫	基本弧 *R*9.5	1×1	转炉1×120 脱磷转炉1×120	LF RH	210	(250、300)×(1800~2300)	船用钢，海洋平台用钢，舰艇用钢，管线钢，锅炉钢，桥梁钢，耐大气腐蚀钢，耐磨钢等	197	2009.03
16	鄂城钢铁集团有限责任公司第二炼钢厂	中冶京诚总承包	直弧形 连续弯矫	基本弧 *R*10	1×1	转炉1×130	LF RH	150	(200、250、300)×(1200~2300)	碳结钢，低合金高强度钢，船板钢，管线钢，锅炉板用钢，压力容器钢，模具钢	一期132 能力175	2009.06

续表 1-5-6

序号	工厂名称	设备设计、制造或总承包单位	机型	连铸机主半径/m	台×流	炼钢炉座数×容量/t	精炼炉	钢包容量/t	铸坯断面/mm×mm	钢种	设计能力/万吨·a^{-1}	投产日期/年.月.日
17	湘潭钢铁集团有限公司新炼钢厂	奥钢联 中冶京诚	直弧形	*R*10	1×1	转炉 1×150	LF	165	(260、300)×(1200~2300)	优碳钢，优碳结构钢，低合金钢，船板钢，压力容器钢，管线钢，建筑结构用钢，桥梁钢	150	2009.10
18	重钢新区环保搬迁工程炼钢厂	中重院，中钢公司	直弧形	*R*10.5	1×1	3×180	180tLF 180tRH	210	300×2500	普碳钢，碳结钢，低合金高强度钢，合金钢	140	2009.12
19	江苏沙钢集团有限公司7号机	奥钢联 大重	直弧形 连续弯矫	*R*10	1×1	转炉 180	LF RH	200	(220、250、320)×(1500~2300)	低合金钢，建筑用钢，桥梁钢，船板钢，管线钢，压力容器钢	200	2009
20	山钢集团济钢集团有限公司炼钢厂	达涅利 中冶京诚	直弧形 连续弯矫	*R*9.5	1×1	转炉 1×210	LF RH	250	(250、300)×(1800~2300)	船用钢，海洋平台用钢，舰艇用钢，管线钢，锅炉钢，耐大气腐蚀钢	197	2009
21	鄂城钢铁有限责任公司转炉新区	奥钢联 中冶京诚	直弧形 连续弯矫	*R*10	1×1	转炉 2×130	LF VD	150	(200、250、300)×(1500~2300)	碳结钢，低合金高强结构钢，船板钢，锅炉压力容器钢，工程和机械用钢	140	2009
22	湖南华菱湘潭钢铁公司新炼钢厂3号机	奥钢联 中冶京诚	直弧形	*R*10	1×1	转炉 1×150	LF	165	(260、300)×(1200~2300)	优碳结构钢，船板钢，压力容器钢，管线钢，建筑结构用钢，桥梁钢	150	2009
23	河北邯郸普阳钢铁公司新炼钢厂	中冶京诚总承包	直弧形 连续弯曲 连续矫直	*R*10	1×1	转炉 2×120	1×LF 1×RH	150	(260、300、320)×(1500~2300)	普碳钢，低合金钢，桥梁钢，锅炉钢，船板钢，压力容器钢，管线钢，耐候钢	150	2010
24	普阳钢铁有限公司2号机	中冶京诚总承包	直弧形 连续弯矫	*R*10	1×1	转炉 2×120	LF RH	150	(260、300、320)×(1500~2300)	碳结钢，优碳结构钢，低合金钢等	150	2010

续表1-5-6

序号	工厂名称	设备设计、制造或总承包单位	机型	连铸机主半径/m	台×流	炼钢炉座数×容量/t	精炼炉	钢包容量/t	铸坯断面/mm×mm	钢种	设计能力/万吨·a^{-1}	投产日期/年.月.日
25	南京钢铁有限公司第1炼钢厂3号机	奥钢联 中冶京诚等	直弧形 连续弯矫	*R*10	1×1	转炉3×130	LF RH	135	(220、260、320)×(1600~2800)	管线钢，锅炉钢，压力容器钢，桥梁钢，汽车大梁用钢	160	2010.10.30
26	福建三钢（集团）有限责任公司炼钢厂	中冶京诚总承包	直弧形	*R*10	1×1	转炉1×100	LF	100	(250、270、300)×(1000~1600)	碳结构钢，优碳结构钢，低合结构钢，压力容器钢，锅炉钢，船板钢，建筑结构用钢	100	2010.11
27	新余钢铁有限责任公司二炼钢厂4号机	达涅利 中冶赛迪改造	直弧形	*R*9.5	1×1	转炉3×210	LF VD RH	250	(210、230、250)×(1400~2300)	碳结钢，低合金高强钢，耐候钢，锅炉钢，抗层状撕裂钢	120	2006 2014改造
28	湖南华菱湘潭钢铁公司新炼钢厂5号机	奥钢联 中冶京诚	直弧形	*R*10	1×1	转炉1×150	LF	165	(200、260、300)×(1200~2300)	碳结构钢，优碳结构钢，低合金钢，船板钢，汽车板用钢	140	2011
29	江苏丹阳中冶东方江苏重工有限公司	中冶东方	板坯	*R*10	1×1	220t（电炉）	LF 220t	230	(250、300、340)×1800	Q345，35，45	170	2012.07
30	五矿营口中板有限责任公司转炉厂3号	达涅利 中冶赛迪	直弧形 连续弯矫	*R*11	1×1	转炉3×120	LF VOD	120	(200、250、300、350)×(1500~2600)	碳钢，低合金钢，高强钢，船板钢，锅炉钢，压力容器钢，管线钢、模具钢	160	2012
31	五矿营口中板有限责任公司转炉厂4号机	中冶京诚总承包	直弧形 连续弯矫	*R*10.5	1×1				(200、230、250、300)×(900~2200)	碳钢，低合金钢，高强钢，船板钢，锅炉钢，压力容器钢，管线钢	170	2012
合计					31×31							

全球不锈钢产量 4170 万吨（2015 年的 2156.22 万吨）的 52%，中国的不锈钢产能利用率在 65% 左右。进入 21 世纪，中国和世界不锈钢粗钢产量发展变化如图 1-5-5 所示。

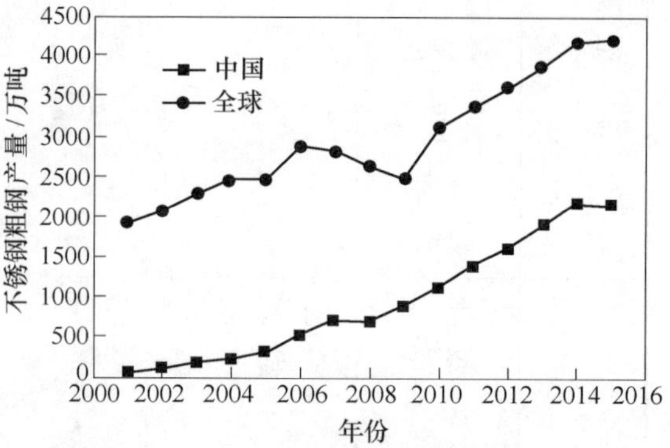

图 1-5-5　进入 21 世纪中国和世界不锈钢粗钢产量发展变化

不锈钢连铸机论数量方坯居多，不锈钢连铸机论技术集成度板坯连铸机最高。世界上两台断面最大的不锈钢板坯连铸机是：

（1）韩国浦项 300mm × 1650mm 不锈钢板坯连铸机。由西门子奥钢联为韩国浦项钢铁有限公司（Posco）建造的 1 台能够浇铸出全球最厚不锈钢板坯的单流不锈钢板坯连铸机，于 2013 年 7 月投入运行，应用于 Posco 的 SSCP4 不锈钢厂。

西门子提供的产品和服务还包括连铸设备的全部Ⅰ级基础自动化和Ⅱ级过程自动化以及安装和调试的咨询服务。该设备可生产厚度达 300mm 的奥氏体和铁素体连铸钢坯，年产量 70 万吨。西门子提供的弧形连铸机装备了 Smart Mold 直结晶器，LevCon 结晶器液位控制、DynaFlex 结晶器振动器和 DynaWidth 宽度调节装置。连铸机的弧形半径为 11m，冶金长度为 26.9m，可浇铸厚度为 250mm 和 300mm 的连铸板坯，宽度范围为 800 ~ 1650mm，拉速达 1.1m/min。连铸坯导向采用智能扇形段。

由于采用了 DynaGap Soft Reduction 3D 轻压下技术，因而能够极为精确地确定连铸坯的最终凝固位置，以便精确控制辊缝，提高板坯内部质量。由 Dynacs 3D 冷却模块、DynaJet 喷淋冷却和内部冷却的 I-Star 辊相结合的冷却方式保证了有效的二次冷却，确保了板坯表面质量。

（2）比利时 355mm × 2200mm 不锈钢板坯连铸机。这台连铸机建立在比利时阿塞洛米塔尔 INDUSTEEL 钢厂，是世界最厚奥氏体不锈钢板坯连铸机，由达涅利供货，2015 年 10 月成功生产 355mm 厚度不锈钢连铸板坯。改造后的钢厂生产碳锰钢 HIC-S355，A387 铬-钼锅炉用钢，高限弹力钢，奥氏体不锈钢 304、316、双相钢等，连铸机设计最大厚度 355mm、最大宽度 2200mm。

设备主要由满足生产 355mm × 2200mm 规格板坯的结晶器、零号扇形段和 12 个扇形段（包括所有相关的夹紧缸和三个带驱动辊的水平段）组成。具有达涅利特色的自动化技术包：Q-COR E 和 Q-PULSE -通过位置传感器进行液压控制的动态轻压下；Q-COOL-高效铸流温度控制，提高了产品的质量。

投产到达产仅 2 个月时间，并生产出厚度为 355mm 的奥氏体 304L 不锈钢板坯。

另外，关于中国宽度大于 1200mm 的不锈钢板坯连铸机，相对于碳钢连铸机而言，不锈钢板坯连铸机所浇铸的板坯厚度大多小于 220mm，大部分宽度在 1600mm 以下。厚度大于 220mm，宽度大于 1600mm 的连铸机相对较少。在中国大陆，到目前为止生产应用的共有 20 台 22 流宽度大于 1200mm 的不锈钢板坯连铸机，引进的有 8 台 8 流，国产的有 12 台 14 流，中国的不锈钢板坯连铸机浇铸板坯最大厚度 220mm，宽度 2150mm 的只有两台。其余 18 台宽度均在 1630mm 以下。20 台 22 流不锈钢板坯连铸机设计产能为 1445 万吨/a，能够浇铸各种不锈钢，见表 1-5-7。

表 1-5-7　中国宽度大于1200mm不锈钢板坯连铸机统计

序号	工厂名称	设备设计、制造或总承包单位	机型	连铸机主半径/m	台×流	铸坯断面/mm×mm	钢种	设计能力/万吨·a^{-1}	投产日期/年.月.日
1	太原钢铁(集团)有限公司第二炼钢厂	达涅利	直弧形 多点弯曲、矫直	*R*8	板坯 1×1 方坯 1×4	(140~220)×(830~1630) 175×175,200×200	不锈钢	56	2003.03.10
2	宝钢股份公司不锈钢分公司炼钢厂	西马克/德马克;中国重型院;常冶;BSEE;大重	直弧形;7点弯曲、9点矫直	*R*8.636	1×1 1×1	(180~200)×(700~1600)	不锈钢(奥氏体、铁素体、马氏体)	72 72	2004.04.18 2005.05.28
3	太原钢铁(集团)有限公司第二炼钢厂	奥钢联,中冶赛迪	直弧形;连续弯矫	*R*9	1×1 1×1	(180~200)×(1000~2150)	不锈钢	100 100	2006 2006
4	宝钢特钢公司	西门子奥钢联;宝钢BSEE;常州宝菱;苏冶	立式	—	1×1	150×(600~1300) 200×(600~1300)	高合金钢、双相不锈钢、特殊不锈钢	25	2008
5	酒泉钢铁(集团)有限责任公司不锈钢厂	奥钢联;大重;衡冶;常冶	直弧形;连续弯矫	*R*9	1×1	(160~220)×(800~1600)	不锈钢	60	2005.12.26
6	福建漳州(台资)福欣特钢有限公司	西马克德马克	多点弯矫	*R*8	1×1	(200、220)×(800~1600)	不锈钢	75	2013.05.12
7	太原钢铁(集团)有限公司第三炼钢厂	中国重型院设计,天重制造 改造:中国重型院设计,钢厂供货	立式	—	1×1	140×(950、1230) (160、180)×(1030、1280)	不锈钢	40	1986.01.28 2003改造
8	西南不锈钢有限公司	武汉大西洋连铸设备工程公司	直弧形	*R*8	1×1	180×1250	不锈钢	约40	2009.6
9	河南青山金汇不锈钢产业有限公司	中国重型院设计与总包	直弧形;连续弯矫	*R*9	1×1	(180~220)×(800~1600)	不锈钢	65	2009.07.01
10	浙江嘉兴振石集团东方特钢股份有限公司	中国重型院设计与总包	直弧形;连续弯矫	*R*9	1×1	(180~220)×(800~1600)	不锈钢、碳钢	100	2009.08.08
11	福州宝钢德胜不锈钢有限公司	中达公司设计,中冶连铸改造	直弧形	*R*8	1×2	200×1260		100	2009; 2016.4.22改造
12	福州宝钢德胜不锈钢有限公司	中达公司设计	直弧形	*R*8	1×1	(180~220)×(800~1600)		100	2011
13	广西北海诚德镍业有限公司	中国第一重机集团设计与总包	直弧形	*R*9	1×1	(180、200)×(1030~1530)	不锈钢	70	2011.10
14	莱芜泰山钢铁有限公司	中国重型院设计与总包	直弧形	*R*9	1×1	(160、200、220)×(800~1600)	各种不锈钢	80	2012.02
15	广东广青金属科技有限公司	中国重型院设计与总包	直弧形	*R*9	1×1	(160、200、220)×(800~1600)	各种不锈钢	80	2012.05
16	云南天高镍业股份有限公司	大连华锐集团设计与总包	直弧形	*R*9	1×1	(160~220)×(800~1600)	不锈钢	60	2012.11
17	福建鼎信镍业有限公司	中国重型院设计与总包	直弧形	*R*7	1×2	(165、180)×(500~1250)	各种不锈钢	60	2012.12
18	广西北海诚德镍业有限公司	中国第一重机集团设计与总包	直弧形	*R*9	1×1	(180、200)×(1030~1530)	不锈钢	70	2013.06
19	广东世纪青山镍业有限公司	中国重型院设计与总包	直弧形	*R*8	1×1	200×1250	各种不锈钢	60	2013.11.01
20	中国台湾 Walsin Linwa 公司 Yenshui厂	达涅利				(175~200)×(800~1300)	不锈钢		2003.11
合计					21×23			1445	

5.2.2.5 在中国，直径 ϕ500mm 以上的特大圆坯连铸机

进入21世纪的2006年以后，直径 ϕ500mm 以上的特大圆坯连铸机发展迅速，在此之前没有这么大断面。大圆坯连铸机多为全弧形多个矫直点逐渐矫直，圆弧半径在 R12 ~ R17m 之间。每台连铸机流数为1 ~6 流。大都浇铸高碳钢和合金钢。2016年6月不完全统计中国的特大圆坯连铸机见表1-5-8，表中31台119流特大圆坯连铸机中，只有1台是立式，其余全是弧形。

表1-5-8 中国2006年以后直径 ϕ500mm 以上的特大圆坯连铸机

序号	钢铁公司名称	设备设计、制造或总承包单位	连铸机主半径/m	流数	铸坯断面/mm	投产日期/年.月.日
1	江苏沙钢集团淮钢特钢有限公司转炉厂	达涅利 中冶京诚	R14	6	ϕ380，ϕ450，ϕ500	2006.12 2007改造
2	石钢京诚装备技术有限公司炼钢车间	中冶京诚	R14	4	240×240，400×500，ϕ350，ϕ400，ϕ450，ϕ500，ϕ600	2008
3	大冶特殊钢股份有限公司四炼钢厂	武汉大西洋连铸公司	R16	3	240×240，350×470，ϕ190，ϕ460，ϕ500	2009.1
4	天津钢管集团有限公司炼钢厂	中钢集团工程设计研究院 中重院	R14	5	ϕ310，ϕ350，ϕ400，ϕ450，ϕ500	2009.5
5	唐山汇杭钢铁公司	唐山渤海冶金设备有限责任公司	R14.5	2	300×360，360×450，380×500，ϕ500，ϕ600	2009.11
6	江阴兴澄特种钢铁有限公司滨江钢厂转炉工程	中冶京诚	R17	3	ϕ500，ϕ600，ϕ700，ϕ800，ϕ900，ϕ1000	2009投产 2014改造
7	大冶特殊钢股份有限公司四炼钢厂	中冶京诚	R12	4	240×240，280×280，ϕ330，ϕ500	2009
8	山东西王特钢有限公司	上海重矿	R12	4	ϕ180 ~ ϕ500	2009.9.26 2011.1.22
9	唐山文丰山川轮毂有限公司	中冶东方北雷连铸公司	R14	3	ϕ380，ϕ450，ϕ600	2010
10	衡阳钢管（集团）有限公司炼钢厂	中冶京诚	R17	1	ϕ400，ϕ500，ϕ600，ϕ700，ϕ800	2010
11	承德建龙特殊钢有限公司	达涅利	R14	5	ϕ250 ~ ϕ600	2011.1
12	江阴西城华润制钢公司炼钢厂	中冶京诚	R12	3	300×340，300×400，预 ϕ280，ϕ350，ϕ390，ϕ450，ϕ500	2011
13	新冶钢特种钢管有限公司转炉厂	中冶京诚	R12	6	180×220，240×240，ϕ270，ϕ330，ϕ390，ϕ500	2011
14	东北特殊钢集团有限公司北满基地北兴特殊钢公司	中冶京诚	R14	3	ϕ450，ϕ550，ϕ650，ϕ800	2011.9.17
15	苏南重工	中冶赛迪	R16	4	ϕ600 ~ ϕ800	2011.8.28

续表 1-5-8

序号	钢铁公司名称	设备设计、制造或总承包单位	连铸机主半径/m	流数	铸坯断面/mm	投产日期/年．月．日
16	东北特殊钢集团有限公司	康卡斯特 中冶京诚	R16.5	2	φ600，φ800，预φ700 改造后也可以浇铸板坯	2012
17	联峰钢铁（张家港）有限公司电炉厂	中冶京诚	R17	4	φ380，φ500，φ600，φ800，φ900	2012
18	马鞍山钢铁公司	达涅利	R14	5	φ600	2012
19	天津荣程	中冶东方	R12	6	φ500	2012.12.30
20	中天钢铁集团有限公司三炼钢厂	奥钢联 大连重工	R14	5	370×490，φ360，φ400，φ500，φ600	2013
21	河北达力普石油专用管有限公司	中冶连铸	R15	3	φ600	2013.6.11
22	山东莱钢	达涅利，中冶东方	R16.5	5	φ600～φ1000	2013.8.15
23	江苏张家港永钢集团	中冶京诚	R17	4	φ380～φ900	2013.6
24	河南济源钢铁	达涅利	R14	3	φ600	2013.6.26
25	江苏常州中天	奥钢联	R14	5	φ600	2013.7
26	山东济南新纪元重工	山东新纪元重工	R15	2	φ600，φ750	2013.11.19
27	山东寿光	中冶赛迪	R14	3	φ600～φ800	2014.4
28	河南省济源市中原特钢	奥钢联	立式	2	φ400～φ800	2015.6.02
29	安徽芜湖新兴铸管	中冶京诚	R17	4	φ800	2016.3.21
30	天津江天重工	中冶连铸	R12	4	φ600	
31	山东鲁丽	山东省冶金设计院	R12	6	φ500	
流数合计				119		

5.2.2.6　特宽板坯连铸机

国内外投产的特宽板坯连铸机见表1-5-9。

表1-5-9　国内外2001～2009年特宽板坯连铸机

序号	钢铁公司名称	设备设计、制造或工程总承包单位	连铸机半径/mm	铸坯断面/mm×mm	投产日期/年
1	加拿大省际钢和钢管（Ipsco）公司Mobile厂	奥钢联		150×3075	2001
2	美国北卡罗来纳州科菲尔德（Cofield）的纽柯贺特福德（Hertford）中厚板厂	达涅利	R6.5	（100～150）×（1800～3200）	2002
3	南京钢铁有限公司中厚板卷厂	奥钢联，中冶京诚，一重，二重等	R6.5	150×（1650～3250）	2004
4	宝钢集团广东韶关钢铁有限公司转炉炼钢部	达涅利 中冶京诚	R6.5	150×（1500～3250）	2004
5	安阳钢铁集团有限责任公司二炼钢厂	西马克 中冶京诚	R6.67	150×（1600～3250）	2005
6	江阴兴澄特种钢铁有限公司特板炼钢分厂	达涅利 中冶京诚	R6.5	150×（1600～3250）	2009

5.2.2.7　大方坯连铸机

2000 年左右，人们心目中的大方坯连铸机是大于 150mm × 150mm 的方坯连铸机，因为小方坯连铸机一般都≤150mm × 150mm。到后来，人们心目中的大方坯连铸机所浇铸坯断面的厚度大多大于 250mm，而厚度（边长）在 180 ~ 240mm 之间的方坯连铸机很少。

1966 年，日本神户制钢就建设了 1 号、2 号全弧形 $R15$m 大方坯连铸机，铸坯断面 300mm × 400mm。1980 年 12 月投产的 3 号直弧形大方坯连铸机，主半径 $R15.0$m，铸坯断面 380mm × 550mm，实际拉速 0.6m/min，缓冷的比水量为 0.21L/kg。2006 年 9 月建设了 5 号直弧形大方坯连铸机，能够浇铸 380mm × 550mm 断面。

1985 年 4 月，神户制钢承接了澳大利亚 BHP 公司 4 机 4 流大方坯连铸机订货，与 225t 转炉配合，年产量 200 万吨。连铸机主半径 $R15$m，浇铸最大断面 400mm × 630mm，稳定拉速 0.8m/min。

据不完全统计，中国厚度大于 250mm 的大方坯连铸机有 61 台 249 流，大部分都是进入 21 世纪后投产的，有少量连铸机为方圆坯兼容型，见表 1-5-10。

表 1-5-10　中国厚度大于 250mm 的大方坯连铸机

序号	钢铁公司名称	设备设计单位	连铸机半径/m	流数	最大铸坯断面 /mm × mm	投产日期 /年.月.日
1	武钢集团昆钢第二炼钢厂	大西洋公司	$R15$	3	300 × 400	1996
2	山钢莱芜钢铁公司 4 号机	包头钢铁设计研究院	$R11$	3	319 × 420	1996
3	马钢第三炼钢厂	康卡斯特	$R10$	3	250 × 380	1998.6.11
4	江苏苏钢公司电炉分厂	达涅利，中冶京诚	$R10$	5	280 × 300	1998.11.26
5	西宁特钢第三炼钢厂	康卡斯特，中冶东方	$R11$	3	255 × 285	1998 年建 2010 改造
6	鞍山钢铁集团公司炼钢总厂	中重院，鞍钢院	$R12$	4	280 × 380	2000.1
7	鞍山钢铁集团公司炼钢总厂	中重院，鞍钢院	$R12$	4	320 × 410	2001.10
8	石家庄钢铁公司转炉厂	大西洋公司	$R12$	3	280 × 320	2002.7
9	郑州永通特钢公司炼钢厂	大西洋公司	$R15$	2	300 × 300	2003.9
10	攀钢攀枝花提钒炼钢厂	奥钢联，中重院	$R12$	6	280 × 380	2004.6
11	河北涞源奥宇钢铁有限公司	大西洋公司	$R10$	2	280 × 340	2004.11
12	山钢莱芜特钢炼钢厂	大西洋公司	$R8$	6	260 × 300	2005
13	贵阳特钢炼钢厂	大西洋公司	$R15$	1	300 × 400	2005
14	马钢第三炼钢厂	马钢公司，西马克	$R14$	0	250 × 380	2005.4.6
15	沈阳东洋制钢有限公司	大西洋公司	$R16$	3	280 × 320	2005.6
16	天津容城钢铁公司	中冶东方北雷公司	$R12$	4	380 × 580	2005.8.1
17	天津容城钢铁公司	中冶东方北雷公司	$R12$	6	350 × 350	2005.8.1
18	攀钢攀枝花提钒炼钢厂	中重院	$R15$	4	360 × 450	2005.12.28
19	本钢集团公司炼钢厂	达涅利，中冶京诚	$R14$	4	350 × 470	2006
20	江阴兴城特钢滨江转炉工程	康卡斯特，中冶京诚	$R16.5$	3	370 × 490	2006
21	包头钢铁有限公司	德马克	$R12$	4	319 × 410	2006 改造

续表 1-5-10

序号	钢铁公司名称	设备设计单位	连铸机半径/m	流数	最大铸坯断面/mm×mm	投产日期/年.月.日
22	日照钢铁有限公司	上海重矿	$R12$	3	280×340	2006
23	邢台临城吉泰特钢公司	渤海冶金设备公司	$R10$	3	260×360	2006.05
24	包头钢铁有限公司	中冶东方北雷公司	$R12$	6	280×380	2007
25	芜湖新兴铸管公司戈江区	大西洋公司	$R16$	3	350×450	2007
26	武钢条材总厂一分厂	奥钢联，中冶南方	$R10$	5	250×280	2007
27	邢台钢铁公司	中重院	$R12$	4	280×325	2007.8.18
28	石家庄钢铁公司电炉厂	中冶京诚	$R12$	3	300×360	2008
29	山钢莱芜特钢炼钢厂	中冶连铸	$R12$	6	260×300	2008
30	石钢京诚装备公司炼钢厂	中冶京诚	$R14$	4	400×500	2008
31	津西钢铁有限公司	中冶连铸	$R12$	5	320×410	2008.1
32	宝钢股份电炉厂	达涅利、中重院	$R14$	4	320×425	2008.4.28 2015 改造
33	天津江天型钢有限公司	中冶连铸	$R12$	4	320×420	2008.8
34	大冶特钢第四炼钢厂	中冶京诚	$R12$	4	280×280	2009
35	大冶特钢第四炼钢厂	大西洋公司	$R16$	3	350×470	2009.1
36	山东西王钢铁有限公司	上海重矿	$R14$	4	350×420	2009.9.26
37	晋城福盛钢铁有限公司	大西洋公司	$R12$	4	280×340	2009.10
38	唐山汇杭钢铁公司	渤海冶金设备公司	$R14.5$	2	380×500	2009.11
39	燕山钢铁有限公司	中冶东方北雷公司	$R12$	8	300×500	2010
40	华菱锡钢搬迁电炉炼钢	达涅利，中冶京诚	$R12$	4	280×360	2010
41	武钢条材总厂一分厂	奥钢联，中冶南方	$R10$	5	250×280	2010
42	武钢条材总厂一分厂	奥钢联，中冶南方	$R12$	5	320×480	2010
43	苏州苏信特钢有限公司	上海重矿	$R10$	5	260×340	2010.3
44	河北文安县新钢钢铁公司	渤海冶金设备公司	$R9$	5	300×320	2010.12.01
45	唐山中厚板公司	中冶赛迪	$R12$	4	320×560	2011
46	江阴西城华润制钢炼钢厂	中冶京诚	$R12$	3	300×400	2011
47	山钢莱芜特钢炼钢厂	中冶东方北雷公司	$R11$	3	260×300	2011
48	湖北新冶钢特种钢管公司	中冶连铸	$R16.5$	4	425×530 无轻压下 410×530 轻压下	2011.5.16
49	邢台钢铁公司	中重院	$R12$	3	280×325	2011.6
50	山东鲁丽集团钢铁公司	大西洋公司	$R12$	6	340×410	2011.11.30
51	凌源钢铁公司炼钢厂	中冶连铸	$R16.5$	5	405×510	2012
52	山东寿光巨能特殊钢公司	中冶东方北雷公司	$R12$	5	260×300	2012
53	宝钢集团韶钢转炉炼钢部	达涅利，中冶京诚	$R14$	5	320×425	2012
54	柳钢公司转炉炼钢厂	中冶京诚	$R12$	8	250×250	2012.12

续表 1-5-10

序号	钢铁公司名称	设备设计单位	连铸机半径/m	流数	最大铸坯断面/mm × mm	投产日期/年．月．日
55	江阴兴城特钢特板炼钢厂	中冶京诚	*R*12	7	310 × 360	2013
56	河北敬业钢铁有限公司	上海重矿	*R*10	6	300 × 320	2013. 8. 2
57	武安兴华钢铁公司	大西洋公司	*R*10. 5	3	280 × 340	2013. 11. 21
58	江苏龙腾特种钢有限公司	中冶京诚	*R*12	6	310 × 360	2014
59	西宁特钢（配 110t 电炉）	中冶东方	*R*16. 5	3	410 × 530	2014. 2. 8
60	河北星烁锯业有限公司	中冶连铸	*R*15	2	320 × 450	停产
61	安徽芜湖新兴铸管	中冶京诚	*R*17	4	425 × 530 无轻压下 410 × 530 轻压下	2016. 3. 21
流数合计				249		

5. 2. 3 中国国产化液压振动装置的应用

由宝钢技术中心委托并提出总体方案，由西安重型机械研究所负责总体工艺与主机设备设计，上海宝钢工程技术有限公司负责工厂设计及头尾部分设备设计，上海宝信软件股份有限公司负责自动化控制系统设计，宝钢中薄板坯连铸机于 2005 年 4 月 28 日热负荷试车成功。包括核心部件振动液压缸在内的国产化液压振动装置在这台连铸机上成功应用。这台板坯连铸机基本参数见表 1-5-11。

表 1-5-11 中薄板坯连铸机基本参数

机 型	连续弯矫
垂直段理论高度/mm	1960
垂直段实际高度/mm	2300
主半径/mm	*R*5000
正常最大工作拉速/m · min^{-1}	5
机械最大速度/m · min^{-1}	6
机长/m	14. 744
浇铸平台标高/mm	+ 4700
引锭装入方式	下装式

5. 2. 4 全弧形板坯连铸机并没有过时

2016 年 6 月，在阿塞洛尔 · 米塔尔钢铁公司工作几十年的蔡焕堂博士讲课时说，在美国，20 世纪 70 年代建立的弧形板坯连铸机还在继续使用。2009 ~ 2015 年，西马克公司在德国、印度、墨西哥相继建造和改造 8 台 13 流全弧形板坯连铸机，见表 1-5-12。

表 1-5-12 2009 ~ 2015 年投产的 8 台 13 流全弧形板坯连铸机

序号	钢铁公司名称	投产日期	国家	流数	钢包容量/t	年产量/万吨	板坯断面尺寸/mm × mm	冶金长度/m	铸机半径/m	矫直形式
1	THYSSENKRUP STEEL EUROPE IN DUISBURG BEECKERWERTH STEEL WORKE	2014 启动；2015 验收	德国	2			由 257 × 1860 改造为 350 × 2150			
2	SALZGITTER FLACHSTAHL GMBH	2014	德国	2	210	180	250 × (1100 ~ 2040)	30. 1	10. 44	多点

续表 1-5-12

序号	钢铁公司名称	投产日期	国家	流数	钢包容量 /t	年产量 /万吨	板坯断面尺寸 /mm × mm	冶金长度 /m	铸机半径 /m	矫直形式
3	JINDAL STEEL & POWER LTD.	2013	印度	1	100	145	(180 ~ 300) × (1250 ~ 3000)	23.5	12.0	连续
4	JINDAL SOUTH WEST STEEL LTD.	2012	印度	2	135	180	220 × (800 ~ 1300)	29.4	10.5	多点
5	PEINER TRÄGER GMBH	2011	德国	2	100	90	250 × (500 ~ 1100)	22.9	12.0	多点
6	SALZGITTER FLACHSTAHL GMBH	2011	德国	1	210	90	250/350 × (1100 ~ 2600)	34.4	11.5	多点
7	ArcelorMittal LAZARO CARDENAS	2009	墨西哥	2	200	200	200/225/250 × (965 ~ 1935)	25.85	10.5	多点
8	JINDAL STAINLESS HISAR	2009	印度	1	50	72	140/160/200 × (620 ~ 1280)	11.8	8.5	多点
合计				13		957				

5.2.5 立式连铸机仍然是一部分特殊钢种的最好选择

一提起连铸机的发展方向，人们往往进入一个“古老”“落后”的误区，总觉得连铸机机型由立式向弧形发展是必然的，是一种趋势，但是这种趋势并不能排除立式连铸机对铸坯质量独有的优越性，它没有弯曲和矫直，其夹杂物的存在和分布也占有优势。

（1）2004年，日本大同特殊钢公司知多厂开发的一种新的2机2流大断面PHC连铸机（Promising Hybrid Caster）投产，机长9.8m，浇铸铸坯断面650mm×(470～850)mm，拉速0.1m/min，一炉80t钢液需浇铸5h，有等离子加热装置。拉坯不用拉坯辊，用钢丝绳升降。

（2）2009年1月20日，奥钢联提供技术和主要设备、宝钢工程进行设备配合并承担工厂设计的宝钢集团上海特钢公司一机一流立式板坯连铸机投产，连铸机高度大约40m（地上12m，地下28m），浇铸板坯断面（150、200)mm×(600～1300)mm，下装引锭，定尺长度12.6m，拉速0.5～1.0m/min。浇铸钢种有镍基合金、精密合金、高温合金、双相不锈钢、特殊不锈钢等，设计年产量25万吨。

（3）日本山阳特殊钢公司立式连铸机由神户制钢设计，宝钢工程技术集团宝菱重工制造，于2012年6月1日热试车，当月生产了7788t铸坯。主要用于生产轴承钢等特殊材质的钢坯。连铸坯断面为厚度400mm、宽度530mm。

（4）2014年10月21日，西马克-康卡斯特公式设计供货的美国俄亥俄州铁姆肯钢材公司Faircrest钢铁厂一台3流（预留第4流）大矩形坯立式连铸机投产，代替目前80%～85%的模铸生产工艺，计划2016年中期达到99.8万吨的设计年产量。该立式连铸机从钢包回转台顶端到设备最低端总高度60m，流间距2500mm，浇铸大矩形坯为460mm×610mm、280mm×430mm，拉速分别为0.34～0.4m/min和0.75～0.85m/min，炉子平均出钢量 165t，最大冶金长度 30m，配备 M-EMS，最大轻压下量 25mm，配备一个垂直两个水平火焰切割机，在垂直火焰切割机前配备淬火装置，有难度较大的立式切割粒化水的供给，切断的钢坯靠倾翻车接受并在轨道上运行出坯，自动化配置水平较高。生产的钢种包括普碳钢、低合金高强度钢、钼铬镍钢、合金工具钢、高质量轴承钢、马氏体不锈钢等。

（5）中原特钢股份有限公司在中国河南省济源市拥有一座正在运营的电炉炼钢厂，西门子奥钢联设计了 1 台高 48.9m（从钢包回转台顶部至地坑底部高度），冶金长度为 23m，可生产直径为 ϕ400、ϕ600 和 ϕ800mm，流间距 3500mm，最大拉坯速度 0.55mm/min，冶金长度 23m，铸坯定尺长度 2.5～6m 的重型钢坯双机双流立式连铸机。2015 年 6 月 2 日投产，年生产能力 37 万吨。浇铸钢种有结构钢、工具钢、轴承钢、耐热不锈钢等。

该立式连铸机配备了 DiaMold 直管式结晶器和可对振动参数进行灵活调整的 DynaFlex 振动装置，并集成了诸如 LevCon 结晶器液位控制系统和确保浇铸工作无故障进行的 Mold Expert 漏钢预报和结晶器监测系统等先进技术。西门子奥钢联提供了全套工艺设备，包括 DynaSpeed 冶金冷却模型和 DynaJet 冷却喷嘴在内的二次冷却系统，以及整套基础自动化和过程自动化系统。

（6）2015 年 10 月投产的德国迪林根 6 号特厚板坯连铸机。该立式连铸机为双机双流，钢包容量 185t，浇铸板坯厚度 300～500mm（预留 600mm），板坯宽度 2200mm，浇铸平台高度 +15m，地坑深度 −39m，设备总高度约 60m，结晶器长度 700mm，冶金长度 17.4m，扇形段 1 机械夹紧，扇形段 2～9 液压夹紧，有二冷水边部控制系统和动态轻压下。300mm 厚度板坯拉速 0.6m/min，500mm 厚度板坯拉速 0.22m/min，年产量 120 万吨。

5.2.6 世界上两个最大的连铸机供货商

图 1-5-6 是奥钢联给世界各地供应连铸机台数随时间演变图。

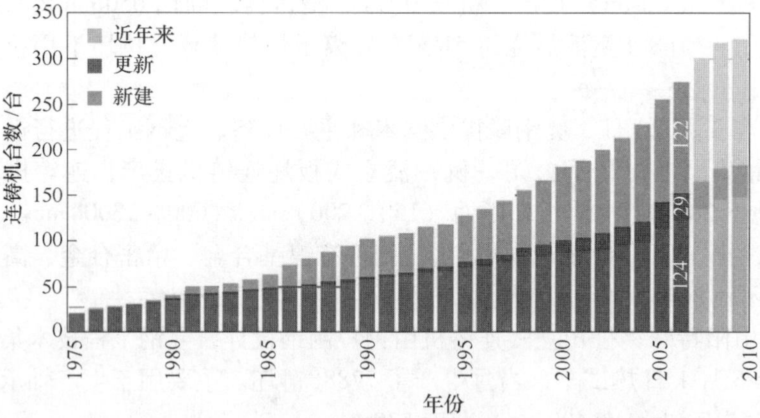

图 1-5-6 奥钢联给世界各地提供的连铸机

西马克公司截止到 2001 年向世界提供了 664 台新连铸机，总流数 1765 流，见表 1-5-13。同时对近 1000 台连铸机进行了现代化改造。其中德国蒂森薄板坯连铸机生产最薄板坯 48mm，迪林根 6 号立式连铸机生产最厚板坯 500mm。

表 1-5-13 西马克公司截止到2001年向世界提供的各种连铸机

类型	板坯	薄板坯	异形坯	圆坯、小方坯、大方坯	合 计
台数	235	34	28	367	664
流数	368	36	100	1261	1765

5.2.7 截止到2015年年底以前各个阶段中国拥有的连铸机

至2004年，中国有连铸机的钢企205家。至2015年年底以前各个阶段中国拥有的连铸机及引进技术合作制造的连铸机见表1-5-14 ~ 表1-5-18。统计难免会有遗漏和矛盾之处，仅供参考。

表 1-5-14 2003年统计的中国连铸机和年产能力

机 别	台数	流数	年产能力/万吨	说 明
小方坯	211	783	8983.50	≤150 方
方矩坯	218	781	9902	>150 方
板 坯	91	120	8383	板方兼容者按板坯计
薄板坯	10	10	1262	薄板坯连铸连轧
圆 坯	20	52	511.25	以生产圆坯为主者按圆坯
异形坯	1	3	63	
合 计	551	1749	29104.75	有几家方案未确定者（如广东、福建等）尚未计入

表 1-5-15 2005年统计的中国连铸机和年产能力

机 别	台数	流数	年产能力/万吨	说 明
小方坯	284	1080	13671.5	≤150 方
方矩坯	241	867	12243	>150 方
板 坯	116	173	11785	板方兼容者按板坯计
薄板坯	14	15	1262	薄板坯连铸连轧
圆 坯	26	74	908.25	以生产圆坯为主者按圆坯
异形坯	3	10	243	
合 计	684	2219	40112.75	有几家方案未确定者（如广东、福建等）尚未计入

表 1-5-16 2007年统计的中国连铸机

机 别	台数	流数	说 明
小方坯	305	1027	≤150 方
大方坯和方矩坯	437	1323	>150 方
板 坯	175	237	板方兼容者按板坯计
薄板坯	17	18	薄板坯连铸连轧
圆 坯	48	173	以生产圆坯为主者按圆坯
异形坯	5	15	
合 计	987	2793	有几家方案未确定者（如广东、福建等）尚未计入

表 1-5-17 2010 年统计的中国连铸机

机 别	台数	流数	说 明
小方坯	288	992	≤150 方
大方坯和方矩坯	328	1311	>150 方
板 坯	203	255	板方兼容者按板坯计
薄板坯	18	19	薄板坯连铸连轧
圆 坯	105	427	以生产圆坯为主者按圆坯
异形坯	5	16	
合 计	947	3020	有几家方案未确定者（如广东、福建等）尚未计入

表 1-5-18 截止到 2015 年底中国连铸机统计

连铸机类别	总台数	总流数	引进技术合作制造的连铸机	
			台数	流数
板坯连铸机（宽度≥1000mm）	223	334	113	143
小板坯连铸机（宽度<1000mm）	58	165	—	—
方坯连铸机（含矩形坯）	652	2729	49	211
方圆坯连铸机	94	409	计入方坯连铸机	计入方坯连铸机
纯圆坯连铸机	34	112	8	32
异形坯连铸机	5	16	4	12
薄板坯连铸机	14	31	28	28
合 计	1080	3796	202	426

中国引进技术合作制造的连铸机，奥钢联技术总负责、合作制造的连铸机占大多数。

据不完全统计，中国 1080 台连铸机设计年生产能力为 9.22 亿吨，其中板坯 3.94 亿吨，方圆坯及其他 5.28 亿吨。一般来说设计生产能力是有余量的，平均都会有 15% 的余量。因此中国连铸机的实际年生产能力应该在 11 亿吨左右。从连铸机产能和实际粗钢产量和连铸比看，2015 年中国连铸机年产能利用率也就在 73% 左右。这和 2015 年中国粗钢产能利用率 67% 基本吻合。图 1-5-7 是 2006～2015 年中国粗钢产能利用率。

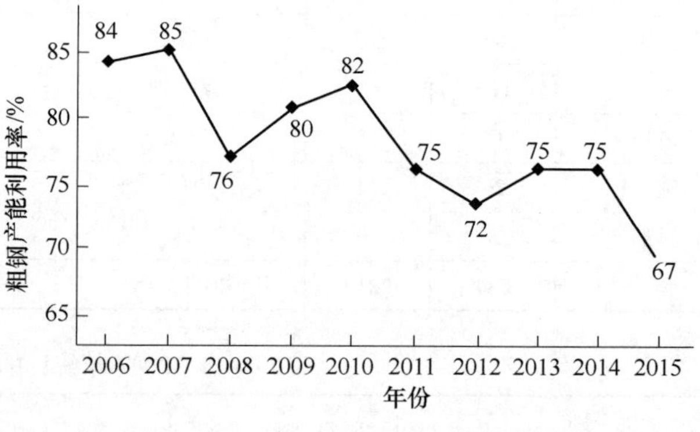

图 1-5-7 2006～2015 年中国粗钢产能利用率

5.2.8 中国出口的板坯连铸机

进入 21 世纪，尽管中国引进了 202 台 426 流连铸机，但是中国本身的连铸技术水平也在提高。从 20 世纪 90 年代开始，中国出口了 10 多台方坯连铸机，最早 1 台小方坯连铸机的出口是 1991 年北京钢铁设计研究总院出口到印度尼西亚的小方坯连铸机，最早 1 台板坯连铸机的出口是 1991 年西安重型机械研究所负责技术改造，上海重矿公司设备总承包，出口到美国的 254mm×2032mm 板坯连铸机核心区域设备。

（1）土耳其 Tosyali 钢铁公司双机双流板坯连铸机。2009 年 11 月 13 日投产的土耳其 Tosyali 钢铁公司双机双流板坯连铸机由中国重型机械研究院设计供货。该连铸机为直弧形，与 130tEAF 炉相配，圆弧半径 *R*7m，连续弯矫辊列，机长 24.508m，结晶器长度 1000mm，浇铸板坯最大断面 200mm×1015mm。浇铸钢种有低碳钢、深冲钢、低合金高强度钢、电工钢、船板钢、压力容器钢等，设计年产量 120 万吨。有液压振动、动态二冷水、结晶器热态调宽等关键技术，2011 年 7 月 28 日结晶器热态调宽顺利实施。

（2）印度尼西亚不锈钢板坯连铸机。2016 年 6 月 17 日投产的印度尼西亚不锈钢板坯连铸机由中国重型机械研究院总承包，连铸机为直弧形连续弯曲连续矫直单机单流，这是中国首次出口的不锈钢板坯连铸机。浇铸板坯断面 200mm×(800～1600)mm，主半径 *R*9.0m，拉速 0.60～1.30m/min，设计年产量 70 万吨，浇铸各种不锈钢。

（3）伊朗 Mobarakeh 钢铁公司双机双流板坯连铸机。伊朗 Mobarakeh Steel Co.（穆巴拉克钢铁公司）双机双流板坯连铸机 2016 年 8 月 21 日投产，由中国重型机械研究院设计供货。该连铸机为直弧形，圆弧半径 *R*9.5m，连续弯矫辊列，直线段长度 2.423m，机长 29.561m，结晶器长度 900mm，浇铸板坯断面（200、220、250)mm×(900～2000)mm。浇铸钢种有低碳钢、超低碳钢、低合金高强度钢、热处理钢、硅钢等，设计年产量 200 万吨。有液压振动、动态二冷水、结晶器热态调宽等关键技术。

5.2.9　中国的异形坯连铸机

到目前为止，中国共有 5 台 16 流异形坯连铸机，详细参数见表 1-5-19。

表 1-5-19　中国的异形坯连铸机

序号	钢铁公司	供货商	主半径/m	流数	浇铸断面/mm	年产量/万吨	投产时间
1	马鞍山钢铁公司	康卡斯特	*R*10.0	3	750×450×120； 500×300×120； 方坯：250×380	63.5	1998.6.11
2	马鞍山钢铁公司	西马克	*R*10.0	3	430×300×90； 320×220×85； 方坯：250×380	80	2005.4.6
3	莱芜钢铁集团银山型钢有限公司	奥钢联	*R*12.0	3	1023.8×390×90； 750×370×90； 556×440×90	120	2005.8.22
4	河北津西钢铁公司	奥钢联	*R*12.0	3	1024×390×90； 750×370×90； 555×440×90	104	2006.4.14
5	山西安泰集团新泰钢铁有限公司	奥钢联	*R*12.0	3	1023.8×390×90； 750×370×90； 555×440×90	124.5	2010.10.10
6	唐山中厚板厂	中冶赛迪	*R*12.0	4	500×325×105； 430×320×90； 方坯：320×560	110	2012.8.18

续表 1-5-19

序号	钢铁公司	供货商	主半径/m	流数	浇铸断面/mm	年产量/万吨	投产时间
7	包头钢铁公司	奥钢联	*R*12. 0	3	1024 × 390 × 120； 750 × 370 × 90； 555 × 440 × 105； 350 × 290 × 100	100	2012. 12. 19
合　计				22		702	

5. 2. 10　进入 21 世纪创新技术的研发情况及推广应用

（1）为防止浸入式水口堵塞而正确、精准地进行钢液钙处理使夹杂物低熔点化，各种钢液精炼工艺的研究与应用，从源头上对钢液中气体、夹杂物进行研究、去除和变性控制，防止钢液精炼后二次氧化理念与技术正朝着精细化、定量化方向深入与展开。对钢液中夹杂物形态的研究比任何时候都更加清楚，认识到改变夹杂物的性态要比去除夹杂物的难度大很多。

（2）实践证明，炼钢厂精炼车间的钢包电磁搅拌（国外应用较多，例如阿塞洛尔 · 米塔尔钢铁公司）比吹氩搅拌要好。

（3）钢包振动式下渣检测系统的普及，钢包长水口流出端结构的改变与优化。

（4）钢包、中间罐保护浇铸氩气流量检控、中间罐内钢液防氧化措施、塞棒不吹氩时的管理（吹氩孔开口浇铸会带进空气）、水口结合部位的氩气进入方式（日本黑崎窑業制作的多孔进气式上水口使氩气密封流场更加均匀）、中间罐碱性覆盖剂的逐渐退出（不指望用它吸收 Al_2O_3）日益被重视。

（5）中间罐钢液连续测温技术的应用。

（6）中间罐通道式电磁感应钢液加热技术装备的应用。

（7）1996 年，日本川崎制铁水岛厂在浇铸不锈钢时，研发成功基于中间罐内电磁搅拌技术的离心流动中间罐（Centrifugal Flow Tundish，简称 CF 中间罐），旨在促使中间罐内钢液温度均匀，减少钢中夹杂物，在线应用取得了高拉速、高洁净度的效果，有望得到重视。

（8）中间罐综合冶金技术的重新审视，中间罐内腔结构及功能的重新讨论（德国蒂森 75 ~ 80t 中间罐无挡渣墙、挡渣堰，只有湍流器）。

（9）浸入式水口黏结机理、黏结形核生长机理的深入研究。多孔浸入式水口的试验与应用，不锈钢浸入式水口的试验与应用，浸入式水口快换装置的快速推广应用。

（10）以结晶器漏钢预报为中心的结晶器专家系统，以结晶器流场、温度场为核心的铸坯质量的精细化研究工作的开展。

（11）以解决裂纹敏感钢种边角裂纹而开发的板坯连铸大倒角结晶器。

（12）提高连铸机作业率的结晶器热态调宽的普及以及大倒角结晶器热态调宽的实践与应用。新日铁君津、大分等厂采用 NS-VWM 结晶器调宽技术可将原来 < 60mm/min（两侧）提高到 200mm/min（两侧），在 1. 4 ~ 1. 8m/min 拉速下，能够不降低拉速进行调宽。

（13）结晶器液面钢液流速的研究、测试及其应用（目前研究认可的最佳值为 0. 2 ~ 0. 4m/s）。

（14）γ 射线和电涡流同时采用的液面检控系统。

（15）连铸机自动开浇技术的推广与应用。

（16）以结晶器振动状态为中心的摩擦力检测系统。

（17）液压振动装置、机械非正弦振动装置成为连铸机的标准配置。

（18）指定弯曲矫直曲线设计辊列成为一种基本的设计方法。

（19）利用数学模型和计算机软件跟踪铸坯凝固终点的动态轻压下技术快速推广应用。

（20）适应厚度 300mm 以上板坯的重压下技术在日本、韩国、中国唐山中板厂的开发、试验与应用。

（21）以铸坯表面温度、拉速、钢的高温性能等参数为控制目标的动态二冷水深入研究与应用。

（22）在常规板坯连铸机中，结晶器电磁搅拌、电磁制动逐步被用户了解与选用。结晶器电磁制动成为高拉速薄板坯、中薄板坯连铸机的标准配置。而结晶器电磁搅拌可以使钢液流场改善，气体及小型夹杂物在钢液中均匀上浮的特性已经被人们所认知。

（23）不锈钢、硅钢板坯连铸机二冷区辊式电磁搅拌技术与装备的普及，常规板坯连铸机二次冷却区辊式电磁搅拌技术装备的快速推广应用，从 2007 年后已推广应用近 100 多流。

（24）结晶器电磁搅拌、二次冷却区电磁搅拌加凝固末端轻压下的组合应用成为大方坯、特钢方坯连铸机的“标准配置”。而结晶器电磁搅拌、凝固末端电磁搅拌成为大圆坯连铸机的“标准配置”。

（25）以电磁搅拌、电脉冲作用于钢液以细化晶粒技术的研究与应用。

（26）超级奥氏体、铁素体不锈钢，超级双相不锈钢的连铸技术研究开发与应用。

（27）取向硅钢、高级无取向硅钢的连铸技术研究开发与应用。

（28）对浇铸汽车板钢种连浇炉数的限制（主要是目前还无法快速更换容易结瘤的中间罐上水口。对 250～300t 炉子，新日铁连浇炉数为 6 炉，阿塞洛尔·米塔尔集团的美国钢铁公司为 12 炉）有效地提高了铸坯质量。高品质钢，微合金化高强度钢，特别是不断提升等级的高级汽车板钢种的连铸生产技术及铸坯质量的技术开发与应用日臻成熟。汽车板中大于 20μm 夹杂物的处理也积累了很多成熟的经验。

（29）薄板坯连铸连轧生产线也可以和普通板坯连铸机一样，生产含碳量 0.6%～1.07% 的钢种（如 60，65，65Mn，70，85，75Cr1，8CrV2，SKS51，SK85，CK85，SK5，SK4，T7，T8，T9，T10 等）突破了含碳量 0.45% 的禁区。

（30）薄板坯连铸连轧生产线由最初的生产低端热轧钢板，发展到薄规格热轧产品和高附加值高性能钢种（从低到高的大体顺序是：低碳钢、中碳钢、结构钢、耐腐蚀钢、低端高强度低合金钢、热处理钢、弹簧钢、工具钢、耐磨钢、高碳钢、NGO 和 GO 硅钢片、不锈钢、管线钢、双相钢、多相钢、高寒地带用管线钢、IF 钢、高等级高强度低合金钢、高等级双相钢、马氏体钢、高等级多相钢）。

（31）充分发挥薄板坯连铸连轧技术的特点，准确定位产品等级。根据需求，部分产品实现以热代冷。

（32）板坯摄像式表面缺陷检测系统的开发实施与不断改进。电视摄像及激光测量板坯长度给火焰切割机自动控制提供了方便。

（33）铸坯标号（喷号、打号）机以及各种铸坯去毛刺机的普遍应用。

（34）板坯连铸机多功能辊缝仪的普遍应用。

（35）与常规一字形板坯转盘相比，能够节省板坯输出时间的十字形转盘的出现。

（36）不锈钢保温修磨技术。

（37）机械清理、手工清理后高级汽车板用连铸板坯的砂轮修磨生产流程出现。第一套碳钢修磨装置 2003 年 7 月 26 日在韩国浦项钢铁公司光阳厂投用。第二套碳钢修磨装置 2016 年 5 月在宝钢应用。

（38）无缺陷铸坯的制造技术与工艺的多样化。

（39）日本山阳制铁所开发出 SNRP 工艺，生产轴承钢 T. O $\leqslant 5\times10^{-6}$，最大夹杂物尺寸 15μm，使轴承的疲劳寿命超过 10^8 周次，称为 SP 钢。

（40）SKF 公司开发出一整套超纯净钢炼钢—精炼—连铸生产工艺，可完全消除钢液中大于 20μm 的夹杂物。

（41）连铸机设计、制造、生产操作的精细化逐渐被认识和实践。对拉速波动、液面波动和浸入式水口堵塞能够引起结晶器钢液流场及钢液面流速变化、造成保护渣卷入的危害已有共识。

（42）适应不锈钢等特殊钢种用的保护渣、适应低合金高强度钢种用的高碱度（1.65 ~ 1.85）保护渣、无氟保护渣、适应 CSP、ESP 高拉速保护渣等各种高品质保护渣的开发与应用。

（43）结晶器保护渣自动加入设备的应用与推广。

（44）各种连铸用耐火材料特别是高拉速 CSP、ESP 生产线用耐火材料对连铸坯质量影响的研究正在深入。

（45）结晶器铜板镀（涂）层技术的多样化，Ni-Cr、Ni-Fe、Ni-Co、Co-Ni、陶瓷涂层、纳米涂层、熔射技术等方法使得结晶器铜板寿命延长。

（46）计算机模拟、仿真成为研究连铸技术的首选方法且普遍应用。

（47）数字化、智能化控制数模、控制软件及控制系统在连铸技术领域开始研究并逐步深入及应用。

（48）热送热装钢铁公司逐渐增多，对热送热装比例及其温度要求的科学理念逐渐形成。

（49）计算机生产管理成为常态。

（50）连铸操作机器人的出现（如韩国浦项）与应用。

5.2.11　连铸生产操作技术炉火纯青

5.2.11.1　优化连铸生产操作技术的典型案例

2002 年，日本 Steel Plantech 公司和共英制钢（Kyoei Steel）公司开发了小方坯结晶器，使得 130mm × 130mm 小方坯连铸机拉速稳定达到 4.6m/min。结晶器内散热量比普通结晶器增加了 25% ~ 30%。该结晶器采用抛物线锥度，抑制拉坯阻力增加，均匀坯壳厚度，使得铸坯菱形变形减少一半，内部裂纹和内部疏松也明显减少。

意大利达涅利公司开发的自适应结晶器（DANAM）使 130mm × 130mm 的方坯连铸拉速达到 6.0m/min。

奥地利奥钢联公司在美国伯明翰厂的一台连铸机浇铸 115mm × 115mm 断面的方坯，最高拉速达到 5.2m/min。

中国宝山钢铁集团公司 20 世纪 80 年代引进日本连铸设备的同时，也引进了先进的管理方法，培训了连铸生产操作、生产管理、设备维修等人员。在宝钢的带动下，在有识之士的热心助推下（例如北京钢铁设计研究总院吴之英在 1999 年《连铸》第一期上发表“连铸培训势在必行”的文章）中国各个钢铁公司开始重视生产操作人员的素质、知识结构及其培训工作。

进入 21 世纪，连铸生产指标普遍提高，2002 年，殷琏曾统计过 13 家钢企的 57 台方坯连铸机，其铸坯合格率≥99.98%，年作业率 >90%，平均连浇炉数 >100 炉。其中新兴铸管公司转炉厂连铸机一季度作业率达到 95.24%，120mm×120mm 方坯连铸机单流产量达 14 万吨，最高连浇炉数 560 炉。

2001 年 11 月 28 日 18 时 ~29 日 23 时 20 分，马钢二炼钢连铸机一台中间罐连浇近 30h，更换定径水口 8 个。

2000 年 10 月 ~2004 年 10 月，宝钢转炉（250t）二分厂 1450mm 板坯连铸机连续浇铸 48 个月无漏钢事故。

武钢二炼钢 4 台板坯连铸机 2004 年前两个月铸坯合格率 99.82%，溢漏率 0.02%，板坯热送率 96.75%。

表 1-5-20 是首钢集团迁安钢铁有限公司 250mm×2150mm 板坯连铸机精细化管理与科技创新后的生产水平，其核心是恒拉速浇铸，连续 22 个月恒拉速比率 >97%。“迁钢优质板坯连铸技术”荣获 2010 年中国钢铁工业协会、中国金属学会冶金科学技术奖一等奖。

表 1-5-20　首钢集团迁安钢铁有限公司板坯连铸机控制指标

序号	精细化项目	指　标	说　明
1	35 项设备功能	投入率 >99%	
2	59 项设备精度	达标率 >99%	
3	弯曲段寿命	通钢量 30 万吨	
4	圆弧扇形段	通钢量已达到 120 万吨	奥钢联规定 80 万吨
5	矫直扇形段	通钢量已达到 120 万吨	奥钢联规定 70 万吨
6	水平扇形段	通钢量已达到 240 万吨	奥钢联规定 120 万吨
7	设备非计划停工	<100min/每月	
8	板坯恒定拉速率	连续 22 个月 >97%	
9	4 台 8 流板坯连铸机平均不漏钢连续时间	1 年（即浇铸 1000 万吨不漏钢）	处理一次漏钢事故约 8 ~12h，直接经济损失 >100 万元
10	2 台 4 流板坯连铸机不发生溢漏的持续时间	27 个月	
11	操作不断流持续时间	17 个月	
12	结晶器液压振动液压油质量	油清洁度 >6 级	在线冲洗 2h
13	结晶器窄面锥度偏差	<1.5mm	
14	自动开浇成功率	99.9%	
15	浸入式水口快换最佳操作法使结晶器误报警次数	4 次/月（原来 35 次/月）	
16	结晶器保护渣自动加入率	100%（原来 50%）	设备的喂入管使用不锈钢材质
17	改造后的钢包下渣检测系统	使用成功率 >98.5%	钢包容量 210t
18	中间罐钢渣厚度	<50mm	使用钢包下渣检测
19	钢包到中间罐平均增氮	1.5×10^{-6}（原来 11×10^{-6}）	

续表 1-5-20

序号	精细化项目	指　标	说　明
20	中间罐到结晶器密封氩量精度	0.1L/min	采用自动控制氩气箱
21	中间罐到结晶器增氮	平均 $<1\times10^{-6}$（最大 3×10^{-6}）	
22	热轧板卷边部结疤和细线缺陷发生率	0.43%（原来 1.67%）	铸坯气泡个数降低到 0.38 个/m
23	控制结晶器冷却水流速使包晶钢纵裂发生率	<2%	冷却水流速：宽面 9m/s，230mm 窄面 11.02m/s，250mm 窄面 10.32m/s
24	冬季结晶器进水温度	>30℃	
25	避开第三脆性区铸坯角部温度	<700℃	
26	结晶器振动的负滑动时间	0.15s（原来 0.10～0.11s）	提高了浇铸的安全性
27	切割定尺控制精度	±5mm（原来 ±20mm）	采用新版红外定尺切割系统
28	切割定尺合格率	>99.9%	
29	采用双层中间罐覆盖剂技术控制夹杂物尺寸	3μm（最大 10μm）	
30	板坯中心偏析	>C2.0	（其中 >C 1.0 达 90% 以上）
31	板坯一检合格率	>98.5%	
32	板坯综合合格率	>99.6%	

表 1-5-21 是日照钢铁有限公司 230mm×2150mm 板坯连铸机精细化管理与科技创新后的生产水平，其单流板坯连铸机的年产量达到 190 万吨。

表 1-5-21　日照钢铁有限公司 230mm×2150mm 板坯连铸机生产指标

序号	精细化项目	指　标	说　明
1	210mm×2050mm 最大拉速/$m\cdot min^{-1}$	1.7	稳定拉速到 1.6m/min
2	平均连烧炉数/炉	280～300	转炉容量 120t
3	中间罐更换周期/炉	28～30	
4	下装引锭浇铸准备时间/min	50～60	
5	板坯连铸机年作业率/%	93	
6	快速更换中间罐时的零拉速时间/s	160～170	
7	单流连铸机年产量/万吨	190	

5.2.11.2　常规连铸机高拉速并不少见

意大利达涅利 ABS 钢铁公司罗拉（ROLA）厂轴承钢铸坯断面 160mm×200mm，拉坯速度可达 3.5m/min，不锈钢为 4.0m/min，合金结构钢为 4.5m/min，低碳钢甚至可达 6.0m/min。

日本 JFE 水岛制铁所，4 号板坯连铸机生产 220mm×(850～1900)mm 断面，IF 钢拉坯速度 2.1～2.4m/min，一般低碳钢拉坯速度 2.3～3.0m/min，中碳钢拉坯速度也可达 1.9～2.6m/min。结晶器安装有电磁控流装置 FC(Flow Control)，采用高强度、高精度的二次冷却控制技术。

5.2.12　连铸生产线工程建设效率迅速提高

进入 21 世纪，中国连铸生产线工程建设突飞猛进，有连铸车间时，规模最大的连铸工程可以在一年以内完成。

例如 2013 年完成的日照钢铁有限公司 10 号板坯连铸机生产线，2013 年 2 月 5 日合同生效，2013 年 8 月 31 日投产，建设周期 208 天。8 月 31 日第一浇次浇铸 16 炉（每炉 135t），9 月 2 日第二浇次浇铸 16 炉，9 月 3 日第三浇次浇铸 51 炉。该项目创三项世界纪录：一是创工程建设周期最短世界纪录，完成的机械设备重量约 4500t，机电液成套装备合同额上亿元，从合同生效之日起第 208 天投产；二是创板坯连铸机热试浇钢量最高世界纪录。首次热负荷试车浇钢量 2160t；三是创达产最快世界纪录。热试后，从第 5 天开始，连续 15 天进行生产考核，作业率达到 90%（120t 转炉，最大出钢量 135t，最高浇次连浇炉数达到 110 炉），超过中国连铸作业率 80% 的平均值。也就是说，投产后的第 5 天就达产了，产品质量合格。

5.3　薄板坯连铸连轧及无头轧制 ESP 生产线

自从 1989 年美国 Nucor Crawfordsville 采用德国 SMS 公司 CSP 技术建成投产世界上第一条薄板坯连铸连轧生产线以来，已过去了二十多年，在这二十多年中，美国与中国的钢铁工业引领了前两个十年国际薄板坯连铸连轧技术的发展。第一个十年以美欧为主，美国则主要以电炉炼钢流程为主。第二个十年以中国为主，主要以转炉炼钢流程为特点，同时铸坯厚度向 70 ~ 90mm 发展。现在，是薄板坯连铸连轧技术发展第三个十年，2009 年一开始国际经济就受到金融危机的严重冲击，钢铁市场需求萎缩、产品价格大幅下跌、产能过剩。在这种严峻的形势下，以节能降耗、降低生产成本著称的薄板坯连铸连轧生产技术是广大冶金工作者十分关注的焦点。随着世界经济的恢复，以超高速连铸、无头轧制为代表的薄板坯连铸连轧新技术得到工业化开发与应用，这是值得关注的。

薄板坯连铸连轧技术的发展具有以下特点：

（1）无头轧制技术已开始工业化应用，这是薄板坯连铸连轧技术发展的最大亮点。

无头轧制的概念起源于短流程棒线材生产线。2000 年 8 月，意大利达涅利公司在意大利 ABS 公司 Luna 厂采用无头轧制技术生产特殊钢，年产量 50 万吨。可以生产圆形、方形棒材，连铸坯为 160mm × 200mm，最终产品为圆钢 ϕ20 ~ 100mm，方钢 40 ~ 100mm，盘卷 ϕ15 ~ 50mm。

由意大利 Giovanni Arvedi 发明，Acciaieria Averdi 公司和 Siemens VAI 公司一起实施，在意大利克莱蒙纳（Cremona）厂共同设计和建造了薄带钢的无头轧制生产线，2009 年 2 月投产。带材最小厚度 0. 8mm，带材厚度公差 ≤ 30μm、宽度公差 ≤ 5mm、温差 ≤ 7℃，品种有高等级优质钢种，电工钢、IF 钢等。

继意大利 Arvedi 公司克莱蒙纳（Cremona）厂的无头轧制技术的 ESP 生产线投入工业化生产之后，2009 年 5 月由意大利达涅利公司负责改造的韩国 POSCO 钢铁公司“HIGH MILL”无头轧制生产线也投入了工业化生产。

中国日照钢铁有限公司从 2015 年 2 月 18 日第一条 ESP 生产线投产后，2015 年 4 月 25 日第二条生产线投产，2015 年 9 月 26 日第三条生产线投产。2015 年 7 月第一条生产线生产出了 0. 8mm 厚度的带钢卷。日照钢铁有限公司还有第 4 条、第 5 条生产线已经签约，等待建设投产。无头轧制技术的工业化应用为高效化、大规模、低成本生产超薄规格带钢，为实现以热代冷提供了技术支撑。

无头轧制 ESP 生产线连铸机主要参数

连铸机形式：　直弧形

圆弧半径：　R5m

冶金长度：　20.14m

结晶器形式：　漏斗形配有电磁制动

结晶器长度：　1200mm

结晶器宽度：　920～1640mm（结晶器出口）

结晶器厚度：　90/110mm

铸坯厚度：　70～90mm，90～110mm（110mm 时结晶器为非漏斗平行板型式）

设计拉速：　max. 7.0m/min（板坯厚度为 80mm）

钢液流量：　max. 6.5t/min

生产线长度：　193m

分钢种拉速：　见表 1-5-22

表 1-5-22　分钢种拉速

序号	钢　种	参考钢号	拉坯速度/m · min^{-1}	
			坯厚 80mm	坯厚 90mm
1	软钢（低碳钢）	DD11，SPHC	6.5	5.5
2	中碳钢（w（C）=0.15%～0.25%）	S355，Q345B	5.5	5.0
3	HSLA（低碳钢）	SPFH490	6.5	5.5
4	双相钢	DP600	5.5	5.0

无头轧制 ESP 生产线各环节的产品规格见表 1-5-23，分钢种的产品规格见表 1-5-24。

表 1-5-23　无头轧制 ESP 生产线产品规格

序号	项目	参数	宽度/mm
1	连铸坯	70～110mm	900～1600
2	结晶器出口	90～110mm	
3	带钢	0.8～6.0mm	
4	带卷外径	1040～2000mm	
5	带卷内径	750～755mm	
6	卷重	约 32.0t	
7	带卷单重	21kg/mm	

表 1-5-24　ESP 生产线分钢种的产品规格

序号	钢种	带钢厚度/mm		带钢宽度/mm
		min	max	
1	低碳钢	0.8	6	900～1600
2	超低碳钢	0.8	6	
3	IF 钢	0.8	6	
4	中碳钢	0.8	6	
5	高强钢	1.3	6	
6	双相钢	1.5	6	

2015 年 1 月，俄罗斯联合冶金公司（OKM） Vyksa 钢厂由达涅利供货的一条 QSP 薄板坯连铸连轧生产线投产，结晶器出口处最大厚度 112mm，铸坯最大厚度 90mm，年产量 120 万吨，可生产 50 个钢号，1.0mm 厚度带钢。

2016 年 5 月 15 日，达涅利与河北武安市冀南钢铁集团就“QSP 达涅利多功能无头轧制”项目在北京举行了见面会暨签约仪式。据称这种生产线单流主机最大年产量可达 300 万吨。共两流连铸机，生产线长度 260m，带材厚度 0.8～2.5mm，可生产 LC、MC、HC、

HSLA、API 等钢种。与普通工艺相比，可节能 15%~30%。

QSP 达涅利多功能无头轧制生产线也叫 QSP（Quality Strip Production）—DUE（Danieli Universal Endless）生产线，即达涅利高质量带钢多功能无头轧制生产线。2016 年 5 月，首钢京唐钢铁联合公司二期工程也与达涅利签订了一条与单流连铸机配合的多功能无头轧制生产线合同，年产量 210 万吨，配一座 200t 转炉和一座 LF 精炼炉，连铸机半径 *R*5.5m，冶金长度 24.5m，生产线长度 287m。生产带材最大宽度 1600mm，当薄板坯厚度 110mm 时，连铸机拉速 6.0m/min，1.2m 长度的漏斗形结晶器，中间罐容量 70t，4 孔浸入式水口优化流场，生产带材厚度 0.8 ~2.5mm，连铸后有均热炉、3 机架粗轧机组、感应加热后是 5 机架精轧机组，具有无头、半无头、单坯轧制 3 种功能，2017 年年末投产，期望能够生产 1000 ~1500MPa 高强度钢种。

（2）薄板坯连铸的拉速不断提高。随着薄板坯连铸连轧技术对产能需求的提高，尤其是仅采用单台连铸机的无头轧制生产技术对产能的需求更为迫切，世界各薄板坯连铸连轧技术的开发商以及冶金企业非常注重以提高薄板坯连铸机拉速为目标的连铸结晶器系统技术的开发，这些技术包括：漏斗形结晶器内腔形状与冷却结构优化、电磁制动技术、大通量浸入式水口、保护渣技术以及结晶器振动优化技术等，目前应用于工业生产的连铸机在不增加漏钢次数的情况下，最大拉速已达到了 7.2m/min，单位时间的通钢量最大可以达到 6.5t/min。这为薄板坯连铸连轧生产线经济效益的发挥奠定了基础。

韩国东国制钢集团（Dongkuk Steel Group）、浦项、巴西淡水河谷（采矿业）公司合资建设的巴西一条 CSP 生产线两流连铸机预计 2016 年投产，年产能为 300 万吨，东国制钢将每年获得 160 万吨，浦项钢铁 80 万吨，淡水河谷公司 60 万吨。

美国大河钢铁公司在阿肯色州奥西奥拉（Osceola）新建一条以废钢为主要原料的 CSP 生产线，计划 2016 年年末或 2017 年投产，设计年产量 160 万吨。包括 1 座电炉，1 流连铸机，一条冷轧带钢生产线，生产带材厚度 1.5 ~25.4mm，宽度 900 ~1930mm。

截止到 2015 年，世界上共建设薄板坯连铸连轧生产线 66 条 100 流（包括在建和已投产的），年产能为 11284 万吨（表 1-4-33 和表 1-5-25 中的产量相加），按年份投产的薄板坯连铸连轧生产线见图 1-5-8 和表 1-5-25 ~ 表 1-5-28。其中 2000 年以后建设 28 条线 44 流，2009 年以后共建设薄板坯连铸连轧生产线 9 条，其中印度 4 条，中国、韩国、伊朗、意大利、特立尼达各 1 条；另外，意大利特尔尼公司的 1 条 CSP 生产线被拆除，韩国浦项光阳厂的 1 条 ISP 生产线被改造成 ESP 生产线。

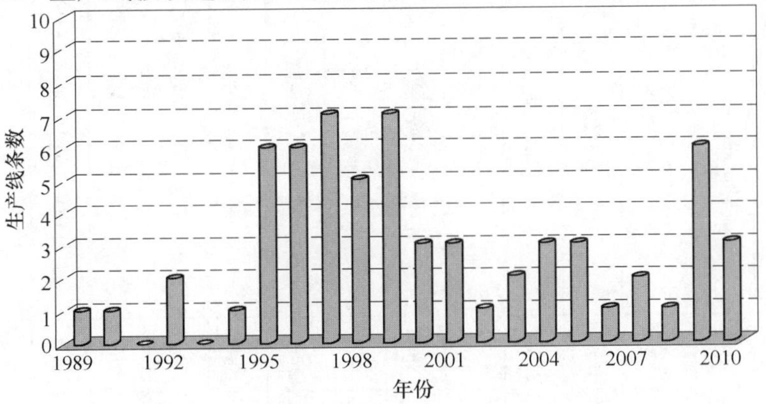

图 1-5-8　按年份投产的薄板坯连铸连轧生产线

表1-5-25　进入21世纪按照国家排列的薄板坯流数连铸连轧生产线统计（序号接表1-4-33）

序号	国家和地区	钢铁公司	工艺类型	连铸机流　数	开发商	铸坯规格（厚×宽）/mm×mm	最小产品厚度/mm	年产能/万吨	轧机	投产期/年．月
36	美国	依波斯科钢 IPSCO 蒙彼利埃厂，依阿华	TSP	1	德马克＋蒂平斯	127～152（厚度）	2.3	112.5	炉卷轧机	2000
37	美国	密西西比哥伦布 severcorr 公司	CSP	1	SMS	（55～70）×（900～1880）	1.4～12.7	136	7 机架	2007
38	俄罗斯	OMK	FTSR	1	达涅利威恩联合公司	70/90/110×（800～1800）	1.2～12.7	120	2＋5（6）机架	2007
39	意大利	Arvedi Cremona 厂	ESP	1	Arvedi＋VAI	80～1540	0.8～12.0	150	3＋5 机架	2009.3
40	意大利	依尔瓦 特尔尼	CSP	1	SMS＋Iiva	50×（1000～1560）	1.3	90	—	2001.9
41	韩国	浦项1号光阳厂	ESP（CEM）	1	Danieli＋POSCO	80×（800～1350）	1.2（1350）	180	3＋5 机架	2009.4
42	韩国	牙山湾东部钢铁公司	FTSR	2	Danieli	70/85/90/105×（900～1650）	—	250	2＋5 机架	2009
43	印度	Essar 埃萨钢公司	CSP	1	SMS	（50～70）×（900～1560）	1.5	100	6 机架	2009
44	印度	TATA 塔塔钢铁公司	CSP	1	SMS	（50～70）×（900～1560）	1.5	100	6 机架	2010
45	印度	Bhushan	CSP	2	SMS	60/50（48）×（800～1300）	1.5	240	6 机架	2009
46	印度	BOKARO 波卡罗钢铁厂	CSP	1	SMS	（50～70）×（900～1560）	1.5	120	6 机架	2009
47	荷兰	霍戈文-康力斯埃目斯登	ISP/DSP	1	MDS	70×（750～1560）	1	150	2＋5 机架	2000.1
48	埃及	Al Ezz 艾茨重工业公司 EFS 厂	FTSR	1	Danieli	（65～90）×（800～1600）	0.8	120	6 机架	2004.2
49	非洲	特立尼达 Trinida 的 ESCL 公司	CSP	1	SMS	（50～70）×（900～1530）	1	120	6 机架	2010
50	土耳其	MMK-ATKAS	FTSR	2	Danieli	50/70/90×（800～1570）	1.0～20	230	2＋4 机架	2008
51	伊朗	萨维沙法轧钢和钢管厂	CSP	1	SMS	50/60×（900～1600）	0.9（1000）	114	6 机架	2003.3

续表 1-5-25

序号	国家和地区	钢铁公司	工艺类型	连铸机流数	开发商	铸坯规格（厚×宽）/mm×mm	最小产品厚度/mm	年产能/万吨	轧机	投产期/年．月
52	伊朗	伊斯法罕/穆巴拉克钢公司	FTSR	1	Danieli	45～60（厚度）	1.5～12.7	70/140	6机架	2005/2011
53	中国	包钢	CSP	2	SMS	(50～70)×(980～1560)	1.2（1000）	200	6机架	2001.8
54	中国	唐钢	FTSR	2	Danieli	(70～90)×(1235～1600)	0.8～12.0	250	2+5机架	2002.12
55	中国	马钢	CSP	2	SMS	(50～90)×(900～1600)	1.0（1300）	200	7机架	2003.9
56	中国	涟钢	CSP	2	SMS	(55～70)×(900～1600)	1.0（1250）	220	7机架	2004.1/3
57	中国	鞍钢	ASP	2	VAI	100/135×(900～1550)	1.5～25.0	250	1+6机架	2000.7
58	中国	鞍钢	ASP	4	VAI	135/170×(900～1550)	1.5～25.0	500	1+6机架	2005
59	中国	本钢	FTSR	2	Danieli	(70～85)×(850～1605)	0.8～12.7	280	2+5机架	2004.11
60	中国	通钢	FTSR	2	Danieli	(70～90)×(900～1560)	1.0～12.0	250	2+5机架	2005.12
61	中国	酒钢	CSP	2	SMS	(50～70)×(850～1680)	1.5～25.0	200	6机架	2005.5
62	中国	济钢	ASP	2	VAI	(135～150)×(900～1550)	1.2～12.7	250	1+6机架	2006.11
63	中国	武钢	CSP	2	SMS	(50～90)×(900～1600)	0.8～12.7	253	7机架	2009.2
64	中国	日钢1号生产线	ESP	1	普瑞特	(90～110)×(900～1600)	0.8～6.0	222	3+5机架	2015.2.18
65	中国	日钢2号生产线	ESP	1	普瑞特	(90～110)×(900～1600)	0.8～6.0	222	3+5机架	2015.4.25
66	中国	日钢3号生产线	ESP	1	普瑞特	(90～110)×(900～1600)	0.8～6.0	222	3+5机架	2015.9.26
合计				47				5921.5		

表1-5-26 世界各国薄板坯连铸-连轧生产线和年产能统计（截止到2015年底）

国家	生产线条数									年生产能力/万吨	连铸机流数
	CSP	ISP	FTSR	QSP	CONROLL	TSP	ESP	ASP	合计		
美国	9			2	1	2			14	2098	19
印度	5								5	800	7
意大利	1	1					1		3	310	3
韩国	1	1	1				1		4	830	7
中国	7		3		0		3	3	16	3946	31
其他	11	4	5	1	3				24	3300	33
总计	34	6	9	3	4	2	5	3	66	11284	100

表1-5-27 世界各种形式薄板坯连铸-连轧生产线统计（截止到2015年底）

工艺	生产线/条	连铸机/流	生产能力/万吨·a^{-1}	产能比率/%	供应商
CSP	34	53	5661	49.73	SMS
ISP	6	9	805	7.07	MDH
FTSR	9	15	1770	15.55	Danieli
QSP	3	4	510	4.48	SMI
CONROLL	4	4	330	2.90	VAI
TSP	2	2	212	1.86	Tippins + Samsun
ASP	3	8	1000	8.79	AnGang
ESP	5	5	996	9.62	Arvedi + VAI
合计	66	100	11284	100	

表1-5-28 中国薄板坯连铸-连轧生产线建设状况

序号	钢铁公司	工艺类型	连铸机流数	供货商	铸坯规格（厚×宽）/mm×mm	产品厚度/mm	设计年产量/万吨	轧机	投产日期/年.月
1	珠钢	CSP	2	SMS	(50~60)×(1000~1380)	1.2~12.7	180	6CVC机架	1999.8
2	邯钢	CSP	2	SMS	(60~90)×(900~1680)	1.2~12.7	247	1+6CVC机架	1999.12
3	包钢	CSP	2	SMS	(50~70)×(980~1560)	1.2~20.0	200	7CVC机架	2001.8
4	唐钢	FTSR	2	Danieli	(70~90)×(1235~1600)	0.8~12.0	250	2+5PC轧机	2002.12
5	马钢	CSP	2	SMS	(50~90)×(900~1600)	1.0~12.7	200	7CVC机架	2003.9
6	涟钢	CSP	2	SMS	(55~70)×(900~1600)	1.0~12.7	220	7CVC机架	2004.2
7	鞍钢	ASP	2	鞍钢	100/135×(900~1550)	1.5~25.0	250	1+6ASP轧机	2000.7
8	鞍钢	ASP	4	鞍钢	135/170×(900~1550)	1.5~25.0	500	1+6ASP轧机	2005
9	本钢	FTSR	2	Danieli	(70~85)×(850~1605)	0.8~12.7	280	2+5PC轧机	2004.11
10	通钢	FTSR	2	Danieli	(70~90)×(900~1560)	1.0~12.0	250	2+5PC轧机	2005.12
11	酒钢	CSP	2	SMS	(52~70)×(850~1680)	1.5~25.0	200	6CVC机架	2005.5
12	济钢	ASP	2	鞍钢	(135~150)×(900~1550)	1.2~12.7	250	1+6ASP轧机	2006.11
13	武钢	CSP	2	SMS	(50~90)×(900~1600)	1.0~12.7	253	7CVC机架	2009.2

续表 1-5-28

序号	钢铁公司	工艺类型	连铸机流数	供货商	铸坯规格（厚×宽）/mm×mm	产品厚度/mm	设计年产量/万吨	轧机	投产日期
14	日钢	ESP	1	普瑞特	(80～110)×(900～1600)	0.8～6.0	222	3+5 机架	2015.2
15	日钢	ESP	1	普瑞特	(80～110)×(900～1600)	0.8～6.0	222	3+5 机架	2015.4
16	日钢	ESP	1	普瑞特	(80～110)×(900～1600)	0.8～6.0	222	3+5 机架	2015.9
合　计			31				3946		

（3）早期开发的多种薄板坯连铸连轧生产线的发展趋势出现了分化。2009 年以来新建的 13 条薄板坯连铸连轧生产线中，无头轧制生产线 5 条、CSP 生产线 6 条、FTSC 生产线 2 条（加上韩国 POSCO 钢铁公司的改造项目应该是 3 条），另外 ISP 生产线被改造 1 条。可以看出在现有的薄板坯连铸连轧生产工艺中，CSP 工艺和 FTSC 工艺以其较高的可靠性、成熟性在不断地完善发展，而其他工艺的工业化应用则出现了停滞。ISP 工艺由于投产后在产品质量和达产规模等方面出现了较多的问题，已经开始被改造。

（4）据报道，意大利 AST 特尔尼厂 CSP 生产线由于不锈钢质量无法满足欧洲市场的需求，该厂已将 CSP 生产线拆除，改由传统大板坯连铸流程生产不锈钢。

（5）截止到 2009 年中国薄板坯连铸连轧生产线的产能和产量如图 1-5-9 所示，2010 年后增加了日照钢铁有限公司的三条 ESP 生产线，三条线最大产能 666 万吨/a。

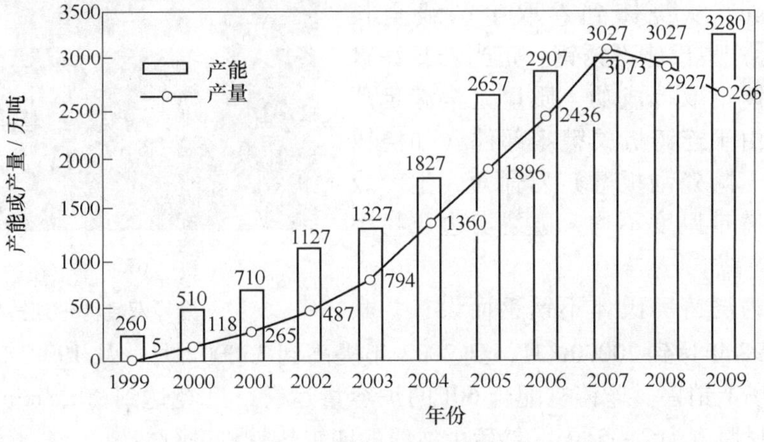

图 1-5-9　按年份统计的中国薄板坯连铸连轧生产线产能和产量

5.4　薄带连铸工业化应用

5.4.1　新日铁—石川岛播磨带钢连铸生产线

新日铁 1989 年在光厂投入试验的双辊薄带连铸机运行到 1993 年，生产的带钢证明其抗拉强度和伸长率与常规方法生产的带钢相当，并且展现了较低的各向异性和优异的耐腐蚀性。合伙方宣布，将开始进行工业化规模连铸机的经济可行性研究和建造。

世界上第一台商业化 TRC 带材连铸机于 1996 年 1 月由新日铁和三菱重工、石川岛播磨合作，在新日铁光厂开始建造双辊连铸带钢半工业试验机，设计能力为月产量 3500t 不锈钢带。该项目建造耗费了 20 个月，于 1997 年 10 月开始铸造试验。一年以后，在 1998 年 9 月开始了商业化生产，这条带钢连铸生产线如图 1-5-10、图 1-5-11 所示。

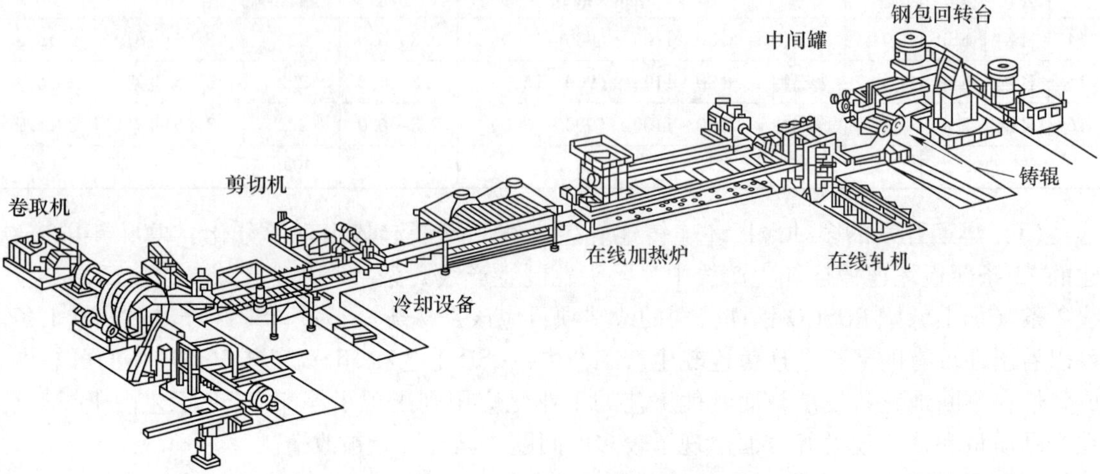

图 1-5-10　新日铁光厂工业规模带材连铸生产线

这条生产线设计钢带宽度 760 ~ 1330mm，厚度 2.0 ~ 5.0mm，拉坯速度 30 ~ 75m/min，铸辊直径 1200mm，从浇铸到卷取生产线全长 68.9m，主要生产奥氏体不锈钢。正当新日铁宣布连续浇铸不锈钢取得成功，质量完全满足严格要求后，却由于连铸机关键零部件（如浇铸辊、侧封装置、陶瓷刮板等）寿命短，生产成本高，再加上铸带厚度不均，边裂切边成材率低而关闭了生产线。

图 1-5-11　1997 年正在进行试验的光厂双辊薄带连铸机

该连铸机为浇铸奥氏体不锈钢而设计，其生产能力于 1998 年达到 20000t/月，到 2002 年提高到 35000t/月。从 1998 年 10 月起该不锈钢带材在市场上销售。连铸机配合 60t 的炉容量运行，已经达到 90m/min 的铸造速度，铸造不锈钢带材厚度为 2 ~ 5mm，然后由在线的四辊热轧机进行热轧。

新日铁在 2002 年 11 月宣布，光厂的连铸机已经达到了其生产量（5 炉连浇 300t）和带材质量的目标。按照年生产量高达 42 万吨，光厂的连铸机当之无愧地成为当时开发的最为成功的带材连铸机。然而，新日铁在 2003 年 9 月终止了光厂连铸机的商业化运行。解释的原因是新日铁与住友金属工业（SMI）的合作消除了对于商业化带材连铸机的需求，那台耗费 110 亿日元（1100 万美元）的带材连铸机，自从 1998 年开始投产以来，从未超过其设计能力的 50%。

5.4.2　欧洲 Eurostrip 带钢连铸生产线

1995 年，德国的 CSM 公司和意大利伊尔瓦钢铁厂（ILVA：Ilvasteelworks）合作，在意大利 Terni 厂建设了双辊带钢连铸试验生产线，由 VAI、CSM、AST 共同经营，钢包容量

60t，中间罐容量 18t，铸辊直径 ϕ1500mm，带钢最大宽度 1130mm，厚度 2.0 ~ 3.5mm。

1999 年 12 月，20 世纪末第 1 台用于浇铸奥氏体不锈钢的工业化双辊带钢连铸试验生产线在 Thyssen kupp 的 Krefeld 厂建成，如图 1-5-12 所示。这是由 Usinor、KTS、AST 及 VAI 联合完成的，其钢包容量 60t，中间罐容量 15t，铸辊直径 ϕ1500mm，带钢最大宽度 1350mm，厚度 2.0 ~ 3.0mm，以生产奥氏体不锈钢为主。到 2001 年又增加了 1 机架 4 辊热轧机和 1 台在线加热器，2003 年又安装了 1 套双卷取机系统以实现无头浇铸与轧制。达到了年产量 40 万吨的工业化规模。

图 1-5-12　Krefeld 鼎盛时期的双辊薄带连铸机

2003 年，Eurostrip 公司成立，对意大利 AST 基地的 Terni 厂之前建设的薄带连铸机进行升级改造。

5.4.3　韩国浦项（POSCO）PoStrip 带钢连铸生产线

韩国的浦项钢铁公司和工业科学技术研究所（RIST）与英国 Davy 国际公司合作于 1989 年开始研究双辊带材铸造。目标是开发工业规模的不锈钢带材连铸机，以便节约投资成本。开始铸辊直径为 ϕ750mm，辊面宽度 350mm。英国的 Davy 公司负责设计实验室规模的模型，并于 1994 年建造了一台试验连铸机，试验连铸机于 1995 年投入运行，铸造能力为 10t，采用直径为 ϕ1250mm、宽度为 1300mm 铸辊。铸造速度 50 ~ 130m/min，带材的厚度范围 1.8 ~ 5mm。

通过不断地升级改造，2004 年 6 月，在浦项钢厂开始建造一台生产能力为 60 万吨/a 的工业规模示范连铸机，并于 2006 年 7 月建成，生产带钢厚度 2.0 ~ 6.0mm，连铸机于 2007 年 7 月开始半商业化生产，命名为 PoStrip。POSCO 的工业规模双辊带材连铸机的概况如图 1-5-13 所示。2007 年 3 月，PoStrip 成功地铸造出 1.5mm 厚度的 304 不锈钢带材。接下来又成功地铸造出来另外四种不锈钢带材。

5.4.4　美国纽柯公司 Castrip®带钢连铸生产线

1998 年 11 月，澳大利亚必和必拓矿业公司（BHP）和日本石川岛播磨重工业公司（IHI）宣布他们从 1980 年开始研究开发的双辊薄带连铸生产线已接近商业化。1999 年后期，美国 Nucor Steel 公司参加了该项目，并且计划在印第安纳的 Crawfordsville 建造一台商业化带材铸造设备。在 2000 年 3 月，宣布成立 Castrip 有限责任公司（Castrip LLC），准备投资 1 亿美元以使 Castrip 技术商业化，Nucor Steel 和 BHP 各占 47.5% 股份，IHI 占 5% 股份。Crawfordsville 的设备于 2001 年 2 月开始建造。在 14 个月的建造和冷试车之后，首次铸造试验在 2002 年 5 月进行，生产碳钢和不锈钢，流程如图 1-5-14 所示。Nucor Crwfordsville 钢厂带钢生产线的主要参数见表 1-5-29。把曾经在澳大利亚 Port Kembla 的 BHP 薄带连铸试验机主要设备搬到美国一家新钢厂。

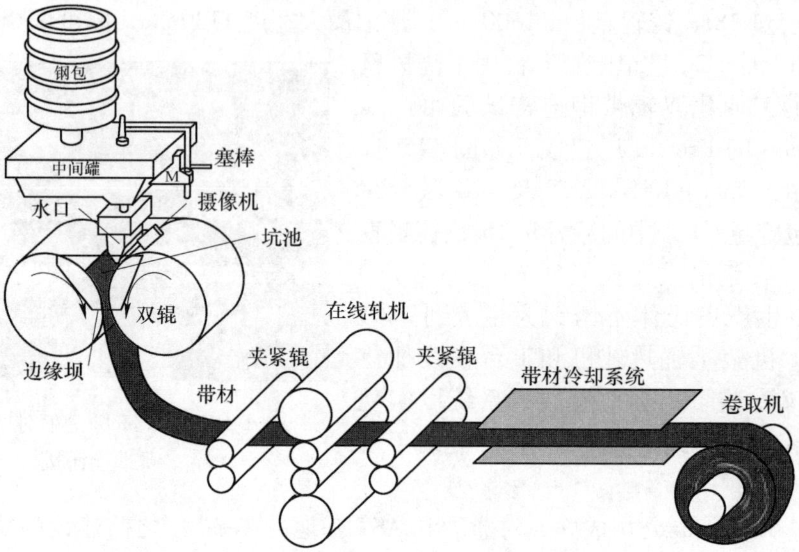

图1-5-13 POSCO工业规模双辊带材连铸机概况

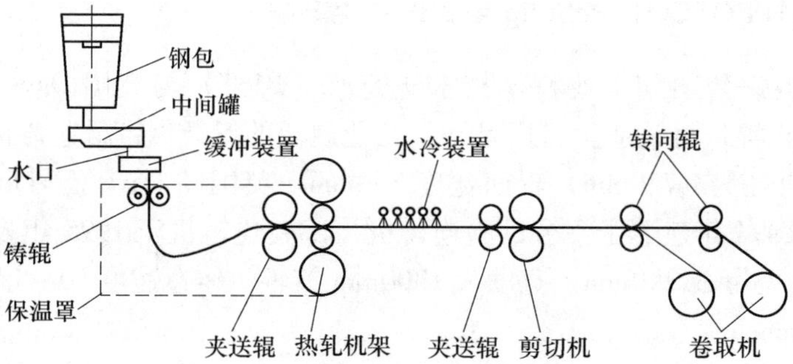

图1-5-14 美国纽柯Castrip生产线流程

表1-5-29 Nucor Crwfordsville钢厂带钢生产线的主要参数

项 目	规 格	项 目	规 格
生产线总长度/m	60	卷重/t	25
厂房尺寸/m×m	135×155	轧机工作辊直径×辊身长度/mm×mm	ϕ475×2050
炉子/钢包/t	110	轧机支撑辊直径×辊身长度/mm×mm	ϕ1550×2050
中间罐/t	18	轧制力/MN	Max30
连铸机类型	ϕ500mm，双辊	主驱动/kW	3500
辊面宽度/mm	1350，1680	冷却台	上下各10根集管
拉坯速度/m·min^{-1}	80~150	卷取机规格	2×40t
带钢设计厚度/mm	0.7~2.0	卷取机芯轴/mm	760
带钢设计宽度/mm	Max2000	年产量/万吨·a^{-1}	49（有50的报道）
在线轧机	单机架，4辊带液压AGC	生产钢种	碳素结构钢、高强度低合金结构钢

从设备在2002年5月试运行到2004年5月，该设备每月铸造出钢材10万吨，金属收得率由2003年初的50%迅速提高到2004年5月的80%。Castrip设备的生产能力持续提高，到了2008年，其生产不同钢种的生产能力已经达到了54万吨/a，超过49万吨/a的产能。截止到2008年9月共生产硅镇静的低碳钢85万吨。来自该设备的产品持续不断地发送到终端用户市场。

Crawfordsville设备的成功，促使纽柯公司在美国Nucor Blytheville，Arkansas厂建造了第二套设备，并且于2009年投产。并生产了宽度达1650mm的薄带。

目前，在美国的这两套Castrip设备每年能够分别为市场生产超过50万吨不同型号的碳钢及硅镇静钢种的钢材。

Castrip LLC已经授权墨西哥钢铁企业Talleresy Aceros S. A. de C. V.（Tyasa）在位于韦拉克鲁斯中部的Ixtaczoquitlanjian建设并营运一条年产50万吨的Castrip生产线，预计2017年投产，将生产宽度1680mm、厚度0.8～1.8mm的薄规格、高强度钢卷，主要用于当地制造业和建筑业。

5.4.5　中国上海宝钢BAOSTRIP®带钢连铸生产线

宝钢于2000年初期对于带材铸造开始了可行性研究。宝钢的双辊带钢连铸（Twin Roll Casting，TRC）项目于2001年11月正式启动，在2002年10月开始安装TRC连铸机。在2004年，宝钢与Carnegie Mellon大学签订了一项协议，目的是进一步加强研究队伍。在2003年，建成了一台宽度为1200mm的双辊试验连铸机，并开始运行。分别在2004年、2005年和2006年成功地进行了不锈钢、碳钢和硅钢的铸造试验。

2008年，中国宝钢在充分总结分析薄带连铸技术开发经验的基础上，针对薄带连铸关键技术和影响薄带连铸产业化的主要问题，从关键工艺和设备着手，以计算机数值模拟研究和试验研究为手段，展开薄带连铸连轧产业化中试机组的工艺、设备、自动化控制设计与制造工作，开发出一套具有宝钢自主知识产权的薄带连铸技术，简称BAOSTRIP®。

整条机组线的关键工艺和设备技术的研发由宝钢研究院负责，三电设计及成套由宝钢信息自动化公司负责，整条生产线的工程化由宝钢工程技术公司负责。项目于2008年完成了连续4炉成功浇铸、轧制和卷取。该产业化中试机组利用宝钢特钢原有的16t电炉，重建一个占地72m×36m的新厂房。主要工艺流程为：炼钢车间生产的合格钢液，利用过跨小车运输到薄带连铸车间的浇铸平台上，钢液经中间罐和布流水口注入到双辊连铸机中，铸成厚度为2.0～5.0mm的薄带坯，经单机架4辊轧机轧制后冷却和卷取。主要设备参数见表1-5-30。2009年2月，这台全规模的试验连铸机进入了半商业化生产。

2013年，宝钢与三菱重工合作，在宁波建成双辊薄带连铸生产线Baostrip，冷却辊直径ϕ800mm，辊面宽度1350mm。

2015年10月28日，宝钢集团发布消息，目前国际钢铁业界最为典型的节能环保短流程技术——薄带连铸技术已在宝钢成功完成了自主研发，并实现了产业化的成套技术开发，与传统工艺相比可大幅降低能耗。这在中国钢铁界是首次突破。

据宝钢集团专家介绍，薄带连铸新工艺，是直接把钢液铸成1.6～3.6mm厚度的薄带坯，经过在线一机架或两机架热轧，轧制出带厚最薄达到 0.8 ~ 2.5mm、带宽达到 1100 ~ 1680mm 的薄带钢。由于实现铸轧一体化，大大简化了热带钢的生产工序，使钢铁生产流程更紧凑，生产、投资成本更低。

5.4.6　西马克 BCT®带钢连铸生产线

2010 年 5 月，萨尔兹基特福拉赫钢公司与西马克集团签订了建造世界上第 1 台工业规模的水平式钢带连铸机 BCT®（Belt Casting Technology）合同，见 1.5.3 节。

5.4.7　沙钢启动国内第一条工业化超薄带生产线项目

2016 年 8 月 1 日，沙钢集团召开重大科技创新项目发布会，正式宣布国内首条工业化超薄带生产线建设项目启动。

该项目是纽柯集团所属的 Castmip LLC 公司经过反复遴选，最终决定选择沙钢集团作为纽柯公司在中国的合作伙伴，沙钢也因此获得了超薄带技术在中国的独家使用权及产品销售权。

表 1-5-30　宝钢薄带连铸连轧产业化中试机组主要参数

项目	设备名称	技术参数
冶炼	电弧炉/t	16（1 座）
	LF 和 VOD/t	16（各 1 座）
连铸机	连铸机形式	双辊等径薄带连铸机
	连铸机台数	1
	连铸机流数	1
	结晶辊直径/mm	800（铜合金）
	最大拉坯速度/$m \cdot min^{-1}$	110
	铸带厚度/mm	2.0 ~ 5.0
	生产钢种	碳钢，不锈钢，硅钢
输送辊	辊面宽度/mm	1350
飞剪	飞剪形式	连杆式
	最大剪切厚度/mm	5.0
冷却控制	冷却方式	层流冷却
热轧机	型式	4 辊热轧机
	控制方式	带 HAGC 控制系统
	辊面宽度/mm	1350
卷取机	型式与数量	地下，卧式，1 台
	最大卷重/t	25

这条生产线总长度 50m，采用双辊薄带连铸机，能够生产厚度 0.7 ~ 1.91mm，最大产品宽度 1590mm 的各类热轧钢带，年产量 50 万 ~ 60 万吨，节省能耗 80% ~ 95%。中冶京诚工程技术有限公司负责该项目的工程设计。

5.4.8　中国首个完全自主知识产权薄带铸轧项目启动

1999 年，东北大学轧制技术及连轧自动化国家重点实验室的双辊铸轧研究又被列为国家自然科学基金委重大项目。

在国家自然科学基金的资助下，东北大学设计了新的等径双辊铸轧机，并建立了相应的检测系统。铸轧机的形式为等径双辊式，铸辊直径 500 ~ 600m，铸轧速度 30 ~ 60m/min，铸带宽度 250 ~ 400mm，铸带厚度 1.5 ~ 3.0mm，对铸轧后的带钢进行了热轧、冷轧和热处理实验。铸轧实验研究的钢种主要有不锈钢、高速钢和低碳钢。

2016 年 5 月，河北敬业集团与东北大学合作实施重大科技产业化项目—— E2Strip 薄带连铸产业化实施启动，由中国钢铁轧制技术领域著名专家、中国工程院院士、东北大学教授、博士生导师王国栋带领的薄带铸轧科研团队承担。据介绍，该技术可使生产成本降低 35%，产线燃料消耗降低 95%，水耗降低 80%，电耗降低 90%，二氧化碳排放降低 85%。

5.4.9　带钢连铸生产线总结

2000 年初，一些实验室和试验规模运行的双辊带钢连铸生产线见表 1-5-31。

表 1-5-31 2000 年初实验室和试验规模 TRC 带材连铸机

公司/机构（国家）	铸造速度 /m · min⁻¹	辊径 /mm	带厚 /mm	带宽 /mm	钢 种
川崎（日本）	60 ~ 420	550/800	0.2 ~ 0.8	500	不锈钢，特种钢
IFW Dreden（德国）	90 ~ 480	350/500	0.6 ~ 3	30 ~ 800	不锈钢，特种钢
Max Planck Inst.（德国）	5 ~ 25	330	0.5 ~ 3	120	碳钢，特种钢
ITRI（中国）	12 ~ 24	400	2	300	不锈钢
VNIIMETMASH（俄罗斯）	120 ~ 360	340	0.1 ~ 0.5	150 ~ 300	特种钢

四种工业规模双辊带钢连铸（TRC）生产线比较见表 1-5-32。

某些当前运行的 Hazelett 输送带连铸机（Hazelett Strip Belt Casting，HSBC）数据见表 1-5-33。

表 1-5-32 四种双辊薄带连铸工业规模 TRC 生产线比较

采用工艺	新日铁/MHI	Eurostrip	Castrip	PoStrip
辊径/mm	1200	1500	500	1200
带卷规格/t	15020	20 ~ 35	25	—
铸造钢种	SUS304	奥氏体 SS400	低碳钢，SS400	SUS304
带宽/mm	778 和 1330	1430	2000 最大	1020 ~ 1270
带厚/mm	1.6 ~ 5	1.4 ~ 4.5	0.7 ~ 2.0	1.1 ~ 6.0
炉容量/t	60	90	60 ~ 110	110
铸造速度/m · min⁻¹	90 最大	15 ~ 150	80 ~ 150	30 ~ 130
设备产量/t · a⁻¹	420000	500000	500000	600000
当前状态	终止	终止	继续	继续

表 1-5-33 当前运行的输送带连铸机（HSBC）的数据

采用工艺	Claustahl	Claustahl 试验机	MEFOS	MMPC（McGill）
输送带长度/mm	1500	3200	3800	2600
输送带宽度/mm	300	500	1050	400
输送带材料	低碳钢	低碳钢	铜，低碳钢	铜，低碳钢
铸造厚度/mm	10 ~ 15	10 ~ 15	10 ~ 12	1 ~ 15
铸造宽度/mm	150	300	450，870	200
铸造速度/m · min⁻¹	4.8	10.8	17.4	20 ~ 60
加热炉容量/kg	120	1300	4000	250
在线轧制	无	是	无	是

实际上，薄带连铸从技术思想的出现到展开研究、试验与开发应用已经有 170 年的历史，人们为薄带连铸付出了大量的心血和资金，在这期间有很多曲曲折折、苦苦追求、坚持不懈、可歌可泣的故事和技术创新亮点，有着大量的事件和故事，是一个永远也说不完的话题，这一技术还将曲折发展。

5.5　连铸电磁冶金技术的发展

连铸电磁冶金技术是连铸技术的“伙伴”，谈到连铸技术的发展，连铸电磁冶金的发展是绕不开的内容。无论对连铸钢液质量、连铸坯的质量还是对连铸生产的操作稳定性都有着非常重要的作用。包括钢包电磁搅拌，中间罐电磁冶金，结晶器电磁制动和电磁搅拌，铸流诱导区（二次冷却区）电磁搅拌，铸坯凝固末端电磁搅拌等。

5.5.1　钢包电磁搅拌

1948 年，瑞典通用电器公司（ASEA）的德雷福斯（Dreyfus）博士制造出世界上第一台电磁搅拌器并应用于电弧炉炼钢。

1965 年，瑞典通用电器公司与瑞典滚珠轴承公司（SKF）合作开发了具有电磁搅拌、真空脱气、电弧加热和渣洗精炼等功能的 ASEA-SKF 钢包精炼炉，可以进行脱气，脱氧，脱碳，加热，去除夹杂物，调整合金成分等操作，给连铸机提供合格的钢液。而电磁搅拌无疑是最大亮点。到目前为止，阿塞洛尔米塔尔集团一些钢铁公司的实践证明，钢包电磁搅拌的效果要优于吹氩搅拌。钢包中钢液电磁搅拌原理如图 1-5-15 所示，钢包电磁搅拌设备布置如图 1-5-16 所示。

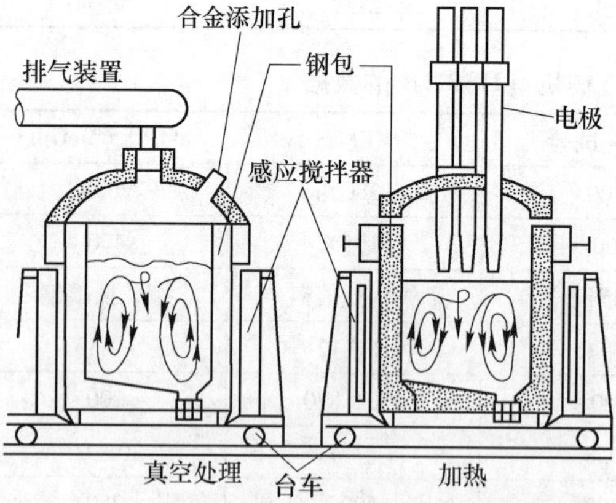

图 1-5-15　钢包中钢液电磁搅拌原理

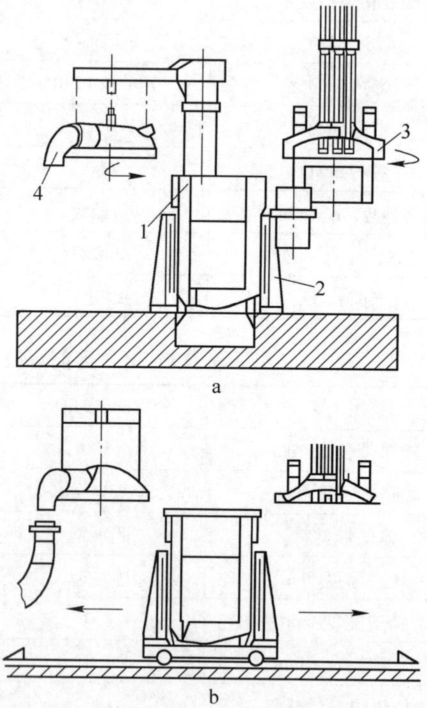

图 1-5-16　钢包电磁搅拌设备布置

a—钢包盖旋转式；b—钢包移动式

1—钢包；2—搅拌器；3—电极盖；4—真空盖

钢包电磁搅拌技术出现后，到 2005 年已经有 100 多个使用实例，它比吹氩搅拌后的总氧量降低20%~30%。

1999年梅钢投产初期，162t钢包无底吹，使用LF-EMS，2008年得出的结论是："钢包精炼炉电磁搅拌作为一种精炼手段，具备操控效果好、故障率低、温降小、合金收得率高、夹杂去除效果好、低成本一系列优点，主要缺点是一次性投资高"。

2000年，中国马鞍山钢铁公司在90tLF-VD上的应用，试验得出结论：钢包"电磁搅拌是生产洁净钢理想的搅拌方法"，它"可在较低温度下进行搅拌，而低温出钢可使钢液中氧含量减少，出钢过程吸气减少，同时减少钢包耐材的侵蚀，使钢液中夹杂物含量降低"。

5.5.2　中间罐电磁冶金

中间罐冶金包括设计流场合理的中间罐结构（如H型罐，大容量罐，气幕挡墙，堰、坝、过滤器、稳流器、透气砖等的控流设施等），使得夹杂物能够充分上浮，防止浇铸过程中的二次污染，覆盖剂选用，钢液等离子和电磁感应加热（含连续测温），真空浇铸，电磁过滤，喂线技术，液位检测等。是以冶金功能为优先还是以防止钢液二次氧化为优先变成一个有争议的话题。如果在钢液精炼阶段将有用、有害成分以及夹杂物控制到位，则防止二次氧化、控制钢液温度、控制好温度场和流场应该是中间罐功能的主要发展方向。

下面主要叙述中间罐电磁冶金方面的离心流动中间罐和中间罐钢液加热技术的发展。

5.5.2.1　离心流动中间罐

1996年，日本川崎制铁水岛厂在浇铸不锈钢时，研发成功基于中间罐内电磁搅拌技术的离心流动中间罐，旨在促使中间罐内钢液温度均匀，减少钢中夹杂物，在线应用取得了高拉速、高清洁度的效果，有望将来推广。离心流动（CF）中间罐如图1-5-17所示，中间罐由两部分组成，一部分为电磁离心装置（电磁搅拌器），另一部分为常规中间罐。当钢液流入电磁离心装置后，由于钢液高速旋转，使较轻的夹杂物位于中心部位上浮，而其他钢液从侧底部进入分流区域而流出中间罐。

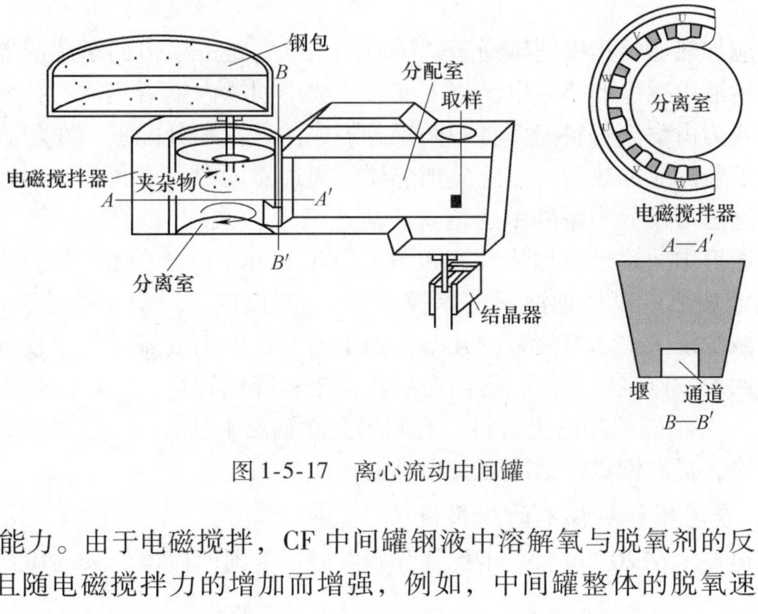

图1-5-17　离心流动中间罐

（1）脱氧能力。由于电磁搅拌，CF中间罐钢液中溶解氧与脱氧剂的反应加快，其脱氧速度加快，且随电磁搅拌力的增加而增强，例如，中间罐整体的脱氧速度为0.17%~

0.25%/min，而分离室则达到0.51%~0.74%/min。与其他炉外精炼过程相比较，其脱氧速度更快。因此，作为中间罐内脱氧、夹杂物的分离过程，能够获得非常快的脱氧速度，从而加速了脱氧过程。川崎制铁水岛厂生产的铸坯总氧含量低于0.001%，比采用传统中间罐减少2倍。

（2）夹杂物分离和渣去除机制。1）由于电磁力产生的离心力作用，轻相的夹杂物和渣向旋转中心区集中，并在集中过程中上浮，从而使夹杂物和渣从钢液中分离出来。2）由于旋转搅拌促进夹杂物和渣的碰撞和聚合而长大，有利于夹杂物和渣上浮分离。3）由于旋转搅拌产生的二次流动阻碍了原来重力方向的流动，大大抑制了流动短路的发生；同时也改善了钢液在分离室中的滞留时间分布，有利夹杂物上浮分离。川崎制铁水岛厂生产的铸坯夹杂物减少一半，不锈钢热轧和冷轧板卷缺陷减少60%。

由上述机理可以看出，CF中间罐能够很好地促进钢液净化。

5.5.2.2　中间罐加热技术

中间罐加热技术有等离子体加热和感应加热两种方式。

中间罐等离子体加热（Tundish Plasma Heating，TPH）是借助交流或直流等离子体炬与钢液之间激发的弧柱，将电能转换成中间罐内钢液热能的技术叫做中间罐等离子体加热技术。它主要依靠等离子电弧枪，利用电能将易电离气体激活成放电温度范围在7000~11000℃的等离子体状态，对中间罐中的钢液进行加热。等离子体加热有直流和交流两种类型，图1-5-18是新日铁DC型TPH设备组成。

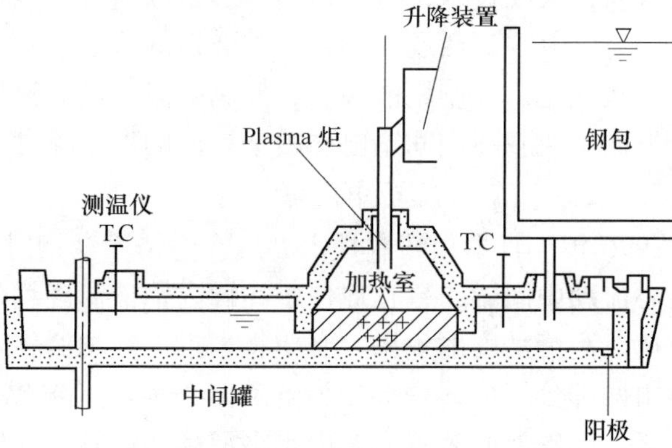

图1-5-18　新日铁DC型TPH设备组成

中间罐感应加热通常指中间罐通道式感应加热。它是一项借助于感应器的交变磁通相匝链的通道内钢液中感生的感应电流将电能转换成中间罐内钢液热能的技术。通道式感应加热装置的形式为由耐火材料隔墙将中间罐分隔成注入室和分配室。在耐火材料的隔墙内部上下贯通地安装感应加热器，在感应加热器的周边靠近中间罐底部设置连接注入室和分配室的通道。通道可以分为罐外单通道式、罐内双通道式和三通道式等，如图1-5-19所示。典型的双通道中间罐感应加热装置如图1-5-20所示。

中间罐钢液加热可以使钢液温度差控制在±3℃以内，以稳定拉速并改善内部疏松、偏析等质量；减少浸入式水口堵塞的几率；稳定结晶器中钢液流场与温度场，有利于防止结瘤、冻结、回炉、停浇等事故，提高金属收得率；降低转炉（电炉及炉外精炼）出钢温度约10~15℃，节约能源和耐火材料；有利于去除钢液中的夹杂物，特别是去除25μm以下的小型夹杂物，提高钢液的洁净度并提高铸坯质量。

5.5.2.3　中间罐加热技术的应用情况

等离子加热技术在20世纪50年代就开始发展，美国西屋电器公司生产的等离子体发

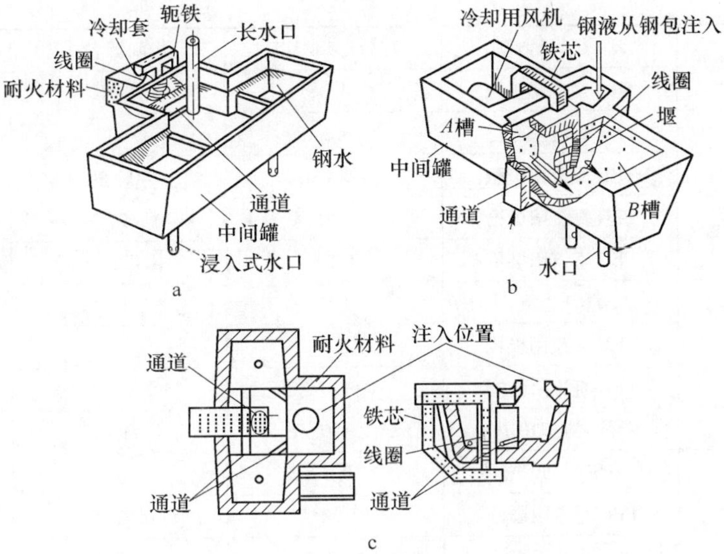

图 1-5-19　各种通道式中间罐加热示意

a—单通道；b—双通道；c—三通道

生器功率可达 10MW，通用电器公司生产了 20MW 发生器用于试验航空工业材料。80 年代等离子体加热技术应用于连铸中间罐加热。1984 年，德马克公司第一台等离子加热装置在意大利德尔塔科涅公司 Aosta's 厂应用于三流方坯连铸机，功率为 250kW，等离子枪为 DMAG 交流阴极枪。截止到 1997 年国外投入使用的功率大于 1MW 的连铸中间罐等离子加热装置有 15 台。

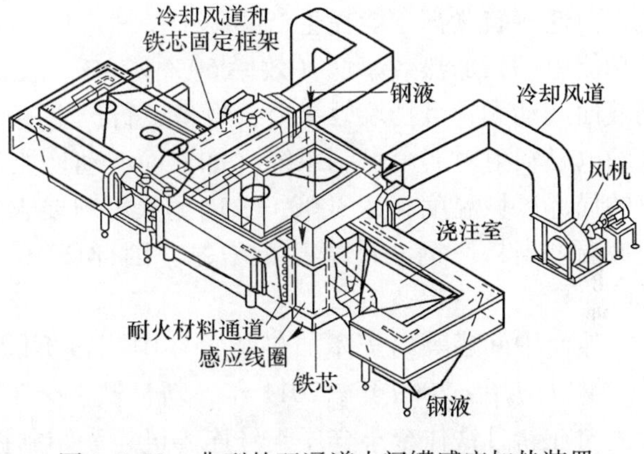

图 1-5-20　典型的双通道中间罐感应加热装置

1992 年初，衡阳钢管厂从英国 Tetronics（简称 TRD）公司引进中间罐等离子加热装置，1993 年 2 月热试，5 月完成 10 炉热试工作。之后，唐钢、武钢、马钢、济钢、台湾中钢、宝钢等都从国外引进了中间罐等离子加热装置，不完全统计，中国一共有 8 个钢铁公司引进了美国等离子能源公司（Plasma Energy Corporation，PEC）和英国 Tetronics 公司的等离子加热装置。有报道的钢铁公司等离子加热装置参数见表 1-5-34。

表 1-5-34　世界上部分钢铁公司使用的等离子加热装置

使用厂家	等离子枪类型	加热功率/MW	中间罐容/t	连铸机类型
意大利 Aosta	DMAG 交流阴极枪	1.8	9	方坯
美国查帕拉尔	PEC 直流阳极枪	2.0	15	方坯
日本神户 Kokura	PEC 直流阳极枪	1.2	14	方坯

续表 1-5-34

使用厂家	等离子枪类型	加热功率/MW	中间罐容/t	连铸机类型
日本神户加古川	TRD 交流阴极枪	4.3	80	板坯
新日铁名古屋厂	PEC 直流阳极枪	2×2.0	40	二流板坯
日本钢管京滨厂	TRD 交流阴极枪	4×1.1	40~50	板坯
美沃克诺福克厂	PEC 直流阳极枪	1.0	15	小方坯
德国萨尔钢公司	PEC 直流阳极枪	1.25	21	小方坯
新日铁广畑厂	TRD 直流	1.0	14	板坯
唐钢炼钢厂	TRD 交流阴极枪	1.0	10	方坯
武钢二炼钢厂	PEC 直流阳极枪	1.0	10	板坯
马钢三炼钢厂	中科大类 TRD 枪	1.0	12	板坯
济钢板厂	清华类 PEC 枪	0.5	8	板坯
中国台湾中钢	PEC 直流阳极枪	1.0	35	方坯
上海宝钢	PEC 直流阳极枪	2×2.0	65	板坯

20 世纪 90 年代，中间罐等离子体加热技术被当做宠儿，推广得轰轰烈烈。据不完全统计，中国先后引进至少 8 套中间罐等离子体加热装置，国内也曾研发过两三套类似装置，但这些装置都未能在生产实际中持续应用。据了解，主要原因有：中间罐等离子体加热功能单一，加热效率低（效率 60%~70%）；中间罐液面渣层太厚，起弧困难；中间罐钢液面波动大，且挡墙效果差；设备运行产生的噪声太大，现场人员难以承受；等离子产生的电磁辐射对弱电控制系统（如液面波动检控系统）有较大干扰；等离子体火焰在加热室的局部区域温度高达 3000℃，对耐火材料要求高且造成耐火材料消耗过大；加热室局部区域温度高易使钢液过烧甚至增氮。因此 2010 年前，中国的钢铁企业已经全部停用或拆除。

然而中间罐等离子体加热装置在中国被拆除的同时，日本的一些钢铁企业却不断改进，继续应用。2009 年、2011 年，新日铁住金工程技术（NSENGI）株式会社钢铁设备成套公司在新日铁住金小仓厂 4 号连铸机、爱知制铁（株）知多厂 3 号连铸机上分别采用了 NSENGI 的 TPH 型中间罐等粒子加热装置。在中国，2015 年投产的青岛钢铁控股集团有限责任公司 3 号方坯连铸机以及天津荣程联合钢铁公司 3 号和 5 号连铸机均采用了 NSENGI 的 TPH 型等粒子加热装置，均已经调试成功投入使用。而且噪声很小，距离弱电设备一定距离时，没有干扰。

中间罐通道式感应加热技术在中国逐渐被钢铁企业、特别是特钢企业看好，已经在江阴兴澄 50t 中间罐、邢台特钢 20t 中间罐、首钢集团贵阳特钢、江苏沙钢、东北特钢集团抚顺钢铁公司、宁波钢铁公司等多个厂家使用 7 套，其中国产的有 4 套，而且有进一步推广的趋势。

5.5.3　连铸机主机电磁冶金

5.5.3.1　连铸机主机电磁冶金技术的分类

连铸机主机电磁冶金已经是连铸生产高品质钢、特殊钢、不锈钢、硅钢的必须手段。

例如特殊钢方、圆坯连铸机结晶器电磁搅拌、二冷电磁搅拌几乎变成了标准配置。在第二篇第13章第2小节里，读者将会看到“板坯连铸”电磁冶金技术的发展概况，这里不再赘述。对方坯和圆坯连铸机而言，有一些区别。现简述如下。

（1）结晶器电磁搅拌（Mold Electromagnetic Stirring，M-EMS）。电磁搅拌器安装在连铸机的结晶器区或结晶器中，对结晶器中的钢液实施电磁搅拌。板、方、圆坯连铸机都有应用。

（2）结晶器电磁制动（Electromagnetic Brake，EMBR）。电磁制动器安装在连铸机的结晶器区或结晶器中，对结晶器中的钢液实施电磁控流，仅用于板坯连铸机中。

（3）多模式结晶器电磁搅拌（MM-EMS）系统。可使钢液加速（如M-EMLA）、减速（如M-EMLS）或水平旋转，使用灵活多变，适用于铸坯断面、钢种和拉坯速度等多工况变化。仅用于板坯连铸机中。据报道，采用M-EMLA和M-EMLS，可使连铸机浇铸末期造成的卷渣缺陷降低60%~90%。

结晶器多模式电磁搅拌经历了第一代FC Mold、第二代FC MoldⅡ以及第三代FC Mold G3的发展历程。第三代采用两个直流磁场和附加于上磁场的行波交流磁场，可提供直流、交流和交直流组合三种操作模式。从而能很好地控制结晶器上部的钢液流场，稳定液面波动和铸坯洁净的皮下质量。

结晶器电磁冶金对方坯连铸机来说，主要增加等轴晶率，减少表面和皮下气孔、针孔、夹杂物，坯壳均匀化，改善中心疏松、中心偏析；对板坯来说，主要是优化结晶器温度场和流场，坯壳均匀化，稳定拉速和连铸生产过程。

（4）二冷区电磁搅拌（Strand Electromagnetic Stirring，S-EMS）。电磁搅拌器安装在连铸机的二次冷却区域，按照电磁搅拌器的安装方式划分，可分为辊间插入式、辊后箱式、辊内绕组式三种，板、方、圆坯连铸机都有应用。二冷区电磁搅拌主要是扩大等轴晶率，减少内裂，改善中心偏析，减少中心疏松和缩孔。

（5）凝固末端电磁搅拌（Final Electromagnetic Stirring，F-EMS）。一般用于大方坯、矩形坯或圆坯，但由于动态轻压下技术的出现和普及，即使在方坯和矩形坯连铸机上，凝固末端电磁搅拌也逐步被动态轻压下技术所替代。凝固末端电磁搅拌主要是细化等轴晶，有效改善中心偏析、中心疏松和缩孔，很多钢种的圆坯连铸还离不开凝固末端电磁搅拌。

5.5.3.2 国外连铸电磁冶金技术发展的里程碑

表1-5-35简要列举了国外里程碑式的连铸电磁冶金技术的发展。

表1-5-35 国外里程碑式的连铸电磁冶金技术

年份	里 程 碑
19世纪初	法国人Faraday从事磁流体动力学（Magneto hydro dynamic，即MHD）的研究
1922	美国人J. D. Mcneill获得了EMS控制凝固过程的专利
1932	瑞典ASEA公司Dreyfils博士从法拉第的电磁感应原理中发现，低速移动着的感应磁场能在钢液中产生强力的搅拌作用
1933	1933~1934年，Shtanko和Bruchanov等利用旋转磁场分别研究了有色金属和钢液流动对凝固组织的影响

续表 1-5-35

年份	里 程 碑
1948	瑞典 ASEA 公司 Dreyfils 博士制造出世界上第一台电磁搅拌器并用于电弧炉炼钢
1949	S. Junghaus（容汉斯）和（斯卡伯）O. Schaaber 在德国胡金根（Hückingen）的试验连铸机上进行了沸腾钢结晶器中的电磁搅拌试验
1952	德国半工业连铸机实现二冷区电磁搅拌；奥地利进行了结晶器工频旋转电磁搅拌的工业试验
1953	德国曼内斯曼开发了连铸结晶器电磁搅拌技术
1961	Poppmeier 在奥地利 Kapfanberg 的 Beohler 厂的连铸机上开始使用电磁搅拌技术浇铸合金钢
1973	法国 Safe Hagondange 钢厂，首先在 4 流 240mm×240mm 方坯连铸机扇形段上采用电磁搅拌技术，开辟了连铸电磁搅拌技术的工业应用。世界首台板坯连铸机二冷段电磁搅拌器（DKS）在新日铁君津厂投入使用
1976	板坯连铸机结晶器电磁搅拌第一次用于德国的 Forges & Acieries de Dillingen 的立式板坯连铸机上（布置在板坯连铸机结晶器的每个宽面，目前已不再使用）
1977	法国钢铁研究院（IRSID）/CEM 在德国 Arbed Eschweiler 的一台 4 流方圆坯连铸机上进行了结晶器电磁搅拌技术的第一次工业应用
1977	法国 Rotelec 公司为小、大方坯结晶器搅拌器注册商标。ABB 提出辊后箱式搅拌的设想，安装在铸流奥氏体钢（无磁性）支撑辊后面
1978	法国钢铁研究院研发的 IRSID-CEM 的双边垂直行波磁场搅拌器，安装在德国 Dillinger Hütte 厂结晶器上，用于解决低碳铝镇静钢的皮下质量，其方法是在结晶器宽面铜板后面的冷却水箱内装有线圈，产生竖直方向的线性搅拌，经搅拌后发现低碳铝镇静钢的皮下质量的明显改善
1978	法国钢铁研究院在德国 Dillinger Hütte 厂首次进行了辊式电磁搅拌器的工业试验
1979	法国 Rotelec 公司采用新型搅拌辊，进行了板坯连铸的二冷区电磁搅拌
1980	美国 ABB 公司和日本川崎制铁（Kawasaki）联合开发结晶器电磁制动（EMBR）技术，80 年代后期又开发成全幅一段电磁制动（EMBR-Ruler）和全幅二段电磁制动（FC-Mold）
1981	法国研究院研发的双边平行波磁场搅拌器，安装在新日铁广畑（Hirohata）厂结晶器上
1981	NSC 提出旋转式结晶器电磁搅拌，减少针孔、气孔、夹杂类等皮下缺陷
1981	神户制钢 3 号大方坯（300mm×400mm）连铸机上采用了多段组合（Kosmostir Magnetogyr）电磁搅拌技术
1982	英国人首次提出 MHD 在冶金中应用的明确概念
1982	日本川崎钢铁公司和瑞典 ABB 共同开发了结晶器电磁制动装置，并用于川崎制铁的连铸机上
1983	多段组合（Kosmostir Magnetogyr）电磁搅拌技术应用在日本淀川（Yadogawa）钢铁厂小方坯连铸机上
1985	日本钢铁协会（The Iron and Steel Institute of Japan，ISIJ）电磁冶金委员会成立，把 MHD 在冶金中的应用称为电磁冶金
1990	电磁搅拌技术日趋成熟，在大方坯、小方坯，圆坯和板坯连铸机上应用，同时新的电磁搅拌技术不断地被开发和应用
1990	神户制钢加古川 3 号板坯连铸机上安装了一个带有电磁搅拌器的结晶器，板坯断面 230mm×1230mm，弧形结晶器长度 1000mm 且采用 12mm 的极薄铜板，拉坯速度 1.0～1.5m/min，分叉式浸入式水口的倾斜角度为 25°
1991	日本 NKK 开发了钢液能加速或减速离开浸入式水口的 EMLS/EMLA（电磁液面减速器/电磁液面加速器）工艺，以及能使钢液旋转的 EMRS

续表 1-5-35

年份	里　程　碑
1994	加拿大 Ispat Sidbec 公司首次采用双线圈电磁搅拌——位于弯月面和结晶器的下部，以提高高碳钢和合金钢的内部质量
1995	在中间罐到结晶器之间，日本神户制钢开发的电磁搅拌技术，解决了长水口堵塞问题，并实现低过热度浇铸
1996	NSC 提出了 LMF（Level Magnetic Field）制动技术
1996	日本川崎制铁水岛厂在不锈钢连铸机上采用电磁离心去夹杂技术，应用在中间罐上
2002	多模式电磁搅拌技术（MM-EMS）应用于 POSCO 浦项厂 3 号板坯连铸机上
2003	多模式电磁搅拌技术（MM-EMS）应用于 POSCO 光阳厂的 1 ~3 号连铸机上
2003	川崎制铁进行了超导磁体控制结晶器内钢液流动的试验
2008	ABB 发明复合磁场末端电磁搅拌技术

5.5.3.3　中国连铸电磁冶金技术的发展

表 1-5-36 简要列举了中国里程碑式的连铸电磁冶金技术。2007 年以后，岳阳中科公司自主研发的高推力辊式电磁搅拌器发展异常迅速，已经应用于 91 流板坯连铸机上，占中国板坯连铸辊式电磁搅拌器 108 台的 84%，这是中国发展连铸电磁冶金的最大亮点之一。表 1-5-37 是截止到 2016 年 6 月中国板坯连铸机二次冷却区电磁搅拌器应用情况。

表 1-5-36　中国里程碑式连铸用电磁冶金技术

年　份	发　展　情　况
20 世纪 70 年代	开始摸索和探讨电磁搅拌技术
1979	上海重型机械厂使用具有电磁搅拌及全液压传动的 30t 和 40t 电炉
1979	重钢三厂、攀枝花钢铁研究院与湘潭电机厂合作，制造了一台三相 DCP350—2 型方坯二冷区用电磁搅拌器，用于重钢三厂立式方坯连铸机上，1982 年 11 月投入应用，浇铸了 68 炉 20 号钢管钢，生产铸坯 682t，中心疏松明显改善，等轴晶率平均提高 9.2%，碳、硫的偏析也降低了大约 10%。于 1983 年通过冶金部组织的专家鉴定，获 1984 年冶金部科技成果三等奖
1982	首钢与中科院共同研制出一套行波磁场搅拌器，并于 1984 年安装于大方坯连铸机上进行实验
1985	岳阳起重电磁铁厂研究出一套行波磁场搅拌器，并安装在首钢试验厂 8 号连铸机上进行了工业性试验
1986	武钢从联邦德国和日本引进 ORC-1600/800 Ⅰ 型和 DKSEMS 型两台电磁搅拌装置，分别安装在二炼钢 3 号、1 号连铸机的二冷区
1987.12.28	国家“七五”科技攻关项目——平板式电磁搅拌器，通过了中国有色金属工业总公司组织的专家委员会鉴定
1990.7	鞍钢第三炼钢厂从日本神户制钢公司引进直弧形双机双流板坯连铸机，连铸机二冷区安装了辊内电磁搅拌装置
1996.5	舞钢首次在大型厚板坯连铸机上成功地使用了国内自行设计研制的 SEMS 成套装置
1997	宝钢同岳磁中科公司、中科院力学研究所合作，成功研制出了宝钢大板坯连铸 SEMS
2000.2.29	宝钢—东大材料电磁过程联合研究中心在东北大学成立
2002	宝钢集团梅钢公司结晶器电磁制动（M-EMBR）投入使用

续表 1-5-36

年　份	发　展　情　况
2004	武钢二炼钢 2 号连铸机从法国罗德瑞克公司（ROTELEC）引进辊式电磁搅拌器
2005	宝钢引进了结晶器电磁搅拌技术（M-EMS），开创了中国板坯连铸结晶器 MEMS 的先例
2006	宝钢 4 号板坯连铸机采用美国 ABB 公司的结晶器电磁制动（M-EMBR）投入使用
2007	2007 年 2 月，岳阳中科高推力辊式电磁搅拌器应用于武钢板坯连铸机上，替代进口
2007	2007 年 12 月，具有自主知识产权的高推力辊式电磁搅拌成套设备在柳钢投产
2008	宝钢自主研发的高效辊式搅拌器投运

5.5.4　与普通电磁搅拌不同但未推广的 E 工艺

表 1-5-37　中国板坯连铸机二次冷却区电磁搅拌器应用情况

板坯 SEMS 形式		应用流数	应用百分比/%
辊后式（箱式）电磁搅拌器		9	7.6
插入式电磁搅拌器		2	1.7
辊式电磁搅拌器	中科高推力	91	77.1
	进口及其他	16	13.6
合　计		118	100.0

V 形偏析和气孔是连铸坯的主要内部缺陷，尽管为解决此问题进行了大量的研究和开发，但仍未完全解决。为此开发了一种新的 E 工艺。该工艺的原理是在铸坯周围安装超导磁线圈，以提高钢液的静压力，保持凝固末期铸坯的糊状区为枝状晶，以防止凝固过程中因收缩而产生缩孔。虽然 E 工艺也是利用电磁力，但与电磁搅拌的作用不同，电磁搅拌不会提高钢液的静压力，而 E 工艺可提高钢液的静压力。此工艺的特点是需要相当大的电磁力，以补偿凝固时的收缩，如再采用轻压下可显著降低所需的力，因此两者结合使用效果更好。在进行高速浇铸时，易产生内部缺陷，采用此工艺可消除这类缺陷，从而提高生产率。

5.6　电渣重熔与电渣连铸技术的发展

5.6.1　电渣重熔

电渣重熔（Electroslag Remelting，ESR）的主要目是提纯金属并获得洁净、组织均匀致密的钢锭。经电渣重熔的钢，纯度高、含硫低、非金属夹杂物少、钢锭表面光滑、洁净、金相组织和化学成分均匀致密。电渣钢的铸态力学性能可达到或超过同钢种锻件的指标。电渣钢锭的质量取决于合理的电渣重熔工艺和保证电渣工艺的设备条件。电渣重熔的钢种有碳素钢、合金结构钢、轴承钢、模具钢、高速钢、不锈钢、耐热钢、超高强度钢、高温合金、精密合金、耐蚀合金、电热合金等 400 多个钢种。此外，可用电渣法直接熔铸异形铸件，以铸代锻，简化生产工序，提高金属利用率。

1892 年，俄国工程师和发明家斯拉维扬诺夫（Н. Г. Славвянов）在他的著作中最早记述了电渣过程的原理。1935 年，美国霍普金斯（R. K. Hopkins）进行了渣中自耗电极的熔化实验，Hopkins 于 1940 年以霍普金斯法（Hopkins Process）命名获得“凯洛电铸锭”专利（美国专利№. 2191470）。1959 年，霍普金斯作为 Firth Sterling 公司副总经理，新建 3

台 3.6t 电渣炉，变直接冶炼为重熔精炼。

1953 年苏联 Г. З. Вопошкевич 在电弧焊用于纵焊缝过程中发现电弧熄灭，其过程稳定，焊缝质量优异，由此开发了电渣焊。1953 年后经巴顿电焊研究院历时五年的开发研究，于 1958 年 5 月在梅多瓦尔（Б. И. Медовар）院士的领导下，在乌克兰扎波洛什市德聂泊尔特钢公司建成 0.5tP909 型电渣炉 4 台，拉开了苏联电渣冶金工业的序幕。

1988 年，世界电渣钢产量达 120 万吨，苏联约 40 万～45 万吨，东欧国家约 4 万～5 万吨。1985 年西方国家电渣炉达 204 台，其中 1975 之后新建 38 台。

1970 年，联邦德国萨尔斯特钢厂（Saarstahl）建成 160t 电渣炉，1980 年 10 月生产出第一根 160t 电渣锭，主要生产发电机转子。

2008～2012 年间，国外大的电渣炉有德国萨什米德钢厂（Saarschmiede）145t 电渣炉，意大利 Forgiayura Antonio Vienna 公司的 250t 电渣炉，意大利 Rubiera 公司的 100t 电渣炉，日本 JSW 公司的 150t 电渣炉，日本 JCFC 公司的 150t 电渣炉等。截止到 2006 年，工业发达国家拥有工业电渣炉 228 台（不包括东欧和俄罗斯）。

世界上电渣冶金技术先进的国家是乌克兰、中国、美国、德国、日本、英国、奥地利和俄罗斯。应用电渣冶金技术成熟的国家有瑞典、法国、捷克、比利时和印度。已掌握了电渣冶金技术的有意大利、西班牙、卢森堡、以色列、南非、澳大利亚、巴西、韩国、波兰、匈牙利、罗马尼亚、越南、朝鲜等。

中国是世界上电渣冶金起步较早的国家之一。1959 年，李正邦院士在衡阳冶金机械厂生产了 100kg 高速钢电渣铸锭。同年，北京钢铁学院朱觉教授率领电冶金专业师生与李正邦领导的冶金建筑研究院电渣实验室合作，采用电渣重熔法研制成功了航空轴承钢。

1960 年，李正邦主持设计创建了中国第一代工业电渣炉，先后承担了重庆特殊钢厂、大冶特殊钢厂建立电渣车间的任务，生产出了无发纹钢、航空轴承钢、模具钢、工具钢、高温合金等一系列产品，这些产品 1965 年被授予国家发明奖。

1965 年，上海重型机器厂在沈鸿及林宗棠的倡导和组织下，建成了 100t 的 3 相大型电渣炉。1965 年初安装，6 月 29 日用 ϕ1500mm 结晶器生产出 55t 电渣锭，9 月 27 日用 ϕ2100mm 结晶器生产出 100t 电渣锭，1965 年，共生产了 4 根 100t 电渣锭。截止到 1972 年，共熔炼了 46 根大型电渣锭，钢种有 60CrMnMo，35MnMoV，34CrMnMo，34CrNiMo，34CrNi3Mo，30CrMnMoNb，9Cr2Mo，307SiMn2MoV，34CrMo1A，34CrNi3MoV 等。给 120MN 水压机解决了无米之炊。

1981 年 4 月，上海重型机器厂和北京钢铁学院合作，在上海重型机器厂建造了一台 200t 级大型电渣重熔炉。1983 年 10 月 31 日生产出第一根 205t 核电锻件用电渣锭，其后又生产出了最大的电渣锭单重为 207t。200t 电渣重熔炉如图 1-5-21 所示。

东北特钢集团由北满、抚顺及大连三个特殊钢厂组成，三个基地生产电渣钢都有近 50 年的历史。截止到 2010 年，东北特钢有电渣炉 47 台（含在建），其中 3t 以上电渣炉 41 台，具有年产 19.5 万吨电渣钢的生产能力。

2009 年 8 月 15 日，上重集团结晶器直径 3700mm 的 450t 电渣炉投入使用，450t 电渣锭相当于 600～700t 电炉锭。截止到 2014 年，已经熔炼出 220t、320t 电渣锭。2010 年 5 月 31 日，中国一重集团 120t 电渣炉投入使用。2012 年 7 月 20 日，东北特钢集团大连特钢公司 100t 电渣炉投入使用。2012 年 8 月，浙江电渣核材有限公司在中国核电城投产一台具有自主知识产权的 130t 电渣炉，可生产最大 150t 电渣锭。

5.6.2　电渣连铸技术

中国东北大学从 20 世纪 90 年代开始研制以液压传动或滚珠丝杠传动为核心的新型机械设备，以工控机和 PLC 为硬件，以计算机专家系统为核心的智能化控制系统的新一代电渣炉，目前已有近 20 台设备成功应用于国内的工业生产中。

电渣连铸技术（Electroslag Remelting Continuous Casting，ESCC）就是把电渣重熔技术和连续铸钢技术结合起来的一种技术。2005 年东北大学研制成功 90mm × 90mm 断面的 Q235 电渣连铸坯，2015 年又研制成功 90mm × 90mm 高速钢电渣连铸坯，采用的电渣连铸试验原理如图 1-5-22 所示。基本参数如下：

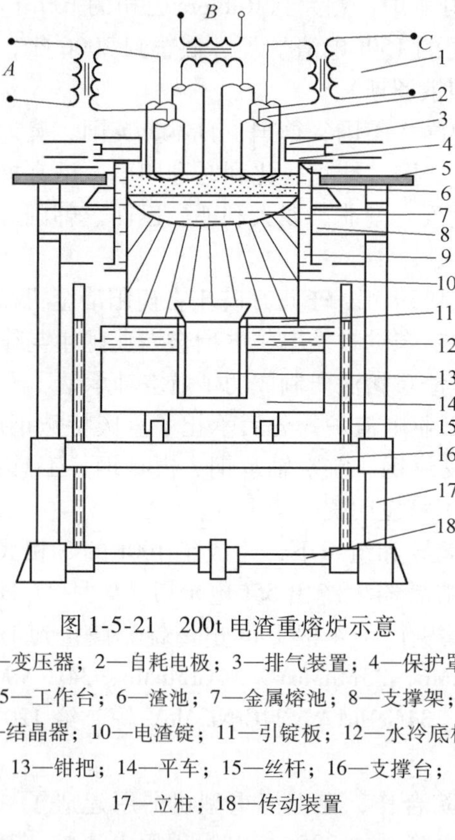

图 1-5-21　200t 电渣重熔炉示意

1—变压器；2—自耗电极；3—排气装置；4—保护罩；5—工作台；6—渣池；7—金属熔池；8—支撑架；9—结晶器；10—电渣锭；11—引锭板；12—水冷底板；13—钳把；14—平车；15—丝杆；16—支撑台；17—立柱；18—传动装置

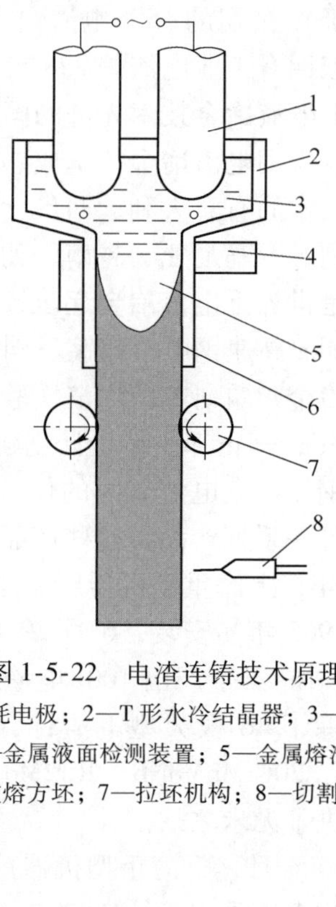

图 1-5-22　电渣连铸技术原理

1—自耗电极；2—T 形水冷结晶器；3—渣池；4—金属液面检测装置；5—金属熔池；6—重熔方坯；7—拉坯机构；8—切割装置

（1）T 型结晶器：90mm × 90mm × 600mm。

（2）振动频率：10 ~ 100c/min。

（3）电极升降速度：快进 500mm/min，慢进 1 ~ 30mm/min。

（4）拉坯速度：10 ~ 100mm/min，实际 0.04m/min，行程 1500mm。

（5）液面检测与自动控制：铯 137，控制精度 ±3.5mm。

（6）电极为 2800mm × 120mm × 60mm 方形，钢种为 Q235。

（7）渣系为：70% CaF_2-30% Al_2O_3。

电渣连铸技术有望进一步完善和发展。

5.7 短流程钢厂与连铸连轧生产线

5.7.1 短流程钢厂的概念

欧文·罗西 1954 年在瑞士创建 Concast 公司（后来归于西马克公司）；他基于容汉斯振动结晶器专利开发的连铸技术掀起一场钢厂转变生产流程的革命，并使短流程（指电炉+连铸，即 minimill）成为可能，欧文·罗西被誉为“短流程钢厂之父”。现在的短流程是指电炉+精炼炉+连铸连轧，短流程钢厂一开始是指废钢炼钢的棒线材生产线，后来发展到板带材生产线。

5.7.2 短流程中的电炉炼钢

1899 年，法国人赫罗尔特（Heroult）在瑞士的拉普拉（La Praz）发明了电弧炉炼钢并把它建立在阿尔卑斯山（Alps）的峡谷中。

1905 年，德国人林贝格（R. Linberg）第一台 5t 工业炼钢电炉建成。

1936 年，德国制造了炉盖可旋转的炼钢电炉；1936 年美国建成了当时最大的 100t 炼钢电炉。

1964 年，美国碳化物公司（W. E. Schwabe）和西北钢铁线材公司（C. G. Robinson）提出电炉超高功率概念（Ultra High Power，UHP），电炉工业开始走向辉煌，与转炉竞争。

1982 年，世界上第一座直流电弧炉在德国布什（Bush）钢厂建成并投产。

世界上最大的电炉是 2010 年 6 月在日本东京制钢公司投产的 420t 直流电弧炉，出钢量 300t；2013 年 9 月和 2014 年 7 月，德国蒂森克虏伯欧洲钢铁公司杜伊斯堡布鲁克豪森工厂的两座 400t 电炉经德国西马克公司成功改造后相继投产。

中国最早建立超高功率电炉的几个钢厂是广州钢厂（1988 年底，40t）、舞阳钢厂（1991 年 12 月，90t）、天津无缝钢管总厂（1992 年 6 月，150t）、抚顺钢厂（1992 年 8 月，50t）。后来上海宝钢集团公司、珠江钢铁公司也相继建立了 150t 电炉。中国最大的电炉在太钢，为 160t，2006 年投产。

1996 年 9 月，中国首台两座 100t 超高功率直流电弧炉炼钢生产线在上海浦东钢铁（集团）公司（原上钢三厂）建成并投产。

2011 年，中国的电炉钢比例为 9.8%，到 2015 年，中国的电炉钢比例仍然不足 10%，世界电炉钢平均比例为 30%。美国 20 世纪 70 年代后因环境污染再未新建转炉炼钢，加上电价便宜，目前电炉钢生产比率达 70%。2009 年，欧盟电炉钢生产比率达 50%。

5.7.3 短流程连铸连轧生产线

1964 年，达涅利公司在德国建设了全世界上第一个“短流程”钢厂，到 2016 年 6 月为止，达涅利总共为 36 个国家成功地完成了 90 个完整的长材产品和板带产品短流程钢厂建设项目，年产量由 15 万 ~60 万吨再到现在的 300 万吨以上。

1991 年，达涅利公司在本国 Venete 钢厂建设了一套黑匣子（Black Box）钢厂，由 75t 电炉提供钢液，产量为 70t/h，采用 3 机 3 流 $R10$m 方坯连铸机，生产断面为 240mm ×

240mm 和 280mm × 280mm，紧靠其后有步进式加热炉，8 机架平立交替 ESC850/750 轧机及其后续配套设备。

1995 年 2 月，奥钢联在德国阿尔贝特集团图林根钢铁公司投产一条短流程异形坯生产线。该生产线有电炉 120t，1 台 LF 炉，1 台 4 机 4 流异形坯连铸机，设计产量 63 万吨/a，2002 年达到 130 万吨。最长连浇炉数为 204 炉 195h。

1995 年，冶金部推广的中国第一条年产 18 万吨的短流程生产线在江苏省武进钢铁集团公司建成投产。设备包括 30t 电炉 2 台，40tLF 炉一台，3 机 3 流 $R6m$ 小方坯连铸机一台，线材轧机一套。

2011 年，达涅利在江苏淮钢投产两条黑体技术生产线，分别为 70t 超高功率电炉—精炼炉—连铸—热送/热装—连轧四位一体短流程优质钢中小型棒型材生产线，产品为 $\phi70$ 以下的特钢棒材。

2000 年，无头连铸连轧（ECR）：从钢液到最终长材产品的不间断生产，包括在线热处理和产品质量检验，可显著提高设备生产能力，获得一流的产品质量，提高了金属收得率。

2001 年，无头焊接轧制（EWR）：通过在加热炉出口侧对方坯进行连续在线焊接，实现直条棒材、型材和线材的不间断生产。

2006 年，达涅利开始建设世界上最初的两套在直接还原铁基础上的长材产品和板带产品短流程钢厂。这是在天然气供应充足且价格低廉，而且/或者废钢供应不足的地方，最具竞争力的生产工艺路线。

2012 年，达涅利紧凑式钢厂新概念 NanoMill：一种适合于为区域市场服务、且设备投资超低的紧凑式小型钢厂。这是为满足全球发展中地区的特殊需求而采取的应对措施。这些地区往往受到电力供应、投资能力，以及初始市场需求量的种种限制。

盖尔道 Corsa 公司在墨西哥萨阿贡城（Sahagun）新建的达涅利小型短流程钢厂（MI. DA）于 2015 年 6 月投产，2016 年 1 月设备最终通过验收，设计连铸坯年产量 100 万吨，与 120t 电弧炉匹配，一台主机半径为 $R10m$ 的矩形坯（280mm × 220mm）、异形坯（最大断面 470mm × 350mm × 90mm）连铸机，加热炉与连铸机直接相连，可实现连铸坯的热送热装。

2009 年下半年，美国亚利桑那州的梅萨（Mesa）建成一座 MI. DA.（Micromill Danieli，达涅利微型钢厂）微型钢厂并成功运营后，2015 年 7 月，美国工商五金公司（CMC）投资 2.5 亿美元与达涅利签订了一份合同，将在俄克拉荷马州（Oklahoma）的杜兰特市（Durant）以北 80 英里处建设第二座达涅利小型钢厂，计划 2017 年投产。

墨西哥 Grupo Simec 与达涅利签订一份投资 6 亿美元的合同，在墨西哥特拉斯卡拉州（Tlaxcala，Mexico）阿皮萨科（Apizaco）市新建一座年产 60 万吨的短流程钢厂，计划 2017 年投产。

俄罗斯基洛夫斯基（KIROVSKIY）冶金厂新建工程用钢短流程钢厂，与 35t 电炉配合（生产双相不锈钢时出钢量 35t），计划 2018 年投产。连铸最高速度可达 7m/min；单流每小时最大生产能力达 85t；可浇铸范围广泛的各种断面、规格和钢种；连铸产品质量好。

可在一架轧机上生产范围极为广泛的各类钢种和产品，并具有良好的经济效益（5 线切分轧制），最大轧制速度达 50m/s。

5.8　连续铸钢的电脉冲技术

5.8.1　电脉冲对金属液体的正面作用

金属凝固结晶过程是金属由液态转变为固态的过程，此过程经历两个阶段：一是结晶形核；二是晶体长大。结晶形核是在过饱和金属液中生成一定数量的晶核，而在晶核的基础上生长晶体，则为晶体生长。影响液态金属结晶过程的因素很多，如金属液的过饱和度、杂质的存在、过热度、搅拌速度以及各种物理场的作用等。

在金属凝固前进行电脉冲处理技术就是通过电脉冲改变液体结构，增加液态金属中大尺寸团簇数量，以加大凝固形核所需大尺寸晶胚的数量。该技术能显著改善铸坯质量，减少柱状晶，增加等轴晶，减轻成分偏析，减少铸坯内裂纹、缩孔和疏松，达到细化晶粒改善铸坯质量的效果。高强脉冲电流处理技术可以降低金属材料的变形抗力和加工硬化速率，提高伸长率，使材料的形变加工性能得到改善，具有显著的电致塑性效应，故可应用于金属材料形变过程中。实验室电脉冲处理 45 钢的微观组织如图 1-5-23 所示。

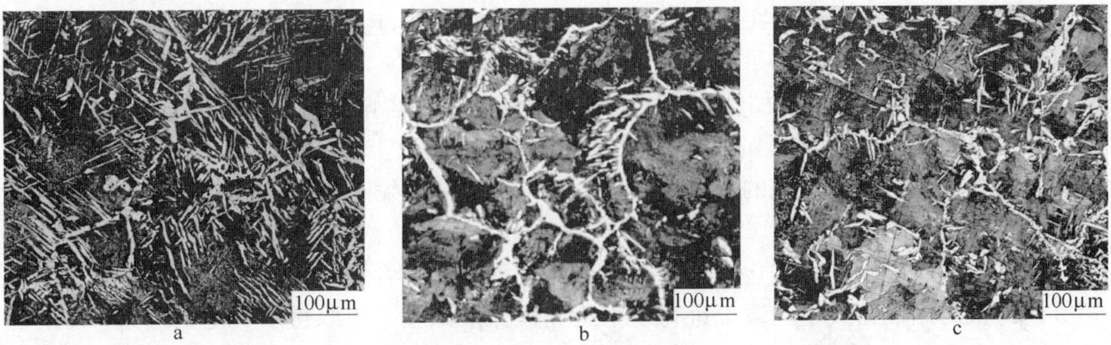

图 1-5-23　未经脉冲电压和经过不同脉冲电压处理的 45 钢微观组织

a—未经电脉冲处理；b—经过 1170V 脉冲电压处理；c—经过 2600V 脉冲电压处理

5.8.2　关于电脉冲对金属液体作用研究的历史

在美国的麻省理工学院（MIT）、北卡罗莱纳州大学（NCSU）、华盛顿大学（University of Washington）、美国克拉克森大学（Clarkson University），进行过脉冲电流细化金属凝固组织的试验研究。在中国中科院金属所、北科大及辽宁工业大学、东北大学、上海大学、兰州理工大学、沈阳航空工业技术学院、燕山大学、西北工业大学、西安建筑科技大学，均进行过脉冲电流细化金属凝固组织的试验研究。

刚进入 20 世纪 60 年代，Crossley 等人发现直流电流可引起 Al-Ni 合金宏观凝固组织的粗化，并把它解释为直流电场所产生的过多焦耳热效应的结果。

1963 年，O. A. Troitskii 和 V. I. Likhtman 最早提出了金属的电致塑性效应。20 世纪 70 年代末期，美国科学家 Varma 领导的实验室也开始了这方面的工作；1985 年，印度教授 Misra 首先在低熔点过共晶 Pb-15% Sb-7% Sn 和亚共晶 Pb-10% Sb-3% Sn 三元合金的凝固过程中使用了电流处理技术，得到了均匀细小的凝固组织，还发现把直流电换成交流电也可得到同样的结果。

1987 年，美国麻省理工学院的 Merton C. Flemings 教授发明了制备非枝晶组织的凝固控制技术，并申报了日本专利。这一技术的核心内容是对开始凝固的金属进行高电压大电流的放电操作，使所得凝固组织明显细化，晶粒形成为表面光滑的球形或近球形，同时发现开始放电时间对晶粒细化效果影响很大，开始放电时间越晚，晶粒细化越差。

20 世纪 90 年代初，H. Conrad 等人对多晶铜在疲劳过程中通以连续的高密度脉冲电流的疲劳特征进行了研究，其结果表明，脉冲电流能够提高材料疲劳寿命，降低沿晶断裂倾向。目前，国内外很多学者分别在合金凝固的固相区、凝固过程中以及液相区就电脉冲处理技术的应用开展着大量的工作。90 年代后，美国麻省理工学院的 Masayuki Nakada 等研究人员在 Sn-15% Pb 合金凝固开始时用初始电压 2500V 的电脉冲进行了处理，发现电脉冲可以明显地降低合金的晶粒尺寸，同时改善凝固组织。

2002 年，在新日铁室兰 3 号方坯连铸机 6 流中的一流上设置了结晶器电脉冲装置，对含碳量 0.1%~0.4% 的钢进行实机试验，试验铸坯断面 160mm×160mm。当时还得出了坯壳表层夹杂物与对比流相比大幅度减少，仅为对比流的 21%；振痕深度大大减小；大幅度抑制结晶器中铸流纵向收缩的发生。

2007 年，日刊《CAMP-ISIJ》Vol. 20 报道，日本在板坯连铸机中开发了脉冲电磁浇铸技术，铸坯质量大幅度改善。

在金属凝固液相区施加电脉冲来研究对其凝固组织影响的工作开展得比较晚，1998 年、1999 年，北京科技大学的唐勇，王建中等人在熔点以上对 9Cr2MoV 钢液施加电脉冲，考察了该方法对钢凝固组织的影响，结果发现电脉冲能够缩小钢锭的柱状晶区，减缓柱状晶的生长趋势。

在实验室研究电脉冲细化钢的凝固组织的技术上，学者们也在鞍钢、重钢、唐钢、陕钢等连铸机的结晶器或中间罐上进行了半工业性探索试验，并取得了一定的结果。如：王建中、苍大强等人在工业连铸机的结晶器中对 Q235 钢 120mm×120mm 小方坯进行电脉冲细化处理，对试验所得铸坯的低倍组织研究发现，经电脉冲处理可以明显改善铸坯质量，使铸坯凝固组织均匀，枝晶细小；经高倍晶像观察，经脉冲处理，晶粒的尺寸细化，平均晶粒大小为 20μm，且尺寸分布比较均匀。对力学性能检测发现，经电脉冲处理，Q235 钢的屈服强度、断面收缩率、冲击韧性得到了提高。鞍山钢铁集团与北京科技大学合作在鞍钢工业生产中利用电脉冲孕育技术改善和细化连铸坯凝固组织的探索性实验研究，实验钢种为 09CuPCrNi 槽钢，连铸坯的尺寸规格为 150mm×150mm。实验结果表明，在连铸中间罐内对钢液进行电脉冲孕育处理可以明显细化连铸坯的凝固组织，与未经电脉冲孕育处理的连铸坯相比，连铸坯的柱状晶长度明显缩短，一次枝晶臂间距明显减小；连铸坯的中心等轴晶区扩大，中心缩孔得到明显改善，轧材性能达到了技术要求。

在 20 世纪 90 年代，虽然中国的很多大学、研究机构以及钢铁公司相互配合，在连铸中间罐或结晶器中对很多钢种（如 RH355、T8、Q235、09CuPCrNi、45 钢）进行了施加电脉冲的探索性试验研究，并取得了较好的成果，但与实现工业化应用还有一定距离。主要是不同的科研单位及院所使用的脉冲信号发生器的主要参数相差甚大，没有达成一种共识性的关于脉冲电参数与所处理钢的组织、过热度等参数的意见或经验性的关系式；并在电极材料的选用、电极形状及尺寸、插入钢液深度及安装位置等的研究甚少；在电脉冲的处理方式（凝固前和凝固后）以及处理工艺的选择方面还须进一步优化；在细化机理上虽然也出现了七八种观点，但都缺乏理论和实践支持和验证。

2000年，上海大学开始钢液电脉冲的研究与试验工作。2005年，上海大学先进凝固技术中心在科学揭示了脉冲电流细化金属凝固组织的机制和条件的基础上，提出了脉冲磁致振荡（PMO：Pulse Magneto Oscillation）凝固均质化原创技术。2006年获国家自然科学基金，2007年获发明专利。脉冲磁致振荡技术具有细化和均质化效果显著、操作简便、无污染等特点，在国际上属于领先技术。上海大学脉冲磁致振荡技术团队对脉冲磁致振荡凝固均质化技术的原理进行了深入研究，证明脉冲电流可以促进金属固液界面形核并形成结晶雨。他们就脉冲磁致振荡凝固细晶技术在连铸和铸锭生产中进行了工业实验和应用。

5.8.3 电脉冲对钢液作用的工业性试验实例

2007年开始，西安建筑科技大学和中国重型机械研究院合作进行了“连铸坯凝固组织的电脉冲细化半工业化试验研究”工作。首先在西安建筑科技大学的试验室试验。试验室试验有成功的结果后，在陕西龙门钢厂1台5流小方坯连铸机上针对第4、第5铸流，采用断面 ϕ50mm 的石墨电极（电极间距240～260mm）插入中间罐钢液中，完成了工业试验。工业试验设备布置如图1-5-24所示。

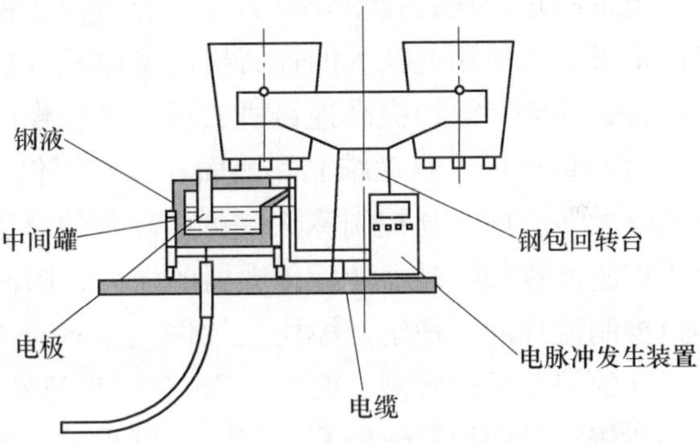

图1-5-24 连铸中间罐电脉冲处理钢液试验设备的设备布置

试验钢种HRB335和Q235，实验结果表明，经不同参数电脉冲处理过的HRB335连铸坯，在所有的缺陷中尤其中心缩孔、中间裂纹改善最明显，而其他缺陷均有一定的变化。电脉冲处理钢液确实可以细化晶粒，改善偏析。脉冲电压、脉冲电容增大后，对试样的晶粒细化，改善组织性能方面有明显的效果，电压在1170～2600V，频率为0.7～1.0Hz，脉冲容量500μF，电脉冲处理下，Q235钢的凝固组织得到明显细化，树枝晶基本消失，基本都为细小的等轴晶，珠光体明显增加，魏氏体减少，魏氏体组织相对细化，分布较为均匀。电脉冲处理对改善C、Si、Mn、P成分偏析的作用不够明显；但对S元素的偏析有较大的改善。

上海大学电脉冲磁致振荡技术的工业试验开始于2012年。

2012年，在江苏苏州钢铁股份有限公司大方坯连铸机（浇注断面240mm^2，拉速0.8m/min，选两个钢种）结晶器足辊下方安装了电脉冲磁致振荡器，试验进行了3年。试验证明，碳偏析改善，铸坯断面疏松减少，等轴晶区扩大。

2012年，在湖北大冶特殊钢股份有限公司钢锭模外面安装了电脉冲磁致振荡器，经过4年研究试验，等轴晶比例提高了约8%，凝固组织得到了细化。

2015年，在宝钢圆坯连铸机结晶器下方安装了电脉冲磁致振荡器，对 ϕ178mm 圆坯进行了试验，持续半年时间。

电脉冲连铸技术还处于理论研究和工业化试验阶段，已经被工业试验证明对连铸坯的凝固组织及铸坯质量确实是非常有利的，效果已经显现。但由于理论探索的欠缺以及电脉冲设备本身连续性使用的可靠性存在一些差距，还需要各方面做进一步的研究和开发工作。

5.9 连铸机智能化概念

5.9.1 奥钢联智能化概念

2003 年《MPT》第一期第 44 页，奥钢联以“连铸设备的智能化改造”为题描述如下：

奥钢联进行连铸技术开发，提出连铸设备的“技术包”。经实践应用，深受冶金专家们的认可，为使用此技术的连铸机厂家以及维修人员带来显著的效益。此技术包适用于新旧设备，能够有效地提高连铸机的适应性、生产率、产量和实用性。

（1）LevCon。自动结晶器液面控制软件包，考虑了控制流的滞后时间。结晶器液面控制系统大多采用 PID 控制算法，更加复杂的算法采用模糊逻辑控制器或者神经元网络。但由于控制流程和结晶器液面传感器的滞后，限制了整个结晶器液面控制系统的速度，从而导致控制流程的不稳定。模块化软件包 LevCon 能均衡增益。PID 控制器对于给定点和实际值之间的偏差反应较慢，而 LevCon 会作出迅速反应。LevCon 软件还具有自动开浇，恢复自动浇铸，自动给定值调节，反堵塞模式，机械偏移补偿，在不稳定浇铸状态下全自动浇铸能力和最佳结晶器液面控制等特征。

（2）Hydrowam。与优化控制程序相结合的结晶器宽度调节远程控制系统，宽度调节速度可达 50mm/min。提高连铸机的生产率，宽度调节速度和浇铸速度是限制环节。一种新型结晶器宽度调节模块，优化结晶器窄面的设计，有利于结晶器传热和减少结晶器磨损。

（3）Diaface。结晶器的控制系统通过无摩擦的板簧和逆向振动的动态过程控制来实现。此控制系统与液压驱动的振动器结合，以强化结晶器振动效果。系统有如下特征：在线调节振幅、频率和波形；无摩擦的板式精确导向系统；标准液压组件；通过螺旋弹簧进行重量补偿，不产生共振，从而减少液压缸推力；独立振动单元的相同设计。逆向振动可以提高振幅、降低振动频率、提高浇铸速度、延长脱模时间，从而提高了结晶器保护渣的消耗。

（4）MoldExpert。一种先进的工具，能够使人们深入了解浇铸过程。成熟的浇铸参数与结晶器和振动传感器所获得的数据相结合，产生了连铸机的实际浇铸参数。来源于不同功能包（热成像图、漏钢预报、结晶器内摩擦和热流）的重要数据在过程监控屏幕上展示，能够提供一个具有代表性的重要浇铸参数总览。

连铸设备对铸流和最终产品的表面质量具有决定性的影响。这些创新性的技术软件包得到快速发展，并且在奥钢联广泛应用，优化了连铸设备的程序参数。

后来，奥钢联又增加了结晶器漏钢预报系统，SMART 扇形段和自动化控制系统

(ASTC)。前些年，奥钢联又把这些内容加上连铸机电磁冶金、动态二冷水、二冷水喷射宽度调节等软件模块冠以“3D”字样进行宣传。

5.9.2 达涅利的连铸技术包

对板坯连铸机而言，达涅利公司也提出了自己的钢铁业界“技术包”，2015年印刷成册，广泛宣传。其连铸“技术包”包括：(1) 板坯连铸机高精度结晶器液面控制系统。(2) 板坯连铸机结晶器实时监视系统。(3) 先进的结晶器过程分析系统。(4) 板坯连铸机结晶器调宽技术。(5) 板坯连铸机液压振动技术。(6) 板坯连铸机在线结晶器振动诊断系统。(7) 板坯连铸机扇形段状态监控技术。(8) 优质板坯制造的辊缝技术。(9) 动态轻压下技术。(10) 板坯连铸机动态二冷水技术。(11) 板坯连铸机中间罐混钢生产技术。(12) 板坯连铸机切割优化。(13) 实时铸坯质量评估。(14) 薄板坯连铸机电磁制动。(15) 板坯连铸机结晶器电磁搅拌。(16) 板坯连铸机铸流电磁搅拌。(17) 钢包和保护渣供给区域机器人。(18) 自动表面缺陷检测与成像。

6 连续铸钢技术发展大事记

6.1 世界连续铸钢技术发展大事记

（1）1840 年，塞勒斯（G. E. Sellers）获得了水平连铸铅管装置的专利。

（2）1843 年，莱恩（Jonh. Lainy）获得了改进水平连铸浇铸铅管的专利，他设计了左旋转运动的芯棒，防止金属凝固收缩时把芯棒粘住。

（3）1846 年，有一项专利是关于薄带连铸技术制备箔材和铅板。金属液体在两个反向旋转的铸辊之间一边通过，一边凝固，在辊缝处形成一定厚度的薄带，这项专利引起了英国发明家和工程师，底吹酸性转炉炼钢法的创始人，亨利 · 贝塞麦（Henry Bessemer，1813 ~ 1898）先生的注意。

（4）1857 年，H. Bessemer 根据他为生产锡纸和铅带材而制作的一台双辊连铸机，并申请了双辊连铸机结构的专利，并首先应用于玻璃生产。双辊连铸机是贝塞麦一生革命性的尝试，也是他一生最大成就之一。1858 年，Bessemer 在钢铁协会发表了《模铸不如连铸》的论文。

（5）1859 年，贝塞麦提出用钢包回转台进行浇铸。

（6）1866 年，美国亚瑟（B. Atha）(1866 年）和德国土木工程师达勒恩（R. M. Daelen）(1877 年）最早提出以水冷、底部敞口固定结晶器为特征的常规连铸概念。前者采用一个底部敞开、垂直固定的厚壁铁结晶器并与中间罐相连，施行间歇式拉坯；后者采用固定式水冷薄壁铜结晶器、施行连续拉坯、二次冷却，并带飞剪剪断、引锭垂直存放装置。

（7）1885 年，H. Bessemer 申请了双辊钢连铸机专利。

（8）1886 年，美国宾夕法尼亚州坩埚（Crucible）钢铁公司的本杰明 · 阿萨（Benjamin Atha，1844 ~ 1925）第一次尝试使用固定式结晶器、引锭和拉矫辊浇铸，这是现代连铸装备的雏形。他申请了固定连接在中间罐上的立式结晶器专利，间歇拉坯，该半连铸工艺服役到 1910 年，共生产了几千吨 100mm × 100mm 的小方坯。

（9）1887 年，德国人德伦（R. M. Daelen）提出具有现代连铸雏形的包括水冷开口结晶器、二冷、引锭、拉坯辊、切割等设备的组合，连续拉坯。

（10）1890 年，美国人 Edwin Norton 按照 Bessemer 的思想，在 1 台实验机上铸造出了 3 ~ 5mm 厚度的薄带。

（11）1891 年，美国马萨诸塞州的伍斯特的 Washburn & Moen 制造公司（即后来的美国钢线公司）的 Washburn、Daniels 和 Stover，设计了一个长薄壁水冷结晶器。

本章作者：杨拉道，谢东钢；审查：王蓉，黄进春，王公民，王受田，李淑贤

（12）1907 年，苏联人 Доутеур 设计了水平连续铸造钢板的设备，结晶器与净化炉相连接，净化炉下部与贮铁水炉相通，此前将结晶器置于贮铁水炉的下部，当凝固壳被拉断时，铁水完全从贮铁水炉内流出来。

（13）1912 年，A. H. Pehrson 提出了水平式连续铸钢的结晶器振动法。当结晶器向前运动时铸坯与结晶器同步移动，当结晶器返回运动时铸坯不动，可避免铸坯和结晶器粘结，并可在结晶器和铸坯之间加入润滑剂。

（14）1913 年，瑞典人皮尔逊提出结晶器以可变的频率和振幅做往复振动的想法。

（15）1915 年，美国马鞋业有限公司（Horse Shoe Co.）的罗利（John T. Rowley）设计了第 1 台弯曲/矫直式方坯连铸机。

（16）1919 年，美国新罗谢尔的 Cornelius W. van Ranst 提出了要使结晶器做短行程上下往复运动，以减小结晶器摩擦力的概念，并于 1921 年获得专利。

（17）1919 年，C. W. Hazelett 认为由两个移动的金属带组成的结晶器是更好的铸造方法，这种结晶器所构成的连铸机就是后来有名的 Hazelett 带式连铸机。西马克集团在德国佩内公司萨尔兹基特的炼钢厂建造的世界上第 1 台工业规模的水平式钢带连铸机 BCT® (Belt Casting Technology）与 Hazelett 带式连铸机有相似的地方，于 2013 年 1 月成功进行工业化生产。

（18）1920 年，John T. Rowley 在美国第一次将铸坯弯曲和矫直技术使用在 45mm 和 75mm 断面的方坯连铸中，最终因为结晶器粘钢而中断实验。这一年，H. Bessemer 发明的双辊连铸技术在西方以及苏联再次得到热捧。而 Clarence W. Hazelett 成功地制造了用于铅、铝和黄铜带材的工业化双辊连铸机，并且获得了相当的成功。

（19）1921 年，现代连铸装备技术的奠基人——一个钟表工程师——德国的西格弗里德·容汉斯（Siegflied Junghans，1887 ~ 1954 年）在 Cornelius W. van Ranst 发表了一份防止坯壳粘结漏钢的创新技术，介绍了结晶器振动专利。来自纽约的工程师兼商人 Irving Rossi（1889 ~ 1991）获得了此技术在德国以外的销售权并最终使该项技术商业化。

（20）1933 年，容汉斯（S. Junghans）申报了全球性的专利，包括垂直振动的短结晶器，用于有色金属黄铜连铸，也包括他那时发明的浸入式水口在内，奠定了工业上大规模应用连续铸钢原理的基础。

（21）1933 年，美国宾夕法尼亚州的拉特罗布，Vulcan Mold and Iron 有限公司的总裁 Edward R. Williams 创建了 Williams Engineering 有限公司并建立了一个连铸中间试验厂，浇铸的连铸坯断面尺寸为 4 英寸 ×4 英寸和 4 英寸 ×8.5 英寸方坯以及 ϕ4 ~ 8 英寸的不锈钢圆坯。其中的一些产品在 Allegheny Ludlum 钢铁公司 Brackenridge 厂进行轧制。开始试验不锈钢连铸的功劳应归功于他。

（22）1937 年，欧文·罗西（Irving. Rossi）将第 1 台由运动结晶器、振动结晶器、喷淋水直接冷却装置以及供液态金属与供料系统组成的有色金属连铸机及 Hazelett 工艺卖给著名的康涅狄格“铜谷”的 Scovill 制造公司。

（23）1938 年，容汉斯和罗西（Junghans/Rossi）采用喷淋水二次冷却。

（24）1938 年，苏联高尔达宾（M. F. Goldobin）使用履带作结晶器，建成了 1 台倾斜式随动型结晶器连铸机。

（25）1939 年，威廉姆斯（Edward R. Williams）采用密排的辊子支撑铸坯。

(26) 1940年，哈兹勒特(Hazelett)放弃了辊式连铸实验。之前他按照Bessemer的思想，开发了几台双辊连铸机浇铸铅、铝和黄铜带材，他还尝试过改用单辊连铸机。

(27) 1941年，美国宾夕法尼亚州伯利恒钢铁公司(Bethlehem Steel)建立固定式结晶器连铸机。

(28) 1942年，威廉姆斯与美国共和钢厂合作，开始建造1台大型试验连铸机，用于浇铸100mm×100mm的方坯，和75mm×215mm的小板坯，采用密排辊列支撑铸坯。

(29) 1943年，容汉斯建立了早期立式连续铸钢试验装置，奠定了现代连铸技术的基础。

(30) 1943年，德国勃兰登堡Mitteldeutsche SWWFF建立第1台振动结晶器连铸机。

(31) 1944年，莫斯科黑色冶金科学研究院(Central Scientific Research Instiute of Ferrous Metallurgy 简写：Tsniichermet)建造了1台生产钢材用的试验连铸机。

(32) 1945年，全球钢产量为113.1Mt。

(33) 1945年后，位于奥地利Kapfenberg的Boehler继续进行了不锈钢开创性工作的实验；1946年，在英国布拉德福的Low Moor Alloy钢铁厂也进行了不锈钢开创性工作的试验。

(34) 1946年，英国劳莫尔(Low Maor)厂安装了1台立式方坯连续铸钢试验机。

(35) 1947年，哈特等人(Harter et al.)实际采用了结晶器液面自动控制，通过监视器对结晶器进行远程操作。

(36) 1947年，英国钢铁研究学会(BISRA)开始考虑用弹簧支撑的结晶器浇钢。

(37) 1947年，欧文·罗西(Irving Rossi)提出了用于薄板浇铸的漏斗形结晶器构想。

(38) 1948年，美国巴布考克和威尔考克斯(Babcock & Wilcox)建立了1台间隙拉坯法的立式连铸机。

(39) 1947~1948年，日本住友金属公司的尼崎制管工厂(Amagasaki Tube Works of Sumitomo Metals)进行了直径为ϕ90~125mm的圆坯连铸试验。

(40) 1949年，容汉斯的合作者，罗西(Rossi)独立研究、设计，考伯斯(Koppers)公司制造的第1台方坯连铸试验机卖给美国纽约的路德卢姆·卢德伦钢铁公司(Allegheng Ludlum Steel Corporation)沃特佛利特(Watervliet)厂，采用了振动结晶器。1949年这台连铸机开始投入生产，主要浇铸140mm×140mm的方坯和75mm×380mm的小板坯。后来容汉斯振动结晶器又被用于联邦德国曼内斯曼公司胡金根厂的1台连续铸钢试验连铸机上。

(41) 1949年，容汉斯试验了结晶器中的电磁搅拌。

(42) 1949年，奥地利开始研究用固定式结晶器进行连续铸钢。

(43) 1949年，英国Jack Sydney Gerber申请了感应加热中间罐浸入式水口专利。

(44) 1949年4月，世界上第一台不锈钢连铸机在美国的Allegheny Ludlum(阿勒德隆公司)投入使用，主要用于浇铸3.75英寸×3.75英寸的方坯和5.5英寸的圆坯。此外，对于3英寸×15英寸的小方坯也进行过试验，但是在1955年整个试验活动被放弃。

(45) 1950年，世界上第1台工业生产用立式连续铸钢机在容汉斯领导的联邦德国曼内斯曼公司的胡金根厂投产，能浇铸5t钢液。容汉斯在此连续铸钢机上做了铸坯电磁搅拌试验。

(46) 1951 年，苏联斯大林格勒红十月钢厂（Krasny Oktyabr）建成两套浇铸不锈钢的立式板坯连铸机，生产断面 180mm×800mm。

(47) 1951 年，苏联列宁格勒 Kirov 工厂（基洛夫工厂）生产碳钢的小方坯/大方坯连铸机，断面尺寸分别为 200mm×200mm 和 350mm×350mm。

(48) 1952 年，联邦德国人容汉斯（Junghans）的同行欧·萨波尔（O. Schaaber）为弧形结晶器的连铸机申请了专利。因为当时并不公布所申请专利，1956 年，瑞士 Von Moos 公司的 E. Schneckenburger 和 C. Küng 两人完全独立地申请了类似专利。

(49) 1952 年，第 1 台可连续生产的直结晶器立式连续铸钢机在英国巴路（Barrow）（也有翻译成“巴罗”、“百录”）钢厂投产。

(50) 1952 年，联邦德国半工业连铸机实现二冷区电磁搅拌；奥地利进行了结晶器工频旋转电磁搅拌的工业试验。

(51) 1953 年，联邦德国曼内斯曼德马克公司开发了结晶器电磁搅拌技术。

(52) 1954 年，联邦德国曼内斯曼德马克公司又开发了中间罐塞棒控制技术。

(53) 1954 年，美国人罗西在瑞士的苏黎世成立了康卡斯特（Concast）公司，出售连铸机。

(54) 1954 年，罗西的康卡斯特公司在加拿大安大略省的阿特拉斯（Atlas）厂建成 1 台不锈钢连铸机，浇铸板坯断面 5.5 英寸×21.5 英寸，浇铸方坯断面 5.5 英寸×7.5 英寸，——前者在进入森吉米尔行星热轧机之前由初轧机轧成 4 英寸×19 英寸。

(55) 1954 年 1 月 8 日哈利迪（I. M. D. Halliday）采用他的结晶器“负滑脱”构想，使结晶器避免粘结方面获得了突破。

(56) 1955 年，民主德国弗莱塔尔的 VEB 8th of May 厂启用了一套试验连铸机，由 R. Baake 教授设计，是一套浇铸 100～130mm 的特殊钢方坯或圆坯的三流半连续铸造设备。

(57) 1956 年，英国巴路厂将立式连铸机弯曲后向水平方向出坯，建成立弯式连铸机。

(58) 1956 年，联邦德国与奥地利研究人员合作研究连铸技术，指定 Demag 为其机器制造商，组成德马克-曼内斯曼-伯勒尔公司（Demag-Mannesmann-Böehler，DMB）。1956 年，伯普梅尔（Poppmeier）等人首先在奥地利的伯勒尔公司进行了结晶器旋转磁场电磁搅拌试验，第一次直接证明了 EMS 对铸坯质量的有益影响。

(59) 1958 年，连铸发展的一个非常卓越的贡献者 Iain Halliday（1918～1976）领导的英国谢菲尔德 Barrow 钢厂，引进了负滑脱技术。坯壳粘漏的克服直接促成了 1958 年创造的 50mm×50mm 方坯 14.5m/min 的最高拉坯速度，迄今为止仍是最高世界纪录。

(60) 1958 年，曼内斯曼-德马克-伯勒尔（Mannesmann-Demag-Böhler）公司在奥地利波勒钢厂浇铸出 1000mm 宽的板坯。

(61) 1959 年，位于瑞士 Lucerne 的瑞士小钢厂 Von Moos 公司建立了 1 台立弯式试验连铸机。

(62) 1959 年，曼内斯曼—德马克在英国 BRITISH 钢厂建成的 1 台板坯断面为 140mm×915mm，能够浇铸碳钢、低合金钢和不锈钢的连铸机。

(63) 1959 年，宽板坯连铸机在苏联的新列别茨克厂建成。

（64）1960 年，瑞典冶金学家埃里克·奥尔森（Erik Olsson）第一次提出液芯铸坯逐渐弯曲的方法。

（65）1960 年，世界粗钢产量 33823 万吨，连铸坯产量 115 万吨，连铸比 0.34%。

（66）1960 年 12 月 22 日，Rossi 和住友金属有限公司（Sumitomo Metals）为八幡制铁所的光工厂（Hikari Works of Yawata Iron & Steel Co.）设计制造世界上首台不锈钢宽板坯连铸机，板坯宽度 1250mm（也有说是 1050mm）。2003 年还在使用，服务新日铁不锈钢连铸事业长达 40 多年。

（67）1961 年，康卡斯特公司在联邦德国迪林根（Dillingen）厂建成立弯式板坯连铸机。

（68）1962 年，法国赛菲（SAFE）厂和联邦德国曼内斯曼公司采用保护（渣）浇铸，康卡斯特公司发明了钢包回转台并取得专利。

（69）1962 年，联邦德国克虏伯（Krupp-Koppers）重工业公司最先开始试验结晶器液压振动装置。

（70）1962 年，Concast 公司成立 8 周年之际，创办了“Concast News”。

（71）1962 年，康卡斯特在联邦德国曼内斯曼（Mannesmann）建成多用途连铸机，可浇 4 流板坯（最大宽度 1500mm），或 8 流大方坯，或 8 流小方坯或圆坯。

（72）1963 年 2 月 16 日，联邦德国首先在曼内斯曼建成 1 台 *R*7.5m 弧形方坯连铸机，铸坯断面 200mm × 200mm。

（73）1963 年 3 月 29 日，瑞士卢塞恩 Von Moos 钢厂建成 1 台 *R*3.0m 弧形方坯连铸机，铸坯断面 80mm × 80mm。

（74）1963 年，DMB 和 Concast 两大公司联合，在苏黎世成立了 MBC（Mannesmann-Boehler-Concast）公司。1969 年，Boehler 离开该公司去支持奥钢联（VAI），而 Mannesmann 与 Concast 的合作一直持续到 1981 年解体。

（75）1964 年 4 月 8 日，苏联斯维尔德洛夫斯克建成 1 台 *R*4.0m 弧形小板坯连铸机，铸坯断面 150mm × 600mm。

（76）1964 年 4 月，奥地利卡普芬贝格的伯勒尔钢厂（Böehler）建成 1 台 *R*5.1m 小弧形板方坯兼容连铸机，方坯边长为 90 ~ 140mm；板坯断面为（50 ~ 170）mm ×（175 ~ 500）mm。由德马克设计。

（77）1964 年 6 月 29 日，联邦德国迪林根厂建成 *R*8.0m 宽板坯弧形连铸机，铸坯断面 200/250mm ×（1000 ~ 1550）mm。由康卡斯特/西马克设计。

（78）1964 年 9 月 7 日，联邦德国曼内斯曼的胡金根厂建成 *R*3.9m 宽板坯弧形连铸机，铸坯断面（150、250、300）mm ×（1500 ~ 2100）mm。由曼内斯曼·德马克设计。

（79）1964 年，英国谢尔顿钢铁厂建成全连铸（100%）车间。

（80）1964 年，日本八户太平洋金属公司用立式连铸机生产不锈钢。

（81）1965 年，联邦德国埃斯维勒——矿冶联合公司建成弧形圆坯连铸机。

（82）1965 年，法国东方优质钢公司和联邦德国曼内斯曼公司采用浸入式水口浇钢。

（83）1965 年，美国奥尔森（Olson）提出逐渐弯曲矫直技术。

（84）1965 年，三菱重工进行了结晶器液压振动装置试验。

（85）1965 年，瑞典通用电器公司（ASEA）与瑞典滚珠轴承公司（SKF）合作开发了具有电磁搅拌、真空脱气、电弧加热和渣洗精炼等功能的 ASEA-SKF 钢包精炼炉，可以进行脱气，脱氧，脱碳，加热，去除夹杂物，调整合金成分等操作，给连铸机提供合格的钢液。而电磁搅拌无疑是最大亮点。

(86) 1965 年，加拿大魁北克 Atlas 钢铁公司的 Tracy 厂开始使用第一台弧形板坯连铸机浇铸不锈钢。浇铸板坯断面 5 英寸 ×50 英寸，该设备后面直接装有一个隧道型再加热炉和一台森吉米尔行星热轧机，该连铸机一直到 2003 年还在使用。

(87) 1966 年，美国 Armco Butler 钢铁公司建立了第 1 台不锈钢连铸机。

(88) 1966 年，联邦德国曼内斯曼在板坯连铸机内采用多辊驱动的拉坯矫直机。

(89) 1967 年，芬兰劳塔鲁基钢铁公司新建一个全连铸钢厂。

(90) 1967 年 5 月 19 日，曼内斯曼的胡金根厂新增了两台 R5m “超低头” 板坯连铸机，浇铸板坯断面为 (150 ~ 250) mm × (800 ~ 2050) mm。

(91) 1967 年，联邦德国曼内斯曼采用快速更换的铸坯导向段、振动台、零号扇形段。

(92) 1967 年，日本最早的两台弧形结晶器连铸机投产，1 台在大阪的大和钢厂，1 台在鹤见的 NKK 厂。

(93) 1967 年，VAI 公司已在奥地利 Kapfenberg 的 Boehler 厂装备了弧形结晶器连铸机。

(94) 1968 年，第 1 台异形坯（工字形）连铸机在加拿大安大略省的阿尔戈马钢铁公司建成。

(95) 1968 年，美国通用汽车公司（General Motors）和英国戴维（Davy）劳维（Lovy）公司建成半工业性水平连铸机。

(96) 1968 年，美国麦克劳斯钢公司将连铸板坯装入感应加热炉，从而迈出了热送热装技术的第一步。

(97) 1968 年，日本本州相模原日本金属公司用立式连铸机生产不锈钢。

(98) 1969 年，日本住友金属和歌山厂用立式连铸机生产不锈钢。

(99) 1969 年，法国第一代立式离心旋转圆坯连铸机第 1 台在法国昂赞厂投产；第二台于 1970 年在德卡斯维尔厂投产；第二代离心旋转圆坯连铸机于 1975 年在圣一索夫厂投产。

(100) 1969 年，日本住友金属和歌山厂用立式连铸机生产不锈钢。

(101) 1970 年，阿根廷唯一的一个生产无缝钢管的联合企业达尔明塞得科厂将投产的一台方坯连铸机（方坯边长 75 ~ 125mm）改造成圆坯连铸机，生产圆坯。

(102) 1970 年，美国 Armco Butler 钢铁公司建立了大的弧形不锈钢连铸机。

(103) 1971 年，美国通用汽车公司（Genergy Motors）经过 7 年的研究，建成 1 台水平连铸机，结晶器由氮化硼分离环、10cm 长的水冷铜管构成，二次冷却段为 90cm 长的水冷石墨管组成。

(104) 1971 年，日新制钢（株）周南制钢所、川崎制钢千叶厂用弧形连铸机生产不锈钢。

(105) 1972 年，联邦德国裴内—萨茨吉特在连铸机上采用带升降系统的钢包回转台及上装引锭系统。

（106）1972 年，日本新日铁广畑厂采用浇铸时宽度可调的分段式板坯结晶器。

（107）1972 年，日本金属公司衣浦厂用弧形连铸机生产不锈钢。

（108）1972 年，美国 Crucible 钢铁公司 Midland 厂建立了大的弧形不锈钢连铸机。

（109）1972 年，欧洲的 Ugine Isbergues 厂建立了弧形不锈钢连铸机。

（110）1973 ~ 1974 年，第一次世界石油危机，刺激并促使连铸技术快速发展。

（111）1973 年，法国 Safe Hagondange 钢厂，首先在 4 流 240mm × 240mm 方坯连铸机扇形段上采用电磁搅拌技术，开辟了连铸电磁搅拌技术的工业应用。

（112）1973 年，日本钢管公司鹤见厂首先实现连铸坯热装轧制工艺（CC-HCR）。

（113）1974 年，联邦德国曼内斯曼公司采用气-水雾化喷嘴进行二次冷却。

（114）1974 年，第二代离心旋转圆坯连铸机在日本京滨厂和美国马克厂建成。

（115）1974 年，日本钢管公司开始使用静态轻压下。

（116）1974 年，日本川崎制铁水岛厂连浇 166 炉，浇铸时间 148. 1h，浇钢 32582t。

（117）1974 年，美国 Eastern Stainless Baltimore 厂建立了大的弧形不锈钢连铸机。

（118）1975 年，联邦德国曼内斯曼公司采用高压箱保护钢包注流防止二次氧化。

（119）1976 年，日本川崎制铁水岛厂建成宽度 2500mm 特大型板坯连铸机。采用浇铸时无级调宽板坯结晶器。

（120）1976 年，日本新日铁大分厂双流板坯连铸机月产能力超过 2. 5Mt。

（121）1976 年，联邦德国研制使用连铸辊缝检测仪。

（122）1976 年，第一届国际连铸会议在法国比亚里茨（Biarritz）召开。

（123）1976 年，英国戴维-劳威公司（Davy-Loewy）从 60 年代中期开始研究，1976 年获得水平连铸专利权。采用 50cm 长的结晶器和氮化硅分离环。

（124）1976 年，阿根廷达尔明塞得科厂新建了一台曲率半径为 4m 的连铸机投产，生产出 ϕ110 ~ 140mm 的圆坯。这是世界上第一台规模化生产圆坯的圆弧形连铸机。1978 年 3 月，该厂曲率半径为 R10. 5m 的 4 机 4 流圆坯连铸机投产，浇铸出了 ϕ170mm 的圆坯。该连铸机年产量 30 万吨，还可以生产 ϕ110mm、ϕ140mm 圆坯。

（125）1976 年（另一说：1977 年），连铸结晶器电磁搅拌技术第一次工业性应用于联邦德国迪林根（Forges & Acieries de Dillingen）立式连铸机上。

（126）1976 年，比利时 Genk 的 ALZ 厂建立了弧形不锈钢连铸机。

（127）1976 年，英国钢铁公司 Outokumpu Tornio 厂使用弧形不锈钢连铸机。

（128）1977 年，比利时 Genk 的 Acerinox Palmones 厂建立了弧形不锈钢连铸机。

（129）1977 年，日本钢管京滨 2 号试验连铸机上开始液压振动装置试验。

（130）1978 年，首台弧形结晶器宽板坯连铸机在 Nishniy-Tagil 的 Novo-Tagliskiy 厂制造，并投产。

（131）1978 年，法国钢铁研究院在德国 Dillinger Hütte 厂首次进行了辊式电磁搅拌器的工业试验。

（132）1978 年，美国 Allegheny Ludlum Brackenridge 厂建立了大的弧形不锈钢连铸机。

（133）1978 年，英国钢铁公司在 Sheffield 厂使用弧形不锈钢连铸机。

（134）1979 年，联邦德国曼内斯曼—德马克公司提出计算机检测铸坯质量系统。

（135）1979 年，意大利达涅利根据苏联拉赫梅特公司（Tula Shermet）的方法建立了

1 台与地面倾斜 7°的水平连铸机。70cm 长的铜结晶器，石墨质分离环，拉出的铸坯用水冷却。后来苏联和日本又开始合作开发双向拉坯水平连铸机。

（136）1979 年，巴西的 Acesita 厂开始使用弧形不锈钢连铸机。

（137）1979 ~ 1980 年，第二次世界石油危机，刺激并促使连铸技术快速发展。1980 年，世界连铸比 30%，中国连铸比 6.2%；世界不锈钢连铸比 90%，中国不锈钢连铸比为 0。

（138）1980 年、1981 年，日本第 1 台工业用旋转连铸机在大山特殊钢有限公司投产；第 2 台工业用旋转连铸机在名古屋德山有限公司投产。

（139）1981 年，德马克设计的世界上浇铸板坯最厚的 *R*12m 全弧形连铸机在新日铁室兰投产，浇铸板坯断面 350mm × 1300mm。

（140）1981 年，日本钢厂提出了旋转式结晶器电磁搅拌。钢液的旋转流动是通过两个安装在板坯宽面铜板后面、横跨整个宽面铜板的水平电磁搅拌器的电磁感应引起的，其目的是降低钢液温度梯度，形成均匀的坯壳，并减少特殊钢种中的皮下针孔和气泡等皮下缺陷。在新日铁（NSC）大分、名古屋、君津、广烟（Oita，Nagoya，Kimitsu，Hirohata）制铁所的连铸机上广泛应用后，该技术已应用到除 NSC 外的其他钢厂板坯连铸机上，如神户制钢加古川（Kobe Steel Kakogawa）2 号板坯连铸机和台湾中钢公司高雄（Kaohsiung）厂的 2 号板坯连铸机（在一个铸流上做测试）。

（141）1981 年，新日铁堺厂于 1981 年 6 月实现了连铸—直接轧制工艺（CC—DR），1984 年 3 月直接轧制连铸坯占总连铸坯的比例已接近 90%，到 1985 年，这个比例达到了 94%。

（142）1982 年，联邦德国曼内斯曼胡金根厂建成月产量超过 10 万吨的高效弧形圆坯连铸机。

（143）1982 年，日本住友金属和歌山厂（SHI/Wakayama）4 流方坯连铸机连续浇铸了 43 天，连浇炉数创下当时的纪录。

（144）1982 年，美国 ABB 公司和日本川崎制铁（Kawasaki）联合开发了结晶器电磁制动（EMBR）技术，并应用于川崎制铁的连铸机上。

（145）1984 年，奥钢联设计的世界上浇铸尺寸最厚的 *R*10m 直弧形板坯连铸机在联邦德国 EKO 投产，铸坯断面 350mm × 1850mm。

（146）1984 年，瑞典 ABB 公司与日本川崎制铁公司联合开发电磁制动（EMBR）技术。

（147）1984 年，德马克公司第一台等离子加热装置在意大利德尔塔科涅公司 Aosta's 厂应用于三流方坯连铸机。

（148）1984 年，西马克公司开始研发薄板坯连铸连轧 CSP 生产线。

（149）1985 年，1984 年 9 月投产的日本 NKK 福山厂 5 号连铸机最大拉速 2.5m/min，220mm 厚度板坯平均拉速大于 2.2m/min，高温出坯直接轧制比率达到 90%，连铸机作业率达到 93%。该连铸机还应用了四连杆单缸液压振动装置。

（150）1985 年，联邦德国曼内斯曼采用“干式浇铸”生产中厚板钢，只在结晶器下方使用每公斤钢 0.05L 的冷却水。

（151）1985 年，日本三菱重工与新日铁合作开发双辊薄带连铸技术。

（152）1985 年，日本山阳制铁所第二炼钢厂浇铸轴承钢的连铸机连续浇铸了 150 多个小时。

（153）1985 年，联邦德国施罗曼 · 西马克在 Buschutten 厂铸造车间做漏斗形结晶器 *R*1. 2m 立弯式薄板坯连铸试验。

（154）1985 年，英钢联建成当时世界上最大的 3 机 3 流 *R*12m 弧形圆坯连铸机，浇铸圆坯 ϕ430mm。大约在同一时期，苏联建造的管坯连铸机、半连铸机，浇铸铸坯外径在 ϕ270 ~ 600mm 之间。

（155）1986 年 4 月，东京举行的第 111 次日本钢铁学会（ISIJ）介绍并评述了新日铁广烟厂低头试验连铸机，该连铸机圆弧半径只有 *R*3. 0m，浇铸板坯断面 250mm × 1050mm，浇铸方坯断面 250mm × 400mm。这是世界上少有的低头连铸机。

（156）1987 年，联邦德国德马克（MDH）公司在杜伊斯堡（Duisburg）胡金根（Huckingen）的 Mannesmann 厂两台 *R*5m 超低头连铸机的 1 台上用平板结晶器进行薄板坯连铸机试验。

（157）1989 年，美国纽柯（Nucor）公司克劳福兹维尔（Crawfordsville）厂投产 SMS 研发的薄板坯连铸连轧 CSP 生产线。

（158）1989 年，英国戴维（Davy）与韩国浦项（POSCO）公司合作开发双辊薄带连铸技术。

（159）1989/1990 年，在奥地利 Linz 的 VAS 厂的 2 号板坯连铸机在生产 80mm × 1285mm 板坯时，拉速达 3. 7m/min。

（160）1990 年，奥钢联的薄板坯连铸连轧技术 CONROLL 在奥地利林茨（Linz）厂连铸机上试验成功。

（161）1990 年，神户制钢加古川 3 号板坯连铸机长度 1000mm 的弧形结晶器上安装了电磁搅拌器，浇铸板坯断面 230mm × 1230mm。

（162）1990 年，达涅利建成首座长材直接铸轧厂。

（163）1991 年，德国曼内斯曼 · 德马克（MDH）公司宣布其薄板坯连铸连轧生产线流程 ISP 在意大利阿尔维迪公司的克雷莫纳厂投产。

（164）1991 年，住友金属薄板坯连铸机生产铸坯断面为 90/100/120mm × 1000mm 时，拉速达 5. 0m/min（包括包晶钢）。

（165）1991 年，日本 NKK 开发了钢液能加速或减速离开浸入式水口的电磁液面减速器/电磁液面加速器（EMLS/EMLA）。电磁减速—电磁加速是一种专为拉速超过 1. 8m/min 的连铸机设计的。当高拉速时采用减速器，低拉速时采用加速器。

（166）1991 年 11 月，德马克冶金机械公司、曼内斯曼研究院、和亚琛技术大学合作，在亚琛技术大学黑色冶金学院建造了一台带钢反向铸造实验设备。它是将 1mm 厚度的母钢带从盛钢液的容器底部送入，并从熔池上部拉出，此过程中钢液凝固在钢带上的技术。

（167）1992 年，日新制钢周南厂对于 *R*10. 5m 板坯连铸机的改造，最重要的改变是把有效支撑长度延长到了使连铸坯可以进行液芯矫直，把 304 型和 430 型不锈钢浇铸速度从 0. 8m/min 提高到 1. 2m/min。

（168）1993 年，德国 Didier 公司和瑞士 Stopinc 公司联合开发旋转管阀（RTV，Revolving Tube Value)，具有塞棒和滑动水口控制钢流的双重优点。

(169) 1993 年，美国蒂平斯（Tippins）公司和韩国三星公司推出了蒂平斯-三星带钢新技术（Tippins-Samsung Process，简称 TSP），它将中等厚板坯连铸机与斯特克尔轧机结合，是为小钢厂设计的生产热轧带材的方法。

(170) 1993 年 12 月，日本钢管福山 6 号直弧形板坯连铸机投产，这是世界上冶金长度最长的（49004.4mm）单流板坯连铸机，浇铸板坯厚度 220mm 时，拉速达 3.0m/min。

(171) 1994 年，美国阿姆科公司引进奥钢联 CONROLL 薄板坯连铸机，坯厚 75 ~ 125mm，坯宽 1283mm，这是 CONROLL 技术首次在工业上应用（林茨厂是试验工作）。

(172) 1994 年，日本川崎公司采用连续锻造法消除大方坯中心偏析生产轴承钢。

(173) 1994 年，奥钢联研发板坯连铸机二冷水动态控制模型。

(174) 1994 年，康卡斯特发明了凸面小方坯连铸机结晶器。

(175) 1995 年，德国的 CSM 公司和意大利伊尔瓦钢铁厂（ILVA：Ilvasteelworks）合作，在意大利 Terni 厂建设了双辊薄带连铸试验生产线，由 VAI、CSM、AST 共同经营。

(176) 1995 年，奥钢联在美国阿姆科·曼斯菲尔德（Armco Mansfield）钢厂建成一条 CONROLL 薄板坯连铸连轧生产线。

(177) 1996 年，新日铁和三菱重工合作，在新日铁光厂建立了双辊带钢连铸半工业试验机，设计能力为月产量 3500t 不锈钢带。

(178) 1996 年，新日铁（NSC）提出了 LMF（Level MagneticField）制动技术。

(179) 1996 年，新日铁名古屋建造并投产了世界上当时浇铸断面最大的立式板坯连铸机，浇铸最大断面 600mm × 2360mm。

(180) 1997 年，奥钢联在芬兰罗德罗基（Rautaruukki）钢厂的板坯连铸机上全部采用了 SMART® 远程调辊缝扇形段及其动态轻压下技术。

(181) 1997 年，法国 Ugine 公司 Isbergues 厂对一台板坯连铸机进行改造，把 304 型不锈钢的浇铸速度从 1.0m/min 提高到 1.3m/min，而把 409/430、108 型钢从 0.9m/min 提高到 1.2m/min。

(182) 1998 年，德国迪林根立弯式（5 号）板坯连铸机投产，直线段长度 15.7m，铸坯断面（230 ~ 400）mm ×（1400 ~ 2200）mm。

(183) 1998 年，达涅利建成首座包晶钢优质带钢厂，采用两流薄板坯连铸机。

(184) 1999 年 9 月，Eurostrip 公司成立，试验研究薄带连铸技术，并在意大利特尔尼（Terni）厂建立 1 台双辊薄带连铸机，钢包容量 60t，带宽 1130 ~ 1350mm，并与 2003 年进行了改造；另 1 台建在德国蒂森（Thyssen）公司的尼罗斯塔（Nirosta）厂，年产量 10 万吨。

(185) 1999 年，德国施罗曼西马克公司（SMS）与曼内斯曼德马克公司（Demag）的冶金部门合并成立 SMS-Demag 公司。

(186) 2000 年，新日铁八幡厂 1 号板坯方坯兼容机上浇铸了 SK2 高碳钢。那时候已经可以浇铸含碳量小于 1.2% 的高碳钢。

(187) 2000 年，澳大利亚必和必拓矿业公司（BHP）、日本石川岛播磨重工业公司（IHI）和美国纽柯钢铁公司（Nucor）合作开发了叫做 Castrip 生产线的双辊薄带连铸技术。

（188）2000 年，世界连铸比达到 86.5%。

（189）2000 年，意大利达涅利（Danieli）公司开发的无头铸轧技术在意大利 ABS 公司的 Luna 厂用于特殊钢生产，设计年产量 90 万吨。

（190）2000 年，NKK 开发成功不易黏附 Al_2O_3 的浸入式水口。新水口可以连浇 400min，比老水口的 240min 提高了 67%。

（191）2001 年，日本川崎公司水岛厂板坯连铸机，铸坯断面 220mm ×（850 ~ 1900）mm，中碳钢拉速 2.8m/min，低碳钢拉速 3.0m/min。

（192）2001 年，达涅利公司为意大利 Sabolarie 公司制造的薄板坯中试设备拉速达到 8.0m/min，结晶器浇铸厚度 62mm，经轻压下板坯减薄到 40mm。

（193）2002 年，美国 Nucor Cawfordsville 钢厂建设了第一条用于生产碳钢和不锈钢的叫做 Castrip 的双辊薄带连铸连轧生产线。

（194）2002 年 2 月，意大利达涅利公司兼并了英国的戴维公司成立了达涅利戴维（DANIELI DAVY DISTINGTON）公司。

（195）2002 年 9 月，美国阿什兰钢厂创单流板坯连浇 1851 炉纪录。

（196）2002 年，新日铁所属君津、大分制铁所利用两侧共同以 200mm/min 速度对浇铸中的结晶器进行调宽。

（197）2003 年 1 月，纽柯公司克劳福兹维尔厂双辊式薄带连铸生产线（Castrip）投产。

（198）2003 年，日本王子钢铁公司在 150mm × 150mm 方坯连铸机上采用电磁制动 + 电磁搅拌的装置进行了试验。结果表明，非金属夹杂物减少，等轴晶增加。

（199）2003 年 12 月 28 日 ~ 2004 年 2 月 5 日，美国 AK 公司双流板坯连铸机创连浇 1354 炉，浇钢 300588t 的纪录。

（200）2004 年 7 月，《Iron & Steel Technology》报道，英国康力斯公司蒂赛德厂将陶瓷涂层技术（涂层硬度 700 ~ 1200HV）应用于板坯连铸机结晶器宽面铜板，取得了良好的效果，铜板磨损小、寿命延长，摩擦系数由普通的 0.5 减低到 0.2，板坯表面质量提高。从此陶瓷涂层技术成为该厂的标准配置。

（201）2005 年 1 月，纽柯公司宣布将在布莱瑟维尔厂新建第二条双辊式薄带连铸（Castrip）生产线。

（202）2005 年 10 月，西门子奥钢联正式合并，成立 Siemens-VAI 冶金技术集团。

（203）2005 年，康力斯工程技术公司研究结晶器铜板表面覆盖 CASTCOAT 陶瓷，采用此技术后结晶器磨损降低，寿命是传统的两倍。

（204）2005 年，日本新日铁开发用于中间罐内钢液加热的双枪式 NS-plasma Ⅱ 等离子加热装置。

（205）2005 年，世界连铸比达到 91.1%。

（206）2008 年，丹尼利研制的连铸机生产出 ϕ750mm 大圆坯。

（207）2009 年 2 月，意大利阿尔维迪厂与西门子奥钢联公司建设 ISP-ECR 无头铸轧带钢生产线。ISP 薄板连铸→粗轧→感应加热→5 机架精轧→地下飞剪→卷取生产优质带钢，带厚 1.0mm。

（208）2009 年 5 月，由意大利达涅利公司负责改造的韩国 POSCO 钢铁公司“HIGH

MILL”无头轧制生产线投入了工业化生产。

（209）2009 年，第二条双辊薄带连铸连轧 Castrip 生产线在 Nucor Arkansas 厂投产，并生产了宽度达到 1650mm 的薄带。

（210）2010 年，德国迪林根改造 5 号立弯式板坯连铸机，改造后可浇铸 450mm 厚度的板坯。

（211）2011 年，西门子奥钢联技术负责，韩国浦项建成双机双流直弧形板坯连铸机，浇铸板坯断面 400mm×2200mm，固态矫直，采用类似方坯拉矫机装置拉坯。

（212）2012 年 6 月，由神户制钢设计的特殊钢立式连铸机在日本山阳特殊钢公司投产，铸坯最大断面 400mm×530mm。

（213）2013 年 7 月，奥钢联为韩国浦项（Posco）钢铁公司建造了 1 台能够浇铸出全球最厚不锈钢板坯的单流不锈钢板坯连铸机，浇铸最大断面 300mm×1650mm。

（214）2014 年 5 月，三菱-日立成功收购了位于奥地利林茨市的西门子奥钢联制造公司（Siemens-VAI）51% 的股权，其余 49% 股权由西门子公司持有。新合资公司名称为“普瑞特冶金技术有限公司（Primetals Technologies Limited）”，有员工 9000 名，于 2015 年 1 月正式营业，总部设在伦敦。

（215）2014 年，世界粗钢产量 16.65 亿吨，中国粗钢产量 8.227 亿吨，这是历史最高峰，2015 年开始下跌。

（216）2015 年，西马克技术负责，在德国迪林建设大断面立式板坯连铸机，浇铸板坯断面 500mm（预留 600mm）×2200mm。

（217）2015 年 10 月，达涅利改造比利时阿塞洛米塔尔 INDUSTEEL 钢厂板坯连铸机，改造后浇铸不锈钢板坯最大断面 355mm×2200mm。

（218）2015 年 12 月为止，包括 ESP 生产线在内，世界上共有 66 条薄板坯连铸连轧生产线 100 流薄板坯连铸机。CSP 薄板坯连铸机除蒂森为 1 台双机双流外，其余均为单机单流。

（219）2016 年 5 月 10 日，中国期刊《世界金属导报》B06 版报道，由达涅利戴维·迪斯汀顿设计，2002 年、2004 年投产，2014 年经机械、液压、自动化控制系统升级优化的唐钢两台 FTSC 薄板坯连铸机验收合格，该连铸机每台设计年产量 150 万吨，可浇铸厚度65～85mm，宽度 860～1730mm 薄板坯。

（220）2016 年，20 世纪 70 年代建立在美国的连铸机还在继续使用。

6.2　中国连续铸钢技术发展大事记

（1）1956 年，中国重工业部钢铁工业综合研究所（今钢铁研究总院）从苏联新图拉引进 1 台半连铸试验机，曾做过试浇工字型坯并轧成轻轨做了铺轨运行等试验研究工作。完成 ϕ80mm 圆坯的半连续铸钢试验。后来这套设备转给首钢，首钢曾做过浇铸中空圆坯的试验。

（2）1957 年 12 月 6 日，在吴大珂先生主持下，上海钢铁公司中心试验室炼钢试验厂（后来的上海钢铁研究所）设计建成了 1 台立式工业性试验连铸机，生产铸坯断面 75mm×180mm。

（3）1957 年，徐宝升教授率领一个小组到苏联进行连续铸钢的考察和学习。

（4）1958年7月，唐山钢厂进行过水平连续铸钢的试验，浇铸钢坯断面 ϕ50mm、ϕ80mm、ϕ90mm；同年8月，钢铁研究院进行了 ϕ84mm 的水平连铸试验。

（5）1958年12月20日，由徐宝升教授主持设计的中国第1台高度约30m的工业生产用双流立式连铸机在重庆钢铁公司第三炼钢厂建成并投入热试，铸坯断面170mm×250mm（见徐宝升论文），配合30t平炉，采用飞剪机剪断铸坯。

（6）1958年，上海钢铁公司改制成上海冶金工业局。1958年7月17日，周恩来总理在上海市领导陪同下，亲临上海市冶金工业局中心试验室炼钢试验厂视察，观看了连续铸锭机组的工作情况，并亲切地接见了吴大珂先生等参加试验工作的人员。这一年，“连续浇铸钢锭”被上海科学教育电影制片厂拍制成15min电影。

（7）1958~1963年，第一机械工业部西安重型机械研究所先后与沈阳钢厂、大连钢厂等合作，开始设计并进行倾斜式连铸机（30°）试验，先后浇铸了50mm×80mm，100mm×100mm，200mm×200mm，100mm×300mm断面铸坯。

（8）1960年初，徐宝升负责，和北京钢铁学院附属清河钢厂技术科的有关技术人员一起设计了1台中等大小的 R4.5m 弧形结晶器连铸实验装置，铸坯断面200mm×200mm。

（9）1960年，由北京黑色冶金设计院（今中冶京诚工程技术有限公司）设计的1台单流立式小方坯连铸机在唐山钢厂投产，铸坯断面200mm×200mm（地坑式），双流150mm×150mm，与5t空气侧吹转炉配合。

（10）1960~1963年，第一机械工业部西安重型机械研究所又在首钢设计试验样机进行倾斜式连铸机（30°）的试验。

（11）1950~1961年，东北工学院王廷溥教授与长春光机所张作梅教授（学部委员）合作建立了双辊异径薄带连铸试验线并进行了试验研究工作。

（12）1962年，由冶金工业部在重庆第三钢铁厂召开第一次全国连铸会议。

（13）1964年6月，徐宝升主持，中国自行设计制造第1台 R6m 弧形板方坯兼容连铸机在重钢三厂投入热试，浇铸单流板坯断面180mm×(1200~1500)mm，浇铸三流矩形坯断面180mm×250mm。

（14）1965年，吴大珂主持在上钢三厂建成1台双流 R4.65m 矩形坯弧形连铸机，浇铸铸坯断面145mm×275mm。

（15）1966年3月，天津钢厂投产了1台由西安重型机械研究所等单位设计的 R6m 单机单流一点矫直、弧形板坯连铸机，这是中国第1台与氧气转炉相配合的连铸机，浇铸板坯断面180mm×700mm。此后，天津钢厂和济南钢厂又按照此机型各建设了1台。

（16）1967年12月，徐宝升主持设计，建造的重庆钢铁公司第二炼钢厂（习惯称重钢大平炉厂）的板、方坯兼容弧形连铸机投产，浇注最大板坯断面300mm×2100mm。

（17）1968年，上海铜厂和上海线材厂研制成功中国第一套铜合金水平连铸机。

（18）1969年，冶金工业部在上海国际饭店召开第一次全国连铸生产工作会议。

（19）1971年，杭州钢厂建设1台椭圆形（实为多半径）连铸机。

（20）1971~1972年，在唐山钢厂第二炼钢厂进行水平连铸工业试验，铸坯断面200mm×200mm，历时两年。

（21）1972年，上钢一厂投产2台 R5m、铸坯断面为150mm×1050mm的全弧形板坯连铸机，由西安重型机械研究所、北京钢铁设计院、上海机械学院、上钢一厂、上海东风机器厂等单位共同合作完成，于 1980 年又投产了第 3 台。

（22）1972 年 10 月 ~ 1974 年 10 月，冶金工业部、第一机械工业部联合组织科研、设计、生产等 16 个单位 50 余人组成攻关团队，对上钢一厂 150mm × 1050mm 板坯连铸机进行技术攻关，解决工艺、板坯质量及扩大连铸钢种等问题。首次在中国采用浸入式水口、保护渣浇铸、解决板坯表面纵裂纹等铸坯质量问题。

（23）1973 年，上海铝材二厂在中国首创了铝板连铸生产技术。

（24）1976 年，上钢一厂 150mm × 1050mm 板坯连铸机浇铸船板钢，由江南造船厂用于万吨轮船。

（25）1978 年，上钢一厂 150mm × 1050mm 板坯连铸机获全国科学大会奖。

（26）1978 年 10 月，我国第 1 台从联邦德国（由 Concast 和 Demag 公司设计制造）引进的 *R*10.5m 大型板坯连铸机在武钢二炼钢投产，铸坯断面（170、210、250）mm ×（700 ~ 1600）mm。

（27）1978 年，徐宝升教授创造了一种倾斜轮式小方坯连铸机，能以 15 ~ 18m/min 的速度，浇铸 52 ~ 70mm 小方坯。

（28）1979 年 3 月 21 日，中国共产党上海钢铁研究所委员会为吴大珂先生举行平反昭雪大会，沉痛悼念中国连续铸钢机设计、建设第一人。吴大珂先生于 1973 年 1 月 5 日被十年浩劫的“文化大革命”迫害致死。

（29）1979 年，钢铁研究总院与首钢钢研所合作，共同试验开发电磁搅拌技术。

（30）1982 年 2 月，引进德马克第 1 台 *R*5.25m 小方坯连铸机（Demag）在昆明钢厂投产，铸坯断面 70mm × 70mm，90mm × 90mm，120mm × 120mm，150mm × 150mm。

（31）1982 年 9 月 25 日，引进消化德马克第 2 台 *R*5.25m 小方坯连铸机在邯钢二炼钢厂投产，第 3 台 *R*5.25m 小方坯连铸机于 1982 年 10 月 30 日在天津钢厂投产。

（32）1982 年，小方坯结晶器铜管在上海异型钢管厂研制成功。

（33）1982 年，中国金属学会宣布成立连续铸钢委员会；《连铸通讯》创刊，1989 年《连铸通讯》更名为《连铸》。

（34）1982 年，由钢铁研究总院研制的电磁搅拌器在济钢板坯连铸机上进行工业应用试验。

（35）1982 年，马钢开始水平连铸试验。

（36）1982 年，上海钢铁工艺研究所在安徽休宁建水平连铸试验机组。

（37）1982 ~ 1983 年，西安重型机械研究所自行设计制造的铸坯断面 180mm × 950mm、4 台单机单流 *R*6.0m 全弧形一点矫直板坯连铸机相继在安阳钢厂、柳州钢厂各投产两台。

（38）1983 年，冶金工业部提出“发展连续铸钢是我国钢铁工业的一项重大技术政策”。

（39）冶金工业部颁发连铸方坯、矩形坯标准（YB2011-83）以及板坯标准（YB2012-83），制定连铸坯价格，调整后，连铸坯价格比同钢号模铸坯高 5%。

（40）1983 年，中间罐使用绝热板内衬。

（41）1984 年，大重牌 *R*5.25m 小方坯连铸机获国家质量奖银奖。

（42）1984 年，冶金工业部发表连铸主要技术经济指标计算方法。

（43）1984 年，国产化“R5.25m 小方坯连铸机”获机械工业部科技进步二等奖。

（44）1984 年，上海钢铁研究所建成 1 台双辊薄带连铸机，辊径 ϕ200mm，宽 150mm，与 50kg 感应炉配合，浇铸出了 1Cr18Ni9Ti 不锈钢。1987 年建成 1 台直径 ϕ500mm、辊面宽度 250mm 的双辊薄带连铸机。1992 年建成一台直径 ϕ1200mm、辊面宽度 600mm 的双辊薄带连铸机，成功浇铸出厚度 3.0mm、宽度 600mm 的 304 不锈钢薄带。2001 年上海钢研所并入宝钢集团。

（45）1984 年 10 月 11 日 ~1986 年 4 月 15 日，江西钢厂（1991 年与新余钢厂合并为“江新钢铁总厂”）在 2 机 4 流的 1 号方坯连铸机的 1 流上进行了浇铸 1Cr18Ni9Ti 不锈钢的试验，基本获得成功。

（46）1985 年，武钢二炼钢厂 3 月份率先实现全连铸，当月产铸坯 137288t。

（47）1985 年，中、日薄板坯连铸技术交流会在京举行。

（48）1985 年，武钢二炼钢厂实现连铸坯热送工艺。

（49）1985 年 12 月 27 日，国家“六五”科技攻关项目，西安重型机械研究所自主设计，天津重型机器厂制造的中国第 1 台不锈钢板坯连铸机（立式）在太钢第三炼钢厂投产，采用回转出坯，浇铸板坯断面 160mm × 1280mm，拉速 0.6 ~ 1.6m/min。这是中国模铸不锈钢 32 年后（1952 年抚顺钢厂、太原钢厂、大连钢厂相继炼出了不锈钢）第一次用连铸机浇铸。

（50）1985 年，国家重大科技攻关课题“双辊薄带连铸技术”在上海钢研所立项正式进行试验，辊径 ϕ500mm，宽 250mm，浇铸不锈钢、硅钢，带厚 1.5mm。东北工学院做异辊径薄带试验。

（51）1985 年，马钢 1 号水平连铸机和上海工艺所的水平连铸机分别通过鉴定。

（52）1985 年，曾经组织全国力量进行技术攻关的上钢一厂 150mm × 1050mm 板坯连铸机被西安重型机械研究所消化移植武钢引进技术的 R5.8、R10.5 两点矫直全弧形连铸机替代，获机械工业部科技进步三等奖。

（53）1986 年 3 月，冶金工业部在韶钢召开第一次连铸达产会。

（54）1986 年 10 月，康卡斯特公司副经理，M. M. Wolf 博士被中国金属学会邀请来中国，从理论到实践讲授连铸技术，讲课专题 14 个，参加学员 200 名。对中国连铸技术的发展意义深远。

（55）1986 年 12 月，在上海第一次召开国际性连铸学术会议。

（56）1986 年，大冶钢厂、陕西钢厂、长城钢厂联合向德国克虏伯公司引进了 R9m 弧形合金钢方坯连铸机。其中大冶钢厂为方圆坯兼用连铸机，浇铸方坯边长 130 ~ 150mm，圆坯 ϕ160mm、ϕ200mm，这是中国首台圆坯连铸机，也是首台方圆坯连铸机。

（57）1986 年，“太钢不锈钢板坯连铸机”获国家计委、国家经委、国家科委、国家财政部“六五国家科技攻关”奖励。

（58）1986 年，冶金工业部（86）冶钢字第 371 号文规定了连铸机生产等级标准：特等达到国际先进水平；一等达产 100%；二等达产超过 80%；三等达产超过 70%，等外达产不到 70%。

（59）1986 年，瑞士 Concast 连铸技术公司冶金专家 M. Wolf 到中国讲课。

（60）1986 年，马钢双流水平连铸机从德国 TG 公司引进某些关键部件后，试验成功并通过鉴定。

(61) 1987 年，天津特钢、齐齐哈尔钢厂分别引进的用于浇铸合金钢液的水平连铸机热负荷试车。

(62) 1987 年 7 月，天津二炼钢从德马克引进的中国第 1 台超低头板坯连铸机投入生产。

(63) 1987 年，西安重型机械研究所设计研发的连铸水压剪用“高水基锥阀及其系统”获国家科技进步二等奖。

(64) 1988 年 2 月，重庆特钢厂从日本引进的特钢连铸机投入热试。

(65) 1988 年 5 月，北京钢铁研究总院完成了倾斜式双履带薄板坯连铸机试验并写出研究报告。

(66) 1988 年 6 月，太钢从奥钢联引进的 *R*8.0m 不锈钢直结晶器（直线段长度 1190mm）弧形板坯连铸机投入热试，铸坯断面（140～220）mm×(830～1630)mm。

(67) 1988 年 12 月，冶金工业部召开第二次全国连铸生产工作会议，提出“以连铸为中心，炼钢为基础，设备为保证”的生产方针。

(68) 1989 年，宝山钢铁公司从日本引进两台双机双流 *R*9.555m 大型直弧形板坯连铸机分别在 7 月、12 月投产，铸坯断面（210、230、250）mm×(900～1930)mm。

(69) 1989 年，第二次全国连铸工作会议在青岛召开，提出连铸机要达产。

(70) 1989 年，冶金工业部发布连铸机晋等升级标准及评定办法［（89）冶体字 710 号文］。考核指标包括达产率、铸坯合格率、连浇率、溢漏率。

(71) 1989 年，薄板坯连铸技术作为国家重大科技攻关课题由冶金部钢铁研究总院与协作单位在兰州钢厂建立试验机组。

(72) 1990 年，全国连铸进入高速发展时期，1990 年共建连铸机 122 台，年产能力 2520 万吨，连铸比增长 6.04 个百分点。

(73) 1990 年，鞍钢第三炼钢厂从日本神户制钢引进双机双流直弧形板坯连铸机投产。板坯断面（200、230、250）mm×(900～1550)mm。

(74) 1990 年 10 月 28 日，我国自行研制的薄板坯连铸机在兰州钢厂投入热试并浇出第一块断面 50mm×900mm 薄板坯。

(75) 1990 年，中国第 1 台弧形不锈钢方坯连铸机在四川川投长城特殊钢公司投产。

(76) 1990 年 4 月 1 日，北京钢铁设计研究总院设计研发与技术负责、上海东风机器厂制造的 CB-1 型，圆弧半径 *R*6m 双机双流小方坯连铸机出口印度尼西亚巴拉瓦加（BARAWAJA）钢厂并投产。

(77) 1990 年 9 月 24 日，国内首家 2 机 2 流 ROKOP 方坯连铸机通过冶金部组织的 33 个单位 64 位专家的出厂评审，计划建在河北武安“新兴铸管有限公司”（即 2672 厂），但是由于各种原因 1992 年 7 月才投产。

(78) 1991 年，第三次全国连铸生产工作会议，提出“以质量、品种、效益为中心”实现连铸高速增长。

(79) 1991 年 4 月 16 日，中国首台 3 机 3 流 ROKOP 方坯连铸机在安阳钢铁公司第二炼钢厂投产，主半径 *R*5.25m，结晶器长度 812.5mm。

(80) 1991～1992 年，上海重矿公司工程总包、西安重型机械研究所设计与技术负责、上海宝钢操作指导的美国 Citi Steel 圆弧半径 *R*10058. 4mm 板坯连铸机更新改造项目投产应用，浇铸板坯断面 254mm × 2032mm。国务院重大技术装备领导小组办公室于 1992 年 5 月 5 日用《重大技术装备工作简报》的形式，以"中国大型板坯连铸机技术和装备开始进入国际市场"标题向中央常委、中央书记处、国务院进行了汇报。该项目 1993 年 12 月获机械工业部科技进步一等奖，1995 年 12 月，获国家科技进步二等奖。

（81）1992 年，是连续铸钢"实现达产"年，全国大部分连铸机达到设计能力。连铸工作会议提出"三位一体，组合优化"。

（82）1992 年 6 月 19 日，成都无缝钢管厂从 SMS · Concast 公司引进的两台 4 机 4 流（共 8 流）*R*12. 5m 圆坯连铸机中的 1 号机投入生产，这是中国引进圆坯连铸机的第 1 台投产。1 号机浇铸断面 ϕ140 ~ 310mm，预留 ϕ350mm。2 号机浇铸断面 ϕ280 ~ 450mm，预留 ϕ500mm。

（83）1992 年 6 月 27 日，天津钢管公司从德国 Demag 公司引进的 4 机 4 流 *R*10. 5m 圆坯连铸机投入生产，配合 150t 电炉，浇铸断面 ϕ210 ~ 310mm，年产量 60 万吨。

（84）1992 年 11 月 17 日，宝钢集团工程总承包、中国重型机械总公司设备总包、冶金部北京钢铁设计研究总院做总体设计和工厂设计、中国第一重型机器厂、大连重型机器厂做设备设计和制造、宝钢炼钢厂进行操作指导的 300mm × 1900mm 大型单机单流直弧形板坯连铸机在河南舞阳钢厂热试投产。

（85）1993 年 7 月，武汉钢铁设计研究院技术负责设计供货的 1 台 2 机 2 流罗克普小方坯连铸机在马来西亚大荣制钢公司投产。

（86）1993 年，第一届"发展中国家连铸会议"在北京召开，参加会议的有 23 个国家，250 名代表，这实际上是一次国际连铸盛会。

（87）1993 年，大连重型机器厂与西安重型机械研究所合作设计（1990 年完成设计）直弧形结晶器弧形薄板坯连铸机投入热试，铸坯断面 60mm × (900 ~ 1350) mm。

（88）1993 年，第四次全国连铸生产工作会议提出，到 2000 年连铸比要达到 70% 以上，力争 80%。提出连铸生产方针为"以连铸为中心，炼钢为基础，设备为保证。以全连铸为方向，炼钢、炉外精炼、连铸三位一体组合推进"。

（89）1993 年 10 月 18 日，由中国重型机械总公司设备总承包、西安重型机械研究所负责设备基本设计、重庆钢铁设计研究院负责工厂设计、中国第二重机集团公司、大重集团公司等单位负责设备详细设计与设备制造的立足于国内设计成套、核心部位局部引进的百万吨级攀钢双机双流板坯连铸生产线投产，浇铸板坯断面 200mm × 1350mm。

攀钢 1350mm 连铸技术装备获得三个第一，即世界上第一套落差 15m 的炼钢连铸生产线；第一次由中国人总承包并以中国人为主设计制造的板坯连铸成套设备；国产化第 1 台百万吨级板坯连铸成套设备。该项目 1995 年获机械工业部特等奖，1996 年获国家科技进步一等奖。

（90）1993 年，中国二重完成的"鞍钢 1550 板坯连铸机关键设备的研制"获机械工业部科技进步二等奖。

（91）1993 年，上海重矿公司从美国 Stel-tek 公司引进新型小方坯连铸机技术，主半径 *R*4m、*R*3m，浇铸小方坯断面 150mm × 150mm 以下。首台连铸机于 1993 年 8 月 22 日在吉林红嘴钢厂投产。连铸机为喷淋冷却结晶器，半刚性引锭，浇铸断面 100mm × 100mm

和 150mm × 150mm，平均拉速 3.5m/min，最大拉速 4.0m/min。

（92）1994 年 3 月，冶金工业部召开第五次全国连铸生产工作会议，部长刘淇、副部长殷瑞钰分别作《抓住机遇大力提高连铸比》和《加速发展连铸，推动钢铁工业结构优化》报告。

（93）1994 年 11 月，国家计委批准组建连铸技术国家工程研究中心，随后在冶金部钢铁研究总院挂牌运行。

（94）1994 年，西安重型机械研究所牵头负责的“宝钢 1900mm 板坯连铸设备气—水雾化冷却喷嘴系列研制”获机械工业部科技进步二等奖。

（95）1995 年，“九五”国家重点攻关课题“高效连铸技术”攻关工作启动。

（96）1995 年 10 月 18 日，由北京钢铁设计研究总院做工厂设计和辊列设计，西安重型机械研究所做设备设计的上钢三厂大电炉分厂合金钢单机单流直弧形宽厚板坯连铸机投产，铸坯断面 300mm × 2000mm，这是当时完全立足于国内设计的浇铸板坯断面最大的直弧形板坯连铸机。

（97）1995 年，冶金部钢铁研究总院牵头承担“中宽度薄板坯连铸技术”获冶金工业部科技进步一等奖，1996 年，“中宽度薄板坯连铸技术”获国家科技进步二等奖。

（98）1995 年，西安重型机械研究所完成的“特殊钢板坯连铸火焰切割机的研制”获机械工业部科技进步二等奖。

（99）1996 年，小方坯高效连铸技术攻关由钢铁研究总院与广州钢厂负责，有关单位参加进行技术攻关工作。高效连铸技术的具体指标是：断面 120mm × 120mm 方坯，拉速不低于 3.4m/min；150mm × 150mm 方坯，拉速不低于 2.8m/min；连铸机作业率不低于 80%；连铸坯无缺陷率不低于 98%。

（100）1996 年，板坯连铸机高效化攻关由钢铁研究总院与攀枝花钢铁公司负责，西安重型机械研究所等有关单位参加。攻关任务：板坯断面 200mm × 1350mm，拉速不低于 1.8m/min。

（101）1996 年，中国政府代表团访问欧洲，与德国西马克公司（SMS）签订捆绑引进 CSP 流程生产线。

（102）1996 年，西安重型机械研究所、包头钢铁设计研究院合作设计的酒泉钢铁公司两台 220mm × 1350mm、全弧形 8 点矫直、单机单流板坯连铸生产线的一条投产。在这台板坯连铸机上，中国首次采用自行研制的二次冷却水动态控制数学模型，对二次冷却水进行动态控制。

（103）1996 年，中国一重等完成的“直臂式大型钢包回转台核心技术开发与研制”获机械工业部科技进步二等奖。

（104）1996 年 11 月 7 日，由马钢钢研所负责设计制造、人员培训的中国第一台国产化不锈钢水平连铸机在江苏扬州兴海集团公司特殊钢厂投产。

（105）1997 年 10 月 28 ~ 31 日，第二届发展中国家国际连铸会议在武汉召开，参加会议代表 260 人，其中国外代表 70 多人，收到论文 86 篇。

（106）1997 年，首钢三炼钢小方坯连铸机高效技术转化取得成功。济钢一炼钢方坯高效化改造成功投产。

（107）1997 年，“大重弧形薄板坯连铸机工业试验”获机械工业部科技进步一等奖，

1998 年，“大重弧形薄板坯连铸机工业试验”获国家科技进步三等奖。

（108）1997 年，西安重型机械研究所连铸设备专家、研究员级高级工程师，攀钢 1350 板坯连铸成套设备总设计师关杰当选中国工程院院士。

（109）1998 年，方坯连铸机高效化改造在全国推广，成绩斐然。

（110）1998 年 6 月 11 日，马鞍山钢铁公司第三炼钢厂引进异形坯（终轧产品 H 型钢）连铸机投产。这是中国第一台异形坯连铸机。

（111）1998 年，钢铁研究总院等单位《高效方坯连铸技术》项目获国家冶金工业局科技进步一等奖，1999 年获国家科技进步二等奖。

（112）1998 年，国家重点科技项目（攻关）计划子专题项目（合同编号：95-528-02-01-01C）“结晶器振动系统的研究”圆满完成试验研究任务。1999 年 2 月通过了国家机械局（由原机械工业部缩编）行业管理司组织的专家组的验收。

（113）1999 年 8 月 26 日，珠江钢厂引进的第 1 条薄板坯连铸连轧（CSP）生产线投产。

（114）1999 年，钢铁研究总院牵头的攀钢板坯连铸高效攻关工作全面完成并通过国家验收，“高效板坯连铸工艺技术研究”获国家冶金工业局科技进步二等奖。

（115）1999 年 12 月，邯郸钢铁公司引进的薄板坯连铸连轧 CSP 生产线投产。

（116）1999 年，中国莱钢张胜生研究发明的“连铸机中间罐定径水口不断流快速更换专利技术”获第二届国际“居里夫人”科研成果博览会国际金奖。这种奖项是冶金行业迄今为止的唯一奖项。这项技术可以把小方坯连铸机定径水口的平均寿命由原来的 4～6h 提高到 20h，每个铸流每天可节约 1870 元。

（117）2000 年，衡阳镭目科技有限责任公司具有自主知识产权的中间罐塞棒高精度数控系统成功应用于上钢五厂。

（118）2000 年 7 月，鞍山钢铁公司具有自主知识产权的中薄板坯连铸连轧生产线 ASP 投产。

（119）2000 年，鞍山钢铁公司第一炼钢厂 3 月 22 日投产了 1 台 300mm × 2000mm 单机单流直弧形宽厚板坯连铸机。该连铸机由鞍山钢铁设计研究总院做工厂设计，西安重型机械研究所做总体设计和设备设计。

（120）2000 年，世界粗钢产量 8.36 亿吨，连铸比 86.5%；中国粗钢产量 1.29 亿吨，连铸比 84.81%。

（121）2001 年，由西安重型机械研究所自主设计的首台国内连续弯曲、连续矫直直弧形板坯连铸机在马鞍山钢铁公司投产，主半径 *R*8.0m，浇铸板坯最大断面 250mm × 1400mm。

（122）2001 年，武汉大西洋公司设计供货的湖北冶钢集团有限公司（大冶特殊钢股份有限公司）1 台 3 机 3 流大断面方坯连铸机投产，铸坯断面 350mm × 470mm。

（123）2001 年，攀枝花钢铁公司从奥钢联引进带有 Dyna Gap 轻压下和 Dyna Flex 振动装置的大方坯连铸机签约，2003 年投产。

（124）2001 年，西安重型机械研究所等单位完成的“太钢立式 1280 不锈钢板坯连铸机改造”项目，获中国机械工业联合会、中国机械工程学会科技进步一等奖。

（125）2001 年，钢铁研究总院钢铁冶金专家、连铸工艺专家、研究员级高级工程师干勇当选中国工程院院士；2010 年当选中国工程院副院长。

（126）2002 年 12 月，唐山钢铁公司从意大利达涅利公司引进的 FTSR 薄板坯连铸连轧生产线投产。

（127）2002 年，马鞍山钢铁公司从达涅利引进的大圆坯连铸机（ϕ320mm，ϕ450mm）投产。

（128）2002 年，鞍钢、西安重型机械研究所完成的“鞍钢新轧钢第一炼钢厂大方坯连铸机设计研究”获中国钢铁工业协会、中国金属学会冶金科学技术奖二等奖。

（129）2002 年，鞍钢 ASP 连铸机生产 135mm ×（900 ~ 1350）mm 断面，平均拉速 3.0m/min，最高达 3.3m/min，年产量 140 万吨。

（130）2002 年，宝钢集团梅山钢铁有限公司炼钢厂从奥钢联引进的双机双流板坯连铸机投产，具有结晶器电磁制动、动态轻压下、液压振动等技术，这是当时中国技术装备最完善且先进的板坯连铸机。

（131）2003 年，薄板坯连铸连轧技术交流与开发协会在广东珠江钢厂召开第一次技术交流会（由中国工程院产业工程科技委员会、薄板坯连铸连轧技术交流与开发协会主办），到 2010 年共召开了 6 次。

（132）2003 年，宝钢建成 1 条带宽 1200mm 的双辊薄带连铸中试线，2004 年完成不锈钢成卷试验，2005 年完成碳钢成卷试验。2008 年增设 4 辊热轧机进行试验。

（133）2003 年 12 月，衡阳镭目科技有限责任公司将 4 个数字电动缸应用于酒钢宏兴股份公司 4 号板坯连铸机结晶器振动装置改造上，首次实现了可在浇注过程中调整振幅和波形偏斜率的机械式非正弦振动。

（134）2004 年 6 月，南京钢铁联合有限公司从奥钢联引进（国内联合设计制造）、12 月韶关钢铁集团有限公司从达涅利引进特宽板坯连铸机投产，铸坯断面均为 150mm ×3250mm。

（135）2004 年 9 月，第三届发展中国家连铸国际会议在北京召开。

（136）2005 年，中国东北大学开发了电渣重熔连铸技术。

（137）2005 年 4 月 28 日，西安重型机械研究所研发的第 1 台国产工业化结晶器液压振动装置在宝钢集团单流中薄板坯连铸机上投产使用。又于 2005 年 7 月 24 日在唐钢双机双流板坯连铸机上投产应用。

（138）2005 年 7 月，西安重型机械研究所设备设计并总包的、采用全国产液压振动装置、热态液压调宽结晶器的唐钢双机双流板坯连铸机投产，浇铸断面 150mm、180mm × 1500mm。

（139）2005 年 8 月，安阳钢铁有限公司第二炼钢厂从西马克引进（国内联合设计制造）特宽板坯连铸机投产，铸坯断面 150mm ×3250mm。

（140）2005 年，马鞍山钢铁公司用 CSP 生产线生产 MG-W600 无取向电工钢。

（141）2005 年，中国常规板坯连铸机首次采用结晶器电磁搅拌技术（引进新日铁），在宝钢一炼钢厂 2 号板坯连铸机上投入使用，该结晶器内电磁搅拌技术所有权归新日铁。

（142）2006 年 1 月，济钢采用鞍钢的 1700ASP 中薄板连铸连轧生产线投入热试车。

（143）2006 年 6 月 29 日，西门子奥钢联提供的当时中国最大断面 400mm ×2400mm 直弧形单机单流板坯连铸机在首钢集团首秦钢铁公司投产。

（144）2007 年，中国安阳钢铁公司第一炼轧厂 1 月创连浇 13 天，浇钢 51641t 的纪录。

（145）2007 年，西安重型机械研究所设备设计、西门子自动化设计、中冶京诚工厂设计的舞阳钢铁公司宽厚板连铸机投产，铸坯断面（200 ~ 330）mm ×（1300 ~ 2500）mm。2010 年，“330mm × 2500mm 宽厚板坯连铸机成套技术装备”获中国机械工业集团有限公司科学技术奖一等奖。2011 年，获中国机械工业联合会、中国机械工程学会科技进步一等奖。

（146）2007 年，西安重型机械研究所、宝钢等单位完成的“宝钢中薄板坯连铸机关键技术攻关及应用”获中国机械工业集团公司科学技术奖一等奖。

（147）2007 年，中国连铸比达到 98.86%。

（148）2007 年，西安重型机械研究所等单位完成的“现代化连铸设备核心技术攻关及应用研究”获中国机械工业联合会、中国机械工程学会科技进步一等奖；2008 年获陕西省科技进步一等奖。

（149）2007 年 12 月，中国完全国产化的板坯连铸机二次冷却区首套辊式电磁搅拌成套设备投入使用，在此后的 9 年时间里，已经装备了 91 流板坯连铸机。

（150）2009 年 1 月，奥钢联提供技术和主要设备、宝钢工程配合部分设备设计、并做工厂设计的宝钢集团上海特钢公司一机一流立式板坯连铸机投产，连铸机高度大约 40m。

（151）2009 年，攀钢、东北大学、西安重型机械研究所“360mm × 450mm 大方坯连铸装备技术国产化研究”获中国钢铁工业协会、中国金属学会冶金科学技术奖一等奖。

（152）2009 年，西安重型机械研究所、宝钢等单位完成的“中薄板坯连铸机成套技术与关键设备开发及应用”获国家科学技术奖二等奖。

（153）2009 年 11 月，中钢集团设备公司工程总承包，西安重型机械研究所和鞍钢设计院合作设计的土耳其 Tosyali 钢铁公司双机双流板坯连铸机投产，2011 年 7 月 28 日结晶器热态调宽顺利实施，这是中国第一次整条板坯连铸生产线成套设备的出口项目。

（154）2010 年，“首钢迁钢优质板坯连铸技术开发”获中国钢铁工业协会、中国金属学会冶金科学技术奖一等奖。

（155）2010 年，江阴兴澄特钢公司完成的“600mm 以上超大规格连铸圆坯的开发”获中国钢铁工业协会、中国金属学会冶金科学技术奖二等奖。

（156）2011 年 3 月 10 日，中冶赛迪工程技术有限公司设计的、板坯断面 420mm × 2400mm 直弧形单机单流板坯连铸机在江西新余钢铁公司投产，11 月 10 日成功生产出断面为 420mm × 1870mm 的板坯。2014 年，“420mm 厚度特厚板坯连铸工艺、装备及控制关键技术”获中国钢铁工业协会、中国金属学会冶金科学技术奖二等奖。

（157）2011 年 5 月 16 日，中冶连铸工程技术有限公司设计的 *R*16.5m4 机 4 流合金钢特大方坯连铸机在湖北新冶钢有限公司（原大冶特钢）浇铸出断面 410mm × 530mm（不轻压下断面为 425mm × 530mm）特大方坯，创造了弧形连铸机方坯断面最大世界纪录。

（158）2011 年 5 月 18 日，中国重型机械研究院有限公司设计的断面为 420mm × 2700mm 直弧形单机单流板坯连铸机在河南西峡龙成汉冶特钢公司投产。2015 年，“420mm × 2700mm 特厚直弧形板坯连铸机成套技术装备”获中国机械工业集团有限公司科学技术奖一等奖。

（159）2011 年 11 月 21 日，中冶京诚工程技术有限公司设计的 R17m 特大方坯连铸机在江苏省江阴兴澄特钢公司浇铸出 ϕ1000mm 特大圆坯，创造了弧形连铸机浇铸圆坯断面最大世界纪录。2012 年，“大断面圆坯连铸技术及设备的研发及应用”获中国钢铁工业协会、中国金属学会冶金科学技术奖一等奖。

（160）2011 年，北京科技大学、邯郸钢铁集团有限责任公司完成的“中厚板坯连铸凝固冷却精细控制技术”获中国钢铁工业协会、中国金属学会冶金科学技术奖三等奖。

（161）2012 年，宝山钢铁股份有限公司完成的“电炉连铸大方坯关键工艺技术开发”获中国钢铁工业协会、中国金属学会冶金科学技术奖二等奖。

（162）2012 年，秦皇岛首秦金属材料有限公司、首钢总公司完成的“首秦 3 号连铸机特厚板坯生产技术研究”获中国钢铁工业协会、中国金属学会冶金科学技术奖二等奖。

（163）2012 年，北京科技大学、重庆钢铁（集团）有限责任公司完成的“连铸板坯表面缺陷在线检测技术的开发与应用”获中国钢铁工业协会、中国金属学会冶金科学技术奖二等奖。

（164）2012 年，发改委、财政部和工信部“2012 年智能制造装备发展专项——高品质钢特厚大型板坯连铸生产线”开始实施。

（165）2013 年 10 月 26 日，中国重型机械研究院股份公司设计的铸坯断面 400mm × 2400mm 直弧形单机单流板坯连铸机在唐山文丰山川轮毂有限公司投产。

（166）2013 年，首钢京唐钢铁联合有限责任公司等单位完成的“大型高效板坯连铸机自主设计与集成”获中国钢铁工业协会、中国金属学会冶金科学技术奖一等奖。

（167）2013 年，中国重型机械研究院股份公司负责建设的日照钢铁有限公司 10 号大型板坯连铸机生产线建设周期只有 208 天，创世界之最。

（168）2014 年 6 月，长期耕耘在连续铸钢学术技术交流舞台，为人师表、德高望重的中国金属学会连铸分会副主任、北京科技大学教授、博士生导师蔡开科教授逝世，享年 78 岁。他一生完成了多部连续铸钢方面的著作。

（169）2014 年 10 月 15 日，中冶京诚工程技术有限公司改造设计的铸坯断面 450mm ×2600mm 单机单流直弧形板坯连铸机在江苏省江阴兴澄特钢公司投产。

（170）2014 年，钢铁研究总院等单位完成的“微合金化钢板坯角部缺陷形成机理及控制技术的开发与应用”获中国钢铁工业协会、中国金属学会冶金科学技术奖一等奖。

（171）2014 年，鞍钢股份有限公司等单位完成的“连铸钢坯枝晶组织检验方法研制及系列标准制定”获中国钢铁工业协会、中国金属学会冶金科学技术奖三等奖。

（172）2014 年，世界粗钢产量 16.65 亿吨；中国粗钢产量 8.227 亿吨。2004 ~ 2015 年，中国钢铁企业的连铸比在 98%~99% 之间。

（173）2015 年 2 ~ 9 月，由普瑞特技术公司负责的日照钢铁有限公司三条无头轧制 ESP 生产线（3 台单机单流连铸机）相继投入生产，三条生产线设计年产量 666 万吨，厚度小于 1mm 的带钢比例超过 50%。2016 年 1 ~ 4 月普瑞特已经获得日照钢铁有限公司的最终验收证书。

（174）2015年6月2日，西门子奥钢联设计的1台48.9m高的立式圆坯连铸机，在河南省济源市中原特钢股份有限公司电炉炼钢厂投产，浇铸最大圆坯ϕ800mm。

（175）2015年10月，宝钢集团发布消息，目前国际钢铁业界最为典型的节能环保短流程技术——双辊薄带连铸技术，已在宝钢成功完成了自主研发，并实现了产业化成套技术开发。

（176）2015年，中冶京诚工程技术有限公司等单位完成的“高品质特殊钢大断面连铸关键技术和装备开发与应用”项目获国家科技进步二等奖。在此之前，“高品质特殊钢大断面连铸关键技术和装备开发与应用”还获中国冶金科工集团科技进步特等奖和一等奖，内蒙古自治区科技进步一等奖，湖北省科技进步一等奖。

（177）2015年，东北大学轧制技术及连轧自动化国家重点实验室（RAL）利用薄带连铸技术成功开发出性能优异的无取向硅钢、取向硅钢和高硅钢，这一系列创新技术被命名为绿色化薄带连铸电工钢生产技术（E2Strip）。

（178）2015年，武汉钢铁集团研究院常务副院长，低成本高性能钢铁材料和薄板坯连铸连轧技术研究专家、研究员级高级工程师毛新平当选中国工程院院士。

（179）2015年，中国钢铁协会会员钢铁企业实现利润总额为亏损645.34亿元，上年为盈利225.89亿元，给连铸高品质钢发出了警讯。

（180）2016年3月21日，中冶京诚设计供货的芜湖新兴铸管三山钢铁公司4机4流大型方圆坯（4号）连铸机热试成功，年产量80万吨，该连铸机圆弧半径R17m，设计最大方坯断面410mm×530mm，最大圆坯断面ϕ500～800mm。

（181）2016年5月15日，达涅利与河北武安市冀南钢铁集团就一条“QSP达涅利多功能无头轧制”生产线（两流连铸机）举行了签约仪式。同月，首钢京唐钢铁联合公司二期工程也与达涅利签订了一条单流连铸机多功能无头轧制生产线。

（182）2016年6月，中国重型机械研究院股份公司设计的印度尼西亚单机单流不锈钢板坯连铸机投产，浇铸板坯断面200mm×(800～1600)mm。

（183）2016年8月21日，中国重型机械研究院股份公司设计的伊朗Mobarakeh Steel Co.（穆巴拉克钢铁公司）双机双流板坯连铸机投产，浇铸板坯断面（200、220、250)mm×(900～2000)mm。

（184）2016年，青岛钢铁有限公司方坯连铸机引进新日铁的等离子加热设备投入运营。

6.3　中国颁布的部分连续铸钢标准

从1983年开始，到2016年为止，能够收集到的与连铸续铸钢有关的中国标准40项，进入21世纪后有29项，有4项为国家标准，其余均为行业推荐标准。需要提及的是，2006年12月西安重型机械研究所起草实施了一项企业标准，《常规板坯连铸机成套设备设计规定》Q/XZS1.001—2005。这些标准规范并推动了中国连铸技术装备的科技进步，培养了工程科技人才。中国颁布的部分连续铸钢标准见表1-6-1，有一些标准仅作为历史记录，已经被更新换代。

表 1-6-1　中国颁布的部分连续铸钢标准

序号	标 准 名 称	标准号	发布日期	实施日期
1	连续铸钢方坯和矩形坯	YB 2011—83	1983-01-08	1983-07-01
2	连续铸钢板坯	YB 2012—83	1983-01-08	1983-07-01
3	*R*5.25m 方坯连铸机技术条件	JB/ZQ 4023—85	1983-08-06	1985-10-01
4	弧形方坯连铸机结晶器铜管	JB/ZQ 8222—89	1989-05-30	1989-05-30
5	板坯连铸机	JB/ZQ 4117—90	1990-07-14	1990-07-14
6	连铸工程设计若干规定	YBJ 59—90	1990-11-01	1991-03-01
7	连铸钢方坯低倍组织缺陷评级图	YB 4002—91	1991-05-04	1992-01-01
8	连铸工程设计规定	YB 9059—95	1995-08-14	1995-12-01
9	冶金设备用回转支承	YB/T 087—1996	1996-05-17	1996-10-01
10	连铸钢板坯低倍组织缺陷评级图 A 类（酸蚀部分） 连铸钢板坯低倍组织缺陷评级图 B 类（硫印部分）	YB/T 4003—1997	1997-08-04	1997-12-01
11	优质碳素结构钢和合金结构钢连铸方坯低倍组织缺陷评级图	YB/T 153—1999	1999-08-19	2000-01-01
12	优质碳素钢和合金钢连铸板坯	YB/T 168—2000	2000-02-17	2000-06-01
13	中间罐用挡渣堰	YB/T 4120—2004	2004-06-17	2004-11-01
14	中间罐用碱性涂料	YB/T 4120—2004	2004-06-17	2004-11-01
15	连续铸钢板坯	YB/T 2012—2004	2004-06-17	2004-11-01
16	连铸结晶器铜板　技术规范	YB/T 4119—2004	2004-06-17	2004-11-01
17	炼钢安全规程（有连铸内容）	AQ 2001—2004	2004-12-01	2005-03-01
18	连续铸钢方坯和矩形坯	YB/T 2011—2004	2004-06-17	2004-11-01
19	连铸圆坯结晶器铜管　技术条件	YB/T 4141—2005	2005-11-28	2006-06-01
20	连铸圆管坯	YB/T 4149—2006	2006-05-13	2006-11-01
21	炼钢机械设备工程安装验收规范 (57～77 页为连续铸钢设备）	GB 50403—2007	2007-01-24	2007-07-01
22	连铸钢坯凝固组织低倍评定方法	GB/T 24178—2009	2009-06-25	2010-04-01
23	连铸工程设计规范	GB 50580—2010	2010-05-31	2010-12-01
24	连续铸钢结晶器用铜模板	GB/T 26025—2010	2011-01-10	2011-10-01
25	板坯连铸结晶器	YB/T 078—2011	2011-12-20	2012-07-01
26	连铸钢方坯低倍组织缺陷评级图	YB/T 4002—2013	2013-04-25	2013-09-01
27	炼钢连铸机械设备检修技术标准	YB/T 4355—2013	2013-10-17	2014-03-01
28	优质结构钢连铸坯低倍组织缺陷评级图图谱	YB/T 153—2015	2015-04-30	2015-10-01
29	连铸钢方坯低倍枝晶组织缺陷评级图	YB/T 4340—2013	2013-04-25	2013-09-01
30	连铸钢板坯低倍枝晶组织缺陷评级图	YB/T 4339—2013	2013-04-25	2013-09-01
31	连铸钢坯凝固组织枝晶间距的测定方法	YB/T 4455—2015	2015-04-30	2015-10-01
32	连铸保护渣　二氧化硅含量的测定高氯酸脱水重量法	YB/T 190.1—2015	2015-04-30	2015-10-01
33	连铸保护渣　氧化铝含量的测定 EDTA 滴定法	YB/T 190.2—2015	2015-04-30	2015-10-01

续表 1-6-1

序号	标 准 名 称	标准号	发布日期	实施日期
34	连铸保护渣总钙含量的测定 EGTA 滴定法	YB/T 190. 3—2015	2015-04-30	2015-10-01
35	连铸保护渣氧化镁含量的测定 CyDTA 滴定法	YB/T 190. 4—2015	2015-04-30	2015-10-01
36	连铸保护渣氧化钾氧化钠含量的测定火焰原子吸收法	YB/T 190. 5—2015	2015-04-30	2015-10-01
37	连铸用气水喷嘴	JB/T 12493—2015	2015-07-14	2016-01-01
38	板坯连铸机　第 1 部分：术语	JB/T 12938. 1—2016	2016-10-22	2017-04-01
39	板坯连铸机　第 2 部分：性能参数	JB/T 12938. 2—2016	2016-10-22	2017-04-01
40	板坯连铸机　第 3 部分：通用技术条件	JB/T 12938. 3—2016	2016-10-22	2017-04-01
41	板坯连铸机　第 4 部分：验收规范	JB/T 12938. 4—2016	2016-10-22	2017-04-01

6.4　在中国能够看到的部分连续铸钢著作

在中国能够看到的部分连续铸钢著作见表 1-6-2。

表 1-6-2　在中国能够看到的部分连续铸钢著作

序号	日期	作　者	字数/万字	书　名	出　版　社
1	1957 年	M. C. 巴依青柯著，孙玮、知水译		连续铸锭（1959 年译）	冶金工业出版社
2	1959 年	徐宝升		连续铸锭装置	冶金工业出版社
3	1959 年	徐宝升		立式连铸机用摆动飞剪	冶金工业出版社
4	1962 年	美国钢铁公司等		CONTINUOUS CASTING（影印件）	
5	1965 年	徐宝升		立式连铸机的设计及试验	冶金工业出版社
6	1965 年	徐宝升		弧形连铸机的设计及试验	冶金工业出版社
7	1966 年	冶金译丛编辑委员会		连续铸钢	上海市科学技术编译馆
8	1973 年 4 月	连续铸钢译文集编译组编译		连续铸钢译文集（1）	冶金工业出版社
9	1973 年 8 月	连续铸钢译文集编译组编译		连续铸钢译文集（2）	冶金工业出版社
10	1976 年 11 月	连续铸钢译文集编译组编译		连续铸钢译文集（3）	冶金工业出版社
11	1977 年 7 月	［苏］B. C. 鲁捷斯等著	18. 5	连续铸钢原理	上海人民出版社
12	1978 年 10 月	北京钢铁学院冶金机械教研室	18. 5	弧形连续铸钢设备	冶金工业出版社
13	1980 年 5 月	西安重型机械研究所 上海东风机器厂		板坯连续铸钢设备研究设计参考资料	
14	1980 年 12 月	连续铸钢译文集编译组编译		连续铸钢译文集（4）	冶金工业出版社
15	1982 年 12 月	连续铸钢译文集编译组编译		连续铸钢译文集（5）	冶金工业出版社
16	1985 年	王浦江		小方坯连铸	中国金属学会 北京钢铁设计研究总院
17	1985 年 4 月	日本鉄鋼基礎共同研究會	约 60	連續鑄造における力學的舉動	いぼらき印刷株式会社
18	1986 年 9 月	M. M. Wolf 讲课资料整理		现代连铸理论与实践（1）	中国金属学会 连续铸钢委员会

续表 1-6-2

序号	日期	作者	字数/万字	书名	出版社
19	1987 年 8 月	M. M. Wolf 讲课资料整理		现代连铸理论与实践（2）	中国金属学会 连续铸钢委员会
20	1987 年 6 月	M. M. Wolf 讲课资料整理		连铸技术的最新进展	中国金属学会 连续铸钢委员会
21	1987 年	蔡开科		浇铸与凝固	冶金工业出版社
22	1990 年 2 月	刘明延，李平，栾兴家，于登龙，等编	252	板坯连铸机设计与计算	机械工业出版社
23	1990 年 3 月	蔡开科	39	连续铸钢	科学出版社
24	1991 年 12 月	陈家祥	243	连续铸钢手册	冶金工业出版社
25	1991 年 12 月	郑沛然	19	连续铸钢工艺及设备	冶金工业出版社
26	1993 年 10 月	田乃媛	16	薄板坯连铸及热装直接连轧	冶金工业出版社
27	1994 年 2 月	卢盛意	33	连铸坯质量	冶金工业出版社
28	1994 年 5 月	陈雷	29	高等学校教学用书·连续铸钢	冶金工业出版社
29	1994 年 7 月	冶金报社	30	连续铸钢 500 问	冶金工业出版社
30	1994 年 11 月	曹广畴	74	现代板坯连铸	冶金工业出版社
31	1994 年 12 月	蔡开科，程士富	33	连续铸钢原理与工艺	冶金工业出版社
32	1994 年 12 月	熊毅刚	79	板坯连铸	冶金工业出版社
33	1995 年 4 月	刘明延	85	板坯连铸机制造工艺与生产管理	冶金工业出版社
34	1995 年 6 月	郭廷钢	13	冶金实用技术丛书·连续铸钢	冶金工业出版社
35	1998 年	王浦江		小方坯连铸（再版）	中国金属学会；北京钢铁设计研究总院
36	1998 年 6 月	史宸兴	45	实用连铸冶金技术	冶金工业出版社
37	1998 年 7 月	田乃媛	50	薄板坯连铸连轧（第一版）	冶金工业出版社
38	1999 年 9 月	王雅贞，等	43	新编连续铸钢工艺及设备	冶金工业出版社
39	2000 年 8 月	李宪奎，等	10	连铸结晶器振动技术	冶金工业出版社
40	2000 年 9 月	朱立光，王硕明，张彩军，王书桓	25	现代连铸工艺与实践	河北科学技术出版社
41	2000 年 12 月	卢盛意	30	连铸坯质量（第二版）	冶金工业出版社
42	2001 年 4 月	王建军，包燕平，曲英	34	冶金反应工程学丛书·中间罐冶金学	冶金工业出版社
43	2001 年 4 月	韩至成，等	35	冶金反应工程学丛书·电磁冶金学	冶金工业出版社
44	2001 年 4 月	干勇，等	36	连续铸钢过程数学物理学模拟	冶金工业出版社
45	2001 年 5 月	张小平，梁爱生	17	近终形连铸技术	冶金工业出版社
46	2001 年 8 月	闫小林	21	连铸过程原理及数值模拟	河北科学技术出版社

续表 1-6-2

序号	日期	作　者	字数/万字	书　名	出版社
47	2002 年 5 月	余志祥	22	连铸坯热送热装技术	冶金工业出版社
48	2002 年 6 月	任吉堂，朱立光，王书桓	37	连铸连轧理论与实践	冶金工业出版社
49	2002 年 7 月	杨拉道，谢东钢	18.4	常规板坯连铸技术	冶金工业出版社
50	2003 年 9 月	本书编委会，主编：干勇	40	炼钢——连铸新技术 800 问	冶金工业出版社
51	2003 年 9 月	王忠涛等	23	水平连续铸钢工艺与设备	陕西科学技术出版社
52	2003 年 9 月	郭戈，乔俊飞	13	连铸过程控制理论与技术	冶金工业出版社
53	2003 年 12 月	萧忠敏	92	武钢炼钢生产技术进步	冶金工业出版社
54	2004 年 4 月	冯捷，贾艳	40	连续铸钢实训	冶金工业出版社
55	2004 年 11 月	王中丙	83	现代电炉——薄板坯连铸连轧	冶金工业出版社
56	2005 年 3 月	冯捷等	46	连续铸钢生产	冶金工业出版社
57	2005 年 6 月	王天义	39	薄板坯连铸连轧工艺技术实践	冶金工业出版社
58	2005 年 10 月	贾凌云	151	转炉——连铸工艺设计与程序	冶金工业出版社
59	2006 年 3 月	康永林，等	48	薄板坯连铸连轧钢的组织性能控制	冶金工业出版社
60	2006 年 8 月	刘玠	42	连铸及炉外精炼自动化技术	冶金工业出版社
61	2007 年 3 月	张森林，陈伟庆	31	连铸电磁搅拌 600 问	中国科学技术出版社
62	2007 年 3 月	张森林，等	31	连铸电磁搅拌	冶金工业出版社
63	2007 年 4 月	编辑委员会，主编：干勇	50	品种钢、优特钢连铸 900 问	中国科学技术出版社
64	2007 年 8 月	张金柱，等	44	薄板坯连铸装备及生产技术	冶金工业出版社
65	2007 年 9 月	干勇，等	78	汉英英汉连续铸钢词典	冶金工业出版社
66	2008 年 1 月	毛新平，等	49	薄板坯连铸连轧微合金化技术	冶金工业出版社
67	2008 年 4 月	李殿明，邵明天，等	44	连铸结晶器保护渣应用技术	冶金工业出版社
68	2008 年 5 月	马幼平，许云华	31	金属凝固原理及技术	冶金工业出版社
69	2008 年 8 月	王明海	70	冶金生产概论	冶金工业出版社
70	2008 年 9 月	张晓明	45	实用连铸连轧技术	冶金工业出版社
71	2008 年 10 月	蔡开科	70	连铸结晶器	冶金工业出版社
72	2009 年 4 月	王维	36	连续铸钢 500 问	化学工业出版社
73	2010 年 1 月	孙蓟泉	29	连铸及连轧工艺过程中的传热分析	冶金工业出版社
74	2010 年 3 月	主编：干勇；副主编：倪满森，等	184	现代连续铸钢实用手册	冶金工业出版社
75	2010 年 3 月	W. Kurz D. J. Fisher 著；李建国等，译	32	凝固原理	高等教育出版社
76	2010 年 5 月	蔡开科等	56	连铸坯质量控制	冶金工业出版社
77	2010 年 4 月	向凌霄	63	水平连铸与同水平铸造	冶金工业出版社
78	2011 年 1 月	杨吉春	20	连续铸钢生产技术	化学工业出版社

续表 1-6-2

序号	日期	作　者	字数/万字	书　名	出版社
79	2011 年 2 月	卢盛意	23	连铸坯质量研究	冶金工业出版社
80	2011 年 2 月	王宝峰，李建超	25	连铸电磁搅拌和电磁制动的理论与实践	冶金工业出版社
81	2011 年 6 月	时彦林，李建朝	33	连铸工	化学工业出版社
82	2011 年 7 月	冯捷，牛海云	48	连续铸钢操作与控制	冶金工业出版社
83	2011 年 8 月	姜锡山	71	钢中非金属夹杂物	冶金工业出版社
84	2011 年 8 月	时彦林，李建朝	34	连续铸钢生产	化学工业出版社
85	2011 年 11 月	雷洪	23	结晶器冶金学	冶金工业出版社
86	2012 年 1 月	毛斌，张桂芳，李爱武	58	连续铸钢用电磁搅拌的理论与技术	冶金工业出版社
87	2012 年 1 月	姜锡山	47	连铸钢缺陷分析与对策	机械工业出版社
88	2012 年 11 月	杨拉道，谢东钢	136. 5	连续铸钢技术研究成果与应用	云南科技出版社
89	2013 年 1 月	王维	41	连续铸钢技术问答	化学工业出版社
90	2013 年 3 月	方大成，姚曼，徐久军，王旭东	37	凝固科学基础	科学出版社
91	2013 年 4 月	秦勤，吴迪平，邹家祥，等	43	连铸设备的热行为及力学行为	冶金工业出版社
92	2014 年 11 月	雷洪，张红伟	47. 3	结晶器冶金过程模拟	冶金工业出版社
93	2015 年 1 月	周传生，平增福	55	连铸“三大件”生产与使用（整体塞棒、长水口、浸入式水口）	冶金工业出版社
94	2015 年 3 月	杨军，董洁，张从容，张朝晖，等	45	铸坯成型理论	
95	2015 年 4 月	张岩，刘建斌，王国瑞	50	连续铸钢工学习指导	冶金工业出版社
96	2015 年 4 月	邓宏运，沈猛，李艳明，章舟等	83. 1	特种铸造生产实用手册	化学工业出版社
97	2015 年 5 月	编委会	68	蔡开科教授纪念文集	冶金工业出版社
98	2015 年 11 月	朱苗勇，祭程，罗森	30	连铸坯的偏析及其控制	冶金工业出版社
99	2016 年 2 月	李茂旺，胡秋芳，吕瑞国	49. 5	连续铸钢	冶金工业出版社
100	2016 年 4 月	吕瑞国、胡秋芳，付军	42. 2	连续铸钢实训指导书	冶金工业出版社

7　连续铸钢的先驱人物

7.1　不可多得的冶金学家沃尔夫博士

1992 年，在加拿大多伦多，美国采矿与冶金工程师协会钢铁学会第 75 届炼钢年会上，Manfred Michael Wolf 博士作了一个“连续铸造历史”的报告（但 Manfred Michael Wolf 报告的落款是瑞士苏黎世），在此之前从未有过这样全面系统讲述连铸历史的报告，它列出翔实的文献资料和证据史实，清晰地描绘出在此之前较为完整的连铸历史画卷，勾勒出历史发展轨迹并对历史事件和人物活动作出理性和有见地的评价。沃尔夫（Wolf）博士根据在连铸技术发展中的业绩和历史贡献在报告中推举了十三位连续铸造先驱人物，在这里首先要介绍一下推举十三位先驱人物的、被国际连铸界誉为不可多得的冶金学者沃尔夫博士。

1937 年 5 月 11 日沃尔夫生于巴伐利亚，国籍奥地利。

1956 ~ 1961 年在奥地利里奥本莫坦大学就读钢铁冶金专业，获文凭工程师学位。

1962 ~ 1972 年在奥地利布莱克曼钢厂任工艺研发工程师和无缝钢管厂冶金工程师，后晋升为高级管理经理、在加拿大阿特拉斯钢公司任客户服务工程师和棒线材厂冶金工程师。在瑞士苏黎世的克里马科斯钼公司任冶金研发工程师。

1972 ~ 1988 年在瑞士苏黎世康卡斯特公司先后任冶金技术顾问、工艺技术主管和康卡斯特服务公司副主任。

1975 ~ 1978 年在瑞士洛桑技术学院师从 W. Kurz 教授攻读凝固学，获技术科学博士学位。

1988 ~ 2001 年独自创办沃尔夫技术咨询公司（WolfTechnology），为世界范围的钢铁业，特别是连铸、无缝钢管生产和特殊钢专业领域提供技术咨询服务。

他留下的主要学术专著包括《合金元素对结晶器传热和坯壳生长的影响》（1978 年）、《连铸冶金学》（1984 年）、《现代连铸理论与实践》（1986 年）、《连铸历史》（1992 年）和《连铸包晶钢的初始凝固和表面质量》（1997 年）等，还有上百篇学术文章以及会议报告和专题讲座稿等。

20 世纪 80 年代开始沃尔夫博士就与中国连铸界同行交往，中国首钢总工程师、连铸前辈史宸兴、北京钢铁研究总院高级工程师陈增琪等一代连铸前辈和他有很多很深的技术学术交流和工作接触，沃尔夫博士是中国连铸工作者的好朋友。他曾两次（1986 年、1987 年）应邀在中国举行连铸专题讲座，讲座内容汇总成大约 90 万字的《现代连铸理论与实践》和大约 60 万字的《连铸技术的最新进展》文集，被中国连铸界广泛学习和引用。

本章作者：杨拉道，谢东钢；审查：王蓉，黄进春，王公民，王受田，李淑贤

他积极支持中国金属学会主办“发展中国家连铸会议”。他学识渊博、经验丰富、处理实际问题能力强、为人热情友善，给中国连铸界同行留下了深刻的印象和深远的影响，是中国连铸界的良师益友，对中国连铸技术装备的发展注入了活力，做出了贡献。

2001 年 4 月 11 ~ 12 日因病在瑞士苏黎世逝世，享年 64 岁。2002 年 5 月 11 ~ 12 日在瑞士举行纪念 M. Wolf 博士的学术报告会，来自世界范围的冶金界同行、著名学者、专家、学术机构和媒体代表齐聚一堂，共同缅怀这位“伟大的朋友和不可多得的冶金学者”，高度评价他在冶金及连铸技术领域作出的贡献。

美国钢铁工程师协会（AISE）成立的钢铁基金会于 2003 年编写了《钢的冶炼、成形及处理（MSTS）——铸造卷》报告集，AISE 在 1919 年编写第 1 版本，到 1985 年编写第 10 版本，2003 年编写了第 11 版本。在第 11 版本中，当时邀请了一批领军人才编写“铸造卷”，作为连续铸钢技术领军人才的 wolf 先生被邀请编写连续铸造第一章“历史问题和关键技术”。Wolf 先生在报告中引用的最近文献是 2000 年的，根据 Wolf 先生 2001 年 4 月逝世的时间就可判定“历史问题和关键技术”书稿是他 2000 ~ 2001 年年初完成的。本书也参考了他编写的这一部分内容。

7.2 沃尔夫博士推举的十三位连续铸造先驱人物

（1）Junghans，Siegfried，博士，1887 ~ 1954 年，德国 Schramberg（黑森林）人，钟表商之子。1906 ~ 1918 年间任海军军官，1919 年任家族铜厂（Schramberg AG）的技术经理，并于 1927 年开始连铸机设计。1931 年家族企业被 Wieland-Werke 公司（Wieland-Werke/Ulm）兼并。1933 年提出结晶器振动的专利，最初将其用于连铸黄铜。1935 年，Junghans 辞职，从 1936 年在 Stuttgart-Obertürkheim 开始生产自己研制的连铸设备。1943 年迁往 Schorndorf，在那里继续连铸技术的试验研究（直至 1954 年去世一直都在这里）。1947 年在他的专利中已经提出水冷结晶器、结晶器的往复振动、结晶器壁使用润滑剂、浸入式水口和结晶器上部的气体密封等现代连续铸钢技术的基本轮廓。1950 年获得斯图加特工程学院（Institute of Technology in Stuttgart）名誉博士。1950 年曾获斯图加特技术学院荣誉博士学位。1952 年容汉斯领导的德国 Mannesmann 团队与奥地利 Böhler 团队联手推动连铸的应用与开发。他 1954 年（67 岁）逝世后，连铸技术的应用和开发工作继续由 Mannesmann-Demag 公司进行。

1938 年德国科技创新天才 Junghans 与另一位美国金融投资猎头 Rossi 在柏林第一次握手，开始了连铸史上两位奠基者的伟大合作。为感谢罗西对其连铸技术研究与试验的支持，容汉斯把他的专利使用权和德国之外的连铸机制造权作为回报赠给了罗西。

历史为什么会在那个时间点成就了那样的两个人的合作，恰恰是他们两人的合作奠定、推动并影响现代连续铸钢技术发展至今。我们不妨从当时的国家因素和社会背景做如下解读。容汉斯 1933 年提出结晶器振动的解决方案时正是纳粹在柏林歌剧院广场主持焚书运动。希特勒甚至说，即便没有科学技术，也要推行驱逐犹太科学家的政策。在对技术和人才如此冷漠的社会背景下，一向酷爱技术创新的容汉斯从事连铸试验研究的处境可想而知。在这种情况下，罗西的出现，雪中送炭，给予一种巨大的支持。今天也就不难理解，为什么容汉斯把他的专利和连铸机制造权赠与了罗西。

再看看罗西，他之所以会到德国充当投资猎头，是因为那时美国罗斯福政府大力接受欧洲知识移民以及具有远见的私人基金会，积极寻找获取知识和技术的机会。下面就说说罗西。

（2）Rossi，Irving，1889～1991 年，美国纽约人。起初为钢铁制品雕刻学徒，后在库珀联合夜校（Cooper Union School）攻读工程专业。1920～1930 年，Rossi 的主要经历有，受雇于 Brown Brothers & Harriman 公司成为其金融经纪；为大西洋商业钢索公司（Transatlantic Commercial Cable Co.）处理商业事务；为 Flick 集团（Flick Group）收购波兰的钢厂和为 Sterkrade 的 GHH 公司（GHH/Sterkrade）发行股票等。此后在德国柏林开办自己的事务所，并在那里遇见 Junghans，1938 年得到 Junghans 的专利和德国之外的设备制造权。于 1950 年在纽约建立连续铸造金属公司（Continuous Metalcast Inc.），1954 年于瑞士日内瓦（后迁到苏黎世）建立连续铸造股份公司（Concast AG）。Rossi 于 1970 年将自己的股份转手给这两个公司，并开办一家投资经纪公司，一直运营至 1982 年。在此期间 Rossi 也致力于非传统连铸事业直至去世，享年 102 岁。于 1990 年荣获首届塔德乌森吉米尔纪念奖（Tadeusz Sendzimir Memorial Award）。而罗西 1954 年在瑞士创建 Concast 公司（后来归于西马克公司）；他基于容汉斯振动结晶器专利开发的连铸技术掀起一场钢厂转变生产流程的革命，并使短流程（指电炉＋连铸，即 minimill）成为可能，罗西被誉为“短流程钢厂之父”。此外，他在 20 世纪 50 年代初还最先提出非正弦振动和漏斗结晶器的专利，为后来这些技术的应用和发展打下基础。1989 年罗西百岁生日时，他已经完成 235 项专利。1991 年 102 岁的罗西在纽约逝世；1998 年 12 月两个曾处于竞争关系的 SMS 和 Demag 公司又合并在一起组成 SMS-Demag 公司。经历一次合作–竞争–合作的关系轮换。

1954 年罗西创办 Concast 公司时特意聘请法学博士唐纳（A. H. Tanner）做总经理。唐纳 1925 年出生于瑞士的一个名门贵族之家。1954～1981 年在 Concast AG、1981 年后在 Concast Holding AG 任总裁。他组建各专业优秀骨干团队，强调冶金学家在其中发挥核心作用。在公司实行股份制结构，吸收骨干合伙入股，形成利益共同体。对内激励，对外合作。构建世界连铸文献中心，有固定出版物《世界连铸机统计》、《Concast News》等。他经营讲契约，守诚信。坚持创新，引领技术前行。唐纳博士 1998 年著有《Continuous Casting-a Revolution in Steel》一书出版，阐述创建、引领一个公司发展前行的理念与决策。

（3）Bardin，Ivan P.，1883～1960 年，苏联人。1910 年毕业于基辅工业学院（Kiev Polytechnical Institute），1911 年曾在美国做过钟点工。1929～1936 年任库兹涅茨克冶金联合集团（Kuznetsk Metallurgical Combine）的总工程师和主席。1932 年当选苏联科学院院士，1939 年为科学院冶金所所长，1942 年为科学院副院长。1944 年成为 Tsniichermet 的主席直至去世，此后该研究所以他的名字命名。他 1944 年开始连铸实验，同 M. S. Boichenko 一起组织了一支连铸研究团队，其中包括 V. S. Rutes（1946）、N. A. Nikolaev（1946）、V. V. Fulaht（1949）、D. P. Evte’ev（1950）和 V. S. Pravdin（1950）。

（4）Boichenko，Mikhail Stepanovich，1890～1967 年，苏联人。于 1929 年毕业于列宁格勒工业学院（Leningrad Institute of Technology）。毕业后在不同生产厂一直担任轧钢工程师，直至 1936 年，后来在莫斯科的 Serp I Molot（Serp I Molot/Moscow）领导液态钢直接轧制研究，直至 1941 年。1944 年成为 Tsniichermet 连铸研究组组长，1957 年成为所有的连铸新技术研发的领导，直到 1965 年退休。

（5）Colombo，Enzo，博士，1905～1990年，出生于意大利维琴察市（Vicenza）。1930年毕业于帕多瓦大学（Padova University）化学工程专业。毕业后于罗马的意大利铁路研究院（Italian Railways Institute）作为冶金学者直至1936年。1936～1945年在热那亚（Genova）的SIAC钢厂致力于质量控制，后成为模铸负责人。1945～1955年参与了在Genova-Cornigliano的Oscar Sinigaglia Integrated钢铁公司的重建。后来去了苏黎世的连续铸造公司（Concast AG），在连续铸造公司参与了如（日本）光厂的第1台不锈钢宽板坯连铸机的设计。1961年返回意大利，1962年在乌迪内（Udine）建立了自己的公司——Continua International Continuous Casting S. P. A。开发了直式结晶器/液芯弯曲和矫直的小方坯连铸机设计理念，并在其许可下由Danieli S. P. A. 在Buttrio（UD）制造并共同销往世界。后来增加了作为关键产品的液压剪，并于1967年开始了以带漏斗形结晶器的铸坯压下为基础的薄板坯连铸技术的研究。1967年退休，但直至去世一直主持连铸设备的研发设计。

（6）Onaka，Toshiro（大中，俊郎），博士，1911年出生于日本京都。年轻时在京都大学攻读冶金与法律专业。1939年大学一毕业，就进入住友金属工业（SMI）的大阪研究实验室，师从佐佐木（N. Sasaki）教授，完成了平炉炼钢工艺的博士论文。战争期间被分配到海军技术部，从事大炮和鱼雷用锻件的故障分析。战争结束后，到了住友金属大阪工厂，并负责德国Siegen的Gontermann-Peipers厂轧辊铸造技术的转让项目（在这里学会了德语）。大阪厂的连铸项目在Y. Aketa教授、K. Ushijima教授和T. Nagaoka教授（作为成员）的支持下，于1954年启动（大中为副厂长），大中在该公司与Irving Rossi公司的合作协议中是主要联络人。1966～1969年担任住友焊丝公司（Sumitomo Welding Wire Co.）董事长。此后的1970～1984年，Concast代表团赴日与住友重工（Sumitomo Heavy Industries）建立企业间关系，这个时期，在大阪大学的工程系举办"连续铸造"讲座长达10年之久。两次获得日本钢铁协会（Iron Steel Institute of Japan，ISIJ）奖，1948年的渡边纪念奖和1975年的Kyokai Jigyo Koro Sho奖章。5次荣获日本钢铁协会高尔夫锦标赛杯，坚持一周锻炼两次。

（7）徐宝升，1912～2007年，出生于中国山东昌邑，1937年毕业于清华大学机械系。1948年获美国密执安大学研究生院机械与化学工程专业研究生及硕士学位。曾任武汉大学讲师，中国兴业公司钢铁厂（后来的重钢三厂）总工程师、副厂长，冶金工业部科技司和机动司主任工程师，任北京钢铁学院机械系教授、系主任，任中国金属学会第三、第四届理事，中国金属学会冶金设备学会第一届理事长，中国金属学会连续铸钢分会顾问。长期从事连续铸钢设备技术方面的设计和研究。著作有《连续铸钢装置》等。1957年他主持设计了中国第1台工业生产用连铸机，即四川重钢三厂的立式大方坯连铸机，该连铸机于1958年开浇。鉴于立式连铸机造价高、效率低等缺点，他又提出了弧形连铸机结构，并在北京钢铁工业学院附属清河钢厂建造了1台简单的200mm×200mm弧形连铸机实验装置，1960年9月试验成功。在他的指导下，中国首台工业用弧形结晶器连铸机于1964年6月24日在重钢三厂开浇，该连铸机也是全球首台生产宽板坯的弧形结晶器连铸机。徐宝升于1964年后半年开始研究设计新的更大断面的板方坯弧形连铸机，1967年12月26日投产，可生产一流（250～300）mm×（1500～2100）mm的板坯，两流250mm×870mm板坯，三流350mm×350mm方坯和四流250mm×250mm方坯。他倡导国际技术交流，例如武钢的三台单流板坯连铸机由Concast/SMS和Demag于1978年联合提供，和1986年在北京与连铸服务联盟股份公司（Concast Service Union AG）共同组织的“先进合金钢铸造技术”（Advanced Alloy Steel Casting Technology）研讨会。他是中国金属学会连铸分会的顾问，曾协助准备 1993 年 9 月 14 ~ 18 日在北京召开的“发展中国家连铸会议”。

（8）Tarmann，Bruno，博士。1914 ~ 1984 年。1935 年毕业于奥地利莱奥本蒙坦大学钢铁科技学院（Faculty for Iron and Steelmaking Technology of Montanuniversity at Leoben，Austria）。毕业后进入 Magnesit 钢铁公司的平炉建设部。1939 ~ 1945 年担任军械军官，负责钢铁工业生产。1948 年进入 Kapfenberg 的 Boehler 厂，负责领导连铸开发组，并在 1957 年完成连铸工艺技术和产品特性的博士论文，1965 年出任欧盟经济委员会钢铁分会（United Nations Economic Commission for Europe）连铸专家理事会主席，1966 年被《Iron Age》评选为“年度工程师”。1968 年被奥地利政府批准为民用冶金工程师。1973 年，受里约热内卢大学（University of Rio de Janeiro）委托，为巴西钢铁工业连铸技术的工艺性和经济性的研究进行准备。1974 年退休以后，担任自由顾问。

（9）Olsson，Erik Allan，1916 ~ 1991 年。瑞典冶金学者，起先在 SKF Hellefors Jernverk 工作，1954 年成为 Eskilstuna 的 Nyby Bruks 厂新型连铸试验设备的监督者，随后加入在苏黎世的连续铸钢公司（Concast AG）。1961 年在苏黎世建立了自己的公司，即 Erik Olsson 股份公司（Erik Olsson AG）。1963 年与瑞典的 Motala Verkatad 公司签订了合作协议。Olsson 与美国各公司也有合作：首先与 Loftus 工程公司（Loftus Engineering Co.）合作，后又与西方齿轮公司（Western Gear Inc.）合作。西方齿轮公司也于 1965 年开始在 Bethlehem 钢厂建造试验连铸机。1970 年 Olsson 将整个专利权转让给三菱重工（MHI）。此后，Olsson 继续自己的开发活动，对非常规的连铸技术，如离心式 HCC 法，作了很多尝试直至去世。

（10）Halliday，Iain Macdonald Dewar，理学学士，1918 ~ 1976 年。苏格兰民族诗人罗伯特彭斯（Robert Burns）的曾曾孙。1940 年毕业于 Glasgow 大学冶金专业，并获得格拉斯哥（现为 Strathclyde 大学）皇家技术学院（Royal Technical College，Glasgow）院士称号。毕业后进入谢菲尔德的联合钢铁公司（The United Steel Companies Ltd. Of Sheffield），在中心实验室工作，曾参加过 Stockbridge 的 Samuel Fox 公司和 Rotherhan 的 Swinden 实验室等相关项目的研究开发。1951 年被任命为由 Barrow 的供应部投资的连铸开发计划的负责人，该项目在经过对小方坯高速铸造的广泛研究之后，1961 年在巴路（Barrow）设计安装了两台两流连铸机。1967 年开始，在巴路的英国钢铁公司米兰德集团（The Midland Group of British Steel Cop.）领导下进行真空脱气与连铸相结合的开发，成为多套早期连铸设备的技术顾问。1970 年巴路的连铸研究设备成为英国钢铁公司实验室的一部分，改名为 BSC 试点实验室，由 Iain Halliday 领导。1972 年起成为美国调研连铸技术在欧洲、中东和苏联应用情况的顾问。两次获得钢铁协会奖章：1959 年的威廉姆斯奖和 1971 年的科尔克拉夫奖章。他还是圣安德鲁斯协会的成员，自己偶尔写诗。

（11）Rokop，Joseph，美国公民，生于 1924 年。在匈牙利读书，1951 年毕业于匈牙利布达佩斯科技大学（Technical University of Budapest）的机械工程专业。毕业后为匈牙利的钢铁厂效力直至 1956 年，此后 5 年在德国汽车工业体系中做设计师。1961 年，受聘于美国 Koppers 公司，为美国的第 1 台工业连铸机服务，1965 年成为凯撒工程师（Kaiser Engineers），最初参加了俄亥俄州 Armco 钢厂（Armco Steel/Middletown，OH）的板坯连铸机项目。1966～1967 年，与安大略湖钢铁公司（Lake Ontario Steel Co.（LASCO）/Whitby, Ontario）进行旧连铸机的改造。之后与 Koppers 合作一年半，又参加 Pennsylvania 工程公司的小方坯连铸机项目。1971 年于宾夕法尼亚州匹兹堡建立了自己的连铸公司，主要致力于生产或改造现有的小连铸机，推广没有铸坯导向的"不用维修"理念，即通过刚性引锭方便漏钢的恢复。在此后不久，Rokop 将自己的专利卖给了日本的新日铁、意大利的 Pomini Techint、巴西的 Villares、中国的武汉钢铁设计研究院和匈牙利的冶金工程公司。Rokop 一直担任 Rokop 公司董事会主席。Rokop 还是美国宾夕法尼亚州 和加拿大省的注册专业工程师，钢铁协会的成员等。

（12）Schrewe，Hans F. 硕士，1925 年生。1948 年毕业于杜伊斯堡大学的冶金铸造专业，同年进入杜伊斯堡的 Mannesmann AG。1950 年起在 Huckingen 厂从事试验连铸机的运行，1959～1962 年担任意大利、日本、美国、法国和德国的连铸顾问，1964 为 Huckingen 厂"超低头"板坯连铸机负责人，1967 年为连铸技术部负责人。1987 年退休，退休之前著书《钢的连续铸造》（Continuous Casting of Steel）由杜塞尔多夫钢铁出版社以德语（1987 年）和英语（1989）出版发行。此后为自由顾问。1948 年起为德国钢铁协会成员，1983 年起为美国钢铁协会成员。

（13）Barbe，Jacques，生于 1934 年，法国机械工程师，1957 年大学毕业后加入 Imphy。1961 年进入 CAFL 工程公司（后为 Clesid，现为 Clecim），致力于连续铸钢的开发和实施。推行特殊的连铸机和工艺特征的设计思路，如西班牙 Luzuriaga 厂（Luzuriaga/Pasajes，Spain）的喷淋冷却结晶器、法国 Alpa 的 Prochville 厂（Alpa/Prochville，France）的渐进式液压剪、加拿大安大略省 Algoma 钢厂（Algoma Steel/Sault-Sainte-Marie，Ontario）大方坯连铸机的管状结晶器、巴西 Cosipa 厂（Cosipa/Cubatao，Brazil）弧形结晶器板坯连铸机的短引锭系统、法国 Ugine 的 Ugine-Savoie 厂（Ugine-Savoie/Ugine，France）立式小方坯/大方坯连铸机的短引锭系统、板坯连铸机辊子扇形段带机械夹紧机构，用液压螺母式进行过压释放，连铸机前部气雾喷淋冷却，连铸机后部铸坯支撑为分段辊，两台连铸机均有调宽结晶器；对于小的大方坯断面，在结晶器下方有简易冷却格栅支撑铸坯；法国所有板坯连铸机的板式结晶器均有现代化的镀镍层；热顶结晶器试验和旋转式方坯连铸机；采用自对中辊的板坯连续矫直和液压结晶器振动装置等，1987 年为 Irsid 设计了直接铸造带材的双辊式试验连铸机。他 1990 年参加勿忘我团队（Myosotis-team），进行直接带钢铸造的工业开发。Barbe 偶尔还在巴黎的钢厂技术协会的 CESSID 讲座上就连铸设计进行讲授。

7.3　中国设计建设连续铸钢机第一人吴大珂

吴大珂 1906 年 5 月 24 日出生于江苏常州，又名之骥、之奇，机械专家，实业家，1924 年同济大学机师科肄业。1956 年 1～12 月，任公私合营大可炼钢厂（上海）厂长。1957 年 1 月～1960 年 3 月，任上海钢铁公司中心试验室副主任兼炼钢试验厂厂长。

1957 年 12 月 6 日，由吴大珂先生负责的上海钢铁公司中心试验室连续铸锭课题组研制的我国第一台工业试验性立式连续铸锭机组成功浇铸出第一根铸坯，此举为进一步发展全国连续铸锭新工艺奠定了技术基础。图 1-7-1 是当时一家报纸报道了连续铸钢这种最新浇铸法，并指出吴大珂对国家做出贡献。

鋼鉄工業中最新的澆鑄法
我国已能掌握了
私方人員吳大珂对国家作出貢献

【本報記者石宝鋼报道】一种世界上最新的煉鋼技术——連續鑄錠法，已为本市一个有技术的私方人員吳大珂（上海鋼鉄公司中心試驗室副主任兼中心試驗工厂厂長）所掌握。昨天上海鋼鉄公司很多技术人員集会，最后肯定了吳大珂的設計圖样。在此以前，苏联冶金專家依凡欽柯也审核了全部設計資料，認为基本上符合国际标准。昨天上海鋼鉄公司决定投資十二万元，在公司所屬中心試驗工厂內安裝一套連續鑄錠机器設备，以便操作試驗。預計这套設备可在下月份裝好。

在煉鋼厂澆鑄鋼錠，一般是將鋼水注入一个个錠模內，冷却成一个个鋼錠，因此需用很多錠模設备。澆成的鋼錠还要从新加热开坯，才能适合軋鋼厂需要。連續鑄錠法是把鋼水注入一根紫銅做的無底模管，出来的时候已成为軋鋼厂需要的鋼錠。这項新技术的优点是可以減少加工过程中的鋼料損失，省掉开坯机、均热爐等重要設备，并且能改善工人劳动条件，提高鋼錠質量。

这个新技术在美国推行已有十年以上。苏联在五年之前也已掌握，現正大力推广。据悉德、日等国也掌握了这項新技术。由于上海鋼鉄公司积極支持，吳大珂以学習苏联先进經驗为主，并参考資本主义国家的資料，終于設計成功。

目前，上海鋼鉄公司設計室的工作人員，正在繪制最后一部分設备部件的圖紙，以便工厂制造。至于这套机器設备的各种部件、零件，因为充分利用本市廢品公司倉庫中的呆滞物資，設备的大部分已經解决，并且使投資費从五、六十万元，減到十二万元。

图 1-7-1　当时一家报纸报道的钢铁工业最新浇铸法

1958 年 7 月 17 日，周恩来总理在上海市委领导陪同下，亲临上海市冶金工业局中心试验室炼钢试验厂视察，观看了连续铸锭机组的工作情况，并亲切地接见了吴大珂先生等参加试验工作的人员。吴大珂先生曾任上海钢铁研究所副所长、上海金属学会理事，1962 年又为上钢三厂设计建设弧形连续铸锭机作出贡献，1973 年 1 月 5 日逝世。

参 考 文 献

[1] 韩韦，苗振华（导演）. 连续浇铸钢锭 [电影]. 上海科学教育电影制片厂，1958.

[2] 徐宝升. 连续铸钢装置的合理设计 [J]. 钢铁，1959，14 (009)：621～625.

[3] 徐宝升. 弧形连续铸钢机的设计与实验 [R]. 北京：中华人民共和国科学技术委员会，1964：1～43.

[4] 陈克兴，刘凤仪，钟华杲. 现代连续铸钢装置 [J]. 重型机械译丛，1965 (7)：16～19.

[5] 沈阳市第一钢厂，上钢五厂，上钢一厂，等. 我国氧气侧吹转炉的发展 [J]. 东北工学院学报，1976 (2)：19～47.

[6] 本刊编译. 世界最大级立弯式板坯连铸机 [J]. 重型机械，1977 (3).

[7] 北京钢铁学院冶金机械教研室. 弧形连续铸钢设备 [M]. 北京：冶金工业出版社，1978：1～15.

[8] 中国共产党上海钢铁研究所委员会. 悼词 [R]. 吴大珂先生平反昭雪大会. 1979. 3. 21.

[9] 范锡尧. 离心圆坯连铸机的传动结构 [J]. 重型机械，1979 (8)：1～2.

[10] 马文彦. 国外1978年连铸机台数及连铸比 [J]. 重型机械，1980 (8)：69.

[11] 汪兴富. 连铸新技术 [J]. 重型机械，1980 (8)：72.

[12] [美国] 杰·沃洛米. 管圆坯连铸机 [J]. 赵虎田译，钢管技术，1982 (1)：50～57.

[13] 徐宝升. 国外连铸技术的发展近况 [J]. 北京钢铁学院学报，1983 (2)：147.

[14] 钱永洪，刘惠闻. 转炉除尘污水的絮凝处理 [J]. 工业水处理，1983 (4)：46～49.

[15] 郑沛然. 特殊钢连铸铸机形式的选择 [J]. 四川冶金，1984 (4)：42.

[16] 管　文. 旋转连铸机 [J]. 钢管技术，1985 (1)：84.

[17] 徐正秋. 世界上浇铸宽度最宽的不锈钢板坯连铸机 [J]. 上海金属，1985，7 (5)：61～62.

[18] 丁若波. 新日铁各厂连铸钢的发展 [J]. 上海金属，1985，7 (5)：62.

[19] 罗贤荣，王志雄，林运平，等. 重钢三厂立式方坯连铸机二冷区的电磁搅拌 [J]. 钢铁钒钛，1985，(5)：26～31.

[20] 陈增琪，谷家声. 超低头板坯连铸简述 [J]. 钢铁设计，连铸专辑，1986 (4)：1～2.

[21] 郭振杰，刘世浩. 1956-1983 机械工业部西安重型机械研究所所史 [M]. 西安：西安重型机械研究所印刷厂，1986：71～74，210～211.

[22] 当代中国的重型矿山机械工业编辑委员会（牛运德、任建勋等编）. 1949～1983 重型机械行业发展简史（上）[M]. 西安：机械工业部西安重型机械研究所印刷厂，1986：62～64.

[23] 当代中国的重型矿山机械工业编辑委员会（任建勋、方和才等编）. 1949～1983 重型机械行业发展简史（下）[M]. 西安：机械工业部西安重型机械研究所印刷厂，1986：702～730.

[24] 陈增琪. 中国金属学会连续铸钢学会1986年工作总结 [J]. 连铸通讯，1987 (1)：1～19；25～27.

[25] 黄锡槐. 合金钢方坯连铸 [J]. 连铸通讯，1987 (4)：37.

[26] 本刊讯. 中国金属学会连续铸钢学会在湖南举行第二次理事会 [J]. 连铸通讯，1987 (4)：40～41.

[27] 曾少华. 江西钢厂不锈钢连铸试验基本获得成功 [J]. 连铸通讯，1987 (5)：27～28.

[28] 武增明译. 英钢联大型圆坯连铸机（译自《康卡斯特技术新闻》1986年第2期，总第25期）[J]. 连铸通讯，1987 (5)：32～34.

[29] 张国志. 苏联可提供的管坯连铸机 [J]. 连铸通讯，1987 (6)：28～30.

[30] 周金泉. 德马克小方坯连铸技术之我见 [J]. 炼钢，1987 (4)：34～39.

[31] 布新福. 苏联连续铸钢发展概况 [J]. 包钢科技，1987 (4)：28～39.

[32] 本刊讯. 太钢立式回转出坯型不锈钢板坯连铸机 [J]. 北京钢铁学院学报，1987 (S3)：154.

[33] 干勇，李文采，知水，等．双履带式薄板坯连铸工艺试验［R］. 北京钢铁研究总院技术总结，北京．1988：102～109.

[34] Wolfgang Reichelt, Werner Kapellner, Mannesmann Demag Hüttentechnik, et al. Near-net-shape casting of flat products ［J］. Metallurgical Plant and Technology（For further information circle MPT 48），1988（2）：18～35.

[35] 上海钢铁研究所所史，党史资料征集编写组．关于吴大珂先生史料补充［R］. 1988. 12. 10.

[36] 吴月华．圆坯连铸工业性试验机通过部级技术鉴定［J］. 连铸通讯，1988（1）：29.

[37] 王定武．法国 Saint Saulve 厂的旋转圆坯连铸机参观记［J］. 连铸通讯，1988（2）：8～11.

[38] 陈增琪．板坯领域里的世界纪录［J］. 连铸通讯，1988（4）：28～31.

[39] 蓝钧鳌，罗贤荣，杨永龄．重钢连铸生产技术现状及发展［J］. 炼钢，1989（2）：12～18.

[40] 程国权．直结晶器渐近弯曲渐近矫直弧形合金钢板坯连铸机［J］. 钢铁设计，连铸专辑，1989（2）：55～58.

[41] 邹有武．世界最大的方坯连铸机投产［J］. 冶金设备，1989（5）：60.

[42] 杨小曼．国外大型板坯连铸技术的发展动态［J］. 世界机械工业，1989（9）：2～4.

[43] 王艳华．太钢 1280 立式不锈钢板坯连铸机 15 个科研课题通过部级鉴定和评定［J］. 连铸，1989（2）：40～42.

[44] 孟令忠．英国 Rotherham 工程钢公司的大矩形坯连铸机［J］. 连铸，1989（2）：53～56.

[45] 沈安慈．世界最大的方坯连铸机投入运行［J］. 连铸，1989（3）：56～57.

[46] 王向成．世界最大的方坯连铸机投产［J］. 钢铁研究，1989，51（2）：113.

[47] 夏谓宾，胡祁思．克虏伯·特希尼卡有限公司的水平连铸技术［J］. 连铸，1989（3）：57.

[48] 本报讯．西欧五家公司的薄板坯连铸机［N］. 世界金属导报，1990. 2. 17：3.

[49] 蔡开科．连续铸钢［M］. 北京：冶金工业出版社，1990：1～9.

[50] 刘明延，李平，栾兴家，等．板坯连铸机设计与计算［M］. 北京：机械工业出版社，1990：1588～1628，1636～1637.

[51] 智文斗．北美的异形连铸坯［J］. 连铸，1990（1）：40～41.

[52] 王伟．不锈钢连铸生产在我厂的实践［J］. 连铸，1990（4）：1～2.

[53] 邓志刚．喷雾水冷结晶器的应用［J］. 连铸，1990（6）：36～37.

[54] 陈家祥．连续铸钢手册［M］. 北京：冶金工业出版社，1991：12.

[55] 项文录，陈世英．R5. 25 罗可普小方坯连铸机的结构和制造［J］. 冶金设备，1991（3）：6～10.

[56] 王浦江．我国出口的第 1 台连铸机——印尼小方坯连铸机的设计与实践［J］. 钢铁厂设计，1991（4）：32～38.

[57] 赵明涛译．采用结晶器电磁搅拌法减少连铸板坯夹杂的新技术［J］. 国外钢铁，1991（12）：34～40.

[58] 李吉夫摘．高速板坯连铸机结晶器内钢流的制动技术［J］. 连铸，1991（3）：41.

[59] Manfred Michael Wolf. History of continuous casting ［R］. 75th Steelmaking Conference Anniversary. World Steel Association（Toronto/Canada）. Zurich, Switzerland: Wolftechnology, 1992: 47～101.

[60] 陈克．喷淋结晶器的研究开发和应用［J］. 冶金设备，1992（4）：8～13.

[61] 陆岩．多炉连浇的新纪录［J］. 连铸，1992（2）：5.

[62] 陆岩．新型水冷结晶器［J］. 连铸，1992（3）：15，34.

[63] 杨伟业．我国第一台弧形圆坯连铸机热负荷试车成功［J］. 连铸，1993（1）：40.

[64] 瞿振波．上海重矿公司引进新型小方坯连铸机技术［J］. 连铸，1993（3）：40.

[65] 刊辑．舞阳大型板坯连铸机热试成功［J］. 武钢技术，1993（5）：24.

[66] 余清政，刘永龙．舞阳 300 × 1900mm 国产大型板坯连铸机的试生产［J］. 特殊钢，1993，14

(4)：37.
[67] 白秀娟．“黑匣子”工厂（BLACK BOX）——连铸和轧机紧凑布置的新型钢厂［J］．钢铁厂计，1993，(6)：11~15.
[68] 刘新，陈韧，魏祖康，等．喷淋冷却结晶器的研制和应用［J］．重型机械，1993（1）：16~19.
[69] 陆岩．康卡斯特凸面铸坯结晶器［J］．连铸，1994（6）：45.
[70] 曹广畴．现代板坯连铸［M］．北京：冶金工业出版社，1994：1~2.
[71] 倪思康．双辊式薄带连铸工艺研究［J］．上海金属，1994，16（2）：14.
[72] 王伟．上钢三厂不锈钢连铸板坯近两年来的发展［J］．上海金属，1994，16（4）：28~32.
[73] 邓长宁．衡阳钢管厂中间罐等离子加热装置热试［J］．连铸，1994（2）：46.
[74] 宋华德．超高功率电弧炉技术概况［J］．连铸，1994（5）：11.
[75] 郭廷杰．加速发展水平连铸的探讨［J］．连铸，1994（3）：7~9.
[76] 汪甦．罗克普连铸技术［J］．连铸，1995（1）：9.
[77] 恽华清．国产短流程钢厂生产线建成［J］．连铸，1995（1）：44.
[78] 殷琏．水平连铸生产的榜样［J］．连铸，1995（2）：47.
[79] 陆岩．带钢的反向连铸［J］．连铸，1995（6）：43.
[80] 吴开明，杨焕祥．武钢引进美国PEC公司等离子加热技术［J］．连铸，1995（2）：19.
[81] 陆岩．世界上最大的异形坯连铸机［J］．连铸，1996（1）：11~20.
[82] 风兆海．我国第一台水平连铸机在江苏兴化市建成投产［J］．连铸，1996（3）：35.
[83] 贺秀芳．高硅钢的高速连铸技术［J］．连铸，1996（3）：10.
[84] 贺秀芳．不锈钢的高速连铸［J］．连铸，1996（3）：47.
[85] 贺秀芳．空心圆坯连铸技术［J］．连铸，1996（3）：47.
[86] 冶金部．冶金部企业决策参考［R］.1996（15）.
[87] 陈东元．日本神户制钢公司加古川厂4流大方坯连铸机［J］．钢铁技术，1996（5）：58.
[88] 徐敦乔．异形坯连铸设备及技术［J］．重型机械，1996（5）：47~52.
[89] 周祖德，王福孝，鱼永强．大重薄板坯连铸机组考察报告［J］．甘肃冶金，1996，65（3）：1~7.
[90] 摘自《世界金属导报》1996年6月3日．我国引进首台Unarc直流电弧炉［J］．山东冶金，1996（4）：43.
[91] 谭希华，刘俊日，罗秉臣．大重弧形薄板坯连铸机引锭头的改进设计［J］．大重科技，1998（3）：1~3.
[92] 郭振杰，任建勋，刘世浩．1984~1996西安重型机械研究所所史［M］．西安：西安重型机械研究所印刷厂，1998：62~68.
[93] 陈崇峰．专家系统在连续铸钢中的应用［J］．连铸，1997（2）：25~26.
[94] 贺秀芳．千叶厂高质量连铸高碳钢板坯的技术［J］．连铸，1997（3）：46.
[95] 连铸国外信息．不锈钢和非合金钢板坯的复合连铸工艺［J］．连铸，1997（3）：46.
[96] 易本熙，万体娅．第二届发展中国家连铸国际会议间结［J］．连铸，1997（6）：48.
[97] 贺秀芳．世界带钢连铸技术的开发现状［J］．连铸，1998（1）：48.
[98] 贺秀芳．北极星/BHP钢铁公司高速连铸机操作技术和铸坯质量［J］．连铸，1998（3）：47.
[99] 马续香．阿姆科公司中等厚度板坯连铸机的进展［J］．连铸，1998（3）：47.
[100] 陆岩．阿尔戈马钢公司DSCP生产线的连铸设备［J］．连铸，1998（5）：47.
[101] 卓悌邦，等．热烈祝贺《连铸》出版发行100期；在高速发展中前进的《连铸》［J］．连铸，1998（5）：4~6.
[102] 王浦江．小方坯连铸［M］．北京：冶金工业出版社，1998年中国金属学会连铸分会再版，1998：6~7.

[103] Shin Y K, Kang T, Reynolds T, Wright L. 双辊薄带铸机的开发 [J]. 上海钢研, 1998 (3): 55 ~66.
[104] 蒋扬虎, 肖坤伟, 王德仓, 等. 连铸坯热送热装工艺技术概述 [J]. 武钢技术, 1998, 21 (7): 21 ~24.
[105] 李润生, 王为刚, 赫冀成. 电磁冶金概述 [J]. 钢铁, 1998, 33 (4): 70 ~73.
[106] 王小玲, 吴耀中. 西宁特殊钢厂 235mm×265mm 大方坯合金钢连铸机 [J], 重型机械, 1998 (5): 16 ~28.
[107] 田乃媛. 薄板坯连铸连轧 (第二版) [M]. 北京: 冶金工业出版社, 1998: 40 ~104.
[108] 沈建和. 最先进的再利用系统和技术——查帕拉尔钢公司的无废方案 [J]. 武钢技术, 1999, 37 (2): 39 ~41.
[109] 吴之英. 连铸培训势在必行 [J]. 连铸, 1999 (1): 10 ~11.
[110] 刘平. 中国定径水口不断流快速更换专利技术获国际金奖 [J]. 连铸, 1999 (3): 46.
[111] 蒋丽娟. 我国特钢连铸技术简介 [J]. 连铸, 1999 (6): 30 ~31.
[112] 郭振杰, 任建勋, 赵振寰. 1997 ~1999 西安重型机械研究所所史 [M]. 西安: 西安重型机械研究所印刷厂, 2000: 57 ~60; 200 ~203.
[113] 万体娅. 全国连铸机汇总手册. 2000 年版, 北京, 2000: 1 ~28.
[114] 高海潮, 朱伦才, 颜根发. 钢包电磁搅拌生产洁净钢的几个工艺理论问题 [J]. 钢铁研究, 2000, 114 (3): 14 ~18.
[115] 王润泽. 小方坯连铸机喷淋结晶器喷嘴的应用 [J]. 江苏冶金, 2000 (2): 49 ~51.
[116] 重型机械工业发展简史编辑委员会 (主编: 沈克林; 副主编: 汪建业, 潘奇). 重型机械工业发展简史 [M]. 1984 ~1999. 北京: 1159 ~1189.
[117] 周干水. 马钢异形坯连铸机的工艺特点与实践 [J]. 安徽冶金, 2001 (3): 39 ~41.
[118] 汪开忠, 茆勇. 从异形坯连铸机的投产看近终形异形坯连铸技术的发展 [J]. 连铸, 2001 (3): 1 ~4.
[119] 马续香. 一种新的工艺——E 工艺 [J]. 连铸, 2001 (2): 45.
[120] 镭目信息. 电动塞棒数控系统研制成功 [J]. 连铸, 2001 (3): 44 ~45.
[121] 殷琏. 新兴铸管公司转炉厂连铸指标领先 [J]. 连铸, 2001 (4): 43.
[122] 邸洪双, 张晓明, 王国栋, 刘相华. 双辊铸轧薄带钢技术的飞速发展及其基础研究现状 [A]. 2001 年中国钢铁年会论文集. 北京: 中国金属学会. 2001: 61 ~68.
[123] 阎峰. 迈向成功的奥钢联异形浇铸技术 [J]. 连铸, 2002 (1): 44.
[124] 马续香. 无头轧制技术 (ECR) 在特钢和普通长材中的应用 [J]. 连铸, 2002 (1): 45.
[125] 王明胜. 马钢单中间罐连浇近 30 小时 [J]. 连铸, 2002 (2): 43.
[126] 陆岩. 高速浇铸获得优质薄板坯 [J]. 连铸, 2002 (2): 45.
[127] 贺秀芳. NKK 开发成功不易粘附 Al_2O_3 的浸入式水口 [J]. 连铸, 2002 (2): 46.
[128] 马续香. 斯罗曼·西马克公司连铸技术的发展 [J]. 连铸, 2002 (3): 46.
[129] 杨拉道, 谢东钢. 常规板坯连铸技术 [M]. 北京: 冶金工业出版社, 2002: 1 ~4.
[130] 李百炼. 小方坯特钢连铸质量控制 [A]. 小方坯连铸技术学习班讲稿选编. 大连: 中国金属学会连铸分会. 2002: 3 ~4.
[131] 张兴中. Nucor Crawfordsville 的带钢厂 [J]. 中国冶金, 2002 (2): 46.
[132] Manfred Michael Wolf. 历史问题和关键技术 [电子文档, PDF 格式]. 钢的冶炼、成形及处理 (MSTS)——铸造卷: 美国钢铁工程师协会 (AISE) 成立的钢铁基金会: 2003.
[133] 萧忠敏. 武钢炼钢生产技术进步概况 [M]. 北京: 冶金工业出版社, 2003: 235 ~449.
[134] 陈向阳, 杨君胜, 张承军, 等. 莱钢 4 号连铸机生产 320mm×410mm 矩形坯的改造 [J]. 连

铸，2004.
[135] 马忠仁．中国冶金机械专家——徐宝升［J］．炼钢，2003，19（2）：60.
[136] 万体娅．全国连铸机汇总手册［M］．北京．2003：1～48.
[137] 关凤纯．加拿大公司成功运行超宽板坯连铸机［J］．连铸，2003（1）：45.
[138] 凤林．方坯高速用连铸结晶器［J］．连铸，2003（2）：45.
[139] 贺秀芳．施加脉冲交流磁场对小断面铸坯表层缺陷的影响［J］．连铸，2003（2）：45.
[140] 贺秀芳．新日铁式板坯用高速调宽可调结晶器［J］．连铸，2003（3）：45.
[141] 李吉夫．在方坯连铸机上采用电磁制动-搅拌装置［J］．连铸，2003（4）：45.
[142] 冯慧．连铸设备的智能化改造［J］．连铸，2003，（4）：45～46.
[143] 阎峰．川崎制铁采用超导磁体控制结晶器内钢液流动［J］．连铸，2003（4）：46.
[144] 胡署名，王兴玉．宝钢1450板坯连铸中间罐钢液等离子加热［J］．重型机械，2004（6）：9～13.
[145] 李正邦．21世纪电渣冶金的新进展［J］．特殊钢，2004，25（5）：1～5.
[146] 田志恒，田立，周永辉，等．结晶器非正弦振动系统的开发与应用［J］．钢铁，2004，39（增刊）：623～626.
[147] 殷琏．连铸简讯［J］．连铸，2004（3）：43.
[148] 王炳．八钢连铸小方坯内部裂纹的研究［D］．西安：西安建筑科技大学，2004.
[149] 袁晓鹏．提高连铸结晶器宽面寿命的陶瓷涂层技术［J］．连铸，2005（2）：45.
[150] 杨洪良．钢包精炼过程中电磁搅拌技术使用效果［A］．中国特殊钢年会．中国特殊钢年会2005论文集．太原：中国金属学会，2005：125.
[151] 潘秀兰，王艳红，梁慧智．国内外电磁搅拌技术的发展与展望［J］．鞍钢技术，2005，334（4）：9～15.
[152] 臧喜民．电渣连铸设备及工艺的研究［D］．沈阳：东北大学，2005.
[153] 臧喜民，江周华，张天彪，等．电渣连铸技术的开发［J］．中国冶金，2006，16（3）：10～13.
[154] 潘秀兰，王艳红，梁慧智．世界薄带连铸技术的最新进展［J］．鞍钢技术，2006，340（4）：12～19.
[155] 徐乐江．继往开来 再创辉煌（上海金属学会成立五十周年暨第九次会员代表大会上的报告）［J］．上海金属，2006，28（5）：1～6.
[156] 焦安杰，秦玉柱．连铸机开发280mm×340mm矩形坯的技术改造［J］．中国冶金，2006，16（3）：18～19.
[157] ［日］酒井宏明，等．神户制钢提高大方坯连铸机铸坯的质量［J］．鞍钢技术，2007（5）：54～58.
[158] 本刊讯．应用于钢铁行业的全陶瓷结晶器问世［J］．山东陶瓷，2007（2）：29.
[159] 李吉夫．板坯连铸中脉冲电磁浇铸技术的开发［J］．连铸，2007（4）：46.
[160] 陆岩．带钢连铸的效益［J］．连铸，2007（4）：46.
[161] 万体娅．全国连铸机汇总手册．2007年版．北京，2008：1～114.
[162] Wechsler R，Campbell P，Blejde W，et al. 纽柯公司Crawfordsville厂薄带钢连铸设备投产和运行效果［J］．钢铁，2008，43（5）：93～95.
[163] 李吉夫．大断面铸机的开发［J］．连铸，2008（4）：46.
[164] 江中块，程乃良，冷祥贵，等．LF钢包电磁搅拌在梅钢的应用与展望［A］．第五期连铸电磁搅拌技术学术研讨班．第五期连铸电磁搅拌技术学术研讨班论文集．厦门：中国金属学会连铸分会，2008：178～185.
[165] 康建国．宝钢1930连铸机综合改造相关技术的应用与实践［D］．沈阳：东北大学，2008.
[166] 张西峰．电脉冲改善碳钢凝固组织的实验研究［D］．西安：西安建筑科技大学，2008.

[167] 袁守谦. 电脉冲细化板坯及方坯凝固组织的试验研究（中期）技术总结 [G]. 西安：西安建筑科技大学，2008.

[168] 殷瑞钰. 新形势下薄板坯连铸连轧技术的进步与发展方向 [A]. 薄板坯连铸连轧技术交流与开发协会第六次技术交流会论文集. 广州：中国工程院产业工程科技委员会薄板坯连铸连轧技术交流与开发协会，2008：178 ~ 185.

[169] 王成建. 双辊铸轧薄带钢数值模拟的研究 [D]. 沈阳：东北大学，2009.

[170] 袁守谦. 电脉冲细化板坯及方坯凝固组织的试验研究（最终）技术总结 [G]. 西安：西安建筑科技大学，2009.

[171] 资讯监督. 宝钢上海特殊钢分公司立式板坯连铸机投产 [电子文档]. 我的钢铁网，2009.

[172] 方圆，崔健，于艳，等. 宝钢薄带连铸技术发展回顾与展望 [J]. 宝钢技术，2009 增刊：84 ~ 85.

[173] 李晓，彭峰. 我国电炉钢生产现状 [J]. 特殊钢，2009，30（2）：27.

[174] 潘秀兰，梁慧智，王艳红，等. 国内外中间包冶金技术 [J]. 世界钢铁，2009（6）：8 ~ 16.

[175] 潘红，曾建华，吴国荣，等. 中间罐等离子加热技术的发展 [J]. 攀钢技术，2010，33（4）：5 ~ 8.

[176] 万体娅. 全国连铸机汇总手册 [M]. 北京，2010：1 ~ 122.

[177] 吉祥. 美国纽柯公司双辊薄带连铸机成功生产经营 [J]. 上海金属，2010，32（1）：18.

[178] 无有存，周月明，侯晓光. 电磁搅拌技术的发展 [J]. 世界钢铁，2010（2）：36 ~ 41.

[179] 干勇，倪满森. 现代连续铸钢实用手册 [M]. 北京：冶金工业出版社，2010：1 ~ 24.

[180] 向凌霄. 水平连铸与同水平铸造 [M]. 北京：冶金工业出版社，2010：1 ~ 5.

[181] 张志宏，刘伟平，李国光，等. ϕ500mm 大圆坯连铸机的生产实践 [J]. 特殊钢，2011，32（5）：53 ~ 55.

[182] 伍中华. 带钢无头轧制 ESP 工艺的技术经济分析 [J]. 钢铁技术，2011（1）：1 ~ 6.

[183] 杨治刚. 电磁技术在冶金中的应用 [R]. 上海：上海大学材料科学与工程学院，2011-11-01.

[184] Sang-Min Lee，Jong-Min Park. Initial Operation Results of Vertical-Bending Type Slab Caster with 400mm Slab Thickness at Pohang Works of POSCO [A]. 7th eccc，METEC InSteelCon. 2011. 6. 27 ~ 2011. 7. 1：1 ~ 5.

[185] 许晓东，蒋海涛，甄新刚，等. 连铸新技术在首钢 400mm 特厚板坯生产中的应用 [J]. 连铸增刊，2011：21 ~ 24.

[186] 殷瑞钰，张慧. 新形势下薄板坯连铸连轧技术的进步与发展方向 [J]. 钢铁，2011，46（4）：2 ~ 3.

[187] 隋铁流. 国外电渣重熔概况及我国电渣重熔的发展方向 [J]. 材料与冶金学报，2011，10（增刊）21 ~ 22.

[188] 李正邦. 电渣冶金的理论与实践 [M]. 北京：冶金工业出版社，2011：1 ~ 14.

[189] 景琳琳，袁守谦，李都宏，等. 中间包冶金技术 [J]. 金属材料与冶金工程，2011，39（4）：56 ~ 59.

[190] 李雪洁. 电脉冲改善连铸坯凝固组织的工业化实验研究 [D]. 西安：西安建筑科技大学，2011.

[191] 沈克林，陆文俊，陆鹏程. 中国重大技术装备史话. 宝钢成套设备制造 [M]. 北京：中国电力出版社，2012：251 ~ 315.

[192] 毛斌，张桂芳，李爱武. 连续铸钢用电磁搅拌的理论与技术 [M]. 北京：冶金工业出版社，2012：304 ~ 330.

[193] 杨拉道，谢东钢. 连续铸钢技术的研究成果与应用 [M]. 昆明：云南科技出版社，2012：1 ~ 31.

[194] 王西林，许少普，周士凯，等. 南阳汉冶特钢 420mm × 2700mm 直弧形板坯连铸机 [J]. 重型机械，2012（1）：9 ~ 13.

[195] Sa GE，Mihaiela ISAC，Roderick lan Lawrence GUTHRIE. Progress of Strip Casting Technology for Steel;

Historical Developments [J]. ISIJ International. 2012, 52 (12).
[196] 罗维. 中冶京诚与兴澄特钢合作的 Φ1000mm 圆坯连铸项目热试成功 [J]. 上海金属, 2012, 34 (1): 42.
[197] 本刊讯. 国内最大异形坯立式连铸机问世 [J]. 重钢技术, 2012 (1): 41.
[198] 赵少飞, 杨海西. 电磁搅拌技术在板坯连铸机中的应用 [J]. 河北冶金, 2012, 197 (5): 38.
[199] 李雷, 于铭杰, 安航航, 等. 莱钢近终形坯连铸机生产实践 [J]. 连铸, 2012 (6): 30 ~ 32.
[200] Jochen Wans, Jörg Bausch, Christian Geerkens, et al. 钢的近终形带铸技术 [J]. 世界钢铁, 2013 (3): 44 ~ 48.
[201] 董友前. 黑体技术在江苏淮钢一轧、二轧加热炉上的应用情况 [J]. 石油和化工节能, 2013 (3): 47 ~ 48.
[202] 杨拉道, 李俊辉. 精细化支撑连铸技术装备的科技创新 [J]. 重型机械增刊 1, 2013: 6 ~ 14.
[203] 西门子 (中国) 有限公司. 西门子获得中原特钢立式连铸机订单 [电子文档]. 工控申保网, 2013-06-27.
[204] 百度百科. 异形坯连铸 [电子文档]. 成都钢铁网, 2013-02-19.
[205] 本刊讯. 西门子连铸机在韩国浦项产出 300mm 厚板坯 [J]. 连铸, 2013 (11): 88.
[206] 杨拉道, 高琦, 雷华, 等. 连铸技术装备的科技创新必须从精细化开始 [A]. 2014 年高品质钢连铸生产技术及装备交流会论文集. 长沙: 连铸杂志编辑部, 2014: 33 ~ 43.
[207] 秦勤, 吴迪平, 邹家祥. 连铸设备的热行为及力学行为 [M]. 北京: 冶金工业出版社, 2014: 19 ~ 23.
[208] 中国金属学会. 中国冶金设备手册. 连铸分册. 2014: 1 ~ 122.
[209] 宋玉卿, 杨志杰. 异形坯连铸机双浇铸全保护浇铸工艺开发及应用 [J]. 山东冶金, 2014, 36 (2): 53.
[210] 毛新平, 高吉祥. 中国薄板坯连铸连轧技术的发展 [J]. 钢铁, 2014, 49 (7): 49 ~ 50.
[211] 张艳聪. 毛泽东与新中国的钢铁事业 [D]. 湖南省湘潭市: 湘潭大学, 2014: 4 ~ 48.
[212] 百度文库. 大圆坯连铸生产厂家同行分析 [电子文献]. 2014-02-20.
[213] 向大林. 中国大型电渣技术在世界上的领先发展 [A]. 2014 年钢锭制造技术与管理研讨会论文集 [C]. 河南洛阳小浪底 014 培训中心: 河北省冶金学会, 重型行业炼钢分会, 中国金属学会特殊钢分会, 河北, 2014: 73 ~ 89.
[214] 川本 正幸 · 柳楽 知也. 我が国における鋼の連続鋳造プロセス開花と未来へのシーズ [J]. 鉄と鋼, 2014, 100 (4): 40 ~ 44.
[215] 赵涛, 张庆莹, 徐立, 等. 结晶器用铜板强化技术的研究进展 [J]. 工业加热, 2014, 43 (3): 26 ~ 29.
[216] 毛斌, 肖红, 易兵. 中国连铸电磁搅拌技术已进入世界前列 [J]. 连铸, 2015 (1): 1 ~ 6.
[217] 本刊讯. 世界最大垂直连铸机通过竣工验收 [J]. 连铸, 2015 (4) 53.
[218] 万体娅. 连铸机统计. 北京, 2015: 1 ~ 123.
[219] 普瑞特冶金技术 (中国) 有限公司. 日照钢铁公司 ESP 线生产出首卷超薄热轧带钢 [J]. 轧钢, 2015, 32 (6): 26.
[220] 史宸兴. 连铸历史回顾与未来 [A]. 2015 年连铸装备的技术创新和精细化生产技术交流会会议论文集. 西安: 连铸杂志编辑部/中国金属学会连铸分会, 2015: 1 ~ 12.
[221] 陈开义, 常立忠, 王建军. 连铸技术的发展现状与趋势 [J]. 宽厚板, 2015, 21 (5): 14 ~ 15.
[222] 薛雷. 我国电弧炉炼钢技术发展现状及展望 [J]. 天津冶金, 2015 (5): 9.
[223] 且行且言. 西安建筑科技大学冶金工程学院. 钢包炉精炼法 [电子文献]. 2015-05-24.
[224] 杨婷. 绿色化薄带连铸电工钢生产技术 [N]. 世界金属导报: 2015 年世界钢铁工业十大技术要

闻. 2016, 1 (5) B08.
[225] 本刊讯. 普瑞特冶金技术获得日照钢铁三条阿维迪 ESP 生产线最终验收证书 [N]. 世界金属导报, 2016, 5 (10) B01.
[226] 本刊讯. 比利时世界最厚奥氏体不锈钢板坯连铸 [J]. 连铸, 2016 (1): 77.
[227] 郑旭涛. 日钢 ESP 无头轧制技术 [J]. 冶金设备, 2016, 225 (1): 44 ~ 47.
[228] SMS group. Caster design for a wide product range and outstanding slab quality [J]. MPT, 2016, (2): 58 ~ 59.
[229] Cristiano Tercelli, Federico Zani, Stephan Feldhaus, et al. 大矩形坯立式连铸机 [J]. MPT 中文版. 2016 (1): 20 ~ 22.
[230] 本刊讯. 唐钢两台薄板坯连铸机验收合格 [N]. 世界金属导报, 2016, 5 (10) B06.
[231] 小宛. 宝钢德盛 1 号不锈钢双流板坯改造工程热试成功 [J]. 连铸网讯, 2016, 296 (5).
[232] 刘小燕. 美国 CMC 订购第二座达涅利小型钢厂; 俄罗斯 KIROVSKIY 冶金厂新建工程用钢短流程厂; 墨西哥 Gyupo Simec 新建特殊短流程钢厂 [N]. 世界金属导报, 2016, 6 (14) B06.
[233] 鬻落无痕. 东北大学材料与冶金学院冶金工程. 电磁搅拌的应用 [电子文献], 2016-03-07.
[234] 干勇. "中国制造 2025" 框架下钢铁技术创新与产业模式 [R]. 上海: 上海大学, 2016 年上海连铸与凝固前沿技术研讨会, 2016.
[235] 毛新平. 薄板坯连铸连轧技术发展及展望 [R]. 上海: 上海大学, 2016 年上海连铸与凝固前沿技术研讨会, 2016.
[236] 臧喜民, 邓鑫, 江周华, 等. T 形结晶器抽锭电渣重熔高速钢 90mm 方锭新工艺 [J]. 钢铁, 2016, 51 (1): 39 ~ 45.
[237] 赵磊. 2015 年全球不锈钢产量六年来首降 [N]. 世界金属导报, 2016, 5 (24).
[238] 王市均. QSP 达涅利多功能无头轧制项目将在冀南钢铁落地 [N]. 世界金属导报, 2016, 5 (24) B06.
[239] 魏祖康. 连铸生产技术实践与思考 [R]. 北京: 北京科技大学特邀技术报告, 2016.
[240] 王新华. 国内高品质钢生产存在的共性问题及对策 [R]. 北京: 中国金属学会, 北京科技大学技术第五届高品质钢研讨会报告, 2016.
[241] 蔡焕堂. 夹杂物的表征与洁净钢生产工艺 [R]. 北京: 中国金属学会, 北京科技大学技术第五届高品质钢研讨会报告, 2016.
[242] 张立峰. 钙处理对洁净钢的影响 [R]. 北京: 中国金属学会, 北京科技大学技术第五届高品质钢研讨会报告, 2016.
[243] 张立峰. 关于钢中非金属夹杂物的几个基础问题 [R]. 北京: 中国金属学会, 北京科技大学技术第五届高品质钢研讨会报告, 2016.
[244] 刘小燕. 达涅利短流程钢厂技术居领先地位 [N]. 世界金属导报, 2016, 6 (7) B06.
[245] 刘小燕. 盖尔道 Corsa 新建型材短流程钢厂快速达产 [N]. 世界金属导报, 2016, 6 (21) B06.
[246] 翟启杰, 龚永勇, 李仁兴. 金属凝固过程与细晶技术 [J]. 材料与冶金学报, 2015, 14 (2): 81 ~ 82.
[247] 钟云涛, 潘汉玉, Nils Jacobson, Martin Seden. 板坯结晶器流场控制的发展趋势 [J]. 宝钢技术, 2016, (4): 53 ~ 57.
[248] 王诗. ESP 薄板坯连铸机断面温差控制原理与实践 [J]. 山东工业技术, 2016 (16): 222 ~ 223.
[249] 王诗. ESP 薄板坯连铸机设计特点 [J]. 山东工业技术, 2016 (16): 237 ~ 238.
[250] 陈黎明, 秦良政. 沙钢启动国内第一条工业化超薄带生产项目 [N]. 世界金属导报, 2016, 8 (9) A05.
[251] 窦为学. 我国首个完全自主知识产权薄带铸轧项目启动 [N]. 中国冶金报, 2016, 9 (2): 版首.
[252] 中国钢研战略所. 日照钢铁 ESP 薄板坯连铸机设计特点及其生产现状 [OL]. 2016-09-07.

第2篇　直弧形板坯连铸总体技术

板坯连铸设备是一项涉及专业面广，结构复杂，技术难度大，与产品规格、产量、质量、经济效益有密切关系的钢铁冶金行业的成套设备。

从成套设备的整体性出发，围绕产品规格、产量、质量、经济效益的总体设计，是20世纪80年代以来大型工程设计中出现的一种新提法，这一概念的确立，有利于提高成套板坯连铸设备工程设计质量，提升工程的自动化水平，加快设计进程，促进科技创新，建立设备设计各专业之间及其与工厂设计各专业之间的有效配合，保证设备选型和各种参数计算的准确性。

板坯连铸成套设备总体设计的内容很多，概括起来讲，就是在确认用户和工艺设计单位提出的设计前提条件和设计要求后，进行连铸机本体的辊列设计，关键技术问题的分析与决定，主要设备的选型和参数选取，设备的总体布置，运转方案，物料流程及自动化水平的确立，质量管理措施及所需能源介质的决定等。板坯连铸总体设计中，辊列设计是核心，因此本篇尽可能多地介绍不同的辊列使得总体设计的内容更加丰富。

1　基础内容

1.1　成套设备及其总体设计的指导思想

1.1.1　成套设备的组成

把高温钢液连续不断地浇铸成具有一定断面形状和一定尺寸规格铸坯的生产工艺过程叫做连续铸钢。完成这一过程所需要的设备叫做连铸成套设备，它主要包括机械（含液压、润滑）设备、电气、仪表、计算机（习惯称为“三电”）设备、通讯设备、水道设备、起重机设备、运输车辆、能源介质（包括管网）设备、厂房设备（包括工艺钢结构）、基础设备、环保设备及其他外围设备。

机械设备包括钢液处理设备、浇钢设备、连铸机本体设备、切割区域设备、引锭杆收集及输送设备、出坯辊道和后部精整设备、中间罐及机械维修设备，这些机械设备是现代

本章作者：杨拉道；审查：高琦，王公民，黄进春，王蓉

板坯连铸生产中必不可少的设备。另外，铸坯热装热送设备、辊子堆焊设备、结晶器加工设备（包括铜板镀、涂层设备和刨修设备）、快速硫印设备、气送管（风动送样）设备、铸坯喷丸设备、不锈钢铸坯修磨设备等可以根据用户生产的品种、产量、质量、规格、生产工艺、经济实力及其他实际情况取舍。

浇钢设备、连铸机本体设备、切割区域设备、引锭收集及输送设备等等的机电液一体化构成了连续铸钢核心部位设备，习惯上称为连铸机。

板坯连铸机在连铸技术的发展中起着相当重要的作用，板坯连铸机的总台数约占连铸机总台数的10%左右，而产量却占总产量的30%左右。板坯连铸机工艺性强，设备结构复杂，总体技术水平要求高。正像有的专家所说的，“它并不是人们想象的‘傻、大、黑、粗’的设备，而是一种复杂而精密的装备”。图 2-1-1 是双流板坯连铸成套设备构成的一个典型例子，图 2-1-2 是单流板坯连铸成套设备构成的一个典型例子，图 2-1-3 是一台采用上装引锭系统、采用专用吊具从浇注平台下方更换扇形段、基础框架为“香蕉座”形式的双机双流直弧形板坯连铸机主视图，图 2-1-4 是与图 2-1-3 相对应的该连铸机的俯视图。图 2-1-5 是一台采用下装引锭系统、利用车间起重机从浇注平台上方更换扇形段、基础框架采用紧贴混凝土基础的直弧形单流板坯连铸机立面图。单流板坯连铸机的俯视图比双流板坯连铸机俯视图简单一些，这里予以省略。

1.1.2 总体设计的出发点

（1）树立科学发展观，建立自主创新的设计理念，消化吸收国外先进技术，刻苦钻研，举一反三，为我所用。

（2）在成套设备设计中，在科研、设计与开发创新工作中坚持理论与生产实践相结合的原则，坚决杜绝盲目类比和盲目照抄照搬。避免把总体设计参数，电机功率，设备规格与型号，设备设计参数，设备结构尺寸等层层加码，缺乏依据地盲目放大，同时也要避免盲目缩小。要提倡学习设计方法、创新方法等现代设计理论，坚持科学设计、科学类比。

（3）科技人员应以设计开发样板工程、样板设备、样板图纸为己任，加强责任心，精练业务，保证图纸及技术文件质量，充分展现科技人员应有的品德形象和学术风范。

（4）提倡和鼓励科技人员进行自主科技创新和消化吸收国外先进技术后的二次技术创新。将新技术、新材料、新加工方法和新的生产操作技术应用到自己的科研设计工作中去。

1.1.3 总体设计的指导思想

（1）根据用户的具体条件和需要，尽可能地采用国际先进技术，在投资允许的前提下，使板坯连铸机的装机水平达到国际或国内最高水平。从实际出发，尽可能采用业已实施且成熟可靠的专利技术和专有新技术。

（2）可靠性是总体设计的基本出发点。

（3）合理且较低的投资费用，使成套装备的性价比最优。

（4）优化的设备布置，得到流畅的生产流程与完整的装备设施。

（5）完善的维修设备，满足连铸机主机设备在线及离线方便维修、规范管理的要求，从而提高连铸机生产的作业率和使用的可靠性。

（6）灵活多样的应急处理措施。

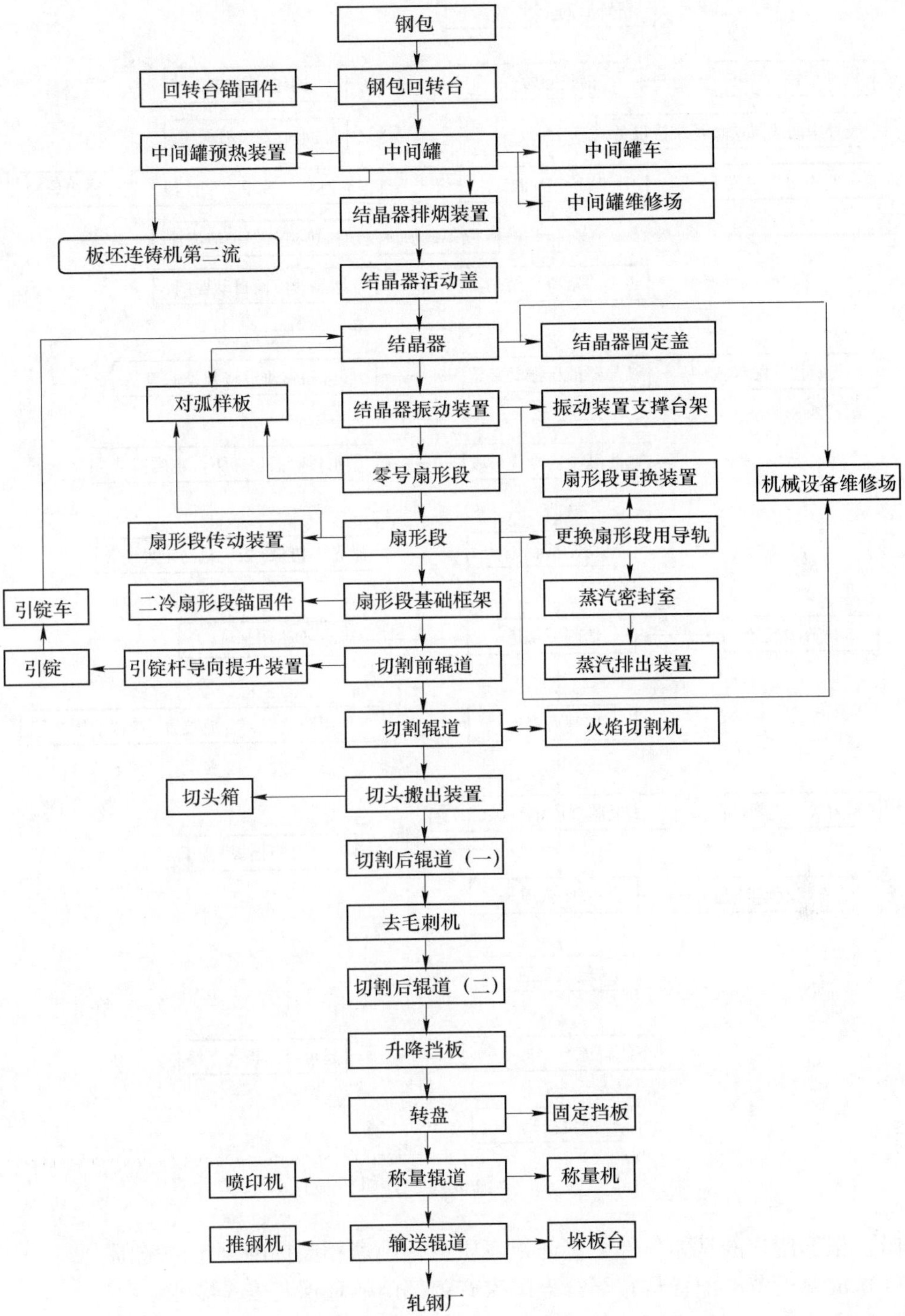

图 2-1-1 典型的双流板坯连铸机机械设备组成

（7）科学、合理且尽可能短的建设周期。

（8）优良的设备设计和制造质量。

（9）简便的设备操作。

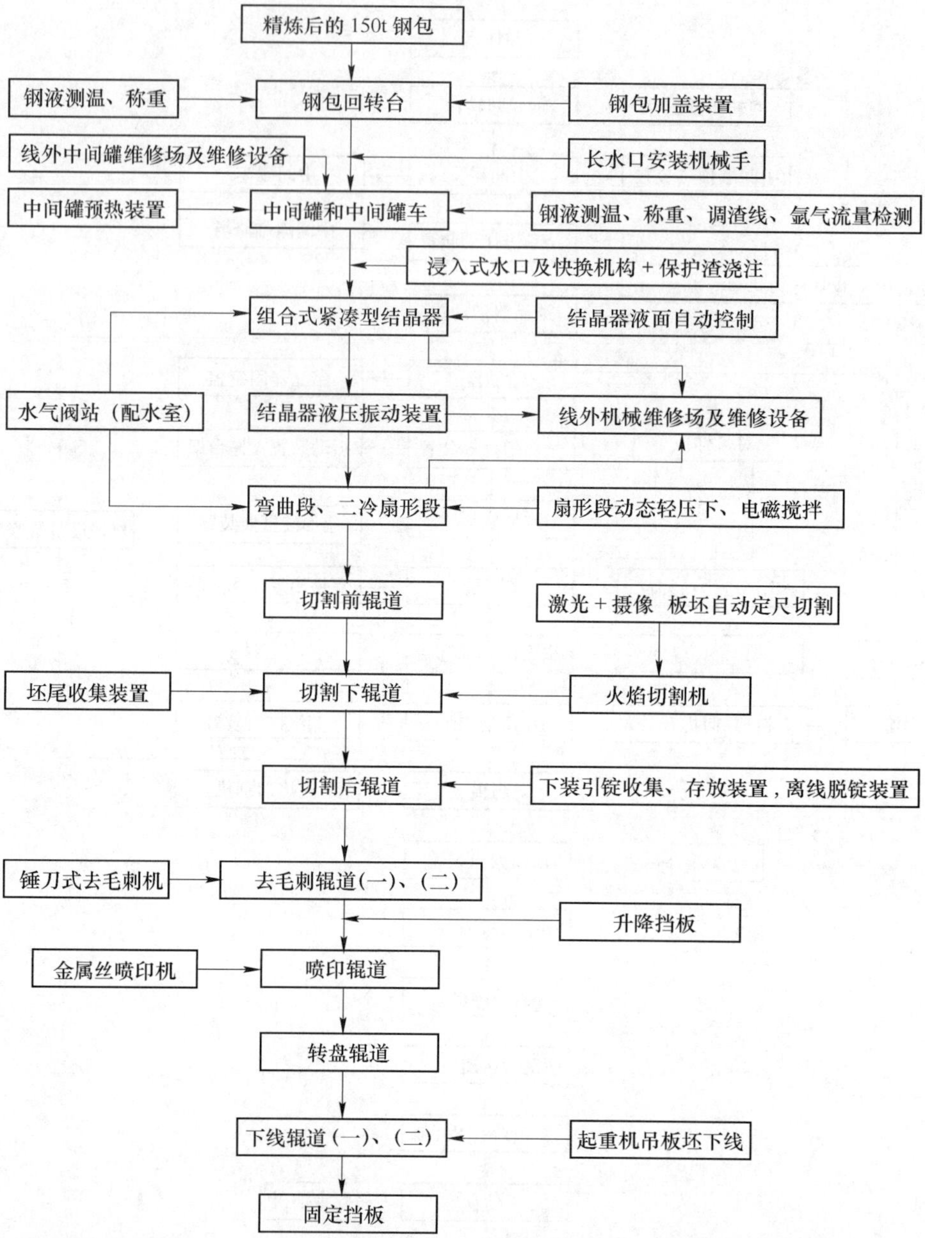

图 2-1-2　典型的单流板坯连铸机机械设备组成

（10）根据用户的具体条件，保证板坯质量在国家相关标准规定的范围内。

（11）成套设备的配置与布局符合国家有关部门的环保与安全要求。

1.1.4　总体设计的要求

（1）设计标准首先考虑采用国家及行业有关标准，也要考虑采用有关先进的国际标准，国家有关部委及其他行业标准，采用国内外先进的企业标准。

（2）所有图纸和技术文件除特殊要求外，均采用国际计量单位。

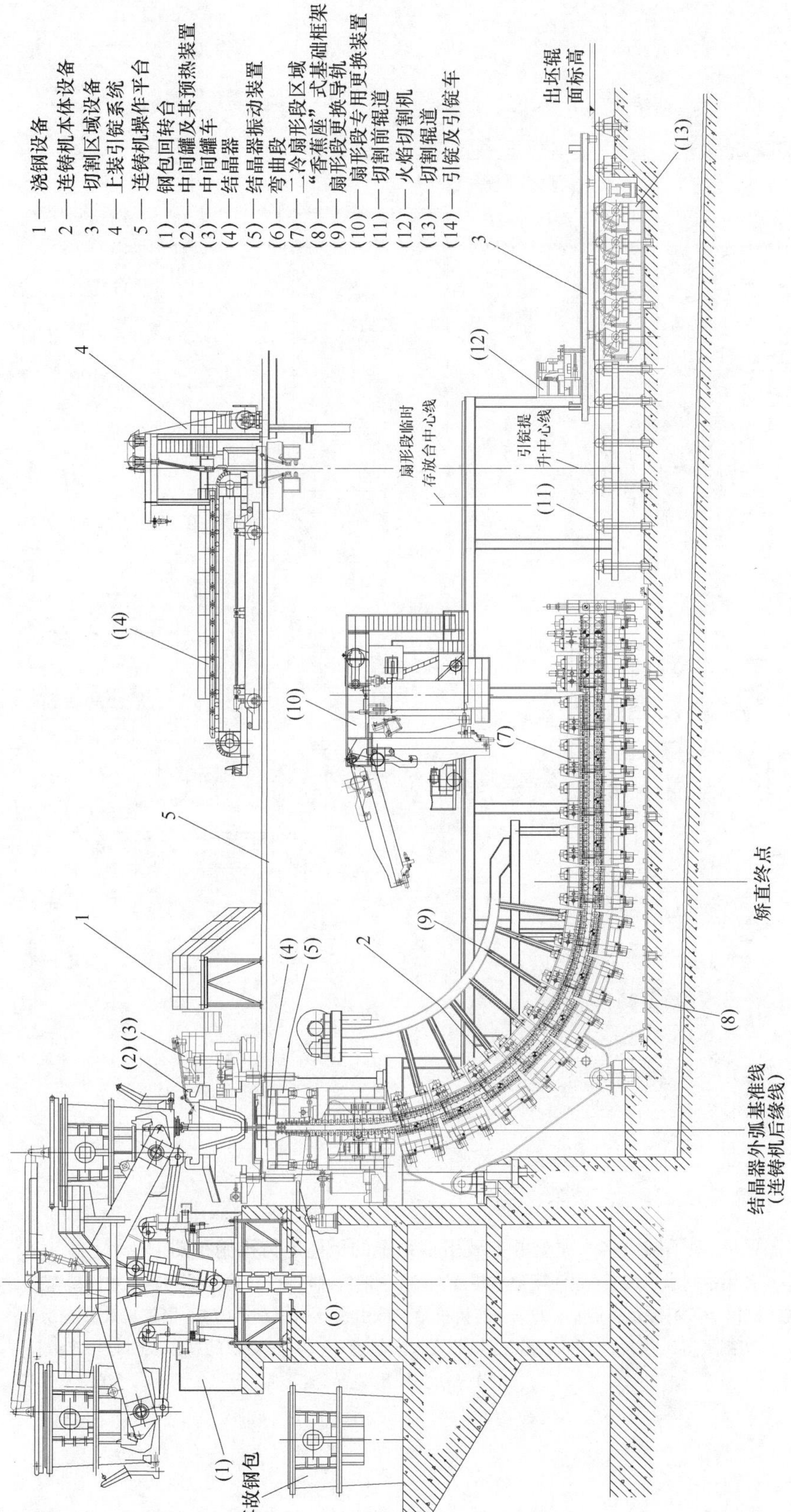

图 2-1-3 典型的上装引锭系统的板坯连铸机主视图

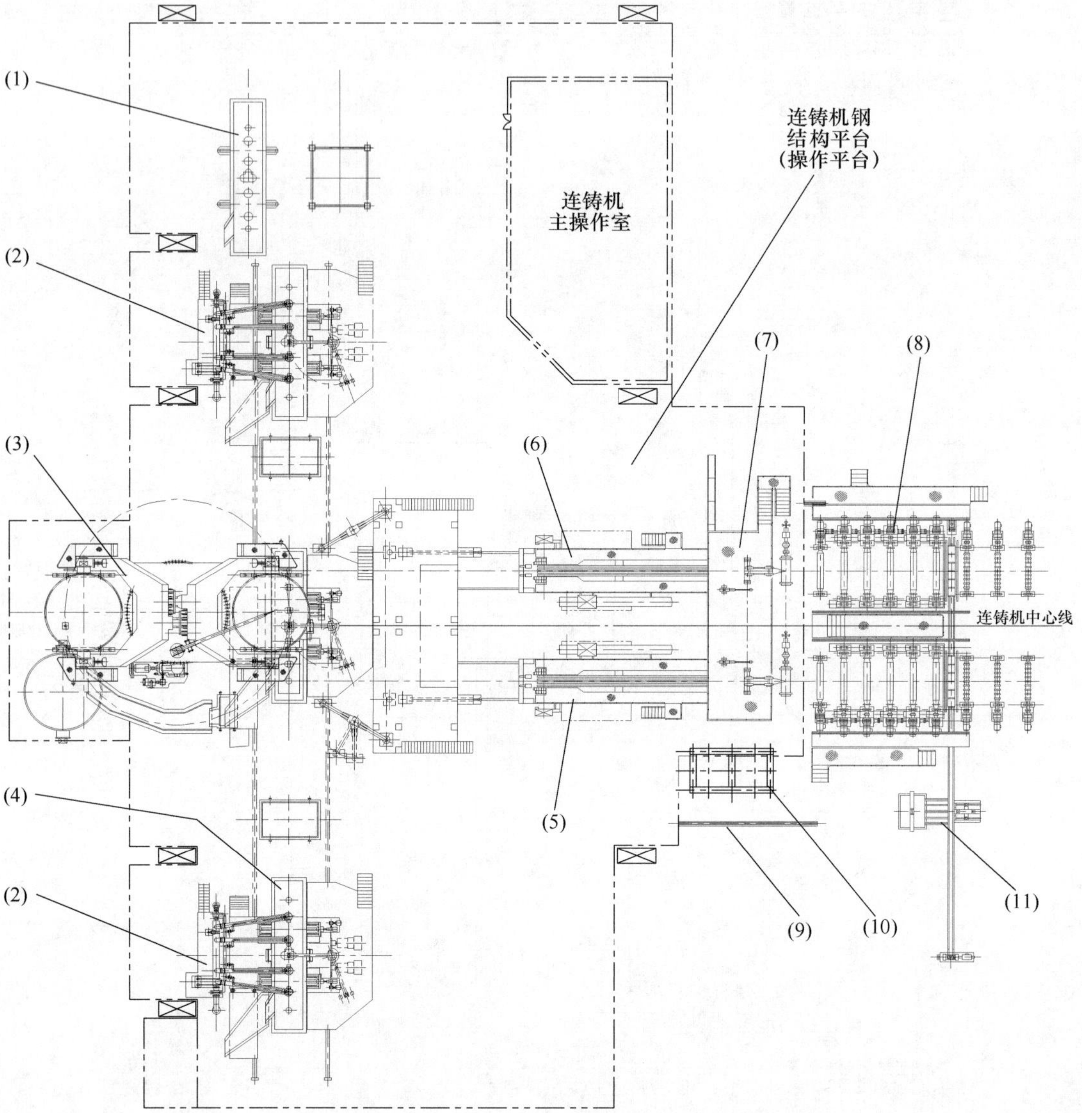

图 2-1-4　典型的上装引锭系统的板坯连铸机俯视图

(1)—备用中间罐；(2)—中间罐预热装置；(3)—钢包回转台；(4)—中间罐及中间罐车；(5)—连铸机第一流引锭及引锭车；(6)—连铸机第二流引锭及引锭车；(7)—引锭提升及卷扬装置；(8)—切割辊道；(9)—扇形段专用更换装置大车轨道；(10)—更换的扇形段临时存放台；(11)—切头搬出装置

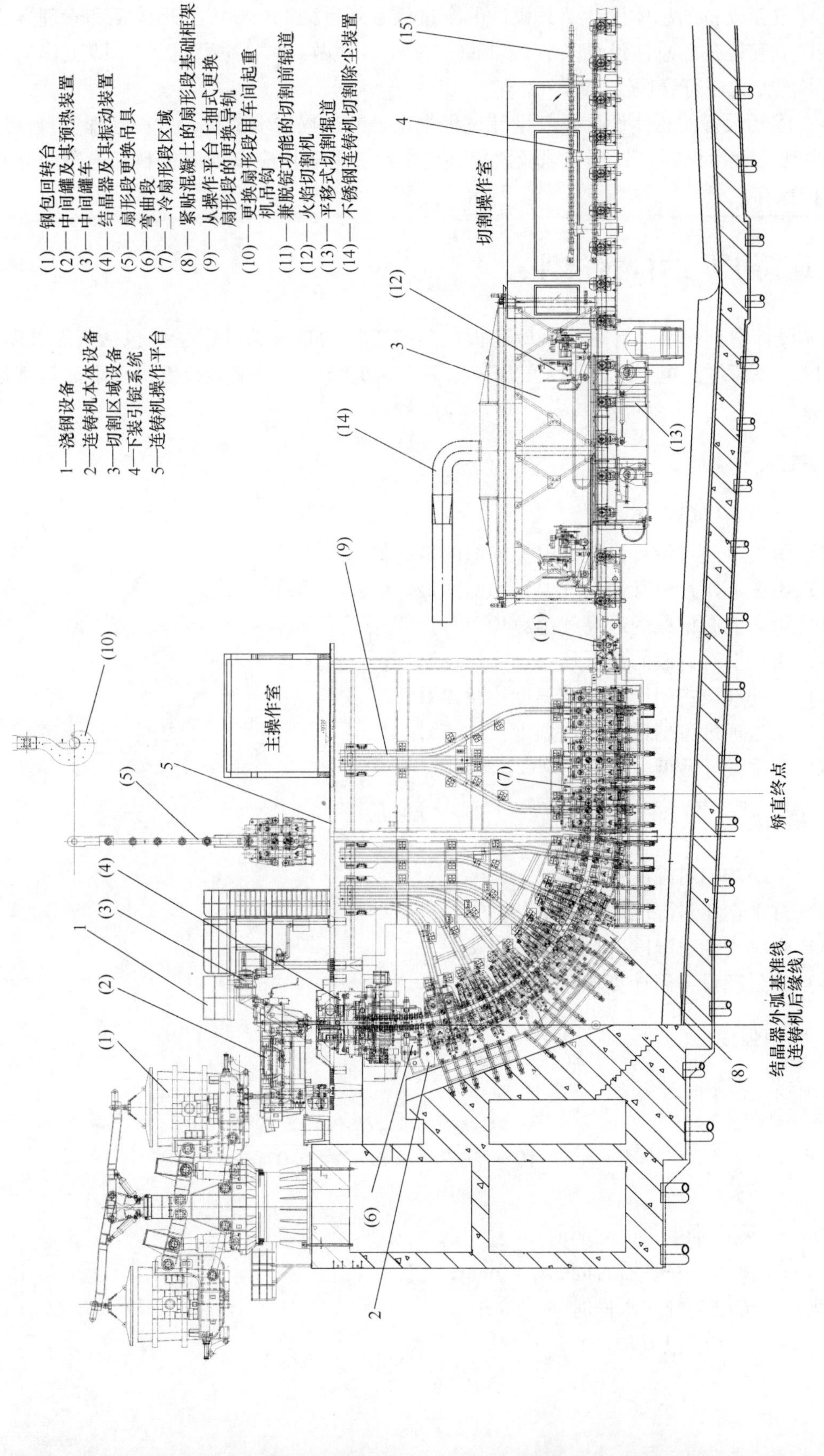

图 2-1-5 典型的下装引锭系统的板坯连铸机立面图

（3）成套设备的总体设计及其设计的全过程必须贯彻 ISO9001 管理体系和管理方法。

（4）成套设备的总体设计及其设计的全过程力争做到“无声”管理，即工作的全过程采用书面方式进行管理。

（5）成套设备的总体设计及其设计过程中重要的过程技术资料，过程管理资料，最终成果的图纸、文字资料、计算书以及收集到的参考资料等均应以纸质资料和电子版光盘的形式归档保存。

1.2　连铸工厂的自然条件

总体设计中首先要了解的就是所建板坯连铸工厂的自然条件，主要包括气温、湿度、降雨强度、风荷量、主要风向、大气压、雪荷重、冻结深度、地震荷重等。下面是某地区的自然条件。

1.2.1　气温

（1）年平均气温：16℃。

（2）历史上四月份日最低气温平均值的最高值：31.8℃。

（3）历史上四月份日最低气温平均值的最低值：0.8℃。

（4）历史上有记载的最高气温：40.2℃。

（5）历史上有记载的最低气温：－12.1℃。

（6）水处理设备用设计湿球温度：28.2℃。

（7）水处理设备用设计干球温度：31.5℃。

（8）冬季设计最低气温（室外）：－5℃。

1.2.2　相对湿度

（1）年平均相对湿度：80%。

（2）月平均相对湿度的最高值：83%。

（3）月平均相对湿度的最低值：77%。

（4）水处理设备用计算相对湿度：85%。

1.2.3　降雨强度

降雨强度按下式计算：

$$I_0 = \frac{33.2(P_0^{0.3} - 0.42)}{(t + 10 + 7\lg P_0) \times 0.82 + 0.07\lg P_0} \tag{2-1-1}$$

$$t = t_1 + t_2$$

式中　I_0——降雨强度，mm/min；

t_1——流入第一容器时间，$t_1 = 5\text{min}$；

t_2——流出配管或水槽时间，min；

P_0——概率（以五年计）。

1.2.4 风荷量

（1）高度31m以下建筑物的风压力

$$q_0 = 36 \times 10^{-3} \sqrt{h} \tag{2-1-2}$$

式中 q_0——建筑物风压力，MPa；

h——建筑物高度，m。

（2）铁塔、烟筒及高度为31m以上的建筑物的风压力

$$q_0 = 72 \times 10^{-3} \sqrt{h} \tag{2-1-3}$$

式中 h——距离地面的高度，m。

1.2.5 大气压

（1）年平均大气压：1.036×10^{-1}MPa。

（2）水处理设备用计算大气压：1.024×10^{-1}MPa。

1.2.6 雪荷重、冻结深度和最大地震影响系数

雪荷重：400Pa；

冻结深度：9cm；

最大地震影响系数 α_{max}：无论对哪一种地基，最大地震影响系数的差异是不大的，当烈度为七度时，$\alpha_{max}=0.20 \sim 0.24$；烈度为八度时，$\alpha_{max}=0.41 \sim 0.48$。

1.3 炼钢条件、产品大纲、机型

1.3.1 炼钢条件

炼钢条件主要包括炉子的形式（转炉或电炉）、平均出钢量、最大出钢量、平均冶炼周期、对连铸的供钢周期、冶炼制度等。按照2005年国家钢铁产业发展政策，转炉的公称容量应≥120t，电炉的公称容量应≥70t。德国蒂森克虏伯欧洲钢铁公司杜伊斯堡布鲁克豪森工厂，经德国西马克公司成功改造后于2014年7月投产的转炉最大容量是400t；电炉容量多为80～120t，近年来有增至150～200t的趋势，电炉的最大容量是420t。转炉的平均冶炼周期为40min左右，超高功率电炉的冶炼周期为60min左右。炼钢炉对连铸的供钢周期，大部分情况下等于炉子的平均冶炼周期。

1.3.2 产品大纲

（1）钢种及生产比例。包括连铸生产的钢种类别以及各钢种的化学成分，各钢种按尺寸分配的百分比等。表2-1-1（a）是某厂家根据含碳量归纳的钢种类别，结晶器保护渣的使用和二次冷却水的配置也可以此为据。表2-1-1（b）是典型的板坯连铸钢的化学成分。表2-1-2是国内A钢铁公司根据钢种类别划分的板坯宽度分布比率。

（2）板坯参数。包括厚度、宽度、长度、最大板坯单重、板坯尺寸偏差等。

厚度：常规板坯连铸机：150～450mm；

表 2-1-1（a）　根据含碳量归纳的钢种类别

序　号	钢种类别	含碳量（质量分数）/%
第一种归类方法		
1	超低碳钢	<0.01
2	低碳钢	≥0.01～0.09
3	包晶钢	≥0.09～0.18
4	中碳钢	≥0.18～0.30
5	中高碳钢	≥0.30～0.60
6	高碳钢	≥0.60～2.00
第二种归类方法		
1	超低碳钢	≤0.01
2	低碳钢	0.01～0.07
3	中低碳钢	0.08～0.14
4	中碳钢	0.15～0.39
5	高碳钢	≥0.4
第三种归类方法		
1	超低碳钢	<0.01
2	低碳钢	≥0.01～0.07
3	中低碳钢	≥0.07～0.17
4	中碳钢	≥0.17～0.30
5	高碳钢	≥0.3

表 2-1-1（b）　典型的板坯连铸钢的化学成分（质量分数）　（%）

类　别	C	Mn	Si	P	合金元素	
					Nb	V、Ni、Cr、Mo
高碳钢	≥0.495					
中高碳钢	0.245～0.494					
中低碳钢	0.215～0.244					
漏钢敏感性钢	0.175～0.214					
中碳钢	0.145～0.174					
裂纹敏感性带钢	0.085～0.144		≥0.030		≤0.015	<0.030
裂纹敏感性板材	0.085～0.144					
偏析	0.085～0.144					Cu≥0.250
裂纹敏感性板材						Ni≥0.250；Cr≥0.250
管线材		≥0.90	≤0.030		≥0.015	
低碳合金钢	约 0.084			≥0.015	≥0.007	≥0.035
含 N 或 B 低碳钢	约 0.084					≥0.001B；>0.007N
含 P 钢				≥0.030		
低碳钢	约 0.084					
超低碳钢						

表 2-1-2 各钢种的板坯宽度分布比率

钢　种	板坯宽度分布比率/%				
	900 ~ 1100	1101 ~ 1300	1301 ~ 1500	1501 ~ 1700	1701 ~ 1930
普通碳素钢	0.4	6.5	7.4	1.9	1.1
深冲用钢	0.8	14.4	16.5	4.2	2.8
低 Al，Al-K 钢	1.2	5.6	7.1	2.1	1.0
螺旋焊管钢	0.7	0.7	1.2	0.7	0.7
造船钢、结构钢、低合金钢	1.1	7.4	5.8	5.1	3.6
合　计	4.2	34.6	38.0	14.0	9.2

宽度：400 ~ 3300mm，宽度进级大多为 50 ~ 100mm；

长度：一般定尺 2.5 ~ 15m。

板坯单重是设计出坯精整设备和选用起重机的依据，板坯外形偏差执行 YB/T 2010—2004 标准。

1.3.3 板坯连铸机机型

机型是板坯连铸机总体设计中的关键内容之一。板坯连铸机的机型主要有三种：全圆弧机型、直弧式机型和立弯式机型。全圆弧机型连铸机设备高度低、钢液静压力小，因而机械设备本身重量轻、造价低，厂房、基础造价也比较低。但对夹杂物比较敏感的钢种来说，钢液中的夹杂物上浮容易向内弧侧聚集。近年来由于采用了钢液预处理，大部分夹杂物在连铸之前已经被去除，这种机型目前在钢铁企业还有应用。立弯式机型在薄板坯连铸机中应用较多，常规厚度的板坯连铸机中应用较少。目前应用最多的就是直弧式机型。它使得钢液中的夹杂物能够均匀上浮，连铸机直线段长度和板坯中夹杂物的关系见图 2-1-6。

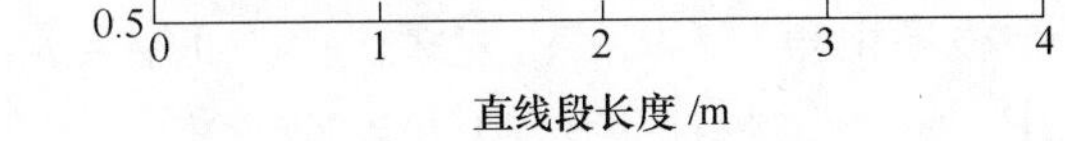

图 2-1-6 连铸机直线段长度和板坯中夹杂物的关系

选择机型时，一要根据钢种和钢液质量，二要考虑设备投资费用，三要考虑厂房条件。除此之外还应听取用户意见。

1.4 板坯连铸机主要参数

1.4.1 连铸机流数

板坯连铸机有台、机、流之分，例如 1 台双机双流连铸机、1 台 1 机 1 流连铸机和 1 台 1 机双流连铸机（一台结晶器采用插装件浇出双流板坯的情况）。一个钢包对应的连铸机叫一台，一套驱动装置对应的连铸机叫 1 机，一台连铸机出坯的数量叫流数。最常见的板坯连铸机是1台1机1流和1台双机双流。对于常规厚度的板坯连铸机，多数情况下，炉子容量大于150t时，采用双机双流连铸机，小于150t时，采用单机单流连铸机。ESP生产线上的薄板坯连铸机，单机单流连铸机就可以对应250~300t转炉，单流年产钢坯200万~220万吨。

1.4.2 炉机匹配、拉坯速度与连铸机初步机长

1.4.2.1 炉机匹配

连铸机生产必须做到十三个方面的稳定，即钢液质量、浇注温度（过热度）、浇注速度稳定；液面、结晶器中的流场、浸入式水口插入深度和对中准确度、氩封气体流量、保护渣性能、保护渣消耗量、电磁搅拌或轻压下参数稳定；浇注断面、操作人员、设备维修质量和连铸机运行状态稳定。

这“十三个稳定”中，浇注速度稳定是核心。炼钢炉、钢液精炼设备和连铸机的配合要以连铸机为中心，实行恒速浇注，只有这样，才能奠定连铸板坯质量的基础，这是生产实践得出的一个很重要的原则。

板坯连铸机速度包括送引锭速度、机械速度和浇注速度，中国人把浇注速度普遍称为拉坯速度，简称“拉速”。常规板坯连铸机浇注速度为0.3~3.0m/min，最大机械速度为2.0~3.5m/min，送引锭速度一般为4.0~6.0m/min。薄板坯连铸机以及与无头轧制ESP匹配的板坯连铸机的浇注速度为0.4~7.5m/min，最大机械速度可以确定为8.0~10.0m/min。

拉坯速度的确定原则是：首先按照炼钢炉给连铸机的供钢周期及板坯尺寸等参数计算出对应的拉坯速度，再根据所浇钢种和板坯连铸技术的发展水平确定最大拉坯速度和稳定拉坯速度。

连铸机初步机长采用给定凝固系数的方法求得。

以A钢铁公司双流板坯连铸机为例说明其计算方法。已知：一台双机双流连铸机配一台转炉，每包钢液的重量（大部分情况下指炉子出钢量）为$Q_L=300$t，供给连铸的每包钢液的供应周期$T_C=36$min，连铸机流数$S_L=2$。

板坯单重

$$W_d = D_0 \cdot B \cdot \rho \tag{2-1-4}$$

式中 W_d——板坯单重，t/m；

D_0——冷板坯厚度，$D_0=0.21$m、0.23m、0.25m；

B——冷板坯宽度，$B=0.9\sim1.93$m；

ρ——连铸板坯密度，$\rho=7.80$g/cm³，也有取7.6 g/cm³的。

炉机匹配拉坯速度

$$v_L = \frac{Q_L}{K_k \cdot T_C \cdot W_d \cdot S_L} \tag{2-1-5}$$

式中 v_L——炉机匹配拉坯速度，m/min；

Q_L——每包钢液的重量，t；

K_k——开浇和结束浇注的补偿系数，$K_k=0.99$；

T_C——钢液的供应周期，min；

S_L——连铸机流数。

最大拉坯速度v_{max}确定后，再反算连铸机的实际浇注周期T_j。

$$T_j = \frac{Q_L}{K_k \cdot v_{max} \cdot W_d \cdot S_L} \tag{2-1-6}$$

式中 T_j——实际浇注周期，min；

v_{max}——最大拉坯速度，m/min。

1.4.2.2 选定凝固系数

凝固系数 $K(mm/min^{0.5})$ 的表达式也叫凝固定律，是从模铸中总结出的规律，关于凝固系数的选取，各设备供货商家是不一样的。商家 A 取 $K = 26.5mm/min^{0.5}$[1]，商家 B 取 $K = 25.0 \sim 26.0mm/min^{0.5}$。大多数板坯连铸实际测试的结果表明，$K = 23.0 \sim 28.0mm/min^{0.5}$。A 钢铁公司浇注厚度 250mm 的 SS400 钢，实测 $K = 27.5mm/min^{0.5}$，日本 NKK 公司 20 世纪 90 年代投产的 6 号板坯连铸机浇注低碳钢的 $K = 28.0mm/min^{0.5}$。蔡开科、程士富编写的《连续铸钢原理与工艺》指出，铝镇静钢 $K = 28.0mm/min^{0.5}$，低合金钢 $K = 26.0mm/min^{0.5}$，合金钢 $K = 24.0mm/min^{0.5}$。但是也有例外：B 钢铁公司浇注 ASFMA36 钢种，300mm×2300mm 断面，实测的 $K = 20.7 \sim 22.5mm/min^{0.5}$；C 钢铁公司对厚板钢种，230mm×1650mm 断面，拉坯速度 0.9～1.2m/min，实测的 $K = 21.82 \sim 22.03mm/min^{0.5}$；D 钢铁公司对 210mm 厚度，含碳量（0.10～0.12)% 钢种，拉坯速度 0.95m/min，实测的 $K = 21.82 \sim 22.03mm/min^{0.5}$。新日铁君津厂 2 号板坯连铸机浇注管线钢 API X65、X70 时，所用比水量 0.54L/kg，板坯厚度 240mm 时，实测的 $K = 23.53 \sim 23.72mm/min^{0.5}$，板坯厚度 300mm 时，实测的 $K = 25.06mm/min^{0.5}$。

根据实验，凝固系数

$$K = \frac{\delta}{t^{0.47 \sim 0.54}} = \frac{\delta}{(L/v_c)^{0.47 \sim 0.54}} \approx \frac{\delta}{(L/v_c)^{0.5}} \tag{2-1-7}$$

式中 K——凝固系数，$mm/min^{0.5}$；

δ——凝固壳厚度，mm；

t——凝固时间，min；

L——液芯长度，m；

v_c——拉坯速度，m/min。

1.4.2.3 最大拉坯速度

最大拉坯速度根据计算所得到的炉机匹配的拉坯速度和连铸技术发展的实际水平选取，炉机匹配的拉坯速度计算方法比较简单，在这里予以省略。

1.4.2.4 板坯连铸机最大拉坯速度实例

表 2-1-3 是 A 钢铁公司炉机匹配、最大拉坯速度与连铸机初步机长计算结果。

表 2-1-4 是商家 E 给某钢铁公司（220、250、300）mm×(1200～2300)mm 板坯连铸机按照钢种和板坯厚度设定的最大拉坯速度。

表 2-1-5 是 20 世纪 90 年代中期国外几台板坯连铸机最大拉坯速度。表 2-1-6 是新日铁八幡厂 3 炼钢厂高硅钢板坯连铸机最大拉坯速度。表 2-1-7 是芬兰奥特昆普托尼奥钢铁厂不锈钢板坯连铸机最大拉坯速度。表 2-1-8 是川崎制铁千叶厂 4 号不锈钢板坯连铸机和宝钢不锈钢分公司不锈钢板坯连铸机最大拉坯速度。

表 2-1-3　A 钢铁公司炉机匹配、最大拉坯速度与连铸机初步机长计算结果

板坯厚度 /mm	板坯宽度 /mm	板坯单重 $/t \cdot m^{-1}$	炉机匹配拉坯速度 $/m \cdot min^{-1}$	确定最大拉坯速度 $/m \cdot min^{-1}$	实际浇注周期 /min	连铸机初步机长 L_C/m 凝固系数 $K/mm \cdot min^{-0.5}$			
						$K=25.0$	$K=26.0$	$K=26.5$	$K=27.0$
210	900	1.4742	2.855	1.800	57.10				
210	1000	1.6380	2.569	1.800	51.39				
210	1100	1.8018	2.336	1.800	46.72				
210	1200	1.9656	2.141	1.800	42.82				
210	1300	2.1294	1.976	1.800	39.53				
210	1400	2.2932	1.835	1.800	36.71	31.75	29.36	28.26	27.22
210	1500	2.4570	1.713	1.800	36.06				
210	1600	2.6208	1.606	1.800	35.91				
210	1700	2.7846	1.511	1.800	36.03				
210	1800	2.9484	1.427	1.800	35.94				
210	1900	3.1122	1.352	1.800	36.06				
210	1930	3.1613	1.331	1.800	36.04				
230	900	1.6146	2.607	1.700	55.20				
230	1000	1.7940	2.346	1.700	49.68				
230	1100	1.9734	2.133	1.700	45.16				
230	1200	2.1528	1.955	1.700	41.40				
230	1300	2.3322	1.805	1.700	38.22				
230	1400	2.5116	1.676	1.700	35.91	35.97	33.26	32.01	30.84
230	1500	2.6910	1.564	1.700	36.09				
230	1600	2.8704	1.466	1.700	35.91				
230	1700	3.0498	1.380	1.700	36.00				
230	1800	3.2292	1.303	1.700	36.09				
230	1900	3.4086	1.235	1.700	35.85				
230	1930	3.4624	1.216	1.700	35.87				
250	900	1.7550	2.398	1.600	53.96				
250	1000	1.9500	2.158	1.600	48.56				
250	1100	2.1450	1.962	1.600	44.15				
250	1200	2.3400	1.799	1.600	40.47				
250	1300	2.5350	1.660	1.600	37.36				
250	1400	2.7300	1.542	1.600	36.04	40.00	36.98	35.60	34.24
250	1500	2.9250	1.439	1.600	35.97				
250	1600	3.1200	1.349	1.600	35.97				
250	1700	3.3150	1.270	1.600	35.99				
250	1800	3.5100	1.199	1.600	35.97				
250	1900	3.7050	1.136	1.600	35.87				
250	1930	3.7635	1.118	1.600	35.95				

表 2-1-4 (220、250、300)mm×(1200～2300)mm 板坯连铸机最大拉坯速度（商家 E）

序号	钢种类别		标准	典型钢种	最大拉坯速度/m·min⁻¹ 220mm	250mm	300mm
1	管线钢		API 5L	X52～X100	1.4	1.2	0.8
2	船板钢		相关造船公司标准	A，B，D，E，AH32～AH40，DH32～DH60，DH69，EH32～EH60，EH69，FH32～FH60，FH69	1.6	1.4	0.9
3	结构钢	普通结构用钢	ASTM	A36，A283，A529			
			DIN EN10025	S185，S235JR，S275JR，S355JR			
			JIS G3101	SS490，SS540			
				SS400	1.7	1.5	1.0
		桥梁用钢	ASTM	A572，A709，级别 36，50，50W，100，100W	1.6	1.4	0.9
			JIS G3106	SM490，SM520，SM570			
		建筑用钢	ASTM	A572，A573，A633	1.4	1.2	0.8
			JIS G3136	SN400A、B、C，SN490B、C			
		高强度结构钢	ASTM	A572，A573，A633，A678，A710			
			API 2W/2H	级别 50T，60/级别 42，50			
			JIS G3128	SHY685，SHY685N，SHY685NS			
			（日本）	HT－590，610，690，780，950			
4	锅炉钢		ASTM	A202，A299，A302，A387，A515，A516，A537	1.4	1.2	0.9
			DIN EN10028t2	P235GH，P265GH，P355GH，BHW35（DIN454）			
			JIS G3103	SB410，SB450，SB480			
			JIS G3119	SBV1A，SBV1B，SBV2，SBV3			
5	容器钢		ASTM	A662，A302，A517，A537，A387，A203，A533，A353			
			JIS G3115	SPV235，SPV355，SPV410，SPV450，SPV490			
			JIS G3118	SGV410，SGV450，SGV480			
			JIS G3120	SQV1A、2A、3A，SQV1B、2B、3B			
			JIS G4109	SCMV1、V2、V3、V4、V5、V6			
			JIS G3126	SLA235A、B，SLA325A、B，SLA360，SLA410			
			JIS G3127	SL2N255，SL3N255～440，SL5N590，SL9N520～590			

续表 2-1-4

序号	钢种类别		标 准	典型钢种	最大拉坯速度/m · min^{-1}		
					220mm	250mm	300mm
6	其他	耐大气腐蚀钢	ASTM	A242，A588，A871，A572，A709	1.4	1.2	1.0
			JIS G3114	SMA400A、B、C，SMA490A、B、C，SMA570			
			JIS G3125	SPA - H			
		机械工程用钢	JIS G4051	S10C ~ S58C	1.2	1.0	0.8
			SSAB	HARDOX400，HARDOX500			
		模具用钢	ASTM	A681 ~ P20	1.0	1.0	0.8

表 2-1-5 20 世纪 90 年代中期国外几台板坯连铸机最大拉坯速度

公司/厂家，连铸机	板坯断面 /mm × mm	最大拉坯速度 /m · min^{-1}	浇钢量 /t · min^{-1}	宽厚比
SMI/Kashima，3CC	270 × 1450	2.0	6.1	5.4
KS/Chiba，3CC	260 × 1600	2.0	6.5	6.1
NSC/Nagoya，2CC	250 × 1200	2.2	5.1	4.8
PREUSSAG/Salzgitter，2CC	250 × 2600	0.9	4.6	10.4
NKK/Fukuyama，5CC	220 × 1200	2.2	4.5	5.4
NKK/Fukuyama，6CC	220 × 1200	3.0	6.2	5.4
IPSCO/Regina	100 × 1650	1.8	2.3	16.5
ARMCO/Mansfield	100 × 1280	3.5	3.5	12.8
SMI/Kashima，LTC	90 × 1000	4.0	2.8	11.1
AVESTA SHEFFIELD/Avesta	80 × 2100	1.7	2.2	26.2
ARVEDIISP/Cremona	60 × 1250	4.5	2.6	20.8
NUCOR STEEL/Crawfordsville	50 × 1350	5.5	2.9	27.0

表 2-1-6 高硅钢板坯连铸机最大拉坯速度

厂 家	机型	板坯厚度 /mm	钢中硅含量 (质量分数)/%	拉坯速度 /m · min^{-1}
新日铁八幡厂 3 炼钢厂	弧形	250	>3	1.6

表 2-1-7 不锈钢板坯连铸机最大拉坯速度

厂 家	机型	主半径 /mm	板坯断面 /mm × mm	生产能力 /万吨 · a^{-1}	厚度 185mm 时拉坯速度/m · min^{-1}
芬兰奥特昆普托尼奥钢铁厂	直弧形	9000	(170 ~ 250) × (800 ~ 1650)	100	奥氏体：1.7 铁素体：1.3

表 2-1-8 不锈钢板坯连铸机最大拉坯速度

厂 家	机型	主半径 /mm	板坯断面 /mm × mm	机长 /m	生产能力 /万吨 · a^{-1}	最大拉坯速度 /m · min^{-1}
川崎制铁千叶厂 4 号板坯连铸机	直弧形	9600	(200、260) × (650 ~ 1650)	25.6		1.6
宝钢不锈钢分公司	直弧形	8636	(180、200) × (750 ~ 1600)	24.501	75	1.5（最大比水量 1.1 L/kg）

表 2-1-9 是商家 C 给某钢铁公司提供的（220、250、300）mm ×（1200 ~ 2300）mm 板坯连铸机按照钢种和板坯厚度设定的最大拉坯速度。表 2-1-10、表 2-1-11 是商家 B 给某钢铁公司提供的（180、250、300）mm ×（1200 ~ 2300）mm 板坯连铸机按照钢种分类以及对应板坯厚度设定的最大拉坯速度。表 2-1-12 是 D 钢铁公司按照钢种和板坯厚度设定的最大拉坯速度。表 2-1-13 是 1996 年 4 月 15 日世界金属导报报道的日本 5 台常规板坯连铸机稳定的最大拉坯速度。

表 2-1-9 （220、250、300）mm ×（1200 ~ 2300）mm 板坯连铸机最大拉坯速度（商家 C）

序号	碳 含 量	注释	最大拉坯速度/m · min^{-1}			最大过热度 /℃	最小过热度 /℃
			220mm	250mm	300mm		
1	[C]≤0.08%		1.7	1.45	1.0	30	10
2	0.08% <[C]≤0.14%	包晶钢	1.6	1.4	0.9	25	10
3	0.14% <[C] ≤0.18%		1.6	1.4	0.95	25	10
4	0.18% <[C] ≤0.22%		1.55	1.35	0.95	20	10
5	0.22% <[C] ≤0.35%		1.5	1.35	0.9	20	10
6	0.35% <[C] ≤0.50%		1.4	1.3	0.9	15	10
7	0.50% <[C] ≤0.65%		1.0	0.9	0.75	15	10
8	本表序号 2 微合金钢	包晶钢	1.4	1.3	0.9	25	10
9	本表序号 3 微合金钢		1.4	1.3	0.9	25	10
10	本表序号 4 微合金钢		1.35	1.25	0.85	20	10
11	本表序号 5 微合金钢		1.3	1.25	0.8	20	10
12	[Cr] [Ni] 或 [Mo] >2%		1.3	1.2	0.85	20	10
13	[Ni] >4%（热裂敏感钢，弱冷保持高温）		1.0	0.9	0.75	15	10

表 2-1-10 （180、250、300）mm ×（1200 ~ 2300）mm 板坯连铸机钢种分类（商家 B）

序号	钢种类别	钢 种	标 准
1	管线钢	X56 ~ X80	API SPEC 5L
2	船板钢	A，B，D，E， AH32，DH32，EH32， AH36，DH36，EH36， AH40，DH40，EH40，FH40	GB712 ABS 相应的造船公司钢号

续表 2-1-10

序号	钢种类别	钢 种	标 准
3	锅炉钢板	20g，16Mng， SB410，SB450， 19Mn6，12CrMoV	GB713 JIS G3103 EN10028T2
4	压力容器钢	16MnR，15CrMo， SPV235，SPV315，SPV490， A202，A515，A537	GB6654 JIS G3115 ASTM
5	工程及机械结构钢	50，60，65，80， StE460，690	ASTM572，650，871 DIN17102
6	汽车大梁钢	09SiV，16MnL	GB3273
7	碳素结构钢	Q235/275， SS400，SS490	GB711 JIS G3101
8	低合金结构钢	15MnV，16Mn，16Mnq，15MoVq， SM400，SM490/A36，SM520， A573	GB/T1591 JIS G3106 ASTM
9	耐磨钢	NM360 ~ NM600	Q/WTB

表 2-1-11 对应表 2-1-10 的最大拉坯速度（商家 B）

对应表 2-1-10 的序号	板坯厚度/mm，最大拉坯速度/m·min^{-1}		
	180	250	300
1，5	1.60	1.20	0.90
2	2.20	1.55	0.95
4，6，9	1.70	1.35	0.95
3，8	2.00	1.55	1.00
7	2.50	1.60	1.10

表 2-1-12 D 钢铁公司板坯连铸机的最大拉坯速度

钢 种	最大拉坯速度/m·min^{-1}		
	断面/mm×mm		
	210×1100	250×1300	250×1550
深冲钢	1.3 ~ 1.4	0.9 ~ 1.0	0.8 ~ 1.0
低合金钢	1.2 ~ 1.3	0.8 ~ 0.9	0.8 ~ 0.9
普碳钢	1.3 ~ 1.4	0.9 ~ 1.0	0.8 ~ 1.0
硅 钢	0.7 ~ 0.8	0.6 ~ 0.7	

表 2-1-13 日本几台板坯连铸机高拉速状况

连铸机所在工厂	板坯尺寸/mm×mm	拉速/m·min^{-1}	浇注速率/t·min^{-1}	板坯宽厚比
鹿岛 3 号机	270×1450	2.0	6.1	5.4
千叶 3 号机	260×1600	2.0	6.5	6.1
名古屋 2 号机	250×1200	2.2	5.1	4.8
福山 5 号机	220×1200	2.5	5.2	5.4
福山 6 号机	220×1200	3.0	6.2	5.4

1.4.2.5 连铸机初步机长

$$L_c = \left(\frac{D_0/2}{K}\right)^2 \cdot v_{max} \tag{2-1-8}$$

式中，L_c为连铸机初步机长，m。

连铸机初步机长是辊列设计的依据，最终机长必须大于初步机长，最终机长的确定将在辊列设计中描述，A钢铁公司初步机长计算结果见表2-1-3。

1.4.2.6 稳定拉坯速度

最大拉坯速度计算完毕后，再确定稳定拉坯速度，稳定拉坯速度也叫基准拉坯速度，是指一个浇钢周期中，开浇升速后至停浇降速前这一阶段的拉坯速度。它与浇注板坯断面、浇注钢种、生产操作水平、操作经验以及当前的连铸技术发展水平有直接关系。

表2-1-14是A钢铁公司1、2号板坯连铸机确定的生产操作中的稳定拉坯速度。表2-1-15是商家B根据钢种和板坯厚度确定的稳定拉坯速度。表2-1-16是G钢铁公司根据钢种和板坯厚度确定的稳定拉坯速度，其中板坯断面（210、230）mm×（800～1320）mm，拉坯速度范围为0.8～2.4mm/min，连铸机基本半径为8000mm，连铸机机长为41329mm。表2-1-17是某钢铁公司根据碳当量设定的目标拉坯速度（即稳定拉坯速度）和最大拉坯速度，浇注断面（200～250）mm×（1000～1700）mm。

表2-1-14 A钢铁公司各钢种不同断面时的稳定拉坯速度 （m/min）

钢种 \ 板坯尺寸/mm	250		230		210	
	≤1500	>1500	≤1500	>1500	≤1500	>1500
普通碳素钢	1.4	1.2	1.5	1.3	1.6	1.4
深冲用钢	1.4	1.2	1.5	1.3	1.6	1.4
低Al，Al-K钢	1.4	1.2	1.5	1.2	1.6	1.2
螺旋焊管钢	1.1	1.1	1.2	1.2	1.3	1.3
低合金钢，造船用钢，结构用钢	1.1	1.1	1.2	1.2	1.3	1.3
加权平均	1.3		1.4		1.5	

表2-1-15 商家B根据钢种和板坯厚度确定的稳定拉坯速度

序号	钢种类别	参考钢种	不同厚度时稳定拉坯速度/m·min^{-1}		
			220mm	250mm	300mm
1	管线钢	APIX42～X70	1.25	1.10	0.80
2	造船钢		1.30	1.20	0.80
3	结构钢	St44、SS490、SS540	1.70	1.50	1.00
	包晶钢	St37	1.55	1.35	0.90
	HSLA钢		1.40	1.30	0.90
4	锅炉和容器钢	C20、St52	1.25	1.10	0.80
5	汽车板钢		1.50	1.40	0.90
6	耐大气腐蚀钢		1.30	1.20	0.90

表 2-1-16 G 钢铁公司根据钢的含碳量设定的稳定拉坯速度范围

序 号	钢种类别	划分依据	拉坯速度范围/m · min⁻¹
1	低碳钢	[C] ≤0.08%	1.0 ~ 2.4
2	包晶钢	0.08% < [C] ≤0.17%	0.8 ~ 1.5
3	中碳钢	0.17% < [C] ≤0.30%	0.8 ~ 1.6
4	微合金钢	Ti 等微合金化钢种	0.8 ~ 1.4

表 2-1-17 某钢铁公司根据钢的碳当量设定的稳定拉坯速度

序号	钢种类别	划分依据	简称	稳定拉坯速度 /m · min^{-1}	最大拉坯速度 /m · min^{-1}
1	IF 钢（含全部超低碳钢）	IF 钢（包括 C_{eq} ≤0.005% 非 IF 钢）	IF	2.0	2.2
2	低碳钢	0.005% < C_{eq} ≤0.080%	LC	2.0	2.2
3	包晶钢	0.080% < C_{eq} ≤0.150%	PER	1.3	1.5
4	包晶外的中碳钢	0.150% < C_{eq} ≤0.250%	MC	1.6	1.8
5	高碳钢	0.250% < C_{eq} ≤0.450%	HC	1.5	1.7
6	低碳微合金钢	2 类微合金钢	LC-HSLA	1.6	1.8
7	包晶微合金钢	3 类微合金钢	PER-HSLA	1.3	1.5
8	包晶外的中碳微合金钢	4 类微合金钢	MC-HSLA	1.5	1.7

注：C_{eq} 表示碳当量。

薄板坯连铸机根据厚度划分的稳定拉坯速度一般为：

厚度 50mm：3.5 ~ 5.5m/min；

厚度 60mm：2.8 ~ 4.5m/min；

厚度 70mm：2.8 ~ 3.4m/min。

中薄板坯连铸机根据厚度划分的稳定拉坯速度一般为：

厚度 135 ~ 180mm：1.8 ~ 3.0m/min。

但是，最近几年出现的无头（连续）带钢轧制生产线（Endless Strip Processing, ESP），其拉速颠覆了常规板坯连铸机和薄板坯连铸机的概念。生产连铸坯厚度 70 ~ 110mm，结晶器出口板坯厚度 90 ~ 110mm，宽度 900 ~ 1600mm，转炉容量 300t，冶炼周期 45min，中间罐容量 60t，连浇炉数 10 炉，带钢平均宽度 1500mm 时的对应平均拉速为 6m/min，最大通钢量为 6.5t/min。

表 2-1-18 是 ESP 生产线中连铸机分钢种的稳定拉速。表 2-1-19 是 ESP 生产线中连铸机分板坯厚度的稳定拉速与通钢量。

表 2-1-18 ESP 生产线中连铸机分钢种的稳定拉速

序号	钢 种	参考钢号	不同板坯厚度的拉坯速度/ m · min^{-1}	
			80mm	90mm
1	软钢（低碳钢）	DD11；SPHC	6.5	5.5
3	中碳钢（0.15%~0.25%）	S355；Q345B	5.5	5.0
6	HSLA（低碳钢）	SPFH490	6.5	5.5
8	双相钢	DP600	5.5	5.0

表 2-1-19 ESP 生产线中连铸机分板坯厚度的稳定拉速与通钢量

连铸坯厚度/mm	拉速/m · min^{-1}	通钢量/t · min^{-1}
85	6.0	5.80
90	6.0	6.15
90	6.0	6.15
100	5.5	6.27
100	5.5	6.27

1.4.3 浇注准备时间

从上一次浇注的中间罐水口关闭到下一次浇注的结晶器密封完成为止的这一段时间叫做浇注准备时间。浇注准备时间和引锭的上装或下装有关，和连铸机的长度以及各运转设备的运转速度有关，也和连铸操作工的水平及作业规程有关。

结晶器在线不冷态调宽时，根据连铸机的长度和生产操作参数，下装引锭浇注准备时间一般为 40～80min。上装引锭浇注准备时间一般为 30～40min。

对 40m 左右机长，上装引锭的板坯连铸机，尾坯运出时间为 15min，上装引锭的插入及引锭头密封时间约 25min，上装引锭拉尾坯的某个时刻和引锭从结晶器顶部插入的工作可以同时进行，则浇注准备时间为 40min。这里不包括交叉作业和重叠作业时间，例如尾坯封顶时，引锭车的运行；尾坯离开结晶器一定距离时，引锭开始上装送入连铸机结晶器中。

对 30m 左右机长，下装引锭的板坯连铸机，浇注准备时间的详细项目参见表 2-1-20。

表 2-1-20 下装引锭时的平均浇铸准备时间

序号	操 作 工 序	时间/min	备 注
1	关闭中间罐水口、停浇	27.0 （拉尾坯不减速）	0.5 min
2	中间罐车上升、开走		1.0 min
3	铸流封顶		2.0 min
4	尾坯拉出扇形段		封顶后拉尾坯 23.5min
5	切割尾坯及尾坯运离切割后辊道	3.5	
6	引锭杆运行到最后一个扇形段出口处	1.5	
7	引锭杆运行至结晶器下	6.5	
8	引锭杆点动就位	2.0	
9	密封引锭头	5.0	
10	中间罐就位	2.5	
11	钢包回转台回转，钢包就位、开浇	2	
合 计		50.0	

1.4.4 作业率

作业率是指不包括年维修的月作业率。年维修一般为每年 1 次，每台连铸机一次约需

3～5 天。20 世纪 80 年代，大多数板坯连铸工厂的作业率在 60%～75% 之间，20 世纪 90 年代，操作水平高的板坯连铸工厂的作业率在 80% 左右。进入 21 世纪后，大多数板坯连铸工厂的作业率在 75%～90% 之间，平均 85% 左右，操作水平高时，也可以短期达到 95% 左右。

A 钢铁公司作业率设计值 80%，非作业时间比率 20%，非作业率详细项目见表 2-1-21。E 钢铁公司作业率最大设计值 93%，非作业时间比率 7%，非作业率详细项目见表 2-1-22。

表 2-1-21 A 钢铁公司非作业率详细项目

项　目	比例/%	备　注
定期修理	3.5	8h/次 ×3 次/月
检查调整	6.1	辊子基准调整，喷嘴检查
结晶器更换	1.0	3.5h/次 ×2 次/月
待机	2.8	浇注准备完成后等钢液
内部故障	3.3	连铸机故障，包括漏钢
外部故障	3.3	转炉、起重机、盛钢桶等的故障
合　计	20.0	

表 2-1-22 E 钢铁公司非作业率详细项目

序号	非作业项目	时间		比例/%	备　注
		d	h		
1	年停产大修	5.0	120	1.37	与炼钢一起每年停产大修
2	定期检修	7.0	168	1.92	3.5h/次，1 次/周
3	局部检修	5.0	120	1.37	辊子对中、基准检查、喷嘴检查等
4	更换结晶器、弯曲段	4.0	96	1.10	2h/次（包括对弧），4 次/月
5	连铸机故障	4.5	108	1.10	漏钢及连铸机其他故障等
合　计		25.5	612	6.98	每年按 365.3 天计算

1.4.5 连浇炉数

在一个浇注周期中，连续不断地浇注钢液所能够达到的炉数称为连浇炉数。最小连浇炉数和钢种及生产计划有关，例如浇注特别用途的钢种，生产订单中的数量往往比较小。而最大连浇炉数和设备的性能及生产操作水平有关。不管最小连浇炉数还是最大连浇炉数都和炉子的大小有关系，炉子大时，连浇炉数少，炉子小时，连浇炉数多。

据报道，前联邦德国某钢铁厂在 300 多吨转炉上，曾经创造了连浇 160 炉的空前纪录，浇钢 4.8 万吨。总体设计时，一般需要平均连浇炉数，浇钢量 1500～3000t。

1.4.6 金属收得率

20 世纪 80 年代，正常生产时的金属收得率一般为：浇注收得率（粗坯/浇钢量）97%；精整收得率（精整坯/粗坯）98%，即板坯总体收得率（精整坯/出钢量）为 95%。

随着连铸技术水平的提高，目前碳钢连铸机精整量已经很小；随着钢液洁净度的提高，连铸控制中钢包下渣检测装置的投入，拉坯速度提高使氧化铁皮减少等方面的发展，目前碳钢板坯连铸机的金属收得率一般为97%。对于浇注低碳钢、超低碳钢钢种，连铸设备供货商家C给出的金属收得率为98%。

金属平衡图形象地说明了金属的损失及其损失比率，E钢铁公司的金属平衡见图2-1-7，图中钢包提供给连铸的钢液为1546392t，经过各个环节后合格板坯为1500000t，总的金属收得率为97%。

所以，一般认为，当操作熟练后且钢液质量有保证的条件下，碳钢连铸机的金属收得率可以确定为97%。当钢种单一且无清理时，甚至可以达到98%。

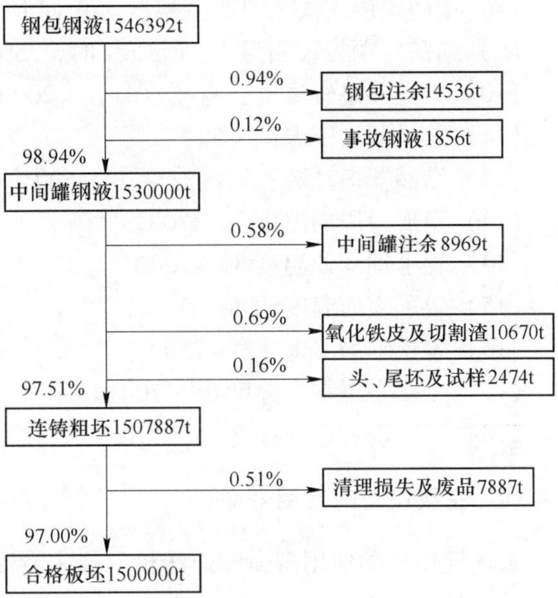

图2-1-7 金属平衡图

1.4.7 热装热送比

“热装”是把具有一定温度的连铸板坯直接装入轧钢厂的加热炉中。“热送”是把具有一定温度的连铸板坯直接送到轧钢厂中再堆放。连铸板坯的热装热送是钢铁工业节能降耗的必然方向。热装热送比主要是根据具体钢种的成分及其特性和生产操作管理水平而定。热送板坯的温度特别重要，有的钢种可以在600℃以上热装热送，有的钢种则要在400℃以下甚至更低温度热装热送，每个钢铁公司都有自己的经验。世界上有的板坯连铸生产厂的热装热送比达到了100%，热送的板坯是不进行清理的，因此有时候就把某些钢种的热装热送比也称作无清理率。有单钢种的无清理率，也有连铸机所浇注全部钢种的平均无清理率。平均无清理率是确定连铸机后部板坯精整区材料流程、板坯堆放与否、缓冷与否、清理与否的重要考虑因素。

1.4.8 板坯冷却时间

不经热送的板坯需进行空冷和存放，为了确定板坯空冷场和存放场的大小，样板厂或将要对该连铸生产线进行操作指导的厂家须事先给出空冷场和存放场板坯的存放高度，以及板坯冷却时间。根据实践，4块坯为一垛时，900℃的板坯经48h空冷，温度可降到100℃。对于特殊钢种的板坯，例如有些特殊钢、不锈钢，还要设置缓冷坑，以保证板坯质量。

1.4.9 主要设备环境温度

（1）气温设计值为20℃。

（2）钢包内的钢液温度约1600℃。

（3）中间罐内的钢液温度约1550℃。

（4）结晶器内的钢液温度约 1500℃。

（5）回转台周围温度 <70℃。

（6）钢包滑动水口周围温度 120 ~ 150℃。

（7）中间罐车周围温度 <50℃。

（8）中间罐浸入式水口周围温度 120 ~ 170℃。

（9）结晶器铜板表面温度：CuCrZr 时，350 ~ 400℃；CuAg 时，≤300℃。

（10）结晶器足辊温度：有喷水时，<200℃；无喷水时，>500℃。

（11）结晶器周围温度 <50℃。

（12）结晶器振动装置周围温度 30 ~ 50℃（曾在气温 10℃时测得 41℃）。

（13）扇形段周围温度 40 ~ 70℃。

（14）辊子轴承处温度 80 ~ 150℃。

（15）辊子表面温度约 400℃。

（16）辊子平均温度 200 ~ 250℃。

（17）二冷密封室内温度 65 ~ 70℃。

（18）二冷密封室外温度约 50℃。

1.4.10　主要设备的使用寿命

板坯连铸机的使用寿命和连铸机的技术特性、可靠性及生产操作水平有关。

1.4.10.1　F 钢铁公司实际统计数据

转炉容量 304t，F 钢铁公司实际统计数据如下。

（1）钢包回转台回转轴承：转动 5000 次，需进行更换。

（2）中间罐：浇注 3.88 炉，进行一次小修（修涂层）；浇注 250 炉，进行一次大修（修耐火砖）；浇注 1000 炉，进行一次全修（修永久层）。

（3）结晶器：一个结晶器浇注 125 炉后，铜板需再加工。

（4）零号段：每段用 250 炉后，需进行更换。

（5）快速更换台（QC 台）：每台用 250 炉后，需进行更换。

（6）圆弧区和矫直区扇形段：各段用过 1250 炉后，需进行更换。

（7）电磁搅拌用扇形段：每段用过 500 炉后，需进行更换。

（8）水平区扇形段：各段用过 2500 炉后，需进行更换。

1.4.10.2　A 钢铁公司扇形段寿命生产统计数据

转炉容量 304t，A 钢铁公司扇形段寿命生产统计数据如下。

（1）扇形段 1：1150 炉。

（2）扇形段 2、3：1250 炉。

（3）扇形段 4 ~ 6：1300 ~ 1350 炉。

（4）扇形段 7、8（矫直段）：1250 炉。

（5）扇形段 9、10：2500 炉。

（6）扇形段 11 ~ 13：2750 炉。

（7）扇形段 14 ~ 16：3500 ~ 4000 炉。

（8）扇形段17：3000炉。

1.4.10.3 几个钢厂板坯连铸机辊子寿命

设定板坯断面为250mm×1750mm，几个钢厂板坯连铸机辊子寿命（一定磨损量时堆焊辊子的转数）统计见表2-1-23。

表2-1-23 一定磨损量时堆焊辊子的转数

钢铁公司及连铸机	扇形段区域	辊子母材	堆焊材质	辊径/mm	辊子维修时浇注的板坯长度/km	磨损量/mm	辊径磨损1mm时辊子转数
NSC O-4	弧形段	R72（HZ102F）	13Cr+1Ni	ϕ340	308	0.5	576703
SMI K-3	弧形段	SCM822Mod.	13Cr+2.5Ni	ϕ260	442	1.0	541127
KSC M-4	水平段	HZ005F	13Cr+4Ni	ϕ340	710	1.0	664706
SMI K-3	水平段	SCM822Mod.	13Cr+2.5Ni	ϕ360	928	1.0	820532
SMI W-3	水平段	SCM822Mod.	13Cr+1Ni	ϕ480	480	0.5	727565

1.4.10.4 A钢铁公司板坯连铸机辊子寿命

假定板坯断面为250mm×1750mm，估算的A钢铁公司板坯连铸机辊子寿命见表2-1-24。

表2-1-24 估算的A钢铁公司板坯连铸机辊子寿命

设备名称	扇形段区域	辊径/mm	扇形段更换时允许的辊径磨损量/mm	加工前总转数	浇注的总长度/m	辊子加工前总产量/t·（2流）$^{-1}$	扇形段的更换周期/月
零号扇形段	弯曲段	ϕ170	1.0	576703	308000	2102100	11.0
零号扇形段	弯曲段	ϕ230	1.0	576703	416706	2844018	14.8
扇形段1、2	弧形段	ϕ250	1.0	576703	452941	3091324	16.1
扇形段3、4	弧形段	ϕ270	1.0	576703	489176	3338629	17.4
扇形段5~8	弧形段	ϕ230	1.0	576703	416706	2844018	14.8
扇形段9~17	水平段	ϕ230	1.0	727565	525714	3588000	18.7

1.4.10.5 商家B提供的辊子寿命

商家B提供的不堆焊和堆焊时的辊子寿命见表2-1-25。其中辊子裂纹深度>2~3mm、不圆度>3mm时需要再加工，重新加工的次数为1~2次，重新加工后再堆焊。每根辊子直径最大减少量5~8mm。

表2-1-25 商家B提供的不堆焊和堆焊时的辊子寿命

设备名称	母 材	辊径/mm	无堆焊/t	堆焊/t
结晶器足辊	St37-2（Q235D）	ϕ100	200000~350000	300000~500000
零号扇形段	St37-2	ϕ140、ϕ140	350000~500000	700000~1000000
弧形段1~6	21CrMoV511	ϕ230、ϕ260	700000~1000000	900000~1200000
矫直段7、8	21CrMoV511	ϕ290	600000~800000	800000~1100000
水平段9、10	21CrMoV511	ϕ290	1100000~1400000	1700000~2100000
切割辊道	St37-2	ϕ356	约5000000	
出坯辊道	C45	ϕ356	约5000000	

1.4.10.6　商家 B 提供的结晶器铜板寿命

转炉 180t 时，商家 B 提供的结晶器铜板寿命见表 2-1-26。

表 2-1-26　商家 B 提供的结晶器铜板寿命（炉子容量 180t）

铜板位置	母材	不镀 Ni/炉	镀 Ni/炉	加工次数	镀 Ni 铜板总寿命/炉
常规 MD 窄面	CuCrZr	约 300	约 300 ~ 360	4 ~ 5	1200 ~ 1800
谐振 MD 窄面	CuCrZr	约 500 ~ 600	约 1000	4 ~ 5	4000 ~ 5000
宽面	CuAg	约 800 ~ 1000	约 1330 ~ 1875	6 ~ 8	8000 ~ 15000

1.4.10.7　商家 F 提供的结晶器铜板寿命

商家 F 按照结晶器过钢长度，以千米（km）为单位，作为结晶器铜板的刨修寿命，较为科学，见表 2-1-27。

表 2-1-27　商家 F 提供的结晶器铜板寿命

用户	宽面/窄面	镀　层　规　格	平均寿命/km
A	宽面	Ni-Cr：1.0mm/0.5mm	50.0
	窄面		
B	宽面	NiFe：0.3mm	52.2
	窄面	Ni 喷镀	
C	宽面	Ni：3.0mm（结晶器下部）	82.5
	窄面	Ni 喷镀：上部 1.0mm/下部 2.0mm	
D	宽面	NiFe：上部 0.2mm/下部 1.0mm	64.6
	窄面	上部 Ni：0.5mm/下部 NiFe：1.5mm	
E	宽面	Ni-Cr：0.6mm/0.5mm	52.1
	窄面	NiB：0.11mm/0.4mm	
F	宽面	Ni-Cr	43.5
	窄面	NiCr 喷镀	

1.5　年产量计算

连铸机年产量的计算方法有多种，这里只介绍其中一种。下面以 A 钢铁公司的连铸机为例加以说明。

设每台连铸机的年产量为 Q，则

$$Q = W \cdot t_r \cdot \varepsilon \tag{2-1-9}$$

式中　t_r——年生产时间（除 3 天大修时间），$t_r = 60 \times 24 \times 362.3 = 521712\text{min}$；

ε——作业率，80%；

W——单位时间浇钢量，t/min，

$$W = \frac{Q_L C_p}{t_m C_p + t_z}$$

Q_L——每炉钢液质量，$Q_L = 300\text{t}$；

C_p——多炉连浇平均炉数，$C_p = 4 \sim 10$；

t_z——浇注准备时间，$t_z = 40\text{min}$；

t_m——每炉钢浇注时间，min，

$$t_m = \frac{Q_L}{S_L \cdot \rho \cdot D_m \cdot B_m \cdot v_m \cdot K_1}$$

S_L——一台连铸机的流数，$S_L=2$；

ρ——板坯密度，$\rho=7.8\text{g/cm}^3$；

D_m——板坯平均厚度，m；

B_m——板坯平均宽度，m；

v_m——平均浇注速度，m/min；

K_1——开浇与结束浇注的速度补偿系数，$K_1=0.99$。

其中，平均浇注速度 v_m（板坯平均厚度 250mm）可根据表 2-1-2 和表 2-1-14 按下述方法计算：

宽度≤1500mm

$$1.4\times(0.4+6.5+7.4)=20.02$$
$$1.4\times(0.8+14.4+16.5)=44.38$$
$$1.4\times(1.2+5.6+7.1)=19.46$$
$$1.1\times(0.7+0.7+1.2)=2.86$$
$$1.1\times(1.1+7.4+5.8)=15.73$$
$$\text{合计}\sum\nolimits_1=102.45$$

宽度>1500mm

$$1.2\times(1.9+1.1)=3.6$$
$$1.2\times(4.2+2.8)=8.4$$
$$1.2\times(2.1+1.0)=3.72$$
$$1.1\times(0.7+0.7)=1.54$$
$$1.1\times(5.1+3.6)=9.57$$
$$\text{合计}\sum\nolimits_2=26.83$$

则

$$v_m = \frac{\sum_1+\sum_2}{100} = \frac{129.28}{100} \approx 1.3\text{m/min}$$

板坯平均宽度可根据表 2-1-2 计算。

$$B_m=1000\times4.2\%+1200\times34.6\%+1400\times38\%+1600\times14\%+1815\times9.2\%=1380\text{mm}$$

将已知数代入上述有关算式，即可求得一台连铸机的年产量。

$$t_m = \frac{Q_1}{S\cdot\rho\cdot D_0\cdot B\cdot v_m\cdot K_1} = \frac{300}{2\times7.8\times0.25\times1.38\times1.3\times0.99} \approx 43\text{min}$$

$$W = \frac{Q_1\cdot C_p}{t_m\cdot C_p+t_z} = \frac{300C_p}{43C_p+40} \approx 5.66\sim6.38\text{t/min}$$

$$Q = W\cdot t_r\cdot\varepsilon = (5.66\sim6.38)\times521712\times0.8 \approx 2362312\sim2662818t$$

当连浇炉数为 4~10 时，两台连铸机的年产量为

$$2Q\approx(472\sim533)\text{万吨/年}$$

若金属收得率以 95% 计，则合格板坯的年产量为

$$(472\sim533)\times95\%=(448\sim506)\text{万吨/年}$$

当金属收得率为 97% 时，平均拉坯速度 $v_m=1.3\text{m/min}$，一台双机双流板坯连铸机不同连浇炉数、不同作业率时的年产量计算结果见表 2-1-28 和图 2-1-8。

表 2-1-28　拉坯速度一定，不同连浇炉数、不同作业率时的年产量　（万吨/年）

作业率/% ＼ 连浇炉数	3	4	5	6	7	8	9	10
75	201.01	213.58	221.91	227.83	232.25	235.69	238.43	240.67
80	214.42	227.82	236.70	243.02	247.74	251.40	254.33	256.71
85	227.82	242.06	251.50	258.21	263.22	267.11	270.22	272.76
90	241.22	256.30	266.29	273.39	278.71	282.83	286.12	288.80
95	254.62	270.54	281.08	288.58	294.19	298.54	302.01	304.85

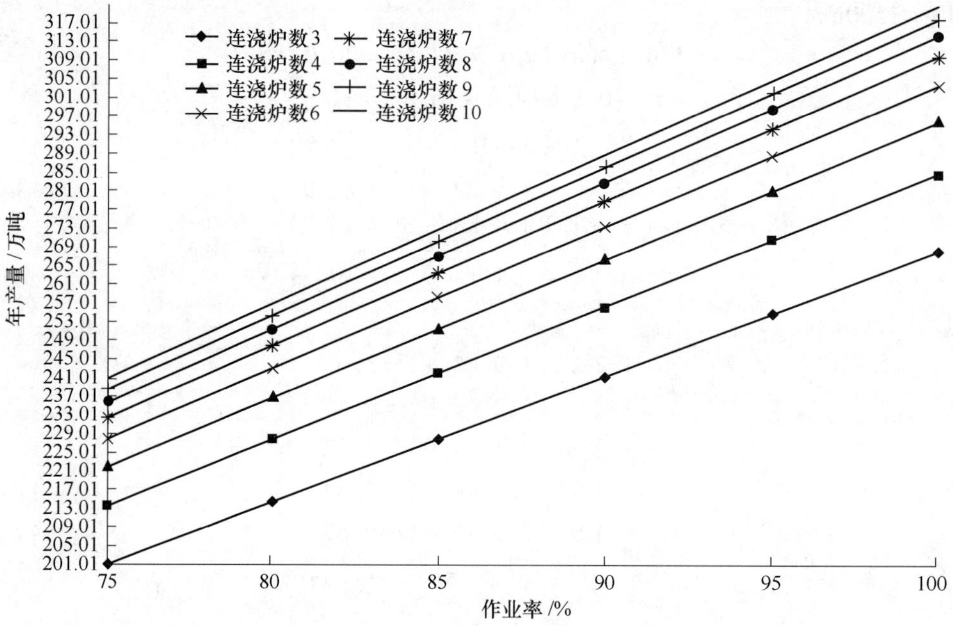

图 2-1-8　拉坯速度一定，不同连浇炉数，不同作业率时的年产量

年产量为 250 万吨，不同拉坯速度，不同连浇炉数时的作业率计算结果见表 2-1-29 和图 2-1-9。

表 2-1-29　年产量固定，不同拉坯速度、不同连浇炉数时的作业率　（%）

拉速/m·min⁻¹ ＼ 连浇炉数	3	4	5	6	7	8	9	10
1.20	99.22	93.73	90.44	88.24	86.67	85.50	84.58	83.85
1.30	93.28	87.79	84.49	82.30	80.73	79.55	78.64	77.91
1.40	88.18	82.69	79.40	77.20	75.64	74.46	73.55	72.81
1.50	83.77	78.28	74.98	72.79	71.22	70.04	69.13	68.40
1.60	79.90	74.42	71.12	68.93	67.36	66.18	65.27	64.53

连浇炉数 8 炉，不同作业率，不同拉坯速度时的年产量见表 2-1-30 和图 2-1-10。

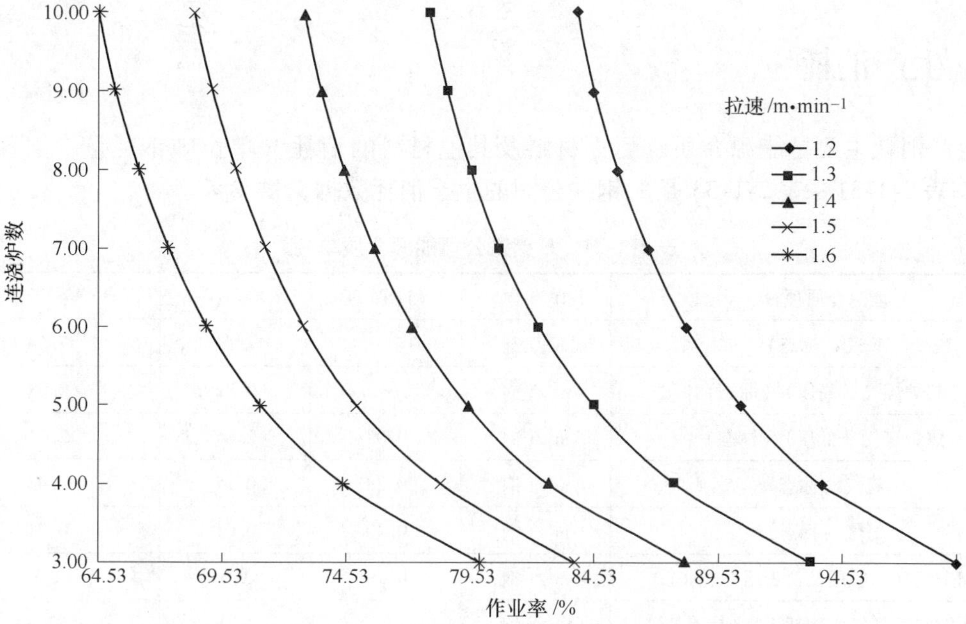

图 2-1-9 年产量固定，不同拉坯速度、不同连浇炉数时的作业率

表 2-1-30 连浇炉数固定，不同作业率、不同拉坯速度时的年产量 （万吨/年）

拉坯速度/m · min^{-1}	1.1	1.2	1.3	1.4	1.5	1.6
作业率 75% 时的年产量	202.66	219.30	235.69	251.81	267.69	283.31
作业率 80% 时的年产量	216.17	233.92	251.40	268.60	285.53	302.20
作业率 85% 时的年产量	229.68	248.55	267.11	285.39	303.38	321.09
作业率 90% 时的年产量	243.19	263.17	282.83	302.18	321.22	339.97
作业率 95% 时的年产量	256.70	277.79	298.54	318.96	339.07	358.86

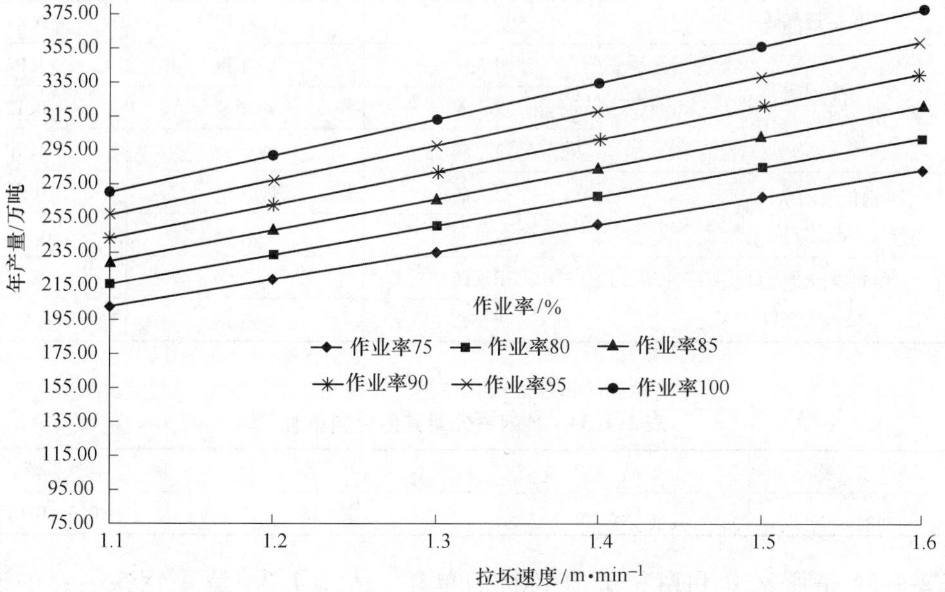

图 2-1-10 连浇炉数固定，不同作业率、不同拉坯速度时的年产量

1.6　生产消耗

生产消耗主要是能源介质、耐火材料及其他材料的消耗（单位吨钢耗量，简称“单耗”）。表 2-1-31 ~ 表 2-1-33 是 F 钢铁公司的生产消耗数据，供参考。

表 2-1-31　F 钢铁公司能源介质单耗

能源介质项目	单　位	钢液处理	单　耗	合　计
氧气（标态）	m^3/t 钢	—	7.54	7.54
焦炉煤气（高压）（标态）	m^3/t 钢	—	0.82	0.82
焦炉煤气（低压）（标态）	m^3/t 钢	0.07	2.64	2.71
氩气（标态）	m^3/t 钢	0.28	0.15	0.43
氮气（标态）	m^3/t 钢	0.30	0.01	0.31
压缩空气（一般用及仪表用）（标态）	m^3/t 钢	0.19	11.61	11.80
压缩空气（气水冷却用）（标态）	m^3/t 钢	—	52.8	52.8
蒸汽	kg/t 钢	—	1.44	1.44
工业用水	L/t 钢	—	544	544
过滤水	L/t 钢	—	66	66
电力	kW · h/t 钢		40.4	40.4

表 2-1-32　F 钢铁公司耐火材料单耗

设 备 名 称	品　名	单　位	单　耗
钢包喷粉/普通用（包括透气砖）	耐火砖	kg/t 钢	4.47
	灰　浆	kg/t 钢	0.47
中间罐（包括模拟塞棒）	耐火砖	kg/t 钢	1.06
	灰　浆	kg/t 钢	0.12
	涂　料	kg/t 钢	1.79
钢包滑动水口、长水口	耐火砖	kg/t 钢	0.15
	灰　浆	kg/t 钢	0.002
中间罐滑动水口、浸入式水口	耐火砖	kg/t 钢	0.14
	灰　浆	kg/t 钢	0.005

表 2-1-33　F 钢铁公司其他材料单耗

设 备 名 称	品　名	单　位	单　耗
结晶器	保护渣	kg/t 钢	0.5 ~ 0.6

表 2-1-34 是商家 B 和商家 D 连铸机的单耗。表 2-1-35 是 A 钢铁公司的连铸机单耗。

表 2-1-34 商家 B 和商家 D 连铸机单耗

序号	单耗名称	单 位	商家 B 不锈钢板坯连铸机	商家 B 碳钢板坯连铸机	商家 D 中薄板坯连铸机
1	耐火材料	kg/t 钢	1.2~1.8	1.2~1.8	2.8
2	中间罐覆盖剂	kg/t 钢	0.4	0.03	0.5
3	结晶器保护渣	kg/t 钢	0.5~0.8	0.5~0.8	0.75
4	液压油和干油	kg/t 钢	0.003	0.003	—
5	电力	kW·h/t 钢	5~7	5~7	6.5
6	氧气（标态）	m^3/t 钢	1.8	1.3	1.5
7	氩气（标态）	m^3/t 钢	0.12	0.12	0.1
8	天然气（标态）	m^3/t 钢	4.8	3.5	—
9	压缩空气（标态）	m^3/t 钢	21.6	17.5	2.5
10	补充冷却水	m^3/t 钢	1.05	1.4	1.0
11	结晶器铜板	Plates/t 钢	1.52×10^{-6}	1.52×10^{-6}	0.005（kg/t）
12	火焰切割机用铁粉	kg/t 钢	0.04	—	—
13	不锈钢修磨用砂轮	kg/t 钢	3×10^{-2}	—	—
14	焦炉煤气（标态）	m^3/t 钢	—	—	2.5
15	二冷用压缩空气（标态）	m^3/t 钢	—	—	23
16	氮气（标态）	m^3/t 钢	—	—	0.1
17	液压油	L/t 钢	—	—	0.015
18	干油	kg/t 钢	—	—	0.03

表 2-1-35 A 钢铁公司连铸机单耗

能源介质项目	单 位	单 耗	备 注
焦炉煤气（标态）	m^3/t 坯	5.39	含高低压煤气
氧气（标态）	m^3/t 坯	7.11	
氩气（标态）	m^3/t 坯	0.42	
氮气（标态）	m^3/t 坯	0.40	
压缩空气（标态）	m^3/t 坯	66.7	含一般用、仪表用及气水二次冷却用
蒸汽	kg/t 坯	1.58	不含采暖
工业用水	L/t 坯	630	
电力	kW·h/t 坯	40.6	
耐火材料	kg/t 坯	8.2	含盛钢桶
结晶器保护渣	kg/t 坯	0.6	
碳化稻壳	kg/t 坯	1.1	含 KIP/CAS 和中间罐用
石灰粉	kg/t 钢	8	KIP 用
萤石粉	kg/t 钢	2	KIP 用
硅钙粉	kg/t 钢	2	KIP 用
增碳剂	kg/t 钢	0.21	CAS 用，平均值
高碳和低碳锰铁	kg/t 钢	1.85	CAS 用，平均值
硅铁	kg/t 钢	0.89	CAS 用，平均值
铝锭	kg/t 钢	1.34	CAS 用，平均值
小块废钢	kg/t 钢	2	CAS 用，平均值

1.7 业主的基本条件和需求

1.7.1 业主拥有的各种能源介质的主要参数

（1）燃气（焦炉煤气、转炉煤气、混合煤气、天然气、乙炔、霞普气等）的成分、所含杂质、发热值、温度、湿度、接点压力等。

（2）其他气体（氧气、压缩空气、氩气、氮气、蒸汽等）的压力、温度、纯度、压缩空气露点等。

（3）水质硬度、酸碱度、导电率等。

（4）所用电力的电压、频率、土壤热阻抗、土壤电阻抗等。

1.7.2 业主对环境保护的要求

根据自然条件及政府法规等，业主可提出如下要求。

（1）废气：采用机械的或电气的处理措施。

（2）废水：对水质进行处理后，循环利用。

（3）废油：从水中分离出来。

（4）粉尘：采用机械的或电气的处理措施。

（5）噪声：采用消声器、隔音室等措施。

（6）隔热：对厂房及设备采取措施。

（7）环境绿化：绿化应符合有关规范。

表2-1-36是商家G提供的碳钢板坯连铸机环境条件。

表2-1-36 商家G提供的碳钢板坯连铸机环境条件

序号	类 别	项 目	单 位	指 标
1	操作场所的粉尘	游离 SiO_2 >10%时	mg/m^3	≤10
		游离 SiO_2 <10%时	mg/m^3	≤20
2	操作场所空气中的有害物质	CO	mg/m^3	≤30
		SO_2	mg/m^3	≤15
		H_2S	mg/m^3	≤10
		NO_2	mg/m^3	≤5
		F	mg/m^3	≤1
3	作业场的噪声	中间罐预热	db	≤98
		二次冷却蒸汽排出风机	db	≤93
		结晶器周围的作业平台	db	≤89
		中间罐维修厂	db	≤107
		火焰切割机	db	≤110
		液压泵室内	db	≤100
		二次冷却阀站	db	≤98

续表 2-1-36

序号	类 别	项 目	单 位	指 标
4	排气（钢液处理排气烟囱）	粉尘含量	mg/m^3	≤50
5	排水	悬浮物 SS	mg/L	≤100
		油	mg/L	≤10

1.7.3 业主对装机技术及控制水平的要求

为了使连铸工厂能够高效率、高质量、低能耗地安全生产，用户可根据需要和当前板坯连铸技术发展的水平对装机技术和控制水平提出要求。

1.7.3.1 强化生产操作、提高作业率方面

（1）钢包回转台能够正反转且任意角度回转，含断电后能够回转大于90°。

（2）每个钢包浇注末期，根据钢包实际情况和钢厂的需求确定钢包是否倾斜一个角度。

（3）钢包长水口机械手灵活运用。

（4）根据工厂和连铸机的实际，确定采用上装或下装引锭系统。

（5）浇注过程中快速更换中间罐。

（6）浇注过程中快速更换浸入式水口。

（7）保护渣自动加入装置。

（8）结晶器、弯曲段、扇形段的快速更换。

（9）结晶器漏钢预报系统（可视化结晶器）。

（10）扇形段专用更换装置或导轨上抽更换扇形段。

（11）便于蒸汽排出的隧道式连铸机冷却室。

（12）浇注中伺服电机驱动或液压驱动的板坯宽度可调结晶器。

（13）安全的结晶器长度。

（14）保证板坯质量的高速浇注。

（15）火焰切割与红外板坯定尺系统。

（16）不锈钢板坯切割喷铁粉系统及除尘系统。

（17）不锈钢中间罐倾翻钢渣回收。

（18）保证地基不下沉的措施。

1.7.3.2 提高产品质量方面

（1）钢包下渣检测（振动式、电磁式、摄像式或其他形式）系统。

（2）推荐直弧式连铸机机型。

（3）多点弯矫、连续曲线弯矫。

（4）细辊密排的辊列，分段式辊子结构。

（5）钢包、中间罐、结晶器之间防氧化和防增氮的密闭保护浇注。

（6）用于不锈钢浇注的中间罐内装式浸入式水口。

（7）具有冶金功能并带挡渣堰、挡渣墙、过滤器等辅助设施的中间罐。

（8）保证足够深度的中间罐适度大型化。

（9）中间罐钢液连续测温。

（10）可能的中间罐、结晶器喂丝功能。

（11）结晶器保护渣烘干设施。

（12）结晶器保护渣性能参数在线实时监测系统或离线抽样监测设备。

（13）结晶器电磁搅拌、电磁制动，二冷区电磁搅拌（对板坯连铸机来讲，凝固末端一般不采用电磁搅拌）。

（14）使得凝固壳能够均匀生长的、温度均匀的结晶器铜板结构。

（15）涂、镀合金元素（Cr，Ni-Cr，Ni-Fe，Ni-W-P，Ni-Co，Co-Ni）的结晶器铜板。

（16）数字式中间罐塞棒和结晶器钢液液位伺服控制。

（17）结晶器锥度仪。

（18）能够控制负滑动时间，在浇注过程中灵活控制振幅和振频的液压振动装置。

（19）板坯在线质量计算机判断系统。

（20）板坯在线质量诊断系统。

（21）结晶器振动装置在线测试系统。

（22）浇注过程中能够跟踪凝固末端的动态轻压下系统。

（23）凝固末端重压下系统，或动态轻压下和重压下结合的压下系统。

（24）气水雾化二次冷却优化及控制系统。

（25）连铸机操作历史数据回顾备查系统。

（26）多功能辊缝测量装置对辊缝和连铸机弧线进行规范性检测。

（27）不锈钢修磨设备与设施。

（28）板坯缓冷坑。

（29）铁水脱硫设施。

（30）连铸浇钢前钢液二次处理设施。

1.7.3.3　板坯热装热送方面

（1）板坯毛刺去除装置。

（2）板坯在线质量摄像检查系统。

（3）热送辊道。

（4）热坯保温措施。

（5）板坯边部加热设施。

（6）浇注中可调宽度的结晶器。

（7）热板坯喷号装置。

（8）热板坯火焰清理设备。

（9）气水雾化二次冷却。

（10）板坯拉钢机（移载机）。

（11）板坯横移台车。

（12）板坯单向转盘和双向转盘。

1.7.3.4　质量检查和板坯清理方面

（1）板坯机械清理。

（2）液压翻坯机。

（3）人工清理运输机。

（4）人工清理场及人工清理工具。

（5）试样气送管设备。

（6）试样快速硫印设备。

（7）试样低倍检验设施。

（8）板坯表面温度检测装置。

1.7.3.5 其他条件

其他条件包括地基资料、地震烈度、起重机轨面标高、出坯辊道辊面标高、公路及铁路运输条件、生活设施等。

2　辊列设计的前提条件

板坯连铸机辊列设计是整个板坯连铸工程设计的最重要内容，也是总体设计的核心。所谓辊列是对一机而言，它是由结晶器和支撑导向带液芯的板坯的若干对辊子构成。对于拉坯速度高的常规厚度的板坯连铸机和薄板坯连铸机，结晶器下方还可能采用格栅等其他支撑设备，在此将尽可能系统地加以叙述。

图2-2-1是20世纪80年代中期A钢铁公司典型的多点弯矫辊列图，它是由长度为904mm的结晶器和99对辊子组合而成，最小弯曲半径为9555mm，5点弯曲、4点矫直，机长39392.49mm，浇注板坯断面（210、230、250）mm ×（900 ~ 1930）mm，最大浇注速度1.80m/min。国内的板坯连铸技术自从有了这台板坯连铸机才开始蓬勃发展。

2.1　确定基本参数

2.1.1　确定机型与垂直段长度

在1.3.3中，已经对机型的选择做了叙述，新建常规板坯连铸机目前所用的几乎都是直弧式机型。直弧形连铸机的辊列由直线段、弯曲段、圆弧段、矫直段和水平段几部分构成，直线段的长短和连铸机弯曲矫直曲线直接影响连铸板坯质量。

20世纪80 ~ 90年代，日本很多钢铁公司新建立的板坯连铸机，垂直段高度取3.0m左右，例如住友金属鹿岛3号板坯连铸机（1983年投产）；川崎制铁水岛4号板坯连铸机（1993年1月投产）；日本钢管6号板坯连铸机（1993年12月投产）；神户制钢加谷川4号板坯连铸机第二流（1992年1月投产）。此外还有美钢联格里厂2号A和2号B板坯连铸机（1986年4月投产）；美国USS板坯连铸机（1988年11月投产）等。

20世纪70 ~ 80年代，板坯连铸机甚至有过4.8m长的直线段，例如日本钢管福山4号板坯连铸机（1976年投产）；日本钢管京滨1号板坯连铸机（1976年11月投产，1986年改造后）。

板坯连铸机直线段的长度之所以由原来的4.8m降到后来的2.5 ~ 3.0m，并最终稳定在2.5m左右，有的厂商甚至采用2.0 ~ 2.5m。这主要是钢铁企业普遍重视了钢铁冶金中各工序的脱硫、连铸工序前的钢液精炼以及连铸中间罐冶金。

垂直段高度可参考图2-1-6并根据经验给出。从生产经验和水力学模型试验数据来看，钢液进入结晶器前，由于深的、流场好的大型中间罐的采用，100μm以上的夹杂物已经在钢包中和中间罐中得到上浮，剩下的50μm左右的夹杂物可以在连铸机的垂直段上浮并均匀分布在板坯中。

本章作者：杨拉道；审查：高琦，王公民，黄进春，王蓉

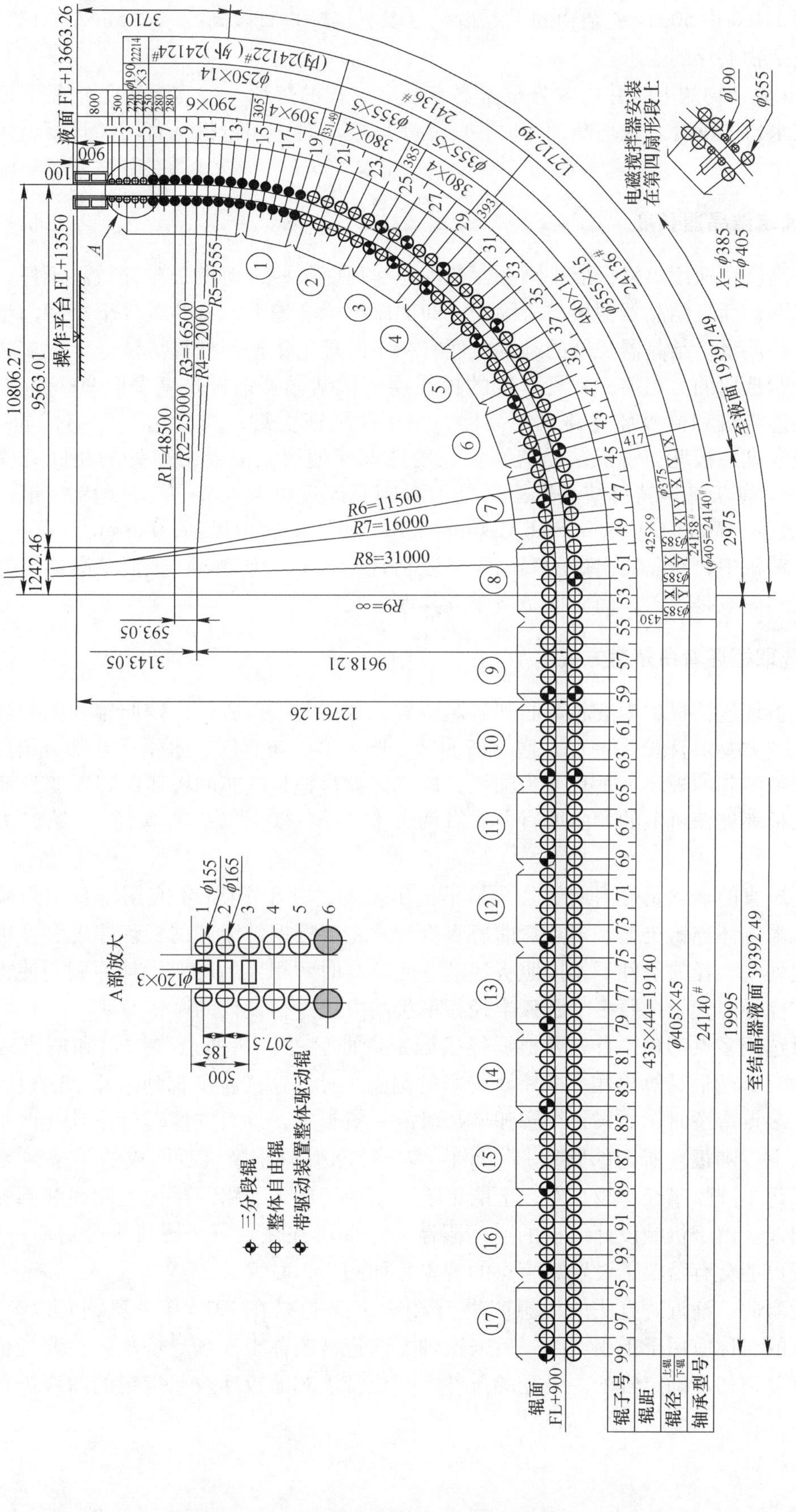

图 2-2-1　典型的多点弯矫辊列

从图 2-1-6 中 50μm 夹杂物的上浮情况可以看出，垂直段高度取 2. 5m 左右已经完全能够满足夹杂物上浮的需求。

50μm 夹杂物的上浮并均匀分布需要有一定容积的熔池，并需要满足结晶器流场要求的浸入式水口的配合。板坯断面小时，特别是厚度小时，连铸机垂直段的长度就可以适当降低。

2. 1. 2 确定结晶器长度

从提高浇注速度出发，似乎结晶器长度应尽可能长些，但太长冷却效果不好，结晶器铜板易变形，而且结晶器铜板与凝固壳之间的摩擦力会增大，有些条件下摩擦力增大反而会恶化板坯质量。结晶器长度的确定虽然有一定的理论依据和计算方法，但大多数情况下是根据经验选取的。当前，常规厚度的板坯连铸机结晶器铜板长度多取 900mm 左右，而中薄板坯连铸机和薄板坯连铸机结晶器，由于拉坯速度高，长度达 1. 0 ~ 1. 2m。一般来说，常规厚度的板坯连铸机结晶器铜板长度选取应使得结晶器出口处的凝固壳厚度大于 12 ~ 13mm。薄板坯连铸机结晶器出口处的凝固壳厚度可取 8mm 左右（1996 年，Wolf 在 I&SM 发表的“Mold Length in Slab Casting-A Review”一文中提到，Barrow 厂在 6m/min 的薄板坯连铸机中，结晶器出口的凝固壳厚度估计为 7. 3 ~ 10. 5mm），但结晶器下方的板坯支撑方式不应该是辊子，而应该是格栅等其他方式。

2. 1. 3 选取板坯弯曲矫直方式

现代板坯连铸机均为液芯弯曲和液芯矫直。如图 2-2-2 所示，按照辊列的外弧线线段划分，辊列主要由直线（垂直）区、弯曲区、圆弧区、矫直区、水平区几部分组成，弯曲区就是把带液芯的板坯由垂直变为圆弧，矫直区就是把带液芯的板坯由圆弧变为水平。

用在板坯连铸机上的弯曲矫直方式有两大类，第一类是“多点弯矫”，第二类是“连续弯矫”。

多点矫直的概念是曼内斯曼公司最早提出来的，并于 1973 年应用于日本川崎制铁公司水岛厂大方坯连铸机上。多点弯曲矫直设计法主要根据带液芯的板坯厚度和宽度，在初步确定辊列主半径的条件下，按照板坯被弯曲矫直时两相界的应变设计原则，使得二次冷却区的支撑导向辊子按照多个圆弧半径相衔接的方法进行设计的。

如果选用多点弯矫，首先要根据经验确定弯曲区的“弯曲点”数目和矫直区的“矫直点”数目，然后计算出相邻弯矫点之间的圆弧半径，这样就把辊列的几个区段有机地衔接起来。多点弯矫时，如果每个圆弧半径对应一对辊子，每对支撑辊就设计在两个圆弧相切的切点上，则板坯所走的路线是一个由多半径圆弧的连接点所构成的一条“无名”曲线；如果每个圆弧半径跨越一对以上的辊子，则板坯所走的路线是无名曲线和圆弧线交替衔接的曲线。由于机械设计结构的空间限制，弯曲段往往是每个圆弧半径对应一对辊子，而矫直段可能会有跨辊子设置矫直点的现象，如图 2-2-1 所示。

渐近弯曲、渐近矫直法的设想产生于 1960 年，也是在 1973 年，奥钢联以渐近弯曲、渐近矫直的名称应用于工程实践，后来这种方法也被改称为连续弯矫法，主要是根据板坯厚度和宽度，初步确定辊列主半径的条件下，让带液芯的板坯按照指定的曲线进行弯曲和矫直。

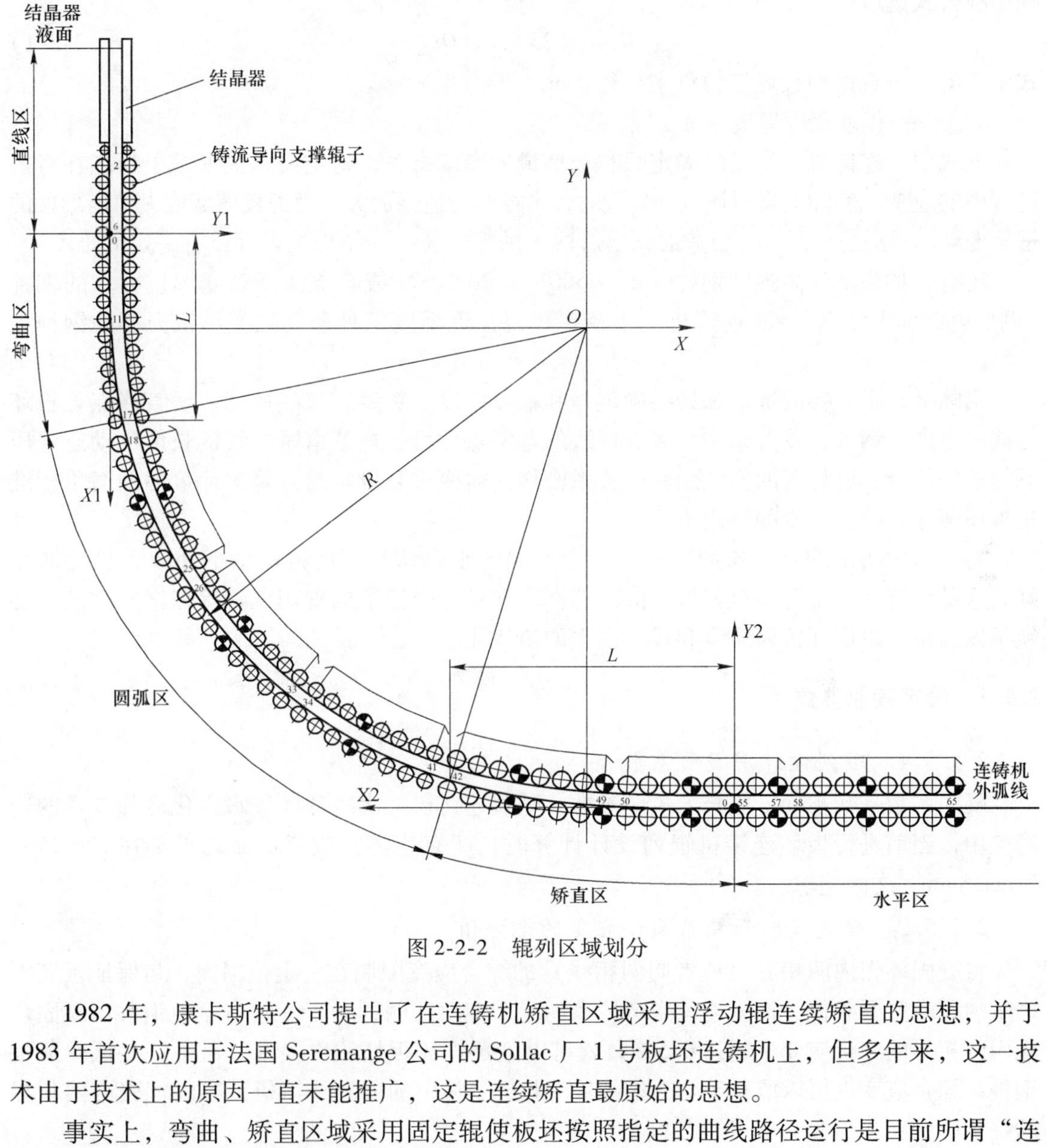

图 2-2-2 辊列区域划分

1982 年，康卡斯特公司提出了在连铸机矫直区域采用浮动辊连续矫直的思想，并于 1983 年首次应用于法国 Seremange 公司的 Sollac 厂 1 号板坯连铸机上，但多年来，这一技术由于技术上的原因一直未能推广，这是连续矫直最原始的思想。

事实上，弯曲、矫直区域采用固定辊使板坯按照指定的曲线路径运行是目前所谓“连续弯曲”、“连续矫直”的基本概念。

如果选用连续弯矫，则要初步确定弯曲区与矫直区的长度。

2.1.4 确定连铸机主半径

对于直弧型板坯连铸机，当板坯厚度为 120 ~ 180mm 时，主半径可取 5000 ~ 6500mm；当板坯厚度为 180 ~ 250mm 时，主半径可取 7000 ~ 9500mm；当板坯厚度 > 250mm 且小于 300mm 时，主半径可取 9500 ~ 10500mm；当板坯厚度 > 300mm 且小于 450mm 时，主半径可取 11000 ~ 12500mm；当板坯厚度太大（例如 600mm）时，直弧型板坯连铸机是不适应的，可考虑采用立式机型或其他铸造方式。按照矫直时不产生裂纹考虑，主半径 R_0 按照下

列经验公式选取

$$R_0 \approx (25 \sim 40) D_{max} \tag{2-2-1}$$

式中　R_0——直弧型板坯连铸机主半径，m；

D_{max}——板坯最大厚度，m。

上式中，连铸机主半径的确定只和板坯最大厚度有关，这主要是只考虑了板坯在弯矫过程中的应变。实际上当板坯宽度较大时，半径亦应适当放大，因为板坯宽度大，扇形段的框架变高，特别是上框架，当考虑到扇形段上抽或安装，在结构上设计就有一定的难度。

还有，如果浇注高强度钢种（$\sigma_b \approx 500 \sim 1500$MPa）或者浇注高温变形抗力大的钢种（例如奥氏体不锈钢），其连铸机主半径要比浇注低强度钢种和高温变形抗力小的钢种大一些。

实际上，主半径的选取和最终确定是和板坯厚度、宽度、拉坯速度、矫直终点处板坯的液芯厚度、钢种、设备结构、多点弯矫的弯矫点数目、连续弯矫曲线的长度、动态轻压下的常用位置、设计者的实践经验等关系密切，需要反复设定与计算，而最终的衡量标准是板坯两相界综合应变的许用值。

需要特别指出的是，长期以来，一个错误的观念认为，连铸机主半径取大总比取小好。这是没有考虑矫直终点处板坯的液芯厚度和动态轻压下的常用位置等因素产生的，必须予以纠正，以保证铸坯质量和投入产出的最优化。

2.1.5　确定其他参数

2.1.5.1　辊列设计用凝固系数

凝固系数是初步确定机长的主要参数。随着连铸机二次冷却区气水雾化冷却技术的普遍应用，当前进行板坯连铸机辊列设计计算时，所有连铸机供货厂商几乎都在 $K = 25 \sim 27\text{mm/mim}^{0.5}$ 之间选取。

2.1.5.2　确定板坯两相界综合应变的允许值

将凝固坯壳内两相界（或者叫两相线）的综合应变限制在一定范围内，是保证板坯不产生内裂的重要条件。许多连铸生产厂家的生产实践证明，对于一些中厚板钢种，凝固坯壳内两相界的综合应变不超过 0.5%，就可以满足连铸板坯质量要求。对于一些低碳薄板钢种，综合应变也可以取 0.7%。事实上，生产上常用的板坯连铸机，凝固坯壳内两相界的综合应变在 0.30% ~0.40% 之间。

最近几年的设计中，很多板坯连铸机两相界最大综合应变的设计许用值为 0.35%。

下面介绍的应变速率和内裂发生的临界应力也可以作为两相界力学参数的判据。

有的用户就会向设备供应商提出应变速率的要求值。1993 年，日本《神户制钢技报》Vol. 43. №2 发表了“高性能板坯连铸机及铸坯质量”一文中报道了加古川 4 号直弧形板坯连铸机第 2 流，浇注板坯厚度 230mm、280mm，宽度 900mm、1230mm、1800mm、2100mm，当浇注特定断面 230mm × 1230mm 时，拉速为 2.0m/min，实践得出的结论是，弯曲矫直时，应变速率 $\dot{\varepsilon} < 15 \times 10^{-4}$ (1/s) 不易出现横向细裂纹。干勇等人编著的《现代连续铸钢实用手册》第 119 页表述：“一般情况下，应变速率越高，临界应变值越低，当临界应变速率扩大 5 倍时，临界应变值将缩小成为原来的 1%，一般临界应变的变化范围

大致在0.15%~1.5%之间”。

1985年，新日本制鉄（株）特别基础第二研究中心的原忍等人在《連続鋳造における力学的挙動》一书中发表了一篇题目为“連鋳鋳片の内部割れ限界歪の測定”（いばらき印刷株式会社．昭和60年）的文章，作者通过试验得出了“推断的内裂发生的临界应力为1.4MPa”。《现代连续铸钢实用手册》第119页“固相线温度附近的临界应力值大约为2~3MPa”。

2.1.5.3　辊身许用应力

许用应力关系到辊径的确定，因此必须预先给出。连铸机上的辊子尽管采用的是耐热合金钢，具有很高的强度极限、屈服极限，但由于辊子长期处于高温、多水、多蒸汽的环境中，因而应取较低的许用应力。按照单一鼓肚力计算，商家A辊身的许用应力取50~60MPa，商家B取40~60MPa，通常设计可取50MPa。当最大矫直反力瞬时作用于辊子时，辊子的瞬时应力应小于材料的屈服极限，并给出一定的安全系数。

有了许用应力，并不等于设计时板坯连铸机所有的辊子一定要依据这个应力，换句话说，不能理解为所有的辊子均需按照鼓肚力和许用应力计算辊径。如果按照这个许用应力确定辊径，板坯连铸机的辊子离结晶器越近，就越细的厉害，最后导致辊子太细而无法应用。

事实上，由于辊子受到的力不仅仅有鼓肚力，还有热应力，矫直力，轻压下力等，总结多年的设计和生产实践经验，就单一鼓肚力作用于辊子而言，计算得到的辊身应力（MPa）一般是以cm计量的辊子直径的0.5~1.3倍。

2.1.5.4　确定辊子最大挠度许用值

在单一鼓肚力作用的条件下，辊子的最大挠度许用值应小于或等于1.0mm。

2.1.5.5　确定辊子开口度的变动量

在最大负荷条件下，一对辊子之间的开口度的变动量应小于3.5mm，这一点后面还要详细讨论。

2.1.5.6　确定角度偏差

第一个弯曲点至最末一个矫直点角度偏差的设计计算值应控制在$90°{}^{\ 0}_{-0.0009°}$以内。

2.1.5.7　确定各种板坯断面尺寸

确定各种板坯断面尺寸包括厚度和宽度。

2.1.5.8　确定内弧辊面间隙限定值

内弧辊面间隙应≥30mm，以便布置喷嘴。

2.1.5.9　确定最大浇注速度

用以确定冶金长度和连铸机机长。

2.1.5.10　确定公用内弧半径

确定公用内弧半径是为了确定连铸机内弧侧辊子的坐标位置，一方面，公用内弧半径是计算机自动生成辊列的必需参数，另一方面它也是机械设备设计的依据。

理论上讲，内弧半径应该等于外弧半径R减去板坯厚度，但是板坯厚度往往有好多种，对内弧半径来说，它又必须是一个固定的值，因此内弧半径用下式计算

$$R_n = R - (D_{\min} + D_{\max})/2 \tag{2-2-2}$$

式中 R_n——直弧型板坯连铸机公用内弧半径，m；

R——连铸机外弧半径，m；

D_{min}——最小板坯厚度，m；

D_{max}——最大板坯厚度，m。

2.1.5.11 确定是否在铸流导向装置中采用电磁搅拌系统

板坯连铸机浇注不锈钢和硅钢时，铸流导向装置中的电磁搅拌已经成为标准配置。板坯连铸机浇注碳钢中，近几年在铸流导向装置中采用电磁搅拌的也开始多起来了，电磁搅拌的类型很多，但是辊列设计时只考虑辊式电磁搅拌。因为板坯连铸机中一般都采用分段辊，而辊式电磁搅拌的辊子是整体辊，因此辊列设计时要考虑电磁搅拌辊的直径及其在辊列当中的位置。

2.1.5.12 选取比水量或板坯表面温度

比水量是指浇每公斤钢所需要的水量。对于气水雾化冷却，最大比水量一般取为1.0～1.5L/kg。薄板坯连铸机纯水冷却时的最大比水量，国外也有取2.5L/kg的。

比水量的选取和钢种关系密切，按照钢种从强到弱依次是：（1）IF钢/超低碳钢；（2）铁素体不锈钢；（3）高硅钢；（4）强冷却的低碳微合金钢；（5）低碳钢；奥氏体不锈钢；（6）包晶钢；（7）弱冷却的低碳微合金钢；（8）微合金包晶钢；（9）中碳钢；（10）高碳钢；（11）含碳量较高的微合金钢等。

另外，最大比水量的选取还要和最小水量以及喷嘴的喷射范围结合起来，使得喷嘴在流量调节阀的调节下始终在最佳范围内工作，这对提高板坯质量有好处。

除上述条件外，还应知道所要设计的板坯连铸机是否要采用压缩铸造（CPC）、结晶器电磁搅拌（M-EMS）、结晶器电磁制动（M-EMBR）、结晶器专家系统（含漏钢预报系统）、二冷区电磁搅拌（S-EMS）、凝固末端轻压下、板坯质量跟踪、板坯质量诊断等。

2.1.5.13 优化最终矫直点前的连铸机外弧线长度

最终矫直点之前的连铸机外弧线长度由直线（垂直）段、弯曲段、圆弧段和矫直段4部分组成，需要对每一个区域的长度进行优化，分析如下。

（1）直线段长度长，夹杂物上浮充分；直线段长度短，有利于控制拉速，不但使最终一个矫直点处的液芯厚度能够大于6mm，而且使得设备高度变低，节省设备造价和厂房造价。

（2）弯曲段长度长，铸坯弯曲应变小；弯曲段长度短，有利于控制拉速，使得设备高度变低，节省设备造价和厂房造价。

（3）圆弧段长度长，意味着连铸机主半径大，则铸坯弯矫应变小；圆弧段长度短，有利于控制拉速。圆弧段长度短，连铸机主半径就可以变小，不但使最终一个矫直点处的液芯厚度能够大于6mm，同样可使得设备高度变低，节省厂房造价和设备造价。

（4）矫直段长度长，铸坯矫直应变小；矫直段长度短，有利于控制拉速。

因此，从考虑周期性结晶器液面波动、避开危险区域铸造速度、优化最终矫直点之前的连铸机外弧线长度可以看出，辊列设计是一个系统工程，考虑的因素很多，辊列的精细化设计实际上就是辊列优化设计的过程。

2.1.5.14 提高对辊列设计重要性的认识

连铸机辊列设计是连铸机设计的第一步，是十分重要的一个设计环节，辊列的好坏也就决定了连铸机的优劣。辊列设计考虑不周，甚至会埋下难以弥补的隐患。一些设计者，照抄照搬，知其然，不知其所以然，连铸机生产中出了问题，抓不住要害，其实往往是在源头的辊列设计上出了问题。

2.2 辊列设计的两个重要理念

2.2.1 考虑防止周期性结晶器液面波动

所谓结晶器液面周期性波动就是指波动幅度超过了 ±5mm，甚至在±10 ~ ±20mm 的范围内周期性变化。国内外都对液面周期性波动做了大量研究，已经发现，波动周期与连铸机的辊间距成正比，与拉坯速度成反比，则有公式

$$T = 0.06 \frac{l}{v_c} \tag{2-2-3}$$

式中 T——波动周期，s；

l——辊间距，mm；

v_c——拉坯速度，m/min。

多年来，结晶器液面周期性波动困扰着很多炼钢厂，特别是国外引进的一些板坯连铸机。

消除结晶器液面波动对稳定连铸机生产和提高铸坯质量非常重要，连续铸钢时，要求将结晶器内的钢液面控制在距上口 70 ~ 110mm 区域里，波动幅度控制在 ±3mm 的范围内，只有这样，才能做到：

（1）在初生坯壳表面形成均匀的渣膜，创造良好的润滑条件，防止粘结和漏钢。

（2）在结晶器内形成稳定的钢液流场和铸造条件，避免卷渣、表面皱褶及由此引发的凹坑、横裂纹，保证铸坯表面质量。

经过长期观察、实际测试、收集生产数据，人们发现，结晶器液面周期性波动的原因之一是由铸坯液腔周期性变化引起的，而铸坯液腔周期性变化是当二冷区扇形段辊子布置为等间距或近似等间距时铸坯内部钢液静压力产生的鼓肚造成的。也有观点认为，鼓肚造成的周期性波动又是由于辊距间鼓肚最高处与两个辊子间的距离不对称引起的。

当然，我们不能把结晶器液面周期性波动的原因全部归咎于等辊距设计的辊列上，因为结晶器液面波动还和钢种（例如中碳包晶钢因相变而发生剧烈的体积收缩即所谓包晶反应）、钢液中的气体含量、钢液温度、浸入式水口形状和插入深度、保护渣的特性、结晶器的冷却强度、靠近结晶器的二冷区冷却强度等因素有关。

引起结晶器液面周期性波动的因素很多，各种因素或部分因素处于最佳状态时就能够避免液面波动。

辊子排列的因素在辊列设计时可以人为设计，从一开始就可以优化。图 2-2-3 和图 2-2-4 是国内某钢厂对引进国外 A 公司的板坯连铸机改造后避免结晶器液面周期性波动的实际例子，其中图 2-2-3 是改造前的辊子排列，图 2-2-4 是改造后的辊子排列。

从图中可以看出，改造前，扇形段 1 有 6 对自由辊，扇形段 2 ~6 各有 5 对自由辊，1 对驱动辊，整个弧形区 6 个扇形段的辊径全部为 ϕ230mm，辊距全部为 277mm；改造后的

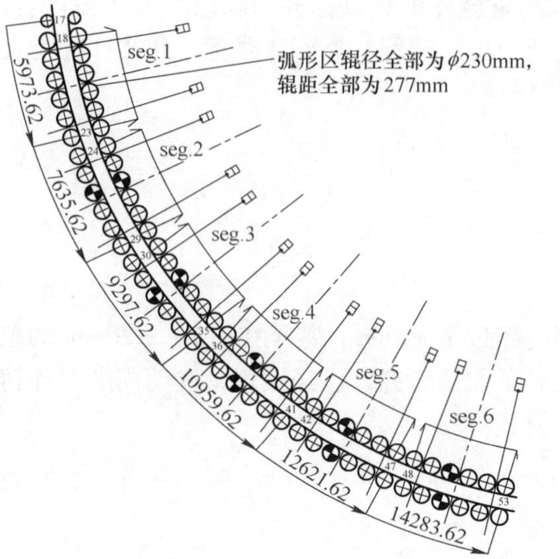

图 2-2-3　改造前的辊子排列

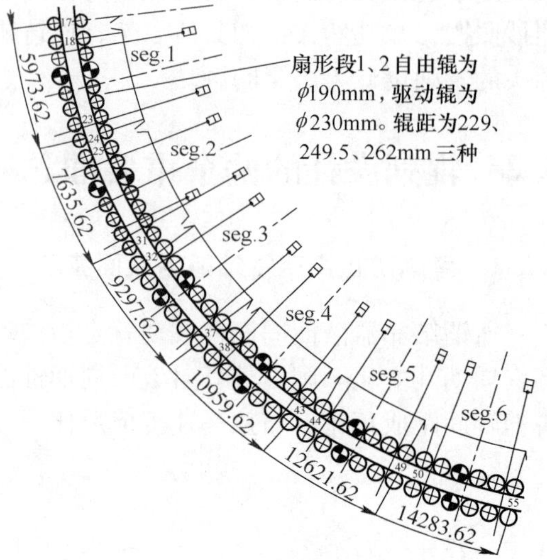

图 2-2-4　改造后的辊子排列

1、2 扇形段每个段有 6 对自由辊，1 对驱动辊，自由辊辊径 ϕ190mm，驱动辊辊径 ϕ230mm，辊距变为 229、249. 5、262mm 三种，262mm 是两个扇形段之间的辊距。

生产实践证明，改造后的辊列有效地消除了周期性液面波动。

2. 2. 2　避开危险区域铸造速度

1998 年，新日铁草野等人在《鉄と鋼》№1 中发表了一篇题目为“連鋳鋳片の中心割れの発生機構”的文章，翻译成中文为“连铸坯中心裂纹的发生机理”，该文章介绍了新日铁大分厂 4 号板坯连铸机追求高生产率，将拉速提高到一定程度后，板坯出现了 A、B 两种类型的中心线裂纹，如图 2-2-5 所示。A 型中心线裂纹发生的比例最高，是 B 型中心线裂纹的 12. 5 倍。

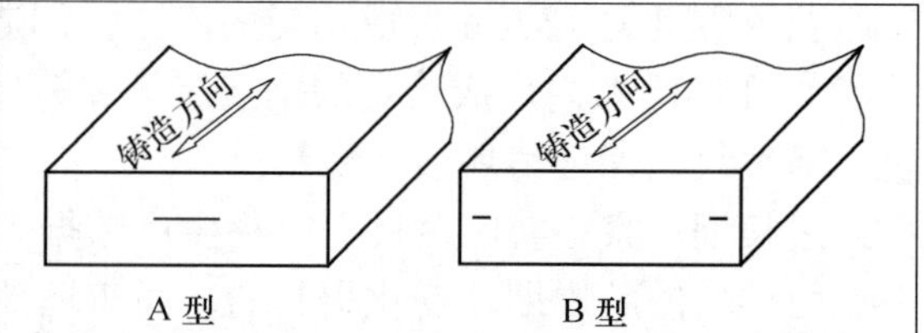

形式	A	B	无缺陷
发生率	5.0%	0.4%	94.6%

图 2-2-5　中心线裂纹的发生率

用电子显微镜和超声波方法对中心线裂纹的形态进行分析，并针对连铸机参数、浇钢条件和矫直区设置的 1mm 辊子错位量试验，得出了以下几点结论。

（1）中间罐钢液过热度在 10 ~ 40℃之间，对中心线裂纹的发生率没有影响。

（2）二冷水比水量取 0. 8L/kg 和 1. 4L/kg，中心线裂纹的发生率也没有什么差别。

（3）中心线裂纹的产生周期与从矫直点起的水平辊子圆周相一致，这一现象被认为是凝固前端附近严重的辊子错位（为了做试验，人为设定了 1mm 的错位量）所造成的。因此，对连铸机矫直区域、水平区域的辊子弧线进行严格管理，也可以在一定程度上减少中心线裂纹，如果辊子严重错位（ >1. 0mm 时），可计算其危险铸造速度区域，并通过调整拉速，避开危险区域铸造速度。

(4) 中心线裂纹的产生，是在凝固前端附近处被封堵的钢液在凝固时产生的缩孔引起的，通过凝固收缩率计算，钢液被封堵时的厚度约为6mm，如图2-2-6所示。

(5) 矫直区内，板坯液芯厚度0~6mm时，所对应的拉速是“危险区域铸造速度”。

通过研究中心线裂纹形态和尺寸，又根据所浇钢种的凝固收缩率及其他测量方法，草野等人总结出了封堵钢液厚度的计算公式

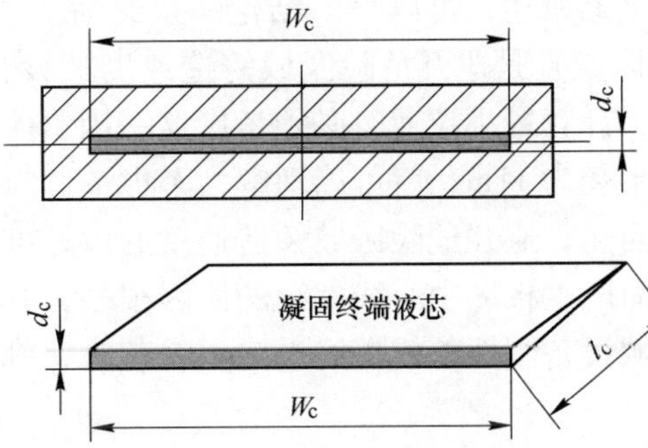

图 2-2-6 封闭熔钢池模型

$$d_c = 2d_L Lw/(\alpha L_x w_c) \quad (2\text{-}2\text{-}4)$$

式中 d_c——封堵钢液的厚度，mm；
d_L——中心线裂纹的平均厚度，mm；
L——中心线裂纹的平均长度，mm；
w——中心线裂纹的平均宽度，mm；
α——凝固收缩率，%；
L_x——中心线裂纹缺陷出现的长度周期，mm；
w_c——封堵钢液的宽度，mm。

此公式表明，在新日铁大分厂4号板坯连铸机的具体条件下，试验并计算得出的封堵钢液的厚度是6mm。换句话说，当连铸坯液芯厚度为6mm时，钢液将不再流动，凝固终点被“封堵”。

需要指出的是，每台连铸机的具体条件和所浇钢种的凝固收缩率略有不同，封堵钢液的厚度会有差异。我们能够推测，除有些特殊钢（如某些不锈钢）外，大部分钢种不会有太大差异。因此，我们不妨把6mm的封堵钢液厚度作为设计辊列的参考依据。

上述结论提醒我们，在辊列设计时应该注意到：

(1) 根据钢种、供钢周期、铸坯断面等条件确定连铸机拉速的合理范围，以优化辊列。

(2) 必须考虑最终矫直点之前的连铸机外弧线长度，如果太长，将可能难以避免矫直区域0~6mm钢液厚度所对应的“危险区域铸造速度”。

(3) 由于连铸机矫直点之前的外弧线长度与主半径有关，则确定主半径也就和“危险区域铸造速度”有了直接联系。

过去很多厂商设计辊列时，连铸机主半径的考虑一是按照铸坯厚度乘一个系数，此系数是计算铸坯变形率公式简化后的一个经验值；二是参考已有连铸机主半径；三是用弯矫区两相界综合应变对辊列和主半径进行校核。精细化的辊列设计，在确定主半径时，必须考虑“危险区域铸造速度”，亦即保证最终一个矫直点处能够避开0~6mm厚度的液芯区域。当然，完全凝固的铸坯可以避开0~6mm区域，但全凝固矫直对连铸机的损伤太大，如果把辊径变大，又不符合连铸机细辊密布、优化设计的原则，因为辊径、辊距变大又增加了鼓肚，恶化了板坯内部质量。

(4) 在矫直区域，对连铸板坯实施轻压下须慎重。

综上所述，可以得出结论：最终矫直点后，液芯能够避开某个厚度区域（例如 0 ~ 6mm 区域）是避开危险区域铸造速度的设计准则。特别是宽厚板坯连铸机和特厚板坯连铸机，计算最小拉速时必须考虑这一因素。国外 B 公司设计的 400mm × 2400mm 板坯连铸机主半径为 11m，就可以理解为考虑了危险区域铸造速度这一准则。

当然，避开危险区域铸造速度的设计准则是避免板坯连铸机中心线裂纹的重要手段之一，而产生板坯中心线裂纹的原因很多，并非一个，例如中心偏析和疏松严重时，最终凝固区域设备刚性差或辊缝设定不合理时，都会在连铸板坯中引发中心线裂纹。

3　多点弯矫辊列设计

3.1　辊列草图的完成

辊列草图与图2-2-1所示的辊列图基本相似。为完成辊列草图，首先需进行一些必要的计算。

3.1.1　求弯曲点和矫直点处的凝固壳厚度

$$S_i = K\sqrt{L_{WJ}/v_g} \tag{2-3-1}$$

式中　S_i——弯曲点或矫直点的凝固壳厚度，mm；

L_{WJ}——弯曲点或矫直点距结晶器液面（在板坯厚度中心线上）的距离（可用外弧线弧长代替），cm；

v_g——拉坯速度，cm/min；

K——凝固系数，$K = 25 \sim 27\text{mm/min}^{0.5}$。

3.1.2　求弯曲点一点弯曲和矫直点一点矫直时两相界应变

$$\varepsilon_s = \left(\frac{D_0}{2} - S_i\right)\cdot\left(\frac{\pm 1}{R_i - \frac{D_0}{2}}\right)\cdot 100\% \tag{2-3-2}$$

式中　ε_s——一点弯曲或一点矫直时两相界处的弯曲或矫直应变，%；

D_0——冷板坯厚度，当板坯厚度有多个规格时，用板坯最大厚度代入，cm；

R_i——连铸机外弧线第 i 个弯曲或矫直半径，cm。对一点矫直，$R_i = R_o$。

当求弯曲点的应变时取负号；求矫直点的应变时取正号。

3.1.3　求弯曲点多点弯曲和矫直点多点矫直时两相界应变

$$\varepsilon_d = \frac{\varepsilon_s}{N} \tag{2-3-3}$$

式中　ε_d——弯曲点多点弯曲或矫直点多点矫直时的应变，%；

N——弯曲点或矫直点的数目。

本章作者：杨拉道；审查：高琦，王公民，黄进春，王蓉

3.1.4　求各弯曲点的弯曲半径和各矫直点的矫直半径

$$R_{i+1} = \frac{1}{\dfrac{1}{R_i - \dfrac{D_0}{2}} - \dfrac{\varepsilon_d}{\dfrac{D_0}{2} - S_i}} + \frac{D_0}{2} \tag{2-3-4}$$

式中　R_{i+1}——从前向后依次求出的连铸机外弧第 $i+1$ 个弯曲半径和矫直半径，cm。

弯曲点和矫直点的数目可以相同，也可以不同，其数目可取 3～10 个，也可更多，与钢种和板坯厚度有关。最终要看两相界的综合应变。需要说明的是，如果是圆弧结晶器多点矫直型连铸机，则不存在弯曲点的问题。

在上述计算中，因弯曲点和矫直点的凝固壳厚度不一样，而要较为准确地确定各点的凝固壳厚度又比较困难，通常的做法是设 $S_i=0$（即按照板坯表面应变计算），计算出弯矫区各半径后，用系数分别予以修正，下面举例说明。

已知：板坯断面 300mm×2300mm，连铸机主半径 10500mm，计算结果列入表 2-3-1 中。

表 2-3-1　多点弯矫辊列弯矫半径的确定

区域	序号	按照表面应变计算半径 R'/mm	按照经验选取的修正系数 K_B	对 R' 进行修正	修正后的半径 R''/mm	最终确定的半径 R/mm
弯曲区	1	95148	1.108	$R''=K_B \cdot R'$	105424	105420
	2	51860	1.096		56839	56840
	3	34627	1.084		37536	37540
	4	26010	1.072		27883	27880
	5	20840	1.060		22090	22090
	6	17393	1.048		18228	18230
	7	14931	1.036		15468	15470
	8	13085	1.024		13399	13400
	9	11649	1.012		11789	11790
圆弧区主半径	10	10500	—	—	10500	10500
矫直区	11	13085	1.020	$R''=R'/K_B$	12828	12800
	12	17393	1.040		16724	16700
	13	26010	1.060		24538	24500
	14	51860	1.090		47578	47500

3.1.5　几何尺寸计算

根据以上计算和图 2-3-1，进行下列几何尺寸计算，其中尺寸用“cm”，角度用“°”。

根据经验先给出外弧线上弯曲点和矫直点相邻辊子之间的辊距弧长初值 l'_1、l'_2、l'_3、l'_4、l'_5、l'_6、l'_7、l'_8，并设弯曲点为 5 个、矫直点为 4 个。

3.1.5.1　求角度

$$\alpha_1 = \frac{l'_1}{R_1} \cdot \frac{180}{\pi}$$

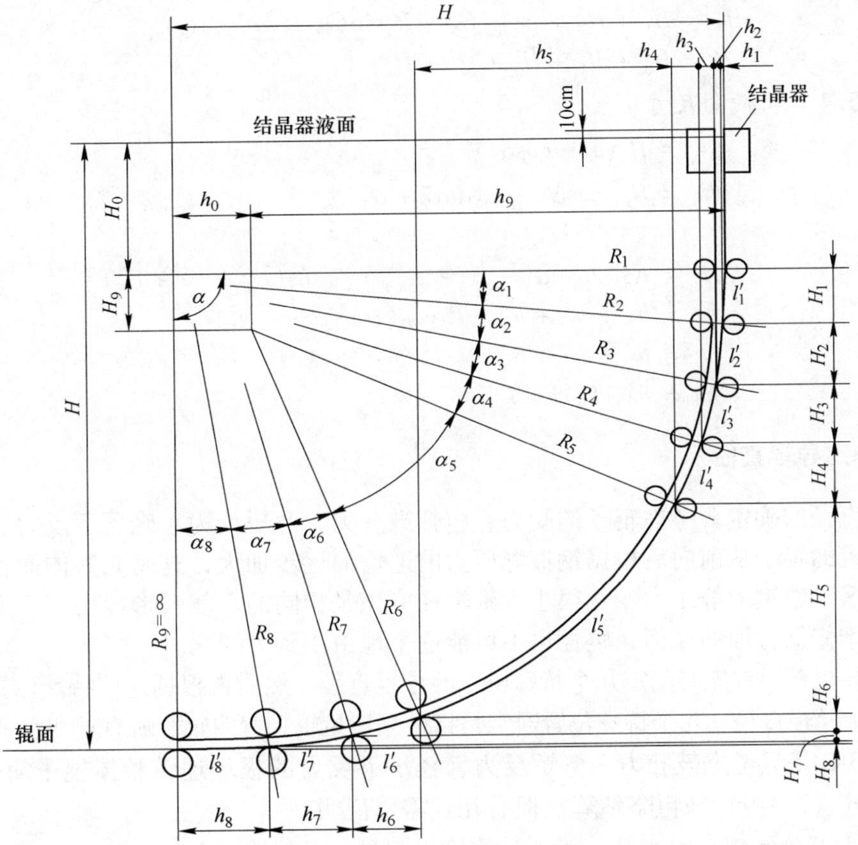

图 2-3-1　多点弯矫辊列设计的主要几何尺寸

$$\alpha_2 = \frac{l'_2}{R_2} \cdot \frac{180}{\pi}$$

$$\vdots$$

$$\alpha_n = \frac{l'_n}{R_n} \cdot \frac{180}{\pi} \tag{2-3-5}$$

3.1.5.2　求角度之和

$$\alpha_1 = ?$$

$$\alpha_1 + \alpha_2 = ?$$

$$\vdots$$

$$\alpha_1 + \cdots + \alpha_n = ? \tag{2-3-6}$$

3.1.5.3　求竖向尺寸

H_0 = 垂直段长度

$$H_1 = R_1 \sin\alpha_1$$

$$H_2 = R_2[\sin(\alpha_1 + \alpha_2) - \sin\alpha_1]$$

$$\vdots$$

$$H_n = R_n[\sin(\alpha_1 + \cdots + \alpha_n) - \sin(\alpha_1 + \cdots + \alpha_{n-1})]$$

$$H_9 = H_1 + H_2 + \cdots + H_5 - R_5\sin(\alpha_1 + \cdots + \alpha_5)$$
$$H = H_0 + H_1 + H_2 + \cdots + H_n \tag{2-3-7}$$

3.1.5.4　求横向尺寸

$$h_1 = R_1(1 - \cos\alpha_1)$$
$$h_2 = R_2[\cos\alpha_1 - \cos(\alpha_1 + \alpha_2)]$$
$$\vdots$$
$$h_n = R_n[\cos(\alpha_1 + \cdots + \alpha_{n-1}) - \cos(\alpha_1 + \cdots + \alpha_n)]$$
$$h_9 = h_1 + \cdots + h_4 + R_5\cos(\alpha_1 + \cdots + \alpha_4)$$
$$h = h_1 + \cdots + h_n$$
$$h_0 = h - h_9 \tag{2-3-8}$$

3.1.6　确定导辊直径

导辊直径的确定要考虑辊子的受力，包括鼓肚力、弯矫反力、轻压下反力、拉坯阻力等。连铸机的辊子从前向后根据钢液静压力的递增而逐步加大，这是对整体而言。由于连铸机水平区导辊钢液静压力变化很小，则辊径应该是相同的。就弧形段而言，由于生产制造、设备维修等方面的原因，辊径也不可能逐个地由小到大变化。

确定导辊直径首先要确定几个特殊位置的导辊直径，然后再根据这些特殊位置的导辊直径确定其余导辊直径。几个特殊位置通常是指结晶器足辊、弯曲辊、矫直辊和水平段辊。

图 2-3-2 是只考虑鼓肚力、弯矫反力、轻压下反力的板坯连铸整体辊子简化受力图。辊径可用式（2-3-9）来粗略估算。但有几点需要说明：

（1）大部分导辊有通水孔，为了计算简单起见，可忽略。

（2）鼓肚力也不是均布载荷，从图 2-3-3 钢厂实拍鼓肚的板坯就可以看出来，板坯鼓肚时，凝固壳（特别是板坯窄面凝固壳）对鼓肚力是有约束的，鼓肚力的载荷分布应该是图 2-3-4 所示的 $q = f(x)$ 曲线。

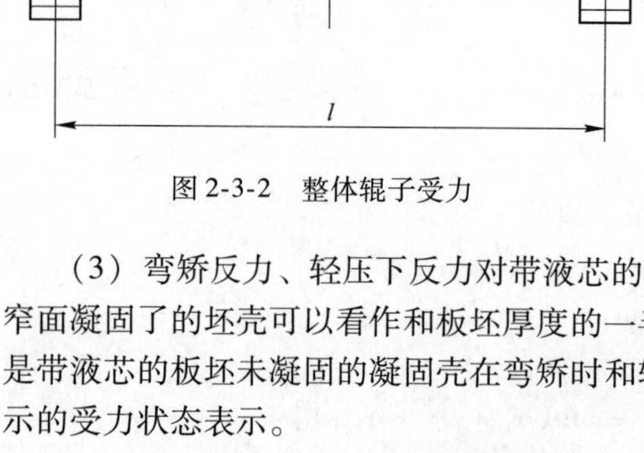

图 2-3-2　整体辊子受力

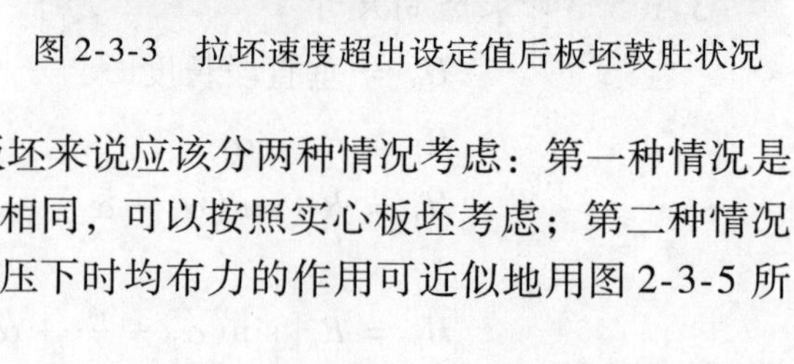

图 2-3-3　拉坯速度超出设定值后板坯鼓肚状况

（3）弯矫反力、轻压下反力对带液芯的板坯来说应该分两种情况考虑：第一种情况是窄面凝固了的坯壳可以看作和板坯厚度的一半相同，可以按照实心板坯考虑；第二种情况是带液芯的板坯未凝固的凝固壳在弯矫时和轻压下时均布力的作用可近似地用图 2-3-5 所示的受力状态表示。

图 2-3-2 至图 2-3-5 中的 δ 为凝固壳厚度；均布载荷 q_{wj} 为窄面凝固板坯单位长度上的弯矫反力和轻压下反力之和；l 是整体辊两轴承座之间的距离；l_2 为液芯的宽度；l_1 为液芯到轴承座之间的距离；q 为单位长度的鼓肚力。

（4）多点弯矫和连续弯矫时的弯矫反力计算是连铸领域的难题之一，由于受力模型不一样，计算结果差异很大。表 2-3-2 是商家 F 和商家 A 计算结果的比较。

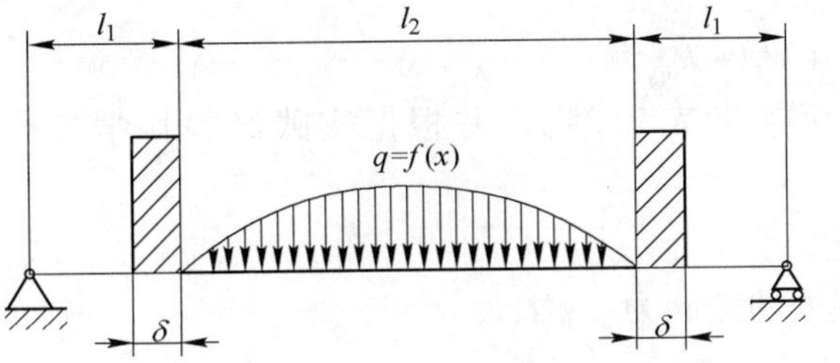

图 2-3-4 鼓肚力的实际分布状态

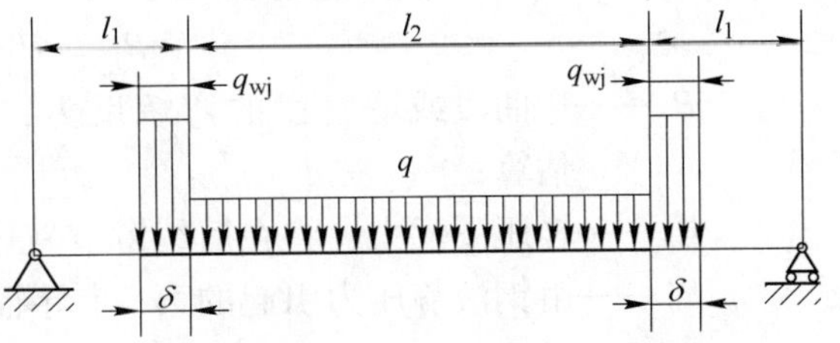

图 2-3-5 矫直反力和轻压下力受力示意

（5）拉坯阻力对导辊的影响较小，可以忽略。

（6）细辊密布是连铸机设计的很重要的原则，确定辊径时，必须考虑辊子的结构是整体辊还是分段辊，对于大中型的直弧形板坯连铸机，一般都要采用分段辊（即将一根辊子分成若干段），以减小辊径。在这里，分段辊需要分成几段应该确定下来。

（7）确定辊径时，还必须考虑辊径与轴承的匹配问题，因为含有轴承的辊子装配件的设计技术性也是非常强的。

分段辊也有几种结构，这些将在后续章节中详细阐述。

表 2-3-2 各种工况条件下弯矫力计算结果比较

序号	各种工况条件下的比较项目	商家 F	商家 A
1	正常浇注时弯曲区（断面 300mm×2300mm）	12.0tf	10.0～40.0tf（250mm×1930mm） 一般 10.0～20.0tf
2	正常浇注时矫直区（断面 300mm×2300mm）	17.0tf	10.0～40.0tf（250mm×1930mm） 一般 10.0～20.0tf
3	中间罐更换时弯曲区（断面 300mm×2300mm）	39.0tf	
4	中间罐更换时矫直区（断面 300mm×2300mm）	56.0tf	
5	坯尾通过时弯曲区（断面 300mm×2300mm）	42.0tf	
6	坯尾通过时矫直区（断面 300mm×2300mm）	130.0tf	
7	坯头通过时弯曲区（断面 300mm×2300mm）	42.0tf	192.0tf
8	坯头通过时矫直区（断面 300mm×2300mm）	130.0tf	284.0tf

因此，计算得出的导辊直径只能作为参考，还应考虑到生产中应用的连铸机的实践经验。

$$d=\sqrt[3]{\frac{320P_i\left(\frac{l_1}{2}+\frac{l_2}{8}\right)}{\pi[\sigma]}} \tag{2-3-9}$$

式中 d——辊子直径，$d=10\sim30$cm；

$[\sigma]$——辊子材料许用应力，$[\sigma]=50\sim60$MPa；

l_1，l_2——如图 2-3-2 所示，cm；

$$l_1 = \frac{l - l_2}{2}$$

$d \leqslant 24$　　　$l = B_{max} + 35$

$24 < d \leqslant 35$　　$l = B_{max} + 45$

$d > 35$　　　$l = B_{max} + 50$

P_i——第 i 个导辊的受力，kN

$$P_i = P'_i + P_j + P_q$$

P_j——弯曲段或矫直段的弯矫反力，可参考表 2-3-2，并根据实践经验科学类比估算；

P_q——轻压下反力，将在后续章节叙述；

P'_i——由钢液静压力引起的第 i 个导辊处的鼓肚力，kN，

$$P'_i = \gamma \cdot H_i \cdot S_g (B_{max} - 2S_i) \times 10^{-5}$$

γ——钢液密度，$\gamma = 7.0 g/cm^3$；

H_i——第 i 个导辊处的钢液压头高度，cm；

S_g——第 i 个导辊处板坯厚度中心线上相邻两辊距之和的一半，cm；

B_{max}——板坯最大宽度，cm；

S_i——第 i 个导辊处的凝固壳厚度，cm。

3.1.7　初步确定辊距

根据已经应用的辊列图并考虑下列几个主要因素来确定：

（1）确定辊距时首先要知道，一般情况下内外弧辊子成对出现，任何一对内外弧辊子必须在通过自身圆心的半径线上。

（2）内弧一侧的辊间距要保证喷嘴能够放进去，这就需要首先确定公用内弧半径。

（3）两相界处的应变要求辊距应尽可能小一些，但辊距太小，会使得综合应变中的辊子错位应变增大，因此必须综合考虑。

（4）连铸奥氏体不锈钢时，所浇钢种高温变形抗力大，辊子的受力大，辊径辊距要相适应。

（5）一定辊缝的情况下，弧形区扇形段上抽时，所抽扇形段边部的外弧辊子须与相邻扇形段内弧辊子留有 10mm 以上的间隙。

（6）结晶器足辊和弯曲段第一对辊子之间的辊距要考虑结晶器振幅值，弯曲段最末一对辊子和相邻扇形段之间的辊距要考虑安装结晶器的振动台架变形等因素引起的下降距离，这和连铸机的结构设计有很大关系。

（7）弯曲段最末一对辊子和圆弧区扇形段第一对辊子之间的辊距要考虑安装弯曲段的支架变形所下降的距离，这也和连铸机的结构设计有很大关系。

（8）由于第（5）项的原因，这时候就要确定扇形段上抽时相邻扇形段的开口度，对于远程调辊缝的扇形段，这种调整十分方便。对于中薄板坯连铸机、常规厚度板坯连铸机、宽厚板坯连铸机来说，扇形段上抽时的开口度应 > 20mm。扇形段上抽时相邻扇形段的开口度应小于所浇注板坯的最小厚度并小于引锭杆的厚度，设计时须考虑夹紧液压缸的行程以满足夹引锭杆要求。

3.1.8　画辊列草图

画辊列草图时还应注意以下几个方面。

（1）弯曲点最好设计在弯曲段（也叫作零号段或支撑导向段）上，第一个弯曲点前面和最后一个弯曲点下方至少应有 1～2 对辊子与弯曲点设计在同一个机械结构体上，以承受弯曲点板坯的顶弯力。

（2）弯曲段至少需要两种规格的辊径，以创造结晶器中不易发生周期性液面波动的源头条件，第一个弯曲点前面的 1～2 对辊子应当与第一个弯曲点的辊径相同，最后一个弯曲点下方的 1～2 对辊子应等于最后一个弯曲点辊径。

（3）从弯曲段后的第一对辊子到连铸机最后一对辊子为止，每一个扇形段机械体所含有的辊对数目应大致相等，以便将来设计相应的维修设备。

（4）考虑到各扇形段的更换，其各段质量不应相差太大。

（5）弧形区至少应当有两种规格的扇形段，以创造结晶器中不易发生周期性液面波动的源头条件。

（6）尽可能考虑到各扇形段及其零部件的互换性和备件的数量。

（7）一般来说，矫直点前接近于矫直点的区域，辊子应力较高，因为这个区域钢液静压力大，又要与前面的扇形段互换，这一点应充分注意。

（8）板坯连铸机，矫直段受力最大，矫直段前后若干对辊子的辊径应该和矫直点的辊径相同。矫直段以后的水平扇形段辊径可以等于矫直段辊径，也可以小于矫直段辊径。因为直弧形板坯连铸机的轻压下部位大部分情况下都在水平区域，辊径小、辊距小可以增强轻压下效果。

（9）根据理论计算和生产经验，初步给出的结晶器下方侧导辊对数，一般为 1～5 对，根据板坯厚度而定。

（10）根据式（2-1-8）计算所得的连铸机初步机长，布置水平区扇形段，然后确定最终机长。

实际上，这 10 个问题从辊列设计一开始就应该通盘考虑到。

3.1.9　连铸机的最终机长

画辊列草图期间，就能够确定最终机长。但必须注意，最终机长 L_z 应与初算出的机长 L_c（见式（2-1-8））接近，而且 $\geqslant L_c$，即

$$L_z = (1.0 \sim 1.1)L_c \tag{2-3-10}$$

式中　L_z——连铸机的最终机长，m。

最终机长的确定既要考虑到第一章中确定初步机长时凝固系数选取的准确程度，又要考虑连铸机水平区域扇形段的布置，还要考虑生产上实际应用的类似连铸机的机长，最终要把设计者的设计经验和生产实践经验结合起来。上述安全系数 1.0～1.1 就是综合了这些因素。

3.1.10　初步布置驱动辊

连铸技术发展到现在，由于采用了多点弯矫或连续弯矫，布置驱动辊时，已经不用再

考虑矫直区域的“压缩铸造技术”，但必须注意下述几方面问题：

（1）引锭进入结晶器后至少有两对（4 个）驱动辊夹持并保持。

（2）弧形区驱动辊布置的方便程度。

（3）应尽可能使驱动辊布置得离结晶器近一些，以便取得较短的引锭长度。

（4）最后一个扇形段中最好有一对驱动辊，如果这一对驱动辊在扇形段中间，则单独增设一个或一对单机架驱动辊，对输送尾坯和处理事故坯更为有利。

（5）如果一对辊子中只设计一个驱动辊，这个驱动辊最好为上辊（内弧辊），因为上辊由液压缸驱动，可以产生一定的压下力，对正常拉坯、送尾坯和事故坯的输送都有好处。

（6）布置驱动辊还要考虑事故坯被驱动运送的方向。例如，滞坯后如果要把停滞时间较长的事故坯拉出连铸机，往往需要把连铸机弧形区域的驱动辊抬起来，这时候如果连铸机水平区域的驱动辊太少，则事故坯就很难拉出；有操作人员把事故坯从弯曲段以下和水平段以前切断后，把弯曲段吊走，用引锭把圆弧区的事故坯向上顶，顶出一定距离再分段切割，这时候就要考虑夹持引锭的驱动辊数量是否足够。

（7）有的供货商设计的辊列，在圆弧区扇形段中只有内弧驱动辊，理由是内弧驱动辊有液压缸，能起到夹紧板坯和引锭的作用；外弧驱动辊是固定辊，无论驱动板坯还是驱动引锭都作用不大。这虽然有一定道理，但是作者认为，这无论对事故坯处理、送引锭、还是拉鼓肚板坯都是弊大于利。如果在设备维修时把圆弧区扇形段中的外弧驱动辊设置得让它高出外弧线 0.05 ~ 0.1mm，就可以完全解决外弧驱动辊可能起不到作用的问题。

3.1.11　喷水冷却区的划分

喷水冷却区也就是连铸机的二次冷却区域，是指从连铸机的第一对辊子（即结晶器足辊）至辊列最末一对辊子之间的区域。冷却水分布的原则是，板坯表面温度保持一定规律，亦即水量密度分布曲线是光滑连续的，如图 2-3-6 中曲线所示。机械设备实现不了这种光滑曲线。为了把冷却凝固理论与机械设计统一起来，把整个喷水冷却区划分为若干个小区，使最终水量密度分布曲线变为图 2-3-6 中所示的折线。

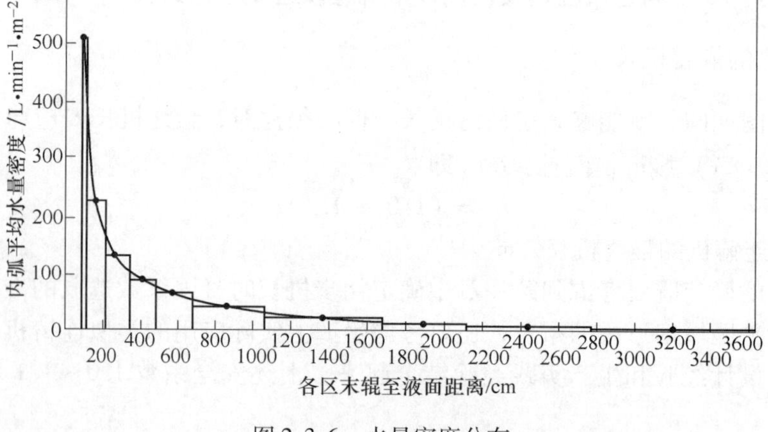

图 2-3-6　水量密度分布

从图 2-3-6 可以看出，整个冷却区的前面冷却水量密度要比后面大得多，曲线变化也很陡。因此，小冷却区从前向后距离应逐步加长。在图 2-2-1 所示的辊列中，1 ~ 2 号辊为第一冷却区，3～7号辊为第二冷却区，8～14号辊为第三冷却区，15～19号辊为第四冷却区，20～29号辊为第五冷却区，30～39号辊为第六冷却区，40～54号辊为第七冷却区，55～74号辊为第八冷却区，75～99号辊为第九冷却区。当然这样的划分不一定非常合理，设计中要综合考虑。

划分冷却区应遵循的基本原则是：

（1）必须按照图2-3-6所示的曲线划分。

（2）理论上讲，冷却区的数量越多越好，然而实际上是实现不了的，划分的冷却区越多，机械设计就越困难，生产实际使用就越麻烦。在弧形区，如果划分的小冷却区太长，不但与图2-3-6所示的曲线相差甚远，而且由于喷水压力的原因，小冷却区的上部水压过小，使其流量过小，使水量密度形成上小下大的不理想状态，当水流量减小时，甚至喷不出水来。

（3）冷却区的划分还必须充分考虑到导辊的分组问题，如果相同的扇形段（组）被划分成好几个冷却区，将给机械设计、生产操作和维修带来不便。

3.2　辊列的校核

辊列草图完成后，为了验证所选参数及其设计的正确性，需对辊列进一步进行校核。校核的内容主要有：连铸机角度、两相界综合应变、侧面鼓肚量、辊子强度、辊子挠度、上辊间隙、扇形段上抽间隙、换热系数、凝固系数、坯壳厚度、凝固长度等。这些项目可以手算，也可以应用计算机计算。下面挑几个主要内容予以叙述。

3.2.1　直弧形连铸机角度

如图2-3-1所示，连铸机角度的设计计算误差为

$$\alpha = \alpha_1 + \cdots + \alpha_n \text{（在 } 90^{\circ}\,{}^{0}_{-0.0009^{\circ}} \text{ 范围内）} \tag{2-3-11}$$

3.2.2　两相界综合应变

$$\varepsilon_{t(i)} = \varepsilon_{b(i)} + \varepsilon_{u(i)} + \varepsilon_{r(i)} \leqslant [\varepsilon_{t(i)}] \tag{2-3-12}$$

式中　$\varepsilon_{t(i)}$——凝固壳内两相界处的综合应变，%；

$\varepsilon_{b(i)}$——鼓肚应变，%；

$\varepsilon_{u(i)}$——弯曲或矫直应变，%；

$\varepsilon_{r(i)}$——辊子错位应变，%；

$[\varepsilon_{t(i)}]$——许用应变，对于薄板钢种 $[\varepsilon_{t(i)}] = 0.7\%$，对于中厚板钢种 $[\varepsilon_{t(i)}] = 0.5\%$。

3.2.2.1　两相界处鼓肚应变

如图2-3-7所示

$$\varepsilon_{b(i)} = \frac{1600 S_i \delta_i}{l_i^2} \tag{2-3-13}$$

式中　S_i——第 i 个辊子处的凝固壳厚度，cm；

l_i——第 i 个辊子处板坯厚度中心线上的辊距（或前后辊距之和的一半），cm；

δ_i——第 i 个辊子处的鼓肚量，cm，

$$\delta_i = \frac{\eta_1 \alpha_b p_i l_i^4 \sqrt{t_s}}{32ES_i^3}$$

p_i——第 i 个辊子处的钢液静压力，MPa；

t_s——考虑到蠕变变形，板坯经过距离 l_i 时所用的时间，min。$t_s = \frac{a}{v_g}$，对板坯 $a = l_i$，见图2-3-7；

E——求鼓肚量时的相当弹性模量，MPa；

α_b——考虑了板坯宽度的形状系数，将板坯视为一挠性矩形板，如图2-3-7a所示；

η_1——形状系数 α_b 的修正系数。

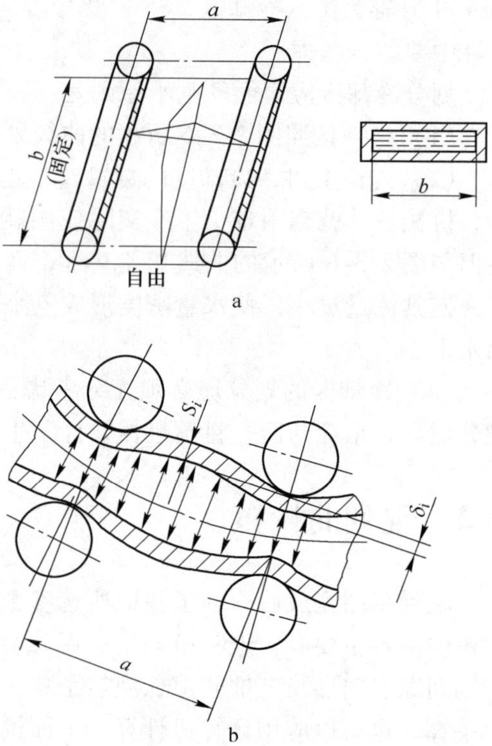

图2-3-7 连铸板坯鼓肚示意

系数 E、α_b、η_1 的选取说明：

(1) 相当弹性模量 E。

板坯鼓肚量是按弹性变形计算的，按弹性变形测得的弹性模量为

$$E = \frac{T_{s0} - T_m}{T_{s0} - 100} \times 10^5$$

但实际上连铸中的高温板坯存在着塑性变形，显然按上式计算鼓肚量是不合理的。从材料力学可知：

$$E = \frac{\sigma}{\varepsilon} = \tan\theta$$

从图2-3-8中也可以看出，上边是一条实测曲线，符合上式，而下边一条曲线是修正的，修正后 $E = \tan\theta_E$

事实上在图中小圆圈内的变形区内计算鼓肚量是比较接近实际的。据国外实验证明，相当弹性模量（即修正后的弹性模量）可用下式表达

$$E = \frac{T_{s0} - T_m}{T_{s0} - 100} \times 10^4$$

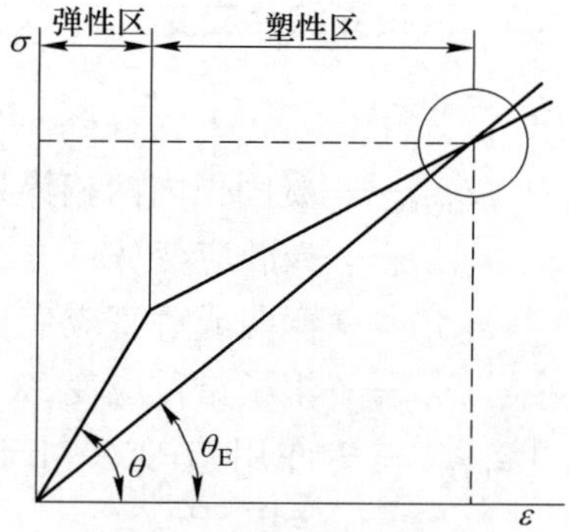

图2-3-8 弹性系数修正示意

式中 T_{s0}——钢的凝固温度，即液相线温度，对于普通低碳钢 $T_{s0} = 1528$℃，不锈钢 $T_{s0} \approx 1400 \sim 1500$℃；

T_m——板坯凝固壳平均温度，℃，

$$T_m = \frac{T_{s0} + T_s}{2}$$

T_s——板坯表面温度，℃。

（2）形状系数 α_b。

如图 2-3-7 所示，当 $a \geqslant b$ 时，$\beta = b/a$，$l_i = b$，则

$$\alpha_b = \frac{5}{1 + 1.5375882\beta^2 + 5\beta^4}$$

当 $b > a$ 时，$\beta = a/b$，$l_i = a$，则

$$\alpha_b = \frac{5}{5 + 1.5375882\beta^2 + \beta^4}$$

式中　a——辊距，cm；

b——钢液宽度，cm。

（3）α_b 的修正系数 η_1。

α_b 的修正系数 η_1 是通过实测比较给出的，$\eta_1 = 1.41$。但是，当 $a < b$ 时，$\eta_1\alpha_b > 1$，则取 $\eta_1\alpha_b = 1$；当 $a \geqslant b$ 时，$\eta_1\alpha_b > 5$，则取 $\eta_1\alpha_b = 5$。连铸板坯均取 $\eta_1\alpha_b = 1$。

1985 年，日本钢管（株）中央研究所福山研究所宫原忍等在《連続鋳造における力学的挙動》发表了一篇“低静压下における鋳片のバルジング挙動”（いばらき印刷株式会社．昭和 60 年）文章中给出了最大鼓肚量的另一种表达方式

$$\delta_{max} = 1.09 \times 10^5 \frac{\alpha\left(\frac{p_i}{10}\right)^{2.3} l_i^{3.7}}{S_i^{5.3}} t_s^{0.75} \tag{2-3-14a}$$

$$\alpha = (2/\pi^5)\cosh\left(\frac{\pi B}{2l_i}\right) \times \left[2\cosh\left(\frac{\pi B}{2l_i}\right) - \frac{\pi B}{2l_i}\tanh\left(\frac{\pi B}{2l_i}\right) - 2\right]$$

式中，B 为板坯宽度，此公式所有长度单位均为 mm；钢水静压力 p_i 的单位为 MPa；时间单位为 s。

1990 年，蔡开科在《连续铸钢》一书第 308 页给出了鼓肚量的另一种表达方式

$$\delta = \frac{p_i l_i^2}{16ES_i}\left[\frac{5}{2}l_i^2 - 3\nu D_0^2 + \nu(B + D_0)^2\right] \tag{2-3-14b}$$

式中　ν——材料泊松比，对于钢 $\nu = 0.24 \sim 0.30$；

D_0——冷板坯厚度，cm。

此公式长度单位均为 cm，弹性模量 E 和钢水静压力 p_i 单位为 MPa。

3.2.2.2　弯曲或矫直应变

（1）两相界弯曲或矫直应变 $\varepsilon_{u(i)}$

$$\varepsilon_{u(i)} = \left(\frac{D_0}{2} - S_i\right)\left(\frac{1}{R_i - \frac{D_0}{2}} - \frac{1}{R_{i+1} - \frac{D_0}{2}}\right) \times 100\% \tag{2-3-15}$$

（2）表面弯曲或矫直应变 $\varepsilon_{bu(i)}$

$$\varepsilon_{bu(i)} = \frac{D_0}{2}\left(\frac{1}{R_i - \frac{D_0}{2}} - \frac{1}{R_{i+1} - \frac{D_0}{2}}\right) \times 100\% \tag{2-3-16}$$

3.2.2.3　两相界辊子错位应变 $\varepsilon_{r(i)}$

$$\varepsilon_{r(i)} = \frac{300S_i \cdot \delta_r}{l_i^2} \tag{2-3-17}$$

式中，δ_r为辊子错位量，一般取 $\delta_r = 0.03 \sim 0.05$cm，在弯曲段与结晶器足辊以及弯曲段与扇形段 1 之间要求 $\delta_r \leqslant 0.03$cm，扇形段 1 以后要求 $\delta_r \leqslant 0.05$cm，错位形态如图 2-3-9 所示。

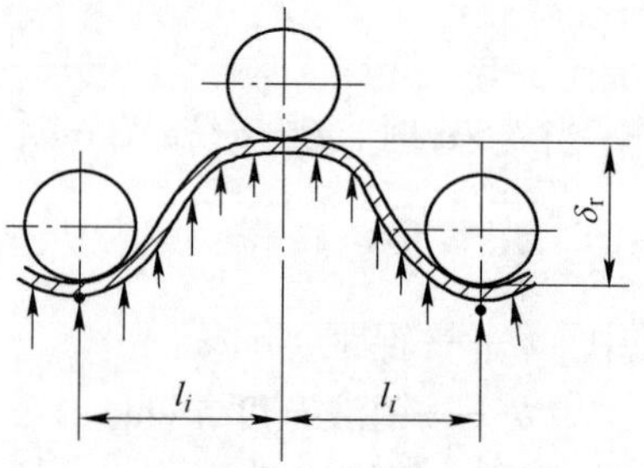

图 2-3-9　辊子错位的情形

3.2.3　板坯窄面结晶器下口鼓肚量及窄面足辊确定

若板坯在长度方向上某一点的窄面鼓肚量为 δ_i''，则

$$\delta_i'' = \frac{5}{32} \cdot \frac{p_i l_h^4 \sqrt{t}}{ES_i^3} \cdot A \tag{2-3-18}$$

式中　l_h——钢液静压力在板坯厚度方向上的作用长度，cm，它等于板坯厚度减去 2 倍的凝固壳厚度，由于结晶器出口的凝固壳厚度较薄，常规板坯连铸机在 1.2 ~ 2.0cm 之间，薄板坯连铸机最薄可以到 0.8cm，l_h也可近似地用板坯厚度代替；

t——某一时刻的时间，min；

A——与实测相比的修正系数，$A = 0.45$（因为理论计算时认为两端约束反力为 0，实际上凝固壳是连续的，约束反力不可能为 0）。

其余符号同前。

事实上，板坯窄面的鼓肚量是随时间而变化的。换句话说，窄面鼓肚量是时间的函数，于是窄面鼓肚量为：

$$\delta' = \int_0^t \frac{d\delta_i''}{dt} dt = \int_0^t \left(\frac{5}{32} \frac{p_i l_h^4}{ES_i^3 \cdot 2\sqrt{t}} \times 0.45 \right) dt$$

$$\approx \sum_{i=1}^{n_1} \left(\frac{5}{32} \frac{p_i l_h^4}{ES_i^3 \cdot 2\sqrt{t}} \times 0.45 \right) \Delta t_i \tag{2-3-19}$$

式中　Δt_i——某时刻的时间增量，Δt_i越小，计算结果越精确，min；

n_1——时间增量的数目。

例：已知结晶器液面高度 80cm，拉坯速度 148cm/min，其余已知数据见表 2-3-3。结晶器窄面鼓肚现象如图 2-3-10 所示，求距结晶器底面 30cm 处的板坯窄面鼓肚量 δ'。

表 2-3-3　已知数据

h_i/cm	80	83	86	89	92	95	98	101	104	107	110
t_i/min	0	0.02	0.04	0.06	0.08	0.10	0.12	0.14	0.16	0.18	0.20
S_i/cm	1.523	1.565	1.606	1.648	1.689	1.731	1.773	1.814	1.856	1.897	1.939
p_i/MPa		0.0581	0.0602	0.0623	0.0644	0.0665	0.0686	0.0707	0.0728	0.0748	0.0772

注：h_i—从结晶器底面算起，板坯走过 Δt_i时，液面至此时刻的距离；

t_i—从结晶器底面算起，板坯至任一时刻为止所经过的时间；

S_i，p_i—与 h_i和 t_i相对应，意义同前。

板坯走过 30cm 所需的时间为

$$t=\frac{30}{148}\approx 0.20\text{min}$$

为了计算方便起见，取 $n_1=10$，则

$$\Delta t_i=0.02\text{min}$$

设 $l_h=25\text{cm}$，$E=1048.3\text{MPa}$，根据表 2-3-3 给出的钢液静压力和凝固壳厚度，用公式（2-3-19）即可求出时间增量为 0.02min 时的变形量 $\delta'_1\sim\delta'_{10}$。

$$\delta'_1=\left(\frac{5}{32}\frac{p_1 l_h^4}{ES_i^3\cdot 2\sqrt{t_1}}\times 0.45\right)\times\Delta t_1$$

$$=\frac{5}{32}\times\frac{0.0581\times 25^4}{1048.3\times 1.565^3\times 2\sqrt{0.02}}\times 0.45\times 0.02$$

$$\approx 0.028\text{cm}$$

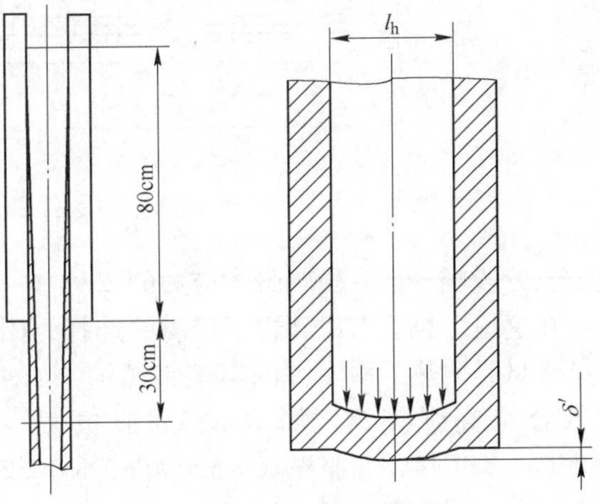

图 2-3-10　结晶器窄面鼓肚

同理，可求出 $\delta'_2=0.019\text{cm}$，$\delta'_3=0.015\text{cm}$，$\delta'_4=0.012\text{cm}$，$\delta'_5=0.011\text{cm}$，$\delta'_6=0.009\text{cm}$，$\delta'_7=0.008\text{cm}$，$\delta'_8=0.007\text{cm}$，$\delta'_9=0.007\text{cm}$，$\delta'_{10}=0.006\text{cm}$。于是 $\delta'=\delta'_1+\cdots+\delta'_{10}=0.122\text{cm}$。

根据要求，板坯窄面鼓肚量 δ' 一般应小于 2～3mm。限制窄面鼓肚量的唯一办法是设置侧导辊，一般为 1～6 对。对于碳素钢，厚度≤250mm，侧导辊一般为 1～3 对；厚度 > 250mm，侧导辊一般为 3～6 对；对于铸造铁素体不锈钢的板坯连铸机，由于凝固壳强度低，可适当增加一对侧导辊。

3.2.4　辊子强度校核

辊子的受力如图 2-3-2 所示，根据材料力学知，整体辊辊身的最大应力

$$\sigma_{max}=\frac{10P_i}{Z_w}\left(\frac{l_1}{2}+\frac{l_2}{8}\right)\leqslant[\sigma]$$

$$Z_w=\frac{\pi(d^4-d_0^4)}{32d}\qquad(2\text{-}3\text{-}20)$$

二分段辊（当辊子直径 $d>26\text{cm}$ 且 $<38\text{cm}$ 时有效，见图 2-3-11）的最大应力

$$\sigma_{max}=10P_i a_i\leqslant[\sigma]$$

$$a_i=0.0001319d^2-0.010517d+0.2203\qquad(2\text{-}3\text{-}21)$$

式中　σ_{max}——辊子的最大应力，MPa；

Z_w——材料的抗弯截面模量，cm^3；

d_0——辊子通水内孔直径，根据辊径大小可取 $d_0=3\sim 6\text{cm}$；

a_i——经验数据，cm^{-2}。

$[\sigma]$——辊身许用应力，$[\sigma]=50\sim 60\text{MPa}$。

这里所计算的是辊身的最大应力，实际上，机械设计时，辊颈的应力、结构和尺寸应当引起足够的重视。

根据辊子结构并吸收实践经验，经理论估算，整体辊的最大应力通常分别是二分段

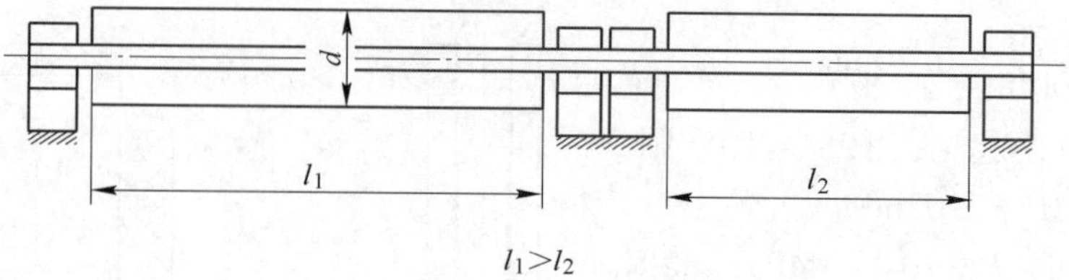

图2-3-11　分段辊示意

辊、三分段辊、四分段辊最大应力的2.9、6.1、9.0倍。

在这里，也要考虑到辊子母材的选择，因为辊子母材和许用应力［σ］有直接关系。辊子母材是耐热、耐腐蚀的高碳铬钼钢，如42CrMo，屈服极限为500~550MPa。也可选用低合金高强度钢，如R73，屈服极限>588MPa；HZ102F、HZ005F，屈服极限>600MPa；KRC14，屈服极限>590MPa；KRC32，屈服极限>685MPa；BCR01，在热处理工艺合理时，屈服极限可达780MPa；21CrMoV511；SCM822Mod等。早期的小连铸机，也有选用15CrMo母材的，屈服极限为225MPa。

辊子外表面的堆焊材料是含微合金元素的不锈钢。

3.2.5　辊子挠度

由图2-3-2知，整体辊最大挠度为

$$y_{\max} = \frac{P_i}{38.4E_sJ}[4l(2l^2 - l_2^2) + l_2^3] \leqslant 0.1$$

$$J = \frac{\pi}{64}(d^4 - d_0^4) \qquad (2\text{-}3\text{-}22)$$

式中　$y_{\max}$——整体辊最大挠度，cm；

E_s——钢的弹性模量，对于合金钢 $E_s = 2.1 \times 10^5$ MPa；

l——辊子两端轴承间的距离，cm；

J——辊子惯性矩，cm^4。

根据辊子结构并吸收实践经验，经理论估算，整体辊的最大挠度通常分别是二分段辊、三分段辊、四分段辊最大挠度的8.5、37.5、81.0倍。

事实上，采用细辊密布、分段辊后，辊子的挠度都很小，远小于0.1cm的允许值。

3.2.6　内弧辊间隙

由图2-3-12知，内弧辊间隙为

$$\Delta a = \Delta a_1 + \Delta a_2 \qquad (2\text{-}3\text{-}23)$$

控制上辊间隙的目的是为了安装喷嘴并使得喷水能够有效地喷到板坯上。椭圆喷嘴外径为23mm左右，扁平喷嘴外径为29mm左右。根据喷嘴的结构、性能及连铸生产使用经验，上辊间

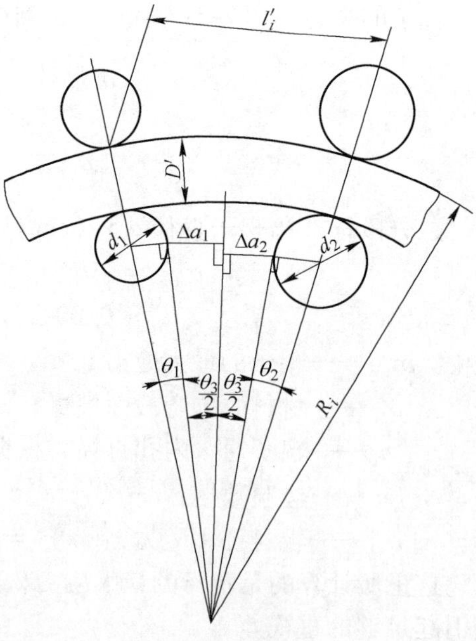

图2-3-12　内弧辊面间隙示意

隙 $\Delta a \geqslant 30\text{mm}$，但同时最好 $\Delta a < 35\text{mm}$，因为若 Δa 太大，又偏离了细辊密布的设计原则。

从图中的几何关系可得出

$$\Delta a_1 = \left(R_i - D' - \frac{d_1}{2}\right)\cos\theta_1 \sin\frac{\theta_3}{2}$$

$$\Delta a_2 = \left(R_i - D' - \frac{d_2}{2}\right)\cos\theta_2 \sin\frac{\theta_3}{2}$$

$$\theta_1 = \sin^{-1}\frac{\frac{d_1}{2}}{R_i - D' - \frac{d_1}{2}}$$

$$\theta_2 = \sin^{-1}\frac{\frac{d_2}{2}}{R_i - D' - \frac{d_2}{2}}$$

$$\theta_3 = \frac{l_i'}{R_i}\cdot\frac{180}{\pi} - (\theta_1 + \theta_2)$$

式中 d_1，d_2——分别为二内弧辊直径，cm；

l_i'——外弧辊距，cm；

θ_1，θ_2，θ_3——有关角度；

D'——辊缝，cm。

3.2.7 扇形段上抽间隙校核

如图 2-3-13 所示，设连铸机外弧 bc 所包容的一组导辊为一个扇形段。更换扇形段时，沿着箭头方向抽出（称为上抽方式），此时，下辊 d_B、d_C 与相邻两扇形段的上辊 d_E、d_F 有相碰的倾向。为了避免相碰，根据经验 d_B 与 d_E 之间的间隙 Δ_1 及 d_C 与 d_F 之间的间隙 Δ_2 均必须大于 10mm。

Δ_1 与 Δ_2 越小，亦即导辊布置越密，对板坯质量越有好处；但太小时，由于设备加工、安装和使用精度的偏差，则有碰撞的危险。

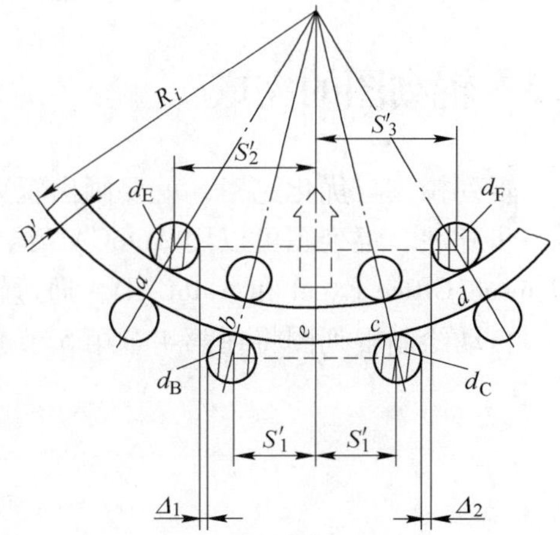

图 2-3-13 扇形段上抽间隙示意

实际生产中可以把相邻两扇形段的上辊，比如 d_E 与 d_F 降下一定距离，甚至降到辊缝 D' 为一很小的值，例如 50mm。上面给出的 10mm 是指 $D' \geqslant 0$ 时的间隙。这一点在 3.1 节中已经说明。

实际上扇形段上抽时，间隙最紧张的是第一扇形段。这是因为第一扇形段上方是弯曲段（支撑导向段），而绝大多数板坯连铸机弯曲段辊缝是不能在线改变的，所以第一扇形段最顶部的一个下辊与弯曲段最底部的一个上辊之间的间隙最紧张。

根据图 2-3-13 所表示的几何关系可以计算出 Δ_1 和 Δ_2

$$\Delta_1 = S_2' - S_1' - \frac{d_B}{2} - \frac{d_E}{2}$$

$$\Delta_2 = S'_3 - S'_1 - \frac{d_C}{2} - \frac{d_F}{2}$$

令弧 $ab = l'_1$；弧 $bc = l'_2$；弧 $cd = l'_3$；弧 $be = ec = \frac{l'_2}{2}$（l'_1、l'_2、l'_3 分别为已知的辊距）

则

$$S'_1 = \left(R_i + \frac{d_B}{2}\right) \cdot \sin\left(\frac{90 l'_2}{\pi R_i}\right)$$

$$S'_2 = \left(R_i - D' - \frac{d_E}{2}\right) \cdot \sin\left[\frac{180(l'_2/2 + l'_1)}{\pi R_i}\right]$$

$$S'_3 = \left(R_i - D' - \frac{d_F}{2}\right) \cdot \sin\left[\frac{180(l'_2/2 + l'_3)}{\pi R_i}\right]$$

于是，Δ_1与Δ_2可写成

$$\Delta_1 = \left(R_i - D' - \frac{d_E}{2}\right) \cdot \sin\left[\frac{180(l'_2/2 + l'_1)}{\pi R_i}\right] - \left(R_i + \frac{d_B}{2}\right) \cdot \sin\left(\frac{90 l'_2}{\pi R_i}\right) - \frac{d_B}{2} - \frac{d_E}{2} \quad (2\text{-}3\text{-}24)$$

$$\Delta_2 = \left(R_i - D' - \frac{d_F}{2}\right) \cdot \sin\left[\frac{180(l'_2/2 + l'_3)}{\pi R_i}\right] - \left(R_i + \frac{d_B}{2}\right) \cdot \sin\left(\frac{90 l'_2}{\pi R_i}\right) - \frac{d_C}{2} - \frac{d_F}{2} \quad (2\text{-}3\text{-}25)$$

式中 d_B，d_C，d_E，d_F——已知辊径，cm。

3.3 辊列图的完成

辊列校核与优化完毕，就要画出辊列图，以便板坯连铸机的总体设计、设备设计工作进一步开展。辊列图可以用 AutoCAD 绘制；也可以用计算机语言 VB 或 VC 编程，再嵌套 Microsoft Office Excel 和 AutoCAD，通过输入有关参数，最终自动绘制出辊列图。

自动绘制辊列图将在第 4 章第 5 节介绍。

4　康卡斯特曲线辊列设计

4.1　概述

4.1.1　历史

康卡斯特曲线是一种专有曲线，它是铁路、公路设计时，直线和圆弧线之间所采用的一段缓和曲线（transition curve），它适应于曲率半径较大、缓和曲线较短时的状况，是一般铁路、公路用的缓和曲线，而不是高速铁路用的“高次缓和曲线”。

辊列设计采用专有曲线的设想产生于1960年，在1973年，商家D以渐近弯曲、渐近矫直的名称应用于工程实践。1982年，康卡斯特公司提出了在连铸机矫直区域采用专有曲线（我们称作康卡斯特曲线）并采用浮动辊（弹性扇形段）的思想，并于1983年首次应用于法国Seremange公司的Sollac厂1号弧形板坯连铸机的矫直区域，但多年来，这一技术由于浮动辊在技术上存在一定的弊端而一直未能推广。这些都是连续弯矫最原始的思想。康卡斯特曲线一开始就被叫做“连续矫直”曲线。

国内有的商家在20世纪90年代末期直弧形板坯连铸机的设计中，采用了康卡斯特曲线固定辊弯曲和矫直的辊列，例如2001年8月投产的I钢铁公司的250mm×1400mm板坯连铸机；2001年2月，H钢铁公司的弧形板坯连铸机，其矫直区域由多点矫直改造成为康卡斯特曲线矫直并顺利投产，作为科技成果进行了专家鉴定。后来在A钢铁公司板坯连铸试验机，B钢铁公司宽厚板单流板坯连铸机，E钢铁公司三台单流板坯连铸机，J钢铁公司双流中薄板坯连铸机，K钢铁公司两台双流板坯连铸机，L钢铁公司和M钢铁公司不锈钢单流板坯连铸机等直弧形板坯连铸机中均得到了应用。

4.1.2　基本概念

由于“连续矫直”这个词中的“连续”两个字，给从事连续铸钢技术的人们产生了多点弯矫不如连续弯矫的错觉，好像多点弯矫的辊列其外弧线是不连续的。“连续弯矫”的商业宣传效应迷惑了很多工程技术人员和连铸工作者。后来国外有的商家把自己原来采用专有曲线设计的辊列也叫做连续弯矫辊列，有的商家把多点弯矫辊列的尺寸标注方法做了表面上的改动也叫做连续弯矫辊列。因为这样可以迷惑用户，容易拿到合同。因此，现在只要用专有曲线设计的辊列都叫连续弯矫辊列。

事实上，多点弯矫设计辊列，其弯曲区和矫直区最终形成的外弧线是一条“无名”曲线，而采用专有曲线设计辊列是又一种设计方法。弯曲、矫直区域采用固定辊使板坯按照指定的曲线路径运行是目前所谓“连续弯曲”、“连续矫点”的最基本的概念。

本章作者：杨拉道，曾晶；审查：高琦，王公民，黄进春，王蓉

连续弯矫中，板坯走的是一条专有曲线，是设计一开始就知道的曲线，而多点弯矫中，板坯走的是一条无名曲线。无论哪一种方法，弯曲区和矫直区的曲率半径都是沿远离主半径方向而逐渐变大。

4.1.3　专有曲线设计辊列的基本优点

（1）弯矫区辊子受力更均匀。国内 H 钢铁公司的板坯连铸机，将多点矫直改为康卡斯特曲线固定辊矫直后，各矫直辊的受力状态得到了很大改善，亦即各矫直辊的受力变得均衡了很多，各矫直辊相同位置的轴承受力也变得均匀，这样可以提高设备的使用寿命，延长更换周期，而矫直区域辊子受力均匀还可以使得该区域驱动辊的电流更加平稳，使设备使用更加可靠；

（2）可以取得更小的弯矫应变。后来对这种辊列所浇板坯两相界的应变进行了计算，发现每个矫直辊的矫直应变也均衡了很多。

另外，辊子沿指定曲线布置，首先确定的是曲线的 x 坐标，x 坐标一确定，所有曲线上的辊子均参与弯曲或矫直，一般来说，弯曲区的辊子数目一般在 10 个左右，相当于多点弯曲的 11 点弯曲；而矫直区的辊子数目可在 10 ~ 15 个，相当于多点矫直的 11 ~ 16 点矫直。这对于板坯两相界和板坯表面所产生的应变都能够做到最小。

所以，专有曲线设计辊列，可以取得更小弯矫应变而并不增加太多的设计工作量。

（3）便于实现辊列的模块化设计。专有曲线设计辊列，很快就会将弯曲区、矫直区和圆弧区三个区域的角度分开，这对已有的连铸机扇形段的利用带来了很大方便，这一点比多点弯矫要优越得多。

（4）理论直线段可以变短一些。专有曲线设计辊列，在弯曲区，距离曲线原点最近的几对辊子 y 坐标很小，基本上处于直线段，实际的直线段则包括了理论直线段和距离曲线原点最近的 2 ~ 3 对辊子。所以理论直线段可以变短一些，这样降低了工程投资。

后面将介绍三种曲线设计辊列，即康卡斯特曲线设计辊列、回旋曲线设计辊列、多次方曲线设计辊列。

4.2　辊列设计过程

图 2-4-1 表示辊列各几何参数；其中 * 表示弯曲曲线和矫直曲线的结束点；图 2-4-2 表示弯曲区曲线的坐标；图 2-4-3 表示矫直区曲线坐标。

4.2.1　曲线参数计算

4.2.1.1　康卡斯特曲线的表达方式

在曲线坐标系 xoy 中，$y = \frac{x^3}{6R_zL}$，设 $a = 2R_zL$，则

$$y = \frac{x^3}{3a} \tag{2-4-1}$$

式中　R_z——连铸机主半径，mm；

L——连续弯矫区域坐标轴 x 方向曲线投影的最大长度，mm。

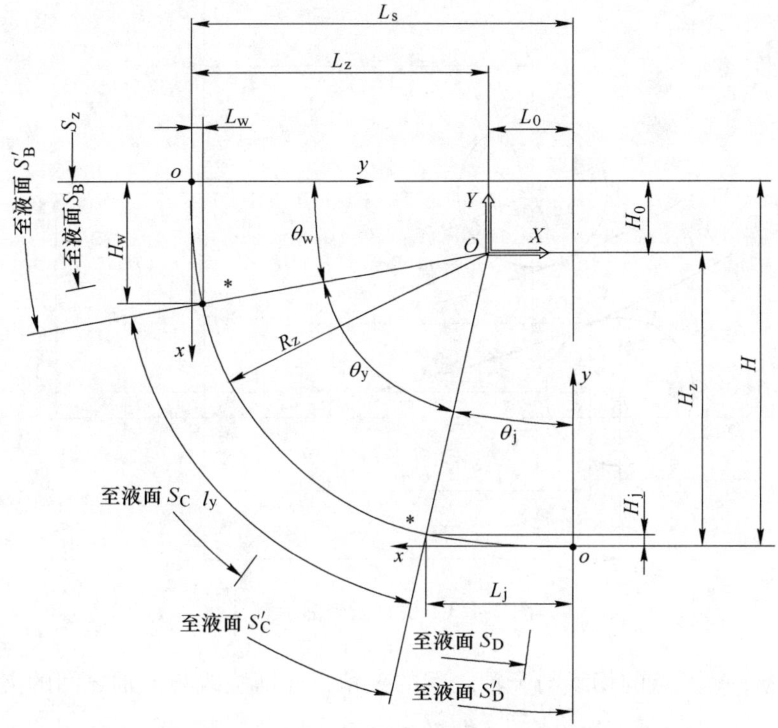

图 2-4-1　辊列几何参数示意

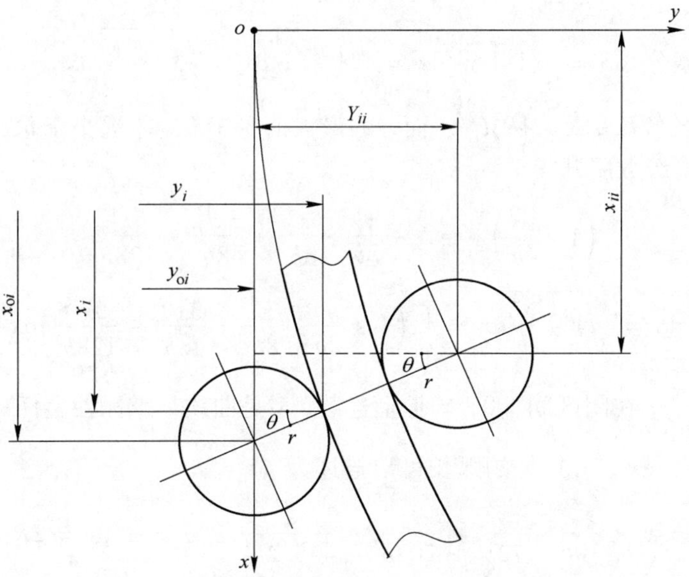

图 2-4-2　弯曲区坐标示意

4.2.1.2　曲线参数计算

曲线方程一阶导数　$y' = x^2/a$　(2-4-2)

曲线方程二阶导数　$y'' = 2x/a$　(2-4-3)

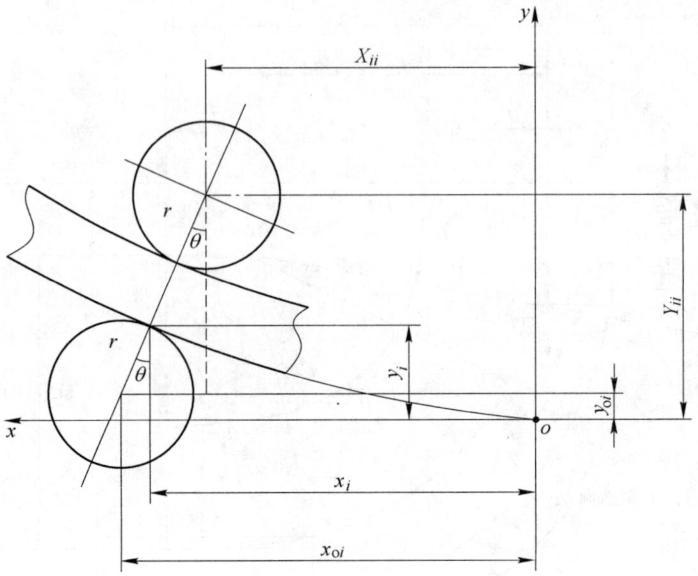

图 2-4-3　矫直区坐标示意

曲线上（x_i，y_i）点的切线与 x 轴之间的夹角，亦即法线与 y 轴之间的夹角

$$\theta_i = \arctan y_i' \tag{2-4-4}$$

点（x_i，y_i）处的曲率半径　　$R_i = \dfrac{(1 + y_i'^2)^{\frac{3}{2}}}{y_i''}$　　（2-4-5）

曲线弧长的微分 $dS = \sqrt{1 + y'^2}dx = \sqrt{1 + \dfrac{x^4}{a^2}}dx = \sqrt{1 + \dfrac{x^4}{b}}dx$

由于 $b = a^2 = (2R_zL)^2 = 4R_z^2L^2$，而 x 的最大值等于 L，x^4 远小于 b，$|x^4/b| \leqslant 1$，用实数域上函数的幂级数展开得

$$\left(1 + \frac{x^4}{b}\right)^{\frac{1}{2}} \approx 1 + \frac{x^4}{2b} - \frac{x^8}{8b^2} + \frac{3x^{12}}{48b^3} - \frac{5x^{16}}{128b^4}$$

$$dS = \sqrt{1 + \frac{x^4}{b}}dx = \int_0^{x_i}\left(1 + \frac{x^4}{2b} - \frac{x^8}{8b^2} + \frac{3x^{12}}{48b^3} - \frac{5x^{16}}{128b^4}\right)dx$$

当曲线 $y = \dfrac{x^3}{6R_zL}$ 在闭区间［0，x_i］上连续，x_i是曲线 x 坐标轴上任一点至曲线原点的距离，则曲线在点（x_i，y_i）处的弧长可以描述为

$$S_i = x_i + \frac{x_i^5}{10b} - \frac{x_i^9}{72b^2} + \frac{x_i^{13}}{208b^3} - \frac{x_i^{17}}{435.2b^4} \quad (b = a^2, a = 2R_zL) \tag{2-4-6}$$

当 $x = x_i = L$，取中等大小板坯连铸机主半径 $R_z = 8$m，可取不同的 L 值，验证曲线弧长 S 的计算取幂级数的前 5 项精度足以满足设计要求。计算结果见表 2-4-1。

表 2-4-1 中，取幂级数前 3 项进行比较，说明取前 5 项就可以满足辊列设计中计算曲线弧长的要求，因为越是幂级数后面的“项”对计算结果影响越小，况且主半径 $R_z = 8$m 以下的板坯连铸机的 L 值一般不会超过 4000mm。例如后面将要举例的主半径 $R_z = 6$m 的板

坯连铸机，L 值小于2000mm。即使大于 $R_z = 8m$ 的板坯连铸机，例如已有的 $R_z = 10 \sim 12m$ 的板坯连铸机，L 值也≤4500mm。L 值越小，计算的弧长 S 值精度越高。

表 2-4-1 公式（2-4-6）取前 3 项和前 5 项计算结果对比

L/mm	取级数前 3 项计算的弧长 S_i/mm	取级数前 5 项计算的弧长 S_i/mm
1500	1501.316750	1501.316755
2500	2506.082820	2506.082992
3500	3516.636739	3516.638540
4000	4024.782968	4024.787541

4.2.1.3 弯曲区域辊子或特殊点至结晶器液面外弧线长度 S_B

$$S_B = S_Z + S_w \tag{2-4-7}$$

式中 S_Z——直线段长度，即结晶器液面至弯曲区第一个弯曲点的铅垂距离，mm；

S_w——弯曲曲线起点至 i 号辊子或特殊点（特殊点即不是辊子处的点）之间的弧线长度，mm。

4.2.1.4 矫直区域辊子或特殊点至结晶器液面外弧线长度 S_D

$$S_D = S'_C + (S_{max} - S_j) \quad (x = 0 \text{ 时}, S_j = 0) \tag{2-4-8}$$

式中 S'_C——结晶器液面至矫直区曲线结束点的外弧线长度（此结束点是对曲线坐标而言，如果从结晶器液面为起点，经过弯曲区、圆弧区、则此“结束点”也可称为矫直曲线的“开始点”），mm；

S_{max}——矫直曲线的总长度，mm；

S_j——矫直曲线起点至 i 号辊子或特殊点（特殊点即非辊子处的点）之间的弧线长度（矫直曲线的起点至终点的走向与弯曲曲线的起点至终点的走向正好相反，前者与出坯方向一致，后者与出坯方向相反），mm。

4.2.2 举例说明设计过程

4.2.2.1 确定直线段长度并划分三个角度

如图2-4-4 所示，确定结晶器长度。如图2-4-4 所示，沿直线段高度方向排列辊子，确定直线段长度。图 2-4-5 是设计好了的 R6m 板坯连铸机，以此为例进行这一阶段的设计计算过程。已知板坯厚度 180mm，基准辊缝取 $1.016 \times 180 \approx 183$mm，以曲线坐标 xoy 为依据，弯曲区的坐标投影长度反复多次后确定为 1600mm，矫直区的坐标投影长度反复多次后确定为 1944mm。

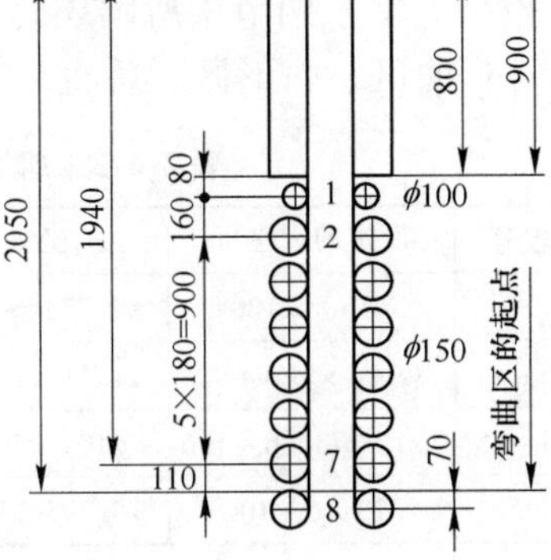

图 2-4-4 直线段辊子排列

当然，一开始只能在草纸上画草图。实践一遍就可以知道，划分弯曲区、圆弧区和矫直区大角度，计算弯曲区、圆弧区和矫直区弧线长度，与排列这些区域的辊子，不是一次就能够到位的，需反复多次。

应注意，在这个阶段，描述弯矫辊列的“3.1 辊列草图的完成”和“3.2 辊列的

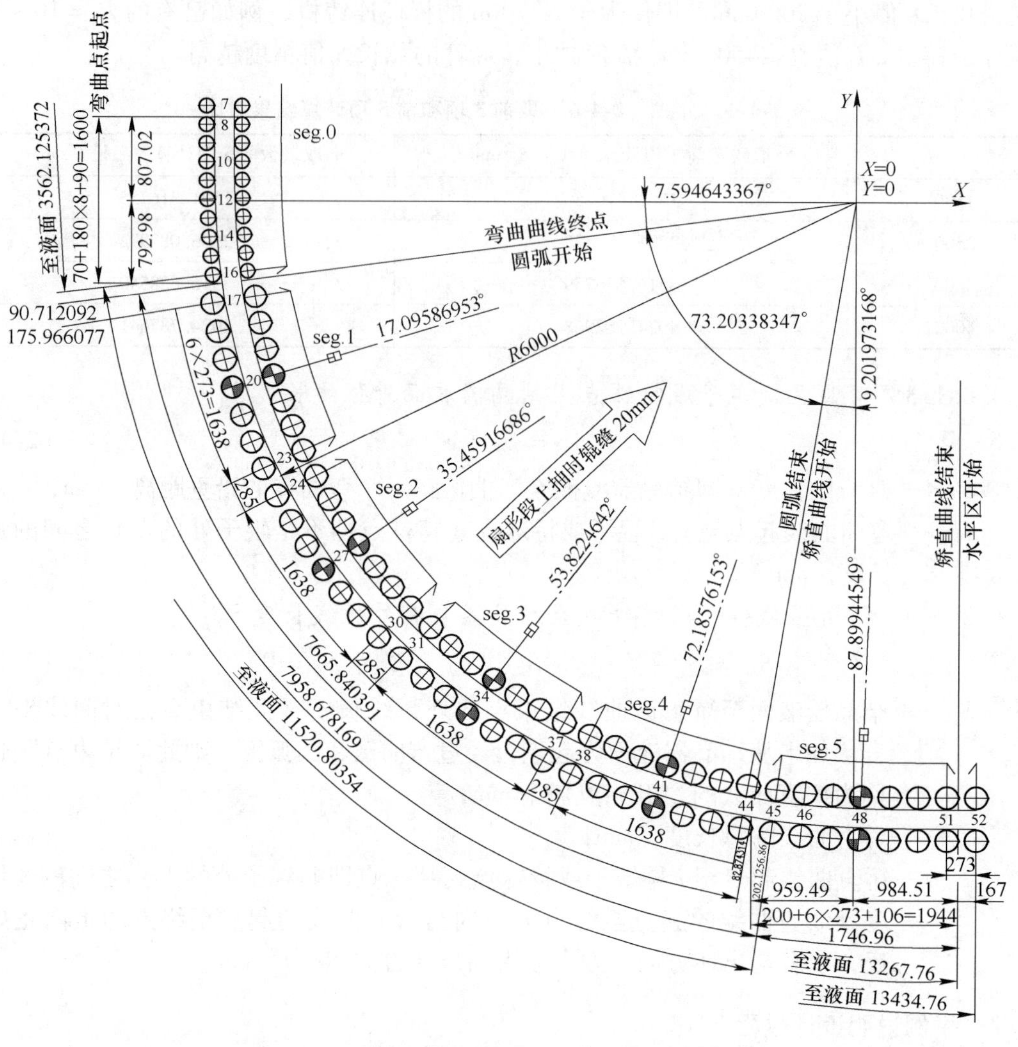

图 2-4-5　大角度划分、曲线长度计算、辊子排列

校核与优化”两节中所阐述的有关原则同样适用于专有曲线的辊列设计。

弯曲区、弧形区、矫直区三个区的角度划分见表 2-4-2。

表 2-4-2　辊列弯曲区、弧形区、矫直区大角度划分计算结果　(mm)

辊号	设定的 x_i 坐标	y_i 坐标	夹角 θ_i	曲率半径 R_i	弧长 S_i		前后弧长之差
16	70 + 8 × 180	59.77345486	6.772454230°	6492.579230	1512.125372	b	$a-b=90.712092$
16 ~ 17	70 + 8 × 180 + 90	71.11111111	7.594643367°	6160.709017	1602.837464	a	
44 ~ 45	200 + 273 × 6 + 106	104.976	9.201973168°	6237.738968	1949.083404	a'	$a'-b'=202.125686$
45	273 × 6 + 106	75.79502149	7.428397381°	6859.334910	1746.957718	b'	

4.2.2.2　弯曲区及矫直区基本参数计算

设定 x 坐标，根据式（2-4-1）、式（2-4-4）至式（2-4-6）计算弯曲区及矫直区的基本参数。弯曲区辊列基本参数计算结果见表 2-4-3。矫直区辊列基本参数计算结果见表 2-

4-4。

通过表 2-4-2 的计算结果，还可以计算出以下三个参数：圆弧区角度 θ_y；圆弧区弧线长度 l_y；沿出坯方向弯曲区最后一个辊子和矫直区第一个辊子之间的弧线长度 l'_y。

$$\theta_y = 90° - (7.594643367° + 9.201973168°) = 73.20338347°$$

$$l_y = \theta_y \cdot R_z \cdot \pi/180 = 7665.840391$$

$$l'_y = l_y + (a - b) + (a' - b')$$
$$= 7665.840391 + 90.712092 + 202.125686$$
$$= 7958.678169$$

表 2-4-3　弯曲区辊列参数计算结果

$(a = 2R_zL = 2 \times 6000 \times 1600)$　　(mm)

辊号	设定的 x_i 坐标	y_i 坐标	夹角 θ_i/(°)	曲率半径 R_i	弧长 S_i	弯曲区外弧线某点至液面长度 S_B
1						880
2						1040
3						1220
4						1400
5						1580
6						1760
7						1940
7～8	0	0	0	∞		2050
8	70	5.954861111E-03	1.462236008E-02	137142.8705	70.00000046	2120
9	70 + 180 × 1	2.712673611E-01	1.865090401E-01	38400.61035	250.0002649	2300.000265
10	70 + 180 × 2	1.380329861	0.551753237	22328.68721	430.0039878	2480.003988
11	70 + 180 × 3	3.940642361	1.110265155	15746.57219	610.0229099	2660.02291
12	70 + 180 × 4	8.559704861	1.861755731	12171.16316	790.0834583	2840.083458
13	70 + 180 × 5	15.84501736	2.805547198	9932.579898	970.2328689	3020.232869
14	70 + 180 × 6	26.40407986	3.940321498	8407.305675	1150.545257	3200.545257
15	70 + 180 × 7	40.84439236	5.263812627	7310.13973	1331.127574	3381.127574
16	70 + 180 × 8	59.77345486	6.77245423	6492.57923	1512.125372	3562.125372
16～17	70 + 180 × 8 + 90	71.11111111	7.594643367	6160.709017	1602.837464	3652.837464

表 2-4-4　矫直区辊列参数计算结果

$(a = 2R_zL = 2 \times 6000 \times 1944)$　　(mm)

辊号	设定的 x_i 坐标	y_i 坐标	夹角 θ_i/(°)	曲率半径 R_i	弧长 S_i	矫直区外弧线某点至液面长度 S_D
44～45	106 + 273 × 6 + 200	104.976	9.201973168	6237.738968	1949.083404	11318.67785
45	106 + 273 × 6	75.79502149	7.428397381	6859.33491	1746.957718	11520.80354
46	106 + 273 × 5	45.48196889	5.299434731	8031.854028	1472.264127	11795.49713
47	106 + 273 × 4	24.56810688	3.520559719	9791.557558	1198.453212	12069.30804
48	106 + 273 × 3	11.30905814	2.100554508	12635.18367	925.1244149	12342.63684
49	106 + 273 × 2	3.960445359	1.043980175	17898.48229	652.0216503	12615.7396

续表 2-4-4

辊号	设定的 x_i 坐标	y_i 坐标	夹角 θ_i/(°)	曲率半径 R_i	弧长 S_i	矫直区外弧线某点至液面长度 S_D
50	106 + 273 × 1	7. 778912179E-01	3. 527914547E-01	30777. 47586	379. 0014369	12888. 75982
51	106	1. 701840421E-02	2. 759667905E-02	110037. 7741	106. 0000025	13161. 76125
51 ~ 52	0	0	0	∞		13328. 76125

基本参数计算及验证程序中的代号及其意义见表 2-4-5，验证程序如下。

```
410："C"　INPUT　"X ="；X
412：INPUT　"RZ ="；RZ
414：INPUT　"L ="；L
416：INPUT　"SZ ="；SZ
418：INPUT　"SC ="；SC
420：INPUT　"I ="；I（控制变量，I = W 为弯曲区，I = J 为矫直区）
422：A = 2 * RZ * L
424：Y = X^3/3/A
426：Y1 = X^2/A
428：Y2 = 2 * X/A
430：ST = ATN Y1
432：IF X <  >0 THEN　438　（<  >:不等于）
434：IF X = 0　LET　RI = 9999999999
436：GOTO 440
438：RI = （1 + Y1^2）^1. 5/Y2
440：B = A^2
442：S = X + X^5/10/B – X^9/72/B^2 + X^13/208/B^3 – X^17/435. 2/B^4
444：WAIT900：BEEP5：PRINT "S ="；S
446：INPUT "SM"；SM（对于矫直区，从小辊号向大辊号方向计算，第一个指定点计算出的 S 即为 SM）
448：IF I = W THEN 452
450：IF I = J THEN 456
452：SB = SZ + S
454：GOTO 458
456：SD = SC + (SM – S)
458：WAIT 900：BEEP5：PRINT　"Y ="；Y
460：WAIT 900：BEEP5：PRINT　"ST ="；ST
462：WAIT 900：BEEP5：PRINT　"RI ="；RI
464：IF I = J THEN 470
466：WAIT 900：BEEP：PRINT "SB ="；SB
```

```
468: IF I = W THEN 410
470: WAIT 900: BEEP: PRINT "SD ="; SD
472: GOTO 410
474: END
```

表 2-4-5　基本参数计算公式中和验算程序中的代号及其意义

代号类型	基本参数计算公式中的代号	程序中的代号	单位	代号意义
输入	x_i	X	mm	弯矫曲线 x 轴某一点的坐标
	R_z	RZ	mm	连铸机主半径
	L	L	mm	连续弯矫区域坐标轴 x 方向曲线投影的最大长度
	S_z	SZ	mm	连铸机垂直段长度
	S'_c	SC	mm	MD 液面至矫直曲线结束点（相对于曲线坐标）的外弧线长度
	S_{max}	SM	mm	矫直曲线的总弧长
	—	I		程序中控制变量，I = W 为弯曲区，I = J 为矫直区
程序中	a	A		$a = 2 \cdot R_z \cdot L$
	y'_i	Y1		曲线一阶导数
	y''_i	Y2		曲线二阶导数
	b	B		$b = a^2$
输出	y_i	Y	mm	弯矫曲线 y 轴某一点的坐标
	θ_i	ST	(°)	曲线上任意两点的夹角
	R_i	RI	mm	曲线上指定点的曲率半径
	s	S	mm	曲线上指定点至曲线原点的弧长
	S_B	SB	mm	弯曲区域曲线上指定点至 MD 液面的外弧线长度
	S_D	SD	mm	矫直区域曲线上指定点至 MD 液面的外弧线长度

4.2.2.3　弯曲区、矫直区相对于曲线坐标系的辊心坐标计算

A　计算公式

有关符号见图 2-4-2、图 2-4-3 和表 2-4-6。

$$\left.\begin{array}{l} \text{外弧}\begin{cases} x_{oi} = x_i + r\sin\theta_i \\ y_{oi} = y_i - r\cos\theta_i \end{cases} \\ \text{内弧}\begin{cases} x_{li} = x_i - (D + r)\sin\theta_i \\ y_{li} = y_i + (D + r)\cos\theta_i \end{cases} \end{array}\right\} \tag{2-4-9}$$

B　验算程序

在“C”程序中加第“443”句，见后式（2-4-11）可利用“C”程序：

```
443: GOTO 480    (加在“C”程序中)
480: INPUT "RR ="; RR
482: INPUT "D ="; D
484: INPUT "II ="; II        (II =0 计算外弧, II =1 计算内弧)
```

```
486：IF II = 1    THEN 494
488：XO = X + RR * SIN ST
490：YO = Y - RR * COS ST
492：GOTO 500      （不打印 XO、YO 时 500 变为 654，一般情况不打印 XO、YO）
494：XO = X - （D + RR） * SIN ST
496：YO = Y + （D + RR） * COS ST
498：GOTO 654  （不打印 XO、YO 时加此句）
500：WAIT 900：BEEP5：PRINT "XO = "； XO
502：WAIT 900：BEEP5：PRINT "YO = "； YO
504：GOTO 410
506：END
```

C　计算公式和验算程序中的代号及其意义（见表 2-4-6）

表 2-4-6　计算公式和验算程序中的代号及其意义

代号类型	公式中的代号	程序中的代号	单位	代号意义
输入	r	RR	mm	连铸机辊子半径
	D	D	mm	基准辊缝 $D=$（1.012 ~ 1.016）DD，取整数也可，DD 为板坯平均厚度，mm
	—	II		程序中控制变量，II = 0 计算外弧，II = 1 计算内弧
程序中	θ_i	ST	（°）	曲线上任意点的曲率半径与 y 坐标轴的夹角
输出	x_{oi}、x_{ii}	XO	mm	i 号外、内弧辊子相对曲线坐标系辊心 x 坐标
	y_{oi}、y_{ii}	YO	mm	i 号外、内弧辊子相对曲线坐标系辊心 y 坐标

4.2.2.4　其他几何尺寸计算

A　计算公式

如图 2-4-1 所示，已知参数：R_z，θ_w，θ_j，H_w，H_j，L_w，L_j，以下长度单位均为 mm。

$$\left.\begin{aligned}
\theta_y &= 90° - (\theta_w + \theta_j) \\
l_y &= \theta_y \cdot R_z \cdot \pi/180 \\
H &= H_w + H_j + R_z[\sin(\theta_w + \theta_y) - \sin\theta_w] \\
&= H_w + H_j + R_z(\cos\theta_j - \sin\theta_w) \\
H_0 &= H_w - R_z \cdot \sin\theta_w \\
H_z &= H - H_0 \\
L_s &= L_w + L_j + R_z[\cos\theta_w - \cos(\theta_w + \theta_y)] \\
&= L_w + L_j + R_z(\cos\theta_w - \sin\theta_j) \\
L_0 &= L_j - R_z\cos(\theta_w + \theta_y) = L_j - R_z\sin\theta_j \\
L_z &= L_s - L_0
\end{aligned}\right\} \tag{2-4-10}$$

B 验算程序

```
550：“G” INPUT “RZ =”； RZ
552：“G” INPUT “SW =”； SW
554：“G” INPUT “SJ =”； SJ
556：“G” INPUT “HW =”； HW
558：“G” INPUT “HJ =”； HJ
560：“G” INPUT “LW =”； LW
562：“G” INPUT “LJ =”； LJ
564：SY =90 - （SW + SJ）
566：LY = SY * RZ * π/180
568：H = HW + HJ + RZ *（SIN （SW + SY） - SIN SW）
570：HO = HW - RZ * SIN SW
572：HZ = H - HO
574：LS = LW + LJ + RZ （COS SW - COS （SW + SY））
576：LO = LJ - RZ * COS （SW + SY）
578：LZ = LS - LO
580：WAIT 700：BEEP5：PRINT “SY =”； SY
582：WAIT 700：BEEP5：PRINT “LY =”； LY
584：WAIT 700：BEEP5：PRINT “H =”； H
586：WAIT 700：BEEP5：PRINT “HO =”； HO
588：WAIT 700：BEEP5：PRINT “HZ =”； HZ
590：WAIT 700：BEEP5：PRINT “LS =”； LS
592：WAIT 700：BEEP5：PRINT “LO =”； LO
594：WAIT 700：BEEP5：PRINT “LZ =”； LZ
596：GOTO 550
598：END
```

C 计算公式和验算程序中代号意义以及计算结果（见表 2-4-7）

表 2-4-7 计算公式和验算程序中代号意义以及主要几何尺寸计算结果

序号	代号类型	公式中的代号	程序中的代号	单位	计算结果	代号意义
1	输入	R_z	RZ	mm	6000	连铸机主半径
2		θ_w	SW	(°)	7. 594643367	连续弯曲区角度
3		θ_j	SJ	(°)	9. 201973168	连续矫直区角度
4		H_w	HW	mm	90 + 180 × 8 + 70	弯曲区最大长度（铅垂）
5		H_j	HJ	mm	104. 976	矫直区最大 y 坐标
6		L_w	LW	mm	71. 11111111	弯曲区最大 y 坐标
7		L_j	LJ	mm	200 + 273 × 6 + 106	矫直区最大长度（水平）

续表 2-4-7

序号	代号类型	公式中的代号	程序中的代号	单位	计算结果	代 号 意 义
8	输出	θ_y	SY	(°)	73.20338347	圆弧区角度
9		l_y	LY	mm	7665.840391	圆弧区弧长
10		H	H	mm	6834.77823	如图所示铅垂长度
11		H_0	HO	mm	807.0176796	如图所示铅垂长度
12		H_z	HZ	mm	6027.76055	如图所示铅垂长度
13		L_S	LS	mm	7002.987419	如图所示水平长度
14		L_0	LO	mm	984.5089033	如图所示水平长度
15		L_z	LZ	mm	6018.478516	如图所示水平长度

4.2.2.5　弯曲区、矫直区曲线坐标（x，y）变换到主半径圆心坐标（X，Y）计算

A　计算公式

弯曲区辊心坐标变换计算

$$\left.\begin{aligned}&\text{外弧辊}\begin{cases}X_i = y_{oi} - L_z\\ Y_i = -x_{oi} + H_0\end{cases}\\ &\text{内弧辊}\begin{cases}X_i = y_{li} - L_z\\ Y_i = -x_{li} + H_0\end{cases}\end{aligned}\right\} \tag{2-4-11a}$$

矫直区辊心坐标变换计算

$$\left.\begin{aligned}&\text{外弧辊}\begin{cases}X_i = -x_{oi} + L_0\\ Y_i = y_{oi} - H_z\end{cases}\\ &\text{内弧辊}\begin{cases}X_i = -x_{li} + L_0\\ Y_i = y_{li} - H_0\end{cases}\end{aligned}\right\} \tag{2-4-11b}$$

B　验算程序

```
650：“H” INPUT “XO =”； XO      和“C”程序联合使用时，这两句不用，前程
652：“H” INPUT “YO =”； YO      序第 492 句、第 498 句直接 GOTO 654 句
654：“H” INPUT “LZ =”； LZ
656：“H” INPUT “HO =”； HO
658：“H” INPUT “LO =”； LO
660：“H” INPUT “HZ =”； HZ
662：“H” INPUT “JJ =”； JJ  （控制变 O，JJ = 0 为弯曲区；JJ = 1 为矫直区）
670：IF JJ = 1  THEN 680
672：XX = YO − LZ
674：YY = − XO + HO
676：WAIT 900：BEEP5：PRINT “XX =”； XX
678：WAIT 900：BEEP5：PRINT “YY =”； YY
```

```
679: GOTO 410
680: XX = - XO + LO
682: YY = YO - HZ
684: WAIT 900: BEEP5: PRINT "XX = "; XX
686: WAIT 900: BEEP5: PRINT "YY = "; YY
688: GOTO 410
690: END
```

C　结果

计算公式和验算程序中的代号及其意义见表2-4-8。

表2-4-8　计算公式和验算程序中的代号及其意义

代号类型	程序中的代号	公式中的代号	单位	意　义
输入	XO	x_{li}	mm	相对于曲线坐标系的 x 轴坐标
	YO	y_{li}	mm	相对于曲线坐标系的 y 轴坐标
	LZ	L_z	mm	如图2-4-1所示
	HO	H_0	mm	如图2-4-1所示
	LO	L_0	mm	如图2-4-1所示
	HZ	H_z	mm	如图2-4-1所示
	JJ	—		程序中控制变量，$JJ=0$ 为弯曲区，$JJ=1$ 为矫直区
输出	XX	X_i	mm	相对于主半径圆心的 X 坐标
	YY	Y_i	mm	相对于主半径圆心的 Y 坐标

4.2.2.6　辊心坐标变换计算结果

弯曲区主半径圆心坐标系外弧辊心坐标计算结果见表2-4-9。弯曲区主半径圆心坐标系内弧辊心坐标计算结果见表2-4-10。矫直区主半径圆心坐标系外弧辊心坐标计算结果见表2-4-11。矫直区主半径圆心坐标系内弧辊心坐标计算结果见表2-4-12。

表2-4-9　弯曲区主半径圆心坐标系外弧辊心坐标计算结果　(mm)

设　备	辊号	外弧辊径	辊子半径 r	曲线坐标系 x 坐标	主半径圆心 X 坐标	主半径圆心 Y 坐标
结晶器	1	100	50		-6068.478516	1977.0176796
垂直段	2	150	75		-6093.478516	1817.0176796
垂直段	3	150	75		-6093.478516	1637.0176796
垂直段	4	150	75		-6093.478516	1457.0176796
垂直段	5	150	75		-6093.478516	1277.0176796
垂直段	6	150	75		-6093.478516	1097.0176796

续表 2-4-9

设　备	辊号	外弧辊径	辊子半径 r	曲线坐标系 x 坐标	主半径圆心 X 坐标	主半径圆心 Y 坐标
垂直段	7	150	75		-6093.478516	917.0176796
垂直与弯曲交界点	7~8	—	—	0	-6093.478516	807.0176796
弯曲段	8	150	75	70	-6093.472559	736.998539
弯曲段	9	150	75	70+180×1	-6093.206851	556.7735403
弯曲段	10	150	75	70+180×2	-6092.094709	376.2954475
弯曲段	11	150	75	70+180×3	-6089.523793	195.5644369
弯曲段	12	150	75	70+180×4	-6084.879220	14.5810759
弯曲段	13	150	75	70+180×5	-6077.543604	-166.6533057
弯曲段	14	150	75	70+180×6	-6066.897149	-348.1361244
弯曲段	15	150	75	70+180×7	-6052.317837	-529.8629464
弯曲段	16	150	75	70+180×8	-6033.181735	-711.8268134
弯曲圆弧交界点	16~17	—	—	70+180×8+90	-6021.709497	-802.8945994
圆弧段	17	230	115			

表 2-4-10　弯曲区主半径圆心坐标系内弧辊心坐标计算结果　（mm）

设　备	辊号	外弧辊径	辊子半径 r	曲线坐标系 x 坐标	主半径圆心 X 坐标	主半径圆心 Y 坐标
结晶器	1	100	50		-5785.478516	1977.0176796
垂直段	2	150	75		-5760.478516	1817.0176796
垂直段	3	150	75		-5760.478516	1637.0176796
垂直段	4	150	75		-5760.478516	1457.0176796
垂直段	5	150	75		-5760.478516	1277.0176796
垂直段	6	150	75		-5760.478516	1097.0176796
垂直段	7	150	75		-5760.478516	917.0176796
垂直与弯曲交界点	7~8	—	—	0	-5760.478516	807.0176796
弯曲段	8	150	75	70	-5760.472570	737.0835234
弯曲段	9	150	75	70+180×1	-5760.208616	557.8575189
弯曲段	10	150	75	70+180×2	-5759.110149	379.5021581
弯曲段	11	150	75	70+180×3	-5756.586311	202.0168346
弯曲段	12	150	75	70+180×4	-5752.055003	25.3995964
弯曲段	13	150	75	70+180×5	-5744.942737	-150.3541309
弯曲段	14	150	75	70+180×6	-5734.684305	-325.2532344
弯曲段	15	150	75	70+180×7	-5720.722151	-499.3129664
弯曲段	16	150	75	70+180×8	-5702.505303	-672.5572644
弯曲与圆弧交界点	16~17	—	—	70+180×8+90	-5691.630607	-758.8840804
圆弧段	17	230	115			

表 2-4-11 矫直区主半径圆心坐标系外弧辊心坐标计算结果 (mm)

设 备	辊号	外弧辊径	辊子半径 r	曲线坐标系 x 坐标	主半径圆心 X 坐标	主半径圆心 Y 坐标
圆弧段	44	230	115			
圆弧与矫直交界点	44 ~ 45	—	—	106 + 273 × 6 + 200	-977. 8813427	-6036. 304587
矫直段	45	230	115	106 + 273 × 6	-774. 3591107	-6066. 000357
矫直段	46	230	115	106 + 273 × 5	-497. 1125847	-6096. 787026
矫直段	47	230	115	106 + 273 × 4	-220. 5528677	-6117. 975418
矫直段	48	230	115	106 + 273 × 3	55. 2937646	-6131. 374216
矫直段	49	230	115	106 + 273 × 2	330. 4136167	-6138. 781015
矫直段	50	230	115	106 + 273 × 1	604. 8008099	-6141. 980479
矫直段	51	230	115	106	878. 4535132	-6142. 743518
矫直与水平交界点	51 ~ 52	—	—	0	984. 5089033	-6142. 76055
水平段	52	230	115		1151. 5089033	-6142. 76055

表 2-4-12 矫直区主半径圆心坐标系内弧辊心坐标计算结果 (mm)

设 备	辊号	外弧辊径	辊子半径 r	曲线坐标系 x 坐标	主半径圆心 X 坐标	主半径圆心 Y 坐标
圆弧段	44	230	115			
圆弧与矫直交界点	44 ~ 45	—	—	106 + 273 × 6 + 200	-911. 8363727	-5628. 619584
矫直段	45	230	115	106 + 273 × 6	-720. 9635467	-5656. 466581
矫直段	46	230	115	106 + 273 × 5	-458. 9675887	-5685. 55235
矫直段	47	230	115	106 + 273 × 4	-195. 1918997	-5705. 75482
矫直段	48	230	115	106 + 273 × 3	70. 4316106	-5718. 651736
矫直段	49	230	115	106 + 273 × 2	337. 9384285	-5725. 849571
矫直段	50	230	115	106 + 273 × 1	607. 3437887	-5728. 988308
矫直段	51	230	115	106	878. 6524359	-5729. 743566
矫直与水平交界点	51 ~ 52	—	—	0	984. 5089033	-5729. 76055
水平段	52	230	115		1151. 5089033	-5729. 76055

4.2.2.7 圆弧区内、外弧辊子辊心坐标及至液面的距离计算

A 外弧辊心坐标计算公式

$$X_{外i} = -(R_z + r_w)\cos\theta_i$$
$$Y_{外i} = -(R_z + r_w)\sin\theta_i \qquad (2\text{-}4\text{-}12)$$

式中 R_z——连铸机主半径，mm；

r_w—— 外弧辊子半径，mm；

θ_i——i 号辊子与水平线夹角，(°)，

$$\theta_i = \theta_w + \frac{l_i}{R_z} \cdot \frac{180}{\pi} \qquad (2\text{-}4\text{-}13)$$

θ_w—— 弯曲区角度，(°)；

l_i——所计算辊子与前一个辊子之间的弧长（辊距）或弯矫曲线的终点（对矫直区也可叫始点）至圆弧区相邻辊子弧长，mm。

B　内弧辊心坐标计算公式

$$X_{内i} = -(R_z - D - r_n)\cos\theta_i$$
$$Y_{内i} = -(R_z - D - r_n)\sin\theta_i \tag{2-4-14}$$

式中　D——基准辊缝，$D=(1.012 \sim 1.016)DD$，取整数，mm；

DD——板坯平均厚度，mm，

$$DD = \frac{DD_{max} + DD_{min}}{2} \tag{2-4-15}$$

DD_{max}——板坯最大厚度，mm；

DD_{min}——板坯最小厚度，mm；

r_n——内弧辊子半径，mm。

C　圆弧区辊子至结晶器液面的距离 l_{yi}

$$l_{yi} = M'_w + l_i \tag{2-4-16}$$

式中　M'_w——前一个辊子或弯曲区曲线终点至结晶器液面距离，mm。

D　验算程序

```
700：“J” INPUT “LI =”； LI
701：INPUT “DI =”； DI
702：INPUT “J =”； J   （控制变量，圆弧区第 1 个辊子 J=0，否则 J=1）
703：INPUT “RZ =”； RZ
704：INPUT “D =”； D
705：INPUT “MW =”； MW
706：INPUT “SW =”； SW
707：IF  J=0  LET  LA=LI：GOTO 710
708：IF  J=1  THEN 709
709：LA=LA+LI
710：SI=SW+LA*180/RZ/π
711：RR=DI/2
712：XW=-(RZ+RR)*COS SI
714：YW=-(RZ+RR)*SIN SI
716：XL=-(RZ-D-RR)*COS SI
717：YL=-(RZ-D-RR)*SIN SI
718：LY=MW+LA
719：WAIT 900：BEEP5：PRINT “SI =”； SI
720：WAIT 900：BEEP5：PRINT “LY =”； LY
721：WAIT 900：BEEP5：PRINT “XW =”； XW
722：WAIT 900：BEEP5：PRINT “YW =”； YW
```

```
724：WAIT 900：BEEP5：PRINT "XL ="；XL
726：WAIT 900：BEEP5：PRINT "YL ="；YL
728：GOTO 700
730：END
```

E 计算公式和验算程序中的代号及其意义（见表 2-4-13）

表 2-4-13 计算公式和验算程序中的代号及其意义

代号类型	公式中的代号	程序中的代号	单位	意 义
输入	l_i	LI	mm	所计算辊子与前一个辊子之间弧长（辊距）或弯矫曲线的终点（对矫直区也可叫始点）至圆弧区相邻辊子弧长
	D_i	DI	mm	辊子直径
	—	J		程序中控制变量，圆弧区第一个辊子 $J=0$，否则 $J=1$
	R_z	RZ	mm	连铸机主半径
	D	D	mm	基准辊缝，$D=(1.012\sim1.016)DD$，DD 为板坯平均厚度
	M_w	MW	mm	液面至弯曲区终点的外弧线距离
	θ_w	SW	(°)	弯曲区角度
公式中	r_w 或 r_n	RR	mm	外、内弧辊子半径
	—	LA	mm	弯曲曲线终点距所计算辊子弧长
输出	θ_i	SI	(°)	i 号辊子与水平线夹角
	l_y	LY	mm	i 号辊子至液面距离
	$X_{外i}$	XW	mm	外弧辊子 x 坐标
	$Y_{外i}$	YW	mm	外弧辊子 y 坐标
	$X_{内i}$	XL	mm	内弧辊子 x 坐标
	$Y_{内i}$	YL	mm	内弧辊子 y 坐标

F 辊心坐标计算结果（见表 2-4-14）

4.2.2.8 连铸机长度及水平区长度

A 连铸机机器长度确定

参看公式（2-1-8）和公式（2-3-10）。

B 水平区长度 L_{sh}

$$L_{sh} = l'_i + n \cdot l_i \tag{2-4-17}$$

式中 L_{sh}——连铸机水平区长度，即从矫直曲线的原点沿出坯方向至最末一个扇形段的最末一对辊子外弧线（对水平区而言也是辊子中心线）之间的距离，mm；

n——水平区辊距数；

l_i——水平区第一对辊子后的辊距，如果 l_i 不相同时，则要分别计算，mm；

l'_i——矫直曲线原点与水平区第一对辊子外弧线（对水平区而言也是辊子中心线）之间的距离，如果矫直曲线原点与辊子在外弧线上的切点重合，即内外弧辊子的辊心均通过矫直曲线的 y 坐标，则 $l'_i = l_i$，mm。

表 2-4-14　圆弧区内、外弧辊子辊心坐标以及至结晶器液面距离的计算

设备	辊号	辊距/mm	辊心与水平线夹角/(°)	至结晶器液面外弧线长度/mm	外弧/mm			内弧/mm		
					辊径	X	Y	辊径	X	Y
扇形段 1	17	175.966077	9.274995625	3828.803541	230	-6035.053393	-985.5737103	230	-5627.452894	-919.0092063
	18	273	11.88195359	4101.803541	230	-5983.979304	-1259.053887	230	-5579.82829	-1174.018849
	19	273	14.48891156	4374.803541	230	-5920.519018	-1529.927957	230	-5520.654038	-1426.598399
	20	273	17.09586953	4647.803541	230	-5844.803893	-1797.63524	230	-5450.052624	-1676.225043
	21	273	19.7028275	4920.803541	230	-5756.990649	-2061.621611	230	-5368.170185	-1922.382081
	22	273	22.30978546	5193.803541	230	-5657.261052	-2321.340644	230	-5275.176209	-2164.559993
	23	273	24.91674343	5466.803541	230	-5545.821531	-2576.254753	230	-5171.263183	-2402.257498
扇形段 2	24	285	27.63829296	5751.803541	230	-5417.240238	-2836.676437	230	-5051.366122	-2645.090604
	25	273	30.24525093	6204.803541	230	-5282.609436	-3080.140021	230	-4925.828128	-2872.11094
	26	273	32.85220889	6297.803541	230	-5137.044199	-3317.228045	230	-4790.094198	-3093.186314
	27	273	35.45916686	6570.803541	230	-4980.84583	-3547.449762	230	-4644.445286	-3307.859124
	28	273	38.06612483	6843.803541	230	-4814.337644	-3770.328639	230	-4489.18287	-3515.685021
	29	273	40.6730828	7116.803541	230	-4637.864295	-3985.40334	230	-4324.628326	-3716.233825
	30	273	43.28004077	7389.803541	230	-4451.791064	-4192.228682	230	-4151.122264	-3909.090424
扇形段 3	31	285	46.00159029	7674.803541	230	-4247.713843	-4398.880779	230	-3960.828182	-4101.785479
	32	273	48.60854826	7947.803541	230	-4043.237663	-4587.532474	230	-3770.162086	-4277.695857
	33	273	51.21550623	8220.803541	230	-3830.392415	-4766.688468	230	-3571.692159	-4444.751863
	34	273	53.8224642	8493.803541	230	-3609.618665	-4935.977927	230	-3365.829212	-4602.607709
	35	273	56.42942216	8766.803541	230	-3381.373392	-5095.05044	230	-3152.999359	-4750.936649
	36	273	59.03638013	9039.803541	230	-3146.129037	-5243.576745	230	-2933.643135	-4889.43166
	37	273	61.6433381	9312.803541	230	-2904.372533	-5381.249408	230	-2708.214584	-5017.806071
扇形段 4	38	285	64.36488763	9597.803541	230	-2645.583415	-5513.085651	230	-2466.903783	-5140.738247
	39	273	66.97184559	9870.803541	230	-2392.086525	-5627.712418	230	-2230.527778	-5247.623255
	40	273	69.57880356	10143.80354	230	-2133.638271	-5730.690423	230	-1989.534819	-5343.646246
	41	273	72.18576153	10416.80354	230	-1870.773614	-5821.806514	230	-1744.423736	-5428.608462
	42	273	74.7927195	10689.80354	230	-1604.036656	-5900.872089	230	-1495.701883	-5502.334039
	43	273	77.39967747	10962.80354	230	-1333.979515	-5967.72349	230	-1243.884087	-5564.670375
	44	273	80.00663543	11235.80354	230	-1061.161179	-6022.222343	230	-989.4915854	-5615.488438
	44～45	82.874314	80.79802684	11318.67786	230	-977.8813424	-6036.304588	230	-911.8363719	-5628.619585

确定 L_{sh} 要和矫直区矫直曲线原点至水平区第一对辊子之间距离、矫直区与水平区扇形段划分的辊子对数、扇形段的数量一并考虑。

C　*R*6m 板坯连铸机机长

设拉坯速度为 2.0m/min，凝固系数为 26.5mm/min$^{0.5}$

$$L_{min} = 1.05 \times \left(\frac{90}{26.5}\right)^2 \times 2.0 \times 1000 = 24222.14311 \text{ mm}$$

实际辊列布置的机长为 24627.76mm。

4.2.3　三次方曲线的精确衔接

我们给公式（2-4-1）表达的康卡斯特曲线乘以系数 *k*

$$y_i = k\frac{x_i^3}{6R_zL},\quad y_i' = k\frac{x_i^2}{2R_zL},\quad y_i'' = k\frac{x_i}{R_zL} \tag{2-4-18}$$

根据曲线曲率的概念，曲率半径为

$$R = \frac{(1+y'^2)^{\frac{3}{2}}}{|y''|} = \frac{\left[1+\left(k\frac{x^2}{2R_z\cdot L}\right)^2\right]^{\frac{3}{2}}}{k\frac{x}{R_z\cdot L}} \tag{2-4-19}$$

$$R_L = \frac{\left[1+\left(\frac{k\cdot L}{2R_z}\right)^2\right]^{\frac{3}{2}}}{\frac{k}{R_z}}$$

当 $x = L$，此时曲率半径 $R = R_L$，也等于连铸机主半径 R_z，表示曲线的曲率半径与圆弧半径完全吻合，弧线光滑连接，则

$$\left[1+\left(\frac{k\cdot L}{2R_z}\right)^2\right]^3 = k^2 \tag{2-4-20}$$

式（2-4-20）表明，采用式（2-4-18）所表达的三次方曲线及其一阶、二阶导数，当 R_z 和 *L* 一定时，则对应一个 *k* 值，利用恰当的方法和相关程序，可以对式（2-4-20）求解，求出 *k* 值，不同条件下的 *k* 值见表 2-4-15。

表 2-4-15　不同条件下的 *k* 值

主半径 R_z/mm	弯曲区/矫直区长度 *L*/mm	*k*	主半径 R_z/mm	弯曲区或矫直区长度 *L*/mm	*k*
5000	1980	1.06779	9000	1656	1.01306
	3005.6	1.20205		2790	1.03917
6000	1600	1.02833	9500	1656	1.01169
	1944	1.04314		3409	1.05413
7000	1980	1.03213	10000	2050	1.01632
	3015	1.08264		3605	1.05470
8000	1677	1.01710	10500	1677	1.00977
	3540	1.08820		3610	1.04919

4.2.4 三次方曲线的近似衔接与精确衔接的比较

可以用式（2-4-1）~式（2-4-3），式（2-4-5）计算出 $R6$m 板坯连铸机矫直曲线终点的曲率半径，此时 $R_z=6000$mm，$L=1944$mm，$y'=1944/12000$，$y''=1/6000$，计算出康卡斯特曲线的曲率半径 $R_L=6237.738972$mm，比主半径 $R_z=6000$mm 大了 237.74mm。

也可以用式（2-4-1）~式（2-4-3）和式（2-4-5）计算出 $R8$m 板坯连铸机矫直曲线终点的曲率半径，当 $R_z=8000$mm，$L=2000$mm，$y'=1/8$，$y''=1/8000$ 时，计算出的康卡斯特曲线的曲率半径 $R_L=8125$mm，比主半径 $R_z=8000$mm 大了 125mm。

式（2-4-1）$y=\dfrac{x_i^3}{6R_z\cdot L}$中，相当于式（2-4-18）中的 $k=1$，当 $x=L$，且 $L\ll R_z$时，在点 $\left(L,\dfrac{L^2}{6R_z}\right)$ 处，有 $y'=\dfrac{L}{2R_z}\approx 0$，则 $R\approx R_L\approx R_z$。

事实上的 L 大多数都在 1.5~4.5m 之间，而板坯连铸机的主半径 R_z 也大多在 5~12m 之间。而 L 不会远远小于 R_z，计算还是有误差的，上面的曲率半径误差就是证明。

那么，到底 $y'\approx 0$ 时，$R\approx R_L\approx R_z$ 相对于主半径圆心坐标系 XOY 计算出的辊子坐标与式（2-4-18）的计算结果误差有多大，下面举例说明。以图 2-4-1 为参考，计算得到的弯曲终点或矫直终点辊子相对于连铸机主半径圆心的坐标见表 2-4-16。

表 2-4-16　弯矫区辊子坐标计算结果

主半径 R_z/mm	弯曲区/矫直区长度 L/mm	用公式（2-4-1）计算的结果		$y'=0$ 时，即用主半径圆弧计算的结果	
		X_1/mm	Y_1/mm	X_2/mm	Y_2/mm
5000	1980	-4978.352471	-985.713789	-4978.352471	-985.7137889
	3005.6	-1467.983317	-4884.160622	-1467.983828	-4884.160468
6000	1600	-6021.709497	-802.8945994	-6021.709497	-802.8945994
	1944	-977.8813427	-6036.304587	-977.8813424	-6036.304588
7000	1980	-7005.286858	-990.7477127	-7005.286859	-990.7477127
	3015	-1500.029169	-6965.309576	-1500.029169	-6965.309576
8000	1677	-8031.007533	-841.7499766	-8031.007532	-841.7499769
	3540	-1755.209383	-7933.149755	-1755.209383	-7933.149754
9000	1656	-9036.836691	-831.3889752	-9036.836691	-831.3889755
	2790	-1397.684959	-9017.322316	-1397.684961	-9017.322316
9500	1656	-9538.837665	-831.3850088	-9538.837663	-831.385009
	3409	-1699.784685	-9473.719278	-1699.784686	-9473.719281
10000	2050	-10022.48819	-1027.305039	-10022.48818	-1027.305039
	3605	-1796.086982	-9964.421543	-1796.086987	-9964.421535
10500	1677	-10541.44117	-841.8093734	-10541.44117	-841.8093736
	3610	-1800.084371	-10471.40493	-1800.084374	-10471.40493

公式（2-4-1）所描述的康卡斯特曲线与主半径圆弧衔接的结论：

（1）在特定条件下，就 $R6$m 板坯连铸机来讲，康卡斯特曲线的曲率半径 R_L 比连铸机主半径 R_z 大了 237.74mm；就 $R8$m 板坯连铸机来讲，康卡斯特曲线的曲率半径 R_L 比连铸机主半径 R_z 大了 125mm。

（2）从表 2-4-16 计算结果可以看出，除主半径 $R_z=5000$mm 的连铸机按照式（2-4-1）与 $y'=0$ 时主半径圆弧计算得到的辊心坐标结果相比较，小数点后第 4 位有误差外，其余 $R_z=6000\sim10500$mm 的连铸机均在小数点后第 6 位有误差。这种计算结果的误差已经足以保证连铸机辊列设计的精度。也就是说，式（2-4-1）当 $x=L$ 时的曲率半径与连铸机主半径尽管不一样，但是强行让这条曲率半径等于连铸机主半径，这时，计算得到的相对于主半径圆心坐标系 XOY 的辊心坐标误差已经很小。

（3）从坐标系 XOY 的辊心坐标误差看，康卡斯特曲线的精确衔接和近似衔接从工程设计的精度要求看，两种方法均可以满足。

（4）康卡斯特曲线与主半径圆弧衔接时，曲率半径尽管不同，但是，这一点就相当于是多点弯曲或多点矫直。换句话说，采用康卡斯特曲线设计辊列，就相当于指定曲线（康卡斯特曲线）和无名曲线（多点弯矫形成的曲线）的结合。

4.2.5　板坯连铸机辊列图绘制

$R6$m 板坯连铸机辊列图可以用 AutoCAD 绘制；也可以用计算机语言 VB 或 VC 编程，再嵌套 Microsoft Office Excel 和 AutoCAD，通过输入有关参数，最终自动绘制出辊列图。

图 2-4-6 就是用康卡斯特曲线设计的、用 AutoCAD 绘制的 $R6$m 板坯连铸机辊列图。

自动绘制辊列图将在 4.3 节介绍。

4.3　辊列图的自动生成

4.3.1　运行平台及文件类型

4.3.1.1　运行平台

本程序模块运行的操作系统平台是 windows 2000 或 windows XP；应用程序平台是 AutoCAD 2000 或 AutoCAD 2002 版本。

4.3.1.2　所涉及的文件类型

该程序共设计 5 种文件类型，扩展名分别为“.cwjra”、“.dwt”、“.dwg”、“.ini”、“.txt”。

“.cwjra”是用户向该程序录入的所有数据的存档文件格式，所对应文件例如：舞阳.cwjra。“.dwt”是该程序最终输出的 AutoCAD 图形文件的模板，该模板定义了相关的块信息、图框信息、图层信息及尺寸文字格式信息等。“.dwg”是该程序最终输出的 AutoCAD 图形文件，例如：舞阳.dwg。“.ini”是程序模块启动时加载的初始化数据文件，该文件定义了一些相关参数的初始值，该模块涉及该文件格式的文件为 RolArry.ini。“.txt”是程序计算所产生的所有数据的文本格式，例如：舞阳抽出校核.txt、舞阳内弧喷嘴空间校核.txt 等。

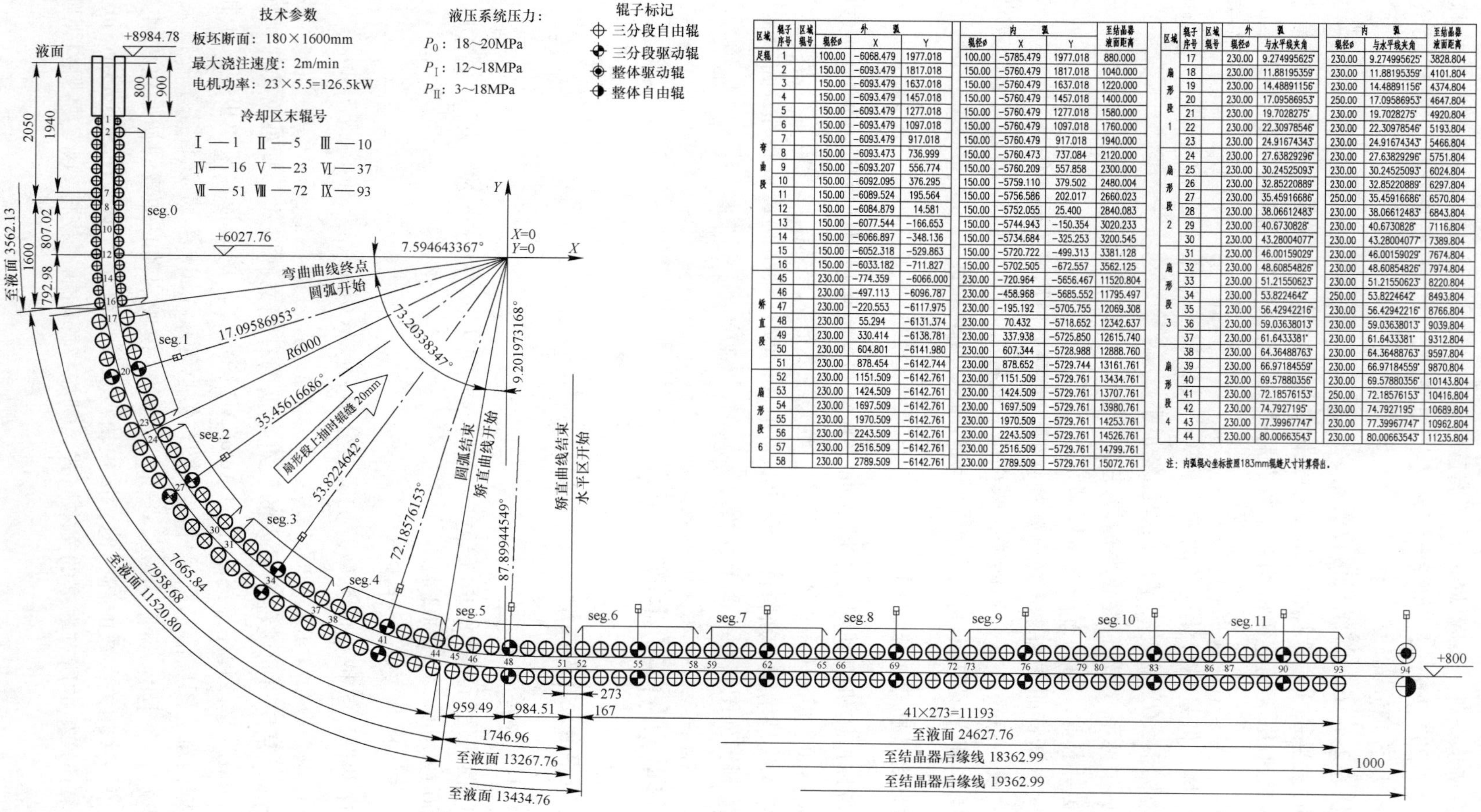

区域	辊子序号	区域辊号	外弧 辊径ø	外弧 X	外弧 Y	内弧 辊径ø	内弧 X	内弧 Y	至结晶器液面距离
足辊	1		100.00	−6068.479	1977.018	100.00	−5785.479	1977.018	880.000
弯曲段	2		150.00	−6093.479	1817.018	150.00	−5760.479	1817.018	1040.000
	3		150.00	−6093.479	1637.018	150.00	−5760.479	1637.018	1220.000
	4		150.00	−6093.479	1457.018	150.00	−5760.479	1457.018	1400.000
	5		150.00	−6093.479	1277.018	150.00	−5760.479	1277.018	1580.000
	6		150.00	−6093.479	1097.018	150.00	−5760.479	1097.018	1760.000
	7		150.00	−6093.479	917.018	150.00	−5760.479	917.018	1940.000
	8		150.00	−6093.473	736.999	150.00	−5760.473	737.084	2120.000
	9		150.00	−6093.207	556.774	150.00	−5760.209	557.858	2300.000
	10		150.00	−6092.095	376.295	150.00	−5759.110	379.502	2480.004
	11		150.00	−6089.524	195.564	150.00	−5756.586	202.017	2660.023
	12		150.00	−6084.879	14.581	150.00	−5752.055	25.400	2840.083
	13		150.00	−6077.544	−166.653	150.00	−5744.943	−150.354	3020.233
	14		150.00	−6066.897	−348.136	150.00	−5734.684	−325.253	3200.545
	15		150.00	−6052.318	−529.863	150.00	−5720.722	−499.313	3381.128
	16		150.00	−6033.182	−711.827	150.00	−5702.505	−672.557	3562.125
矫直段	45		230.00	−774.359	−6066.000	230.00	−720.964	−5656.467	11520.804
	46		230.00	−497.113	−6096.787	230.00	−458.968	−5685.552	11795.497
	47		230.00	−220.553	−6117.975	230.00	−195.192	−5705.755	12069.308
	48		230.00	55.294	−6131.374	230.00	70.432	−5718.652	12342.637
	49		230.00	330.414	−6138.781	230.00	337.938	−5725.850	12615.740
	50		230.00	604.801	−6141.980	230.00	607.344	−5728.988	12888.760
	51		230.00	878.454	−6142.744	230.00	878.652	−5729.744	13161.761
扇形段6	52		230.00	1151.509	−6142.761	230.00	1151.509	−5729.761	13434.761
	53		230.00	1424.509	−6142.761	230.00	1424.509	−5729.761	13707.761
	54		230.00	1697.509	−6142.761	230.00	1697.509	−5729.761	13980.761
	55		230.00	1970.509	−6142.761	230.00	1970.509	−5729.761	14253.761
	56		230.00	2243.509	−6142.761	230.00	2243.509	−5729.761	14526.761
	57		230.00	2516.509	−6142.761	230.00	2516.509	−5729.761	14799.761
	58		230.00	2789.509	−6142.761	230.00	2789.509	−5729.761	15072.761

区域	辊子序号	区域辊号	外弧 辊径ø	外弧 与水平线夹角	内弧 辊径ø	内弧 与水平线夹角	至结晶器液面距离
扇形段1	17		230.00	9.274995625°	230.00	9.274995625°	3828.804
	18		230.00	11.88195359°	230.00	11.88195359°	4101.804
	19		230.00	14.48891156°	230.00	14.48891156°	4374.804
	20		230.00	17.09586953°	250.00	17.09586953°	4647.804
	21		230.00	19.7028275°	230.00	19.7028275°	4920.804
	22		230.00	22.30978546°	230.00	22.30978546°	5193.804
	23		230.00	24.91674343°	230.00	24.91674343°	5466.804
扇形段2	24		230.00	27.63829296°	230.00	27.63829296°	5751.804
	25		230.00	30.24525093°	230.00	30.24525093°	6024.804
	26		230.00	32.85220889°	230.00	32.85220889°	6297.804
	27		230.00	35.45916686°	250.00	35.45916686°	6570.804
	28		230.00	38.06612483°	230.00	38.06612483°	6843.804
	29		230.00	40.6730828°	230.00	40.6730828°	7116.804
	30		230.00	43.28004077°	230.00	43.28004077°	7389.804
扇形段3	31		230.00	46.00159029°	230.00	46.00159029°	7674.804
	32		230.00	48.60854826°	230.00	48.60854826°	7974.804
	33		230.00	51.21550623°	230.00	51.21550623°	8220.804
	34		230.00	53.8224642°	250.00	53.8224642°	8493.804
	35		230.00	56.42942216°	230.00	56.42942216°	8766.804
	36		230.00	59.03638013°	230.00	59.03638013°	9039.804
	37		230.00	61.6433381°	230.00	61.6433381°	9312.804
扇形段4	38		230.00	64.36488763°	230.00	64.36488763°	9597.804
	39		230.00	66.97184559°	230.00	66.97184559°	9870.804
	40		230.00	69.57880356°	230.00	69.57880356°	10143.804
	41		230.00	72.18576153°	250.00	72.18576153°	10416.804
	42		230.00	74.7927195°	230.00	74.7927195°	10689.804
	43		230.00	77.39967747°	230.00	77.39967747°	10962.804
	44		230.00	80.00663543°	230.00	80.00663543°	11235.804

注：内弧辊心坐标按照183mm辊缝尺寸计算得出。

图 2-4-6 *R*6m 板坯连铸机辊列

4.3.2　界面及功能按钮

4.3.2.1　界面

由于该程序模块是以动态链接库的形式嵌入到 AutoCAD 平台且利用 AutoCAD 平台本身提供的强大的绘图功能进行绘图，所以必须先启动 AutoCAD 2000 或 AutoCAD 2002 应用程序，然后选择预先设定好的模板生成一个空白文档，如图 2-4-7 所示，接着在命令行中键入“cwjd”（不含引号）命令，即激活了该程序模块，如图 2-4-8 所示。

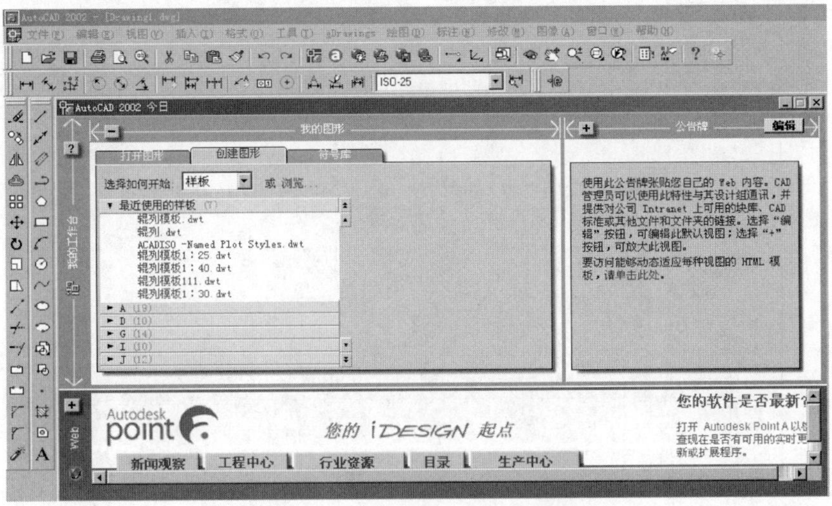

图 2-4-7　选择已有模板生成空白文档

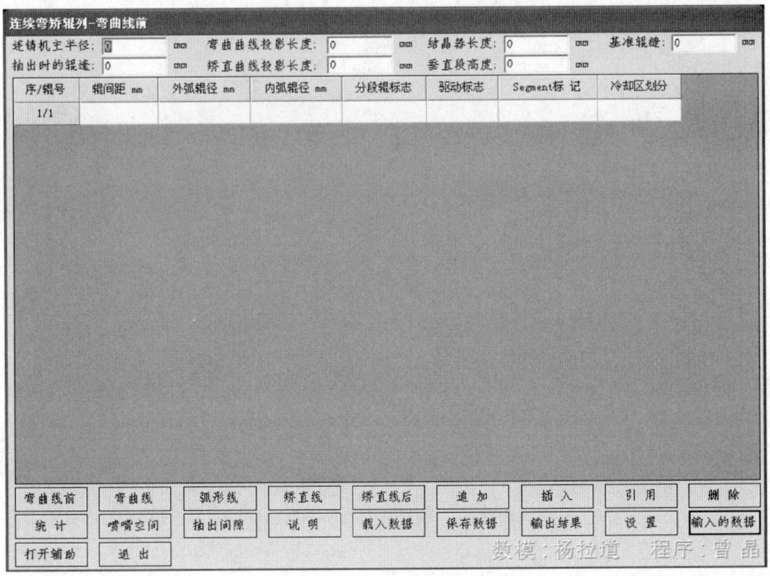

图 2-4-8　激活程序模块

4.3.2.2　功能按钮

A　5个表切换按钮

“弯曲线前”、“弯曲线”、“弧形线”、“矫直线”、“矫直线后”5个表切换按钮用于完成5个表格之间的切换工作。例如将“弯曲线前”表格切换到“矫直线”表格，如图2-4-9、图2-4-10所示，相应的标题栏文字也会发生变化以提醒用户当前处于激活状态的表格的名称。

图2-4-9　5个表切换按钮示意（1）

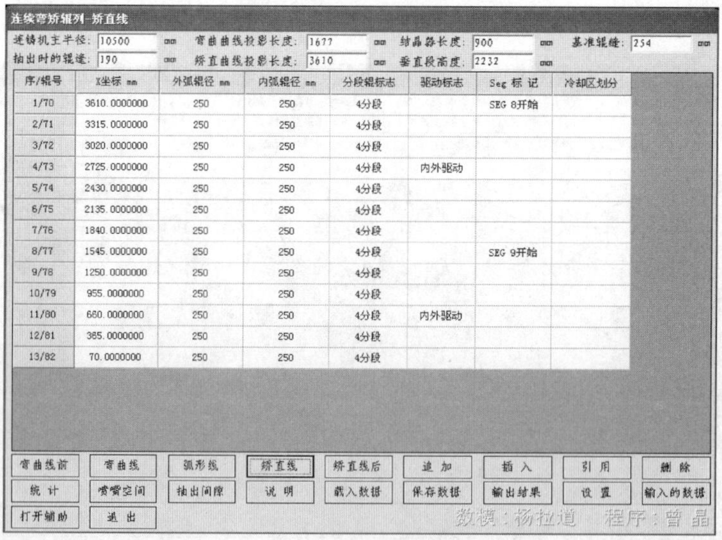

图2-4-10　5个表切换按钮示意（2）

B　4个表操作按钮

4个表操作按钮只对当前处于激活状态的表进行操作。

（1）“追加”：在数据输入表最末增加一空白行，以便输入新的数据。

（2）“插入”：在某行数据的前面插入一空白行，前提条件是必须先选择某行。

（3）“引用”：在数据输入表最末一行增加与已有内容完全相同的一行或数行内容，前提条件是必须先选择一行或数行，见图 2-4-11 ~ 图 2-4-13。

在未单击“引用”按钮前的数据如图 2-4-11 所示。

连续弯矫辊列-弯曲线前

连铸机主半径：10500 mm　弯曲曲线投影长度：1677 mm　结晶器长度：900 mm　基准辊缝：254 mm

抽出时的辊缝：190 mm　矫直曲线投影长度：3610 mm　垂直段高度：2232 mm

序/辊号	辊间距 mm	外弧辊径 mm	内弧辊径 mm	分段辊标志	驱动标志	Segment标 记	冷却区划分
1/1	80.0000000	100	100	4分段		足辊 开始	
2/2	160.0000000	150	150	4分段		SEG 0开始	区末(水)

图 2-4-11 未单击“引用”按钮前的数据

如果想追加图 2-4-11 所示表格中的第 3、4 行内容，则可窗选这两行，如图 2-4-12 所示。

序/辊号	辊间距 mm	外弧辊径 mm	内弧辊径 mm	分段辊标志	驱动标志	Segment标 记	冷却区划分
1/1	80.0000000	100	100	4分段		足辊 开始	
2/2	160.0000000	150	150	4分段		SEG 0开始	区末(水)
3/3	182.0000000	150	150	4分段			
4/4	182.0000000	150	150	4分段			

图 2-4-12 追加内容后的界面

单击“引用”按钮，即可得到如图 2-4-13 所示结果。

序/辊号	辊间距 mm	外弧辊径 mm	内弧辊径 mm	分段辊标志	驱动标志	Segment标 记
1/1	80.0000000	100	100	4分段		足辊 开始
2/2	160.0000000	150	150	4分段		SEG 0开始
3/3	182.0000000	150	150	4分段		
4/4	182.0000000	150	150	4分段		
5/5	182.0000000	150	150	4分段		
6/6	182.0000000	150	150	4分段		

图 2-4-13 单击“引用”按钮得到的界面

当没有选择任何内容而单击“引用”按钮时，其功能相当于引用表中的最后一行。

（4）“删除”：删除表中被选中的行，前提条件是必须先选择一行或数行，但当所有行都被选中时，不可执行此操作，因为每个输入表至少有一行被保留。

C 11 个其他功能按钮

（1）“统计”：对整个辊列辊子、扇形段、冷却区数量进行统计，并显示统计信息。如图 2-4-14 所示。

（2）“喷嘴空间”：对整个辊列内弧相邻辊子间的最大喷嘴空间进行计算，并输出文本格式的计算结果，如图 2-4-15 所示。

（3）“抽出间隙”：计算每个扇形段抽出时与相邻段之间的最小间隙，并输出文本格

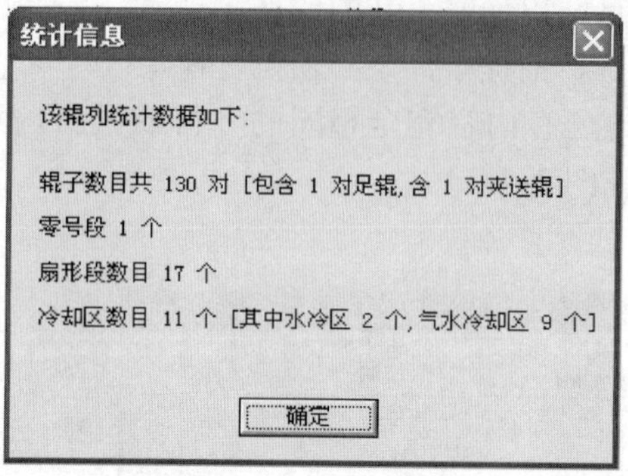

图 2-4-14　统计数据显示

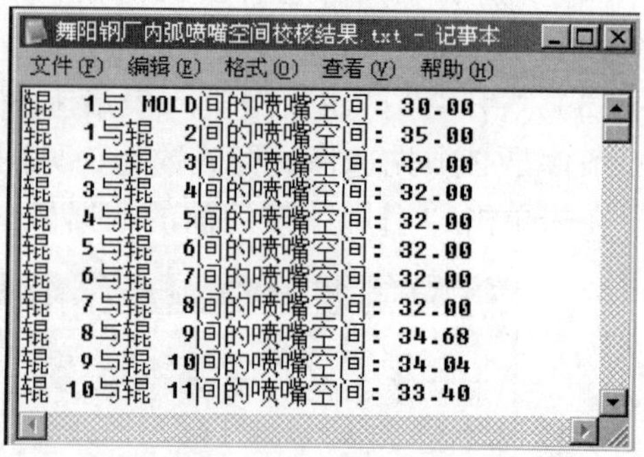

图 2-4-15　喷嘴空间显示

式的计算结果，如图 2-4-16 所示。

（4）“说明”：是对该程序模块的数据输入所作的简短介绍，如图 2-4-17 所示。

（5）“载入数据”：完成已有数据的载入工作。所载入的数据是“. cbsg”类型文件，载入过程如图 2-4-18 所示。

选择所需要的文件，双击鼠标或点击“打开”按钮即完成了数据的载入工作，载入数据后的界面如图 2-4-19 所示。

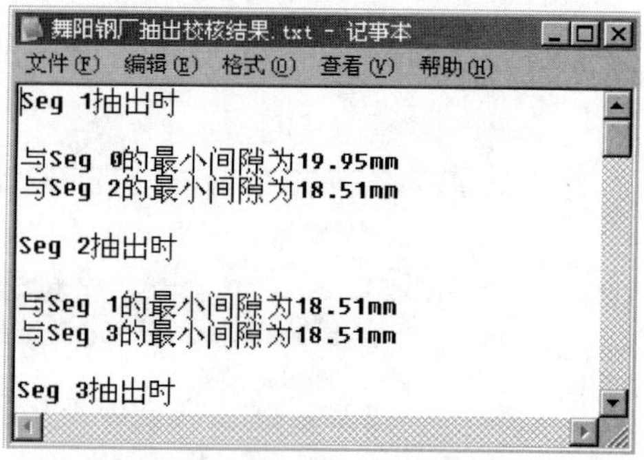

图 2-4-16　扇形段抽出间隙显示

（6）“保存数据”：完成数据的保存工作，所保存的数据应当是“. cbsg”类型的文件，保存过程如图 2-4-20 所示。

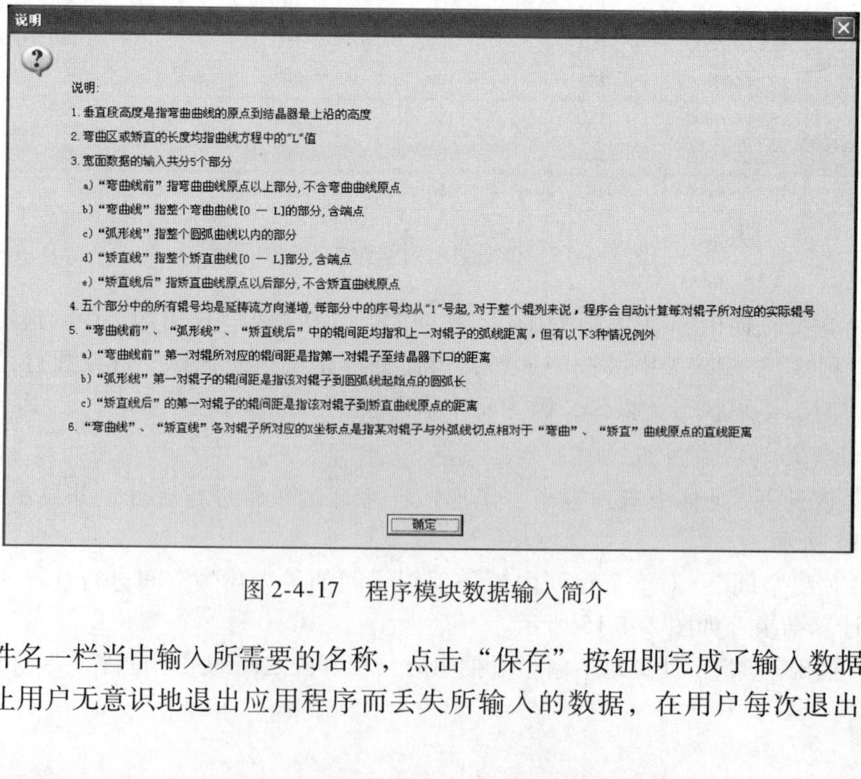

图 2-4-17　程序模块数据输入简介

在文件名一栏当中输入所需要的名称，点击“保存”按钮即完成了输入数据的保存工作，为防止用户无意识地退出应用程序而丢失所输入的数据，在用户每次退出应用程序

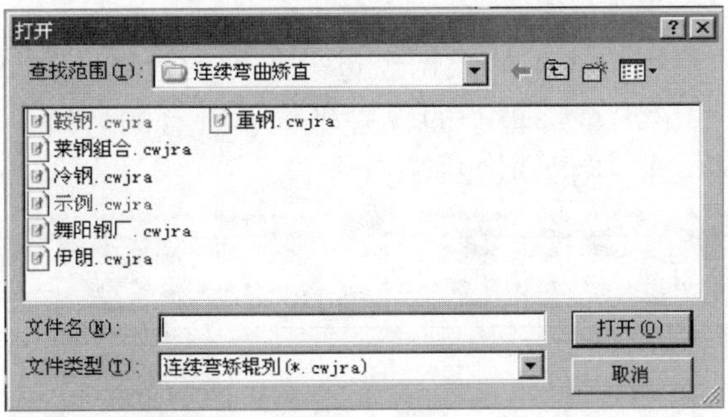

图 2-4-18 选择要载入的已有数据文件

序/辊号	辊间距 mm	外弧辊径 mm	内弧辊径 mm	分段辊标志	驱动标志	Segment标 记	冷却区划分
1/18	238.1083100	200	200	4分段		SEG 1开始	
2/19	243.0000000	200	200	4分段			
3/20	243.0000000	200	200	4分段			
4/21	243.0000000	200	200	4分段	内外驱动		
5/22	243.0000000	200	200	4分段			
6/23	243.0000000	200	200	4分段			
7/24	243.0000000	200	200	4分段			
8/25	243.0000000	200	200	4分段			区末(气水)
9/26	253.0000000	200	200	4分段		SEG 2开始	
10/27	243.0000000	200	200	4分段			
11/28	243.0000000	200	200	4分段			
12/29	243.0000000	200	200	4分段	内外驱动		
13/30	243.0000000	200	200	4分段			
14/31	243.0000000	200	200	4分段			
15/32	243.0000000	200	200	4分段			
16/33	243.0000000	200	200	4分段			
17/34	253.0000000	200	200	4分段		SEG 3开始	

图 2-4-19 载入数据后的界面

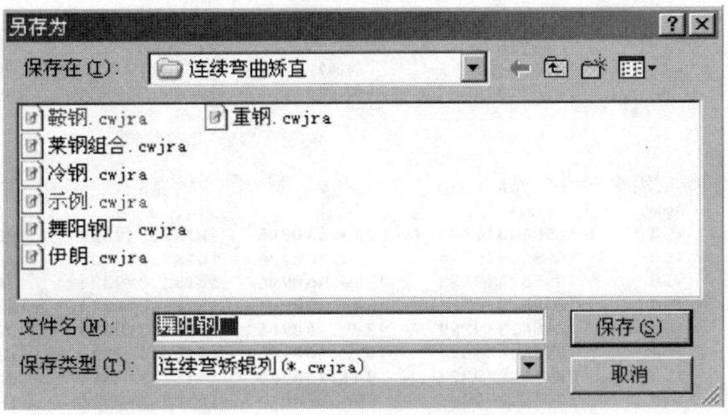

图 2-4-20 保存数据界面

时，系统会自动提示一次“是否保存”。

(7)“输出结果”：将用户输入的数据经过一系列的计算，在 AutoCAD 中输出最终的辊列图形、在文本文件中输出全部辊子的辊心坐标、所有的弯矫半径、至液面的距离等，并退出该程序。如图 2-4-21、图 2-4-22 所示。

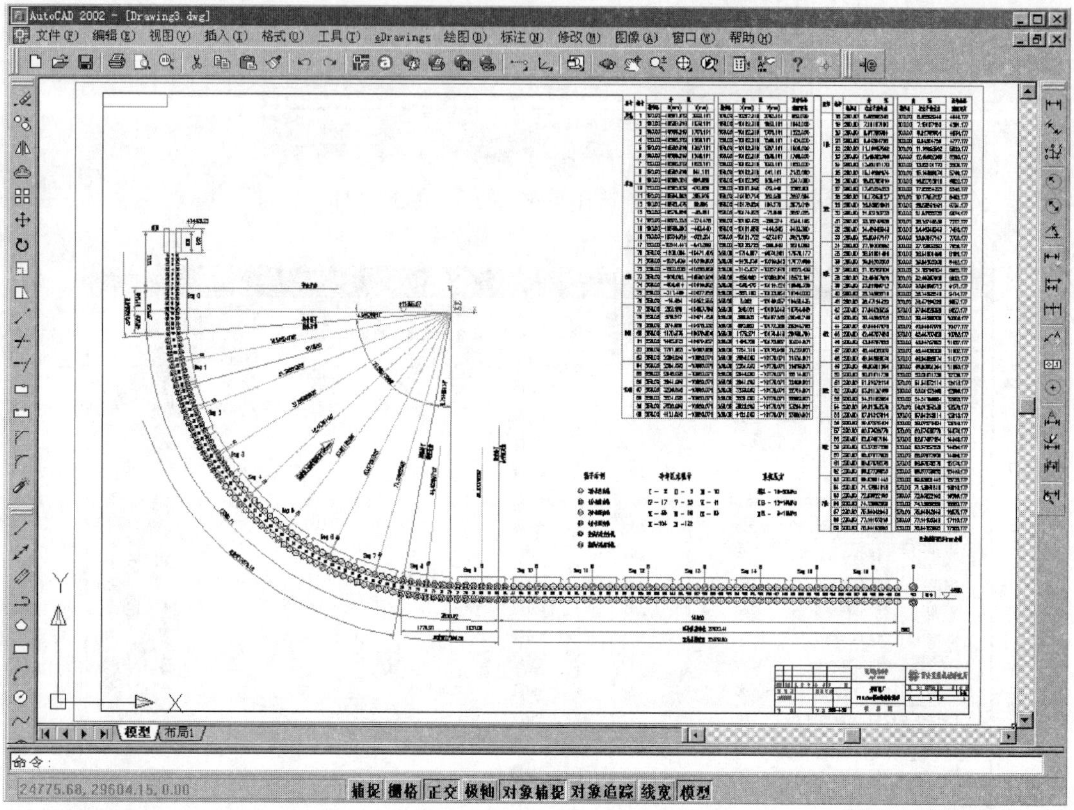

图 2-4-21　输出辊列图形

舞阳钢厂辊列计算结果.txt - 记事本

文件(F) 编辑(E) 格式(O) 查看(V) 帮助(H)

舞阳钢厂 R10.5m 连铸机辊列参数计算结果
设计单位:西安重型机械研究所

连铸机主半径: 10500.000 mm　　弯曲曲线投影长度: 1677.000 mm　　矫直曲线投影长度: 3610.000 mm

结晶器足辊:

辊号	辊距 (mm)	外弧辊径 (mm)	内弧辊径 (mm)	外弧X (mm)	外弧Y (mm)	内弧X (mm)	内弧Y (mm)	至液面距离 (mm)
1	80.000000	100	100	-10561.319321	2093.160906	-10207.319321	2093.160906	880.000000

Segment 0:

辊号	辊距 (mm)	外弧辊径 (mm)	内弧辊径 (mm)	外弧X (mm)	外弧Y (mm)	内弧X (mm)	内弧Y (mm)	至液面距离 (mm)
2	160.000000	150	150	-10586.319321	1933.160906	-10182.319321	1933.160906	1040.000000
3	182.000000	150	150	-10586.319321	1751.160906	-10182.319321	1751.160906	1222.000000
4	182.000000	150	150	-10586.319321	1569.160906	-10182.319321	1569.160906	1404.000000
5	182.000000	150	150	-10586.319321	1387.160906	-10182.319321	1387.160906	1586.000000
6	182.000000	150	150	-10586.319321	1205.160906	-10182.319321	1205.160906	1768.000000
7	182.000000	150	150	-10586.319321	1023.160906	-10182.319321	1023.160906	1950.000000
8	182.000000	150	150	-10586.319321	841.160906	-10182.319321	841.160906	2132.000000
9	185.000017	150	150	-10586.259355	656.088018	-10182.259546	656.480638	2317.000017
10	185.000542	150	150	-10585.839317	470.869358	-10181.842369	472.439827	2502.000559
11	185.003687	150	150	-10584.698352	285.504944	-10180.713804	289.038390	2687.004246

图 2-4-22　输出数据文件

（8）“设置”：用于对输入的参数的范围进行限定，例如限定连铸机半径的范围、限定弯曲区长度的范围等。一般不使用。

（9）“输入的数据”：将用户所输入的数据提取到文本文件中，单击“输入的数据”按钮，即可得到用户输入数据的文本格式，如图2-4-23所示。

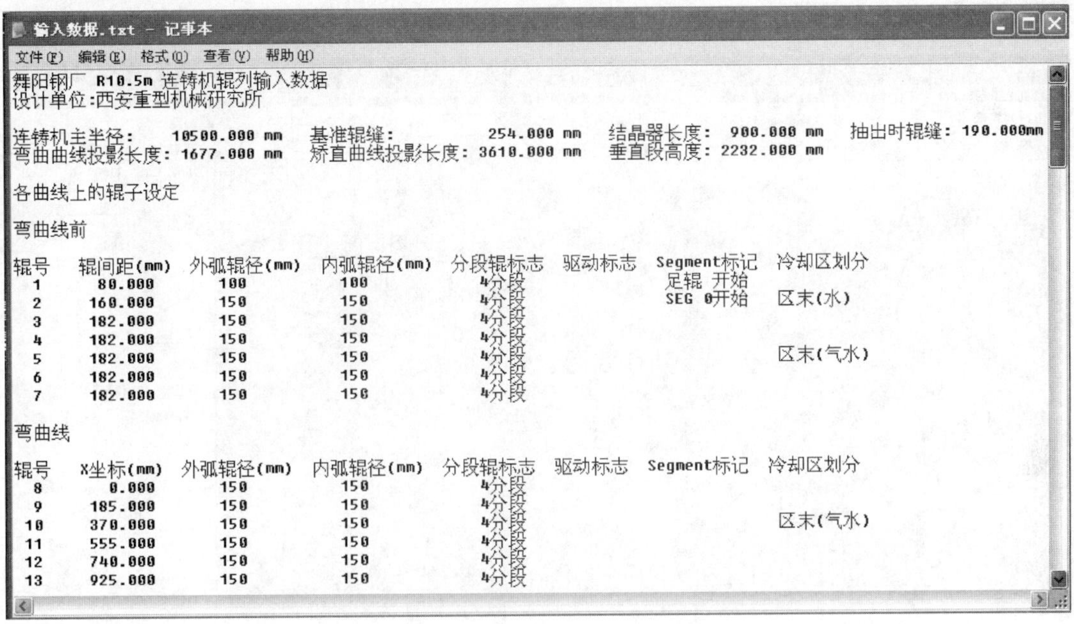

输入数据.txt - 记事本

文件(F) 编辑(E) 格式(O) 查看(V) 帮助(H)

舞阳钢厂 R10.5m 连铸机辊列输入数据
设计单位:西安重型机械研究所

连铸机主半径:　10500.000 mm　基准辊缝:　254.000 mm　结晶器长度:　900.000 mm　抽出时辊缝: 190.000mm
弯曲曲线投影长度: 1677.000 mm　矫直曲线投影长度: 3610.000 mm　垂直段高度: 2232.000 mm

各曲线上的辊子设定

弯曲线前

辊号	辊间距(mm)	外弧辊径(mm)	内弧辊径(mm)	分段辊标志	驱动标志	Segment标记	冷却区划分
1	80.000	100	100	4分段		足辊 开始	
2	160.000	150	150	4分段		SEG 0开始	区末(水)
3	182.000	150	150	4分段			
4	182.000	150	150	4分段			
5	182.000	150	150	4分段			区末(气水)
6	182.000	150	150	4分段			
7	182.000	150	150	4分段			

弯曲线

辊号	X坐标(mm)	外弧辊径(mm)	内弧辊径(mm)	分段辊标志	驱动标志	Segment标记	冷却区划分
8	0.000	150	150	4分段			
9	185.000	150	150	4分段			
10	370.000	150	150	4分段			区末(气水)
11	555.000	150	150	4分段			
12	740.000	150	150	4分段			
13	925.000	150	150	4分段			

图2-4-23　输入数据的文本格式

（10）“打开辅助/关闭辅助”：是一对功能完全相反的按钮，前者用于打开相关的辅助功能，后者则关闭相关的辅助功能，如图2-4-24和图2-4-25所示。

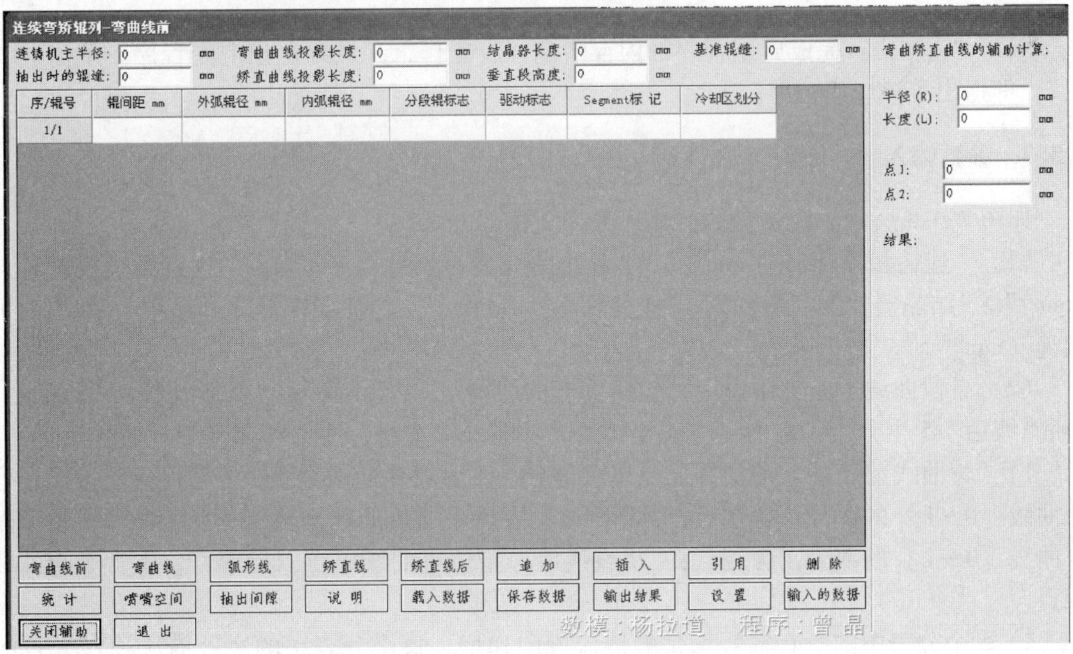

图2-4-24　点击“打开辅助”按钮后的界面

在没有点击“打开辅助”之前的程序界面如图 2-4-8 所示，点击了该命令后。程序界面自动向右拓展，如图 2-4-24 所示，反之如果点击了“关闭辅助”，程序界面恢复原样。

在辅助功能里主要是针对给定的连铸机半径和弯曲（矫直）曲线的 X 坐标长度及曲线上某一点或两点的 X 坐标，计算给定点到曲线原点的弧线距离、所对应的曲率半径及两点间的弧线长度，如图 2-4-25 所示。

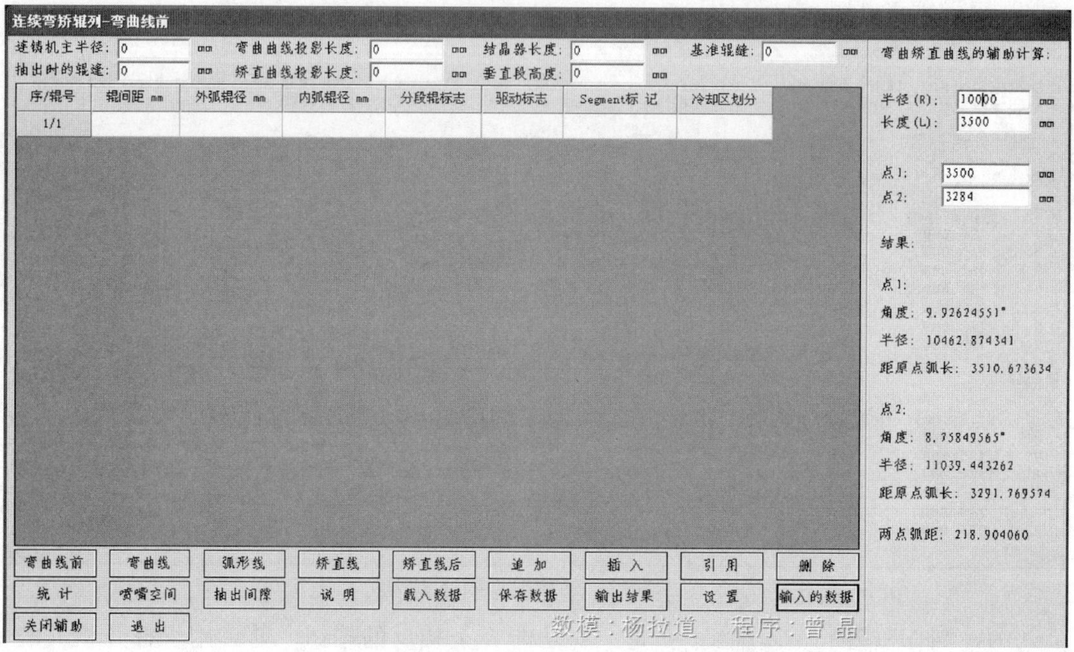

图 2-4-25　点击“打开辅助”按钮，输入有关数据后的界面

（11）“退出”：完成应用程序的内存清理释放工作，并最终退出应用程序。单击“退出”，即退出了该应用程序。

4.3.3　参数输入

如图 2-4-8 所示，设备参数的输入分为 2 个部分。

（1）“连铸机主半径（mm）”、“弯曲曲线投影长度（mm）”、“矫直曲线投影长度（mm）”、“结晶器长度（mm）”、“垂直段高度（mm）”、“基准辊缝（mm）”、“抽出时的辊缝（mm）”。

（2）各段曲线上的辊子设定，包括“弯曲线前”、“弯曲线”、“弧形线”、“矫直线”、“矫直线后” 5 个分表，它们对应着相同的表功能操作按钮，注意事项有以下 4 点。

1）“弯曲线前”指弯曲曲线原点以上部分，不含弯曲曲线原点；“弯曲线”指整个弯曲曲线［0—L］的部分，含端点；“弧形线”指整个圆弧曲线部分；“矫直线”指整个矫直曲线［0—L］的部分，含端点；“矫直线后”指矫直曲线原点以后部分，不含矫直曲线原点。

2）5 个分表中的所有辊号均是顺铸流方向递增，每个分表中的序号均从“1”开始，辊号则是按辊列的辊子对数进行累加。

3）“弯曲线前”分表、“弧形线”分表、“矫直线后”分表中的辊间距均指和上一对辊子的外弧线距离，但有 3 种情况例外：①“弯曲线前”分表中第一对辊子所对应的辊间距指的是第一对辊子至结晶器下口的距离；②“弧形线”分表中第一对辊子所对应的辊间距指的是该对辊子到圆弧线起始点的弧线长度；③“矫直线后”分表中第一对辊子所对应的辊间距指的是该对辊子到矫直曲线原点的距离。

4）“弯曲线”和“矫直线”分表中各对辊子所对应的 X 坐标（mm）是指某对辊子与外弧线切点相对于“弯曲线”和“矫直线”原点的投影距离。

（3）各段曲线上的辊子设定的 5 个分表中均包含“分段辊标志”、“驱动标志”、“Segment 标记”、“冷却区划分”4 项。

1）“分段辊标志”为可选项，包含“二分段”、“三分段”、“四分段”三种类型，当该项不做选择时，指的是“整体辊”。

2）“驱动标志”为可选项，包含“内外驱动”、“内弧驱动”两种类型，当该项不做选择时，指的是“自由辊”。

3）“Segment 标记”为可选项，包含“足辊开始”、“Seg0 开始”、“Seg1 开始”…“Seg20 开始”、“夹送辊”等小项。

4）“冷却区划分”为可选项，包含“区末（水）”、“区末（气水）”两小项。只需在每个冷却区末辊处进行选择即可。

4.3.4 数据检测

为了尽可能减少数据输入错误。当程序检测到用户某些错误的输入数据时，会给予相应的提示，且拒绝进行计算。当然，数据的输入错误是方方面面的，程序设计时只能尽量减少失误的数据输入，不可能对所有的错误输入都进行检测，因此在数据输入时，应尽可能仔细认真，多次校对，方可进行计算、保存与打印。

4.3.5 实际应用举例

图 2-4-26 是用康卡斯特曲线设计的，AutoCAD 自动绘制的，在 B 钢铁公司应用的 R10.5m 板坯连铸机辊列图。目前，浇注过的最大板坯断面 330mm × 2500mm，机长 35.98m，300mm 厚度板坯，其拉速达到 1.0m/min。

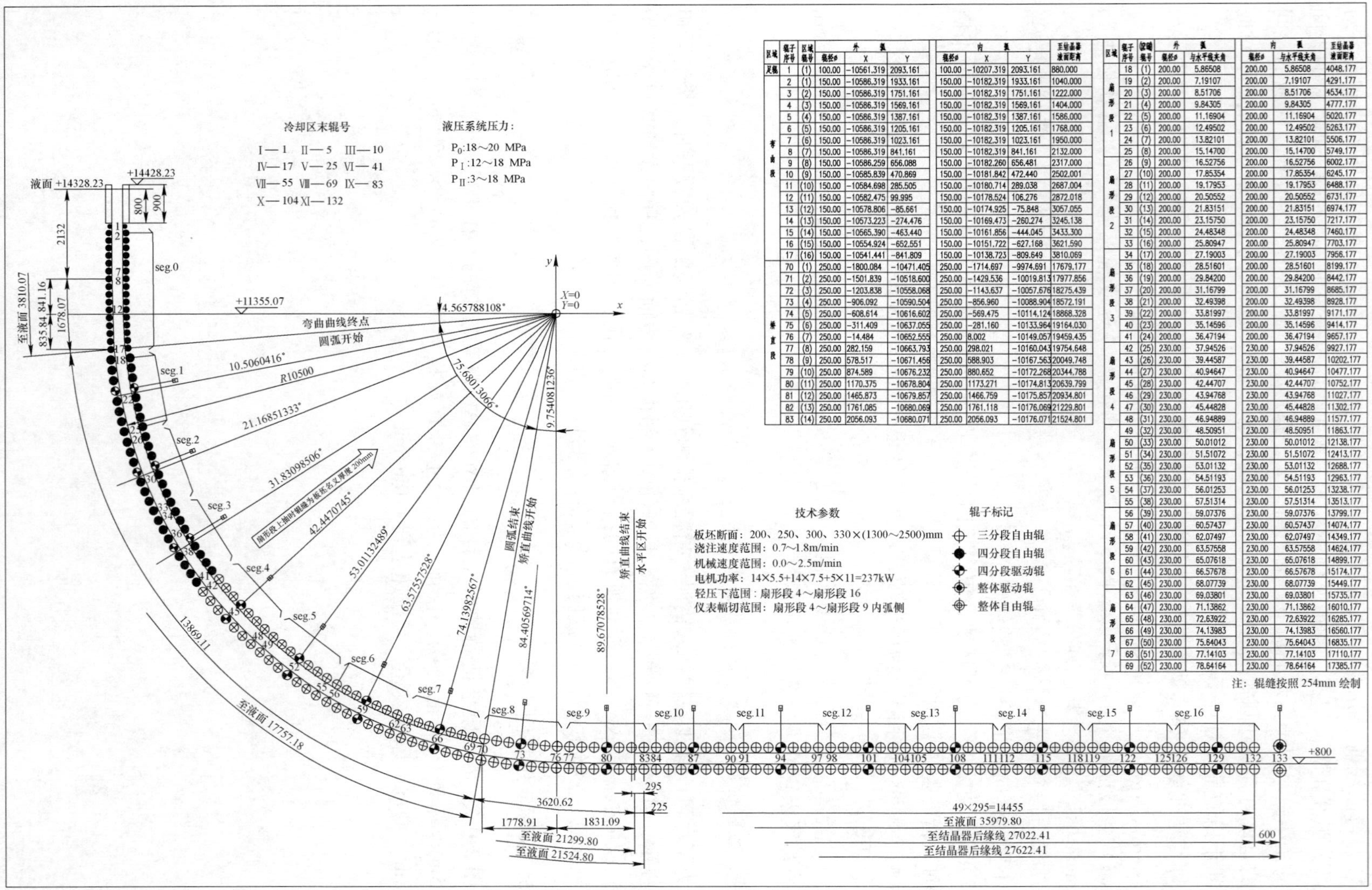

区域	辊子序号	区域辊号	外弧 辊径φ	外弧 X	外弧 Y	内弧 辊径φ	内弧 X	内弧 Y	至结晶器液面距离
足辊	1	(1)	100.00	−10561.319	2093.161	100.00	−10207.319	2093.161	880.000
弯曲段	2	(1)	150.00	−10586.319	1933.161	150.00	−10182.319	1933.161	1040.000
	3	(2)	150.00	−10586.319	1751.161	150.00	−10182.319	1751.161	1222.000
	4	(3)	150.00	−10586.319	1569.161	150.00	−10182.319	1569.161	1404.000
	5	(4)	150.00	−10586.319	1387.161	150.00	−10182.319	1387.161	1586.000
	6	(5)	150.00	−10586.319	1205.161	150.00	−10182.319	1205.161	1768.000
	7	(6)	150.00	−10586.319	1023.161	150.00	−10182.319	1023.161	1950.000
	8	(7)	150.00	−10586.319	841.161	150.00	−10182.319	841.161	2132.000
	9	(8)	150.00	−10586.259	656.088	150.00	−10182.260	656.481	2317.000
	10	(9)	150.00	−10585.839	470.869	150.00	−10181.842	472.440	2502.001
	11	(10)	150.00	−10584.698	285.505	150.00	−10180.714	289.038	2687.004
	12	(11)	150.00	−10582.475	99.995	150.00	−10178.524	106.276	2872.018
	13	(12)	150.00	−10578.806	−85.661	150.00	−10174.925	−75.848	3057.055
	14	(13)	150.00	−10573.223	−274.476	150.00	−10169.473	−260.274	3245.138
	15	(14)	150.00	−10565.390	−463.440	150.00	−10161.856	−444.045	3433.300
	16	(15)	150.00	−10554.924	−652.551	150.00	−10151.722	−627.168	3621.590
	17	(16)	150.00	−10541.441	−841.809	150.00	−10138.723	−809.649	3810.069
矫直段	70	(1)	250.00	−1800.084	−10471.405	250.00	−1714.697	−9974.691	17679.177
	71	(2)	250.00	−1501.839	−10518.600	250.00	−1429.536	−10019.813	17977.856
	72	(3)	250.00	−1203.838	−10558.068	250.00	−1143.637	−10057.676	18275.439
	73	(4)	250.00	−906.092	−10590.504	250.00	−856.960	−10088.904	18572.191
	74	(5)	250.00	−608.614	−10616.602	250.00	−569.475	−10114.124	18868.328
	75	(6)	250.00	−311.409	−10637.055	250.00	−281.160	−10133.964	19164.030
	76	(7)	250.00	−14.484	−10652.555	250.00	8.002	−10149.057	19459.435
	77	(8)	250.00	282.159	−10663.793	250.00	298.021	−10160.043	19754.648
	78	(9)	250.00	578.517	−10671.456	250.00	588.903	−10167.563	20049.748
	79	(10)	250.00	874.589	−10676.232	250.00	880.652	−10172.268	20344.788
	80	(11)	250.00	1170.375	−10678.804	250.00	1173.271	−10174.813	20639.799
	81	(12)	250.00	1465.873	−10679.857	250.00	1466.759	−10175.857	20934.801
	82	(13)	250.00	1761.085	−10680.069	250.00	1761.118	−10176.069	21229.801
	83	(14)	250.00	2056.093	−10680.071	250.00	2056.093	−10176.071	21524.801

区域	辊子序号	区域辊号	外弧 辊径φ	外弧 与水平线夹角	内弧 辊径φ	内弧 与水平线夹角	至结晶器液面距离
扇形段1	18	(1)	200.00	5.86508	200.00	5.86508	4048.177
	19	(2)	200.00	7.19107	200.00	7.19107	4291.177
	20	(3)	200.00	8.51706	200.00	8.51706	4534.177
	21	(4)	200.00	9.84305	200.00	9.84305	4777.177
	22	(5)	200.00	11.16904	200.00	11.16904	5020.177
	23	(6)	200.00	12.49502	200.00	12.49502	5263.177
	24	(7)	200.00	13.82101	200.00	13.82101	5506.177
	25	(8)	200.00	15.14700	200.00	15.14700	5749.177
扇形段2	26	(9)	200.00	16.52756	200.00	16.52756	6002.177
	27	(10)	200.00	17.85354	200.00	17.85354	6245.177
	28	(11)	200.00	19.17953	200.00	19.17953	6488.177
	29	(12)	200.00	20.50552	200.00	20.50552	6731.177
	30	(13)	200.00	21.83151	200.00	21.83151	6974.177
	31	(14)	200.00	23.15750	200.00	23.15750	7217.177
	32	(15)	200.00	24.48348	200.00	24.48348	7460.177
	33	(16)	200.00	25.80947	200.00	25.80947	7703.177
扇形段3	34	(17)	200.00	27.19003	200.00	27.19003	7956.177
	35	(18)	200.00	28.51601	200.00	28.51601	8199.177
	36	(19)	200.00	29.84200	200.00	29.84200	8442.177
	37	(20)	200.00	31.16799	200.00	31.16799	8685.177
	38	(21)	200.00	32.49398	200.00	32.49398	8928.177
	39	(22)	200.00	33.81997	200.00	33.81997	9171.177
	40	(23)	200.00	35.14596	200.00	35.14596	9414.177
	41	(24)	200.00	36.47194	200.00	36.47194	9657.177
扇形段4	42	(25)	230.00	37.94526	230.00	37.94526	9927.177
	43	(26)	230.00	39.44587	230.00	39.44587	10202.177
	44	(27)	230.00	40.94647	230.00	40.94647	10477.177
	45	(28)	230.00	42.44707	230.00	42.44707	10752.177
	46	(29)	230.00	43.94768	230.00	43.94768	11027.177
	47	(30)	230.00	45.44828	230.00	45.44828	11302.177
	48	(31)	230.00	46.94889	230.00	46.94889	11577.177
扇形段5	49	(32)	230.00	48.50951	230.00	48.50951	11863.177
	50	(33)	230.00	50.01012	230.00	50.01012	12138.177
	51	(34)	230.00	51.51072	230.00	51.51072	12413.177
	52	(35)	230.00	53.01132	230.00	53.01132	12688.177
	53	(36)	230.00	54.51193	230.00	54.51193	12963.177
	54	(37)	230.00	56.01253	230.00	56.01253	13238.177
	55	(38)	230.00	57.51314	230.00	57.51314	13513.177
扇形段6	56	(39)	230.00	59.07376	230.00	59.07376	13799.177
	57	(40)	230.00	60.57437	230.00	60.57437	14074.177
	58	(41)	230.00	62.07497	230.00	62.07497	14349.177
	59	(42)	230.00	63.57558	230.00	63.57558	14624.177
	60	(43)	230.00	65.07618	230.00	65.07618	14899.177
	61	(44)	230.00	66.57678	230.00	66.57678	15174.177
	62	(45)	230.00	68.07739	230.00	68.07739	15449.177
扇形段7	63	(46)	230.00	69.03801	230.00	69.03801	15735.177
	64	(47)	230.00	71.13862	230.00	71.13862	16010.177
	65	(48)	230.00	72.63922	230.00	72.63922	16285.177
	66	(49)	230.00	74.13983	230.00	74.13983	16560.177
	67	(50)	230.00	75.64043	230.00	75.64043	16835.177
	68	(51)	230.00	77.14103	230.00	77.14103	17110.177
	69	(52)	230.00	78.64164	230.00	78.64164	17385.177

图 2-4-26 自动设计的 $R10.5$m 板坯连铸机辊列

5　回旋曲线辊列设计

5.1　概述

从2007年开始，国内H商家给欧洲N钢铁公司提供的200mm×1015mm双流板坯连铸机，H商家给国内O钢铁公司提供的230mm×1650mm双流板坯连铸机以及300mm×2500mm单流板坯连铸机，给P钢铁公司提供的230mm×1650mm双流板坯连铸机以及230mm×1930mm单流板坯连铸机中采用的回旋曲线，与康卡斯特曲线相比，该回旋曲线能够非常精确地和主半径圆弧衔接。当回旋曲线取级数的前9项时，几乎和理论值没有差别。由此可猜测到，该回旋曲线和商家D所采用的曲线可能是最接近的，几乎没有误差。

采用回旋曲线和微积分的方法对连铸机辊子排列时其相对于主半径圆心的辊心坐标、曲线弧长等辊列参数进行计算，为自动化辊列设计打下基础。根据这些参数，编程自动绘制辊列CAD图形。

5.2　回旋曲线的导出

假定某梁受弯曲作用，且从梁上任取一微段如图2-5-1所示，其中o-o代表梁的中性层，A-B代表变形前距中性层距离为y的一根纤维。当该微段发生一定的弯曲变形后，它将会产生一定的转角$\mathrm{d}\theta$，同时纤维A-B的长度将会发生变化，并产生应变。容易得出纤维A-B的应变为

$$\varepsilon = \frac{A'B' - AB}{AB} = \frac{(\rho + y)\cdot \mathrm{d}\theta - \rho \cdot \mathrm{d}\theta}{\mathrm{d}L} = y \cdot \frac{\mathrm{d}\theta}{\mathrm{d}L} \tag{2-5-1}$$

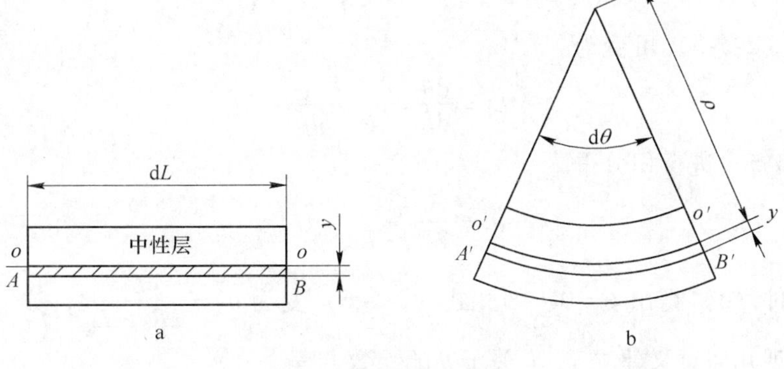

图2-5-1　梁的微分单元

a—变形前的微段；b—变形后的微段

本章作者：杨拉道，曾晶；审查：高琦，王公民，黄进春，王蓉

由曲率的数学定义可知 $\frac{d\theta}{dL}$ 就是曲率，令 $k = \frac{d\theta}{dL}$，式（2-5-1）可写为

$$\varepsilon = y \cdot \frac{d\theta}{dL} = y \cdot k = y \cdot \frac{1}{\rho} \tag{2-5-2}$$

连铸中专有的弯曲、矫直曲线的目的就是为了使板坯在整个弯曲或矫直的过程中有效地把直线和圆弧衔接起来，缓和地、均匀地变形，即实现恒定拉速条件下的等应变速率。

由式（2-5-2）可知，在距中性层为 y 的纤维的应变只和中性层的曲率 k 有关，如图 2-5-2 所示，假设某曲线满足：

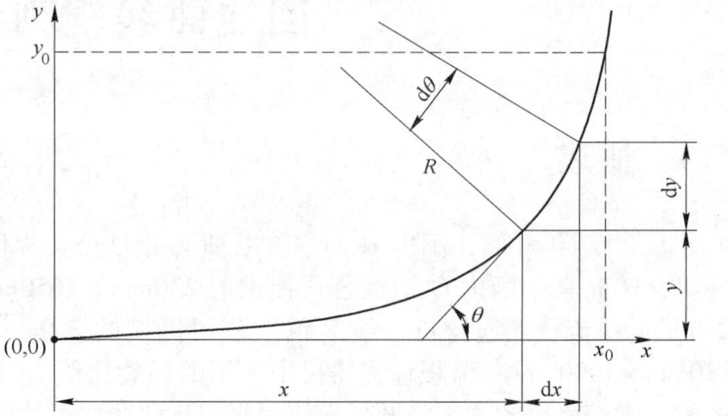

图 2-5-2　满足曲率变化要求的理想曲线

$$曲率 = 常数1 \times 弧线长度 + 常数2$$

当板坯的中心沿该曲线匀速通过时，板坯各相同层面上的应变必然是等速率的。设曲率 k 与曲线的弧长 L 有如下关系

$$k = C_1 \cdot L + C_2 \tag{2-5-3}$$

如图 2-5-2 所示，点（x_0，y_0）处得曲率半径为 R，距离原点的弧长为 L_0，在连续铸钢中，弯矫曲线都存在三个特殊的边界条件，即：

（1）当曲线的长度为 0 时，曲率为 0。

（2）当曲线的长度为 L_0 时，曲率半径等于板坯在连铸机圆弧区域时中性层的半径 R_0。

（3）当曲线的长度为 0 时，切线斜率为 0。

根据边界条件（1），容易得出 $C_2 = 0$；根据边界条件（2），并知曲线在点（x_0，y_0）处距离原点的弧线长度为 L_0，该点所对应的曲率为 R_0，容易得出

$$C_1 = \frac{1}{R_0 \cdot L_0} \tag{2-5-4}$$

因此，式（2-5-3）可变为

$$k = \frac{d\theta}{dL} = \frac{L}{R_0 \cdot L_0} \tag{2-5-5}$$

对式（2-5-5）进行积分得

$$\theta = \frac{L^2}{2R_0 \cdot L_0} + C \tag{2-5-6}$$

由边界条件（3）得出 $C = 0$。因此式（2-5-6）变为 $\theta = \frac{L^2}{2R_0 \cdot L_0}$，如图 2-5-2 所示，根据曲线的微观几何意义建立 x，y 关于 θ 的参数方程

$$\begin{cases} \frac{dx}{dL} = \cos\theta \\ \frac{dy}{dL} = \sin\theta \end{cases} \tag{2-5-7}$$

将式（2-5-6）代入式（2-5-7）并表示为积分表达式

$$\begin{cases} x = \int_0^L \cos\left(\frac{L^2}{2R_0 \cdot L_0}\right) \cdot \mathrm{d}L + C_1 \\ y = \int_0^L \sin\left(\frac{L^2}{2R_0 \cdot L_0}\right) \cdot \mathrm{d}L + C_2 \end{cases}$$

根据边界条件（1）容易得出，$C_1 = C_2 = 0$。

$$\begin{cases} x = \int_0^L \cos\left(\frac{L^2}{2R_0 \cdot L_0}\right) \cdot \mathrm{d}L \\ y = \int_0^L \sin\left(\frac{L^2}{2R_0 \cdot L_0}\right) \cdot \mathrm{d}L \end{cases} \tag{2-5-8}$$

当 $|x| < \infty$ 时，正弦和余弦三角函数可用泰勒级数表达

$$\begin{cases} \sin x = \sum_{n=0}^{\infty} (-1)^n \cdot \frac{x^{2n+1}}{(2n+1)!} = \frac{x}{1!} - \frac{x^3}{3!} + \frac{x^5}{5!} \cdots \\ \cos x = \sum_{n=0}^{\infty} (-1)^n \cdot \frac{x^{2n}}{(2n)!} = 1 - \frac{x^2}{2!} + \frac{x^4}{4!} \cdots \end{cases}$$

因此可以将式（2-5-8）变成以下表达形式

$$\begin{cases} x = \sum_{n=0}^{\infty} (-1)^n \cdot \frac{L^{4n+1}}{(2n)! \cdot (2R_0 \cdot L_0)^{2n} \cdot (4n+1)} \\ y = \sum_{n=0}^{\infty} (-1)^n \cdot \frac{L^{4n+3}}{(2n+1)! \cdot (2R_0 \cdot L_0)^{2n+1} \cdot (4n+3)} \end{cases} \tag{2-5-9}$$

在式（2-5-9）中，当级数的项数趋于无穷的时候，在笛卡儿坐标系中，第一象限和第三象限形成两个关于原点中心对称的有一定规律的涡卷线，这就是“回旋曲线”，如图 2-5-3 所示。

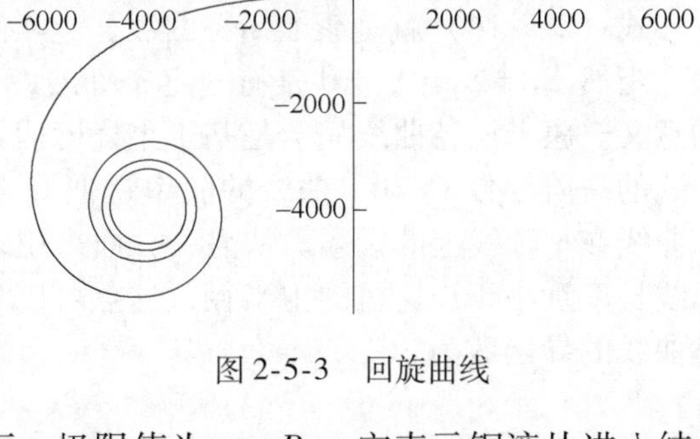

图 2-5-3 回旋曲线

5.3 回旋曲线作为连铸机弯曲、矫直区域的专有曲线

5.3.1 总体解决方案

在连铸机中，只使用回旋曲线的开始部分作为连续弯曲和连续矫直曲线，即弧线长度 $L \in [0, L_0]$。其中，L_0 在直弧形连铸机（含弧形结晶器的连铸机）的特定条件下，极限值为 $\pi \cdot R_0$，它表示钢液从进入结晶器到形成带液芯的板坯，就开始了连续地等应变速率的弯曲和矫直，直到板坯被水平输出（当然这只是一种极端假设）。

由于同一台连续连铸机通常生产多种厚度的板坯，板坯的中性层位置随板坯的厚度变化而变化，从严格意义上讲，只有将回旋曲线设计在基准辊缝的中央，且刚好生产厚度为基准辊缝大小的板坯时才能实现等速率应变。由于连铸机的半径远大于所生产的板坯厚

度，中性层的不重合对等应变速率的影响很小，而连铸机的外弧线是连铸机的基准线，为了使具有相同主半径却生产不同厚度范围板坯的连铸机可利用相同的外弧及外弧辊子的排布，可以合理地将回旋曲线应用在连铸机的外弧线上，然后再进一步推算内外弧辊心坐标及其他参数。

5.3.2 回旋曲线与康卡斯特曲线的比较

在式（2-5-9）中，取级数前三项得

$$\begin{cases} x = L\left(1 - \dfrac{L^4}{40R_0^2L_0^2} + \dfrac{L^8}{3456R_0^4L_0^4} - \cdots\right) \\ y = \dfrac{L^3}{2R_0L_0}\left(\dfrac{1}{3} - \dfrac{L^4}{168R_0^2L_0^2} + \dfrac{L^8}{21120R_0^4L_0^4} - \cdots\right) \end{cases} \tag{2-5-10}$$

或简写成

$$\begin{cases} x = L(1 - \Sigma_1) \\ y = \dfrac{L^3}{2R_0L_0}\left(\dfrac{1}{3} - \Sigma_2\right) \end{cases} \tag{2-5-11}$$

式中Σ_1和Σ_2为高次小项之和，将参数方程消去 L，得到了笛卡尔坐标方程

$$y = \frac{x^3}{6R_0L_0}\left(1 + \frac{2}{35}\frac{x^4}{R_0^2L_0^2} + \frac{293}{39600}\frac{x^8}{R_0^4L_0^4} + \cdots\right) \tag{2-5-12}$$

或

$$y = \frac{x^3}{6R_0L_0}(1 + \Sigma_0) \tag{2-5-13}$$

式中，Σ_0为高阶小项之和。

式（2-5-12）和式（2-5-13）就是回旋曲线的笛卡尔坐标表达式。在式（2-5-11）和式（2-5-13）中，若让高阶小项之和 $\Sigma_1 = \Sigma_2 = \Sigma_0 = 0$，则有

$$\begin{cases} x = L \\ y = \dfrac{L^3}{6R_0L_0} \end{cases} \quad 或 \quad y = \frac{x^3}{6R_0 \cdot L_0} \tag{2-5-14}$$

式（2-5-14）就是康卡斯特曲线，它实际上是“回旋曲线”的简化曲线。

当然 $\Sigma_1 = \Sigma_2 = \Sigma_0 = 0$ 是有一定条件的，否则会带来误差，从根本上失去了等应变速率的意义。康卡斯特曲线完全是基于小挠度假设的，也就是说可以近似地认为式（2-5-14）曲线的一阶导数 $y' = 0$。曲线的曲率近似等于曲线的二阶导数，曲线的弧线长度近似等于该曲线在 x 轴线上的投影。从另一方面来说，如果要使用康卡斯特曲线，就应当使曲线的弧线长度远小于连铸机的主半径，这点可以从康卡斯特曲线的导函数表达式得出。康卡斯特曲线的导函数为

$$y' = \frac{x^2}{2R_0 \cdot L_0} \tag{2-5-15}$$

在回旋曲线连铸机有用区段，曲线的投影长度等于 L_0处，曲线的斜率约为 $L_0/(2R_0)$，显然当连铸机半径较小时，为了保证康卡斯特曲线的精度，L_0的取值就不应当太大。而连铸机的主半径越小，板坯在弯曲或矫直过程中总应变就越大，另外，在相同拉速、相同板坯规格及相同的生产操作条件下，连铸机的主半径越小，板坯的蠕变时间越短，弯矫应力也就越大。

就“回旋曲线”来讲，它必须经过图2-5-2所示（0，0）点和（x_0，y_0）点，在小挠度的条件下可以近似地认为康卡斯特曲线是通过了这两点的，当x超出了x_0后，康卡斯特曲线和“回旋曲线”之间的差距将会逐渐拉开，如图2-5-4所示。

当板坯厚度100mm，连铸机圆弧区主半径5000mm、圆弧区板坯中性层半径4950mm时，回旋曲线和康卡斯特曲线在相同的x坐标下，纵坐标偏差Δy见表2-5-1。

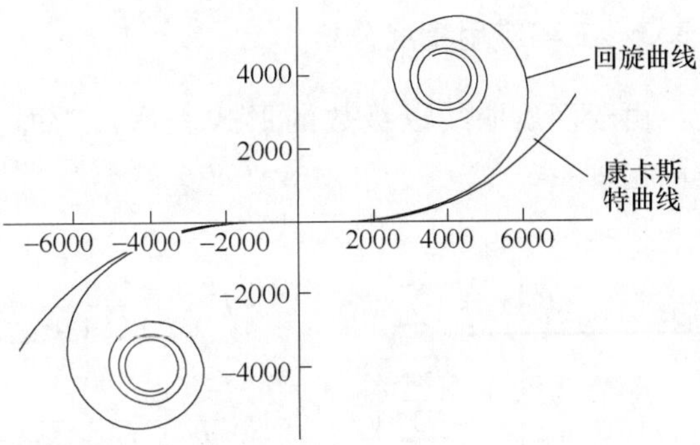

图2-5-4　回旋曲线与康卡斯特曲线比较

表2-5-1　康卡斯特曲线和回旋曲线的纵坐标偏差

x坐标/mm	Δy/mm	x坐标/mm	Δy/mm
0	0	1500	0.300
50	0	1550	0.323
100	0	1600	0.346
150	0	1650	0.368
200	0.001	1700	0.389
250	0.002	1750	0.408
300	0.003	1800	0.424
350	0.004	1850	0.438
400	0.007	1900	0.447
450	0.009	1950	0.452
500	0.013	2000	0.451
550	0.017	2050	0.443
600	0.022	2100	0.426
650	0.028	2150	0.400
700	0.035	2200	0.362
750	0.043	2250	0.312
800	0.053	2300	0.246
850	0.063	2350	0.163
900	0.074	2400	0.060
950	0.087	2450	0.065
1000	0.101	2500	0.215
1050	0.116	2550	0.393
1100	0.132	2600	0.603
1150	0.150	2650	0.849
1200	0.169	2700	1.134
1250	0.189	2750	1.464
1300	0.210	2800	1.843
1350	0.231	2850	2.277
1400	0.254	2900	2.772
1450	0.277	2950	3.333

5.3.3　工程应用精度分析

由于回旋曲线以级数的形式表达，工程上只能取有限项，取的项数越多，近似程度越高。

将式（2-5-9）变换形式得

$$\begin{cases} x = \sum_{n=0}^{\infty}(-1)^n \cdot L \cdot \dfrac{L^{4n}}{(2n)! \cdot (2R_0 \cdot L_0)^{2n} \cdot (4n+1)} \\ y = \sum_{n=0}^{\infty}(-1)^n \cdot \dfrac{L^3}{2R_0 \cdot L_0} \cdot \dfrac{L^{4n}}{(2n+1)! \cdot (2R_0 \cdot L_0)^{2n} \cdot (4n+3)} \end{cases} \tag{2-5-16}$$

由式（2-5-16）可知，当 R_0、L_0 及所取的级数项数一定时，近似曲线与理论曲线的误差随着 L 的增加而增加，当 L 的长度达到工程应用的极限长度，即 $L = L_0$ 时，误差达到最大值；当 L 及所取的级数项一定且 $L \leqslant L_0$ 时，近似曲线与理论曲线的误差随着 L_0/R_0 的增加而增加。因此，只需验算 $L = L_0$ 且 $L_0/R_0 = \pi$ 时的误差即可。

针对 $L_0/R_0 = \pi$ 和 $L_0/R_0 = 1$ 两种情况，对 $L = L_0$ 时的"x 坐标"、"y 坐标"、"弧长"、"曲率半径"及"角度"进行误差分析。分析数据见表2-5-2～表2-5-5。

从表中数据可以看出，在工程应用上，当级数的取项等于7～9项时，用近似曲线替代理论曲线是完全可以的；用理论曲线来计算相关参数也是完全可行的。

5.4　相关参数描述

5.4.1　变量的意义

R_0——连铸机主半径，mm；

D——基准辊缝，mm；

H——连铸机主半径中心到外弧基准线（连铸机后缘线）的距离，mm；

V——连铸机主半径中心到水平区辊面的距离，mm；

L_W——基准辊缝中心的弯曲曲线弧长，mm；

L_J——基准辊缝中心的矫直曲线弧长，mm；

L_A——基准辊缝中心的圆弧曲线弧长，mm；

θ_W——弯曲曲线占有的角度，(°)；

θ_J——矫直曲线占有的角度，(°)；

θ_A——圆弧线占有的角度，(°)；

(X_W, Y_W)——在总坐标系下，弯曲曲线开始点的坐标（弯曲曲线原点）；

(X_J, Y_J)——在总坐标系下，矫直曲线结束点的坐标（矫直曲线原点）；

(X_{W-M}, Y_{W-M})——在总坐标系下，弯曲曲线与过连铸机中心的水平线的交点；

(X_{J-M}, Y_{J-M})——在总坐标系下，矫直曲线与过连铸机中心的铅垂线的交点；

(X_{W-A}, Y_{W-A})——在总坐标系下，弯曲曲线与圆弧线的交点；

(X_{J-A}, Y_{J-A})——在总坐标系下，矫直曲线与圆弧线的交点。

表 2-5-2 $L_0/R_0=\pi$ 时的 x 坐标、y 坐标的误差

中性层半径 R_0/mm	级数的项数	理论 x 坐标 /mm	近似 x 坐标 /mm	x 坐标误差 /‰	理论 y 坐标 /mm	近似 y 坐标 /mm	y 坐标差 /‰
5000	3	12250. 5368860349	12274. 9154953902	2. 0	6884. 1585895032	6888. 93109325603	0. 693
	5		12250. 5554445539	0. 0015		6884. 16101411850	0
	7		12250. 5368894632	0		6884. 15858938651	0
	9		12250. 5368860352	0		6884. 15858905034	0
7000	3	17150. 7516404489	17184. 8816935463	2. 0	9637. 82202467045	9644. 50353055844	0. 693
	5		17150. 7776223754	0. 0015		9637. 82541976590	0
	7		17150. 7516452485	0		9637. 82202514111	0
	9		17150. 7516404492	0		9637. 82202467048	0
9000	3	22050. 9663948629	22094. 8478917024	2. 0	12391. 4854602906	12400. 0759678609	0. 693
	5		22050. 9998001970	0. 0015		12391. 4898254133	0
	7		22050. 9664010338	0		12391. 4854608957	0
	9		22050. 9663948633	0		12391. 4854602906	0
11000	3	26951. 1811492769	27004. 8140898584	2. 0	15145. 1488959107	15155. 6484051633	0. 693
	5		26951. 2219780185	0. 0015		15145. 1542310607	0
	7		26951. 1811568191	0		15145. 1488966503	0
	9		26951. 1811492774	0		15145. 1488959108	0
13000	3	31851. 3959036909	31914. 7802880145	2. 0	17898. 8123315308	17911. 2208424657	0. 693
	5		31851. 4441558401	0. 0015		17898. 8186367081	0
	7		31851. 3959126044	0		17898. 8123324049	0
	9		31851. 3959036914	0		17898. 8123315309	0
15000	3	36751. 6106581048	36824. 7464861706	2. 0	20652. 4757671510	20666. 7932797681	0. 693
	5		36751. 6663336616	0. 0015		20652. 4830423555	0
	7		36751. 6106683897	0		20652. 4757681595	0
	9		36751. 6106581055	0		20652. 4757671510	0

表 2-5-3 $L_0/R_0=1$ 时的 x 坐标、y 坐标的误差

中性层半径 R_0/mm	级数的项数	理论 x 坐标 /mm	近似 x 坐标 /mm	x 坐标误差 /‰	理论 y 坐标 /mm	近似 y 坐标 /mm	y 坐标误差 /‰
5000	3	4876. 4384410017	4876. 4467592593	0. 0017	818. 5702368785	818. 5707521645	0. 0007
	5		4876. 4384410657	0		818. 5702368812	0
	7		4876. 4384410017	0		818. 5702368785	0
	9		4876. 4384410017	0		818. 5702368785	0
7000	3	6827. 0138174024	6827. 0254629629	0. 0017	1145. 9983316299	1145. 9990530303	0. 0007
	5		6827. 0138174920	0		1145. 9983316336	0
	7		6827. 0138174024	0		1145. 9983316299	0
	9		6827. 0138174024	0		1145. 9983316299	0
9000	3	8777. 5891938031	8777. 6041666667	0. 0017	1473. 4264263813	1473. 4273538961	0. 0007
	5		8777. 5891939183	0		1473. 4264263861	0
	7		8777. 5891938031	0		1473. 4264263813	0
	9		8777. 5891938031	0		1473. 4264263813	0
11000	3	10728. 1645702038	10728. 1828703704	0. 0017	1800. 85452113271	1800. 85565476190	0. 0007
	5		10728. 1645703445	0		1800. 85452113855	0
	7		10728. 1645702038	0		1800. 85452113271	0
	9		10728. 1645702038	0		1800. 85452113271	0
13000	3	12678. 7399466045	12678. 7615740741	0. 0017	2128. 28261588411	2128. 28395562771	0. 0007
	5		12678. 7399467708	0		2128. 28261589101	0
	7		12678. 7399466045	0		2128. 28261588411	0
	9		12678. 7399466045	0		2128. 28261588411	0
15000	3	14629. 3153230052	14629. 3402777778	0. 0017	2455. 71071063551	2455. 71225649351	0. 0007
	5		14629. 3153231971	0		2455. 71071064348	0
	7		14629. 3153230052	0		2455. 71071063551	0
	9		14629. 3153230052	0		2455. 71071063551	0

表 2-5-4 $L_0/R_0=\pi$ 时的曲率半径、弧线长度、角度误差

中性层半径 R_0/mm	级数的项数	理论曲率半径/mm	近似曲率半径/mm	曲率半径误差/‰	理论弧线长度/mm	近似弧线长度/mm	弧线长度误差/‰	理论角度/(°)	近似角度/(°)	角度误差/‰
5000	3	5000	5456. 314996	91. 3	15707. 9632679490	15717. 6959894217	0. 62	90. 0000000000	88. 8611667305	15
	5		5000. 820049	0. 2		15707. 9681618706	0		89. 9985826635	0. 015
	7		5000. 000288	0		15707. 9632686271	0		89. 9999996378	0
	9		5000. 000000	0		15707. 9632679490	0		90. 0000000000	0
7000	3	7000	7638. 840994	91. 3	21991. 1485751286	22004. 7743851904	0. 62	90. 0000000000	88. 8611667305	15
	5		7001. 148069	0. 2		21991. 1554266189	0		89. 9985826635	0. 015
	7		7000. 000403	0		21991. 1485760780	0		89. 9999996378	0
	9		7000. 00000	0		21991. 1485751286	0		90. 000000000	0
9000	3	9000	9821. 366993	91. 3	28274. 3338823081	28291. 8527809591	0. 62	90. 0000000000	88. 8611667305	15
	5		9001. 476088	0. 2		28274. 3426913671	0		89. 9985826635	0. 015
	7		9000. 000518	0		28274. 3338835288	0		89. 9999996378	0
	9		9000. 000000	0		28274. 3338823082	0		90. 0000000000	0
11000	3	11000	12003. 892991	91. 3	34557. 5191894877	34578. 9311767278	0. 62	90. 0000000000	88. 8611667305	15
	5		11001. 804108	0. 2		34557. 5299561154	0		89. 9985826635	0. 015
	7		11000. 000633	0		34557. 5191909797	0		89. 9999996378	0
	9		11000. 000000	0		34557. 5191894878	0		90. 0000000000	0
13000	3	13000	14186. 418989	91. 3	40840. 7044966673	40866. 0095724964	0. 62	90. 0000000000	88. 8611667305	15
	5		13002. 132128	0. 2		40840. 7172208636	0		89. 9985826635	0. 015
	7		13000. 000749	0		40840. 7044984305	0		89. 9999996378	0
	9		13000. 000000	0		40840. 7044966674	0		90. 000000000	0
15000	3	15000	16368. 944988	91. 3	47123. 8898038469	47153. 0879682651	0. 62	90. 0000000000	88. 8611667305	15
	5		15002. 460147	0. 2		47123. 9044856119	0		89. 9985826635	0. 015
	7		15000. 000864	0		47123. 8898058814	0		89. 9999996378	0
	9		15000. 000000	0		47123. 8898038470	0		90. 0000000000	0

表 2-5-5　$L_0/R_0=1$ 时的曲率半径、弧线长度、角度误差

中性层半径 R_0/mm	级数的项数	理论曲率半径/mm	近似曲率半径/mm	曲率半径误差/‰	理论弧线长度/mm	近似弧线长度/mm	弧线长度误差/‰	理论角度/(°)	近似角度/(°)	角度误差/‰
5000	3	5000	5000. 722823	0. 14	5000. 0000000000	5000. 0077563377	0. 0016	28. 6478897565	28. 6473739755	0. 018
	5		5000. 000014	0		5000. 0000000586	0		28. 6478897498	0
	7		5000. 000000	0		5000. 0000000000	0		28. 6478897565	0
	9		5000. 000000	0		5000. 0000000000	0		28. 6478897565	0
7000	3	7000	7001. 011952	0. 14	7000. 0000000000	7000. 0108588728	0. 0016	28. 6478897565	28. 6473739755	0. 018
	5		7000. 000020	0		7000. 0000000820	0		28. 6478897498	0
	7		7000. 000000	0		7000. 0000000000	0		28. 6478897565	0
	9		7000. 000000	0		7000. 0000000000	0		28. 6478897565	0
9000	3	9000	9001. 301081	0. 14	9000. 0000000000	9000. 0139614078	0. 0016	28. 6478897565	28. 6473739755	0. 018
	5		9000. 000025	0		9000. 0000001054	0		28. 6478897498	0
	7		9000. 000000	0		9000. 0000000000	0		28. 6478897565	0
	9		9000. 000000	0		9000. 0000000000	0		28. 6478897565	0
11000	3	11000	11001. 590210	0. 14	11000. 0000000000	11000. 017063943	0. 0016	28. 6478897565	28. 6473739755	0. 018
	5		11000. 000031	0		11000. 000000129	0		28. 6478897498	0
	7		11000. 000000	0		11000. 0000000000	0		28. 6478897565	0
	9		11000. 000000	0		11000. 0000000000	0		28. 6478897565	0
13000	3	13000	13001. 879339	0. 14	13000. 0000000000	13000. 020166478	0. 0016	28. 6478897565	28. 6473739755	0. 018
	5		13000. 000037	0		13000. 000000152	0		28. 6478897498	0
	7		13000. 000000	0		13000. 0000000000	0		28. 6478897565	0
	9		13000. 000000	0		13000. 0000000000	0		28. 6478897565	0
15000	3	15000	15002. 168468	0. 14	15000. 0000000000	15000. 023269013	0. 0016	28. 6478897565	28. 6473739755	0. 018
	5		15000. 000042	0		15000. 000000176	0		28. 6478897498	0
	7		15000. 000000	0		15000. 0000000000	0		28. 6478897565	0
	9		15000. 000000	0		15000. 0000000000	0		28. 6478897565	0

回旋曲线设计辊列所涉及的几段曲线间的相互几何关系，如图 2-5-5 所示。

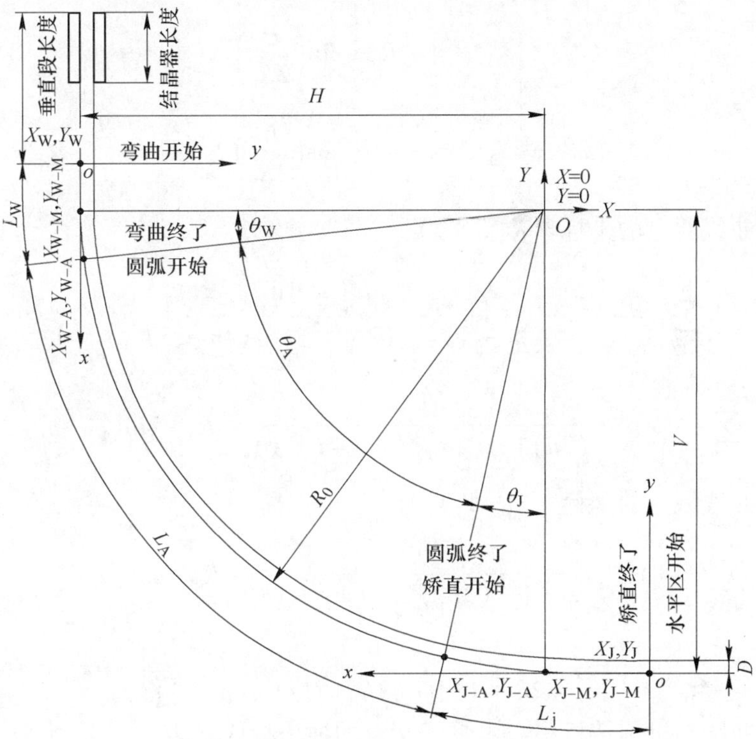

图 2-5-5　回旋曲线设计辊列所涉及的几段曲线间的相互几何关系

在推导前特做如下约定：

（1）把连铸机主半径圆弧中心为坐标原点的坐标系称为总坐标系，总坐标系中的所有坐标均使用大写的 X、Y。

（2）把弯曲曲线开始点为原点的坐标系称为弯曲曲线坐标系，其 x 正方向垂直向下，y 正方向水平向右，该坐标系中所有的点均使用小写的 x、y。

（3）把矫直曲线结束点为原点的坐标系称为矫直曲线坐标系，其 x 正方向水平向左，y 正方向垂直向上，该坐标系中所有的点均使用小写的 x、y。

5.4.2　各参数的确定

（1）弯曲曲线总角度：

$$\theta_W = \arctan\frac{L_W}{2R_0} \tag{2-5-17}$$

（2）矫直曲线总角度：

$$\theta_J = \arctan\frac{L_J}{2R_0} \tag{2-5-18}$$

（3）弯曲曲线与圆弧交点的坐标（X_{W-A}，Y_{W-A}）：

$$\begin{cases} X_{W-A} = -R_0 \cdot \cos\left(\dfrac{L_W}{2R_0}\right) \\ Y_{W-A} = -R_0 \cdot \sin\left(\dfrac{L_W}{2R_0}\right) \end{cases} \tag{2-5-19}$$

（4）矫直曲线与圆弧交点的坐标（X_{J-A}，Y_{J-A}）：

$$\begin{cases} X_{J-A} = -R_0 \cdot \sin\left(\dfrac{L_J}{2R_0}\right) \\ Y_{J-A} = -R_0 \cdot \cos\left(\dfrac{L_J}{2R_0}\right) \end{cases} \tag{2-5-20}$$

（5）弯曲曲线原点的坐标（X_W，Y_W）：

$$\begin{cases} X_W = -\left[\sum_{n=0}^{m}(-1)^n \cdot \dfrac{L_W^{2n+2}}{(2n+1)! \cdot (2R_0)^{2n+1} \cdot (4n+3)}\right] - R_0 \cdot \cos(\theta_W) \\ Y_W = \sum_{n=0}^{m}(-1)^n \cdot \dfrac{L_W^{2n+1}}{(2n)! \cdot (2R_0)^{2n} \cdot (4n+1)} - R_0 \cdot \sin(\theta_W) \end{cases} \tag{2-5-21}$$

（6）矫直曲线原点的坐标（X_J，Y_J）：

$$\begin{cases} X_J = \sum_{n=0}^{m}(-1)^n \cdot \dfrac{L_J^{2n+1}}{(2n)! \cdot (2R_0)^{2n} \cdot (4n+1)} - R_0 \cdot \sin(\theta_J) \\ Y_J = -\left[\sum_{n=0}^{m}(-1)^n \cdot \dfrac{L_J^{2n+2}}{(2n+1)! \cdot (2R_0)^{2n+1} \cdot (4n+3)}\right] - R_0 \cdot \cos(\theta_J) \end{cases} \tag{2-5-22}$$

（7）弯曲曲线与过连铸机中心水平线交点的横坐标 X_{W-M}：

假设从弯曲曲线原点（X_W，Y_W）经过弧长 L 到达点（X_{W-M}，Y_{W-M}），则有下式成立。

$$Y_{W-M} = \sum_{n=0}^{m}(-1)^n \cdot \frac{L^{4n+1}}{(2n)! \cdot (2R_0 \cdot L_W)^{2n} \cdot (4n+1)} \tag{2-5-23}$$

求解 L 的显性表达式是十分困难的，但可以借助计算机采用二分法求出精确度很高的数值解，然后用 L 求解 X_{W-M}

$$\begin{aligned} X_{W-M} &= X_W + \sum_{n=0}^{m}(-1)^n \cdot \frac{L^{4n+3}}{(2n+1)! \cdot (2R_0 \cdot L_W)^{2n+1} \cdot (4n+3)} \\ &= H - \sum_{n=0}^{m}(-1)^n \frac{L^{4n+3}}{(2n)! \cdot (2R_0 \cdot L_W)^{2n+1} \cdot (4n+3)} \end{aligned} \tag{2-5-24}$$

（8）矫直曲线与过连铸机中心铅垂线的交点纵坐标 Y_{J-M}：

方法和（7）相同，假设从矫直曲线原点（X_J，Y_J）经过弧长 L 到达点（X_{J-M}，Y_{J-M}），则有

$$Y_{J-M} = Y_J + \sum_{n=0}^{m}(-1)^n \cdot \frac{L^{4n+3}}{(2n+1)! \cdot (2R_0 \cdot L_J)^{2n+1} \cdot (4n+3)} \tag{2-5-25}$$

（9）连铸机中心到外弧基准线的距离：

$$H = |X_W| \tag{2-5-26}$$

（10）连铸机中心到水平区辊面的距离

$$V = |Y_J| \tag{2-5-27}$$

（11）弯曲曲线上任意点与水平线之间夹角

$$\theta = \frac{L^2}{2R_0 \cdot L_W} \tag{2-5-28}$$

式中　L——从弯曲曲线原点到弯曲曲线上任意点处的弧线长度，mm。

（12）矫直曲线上任意点与铅垂线之间夹角：

$$\theta = \frac{L^2}{2R_0 \cdot L_J} \tag{2-5-29}$$

式中　L——从矫直曲线原点到矫直曲线上任意点处的弧线长度，mm。

（13）弯曲曲线上任意点曲率半径：

$$R = \frac{L_W \cdot R_0}{L} \tag{2-5-30}$$

式中　L——从弯曲曲线原点到弯曲曲线上任意点处的弧线长度，mm。

（14）矫直曲线上任意点曲率半径

$$R = \frac{L_J \cdot R_0}{L} \tag{2-5-31}$$

式中　L——从矫直曲线原点到矫直曲线上任意点处的弧线长度，mm。

（15）矫直曲线上辊子相对于曲线坐标系的辊心坐标

矫直曲线上辊子相对曲线坐标系的辊心坐标，如图 2-5-6 所示。

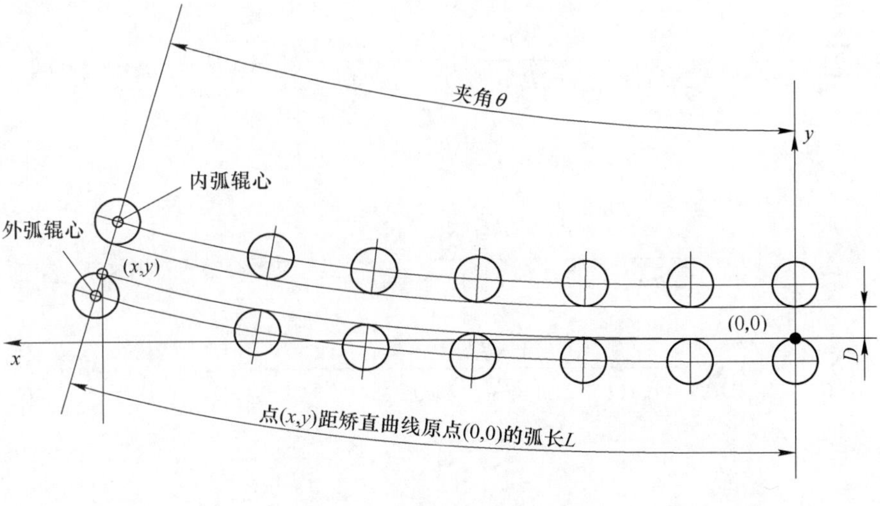

图 2-5-6　辊心坐标求解示意

$$\begin{cases} x_{内弧辊心} = \sum_{n=0}^{m} (-1)^n \cdot \frac{L^{4n+1}}{(2n)! \cdot (2R_0 \cdot L_J)^{2n} \cdot (4n+1)} - (D + r_{内弧辊}) \cdot \sin\left(\frac{L^2}{2R_0 \cdot L_J}\right) \\ y_{内弧辊心} = \sum_{n=0}^{m} (-1)^n \cdot \frac{L^{4n+3}}{(2n+1)! \cdot (2R_0 \cdot L_J)^{2n+1} \cdot (4n+3)} + (D + r_{内弧辊}) \cdot \cos\left(\frac{L^2}{2R_0 \cdot L_J}\right) \end{cases} \tag{2-5-32}$$

$$\begin{cases} x_{外弧辊心} = \sum_{n=0}^{m}(-1)^n \cdot \dfrac{L^{4n+1}}{(2n)! \cdot (2R_0 \cdot L_J)^{2n} \cdot (4n+1)} + r_{外弧辊} \cdot \sin\left(\dfrac{L^2}{2R_0 \cdot L_J}\right) \\ y_{外弧辊心} = \sum_{n=0}^{m}(-1)^n \cdot \dfrac{L^{4n+3}}{(2n+1)! \cdot (2R_0 \cdot L_J)^{2n+1} \cdot (4n+3)} - r_{外弧辊} \cdot \cos\left(\dfrac{L^2}{2R_0 \cdot L_J}\right) \end{cases} \tag{2-5-33}$$

（16）矫直曲线辊心坐标转换到总坐标系的坐标：

$$\begin{cases} X_{内弧辊心} = X_J - x_{内弧辊心} \\ Y_{内弧辊心} = Y_J + y_{内弧辊心} \end{cases} \tag{2-5-34}$$

$$\begin{cases} X_{外弧辊心} = X_J - x_{外弧辊心} \\ Y_{外弧辊心} = Y_J + y_{外弧辊心} \end{cases} \tag{2-5-35}$$

（17）弯曲曲线上辊子相对于曲线坐标系的辊心坐标。弯曲曲线上辊子的辊心相对于弯曲曲线原点坐标的计算与矫直曲线上辊子的辊心相对于矫直曲线原点坐标的计算类似，可参考图 2-5-5，表达为：

$$\begin{cases} x_{内弧辊心} = \sum_{n=0}^{m}(-1)^n \cdot \dfrac{L^{4n+1}}{(2n)! \cdot (2R_0 \cdot L_W)^{2n} \cdot (4n+1)} - (D + r_{内弧辊}) \cdot \sin\left(\dfrac{L^2}{2R_0 \cdot L_W}\right) \\ y_{内弧辊心} = \sum_{n=0}^{m}(-1)^n \cdot \dfrac{L^{4n+3}}{(2n+1)! \cdot (2R_0 \cdot L_W)^{2n+1} \cdot (4n+3)} + (D + r_{内弧辊}) \cdot \cos\left(\dfrac{L^2}{2R_0 \cdot L_W}\right) \end{cases} \tag{2-5-36}$$

$$\begin{cases} x_{外弧辊心} = \sum_{n=0}^{m}(-1)^n \cdot \dfrac{L^{4n+1}}{(2n)! \cdot (2R_0 \cdot L_W)^{2n} \cdot (4n+1)} + r_{外弧辊} \cdot \sin\left(\dfrac{L^2}{2R_0 \cdot L_W}\right) \\ y_{外弧辊心} = \sum_{n=0}^{m}(-1)^n \cdot \dfrac{L^{4n+3}}{(2n+1)! \cdot (2R_0 \cdot L_W)^{2n+1} \cdot (4n+3)} - r_{外弧辊} \cdot \cos\left(\dfrac{L^2}{2R_0 \cdot L_W}\right) \end{cases} \tag{2-5-37}$$

（18）弯曲曲线辊心坐标转换到总坐标系的坐标：

$$\begin{cases} X_{内弧辊心} = X_W + y_{内弧辊心} \\ Y_{内弧辊心} = Y_W - x_{内弧辊心} \end{cases} \tag{2-5-38}$$

$$\begin{cases} X_{外弧辊心} = X_W + y_{外弧辊心} \\ Y_{外弧辊心} = Y_W - x_{外弧辊心} \end{cases} \tag{2-5-39}$$

（19）回旋曲线的等距偏移曲线的弧线长度。如图 2-5-3 所示，取回旋曲线在第一象限的前面区段进行分析。截取回旋曲线上某点至原点的弧长为 L 的部分，对该部分回旋曲线进行等距偏移，偏移量为 ΔR（ΔR 可以为正也可以为负：为正表示偏移曲线比原曲线有更大的曲率半径，即向外偏移；为负表示偏移曲线比原曲线有更小的曲率半径，即向内偏移）。则该偏移曲线的弧长 l_i 为

$$
\begin{aligned}
l_i &= \int_0^L \left(\frac{L_0 \cdot R_0}{L} + \Delta R\right) \mathrm{d}\theta \\
&= \int_0^L \left(\frac{L_0 \cdot R_0}{L} + \Delta R\right) \mathrm{d}\,\frac{L^2}{2R_0 \cdot L_0} \qquad \left(\Delta R > \frac{-R_0 \cdot L_0}{L}\right) \\
&= \int_0^L \left(1 + \frac{L \cdot \Delta R}{R_0 \cdot L_0}\right) \mathrm{d}L \\
&= L + \frac{L^2 \cdot \Delta R}{2R_0 \cdot L_0}
\end{aligned} \tag{2-5-40}
$$

式中 $\mathrm{d}\theta$——偏移曲线经过微段弧长 $\mathrm{d}L$ 时的微转角。

将式（2-5-40）进一步推演可得出以下公式，即偏移曲线上任意两点间的弧线长度 l_{2-1} 为

$$
l_{2-1} = l_2 - l_1 = |L_2 - L_1| + \frac{|L_2^2 - L_1^2| \cdot \Delta R}{2R_0 \cdot L_0} \qquad \left(\Delta R > \frac{-R_0 \cdot L_0}{\max\{L_1, L_2\}}\right) \tag{2-5-41}
$$

式中 l_1，l_2——偏移曲线上任意两点至偏移原点的弧长，mm；

L_1，L_2——回旋曲线上任意两点至原点的弧长，mm。

（20）回旋曲线的等距偏移曲线方程。根据回旋曲线及其偏移曲线间的几何关系可以给出以下表达式

$$
\frac{R_0 \cdot L_0}{\dfrac{\sqrt{1 + 4aM} - 1}{2a}} + \Delta R = \frac{1}{k} = \frac{1}{\dfrac{\mathrm{d}\theta}{\mathrm{d}M}} \tag{2-5-42}
$$

式中，M 为偏移曲线上任意点到起始点的弧线长度，$a = \dfrac{\Delta R}{2R_0 \cdot L_0}$，将式（2-5-42）积分得

$$
\theta = \frac{1}{\Delta R} \cdot \left(M - \frac{\sqrt{1 + 4aM}}{2a}\right) + C \tag{2-5-43}
$$

当 $M = 0$ 时，$\theta = 0$，所以 $C = \dfrac{1}{2a \cdot \Delta R} = \dfrac{R_0 \cdot L_0}{\Delta R^2}$

再根据曲线的微分几何意义建立 x，y 关于 M 的参数方程

$$
\begin{cases}
x = \displaystyle\int_0^M \cos\left[\frac{1}{\Delta R} \cdot \left(M - \frac{\sqrt{1 + 4aM}}{2a}\right) + C\right] \mathrm{d}M + K_1 \\
y = \displaystyle\int_0^M \sin\left[\frac{1}{\Delta R} \cdot \left(M - \frac{\sqrt{1 + 4aM}}{2a}\right) + C\right] \mathrm{d}M + K_2
\end{cases} \tag{2-5-44}
$$

$$
\left(\Delta R > \frac{-R_0 \cdot L_0}{2M}\right)
$$

当 $L=0$ 时，$x=0$，$y=\Delta R$，所以 $K_1=0$，$K_2=\Delta R$。当然，式（2-5-44）也可以用级数的形式表达（略）。将回旋曲线及其偏移曲线在笛卡儿坐标系中绘出，如图 2-5-7 所示。

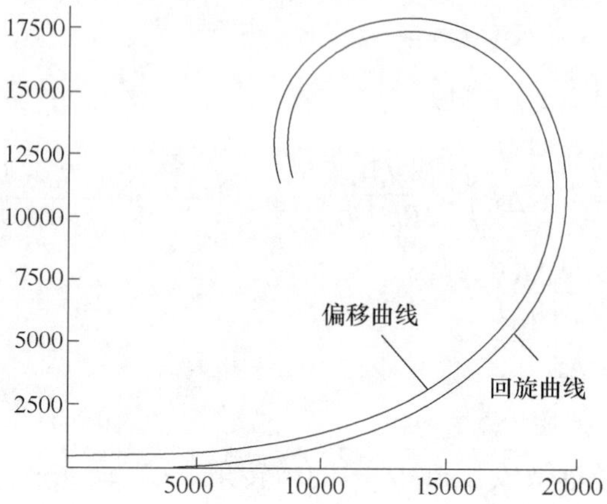

图 2-5-7　回旋曲线及其偏移曲线

5.5　实例

下面以断面 400mm×2500mm 特厚板坯连铸机辊列为例，进行几何尺寸计算，输入数据见表 2-5-6，输出结果见表 2-5-7。自动绘制的辊列图见图 2-5-8。

另外，图 2-5-9 是自动绘制的 400mm×2800mm 特厚板坯连铸机辊列图。

表 2-5-6　特厚板坯连铸机辊列几何参数计算输入数据

连铸机主半径/mm	弯曲曲线长度/mm	辊面标高/mm	弯曲区所占的角度/（°）	圆弧区所占的角度/（°）	矫直区所占的角度/（°）	结晶器高度/mm
12000.000	1961.000	+800.000	4.68154265	74.33676628	10.98169107	900.000
矫直曲线长度/mm	**液面以上高度/mm**	**结晶器顶面标高/mm**	**圆弧线长度/mm**	**弯曲开始点到液面的距离/mm**	**垂直段高度/mm**	**抽出时辊缝/mm**
4600.000	100.000	17063.658	15569.055922	3110.000000	3210.000	270.000
基准辊缝/mm	**圆弧开始点到液面的距离/mm**	**矫直开始点到液面的距离/mm**	**水平开始点到液面的距离/mm**	**最大生产辊缝/mm**	**最大板坯宽度/mm**	**最大板坯厚度/mm**
350.000	5071.000000	20640.055922	25240.055922	412.000	2500.000	400.000

表 2-5-7 特厚板坯连铸机辊列几何参数计算输出结果

辊号	辊间距/mm	外弧辊径/mm	内弧辊径/mm	辊子分段	冷却区	驱动形式	电机功率/kW	到液面的距离/mm	与水平线的夹角/(°)	曲率半径/mm	外弧辊心 X/mm	外弧辊心 Y/mm	内弧辊心 X/mm	内弧辊心 Y/mm	内弧辊面间隙/mm
1	90.000	φ120.0	φ120.0	4				890.000	0.00000000	∞	-12073.349	3200.282	-11603.349	3200.282	30.00
2	170.000	φ150.0	φ150.0	4	1 区			1060.000	0.00000000	∞	-12088.349	3030.282	-11588.349	3030.282	35.00
3	180.000	φ150.0	φ150.0	4				1240.000	0.00000000	∞	-12088.349	2850.282	-11588.349	2850.282	30.00
4	180.000	φ150.0	φ150.0	4				1420.000	0.00000000	∞	-12088.349	2670.282	-11588.349	2670.282	30.00
5	180.000	φ150.0	φ150.0	4				1600.000	0.00000000	∞	-12088.349	2490.282	-11588.349	2490.282	30.00
6	180.000	φ150.0	φ150.0	4	2 区			1780.000	0.00000000	∞	-12088.349	2310.282	-11588.349	2310.282	30.00
7	200.000	φ190.0	φ190.0	4				1980.000	0.00000000	∞	-12108.349	2110.282	-11568.349	2110.282	30.00
8	220.000	φ190.0	φ190.0	4				2200.000	0.00000000	∞	-12108.349	1890.282	-11568.349	1890.282	30.00
9	220.000	φ190.0	φ190.0	4				2420.000	0.00000000	∞	-12108.349	1670.282	-11568.349	1670.282	30.00
10	220.000	φ190.0	φ190.0	4	3 区			2640.000	0.00000000	∞	-12108.349	1450.282	-11568.349	1450.282	30.00
11	230.000	φ210.0	φ210.0	4				2870.000	0.00000000	∞	-12118.349	1220.282	-11558.349	1220.282	30.00
12	240.000	φ210.0	φ210.0	4				3110.000	0.00000000	∞	-12118.349	980.282	-11558.349	980.282	30.00
13	241.000	φ210.0	φ210.0	4				3351.000	0.07070789	97643.15	-12118.250	739.152	-11558.251	739.843	30.44
14	242.000	φ210.0	φ210.0	4				3593.000	0.28400636	48720.50	-12117.550	496.763	-11557.557	499.538	30.31
15	243.000	φ210.0	φ210.0	4	4 区			3836.000	0.64166306	32413.22	-12115.633	253.115	-11555.668	259.386	30.16
16	245.000	φ210.0	φ210.0	4				4081.000	1.14781595	24234.81	-12111.844	7.217	-11551.957	18.435	30.98
17	246.000	φ210.0	φ210.0	4				4327.000	1.80307982	19336.07	-12105.532	-239.901	-11545.809	-222.281	30.80
18	247.000	φ210.0	φ210.0	4				4574.000	2.60925155	16073.77	-12096.020	-488.195	-11536.601	-462.701	30.60
19	248.000	φ210.0	φ210.0	4				4822.000	3.56813533	13745.33	-12082.617	-737.589	-11523.703	-702.737	30.38
20	249.000	φ210.0	φ210.0	4				5071.000	4.68154265	12000.00	-12064.614	-987.979	-11506.483	-942.273	30.15
21	250.000	φ210.0	φ210.0	4	5 区			5321.000	5.87520472	12000.00	-12041.415	-1239.093	-11484.357	-1181.770	30.52
22	295.000	φ230.0	φ230.0	3				5616.000	7.28372597	12000.00	-12017.238	-1535.974	-11441.918	-1462.440	63.68
23	275.000	φ230.0	φ230.0	3				5891.000	8.59675425	12000.00	-11978.886	-1810.942	-11405.403	-1724.244	34.34
24	275.000	φ230.0	φ230.0	3				6166.000	9.90978253	12000.00	-11934.244	-2084.959	-11362.897	-1985.142	34.34
25	275.000	φ230.0	φ230.0	4		2	7.5	6441.000	11.22281081	12000.00	-11883.334	-2357.880	-11314.425	-2244.998	34.34
26	275.000	φ230.0	φ230.0	3				6716.000	12.53583909	12000.00	-11826.184	-2629.564	-11260.011	-2503.675	34.34

续表 2-5-7

辊号	辊间距/mm	外弧辊径/mm	内弧辊径/mm	辊子分段	冷却区	驱动形式	电机功率/kW	到液面的距离/mm	与水平线的夹角/(°)	曲率半径/mm	外弧辊心 X/mm	外弧辊心 Y/mm	内弧辊心 X/mm	内弧辊心 Y/mm	内弧辊面间隙/mm
27	275.000	φ230.0	φ230.0	3				6991.000	13.84886737	12000.00	-11762.823	-2899.866	-11199.683	-2761.037	34.34
28	275.000	φ230.0	φ230.0	3	6区			7266.000	15.16189565	12000.00	-11693.285	-3168.646	-11133.474	-3016.949	34.34
29	280.000	φ230.0	φ230.0	3				7546.000	16.49879718	12000.00	-11616.173	-3440.602	-11060.054	-3275.885	39.14
30	275.000	φ230.0	φ230.0	3				7821.000	17.81182546	12000.00	-11534.283	-3705.879	-10982.085	-3528.462	34.34
31	275.000	φ230.0	φ230.0	3				8096.000	19.12485374	12000.00	-11446.335	-3969.210	-10898.347	-3779.186	34.34
32	275.000	φ230.0	φ230.0	4		2	7.5	8371.000	20.43788202	12000.00	-11352.377	-4230.457	-10808.887	-4027.926	34.34
33	275.000	φ230.0	φ230.0	3				8646.000	21.75091030	12000.00	-11252.456	-4489.482	-10713.750	-4274.550	34.34
34	275.000	φ230.0	φ230.0	3				8921.000	23.06393858	12000.00	-11146.627	-4746.150	-10612.987	-4518.930	34.34
35	275.000	φ230.0	φ230.0	3	7区			9196.000	24.37696686	12000.00	-11034.944	-5000.324	-10506.651	-4760.936	34.34
36	295.000	φ250.0	φ250.0	3				9491.000	25.78548811	12000.00	-10917.701	-5274.412	-10377.444	-5013.410	43.43
37	298.000	φ250.0	φ250.0	3				9789.000	27.20833330	12000.00	-10783.367	-5543.881	-10249.757	-5269.544	36.20
38	298.000	φ250.0	φ250.0	3				10087.000	28.63117849	12000.00	-10642.384	-5809.931	-10115.750	-5522.429	36.20
39	298.000	φ250.0	φ250.0	4		2	7.5	10385.000	30.05402368	12000.00	-10494.837	-6072.398	-9975.505	-5771.908	36.20
40	298.000	φ250.0	φ250.0	3				10683.000	31.47686887	12000.00	-10340.819	-6331.121	-9829.108	-6017.828	36.20
41	298.000	φ250.0	φ250.0	3				10981.000	32.89971406	12000.00	-10180.424	-6585.939	-9676.650	-6260.037	36.20
42	298.000	φ250.0	φ250.0	3				11279.000	34.32255925	12000.00	-10013.751	-6836.697	-9518.225	-6498.386	36.20
43	305.000	φ250.0	φ250.0	3				11584.000	35.77882698	12000.00	-9836.769	-7088.977	-9350.001	-6738.182	42.92
44	298.000	φ250.0	φ250.0	3				11882.000	37.20167217	12000.00	-9657.711	-7331.046	-9179.804	-6968.273	36.20
45	298.000	φ250.0	φ250.0	3				12180.000	38.62451736	12000.00	-9472.698	-7568.594	-9003.946	-7194.066	36.20
46	298.000	φ250.0	φ250.0	4		2	7.5	12478.000	40.04736256	12000.00	-9281.843	-7801.475	-8822.535	-7415.423	36.20
47	298.000	φ250.0	φ250.0	3				12776.000	41.47020775	12000.00	-9085.264	-8029.545	-8635.684	-7632.207	36.20
48	298.000	φ250.0	φ250.0	3				13074.000	42.89305294	12000.00	-8883.083	-8252.664	-8443.508	-7844.284	36.20
49	298.000	φ250.0	φ250.0	3	8区			13372.000	44.31589813	12000.00	-8675.424	-8470.693	-8246.125	-8051.525	36.20
50	320.000	φ270.0	φ270.0	3				13692.000	45.84378558	12000.00	-8453.448	-8706.173	-8021.545	-8261.358	47.19
51	320.000	φ270.0	φ270.0	3				14012.000	47.37167304	12000.00	-8218.305	-8928.476	-7798.416	-8472.303	37.06

续表 2-5-7

辊号	辊间距 /mm	外弧辊径 /mm	内弧辊径 /mm	辊子分段	冷却区	驱动形式	电机功率/kW	到液面的距离/mm	与水平线的夹角/(°)	曲率半径 /mm	外弧辊心 X/mm	外弧辊心 Y/mm	内弧辊心 X/mm	内弧辊心 Y/mm	内弧辊面间隙/mm
52	320.000	ϕ270.0	ϕ270.0	3				14332.000	48.89956049	12000.00	-7977.319	-9144.431	-7569.743	-8677.224	37.06
53	320.000	ϕ270.0	ϕ270.0	4		2	11	14652.000	50.42744794	12000.00	-7730.660	-9353.883	-7335.686	-8875.975	37.06
54	320.000	ϕ270.0	ϕ270.0	3				14972.000	51.95533540	12000.00	-7478.504	-9556.684	-7096.413	-9068.415	37.06
55	320.000	ϕ270.0	ϕ270.0	3				15292.000	53.48322285	12000.00	-7221.031	-9752.689	-6852.095	-9254.406	37.06
56	320.000	ϕ270.0	ϕ270.0	3				15612.000	55.01111030	12000.00	-6958.422	-9941.760	-6602.903	-9433.816	37.06
57	330.000	ϕ270.0	ϕ270.0	3				15942.000	56.58674424	12000.00	-6682.427	-10129.333	-6341.010	-9611.806	46.65
58	320.000	ϕ270.0	ϕ270.0	3				16262.000	58.11463170	12000.00	-6409.968	-10303.909	-6082.471	-9777.463	37.06
59	320.000	ϕ270.0	ϕ270.0	3				16582.000	59.64251915	12000.00	-6132.951	-10471.158	-5819.607	-9936.166	37.06
60	320.000	ϕ270.0	ϕ270.0	4		2	11	16902.000	61.17040660	12000.00	-5851.573	-10630.961	-5552.605	-10087.805	37.06
61	320.000	ϕ270.0	ϕ270.0	3				17222.000	62.69829406	12000.00	-5566.033	-10783.204	-5281.654	-10232.270	37.06
62	320.000	ϕ270.0	ϕ270.0	3				17542.000	64.22618151	12000.00	-5276.536	-10927.781	-5006.948	-10369.460	37.06
63	320.000	ϕ270.0	ϕ270.0	3				17862.000	65.75406896	12000.00	-4983.288	-11064.586	-4728.682	-10499.276	37.06
64	330.000	ϕ270.0	ϕ270.0	3				18192.000	67.32970290	12000.00	-4677.166	-11197.426	-4438.200	-10625.328	46.65
65	320.000	ϕ270.0	ϕ270.0	3				18512.000	68.85759035	12000.00	-4376.940	-11318.154	-4153.314	-10739.889	37.06
66	320.000	ϕ270.0	ϕ270.0	3				18832.000	70.38547781	12000.00	-4073.602	-11430.835	-3865.474	-10846.812	37.06
67	320.000	ϕ270.0	ϕ270.0	4		2	11	19152.000	71.91336526	12000.00	-3767.368	-11535.388	-3574.886	-10946.023	37.06
68	320.000	ϕ270.0	ϕ270.0	3				19472.000	73.44125272	12000.00	-3458.454	-11631.738	-3281.755	-11037.450	37.06
69	320.000	ϕ270.0	ϕ270.0	3				19792.000	74.96914017	12000.00	-3147.082	-11719.817	-2986.292	-11121.029	37.06
70	320.000	ϕ270.0	ϕ270.0	3	9 区			20112.000	76.49702762	12000.00	-2833.472	-11799.562	-2688.704	-11196.700	37.06
71	342.000	ϕ290.0	ϕ290.0	4				20454.000	78.12995734	12000.00	-2498.136	-11885.299	-2366.493	-11258.985	48.02
72	343.000	ϕ290.0	ϕ290.0	4				20797.000	79.75487839	12423.88	-2157.474	-11951.846	-2043.644	-11322.050	38.95
73	342.000	ϕ290.0	ϕ290.0	4				21139.000	81.27139297	13459.95	-1816.366	-12008.786	-1719.243	-11376.198	38.89
74	341.000	ϕ290.0	ϕ290.0	4		2	15	21480.000	82.66260048	14680.63	-1475.226	-12056.870	-1393.490	-11422.111	38.97
75	340.000	ϕ290.0	ϕ290.0	4				21820.000	83.92956276	16140.09	-1134.366	-12096.876	-1066.686	-11460.464	39.05
76	339.000	ϕ290.0	ϕ290.0	4				22159.000	85.07333854	17915.94	-794.045	-12129.577	-739.081	-11491.942	39.11
77	338.000	ϕ290.0	ϕ290.0	4				22497.000	86.09498342	20123.54	-454.470	-12155.742	-410.885	-11517.228	39.17

续表 2-5-7

辊号	辊间距/mm	外弧辊径/mm	内弧辊径/mm	辊子分段	冷却区	驱动形式	电机功率/kW	到液面的距离/mm	与水平线的夹角/(°)	曲率半径/mm	外弧辊心 X/mm	外弧辊心 Y/mm	内弧辊心 X/mm	内弧辊心 Y/mm	内弧辊面间隙/mm
78	340.000	φ290.0	φ290.0	4				22837.000	87.00303747	22970.75	-112.793	-12176.287	-79.332	-11537.162	42.15
79	336.000	φ290.0	φ290.0	4				23173.000	87.78252868	26704.65	224.830	-12191.604	249.593	-11552.083	39.26
80	335.000	φ290.0	φ290.0	4				23508.000	88.44304028	31869.64	561.319	-12202.634	578.708	-11562.870	39.29
81	334.000	φ290.0	φ290.0	4		2	15	23842.000	88.98561540	39483.40	896.607	-12210.103	907.938	-11570.203	39.31
82	333.000	φ290.0	φ290.0	4				24175.000	89.41129411	51828.26	1230.652	-12214.721	1237.228	-11574.754	39.32
83	332.000	φ290.0	φ290.0	4				24507.000	89.72111332	75301.21	1563.426	-12217.185	1566.542	-11577.192	39.32
84	331.000	φ290.0	φ290.0	4				24838.000	89.91610685	137294.33	1894.918	-12218.180	1895.855	-11578.180	39.32
85	330.000	φ290.0	φ290.0	4				25168.000	89.99730541	766071.67	2225.124	-12218.375	2225.154	-11578.375	39.30
86	330.000	φ290.0	φ290.0	4				25498.000	90.00000000	∞	2555.131	-12218.376	2555.131	-11578.376	39.98
87	330.000	φ290.0	φ290.0	4				25828.000	90.00000000	∞	2885.131	-12218.376	2885.131	-11578.376	40.00
88	330.000	φ290.0	φ290.0	4		2	15	26158.000	90.00000000	∞	3215.131	-12218.376	3215.131	-11578.376	40.00
89	330.000	φ290.0	φ290.0	4				26488.000	90.00000000	∞	3545.131	-12218.376	3545.131	-11578.376	40.00
90	330.000	φ290.0	φ290.0	4				26818.000	90.00000000	∞	3875.131	-12218.376	3875.131	-11578.376	40.00
91	330.000	φ290.0	φ290.0	4	10区			27148.000	90.00000000	∞	4205.131	-12218.376	4205.131	-11578.376	40.00
92	315.000	φ270.0	φ270.0	3				27463.000	90.00000000	∞	4520.131	-12208.376	4520.131	-11588.376	35.00
93	305.000	φ270.0	φ270.0	3				27768.000	90.00000000	∞	4825.131	-12208.376	4825.131	-11588.376	35.00
94	305.000	φ270.0	φ270.0	3				28073.000	90.00000000	∞	5130.131	-12208.376	5130.131	-11588.376	35.00
95	305.000	φ270.0	φ270.0	4		1	11	28378.000	90.00000000	∞	5435.131	-12208.376	5435.131	-11588.376	35.00
96	305.000	φ270.0	φ270.0	3				28683.000	90.00000000	∞	5740.131	-12208.376	5740.131	-11588.376	35.00
97	305.000	φ270.0	φ270.0	3				28988.000	90.00000000	∞	6045.131	-12208.376	6045.131	-11588.376	35.00
98	305.000	φ270.0	φ270.0	3				29293.000	90.00000000	∞	6350.131	-12208.376	6350.131	-11588.376	35.00
99	305.000	φ270.0	φ270.0	3				29598.000	90.00000000	∞	6655.131	-12208.376	6655.131	-11588.376	35.00
100	305.000	φ270.0	φ270.0	3				29903.000	90.00000000	∞	6960.131	-12208.376	6960.131	-11588.376	35.00
101	305.000	φ270.0	φ270.0	3				30208.000	90.00000000	∞	7265.131	-12208.376	7265.131	-11588.376	35.00
102	305.000	φ270.0	φ270.0	4		1	11	30513.000	90.00000000	∞	7570.131	-12208.376	7570.131	-11588.376	35.00
103	305.000	φ270.0	φ270.0	3				30818.000	90.00000000	∞	7875.131	-12208.376	7875.131	-11588.376	35.00

续表 2-5-7

辊号	辊间距/mm	外弧辊径/mm	内弧辊径/mm	辊子分段	冷却区	驱动形式	电机功率/kW	到液面的距离/mm	与水平线的夹角/(°)	曲率半径/mm	外弧辊心 X/mm	外弧辊心 Y/mm	内弧辊心 X/mm	内弧辊心 Y/mm	内弧辊面间隙/mm
104	305.000	φ270.0	φ270.0	3				31123.000	90.00000000	∞	8180.131	-12208.376	8180.131	-11588.376	35.00
105	305.000	φ270.0	φ270.0	3				31428.000	90.00000000	∞	8485.131	-12208.376	8485.131	-11588.376	35.00
106	305.000	φ270.0	φ270.0	3				31733.000	90.00000000	∞	8790.131	-12208.376	8790.131	-11588.376	35.00
107	305.000	φ270.0	φ270.0	3				32038.000	90.00000000	∞	9095.131	-12208.376	9095.131	-11588.376	35.00
108	305.000	φ270.0	φ270.0	3				32343.000	90.00000000	∞	9400.131	-12208.376	9400.131	-11588.376	35.00
109	305.000	φ270.0	φ270.0	4		1	11	32648.000	90.00000000	∞	9705.131	-12208.376	9705.131	-11588.376	35.00
110	305.000	φ270.0	φ270.0	3				32953.000	90.00000000	∞	10010.131	-12208.376	10010.131	-11588.376	35.00
111	305.000	φ270.0	φ270.0	3				33258.000	90.00000000	∞	10315.131	-12208.376	10315.131	-11588.376	35.00
112	305.000	φ270.0	φ270.0	3	11 区			33563.000	90.00000000	∞	10620.131	-12208.376	10620.131	-11588.376	35.00
113	305.000	φ270.0	φ270.0	3				33868.000	90.00000000	∞	10925.131	-12208.376	10925.131	-11588.376	35.00
114	305.000	φ270.0	φ270.0	3				34173.000	90.00000000	∞	11230.131	-12208.376	11230.131	-11588.376	35.00
115	305.000	φ270.0	φ270.0	3				34478.000	90.00000000	∞	11535.131	-12208.376	11535.131	-11588.376	35.00
116	305.000	φ270.0	φ270.0	4		1	11	34783.000	90.00000000	∞	11840.131	-12208.376	11840.131	-11588.376	35.00
117	305.000	φ270.0	φ270.0	3				35088.000	90.00000000	∞	12145.131	-12208.376	12145.131	-11588.376	35.00
118	305.000	φ270.0	φ270.0	3				35393.000	90.00000000	∞	12450.131	-12208.376	12450.131	-11588.376	35.00
119	305.000	φ270.0	φ270.0	3				35698.000	90.00000000	∞	12755.131	-12208.376	12755.131	-11588.376	35.00
120	305.000	φ270.0	φ270.0	3				36003.000	90.00000000	∞	13060.131	-12208.376	13060.131	-11588.376	35.00
121	305.000	φ270.0	φ270.0	3				36308.000	90.00000000	∞	13365.131	-12208.376	13365.131	-11588.376	35.00
122	305.000	φ270.0	φ270.0	3				36613.000	90.00000000	∞	13670.131	-12208.376	13670.131	-11588.376	35.00
123	305.000	φ270.0	φ270.0	4		1	11	36918.000	90.00000000	∞	13975.131	-12208.376	13975.131	-11588.376	35.00
124	305.000	φ270.0	φ270.0	3				37223.000	90.00000000	∞	14280.131	-12208.376	14280.131	-11588.376	35.00
125	305.000	φ270.0	φ270.0	3				37528.000	90.00000000	∞	14585.131	-12208.376	14585.131	-11588.376	35.00
126	305.000	φ270.0	φ270.0	3				37833.000	90.00000000	∞	14890.131	-12208.376	14890.131	-11588.376	35.00
127	305.000	φ270.0	φ270.0	3				38138.000	90.00000000	∞	15195.131	-12208.376	15195.131	-11588.376	35.00
128	305.000	φ270.0	φ270.0	3				38443.000	90.00000000	∞	15500.131	-12208.376	15500.131	-11588.376	35.00
129	305.000	φ270.0	φ270.0	3				38748.000	90.00000000	∞	15805.131	-12208.376	15805.131	-11588.376	35.00

续表 2-5-7

辊号	辊间距 /mm	外弧辊径 /mm	内弧辊径 /mm	辊子分段	冷却区	驱动形式	电机功率/kW	到液面的距离/mm	与水平线的夹角/(°)	曲率半径 /mm	外弧辊心 X/mm	外弧辊心 Y/mm	内弧辊心 X/mm	内弧辊心 Y/mm	内弧辊面间隙/mm
130	305.000	ϕ270.0	ϕ270.0	4		1	11	39053.000	90.00000000	∞	16110.131	-12208.376	16110.131	-11588.376	35.00
131	305.000	ϕ270.0	ϕ270.0	3				39358.000	90.00000000	∞	16415.131	-12208.376	16415.131	-11588.376	35.00
132	305.000	ϕ270.0	ϕ270.0	3				39663.000	90.00000000	∞	16720.131	-12208.376	16720.131	-11588.376	35.00
133	305.000	ϕ270.0	ϕ270.0	3	12 区			39968.000	90.00000000	∞	17025.131	-12208.376	17025.131	-11588.376	35.00
134	305.000	ϕ270.0	ϕ270.0	3				40273.000	90.00000000	∞	17330.131	-12208.376	17330.131	-11588.376	35.00
135	305.000	ϕ270.0	ϕ270.0	3				40578.000	90.00000000	∞	17635.131	-12208.376	17635.131	-11588.376	35.00
136	305.000	ϕ270.0	ϕ270.0	3				40883.000	90.00000000	∞	17940.131	-12208.376	17940.131	-11588.376	35.00
137	305.000	ϕ270.0	ϕ270.0	4		1	11	41188.000	90.00000000	∞	18245.131	-12208.376	18245.131	-11588.376	35.00
138	305.000	ϕ270.0	ϕ270.0	3				41493.000	90.00000000	∞	18550.131	-12208.376	18550.131	-11588.376	35.00
139	305.000	ϕ270.0	ϕ270.0	3				41798.000	90.00000000	∞	18855.131	-12208.376	18855.131	-11588.376	35.00
140	305.000	ϕ270.0	ϕ270.0	3				42103.000	90.00000000	∞	19160.131	-12208.376	19160.131	-11588.376	35.00
141	305.000	ϕ270.0	ϕ270.0	3				42408.000	90.00000000	∞	19465.131	-12208.376	19465.131	-11588.376	35.00
142	305.000	ϕ270.0	ϕ270.0	3				42713.000	90.00000000	∞	19770.131	-12208.376	19770.131	-11588.376	35.00
143	305.000	ϕ270.0	ϕ270.0	3				43018.000	90.00000000	∞	20075.131	-12208.376	20075.131	-11588.376	35.00
144	305.000	ϕ270.0	ϕ270.0	4		1	11	43323.000	90.00000000	∞	20380.131	-12208.376	20380.131	-11588.376	35.00
145	305.000	ϕ270.0	ϕ270.0	3				43628.000	90.00000000	∞	20685.131	-12208.376	20685.131	-11588.376	35.00
146	305.000	ϕ270.0	ϕ270.0	3				43933.000	90.00000000	∞	20990.131	-12208.376	20990.131	-11588.376	35.00
147	305.000	ϕ270.0	ϕ270.0	3				44238.000	90.00000000	∞	21295.131	-12208.376	21295.131	-11588.376	35.00
148	305.000	ϕ270.0	ϕ270.0	3				44543.000	90.00000000	∞	21600.131	-12208.376	21600.131	-11588.376	35.00
149	305.000	ϕ270.0	ϕ270.0	3				44848.000	90.00000000	∞	21905.131	-12208.376	21905.131	-11588.376	35.00
150	305.000	ϕ270.0	ϕ270.0	3				45153.000	90.00000000	∞	22210.131	-12208.376	22210.131	-11588.376	35.00
151	305.000	ϕ270.0	ϕ270.0	4		2	11	45458.000	90.00000000	∞	22515.131	-12208.376	22515.131	-11588.376	35.00
152	305.000	ϕ270.0	ϕ270.0	3				45763.000	90.00000000	∞	22820.131	-12208.376	22820.131	-11588.376	35.00
153	305.000	ϕ270.0	ϕ270.0	3				46068.000	90.00000000	∞	23125.131	-12208.376	23125.131	-11588.376	35.00
154	305.000	ϕ270.0	ϕ270.0	3	13 区			46373.000	90.00000000	∞	23430.131	-12208.376	23430.131	-11588.376	35.00

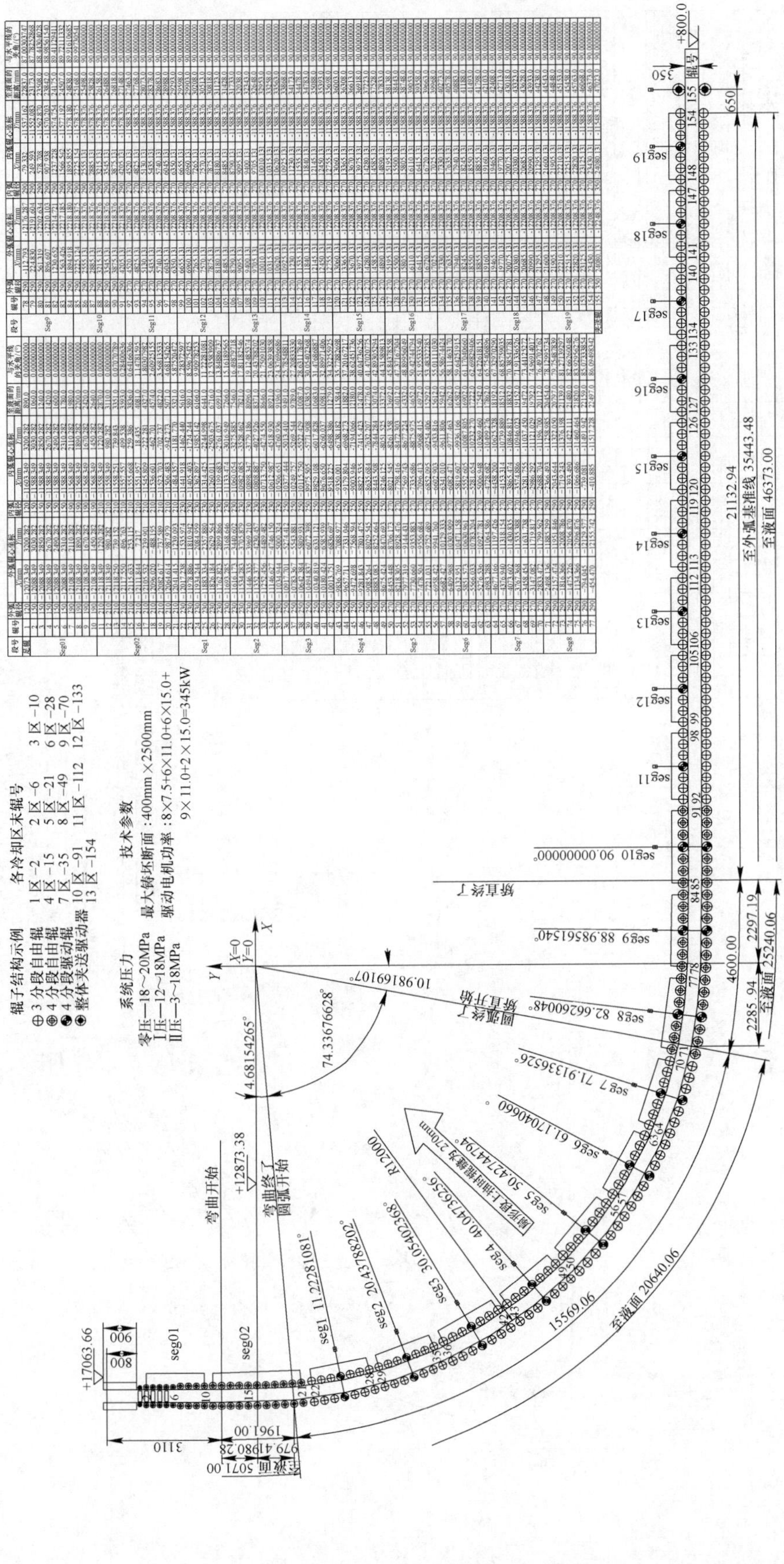

图 2-5-8　400mm×2500mm 特厚板坯连铸机辊列

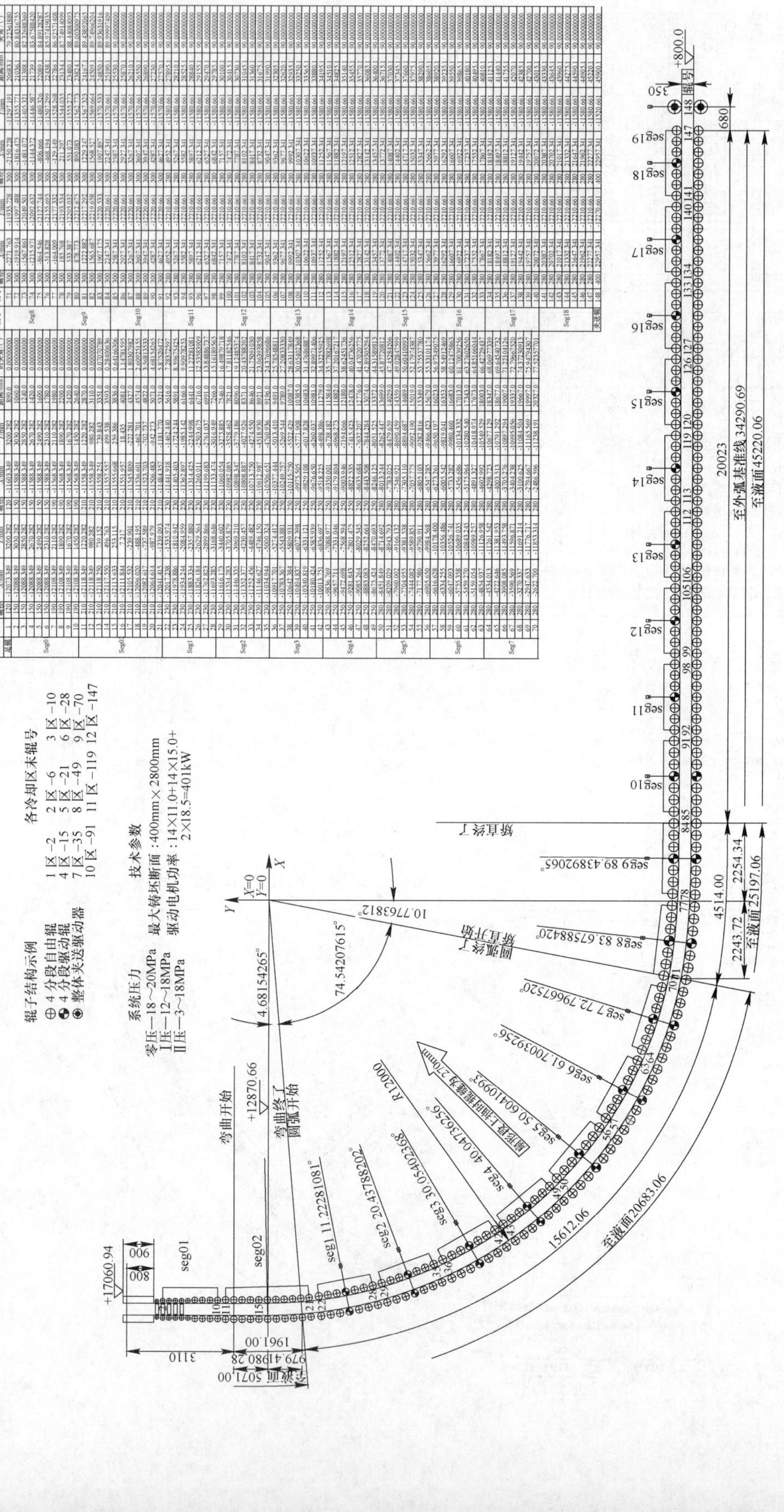

图 2-5-9　400mm×2800mm 特厚板坯连铸机辊列

5.6　辊列的计算机优化

R12m 板坯连铸机，浇注断面 400mm × 2500mm，连铸机机长 46.373m，浇注钢种 X70，凝固温度 1521℃，中间罐钢液过热度取 20℃，辊列的计算机校核与优化结果如下，计算结果中，为了保持计算结果原貌，仍采用原工程单位。其中长度为 cm，力为 kgf，压力、应力为 kgf/cm^2，温度为℃，辊列的凝固计算与优化通过计算机完成，输出结果如下。

钢 种：X70

铸造速度	计算坯宽	计算坯厚	TD 钢液过热度	TD 内钢液温度	凝固温度
85.0000	250.0000	40.0000	20.0000	1541.0000	1521.0000

板坯密度	钢液密度	比热容	导热系数	潜 热	结晶器的工作长度	结晶器长度之半
7.600000	7.000000	0.160000	0.083330	64.0000	80.0000	45.0000

板坯表面平均温度 = 919℃

冷却区号	冷却区末辊号	喷嘴类型	各区与水平线平均夹角	喷嘴安装高度	喷射角度	内弧喷水量	外弧喷水量	两侧水量	总喷水量	内弧气量	外弧气量	两侧气量	总气量	内弧平均水量密度
-	—	—	DEG	CM	DEG.	L/MIN	L/MIN	L/MIN	L/MIN	NM^3/h	NM^3/h	NM^3/h	NM^3/h	L/MIN/CM^2
1	2	椭圆喷嘴	0.0000	6.00	42.00	170.91	170.91	0.00	341.82	0.00	0.00	0.00	0.00	0.02629
2	6	气水喷嘴	0.0000	7.50	0.00	242.72	242.72	0.00	485.44	225.26	225.26	0.00	450.52	0.01348
3	10	气水喷嘴	0.0000	9.50	0.00	188.54	188.54	0.00	377.07	174.98	174.98	0.00	349.95	0.00877
4	15	气水喷嘴	0.1993	10.50	0.00	176.61	176.84	0.00	353.45	163.91	164.12	0.00	328.03	0.00592
5	21	气水喷嘴	3.2808	10.50	0.00	143.87	147.00	0.00	290.87	133.52	136.43	0.00	269.95	0.00392
6	28	气水喷嘴	11.2227	11.50	0.00	126.92	136.31	0.00	263.23	117.79	126.50	0.00	244.29	0.00265
7	35	气水喷嘴	20.4378	11.50	0.00	82.28	93.20	0.00	175.48	76.36	86.50	0.00	162.86	0.00173
8	49	气水喷嘴	35.0506	12.50	0.00	99.75	121.52	0.00	221.27	92.58	112.78	0.00	205.35	0.00097
9	70	气水喷嘴	61.1703	13.50	0.00	47.87	63.81	0.00	111.68	44.43	59.22	0.00	103.64	0.00029
10	91	气水喷嘴	87.0325	14.50	0.00	0.00	0.00	0.00	0.00	0.00	0.00	0.00	0.00	0.00000
11	112	气水喷嘴	90.0000	13.50	0.00	0.00	0.00	0.00	0.00	0.00	0.00	0.00	0.00	0.00000
12	133	气水喷嘴	90.0000	13.50	0.00	0.00	0.00	0.00	0.00	0.00	0.00	0.00	0.00	0.00000
13	154	气水喷嘴	90.0000	13.50	0.00	0.00	0.00	0.00	0.00	0.00	0.00	0.00	0.00	0.00000

总水量包括两侧水量	=	2620.3130	L/MIN
总气量包括两侧喷气量	=	2114.6064	NM^3/h
浇铸量	=	6460.0000	KG/MIN
比水量	=	0.4056	L/KG
拉坯阻力（1）	=	59131.	KG（不含弯矫阻力）
拉坯阻力（2）	=	71401.	KG（含弯矫阻力）
拉坯阻力（3）	=	95611.	KG（含弯矫阻力和轻压下阻力）
总轻压下力	=	21631. * 21 = 454254.	KG
重拉坯力	=	286833.	KG
凝固终点的凝固系数	=	27.66	MM/SQRT（MIN）

矫直辊号	上辊矫直反力（KG）	下辊矫直反力（KG）
71	5394.991	0.000
72	6944.212	13498.492
73	13498.492	16027.072
74	16027.072	18060.902
75	18060.902	19846.016
76	19846.016	21381.430
77	21381.430	23012.215
78	23012.215	24368.125
79	24368.125	25867.463
80	25867.463	27220.260
81	27220.260	28539.262
82	28539.262	29831.020
83	29831.020	31101.197
84	31101.197	32303.824
85	32303.824	33490.168
86	33490.168	0.000
87	34612.656	0.000

序号	外弧辊距	内弧辊径	液面-中心线坯长	钢液静压力	鼓肚力	凝固壳厚度	表面温度	凝固系数	最大鼓肚量	鼓肚应变	辊子错位应变	弯矫应变	表面弯矫应变	合成应变	辊子中心应力	辊子中心挠度	辊面间隙
结晶器			80.000		272.	2.207	1261.	22.75									
1	54.000	12.0	89.000	0.623	1986.	2.416	825.	23.61	0.0002	0.0101	0.1287	0.0000	0.0000	0.1388	475.2	0.318	3.00
2	17.000	15.0	106.000	0.742	3176.	2.720	957.	24.35	0.0022	0.0331	0.0799	0.0000	0.0000	0.1130	389.9	0.209	3.50
3	18.000	15.0	124.000	0.868	3813.	2.971	1052.	24.60	0.0027	0.0390	0.0825	0.0000	0.0000	0.1215	468.9	0.251	3.00
4	18.000	15.0	142.000	0.994	4358.	3.211	1031.	24.84	0.0026	0.0412	0.0892	0.0000	0.0000	0.1304	536.7	0.287	3.00
5	18.000	15.0	160.000	1.120	4901.	3.441	1011.	25.08	0.0025	0.0418	0.0956	0.0000	0.0000	0.1374	604.4	0.323	3.00
6	18.000	15.0	178.000	1.246	5745.	3.662	993.	25.30	0.0022	0.0406	0.0913	0.0000	0.0000	0.1319	709.4	0.379	3.00
7	20.000	19.0	198.000	1.386	7050.	3.885	1018.	25.45	0.0033	0.0515	0.0793	0.0000	0.0000	0.1308	429.0	0.181	3.00
8	22.000	19.0	220.000	1.540	8191.	4.116	1018.	25.58	0.0047	0.0639	0.0765	0.0000	0.0000	0.1405	499.1	0.211	3.00
9	22.000	19.0	242.000	1.694	8994.	4.339	1003.	25.72	0.0044	0.0627	0.0807	0.0000	0.0000	0.1434	548.7	0.232	3.00
10	22.000	19.0	264.000	1.848	10016.	4.556	990.	25.85	0.0041	0.0618	0.0810	0.0000	0.0000	0.1428	611.9	0.258	3.00
11	23.000	21.0	287.000	2.009	11353.	4.764	1015.	25.93	0.0047	0.0682	0.0776	0.0000	0.0000	0.1458	514.3	0.196	3.00
12	24.000	21.0	311.000	2.177	12562.	4.974	1009.	26.00	0.0054	0.0751	0.0775	0.0778	0.1033	0.2304	569.8	0.218	3.00
13	24.100	21.0	335.075	2.346	13546.	5.179	999.	26.08	0.0052	0.0749	0.0802	0.1544	0.2078	0.3096	615.3	0.235	3.04
14	24.200	21.0	359.200	2.514	14527.	5.379	989.	26.17	0.0051	0.0748	0.0830	0.1536	0.2095	0.3114	660.6	0.252	3.01
15	24.300	21.0	383.374	2.684	15543.	5.575	980.	26.25	0.0049	0.0745	0.0853	0.1531	0.2117	0.3130	707.6	0.270	2.98
16	24.500	21.0	407.696	2.854	16570.	5.756	1014.	26.28	0.0048	0.0752	0.0874	0.1528	0.2139	0.3154	755.2	0.288	3.05
17	24.600	21.0	432.066	3.024	17568.	5.935	1006.	26.32	0.0047	0.0753	0.0898	0.1522	0.2156	0.3172	801.6	0.306	3.02
18	24.700	21.0	456.482	3.195	18568.	6.110	999.	26.36	0.0046	0.0753	0.0921	0.1515	0.2174	0.3189	848.1	0.324	2.99
19	24.800	21.0	480.945	3.366	19570.	6.282	992.	26.41	0.0045	0.0753	0.0943	0.1509	0.2192	0.3205	894.8	0.341	2.95
20	24.900	21.0	505.453	3.537	20584.	6.452	986.	26.46	0.0044	0.0752	0.0964	0.0750	0.1103	0.2466	942.1	0.359	2.91
21	25.000	21.0	530.033	3.709	23525.	6.619	979.	26.51	0.0043	0.0753	0.0830	0.0000	0.0000	0.1583	1077.8	0.411	2.94
22	29.500	23.0	559.037	3.910	25902.	6.802	1011.	26.52	0.0088	0.1135	0.0780	0.0000	0.0000	0.1915	904.3	0.315	6.24
23	27.500	23.0	586.075	4.098	26154.	6.972	998.	26.55	0.0062	0.0948	0.0858	0.0000	0.0000	0.1806	914.0	0.318	3.31
24	27.500	23.0	613.113	4.285	27307.	7.139	993.	26.58	0.0060	0.0943	0.0879	0.0000	0.0000	0.1822	955.2	0.333	3.31
25	27.500	23.0	640.151	4.471	28453.	7.304	987.	26.61	0.0059	0.0938	0.0899	0.0000	0.0000	0.1838	996.3	0.347	3.31
26	27.500	23.0	667.189	4.656	29591.	7.466	982.	26.65	0.0057	0.0934	0.0919	0.0000	0.0000	0.1853	1037.2	0.361	3.31
27	27.500	23.0	694.227	4.840	30720.	7.626	976.	26.68	0.0056	0.0930	0.0939	0.0000	0.0000	0.1869	1077.8	0.375	3.31
28	27.500	23.0	721.265	5.023	32130.	7.784	971.	26.72	0.0054	0.0926	0.0941	0.0000	0.0000	0.1867	1128.3	0.393	3.31
29	28.000	23.0	748.795	5.209	33273.	7.935	1001.	26.73	0.0058	0.0964	0.0959	0.0000	0.0000	0.1923	1169.5	0.407	3.79
30	27.500	23.0	775.833	5.390	34075.	8.081	995.	26.75	0.0052	0.0918	0.0995	0.0000	0.0000	0.1913	1198.7	0.417	3.31
31	27.500	23.0	802.871	5.569	35167.	8.226	991.	26.77	0.0051	0.0915	0.1013	0.0000	0.0000	0.1928	1238.2	0.431	3.31
32	27.500	23.0	829.909	5.747	36247.	8.369	987.	26.78	0.0050	0.0911	0.1030	0.0000	0.0000	0.1942	1277.3	0.445	3.31
33	27.500	23.0	856.947	5.924	37315.	8.511	983.	26.80	0.0049	0.0907	0.1048	0.0000	0.0000	0.1955	1316.0	0.458	3.31
34	27.500	23.0	883.985	6.099	38371.	8.651	979.	26.83	0.0048	0.0903	0.1065	0.0000	0.0000	0.1968	1354.4	0.471	3.31
35	27.500	23.0	911.023	6.272	40847.	8.790	975.	26.85	0.0047	0.0899	0.1007	0.0000	0.0000	0.1907	1443.0	0.502	3.31
36	29.500	25.0	940.027	6.456	43689.	8.930	1003.	26.85	0.0063	0.1067	0.0946	0.0000	0.0000	0.2013	1274.0	0.436	4.21
37	29.800	25.0	969.327	6.639	45103.	9.071	1000.	26.86	0.0064	0.1090	0.0951	0.0000	0.0000	0.2041	1316.3	0.450	3.49
38	29.800	25.0	998.626	6.821	46279.	9.210	996.	26.87	0.0063	0.1085	0.0966	0.0000	0.0000	0.2051	1351.7	0.462	3.49
39	29.800	25.0	1027.926	6.999	47435.	9.347	993.	26.88	0.0062	0.1080	0.0980	0.0000	0.0000	0.2060	1386.5	0.474	3.49
40	29.800	25.0	1057.225	7.176	48572.	9.484	990.	26.89	0.0061	0.1075	0.0994	0.0000	0.0000	0.2069	1420.8	0.486	3.49
41	29.800	25.0	1086.524	7.349	49689.	9.619	986.	26.90	0.0060	0.1069	0.1008	0.0000	0.0000	0.2077	1454.6	0.498	3.49
42	29.800	25.0	1115.823	7.520	51382.	9.752	983.	26.92	0.0058	0.1063	0.0999	0.0000	0.0000	0.2062	1505.2	0.515	3.49
43	30.500	25.0	1145.811	7.692	52494.	9.887	982.	26.93	0.0064	0.1120	0.1013	0.0000	0.0000	0.2133	1539.0	0.526	4.16
44	29.800	25.0	1175.110	7.857	52936.	10.019	977.	26.95	0.0056	0.1051	0.1050	0.0000	0.0000	0.2102	1553.1	0.531	3.49
45	29.800	25.0	1204.410	8.019	53966.	10.149	974.	26.96	0.0055	0.1045	0.1064	0.0000	0.0000	0.2109	1584.4	0.542	3.49
46	29.800	25.0	1233.709	8.177	54971.	10.278	971.	26.98	0.0054	0.1039	0.1078	0.0000	0.0000	0.2117	1615.1	0.552	3.49
47	29.800	25.0	1263.008	8.332	55953.	10.406	968.	26.99	0.0053	0.1033	0.1091	0.0000	0.0000	0.2124	1645.1	0.562	3.49
48	29.800	25.0	1292.308	8.484	56911.	10.532	966.	27.01	0.0052	0.1026	0.1104	0.0000	0.0000	0.2130	1674.4	0.572	3.49
49	29.800	25.0	1321.607	8.633	59979.	10.658	963.	27.03	0.0051	0.1019	0.1039	0.0000	0.0000	0.2059	1765.9	0.604	3.49
50	32.000	27.0	1353.069	8.788	63163.	10.784	1001.	27.03	0.0069	0.1210	0.0981	0.0000	0.0000	0.2191	1477.3	0.468	4.58
51	32.000	27.0	1384.532	8.940	64180.	10.910	999.	27.03	0.0068	0.1203	0.0992	0.0000	0.0000	0.2195	1502.1	0.475	3.57
52	32.000	27.0	1415.994	9.087	65164.	11.034	996.	27.03	0.0067	0.1195	0.1003	0.0000	0.0000	0.2198	1526.2	0.483	3.57
53	32.000	27.0	1447.457	9.229	66114.	11.158	994.	27.04	0.0066	0.1187	0.1014	0.0000	0.0000	0.2201	1549.5	0.490	3.57
54	32.000	27.0	1478.919	9.367	67031.	11.280	992.	27.04	0.0065	0.1178	0.1026	0.0000	0.0000	0.2204	1572.1	0.497	3.57
55	32.000	27.0	1510.381	9.501	67913.	11.402	989.	27.05	0.0063	0.1169	0.1037	0.0000	0.0000	0.2206	1593.8	0.504	3.57
56	32.000	27.0	1541.844	9.629	69834.	11.522	987.	27.05	0.0062	0.1160	0.1016	0.0000	0.0000	0.2176	1640.0	0.519	3.57
57	33.000	27.0	1574.289	9.757	70682.	11.646	985.	27.06	0.0070	0.1243	0.1026	0.0000	0.0000	0.2270	1661.1	0.525	4.52
58	32.000	27.0	1605.752	9.876	70369.	11.765	983.	27.07	0.0060	0.1141	0.1070	0.0000	0.0000	0.2211	1654.8	0.523	3.57
59	32.000	27.0	1637.214	9.990	71106.	11.883	981.	27.07	0.0059	0.1131	0.1080	0.0000	0.0000	0.2212	1673.2	0.529	3.57
60	32.000	27.0	1668.677	10.098	71805.	12.000	979.	27.08	0.0058	0.1121	0.1091	0.0000	0.0000	0.2212	1690.7	0.535	3.57

61	32.000	27.0	1700.139	10.202	72467.	12.116	977.	27.09	0.0057	0.1111	0.1102	0.0000	0.0000	0.2212	1707.4	0.540	3.57
62	32.000	27.0	1731.601	10.300	73091.	12.232	975.	27.10	0.0056	0.1100	0.1112	0.0000	0.0000	0.2212	1723.2	0.545	3.57
63	32.000	27.0	1763.064	10.394	74828.	12.347	973.	27.11	0.0055	0.1089	0.1088	0.0000	0.0000	0.2177	1765.3	0.558	3.57
64	33.000	27.0	1795.509	10.484	75400.	12.464	971.	27.12	0.0061	0.1164	0.1099	0.0000	0.0000	0.2263	1779.9	0.563	4.52
65	32.000	27.0	1826.972	10.566	74747.	12.577	969.	27.13	0.0052	0.1066	0.1144	0.0000	0.0000	0.2210	1765.6	0.558	3.57
66	32.000	27.0	1858.434	10.643	75214.	12.690	967.	27.14	0.0051	0.1055	0.1154	0.0000	0.0000	0.2208	1777.7	0.562	3.57
67	32.000	27.0	1889.896	10.714	75641.	12.802	965.	27.15	0.0050	0.1043	0.1164	0.0000	0.0000	0.2207	1788.9	0.565	3.57
68	32.000	27.0	1921.359	10.780	76029.	12.913	964.	27.16	0.0049	0.1031	0.1174	0.0000	0.0000	0.2205	1799.2	0.569	3.57
69	32.000	27.0	1952.821	10.840	76376.	13.023	962.	27.17	0.0048	0.1019	0.1184	0.0000	0.0000	0.2203	1808.5	0.572	3.57
70	32.000	27.0	1984.284	10.894	79320.	13.133	960.	27.18	0.0047	0.1007	0.1116	0.0000	0.0000	0.2123	1879.3	0.594	3.57
71	34.200	29.0	2017.909	10.945	82389.	13.245	990.	27.18	0.0063	0.1174	0.1051	0.0054	0.0158	0.2279	1576.3	0.464	4.65
72	34.300	29.0	2051.638	10.991	82700.	13.356	989.	27.19	0.0062	0.1168	0.1059	0.0381	0.1129	0.2608	1583.2	0.466	3.75
73	34.200	29.0	2085.306	11.030	82766.	13.467	987.	27.19	0.0060	0.1148	0.1071	0.0427	0.1285	0.2646	1585.5	0.466	3.75
74	34.100	29.0	2118.918	11.063	82793.	13.576	986.	27.19	0.0059	0.1128	0.1083	0.0417	0.1278	0.2628	1586.9	0.467	3.77
75	34.000	29.0	2152.474	11.090	82779.	13.685	984.	27.19	0.0057	0.1108	0.1096	0.0408	0.1271	0.2611	1587.6	0.467	3.79
76	33.900	29.0	2185.973	11.113	82726.	13.793	983.	27.20	0.0055	0.1088	0.1108	0.0399	0.1265	0.2595	1587.5	0.467	3.81
77	33.800	29.0	2219.416	11.131	83007.	13.900	981.	27.20	0.0054	0.1068	0.1111	0.0392	0.1263	0.2571	1593.8	0.469	3.83
78	34.000	29.0	2253.098	11.145	82892.	14.007	979.	27.21	0.0054	0.1071	0.1123	0.0383	0.1256	0.2578	1592.5	0.468	4.14
79	33.600	29.0	2286.425	11.156	82382.	14.112	978.	27.21	0.0051	0.1028	0.1146	0.0373	0.1244	0.2547	1583.7	0.466	3.86
80	33.500	29.0	2319.694	11.164	82218.	14.217	977.	27.21	0.0049	0.1009	0.1158	0.0365	0.1237	0.2532	1581.4	0.465	3.87
81	33.400	29.0	2352.905	11.169	82035.	14.321	976.	27.22	0.0048	0.0990	0.1171	0.0356	0.1230	0.2517	1578.8	0.464	3.89
82	33.300	29.0	2386.057	11.172	81838.	14.424	974.	27.22	0.0046	0.0970	0.1183	0.0348	0.1224	0.2501	1575.9	0.463	3.90
83	33.200	29.0	2419.149	11.174	81630.	14.527	973.	27.23	0.0045	0.0950	0.1196	0.0340	0.1217	0.2486	1572.7	0.462	3.91
84	33.100	29.0	2452.182	11.175	81414.	14.629	972.	27.24	0.0043	0.0931	0.1209	0.0332	0.1210	0.2472	1569.4	0.461	3.92
85	33.000	29.0	2485.155	11.176	81293.	14.730	971.	27.24	0.0042	0.0912	0.1219	0.0166	0.0617	0.2297	1568.0	0.461	3.93
86	33.000	29.0	2518.149	11.176	81254.	14.830	969.	27.25	0.0041	0.0899	0.1226	0.0053	0.0202	0.2178	1568.1	0.461	3.98
87	33.000	29.0	2551.149	11.176	81189.	14.930	968.	27.25	0.0040	0.0886	0.1234	0.0000	0.0000	0.2120	1567.6	0.461	4.00
88	33.000	29.0	2584.149	11.176	81115.	15.030	967.	27.26	0.0039	0.0872	0.1242	0.0000	0.0000	0.2114	1567.1	0.460	4.00
89	33.000	29.0	2617.149	11.176	81042.	15.129	966.	27.27	0.0039	0.0859	0.1250	0.0000	0.0000	0.2109	1566.5	0.460	4.00
90	33.000	29.0	2650.149	11.176	80969.	15.228	964.	27.27	0.0038	0.0846	0.1258	0.0000	0.0000	0.2105	1565.9	0.460	4.00
91	33.000	29.0	2683.149	11.176	79058.	15.326	963.	27.28	0.0037	0.0834	0.1326	0.0000	0.0000	0.2160	1529.8	0.449	4.00
92	31.500	27.0	2714.649	11.176	75929.	15.419	964.	27.28	0.0029	0.0731	0.1444	0.0000	0.0000	0.2175	1821.4	0.575	3.50
93	30.500	27.0	2745.149	11.176	74644.	15.509	963.	27.29	0.0025	0.0665	0.1500	0.0000	0.0000	0.2166	1791.5	0.565	3.50
94	30.500	27.0	2775.649	11.176	74583.	15.598	963.	27.30	0.0024	0.0657	0.1509	0.0000	0.0000	0.2166	1790.9	0.565	3.50
95	30.500	27.0	2806.149	11.176	74522.	15.686	962.	27.30	0.0024	0.0648	0.1518	0.0000	0.0000	0.2165	1790.3	0.565	3.50
96	30.500	27.0	2836.649	11.176	74462.	15.775	960.	27.31	0.0024	0.0639	0.1526	0.0000	0.0000	0.2166	1789.7	0.565	3.50
97	30.500	27.0	2867.149	11.176	74402.	15.863	959.	27.31	0.0023	0.0631	0.1535	0.0000	0.0000	0.2166	1789.1	0.564	3.50
98	30.500	27.0	2897.649	11.176	74342.	15.951	958.	27.32	0.0023	0.0623	0.1543	0.0000	0.0000	0.2166	1788.5	0.564	3.50
99	30.500	27.0	2928.149	11.176	74283.	16.038	957.	27.33	0.0022	0.0615	0.1552	0.0000	0.0000	0.2167	1787.9	0.564	3.50
100	30.500	27.0	2958.649	11.176	74223.	16.125	956.	27.33	0.0022	0.0607	0.1560	0.0000	0.0000	0.2167	1787.3	0.564	3.50
101	30.500	27.0	2989.149	11.176	74164.	16.212	955.	27.34	0.0022	0.0600	0.1568	0.0000	0.0000	0.2168	1786.7	0.563	3.50
102	30.500	27.0	3019.649	11.176	74105.	16.298	954.	27.34	0.0021	0.0592	0.1577	0.0000	0.0000	0.2169	1786.1	0.563	3.50
103	30.500	27.0	3050.149	11.176	74047.	16.384	953.	27.35	0.0021	0.0585	0.1585	0.0000	0.0000	0.2170	1785.5	0.563	3.50
104	30.500	27.0	3080.649	11.176	73988.	16.470	952.	27.36	0.0020	0.0578	0.1593	0.0000	0.0000	0.2171	1784.9	0.563	3.50
105	30.500	27.0	3111.149	11.176	73930.	16.555	951.	27.36	0.0020	0.0571	0.1602	0.0000	0.0000	0.2173	1784.3	0.563	3.50
106	30.500	27.0	3141.649	11.176	73872.	16.640	950.	27.37	0.0020	0.0564	0.1610	0.0000	0.0000	0.2174	1783.8	0.562	3.50
107	30.500	27.0	3172.149	11.176	73815.	16.725	949.	27.38	0.0019	0.0558	0.1618	0.0000	0.0000	0.2176	1783.2	0.562	3.50
108	30.500	27.0	3202.649	11.176	73757.	16.809	948.	27.38	0.0019	0.0551	0.1626	0.0000	0.0000	0.2177	1782.6	0.562	3.50
109	30.500	27.0	3233.149	11.176	73700.	16.893	947.	27.39	0.0019	0.0545	0.1634	0.0000	0.0000	0.2179	1782.0	0.562	3.50
110	30.500	27.0	3263.649	11.176	73643.	16.977	946.	27.40	0.0018	0.0538	0.1642	0.0000	0.0000	0.2181	1781.4	0.561	3.50
111	30.500	27.0	3294.149	11.176	73586.	17.060	945.	27.40	0.0018	0.0532	0.1651	0.0000	0.0000	0.2183	1780.8	0.561	3.50
112	30.500	27.0	3324.649	11.176	73529.	17.143	944.	27.41	0.0018	0.0526	0.1659	0.0000	0.0000	0.2185	1780.3	0.561	3.50
113	30.500	27.0	3355.149	11.176	73473.	17.226	943.	27.42	0.0018	0.0520	0.1667	0.0000	0.0000	0.2187	1779.7	0.561	3.50
114	30.500	27.0	3385.649	11.176	73417.	17.309	942.	27.43	0.0017	0.0515	0.1675	0.0000	0.0000	0.2189	1779.1	0.561	3.50
115	30.500	27.0	3416.149	11.176	73360.	17.391	941.	27.43	0.0017	0.0509	0.1683	0.0000	0.0000	0.2191	1778.5	0.560	3.50
116	30.500	27.0	3446.649	11.176	73305.	17.473	940.	27.44	0.0017	0.0503	0.1690	0.0000	0.0000	0.2194	1777.9	0.560	3.50
117	30.500	27.0	3477.149	11.176	73249.	17.554	940.	27.45	0.0016	0.0498	0.1698	0.0000	0.0000	0.2196	1777.4	0.560	3.50
118	30.500	27.0	3507.649	11.176	73193.	17.636	939.	27.45	0.0016	0.0492	0.1706	0.0000	0.0000	0.2199	1776.8	0.560	3.50
119	30.500	27.0	3538.149	11.176	73138.	17.717	938.	27.46	0.0016	0.0487	0.1714	0.0000	0.0000	0.2201	1776.2	0.560	3.50
120	30.500	27.0	3568.649	11.176	73083.	17.798	937.	27.47	0.0016	0.0482	0.1722	0.0000	0.0000	0.2204	1775.6	0.559	3.50
121	30.500	27.0	3599.149	11.176	73028.	17.878	936.	27.47	0.0016	0.0477	0.1730	0.0000	0.0000	0.2206	1775.1	0.559	3.50
122	30.500	27.0	3629.649	11.176	72973.	17.959	935.	27.48	0.0015	0.0472	0.1737	0.0000	0.0000	0.2209	1774.5	0.559	3.50
123	30.500	27.0	3660.149	11.176	72919.	18.039	934.	27.49	0.0015	0.0467	0.1745	0.0000	0.0000	0.2212	1773.9	0.559	3.50

124	30. 500	27. 0	3690. 649	11. 176	72865.	18. 118	933.	27. 50	0. 0015	0. 0462	0. 1753	0. 0000	0. 0000	0. 2215	1773. 4	0. 558	3. 50
125	30. 500	27. 0	3721. 149	11. 176	72810.	18. 198	932.	27. 50	0. 0015	0. 0457	0. 1761	0. 0000	0. 0000	0. 2218	1772. 8	0. 558	3. 50
126	30. 500	27. 0	3751. 649	11. 176	72756.	18. 277	932.	27. 51	0. 0014	0. 0453	0. 1768	0. 0000	0. 0000	0. 2221	1772. 2	0. 558	3. 50
127	30. 500	27. 0	3782. 149	11. 176	72702.	18. 356	931.	27. 52	0. 0014	0. 0448	0. 1776	0. 0000	0. 0000	0. 2224	1771. 6	0. 558	3. 50
128	30. 500	27. 0	3812. 649	11. 176	72649.	18. 435	930.	27. 53	0. 0014	0. 0444	0. 1784	0. 0000	0. 0000	0. 2227	1771. 1	0. 558	3. 50
129	30. 500	27. 0	3843. 149	11. 176	72595.	18. 513	929.	27. 53	0. 0014	0. 0439	0. 1791	0. 0000	0. 0000	0. 2230	1770. 5	0. 557	3. 50
130	30. 500	27. 0	3873. 649	11. 176	72542.	18. 591	928.	27. 54	0. 0014	0. 0435	0. 1799	0. 0000	0. 0000	0. 2234	1769. 9	0. 557	3. 50
131	30. 500	27. 0	3904. 149	11. 176	72489.	18. 669	927.	27. 55	0. 0013	0. 0431	0. 1806	0. 0000	0. 0000	0. 2237	1769. 4	0. 557	3. 50
132	30. 500	27. 0	3934. 649	11. 176	72436.	18. 747	926.	27. 55	0. 0013	0. 0426	0. 1814	0. 0000	0. 0000	0. 2240	1768. 8	0. 557	3. 50
133	30. 500	27. 0	3965. 149	11. 176	72383.	18. 825	926.	27. 56	0. 0013	0. 0422	0. 1821	0. 0000	0. 0000	0. 2244	1768. 3	0. 557	3. 50
134	30. 500	27. 0	3995. 649	11. 176	72330.	18. 902	925.	27. 57	0. 0013	0. 0418	0. 1829	0. 0000	0. 0000	0. 2247	1767. 7	0. 556	3. 50
135	30. 500	27. 0	4026. 149	11. 176	72278.	18. 979	924.	27. 58	0. 0013	0. 0414	0. 1836	0. 0000	0. 0000	0. 2250	1767. 1	0. 556	3. 50
136	30. 500	27. 0	4056. 649	11. 176	72225.	19. 056	923.	27. 58	0. 0013	0. 0410	0. 1844	0. 0000	0. 0000	0. 2254	1766. 6	0. 556	3. 50
137	30. 500	27. 0	4087. 149	11. 176	72173.	19. 132	922.	27. 59	0. 0012	0. 0407	0. 1851	0. 0000	0. 0000	0. 2258	1766. 0	0. 556	3. 50
138	30. 500	27. 0	4117. 648	11. 176	72121.	19. 209	922.	27. 60	0. 0012	0. 0403	0. 1858	0. 0000	0. 0000	0. 2261	1765. 4	0. 555	3. 50
139	30. 500	27. 0	4148. 148	11. 176	72069.	19. 285	921.	27. 61	0. 0012	0. 0399	0. 1866	0. 0000	0. 0000	0. 2265	1764. 9	0. 555	3. 50
140	30. 500	27. 0	4178. 648	11. 176	72018.	19. 361	920.	27. 61	0. 0012	0. 0395	0. 1873	0. 0000	0. 0000	0. 2268	1764. 3	0. 555	3. 50
141	30. 500	27. 0	4209. 148	11. 176	71966.	19. 436	919.	27. 62	0. 0012	0. 0392	0. 1880	0. 0000	0. 0000	0. 2272	1763. 8	0. 555	3. 50
142	30. 500	27. 0	4239. 648	11. 176	71915.	19. 512	918.	27. 63	0. 0012	0. 0388	0. 1888	0. 0000	0. 0000	0. 2276	1763. 2	0. 555	3. 50
143	30. 500	27. 0	4270. 148	11. 176	71863.	19. 587	918.	27. 63	0. 0011	0. 0385	0. 1895	0. 0000	0. 0000	0. 2280	1762. 6	0. 554	3. 50
144	30. 500	27. 0	4300. 648	11. 176	71812.	19. 662	917.	27. 64	0. 0011	0. 0381	0. 1902	0. 0000	0. 0000	0. 2283	1762. 1	0. 554	3. 50
145	30. 500	27. 0	4331. 148	11. 176	71761.	19. 737	916.	27. 65	0. 0011	0. 0378	0. 1909	0. 0000	0. 0000	0. 2287	1761. 5	0. 554	3. 50
146	30. 500	27. 0	4361. 648	11. 176	71710.	19. 811	915.	27. 66	0. 0011	0. 0374	0. 1917	0. 0000	0. 0000	0. 2291	1761. 0	0. 554	3. 50
147	30. 500	27. 0	4392. 148	11. 176	71660.	19. 886	915.	27. 66	0. 0011	0. 0371	0. 1924	0. 0000	0. 0000	0. 2295	1760. 4	0. 554	3. 50
148	30. 500	27. 0	4422. 648	11. 176	71609.	19. 960	914.	27. 67	0. 0011	0. 0368	0. 1931	0. 0000	0. 0000	0. 2299	1759. 9	0. 553	3. 50
149	30. 500	27. 0	4453. 148	11. 176	71559.	20. 034	913.	27. 68	0. 0011	0. 0365	0. 1938	0. 0000	0. 0000	0. 2303	1759. 3	0. 553	3. 50
150	30. 500	27. 0	4483. 648	11. 176	71508.	20. 108	912.	27. 69	0. 0010	0. 0362	0. 1945	0. 0000	0. 0000	0. 2307	1758. 8	0. 553	3. 50
151	30. 500	27. 0	4514. 148	11. 176	0.	20. 160	910.	27. 66	0. 0000	0. 0000	0. 0000	0. 0000	0. 0000	0. 0000	0. 0	0. 000	3. 50
152	30. 500	27. 0	4544. 648	11. 176	0.	20. 160	908.	0. 00	0. 0000	0. 0000	0. 0000	0. 0000	0. 0000	0. 0000	0. 0	0. 000	3. 50
153	30. 500	27. 0	4575. 148	11. 176	0.	20. 160	905.	0. 00	0. 0000	0. 0000	0. 0000	0. 0000	0. 0000	0. 0000	0. 0	0. 000	3. 50
154	30. 500	27. 0	4605. 648	11. 176	0.	20. 160	902.	0. 00	0. 0000	0. 0000	0. 0000	0. 0000	0. 0000	0. 0000	0. 0	0. 000	3. 50

序号	外弧辊距	平均辊径	液面-中心线坯长	板坯表面平均换热系数	回转阻力	I 号辊前拉坯阻力	最大驱动力矩	驱动方式	弹性系数
	结晶器		80. 000	921. 387		6503.			9135. 8
1	54. 000	12. 0	89. 000	1485. 899	43.	5650.	0. 036	0	15832. 4
2	17. 000	15. 0	106. 000	909. 697	88.	5432.	0. 071	0	21422. 7
3	18. 000	15. 0	124. 000	606. 691	104.	5201.	0. 086	0	19867. 6
4	18. 000	15. 0	142. 000	599. 933	114.	4951.	0. 098	0	18312. 5
5	18. 000	15. 0	160. 000	594. 057	122.	4680.	0. 110	0	17610. 6
6	18. 000	15. 0	178. 000	588. 913	135.	4396.	0. 129	0	17761. 8
7	20. 000	19. 0	198. 000	512. 626	177.	4087.	0. 201	0	17929. 8
8	22. 000	19. 0	220. 000	483. 464	220.	3743.	0. 233	0	18114. 6
9	22. 000	19. 0	242. 000	479. 193	233.	3380.	0. 256	0	18229. 8
10	22. 000	19. 0	264. 000	475. 243	250.	3002.	0. 285	0	18275. 3
11	23. 000	21. 0	287. 000	418. 541	288.	2614.	0. 358	0	18322. 9
12	24. 000	21. 0	311. 000	407. 713	328.	2205.	0. 396	0	18372. 5
13	24. 100	21. 0	335. 075	404. 030	346.	1781.	0. 427	0	18422. 3
14	24. 200	21. 0	359. 200	400. 714	364.	1341.	0. 458	0	18428. 2
15	24. 300	21. 0	383. 374	397. 603	382.	887.	0. 490	0	18434. 0
16	24. 500	21. 0	407. 696	345. 444	403.	437.	0. 522	0	18439. 8
17	24. 600	21. 0	432. 066	342. 945	422.	-24.	0. 553	0	18445. 6
18	24. 700	21. 0	456. 482	340. 565	440.	-495.	0. 585	0	18451. 4
19	24. 800	21. 0	480. 945	338. 297	458.	-977.	0. 616	0	18468. 3
20	24. 900	21. 0	505. 453	336. 133	476.	-1468.	0. 648	0	18496. 6
21	25. 000	21. 0	530. 033	333. 926	535.	-1927.	0. 741	0	18525. 0
22	29. 500	23. 0	559. 037	294. 515	727.	-2382.	0. 894	0	18558. 5
23	27. 500	23. 0	586. 075	298. 394	653.	-2861.	0. 902	0	18589. 7
24	27. 500	23. 0	613. 113	296. 598	673.	-3346.	0. 942	0	18620. 9
25	27. 500	23. 0	640. 151	294. 973	693.	-3834.	0. 982	2	18652. 1
26	27. 500	23. 0	667. 189	293. 413	713.	-4325.	1. 021	0	18666. 0
27	27. 500	23. 0	694. 227	291. 917	732.	-4819.	1. 060	0	18679. 8
28	27. 500	23. 0	721. 265	290. 478	757.	-5308.	1. 108	0	18693. 6

29	28.000	23.0	748.795	259.383	798.	-5779.	1.148	0	18707.7
30	27.500	23.0	775.833	259.047	789.	-6254.	1.176	0	18721.5
31	27.500	23.0	802.871	257.810	807.	-6727.	1.213	0	18735.4
32	27.500	23.0	829.909	256.635	825.	-7198.	1.251	2	18749.2
33	27.500	23.0	856.947	255.496	842.	-7665.	1.287	0	18765.4
34	27.500	23.0	883.985	254.392	859.	-8128.	1.324	0	18781.5
35	27.500	23.0	911.023	253.320	905.	-8556.	1.409	0	18797.7
36	29.500	25.0	940.027	228.505	1044.	-8933.	1.638	0	18815.1
37	29.800	25.0	969.327	227.333	1085.	-9293.	1.691	0	18832.6
38	29.800	25.0	998.626	226.315	1105.	-9641.	1.735	0	18850.1
39	29.800	25.0	1027.926	225.318	1124.	-9978.	1.779	2	18867.6
40	29.800	25.0	1057.225	224.348	1142.	-10302.	1.821	0	18885.1
41	29.800	25.0	1086.524	223.403	1160.	-10613.	1.863	0	18902.7
42	29.800	25.0	1115.823	222.481	1190.	-10897.	1.927	0	18920.2
43	30.500	25.0	1145.811	220.664	1249.	-11156.	1.969	0	18931.5
44	29.800	25.0	1175.110	220.719	1209.	-11421.	1.985	0	18936.0
45	29.800	25.0	1204.410	219.825	1224.	-11671.	2.024	0	18940.6
46	29.800	25.0	1233.709	218.989	1238.	-11903.	2.061	2	18945.1
47	29.800	25.0	1263.008	218.169	1252.	-12117.	2.098	0	18949.7
48	29.800	25.0	1292.308	217.367	1265.	-12312.	2.134	0	18954.2
49	29.800	25.0	1321.607	216.583	1322.	-12442.	2.249	0	18958.8
50	32.000	27.0	1353.069	190.099	1508.	-12453.	2.558	0	18963.7
51	32.000	27.0	1384.532	189.336	1522.	-12436.	2.599	0	18968.6
52	32.000	27.0	1415.994	188.590	1536.	-12393.	2.639	0	18973.5
53	32.000	27.0	1447.457	187.857	1548.	-12322.	2.678	2	18978.4
54	32.000	27.0	1478.919	187.138	1559.	-12222.	2.715	0	18983.2
55	32.000	27.0	1510.381	186.432	1570.	-12094.	2.750	0	18988.1
56	32.000	27.0	1541.844	185.738	1603.	-11912.	2.828	0	18993.0
57	33.000	27.0	1574.289	184.990	1688.	-11666.	2.863	0	18998.1
58	32.000	27.0	1605.752	184.371	1595.	-11445.	2.850	0	19003.0
59	32.000	27.0	1637.214	183.707	1601.	-11194.	2.880	0	19007.8
60	32.000	27.0	1668.677	183.059	1606.	-10910.	2.908	2	19012.7
61	32.000	27.0	1700.139	182.422	1610.	-10594.	2.935	0	19019.5
62	32.000	27.0	1731.601	181.795	1614.	-10244.	2.960	0	19026.3
63	32.000	27.0	1763.064	181.177	1640.	-9837.	3.031	0	19033.1
64	33.000	27.0	1795.509	180.254	1718.	-9356.	3.054	0	19040.2
65	32.000	27.0	1826.972	179.973	1618.	-8904.	3.027	0	19047.0
66	32.000	27.0	1858.434	179.141	1617.	-8417.	3.046	0	19053.8
67	32.000	27.0	1889.896	178.794	1616.	-7894.	3.063	2	19060.6
68	32.000	27.0	1921.359	177.992	1613.	-7336.	3.079	0	19067.4
69	32.000	27.0	1952.821	177.654	1610.	-6741.	3.093	0	19074.2
70	32.000	27.0	1984.284	176.876	1659.	-6057.	3.212	0	19081.0
71	34.200	29.0	2017.909	160.197	1851.	-5175.	3.584	0	19088.3
72	34.300	29.0	2051.638	159.386	1854.	-4245.	3.597	0	19095.6
73	34.200	29.0	2085.306	159.044	1837.	-3282.	3.600	0	19102.8
74	34.100	29.0	2118.918	158.247	1821.	-2287.	3.602	2	19110.1
75	34.000	29.0	2152.474	157.913	1803.	-1266.	3.601	0	19117.4
76	33.900	29.0	2185.973	157.141	1785.	-221.	3.599	0	19124.6
77	33.800	29.0	2219.416	156.816	1774.	851.	3.611	0	19131.9
78	34.000	29.0	2253.098	156.389	1778.	1954.	3.606	0	19139.1
79	33.600	29.0	2286.425	155.563	1728.	3046.	3.584	0	19146.4
80	33.500	29.0	2319.694	155.226	1709.	4146.	3.576	0	19153.5
81	33.400	29.0	2352.905	154.516	1690.	5250.	3.569	2	19163.0
82	33.300	29.0	2386.057	154.216	1669.	6354.	3.560	0	19202.3
83	33.200	29.0	2419.149	153.526	1649.	7456.	3.551	0	19241.5
84	33.100	29.0	2452.182	153.237	1629.	8549.	3.542	0	19280.6
85	33.000	29.0	2485.155	152.569	1612.	9635.	3.536	0	19319.6
86	33.000	29.0	2518.149	152.325	1601.	10714.	3.535	0	19358.7
87	33.000	29.0	2551.149	151.692	1590.	11788.	3.532	0	19397.8
88	33.000	29.0	2584.149	151.454	1578.	12853.	3.529	2	19436.9
89	33.000	29.0	2617.149	150.838	1566.	13910.	3.525	0	19476.0
90	33.000	29.0	2650.149	150.608	1555.	14959.	3.522	0	19515.0

91	33.000	29.0	2683.149	150.008	1510.	15966.	3.439	0	19554.1
92	31.500	27.0	2714.649	148.919	1377.	16867.	3.075	0	19591.4
93	30.500	27.0	2745.149	148.127	1293.	17702.	3.023	0	19627.5
94	30.500	27.0	2775.649	147.676	1285.	18532.	3.021	0	19663.7
95	30.500	27.0	2806.149	147.305	1277.	19358.	3.018	1	19699.8
96	30.500	27.0	2836.649	147.177	1270.	20178.	3.016	0	19735.9
97	30.500	27.0	2867.149	146.667	1262.	20993.	3.013	0	19772.0
98	30.500	27.0	2897.649	146.291	1255.	21804.	3.011	0	19808.1
99	30.500	27.0	2928.149	145.951	1248.	22610.	3.008	0	19844.2
100	30.500	27.0	2958.649	145.621	1241.	23411.	3.006	0	19880.4
101	30.500	27.0	2989.149	145.298	1234.	24208.	3.004	0	19916.5
102	30.500	27.0	3019.649	144.979	1227.	25000.	3.001	1	19952.6
103	30.500	27.0	3050.149	144.663	1221.	25789.	2.999	0	19985.3
104	30.500	27.0	3080.649	144.352	1214.	26573.	2.997	0	20018.0
105	30.500	27.0	3111.149	144.044	1208.	27353.	2.994	0	20050.7
106	30.500	27.0	3141.649	143.740	1201.	28129.	2.992	0	20083.4
107	30.500	27.0	3172.149	143.439	1195.	28901.	2.989	0	20116.0
108	30.500	27.0	3202.649	143.142	1189.	29669.	2.987	0	20148.7
109	30.500	27.0	3233.149	142.849	1183.	30433.	2.985	1	20181.4
110	30.500	27.0	3263.649	142.558	1177.	31193.	2.983	0	20214.1
111	30.500	27.0	3294.149	142.271	1171.	31950.	2.980	0	20246.8
112	30.500	27.0	3324.649	141.987	1165.	32703.	2.978	0	20279.5
113	30.500	27.0	3355.149	141.706	1160.	33453.	2.976	0	20312.2
114	30.500	27.0	3385.649	141.428	1154.	34199.	2.973	0	20344.9
115	30.500	27.0	3416.149	141.153	1149.	34942.	2.971	0	20377.6
116	30.500	27.0	3446.649	140.881	1143.	35681.	2.969	1	20410.2
117	30.500	27.0	3477.149	140.612	1138.	36417.	2.967	0	20442.9
118	30.500	27.0	3507.649	140.346	1133.	37150.	2.964	0	20475.6
119	30.500	27.0	3538.149	140.083	1128.	37879.	2.962	0	20508.3
120	30.500	27.0	3568.649	139.822	1123.	38606.	2.960	0	20541.0
121	30.500	27.0	3599.149	139.564	1117.	39329.	2.958	0	20573.7
122	30.500	27.0	3629.649	139.308	1113.	40049.	2.955	0	20606.4
123	30.500	27.0	3660.149	139.056	1108.	40766.	2.953	1	20639.1
124	30.500	27.0	3690.649	138.805	1103.	41481.	2.951	0	20668.6
125	30.500	27.0	3721.149	138.558	1098.	42192.	2.359	0	20698.1
126	30.500	27.0	3751.649	138.312	1094.	42901.	2.357	0	20727.5
127	30.500	27.0	3782.149	138.069	1089.	43606.	2.356	0	20757.0
128	30.500	27.0	3812.649	137.829	1084.	44309.	2.354	0	20786.5
129	30.500	27.0	3843.149	137.591	1080.	45010.	2.352	0	20816.0
130	30.500	27.0	3873.649	137.355	1076.	45708.	2.350	1	20845.5
131	30.500	27.0	3904.149	137.121	1071.	46403.	2.349	0	20875.0
132	30.500	27.0	3934.649	136.889	1067.	47095.	2.347	0	20904.5
133	30.500	27.0	3965.149	136.660	1063.	47785.	2.345	0	20934.0
134	30.500	27.0	3995.649	136.433	1059.	48473.	2.344	0	20963.5
135	30.500	27.0	4026.149	136.208	1054.	49158.	2.342	0	20993.0
136	30.500	27.0	4056.649	135.985	1050.	49840.	2.340	0	21022.5
137	30.500	27.0	4087.149	135.764	1046.	50520.	2.338	1	21052.0
138	30.500	27.0	4117.648	135.545	1042.	51198.	2.337	0	21081.5
139	30.500	27.0	4148.148	135.328	1038.	51874.	2.335	0	21111.0
140	30.500	27.0	4178.648	135.112	1035.	52547.	2.333	0	21140.5
141	30.500	27.0	4209.148	134.899	1031.	53218.	2.332	0	21169.9
142	30.500	27.0	4239.648	134.688	1027.	53887.	2.330	0	21199.4
143	30.500	27.0	4270.148	134.478	1023.	54553.	2.328	0	21227.0
144	30.500	27.0	4300.648	134.271	1020.	55218.	2.327	1	21254.5
145	30.500	27.0	4331.148	134.065	1016.	55880.	2.325	0	21282.1
146	30.500	27.0	4361.648	133.861	1012.	56540.	2.323	0	21309.6
147	30.500	27.0	4392.148	133.658	1009.	57199.	2.322	0	21337.1
148	30.500	27.0	4422.648	133.457	1005.	57855.	2.320	0	21364.7
149	30.500	27.0	4453.148	133.258	1002.	58509.	2.319	0	21392.2
150	30.500	27.0	4483.648	133.061	998.	59161.	2.317	0	21419.8
151	30.500	27.0	4514.148	133.167	54.	58969.	2.316	1	0.0
152	30.500	27.0	4544.648	123.202	54.	59023.	2.316	0	0.0
153	30.500	27.0	4575.148	122.684	54.	59077.	2.316	0	0.0
154	30.500	27.0	4605.648	122.172	54.	59131.	2.316	0	0.0

6　五次方曲线辊列设计

6.1　相关参数的意义

如图 2-6-1 所示，以矫直区域为例进行介绍。弯曲区域方法相同，仅仅是曲线坐标的方向不同。

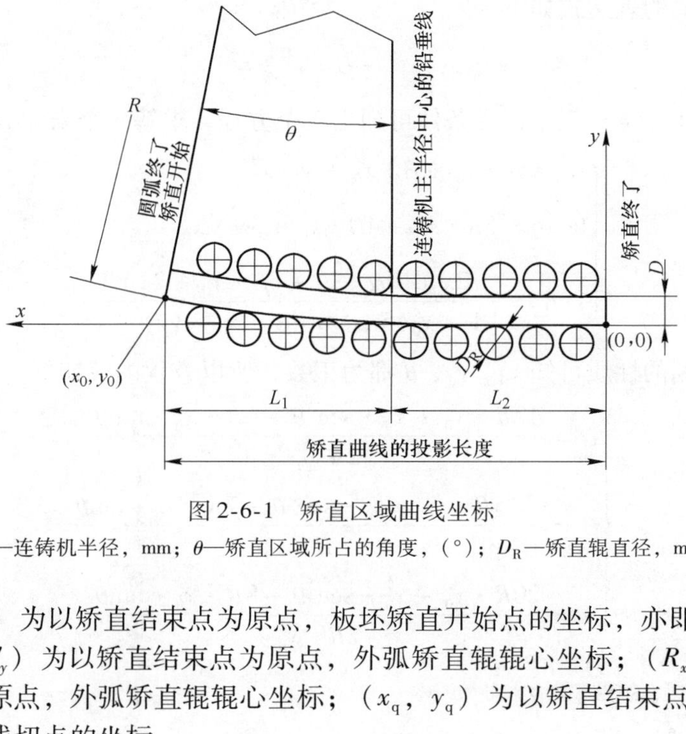

图 2-6-1　矫直区域曲线坐标

R—连铸机半径，mm；*θ*—矫直区域所占的角度，(°)；D_R—矫直辊直径，mm

设：(x_0, y_0) 为以矫直结束点为原点，板坯矫直开始点的坐标，亦即矫直曲线结束点的坐标；(R'_x, R'_y) 为以矫直结束点为原点，外弧矫直辊辊心坐标；(R_x, R_y) 为以连铸机主半径圆心为原点，外弧矫直辊辊心坐标；(x_q, y_q) 为以矫直结束点为原点，某外弧矫直辊和矫直曲线切点的坐标。

6.2　曲线的建立

由于连续可导的非周期性的曲线可用 *n* 阶多项式近似表示，因此可先假定矫直曲线为 *n* 阶多项式。

$$y = \sum_{n=0}^{m} \alpha_n \cdot x^n \qquad (2\text{-}6\text{-}1)$$

本章作者：曾晶，杨拉道；审查：高琦，王公民，黄进春，王蓉为了简化推导过程，可将矫直曲线的终了点设定为原点，矫直曲线上的任意点的坐标均相对于该原点而言。

从矫直曲线在连铸机中的特性易得出以下六个边界条件，因此可求解的多项式最高次数为 5 次方。

（1）矫直曲线过（0，0）点。

（2）矫直曲线在（0，0）点的斜率为 0。

（3）矫直曲线在（0，0）点的曲率为 0。

（4）矫直曲线过（x_0，y_0）点。

（5）矫直曲线在（x_0，y_0）点的斜率为 $\tan\theta$。

（6）矫直曲线在（x_0，y_0）点的曲率为 $1/R$。

根据边界条件（1）（2）（3）可知假定的多项式中不含常数项、1 次方项、2 次方项，因此可假定多项式的表达式如下

$$y = \alpha \cdot x^5 + \beta \cdot x^4 + \gamma \cdot x^3 \tag{2-6-2}$$

由（4）、（5）、（6）三个边界条件可列出 3 个方程，求解 3 个未知数

$$\begin{cases} y_0 = \alpha \cdot x_0^5 + \beta \cdot x_0^4 + \gamma \cdot x_0^3 \\ \tan\theta = 5\alpha \cdot x_0^4 + 4\beta \cdot x_0^3 + 3\gamma \cdot x_0^2 \\ 1/R = \dfrac{2x_0(10\alpha \cdot x_0^2 + 6\beta \cdot x_0 + 3\gamma)}{[1 + x_0^4(5\alpha x_0^2 + 4\beta \cdot x_0 + 3\gamma)^2]^{3/2}} \end{cases} \tag{2-6-3}$$

由连铸机辊列的性质可知 x_0、y_0、θ 都为正数，所以方程的解如下

$$\begin{cases} \alpha = \dfrac{12R \cdot y_0 + x_0^2 \cdot \sec^3\theta - 6R \cdot x_0 \cdot \tan\theta}{2R \cdot x_0^5} \\ \beta = -\dfrac{15R \cdot y_0 + x_0^2 \cdot \sec^3\theta - 7R \cdot x_0 \cdot \tan\theta}{R \cdot x_0^4} \\ \gamma = \dfrac{20R \cdot y_0 + x_0^2 \cdot \sec^3\theta - 8R \cdot x_0 \cdot \tan\theta}{2R \cdot x_0^3} \end{cases} \tag{2-6-4}$$

6.3 验证方法

因为外弧辊和矫直曲线的切点坐标不易测量，所以可推导出外弧矫直辊辊心坐标予以验证。

以矫直结束点为原点，辊心坐标表达如下

$$\begin{cases} R'_x = \alpha \cdot x_q^5 + \beta \cdot x_q^4 + \gamma \cdot x_q^3 + \dfrac{D_R}{2} \cdot \sin[\arctan(5\alpha \cdot x_q^4 + 4\beta \cdot x_q^3 + 3\gamma \cdot x_q^2)] \\ R'_y = \alpha \cdot x_q^5 + \beta \cdot x_q^4 + \gamma \cdot x_q^3 - \dfrac{D_R}{2} \cdot \cos[\arctan(5\alpha \cdot x_q^4 + 4\beta \cdot x_q^3 + 3\gamma \cdot x_q^2)] \end{cases} \tag{2-6-5}$$

以连铸机主半径圆心为原点建立总体坐标系，设矫直结束点的坐标为（X_J，Y_J），则

在总体坐标系下，外弧矫直辊的辊心坐标表示如下。

$$\begin{cases} R_x = -R'_x + X_J \\ R_y = R'_y + Y_J \end{cases} \tag{2-6-6}$$

通过已知的外弧矫直辊在总体坐标系中的辊心横坐标可计算出 R'_x，再利用计算机使用二分法计算出该辊对应的（x_q，y_q），最后由公式（2-6-5）和公式（2-6-6）计算出该外弧矫直辊所对应的 R_y，并与已知的该外弧矫直辊在总体坐标系中的辊心纵坐标进行对比。

6.4　矫直曲线验证结果

下面通过测量商家 D 电子版辊列 Y 向尺寸，并与 5 次方曲线的计算值进行比较，见表 2-6-1 ~ 表 2-6-3。

表 2-6-1　商家 D 连铸机 *R*9.0m 辊列矫直区域　（mm）

矫直辊辊号		*Y* 测量值	*Y* 计算值	误差绝对值
SEG7	2	-9023.274	-9023.275	0.0010
	3	-9063.6271	-9063.6267	0.0004
	4	-9095.8712	-9095.8713	0.0001
	5	-9120.8711	-9120.8700	0.0011
	6	-9139.5077	-9139.5072	0.0005
	7	-9152.6889	-9152.6879	0.0010
	8	-9161.3382	-9161.3369	0.0013
SEG8	1	-9166.5967	-9166.5951	0.0016
	2	-9168.8939	-9168.8922	0.0017
	3	-9169.5855	-9169.5837	0.0018

表 2-6-2　商家 D 连铸机 *R*6.5m 辊列矫直区域　（mm）

矫直辊辊号		*Y* 测量值	*Y* 计算值	误差绝对值
SEG5	1	-6480.8584	-6480.8585	0.0001
	2	-6537.2748	-6537.2749	0.0001
	3	-6581.9055	-6581.9061	0.0006
	4	-6616.0294	-6616.0306	0.0012
	5	-6640.9760	-6640.9781	0.0021
	6	-6658.1226	-6658.1255	0.0029
	7	-6668.8892	-6668.8928	0.0036
	8	-6674.7337	-6674.7378	0.0044
SEG6	1	-6677.1340	-6677.1384	0.0041
	2	-6677.6409	-6677.6454	0.0045

表 2-6-3　商家 D 连铸机 *R*8.0m 辊列矫直区域　（mm）

矫直辊辊号		*Y* 测量值	*Y* 计算值	误差绝对值
SEG6	2	−8015.6986	−8015.6984	0.0002
	3	−8070.9812	−8070.9803	0.0009
	4	−8114.1019	−8114.1001	0.0018
	5	−8146.4544	−8146.4517	0.0027
	6	−8169.4955	−8169.4923	0.0032
	7	−8184.7401	−8184.7366	0.0035
SEG7	1	−8193.7736	−8193.7701	0.0035
	2	−8198.1477	−8198.1412	0.0065
	3	−8199.5722	−8199.5687	0.0035

6.5　结论

（1）由于已知的数据精度有限，致使测量值和计算值存在微小的差异，其数量级都在 $10^{-4}\sim10^{-3}$mm 之间，这在连铸辊列设计的范畴内是微乎其微的。

（2）这里验证的是矫直区域，而弯曲区域仅仅是坐标的方向不一样，验证方法是一样的。

（3）通过比较基本可以认定，这里介绍的 5 次方曲线的计算结果和商家 D 所使用的弯曲矫直曲线所计算的结果几乎一样。

7　辊列设计所用多种曲线的比较

7.1　概述

直弧形连铸机的辊列都有弯曲和矫直部分，这两个部分所采用曲线的特性直接影响连铸板坯质量和设备使用的寿命。弯曲或矫直曲线应保证连铸板坯在弯曲或矫直过程中尽可能小的应变和应变速率。目前使用的专有曲线，包括“康卡斯特曲线”、“改进型康卡斯特曲线”等都在圆弧段和直线段的连接处存在着曲率不连续或者曲率变化率不连续的问题，导致连铸板坯通过曲线时的应变及应变速率发生突变。

曲线设计应该依次满足：

(1) 位置连续；

(2) 切线斜率连续；

(3) 曲率连续；

(4) 曲率变化率连续；

(5) 曲率变化率最大值趋于最小等要求。

就连铸板坯而言，曲线曲率变化率的最大值是需要特别关注的指标之一。

下面将通过算例介绍几种曲线的设计方法，并给出这些曲线的图形对比。分别包括：

(1) 曲率在接点处连续的曲线；

(2) 曲率变化率在接点处连续的曲线；

(3) 曲率变化率峰值最小的曲线。

7.2　弯曲或矫直曲线若干方案

由于直弧形连铸机辊列的弯曲和矫直曲线具有相似的几何特征，本书以矫直段为例进行讨论。所有方法和结论对弯曲段同样适用。

矫直段曲线在始端和终端分别与圆弧和直线相连，如图2-7-1所示。图中所示的几何量分别为：基本圆弧半径 R；矫直段曲线与圆弧连接处相对于基本圆的圆心角 θ；矫直段曲线与圆弧连接端高度 H；矫直段曲线在水平轴的投影长度 L_T；矫直段曲线的长度 L。通常，上述几何量将

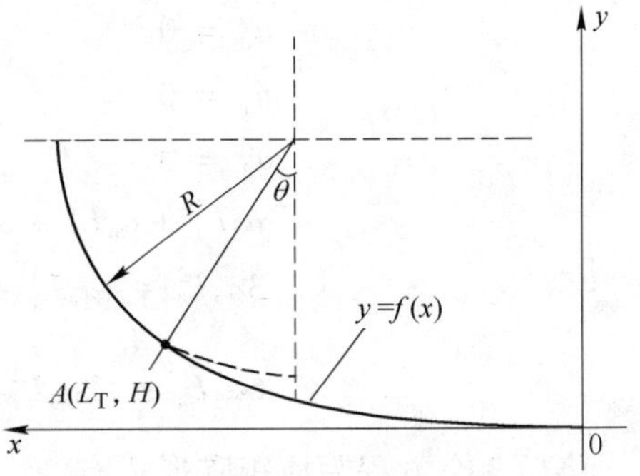

图2-7-1　矫直段曲线示例1

本章作者：曾晶，杨拉道；审查：高琦，王公民，黄进春，王蓉

视计算方法不同，取其部分作为曲线设计的基本参数。

这里涉及的一些主要数学量如下：

曲线方程 $y=f(x)$ 及其对水平坐标 x 的各阶导数

$$y = f(x);\quad y' = \frac{\mathrm{d}f(x)}{\mathrm{d}x};\quad y'' = \frac{\mathrm{d}^2 f(x)}{\mathrm{d}x^2};\quad y''' = \frac{\mathrm{d}^3 f(x)}{\mathrm{d}x^3} \tag{2-7-1}$$

曲线转角 α，曲率 k 及其对弧坐标 s 的变化率 k' 可以用曲线的各阶导数表示为

$$k = \frac{\mathrm{d}\alpha}{\mathrm{d}s} = \frac{y^{(2)}}{(1+y^{(1)^2})^{\frac{3}{2}}};\quad k' = \frac{\mathrm{d}k}{\mathrm{d}s} = \frac{y^{(3)}(1+y^{(1)^2}) - 3y^{(1)}y^{(2)^2}}{(1+y^{(1)^2})^{\frac{5}{2}}} \tag{2-7-2}$$

矫直段曲线与圆弧和直线连接的边界条件包括位置连续、切线斜率连续、曲率连续以及曲率变化率连续等。

7.2.1　曲率在接点处连续的曲线

7.2.1.1　5次完全多项式曲线

设计曲线 $y=f(x)$，使其与直线和圆弧连接的接点满足位置连续、切线斜率连续以及曲率连续。为此，考虑在 x 坐标区间 $0\leqslant x\leqslant L_\mathrm{T}$ 上的5次完全多项式

$$y = f(x) = \sum_{i=0}^{5}\alpha_i x^i = a_0 + a_1 x + a_2 x^2 + a_3 x^3 + a_4 x^4 + a_5 x^5 \tag{2-7-3}$$

用以下6个曲线的边界条件确定其中的6个待定系数 a_i（$i=0,1,2,3,4,5$）：

当 $x=0$ 时：高度 $y=0$；切线斜率 $y^{(1)}=0$；曲率 $k=0$；

当 $x=L_\mathrm{T}$ 时：高度 $y=H$；切线斜率 $y^{(1)}=T=\tan(\theta)$；曲率 $k=\dfrac{1}{R}$。

首先计算5次完全多项式曲线的各阶导数

$$y^{(1)} = \sum_{i=1}^{5} i\alpha_i x^{i-1} = a_1 + 2a_2 x + 3a_3 x^2 + 4a_4 x^3 + 5a_5 x^4$$

$$y^{(2)} = \sum_{i=2}^{5} i(i-1)a_i x^{i-2} = 2a_2 + 6a_3 x + 12a_4 x^2 + 20a_5 x^3$$

引入上述6个边界条件，得到关于6个待定系数 a_i（$i=0,1,2,3,4,5$）的线性方程组

$$\begin{aligned}
&a_0 = 0\\
&a_1 = 0\\
&a_2 = 0\\
&a_3 L_\mathrm{T}^3 + a_4 L_\mathrm{T}^4 + a_5 L_\mathrm{T}^5 = H\\
&3a_3 L_\mathrm{T}^2 + 4a_4 L_\mathrm{T}^3 + 5a_5 L_\mathrm{T}^4 = T\\
&6a_3 L_\mathrm{T} + 12a_4 L_\mathrm{T}^2 + 20a_5 L_\mathrm{T}^3 = \frac{(1+T^2)^{\frac{3}{2}}}{R} = M
\end{aligned}$$

将后3个方程写成矩阵形式有

$$\begin{bmatrix} L_\mathrm{T}^3 & L_\mathrm{T}^4 & L_\mathrm{T}^5 \\ 3L_\mathrm{T}^2 & 4L_\mathrm{T}^3 & 5L_\mathrm{T}^4 \\ 6L_\mathrm{T} & 12L_\mathrm{T}^2 & 20L_\mathrm{T}^3 \end{bmatrix}\begin{bmatrix} a_3 \\ a_4 \\ a_5 \end{bmatrix} = \begin{bmatrix} H \\ T \\ M \end{bmatrix}$$

采用克莱姆法则求解，得到 5 次完全多项式的 6 个系数

$$a_0 = 0$$
$$a_1 = 0$$
$$a_2 = 0$$
$$a_3 = \frac{20H - 8TL_T + ML_T^2}{2L_T^3}$$
$$a_4 = \frac{-30H + 14TL_T - 2ML_T^2}{2L_T^4}$$
$$a_5 = \frac{12H - 6TL_T + ML_T^2}{2L_T^5}$$

将上述系数代入曲线表达式，有

$$y = \frac{20H - 8TL_T + ML_T^2}{2L_T^3}x^3 + \frac{-30H + 14TL_T - 2ML_T^2}{2L_T^4}x^4 + \frac{12H - 6TL_T + ML_T^2}{2L_T^5}x^5 \quad (2\text{-}7\text{-}4)$$

不难看出，取适当的含有 6 个待定系数的多项式，参照上述方法，可以得到不同的曲线。一般而言，满足上述 6 个边界条件的连续可微分函数不仅限于多项式形式，可以根据不同的需要选择。

7.2.1.2　4 次偶次多项式曲线

这种连续弯曲矫直曲线的特点是整个弯曲矫直曲线由单一表达式描述，在弯曲和矫直区之间不存在圆弧区，曲线两端分别与直线连接。为叙述方便，建立坐标系如图 2-7-2 所示。

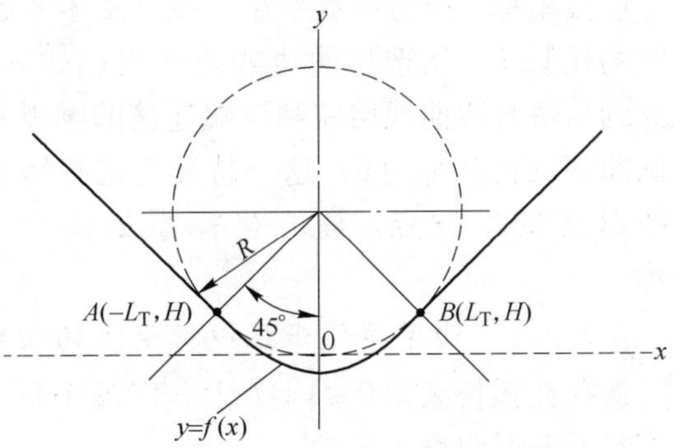

图 2-7-2　弯曲矫直曲线示例 2

曲线的边界条件为

在 $x = \pm L_T$ 处：$y(\pm L_T) = H; y'(\pm L_T) = \pm 1; k(\pm L_T) = 0$

考虑到曲线的对称性，选择在区间 $-L_T \leqslant x \leqslant L_T$ 上的 4 次偶次多项式，其一般形式为

$$y = f(x) = a_0 + a_1 x^2 + a_2 x^4 \quad (2\text{-}7\text{-}5)$$

式中，a_i（$i=0, 1, 2$）为 3 个待定系数。

根据上述边界条件确定 3 个待定系数。为此，先写出曲线导数以及曲线曲率

$$y^{(1)} = 2a_1 x + 4a_2 x^3$$
$$y^{(2)} = 2a_1 + 12a_2 x^2$$
$$k(x) = \frac{y^{(2)}}{(1 + y^{(1)2})^{\frac{3}{2}}} = \frac{2a_1 + 12a_2 x^2}{[1 + (2a_1 x + 4a_2 x^3)^2]^{\frac{3}{2}}}$$

考虑到曲线的偶函数特性，确定式（2-7-5）中 3 个待定系数只用曲线在 $x = L_T$ 处的边界条件，即

$$a_0 + a_1 L_T^2 + a_2 L_T^4 = H$$
$$2a_1 L_T + 4a_2 L_T^3 = 1$$
$$a_1 + 6a_2 L_T^2 = 0$$

解3个待定系数 $a_i(i=0, 1, 2)$ 的3个线性方程组，得

$$a_0 = H - \frac{5L_T}{8}$$

$$a_1 = \frac{3}{4L_T}$$

$$a_2 = -\frac{1}{8L_T^3}$$

将上述系数代入式（2-7-5）中，有

$$y = a_0 + a_1x^2 + a_2x^4 = H - \frac{5L_T}{8} + \frac{3}{4L_T}x^2 - \frac{1}{8L_T^3}x^4 \tag{2-7-6}$$

通过平移和旋转坐标系的方法可以得到曲线在其他任意坐标系中的表达式。

7.2.2 曲率变化率在接点处连续的曲线

为了发挥专有曲线设计辊列的特性，提高专有曲线接点和圆弧线及直线连接的“光滑”程度，本节提出一个新的设计方案。即在满足曲率在接点处为连续的曲线要求的基础上，曲线在接点还具有连续曲率变化率。

以弧坐标 s 作为基本变量，设计基本参数为曲线的弧长 L。从选择曲线的曲率表达式入手，注意到与矫直段曲线始端和终端连接的圆弧和直线的曲率变化率都为0，这一特征是选择矫直段曲线形式的出发点。建立坐标系如图2-7-3所示。

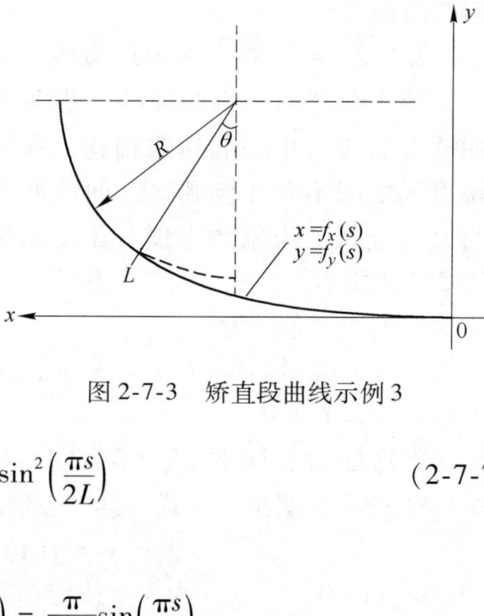

图2-7-3 矫直段曲线示例3

7.2.2.1 曲率按照正弦规律变化的曲线

选择在弧长区间 $0 \leqslant s \leqslant L$ 上，以弧坐标 s 为自变量的曲线曲率表达式

$$k(s) = \frac{d\alpha(s)}{ds} = \frac{1}{R}\sin^2\left(\frac{\pi s}{2L}\right) \tag{2-7-7}$$

曲率对弧坐标 s 的变化率为

$$\frac{dk(s)}{ds} = \frac{\pi}{RL}\sin\left(\frac{\pi s}{2L}\right)\cos\left(\frac{\pi s}{2L}\right) = \frac{\pi}{2RL}\sin\left(\frac{\pi s}{L}\right)$$

直接验证可见，在 $s=0$ 处曲率为0，在 $s=L$ 处曲率为 $1/R$，满足曲率在端点处连续的要求；曲率变化率在两端 $s=0$ 和 $s=L$ 处都为0，满足曲率变化率在端点处连续的要求。

要推导曲线的参数表达式。可通过积分曲率得到曲线转角

$$\alpha(s) = \frac{1}{R}\int_0^s \sin^2\left(\frac{\pi s}{2L}\right)ds = \frac{L}{2\pi R}\left[\frac{\pi s}{L} - \sin\left(\frac{\pi s}{L}\right)\right] \tag{2-7-8}$$

根据曲线转角的定义，以弧长 s 为参数的曲线坐标的微分方程组，积分得到 $x(s)$ 和 $y(s)$

$$\frac{dx}{ds} = \cos\alpha = \cos\frac{L}{2\pi R}\left[\frac{\pi s}{L} - \sin\left(\frac{\pi s}{L}\right)\right]$$

$$\frac{dy}{ds} = \sin\alpha = \sin\frac{L}{2\pi R}\left[\frac{\pi s}{L} - \sin\left(\frac{\pi s}{L}\right)\right]$$

$$x(s) = \int_0^s \cos\frac{L}{2\pi R}\left[\frac{\pi s}{L} - \sin\left(\frac{\pi s}{L}\right)\right]ds$$

$$y(s) = \int_0^s \sin\frac{L}{2\pi R}\left[\frac{\pi s}{L} - \sin\left(\frac{\pi s}{L}\right)\right]ds \qquad (2\text{-}7\text{-}9)$$

7.2.2.2 曲率按照三次奇次多项式变化的曲线

构造 $-L/2 \leqslant s \leqslant L/2$ 区间上的曲线。与上述正弦规律变化曲线的设计方法类似，从选择曲率表达式入手。为了体现曲线的设计特点，引入曲率表达式的基本函数 $h(s)$，是定义在对称区间 $-L/2 \leqslant s \leqslant L/2$ 上的单调递增函数，满足边界条件

$s = \frac{L}{2}$ 处： $h\left(\frac{L}{2}\right) = \frac{1}{2}$； $h'\left(\frac{L}{2}\right) = 0$

$s = -\frac{L}{2}$ 处： $h\left(-\frac{L}{2}\right) = -\frac{1}{2}$； $h'\left(-\frac{L}{2}\right) = 0$

因此，考虑在对称区间 $-L/2 \leqslant s \leqslant L/2$ 上的 3 次奇次多项式 $h(s)$ 为

$$h(s) = as^3 + bs \qquad (2\text{-}7\text{-}10)$$

式中，a 和 b 是 2 个待定系数。考虑 $h(s)$ 的奇函数特性，确定这 2 个待定系数只用到曲线在 $s = L/2$ 处的边界条件

$$h\left(\frac{L}{2}\right) = \frac{1}{2};\quad h'\left(\frac{L}{2}\right) = 0$$

用这 2 个边界条件推导出 3 次奇次多项式 $h(s)$ 的表达式。为此求其导数 $h'(s) = 3as^2 + b$，引入边界条件，有

$$a\left(\frac{L}{2}\right)^3 + b\left(\frac{L}{2}\right) = \frac{1}{2}$$

$$3a\left(\frac{L}{2}\right)^2 + b = 0$$

解得

$$a = -\frac{2}{L^3}$$

$$b = \frac{3}{2L}$$

故，基本函数 $h(s)$ 及其导数为

$$\begin{cases} h(s) = as^3 + bs = -\frac{2}{L^3}s^3 + \frac{3}{2L}s \\ h'(s) = 3as^2 + b = -\frac{6}{L^3}s^2 + \frac{3}{2L} \end{cases} \qquad (2\text{-}7\text{-}11)$$

根据基本函数 $h(s)$，选取曲线的曲率表达式并写出其对弧坐标的导数

$$k(s)=\frac{1}{R}\left[\frac{1}{2}+h\left(s-\frac{L}{2}\right)\right]=-\frac{2}{RL^3}s^3+\frac{3}{RL^2}s^2$$

$$k'(s)=-\frac{6}{RL^3}s^2+\frac{6}{RL^2}s$$

在 $s=0$ 处曲率为 0，在 $s=L$ 处为$\frac{1}{R}$，满足曲率在端点处连续的要求；曲率变化率在曲线两端 $s=0$ 和 $s=L$ 处都为 0，满足曲率变化率在端点处连续的要求。根据曲率表达式推导曲线的参数表达式，为此积分曲率表达式得到曲线转角

$$\alpha(s)=\frac{1}{R}\int_0^s\left(-\frac{2}{L^3}s^3+\frac{3}{L^2}s^2\right)\mathrm{d}s=\frac{s^3}{2RL^3}(2L-s)$$

根据曲线转角的定义，以弧长 s 为参数的微分方程组，积分得到 $x(s)$ 和 $y(s)$ 为

$$\frac{\mathrm{d}x}{\mathrm{d}s}=\cos\alpha=\cos\frac{s^3}{2RL^3}(2L-s)$$

$$\frac{\mathrm{d}y}{\mathrm{d}s}=\sin\alpha=\sin\frac{s^3}{2RL^3}(2L-s)$$

$$x(s)=\int_0^s\cos\frac{s^3}{2RL^3}(2L-s)\mathrm{d}s$$

$$y(s)=\int_0^s\sin\frac{s^3}{2RL^3}(2L-s)\mathrm{d}s \tag{2-7-12}$$

可以看出，选取适当的基本函数 $h(s)$ 的形式，参照上述过程，可以推出不同的曲线。一般而言，满足下面 4 个边界条件的连续可微分单调递增函数都可以考虑作为曲率的表达式。

当 $s=0$ 时，$k(0)=0$；$k'(0)=0$。

当 $s=L$ 时，$k(L)=\frac{1}{R}$；$k'(L)=0$。

7.2.3　曲线上曲率变化率最大值最小时的曲线

为进一步提高连接的光滑程度，提出更优的设计方案，在满足曲率变化率在端点处连续的要求的基础上，曲线还具有最小曲率变化率峰值。这里以多项式为例进行推导，所涉及的基本方法可以推广应用于其他曲线形式。

为了设计曲率的表达式，先考虑对称区间 $-L/2\leqslant s\leqslant L/2$ 上的 5 次奇次多项式形式的基本函数 $h(s)$ 为

$$h(s)=as^5+bs^3+cs \tag{2-7-13}$$

式中，$a(\neq 0)$，b 和 c 是多项式的 3 个待定系数。考虑基本函数 $h(s)$ 的奇函数特性，只有曲线在 $s=L/2$ 处的 2 个边界条件

$$h\left(\frac{L}{2}\right)=\frac{1}{2};\quad h'\left(\frac{L}{2}\right)=0$$

利用最小曲率变化率峰值取得最小值这一条件，结合 2 个边界条件（共 3 个条件）确定 3 个待定系数 a，b 和 c。多项式的导数为

$$h'(s) = 5as^4 + 3bs^2 + c$$

根据 $h(s)$ 的 2 个边界条件，有

$$h\left(\frac{L}{2}\right) = a\left(\frac{L}{2}\right)^5 + b\left(\frac{L}{2}\right)^3 + c\left(\frac{L}{2}\right) = \frac{1}{2}$$

$$h'\left(\frac{L}{2}\right) = 5a\left(\frac{L}{2}\right)^4 + 3b\left(\frac{L}{2}\right)^2 + c = 0$$

得到线性方程组

$$\begin{bmatrix} \frac{L^3}{8} & \frac{L}{2} \\ \frac{3L^2}{4} & 1 \end{bmatrix} \begin{bmatrix} b \\ c \end{bmatrix} = \begin{bmatrix} \frac{1}{2} - \frac{aL^5}{32} \\ -\frac{5aL^4}{16} \end{bmatrix}$$

这是以 a 为（待定）参数的关于待定系数 b 和 c 的线性方程组。采用克莱姆法则求解，得到 b 和 c（以 a 为参数）

$$b = -\frac{aL^5 + 4}{2L^3}$$

$$c = \frac{aL^7 + 24L^2}{16L^3}$$

将 b 和 c 代入奇次多项式 $h(s)$ 及其导数，有

$$\begin{cases} h(s) = as^5 - \dfrac{aL^5 + 4}{2L^3}s^3 + \dfrac{aL^7 + 24L^2}{16L^3}s \\ h'(s) = 5as^4 - \dfrac{3(aL^5 + 4)}{2L^3}s^2 + \dfrac{aL^7 + 24L^2}{16L^3} \\ h''(s) = 20as^3 - \dfrac{3(aL^5 + 4)}{L^3}s \end{cases} \tag{2-7-14}$$

这是以（多项式待定系数）a 为参数的基本函数 $h(s)$。选取不同的参数 a，基本函数 $h(s)$ 的性状将会改变。要达到的目的是选择参数 a，使得 $h(s)$ 的变化率 $h'(s)$ 的最大绝对值最小。

为了求 $h(s)$ 的变化率 $h'(s)$ 的最大值（极值），令 $h''(s) =0$，则

$$s_1 = 0$$

$$s_2 = \sqrt{\frac{3(aL^5 + 4)}{20aL^3}}$$

$$s_3 = -\sqrt{\frac{3(aL^5 + 4)}{20aL^3}}$$

弧坐标 $s_1 \sim s_3$ 都可视为参数 a 的函数，分别对应变化率 $h'(s)$ 的极值

$$h'_1\big|_{s=0} = \frac{aL^7 + 24L^2}{16L^3}$$

$$h'_2\big|_{s=\sqrt{\frac{3(aL^5+4)}{20aL^3}}} = h'_3\big|_{s=-\sqrt{\frac{3(aL^5+4)}{20aL^3}}} = \frac{-a^2L^{10} + 12aL^5 - 36}{20aL^6} = -\frac{(aL^5 - 6)^2}{20aL^6}$$

参数 a 的选择决定了 $h'(s)$ 的极值以及 $h'(s)$ 取得极值的弧坐标 s。

仅考虑第 2 和第 3 个极值的情况。为了选择参数 a，使得 $h'(s)$ 的极值的绝对值最小，

将上面 $h'(s)$ 的极值表达式对参数 a 求导：

$$\frac{\mathrm{d}\left(h'_{2,3}\big|_{s=\pm\sqrt{\frac{3(aL^5+4)}{20aL^3}}}\right)}{\mathrm{d}a}=\frac{\mathrm{d}\left(\frac{-a^2L^{10}+12aL^5-36}{20aL^6}\right)}{\mathrm{d}a}=\frac{-20L^6(aL^5-6)(aL^5+6)}{(20aL^6)^2}=\frac{9}{5a^2L^6}-\frac{L^4}{20}$$

这是含有参数 a 的函数，令其为 0，得到参数 a 的 2 个解

$$a_1=\frac{6}{L^5};\quad a_2=-\frac{6}{L^5}$$

a_1、a_2分别对应弧坐标

$$s_{2,3}=\left[\pm\sqrt{\frac{3(aL^5+4)}{20aL^3}}\right]_{a=\frac{6}{L^5}}=\pm\sqrt{\frac{3\left(\frac{6}{L^5}L^5+4\right)}{20\frac{6}{L^5}L^3}}=\pm\frac{L}{2}$$

$$s_{2,3}=\left[\pm\sqrt{\frac{3(aL^5+4)}{20aL^3}}\right]_{a=-\frac{6}{L^5}}=\pm\sqrt{\frac{3\left(-\frac{6}{L^5}L^5+4\right)}{-20\frac{6}{L^5}L^3}}=\pm\frac{L}{2\sqrt{5}}$$

可见，当 $a=a_1=\frac{6}{L^5}$ 时，弧坐标为曲线 $h(s)$ 的两个端点，舍去。

而当 $a=a_2=-\frac{6}{L^5}$ 时，在弧坐标 $s_{2,3}=\pm\frac{L}{2\sqrt{5}}$ 处 $h'(s)$ 取得极值

$$\left[h'_{2,3}\big|_{s=\pm\sqrt{\frac{3(aL^5+4)}{20aL^3}}}\right]_{a=-\frac{6}{L^5}}=\left(\frac{-a^2L^{10}+12aL^5-36}{20aL^6}\right)_{a=-\frac{6}{L^5}}=\frac{6}{5L}$$

$a=-\frac{6}{L^5}$ 即为要选择的 5 次奇次多项式的待定系数。由此写出基本函数 $h(s)$ 的 3 个系数

$$a=-\frac{6}{L^5}$$

$$b=-\frac{aL^5+4}{2L^3}=\frac{1}{L^3}$$

$$c=\frac{aL^7+24L^2}{16L^3}=\frac{9}{8L}$$

将系数 a，b 和 c 代入基本函数 $h(s)$ 的表达式及其导数，得到

$$\begin{cases}h(s)=as^5+bs^3+cs=-\frac{6}{L^5}s^5+\frac{1}{L^3}s^3+\frac{9}{8L}s\\ h'(s)=5as^4+3bs^2+c=-\frac{30}{L^5}s^4+\frac{3}{L^3}s^2+\frac{9}{8L}\end{cases}\tag{2-7-15}$$

根据基本函数 $h(s)$，选取曲线的曲率表达式并写出其对弧坐标的导数

$$k(s)=\frac{1}{R}\left[\frac{1}{2}+h\left(s-\frac{L}{2}\right)\right]$$

$$k'(s)=\frac{1}{R}h'\left(s-\frac{L}{2}\right)$$

代入基本函数 $h(s)$ 的表达式，有

$$k(s) = \frac{\mathrm{d}\alpha(s)}{\mathrm{d}s}\frac{1}{R}\left[\frac{1}{2} - \frac{6}{L^5}\left(s - \frac{L}{2}\right)^5 + \frac{1}{L^3}\left(s - \frac{L}{2}\right)^3 + \frac{9}{8L}\left(s - \frac{L}{2}\right)\right]$$

$$k'(s) = \frac{1}{R}\left[-\frac{30}{L^5}\left(s - \frac{L}{2}\right)^4 + \frac{3}{L^3}\left(s - \frac{L}{2}\right)^2 + \frac{9}{8L}\right] \tag{2-7-16}$$

曲率在 $s=0$ 处为0，在 $s=L$ 处为 $1/R$，满足曲率在端点处连续的要求；曲率变化率在曲线两端 $s=0$ 和 $s=L$ 处都为0，满足曲率变化率在端点处连续的要求。

积分上述曲率表达式得到曲线转角表达式

$$\begin{aligned}\alpha(s) &= \int_0^s \frac{1}{R}\left[\frac{1}{2} - \frac{6}{L^5}\left(s - \frac{L}{2}\right)^5 + \frac{1}{L^3}\left(s - \frac{L}{2}\right]^3 + \frac{9}{8L}\left(s - \frac{L}{2}\right)\right]\mathrm{d}s \\ &= \frac{s^3}{2RL^5}(4L^3 - 7L^2 s + 6Ls^2 - 2s^3)\end{aligned} \tag{2-7-17}$$

下面讨论参数形式的曲线表达式

$$\frac{\mathrm{d}x}{\mathrm{d}s} = \cos\alpha = \cos\frac{s^3}{2RL^5}(4L^3 - 7L^2 s + 6Ls^2 - 2s^3)$$

$$\frac{\mathrm{d}y}{\mathrm{d}s} = \sin\alpha = \sin\frac{s^3}{2RL^5}(4L^3 - 7L^2 s + 6Ls^2 - 2s^3)$$

上式是以弧长 s 为参数的微分方程组，积分得到 $x(s)$ 和 $y(s)$：

$$x(s) = \int_0^s \cos\frac{s^3}{2RL^5}(4L^3 - 7L^2 s + 6Ls^2 - 2s^3)\,\mathrm{d}s$$

$$y(s) = \int_0^s \sin\frac{s^3}{2RL^5}(4L^3 - 7L^2 s + 6Ls^2 - 2s^3)\,\mathrm{d}s \tag{2-7-18}$$

本节提出的思路不难推广到多个优化参数的情况。必要时还可以采用适当的数值方法求解优化问题。

7.2.4　算例

采用某单流板坯连铸机辊列实际参数，取基本圆弧半径 $R=8000$mm；矫直段曲线长度 $L=3960$mm；矫直段曲线与圆弧线连接点相对于基本圆的圆心角 $\theta=14.506°$；矫直段曲线高度 $H\approx255$mm 等，其部分算例结果见图2-7-4 ~ 图2-7-9。

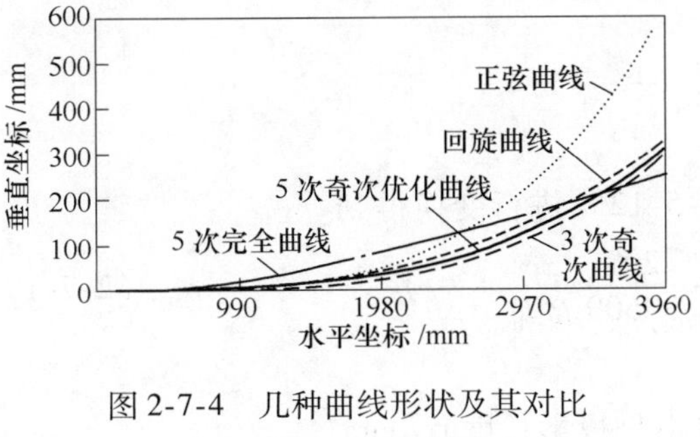

图2-7-4　几种曲线形状及其对比

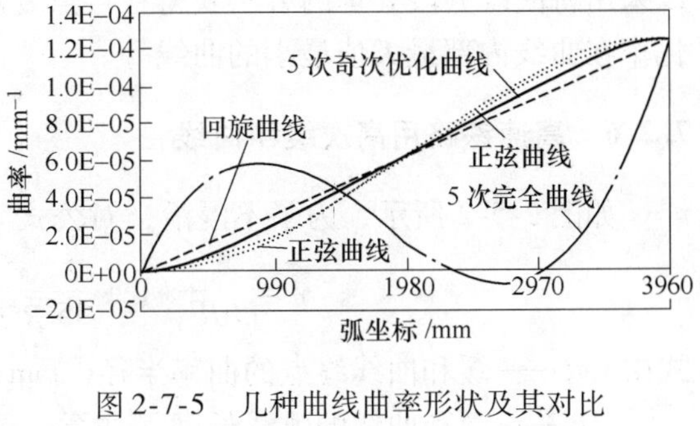

图2-7-5　几种曲线曲率形状及其对比

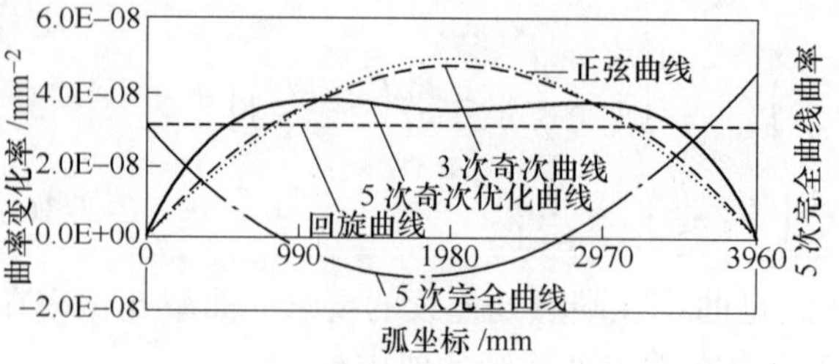

图 2-7-6　几种曲线曲率变化率的形状及其对比

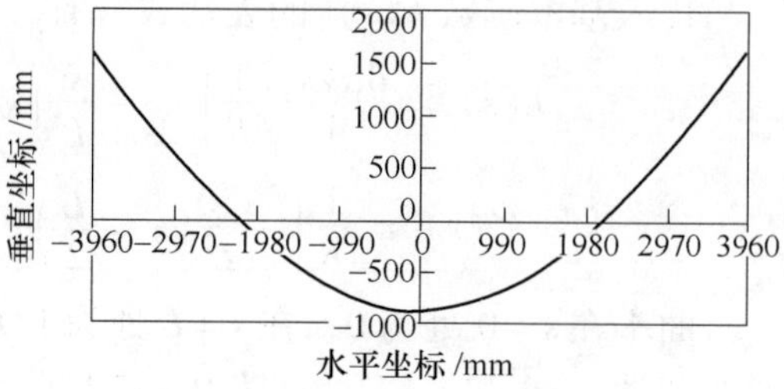

图 2-7-7　4 次偶次单一曲线

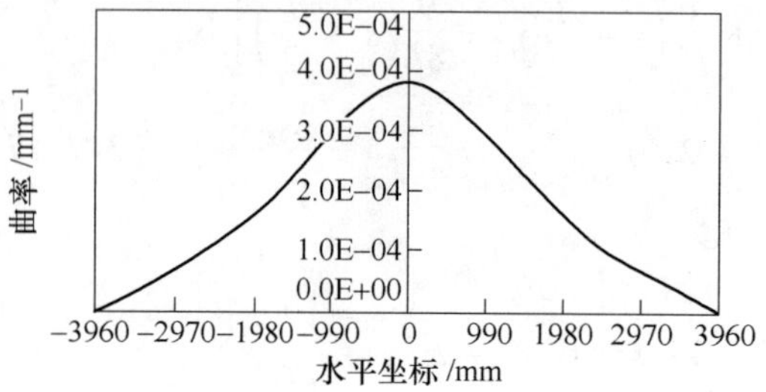

图 2-7-8　4 次偶次单一曲线的曲率

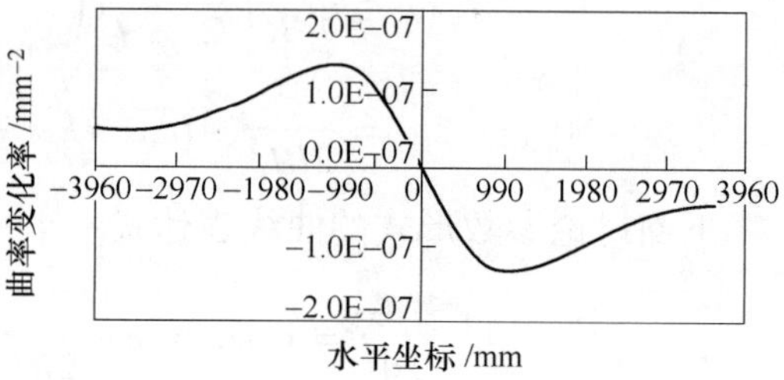

图 2-7-9　4 次偶次单一曲线的曲率变化率

7.2.5　结论

（1）为了减小直弧形连铸机辊列弯矫时，专有曲线对于连铸板坯质量的影响，按照曲线光滑连接的优劣程度，依次应该满足曲线在接点处位置连续、切线斜率连续、曲率连续、曲率变化率连续、曲率变化率在曲线内部最大值最小等。克服现有曲线在接点处曲率不连续、曲率变化率不连续等缺陷。

（2）上述数学方法描述的曲线包括曲率在端点处连续的曲线、曲率变化率在端点处连续的曲线、曲率变化率在曲线内部最大值最小的曲线等。

（3）为了显示设计方法的灵活性，算例中曲线区间既有对于弧坐标的，也有对于水平坐标的；曲线形式既有多项式的，也有非多项式的；对曲线的描述过程既有从曲线曲率性质分析入手的，也有直接从曲线分析入手的。

（4）以上示例曲线可在连铸机辊列设计或连铸机改造工程中直接引用。

（5）从数学意义上讲，按照上述方法可以获得无穷多组满足上述要求的曲线，例如可以采用将曲线分段处理的方法获得在接点处曲率连续、在端点处曲率变化率连续或曲率变化率在曲线内部最大值最小的曲线等。

7.2.6　高速铁路用高次缓和曲线

如图 2-5-2 所示，为了不混淆，对公式（2-5-12）进行变换得到

$$y = \frac{x^3}{6Rl_0}\left(1 + \frac{2}{35}\frac{x^4}{R^2 l_0^2} + \frac{293}{39600}\frac{x^8}{R^4 l_0^4} + \cdots\right) \tag{2-7-19}$$

式中　R——缓和曲线终点的曲率半径，mm；

l_0——缓和曲线的弧线长度（注意：这里不是投影长度），mm。

取此曲线括弧内第一项，方程成为三次抛物线，在曲线半径较大、缓和曲线较短时，三次抛物线和回旋曲线接近重合。在曲线半径较小、缓和曲线较长时，采用三次抛物线作为回旋曲线近似式尚存在较大误差。

表 2-7-1 列出缓和曲线线形条件。

表 2-7-1　缓和曲线线形条件

序号	符号	曲线始点	曲线终点	始点与终点之间
1	y	0	y_0	
2	θ	0	θ_0	
3	k	0	$\frac{1}{R}$	连续变化
4	$\frac{dk}{dl}$	0	0	
5	$\frac{d^2k}{dl^2}$	0	0	

满足表 2-7-1 前三项要求的缓和曲线可适应一般速度列车的运行需要，在行车速度较高的线路上，缓和曲线的线形条件必须满足表 2-7-1 中的五项要求。

表 2-7-2 给出三种高次缓和曲线，供读者研究，恰当时，也可考虑在直弧形连铸机上应用。

表 2-7-2　高次缓和曲线

缓和曲线名称	基本方程	方　程　式
式（2-7-20） 赵氏七次式	$\frac{d^2k}{dl^2} = Bl\left(l - \frac{l_0}{2}\right)(l - l_0)$	$y = \frac{l_0^2}{R}\left[\frac{1}{7}\left(\frac{l}{l_0}\right)^7 - \frac{1}{2}\left(\frac{l}{l_0}\right)^6 + \frac{1}{2}\left(\frac{l}{l_0}\right)^5\right]$
式（2-7-21） 沙氏正弦式	$\frac{d^2k}{dl^2} = B\sin 2\pi \frac{l}{l_0}$	$y = \frac{l_0^2}{R}\left[\frac{1}{6}\left(\frac{l}{l_0}\right)^3 - \frac{1}{4\pi^2}\left(\frac{l}{l_0}\right) + \frac{1}{8\pi^3}\sin\frac{2\pi l}{l_0}\right]$
式（2-7-22） 日本高速铁路半波正弦式	$\frac{dk}{dl} = B\sin\pi \frac{l}{l_0}$	$y = \frac{l_0^2}{6R}\left[\frac{3}{2}\left(\frac{l}{l_0}\right)^2 - \frac{3}{\pi^2}\left(\cos\frac{\pi l}{l_0} - 1\right)\right]$

注：k—缓和曲线上任意一点的曲率，mm^{-1}；l—缓和曲线上任意一点至缓和曲线起点的长度，mm。

8 连铸板坯凝固计算

8.1 凝固壳厚度

8.1.1 凝固壳厚度计算方法

板坯连铸设备设计中的凝固壳厚度计算，实际上就是求解传热方程的方法。众所周知，传热方程可以用下述几个方法求解。

（1）数值差分法。此法是将传热偏微分方程用数值差分方法来求得温度分布或凝固壳厚度的一种方法。

（2）积分法。积分法亦即积分图形法（Integral-Profile Method），此方法是适当地假定边界条件，用代数式表示凝固壳温度的分布，下面要介绍的方法就属于这一种。针对连铸板坯特点，该方法只考虑一维传热，对于方坯是不适宜的。

（3）其他方法。如模拟法、有限元法、边界元法等。

8.1.2 基本假定

（1）板坯、板坯支撑装置以及冷却介质热的物理参数不随温度变化而变化。

（2）板坯运行方向（即板坯长度方向）及板坯宽度方向的热传导予以忽略，只考虑板坯厚度方向一维热传导。

（3）在钢液凝固温度以上，钢液的过热及潜热均从凝固界面传出，即不考虑两相区，而考虑液相直接变为固相。

（4）板坯表面换热系数为平均换热系数，被限制在一定范围，即结晶器液面至结晶器下端为一个积分区，i 号辊子与 $i+1$ 号辊子间为一个积分区。在各积分区内表面换热系数为常数。

（5）冷却水温度及周围环境温度视为0℃。

（6）中间罐钢液流出时的温度 T_p 为一定；在冷却区内，液相中钢液的温度 T_L 为一定。

（7）为了提高板坯质量，希望板坯表面温度一致，在凝固计算时，认为板坯表面温度沿宽度方向及长度方向是一致的。

（8）认为宽板坯是无限平板，其拉坯速度 u 是定值。

8.1.3 一维传热的偏微分方程

图2-8-1是板坯连铸过程的传热坐标图。取钢液面与内弧面的交点为坐标原点 o，从 o 点向下，z 坐标沿弧面下行与拉速同向为正值，从 o 点向左，x 沿凝固壳厚度增加方向为

本章作者：杨拉道；审查：曾晶，王公民，黄进春，王蓉

正值。

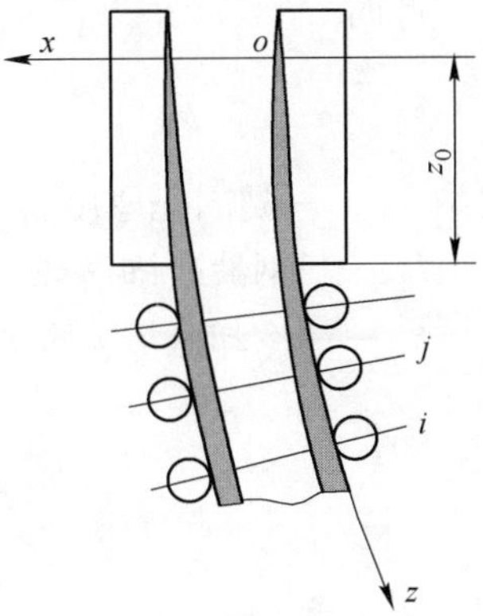

图 2-8-1　传热坐标表示

根据经验，给出下列公式

$$T_p = T_m + \Delta T$$

$$T_L = (T_p + T_m)/2 - K_S \qquad (2\text{-}8\text{-}1)$$

式中　T_p——中间罐内钢液温度,℃;

T_m——钢液凝固温度,℃;

T_L——冷却区内板坯内部液相穴钢液的温度,℃;

ΔT——中间罐内钢液的过热度,℃;

K_S——系数，$K_S = 2 \sim 6$，对于低碳钢，K_S 可取 6。

一维传热的微分方程如下

$$\frac{\partial T}{\partial t} = \frac{\lambda}{\rho c}\frac{\partial^2 T}{\partial x^2} \qquad (2\text{-}8\text{-}2)$$

但 $t = z/u, \mathrm{d}t = \mathrm{d}z/u$，代入后得

$$\frac{\partial T}{\partial z}u = \frac{\lambda}{\rho c}\cdot\frac{\partial^2 T}{\partial x^2}$$

即

$$\frac{\partial T}{\partial z} = \frac{\lambda}{u\rho c}\cdot\frac{\partial^2 T}{\partial x^2} \qquad (2\text{-}8\text{-}3)$$

式中　λ——凝固壳热导率，J/(cm·S·℃) 或 W/(cm·℃)，$\lambda = 0.3489$W/(cm·℃);

u——拉坯速度，cm/s;

ρ——凝固壳密度，$\rho = 7.6\mathrm{g/cm^3}$;

c——凝固壳比热容，$c = 0.67$J/(g·℃);

T——温度,℃;

x——凝固壳厚度方向的坐标，cm;

z——板坯长度方向的坐标，cm。

8.1.4　方程的无因次化

为了简化求解，对公式（2-8-3）进行无因次化处理。

如图 2-8-2 所示，s 表示凝固壳厚度，钢液面处有初始条件 $i = 1$，则 $z_j = 0, s_j = 0$

其边界条件有

在 j 号辊处，$z = z_j$ 时 $s = s_j$，当 $z_j < z < z_i (j = i - 1)$，且 $x = 0$ 时，为板坯表面，即此时热流密度

$$\frac{\partial T}{\partial x} = \frac{h_i}{\lambda}T \qquad (2\text{-}8\text{-}4)$$

当 $z_j < z < z_i (j = i - 1)$，且 $x = s$ 时，

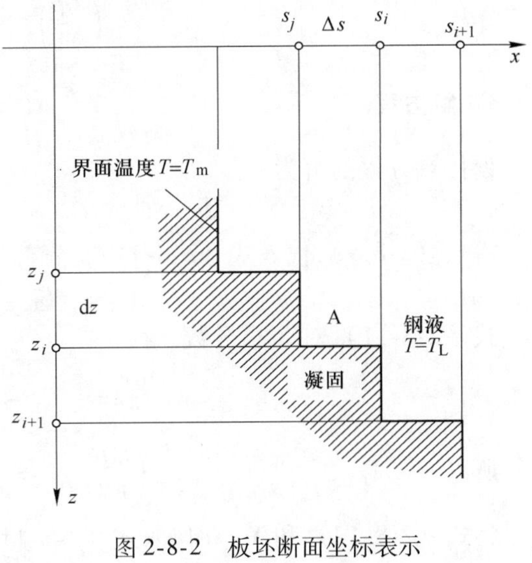

图 2-8-2　板坯断面坐标表示

$T = T_m$。

此时

$$\left(\frac{\partial T}{\partial X}\right)_{X=S} = \frac{c\rho u}{\lambda}\left(T_L + \frac{L_f}{c} - T_m\right)\frac{ds}{dz} \tag{2-8-5}$$

式中　s——凝固壳厚度，cm；

L_f——钢液凝固潜热，$L_f = 4.1868 \times 64 \approx 268$J/g；

h_i——冷却区域 i 的平均换热系数，W/(cm² · ℃)。

令

$$\begin{cases} \Phi = T/T_L \\ H = \dfrac{\lambda}{u\rho c} \cdot \dfrac{z}{D^2} \\ X = x/D \\ S = s/D \\ R = \dfrac{L_f + c(T_L - T_m)}{cT_L} \\ N_i = h_i D/\lambda \end{cases} \tag{2-8-6}$$

式中，D 为热板坯厚度的一半，板坯名义厚度的一半乘以 1.008，cm。

于是热平衡方程式变为

$$\frac{\partial \Phi}{\partial H} = \frac{\partial^2 \Phi}{\partial X^2} \tag{2-8-7}$$

此时，初始条件变为　$i = 1, H_j = 0, S_j = 0$

边界条件变为

$$H = H_j \text{ 时，} S = S_j$$

$$H_j < H < H_i \text{，} X = 0 \text{ 时，} \frac{\partial \Phi}{\partial X} = N_i \Phi \tag{2-8-8}$$

$$H_j < H < H_i \text{，} X = S \text{ 时，} \Phi = \Phi_m \tag{2-8-9}$$

$$\left(\frac{\partial \Phi}{\partial X}\right)_{X=S} = R\frac{dS}{dH} \tag{2-8-10}$$

8.1.5　解方程

设传热方程的解为

$$\Phi = C_0 + C_1(S - X) + C_2(S - X)^2 \tag{2-8-11}$$

将式（2-8-9）代入式（2-8-11），有

$$C_0 = \Phi_m \tag{2-8-12}$$

式（2-8-11）对 X 求导数，得

$$\frac{\partial \Phi}{\partial X} = -C_1 - 2C_2 S + 2C_2 X \tag{2-8-13}$$

所以

$$\left(\frac{\partial \Phi}{\partial X}\right)_{X=0} = -C_1 - 2C_2 S \tag{2-8-14}$$

将式（2-8-12）和 $X=0$ 代入式（2-8-11）得

$$(\Phi)_{X=0} = \Phi_m + C_1 S + C_2 S^2 \tag{2-8-15}$$

将式（2-8-15）代入式（2-8-10）得

$$\left(\frac{\partial \Phi}{\partial X}\right)_{X=0} = N_i(\Phi_m + C_1 S + C_2 S^2) \tag{2-8-16}$$

由式（2-8-14）和式（2-8-16）得

$$-C_1 - 2C_2 S = N_i(\Phi_m + C_1 S + C_2 S^2) \tag{2-8-17}$$

对式（2-8-9）全微分，有

$$\frac{\partial \Phi}{\partial X}\mathrm{d}X + \frac{\partial \Phi}{\partial H}\mathrm{d}H = 0 \tag{2-8-18}$$

即

$$\frac{\partial \Phi}{\partial X} \cdot \frac{\mathrm{d}X}{\mathrm{d}H} + \frac{\partial \Phi}{\partial H} = 0 \tag{2-8-19}$$

由式（2-8-7）和式（2-8-19）得

$$\frac{\partial^2 \Phi}{\partial X^2} + \frac{\partial \Phi}{\partial X}\frac{\mathrm{d}X}{\mathrm{d}H} = 0 \tag{2-8-20}$$

即

$$\left(\frac{\partial^2 \Phi}{\partial X^2}\right)_{X=S} + \left(\frac{\partial \Phi}{\partial X}\right)_{X=S}\frac{\mathrm{d}S}{\mathrm{d}H} = 0 \tag{2-8-21}$$

由式（2-8-10）和式（2-8-21）得

$$R\left(\frac{\partial^2 \Phi}{\partial X^2}\right)_{X=S} + \left(\frac{\partial \Phi}{\partial X}\right)^2_{X=S} = 0 \tag{2-8-22}$$

对式（2-8-13）求导数得

$$\frac{\partial^2 \Phi}{\partial X^2} = 2C_2 \tag{2-8-23}$$

式（2-8-13）中，当 $X=S$ 时

$$\left(\frac{\partial \Phi}{\partial X}\right)_{X=S} = -C_1 \tag{2-8-24}$$

将式（2-8-23）、式（2-8-24）代入式（2-8-22）得

$$(-C_1)^2 + R(2C_2) = 0 \tag{2-8-25}$$

所以

$$C_2 = -\frac{C_1^2}{2R} \tag{2-8-26}$$

将式（2-8-26）代入式（2-8-17）得

$$-C_1 + \frac{C_1^2}{R}S = N_i\left(\Phi_m + C_1 S - \frac{C_1^2}{2R}S^2\right) \tag{2-8-27}$$

令 $P = \frac{2\Phi_m}{R} + 1$，代入、移项并解一元二次方程得

$$C_1 = \frac{1 + N_i S \pm \sqrt{1 + N_i SP(2 + N_i S)}}{S(2 + N_i S)} \cdot R \tag{2-8-28}$$

因为凝固壳表面温度比其内部温度低，有

$$\left(\frac{\partial \Phi}{\partial X}\right)_{X=S} = -C_1 > 0 \quad (C_1 < 0)$$

于是

$$C_1 = \frac{1 + N_i S - \sqrt{1 + N_i SP(2 + N_i S)}}{S(2 + N_i S)} \cdot R \tag{2-8-29}$$

将式（2-8-29）代入式（2-8-26）得

$$C_2 = -\frac{[1 + N_i S - \sqrt{1 + N_i SP(2 + N_i S)}]^2}{2S^2(2 + N_i S)^2} \cdot R \tag{2-8-30}$$

至此，式（2-8-11）中的 C_0、C_1、C_2 已经求出。

8.1.6 凝固壳厚度计算公式的导出

由式（2-8-10）和式（2-8-24）可知

$$-C_1 = R\frac{\mathrm{d}S}{\mathrm{d}H} \tag{2-8-31}$$

将式（2-8-29）代入式（2-8-31）得

$$\frac{\mathrm{d}S}{\mathrm{d}H} = \frac{\sqrt{1 + N_i SP(2 + N_i S)} - N_i S - 1}{S(2 + N_i S)} \tag{2-8-32}$$

给式（2-8-32）等号右端分子、分母同乘以 $\sqrt{1 + N_i SP(2 + N_i S)} + (N_i S + 1)$ 并分离变量得

$$\int_{H_j}^{H_i} \mathrm{d}H = \int_{S_j}^{S_i} \frac{\sqrt{1 + N_i SP(2 + N_i S)} + (N_i S + 1)}{N_i(P - 1)} \mathrm{d}S \tag{2-8-33}$$

即

$$[H]_{H_j}^{H_i} = \frac{1}{N_i(P-1)}\left[\frac{(1 + N_i S)\sqrt{1 + N_i SP(2 + N_i S)}}{2N_i} + \frac{P-1}{2N_i\sqrt{P}}\ln\frac{1}{2N_i\sqrt{P}[\sqrt{P}(1 + N_i S) + \sqrt{1 + N_i SP(2 + N_i S)}]} + \frac{N_i S(2 + N_i S)}{2N_i}\right]_{S_j}^{S_i} \tag{2-8-34}$$

令

$$A = \sqrt{1 + N_i SP(2 + N_i S)} - N_i S - 1 \tag{2-8-35}$$

有

$$N_i^2 S^2(P-1) + 2N_i S(P-1) - 2AN_i S - A^2 - 2A = 0$$

或

$$(P-1)N_i^2 S^2 + 2(P - 1 - A)N_i S - A(A+2) = 0 \tag{2-8-36}$$

这是一个关于 $N_i S$ 的一元二次方程式，解之得

$$N_i S = \frac{A - (P-1) \pm \sqrt{PA^2 + (P-1)^2}}{P-1} \tag{2-8-37}$$

因为 $N_i S$ 相当于换热系数与凝固壳厚度的乘积，所以 $N_i S > 0$，因此

$$N_i S = \frac{A - (P-1) + \sqrt{PA^2 + (P-1)^2}}{P-1} \tag{2-8-38}$$

由式（2-8-35）和式（2-8-38）得

$$\begin{cases}1 + N_iS = \dfrac{A + \sqrt{PA^2 + (P-1)^2}}{P-1} \\ \sqrt{1 + N_iSP(2 + N_iS)} = A + N_iS + 1 \\ 2 + N_iS = \dfrac{A + (P-1) + \sqrt{PA^2 + (P-1)^2}}{P-1}\end{cases} \tag{2-8-39}$$

式（2-8-39）中，S 和 A 为变量，当 $S = S_i$ 时，$A = A_i$，当 $S = S_j$ 时，$A = A_j$，而 P 和 N_i 为常量，把式（2-8-35）、式（2-8-38）、式（2-8-39）代入式（2-8-34）并移项后得

$$\begin{aligned}2N_i(P-1)^3[H_i - H_j] = \Big|\{&[A + \sqrt{PA^2 + (P-1)^2}][(A+1)(P-1) + \\ &A - (P-1) + \sqrt{PA^2 + (P-1)^2}]\} + \\ &\left\{\frac{(P-1)^3}{\sqrt{P}}\ln\left\{2N_i\sqrt{P}\left[\sqrt{P}\frac{A + \sqrt{PA^2 + (P-1)^2}}{P-1} + \right.\right.\right. \\ &\left.\left.\left.\frac{(A+1)(P-1) + A - (P-1)\sqrt{PA^2 + (P-1)^2}}{P-1}\right]\right\}^{-1}\right\} + \\ &\{[A - (P-1) + \sqrt{PA^2 + (P-1)^2}] \\ &[A + (P-1) + \sqrt{PA^2 - (P-1)^2}]\}\Big|_{A_j}^{A_i}\end{aligned} \tag{2-8-40}$$

令等号右边第 1 大括弧所列之项为 a，第 2 大括弧所列之项为 b，第 3 大括弧所列之项为 c，进一步整理后得

$$a = 2A^2P + (1+P)A\sqrt{PA^2 + (P-1)^2} + (P-1)^2$$

$$c = A^2 + 2A\sqrt{PA^2 + (P-1)^2} + PA^2$$

$$a + c = A^2(1+3P) + A\sqrt{PA^2 + (P-1)^2}(3+P) + (P-1)^2$$

$$\begin{aligned}[a + c]_{A_j}^{A_i} = &(1+3P)(A_i^2 - A_j^2) + (3+P)[A_i\sqrt{PA_i^2 + (P-1)^2} - \\ &A_j\sqrt{PA_j^2 + (P-1)^2}]\end{aligned} \tag{2-8-41}$$

$$b = \frac{(P-1)^3}{\sqrt{P}}\ln\frac{1}{2N_i\sqrt{P}[1 + \sqrt{P}][\sqrt{PA^2 + (P-1)^2} + A\sqrt{P}]}$$

$$[b]_{A_j}^{A_i} = \frac{(P-1)^2}{\sqrt{P}}\ln\frac{A_j\sqrt{P} + \sqrt{PA_j^2 + (P-1)^2}}{A_i\sqrt{P} + \sqrt{PA_i^2 + (P-1)^2}} \tag{2-8-42}$$

将式（2-8-41）、式（2-8-42）代入式（2-8-40）可得

$$\begin{aligned}2N_i(P-1)^3(H_i - H_j) = &(1+3P)(A_i^2 - A_j^2) + (3+P)[A_i\sqrt{PA_i^2 + (P-1)^2} - \\ &A_j\sqrt{PA_j^2 + (P-1)^2}] + \\ &\frac{(P-1)^3}{\sqrt{P}}\ln\frac{A_j\sqrt{P} + \sqrt{PA_j^2 + (P-1)^2}}{A_i\sqrt{P} + \sqrt{PA_i^2 + (P-1)^2}}\end{aligned} \tag{2-8-43}$$

式（2-8-43）就是用积分法计算连铸板坯凝固壳厚度的平衡方程式。

8.1.7 结晶器出口凝固壳厚度计算

参看图 2-8-3 和式（2-8-43），为了系统地阐述，有些公式的叙述可能会有重复。

8.1.7.1 N_i 及其有关符号的意义

$$N_i = h_m \frac{D}{\lambda}$$

$$h_m = h_0' \cdot ETAM$$

$$h_0' = \frac{1.163}{10^4}[720 - (0.024F_k - 2.7)v_g]$$

式中 h_0'——根据结晶器铜板温度测量所求得的结晶器内的综合换热系数，W/(cm² · ℃)；

h_m——板坯表面平均换热系数，W/(cm² · ℃)；

$ETAM$——与结晶器出口凝固壳厚度实测值相比较给出的修正值，$ETAM=1.163$；

D——热板坯厚度的一半（冷板坯厚度一半再乘以 1.008），cm；

F_k——板坯厚度中心线上结晶器液面到其底部的距离，当结晶器长度为 90cm 时，$F_k = z_0 = 80$cm；

v_g——拉坯速度，cm/min，前面用的拉坯速度 u，其单位为 cm/s。

8.1.7.2 P 及其有关符号的意义

$$P = \frac{2\Phi_m}{R} + 1$$

$$\Phi_m = \frac{T_m}{T_L}$$

$$T_L = \frac{T_P + T_m}{2} - K_S$$

$$T_P = T_m + \Delta T$$

$$R = \frac{L_f + c(T_L - T_m)}{cT_L}$$

8.1.7.3 H_i 和 H_j 的意义

如图 2-8-3 所示，沿板坯长度方向的坐标为 z，板坯厚度方向的坐标为 x。则有

$$H = \frac{\lambda}{u\rho c} \cdot \frac{z}{D^2}$$

当 $z=0$ 时，$H=H_i=0$，$z=F_k$ 时，$H=H_i$，则计算时 $H_j=0$（i、j 见图 2-8-3）且代入前述之 λ、c 值得

$$H_i = \frac{\lambda}{\rho c} \cdot \frac{F_k}{uD^2} = k_4 \frac{F_k}{uD^2}$$

式中 k_4—— 系数，$k_4 = \lambda/(\rho c)$。

8.1.7.4 A_i 与 A_j 的意义

$$A = \sqrt{1 + N_i SP(2 + N_i S)} - N_i S - 1 \text{（实际计算时不用）}$$

$$A_i = \sqrt{1 + N_i S_i P(2 + N_i S_i)} - N_i S_i - 1$$

$$A_j = \sqrt{1 + N_i S_j P(2 + N_i S_j)} - N_i S_j - 1$$

$$S = \frac{s}{D} \qquad S_i = \frac{s_i}{D} \qquad S_j = \frac{s_j}{D}$$

式中　s_i——结晶器出口的凝固壳厚度，cm；

s_j——结晶器液面的凝固壳厚度，当然 $s_j=0$。

当 $z=0$ 时，$s=s_j=0$，则 $S_j=0$，$A_j=0$。

当 $z=F_k$ 时，$s=s_i$，则 $S_i=s_i/D$。

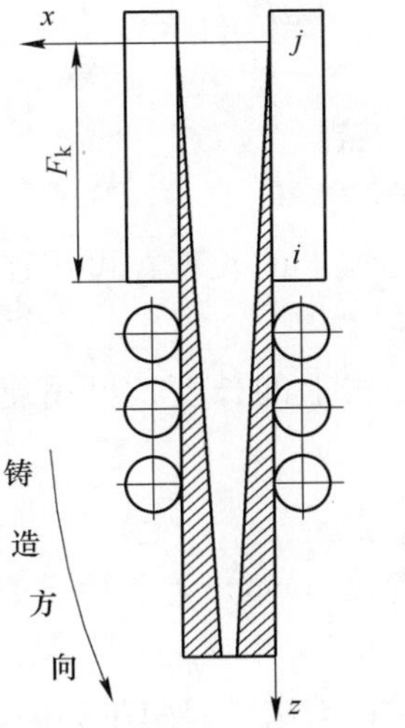

图 2-8-3　结晶器节点标注

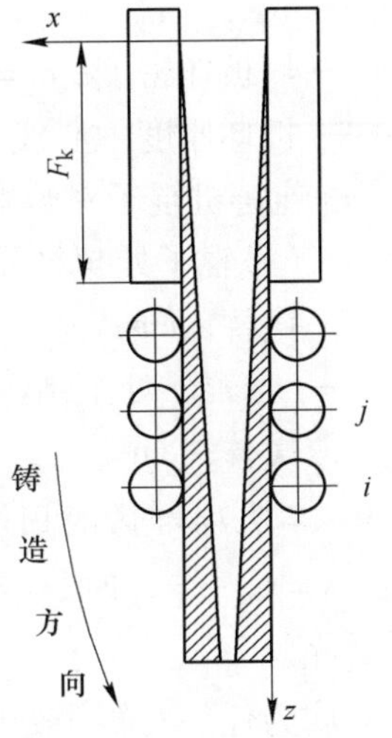

图 2-8-4　辊子节点标注

8.1.7.5　结晶器出口凝固壳厚度具体计算

式（2-8-43）是根据一维传热偏微分方程，通过合理假设所推导的板坯连铸凝固壳厚度计算的平衡方程，它是一个隐函数表示的方程，现将凝固壳厚度具体计算描述如下：

由图 2-8-3 可知，s_j 是结晶器液面处的凝固壳厚度，$s_j=0$，s_i 是所要计算的结晶器出口处的凝固壳厚度。

计算式假设 $s_i=0.6$cm，对式（2-8-43）等号两端同时进行验算，设等式左端为 A_Z，等式右端为 B_Z，当

$$|A_Z - B_Z| < 0.00001 \tag{2-8-44}$$

此刻的 s_i 值就是所要计算的结晶器出口的凝固壳厚度。如果每次计算的结果不满足式（2-8-44），则按照上述方法再增加一个 $\Delta s=0.00001$cm 的值或再减少一个 $\Delta s=0.00001$cm 的值，这样反复逼近运算，直至满足式（2-8-44）。

当然，这种方式用人工加计算器计算几乎是不可能的，如果用计算机语言编成程序，就可轻而易举地完成。

8.1.8　二次冷却区凝固壳厚度计算

参考图 2-8-4，平衡方程式见式（2-8-43），为了系统地阐述，有些公式的叙述可能会有重复。

8.1.8.1　N_i 的意义

$$N_i = h_i \cdot \frac{D}{\lambda}$$

式中　h_i——i 号辊子前一个辊距的板坯表面平均换热系数，W/(cm^2·℃)。

8.1.8.2 H_i 和 H_j 的意义

$$H = \frac{\lambda}{u\rho c} \cdot \frac{z}{D^2}$$

$$H_i - H_j = \frac{\lambda}{u\rho c} \cdot \frac{l_i}{D^2} = \frac{\lambda}{\rho c} \cdot \frac{l_i}{uD^2} = k_4 \frac{l_i}{uD^2}$$

式中 ρ—— 热板坯密度，$\rho = 7.6\text{g/cm}^3$；

l_i—— 板坯厚度中心线上的辊距，$l_i = z_i - z_j$，cm；

$i = j + 1$ ——连铸机辊子对数顺序号，如图 2-8-4 所示；

z_i—— i 号辊子处至结晶器液面在板坯厚度中心线上的长度，可用连铸机外弧线代替，cm；

z_j——j 号辊子处至结晶器液面在板坯厚度中心线上的长度，可用连铸机外弧线代替，cm。

8.1.8.3 二次冷却区凝固壳厚度具体计算

$z = z_i$ 时，$s = s_i$；$z = z_j$ 时，$s = s_j$。s_j 为 s_{i-1} 的凝固壳厚度（cm）；s_i 为所求的凝固壳厚度（cm）。

所求的 s_i 均为任一对辊子处的凝固壳厚度，如果 $s_i = s_1$ 为第一对辊子处的凝固壳厚度，这时 s_j 即为结晶器出口的凝固壳厚度，如果 $s_j = s_1$ 为第一对辊子处的凝固壳厚度，$s_i = s_2$ 即为第二对辊子处的凝固壳厚度，依此类推。

由图 2-8-2 可知，$s_i = s_j + \Delta s$，此公式中，s_j 是上一个辊子处的凝固壳厚度，s_i 是所要计算的辊子处的凝固壳厚度，当 $s_j = 0$ 时，s_i 就是结晶器出口的凝固壳厚度。

Δs 不是用某一个函数来表示，而是用下述方法所得到。例如，假设 $s_j = 1\text{cm}$，给 Δs 一个 0.0001cm 值，对式（2-8-43）等号两端同时进行验算，设等式左端为 A_Z，等式右端为 B_Z，当

$$|A_Z - B_Z| < 0.00001 \tag{2-8-44}$$

此刻的 s_i 值就是所要计算的凝固壳厚度。如果每次计算的结果不满足式（2-8-44），则按照上述方法再增加一个 $\Delta s = 0.00001\text{cm}$ 的值或再减少一个 $\Delta s = 0.00001\text{cm}$ 的值，这样反复逼近运算，直至满足式（2-8-44）。

需要指出的是，计算凝固壳厚度前，需要知道 i 号辊子和 j 号辊子之间的板坯表面平均换热系数。

8.1.9 凝固壳厚度计算举例

【例 2-8-1】 结晶器出口凝固壳厚度计算

当 $v_g = 30\text{cm/min}$，$F_k = 70\text{cm}$；板坯厚度 $DB = 16\text{cm}$，$T_m = 1528℃$，$\Delta T = 25℃$，初设 $s_i = 4\text{cm}$，则最终的结晶器出口凝固壳厚度 $s_i = 4.0276\text{cm}$；当初设的 $s_i = 3\text{cm}$ 时，$s_i = 4.0296\text{cm}$。

【例 2-8-2】 二次冷却区凝固壳厚度计算（纯水冷却）

当 $l_i = 22\text{cm}$，$h_i = 0.0902678\text{W/(cm}^2 \cdot ℃)$，$v_c = 148\text{cm/min}$，板坯厚度 $DB = 23\text{cm}$，$s_{i-1} = s_j = 2.391\text{cm}$，$T_m = 1528℃$，$\Delta T = 25℃$，则二次冷却区某对辊子处的凝固壳厚度 $s_i =$

2.6055cm。

【例 2-8-3】 二次冷却区凝固壳厚度计算（气水冷却）

当 h_i =0.0955248W/(cm² · ℃)，其余条件同例 2-8-2，则 s_i =2.6121cm。

8.2 二次冷区喷嘴喷射区域理论换热系数

计算二次冷却区喷嘴喷射区域理论换热系数的目的有 3 个：一是最终要计算二次冷却区喷嘴喷射区域的喷水量；二是要计算辊距间的平均换热系数进而最终计算板坯凝固壳厚度；三是最终要计算辊距间的板坯表面温度。

8.2.1 传热方程及其解的形式

为了保证连铸板坯的质量，要求二冷区的板坯表面温度尽可能保持一定。设结晶器出口以后的二次冷却区内某一区域的平均换热系数为 h_i，板坯表面温度 T_s、钢液凝固温度 T_m 为已知，则传热方程是 8.1 节无量纲化的式（2-8-7）

$$\frac{\partial \Phi}{\partial H} = \frac{\partial^2 \Phi}{\partial X^2} \tag{2-8-7}$$

对于二冷区来说，边界条件为：

$H = H_0$（结晶器出口）时　　$S = S_0$

$H > H_0$（二冷区内）时

$$X = 0,\ \Phi = \Phi_s$$

$$X = S,\ \Phi = \Phi_m$$

$$\left(\frac{\partial \Phi}{\partial X}\right)_{X=S} = R\frac{\mathrm{d}S}{\mathrm{d}H} \tag{2-8-10}$$

8.1 节已经给出式（2-8-10），设凝固层内的温度曲线为二次曲线，则 8.1 节给出的式（2-8-11）是式（2-8-7）的一个解

$$\Phi = C_0 + C_1(S - X) + C_2(S - X)^2 \tag{2-8-11}$$

8.2.2 求 C_0、C_1、C_2

8.2.2.1 求 C_0

令 $X = S$，则

$$\Phi = \Phi_m = C_0 + C_1(S - S) + C_2(S - S)^2$$

同前

$$C_0 = \Phi_m \tag{2-8-45}$$

8.2.2.2 求 C_1

令 $X = 0$，则

$$\Phi = \Phi_s = C_0 + C_1 S + C_2 S^2 \tag{2-8-46}$$

8.1.5 节式（2-8-27）为

$$C_2 = -\frac{C_1^2}{2R}$$

将式（2-8-27）代入式（2-8-46）得

$$\Phi_s = \Phi_m + C_1 S - \frac{C_1^2}{2R} S^2 \tag{2-8-47}$$

整理式（2-8-47）后可得

$$\frac{C_1^2}{2R} S^2 - C_1 S - (\Phi_m - \Phi_s) = 0 \tag{2-8-48}$$

式（2-8-48）是一个关于 S 的二次方程式

$$S = \frac{-(-C_1) \pm \sqrt{(-C_1)^2 + 4[C_1^2/(2R)](\Phi_m - \Phi_s)}}{2 \cdot \frac{C_1^2}{2R}}$$

$$= \frac{RC_1 \pm R\sqrt{C_1^2 + (2C_1^2/R)(\Phi_m - \Phi_s)}}{C_1^2}$$

$$= \frac{RC_1 + RC_1\sqrt{1 + (2/R)(\Phi_m - \Phi_s)}}{C_1^2}$$

$$= \frac{RC_1\left[1 \pm \sqrt{1 + \frac{2}{R}(\Phi_m - \Phi_s)}\right]}{C_1^2}$$

$$= \frac{R\left[1 \pm \sqrt{1 + \frac{2}{R}(\Phi_m - \Phi_s)}\right]}{C_1} \tag{2-8-49}$$

令

$$M = \sqrt{1 + \frac{2}{R}(\Phi_m - \Phi_s)} \tag{2-8-50}$$

则

$$S = \frac{R(1 \pm M)}{C_1} \tag{2-8-51}$$

由式（2-8-51）得

$$C_1 = \frac{R(1 \pm M)}{S} \tag{2-8-52}$$

式（2-8-11）对 X 求导得

$$\frac{\partial \Phi}{\partial X} = -C_1 - 2C_2(S - X) = -C_1 - 2C_2 S + 2C_2 X \tag{2-8-53}$$

$$\left(\frac{\partial \Phi}{\partial X}\right)_{X=S} = -C_1$$

$$\left(\frac{\partial \Phi}{\partial X}\right)_{X=S} > 0$$

则　$C_1 < 0$

于是

$$C_1 = \frac{R(1 - M)}{S} \tag{2-8-54}$$

8.2.2.3　求 C_2

由式（2-8-26）知

$$C_2 = -\frac{C_1^2}{2R} = -\frac{1}{2R}\left[\frac{R(1-M)}{S}\right]^2 = -\frac{R(1-M)^2}{2S^2} \quad (2\text{-}8\text{-}55)$$

8.2.3 换热系数 h_i

将 C_0、C_1、C_2 代入式（2-8-11）得

$$\begin{aligned}\Phi &= C_0 + C_1(S-X) + C_2(S-X)^2 \\ &= \Phi_m + \frac{R(1-M)}{S}(S-X) - \frac{R(1-M)^2}{2S^2}(S-X)^2\end{aligned} \quad (2\text{-}8\text{-}56)$$

将式（2-8-56）代入式（2-8-10）得

$$\frac{dS}{dH} = \frac{1}{R}\left(\frac{\partial\Phi}{\partial X}\right)_{X=S} = \frac{1}{R}(-C_1) = \frac{1}{R}\left[-\frac{R(1-M)}{S}\right]$$

则

$$\frac{dS}{dH} = \frac{M-1}{S} \quad (2\text{-}8\text{-}57)$$

利用分离变量法对式（2-8-57）进行积分，可得到 S 的计算公式。

$$\int_{S_0}^{S} S dS = \int_{H_0}^{H}(M-1)dH$$

有

$$2(M-1)(H-H_0) = S^2 - S_0^2$$

$$S = \sqrt{S_0^2 + 2(M-1)(H-H_0)} \quad (2\text{-}8\text{-}58)$$

式（2-8-53）中，令 $X=0$，有

$$\begin{aligned}\left(\frac{\partial\Phi}{\partial X}\right)_{X=0} &= \left[-\frac{R(1-M)}{S} - \left(-\frac{R(1-M)^2}{S^2}\right)(S-X)\right]_{X=0} \\ &= \frac{-R(1-M)}{S} + \frac{R(1-M)^2}{S} \\ &= \frac{-R+RM+R-2RM+RM^2}{S} = \frac{-RM+RM^2}{2}\end{aligned}$$

所以

$$\left(\frac{\partial\Phi}{\partial X}\right)_{X=0} = \frac{RM(M-1)}{S} \quad (2\text{-}8\text{-}59)$$

当 $X=0$ 时，式（2-8-11）变为

$$(\Phi)_{X=0} = \Phi_m + C_1 S + C_2 S^2$$

代入 C_1、C_2 值得

$$\begin{aligned}(\Phi)_{X=0} &= \Phi_m + \frac{R(1-M)}{S}S - \frac{R(1-M)^2}{2S^2}S^2 \\ &= \Phi_m + R(1-M) - \frac{R}{2}(1-M)^2 \\ &= \Phi_m + R(1-M)\left[1 - \frac{1}{2}(1-M)\right] \\ &= \Phi_m + R(1-M)\frac{2-1+M}{2}\end{aligned}$$

即

$$(\Phi)_{X=0} = \Phi_m + \frac{R}{2}(1-M^2) \quad (2\text{-}8\text{-}60)$$

由式（2-8-8）知，板坯表面换热可以用下式定义

$$\left(\frac{\partial \Phi}{\partial X}\right)_{X=0} = N(\Phi)_{X=0} \tag{2-8-61}$$

将式（2-8-59）和式（2-8-60）代入式（2-8-61）得

$$N = \frac{\left(\frac{\partial \Phi}{\partial X}\right)_{X=0}}{(\Phi)_{X=0}} = \frac{RM(M-1)/S}{\Phi_{\mathrm{m}} + \frac{R}{2}(1-M^2)} \tag{2-8-62}$$

$$= \frac{2RM(M-1)}{[2\Phi_{\mathrm{m}} + R(1-M^2)]S}$$

将式（2-8-58）代入式（2-8-62）得

$$N = \frac{2RM(M-1)}{[2\Phi_{\mathrm{m}} + R(1-M^2)]} \cdot \frac{1}{\sqrt{S_0^2 + 2(M-1)(H-H_0)}}$$

令

$$F = \frac{2RM(M-1)}{2\Phi_{\mathrm{m}} + R(1-M^2)} \tag{2-8-63}$$

则

$$N = \frac{F}{\sqrt{S_0^2 + 2(M-1)(H-H_0)}} \tag{2-8-64}$$

从式（2-8-6）知

$$N_i = h_i \cdot \frac{D}{\lambda}$$

所以

$$h_i = \frac{\lambda}{D}N_i = \frac{\lambda}{D} \cdot \frac{F}{\sqrt{S_0^2 + 2(M-1)(H-H_0)}} \tag{2-8-65}$$

8.2.4 二次冷却水量在板坯长度方向上的分配

在连铸设备总体设计中把整个连铸机的二次冷却区划分为若干个冷却区域，在实际浇钢生产中，这些冷却区域分别供水，水量分别调节，尽可能保持这些冷却区域板坯表面温度的合理衔接，生产出质量合格的连铸板坯。为了保持板坯表面温度在板坯长度方向上的合理衔接，各冷却区域的水量最好是连续变化，但由于连铸设备把二次冷却区划分为若干个冷却区域，实际上是做不到的。因此，板坯表面换热系数不可能连续变化，只能对某一个冷却区域取平均值进行水量计算。每个冷却区域又包含着若干个辊子间距，亦即若干排喷嘴，这里就是把二次冷却区作为若干个冷却区域来计算的。

在以下的计算中，将整个二次冷却区按照下述方式划分为若干个区域，并标注上相应辊子编号的脚注号，见表 2-8-1。

表 2-8-1 二次冷却区各冷却区域的划分

若干冷却区域	1	2	3	…	k
冷却区域标号	$i=0,k_1$	$i=k_1,k_2$	$i=k_2,k_3$	…	$i=k_j,k_i$

注：标号 j、i 表示相邻两个冷却区域末端的辊子号，对于第 1 个冷却区域，$j=0$。

8.2.5 求某个冷却区喷水冷却区域的平均换热系数

设 N_k 为第 k 个冷却区平均换热系数的无因次量，则

$$N_k = \frac{1}{H_{ki} - H_{kj}} \int_{H_{kj}}^{H_{ki}} N \mathrm{d}H \tag{2-8-66}$$

将式（2-8-63）代入式（2-8-65）得

$$N_k = \frac{1}{H_{ki} - H_{kj}} \int_{H_{kj}}^{H_{ki}} \frac{F}{\sqrt{S_0^2 + 2(M-1)(H-H_0)}} \mathrm{d}H$$

因为 $\Phi_S = T_S/T_L$ 中，T_L 由式（2-8-1）定义，T_S 是板坯表面温度，而根据不同钢种、拉速和生产经验人为设定，所以 F 为已知常数，可提到积分号外面，因而

$$N_k = \frac{F}{H_{ki} - H_{kj}} \int_{H_{kj}}^{H_{ki}} \frac{\mathrm{d}H}{\sqrt{S_0^2 + 2(M-1)(H-H_0)}} \tag{2-8-67}$$

令 $u_1 = S_0^2 + 2(M-1)(H-H_0)$，则 $\mathrm{d}u_1 = 2(M-1)\mathrm{d}H$

则 $$\mathrm{d}H = \frac{\mathrm{d}u_1}{2(M-1)}$$

代入积分式（2-8-67）内得

$$\begin{aligned}
\int_{H_{kj}}^{H_{ki}} \frac{\mathrm{d}H}{\sqrt{S_0^2 + 2(M-1)(H-H_0)}} &= \int_{H_{kj}}^{H_{ki}} \frac{u_1^{-1/2}}{2(M-1)} \mathrm{d}u_1 \\
&= \frac{1}{2(M-1)} \int_{H_{kj}}^{H_{ki}} u_1^{-1/2} \mathrm{d}u_1 \\
&= \frac{1}{2(M-1)} \left[2u_1^{-1/2} \right]_{H_{kj}}^{H_{ki}} \\
&= \frac{1}{(M-1)} \left[\sqrt{S_0^2 + 2(M-1)(H-H_0)} \right]_{H_{kj}}^{H_{ki}}
\end{aligned}$$

因而 $$N_k = \frac{F}{H_{ki} - H_{kj}} \frac{\left[\sqrt{S_0^2 + 2(M-1)(H-H_0)} \right]_{H_{kj}}^{H_{ki}}}{M-1}$$

即 $$N_k = \frac{\sqrt{S_0^2 + 2(M-1)(H_{ki}-H_0)} - \sqrt{S_0^2 + 2(M-1)(H_{kj}-H_0)}}{(H_{ki} - H_{kj})(M-1)} \cdot F$$

令 $$X_{ij} = \sqrt{S_0^2 + 2(M-1)(H_{ki}-H_0)} - \sqrt{S_0^2 + 2(M-1)(H_{kj}-H_0)}$$

则 $$N_k = \frac{FX_{ij}}{(H_{ki} - H_{kj})(M-1)} \tag{2-8-68}$$

在式（2-8-6）当中进行微分方程的无因次处理时，令 $H = \frac{\lambda}{u\rho c} \cdot \frac{z}{D^2}$。在板坯表面 $H = H_s$，一个辊距（也就是一排喷嘴）时 $z = \Delta z$。设 D_s 是板坯表面上一排喷嘴的直接喷水厚度（亦即沿板坯长度方向上的喷淋距离），Δz 为两个相邻辊子间（一个辊距）直接喷水厚度 D_s 和间接冷却部分（喷溅冷却、自然冷却，不包括辊子换热）的综合冷却换热区间。因而取 $\Delta z = 1.5D_s$，则

$$H_s = \frac{1.5\lambda D_s}{u\rho c D^2} \tag{2-8-69}$$

式中，H_s 表示两个辊子之间受到喷水冷却的 z 坐标方向（即沿板坯拉出方向）上的板坯表面坯长的无因次量。

在 8.1 节中，$j = i - 1$，表示相邻两对辊子。在 8.2 节中，标号 j、i 表示相邻两个冷却

区域末端的辊子号，对于第 1 喷水冷却区域，$j=0$。所以在本节中 $j \neq i-1$。因为大部分喷水冷却区域都不可能是一排喷嘴或一对辊子，只有第一个喷水冷却区域有可能是一排喷嘴或一对辊子。例如，对于某个喷水冷却区域末辊号 $j=20$，沿出坯方向下一个相邻喷水冷却区域末辊号 $i=34$。

令 $N_s(k)$ 为某冷却区域内两相邻辊子间的板坯表面换热系数相当的无因次量，h_b 为自然冷却的换热系数，则 $N_b=h_bD/\lambda$ 表示自然冷却的无因次量。设板坯宽度为 B，冷却温度降为 ΔT，冷却时间为 Δt，则在某个冷却区传导出来的热量可用两种方式计算。

第一种方法：令 W 为相当于 $B\Delta T\Delta t$ 的无因次量，H_s 相当于两个导辊间的喷水面积沿板坯长度方向的坐标增量 Δz，则以两辊间冷却为基础的、该冷却区去掉自然冷却因素、完全由喷水冷却而传出的热量可用相应的无因次量表示

$$H_s[N_{s(k)}-N_b](k_i-k_j)W \tag{2-8-70}$$

第二种方法：以某冷却区冷却为基础计算，N_k-N_b 为冷却区内与去掉自然冷却因素、完全由喷水冷却造成的平均换热系数相当的无因次量；$H_{ki}-H_{kj}$ 是与冷却区长度相当的无因次量，因而该冷却区去掉自然冷却因素，完全由喷水冷却而传出的热量可用下面的无因次量表示

$$(N_k-N_b)(H_{ki}-H_{kj})W \tag{2-8-71}$$

式（2-8-70）与式（2-8-71）相等，则

$$H_s[N_{s(k)}-N_b](k_i-k_j)=(N_k-N_b)(H_{ki}-H_{kj}) \tag{2-8-72}$$

因此

$$N_{s(k)}=\frac{(N_k-N_b)(H_{ki}-H_{kj})}{H_s(k_i-k_j)}+N_b$$
$$=\frac{H_{ki}-H_{kj}}{H_s(k_i-k_j)}N_k-\frac{H_{ki}-H_{kj}}{H_s(k_i-k_j)}N_b+N_b$$

因为
$$N_k=\frac{FX_{ij}}{(H_{ki}-H_{kj})(M-1)}$$

所以
$$N_{s(k)}=\frac{H_{ki}-H_{kj}}{H_s(k_i-k_j)}\cdot\frac{FX_{ij}}{(H_{ki}-H_{kj})(M-1)}-\frac{N_b(H_{ki}-H_{kj})}{H_s(k_i-k_j)}+N_b$$

化简得
$$N_{s(k)}=\frac{FX_{ij}}{H_s(k_i-k_j)(M-1)}-\frac{N_b(H_{ki}-H_{kj})}{H_s(k_i-k_j)}+N_b \tag{2-8-73}$$

由式（2-8-60）得

$$\Phi_s=(\Phi)_{X=0}=\Phi_m+\frac{R}{2}(1-M^2)=\frac{1}{2}[2\Phi_m+R(1-M^2)] \tag{2-8-74}$$

将式（2-8-74）代入式（2-8-63）得

$$F=\frac{2RM(M-1)}{2\Phi_m+R(1-M^2)}=\frac{2RM(M-1)}{2\Phi_s}=\frac{RM(M-1)}{\Phi_s} \tag{2-8-75}$$

将式（2-8-75）代入式（2-8-73）得

$$N_{s(k)}=\frac{X_{ij}}{H_s(k_i-k_j)(M-1)}\cdot\frac{RM(M-1)}{\Phi_s}-\frac{N_b(H_{ki}-H_{kj})}{H_s(k_i-k_j)}+N_b$$
$$=\frac{X_{ij}}{H_s(k_i-k_j)}\cdot\frac{RM}{\Phi_s}-\frac{N_b(H_{ki}-H_{kj})}{H_s(k_i-k_j)}+N_b \tag{2-8-76}$$

令　$X_f = \dfrac{RM}{\Phi_s}$，$X_n = X_{ij} \cdot X_f$

则
$$N_{s(k)} = \frac{1}{H_s(k_i - k_j)}[X_n - N_b(H_{ki} - H_{kj})] + N_b \qquad (2\text{-}8\text{-}77)$$

将式（2-8-77）还原成有因次量

$H_{ki} = \dfrac{\lambda}{u\rho c}\dfrac{z_{ki}}{D^2}$，$H_{kj} = \dfrac{\lambda}{u\rho c}\dfrac{z_{kj}}{D^2}$，$H_{ki} - H_{kj} = \dfrac{\lambda}{u\rho c} \cdot \dfrac{1}{D^2}(z_{ki} - z_{kj})$，令 $L_i = z_{ki} - z_{kj}$，L_i 为某个喷水冷却区域沿 z 坐标的长度。

$$\frac{D}{\lambda}h'_s(k) = \frac{1}{\dfrac{1.5kD_s}{u\rho cD^2}(k_i - k_j)}\left\{X_n - \frac{D}{\lambda}h_b\left[\frac{\lambda}{u\rho c} \cdot \frac{1}{D^2}(z_{ki} - z_{kj})\right]\right\} + \frac{D}{\lambda}h_b$$

即
$$h'_s(k) = \frac{\lambda}{D} \cdot \frac{u\rho cD^2}{1.5kD_s(k_i - k_j)}\left(X_n - \frac{D}{k}h_b \cdot \frac{\lambda}{u\rho c} \cdot \frac{L_i}{D^2}\right) + h_b$$

整理后得
$$h'_s(k) = \frac{1}{1.5\lambda D_s(k_i - k_j)}(u\rho cDX_n - h_bL_i) + h_b \qquad (2\text{-}8\text{-}78)$$

式（2-8-78）就是所要计算的某个冷却区喷淋冷却区域的平均理论换热系数。

8.3　二次冷却区水量与压缩空气量

8.3.1　某个冷却区喷淋冷却区域的平均理论换热系数重新梳理

$$h'_s(k) = \frac{1}{1.5\lambda D_s(k_i - k_j)}[u\rho cDX_n - h_bL_i] + h_b \qquad (2\text{-}8\text{-}78)$$

式中　$h'_s(k)$——二次冷却区某个冷却区域中，喷嘴喷射区域（图2-8-5中的 BC 区域）板坯表面平均理论换热系数，W/(cm² · ℃)；

j，i——表示前后相邻两个冷却区域末端的辊子号；

D_s——喷嘴喷射（水、气）厚度，对水冷时，$D_s = 1.5$cm；对气水冷却，$D_s = 3.8$cm；

k_i，k_j——L 冷却区和 L-1 冷却区最终辊子号（见表2-8-1）；

$k_i - k_j$——L 冷却区的辊距数目；

u——拉坯速度，cm/s；

c——坯壳比热容，$c = 0.67$J/(g · ℃)；

ρ——热板坯密度，$\rho = 7.6$g/cm³；

D——热板坯厚度一半，$D = 1.008 \cdot D_0/2$cm；

h_b——空冷换热系数，$h_b = 0.021$W/(cm² · ℃)；

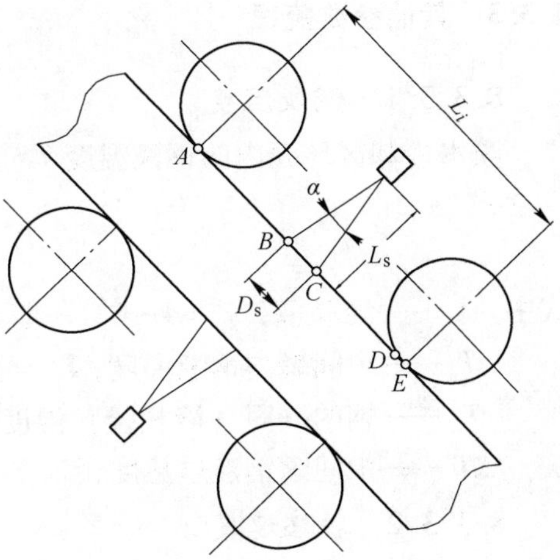

图2-8-5　喷淋区域示意

L_i ——某个小冷却区长度，cm；

D_0 ——板坯名义厚度，因 D_0 对理论换热系数计算几乎无影响，可以用板坯名义厚度代替，cm。

8.3.2　计算 X_n

$$X_n = X_f \cdot X_{ij} \qquad X_f = \frac{RM}{\Phi_s}$$

$$R = \frac{64 + 0.16(T_L - T_m)}{0.16 \cdot T_L}$$

$$M = \sqrt{1 + \frac{2(\Phi_m - \Phi_s)}{R}}$$

$$\Phi_m = \frac{T_m}{T_L} \qquad \Phi_s = \frac{T_s}{T_L}$$

$$X_{ij} = \sqrt{S_0^2 + 2(M-1)(H_{ki} - H_0)} - \sqrt{S_0^2 + 2(M-1)(H_{kj} - H_0)}$$

$$S_0 = \frac{s_0}{D}$$

$$H_0 = \frac{\lambda}{\rho c} \cdot \frac{z_0}{uD^2} \qquad H_{ki} = \frac{\lambda}{\rho c} \cdot \frac{z_{ki}}{uD^2}$$

$$H_{kj} = \frac{\lambda}{\rho c} \cdot \frac{z_{kj}}{uD^2}$$

式中　s_0——结晶器出口坯壳厚度，cm；

λ——凝固壳热导率，J/(cm · s · ℃) 或 W/(cm · ℃)，λ =0.3489W/(cm · ℃)；

z_0——沿板坯厚度中心线上结晶器液面长度，cm；

T_s——直接喷射区域（D_s 区域）板坯表面温度设定值（目标值），℃。

8.3.3　其他参数梳理

8.3.3.1　钢液温度

喷水冷却区坯壳内的钢液温度 T_L

$$T_L = \frac{T_p + T_m}{2} - k_a$$

式中　k_a——经验值，$k_a = 4 \sim 6$，一般可取 $k_a = 4$；

T_p——中间罐内钢液温度，$T_p = T_m + \Delta T$；

T_m——钢的凝固（液相线）温度，℃；

ΔT——中间罐钢液过热度，℃。

8.3.3.2　拉坯速度 u

$$u = \frac{100}{60} \cdot v_c$$

式中　V_c——拉坯速度，m/min。

8.3.3.3 某个小冷却区长度 L_i

$$L_i = z_{ki} - z_{kj}$$

式中 z_{ki}——结晶器液面至第 L 个冷却区最后一个辊子在板坯厚度中心线上的长度，cm；

z_{kj}——结晶器液面至第 L-1 个冷却区最后一个辊子在板坯厚度中心线上的长度，cm。

8.3.4 修正理论换热系数

根据生产实践，需要对理论换热系数式（2-8-78）进行修正，使其更加接近实际。

$$h_s(k) = (h'_s(k) - 0.021)/K_0 + 0.021 \tag{2-8-79}$$

式中 $h_s(k)$——接近实际的理论换热系数，W/(cm²·℃)，当 $h_s(k) < 0.021$W/(cm²·℃)时，取 $h_s(k) = 0.021$W/(cm²·℃)；

K_0——系数，对水冷却 $K_0 = 0.8$；对气水冷却 $K_0 = 0.9$。

8.3.5 换热系数与水量密度的关系

8.3.5.1 水冷却

当 $h_s(k) > 1.292$W/(cm²·℃) 时

$$V_s(k) = \left(\frac{h_s(k) - 0.021}{1.717372}\right)^{\tau} \tag{2-8-80}$$

式中 $V_s(k)$——直接喷射区域（D_s 区域）的水量密度，L/(cm²·min)；

τ——系数，$\tau = 1/0.7$。

当 $h_s(k) \leqslant 1.292$W/(cm²·℃) 时

$$V_s(k) = \frac{V_s(k)_i - V_s(k)_{i-1}}{h_s(k)_i - h_s(k)_{i-1}}[h_s(k) - h_s(k)_{i-1}] + V_s(k)_{i-1} \tag{2-8-81}$$

$V_s(k)$ 与 $h_s(k)$ 对应值见表 2-8-2。

表 2-8-2 $V_s(k)$ 与 $h_s(k)$ 对应值

$V_s(k)$/L·cm⁻²·min⁻¹	$h_s(k)$/W·cm⁻²·℃⁻¹	$V_s(k)$/L·cm⁻²·min⁻¹	$h_s(k)$/W·cm⁻²·℃⁻¹
0	0.021	0.25	0.698
0.05	0.180	0.30	0.791
0.10	0.337	0.35	0.884
0.15	0.477	0.40	0.965
0.20	0.593	0.45	1.047

例：当 $h_s(k) = 0.523$W/(cm²·℃) 时

$$V_s(k) = \frac{0.20 - 0.15}{0.593 - 0.477}(0.523 - 0.477) + 0.15 \approx 0.17\text{L/(cm}^2\cdot\text{min)}$$

8.3.5.2 气水雾化冷却

$$V_s(k) = \left(\frac{h_s(k) - 0.021}{1.488912}\right)^{\frac{1}{0.75}} \tag{2-8-82}$$

试验条件不同，换热系数与水量密度的关系式也不同，更多的关系式见第8.10节。

8.3.6 水量计算

8.3.6.1 内弧侧水量

$$Q_{Li} = K_1 \cdot D_S \cdot V_S(k) \cdot B_b \cdot (k_i - k_j) \tag{2-8-83}$$

式中 Q_{Li}——第 i 个冷却区内弧侧水量，L/min；

B_b——板坯喷淋宽度，可以用板坯宽度代替，cm；

K_1——系数，根据经验，当 $u \leq 10/6$cm/s 时，$K_1 = 3.4/3 - 0.2u$；当 $u > 10/6$cm/s 时，$K_1 = 0.8$，最后一个冷却区时，$K_1 = 0.935$。

8.3.6.2 外弧侧水量

$$Q_{Fi} = K_2 Q_{Li} \tag{2-8-84}$$

Q_{Fi}——第 i 个冷却区外弧侧水量，L/min；

K_2——系数，对于水冷却 $K_2 = 1 + 0.65\sin\theta_i$，

对于气冷却 $K_2 = 1 + 0.40\sin\theta_i$； (2-8-85)

(2-8-86)

θ_i——第 i 个冷却区与结晶器水平线夹角，$\theta = 0$，即内外弧水量相等，这样该冷却区的板坯冷却水为一个回路。事实上，当某个冷却区 θ 较小，内外弧水量差距不大时，也用一个水回路，这样内外弧水量变成相等的。

8.3.6.3 第1冷却区域板坯两侧水量 Q_S

$$Q_S = S_C \cdot K_S \cdot W_1 \tag{2-8-87}$$

式中 Q_S——第1冷却区域板坯两侧水量，L/min；

S_C——板坯两个侧面需要喷水的总面积，cm^2；

K_S——经验系数，根据某些钢厂的实际经验，$K_S = 1.0 \sim 1.8$；

W_1——第1冷却区平均水量密度，取板坯宽面的水量密度即可，L/(min·cm^2)。

8.3.6.4 一流连铸机二次冷却区总水量计算

$$Q_t = (Q_{L1} + Q_{F1}) + (Q_{L2} + Q_{F2}) + \cdots + (Q_{Ln} + Q_{Fn}) + Q_S \tag{2-8-88}$$

式中 Q_t——一流连铸机二次冷却区总水量，L/min；

Q_{L1}，Q_{L2}，…，Q_{Ln}——分别为 $1 \sim n$ 个冷却区的内弧侧水量，L/min；

Q_{F1}，Q_{F2}，…，Q_{Fn}——分别为 $1 \sim n$ 个冷却区的外弧侧水量，L/min；

n——整个二次冷却区划分成若干个喷水冷却区的数目。

8.3.6.5 一台 N 流连铸机二次冷却水量 Q_{nt}

$$Q_{nt} = NQ_t \tag{2-8-89}$$

式中 Q_{nt}——一台 N 流连铸机二次冷却水量，L/min；

N——表示一台连铸机的流数。

由于钢铁公司产品大纲以及连铸生产线前工序的炼钢、钢液精炼和后工序轧钢生产线的约束，绝大多数板坯连铸机是1流或2流。近几年，一些板坯厚度薄一点的窄板坯连铸

机出现了3流和4流的机型，该机型矫直区域以后就变成了大方坯连铸机的结构形式。因为3流或4流的连铸机，流间距就要小，以减少中间罐的长度。因此，3流和4流板坯连铸机具有板坯和方坯连铸机的某些共同特征。

8.3.7　比水量计算

比水量亦即浇注每公斤钢所需要的水量，通常也叫冷却强度，计算比水量时，需先计算出浇钢量 Q_q，再计算比水量 WR 。

$$Q_q = B_b \cdot DB \cdot v_g \cdot \rho_b \times 10^{-3}$$

$$WR = Q_t / Q_q \tag{2-8-90}$$

式中　Q_q——浇钢量，kg/min；

v_g——拉坯速度，cm/min；

ρ_b——板坯密度，$\rho_b = 7.8\text{g/cm}^3$；

WR——比水量，L/kg。

在连铸工厂，比水量的概念最通用，二次冷却水量的强弱都用比水量衡量，人们也习惯用这个概念进行技术交流。新日铁君津厂2号板坯连铸机浇注管线钢 API X65、X70 时所用比水量为0.54L/kg。图2-8-6是钢种与冷却强度的大体概念。

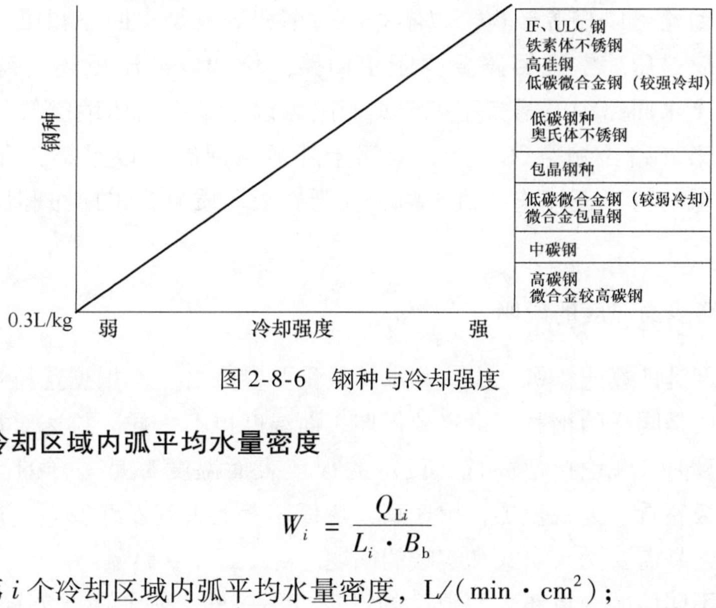

图2-8-6　钢种与冷却强度

8.3.8　第 i 个冷却区域内弧平均水量密度

$$W_i = \frac{Q_{Li}}{L_i \cdot B_b} \tag{2-8-91}$$

式中　W_i——第 i 个冷却区域内弧平均水量密度，L/(min · cm²)；

L_i——第 i 个冷却区内弧线长度，计算时为了方便，可用外弧线长度代替，cm。

8.3.9　压缩空气量计算

8.3.9.1　某冷却区 L 面或 F 面（即内弧面或外弧面）气量 Q_{aL} 和 Q_{aF}

$$Q_{aL} = \frac{60}{1.293} \cdot \gamma_z \cdot Q_{wL} \cdot K_a \tag{2-8-92}$$

$$Q_{aF} = \frac{60}{1.293} \cdot \gamma_z \cdot Q_{wF} \cdot K_a \tag{2-8-93}$$

式中 Q_{wL}，Q_{wF}——分别为某个冷却区内弧面和外弧面水量，L/min；

Q_{aL}，Q_{aF}——分别为某个冷却区内弧面和外弧面气量（标态），m^3/h；

γ_z——气水雾化冷却区气水重量比，$\gamma_z = 0.02 \sim 0.025$，早期也取 $\gamma_z = 0.05$；

K_a——安全系数，$K_a = 1.0 \sim 1.2$。

8.3.9.2 连铸机 1 流的总气量计算

$$Q_{a\Sigma} = (Q_{aL2} + Q_{aL3} + \cdots + Q_{aLn}) + (Q_{aF2} + Q_{aF3} + \cdots + Q_{aFn}) \quad (2\text{-}8\text{-}94)$$

式中 $Q_{a\Sigma}$——总气量（标态），m^3/h；

Q_{aL2}, Q_{aF2}——分别为第二冷却区的内弧和外弧气量（标态），m^3/h；

Q_{aLn}, Q_{aFn}——分别为第 n 冷却区的内弧和外弧气量（标态），m^3/h。

8.3.9.3 设置压缩空气控制回路的生产经验

（1）由于机械结构原因，绝大部分板坯连铸机第一冷却区和窄面冷却区都为纯水冷却，没有压缩空气。

（2）整个二冷区中，除第一冷却区和窄面冷却区为纯水冷却外，其他各冷却区的水回路和压缩空气回路可以相等，也可以不等。所谓相等就是水回路和压缩空气回路一一对应，所谓不等就是压缩空气回路要少于水回路。例如，某流板坯连铸机有十个水回路，在第二至第十水回路中，第二至第四水回路可以是第一路压缩空气，第五至第十内弧水回路可以是第二路压缩空气，第五至第十外弧水回路可以是第三路压缩空气。但是，对于拉速较低的特厚板坯连铸机，为了控制好板坯质量，水回路和压缩空气回路最好一一对应。

8.3.10 关于板坯表面温度的说明

板坯表面温度是计算连铸机二次冷却水的最重要参数之一，根据连铸机参数不同，浇注断面不同，即便是同样的钢种，设定的板坯表面温度也不一样。拉速对板坯表面温度影响很大，理论计算时，无论拉速高低，设定的板坯表面温度都是一样的，但是实际情况是，拉速低，热板坯看上去就发黑，拉速高，热板坯看上去就发红发亮，这个问题一直困惑着连铸工作者，是需要深入研究和实践的问题。

连铸机建在不同地域，板坯表面温度的设定也不一样，例如南北方温度差距比较大，这在设定板坯表面温度时，必须有不同的考虑。

板坯表面温度是钢铁公司的技术诀窍，往往不予公开，商家提供时，一般都偏保守，宁肯让用户降水量，也不敢浇注时由于水量少而增加水量，因为那样做是有危险的。1997 年《第二届发展中国家连铸会议论文集》第 352 页报道了北京科技大学在济南钢铁公司第一炼钢厂 4 号板坯连铸机实测的板坯表面温度与计算值的对比情况：扇形段 5 实测值和计算值分别是(1025.4 ±9)℃和 1024℃，扇形段 6 实测值和计算值分别是(970.4 ±20.5)℃和 982℃，扇形段 7 实测值和计算值分别是(936.8 ±3.9)℃和 923℃。

8.4　喷水冷却区域辊子间平均换热系数 h_i 的计算

计算辊子间平均换热系数 h_i 主要是为了计算板坯坯壳厚度。如图 2-8-5 和图 2-8-7 所示，*BC* 段是冷却水和气直接喷射到板坯表面的区域，*DE* 段是板坯与辊子接触的区域，*AB* 段是喷嘴上方的区域，*CD* 段是喷嘴下方的区域。

8.4.1　计算公式

$$h_i = \frac{h_{s1} \times \overline{AB} + h_s \times \overline{BC} + h_{s2} \times \overline{CD} + h_{sr} \times \overline{DE}}{l_i} \tag{2-8-95}$$

$$D_s = \overline{BC};\ \overline{AB} = \frac{l_i - D_s}{2};\ \overline{CD} = \overline{AB} - \overline{DE}$$

$$\overline{DE} = 0.6\sqrt{\delta_i \cdot D_{ri}} \tag{2-8-96}$$

式中　h_i——喷水冷却区相邻两辊子间的平均换热系数，W/(cm² · ℃)；

h_s——直接喷淋冷却区域的换热系数，W/(cm² · ℃)；

h_{s1}——间接冷却区域（*AB* 间）的换热系数，W/(cm² · ℃)；

h_{s2}——间接冷却区域（*CD* 间）的换热系数，W/(cm² · ℃)；

h_{sr}——辊子与板坯接触区域的换热系数，W/(cm² · ℃)；

D_s——喷水厚度，cm；

l_i——辊距，cm；

D_{ri}——内外弧辊子平均直径，cm；

δ_i——辊子间的板坯鼓肚量，cm；

$\overline{AB}$，$\overline{BC}$，$\overline{CD}$，$\overline{DE}$——分别为各局部区域的长度，如图 2-8-5 和图 2-8-7 所示，cm。

8.4.2　求板坯与辊子间接触长度 $\overline{DE}$ 以及内外弧辊子平均直径

由图 2-8-8 所表示的几何图形可知：

$$\alpha_1 = \alpha_2$$

则

$$\frac{l}{D_{ri}} = \frac{f}{l}$$

或

$$l = \sqrt{fD_{ri}}$$

因为

$$\overline{DE} \approx l$$

则

$$\overline{DE} = \sqrt{fD_{ri}}$$

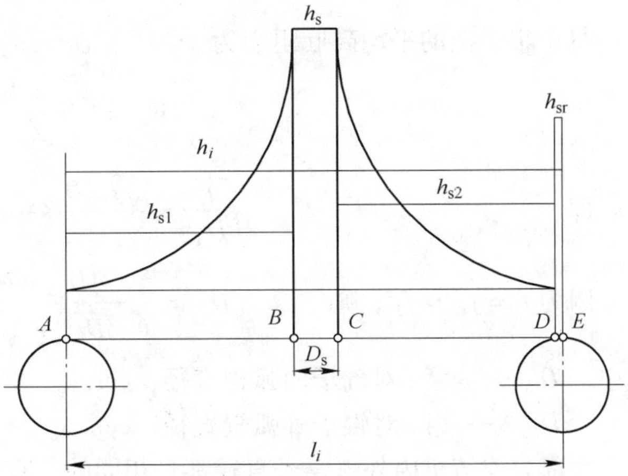

图 2-8-7　平均换热系数 h_i 的计算概念示意

如图 2-8-8 所示，将 f 用板坯坯壳的鼓肚量 δ_i 代替，并考虑到实测结果引入 0.6 的修正系数可得

$$\overline{DE} = 0.6\sqrt{\delta_i \cdot D_{ri}}$$

以 E 点取矩可以得出鼓肚阻力和辊子轴承反力的平衡式

$$W_s \cdot \frac{D_{ri}}{2} = P_{oi} \cdot e\text{（摩擦力 } F_m \text{ 和轴承垂直反力 } Y \text{ 取矩为 0）}$$

$$W_s = P_{oi} \cdot \frac{2e}{D_{ri}} = P_{oi}\frac{\overline{DE}}{D_{ri}} = P_{oi}\sqrt{\frac{f}{D_{ri}}}$$

同理，由图 2-8-9 可得内外弧辊子的轴承反力（即鼓肚阻力）表达式

$$W_1 = P_{oi}\sqrt{\frac{f_1}{D_{roi}}}$$

$$W_2 = P_{oi}\sqrt{\frac{f_2}{D_{rui}}}$$

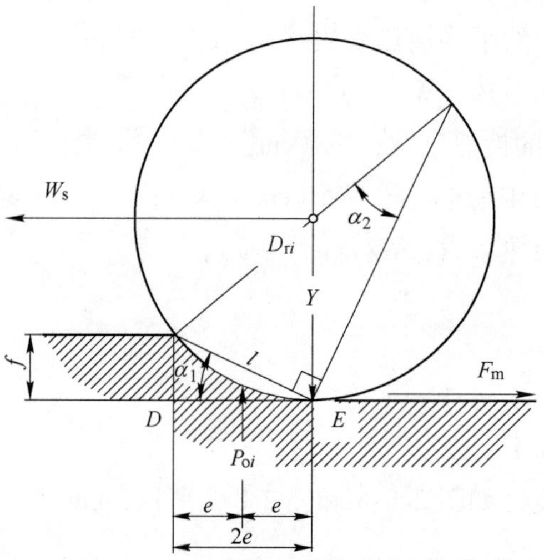

图 2-8-8　辊子与板坯之间接触长度

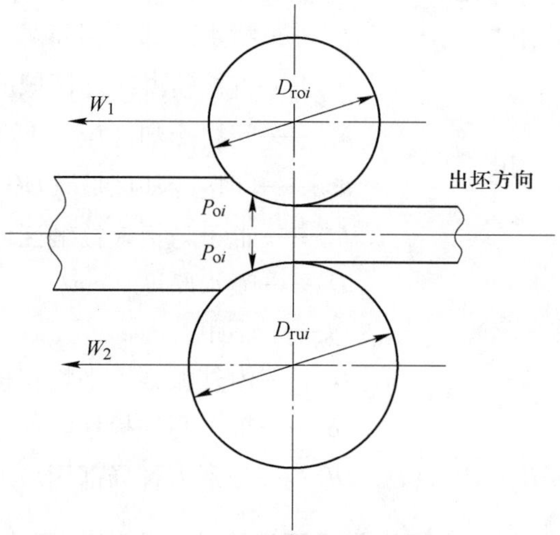

图 2-8-9　不同直径的内外弧辊子

每个辊子上的平均鼓肚阻力为

$$W_s = \frac{W_1 + W_2}{2}$$

即

$$\sqrt{\frac{f}{D_{ri}}} = \frac{\sqrt{f_1/D_{roi}} + \sqrt{f_2/D_{rui}}}{2}$$

因为 $f = f_1 = f_2$，则

$$D_{ri} = \frac{4D_{roi} \cdot D_{rui}}{(\sqrt{D_{roi}} + \sqrt{D_{rui}})^2} \tag{2-8-97}$$

式中　D_{roi} ——第 i 对辊子内弧辊直径，cm；

　　　D_{rui} ——第 i 对辊子外弧辊直径，cm。

大部分连铸机内外弧辊子直径都是相同的，有个别连铸机的矫直区域个别外弧辊子直径比内弧辊子直径大。

8.4.3　计算鼓肚量 δ_i

同“3.2 辊列的校核”一节，公式如下

$$\delta_i = \frac{p_i \cdot l_i^4 \cdot \sqrt{t_s}}{32ES_{i-1}^3} \qquad t_s = \frac{l_i}{v_g} \qquad E = \frac{T_m - T_{ma}}{T_m - 100} \times 10^4$$

$$p_i = 0.1\gamma H_i \tag{2-8-98}$$

对于弧形区

$$H_i = \left(R_i - \frac{DD}{2}\right)\sin\theta_i + H_{i-1} \tag{2-8-99}$$

$$l_i = \frac{l_{wi} \cdot \left(R_i - \dfrac{DD}{2}\right)}{R_i} \tag{2-8-100}$$

对于弯矫区

$$H_i = H_{i-1} + \left(R_{ii} - \frac{DD}{2}\right)[\sin(\theta'_{ii-1} + \theta'_{ii}) - \sin\theta'_{ii-1}] \tag{2-8-101}$$

式中 t_s——板坯经过 l_i 的时间（考虑蠕变变形），min；

l_i——第 i 个辊子处在板坯厚度中心线上的辊距，cm；

v_g——拉坯速度，cm/min；

E——求鼓肚量时的相当弹性系数，MPa；

T_m——凝固温度，同前，℃；

T_{ma}——板坯坯壳平均温度，$T_{ma} = \dfrac{T_m + T_{si-1}}{2}$（即坯壳由内向外平均温度），℃；

T_{si-1}——上一个辊子处（$i-1$ 个辊子处）板坯表面温度，对于第一个辊子处，为结晶器内板坯表面温度，℃；

p_i——第 i 个辊子处的钢液静压力，MPa；

γ——钢液密度，$\gamma = 7.0\text{g/cm}^3$；

H_i——第 i 个辊子处距结晶器液面的垂直高度，对第 1 号辊子 $H_i = z_0 + l_1 = 100 + l_1$，cm；

l_1——第 1 对辊子中心线距结晶器底部的距离，cm；

s_{i-1}——前一个辊子处坯壳厚度，cm；

R_i——连铸机圆弧主半径，cm；

DD——热板坯厚度，$DD = 1.008D_0$cm；

θ_i——i 号辊与水平线之间夹角，(°)；

l_{wi}——外弧线上辊距，cm；

H_{i-1}——前一个辊子处距结晶器液面的垂直高度，cm；

R_{ii}——i 号弯矫点辊子外弧辊距，cm；

θ'_{ii}——i 号弯矫点辊子中心过连铸机主半径圆心连线与过主半径水平线之间夹角，(°)；

θ'_{ii-1}——$i-1$ 号辊子（或矫直辊）中心过连铸机主半径圆心连线与过主半径水平线之间夹角，(°)。

8.4.4　计算直接喷水冷却区域换热系数 h_s

$$h_s = (H'_{si} - 0.021) \times ETA + h_{br}$$

$$H'_{si} = \frac{1}{\frac{1}{H_{si}} + 0.17197} \tag{2-8-102}$$

$$h_{br} = \alpha_r + \alpha_c$$

式中　ETA——与实测比较所给的修正系数，$ETA = 0.8$；

h_{br}——空冷换热系数，$h_{br} = 0.021$W/(cm² · ℃)；

α_r——辐射等价换热系数，W/(cm² · ℃)；

α_c——对流换热系数，$\alpha_c = 46.52 \times 10^{-4}$W/(cm² · ℃)；

H_{si}——也就是式（2-8-81）中的 $h_s(k)$，W/(cm² · ℃)；

H'_{si}——对 H_{si} 的修正，W/(cm² · ℃)。

8.4.4.1　求 α_r 与 α_c

$$\alpha_r = \frac{\varepsilon\sigma}{T_{si-1} - T_A}\left[\left(\frac{T_{si-1} + 273}{100}\right)^4 - \left(\frac{T_A + 273}{100}\right)^4\right] \tag{2-8-103}$$

式中　ε——发射率，$\varepsilon = 0.8$；

σ——斯蒂芬-玻耳兹曼常数，$\sigma = 5.669 \times 10^{-4}$cm^{-2} · K^{-4}；

T_{si-1}——上一个辊子处（第 $i-1$ 个辊子处）板坯表面温度，对于第一个辊子处，为结晶器内板坯表面温度，℃；

T_A——环境温度，$T_A = 0$℃。

8.4.4.2　求 H_s

水量密度的表达式为：

$$V_s(k) = Q_{Li}/[D_s \cdot B_b \cdot (k_i - k_j)] \tag{2-8-104}$$

式中　Q_{Li}——板坯内弧侧水量，L/min；

B_b——板坯喷淋宽度，cm；

k_i, k_j——分别为第 L 冷却区和第 L-1 冷却区最终辊子的辊号。

A　水冷却时

当 $V_s(k) > 0.45$L/(cm² · min) 时

$$H_{si} = 1.717372 \cdot V_s(k)^{\frac{1}{\tau}} + 0.021 \tag{2-8-105}$$

式中　$1/\tau$——0.7。

当 $V_s(k) \leqslant 0.45$L/(cm² · min) 时

$$H_{si} = \frac{H_{si} - H_{si-1}}{V_s(k)_i - V_s(k)_{i-1}}(V_s(k) - V_s(k)_{i-1}) + H_{si-1} \tag{2-8-106}$$

例如：当 $V_s(k) = 0.32$L/(cm² · min) 时

$$H_{si} = \frac{0.884 - 0.791}{0.35 - 0.30}(0.32 - 0.30) + 0.791 = 0.828056\text{W/(cm}^2 \cdot ℃)$$

B　气水冷却时

$$H_{si} = 1.488912 V_s(k)^{0.75} + 0.021 \tag{2-8-107}$$

8.4.5 $\overline{AB}$间的平均换热系数 h_{s1}

令 $$A_1 = \frac{D_s}{2} \qquad A_2 = \frac{l_i}{2}$$

$$\begin{aligned} h_{s1} &= \frac{1}{A_2 - A_1}\int_{A_1}^{A2}\left[(h_s - h_{br})\frac{A_1^3}{x^3} + h_{br}\right]dx \\ &= \frac{1}{A_2 - A_1}\left[(h_s - h_{br})A_1^3\left(\frac{1}{A_2^2} - \frac{1}{A_1^2}\right)\left(-\frac{1}{2}\right) + h_{br}(A_2 - A_1)\right] \\ &= \frac{1}{A_2 - A_1}\left[(h_s - h_{br})\frac{A_2^2 - A_1^2}{2A_1^2A_2^2}(A_1^3) + h_{br}(A_2 - A_1)\right] \\ &= (h_s - h_{br})\frac{A_1^2(A_2 + A_1)}{2A_1^2A_2^2} + h_{br} \end{aligned}$$

所以 $$h_{s1} = (h_s - h_{br})\left[\left(\frac{A_1}{A_2}\right) + \left(\frac{A_1}{A_2}\right)^2\right]\Big/ 2 + h_{br} \tag{2-8-108}$$

如果令 $A_a = A_1/A_2$ $$h_{s1} = (h_s - h_{br})\frac{A_a + A_a^2}{2} + h_{br} \tag{2-8-109}$$

8.4.6 $\overline{CD}$间的平均换热系数 h_{s2}

令 $$A_1 = \frac{D_s}{2} \qquad A_3 = \frac{l_i}{2} - \overline{DE} \qquad A'_a = \frac{A_1}{A_3}$$

利用第 8.4.5 条积分方法可得

$$h_{s2} = (h_s - h_{br})\frac{A'_a + A'^2_a}{2} + h_{br} \tag{2-8-110}$$

8.4.7 辊子接触区域总换热系数 h_{sr}

8.4.7.1 有关变量的定义

如图 2-8-10 所示。

A 热量传入辊子中的变量

α_s——板坯表面与辊子表面间的换热系数，$\alpha_s = 0.3489\text{W}/(\text{cm}^2 \cdot ℃)$；

T_{si-1}——$i-1$ 号辊子处的板坯表面温度，对于第一对辊子而言，$i-1$ 号辊子处的板坯表面温度是指结晶器内板坯表面温度，℃；

T_0——辊子表面温度，℃；

B_C——板坯与辊子接触的投影长度，实际计算时，用公式（2-8-96）中的 $\overline{DE}$ 代替。

B 热量从辊子中传出的变量

外表面：

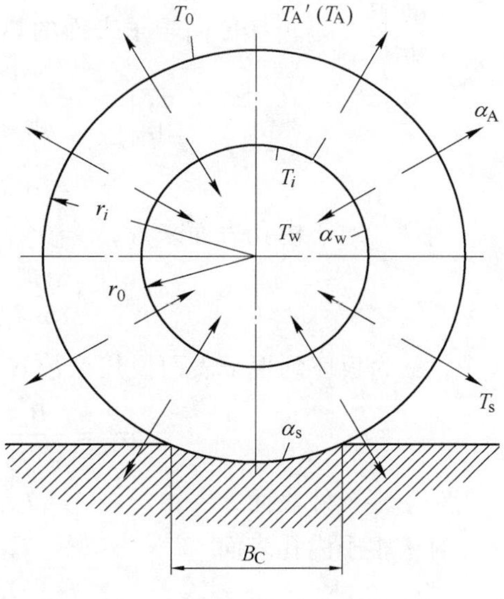

图 2-8-10 辊子与板坯接触传热

α_A——辊子表面与大气间的换热系数，$\alpha_A = 1.9771 \times 10^{-3}$ W/(cm² · ℃)；

T_A——环境温度，$T_A = 50$℃。

内表面：

α_w——辊子内表面与冷却水间的换热系数，$\alpha_w = 0.27726$ W/(cm² · ℃)；

T_i——辊子内表面温度,℃；

T_w——冷却水温度，$T_w = 0$℃。

C　其他变量

r_0——辊子半径，cm；

r_i——冷却水孔的半径，按 $r_i = 2 \sim 6$cm 计算。

8.4.7.2　板坯与辊子接触部分传出的热量

$$q = h_{sr}(T_{si-1} - T_w) \tag{2-8-111}$$

式中　q——板坯到辊子冷却水的总热流密度，W/cm²；

h_{sr}——对流换热系数，W/(cm² · ℃)。

8.4.7.3　轴对称模型的总换热系数 $\overline{h}_{sr}$

如图 2-8-10 所示，认为辊子是一个厚壁圆筒，以轴为对称向外均匀散热，

$$\frac{d^2T}{dr^2} + \frac{1}{r}\frac{dT}{dr} = 0 \tag{2-8-112}$$

该方程的解为

$$T = C_1 + C_2 \ln r \tag{2-8-113}$$

当 $r = r_0$ 时，即在辊子表面上的点，其热流密度 q''为：

$$\lambda_r \frac{dT}{dr}\bigg|_{r=r_0} \tag{2-8-114}$$

式中　λ_r——辊子材料的热导率，$\lambda_r = 3.489$ W/(cm · ℃)。

$\lambda_r \frac{dT}{dr}\bigg|_{r=r_0}$ 是板坯传向辊子表面的热流密度至辊子表面扩散到周围的热流密度，因而有

$$\lambda_r \frac{dT}{dr}\bigg|_{r=r_0} = \overline{\alpha_s}(T_{si-1} - T_0) - \alpha_A(T_0 - T_A) \tag{2-8-115}$$

$$= \overline{\alpha_s} T_{si-1} + \alpha_A T_A - (\overline{\alpha_s} + \alpha_A) T_0$$

同理，对于内孔表面来说，$r = r_i$，则

$$\lambda_r \frac{dT}{dr}\bigg|_{r=r_0} = \alpha_w(T_i - T_w) \tag{2-8-116}$$

式中，$\overline{\alpha_s}$为板坯到辊子表面换热系数 α_s 转化成轴对称模型时的等价换热系数。

$$\overline{\alpha_s} = \frac{B_c}{2\pi r_0}\alpha_s \qquad \overline{\alpha_s} = \frac{\overline{DE}}{2\pi r_0} \cdot \alpha_s \tag{2-8-117}$$

对于辊子外表面　　$$T_0 = C_1 + C_2 \ln r_0 \tag{2-8-118}$$

对于辊子内孔表面　　$$T_i = C_1 + C_2 \ln r_i \tag{2-8-119}$$

式（2-8-118）减去式（2-8-119）得　　$$T_0 - T_i = C_2 \ln \frac{r_0}{r_i} \tag{2-8-120}$$

对式（2-8-113）求导数 $\frac{\mathrm{d}T}{\mathrm{d}r} = \frac{\mathrm{d}}{\mathrm{d}r}(C_1 + C_2\ln r) = \frac{C_2}{r}$

于是
$$\left.\frac{\mathrm{d}T}{\mathrm{d}r}\right|_{r=r_0} = \frac{C_2}{r_0} \tag{2-8-121}$$

对式（2-8-115）移项得
$$(\overline{\alpha_s} + \alpha_A)T_0 = \overline{\alpha_s}T_{si-1} + \alpha_A T_A - \lambda_r \left.\frac{\mathrm{d}T}{\mathrm{d}r}\right|_{r=r_0} \tag{2-8-122}$$

将式（2-8-121）代入式（2-8-122）得
$$(\overline{\alpha_s} + \alpha_A)T_0 = \overline{\alpha_s}T_{si-1} + \alpha_A T_A - \lambda_r \frac{C_2}{r_0} \tag{2-8-123}$$

式（2-8-120）两端同乘以（$\overline{\alpha_s} + \alpha_A$）得
$$(\overline{\alpha_s} + \alpha_A)T_0 - (\overline{\alpha_s} + \alpha_A)T_i = (\overline{\alpha_s} + \alpha_A)C_2\ln\frac{r_0}{r_i} \tag{2-8-124}$$

式（2-8-123）减去式（2-8-124）消去 T_0 得
$$(\overline{\alpha_s} + \alpha_A)T_i = \overline{\alpha_s}T_{si-1} + \alpha_A T_A - \lambda_r \frac{C_2}{r_0}(\overline{\alpha_s} + \alpha_A)C_2\ln\frac{r_0}{r_i} \tag{2-8-125}$$

因为
$$\lambda_r \left.\frac{\mathrm{d}T}{\mathrm{d}r}\right|_{r=r_i} = \alpha_w(T_i - T_w) \tag{2-8-126}$$

$$\left.\frac{\mathrm{d}T}{\mathrm{d}r}\right|_{r=r_i} = \frac{C_2}{r_i} \tag{2-8-127}$$

由式（2-8-126）和式（2-8-127）得
$$\alpha_w T_i = \alpha_w T_w + \lambda_r \left.\frac{\mathrm{d}T}{\mathrm{d}r}\right|_{r=r_i} = \alpha_w T_w + \lambda_r \frac{C_2}{r_i} \tag{2-8-128}$$

式（2-8-11）乘以 α_w 再减去式（2-8-128）乘以（$\overline{\alpha_s} + \alpha_A$）消去 T_i 得

$$(\overline{\alpha_s} + \alpha_A)T_i\alpha_w = \overline{\alpha_s}T_{si-1}\alpha_w + \alpha_A T_A\alpha_w - \frac{C_2\lambda_r}{r_0}\alpha_w - \alpha_w(\overline{\alpha_s} + \alpha_A)C_2\ln\frac{r_0}{r_i} -$$

$$\alpha_w T_i(\overline{\alpha_s} + \alpha_A) = \alpha_w T_w(\overline{\alpha_s} + \alpha_A) + (\overline{\alpha_s} + \alpha_A)\lambda_r \frac{C_2}{r_i}$$

$$0 = \overline{\alpha_s}T_{si-1}\alpha_w + \alpha_A T_A\alpha_w - \alpha_w T_w(\overline{\alpha_s} + \alpha_A) - \frac{C_2\lambda_r}{r_0}\alpha_w -$$
$$\alpha_w(\overline{\alpha_s} + \alpha_A)C_2\ln\frac{r_0}{r_i} - (\overline{\alpha_s} + \alpha_A)\lambda_r\frac{C_2}{r_i}$$

所以
$$\alpha_w[\overline{\alpha_s}\,T_{si-1} + \alpha_A T_A - T_w(\overline{\alpha_s} + \alpha_A)] - C_2\alpha_w\left[\frac{\lambda_r}{r_0} + (\overline{\alpha_s} + \alpha_A)\ln\frac{r_0}{r_i} + \frac{\lambda_r}{r_i\alpha_w}(\overline{\alpha_s} + \alpha_A)\right] = 0$$

整理得
$$\alpha_w[\overline{\alpha_s}(T_{si-1} - T_w) + \alpha_A(T_A - T_w)] - C_2\alpha_w\left[\lambda_r\left(\frac{1}{r_0} + \frac{\overline{\alpha_s} + \alpha_A}{r_i\alpha_w}\right) + (\overline{\alpha_s} + \alpha_A)\ln\frac{r_0}{r_i}\right] = 0$$

所以
$$C_2 = \frac{\overline{\alpha_s}(T_{si-1} - T_w) + \alpha_A(T_A - T_w)}{\lambda_r\left(\frac{1}{r_0} + \frac{\overline{\alpha_s} + \alpha_A}{r_i\alpha_w}\right) + (\overline{\alpha_s} + \alpha_A)\ln\frac{r_0}{r_i}} \tag{2-8-129}$$

由式（2-8-128）得 $$T_i = \frac{\lambda_r C_2}{r_i \alpha_w} + T_w \tag{2-8-130}$$

由式（2-8-120）得 $$T_0 = C_2 \ln \frac{r_0}{r_i} + T_i = C_2 \ln \frac{r_0}{r_i} + \frac{\lambda_r C_2}{r_i \alpha_w} + T_w \tag{2-8-131}$$

将式（2-8-130）代入式（2-8-131）得

$$T_{si-1} - T_0 = T_{si-1} - C_2\left(\ln \frac{r_0}{r_i} + \frac{\lambda_r}{r_i \alpha_w}\right) - T_w \tag{2-8-132}$$

式（2-8-119）等于式（2-8-130），则

$$C_1 = T_i - C_2 \ln r_i = \frac{\lambda_r C_2}{r_i \alpha_w} + T_w - C_2 \ln r_i$$

即 $$C_1 = C_2\left(\frac{\lambda_r}{r_i \alpha_w} - \ln r_i\right) + T_w \tag{2-8-133}$$

从板坯向圆筒单位面积单位时间传出的热量，即热流密度，可用下式计算

$$q_b = \overline{\alpha_s}(T_{si-1} - T_0) = \overline{h_{sr}}(T_{si-1} - T_w) \tag{2-8-134}$$

式中，$\overline{h_{sr}}$为轴对称模型的总换热系数。

所以 $$\overline{h_{sr}} = \overline{\alpha_s} \frac{T_{si-1} - T_0}{T_{si-1} - T_w} \tag{2-8-135}$$

将式（2-8-132）代入式（2-8-135）得

$$\overline{h_{sr}} = \overline{\alpha_s} \frac{T_{si-1} - T_0}{T_{si-1} - T_w} = \overline{\alpha_s}\left[\frac{T_{si-1} - T_w - C_2\left(\ln \frac{r_0}{r_i} + \frac{\lambda_r}{r_i \alpha_w}\right)}{T_{si-1} - T_w}\right]$$

因而 $$\overline{h_{sr}} = \overline{\alpha_s}\left(1 - \frac{\ln \frac{r_0}{r_i} + \frac{\lambda_r}{r_i \alpha_w}}{T_{si-1} - T_w} C_2\right) \tag{2-8-136}$$

将式（2-8-129）代入式（2-8-136）得

$$\overline{h_{sr}} = \overline{\alpha_s}\left[1 - \frac{\ln \frac{r_0}{r_i} + \frac{\lambda_r}{r_i \alpha_w}}{T_{si-1} - T_w} \cdot \frac{\overline{\alpha_s}(T_s - T_w) + \alpha_A(T_A - T_w)}{\lambda_r\left(\frac{1}{r_0} + \frac{\overline{\alpha_s} + \alpha_A}{r_i \alpha_w}\right) + (\overline{\alpha_s} + \alpha_A) \ln \frac{r_0}{r_i}}\right] \tag{2-8-137}$$

8.4.7.4 辊子接触区域换热系数 h_{sr}

式（2-8-137）是以轴对称传热模型为基础推导出来的公式。现在，将其转换成连铸板坯与辊子接触的传热，即板坯与辊子内部冷却水间的总换热系数。

$$h_{sr} = \frac{2\pi r_0}{B_C} \overline{h_{sr}} \tag{2-8-138}$$

将式（2-8-137）代入式（2-8-138）得

$$h_{sr} = \frac{2\pi r_0}{B_C} \overline{\alpha_s}\left[1 - \frac{\ln \frac{r_0}{r_i} + \frac{\lambda_r}{r_i \alpha_w}}{T_s - T_w} \cdot \frac{\overline{\alpha_s}(T_s - T_w) + \alpha_A(T_A - T_w)}{\lambda_r\left(\frac{1}{r_0} + \frac{\overline{\alpha_s} + \alpha_A}{r_i \alpha_w}\right) + (\overline{\alpha_s} + \alpha_A) \ln \frac{r_0}{r_i}}\right]$$

$$= \frac{2\pi r_0}{B_C}\overline{\alpha_s}\left\{1 - \frac{\overline{\alpha_s}(T_{si-1} - T_w)\ln\left(\frac{r_0}{r_i} + \frac{\lambda_r}{r_i\alpha_w}\right) + \alpha_A(T_A - T_w)\left(\ln\frac{r_0}{r_i} + \frac{\lambda_r}{r_i\alpha_w}\right)}{(T_{si-1} - T_w)\left[\lambda_r\left(\frac{1}{r_0} + \frac{\overline{\alpha_s} + \alpha_A}{r_i\alpha_w}\right) + (\overline{\alpha_s} + \alpha_A)\ln\frac{r_0}{r_i}\right]}\right\}$$

$$= \frac{2\pi r_0}{B_C}\overline{\alpha_s}\left\{1 - \frac{(T_{si-1} - T_w)\left(\ln\frac{r_0}{r_i} + \frac{\lambda_r}{r_i\alpha_w}\right)\left(\overline{\alpha_s} + \alpha_A\frac{T_A - T_w}{T_{si-1} - T_w}\right)}{(T_{si-1} - T_w)\left[\lambda_r\left(\frac{1}{r_0} + \frac{\overline{\alpha_s} + \alpha_A}{r_i\alpha_w}\right) + (\overline{\alpha_s} + \alpha_A)\ln\frac{r_0}{r_i}\right]}\right\}$$

$$h_{sr} = \alpha_s\left[1 - \frac{\left(\ln\frac{r_0}{r_i} + \frac{\lambda_r}{r_i\alpha_w}\right)\left(\overline{\alpha_s} + \alpha_A\frac{T_A - T_w}{T_{si-1} - T_w}\right)}{\lambda_r\left(\frac{1}{r_0} + \frac{\overline{\alpha_s} + \alpha_A}{r_i\alpha_w}\right) + (\overline{\alpha_s} + \alpha_A)\ln\frac{r_0}{r_i}}\right] \qquad (2\text{-}8\text{-}139)$$

8.4.8　举例

【例 2-8-4】　水冷却

$H_i = 175\text{cm}$；$D_{ri} = 19\text{cm}$；$l_i = 22\text{cm}$；$T_{si-1} = 1047℃$；$s_{i-1} = 2.391\text{cm}$；$v_g = 148\text{cm/min}$

$Q_L = 481.7432\text{L/min}$；$B_b = 190\text{cm}$；$k_i = 8$；$k_j = 2$；$T_m = 1528℃$；$\pi = 3.1416$

则计算得　$h_i = 0.090268\text{W/(cm}^2 \cdot ℃)$

【例 2-8-5】　气水冷却

条件同上，则计算得　$h_i = 0.095525\text{W/(cm}^2 \cdot ℃)$

8.5　自然冷却区（非板坯喷水区）辊子间平均换热系数 h_{ci} 计算

8.5.1　计算公式

如图 2-8-11 所示。

$$h_{ci} = \frac{h_{br}(l_i - \overline{DE}) + h_{sr}\cdot\overline{DE}}{l_i}$$

$$h_{br} = \alpha_r + \alpha_c \qquad (2\text{-}8\text{-}140)$$

$$\alpha_r = \frac{\varepsilon\sigma}{T_{si-1} - T_A}\left[\left(\frac{T_{si-1} + 273}{100}\right)^4 - \left(\frac{T_A + 273}{100}\right)^4\right]$$

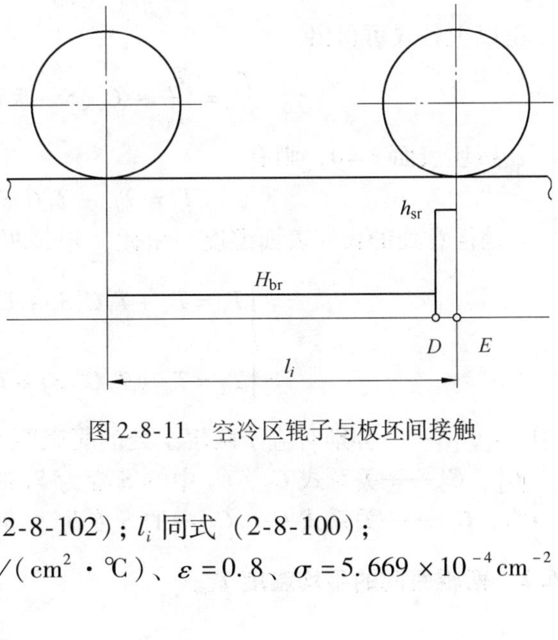

图 2-8-11　空冷区辊子与板坯间接触

式中　h_{ci}——自然冷却区（非板坯喷水区）辊子间平均换热系数，$\text{W/(cm}^2 \cdot ℃)$。

公式中 $\overline{DE}$ 同式（2-8-96）；h_{br}同式（2-8-102）；l_i 同式（2-8-100）；

公式中 α_r、T_{si-1}、$\alpha_c = 46.52 \times 10^{-4}\text{W/(cm}^2 \cdot ℃)$、$\varepsilon = 0.8$、$\sigma = 5.669 \times 10^{-4}\text{cm}^{-2} \cdot \text{K}^{-4}$、$T_A = 0℃$同式（2-8-103）；

h_{sr}同式（2-8-139）；$\overline{\alpha_s}$同式（2-8-117）；

$\alpha_s = 0.3489 W/(cm^2 \cdot ℃)$；$\alpha_A = 1.9771 \times 10^{-3} W/(cm^2 \cdot ℃)$；$\alpha_w = 0.27726 W/(cm^2 \cdot ℃)$；$T_A = 50℃$；$T_w = 0℃$；$\lambda_r = 3.489 W/(cm \cdot ℃)$；$r_i = 2cm$。

8.5.2 举例

【例 2-8-6】 $T_m = 1528℃$，$\pi = 3.1416$；$T_{si-1} = 1002℃$；$p_i = 0.8766MPa$；$l_i = 43.5cm$；$v_g = 148cm/min$；$s_{i-1} = 10.146cm$；$D_{ri} = 40cm$；未全凝固。

计算结果：$h_{ci} = 0.0204538 W/(cm^2 \cdot ℃)$

【例 2-8-7】 $T_m = 1528℃$，$\pi = 3.1416$；$T_{si-1} = 1066℃$；$p_i = 0$；$l_i = 43.5cm$；$v_g = 148cm/min$；$s_{i-1} = 11.592cm$ （$11.5cm \times 1.008$）；$D_{ri} = 40cm$；全凝固。此时 $\delta_i = 0$；$\overline{DE} = 0$

计算结果：$h_{ci} = 0.0183200 W/(cm^2 \cdot ℃)$

8.6 板坯表面各辊距间的平均温度计算

8.6.1 基本关系式

从坯壳厚度公式的建立，可得下述公式

$$\Phi = C_0 + C_1(S - X) + C_2(S - X)^2$$

$$\Phi = \frac{T}{T_L} \qquad C_0 = \Phi_m \qquad \Phi_m = \frac{T_m}{T_L}$$

$$S = \frac{s}{D} \qquad X = \frac{x}{D}$$

$$C_1 = \frac{1 + N_iS - \sqrt{1 + N_iSP(2 + N_iS)}}{S(2 + N_iS)} \cdot R \qquad C_2 = -\frac{C_1^2}{2R}$$

由以上各式可得出

$$\frac{T}{T_L} = \frac{T_m}{T_L} + C_1(S - X) + C_2(S - X)^2$$

在板坯表面 $x = 0$，则有

$$T = T_m + T_LC_1S + T_LC_2S^2 \tag{2-8-141}$$

T 是任意处的板坯表面温度。由此，相邻两对导辊处的表面温度有

$$\begin{cases} T_1 = T_m + T_LC'_1S_1 + T_LC'_2S_1^2, \ S_1 = \dfrac{s_1}{D} \\ T_2 = T_m + T_LC''_1S_2 + T_LC''_2S_2^2, \ S_2 = \dfrac{s_2}{S} \end{cases} \tag{2-8-142}$$

式中 s_1，s_2——分别对应于两辊子处的凝壳厚度，cm；

C'_1，C'_2——关系式 C_1、C_2 中的 S 变为 S_1 时的系数；

C''_1，C''_2——关系式 C_1、C_2 中的 S 变为 S_2 时的系数。

8.6.2 两辊距间的平均温度 T_{sm}

$$T_{sm} = (T_1 + T_2)/2 \tag{2-8-143}$$

式（2-8-142）还可以进一步写成

$$T_1 = T_m + T_L R\left[\frac{1 + N_i S_1 - \sqrt{1 + N_i S_1 P(2 + N_i S_1)}}{2 + N_i S_1}\right] -$$

$$T_L R\left[\frac{1 + N_i S_1 - \sqrt{1 + N_i S_1 P(2 + N_i S_1)}}{2 + N_i S_1}\right]^2 \Big/ 2$$

令 $pp = R \cdot T_L$ 则

$$T_1 = T_m + pp\left[\frac{1 + N_i S_1 - \sqrt{1 + N_i S_1 P(2 + N_i S_1)}}{2 + N_i S_1}\right] -$$

$$pp\left[\frac{1 + N_i S_1 - \sqrt{1 + N_i S_1 P(2 + N_i S_1)}}{2 + N_i S_1}\right]^2 \Big/ 2 \qquad (2\text{-}8\text{-}144)$$

同理

$$T_2 = T_m + pp\left[\frac{1 + N_i S_2 - \sqrt{1 + N_i S_2 P(2 + N_i S_2)}}{2 + N_i S_2}\right] -$$

$$pp\left[\frac{1 + N_i S_2 - \sqrt{1 + N_i S_2 P(2 + N_i S_2)}}{2 + N_i S_2}\right]^2 \Big/ 2 \qquad (2\text{-}8\text{-}145)$$

实际计算时，利用式（2-8-143）~式（2-8-145）三个公式。

在式（2-8-144）和式（2-8-145）中

$$S_1 = \frac{s_{i-1}}{D} \qquad S_2 = \frac{s_i}{D}$$

式中 s_i ——所计算辊子处的坯壳厚度，cm；

s_{i-1} ——前一个辊子处的坯壳厚度，cm；

N_i, P ——同第 8.1 节。

【例 2-8-8】 $l_i = 22$cm；$h_i = 0.0902678$W/(cm^2 · ℃)；$v_g = 148$cm/min；$D_0 = 23$cm；$s_{i-1} = 2.391$cm；$T_m = 1528$℃；$\Delta T = 25$℃；

∴ $s_i = 2.6055$cm　　$T_{sm} = 1021.505$℃ ≈ 1022℃

【例 2-8-9】 当 $h_i = 0.0955248$W/(cm^2 · ℃)，其余条件同上，

∴ $s_i = 2.6121$cm　　$T_{sm} = 1003.243529$℃ ≈ 1003℃

【例 2-8-10】 结晶器出口板坯表面平均温度

当 $T_m = 1528$℃；$\Delta T = 25$℃；$s_j = s_{i-1} = 0$；$s_i = 1.523$cm；$D_0 = 23$cm；$v_g = 148$cm/min；

$F_k = 80$cm

∴ $h_m = 0.1144003$W/(cm^2 · ℃)，$T_{sm} = 1313.167398$℃ ≈ 1313℃

8.7 鼓肚应变

在 3.2 节中介绍过鼓肚应变的计算方法，这里对计算公式进行推导。

8.7.1 应变计算公式

这里把鼓肚变形近似地看成是梁弯曲时其表面发生的变形，如图 2-8-12、图 2-8-13 所示。

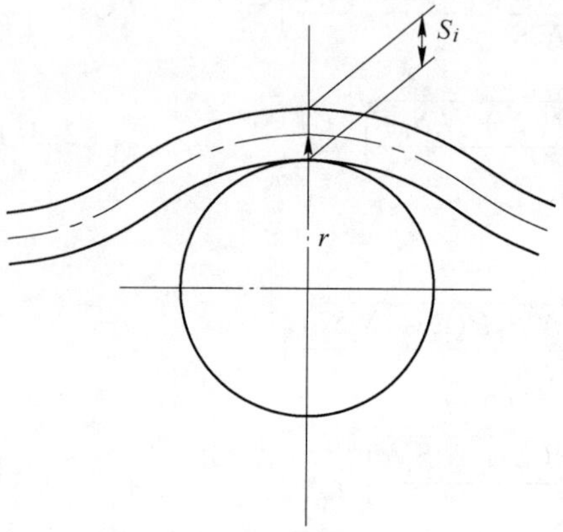

图 2-8-12　鼓肚变形示意

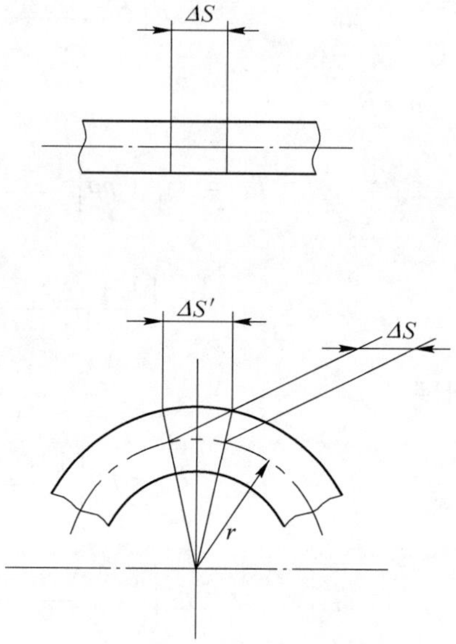

图 2-8-13　梁弯曲示意

$$\Delta S' = \frac{r + \frac{1}{2}S_i}{r} \cdot \Delta S \tag{2-8-146}$$

则鼓肚产生的应变

$$\varepsilon_{b(i)} = \frac{\Delta S' - \Delta S}{\Delta S} \times 100$$

亦即

$$\varepsilon_{b(i)} = \frac{S_i}{2} \cdot \frac{1}{r} \times 100 \tag{2-8-147}$$

式中，r 为最大变形发生处坯壳中性层曲率半径。

按照弹性理论，可以把鼓肚变形曲线表示成 $y = f(x)$，于是

$$\frac{1}{r} = \frac{y''}{(1 + y'^2)^{3/2}} \times 100$$

可近似地表示成

$$\frac{1}{r} = y'' \tag{2-8-148}$$

代入式（2-8-147）得

$$\varepsilon_{b(i)} = \frac{S_i}{2} \cdot \frac{1}{r} \times 100 = 50 S_i y'' |_{X=0} \tag{2-8-149}$$

8.7.2 鼓肚变形曲线

如图 2-8-14 所示，鼓肚变形可近似地看作两端固定梁，载荷均匀分布，由材料力学知

$$y = \frac{q_i x^2 (l_i - x)^2}{24EJ} \tag{2-8-150}$$

式中 E——弹性模量；

J——材料惯性矩，$J = \frac{bS_i^3}{12}$；

l_i, x, y——如图 2-8-14 所示；

q_i——i 号辊子处均布载荷，$q_i = p_i b$；

p_i——i 号辊子处单位面积上的载荷，即 i 号辊子处钢液静压力；

b——钢液静压力沿板坯宽度上的分布长度。

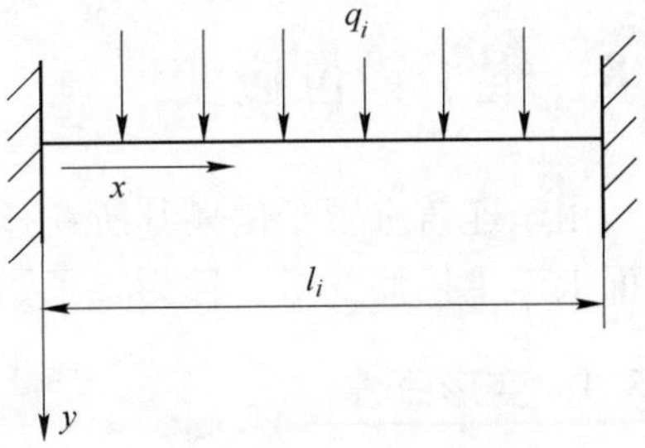

图 2-8-14 两端固定梁

于是可写成

$$\begin{cases} y = \frac{p_i x^2 (l_i - x)^2}{2ES_i^3} \\ y_{\max} = y|_{x=\frac{l_i}{2}} = \frac{p_i l_i^4}{32ES_i^3}（最大变形量） \end{cases} \tag{2-8-151}$$

式中，S_i 为坯壳厚度。

8.7.3 鼓肚应变

由式（2-8-151）得

$$\frac{dy}{dx} = y' = \frac{p_i}{ES_i^3} x(l_i - x)(l_i - 2x)$$

$$\frac{d^2y}{dx^2} = y'' = \frac{p_i}{ES_i^3}(6x^2 - 6l_i x + l_i^2)$$

将 y'' 代入式（2-8-149），并令 $x = 0$ 得：

$$\varepsilon_{b(i)} = 50S_i \cdot \frac{p_i l_i^2}{ES_i^3} = \frac{50p_i l_i^2}{ES_i^2} \tag{2-8-152}$$

因为 $$p_i = \frac{y_{\max} 32ES_i^3}{l_i^4}$$

且最大变形量等于最大鼓肚量，则 $y_{\max} = \delta_i$

式中 δ_i——i 号辊子和 $i-1$ 号辊子之间的鼓肚量。

所以 $$p_i = \frac{\delta_i \cdot 32ES_i^3}{l_i^4} \tag{2-8-153}$$

将式（2-8-153）代入式（2-8-152）有

$$\varepsilon_{b(i)} = \frac{50l_i^2}{ES_i^2} \cdot \frac{\delta_i \cdot 32ES_i^3}{l_i^4}$$

整理得鼓肚应变 $$\varepsilon_{b(i)} = \frac{1600S_i \cdot \delta_i}{l_i^2} \tag{2-8-154}$$

8.8　辊子错位应变

由于连铸机辊子偏离其所在弧线上的位置，在辊子支承位置处带液相的铸坯凝固壳内表面上产生拉伸变形，称为辊子错位变形。

8.8.1　变形曲线

辊子不对中时的受力如图 2-8-15 所示，既有均布载荷，梁中间又有集中载荷。

8.8.1.1　均布载荷时的变形曲线

$$y_1 = \frac{q_i x^2 (2l_i - x)^2}{24EJ} \tag{2-8-155}$$

8.8.1.2　集中载荷时的变形曲线

当 $0 \leqslant x \leqslant l_{i1}$ 时

$$y_2 = \frac{P_2 l_{i2}^2 x^2}{12EJl_i}\left[\frac{3l_{i1}}{2l_i} - \frac{(3l_{i1} + l_{i2})x}{4l_i^2}\right] \tag{2-8-156}$$

当 $l_{i1} = l_{i2} = l_i$ 时

$$y_2 = \frac{P_2 x^2}{24EJ}(3l_i - 2x) \tag{2-8-157}$$

均布载荷 q_i 与集中载荷 P_2 共同作用时的变形曲线

$$y = y_1 + y_2$$

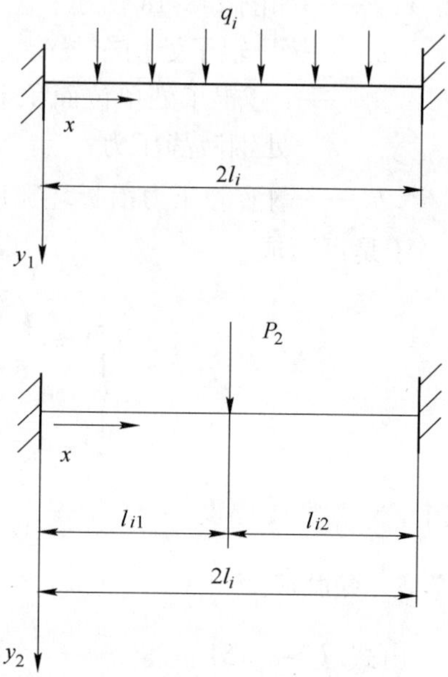

图 2-8-15　辊子不对中时的受力

于是

$$y = \frac{q_i x^2 (2l_i - x)^2}{24EJ} + \frac{P_2 x^2}{24EJ}(3l_i - 2x)$$

$$= \frac{x^2}{24EJ}[q_i(2l_i - x)^2 + P_2(3l_i - 2x)] \tag{2-8-158}$$

设辊子错位量为 δ_r，当 $x = l_i$ 时，$y = \delta_r$

由式（2-8-158）得

$$\delta_r = \frac{l_i^3}{24EJ}(q_i l_i + P_2) \tag{2-8-159}$$

$$P_2 = \frac{24EJ\delta_r}{l_i^3} - q_i l_i \tag{2-8-160}$$

将式（2-8-160）代入式（2-8-158）得

$$y = \frac{x^2}{24EJ}\left[q_i(2l_i - x)^2 + \left(\frac{24EJ\delta_r}{l_i^3}\right)(3l_i - 2x)\right]$$

$$= \frac{q_i x^2 (x - l_i)^2}{24EJ} + \frac{\delta_r x^2}{l_i^3}(3l_i - 2x)$$

因 $q_i = p_i b, J = \dfrac{bS_i^3}{12}$，代入上式得

$$y = \frac{p_i x^2 (x - l_i)^2}{2ES_i^3} + \frac{\delta_r x^2}{l_i^3}(3l_i - 2x_i) \tag{2-8-161}$$

8.8.2　辊子错位时两相界应变

由式（2-8-161）得

$$\begin{cases} y' = \dfrac{p_i x}{ES_i^3}(x - l_i)(2x - l_i) - \dfrac{6\delta_r x}{l_i^3}(x - l_i) \\ y'' = \dfrac{p_i}{ES_i^3}(6x^2 - 6l_i x + l_i^2) - \dfrac{6\delta_r}{l_i^3}(2x - l_i) \\ y''|_{x=0} = \dfrac{p_i l_i^2}{ES_i^3} + \dfrac{6\delta_r}{l_i^2} \end{cases} \tag{2-8-162}$$

由式（2-8-149）和式（2-8-162）得

$$\varepsilon = \frac{50 p_i l_i^2}{ES_i^2} + \frac{300 S_i \cdot \delta_r}{l_i^2} \tag{2-8-163}$$

式（2-8-163）中等号右边第一项与式（2-8-152）相同，是因鼓肚引起的两相界应变，而第二项才是两相界辊子错位应变 $\varepsilon_{r(i)}$，亦即辊子错位应变为

$$\varepsilon_{r(i)} = \frac{300 S_i \cdot \delta_r}{l_i^2} \tag{2-8-164}$$

8.9　矫直阻力与矫直力矩

铸坯的矫直阻力是计算拉坯阻力的一项，也是压缩铸造方法中必须考虑的因素，弯曲阻力也可用矫直阻力的方法进行计算。

8.9.1　矫直阻力计算公式

在图2-8-16中，沿拉坯方向在坯壳中取一微小体积 $dxdBdl$。微小体积内，长度方向的拉伸应力为 σ（单位为 MPa），应变为 ε_0（单位为%），则

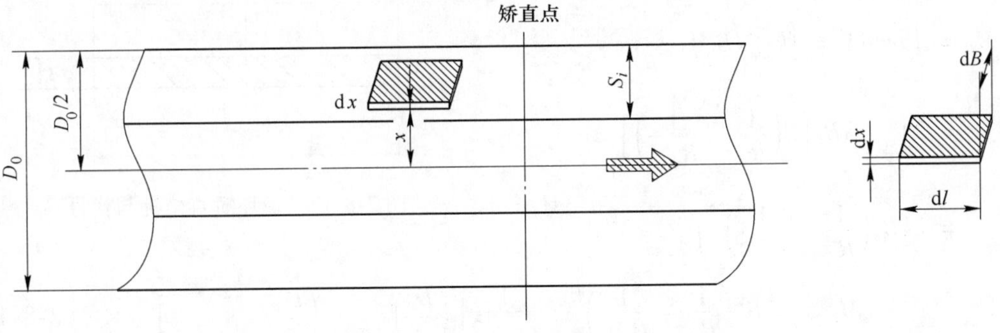

图2-8-16　板坯矫直微分模型

$$\sigma = k\varepsilon_0^m \tag{2-8-165}$$

式中　k——常数，$k = 28.3\text{MPa}$；

m——常数，$m=0.34$。

当应变从 ε_0 增加到 $\varepsilon_0+\mathrm{d}\varepsilon_0$ 时，微小体积内发生的能量改变为力与微小距离的乘积，即

$$[(\mathrm{d}x\cdot \mathrm{d}B)\sigma]\cdot[\mathrm{d}l\cdot \mathrm{d}\varepsilon_0]=(\mathrm{d}x\cdot \mathrm{d}B)k\varepsilon_0^m\cdot \mathrm{d}x\mathrm{d}\varepsilon$$

在区间 $0\sim\varepsilon_0$ 中，整个微小体积内能量的变化为

$$\mathrm{d}E_1=\int_0^{\varepsilon_0}(\mathrm{d}x\cdot \mathrm{d}B)k\varepsilon_0^m\cdot \mathrm{d}l\cdot \mathrm{d}\varepsilon_0=\frac{k}{m+1}\varepsilon_0^{m+1}\cdot \mathrm{d}x\cdot \mathrm{d}B\cdot \mathrm{d}l$$

$$=\frac{k\varepsilon_0^m}{m+1}\cdot\varepsilon_0\mathrm{d}x\cdot \mathrm{d}B\cdot \mathrm{d}l \tag{2-8-166}$$

由于

$$\varepsilon_0=x\cdot\left(\frac{1}{R_{oi}}-\frac{1}{R_{oi+1}}\right),\quad \mathrm{d}A=\mathrm{d}x\cdot \mathrm{d}B \tag{2-8-167}$$

式中 R_{oi}——当前矫直点的矫直半径；

R_{oi+1}——下一个矫直点的矫直半径。

则

$$\mathrm{d}E_1=\frac{\sigma}{m+1}\cdot x\cdot\left(\frac{1}{R_{oi}}-\frac{1}{R_{oi+1}}\right)\cdot \mathrm{d}A\cdot \mathrm{d}l \tag{2-8-168}$$

$\mathrm{d}E_1$ 在横断面 A 上的积分为：

$$\mathrm{d}E_2=\int_A \mathrm{d}E_1=\frac{1}{m+1}\cdot\left(\frac{1}{R_{oi}}-\frac{1}{R_{oi+1}}\right)\int_A\sigma\cdot x\cdot \mathrm{d}A\cdot \mathrm{d}l \tag{2-8-169}$$

式（2-8-169）中，$\int_A\sigma x\mathrm{d}A$ 是矫直时的矫直力矩，用 M_i 表示，于是

$$\mathrm{d}E_2=\frac{1}{m+1}\cdot\left(\frac{1}{R_{oi}}-\frac{1}{R_{oi+1}}\right)\cdot \mathrm{d}l\cdot M_i \tag{2-8-170}$$

在这里 $R_{oi}=R_i-D_0/2$，则矫直阻力 T_{MB} 为

$$T_{\mathrm{MB}}=\frac{\mathrm{d}_{E_2}}{\mathrm{d}l}=\frac{1}{m+1}\cdot\left(\frac{1}{R_{oi}}-\frac{1}{R_{oi+1}}\right)\cdot M_i \tag{2-8-171}$$

8.9.2 矫直力矩 M_i 的计算

如图2-8-17所示，设板坯宽度为 B_{b}，忽略板坯液芯的影响可知

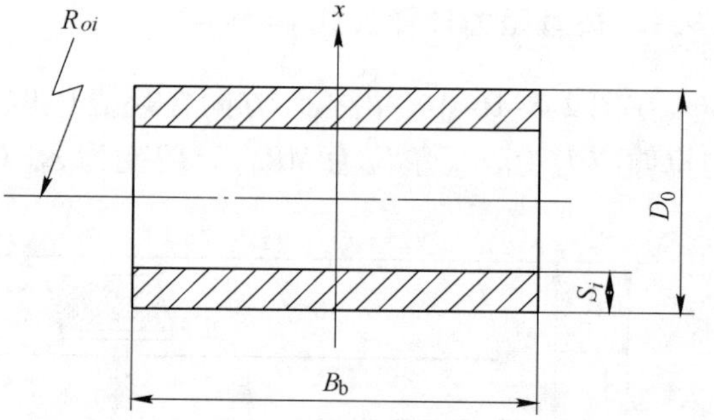

图2-8-17 板坯矫直坐标与代号

$$M_i=\int_A\sigma x\mathrm{d}A=\int k\varepsilon_0^m xB_{\mathrm{b}}\mathrm{d}x$$

$$=2\int_{\frac{D_0}{2}-S_i}^{\frac{D_0}{2}}kB_{\mathrm{b}}\left[x\left(\frac{1}{R_{oi}}-\frac{1}{R_{oi+1}}\right)\right]^m x\mathrm{d}x$$

$$=2kB_{\mathrm{b}}\left(\frac{1}{R_{oi}}-\frac{1}{R_{oi+1}}\right)^m\int_{\frac{D_0}{2}-S_i}^{\frac{D_0}{2}}x^{m+1}\mathrm{d}x$$

即

$$M_i=2kB_{\mathrm{b}}\left(\frac{1}{R_{oi}}-\frac{1}{R_{oi+1}}\right)^m\cdot\frac{1}{m+2}\left[\left(\frac{D_0}{2}\right)^{m+2}-\left(\frac{D_0}{2}-S_i\right)^{m+2}\right] \tag{2-8-172}$$

在这里所忽略掉的板坯厚度方向窄面坯壳对矫直产生的反力矩，其表达式为

$$2\int_0^{\frac{D_0}{2}-S_i}kS_i\left[x\left(\frac{1}{R_{oi}}-\frac{1}{R_{oi+1}}\right)\right]^m x\mathrm{d}x \tag{2-8-173}$$

即矫直力矩 M_i 中本应该包括这一项,但由于该项对 M_i 影响不大，故予以忽略。

8.10 凝固计算常用公式

8.10.1 液相线及固相线温度

设液相线温度为 T_{LL}(℃)；固相线温度为 T_{ss}(℃)（化学元素均为质量分数（%））。

（1）商家 K 于 1988 年提供给某钢铁公司超低头板坯连铸机的 Teetip 公式

$$T_{LL}=1536.6-\{88[C]+8[Si]+5[Mn]+5.5[Cu]+1.5[Cr]+4[Ni]+2[Mo]+18[Ti]+1\} \tag{2-8-174}$$

在式（2-8-174）中，1℃是对 P + S 而言。对气体和其他元素，必要时再减去2℃。88[%C] 是当含碳量≤0.5%时的系数，当含碳量 >0.5%时超出部分系数为 76，例如 0.6% C 含量时，意味着温度降低为 0.5 ×88 +0.1 ×76 =51.6℃。

（2）《宝钢技术》1997 年第 3 期第 20 页，日本人的“平居公式”

$$T_{LL}=1538-\{55[C]+80[C]^2+13[Si]+4.8[Mn]+1.5[Cr]+4.3[Ni]+30[P]+30[S]\} \tag{2-8-175}$$

当[C]≤0.09%时

$$T_{ss}=1538-\{478[C]+20.5[Si]+6.5[Mn]+2.0[Cr]+11.5[Ni]+5.5[Al]+500[P]+700[S]\} \tag{2-8-176}$$

当 0.09% <[C]≤0.17%时

$$T_{ss}=1495-\{20.5[Si]+6.5[Mn]+2.0[Cr]+11.5[Ni]+5.5[Al]+500[P]+700[S]\} \tag{2-8-177}$$

当[C]>0.17%时

$$T_{ss}=1527-\{187.5[C]+20.5[Si]+6.5[Mn]+2.0[Cr]+11.5[Ni]+5.5[Al]+500[P]+700[S]\} \tag{2-8-178}$$

（3）《鉄と鋼》1990 年第 2 号第 217 页，長田修次等人给出的“平居正纯公式”

$$T_{ss}=\theta_S-20.5[Si]-6.5[Mn]-2.0[Cr]-1.5[Ni]-5.5[Al]-156[P]-700[S] \tag{2-8-179}$$

当[C]≤0.10%时

$$\theta_S=1536-420[C]$$

当 0.10% <[C]≤0.185%时

$$\theta_S=1494$$

当[C]>0.185%时

$$\theta_S=1525.2-168.8[C]$$

零塑性温度 ZDT（Zero Ductility Temperature）

$$ZDT = T_{ss} - \Delta T_c - \Delta T_{PS} \tag{2-8-180}$$

当 [C]≤0.14%时

$$\Delta T_c=12.86[C]-18$$

当 0.14% <[C]≤0.18%时

$$\Delta T_c = 700[C] - 103$$

当 0.18% < [C] ≤ 0.24% 时

$$\Delta T_c = -466.7[C] + 107$$

当 0.24% < [C] ≤ 0.50% 时

$$\Delta T_c = -5$$

$$\Delta T_{PS} = 1007[P] + 1411[S]\ ([P] \leq 0.04\%)$$

据报道，按照式（2-8-180）计算的 *ZDT* 温度与实测值的误差在 20℃以内。

（4）《连续铸钢手册》，1990 年 12 月冶金工业出版社出版，第 81 页给出的公式液相线温度见表 2-8-3。固相线温度见表 2-8-4。

表 2-8-3　液相线温度

适应钢种	计算公式	准确度	附注
各种钢	式(2-8-181)：$T_{LL} = 1539 - \{70[C] + 8[Si] + 5[Mn] + 30[P] + 25[S] + [Cu] + 4[Ni] + 1.5[Cr]\}$ 式(2-8-182)：$T_{LL} = 1534 - \{73[C] + 12[Si] + 3[Mn] + 28[P] + 30[S] + 7[Cu] + 3.5[Ni] + [Cr] + 3[Al]\}$ 式(2-8-183)：$T_{LL} = 1539 - \{90[C] + 6.2[Si] + 1.7[Mn] + 28[P] + 40[S] + 2.6[Cu] + 2.9[Ni] + 1.8[Cr] + 5.1[Al]\}$	+5 ~ 15℃ -1 ~ 6℃	式(2-8-183)中，[C] ≤ 0.6%，而数字 1539 在《现代连续铸钢实用手册》第 52 页式(2-17)中为 1536。还说这三个公式计算误差在 ±2 ~ ±5℃之间
碳素钢	式(2-8-184)：$T_{LL} = 1538 - \{f[C] + 13[Si] + 4.8[Mn] + 1.5[Cr] + 3.1[Ni]\}$ $f[C] = 55[C] + 80[C]^2$　　当[C] < 0.5% 时 $f[C] = 44 - 21[C] + 52[C]^2$　　当[C] ≥ 0.5% 时 式(2-8-185)：$T_{LL} = 1536 - \{78[C] + 7.6[Si] + 4.9[Mn] + 34.4[P] + 38[S] + 4.7[Cu] + 3.1[Ni] + 1.3[Cr] + 3.6[Al]\}$	±3℃ ±4℃	[C] ≤ 0.5%
主要适应特殊钢种	式(2-8-186)：$T_{LL} = 1534 - \{91[C] + 21[Si] + 3.5[Mn] + 4[Ni] + 0.65[Cr] + 3[Mo]\}$ 式(2-8-187)：$T_{LL} = 1536 - \{100.3[C] - 22.41[C]^2 - 0.61 + 13.55[Si] - 0.64[Si]^2 + 5.82[Mn] + 0.3[Mn]^2 + 0.2[Cu] + 4.18[Ni] + 0.01[Ni]^2 + 1.59[Cr] - 0.007[Cr]^2\}$ 式(2-8-188)：$T_{LL} = 1536 - \{0.1 + 83.9[C] + 10[C]^2 + 12.6[Si] + 5.4[Mn] + 4.6[Cu] + 5.1[Ni] + 1.5[Cr] - 33[Mo] - 0[W] - 30[P] - 37[S] - 9.5[Nb]\}$	良好 ±2℃ 良好	式（2-8-186）和式（2-8-187）为回归式，式（2-8-187），若是普通钢，代入［C］［Si］［Mn］3 种元素，从中减去 2 ~ 3℃即可。式(2-8-188)[C] ≤ 0.51%

表 2-8-4　固相线温度

式(2-8-189)：T_{ss} = Fe-C 系的熔点(℃) $- \{20.5[Si] + 6.5[Mn] + 500[P] + 700[S] + 2[Cr] + 11.5[Ni] + 5.5[Al]\}$
式(2-8-190)：T_{ss} = Fe-C 系的熔点(℃) $- \{7.6[Si] + 4.9[Mn] + 34.4[P] + 3.8[S] + 3.1[Ni] + 1.3[Cr] + 3.6[Al]\}$
式(2-8-191)：$T_{ss} = 1536 - \{415.3[C] + 12.3[Si] + 6.8[Mn] + 124.5[P] + 183.9[S] + 4.3[Ni] + 1.4[Cr] + 4.1[Al]\}$

在 M. El-Bealy，N. Leskinen，H. Fredriksson. Simulation of cooling conditions in secondary cooling zone in continuous casting process［J］，Ironmaking and Steelmaking，1995，Vol. 22 (3)：169-184 中所列的固相线温度计算公式和表 2-8-4 中式（2-8-191）有些许区别，其中 1536 为 1535，415. 3 为 200。

（5）日本第 34 回特殊鋼部会 S. 43. 3 给出的公式

$$T_{LL}=1536-\{-0.61+100.3[C]-22.41[C]^2+13.55[Si]-0.64[Si]^2+5.82[Mn]+0.3[Mn]^2+4.2[Cu]+4.18[Ni]-0.01[Ni]^2+1.59[Cr]-0.007[Cr]^2\} \tag{2-8-192}$$

和式（2-8-187）相比，［Cu］前面的系数式（2-8-187）是 0. 2，式（2-8-192）是 4. 2；0. 01 $[Ni]^2$ 项前面，式（2-8-187）为正，式（2-8-192）为负。

（6）《日本广田连铸技术》1989 年，武钢二炼钢刘良春等编译，第 91 页给出的公式

$$T_{LL}=1536.6-\{88[C]+25[S]+5[Cr]+8[Si]+5[Mn]+30[P]+2[Mo]+4[Ni]+18[Ti]+2[V]\} \tag{2-8-193}$$

固相线温度同式（2-8-189）。

（7）《连续铸钢原理与工艺》1994 年，蔡开科等编，冶金工业出版社，第 102 ~ 103 页，此公式也是商家 K 于 20 世纪 70 年代培训商家 A 所用到的。

$$T_{LL}=1537-\{88[C]+8[Si]+5[Mn]+30[P]+25[S]+5[Cu]+4[Ni]+2[Mo]+2[V]+1.5[Cr]\} \tag{2-8-194}$$

（8）《连铸浇注工艺》1990 年 7 月，倪满森编写技术报告，（1-6）~（1-7）页给出的公式

$$T_{LL}=1538-\{f[C]+13[Si]+4.8[Mn]+1.5[Cr]+4.3[Ni]+30[P]+30[S]\} \tag{2-8-195}$$

当$[C]<0.5\%$时：　　$f[C]=55[C]+80[C]^2$

当$0.5\%\leqslant[C]<1.0\%$时：　　$f[C]=44-21[C]+52[C]^2$

此公式来自《鉄と鋼》1969，Vol，55。

$$T_{LL}=1536.6-\{88[C]+25[S]+30[P]+8[Si]+5[Mn]+18[Ti]+2[Mo]+4[Ni]+5[Cu]+2[V]+1.5[Cr]\} \tag{2-8-196}$$

$$T_{LL}=1534-\{80.5[C]+33.5[S]+33.5[P]+17.8[Si]+3.75[Mn]+3.4[Cu]+3.4[Al]+3[Ni]\} \tag{2-8-197}$$

（9）商家 D 于 20 世纪 90 年初给 S 钢铁公司不锈钢连铸机推荐的公式

$$T_{LL}=1536.6-\{90[C]+8[Si]+5[Mn]+30[P]+25[S]+1.5[Cr]+4[Ni]+2[Mo]+5[Cu]+90[N]\} \tag{2-8-198}$$

（10）《冶金单元设计》1994 年，范光前编，冶金工业出版社，给出的用于不锈钢的公式

$$T_{LL}=1536-\{78[C]+7.6[Si]+4.9[Mn]+34[P]+30[S]+5[Cu]+3.1[Ni]+1.3[Cr]+3.6[Al]+2[Mo]+2[V]+18[Ti]\} \tag{2-8-199}$$

商家 D 于 21 世纪中期给 S 钢铁公司不锈钢连铸机推荐的也是此公式。

（11）商家 D 于 21 世纪给 T 钢铁公司不锈钢连铸机推荐的两个公式

$$T_{LL}=1536.6-\{90[C]+8[Si]+5[Mn]+30[P]+25[S]+3[Al]+1.55[Cr]+4[Ni]+2[Mo]+18[Ti]+80[N]+5[Cu]\} \tag{2-8-200a}$$

$$T_{LL}=1536.6-\{90[C]+8[Si]+5[Mn]+30[P]+25[S]+5[Cu]+4[Ni]+1.55[Cr]+2[Mo]+18[Ti]+80\times0.0001([N]ppm-100)\}\quad(2\text{-}8\text{-}200b)$$

（12）《武钢炼钢生产技术进步概况》2003 年萧忠敏编，冶金工业出版社，第 332 页，对硅钢

$$T_{LL}=1539-\{65[C]+8[Si]+5[Mn]+30[P]+25[S]+5[Cu]+4[Ni]+2[Mo]+2[V]+1.5[Cr]\}\quad(2\text{-}8\text{-}201)$$

（13）商家 B 于 21 世纪初给 A 钢铁公司不锈钢连铸机推荐的公式

当[C]<0.2%时

$$T_{LL}=1536-\{65[C]+8[Si]+5[Mn]+30[P]+25[S]+1.7[Al]+5[Cu]+1.5[Cr]+4[Ni]+2[V]+[W]+1.7[Co]+12.8[Zr]+7[Nb]+3[Ta]+14[Ti]+14[As]+10[Sn]\}$$

当 [C]=0.2%~0.5%时

$$T_{LL}=1536-\{88[C]+8[Si]+5[Mn]+30[P]+25[S]+1.7[Al]+5[Cu]+1.5[Cr]+4[Ni]+2[V]\}$$

当[C]>0.5%时

$$T_{LL}=1536-\{9[C]+65[C]^2+10[Si]+6[Mn]+30[P]+30[S]+3[Al]+5[Cu]+1.5[Cr]+3.5[Ni]+2[V]\}\quad(2\text{-}8\text{-}202)$$

（14）商家 D 在某钢铁公司碳钢板坯连铸机上采用下列公式计算液相线温度

$$T_{LL}=1536.6-\{\text{Factor}[C]+8[Si]+5[Mn]+30[P]+25[S]+2[Ti]+2[Mo]+5[Cu]+4[Ni]+1.5[Cr]+5.1[Al]_{sol}+90[N]\}\quad(2\text{-}8\text{-}203a)$$

系数 Factor 见表 2-8-5a。

表 2-8-5a　式（2-8-203a）中与碳含量有关的系数 Factor

[C]/%	Factor	[C]/%	Factor
0.000 <[C]≤0.025	90.0	0.500 <[C]≤0.600	86.1
0.025 <[C]≤0.050	82.0	0.600 <[C]≤0.700	84.2
0.050 <[C]≤0.101	86.0	0.700 <[C]≤0.800	83.2
0.101 <[C]≤0.500	88.4	0.800 <[C]≤1.000	82.3

（15）商家 D 在另一钢铁公司提供的液相线温度计算方法

$$T_{LL}=1536.6-\text{Factor1}[C]\%-\text{Factor2}\ [\text{其他元素}]\%\quad(2\text{-}8\text{-}203b)$$

系数 Factor 1 和系数 Factor 2 见表 2-8-5b。

表 2-8-5b　式（2-8-203b）中与碳含量和其他元素含量有关的系数 Factor 1、Factor 2

[C]/%	Factor 1	其他元素代号	其他元素在钢中含量/%	Factor 2
≤0.025	90	Si	0~3.0	8
0.026~0.050	82	Mn	0~1.5	5
0.060~0.10	86	P	0~0.7	30
0.11~0.50	88.4	S	0~0.08	25
0.51~0.60	86.1	Cr	0~18.0	1.5

续表 2-8-5b

[C]/%	Factor1	其他元素代号	其他元素在钢中含量/%	Factor 2
0.61～0.70	84.2	Ni	0～9.0	4
0.71～0.80	83.2	Cu	0～0.3	5
0.81～1.00	82.3	Mo	0～0.3	2
		V	0～1.0	2
		W	0～18.0	1
		As	0～0.5	14
		Sn	0～0.03	10
		Al	0～0.03	5.1
		Ti	—	17
		O	0～0.03	80
		N	0～0.03	90
		H	—	1300

当某钢种的化学成分为 [C] = 0.20%；[Si] = 0.17%；[Mn] = 0.40%；[P] = 0.020%；[S] = 0.015%时，应用式（2-8-203b）计算液相线温度举例：

$$T_{LL} = 1536.6 - 88.4 \times 0.20 - 8 \times 1.7 - 5 \times 0.40 - 30 \times 0.020 - 25 \times 0.015 = 1514.6℃$$

（16）《连续铸钢》1994 年，冶金工业出版社，陈雷编，第 74 页

$$T_{ss} = \begin{cases} 1534 - 410\ [CE] & ([C] < 0.1\%) \\ 1493 & (0.1\% \leqslant [C] \leqslant 0.2\%) \\ 1534 - 184\ [CE] & ([C] > 0.2\%) \end{cases} \tag{2-8-204}$$

$$CE = \{80.5[C] + 33.5[P] + 33.5[S] + 17.8[Si] + 3.75[Mn] + 3.4[Cu] + 3.4[Al] + 1.5[Cr] + 3[Ni]\}/80.5$$

（17）《薄板坯连铸连轧钢的组织性能控制》2006 年，冶金工业出版社，康永林编，第 39 页

$$T_{LL} = 1537 - \{65[C] + 8[Si] + 5[Mn] + 30[P] + 25[S] + 2.7[Al] + 80[O] + 90[N]\} \tag{2-8-205}$$

$$T_{ss} = 1537 - \{175[C] + 20[Si] + 30[Mn] + 280[P] + 575[S] + 7.5[Al] + 160[O]\} \tag{2-8-206}$$

（18）《板坯连铸》1990 年，冶金部工人技能视听教材编辑部编，第 46 页

$$T_{LL} = 1539 - \{65[C] + 8[Si] + 5[Mn] + 30[P] + 25[S] + 5[Cu] + 90[N] + 80[O] + 4[Ni] + 1.5[Cr]\} \tag{2-8-207}$$

（19）《品种钢、优特钢连铸 900 问》2007 年，中国科学技术出版社，干勇等编，第 65 页

$$T_{LL} = 1539 - \{70[C] + 8[Si] + 5[Mn] + 30[P] + 25[S] + 4[Ni] + 2[Mo] + 2[V]\} \tag{2-8-208}$$

$$T_{ss} = 1534 - 2.29\{80.5[C] + 17.8[Si] + 3.75[Mn] + 33.5[P] +$$

$$33.5[S]+3[N]+1.5[Cr]+3.4[Cu]+3.4[Al]\}\qquad(2\text{-}8\text{-}209)$$

（20）商家 A 于 1998 年提供给 A 钢铁公司板坯连铸机镀锡板计算公式

$$T_{LL}=1536.8-\{88[C]+5[Mn]+8[Si]+30[P]+25[S]+5[Cr]+2[Mo]+4[Ni]+18[Ti]+2[V]\}\qquad(2\text{-}8\text{-}210)$$

（21）《国外连铸新技术》译文集（二），20 世纪 80 年代，第 14 页

$$T_{LL}=1535-\{78[C]+4.9[Mn]+3.6[Al]+7.6[Si]\}\qquad(2\text{-}8\text{-}211)$$

（22）《钢铁》2012 年，第 10 期，第 28 页

$$T_{ss}=1536-\{175[C]+20[Si]+30[Mn]+280[P]+575[S]+6.5[Cr]+4[V]+4.75[Ni]+7.5[Al]+2.5[W]+40[Ti]+5[Mo]+60[Nb]+160[O]\}\qquad(2\text{-}8\text{-}212)$$

（23）《炼钢》2013 年，第 5 期，第 66 ~ 67 页

$$T_{LL}=1539-\{70[C]+8[Si]+5[Mn]+30[P]+25[S]+4[Ni]+1.5[Cr]\}\qquad(2\text{-}8\text{-}213)$$

式（2-8-213）与式（2-8-181）相比较缺少［Cu］。此公式适应于一般钢种。

（24）铸铁液相线温度及共晶温度

液相线温度：$T_{LL}=1650-124.5[C]-26.7\{[Si]+2.45[P]\}$　　(2-8-214)

白口铸铁共晶温度：$T_{SW}=1104+9.8[C]-12.1\{[Si]+2.45[P]\}$　　(2-8-215)

（25）《连续铸钢生产技术》2011 年，化学工业出版社，杨吉春编著

$$T_{ss}=1471-\{25.2[C]+12[Si]+7.6[Mn]+34[P]+30[S]+5[Cu]+3.1[Ni]+1.3[Cr]+3.6[Al]+2[Mo]+2[V]+18[Ti]\}\qquad(2\text{-}8\text{-}216)$$

杨吉春在书中计算液相线温度时引用了式（2-8-183），但是“1539”变成了“1536”。

8.10.2　碳当量

碳当量为 C_{eq}，其中元素均为质量分数（%）。

（1）《袖珍世界钢号手册》2003 年，机械工业出版社，林慧国等编，日本工业标准（JIS）及日本焊接工程师学会推荐的公式。用于工程与焊接结构钢，低合金调质钢（σ = 500 ~ 1000MPa）。通常［C］≤0.2%，［Mn］≤1.5%，［Si］≤0.55%，［Cu］= 0.5%，［Ni］≤2.5%，［Cr］≤1.25%，［Mo］≤0.7%，［V］≤0.1%，［B］≤0.006%。如桥梁钢、普通结构用碳钢、焊接结构用碳钢、碳锰钢、焊接结构用铸钢、焊接结构用离心铸铁管等。商家 A、商家 H、商家 L 按照下面公式计算碳当量

$$C_{eq}(\%)=w(C)+\frac{w(Mn)}{6}+\frac{w(Si)}{24}+\frac{w(Ni)}{40}+\frac{w(Cr)}{5}+\frac{w(Mo)}{4}+\frac{w(V)}{14}\qquad(2\text{-}8\text{-}217)$$

焊接裂纹敏感指数，日本伊藤（ITO）公式，见《焊管》2004 年 3 月，第 27 卷第 2 期，第 71 ~ 72 页

$$P_{cm}(\%)=w(C)+\frac{w(Mn)}{20}+\frac{w(Si)}{30}+\frac{w(Cu)}{20}+\frac{w(Ni)}{60}+\frac{w(Cr)}{20}+\frac{w(Mo)}{15}+\frac{w(V)}{10}+5B\qquad(2\text{-}8\text{-}218)$$

适应范围［C］= 0.07% ~ 0.22%，［Mn］= 0.4% ~ 1.4%，［Si］≤0.6%，［Cu］= 0.5%，［Ni］≤1.2%，［Mo］≤0.7%，［V］≤0.12%，［Nb］≤0.04%，［Ti］≤0.5%，［B］≤0.005%。当钢板的焊接裂纹敏感指数 P_{cm}≤0.20% 时，防止冷裂纹的预热温度不会

高于50℃。Q460q冷裂纹敏感指数 $P_{cm}=0.17\%$，不产生冷裂纹。

（2）《袖珍世界钢号手册》2003年，机械工业出版社，林慧国等编，国际焊接学会（IIW）公式。用于工程与焊接结构钢，如船体用钢（高强度钢）、合金结构钢、中高强度非调质低合金高强度钢、管线钢（[C]>0.12%时）、耐候钢、建筑用钢筋和钢丝、碳素铸钢、工程与结构用铸钢等（σ=500~900MPa）。2007年《重型机械标准》第1卷第141页"金属的可焊性（JB/ZQ4170—2006）"一节中把此公式作为碳钢及低合金钢的碳当量计算公式。商家D按照下面公式计算碳当量

$$C_{eq}(\%) = w(C) + \frac{w(Mn)}{6} + \frac{w(Cr+Mo+V)}{5} + \frac{w(Ni+Cu)}{15} \qquad (C_{eq} \leqslant 0.47\%)$$

(2-8-219)

（3）《袖珍世界钢号手册》2003年，机械工业出版社，林慧国等编，钢筋混凝土结构用低合金螺纹钢筋与变形钢筋

$$C_{eq}(\%) = w(C) + \frac{w(Mn)}{6} + \frac{w(Cu)}{40} + \frac{w(Ni)}{20} + \frac{w(Cr)}{10} - \frac{w(Mo)}{50} - \frac{w(V)}{10}$$

(2-8-220)

（4）《钢铁生产概览》2011年，冶金工业出版社，第178页，此书由德国钢铁学会编，中国金属学会译。适合于高强度、低碳、高锰的结构钢，实际由蒂森克虏伯钢厂实践所得

$$C_{eq}(\%) = w(C) + \frac{w(Mn)+w(Mo)}{10} + \frac{w(Cr)+w(Cu)}{20} + \frac{w(Ni)}{40} \qquad (2\text{-}8\text{-}221)$$

（5）《焊管》2004年3月，第27卷第2期，第71~72页，日本新日铁Yurioka N, Okumura M, Kasuya T等人碳当量计算公式。适应于碳含量为0.034%~0.254%的钢种

$$C_{eq}(\%) = w(C) + A(C)\left[\frac{w(Mn)}{6} + \frac{w(Si)}{24} + \frac{w(Cu)}{15} + \frac{w(Ni)}{20} + \frac{w(Cr+Mo+Nb+V)}{5} + 5w(B)\right] \qquad (2\text{-}8\text{-}222)$$

$$A(C) = 0.75 + 0.25\tanh[20(C-0.12)]$$

（tanh为双曲函数）

式中，$A(C)$是系数，在[C]<0.07%时，$A(C)=0.5$；0.07%≤[C]≤0.17%时，可查表2-8-6或图2-8-18得到。Allince规定，此时 C_{eq} 不得超过0.31%，而苏丹管线钢标准规定 C_{eq} 不得超过0.36%。商家L提供给A钢铁公司时，告诉此公式在含碳量0.03%~0.25%时适用。

表2-8-6　钢的碳含量与系数 $A(C)$

[C]/%	0	0.08	0.12	0.16	0.20	0.26
$A(C)$	0.50	0.584	0.754	0.916	0.98	0.99

（6）《焊管》2004年3月，第27卷第2期，第71~72页，美国焊接学会（AWS）公式

$$C_{eq}(\%) = w(C) + \left[\frac{w(Mn)}{6} + \frac{w(Si)}{24} + \frac{w(Ni)}{15} + \frac{w(Cr)}{5} + \frac{w(Mo)}{4} + \frac{w(Cu)}{13} + \frac{w(P)}{2}\right]$$

(2-8-223)

此式适应于[C]≤0.6%，[Mn]≤1.6%，[Ni]≤3.3%，[Cr]≤1.0%，[Mo]≤

0.6%，[Cu] = 0.5%~1.0% 等，[P] = 0.05%~0.15%。

（7）《重型机械标准》第 1 卷第 141 页“金属的可焊性（JB/ZQ 4170—2006）”一节推荐的合金钢碳当量计算公式。$w(C) \leqslant 0.5\%$，$w(Mn) \leqslant 1.6\%$，$w(Cr) \leqslant 1.0\%$，$w(Ni) \leqslant 3.5\%$，$w(Mo) \leqslant 0.6\%$，$w(Cu) \leqslant 0.6\%$。

$$C_{eq} = w(C) + \frac{w(Mn)}{6} + \frac{w(Cr+V)}{5} + \frac{w(Ni)}{15} + \frac{w(Mo+Si)}{4} + \frac{w(Cu)}{13} + \frac{w(P)}{2} \tag{2-8-224}$$

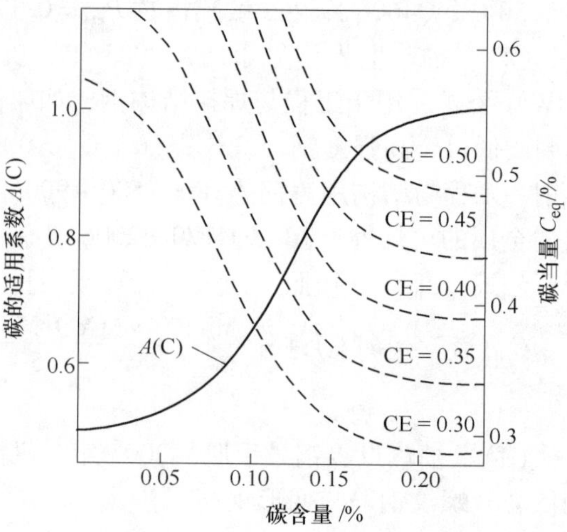

图 2-8-18　新日铁 C_{eq}、A（C）与碳含量的关系

（8）《世界金属导报》2014 年 04 月 15 日 B04 版

“无头轧制工艺生产 API 级管线钢的适应性研究”一文就 API 5L 指定的 X65、X70 管线钢其碳含量要避开 0.09%~0.17% 范围，碳当量按照下式计算

$$C_{eq}(\%) = w(C) + [0.01w(Mn) + 0.023w(Ni) + 0.037w(Si) - 0.222w(S) - 0.04w(P) + 0.003w(Cu) - 0.004w(Mo)] \tag{2-8-225}$$

（9）《第四届发展中国家连铸国际会议论文集》“板坯连铸过程振动和表面振痕的特征”2008 年，卡尔-赫尔曼文章，第 145 页

$$C_{eq} = [C] + 0.02[Mn] + 0.023[Ni] + 0.0414[P] + 0.003[Cu] + 0.7[N] + 0.037[Si] + 0.0189[Mo] - 0.7[S] - 0.0254[Cr] - 0.0276[Ti] \tag{2-8-226}$$

8.10.3　高温铸坯弹性模量

高温铸坯弹性模量计算公式介绍中，为了保持公式原貌，则保留原公式所用单位。

（1）1985 年，新日本制鉄（株）特别基础第二研究中心的原忍等人在《連続鋳造における力学的挙動》发表了一篇“連铸鋳片の内部割れ限界歪の測定”（いばらき印刷株式会社，昭和 60 年）文章中介绍了试验得出的含碳量为 0.2% 的碳钢的弹性模量 $E(\mathrm{kgf/mm^2})$

$$E = \frac{5940}{T_{ss} - 1134}(T_{ss} - T)^2 \tag{2-8-227}$$

式中　T——试验时采用 4.5mm 钢板作为结晶器，这个温度是安装在钢板上的热电偶测得的钢板与热坯之间的温度，$T = 1400℃$。

（2）1985 年，東京大学相澤龍彦等人在《連続鋳造における力学的挙動》发表了一篇“有限要素法によるバルジングの弾塑性解析”（いばらき印刷株式会社，昭和 60 年）文章中介绍了钢的弹性模量 E（$\mathrm{kgf/mm^2}$）的计算方法。

当 $800℃ < T < 1000℃$ 时

$$E = 0.15T^2 - 305T + 157000$$

当 $1000℃ < T < 1400℃$ 时

$$E = 2000 - 7.5/4(T - 1000) \tag{2-8-228}$$

当 1400℃ $< T <$ 1475℃时

$$E = 1250 - 1250/75(T - 1400)$$

当 1475℃ $< T$ 时

$$E = 0$$

沿坯壳厚度方向分布的温度 T(℃)

$$T = 1450 - 55\left(\frac{y}{80}\right) \tag{2-8-229}$$

式中，y 为坯壳厚度方向的笛卡尔坐标，mm。

屈服极限 σ_y(kgf/mm²)

$$\sigma_y = 0.0199305e^{4800/(273+T)} \tag{2-8-230}$$

(3) 1990 年，卢盛意在《连铸坯质量》第 29 页给出了钢的高温弹性模量 E(kgf/mm²)

$$E = -\frac{8}{30}T - 426.7 \tag{2-8-231}$$

(4) 1988 年，法国南希矿业学校 G. Lfsoult 等人在《第四届国际连铸会议文集》中发表的“传热、两相区的力学特性及电磁搅拌对连铸方坯偏析的影响”一文给出了钢的高温弹性模量（单位为 Pa）

$$E = (1810 - 0.75T) \times 10^8 \tag{2-8-232}$$

式中，T 为试验温度（800～1250℃），试验应变速率 $10^{-2} \sim 10^{-3}/s^{-1}$。

(5) 1986 年，M. Uehara 等人在《Ironmaking and Steelmaking》Vol. 13，№3 中介绍了钢在高温状态时屈服极限 σ_y 的计算方法。

当 1000℃ $\leqslant T \leqslant$ 1200℃时

$$\sigma_s = 66.15 - 4.655 \times 10^{-2}T$$

当 1200℃ $\leqslant T \leqslant$ 1480℃时

$$\sigma_s = 54.39 - 3.675 \times 10^{-2}T \tag{2-8-233}$$

当 $T >$ 1480℃时

$$\sigma_s = 0$$

(6) 1990 年，蔡开科在《连续铸钢》一书第 92 页给出了几种钢的高温屈服极限 σ_s 和强度极限 σ_b，见表 2-8-7。

表 2-8-7　钢在 600～1200℃时的力学性能　(10MPa)

钢种	强度	温度/℃												
		600	650	700	750	800	850	900	950	1000	1050	1100	1150	1200
Q235	σ_b	17	12.9	10	9.4	8.4	7.4	6.6	5.4	4.4	3.7	3.2	2.8	2.5
	σ_s	13	9.2	7.4	5.8	5.2	4.8	3.9	3.0	2.5	2.2	1.9	1.5	1.4
45	σ_b	30.3	24.1	17.1	12	11.5	9	7.7	6.3	5.1	4.2	3.5	2.9	2.7
	σ_s	21.2	17.6	14	7.6	6.5	6.1	5.5	4.5	3.5	2.7	2.2	1.6	1.5
20Cr	σ_b	27	21.8	15.2	11.5	9.5	9.5	8.6	6.6	5.2	4.4	3.4	2.8	2.6
	σ_s	15.8	15.6	12	8.7	6.4	6	5.2	4.4	3.4	2.6	2.1	1.5	1.4
3Cr13	σ_b					9.1		13.3		7.8		4.4	4.1	3.0
	σ_s					7.6		9.5		5.1		3.8	3.3	2.6

（7）2010 年，干勇等人在《现代连续铸钢实用手册》第 57 页介绍了钢的弹性模量 E、强度极限的计算方法。图 2-8-19 给出钢的含碳量为 0.10%~0.17% 的弹性模量与温度的关系。根据实验研究，含碳量在 0.19%~0.21% 的钢在高温下具有最大的弹性模量。对于含碳量在 0.40% 左右的钢来说，其弹性模量（N/cm^2）与温度的关系如下

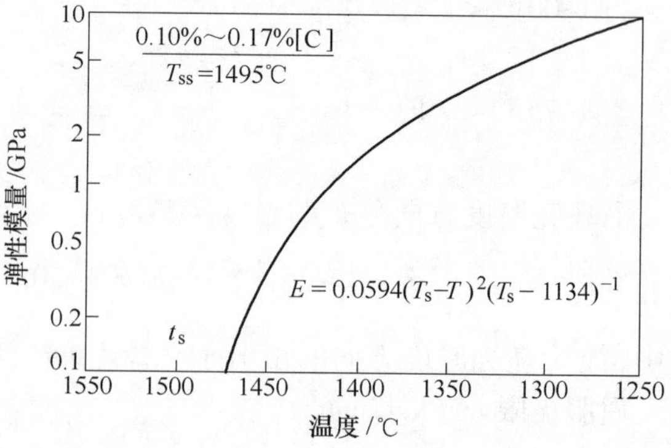

图 2-8-19　弹性模量与温度的关系

当 1000℃ ≤ T ≤ 1400℃ 时

$$E = 1.96 \times 10^6 - 1837.5(T - 1000)$$

当 1400℃ < T < 1475℃ 时

$$E = 1.225 \times 10^6 (1475 - T)/75 \tag{2-8-234}$$

当 T > 1475℃ 时

$$E = 0$$

此公式的原始出处是日本水上先生在《鉄と鋼》63（1977），S562 中的文章，40kg 级钢高温时的弹性模量适应此公式。

有研究者利用多元相关法整理了钢的凝固温度附近的实验数据，得到了强度极限（N/cm^2）与化学成分和温度 T（℃）的关系，即

$$\sigma_b = 4014 + 64[C] - 75[C]^2 - 88[Si] + 17[Mn] - 768[P] - 126[S] - 2.5T + 1.726 \times 10^{-5}T^2 \tag{2-8-235}$$

而弹性模量（N/cm^2）与化学成分和温度 T（℃）的关系是

$$E = 3023008 + 42956[C] - 1412208[C]^2 + 201289[Si] - 51869[Mn] - 117684[P] - 1706418[S] - 50895T + 0.13524T^2 \tag{2-8-236}$$

（8）燕山大学硕士研究生郑志勇在 2013 年 12 月 14 日工学硕士学位论文“1500mm × 700mm 特厚大型板坯立式连铸机辊列布置及铸坯鼓肚变形的研究”中引用了 Kim K，Han H N，Yeo T，et al. Analysis of Surface and Internal Cracks in Continuously Cast Beam Blank. Ironmaking and Steelmaking，1997，24（3）：249-256. 中的弹性模量计算公式，弹性模量的单位为 MPa，温度为℃，可供参考。

$$E = 3.146 \times 10^4 - 22.56T + 1.38 \times 10^{-3}T^2$$

8.10.4　换热系数和水量密度公式

二冷区换热系数是度量热量传递效率的一个参数，换热系数越大，则传热效率越高，换热系数与板坯表面温度、水量密度（喷水量）、喷水温度、环境温度、喷水压力、喷水距离、喷嘴结构与特性、试验方法等方面因素有关。为了本章内符号统一，换热系数用 $h'_s(k)$ 表示，除特别注明外，单位为 $kW/(m^2 \cdot ℃)$；水量密度用 $V_s(k)$ 表示，除特别注明外，单位为 $L/(m^2 \cdot s)$；板坯表面温度和冷却水温度分别用 T_s 和 T_w 表示，除特别注明外，单位为℃。

除特别注明是气水雾化冷却外，均按照纯水冷却考虑。

8.10.4.1 《连续铸钢手册》中的公式

陈家祥在1991年出版的《连续铸钢手册》第179页介绍了二次冷却区铸坯表面的换热系数与水量密度的关系式。

（1）E. Mitsutsuka 等。非稳态实验法。水平放置的碳钢平板，双面喷雾冷却，平板初始温度930℃，水温38℃，$h'_s(k)$ 随 T_s 的增大而减小。水量密度 $V_s(k)$ 较大时，Leidenfrost 温度为500℃（莱顿弗罗斯特现象，当液体接触一块远超其沸点的物件，液体表面会产生出一层有隔热作用的蒸气，令液体沸腾的速度大大减慢，水的 Leidenfrost point 温度约为193℃）。

$$h'_s(k) = V_s(k)^n(1 - bT_w) \tag{2-8-237}$$

式中，$0.65 < n < 0.75$，$V_s(k) > 0.08\text{L}/(\text{m}^2 \cdot \text{s})$，$0.005 < b < 0.008$，$V_s(k) = 10 \sim 10.3\text{L}/(\text{m}^2 \cdot \text{s})$。

（2）M. Shimada、E. Mitsutsuka 等。与式（2-8-237）试验条件相同。

$$h'_s(k) = 1.57V_s(k)^{0.55}(1 - 0.0075T_w) \tag{2-8-238}$$

（3）E. Mizikar 等。非稳态实验法，垂直放置不锈钢平板单面冷却。平板初始温度：1090℃，全锥形喷雾，压力：0.069～0.62MPa，喷射距离102～305mm。未考虑辐射传热，随 T_s 增大 $h'_s(k)$ 下降很小。

水压力为0.276MPa时

$$h'_s(k) = 0.0776V_s(k) \tag{2-8-239a}$$

水压力为0.620MPa时

$$h'_s(k) = 0.1V_s(k) \tag{2-8-239b}$$

$$0 < V_s(k) < 20.3\text{L}/(\text{m}^2 \cdot \text{s})$$

（4）H. Müller、Jeachar 等。稳态实验法。电加热垂直放置钢板，两面冷却，全锥形和扇形喷嘴，压力升至1.1MPa，喷射距离100～200mm，计算喷射速度10～35m/s，平板温度700～1200℃，喷嘴直径0.8～3.3mm，不考虑辐射换热，$h'_s(k)$ 与喷嘴距离和喷嘴类型无关，T_s 对 $h'_s(k)$ 有轻微影响。

$$h'_s(k) = 0.01u_c + (0.107 + 0.0068u_c)V_s(k) \tag{2-8-240}$$

式中，$0.3 \leqslant V_s(k) \leqslant 9.0\text{L}/(\text{m}^2 \cdot \text{s})$；$11 \leqslant u_c \leqslant 32\text{m/s}$；$u_c$ 为水流速。

（5）M. Ishiguro 等

$$h'_s(k) = 0.581V_s(k)^{0.451}(1 - 0.0075T_w) \tag{2-8-241}$$

（6）T. Nozaki 等

$$h'_s(k) = \frac{1.57V_s(k)^{0.55}(1 - 0.0075T_w)}{a} \tag{2-8-242}$$

矫直机处温度测定值，a 为与夹辊冷却有关的系数（蔡开科：《连续铸钢》第246页），书中给出 $a=4$ 可能是错误的。

（7）E. Bolle 与 Moureou 等。稳态实验法。电加热水平放置的不锈钢板，上面和下面同时冷却，$T_s = 600 \sim 1100$℃，扇形喷雾，向下定位喷雾，不考虑辐射；向上定位喷雾，不考虑辐射。

当 $1\text{L}/(\text{m}^2 \cdot \text{s}) < V_s(k) < 7\text{L}/(\text{m}^2 \cdot \text{s})$；$627℃ < T_s < 927℃$ 时

$$h'_s(k) = 0.423V_s(k)^{0.556} \tag{2-8-243a}$$

当 $0.8L/(m^2 \cdot s) < V_s(k) < 2.5L/(m^2 \cdot s)$；$727℃ < T_s < 1027℃$ 时

$$h'_s(k) = 0.360V_s(k)^{0.556} \tag{2-8-243b}$$

（8）K. Sasaki 等。非稳态实验法。垂直放置不锈钢钢板，两面喷雾，扁平与全锥形喷嘴，初始温度 700～1100℃，水流密度为 1.67～41.67L/(m² · s)，压力 0.196～0.490MPa，喷射距离 100～500mm，$h'_s(k)$ 单位为 kcal/(m² · h · ℃)。

当 $1.67L/(m^2 \cdot s) < V_s(k) < 41.7L/(m^2 \cdot s)$；$700℃ < T_s < 1200℃$

$$h'_s(k) = 708V_s(k)^{0.75}T_s^{-1.2} + 0.116 \tag{2-8-244}$$

1cal = 4.1868J，1kcal/(m² · h · ℃) = 1.163W/(m² · K)。

8.10.4.2 《连续铸钢》一书中的公式

蔡开科在 1990 年出版的《连续铸钢》一书第 245～246 页介绍了二次冷却区铸坯表面的换热系数与水量密度关系式，$h'_s(k)$ 单位为 kcal/(m² · h · ℃)，$V_s(k)$ 单位为 L/(m² · s)。

（1）E. Mizikar 等

当 $0 < V_s(k) < 20.3L/m^2 \cdot s$ 时

$$h'_s(k) = 0.076 - 0.10V_s(k) \tag{2-8-245}$$

（2）T. Shimada 等

$$h'_s(k) = 1.57V_s(k)^{0.55}(1 - 0.0075T_w) \tag{2-8-246}$$

（3）Concast

$$h'_s(k) = 0.875 \times 5748(1 - 0.0075T_w)V_s(k)^{0.451} \tag{2-8-247}$$

（4）H. Müller 等

当 $9L/(m^2 \cdot s) < V_s(k) < 40L/(m^2 \cdot s)$ 时

$$h'_s(k) = 82V_s(k)^{0.75}v_s^{0.4} \tag{2-8-248}$$

式中 v_s——喷水速度，m/s。

（5）BUIST

当 $4.5L/(m^2 \cdot s) < V_s(k) < 20L/(m^2 \cdot s)$ 时

$$h'_s(k) = 0.61V_s(k)^{0.395} \tag{2-8-249}$$

（6）气水喷嘴

$$h'_s(k) = 0.35V_s(k) + 0.13 \tag{2-8-250}$$

8.10.4.3 《连续铸钢原理与工艺》一书中的公式

蔡开科、程士富在 1994 年出版的《连续铸钢原理与工艺》一书第 259 页介绍了二次冷却区铸坯表面换热系数与水量密度关系式。$h'_s(k)$ 单位为 kcal/(m² · h · ℃)，$V_s(k)$ 单位为 L/(m² · s)。

$$h'_s(k) = 2.25 \times 10^4(1 - 0.00075T_w)V_s(k)^{0.55} \tag{2-8-251}$$

$$h'_s(k) = 0.01917V_s(k)^{0.66} \tag{2-8-252}$$

8.10.4.4 《现代连续铸钢实用手册》一书中的公式

干勇等人在 2010 年出版的《现代连续铸钢实用手册》一书第 68～69 页介绍了二次冷却区铸坯表面的换热系数与水量密度关系式。

（1）蔡开科、杨吉春

当 $3L/(m^2 \cdot s) < V_s(k) < 10L/(m^2 \cdot s)$；$T_s = 800℃$

$$h_s'(k) = 0.61V_s(k)^{0.597} \tag{2-8-253a}$$

当 $3L/(m^2 \cdot s) < V_s(k) < 20L/(m^2 \cdot s)$；$T_s = 900℃$

$$h_s'(k) = 0.59V_s(k)^{0.385} \tag{2-8-253b}$$

当 $3L/(m^2 \cdot s) < V_s(k) < 12L/(m^2 \cdot s)$；$T_s = 1000℃$

$$h_s'(k) = 0.42V_s(k)^{0.351} \tag{2-8-253c}$$

（2）张克强、田乃媛

当 $p_a = 0.25MPa$；$T_s = 900℃$

$$h_s'(k) = 0.37 + 0.35V_s(k)^{0.954} \tag{2-8-254a}$$

当 $p_a = 0.30MPa$；$T_s = 900℃$

$$h_s'(k) = 0.28 + 0.35V_s(k)^{0.939} \tag{2-8-254b}$$

当 $p_a = 0.35MPa$；$T_s = 900℃$

$$h_s'(k) = 1.09 + 0.03V_s(k)^{0.960} \tag{2-8-254c}$$

8.10.4.5 王思中等人在工程硕士论文中的公式

王思中等人在2002年工程硕士论文“威海1号连铸机二冷制度的研究及高效化改造实践”第34页介绍了经过实测，回归计算得到的方坯二次冷却区铸坯表面的换热系数与水量密度关系式及收集到的换热系数与水量密度关系式。

（1）方坯二次冷却区铸坯表面的换热系数与水量密度公式

$h_s'(k)$ 单位为 $W/(m^2 \cdot ℃)$

当 $T_s > 900℃$ 时

$$h_s'(k) = 1.095 \times 10^{15} \times T_s^{-4.15} \cdot V_s(k)^{0.75} \tag{2-8-255a}$$

当 $500℃ < T_s \leqslant 900℃$ 时

$$h_s'(k) = 3.78 \times 10^6 \times T_s^{-1.34} \cdot V_s(k)^{0.785} \tag{2-8-255b}$$

当 $T_s \leqslant 500℃$ 时

$$h_s'(k) = 3.78 \times 10^6 \times 500^{-1.34} \cdot V_s(k)^{0.785} \tag{2-8-255c}$$

（2）1979年，佐佐木宽太郎ばガ在《鉄と鋼》№1中给出的公式。

$h_s'(k)$ 单位为 $kcal/(m^2 \cdot h \cdot ℃)$

$T_s = 600 \sim 900℃$ 时

$$h_s'(k) = 2.293 \times 10^8 \times V_s(k)^{0.616} \cdot T_s^{-2.445} \tag{2-8-256a}$$

$T_s = 900 \sim 1200℃$ 时

$$h_s'(k) = 2.830 \times 10^7 \times V_s(k)^{0.75} \cdot T_s^{-1.2} \tag{2-8-256b}$$

8.10.4.6 康卡斯特新闻期刊中给出的公式

康卡斯特新闻1988年第1期刊登了一篇由K · Thompson和M · Wolf博士写的论文“The Concast Heat Transter Model”介绍了二次冷却区气水雾化冷却时的Diener方程（根据Müllerjeschar关系式扩展出来），板坯表面直接喷水冷却区域的换热系数与水量密度关系，$h_s'(k)$ 单位为 $kcal/(m^2 \cdot h \cdot ℃)$，$V_s(k)$ 单位为 $L/(m^2 \cdot min)$

$$h_s'(k) = 9.0 \times p_w^{0.2} \cdot V_s(k)^{0.75} \tag{2-8-257}$$

式中 p_w 为冷却水压力，bar(1bar = 10^5Pa)。

8.10.4.7 手嶋俊雄等人在日本《鉄と鋼》杂志中给出的公式

日本钢管手嶋俊雄等人在 1988 年《鉄と鋼》№7“高溫、高品質スラブ製造のための連続鋳造二次冷却技術”给出的二次冷却区气水雾化冷却时板坯表面直接喷水冷却区域的换热系数与水量密度关系，$h'_s(k)$ 的单位为 kcal/(m² · h · ℃)

$$h'_s(k) = 280.56 \times W_a^{0.1373} \cdot V_s(k)^{0.75} \cdot K_T \tag{2-8-258}$$

式中 W_a——空气流量密度，NL/(m² · s)；

K_T——季节系数，$K_T = 0.9 \sim 1.0$。

8.10.4.8 新日铁 PMD 事业部讲课资料中给出的公式

新日铁 PMD 事业部 1986 年给出的二次冷却区气水雾化冷却时板坯表面直接喷水冷却区域的换热系数与水量密度关系的公式，$h'_s(k)$ 单位为 kcal/(m² · h · ℃)，$V_s(k)$ 单位为 L/(m² · min)

$$h'_s(k) = 9.0V_s(k)^{0.85} + 100 \tag{2-8-259}$$

8.10.4.9 冈村一男等人在日本《鉄と鋼》杂志中给出的公式

住友金属工业（株）鉄鋼技术研究所冈村一男等人在 1989 年《鉄と鋼》№10 中给出的二次冷却区气水雾化冷却时板坯表面直接喷水冷却区域的换热系数与水量密度关系的公式，$h'_s(k)$ 单位为 W/(m² · K)，$V_s(k)$ 单位为 L/(m² · min)

$$h'_s(k) = 5.35(T_s - 273)^{0.12} \times V_s(k)^{0.52} \cdot v_a^{0.37} + hrad$$
$$hrad = 5.67 \times 10^{-8} \times 0.8(T_s^4 - T_h^4)/(T_s - T_h) \tag{2-8-260}$$

式中 v_a——气水冲击速度，m/s；

T_h——环境温度，K；

$hrad$——辐射冷却换热系数，W/(m² · K)。

举例：当 $T_s = 1000 + 273$K，$T_h = 70 + 273$K，$v_a = 20$m/s 时，$hrad \approx 128$W/(m² · K)。

8.10.4.10 日本鹿岛 3 号板坯连铸机使用的公式

《鉄と鋼》1988 年 №7 发表了日本鹿岛 3 号板坯连铸机实际使用的二次冷却区气水雾化冷却时板坯表面直接喷水冷却区域的换热系数与水量密度关系的公式，$h'_s(k)$ 单位为 kcal/(m² · h · ℃)，$V_s(k)$ 单位为 L/(m² · min)。

$$h'_s(k) = 10^{1.48} \cdot V_s(k)^{0.6293} \cdot T_s^{-0.1358} \cdot v_a^{2734} \cdot z \tag{2-8-261}$$

式中 v_a——气水冲击速度，m/s；

z——影响系数，当 $T_s = 1000$℃，$v_a = 20$m/s 时，$z = 1$。

8.10.4.11 《日立造船技报》期刊中给出的公式

日本《日立造船技报》1984 年 9 月第 45 卷第 3 号中，大西邦彦、长井邦雄、若林勝等人发表了“連続鋳造設備における高溫出片技術的检討”给出了二次冷却区气水雾化冷却时板坯表面直接喷水冷却区域的换热系数与水量密度关系的公式，$h'_s(k)$ 单位为 kcal/(m² · h · ℃)，$V_s(k)$ 单位为 L/(m² · min)

$$h'_s(k) = 70.4V_s(k)^{0.31343} \tag{2-8-262}$$

8.11 钢在不同状态下的密度与弹性模量

王一成、胡鹏等人在2015年《炼钢》杂志第2期“连铸方坯轻压下内裂纹形成研究”一文第51页表2中介绍了钢在不同状态下的密度与弹性模量。

8.11.1 固相时

$$\rho_s = \frac{100[8245 - 0.51(T + 273)]}{\{100 - [\%C]\}\{1 + 0.008[\%C]^3} \qquad (2\text{-}8\text{-}263)$$

$$E_s = 968 - 2.33T + 1.9 \times 10^{-3}T^2 - 5.18 \times 10^{-3}T^2 \qquad (2\text{-}8\text{-}264)$$

式中 ρ_s——钢在固相时的密度，10^{-3}kg/cm^3；
T——钢的温度，℃；
[%C]——碳含量；
E_s——钢在固态时的弹性模量，MPa。

8.11.2 两相区

$$\rho_M = f_L \rho_L + f_s \rho_s \qquad (2\text{-}8\text{-}265)$$

$$E_M = [(T - T_{ZDT})E_L + (T_{ZDT} - T)E_s]/(T_{ZST} - T_{ZDT}) \qquad (2\text{-}8\text{-}266)$$

式中 ρ_M——钢在两相区的密度，10^{-3}kg/cm^3；
f_L——两相区的液相率，%，

$$f_L + f_s = 1 \qquad f_L = \frac{T - T_{ss}}{T_{LL} - T_{ss}}$$

f_s——两相区的固相率，%；
ρ_L——钢在液相时的密度，10^{-3}kg/cm^3；
T_{ZDT}——钢的零塑性温度，℃；
T_{ZST}——钢的零强度温度，℃；
E_L——钢在液态时的弹性模量，MPa。

8.11.3 液相时

$$\rho_L = 7100 - 73[\%C] - \{0.8 - 0.09[\%C]\}(T - 1550) \qquad (2\text{-}8\text{-}267)$$

$$E_L \approx 0 \qquad (2\text{-}8\text{-}268)$$

8.12 对旧有连铸二冷水计算公式的评价

有关连续铸钢的许多书中都介绍了这种方法，我们在这里列出这些公式，通过8.3节积分法和本节介绍的方法利用同样条件进行计算并进行比较。

8.12.1 计算公式

铸坯凝固时，凝固前沿放出的潜热

$$\Phi_1 = L_f \cdot \rho \cdot \frac{ds}{dt} \tag{2-8-269}$$

凝固潜热传至铸坯表面并被二冷水所带走

$$L_f \cdot \rho \cdot \frac{ds}{dt} = \frac{\lambda(T_{LL} - T_s)}{s_i} \tag{2-8-270}$$

对式（2-8-270）积分得

$$s_i = \sqrt{\frac{2\lambda(T_{LL} - T_s)}{L_f \cdot \rho}} \cdot \sqrt{t} \tag{2-8-271}$$

式中　L_f——钢的凝固潜热；
λ——钢的热导率；
T_{LL}——液相线温度；
T_s——铸坯表面温度；
s_i——铸坯凝固壳厚度；
t——凝固时间；
ρ——坯壳密度。

凝固壳传导的热流由二次冷却介质带走，则

$$\frac{\lambda(T_{LL} - T_s)}{\sqrt{\frac{\lambda(T_{LL} - T_s)}{L_f \cdot \rho}} \cdot \sqrt{t}} = h'_s(k)(T_s - T_0) \tag{2-8-272}$$

式中　$h'_s(k)$——理论换热系数；
T_0——冷却水温度。

由此可知，$h'_s(k) \propto \frac{1}{\sqrt{t}}$，因为 $h'_s(k)$ 与冷却水量成正比，所以不同位置的冷却水量 $Q \propto \frac{1}{\sqrt{t}}$，而 $t = H/v_c$，则

$$Q \propto \frac{1}{\sqrt{H/v_c}} = \frac{1}{\sqrt{H}}\sqrt{v_c}$$

即

$$Q \propto \frac{1}{\sqrt{H}} \tag{2-8-273}$$

式中　H——结晶器液面至某个冷却区的距离，如图 2-8-20 所示；
v_c——拉坯速度。

根据式（2-8-273）可以确定二冷区不同位置的供水强度原则，设二冷区供水共分 n 个小冷却区（见图 2-8-20），各小冷却区水量的分配为

$$Q_1:Q_2:Q_3:\cdots:Q_n = \frac{1}{\sqrt{H_1}}:\frac{1}{\sqrt{H_2}}:\frac{1}{\sqrt{H_3}}:\cdots:\frac{1}{\sqrt{H_n}} \tag{2-8-274}$$

二冷区供水总量

$$Q = Q_1 + Q_2 + Q_3 + \cdots + Q_n \tag{2-8-275}$$

$$\sum \frac{1}{\sqrt{H_i}} = \frac{1}{\sqrt{H_1}} + \frac{1}{\sqrt{H_2}} + \frac{1}{\sqrt{H_3}} + \cdots + \frac{1}{\sqrt{H_n}} \tag{2-8-276}$$

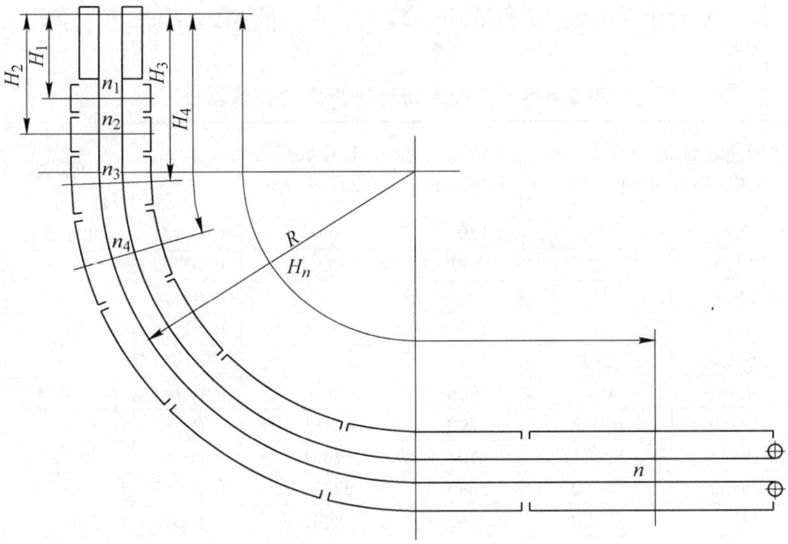

图 2-8-20　各冷却区至结晶器液面距离

$$Q_1 = Q\frac{1}{\sqrt{H_1} \times \sum \frac{1}{\sqrt{H_i}}} \tag{2-8-277}$$

$$Q_2 = Q\frac{1}{\sqrt{H_2} \times \sum \frac{1}{\sqrt{H_i}}} \tag{2-8-278}$$

$$Q_3 = Q\frac{1}{\sqrt{H_3} \times \sum \frac{1}{\sqrt{H_i}}} \tag{2-8-279}$$

式中　$Q_1, Q_2, Q_3, \cdots$——分别为二冷区第一、第二、第三、…区段的水量；

$H_1, H_2, H_3, \cdots$——分别为从结晶器液面至二冷区第一、第二、第三、…、区中心点的距离，见表 2-8-8。

式（2-8-273）说明了二冷水在二冷区内分配的原则，二冷水的分布更主要的是根据浇注钢种，钢在高温状态的力学性能，决定铸坯的冷却速度，铸坯断面上的温度梯度和表面温度回升。通常表面温度的冷却梯度不大于 200℃/m；温度回升不超过 100℃/m。

公式（2-8-274）~公式（2-8-279）说明二冷区喷水量随铸坯表面热流从上到下逐渐减少，实现连续递减是较困难的，所以将二冷区分成若干小区，在每一个区段内冷却水的水量密度相同。

8.12.2　举例比较与结论

8.12.2.1　举例比较

本节所介绍的方法实际上是一种类比法，表 2-8-8 倒数第 2 列是利用 8.3 节所给的积分法计算的 E 钢铁公司板坯连铸机二次冷却区 10 个小冷却区域内弧侧水量，利用积分法计算的总水量再采用本节介绍的类比法向 10 个小冷却区域进行分配，分配的结果列入表 2-8-8 最后一列，对表 2-8-8 最后一列和倒数第 2 列的数据进行比较，可以看出有Ⅰ、Ⅱ、

Ⅳ、Ⅵ、Ⅶ、Ⅷ、Ⅹ七个冷却区域水量相差较大，特别是第Ⅰ冷却区，两种方法计算结果相差了大约 3 倍。

表 2-8-8 二冷水两种计算方法计算结果

冷却区号	冷却区末辊号	末辊至液面距离/mm	冷却区与水平线夹角/(°)	各冷却区长度/mm	冷却区中心距液面距离 H_i/mm	$\frac{1}{\sqrt{H_i}}$	8.3 节计算的内弧水量/L · min^{-1}	本节所给方法计算的内弧水量/L · min^{-1}
Ⅰ宽面	1	930	0	80	890	0.03352	122.5	478
Ⅱ	6	1720	0	790	1325	0.02747	481	391
Ⅲ	10	2503	0	783	2111.5	0.02176	313	311
Ⅳ	16	3733	0	1230	3118	0.01791	350.5	255
Ⅴ	24	5684	12.20	1951	4708.5	0.01457	201	208
Ⅵ	40	9590	30.85	3906	7637	0.01144	244.5	163
Ⅶ	61	15380	61.77	5790	12485	0.00895	212	128
Ⅷ	75	19482	87.71	4102	17431	0.00757	96.5	108
Ⅸ	96	25162	90.00	5680	22322	0.00669	95	95
Ⅹ	124	32722	90.00	7560	28942	0.00588	105	84
						0.15576	2221	2221

8.12.2.2 结论

这种简单的类比法，由于最终只把各冷却区域至结晶器液面的距离作为变量，忽略了板坯表面温度、拉速等重要因素，计算出来的差距较大是必然的。

8.3 节所给出的积分法计算的 E 钢铁公司板坯连铸机二次冷却区 10 个小冷却区域内弧侧水量经过微量调整在生产现场被实际应用，因此，可以肯定地说，本节介绍的类比法与生产实际相差很大，这种方法应该淘汰，不应再被不假思索，抄来抄去，误导了研发与生产应用的方向。

8.12.3 对其他经验性二冷水计算方法的评价

商家 D 在某一拉速下，提供给某钢铁公司的五种冷却模式的冷却水量及比水量见表 2-8-9。在某一类钢种特定冷却模式，按拉速提供的各冷却区的水量及比水量见表 2-8-10。

表 2-8-9 某连铸工厂的冷却水量及比水量

冷却方式 / 冷却区	五个冷却方式的水量/L · min^{-1}					各区水量所占总水量的比例/%
	1	2	3	4	5	
Ⅰ区宽	302	265	227	189	151	9.35
Ⅰ区窄	149	131	112	93	75	4.61
Ⅱ区	646	565	484	404	323	20.0
Ⅲ区	617	540	463	386	308	19.1
Ⅳ区 L	172	151	129	108	86	5.33
Ⅳ区 F	172	151	129	108	86	5.33
Ⅴ区 L	213	187	160	133	107	6.59
Ⅴ区 F	277	243	208	173	139	8.58
Ⅵ区 L	140	123	105	88	70	4.33
Ⅵ区 F	211	184	158	132	105	6.53
Ⅶ区 L	123	107	92	77	60	3.81
Ⅶ区 F	208	182	156	130	104	6.44
合 计	3230	2829	2423	2021	1614	100
比水量/L · kg^{-1}	0.97	0.85	0.73	0.61	0.49	

表 2-8-10　某连铸工厂特定冷却模式的冷却水量及比水量

拉速/m·min^{-1}		0.5	0.6	0.7	0.8	0.9	1.0	1.1	1.2	1.3	1.4	1.5	1.6	1.7	1.8
1 区窄	左	20	24	28	32	36	40	44	48	52	56	60	64	68	72
	右	20	24	28	32	36	40	44	48	52	56	60	64	68	72
	总	40	48	56	64	72	80	88	96	104	112	120	128	136	144
1 区宽	内	40	49	57	65	73	81	89	97	105	113	122	130	138	146
	外	40	49	57	65	73	81	89	97	105	113	122	130	138	146
	总	81	97	113	129	146	162	178	195	211	227	244	260	277	293
2 区	内	86	104	121	138	155	173	190	208	225	242	260	277	295	312
	外	86	104	121	138	155	173	190	208	225	242	260	277	295	312
	总	172	207	242	276	311	346	380	415	450	484	520	554	589	624
3 区	内	82	99	116	132	149	165	182	198	215	231	248	264	281	298
	外	82	99	116	132	149	165	182	198	215	231	248	264	281	298
	总	165	198	231	264	297	330	363	396	429	463	496	529	562	595
4 区	内	46	55	65	74	83	92	102	111	120	129	139	148	157	166
	外	46	55	65	74	83	92	102	111	120	129	139	148	157	166
	总	92	111	129	148	166	185	203	222	240	259	277	296	314	333
5 区	内	57	69	80	91	103	114	126	137	149	160	172	183	194	206
	外	74	89	104	119	134	149	163	178	193	208	223	238	253	268
	总	131	158	184	210	237	263	289	316	342	368	394	421	447	473
6 区	内	38	45	53	60	68	75	83	90	98	105	113	120	128	135
	外	57	68	79	90	101	113	124	135	147	158	169	180	192	203
	总	95	113	132	150	169	188	207	226	244	263	282	301	320	338
7 区	内	41	42	46	53	59	66	72	79	85	92	98	105	112	118
	外	70	71	78	89	100	112	123	134	145	156	167	179	190	201
	总	111	113	124	142	159	177	195	213	230	248	266	284	301	319
比水量/L·kg^{-1}		0.75	0.74	0.73	0.73	0.73	0.73	0.73	0.73	0.73	0.73	0.73	0.73	0.73	0.73

我们现在概要地分析表 2-8-9、表 2-8-10。

（1）表 2-8-9 中，二次冷却区域分成了七个冷却区，无论是第 1 冷却区的窄面，还是第 1～7 冷却区的内外弧，各回路水量所占总水量的百分比在五个冷却方式中基本上都是相同的。

（2）表 2-8-10 中，拉速从 0.7m/min 到 1.8m/min，比水量都是 0.73L/kg，而拉速为 0.5m/min、0.6m/min 时的比水量分别是 0.75L/kg 和 0.74L/kg。

（3）从（1）（2）两条看到的现象可以确认，这种二次冷却水的计算显然不是按照凝固传热的理论和各类钢种对二冷水的需求规律来计算的。而是根据生产经验，按照老式的、简易的计算方法所计算的。

（4）这种方法把铸坯表面温度、中间罐钢液过热度、二次冷却水温度等参数抛在一边，没有抓住连铸生产的科学规律，是落后的。按照传热规律计算时，拉速越高，比水量应该越大。

9　板坯连铸机的驱动系统

9.1　拉坯阻力的计算

对于板坯连铸机，拉坯阻力是指一机一流，对于方坯或扁坯连铸机是指一机多流或一机一流。

9.1.1　结晶器内的拉坯阻力

$$R_M = \mu\gamma(B_{max} + D_{max}) \cdot h_0^2 \cdot S_0 \times 10^{-5} \tag{2-9-1}$$

式中　R_M——结晶器内的拉坯阻力 R_M，kN；

μ——结晶器铜板和热板坯之间的摩擦系数，$\mu = 0.5$；

γ——钢液密度，$\gamma = 7.0 g/cm^3$；

B_{max}——板坯最大宽度，cm；

D_{max}——板坯最大厚度，cm；

h_0——结晶器底部至液面垂直距离，cm；

S_0——一台连铸机中一机的流数。

9.1.2　鼓肚阻力

$$R_B = \sum_{i=1}^{n_4} 0.5 \times 2 \frac{P'_i}{AREA}\sqrt{\frac{\delta_i}{D_{ri}}} \tag{2-9-2}$$

$$D_{ri} = \frac{4D_{roi} \cdot D_{rui}}{(\sqrt{D_{roi}} + \sqrt{D_{rui}})^2}$$

式中　R_B——鼓肚引起的拉坯阻力，kN；

P'_i——由钢水静压力引起的第 i 个导辊处的鼓肚力，kN；

D_{ri}——内外弧第 i 对辊子的平均直径，cm；

D_{roi}，D_{rui}——分别为内外弧第 i 号辊子的辊径，cm；

0.5——与实测值比较给出的修正系数；

$AREA$——钢液静压力（实际上也是鼓肚力）的修正系数，对于板坯 $AREA = 1$；

i——结晶器足辊至连铸机最末一对辊子之间的任意一对辊子；

n_4——支撑未完全凝固的板坯的辊子对数。

本章作者：杨拉道；审查：曾晶，王公民，黄进春，王蓉

9.1.3　辊子旋转阻力

$$R_{\mathrm{R}} = \sum_{i=1}^{n_2}\left[\mu_1 \frac{P'_i}{AREA}\left(\frac{D_{\mathrm{zo}i}}{D_{\mathrm{ro}i}} + \frac{D_{\mathrm{zu}i}}{D_{\mathrm{ru}i}}\right) + 2P_{\mathrm{D}ri}\right] \tag{2-9-3}$$

式中　R_{R}——辊子的旋转阻力，kN；

n_2——一流板坯连铸机辊子对数；

μ_1——轴承摩擦系数，$\mu_1 = 0.01$；

$D_{\mathrm{zo}i}, D_{\mathrm{zu}i}$——分别为内外弧第 i 号辊子轴承的相当直径，cm

对整体辊：$D_{\mathrm{zo}i} = 0.41D_{\mathrm{ro}i} - 1.64$，

$D_{\mathrm{zu}i} = 0.41D_{\mathrm{ru}i} - 1.64$，

对分段辊：$D_{\mathrm{zo}i} = 0.5D_{\mathrm{ro}i} - 2$，

$D_{\mathrm{zu}i} = 0.5D_{\mathrm{ru}i} - 2$；

$P_{\mathrm{D}ri}$——第 i 号辊子的油封阻力，根据经验，内外弧辊子的平均直径为若干米时，油封阻力大约为若干千牛顿，例如 $D_{ri} = 0.4$m 时，油封阻力 $P_{\mathrm{D}ri}$ 则为 0.4kN。

9.1.4　板坯自重产生的下滑力

板坯自重产生的下滑力，如图 2-9-1 所示。

9.1.4.1　结晶器液面到第一对辊子板坯自重产生的下滑力

$$R_{\mathrm{W1}} = \frac{p_1 F_1}{10} + \frac{\cos\beta_1 + \sqrt{1 - h_k^2/R_{\mathrm{o}i}^2}}{2} \cdot L_1 \cdot \frac{F_1}{2}(\rho - \gamma) \times 10^{-5} \tag{2-9-4}$$

式中　R_{W1}——结晶器到第一对辊子板坯自重产生的下滑力，kN；

p_1——第一对辊子处的钢液静压力，MPa；

F_1——第一对辊子处凝固壳断面积（一机多流连铸机是一机中各流断面面积之和），cm^2；

β_1——第一对辊子与水平线之间的夹角，(°)；

h_{k}——结晶液面至结晶器高度中心水平线的垂直高度，cm；

$R_{\mathrm{o}i}$——板坯厚度中心线上的连铸机半径，cm；

L_1——板坯厚度中心线上结晶器液面至第一对辊子的板坯长度，cm；

ρ——板坯密度，$\rho = 7.8\mathrm{g/cm^3}$。

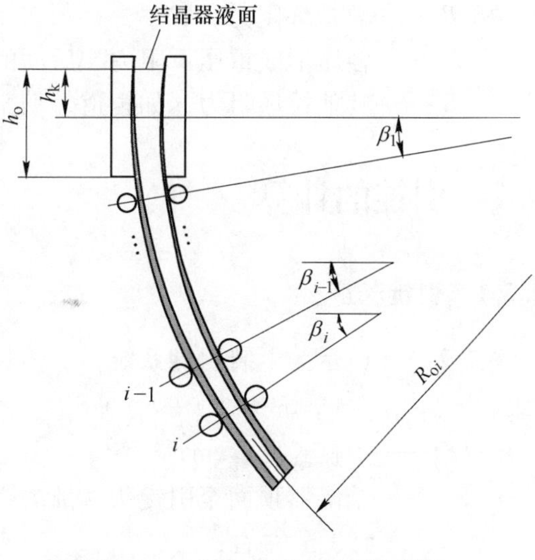

图 2-9-1　板坯自重产生的下滑力

9.1.4.2　第 2 对辊子以后的第 i 号辊子处板坯自重产生的下滑力

$$R_{\mathrm{w}i} = \frac{p_i \cdot F_i}{10} + \frac{\cos\beta_i + \cos\beta_{i-1}}{2} \cdot \frac{F_i + F_{i-1}}{2} \cdot l_i(\rho - \gamma) \times 10^{-5} \tag{2-9-5}$$

式中　R_{wi}——第 2 对辊子以后的第 i 号辊子处板坯自重产生的下滑力，kN；

F_i, F_{i-1}——分别为 i 号和 $i-1$ 号辊子处凝固坯壳断面积，cm^2；

β_i，β_{i-1}——分别为 i 号和 $i-1$ 号辊子的中心线与水平线之间的夹角；

l_i——第 i 个辊子处板坯厚度中心线上的辊距（或第 i 个辊子处前后辊距之和的一半），cm。

9.1.4.3　板坯自重产生的下滑力

$$R_w = R_{w1} + \sum_{i=2}^{n_2} R_{wi} \tag{2-9-6}$$

式中　R_w——板坯自重产生的下滑力，kN。

9.1.4.4　辊子弯矫阻力 R_s

$$R_s = \mu_1 \sum_{i=1}^{n_5} P_j \frac{D_{zj}}{D_{rj}} \tag{2-9-7}$$

式中　n_5——存在弯矫反力的辊子个数，根据弯矫区辊对的实际数量选取；

D_{zj}——j 号弯矫辊子轴承的相当直径，可用前面介绍的经验公式计算；

D_{rj}——j 号弯矫辊子辊径，cm；

P_j——j 号弯矫辊子矫直反力，kN。

弯矫阻力可以用公式（2-9-7）计算，也可以用公式（2-8-171）计算。由于矫直力和矫直阻力精确计算的难度很高，这一难题有待以后进行深入研究。

9.1.4.5　总拉坯阻力 R_z

$$R_z = R_M + R_B + R_R + R_s + R_q + R_t - R_w \tag{2-9-8}$$

式中　R_z——总拉坯阻力，kN；

R_q——轻压下或重压下阻力，后面的章节将会讲到，kN；

R_t——其他拉坯阻力，如辊道、切割等引起的阻力，根据经验给出，kN。

9.2　引锭的计算

9.2.1　引锭长度

图 2-9-2 所示为上装引锭系统，引锭长度为

$$S_y = S_{yt} + S_{yz} + S_{yw} \tag{2-9-9}$$

式中　S_y——引锭长度，cm；

S_{yt}——结晶器顶面至引锭头端部的距离，一般 S_{yt} = 150cm 左右；

S_{yz}——结晶器顶面至下边一对夹引锭驱动辊在引锭身厚度中心线上的距离，可通过辊列草图计算求得，cm；

S_{yw}——下边一对驱动辊至引锭尾部的距离，$S_{yw} \geq 30$cm。

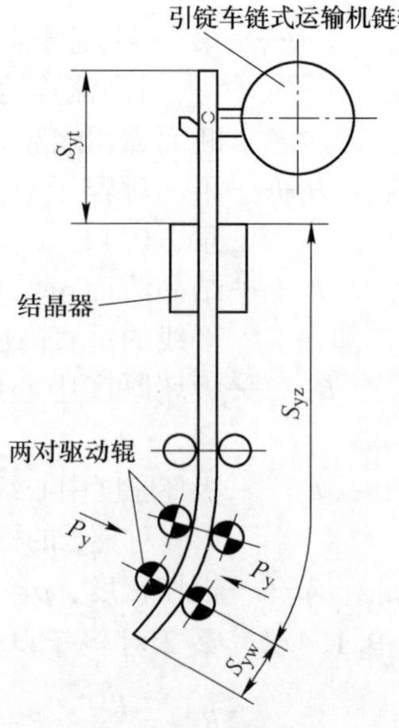

图 2-9-2　引锭长度

大转炉所配的效率高的大型板坯连铸机一般采用上装引锭，对于2.5m左右长度的连铸机直线段，引锭长度约10m左右。连铸机直线段越长，引锭长度越长。

对于下装引锭系统，引锭从结晶器底部装入，引锭头端部进入到结晶器铜板底端以上300～400mm即可。因此下装引锭系统的引锭长度比上装引锭系统的引锭长度一般要短2m左右。

9.2.2　引锭重量

引锭重量可以用下式作初步估计

$$W_y = B_y \cdot D_y \cdot S_y \cdot \rho'' \tag{2-9-10}$$

式中　W_y——引锭重量，kg；

B_y——引锭宽度，cm；

D_y——引锭厚度，cm；

ρ''——引锭的密度，当按引锭杆身外形尺寸计算时，取$\rho''=(5\sim6.5)\times10^{-3}\text{kg/cm}^3$。

9.2.3　引锭保持力

引锭装入结晶器后，引锭头需要密封，这时带有制动器的驱动辊应保持引锭不致下滑，引锭的保持力为

$$F_y = P_y \cdot \mu_y \cdot N_y \tag{2-9-11}$$

式中　F_y——引锭保持力，kN；

P_y——一对驱动辊中液压缸的夹紧力，板坯连铸机驱动辊一般用两个液压缸，当板坯较窄时，也可以用一个液压缸，两个液压缸布置在辊子的两端，一个液压缸布置在辊子的中间，kN；

μ_y——引锭与辊子间的摩擦系数，$\mu_y=0.15$；

N_y——保持引锭的驱动辊的数目，$N_y\geqslant4$。

引锭保持力F_y与引锭在连铸机中的自重之比应大于2，即保持引锭的安全系数应大于2。

需要注意的是，引锭自重和引锭在连铸机中的自重不是一个概念，当引锭在连铸机中时，有一部分是在弧形区，这时候引锭头尾之间在连铸机中的铅垂高度就要小于引锭竖向拉直后的长度S_y。计算引锭自重所用的引锭长度为引锭头尾之间在连铸机中的铅垂高度，而并非S_y。当然代入S_y计算引锭保持力更为保险。

9.2.4　引锭被保持时的接触应力

$$\sigma_{HP} = 0.0418\sqrt{\frac{P_y E_s \times 10^3}{R_{ri} B'_y}} \leqslant [\sigma_{HP}] \tag{2-9-12}$$

式中　σ_{HP}——引锭被保持时杆身的接触应力，MPa；

E_s——引锭杆的弹性模量，为优质碳素钢时，取$E_s=2\times10^5$MPa；为合金钢时，取$E_s=2.1\times10^5$MPa；

R_{ri}——驱动辊半径，cm；

B'_y——引锭接触驱动辊的实际宽度，初步计算时按 $B'_y \approx B_y/3$ 考虑，cm；

$[\sigma_{HP}]$——引锭杆身许用接触应力，$\sigma_{HP} \leqslant 700$MPa 时，引锭杆身采用 45 调质钢；$\sigma_{HP} > 700$MPa 时，采用调质的合金结构钢，例如 35CrMo、42CrMo 等。

关于接触应力可参考有关《机械设计手册》。一般驱动辊和引锭杆身的接触大体上属于线接触，可按照线接触选取，应该注意引锭使用的作业率一般小于连铸机作业率的 10%。

事实上，连铸技术发展很快，目前引锭杆的材质大多采用 42CrMo 调质钢，这种钢硬度高，引锭杆不易被压缩变形，对引锭拉坯的稳定性有帮助。

9.2.5　驱动辊压下油缸活塞直径确定

当一根驱动辊有两个油缸时

$$D_h \geqslant \sqrt{\frac{20P_y}{\pi p_h}} \tag{2-9-13}$$

式中　D_h——驱动辊压下油缸活塞直径，cm；

p_h——压引锭的油缸的压力，这里 $p_h = 12 \sim 18$MPa。

当一根驱动辊只有一个油缸时

$$D_h \geqslant \sqrt{\frac{40P_y}{\pi p_h}} \tag{2-9-14}$$

9.3　拉坯力的计算与电机功率的确定

9.3.1　鼓肚力所允许的拉坯力

这里需要特别强调的是，板坯连铸机带液芯拉坯时，钢液静压所产生的鼓肚力使凝固壳外部与驱动辊之间形成摩擦，是拉坯力能够形成的基本条件。也就是说，驱动辊对液相板坯的驱动取决于鼓肚力，换句话说，拉坯力的大小并不完全取决于电机功率的大小。

在这里，我们先给出 E 钢铁公司板坯连铸机主半径 R9. 0m 辊列图，如图 2-9-3 所示，该连铸机为连续弯曲、连续矫直的单流直弧形板坯连铸机，所浇最大板坯断面为 230mm × 2050mm，预留板坯厚度 250mm，机长 32. 72m，下装引锭系统，设计年产量 160 万吨，实际上绝大多数浇注的板坯厚度为 210mm，实际年产量 180 万吨以上，年平均作业率 92% 左右。该连铸机共有 14 个扇形段，每个扇形段均有一对（上下两个）驱动辊。该连铸机具有结晶器液压振动、动态二冷水、动态轻压下、二冷区域电磁搅拌等技术。扇形段 1 ~ 3 中，每个扇形段进口、出口辊子均为电磁搅拌辊，实际搅拌时需要两对辊子同时搅拌，这样就可以有 5 种组合，即 3 个扇形段 3 种加上相邻扇形段两种。这种搅拌方式是将来发展方向之一，因为搅拌的位置可以变化，以适应不同钢种、不同断面和不同拉速。这一点后面还要专题讨论。

表 2-9-1 是图 2-9-3 所示辊列图的连铸机驱动系统的参数设定与计算，开始设计的断面为 230mm ×2250mm，拉速 1. 8m/min；比水量 0. 5L/kg；计算出各传动辊处的鼓肚力已列入表 2-9-1 中。

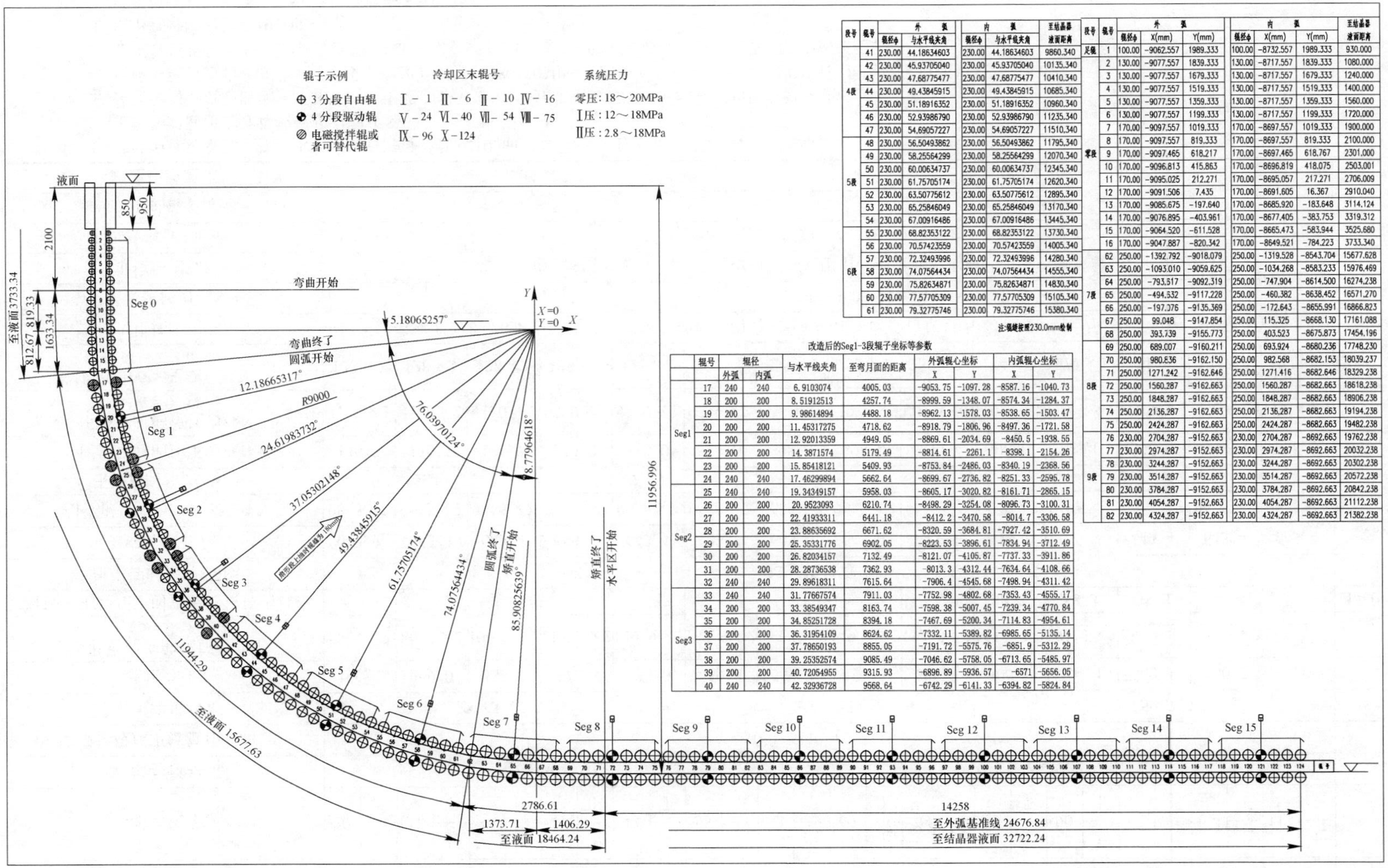

段号	辊号	外弧 辊径φ	外弧 与水平线夹角	内弧 辊径φ	内弧 与水平线夹角	至结晶器液面距离
4段	41	230.00	44.18634603	230.00	44.18634603	9860.340
	42	230.00	45.93705040	230.00	45.93705040	10135.340
	43	230.00	47.68775477	230.00	47.68775477	10410.340
	44	230.00	49.43845915	230.00	49.43845915	10685.340
	45	230.00	51.18916352	230.00	51.18916352	10960.340
	46	230.00	52.93986790	230.00	52.93986790	11235.340
	47	230.00	54.69057227	230.00	54.69057227	11510.340
5段	48	230.00	56.50493862	230.00	56.50493862	11795.340
	49	230.00	58.25564299	230.00	58.25564299	12070.340
	50	230.00	60.00634737	230.00	60.00634737	12345.340
	51	230.00	61.75705174	230.00	61.75705174	12620.340
	52	230.00	63.50775612	230.00	63.50775612	12895.340
	53	230.00	65.25846049	230.00	65.25846049	13170.340
	54	230.00	67.00916486	230.00	67.00916486	13445.340
6段	55	230.00	68.82353122	230.00	68.82353122	13730.340
	56	230.00	70.57423559	230.00	70.57423559	14005.340
	57	230.00	72.32493996	230.00	72.32493996	14280.340
	58	230.00	74.07564434	230.00	74.07564434	14555.340
	59	230.00	75.82634871	230.00	75.82634871	14830.340
	60	230.00	77.57705309	230.00	77.57705309	15105.340
	61	230.00	79.32775746	230.00	79.32775746	15380.340

注：辊缝按照230.0mm绘制

段号	辊号	外弧 辊径φ	外弧 X(mm)	外弧 Y(mm)	内弧 辊径φ	内弧 X(mm)	内弧 Y(mm)	至结晶器液面距离
足辊	1	100.00	-9062.557	1989.333	100.00	-8732.557	1989.333	930.000
零段	2	130.00	-9077.557	1839.333	130.00	-8717.557	1839.333	1080.000
	3	130.00	-9077.557	1679.333	130.00	-8717.557	1679.333	1240.000
	4	130.00	-9077.557	1519.333	130.00	-8717.557	1519.333	1400.000
	5	130.00	-9077.557	1359.333	130.00	-8717.557	1359.333	1560.000
	6	130.00	-9077.557	1199.333	130.00	-8717.557	1199.333	1720.000
	7	170.00	-9097.557	1019.333	170.00	-8697.557	1019.333	1900.000
	8	170.00	-9097.557	819.333	170.00	-8697.557	819.333	2100.000
	9	170.00	-9097.465	618.217	170.00	-8697.465	618.767	2301.000
	10	170.00	-9096.813	415.863	170.00	-8696.819	418.075	2503.001
	11	170.00	-9095.025	212.271	170.00	-8695.057	217.271	2706.009
	12	170.00	-9091.506	7.435	170.00	-8691.605	16.367	2910.040
	13	170.00	-9085.675	-197.640	170.00	-8685.920	-183.648	3114.124
	14	170.00	-9076.895	-403.961	170.00	-8677.405	-383.753	3319.312
	15	170.00	-9064.520	-611.528	170.00	-8665.473	-583.944	3525.680
	16	170.00	-9047.887	-820.342	170.00	-8649.521	-784.223	3733.340
7段	62	250.00	-1392.792	-9018.079	250.00	-1319.528	-8543.704	15677.628
	63	250.00	-1093.010	-9059.625	250.00	-1034.268	-8583.233	15976.469
	64	250.00	-793.517	-9092.319	250.00	-747.904	-8614.500	16274.238
	65	250.00	-494.532	-9117.228	250.00	-460.382	-8638.452	16571.270
	66	250.00	-197.376	-9135.369	250.00	-172.643	-8655.991	16866.823
	67	250.00	99.048	-9147.854	250.00	115.325	-8668.130	17161.088
	68	250.00	393.739	-9155.773	250.00	403.523	-8675.873	17454.196
8段	69	250.00	689.007	-9160.211	250.00	693.924	-8680.236	17748.230
	70	250.00	980.836	-9162.150	250.00	982.568	-8682.153	18039.237
	71	250.00	1271.242	-9162.646	250.00	1271.416	-8682.646	18329.238
	72	250.00	1560.287	-9162.663	250.00	1560.287	-8682.663	18618.238
	73	250.00	1848.287	-9162.663	250.00	1848.287	-8682.663	18906.238
	74	250.00	2136.287	-9162.663	250.00	2136.287	-8682.663	19194.238
	75	250.00	2424.287	-9162.663	250.00	2424.287	-8682.663	19482.238
9段	76	230.00	2704.287	-9152.663	230.00	2704.287	-8692.663	19762.238
	77	230.00	2974.287	-9152.663	230.00	2974.287	-8692.663	20032.238
	78	230.00	3244.287	-9152.663	230.00	3244.287	-8692.663	20302.238
	79	230.00	3514.287	-9152.663	230.00	3514.287	-8692.663	20572.238
	80	230.00	3784.287	-9152.663	230.00	3784.287	-8692.663	20842.238
	81	230.00	4054.287	-9152.663	230.00	4054.287	-8692.663	21112.238
	82	230.00	4324.287	-9152.663	230.00	4324.287	-8692.663	21382.238

改造后的Seg1-3段辊子坐标等参数

	辊号	辊径 外弧	辊径 内弧	与水平线夹角	至弯月面的距离	外弧辊心坐标 X	外弧辊心坐标 Y	内弧辊心坐标 X	内弧辊心坐标 Y
Seg1	17	240	240	6.9103074	4005.03	-9053.75	-1097.28	-8587.16	-1040.73
	18	200	200	8.51912513	4257.74	-8999.59	-1348.07	-8574.34	-1284.37
	19	200	200	9.98614894	4488.18	-8962.13	-1578.03	-8538.65	-1503.47
	20	200	200	11.45317275	4718.62	-8918.79	-1806.96	-8497.36	-1721.58
	21	200	200	12.92013359	4949.05	-8869.61	-2034.69	-8450.5	-1938.55
	22	200	200	14.3871574	5179.49	-8814.61	-2261.1	-8398.1	-2154.26
	23	200	200	15.85418121	5409.93	-8753.84	-2486.03	-8340.19	-2368.56
	24	240	240	17.46299894	5662.64	-8699.67	-2736.82	-8251.33	-2595.78
Seg2	25	240	240	19.34349157	5958.03	-8605.17	-3020.82	-8161.71	-2865.15
	26	200	200	20.9523093	6210.74	-8498.29	-3254.08	-8096.73	-3100.31
	27	200	200	22.41933311	6441.18	-8412.2	-3470.58	-8014.7	-3306.58
	28	200	200	23.88635692	6671.62	-8320.59	-3684.81	-7927.42	-3510.69
	29	200	200	25.35331776	6902.05	-8223.53	-3896.61	-7834.94	-3712.49
	30	200	200	26.82034157	7132.49	-8121.07	-4105.87	-7737.33	-3911.86
	31	200	200	28.28736538	7362.93	-8013.3	-4312.44	-7634.64	-4108.66
	32	240	240	29.89618311	7615.64	-7906.4	-4545.68	-7498.94	-4311.42
Seg3	33	240	240	31.77667574	7911.03	-7752.98	-4802.68	-7353.43	-4555.17
	34	200	200	33.38549347	8163.74	-7598.38	-5007.45	-7239.34	-4770.84
	35	200	200	34.85251728	8394.18	-7467.69	-5200.34	-7114.83	-4954.61
	36	200	200	36.31954109	8624.62	-7332.11	-5389.82	-6985.65	-5135.14
	37	200	200	37.78650193	8855.05	-7191.72	-5575.76	-6851.9	-5312.29
	38	200	200	39.25352574	9085.49	-7046.62	-5758.05	-6713.65	-5485.97
	39	200	200	40.72054955	9315.93	-6896.89	-5936.57	-6571	-5656.05
	40	240	240	42.32936728	9568.64	-6742.29	-6141.33	-6394.82	-5824.84

图 2-9-3 R9.0m 板坯连铸机辊列

表 2-9-1　E 钢铁公司连铸机驱动系统参数初步设定与计算

扇形段号	1	2	3	4	5	6	7	8	9	10	11	12	13	14	合计
驱动辊号	20 上/下	27 上/下	34 上/下	41 上/下	48 上/下	55 上/下	62 上/下	69 上/下	76 上/下	83 上/下	90 上/下	97 上/下	104 上/下	111 上/下	
驱动辊直径/mm	ϕ230						ϕ250								
扇形段压下缸缸径/mm	ϕ160/ϕ110（2 个/Seg）														
电机容量/kW	2×5×5.5					2×4×11				2×5×7.5					218
鼓肚力/kN	196.2	269.0	333.9	391.6	433.0	459.6	509.4	499.3	508.3	506.1	504.1	502.1	500.2	0.0	
鼓肚力允许的拉坯力/kN（μ=0.3）	58.9×2	80.7×2	100.2×2	117.5×2	129.9×2	137.9×2	152.9×2	149.8×2	152.5×2	151.8×2	151.2×2	150.6×2	150.1×2	0.0	
凝固末端轻压下时需要的拉坯力/kN										38.3	38.3	38.3			114.9
压引锭时压力/MPa	12~18（取 16）														
压引锭时压下力/kN	643.4	643.4	643.4	643.4	643.4	643.4	643.4	643.4	643.4	643.4	643.4	643.4	643.4	643.4	
引锭保持力（μ=0.15）/kN	96.5×2	96.5×2	96.5×2	96.5×2	96.5×2	96.5×2	96.5×2	96.5×2	96.5×2	96.5×2	96.5×2	96.5×2	96.5×2	96.5×2	
压板坯时压力/MPa	3.40			7.79			9.90								
压板坯时的压下力/kN	136.7	136.7	136.7	313.0	313.0	313.0	398.0	398.0	398.0	398.0	398.0	398.0	398.0	398.0	
压板坯时的拉坯力/kN（μ=0.3）	41.0×2	41.0×2	41.0×2	93.9×2	93.9×2	93.9×2	119.4×2	119.4×2	119.4×2	119.4×2	119.4×2	119.4×2	119.4×2	119.4×2	
电机 100% 驱动力/kN（拉速=2.2m/min）	128×2	128×2	128×2	128×2	128×2	255×2	255×2	255×2	255×2	174×2	174×2	174×2	174×2	174×2	5060
最大拉坯阻力/kN	铸造速度 1.8m/min 且不进行轻压下时的拉坯阻力 920＋轻压下时的拉坯阻力 200＋其他阻力 180（辊道、切割等）＝1300														
最大拉坯力/kN	3603														
重拉坯力/kN	6072（电机额定转矩的 1.2 倍为重拉坯的极限值，超过此数据时，电气控制系统自动停止工作）														
电机转速/r·min^{-1}	750（电机过载系数 1.5，过载时间 1min）														
拉速 2.2m/min 时的辊子转速/r·min^{-1}	3.045						2.801								
减速机减速比	246.305						267.762								

注：1. 鼓肚力计算条件：拉速 1.8m/min；铸坯断面 210mm×2250mm；比水量 0.5L/kg；
2. 压板坯时的压力计算按鼓肚力的 0.8；
3. 减速机与电机的匹配：5.5kW、7.5kW、11kW 的电机分别配 4.0kW、5.5kW、9kW 的减速机；
4. 液压系统压力为：0 压（扇形段上框架升降）＝18~20MPa；Ⅰ压（压引锭）＝12~18MPa；Ⅱ压（压板坯）＝2~18MPa；
5. Ⅱ压（压板坯）分组为：扇形段 1~3 为第一组；扇形段 4~6 为第二组；扇形段 7~14 为第三组；
6. 压下缸升降速度：10mm/s；
7. 机械拉速 v_{max}＝2.2m/min，传动效率 η＝0.85。

鼓肚力所允许的拉坯力为

$$F_p = \mu_p \cdot P'_i \tag{2-9-15}$$

式中 F_p——某驱动辊鼓肚力所允许的拉坯力，kN；

μ_p——板坯与辊子间的摩擦系数，对于红热板坯一般取 $\mu_p = 0.3 \sim 0.332$，对于发黑的高温坯，可以适当减小。

连铸机驱动系统，液压缸的压力一般有三种，俗称扇形段压力、引锭压力和铸坯压力，铸坯压力又分好几组，以便针对不同宽度的板坯和不同扇形段的鼓肚力。引锭拉坯结束后，压板坯时，要采用铸坯压力。这时驱动辊液压缸压板坯的力要小于鼓肚力，以免使未凝固板坯的两相界产生应变，液压缸压板坯的力一般取为鼓肚力的0.8倍。这个0.8的系数在连铸机前面的几个扇形段可以更小一些，有的钢铁公司，前面的几个扇形段就不给铸坯压力，完全靠鼓肚力作用于拉坯。

9.3.2 确定电机功率

$$N_d \geqslant \frac{F_p \cdot v_{max}}{60.02\eta} \tag{2-9-16}$$

式中 N_d——电机功率，kW；

F_p——鼓肚力允许的拉坯力，kN；

v_{max}——板坯连铸机机械设备的最大速度，常规厚度的板坯连铸机一般 $v_{max} = 2.0 \sim 2.5\text{m/min}$，特厚板坯连铸机，可选取的再小一些。表2-9-1中，$v_{max} = 2.2\text{m/min}$；

η——传动效率，$\eta = 0.85$。

例：如表2-9-1所列。对于34号辊，其鼓肚力为333.9kN，对一对辊子中的一个辊子来说，鼓肚力所允许的拉坯力为 $F_p = 0.3 \times 333.9 = 100.2\text{kN}$，则

$$N_d \geqslant \frac{F_p \cdot v_{max}}{60.02\eta} = \frac{100.2 \times 2.2}{60.02 \times 0.85} \approx 4.32\text{kW}$$

实际选取的电机功率为 $N_d = 5.5\text{kW}$。

对于保持引锭的前两对或前三对驱动辊，确定电机功率时，必须首先考虑引锭保持力 F_y。

由于每个驱动辊处的鼓肚力不同，则计算出的 N_d 也不同。实际上，又不可能选取很多的电机型号。为了减少电机型号，就会出现选用的电机功率值与计算值 N_d 相差较多的现象，见表2-9-1。

在这里，板坯连铸机机械设备的最大速度 v_{max} 非常重要，同样大小的电机，该速度确定得低一些，传动的扭矩就大一些。而自动化设计时，机械设备的最大速度 v_{max} 也是一个重要的分界点，当实际拉速 $\leqslant v_{max}$ 时，电机恒力矩，当实际拉速 $> v_{max}$ 时，电机恒功率。

目前，连铸机的电机都采用矢量控制的交流变频电机，机械设备的最大速度 v_{max} 确定了，下装引锭系统的送引锭速度也就确定了，一般情况下，下装引锭系统的送引锭速度等于两倍的 v_{max}。

9.3.3 实际拉坯力计算

电机在最大机械设备速度 v_{max}、工作负荷100%的情况下，能够产生的拉坯力为

$$F_d = 60.02\eta \cdot N_e / v_{max} \tag{2-9-17}$$

式中　F_d——额定功率时电机的拉坯力，kN；

N_e——电机额定功率，kW。

设实际总拉坯力为 F，则

$$F = \sum_{i=1}^{n_6} F_{pi\,min} + \sum_{j=1}^{n_7} F_{dj\,min} \tag{2-9-18}$$

式中　F——总拉坯力，kN；

$F_{pi\,min}$——与电机产生的拉坯力比较，其鼓肚允许的拉坯力小时的值，kN；

$F_{dj\,min}$——与鼓肚允许的拉坯力比较，电机产生的拉坯力小时的值，kN；

n_6——鼓肚力所允许的拉坯力小于电机驱动力的驱动辊数；

n_7——电机驱动力小于鼓肚力所允许的拉坯力的驱动辊数。

上式表明，总拉坯力 F 是每个驱动辊子处 F_p 与 F_d 相比较后的小者之和。对于完全凝固后的热板坯处的驱动辊，就要加上压板坯时热坯压力所产生的拉坯力。

表 2-9-1 中的总拉坯力为

$$F = 58.9 \times 2 + 80.7 \times 2 + 100.2 \times 2 + 117.5 \times 2 + 128 \times 2 + 137.9 \times 2 + 152.9 \times 2 + 149.8 \times 2 + 152.5 \times 2 + 151.8 \times 2 + 151.2 \times 2 + 150.6 \times 2 + 150.1 \times 2 + 119.4 \times 2 = 3603\text{tf}$$

从表 2-9-1 中可以看出，总拉坯力是鼓肚力所允许的拉坯力、压板坯时的拉坯力和电机 100% 驱动力中打下划线的数据之和，读者需仔细体会。

9.3.4　拉坯力的平衡

9.3.4.1　总拉坯力与总拉坯阻力的关系

总拉坯阻力 R_z 包括不进行轻压下时的拉坯阻力，轻压下时的拉坯阻力，切割等其他阻力，从表 2-9-1 可以看出，总拉坯阻力为 1300kN。设计连铸机时总拉坯力 F 与总拉坯阻力的关系是

$$F \geqslant 2R_z \tag{2-9-19}$$

就是说，实际总拉坯力是拉坯阻力的二倍以上。因此选电机时，既要考虑鼓肚力，又要考虑总拉坯力。这就是为什么连铸机后面的驱动辊的驱动力，小于其驱动辊处鼓肚力所允许的拉坯力的原因。

表 2-9-1 中，总拉坯力是拉坯阻力的 2.77 倍，完全满足设计要求。

9.3.4.2　重拉坯力的计算

连铸生产过程中，当更换中间罐或连铸机出现故障而滞坯时，板坯有可能未完全凝固，也有可能完全凝固，这时的拉坯力叫重拉坯力。如果完全凝固，这时驱动辊要有一定的压下力，才能将板坯拉出连铸机外。

A　驱动辊为一个油缸时，辊子对板坯的压下力

$$P_{zi1} = \frac{\pi}{40} D_h^2 \cdot p_h \tag{2-9-20}$$

式中　P_{zi1}——驱动辊为一个油缸时，辊子对板坯的压下力，kN。

B　驱动辊为两个油缸时，辊子对板坯的压下力

$$P_{zi2} = \frac{\pi}{20} D_h^2 \cdot p_h \tag{2-9-21}$$

式中　P_{zi2}——驱动辊为两个油缸时，辊子对板坯的压下力，kN。

C　重坯拉力

$$F_z = \sum_{i=1}^{n_8} P_{zi} \cdot \mu_z \tag{2-9-22}$$

式中　F_z——重坯拉力，kN；

P_{zi}——驱动辊对板坯的压下力，kN；

μ_z——重拉坯时板坯与辊子间的摩擦系数，可根据经验在 $\mu_z = 0.15 \sim 0.3$ 之间选取；

n_8——参与重拉坯的驱动辊个数。

重拉坯力与拉坯阻力的关系

$$F_z \geqslant 3R_z \tag{2-9-23}$$

就是说，重拉坯力是实际拉坯力的 1.5 倍，是拉坯阻力的 3 倍。这里需要强调的是，拉坯阻力与拉坯力、重拉坯力的比例关系是对整个连铸机而言的。表 2-9-1 中计算出的数值，完全符合上述关系，但富余量很大。

由于产品大纲中板坯宽度由 2250mm 变窄为 2050mm，再将表 2-9-1 中的参数进行优化，变成表 2-9-2。因拉速由 1.8m/min 变为 2.2m/min，比水量由 0.5L/kg 变为 0.8L/kg，拉坯阻力由 1300kN 变为 1380kN，改变了驱动辊直径、驱动辊压下缸的缸径、电机规格减小、电机功率重新配置等。表 2-9-2 显示，电机的总功率由表 2-9-1 中的 218kW 变为 201kW，电机恒力矩的驱动力由 5060kN 变为 4668kN，重拉坯力由 6072kN 变为 5602kN。即使如此，电机驱动力富余量仍然很大。

生产中，往往把全部电机额定转矩的 1.2 倍设定为重拉坯的极限值，超过此数据时，电气控制系统自动停止工作。表 2-9-2 所计算的连铸机，全部电机额定转矩的 1.2 倍是 5602kN。是拉坯阻力的 4.13 倍。可见拉坯力之大。即使如此，由于生产操作中，操作工不熟练，时而出现打滑滞坯现象，由于不明真相，往往错误地归咎于拉坯力太小。

连铸机在浇注最大板坯断面时，主机区驱动电机的电流往往是额定电流的 40% 左右，这样的设计就是合理的。

为了连浇更多的炉数，生产操作中经常要换中间罐。换中间罐时，规定的零拉速时间为小于等于 3.5min，超过 4min 停止重拉坯。

实际上，由于停止重拉坯后事故处理时间太长，影响生产效率，一旦滞坯，操作工往往千方百计地进行重拉坯。但是，违规操作会损伤设备，图 2-9-3 和表 2-9-2 所代表的连铸机在浇注 210mm × 1800mm 断面的板坯时，因为处于调试阶段，网络线未接好而引起所有电机断电，原因找到后，零拉速时间已经达到 75min，勉强将滞留的全凝固板坯拉出连

表 2-9-2 E 钢铁公司连铸机驱动系统参数实际设定与计算

扇形段号	1	2	3	4	5	6	7	8	9	10	11	12	13	14	15	合计
驱动辊辊号	20 上/下	28 上/下	36 上/下	44 上/下	51 上/下	58 上/下	65 上/下	72 上/下	79 上/下	86 上/下	93 上/下	100 上/下	107 上/下	114 上/下	121 上/下	
驱动辊直径/mm	ϕ200			ϕ230			ϕ250		ϕ230							
扇形段压下缸缸径/mm	ϕ125/ϕ90（每个扇形段 2 个液压缸）						ϕ140/ϕ100（每个扇形段 2 个液压缸）									
电机容量/kW	2×6×5.5						2×9×7.5									201
鼓肚力/kN	157.7	216.8	269.8	358.2	395.6	419.5	464.8	455.4	424.3	422.5	420.8	419.2	417.6	416.1	414.6	
鼓肚允许的拉坯力（μ=0.3）/kN	47.3×2	65.0×2	80.9×2	107.4×2	118.7×2	125.9×2	139.4×2	136.6×2	127.3×2	126.8×2	126.2×2	125.8×2	125.3×2	124.8×2	124.4×2	3403.6
凝固末端轻压下时需要的拉坯力（μ=0.3）/kN									25	25	25	25				100
压引锭时压力/MPa	12～18（计算取16）															
压引锭时压下力/kN	393	393	393	393	393	393	493	493	493	493	493	493	493	493	493	
引锭保持力（μ=0.15）/t	59×2	59×2	59×2	59×2	59×2	59×2	74×2	74×2	74×2	74×2	74×2	74×2	74×2	74×2	74×2	
压铸坯时压力/MPa	5.8			11.7			10.8									
压铸坯时压下力/kN	142	142	142	286	286	286	333	333	333	333	333	333	333	333	333	
压铸坯时的拉坯力（μ=0.3）/kN	43×2	43×2	43×2	86×2	86×2	86×2	100×2	100×2	100×2	100×2	100×2	100×2	100×2	100×2	100×2	
电机100%驱动力/kN（拉速=2.2m/min）	128×2	128×2	128×2	128×2	128×2	128×2	174×2	174×2	174×2	174×2	174×2	174×2	174×2	174×2	174×2	4668
最大拉坯阻力/kN	铸造速度2.0m/min时且不进行轻压下时拉坯阻力1000＋轻压下阻力200＋其他阻力180（辊道、切割等）＝1380															
最大拉坯力/kN	3403.6t															
重拉坯力（事故拉坯）/kN	5602（电机额定转矩的1.2倍为重拉坯的极限值，超过此数据时，电气控制系统自动停止工作）															
电机转速/r·min^{-1}	750（电机过载系数1.5，过载时间1min）															
拉速2.2m/min时辊子转速/r·min^{-1}	3.501			3.045			2.801		3.045							
减速机速比	214.225			246.305			267.762		246.305							

注：1. $F_d=60.02\eta\cdot N/v_{max}$，$v_{max}=2.2$m/min，$\eta=0.85$；（$F_d$—电机100%驱动时能够产生的拉坯力）；
2. 鼓肚力计算条件：拉速2.00m/min；铸坯断面：210mm×2050mm，比水量0.8153L/kg；
3. 有下划线的数据是计算拉坯力的数据；
4. 压铸坯时的压力计算按鼓肚力的0.80～0.90倍（扇形段1～3取0.9，扇形段4～15取0.8）；
5. 减速机与电机的匹配：5.5kW、7.5kW减速机分别配4.0kW、5.5kW减速机；
6. 液压系统压力为：0压（扇形段上框架升降）18～20MPa；Ⅰ压（压引锭）12～18MPa；Ⅱ压（压板坯）2.8～18MPa；
7. Ⅱ压（压板坯）分组为：扇形段1～3为第1组；扇形段4～6为第2组；扇形段7～15为第3组；
8. 压下缸升降速度：10mm/s；
9. 引锭杆最大重量：12.26t（板坯厚度230mm）；12.40t（板坯厚度250mm）。

铸机。此时，尽管重拉坯成功了，但是连铸机机械设备受到了损伤，弯曲段损坏需要离线维修，支撑弯曲段的支座报废。据说有些钢铁厂滞坯时间还有超过 75min 达到 120min 的。这种超时重拉坯的现象应予杜绝。

9.3.5　驱动辊数量的最终校核

前面介绍过的拉坯力计算过程，实际上就是对电机功率和驱动辊数量的校核。下面我们通过对浇注开始时引锭拉坯的拉坯力计算再进一步看看驱动辊的布置是否合理与完善。

当拉着板坯的引锭通过扇形段，且引锭尾端部超过驱动辊 300mm 时，驱动辊液压缸施加压力，辊子开始压引锭。当板坯头部通过驱动辊 300mm 时，辊子压板坯；而当引锭头端部通过驱动辊，并距引锭头 2000mm（有的连铸机装有每次送引锭时就能够测量辊缝的特定辊缝仪，该距离最大可达 2600mm，若无辊缝测量装置，距离可小于 2600mm）时，液压缸卸压，驱动辊离开引锭杆身。如图 2-9-4 所示。

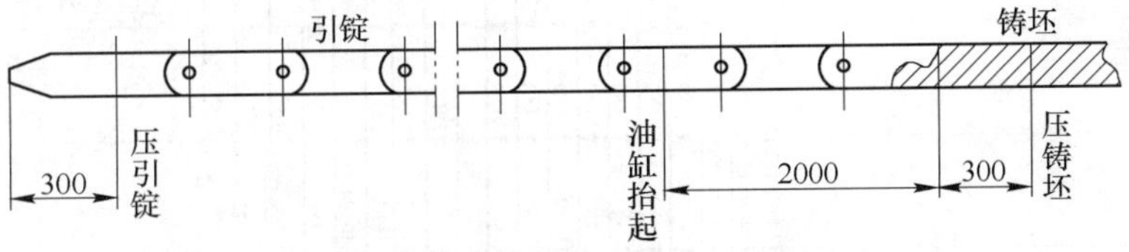

图 2-9-4　引锭拉坯时，驱动辊的压下、抬起位置

需要强调的是，该图中 2000mm 的距离不能再小，太小时，引锭拉坯时会引起液面波动。这是因为引锭杆身的厚度比辊缝小 100mm 左右，有时候可达 150mm，引锭链节在连铸机里不是按照弧线行走，而是一个不规则的弦线路径。

当知道了引锭长度及其在特定条件下引锭在连铸机中的位置，就可以画出一条拉坯阻力曲线。根据图 2-9-3 计算所得的拉坯阻力 R_z 再减去引锭的重量，就得到图 2-9-6 所示的一条拉坯阻力曲线。

引锭拉坯中，大部分连铸机都不进行轻压下，因此拉坯阻力不包括轻压下和切割等的阻力。

利用引锭保持力、拉坯力以及图 2-9-4 所表示的驱动辊液压缸上升与压下的位置关系，可沿连铸机长度方向上画出图 2-9-5。

将图 2-9-5 上有关特殊点用折线连起来，就形成图 2-9-6 所示的、直观的“引锭拉坯时的拉坯力”曲线（折线）。而将第 5.6 节“辊列的校核与优化”中关于该连铸机“Ⅰ号辊前拉坯阻力”再减去引锭在不同辊子处的重量后就得到图 2-9-6 所示的“板坯拉坯阻力”曲线。

从图 2-9-6 可以看出，拉坯阻力基本上是一条较为光滑的曲线。在特定条件下最大拉坯阻力是 688.4kN，最大拉坯力是 3394.6kN。在任何时候，拉坯力都大于拉坯阻力，满足总体设计要求。

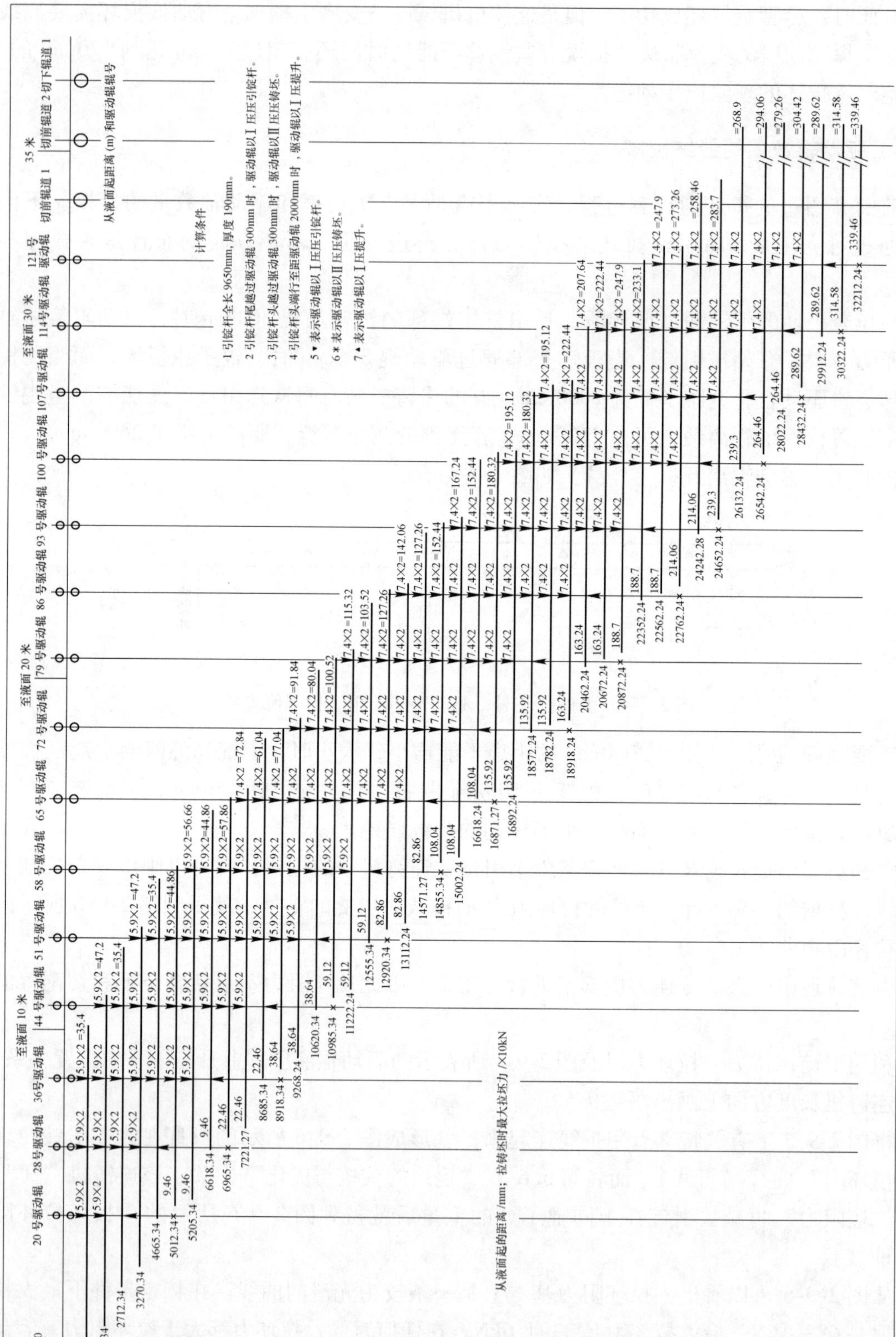

图 2-9-5　引锭拉坯位置、驱动辊升降、拉坯力变化

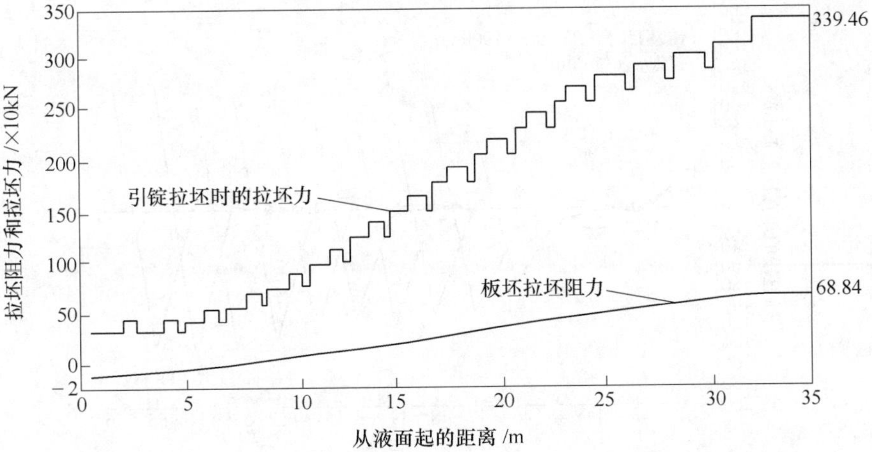

图 2-9-6 引锭拉坯时，特定条件下的拉坯阻力和拉坯力的关系

9.4 弯矫反力

板坯在被弯曲和矫直的过程中，辊子对板坯的作用力称为弯曲力或矫直力，而板坯对辊子的反作用力称为弯曲反力或矫直反力。在坯头或坯尾及连铸机发生事故时，都会出现瞬时的最大矫直反力，也就是说，此时的矫直反力应作为辊子强度校核的条件之一。

关于矫直反力的计算是一个很棘手的难题，目前为止还没有一个公认的理论。这里我们给出图 2-2-1 辊列图在拉坯速度为 1m/min 时弯曲点的弯曲反力和矫直点的矫直反力曲线，分别如图 2-9-7 和图 2-9-8 所示，仅供设计参考。

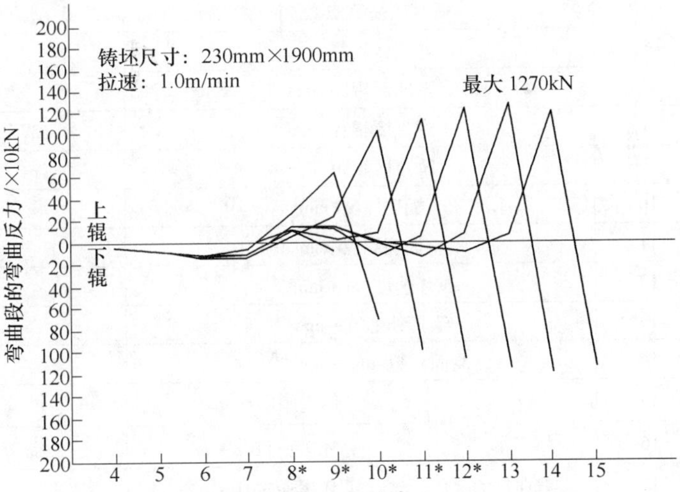

图 2-9-7 连铸机弯曲段的弯曲反力

*—弯曲点辊子号

在这里，我们提出另一个问题就是“多点弯矫和连续弯矫时辊子的弯矫反力”，这个题目一直是连铸界的一个“老大难问题”。

单点矫直时，由于辊系受力简单，根据铸坯高温时的变形抗力就可以计算出辊子的矫直反力。多点弯矫或连续弯矫时，辊系受力状态比较复杂，受力模型的规律很难精确描述，使这方面的研究一直处于停滞状态。表 2-9-3 是国外商家 A 和商家 F 计算弯矫反力时板坯连铸机的相关参数和弯矫反力计算结果比较。

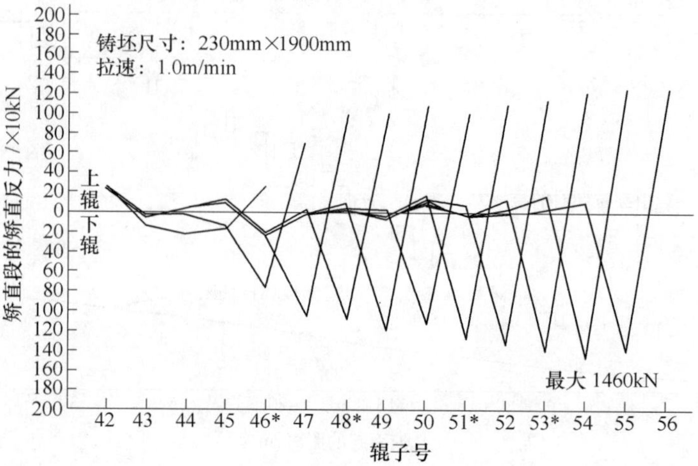

图 2-9-8　连铸机矫直段的矫直反力

*—矫直点辊子号

表 2-9-3　商家 A 和商家 F 相关连铸机参数及弯矫反力计算结果比较

序 号	比较项目		商家 A	商家 F
1	连铸机机型		直弧型	直弧型
2	直线段长度/mm		2550	2665
3	连铸机主半径/mm		9555	10000
4	弯曲区弯曲点数/个		5	8
5	矫直区矫直点数/个		4	6
6	弯曲区辊径/mm		ϕ250	ϕ230
7	弯曲区辊距/mm		290	270
8	矫直区辊径/mm		ϕ375、ϕ385、ϕ405	ϕ230
9	矫直区辊距/mm		425	270
10	板坯厚度/mm		250	300
11	板坯宽度/mm		1930	2300
12	拉坯速度/m · min^{-1}		1. 2	1. 0
13	辊子刚性/tf · mm^{-1}		100	—
14	凝固系数/mm · $min^{-0.5}$		26. 5	26. 5
15	弯曲反力	坯壳厚度/mm	46. 60	56. 53
16		坯头通过/kN	上辊 2300；下辊 1870	420
17		坯尾通过/kN	—	420
18		更换中间罐/kN	—	390
19		正常铸造/kN	—	120
20	矫直反力	坯壳厚度/mm	106. 54	120
21		坯头通过/kN	上辊 1520；下辊 1750	1300
22		坯尾通过/kN	—	1300
23		更换中间罐/kN	—	560
24		正常铸造/kN	—	170

由表2-9-3可以看出，商家A只计算了坯头通过时的弯矫反力，而商家F还计算了坯尾通过、更换中间罐和正常铸造时的弯矫反力。从板坯断面看，商家A的浇注断面比商家F的浇注断面还小，但是计算出的弯曲反力比商家F却大了4.45~5.48倍，矫直反力比商家F大了1.17~1.35倍。这说明两公司弯矫区辊组的受力模型和计算方法差异太大，让人难以采信。

通过两个商家的计算结果比较，就知道在这方面我们今后还需要做艰苦的工作，工作的重点无非是经过严密的力能参数测试，建立接近实际的受力模型，采用合理的计算方法，最终达到一个较为理想的结果。

国内某高校曾对矫直点的矫直力进行测试，结果表明，采用曲线设计辊列其矫直区域各个矫直辊子的矫直反力和各个矫直辊子处的矫直应变差距较小，而多点矫直则差距较大。

9.5　分段辊配置

9.5.1　扇形段辊子结构

分段辊的配置和辊列设计密不可分，从辊子的强度、刚度、轴承安全系数、电磁搅拌辊子的支撑结构与辊径等因素出发，除熟悉本章以前的相关内容外，还要熟悉辊子的机械结构形式。

连铸机上支撑诱导铸坯的辊子有驱动辊和自由辊之分，驱动辊数量较少，一般为辊子总量的1/6~1/8，大多采用芯轴式结构，由于剖分轴承价格贵，使用中又容易漏水、容易损坏，整体式驱动辊采用剖分轴承的厂家最终都改造成了芯轴式结构。

目前连铸机上采用的自由辊有图2-9-9a~d所示的芯轴式分段辊和图2-9-9e所示的全断开分段辊两种类型。芯轴式分段辊是指整根辊子有一个“通轴”，外边安装了若干个辊套，“通轴”可通水冷却，在一定条件下也可不通水。

芯轴式分段辊又有4种类型，如图2-9-9a~d所示。

图2-9-9a是国内某钢厂板坯连铸机采用插入式电磁搅拌器时，又配套采用了直径ϕ190mm的六节分段辊，每一个辊套采用两个调心轴承，两个调心轴承中间有支座支撑，该结构的优点是轴承受力较好。

图2-9-9b是国内钢厂很多板坯连铸机直径ϕ150mm以下的辊子所采用的分段辊形式，和图2-9-9a所示的结构相似，主要不同点是图2-9-9b结构用的是滚针轴承，该结构的优点也是轴承受力较好，但滚针轴承调心性差，设计间隙不当时容易憋劲不转，进而磨损。

图2-9-9c、d是引进的板坯连铸机中采用的两种芯轴式自由辊，应用于直径大于ϕ150mm的所有辊子上，二者的共同特点是每一个辊子的分节支点都是一个轴承，均为大游隙调心轴承。两者的不同之处在于，图2-9-9c所示的结构把轴承内圈安装在一个套上，套又装在轴上，根据连铸机的生产特点，热胀冷缩时轴与套之间作相对滑动，消除铸造时热膨胀引起的轴向力。那么轴与套之间的设计间隙就成了设计成败的关键。图2-9-9d所示的结构是轴承直接安装在轴上，当热胀冷缩时轴带着轴承在轴承座内滑动，以消除铸造时热膨胀引起的轴向力。

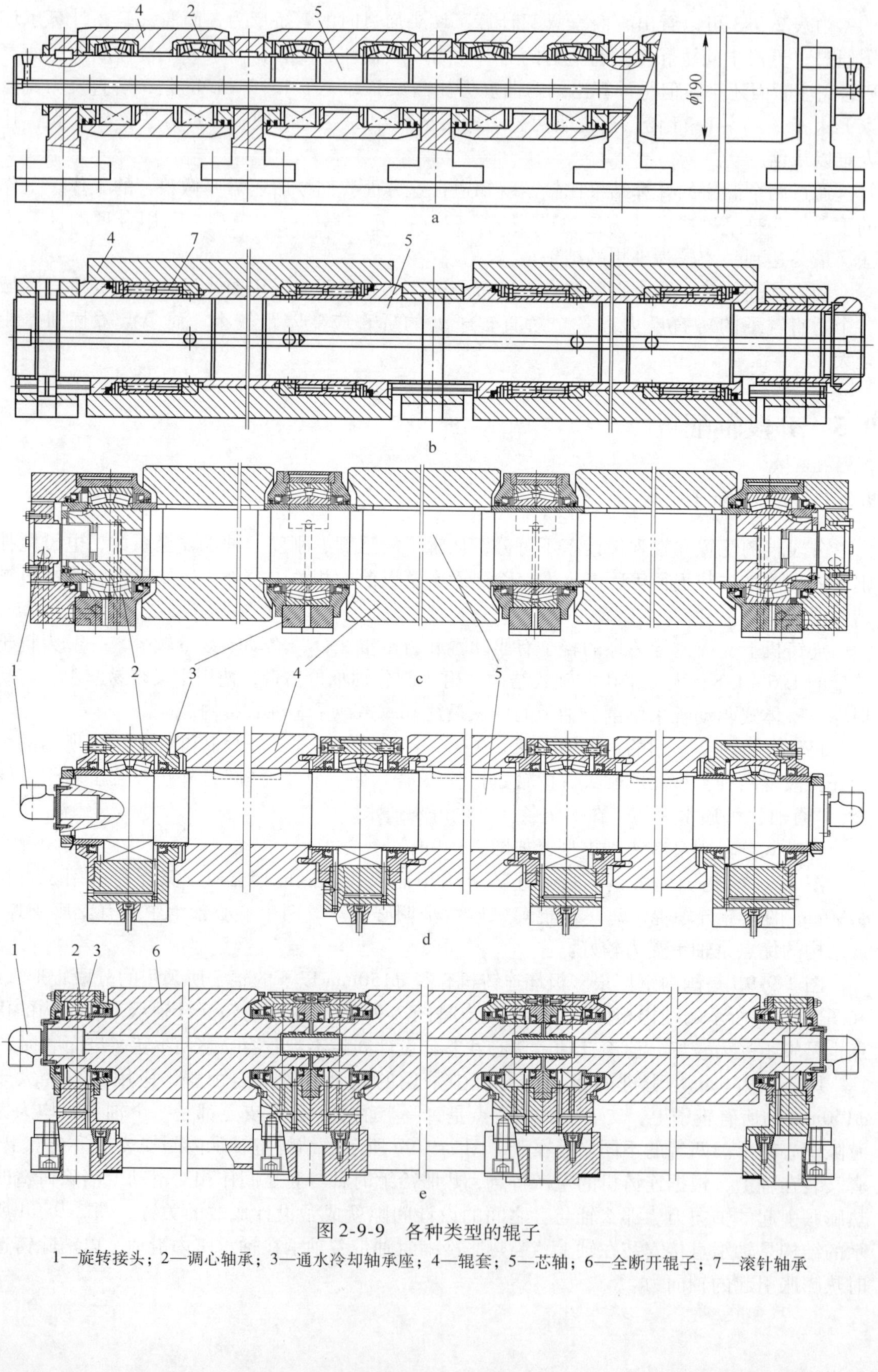

图 2-9-9　各种类型的辊子

1—旋转接头；2—调心轴承；3—通水冷却轴承座；4—辊套；5—芯轴；6—全断开辊子；7—滚针轴承

国内引进国外 D 公司的连铸机比较多，无论自由辊和驱动辊，几乎全部为芯轴式结构，而自由辊大多数都是图 2-9-9c、d 所示的结构。

图 2-9-9e 所示的全断开分段辊是指整根辊子被全部断开，没有芯轴和辊套之分，全断开的辊子通水冷却时，两节辊子之间用带唇式密封的套管连接。

经过连铸机生产现场多年的实践考验，加上作者多年深入到连铸设备制造厂实际调查研究、总结归纳、分析并积累经验，对图 2-9-9c、d 所示芯轴式分段辊和全断开分段辊有了一个比较透彻的认识，下面重点进行比较。

首先看看芯轴式辊子轴承的受力。如图 2-9-10 所示，芯轴式辊子是一个静不定受力状态，为了简化计算并方便表述，将二分段辊和三分段辊全部等分并将载荷理想化，从图 2-9-10a 得到 $R_c/R_a \approx 10/3 \approx 3.33$ 倍，从图 2-9-10b 得到 $R_{c1}/R_{a1} \approx 11/4 = 2.75$ 倍。这表明，芯轴式二分段辊中间轴承的受力是边部轴承的 3.33 倍；芯轴式三分段辊中间轴承的受力是边部轴承的 2.75 倍。

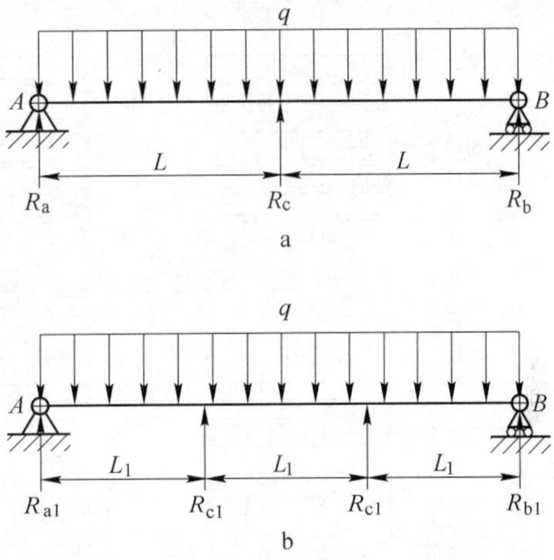

图 2-9-10　二分段、三分段辊受力

当然，因铸坯支撑的均匀性要求，前后辊子轴承的布置既要错开，辊子又要互换，则实际辊子的分段尺寸是不等分的，可以优化调节。对于三分段辊，可以把中间的一段辊套缩短，使中间轴承受力比等分时略小一些。即使如此，中间轴承的受力还是要比边部轴承的受力高出一倍以上。

因此，对于全断开分段辊，每一段都有两个轴承支撑，则中间轴承受力尽管比边部轴承大，但相对芯轴式分段辊，中间轴承的受力就小多了。

其次，再看看芯轴式辊子辊套和芯轴装配情况，如图 2-9-11 所示，由于辊套和芯轴装配困难，加工时将辊套挖空；如果不挖空，挤压装配时，因加工精度，芯轴和辊套的不同心，会挤出一根长长的、冒着黑烟的铁屑。不然的话，就要将辊套加热装配。

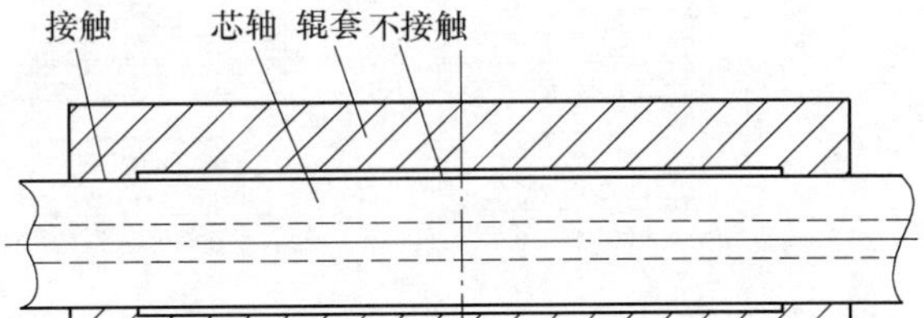

图 2-9-11　芯轴和辊套接触情况

理论和实践都告诉我们，对于二分段辊子，除非万不得已，尽量不要采用芯轴式结构。当辊子分节数目大于等于三节时，全断开式辊子具有较高的综合优越性，因此不推荐使用芯轴式辊子结构，设计者头脑要清醒。表 2-9-4 对两种类型的辊子从各个方面进行了详细比较，可供参考。

9.5.2　分段辊配置

图 2-9-3 所示辊列图的分段辊配置见图 2-9-12。从图中可以看出，弯曲段以上采用芯轴式分段自由辊，全部扇形段采用断开式分段自由辊，全部驱动辊采用芯轴式结构。

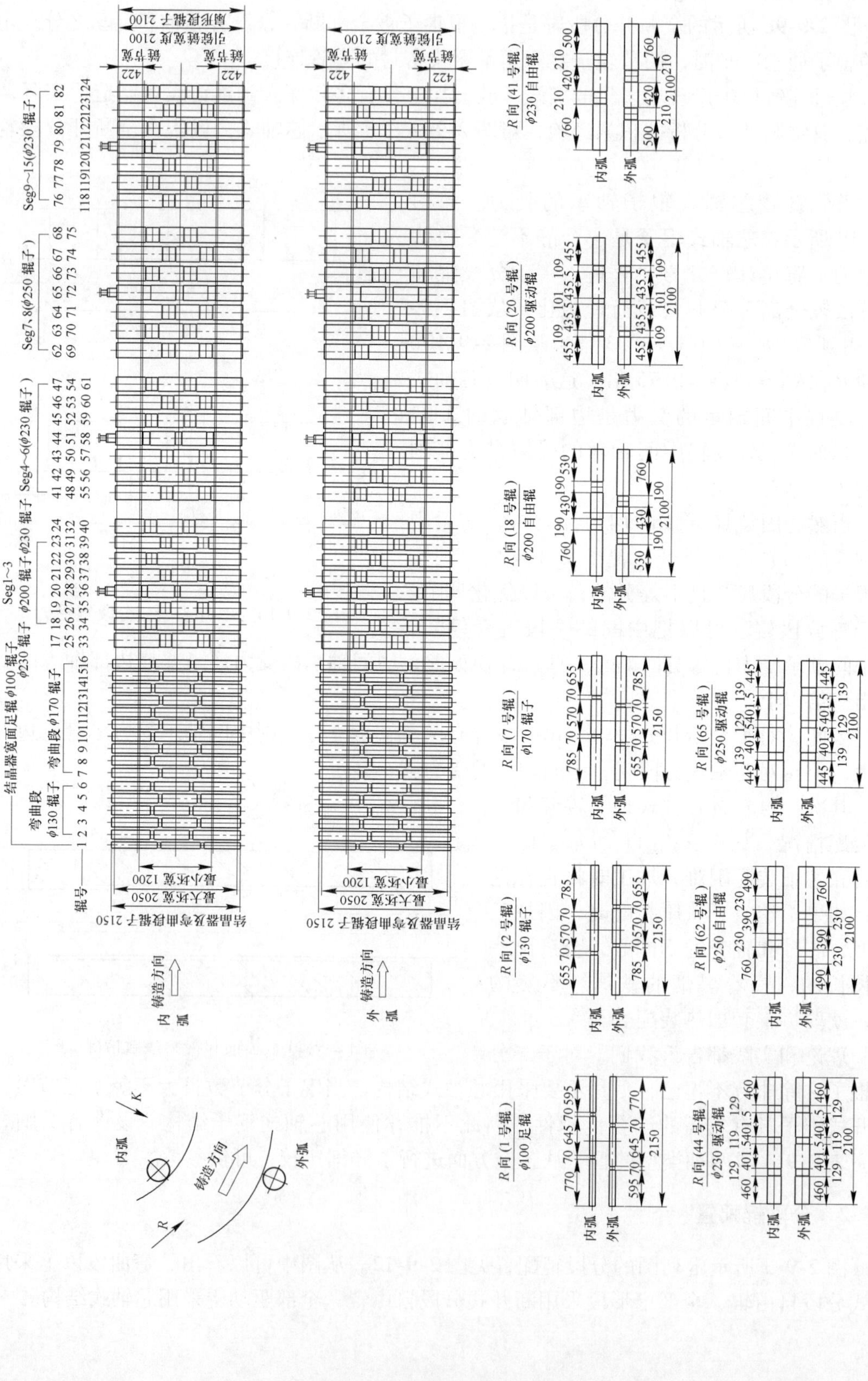
K向
Seg1~3
Seg4~6(φ230 辊子)
Seg7、8(φ250 辊子)
Seg9~15(φ230 辊子)
结晶器宽面足辊 φ100 辊子
弯曲段 φ130 辊子
弯曲段 φ170 辊子
辊号
结晶器及弯曲段辊子 2150
最大坯宽 2050
最小坯宽 1200
扇形段辊子 2100
引锭链宽度 2100
链节宽
422
内弧
外弧
铸造方向
R向(1号辊) φ100 足辊
R向(2号辊) φ130 辊子
R向(7号辊) φ170 辊子
R向(18号辊) φ200 自由辊
R向(20号辊) φ200 驱动辊
R向(41号辊) φ230 自由辊
R向(44号辊) φ230 驱动辊
R向(62号辊) φ250 自由辊
R向(65号辊) φ250 驱动辊

图 2-9-12 分段辊配置

表 2-9-4　芯轴式分段辊和全断开分段辊细化比较

序号	比较项目	芯轴式分段辊	全断开分段辊
1	对铸坯支撑（芯轴式辊子中间只有一个轴承）	更好	好
2	直径与辊距（芯轴式辊子中间只有一个轴承，要求受力大）	较大	较小
3	使用时辊子中心部位漏水	不漏	密封圈损坏会漏水
4	中间轴承受力（指三分节，二分节一般较少用芯轴式）	较大	较小
5	中间轴承寿命	短	长
6	加工精度（径向跳动大小），因芯轴式辊子较细	低	高
7	辊子冷却效果（如图 2-9-11 所示）	差	好
8	安装与拆卸难度	难	易
9	零件返修后利用率	低	高
10	安装拆卸专用设备	有，庞大	无
11	辊缝精度的真实性（芯轴式辊子中间轴承座垫片组容易虚垫）	低	高
12	生产线上优良辊缝保持时间（同样辊径时）	短	长
13	生产时自由辊变形、憋劲、转不动情况	多	极少
14	轴颈损坏情况	不存在此问题	轴颈设计不合理时易断裂
15	造价	高	低
16	使用寿命	低	高
17	对常规板坯连铸机宽度适应性	约 <2m	宽度不限

分段辊配置首先要考虑驱动辊夹持引锭链节的夹持面积，图 2-9-12 中引锭宽度 2100mm，每边的链节宽度 422mm，这个 422mm 的距离一定要用辊面来夹持，轴承座必须避让开这个距离，让驱动辊有效地传递夹持力而夹持引锭。

各根分段辊排列时要考虑扇形段的互换，考虑轴承座在轴向的交错距离，各轴承交错时，相邻辊子的辊面应该重合 30～40mm，以便连铸机维修、点检时弧形样板和直形样板进行有效的测量而不留死点。

就连铸机内外弧一对的自由辊来说，轴承的布置也应该交错，个别商家供应的连铸机中，内外弧两个自由辊轴承完全在一条直线（与辊子轴心线垂直的直线）上是不合理的。

与自由辊不同的是，驱动辊首先要考虑夹持引锭，其轴承座位置有时候和自由辊并不能交错得很理想，而且一对上下驱动辊的轴承位置也不能交错，必须相同。

9.5.3　其他注意事项

（1）弧形区的驱动辊必须安装制动器，可采用外置制动器和电机内置制动器，外置制动器好维修、好调整，电机内置制动器显得设备紧凑整洁。

（2）光电编码器必须安装在连铸机内弧侧的驱动辊上，保证不打滑，检测数据准确。

10　二冷水动态控制

10.1　计算前提

10.1.1　冷却区划分及有关参数

设计辊列的同时，二次冷却区各冷却区域的划分就已经被确定，以图 2-9-3 所示的辊列图作为第 10 章描述二冷水动态控制的依据。

各冷却区域的划分结果见表 2-10-1。从表中可以看出，共有 21 个水回路，3 个气回路。第Ⅰ冷却区的宽面和窄面为纯水冷却。第Ⅹ冷却区不冷却板坯，只冷却辊子。

表 2-10-1　冷却区划分及有关参数

冷却区号	冷却区末辊号	末辊至液面距离/mm	冷却区与水平线夹角/(°)	水回路数		气回路数
				幅切	主回路	
Ⅰ宽面	1	930	0		1	—
Ⅰ窄面	(3 个窄面足辊)				1	—
Ⅱ	6	1720	0		1	1. Ⅱ ~ Ⅳ区 1 个气回路。 2. Ⅴ ~ Ⅹ区内弧 1 个气回路。 3. Ⅴ ~ Ⅹ区外弧 1 个气回路
Ⅲ	10	2503	0		1	
Ⅳ	16	3733	0		1	
Ⅴ	24	5663	约 12.20		2	
Ⅵ	40	9569	约 30.85		2	
Ⅶ	54	13445	约 55.60	2	2	
Ⅷ	75	19482	约 85.91	2	2	
Ⅸ	96	25162	90.00		2	
Ⅹ	124	32722	90.00		2	
水、气回路合计				21		3

注：末辊至液面距离是指外弧线上的距离。

10.1.2　最大拉速、钢种分类、冷却方式、板坯表面温度

根据已有板坯连铸机生产经验，针对钢种分类，共划分了七种冷却强度不同的冷却方式，见表 2-10-2。根据机长和经验，确定板坯厚度 210mm、230mm、250mm，在计算二冷水时，最大拉速分别为 1.8m/min、1.6m/min、1.4m/min。钢种分类、冷却方式、板坯表面设定温度列入表 2-10-3 中。

本章作者：杨拉道；审查：张奇，王公民，黄进春，王蓉

表 2-10-2 各冷却方式按照机长确定的最大拉速 (m/min)

冷却方式	板坯厚度/mm		
	210	230	250
(一)	1.8	1.6	1.4
(二)	1.8	1.6	1.4
(三)	1.8	1.6	1.4
(四)	1.7	1.5	1.3
(五)	1.7	1.5	1.3
(六)	1.7	1.4	1.1
(七)	1.6	1.3	1.1

表 2-10-3 钢种分类、冷却方式、板坯表面温度

冷却方式	冷却方式（一）	冷却方式（二）	冷却方式（三）	冷却方式（四）	冷却方式（五）	冷却方式（六）	冷却方式（七）
浇注钢种	深冲钢；IF钢；$w(C)\leqslant 0.07\%$碳钢	热轧钢(1)	热轧钢(2)	包晶碳钢(1)；$w(C)\leqslant 0.25\%$碳钢	低合金钢；包晶碳钢(2)；$w(C)\leqslant 0.25\%$碳钢	微合金钢(1)；$w(C)>0.25\%$碳钢；管线钢X65及以下	微合金钢(2)；$w(C)>0.35\%$碳钢；管线钢X70以上
代表钢号		SPHC	SPHC	Q235B	Q345B	SS400B	A36
凝固温度 T_m/℃	1536	1532	1532	1518	1510	1516	1510
过热度 ΔT/℃	32	30	30	28	25	20	15
过热度偏差/℃	±5	±5	±5	±5	±5	±5	±5
凝固系数/$mm\cdot min^{-0.5}$	27.0	26.0	26.0	25.5	25.0	24.5	23.5
Ⅰ区宽/℃	960	980	995	1005	1010	1035	1050
Ⅰ区窄/℃	945	965	980	990	995	1020	1030
Ⅱ区/℃	960	980	1030	1020	1040	1060	1080
Ⅲ区/℃	950	980	1020	1010	1030	1050	1065
Ⅳ区/℃	940	960	1010	1000	1010	1030	1050
Ⅴ区/℃	935	960	980	980	990	1010	1030
Ⅵ区/℃	930	940	940	960	970	980	1010
Ⅶ区（幅切区）/℃	920	920	920	940	950	960	990
Ⅷ区（幅切区）/℃	910	910	910	930	940	950	980
Ⅸ区/℃	900	900	900	900	900	900	920
Ⅹ区	冷却辊子	冷却辊子	冷却辊子	冷却辊子	冷却辊子	冷却辊子	冷却辊子

10.1.3 最大和最小水量

之所以确定最大水量和最小水量，主要是供自动化系统的仪表专业选择自动调节用的阀门，因此二冷水的最大水量其富余量不能给得太大，使调节阀难以选择。最大和最小水量计算见表 2-10-4。

表 2-10-4 230×2050mm 单机单流板坯连铸机二次冷却水最大和最小水量

冷却区代号	冷却介质	末辊至液面距离/mm	水量/L·min⁻¹ 最大水量 Q_m	正常使用最小水量 Q_{zx}	Q_m/Q_{zx}	极限最小水量 Q_{jx}	气量(标态)/$m^3 \cdot h^{-1}$	气水重量比 最小	最大	备注
Ⅰ区L、F	水	930	172	54	3.16	38	—	—	—	1. 综合的最大和最小气水重量比计算时只考虑气水雾化冷却区的水量之和，即Ⅰ区水量不予考虑。 2. 极限最小水量不保证喷嘴性能，用于保护喷嘴。 3. 水冷却时，计算极限最小水量的水压力为0.05MPa，因此，流量比值为4.5。 4. 气水冷却时，计算极限最小水量的比值为8.0。 5. Ⅱ～Ⅳ区为一个气回路，气量（标态）为2516m³/h；Ⅴ～Ⅹ区内弧为1个气回路，气量（标态）为2098m³/h；Ⅴ～Ⅹ区外弧为1个气回路，气量（标态）为2630m³/h。 6. 气水重量比的最大值是正常使用最小水量和最大气量计算时的结果。 7. 括弧内的数据是原第Ⅶ冷却区中的扇形段6调整到第Ⅷ冷却区后，厚度210mm板坯最高拉速从二冷水配置方面考虑为1.7m/min，且进行幅切时的数据。 8. 幅切冷却区中间的水量＋边部的水量＝总水量；边部水量密度是中间水量密度的0.85倍
Ⅰ区两侧	水		90	28	3.16	20	—	—	—	
Ⅱ区L、F	气水	1720	1140	228	5.00	143	1058	0.02	0.10	
Ⅲ区L、F	气水	2503	741	148	5.00	93	688	0.02	0.10	
Ⅳ区L、F	气水	3733	830	166	5.00	104	770	0.02	0.10	
Ⅴ区L	气水	5684	476	87	5.50	60	442	0.02	0.11	
Ⅴ区F	气水		510	93	5.50	64	473	0.02	0.11	
Ⅵ区L	气水	9590	579	105	5.50	72	537	0.02	0.11	
Ⅵ区F	气水		687	125	5.50	86	638	0.02	0.11	
Ⅶ区L中间	气水	(13445)	(179)	(29.8)	6.00	(22.4)	466	(0.043)	(0.257)	
Ⅶ区L两边	气水		(56)	(9.3)	6.00	(7.0)				
Ⅶ区F中间	气水		(234)	(39.0)	6.00	(29.3)	619	(0.043)	(0.261)	
Ⅶ区F两边	气水		(73)	(12.2)	6.00	(9.1)				
Ⅷ区L中间	气水	19482	(174)	(26.8)	6.50	(21.8)	213	(0.020)	(0.131)	
Ⅷ区L两边	气水		(54)	(8.3)	6.50	(6.8)				
Ⅷ区F中间	气水		(239)	(36.8)	6.50	(29.9)	293	(0.020)	(0.131)	
Ⅷ区F两边	气水		(74)	(11.4)	6.50	(9.3)				
Ⅸ区L	气水	25162	225	32	7.00	28	209	0.02	0.14	
Ⅸ区F	气水		310	44	7.00	39	288	0.02	0.14	
Ⅹ区L	气水	32722	249	(120)	冷却辊子	(100)	231	0.02	(0.041)	
Ⅹ区F	气水		344	(190)		(160)	319	0.02	(0.036)	
合计			(7436)	(1593.6)		(1142.6)	7244	(0.0218)	(0.1033)	

10.2　动态控制说明

10.2.1　二冷水计算顺序

针对板坯连铸机1机1流的计算顺序如图2-10-1所示。

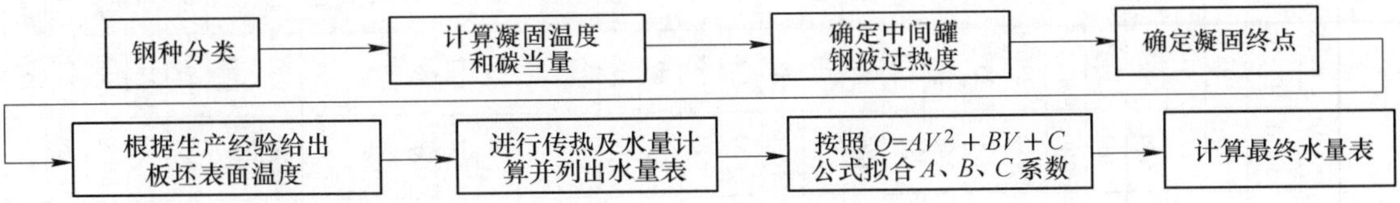

图2-10-1　二冷水计算顺序

10.2.2　计算结果表格分类

设板坯厚度为D，宽度为B。

（1）针对$D=210$mm，$B=2050$mm，计算了冷却方式（一）~（七），这里只列举冷却方式（一），见表2-10-5。表2-10-5中，拉速只计算到1.7m/min，这种厚度的板坯，按照机长计算，拉速可以到2.0m/min以上。

（2）针对$D=230$mm，$B=2050$mm，计算了冷却方式（一）~（七），这里只列举冷却方式（七），见表2-10-6。表2-10-6中，只计算到拉速1.3m/min，此冷却方式是最弱的一种冷却方式，拉速≥1.4m/min，液芯就出了连铸机以外，这是板坯连铸机生产所不允许的。

（3）A_i、B_i、C_i系数说明。表2-10-5、表2-10-6计算出的A_i、B_i、C_i系数在水量表中保留了一位小数，而水量表中的水量是计算机在A_i、B_i、C_i系数保留6位小数的情况下计算并四舍五入得到的数值。

10.2.3　动态控制概念

10.2.3.1　压缩空气控制

连铸生产过程中，二次冷却的压缩空气量是不变化的，一般是压力控制。

10.2.3.2　连铸生产操作的“稳定”性

（1）钢液质量稳定（主要是较窄的成分控制、较低的气体和夹渣含量）。

（2）钢液浇注温度（即中间罐钢液过热度）稳定。

（3）拉坯速度稳定。

（4）结晶器液面稳定。

（5）结晶器中的流场稳定。

（6）浸入式水口插入深度和对中准确度稳定。

（7）氩封气体流量合理，控制稳定。

（8）保护渣性能稳定（可以积极研究并推广保护渣在线实时检测装置）。

（9）保护渣消耗量稳定（保证液态渣的厚度稳定）。

（10）电磁搅拌或轻压下参数的稳定（如果有电磁搅拌或轻压下的话）。

表 2-10-5 冷却方式（一）（铸坯宽度 2050mm，铸坯厚度 210mm）

冷却区号		介质	距离/mm	二次方程系数 A_i	B_i	C_i	$Q = A_iv_c^2 + B_iv_c + C_i$ 各拉速对应的水量（速度 v_c：m/min；水量 Q：L/min） 0.30	0.40	0.50	0.60	0.70	0.80	0.90	1.00	1.10	1.20	1.30	1.40	1.50	1.60	1.70
Ⅰ区 L、F		水	930	2.6	72.7	-0.8	21	29	36	44	51	59	67	74	82	90	98	106	114	122	130
Ⅰ区两侧		水		1.3	38.0	-0.4	11	15	19	23	27	31	35	39	43	47	51	55	60	64	68
Ⅱ区 L、F		气水	1720	-38.9	580.1	-85.8	85	140	195	248	301	353	405	455	505	554	603	650	697	743	788
Ⅲ区 L、F		气水	2502	-30.7	392.0	-63.4	51	88	125	161	196	231	264	298	331	363	394	425	455	485	514
Ⅳ区 L、F		气水	3724	-34.6	447.1	-87.5	43	86	127	168	208	248	287	325	362	399	435	470	505	539	572
Ⅴ区 L		气水	5652	-18.0	255.4	-65.7	9	34	58	81	104	127	150	172	193	215	236	257	277	297	316
Ⅴ区 F		气水	5652	-19.3	273.3	-70.3	10	36	62	87	112	136	160	184	207	230	252	275	296	318	339
Ⅵ区 L		气水	9513	-17.0	322.0	-116.4	×	×	40	71	101	130	160	189	217	246	273	301	328	355	382
Ⅵ区 F		气水	9513	-20.2	381.8	-138.0	×	×	48	84	119	155	189	224	258	291	324	357	389	421	453
Ⅶ区 L	不幅切	气水	13323	-4.3	211.1	-102.1	×	×	×	×	×	64	84	105	125	145	165	185	205	225	244
	幅切（中间）	气水	13323	-3.1	154.4	-74.7	×	×	×	×	×	47	62	77	91	106	121	135	150	164	179
	幅切（两边）	气水	13323	-1.0	48.1	-23.3	×	×	×	×	×	15	19	24	28	33	38	42	47	51	56
Ⅶ区 F	不幅切	气水	13323	-5.6	275.8	-133.4	×	×	×	×	×	84	110	137	163	190	216	242	268	294	319
	幅切（中间）	气水	13323	-4.1	201.8	-97.6	×	×	×	×	×	61	81	100	119	139	158	177	196	215	234
	幅切（两边）	气水	13323	-1.3	62.9	-30.4	×	×	×	×	×	19	25	31	37	43	49	55	61	67	73
Ⅷ区 L	不幅切	气水	19317	13.3	189.7	-123.1	×	×	×	×	×	×	×	80	102	124	146	169	191	215	238
	幅切（中间）	气水	19317	9.7	138.8	-90.0	×	×	×	×	×	×	×	59	74	91	107	123	140	157	174
	幅切（两边）	气水	19317	3.0	43.3	-28.1	×	×	×	×	×	×	×	18	23	28	33	38	44	49	54
Ⅷ区 F	不幅切	气水	19317	18.3	260.4	-168.9	×	×	×	×	×	×	×	110	140	170	200	231	263	295	327
	幅切（中间）	气水	19317	13.4	190.5	-123.6	×	×	×	×	×	×	×	80	102	124	147	169	192	215	239
	幅切（两边）	气水	19317	4.2	59.4	-38.5	×	×	×	×	×	×	×	25	32	39	46	53	60	67	74
Ⅸ区 L		气水	24997	12.4	126.6	-107.4	×	×	×	×	×	×	×	×	×	×	×	94	110	127	144
Ⅸ区 F		气水	24997	17.1	174.6	-148.2	×	×	×	×	×	×	×	×	×	×	×	130	152	175	198
Ⅹ区 L		气水	32557	0.0	0.0	120.0	120	120	120	120	120	120	120	120	120	120	120	120	120	120	120
Ⅹ区 F		气水	32557	0.0	0.0	190.0	190	190	190	190	190	190	190	190	190	190	190	190	190	190	190
总水量/L · min^{-1}							231	427	709	966	1220	1617	1911	2391	2728	3063	3395	3947	4312	4673	5033
总气量（标态）/m^3 · h^{-1}							7244	7244	7244	7244	7244	7244	7244	7244	7244	7244	7244	7244	7244	7244	7244
浇钢量/kg · min^{-1}							1007	1343	1679	2015	2351	2686	3022	3358	3694	4029	4365	4701	5037	5373	5708
比水量/L · kg^{-1}							0.229	0.318	0.422	0.480	0.519	0.602	0.632	0.712	0.739	0.760	0.778	0.840	0.856	0.870	0.882
凝固终点/mm							4610	6147	7683	9220	10756	12293	13830	15366	16903	18440	19976	21513	23050	24586	26123

表 2-10-6 冷却方式（七）（铸坯宽度 2050mm，铸坯厚度 230mm）

冷却区号		介质	距离 /mm	二次方程系数			$Q=A_iv_c^2+B_iv_c+C_i$ 各拉速对应的水量（速度 v_c：m/min；水量 Q：L/min）										
				A_i	B_i	C_i	0.30	0.40	0.50	0.60	0.70	0.80	0.90	1.00	1.10	1.20	1.30
Ⅰ区 L、F		水	930	-0.9	48.3	-0.9	13	18	23	28	32	37	42	47	51	56	60
Ⅰ区两侧		水		-0.5	27.7	-0.5	8	10	13	16	19	21	24	27	29	32	35
Ⅱ区 L、F		气水	1720	-15.9	312.0	-74.9	17	47	77	107	136	165	193	221	249	277	304
Ⅲ区 L、F		气水	2502	-13.4	220.3	-60.1	5	26	47	67	88	108	127	147	166	185	204
Ⅳ区 L、F		气水	3723	-14.4	253.8	-81.8	×	17	41	65	89	112	135	158	180	202	224
Ⅴ区 L		气水	5649	-6.6	149.6	-58.9	×	×	14	28	43	57	70	84	98	111	124
Ⅴ区 F		气水	5649	-7.0	160.1	-63.1	×	×	15	30	46	60	75	90	104	119	133
Ⅵ区 L		气水	9505	-0.8	184.1	-96.2	×	×	×	14	32	51	69	87	105	124	142
Ⅵ区 F		气水	9505	-1.0	218.3	-114.1	×	×	×	17	38	60	82	103	125	146	168
Ⅶ区 L	不幅切	气水	13311	6.1	115.7	-81.5	×	×	×	×	2	15	28	40	53	66	79
	幅切（中间）	气水	13311	4.5	84.6	-59.6	×	×	×	×	2	11	20	29	39	48	58
	幅切（两边）	气水	13311	1.4	26.4	-18.6	×	×	×	×	1	3	6	9	12	15	18
Ⅶ区 F	不幅切	气水	13311	8.0	151.2	-106.5	×	×	×	×	3	20	36	53	69	86	104
	幅切（中间）	气水	13311	5.9	110.6	-77.9	×	×	×	×	2	14	26	39	51	63	76
	幅切（两边）	气水	13311	1.8	34.5	-24.3	×	×	×	×	1	4	8	12	16	20	24
Ⅷ区 L	不幅切	气水	19302	19.1	87.5	-95.1	×	×	×	×	×	×	×	12	24	38	51
	幅切（中间）	气水	19302	14.0	64.1	-69.6	×	×	×	×	×	×	×	9	18	27	37
	幅切（两边）	气水	19302	4.4	20.0	-21.7	×	×	×	×	×	×	×	3	6	9	12
Ⅷ区 F	不幅切	气水	19302	26.3	120.1	-130.4	×	×	×	×	×	×	×	16	34	52	70
	幅切（中间）	气水	19302	19.2	87.9	-95.4	×	×	×	×	×	×	×	12	25	38	51
	幅切（两边）	气水	19302	6.0	27.4	-29.7	×	×	×	×	×	×	×	4	8	12	16
Ⅸ区 L		气水	24982	17.9	80.3	-87.6	×	×	×	×	×	×	×	11	22	35	47
Ⅸ区 F		气水	24982	24.6	110.9	-120.8	×	×	×	×	×	×	×	15	31	48	65
Ⅹ区 L		气水	32542	0.0	0.0	120.0	120	120	120	120	120	120	120	120	120	120	120
Ⅹ区 F		气水	32542	0.0	0.0	190.0	190	190	190	190	190	190	190	190	190	190	190
总水量/$L \cdot min^{-1}$							43	119	231	372	527	704	881	1109	1342	1575	1809
总气量（标态）/$m^3 \cdot h^{-1}$							7244	7244	7244	7244	7244	7244	7244	7244	7244	7244	7244
浇钢量/$kg \cdot min^{-1}$							1103	1471	1839	2207	2574	2942	3310	3678	4045	4413	4781
比水量/$L \cdot kg^{-1}$							0.039	0.081	0.126	0.169	0.205	0.239	0.266	0.302	0.332	0.357	0.378
凝固终点/mm							7300	9733	12166	14599	17033	19466	21899	24332	26765	29199	31632

（11）可能的话，浇注断面稳定。

（12）操作人员稳定。

（13）设备维修质量和连铸机运行状态稳定等。从生产管理角度讲，从整个炼钢厂围绕连铸节奏组织生产要过渡到整个钢铁企业都要围绕连铸生产节奏组织生产，只有这样，才能最终保证产品质量。

“稳定”二字是连铸的灵魂，其中最重要的指标之一是拉速稳定。

10.2.3.3 在“稳定”的前提下控制水量

连铸生产过程中，二次冷却水量随着一些参数的变化而实时变化，这些参数主要有“板坯表面温度”“拉速”“中间罐钢液过热度”“冷却水的温度”等。

正因为这样，实际应用当中，往往是以板坯表面温度为变量，或以拉速为变量进行生产。当以板坯表面温度为变量时，就不用把第 8 章第 8.3 节中二冷水的计算方法所计算出的二冷水再拟合成二次方曲线 $Q=A_iv_c{}^2+B_iv_c+C_i$（v_c 为拉速，单位 m/min），而直接用板坯表面温度 T_s 进行控制，T_s 在生产调试阶段可以根据特定钢种的板坯质量和生产拉速进行调节，一旦板坯质量达到最优时，T_s 就不再变化，此时所得到的不同拉速时的水量表就作为一级、二级自动化控制系统失效时手动操作的参考。

大部分钢铁公司，习惯于用二次方曲线 $Q = A_iv_c^2 + B_iv_c + C_i$ 进行操作，二次方曲线形成就是把第 8 章第 8.3 节中二冷水的计算方法所计算出的二冷水量再用数值的方法（例如最小二乘法）拟合成表 2-10-5 和表 2-10-6 所示的数据表，该表中的数据就是用拟合成的 $Q = A_iv_c^2 + B_iv_c + C_i$ 计算所得。试生产当中，需要修改水量时就修改 A_i、B_i、C_i 三个系数。这时候操作人员就不知道板坯表面温度是多少了，只知道不同钢种、不同浇注断面时 A_i、B_i、C_i 三个系数，一旦板坯质量达到最优时，A_i、B_i、C_i 三个系数就不再变化，此时所得到的不同拉速时的水量表就作为一级、二级自动化控制系统失效时手动操作参考。

生产操作中，用板坯表面温度 T_s 进行调节和用 A_i、B_i、C_i 三个系数进行调节效果是一样的，因此只要拉速变化二冷水量也实时变化的控制方式就叫二冷水动态控制。但是有一些人却把用 A_i、B_i、C_i 三个系数的调节叫半自动，这是错误的。实际上，板坯表面温度 T_s 作为变量比较简单，而用 A_i、B_i、C_i 三个系数作为变量反倒等于让工作更进了一步。

10.2.3.4 冷却水温度的修正

自然界有春夏秋冬，二次冷却水的温度一年四季会发生较大变化，二次冷却水在生产循环过程中也必然有温度的变化，需要用冷却水温度修正系数 K_T 对公式 $Q = A_iv_c^2 + B_iv_c + C_i$ 进行修正。K_T 有时候也叫季节系数

$$Q = K_T(A_iv_c^2 + B_iv_c + C_i) \tag{2-10-1}$$

计算二冷水时，按照 $K_T = 1.00$ 计算，K_T 与冷却水温度 T_w 的关系见表 2-10-7。

表 2-10-7 K_T 与冷却水温度 T_w 的关系

序 号	冷却水温度 T_w/℃	K_T
1	$T_w \leqslant 10$	0.92
2	$10 < T_w \leqslant 20$	0.95
3	$20 < T_w \leqslant 30$	0.98
4	$30 < T_w \leqslant 40$	1.00
5	$40 < T_w \leqslant 50$	1.05
6	$50 < T_w \leqslant 55$	1.07
7	$T_w > 55$	1.09

10.2.3.5　中间罐钢液过热度与拉速的减少幅度

当中间罐钢液过热度 ΔT 大于一定数值时，人工对拉速进行干预。基准拉速由连铸机使用厂家综合各方面因素自行确定，但是必须小于等于操作规程规定的最大拉速。

A　$w(\mathrm{C})=0.05\%\sim0.20\%$ 的钢种减速幅度 Δv

即时拉速 = 基准拉速 − Δv，Δv 值见表 2-10-8，当 $\Delta T=46\sim50$℃时，钢包停止向中间罐注入钢液，只浇注中间罐中的余钢，减速幅度 Δv 见表 2-10-8。

表 2-10-8　$w(\mathrm{C})=0.05\%\sim0.20\%$ 的钢种减速幅度 Δv

ΔT/℃		30℃以下	31 ~ 35℃时的 Δv	36 ~ 40℃时的 Δv	41 ~ 45℃时的 Δv	46 ~ 50℃时的 Δv	51℃以上
板坯厚度/mm	210	基准拉速/m · min^{-1}	0.15	0.35	0.60	0.90（钢包停止注入钢液）	停止浇铸
	230	基准拉速/m · min^{-1}	0.15	0.35	0.60	0.90（钢包停止注入钢液）	停止浇铸

B　$w(\mathrm{C})=0.05\%\sim0.20\%$ 以外的钢种减速幅度 Δv

即时拉速 = 基准拉速 − Δv，Δv 值见表 2-10-9，当 $\Delta T=51\sim55$℃时，钢包停止向中间罐注入钢液，只浇注中间罐中的余钢，减速幅度 Δv 见表 2-10-9。

表 2-10-9　$w(\mathrm{C})=0.05\%\sim0.20\%$ 以外的钢种减速幅度 Δv

ΔT/℃		35℃以下	36 ~ 40℃时的 Δv	41 ~ 45℃时的 Δv	46 ~ 50℃时的 Δv	51 ~ 55℃时的 Δv	56℃以上
板坯厚度/mm	210	基准拉速/m · min^{-1}	0.10	0.25	0.45	0.60（钢包停止注入钢液）	停止浇铸
	230	基准拉速/m · min^{-1}	0.10	0.25	0.45	0.60（钢包停止注入钢液）	停止浇铸

10.2.4　动态控制要求

以图 2-9-3 辊列为例，予以说明。

（1）连铸机正常状态下以拉速为变量按 $Q=A_iv_c^2+B_iv_c+C_i$ 进行二冷水动态控制，计算机故障后，仪表系统仍能够按照水量表计算出的水量进行生产，一旦计算机恢复，仍按 $Q=A_iv_c^2+B_iv_c+C_i$ 进行动态控制。

（2）连铸机设定最大水量 Q_m、正常使用最小水量 Q_{zx} 和极限最小水量 Q_{jx}，如表 2-10-4 所示，正常使用最小水量 Q_{zx} 大于极限最小水量 Q_{jx}，从最大水量 Q_m 到正常使用最小水量 Q_{zx} 之间，应该是喷嘴调节范围及仪表调节范围中喷水最好的范围。极限最小水量只保证喷水，不保证喷射效果，当计算水量 Q_{js} 大于极限最小水量 Q_{jx} 而小于正常使用最小水量 Q_{zx} 时，$Q_{js}=Q_{zx}$，当计算水量 Q_{js} 小于极限最小水量 Q_{jx} 时，用"极限最小水量 Q_{jx}"喷洒以保护喷嘴，从Ⅰ区到Ⅸ区均如此。

（3）当拉速≤0.6m/min 时，按照 0.6m/min 对应的水量喷水。

（4）每个水回路的冷却水量均可以在开浇前进行人工干预，输入新的水量。

（5）一般不设置间歇喷水制度，生产当中也应该予以杜绝。

（6）事故状态时，各冷却区均可按正常使用时的最小水量喷，也可按水量表 2-10-5 中所列的 1.7m/min 拉速时水量的 1/4（气水区）~ 1/3（纯水区）喷。

（7）压缩空气压力控制范围为 0.15 ~ 0.3MPa，阀站与供气站的交接点压力 0.4 ~ 0.7MPa，交接点压力一般情况下应大于 0.5MPa。

（8）如果某个冷却区的冷却水需要停止时，压缩空气以稳定压力正常喷射。水路不用截止阀关闭，而用调节阀调节为 0，则冷却水理论值为 0。

（9）当钢液过热度偏差超出正常偏差值 10 ~ 20℃时，水量变化范围为 1 ~ 5L/min，在铸造过程当中，人工调节水量容易引起生产混乱并影响板坯质量。这时要按照上面介绍的方法可人工干预拉速，人工干预拉速也容易引起生产混乱并影响板坯质量。因此，连铸机二冷水设计时，中间罐钢液过热度应控制在表 2-10-3 所要求的范围内，不作为变量，以稳定生产操作。

（10）自动化设计时，预留 100 个以上冷却方式供用户增加新钢种、开发新冷却方式用。

（11）按照引锭跟踪信号，各冷却区的喷淋水被依次打开，并且流量由最小值调节到水量表规定的设定值（level 1 或 level 2），但Ⅰ区的两个侧面除外。当引锭头端由静止向下移动 300mm 时，Ⅰ区窄面二冷水打开。这样做是为了避免在钢液注入结晶器期间冷却水流入引锭头与窄边铜板之间的缝隙以及避免可能引起结晶器中的喷发甚至爆炸。

（12）第Ⅹ冷却区为冷却辊子，表 2-10-5 和表 2-10-6 中的总水量和比水量计算值不包括第Ⅹ冷却区的水量。冷却辊子的水量可以自动调节，也可以手动调节。按表中内弧 120L/min，外弧 190L/min 给水。生产现场也可以分别手动调整第Ⅹ冷却区冷却辊子的内外弧水量。根据已有经验，内弧水量也可在 60 ~ 120L/min 之间调节，外弧水量也可在 160 ~ 190L/min 之间调节。

（13）为了避免水平区辊子积渣，机械设计中，最后一个冷却区喷嘴向后喷水。

（14）表 2-10-3 中的凝固系数是为了计算凝固终点，根据经验人为给定，而计算凝固终点的目的是确定二冷水是否继续喷水，表 2-10-5、表 2-10-6 中的"×"表示该冷却区二冷水为 0，此时，为了保护喷嘴并考虑到铸造中二冷支撑辊子的积渣现象，生产现场应采用极限最小水量进行喷水，生产现场也可以自行调整极限最小水量。

（15）喷水宽度幅切区域为第Ⅶ冷却区（扇形段 4 ~ 5）、第Ⅷ冷却区（弧形区的扇形段 6、矫直区的扇形段 7、8）。设计时，幅切宽度的理论计算以 1500mm 为界限。

生产中实际使用时，当板坯宽度≥1800mm 时，边部喷嘴喷水；当板坯宽度 <1800mm 时，边部喷嘴用极限最小水量喷水。即生产中实际使用幅切宽度为 1800mm，而不是 1500mm。

（16）为了降低板坯边部和中心部位的表面温度之差，即为了提升板坯边部表面温度，设计计算时，边部的水量密度是中间水量密度的 85%，因此，在表 2-10-5 和表 2-10-6 中，幅切时中间喷嘴水量加上边部喷嘴水量不等于不幅切时的水量。当给边部喷嘴水量除以 0.85 时再加上中间喷嘴水量即等于不幅切时的水量。因此，在表 2-10-5 和表 2-10-6 中，不幅切时的水量是设计计算参考值，不参与动态控制，这一点，仪表系统设计和使用时以及生产现场应用时需特别注意。

（17）为了防止漏钢，第Ⅰ冷却区给出的板坯表面温度偏低。冷却区的水量密度由前向后逐渐减少，而后边冷却区的板坯表面温度在设定时应考虑板坯回温。

（18）根据板坯质量和连铸机的运行状况，针对特定钢种，各冷却方式可以调换使用，生产现场也可以通过调整 $Q_i = K_T(A_i v_c^2 + B_i v_c + C_i)$ 中的 K_T 和 A_i、B_i、C_i 系数来调节各个冷却区的水量。

（19）表2-10-5和表2-10-6中典型拉速下的水量计算值列表仅仅是自动浇钢时的提示和手动浇钢时的参考，方程中的A_i、B_i、C_i是参与控制的。

（20）换中间罐时，当拉速≤0.6m/min时，按照极限最小水量喷水。

（21）当压缩空气的压力<0.08MPa时，连铸机停止浇钢。

10.3 二次冷却区喷嘴布置

10.3.1 喷嘴形式

按照喷射出的射流形状划分，连铸喷嘴形式可以分为扁平喷嘴、椭圆喷嘴、圆形喷嘴、方形喷嘴等多种；按照喷射介质划分，喷嘴形式可划分为水喷嘴和气水喷嘴。板坯连铸大部分冷却区域常用的是扁平式的气水喷嘴，大部分板坯连铸机的第一冷却区域用扁平式的水喷嘴或椭圆式的水喷嘴。

扁平喷嘴价格较椭圆喷嘴便宜，但喷水宽度窄。椭圆喷嘴冷却效果好，但椭圆面积大，当辊距较小时，易喷在辊子上，且价格比扁平喷嘴贵。

气水喷嘴具有冷却范围宽，效率高，冷却均匀，冷却控制性好，喷嘴孔径大，不易堵塞等优点。缺点是需要压缩空气发生装置，增加了投资费用和生产操作费用。

不论选用哪种形式的喷嘴，其喷射孔的最小孔径必须大于1mm，否则容易堵塞。

10.3.2 喷嘴流量与压力

纯水冷却时

$$Q_d = K_2\sqrt{10p_s} \tag{2-10-2}$$

气水冷却时

$$Q_d = K_3 \cdot f(p_s \cdot p_q) \tag{2-10-3a}$$

式中 Q_d——单个喷嘴的水流量，L/min；

p_s——水压力，MPa；

p_q——气压力，MPa；

K_2，K_3——系数。

新日铁君津总结出的公式为

$$Q_d = K_3\sqrt{10(p_s - p_q)} \tag{2-10-3b}$$

其中，$K_3 = 2.11$。

上面两式表明：气水冷却时，水压、气压和流量有关，而纯水冷却时，水压的平方根和流量成正比。在水、气阀站处，纯水冷却的最大压力$p_{max} = 0.9 \sim 1.0$MPa，最小压力$p_{min} = 0.1$MPa；最大流量$Q_{dmax} = (3 \sim 3.16)K_2$ L/min；最小流量$Q_{dmin} = \dfrac{Q_{dmax}}{\sqrt{10}}$ L/min。之所以把压力限制在0.1～1.0MPa之间，是因为压力太大，配管粗，泵容量大，生产成本高；若水压力太小，比如$p_s = 0.02$MPa，当冷却区间高度$\Delta H = 2$m时，尽管二冷水流量孔板在垂直段和弧形区可对流量作适当调节，但这个冷却区间的顶部仍然没有水。此外，当阀站处压力小于 0.07 ~0.08MPa 时，喷嘴的喷射角度就不能得到有效的保证。

10.3.3　水的流量与喷嘴试验流量密度

前面提到的压力、流量已为大家所熟悉，而流量与流量密度有无区别呢？从所用计量单位来看，一个是 L/min，另一个是 mL/min，似乎差别不大，属同一个东西。其实不然，流量是指单位时间内一个喷嘴的流水量，而这里所说的“流量密度”是针对喷嘴流量试验而言，不是第 8 章第 8.3 节所说的“水量密度”，流量密度的确切含意，可以通过下面的实验来了解。

如图 2-10-2 所示，在垂直安装的试验喷嘴下面，有一个用透明有机玻璃做成的长方形水箱，沿水箱长度方向分成若干个小格，每个格子的间距约 10mm。喷嘴至水箱的高度距离是可以调整的。图 2-10-11b、c 两个曲线图的右上角也表示了这种结构。流量密度试验时，先设定好压力，并在水箱上盖一块可以迅速移动的薄板，然后打开流量阀，几秒钟水流量即可稳定，这时迅速移去盖板（盖板移动方向必须与所要测量的长度方向相垂直），过一分钟后，关闭流量阀。这时可以从水箱上看到如图 2-10-2 所示的流量分布。由于每一个格子都具有相同的长、宽、高，则每一小格子中，水面高度就代表了一定的流量，每一个小格子的流量用 mL 表示。早期的方法是把每个小格子按其所在的坐标位置缩小比例画在坐标纸上，连接这些点就形成了一个流量分布曲线，如图 2-10-3 所示。现在的方法就大不相同了，把每个水格子的距离由 10mm 变为 25mm，每个格子下方安装有称重传感器，采用计算机仪表方法自动检测水流量并绘制流量密度曲线。我们把这种水的流量的分布就叫流量密度，流量密度是确定喷嘴间距的必要参数。

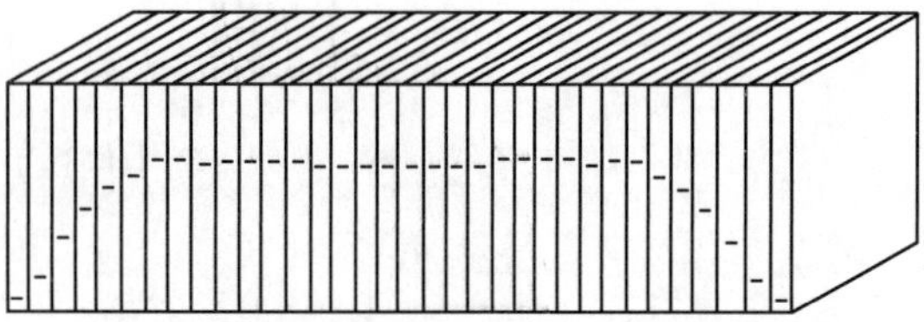

图 2-10-2　水的流量密度测试箱

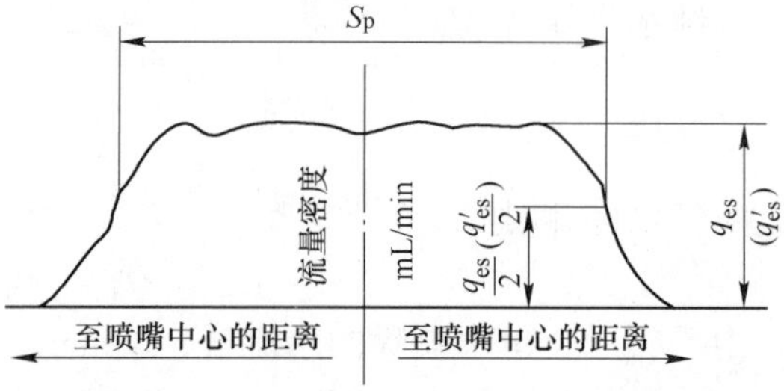

图 2-10-3　喷嘴试验时水的流量密度

10.3.4　喷嘴安装高度

喷嘴安装高度 L_s 是指喷嘴端面到板坯表面的距离，对椭圆型水喷嘴，一般近似于辊子半径，对扁平的气水喷嘴，一般都大于连铸机辊子半径，商家 D 给 D 钢铁公司设计的最大喷嘴安装高度达 420mm。二冷水冷却辊子时喷嘴安装高度达 530mm，但是弧形区的两个扇形段的上框架同时上升或更换抽调某个扇形段时，其中间喷嘴的高度要进行计算。如果安装高度 L_s 偏小，就会挤着喷嘴，实在躲不开时，就要卸掉这排喷嘴。相邻扇形段内弧辊子间隙和辊子最大辊缝（辊子开口度）是进行这种计算的两个主要参数。宝钢 1930mm 板坯连铸机辊子的最大辊缝为 300mm，以便人进去测量。根据人的胖瘦，人能够进入的最小辊缝应大于 200mm。

必要时，弧形区两个扇形段之间内弧侧的喷嘴安装高度可以设计得比扇形段内喷嘴安装高度高一些。

安装高度变化时，流体对板坯的冲击力也发生了变化，同样水量密度时，安装高度高的喷嘴冲击力变小，冷却效果也要变得差一些，这时候就要考虑对水量的修正。

10.3.5　喷嘴的喷射角度

喷嘴宽度方向的喷射角度越大，喷射范围也越宽，由此看来喷射角度似乎应尽可能搞得大一些。但是角度太大，一旦压力变化，角度的伸缩性也大，而小角度的喷嘴，当压力变化时，喷射角度变化很小。根据经验，宽度方向的喷射角度一般不宜超过150°。

喷嘴厚度方向的喷射角度容易被没有经验的人们忽略，实际上非常重要。商家D把气水喷嘴厚度方向的喷射角度已经做到了5°。国内喷嘴制造厂水喷嘴可以做到5°，气水喷嘴只能做到7°，有的国内喷嘴制造厂气水喷嘴也只能做到10°。

板坯连铸机追求细辊密布，以减少鼓肚而达到减少板坯中心疏松和中心偏析的目的。喷嘴厚度方向的喷射角度大，就限制了辊列的辊径和辊距。因此，喷嘴厚度方向的喷射角度越小越好，以免细辊密布后，喷嘴稍一偏斜，一部分冷却水就喷不到板坯上。

10.3.6　喷嘴的数量

由第8章第8.3节及本章冷却水量的计算，已经知道了每个冷却区域所应喷出的最大水量及内弧侧、外弧侧和第1冷却区两侧每个回路的水量。当考虑合理的安全系数后，当喷嘴的流量和压力也为已知，这样用下式即可求得纯水冷却时的喷嘴数量，例如

当 $p_s = 1.0\text{MPa}$ 时，
$$N_L \cdot q_e \geqslant Q_{LFmax} \tag{2-10-4}$$

当 $p_s = 0.1\text{MPa}$ 时，
$$N_L \cdot q'_e \geqslant Q_{LFmax} / \sqrt{10} \tag{2-10-5}$$

式中　Q_{LFmax}——某冷却区内弧侧或外弧侧的最大水量，L/min；

N_L——内弧侧或外弧侧的喷嘴个数；

q_e，q'_e——分别为内弧侧或外弧侧喷嘴在1.0MPa和0.1MPa压力时，单个喷嘴的额定流量和最小流量，L/min。

一流连铸机喷嘴数量是各冷却区内外弧和侧面喷嘴数量之和。图2-9-3所示辊列图对应的连铸机共有912个喷嘴，具体布置情况见表2-10-10。表2-10-10就是根据图2-9-3所示辊列设计的喷嘴平衡表。本节所讨论的内容在这张表中几乎都能找到。

实际布置喷嘴时，往往先设计喷嘴数量，再确定每个喷嘴的流量。

10.3.7　喷嘴之间的距离

沿连铸机长度方向辊子与辊之间都有一排（一排也可以是一个）喷嘴。每个辊距间两个喷嘴之间的距离 S_p 都应遵循下述原则：设 q_{es}（q'_{es}）是内（外）弧侧单个喷嘴水的流量密度，见图2-10-3。即相邻两个喷嘴在流量密度为 $\frac{q_{es}}{2}\left(\frac{q'_{es}}{2}\right)$ 处重合，以保证水的流量密度沿板坯宽度方向均匀分布。

例如表2-10-10中，第Ⅱ冷却区（弯曲段上部）的HPZ20.4-120RZ喷嘴，当气压

0. 3MPa，水压为 0. 3MPa 和 0. 7MPa 时单喷嘴的流量密度分布分别见图 2-10-4a 和图 2-10-4b。图 2-10-4 横坐标中的 10 表示 250mm 长度，10 和 20 中间有 5 个小格，每一个小格等于 50mm，纵坐标是水量分布的百分比，也即水的流量密度，长方形水箱的高度 340mm 作为流量密度的 100%。

气压/MPa	水压/MPa	气流量（标态）/$m^3 \cdot h^{-1}$	水流量 /$L \cdot min^{-1}$	喷射高度 /mm	喷射角/(°)
0. 3	0. 3	23. 41	5. 98	180	120. 1

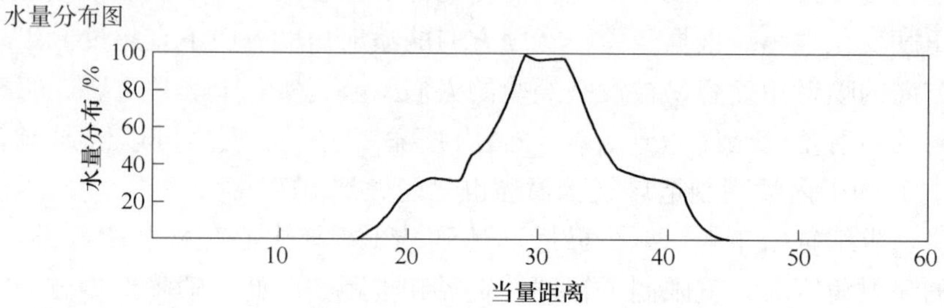

a

气压/MPa	水压/MPa	气流量（标态）/$m^3 \cdot h^{-1}$	水流量 /$L \cdot min^{-1}$	喷射高度/mm	喷射角/(°)
0. 3	0. 7	2. 60	20. 27	180	123. 7

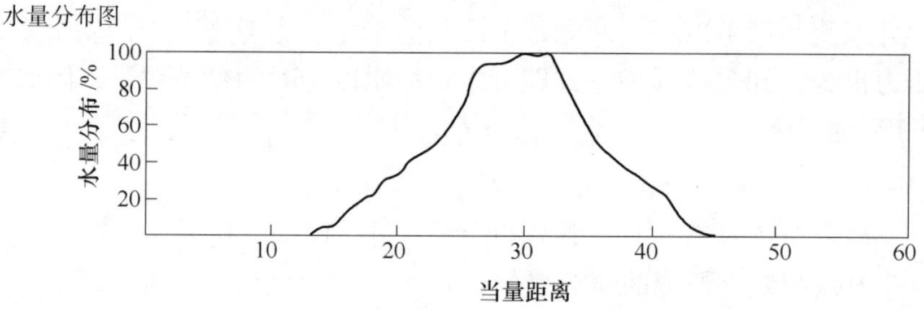

b

图 2-10-4　HPZ20. 4-120RZ 单喷嘴流量密度

a—水压 0. 3MPa；b—水压 0. 7MPa

表 2-10-10 中，HPZ20. 4-120RZ 喷嘴高度是 180mm，间距是 320mm，将 4 个喷嘴布置在一起，当气压为 0. 3MPa，水压为 0. 3MPa 和 0. 7MPa 时流量密度曲线分别如图 2-10-5a 和图 2-10-5b 所示。

从图 2-10-5 中可以看出，4 个喷嘴并列喷水后，当气压为 0. 3MPa，水压为 0. 3MPa 和 0. 7MPa 时流量密度的分布在 80% 处比较均匀，特性较理想。

水的流量密度曲线由喷嘴制造厂提供。喷嘴布置时如果样本上找不到所需要的标准喷嘴和理想的水量密度曲线，就必须根据经验先确定好两个喷嘴之间的距离 S_p 和安装高度，然后提出压力与流量要求，由喷嘴制造厂制造出连铸机设计者所需要的非标准喷嘴，并共同确认喷嘴的间距、安装高度、喷射角度等参数。

还应注意，如果一个冷却区域有两排以上喷嘴，相邻两排喷嘴应交错布置。如图 2-10-6所示。

表 2-10-10 喷嘴设计平衡表

冷却区代号		各冷却区包容设备名称	冷却区末辊号	各冷却区末辊至液面距离/cm	各冷却区与水平线之间夹角/(°)	各冷却区辊距数目	设计最大水量/L·min^{-1}	设计最小水量/L·min^{-1}	喷嘴形式	0.3MPa喷嘴的喷射角/(°)	喷嘴距板坯表面安装高度/mm	喷嘴间距/mm	喷嘴个数(个×排) a排	b排	单侧	双侧	喷嘴最大计算流量/L·min^{-1}	确定喷嘴最大流量/L·min^{-1}	喷嘴名义最大气量(标态)/m^3·h^{-1}	喷嘴型号	喷嘴种类	喷嘴最大使用压力/MPa
Ⅰ	宽面	足辊两面	1	93.0	0	1	172	54	水	100	180	190	22×1	—	11	22	7.8	7.8	—	1/4PZ7.8-100RZ	1	水 1.0
	窄面	足辊两侧					90	28	水	100	(210 坯厚)95 (230 坯厚)105 (250 坯厚)115		2×4	—	1×4	8	11.3	11.3	—	3/8PZ11.3-100RZ	2	水 1.0
Ⅱ	L+F	弯曲段上部	6	172.0	0	5	1140	228	气水	120	180	320	12×3	10×2	28	56	20.4	20.4	18.9	HPZ20.4-120RZ	3	水 0.7 气 0.3
Ⅲ	L+F	弯曲段中部	10	250.3	0.11	4	741	148	气水	120	180	320	12×2	10×2	22	44	16.8	16.8	15.6	HPZ16.8-120RZ	4	
Ⅳ	L+F	弯曲段下部	16	373.3	2.68	6	830	166	气水	120	180	320	12×3	10×3	33	66	12.6	12.6	11.7	HPZ12.6-120RZ	5	
Ⅴ	L	Seg.1	24	568.4	12.20	8	476	87	气水	(105)	(200)	(345)	4×4 (5×4)	4×4 (5×4)	32 (40)	64 (80)	(11.9)	(12.0)	(11.1)	非电搅:HPZ14.9-100RZ 电搅:HPZ12.0-105RZ	6	
	F						510	93	气水				4×4 (5×4)	4×4 (5×4)	32 (40)		(12.75)	(13.0)	(12.1)	非电搅:HPZ15.9-100RZ 电搅:HPZ13.0-105RZ	7	
Ⅵ	L	Seg.2~3	40	959.0	30.85	16	579	105	气水	(105)	(200)	(345)	4×8 (5×8)	4×8 (5×8)	64 (80)	128 (160)	(7.24)	(7.5)	(7.0)	非电搅:HPZ9.0-100RZ 电搅:HPZ7.5-105RZ	8	
	F						687	125	气水				4×8 (5×8)	4×8 (5×8)	64 (80)		(8.59)	(8.5)	(7.9)	非电搅:HPZ10.7-100RZ 电搅:HPZ8.5-105RZ	9	
Ⅶ	L中	Seg.4~5	(54)	(1344.5)	(54.67)	(14)	(179)	(29.8)	气水	105	(350)	(570)	(2×6)	(2×8)	(28)	(112)	8.2	8.2	7.6	HPZ8.2-105RZ	10	
	L边						(56)	(9.3)	气水	75		(445)	(2×6)	(2×8)	(28)		3.8	(3.0)	(2.8)	(HPZ3.0-75RZ)	11	
	F中						(234)	(39.0)	气水	105	(350)	(570)	(2×6)	(2×8)	(28)		10.8	10.8	10.1	HPZ10.8-105RZ	12	
	F边						(73)	(12.2)	气水	75		(445)	(2×6)	(2×8)	(28)		5.0	(3.0)	(2.8)	(HPZ3.0-75RZ)	11	
Ⅷ	L中	Seg.6~8	75	1948.2	(85.91)	(21)	(174)	(26.8)	气水	105	(350)	(510)	(2×9)	(2×12)	(42)	(168)	5.6	5.6	5.2	Seg6:HPZ8.2-105RZ Seg7~8:HPZ5.6-105RZ	(10) 13	
	L边						(54)	(8.3)	气水	75		(455)	(2×9)	(2×12)	(42)		2.6	(3.0)	(2.8)	(HPZ3.0-75RZ)	14	
	F中						(239)	(36.8)	气水	105	(350)	(510)	(2×9)	(2×12)	(42)		7.7	7.7	7.1	Seg6:HPZ10.8-105RZ Seg7~8:HPZ7.7-105RZ	(12) 15	
	F边						(74)	(11.4)	气水	75		(455)	(2×9)	(2×12)	(42)		3.6	(3.0)	(2.8)	(HPZ3.0-75RZ)	16	
Ⅸ	L	Seg.9~11	96	2516.2	90.00	21	225	32	气水	110	380	600	2×9	2×12	42	84	5.4	5.4	5.1	HPZ5.4-110RZ	17	
	F						310	44	气水				2×9	2×12	42		7.4	7.4	6.8	HPZ7.4-110RZ	18	
Ⅹ	L	Seg.12~15 辊子冷却	124	3272.2	90.00	28	249	(120)	气水	110	520 (距辊面)	750	2×28		56	112	4.4	4.4	4.1	HPZ4.4-110RZ	19	
	F						344	(190)	气水				2×28		56		6.1	6.1	5.7	HPZ6.1-110RZ	20	
合计							(7436)	(1593.6)								864 (912)					共20种	

气压/MPa	水压/MPa	气流量（标态）/$m^3 \cdot h^{-1}$	水流量/$L \cdot min^{-1}$	喷射高度/mm
0.3	0.3	91.04	24.18	180

水量分布图

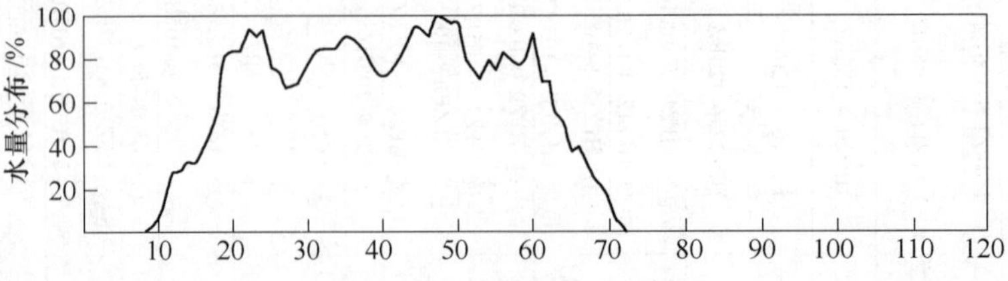

a

气压/MPa	水压/MPa	气流量（标态）/$m^3 \cdot h^{-1}$	水流量/$L \cdot min^{-1}$	喷射高度/mm
0.3	0.7	10.31	82.37	180

水量分布图

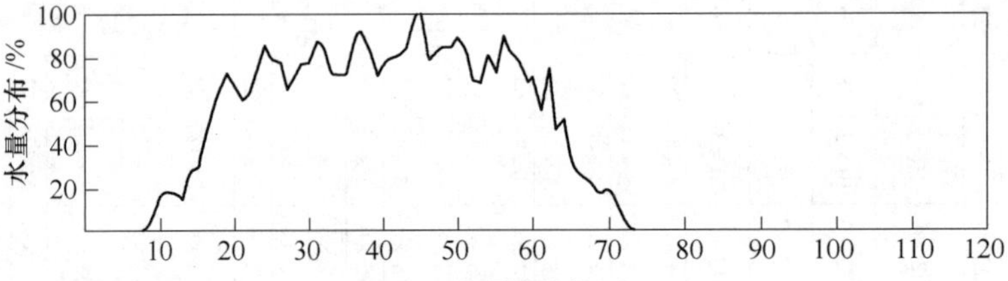

b

图 2-10-5　4 个 HPZ20.4-120RZ 喷嘴流量密度

a—水压 0.3MPa；b—水压 0.7MPa

10.3.8　板坯厚度方向的喷嘴布置

板坯厚度方向的喷嘴布置应根据厚度方向的喷水量来确定，喷水量按照连铸机宽面的水量密度和生产经验确定，板坯厚度方向的喷嘴仅布置在结晶器下方侧面导辊的辊间距中。对于厚度较厚的连铸板坯，板坯厚度方向的喷嘴布置要多一些。每一排厚度方向的喷嘴其实只有一个，每侧喷嘴排数往往比窄面足辊对数多 1 ~ 2 个。

10.3.9　喷水宽度切换

日本人也把喷水宽度切换称为喷水宽度幅切，实际上就是调节板坯连铸机板坯宽度方向二冷水的喷水宽度。板坯连铸机生产的板坯有多种宽度，如果喷水宽度能随板坯宽度变化而改变，则称为喷水宽度可以切换，中国也有人称之为幅切。由于板坯角部是二维传热，当喷水宽度大于板坯宽度时，板坯角部温度低，弯曲矫直时角部容易产生角横裂；如果喷水宽度小于板坯宽度，又会出现其他质量问题，然而一种宽度的板坯采用一种喷水宽度的喷嘴喷水，这在机械设备上又有一定难度。

目前喷水宽度切换方法有两种：

第一种称为喷嘴升降切换。即沿连铸机方向中间一列喷嘴高度不变，而左右边部两列喷嘴能够沿板坯宽度方向移动和喷嘴高度方向升降，如图 2-10-6 所示，边部喷嘴依靠液压缸升降，这样达到了调节板坯连铸机二冷水喷水宽度的目的，这种方法能够使喷水宽度无级切换。

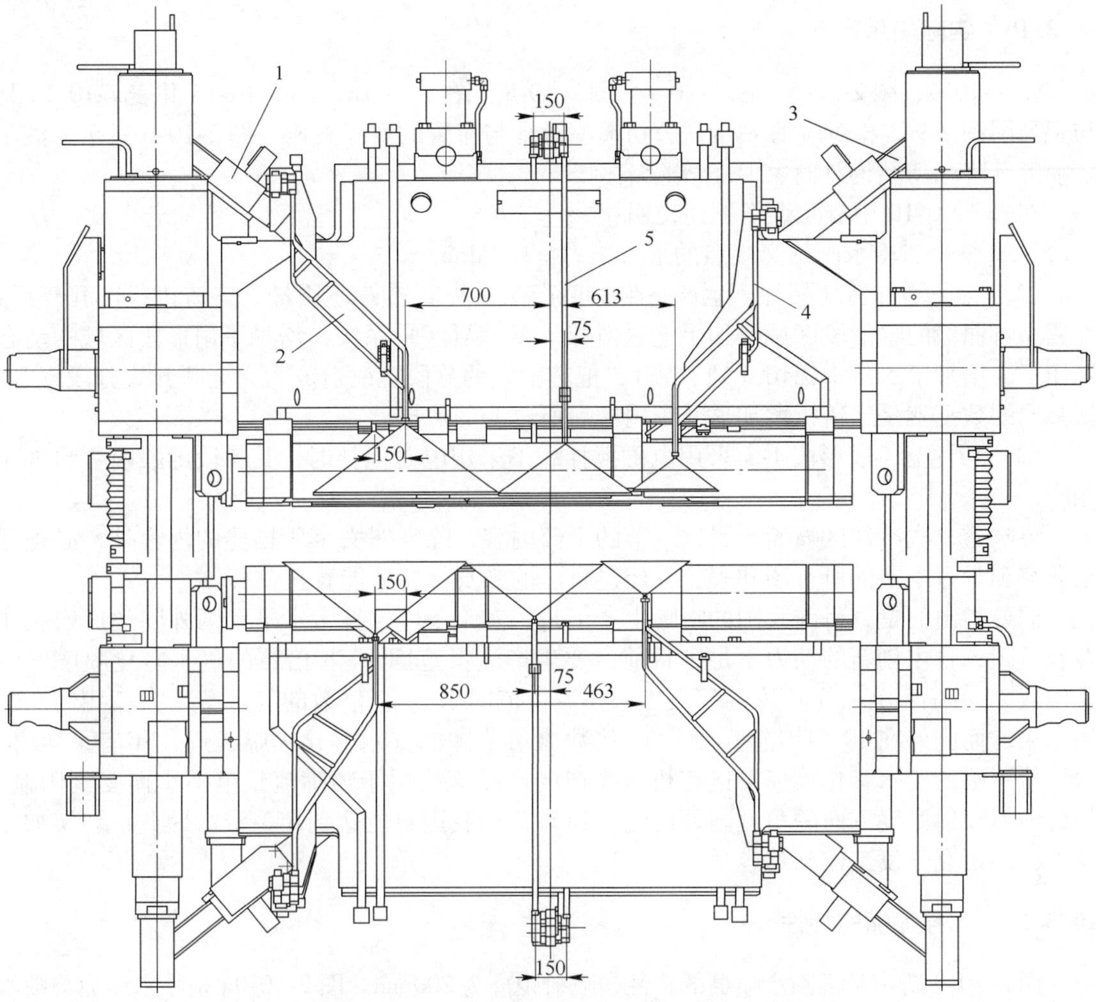

图 2-10-6　边部喷嘴升降幅切的扇形段

1—左侧升降油缸装置；2—左侧处于高位的喷嘴；3—右侧升降油缸装置；4—右侧处于低位的喷嘴；5—中间不升降的喷嘴

第二种称为自动化仪表系统喷水宽度切换。即一个冷却区域的内弧或外弧在窄板坯时用一个喷水回路，在宽板坯时再增加一个或两个喷水回路，用以扩展喷水冷却宽度，一般来说增加的喷水回路最多为两个。这种方法不能够使喷水宽度无级切换，只是有级切换。

比较起来，当然第一种方法对板坯质量好处多，使用起来得心应手。但第一种方法使机械设备结构变得复杂，使用时间长了，升降机构容易坏，特别是外弧喷嘴。第一种方法一般用于宽度较大的板坯连铸机。

目前，板坯宽度 2000mm 左右和板坯宽度 2000mm 以下的板坯连铸机在某几个冷却区域（例如弯曲区域、矫直区域或矫直区域的前一个区域）多采用第二种方法。图 2-9-3 所示的辊列在连铸机改造时就采用了第二种方法。板坯宽度 1650mm 以下的绝大部分连铸机都不幅切，采用弱的二次冷却方式，使得板坯角部温度提高，但这种情况下，拉速就高不起来。

为了保证板坯质量，靠近结晶器下方的冷却区，喷水宽度应和板坯最大宽度相等，而后面的冷却区，喷水宽度应小于最大板坯宽度。

10.3.10 实际使用案例

图2-10-4、图2-10-5、图2-10-7、图2-10-8、图2-10-12、图2-10-13和表2-10-10是与辊列图图2-9-3相对应的E钢铁公司喷嘴设计与布置的实际案例。图2-10-6所示的液压缸喷嘴升降幅切结构是商家D的实际案例。

在表2-10-10中有几点作下述说明：

（1）整个二冷水阀站交接点的最大压力≥1.0MPa。

（2）为了增加铸坯品种，生产高附加值产品，提高连铸坯质量，连铸机投产几年后，在紧靠弯曲段的扇形段区域增加了电磁搅拌（Ⅴ、Ⅵ区）系统，增加了扇形段区域的动态轻压下，增加了二冷水幅切（Ⅶ、Ⅷ），把芯轴式的分段辊改造成为完全断开式分段辊等，括弧内的数据就是连铸机增加这几项内容后所改变的数据。

（3）应注意，扇形段1-3采用电磁搅拌和不采用电磁搅拌时，其各段的喷嘴数量亦不相同。

要吃透二次冷却区喷嘴布置这一节的全部内容，除掌握文字所描述的内容外，必须仔细研究和学习本节的所有图和表，并经过自己的亲身体验才能真正掌握。

需要指出的是，目前我国的喷嘴生产工艺、实验条件、技术水平和国外同类厂家相比存在差距，自主创新的动力不足，目前主要生产流量范围6~8倍数的气水雾化喷嘴，流量倍数25的喷嘴有一个厂家才研发出来，流量范围30~40倍数的气水雾化喷嘴我们还未做出来，而国外在10多年前就有了30倍数流量范围的气水雾化喷嘴，近几年有了40倍数流量范围的气水雾化喷嘴。连铸机所生产的产品规格由于喷嘴流量范围小而受到限制。另外喷嘴喷射厚度方向的角度国外已经达到5°，而我国只能达到6°~8°。因此，切实加强这方面的研究开发工作刻不容缓。

10.3.11 几种喷嘴的特性

图2-10-9所示是椭圆水喷嘴的特性，喷射距离为300mm。图2-10-9a是喷水压力与喷水流量、喷水压力与宽（厚）度方向喷射角度的关系；图2-10-9b是不同压力下，喷嘴在喷射宽度方向的流量密度分布；图2-10-9c是不同压力下，喷嘴在喷射厚度方向的流量密度分布。

图2-10-10所示是扁平水喷嘴的特性，喷射距离为180mm。图2-10-10a是不同压力下，单个喷嘴使用时的流量密度分布；图2-10-10b是三个相同喷嘴并列时，不同压力下的流量密度分布；图2-10-10c是喷水压力与喷水流量、喷水压力与宽（厚）度方向喷射角度的关系。

图2-10-11是广角扁平水喷嘴的特性，喷射距离为500mm。图2-10-11a是七个喷嘴压力与流量以及喷嘴压力与喷射角度的关系；图2-10-11b是喷嘴在不同压力下，宽度方向流量密度的分布；图2-10-11c是喷嘴在不同压力下，厚度方向流量密度的分布。

图2-10-12是表2-10-10中广角扁平气水喷嘴HPZ20.4-120RZ的压力流量特性。横坐标是冷却水的压力，左边的纵坐标是水的流量，右边的纵坐标是压缩空气的流量，气的压力分别是0.1MPa、0.2MPa、0.3MPa，水的压力分别是0.1MPa、0.2MPa、0.3MPa、0.4MPa、0.5MPa、0.6MPa、0.7MPa。

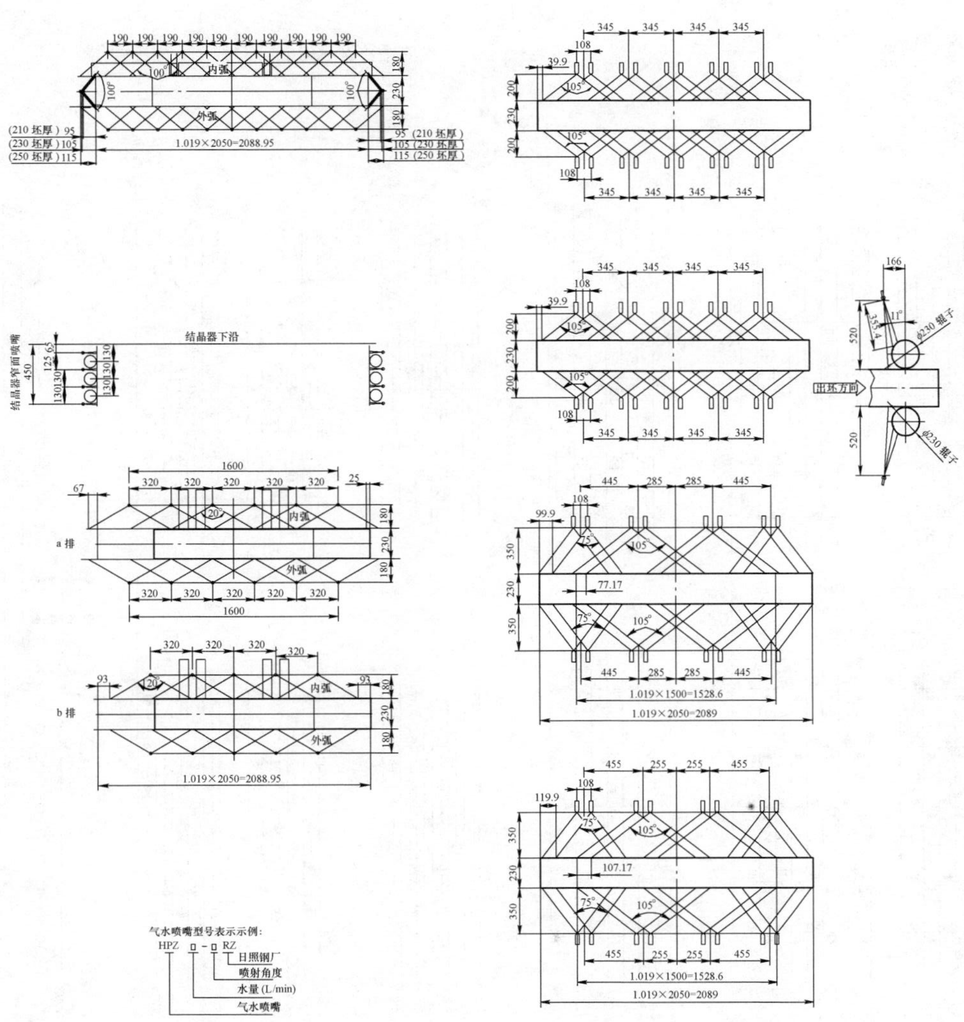

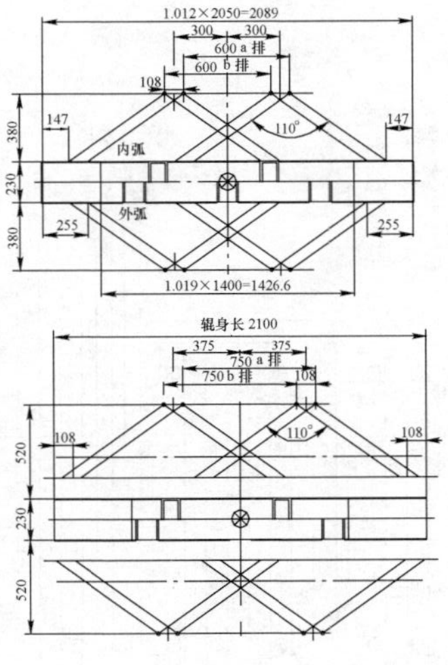

图例	喷嘴类别	喷嘴型号	冷却区号	应用设备	数量
○	水	1/4PZ7.8–100RZ	Ⅰ区宽面	结晶器宽面足辊	22
●	水	3/8PZ11.3–100RZ	Ⅰ区窄面	结晶器窄面足辊	8
◓	气水	HPZ20.4–120RZ	Ⅱ区	弯曲段上部内、外弧	56
◒	气水	HPZ16.8–120RZ	Ⅲ区	弯曲段中部内、外弧	44
⊖	气水	HPZ12.6–120RZ	Ⅳ区	弯曲段下部内、外弧	66
□	气水	HPZ12.0–105RZ	Ⅴ区	扇形段 1 内弧	40
⊠	气水	HPZ13.0–105RZ		扇形段 1 外弧	40
⬒	气水	HPZ7.5–105RZ	Ⅵ区	扇形段 2,3 内弧	80
⊟	气水	HPZ8.5–105RZ		扇形段 2,3 外弧	80
◩	气水	HPZ8.2–105RZ	Ⅶ区	扇形段 4.5 内弧中部	28
◕	气水	HPZ3.0–75RZ		扇形段 4、5 内弧边部	28
⊞	气水	HPZ10.8–105RZ		扇形段 4、5 外弧中部	28
⊕	气水	HPZ3.0–75RZ		扇形段 4、5 外弧边部	28
◪	气水	HPZ5.6–105RZ	Ⅷ区	扇形段 6~8 内弧中部	42
◑	气水	HPZ3.0–75RZ		扇形段 6~8 内弧边部	42
⊞	气水	HPZ7.7–105RZ		扇形段 6~8 外弧中部	42
⊕	气水	HPZ3.0–75RZ		扇形段 6~8 外弧边部	42
⧗	气水	HPZ5.4–110RZ	Ⅸ区	扇形段 9,10,11 内弧	42
⧅	气水	HPZ7.4–110RZ		扇形段 9,10,11 外弧	42
⧓	气水	HPZ4.4–110RZ	Ⅹ区	扇形段 12,13,14,15 内弧辊子	56
◩	气水	HPZ6.1–110RZ		扇形段 12,13,14,15 外弧辊子	56

图 2-10-7 喷嘴型号及喷射状态

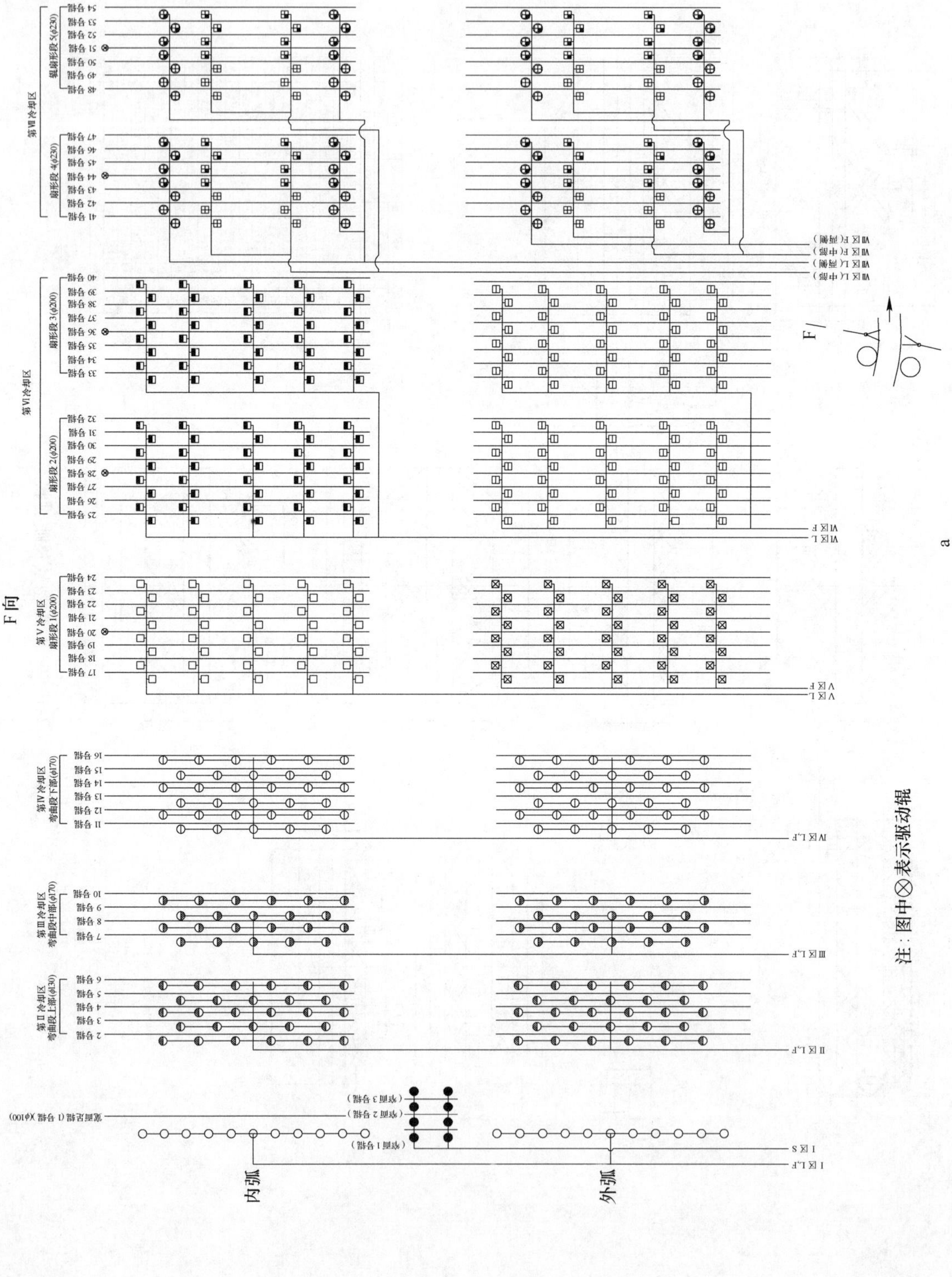

a

注：图中⊗表示驱动辊

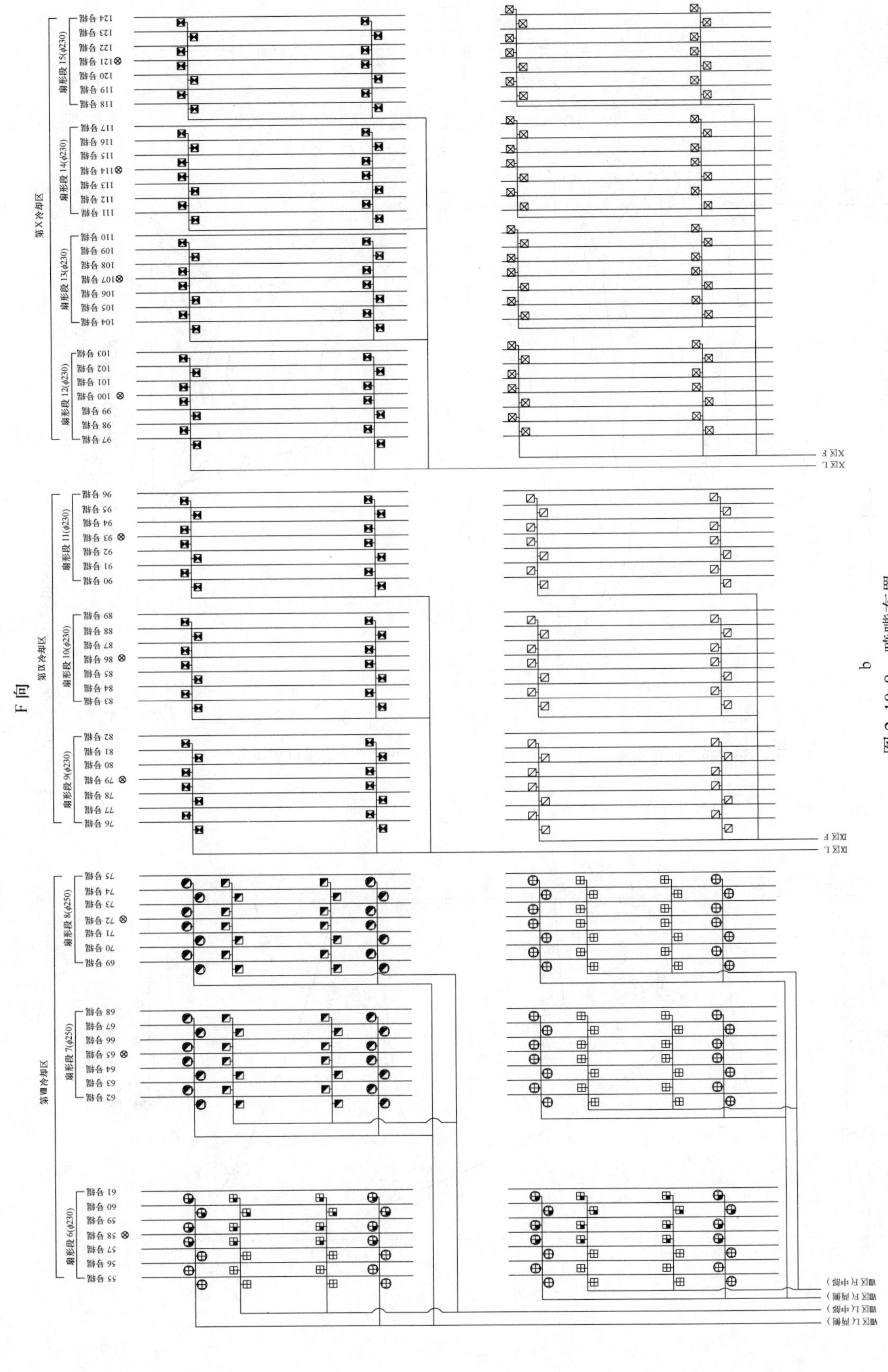

图 2-10-8　喷嘴布置
a—第 1 ~ 第 7 冷却区；b—第 8 ~ 第 10 冷却区

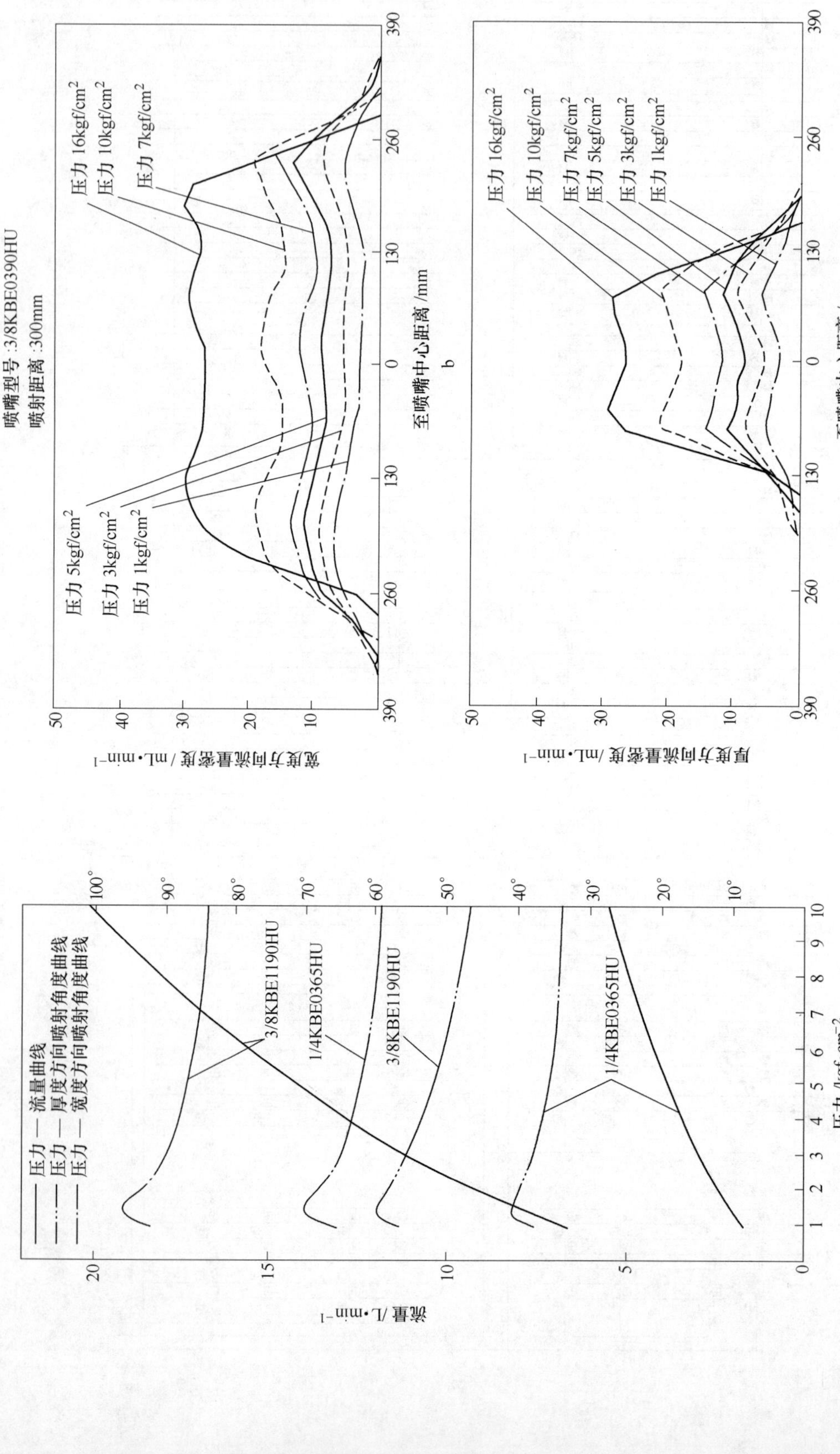

图 2-10-9　椭圆水喷嘴的特性

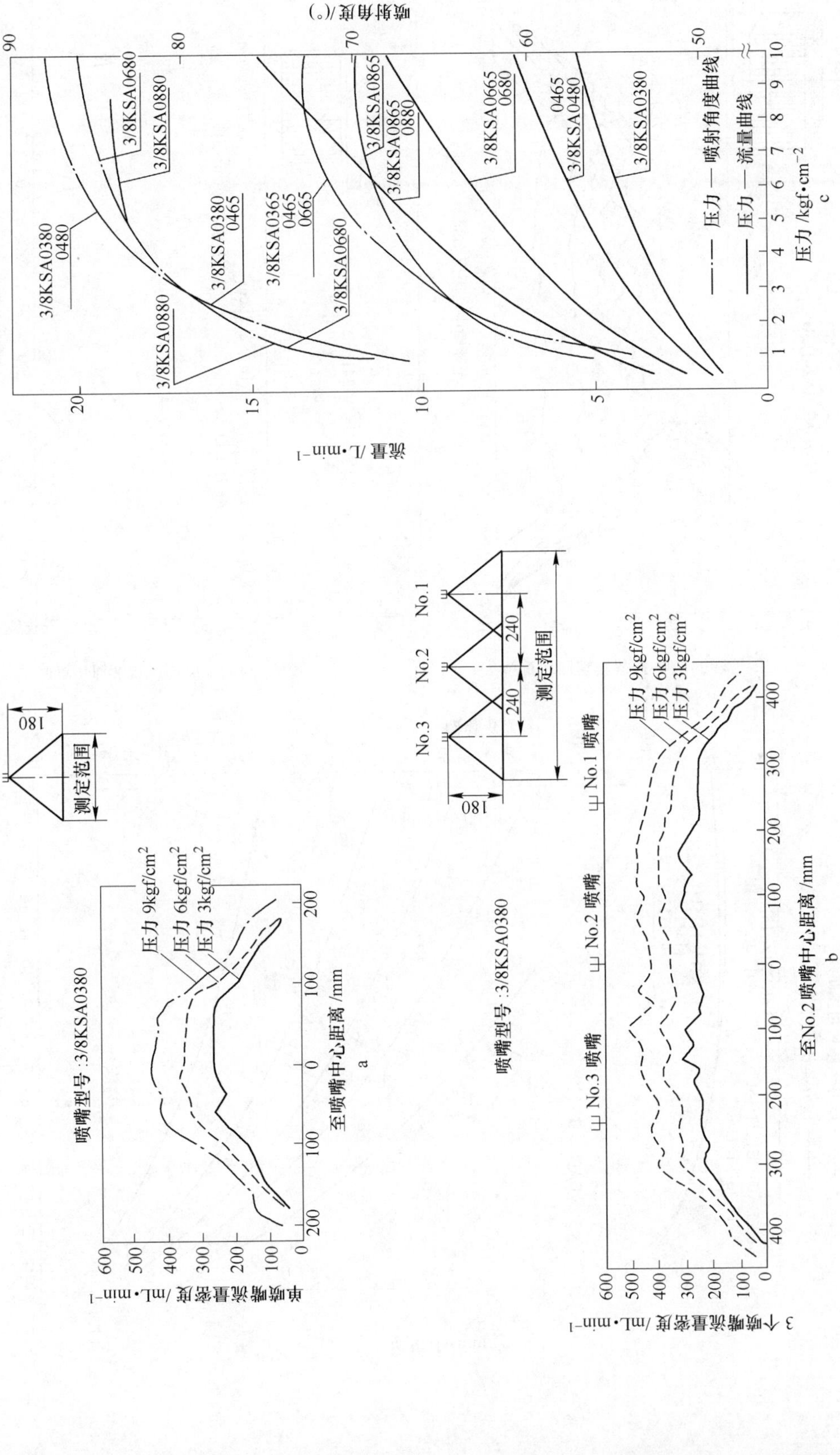

图 2-10-10 扁平水喷嘴的特性

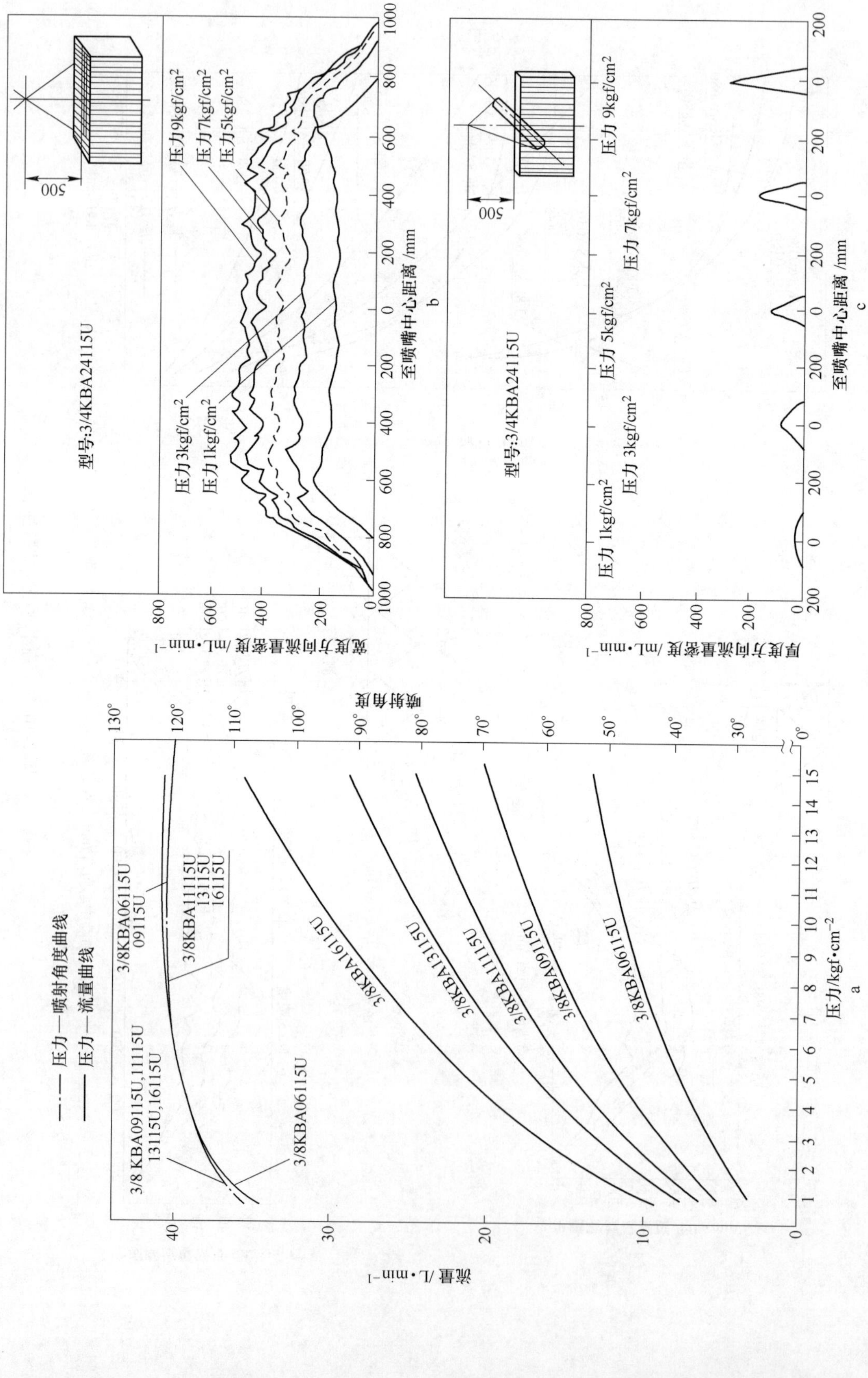

图 2-10-11　广角扁平水喷嘴的特性

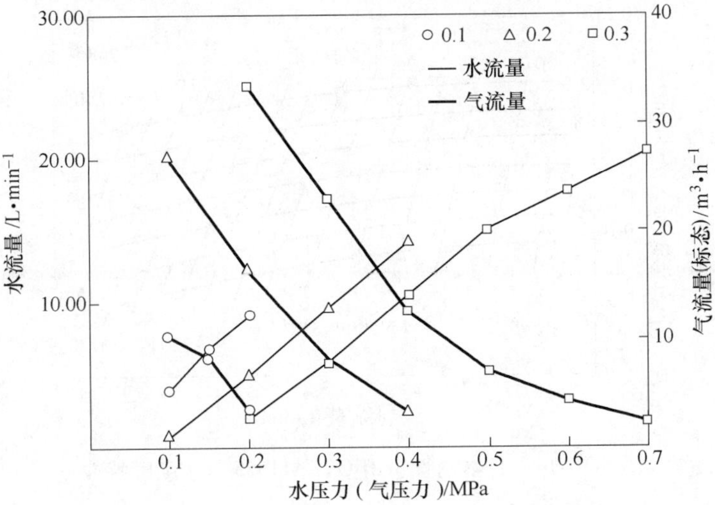

图 2-10-12 HPZ20. 4-120RZ 气水喷嘴特性

图 2-10-13 是表 2-10-10 中广角扁平气水喷嘴 HPZ5. 4-110RZ 的压力流量特性。横坐标是冷却水的压力，左边的纵坐标是水的流量，右边的纵坐标是压缩空气的流量，气的压力分别是 0. 1MPa、0. 2MPa、0. 3MPa，水的压力分别是 0. 1MPa、0. 2MPa、0. 3MPa、0. 4MPa、0. 5MPa、0. 6MPa、0. 7MPa。

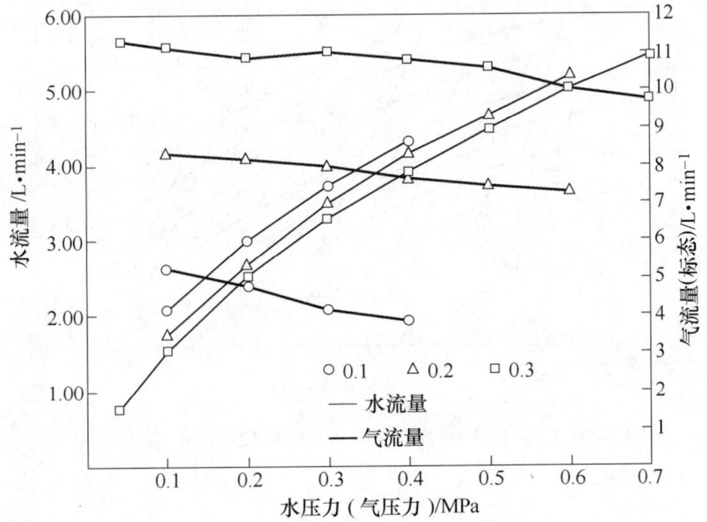

图 2-10-13 HPZ5. 4-110RZ 气水喷嘴特性

从图 2-10-12 和图 2-10-13 所示的气水喷嘴压力流量特性来看，目前还找不出一个流量是水压和气压的函数关系来，只能用式（2-10-3）概念性地表示。

图 2-10-14 是日本钢管公司（NKK）在连铸机上用的气水雾化喷嘴，型号为 3/8DOVEA11555，其横坐标是水流量，纵坐标是压缩空气流量，当水压由 0. 02MPa 逐步做到 0. 7MPa，压缩空气压力由 0. 1MPa 逐步做到 0. 4MPa 时，喷嘴喷射平均粒径（以 μm 计）的变化，可以看出，压缩空气压力越大，喷嘴喷射的平均粒径越小。

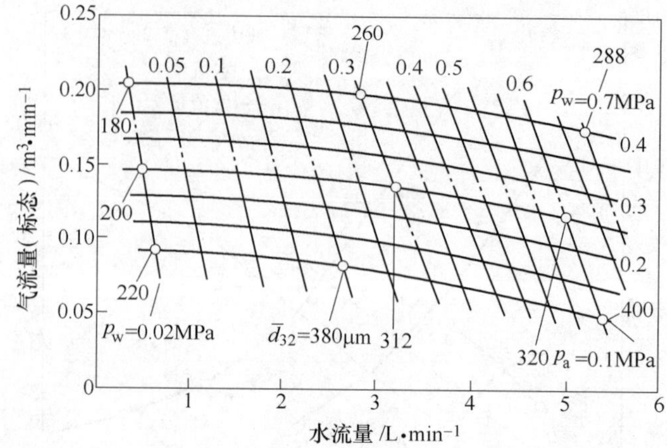

图 2-10-14　日本钢管 3/8DOVEA11555 气水喷嘴特性

图 2-10-15 是日本钢管公司（NKK）在连铸机上用的气水雾化喷嘴，型号为 3/8DOVEA115120，其横坐标是水流量，纵坐标是压缩空气流量，当水压由 0.03MPa 逐步做到 0.3MPa，压缩空气压力由 0.1MPa 逐步做到 0.4MPa 时，喷嘴喷射平均粒径（以 μm 计）的变化，可以看出，压缩空气压力越大，水流量越小，喷嘴喷射的平均粒径越小。

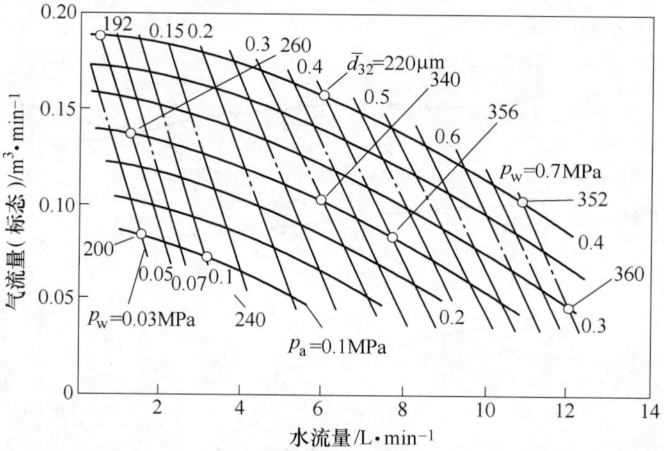

图 2-10-15　日本钢管 3/8DOVEA115120 气水喷嘴特性

11　板坯连铸二冷区动态轻压下

11.1　动态轻压下技术的概况

11.1.1　动态轻压下技术的概念及发展

11.1.1.1　基本概念

二冷区动态轻压下技术是指凝固末端的动态轻压下。

随着用户对钢材品质要求的日益提高，如何解决连铸坯中常出现的中心偏析和中心疏松等限制钢铁质量进一步提高的瓶颈问题成为当今钢铁界的重要课题。

为此国内外采用了很多种改善产品中心偏析的方法，如低过热度浇注、连续锻压、凝固末端强冷却、电磁搅拌、凝固末端轻压下技术等。其中动态轻压下取得了较好的效果，该技术已被国内外的许多钢铁生产厂家广泛采用。

轻压下技术是在收缩辊缝技术的基础上发展而来的，是近年来推广较快的板坯连铸机技术之一。对常规板坯连铸机来讲，是指凝固末端的轻压下，而对中薄板坯和薄板坯连铸机来讲，有的几乎是凝固过程中的全程轻压下。20 世纪 90 年代初的概念认为，常规板坯连铸机轻压下的目的在于消除板坯的中心疏松和偏析，而中薄板坯和薄板坯连铸机轻压下的目的是减薄板坯厚度，从而提高连铸机的工艺操作性，并与后续轧机更好地匹配而取得最佳经济效益。目前的观点认为，连铸薄板坯和中薄板坯的轻压下不仅具有减薄板坯厚度的效果，也是减小中心疏松和偏析的重要手段之一。

凝固末端的轻压下技术起始于 20 世纪 70 年代末，它首先于 1977 年应用在日本钢管公司扇岛厂（后来叫京滨厂）1 号直弧型板坯连铸机上，该连铸机主半径 10.5m，垂直段高度 4.797m，结晶器长度 800mm，浇注断面 300mm × 2300mm，轻压下区域长度 4.25m，轻压下区域的辊径 ϕ350mm，那时候就得出了当压下率为 0.5mm/m 时，板坯中心偏析明显改善的结论。

从 20 世纪 70 年代末到 90 年代初，日本的钢铁企业对轻压下技术比较重视，做过许多试验，如锻压法和 ϕ230mm 细辊压下法等。而其他国家则在 20 世纪 90 年代中期以后才引起重视。

轻压下技术 20 世纪 90 年代中末期之前，尚无静态、动态之分，到了 90 年代中后期，才出现了动态轻压下。

不管轻压下是静态还是动态，都要对凝固末端轻压下区域扇形段的辊缝进行设定。进行轻压下和不进行轻压下时的辊缝不同，不进行轻压下时的辊缝是按照钢的凝固收缩特性

本章作者：杨拉道，张奇，曾晶，高琦，马玉堂；审查：王公民，黄进春，王蓉

设定的，具有一定的锥度，即收缩辊缝。而进行轻压下时则要使轻压下区域的辊缝具有更大的收缩率，因此有些厂家把轻压下技术也叫作强收缩辊缝技术。日本钢管公司静态轻压下时，不管220~300mm之间哪一种断面都从液芯20mm以后开始。

能够动态轻压下的连铸机其扇形段必须能够远程调辊缝，而能够远程调辊缝的扇形段则不一定能够进行动态轻压下。远程调辊缝的扇形段可以是电动蜗轮、丝杆机械夹紧式的，也可以是液压式的，但是动态轻压下的扇形段几乎全部是液压夹紧式的，这是因为机械夹紧式扇形段的调辊缝结构在连铸机浇铸（即扇形段负载）过程中由于静摩擦阻力过大及设备结构限制等因素而难以实现。因此液压夹紧式远程调辊缝的扇形段是实现动态轻压下技术的关键设备。

静态轻压下是在开浇前预先设定好连铸机整体辊缝及其轻压下区域的辊缝，然后按照设定的拉速和工艺条件进行浇注的一种方法。

动态轻压下是在铸造过程中随着凝固终点的位置变化调整辊缝及辊缝收缩程度的一种浇注方法，动态轻压下技术是近几年发展最快的板坯连铸关键技术之一。

无论轻压下是静态还是动态，其轻压下区域扇形段中的辊子都必须是真正的细辊密布，以克服由于辊间鼓肚引起的凝固末期的钢液流动，达到全面地克服中心偏析和中心疏松的目的。

11.1.1.2 奥钢联的动态轻压下技术

奥钢联开发的标准阀（开关阀）控制的液压夹紧式SMART®（Singe Minute Adjustment During/Without Restranding Time）扇形段可以实现远程调辊缝，位置控制精度可达±0.1mm（实际操作中辊缝偏差规定为±0.3~±0.5mm），再加上ASTC（Automatic Strand Taper/thickness Control）控制模型就可以达到动态轻压下的目的。单个SMART®扇形段的试验首先在奥地利林茨钢厂获得成功，1997年在芬兰的罗德罗基厂板坯连铸机中全部采用了SMART®扇形段。目前已经在生产不锈钢的南非哥伦布钢厂、意大利依尔瓦（ILVA）厂、韩国浦项钢厂、美国伯利恒公司雀点厂、生产不锈钢的美国AVESTA厂、生产不锈钢的芬兰奥托昆普厂、我国的武钢、济钢、梅钢等几十台连铸机上采用了SMART®扇形段和ASTC控制模型，生产中采用了动态轻压下。

11.1.1.3 西马克/德马克公司的动态轻压下技术

德国西马克/德马克开发的Cyberlink式（连杆式）伺服阀控制的液压夹紧动态轻压下扇形段，位置控制精度可达15μm，已用于1998年投产的德国迪林根钢厂的立弯型（铸坯凝固后弯曲）板坯连铸机上。后来又将改进型的Cyberlink式（连杆式）扇形段应用在德国胡金根（HKM）厂的1号板坯连铸机的水平区域，并能够进行动态轻压下。据资料介绍，由于Cyberlink扇形段布置在连铸机的水平区域，则取消了驱动辊的升降液压缸，凝固终点位置通过检测驱动辊传动轴的振动进而了解扇形段的振动而获得。我国大连重机厂于1994年第4季度进行的薄板坯连铸机试验，出现了液芯压下时由于压下速度快、压下力不够而产生铰链式零号扇形段上下振动的现象，这从浇注出的搓板形状的薄板坯上可以清楚地看到。

我国宝钢集团一钢公司引进的西马克/德马克技术的碳钢和不锈钢板坯连铸机不是Cyberlink式扇形段，但也具备动态轻压下的硬件功能。

11.1.1.4　日本钢管公司动态轻压下技术

日本钢管公司是研究并实施轻压下技术的鼻祖，在20世纪末，发明了一种已实施多年的静态“人为鼓肚轻压下（Intentional Bulging and Soft Reduction）”的生产工艺，简称“IBSR”，成功地应用在该公司福山6号板坯连铸机上。这种工艺将连铸机前面几个扇形段的辊缝人为放大，然后再实施轻压下。这种工艺不但能起到一般轻压下的作用，而且还可以改善铸坯凝固终点的特性。一般的轻压下能够改善板坯中心线沿厚度方向的中心偏析，而IBSR除能够达到同样的目的外，还能够改善板坯宽度方向的中心偏析。测试表明，传统的板坯凝固终端凝固部分沿板坯宽度方向呈“W”状。当板坯厚度为300mm而未采用IBSR时，其突出面至低谷的距离最大长度可达2m。这种凝固状态对钢液的流动和板坯质量是不利的，也不利于凝固终端采用轻压下。人为鼓肚后，凝固终端凝固部分变成了平直状，从而促进了钢液的流动，便于在该区域采用轻压下，使轻压下的效果得以充分体现。因此，IBSR工艺无疑是轻压下效果最理想的工艺，它可以使一般的轻压下效果更加显著，因为沿板坯宽度方向上的凝固终点不再是“W”形状，而是一条近似的直线。

11.1.1.5　日本JPCO公司

JPCO公司由JFE工程技术公司、住友重机（SHI）公司、日立造船（HZ）公司、川崎重工（KHI）公司组合，其中JFE总公司由日本钢管公司（NKK）和川崎制铁公司（KAS）组成。

1995年，住友重机在和歌山大方坯连铸机上实现了动态轻压下。后来，住友重机又在板坯连铸机中开发了伺服阀控制的液压夹紧式动态轻压下扇形段，应用在2000年年底投产的住友金属鹿岛厂2号板坯连铸机中和2001年年底投产的浦项3号板坯连铸机上，2002年，在住友金属鹿岛厂2号板坯连铸机生产操作中，就跟踪了凝固终点。

日立造船开发了液压夹紧式扇形段，采用日本NACHI厂生产的“高速响应电磁阀”（控制时间1‰～3‰s）实现远距离调辊缝。

JPCO公司在中国提供的动态轻压下板坯连铸机是2003年以后分别新建和改造的宝山钢铁公司的1号、2号、3号板坯连铸机。

11.1.1.6　意大利达涅利（戴维）公司

达涅利开发的比例阀控制的能够进行动态轻压下的扇形段，于1995年应用在加拿大阿尔勾马（Algoma）厂，生产板坯厚度90mm，生产钢种为包晶钢和低合金高强度钢，这台连铸机能够全程轻压下。其后又应用在1998年签约的美国纽柯Hertford厂（生产板坯厚度102～152mm）和同年签约的韩国浦项光阳4号板坯连铸机上（生产板坯厚度230mm），达涅利（戴维）公司依靠检测扇形段所受鼓肚力的有无来获得凝固终点的位置。

11.1.1.7　日本川崎制铁公司等

1992年10月《Iron & Steel Maker》报道了川崎制铁水岛工厂1号板坯连铸机安装了锻压机，锻压机安装在距结晶器液面16m处，最大减薄量80mm。

1994年《CAMP-ISIJ》Vol.7-179期中，用“連續鍛壓法による連鑄ブルームの中心偏析制御”题目报道了川崎制铁水岛工厂在断面为400mm×560mm、300mm×400mm的4流3号方坯连铸机也安装了锻压机。用电动马达压下，压下位置距结晶器液面26.4m，浇注钢种有普碳钢、低合金钢和含碳量为0.1%～1.0%的碳钢，铸造速度0.4～0.6m/min，中间罐过热度15~40℃，未凝固层厚度0~100mm，压下量40~140mm，锻压处中心固相率0.7~1.0，锻板与铸坯间摩擦系数$\mu=0.35$。锻压时钢的含碳量为0.85%和0.46%两种。

大约同一时期，神户制钢也在300mm×430mm断面大方坯连铸机上采用了锻压式的轻压下，住友金属和歌山厂410mm×530mm大方坯连铸机上和小仓300mm×400mm方坯连铸机上采用了辊压式轻压下。除此之外，日本的其他钢厂也都进行了轻压下。

和歌山厂的经验是：浇注速度0.45m/min，压下力480tf（最大700tf），设V形偏析的V形半角为θ，当无轻压下时，θ在10°~25°之间，有轻压下时，$\theta<10°$。

小仓厂的经验是：当含碳量为0.7%~0.8%时，压下开始时的液芯比率约为10%~20%。当应变速率为$\dot{\varepsilon}=10^{-4}\sim10^{-3}/s$时，含碳量越大，$w(Mn)/w(S)$越大，临界应变越小（大约1.0%），当含碳量<0.4%左右，$w(Mn)/w(S)$越大，临界应变越大（大约≥2.0%）。

11.1.1.8 中国国内情况

（1）武钢二炼钢于1982年5月份开始在3号板坯连铸机上进行静态轻压下试验，取得经验后于1985年在1~3号三台板坯连铸机上全部采用了静态轻压下技术。

（2）R钢铁公司七厂1996年实施静态轻压下工艺，据报道对控制中心偏析防止中心线裂纹取得了极为良好的效果。

（3）西宁钢厂在大方坯连铸机上增加了半动态轻压下装置。

（4）目前引进国外的板坯、大方坯连铸机都具有动态轻压下功能。

（5）国内东北大学、北京科技大学及宝钢研制的动态轻压下系统2006年在梅钢应用，并于当年10月召开了评审验收会。

（6）国内的中国重型院、中冶连铸、中冶赛迪、中冶京诚、衡阳镭钼公司也先后于2007年以后推出了具有动态轻压下功能的板、方坯连铸机。

11.1.2 轻压下技术改善中心偏析和疏松的机理

11.1.2.1 中心疏松、中心偏析形成机理的三种说法

A “溶质元素富集”说

在铸坯的凝固过程中，由于凝固过程选分结晶（即高熔点成分先结晶，低熔点成分后结晶）的作用，使树枝晶间的钢液富集了溶质元素，与此同时，铸坯凝固收缩又使得富集溶质元素的钢液不断向铸坯中心附近流动并凝固，从而形成了溶质含量中心高、周围低的分布状态，即中心偏析。

B “晶桥”说

连铸坯在凝固的条件下，由于铸坯有发达的柱状晶而引起中心偏析。这种偏析的形成，大体上可分四个阶段。首先，是柱状晶的生长；其次是由于某些工艺因素的影响，柱状晶的生长变得很不稳定，即某些柱状晶生长快，而另一些柱状晶生长慢；在这种情况下，优先生长的柱状晶在铸坯中心相遇，形成了所谓的“晶桥”；“晶桥”形成后上部钢液受阻不能对下部钢液的凝固收缩进行及时补充，因而在“晶桥”下边，钢液按一般钢锭凝固的模式凝固，其结果形成了连铸坯的中心疏松、中心偏析带。

C “铸坯鼓肚引起的芯部空穴负压抽吸”说

即凝固收缩和鼓肚理论，在板坯或大方坯中，有时柱状晶并未发展到铸坯中心，即并

无“晶桥”的形成，但是仍然发生了中心疏松和中心偏析。这说明中心偏析的形成除上述冶金因素外，还有其他方面的原因。业已证明，这是因为凝固收缩和铸坯“鼓肚”（铸坯宽面向外凸起的现象）所引起。即铸坯在两相区凝固产生体积收缩或铸坯鼓肚变形时，在铸坯中心产生了相当于负压的抽吸作用，两相区内偏析元素富集的钢液被吸向心部形成了中心疏松和中心偏析带。

11.1.2.2　轻压下技术改善中心偏析和疏松的机理

根据中心偏析的形成机理可知，控制连铸坯凝固末端的凝固过程可以有效地控制中心偏析的程度。

轻压下技术就是通过在连铸坯液芯末端附近施加适当压下力从而产生一定的压下量来补偿铸坯的凝固收缩量，这可以产生两方面的作用：一方面可以消除或减少铸坯收缩形成的内部空隙，防止枝晶间富集溶质元素的钢液沿连铸坯厚度方向向中心流动，从而使连铸坯中心区域溶质元素能均匀分布，减少了中心偏析；另一方面，轻压下所产生的挤压作用还可以促进液芯中富集溶质元素的钢液沿拉坯方向反向流动，使溶质元素在钢液中重新分配，起到改善中心偏析的作用。

11.2　轻压下时连铸机的运转与控制

11.2.1　动态轻压下时连铸机运转模式

连铸机的运转分为11个模式，分别是维修模式、辊缝测量模式、准备模式、引锭装入模式、点动装引锭模式、引锭保持模式、引锭拉坯模式、稳定铸造模式、更换中间罐模式、拉尾坯模式、重拉坯模式等。

每一种模式所对应的连铸机运转说明见表2-11-1。R钢铁公司直弧形板坯连铸机，浇注断面230mm×1650mm，主半径9.5m，采用上装引锭系统，图2-11-1是该板坯连铸机的辊列图。本章将要介绍的内容以该连铸机为依据。与表2-11-1相对应的图，如图2-11-2~图2-11-9所示。

11.2.2　扇形段控制方式

连铸机扇形段控制方式有6种，分别为“动态轻压下”、“半动态轻压下（无垫块位置闭环）”、“静态压下（垫块开环）”、“普通收缩辊缝（远程）”、“标定零点”和“功能测试”。详细说明见表2-11-2。

表2-11-2中第1~第3种模式（维修模式、辊缝测量模式和准备模式）时，扇形段不具备动态轻压下、半动态轻压下和静态压下控制方式，只能进行标定零点和功能测试。

表2-11-2中第4~第10种模式［引锭装入模式、点动装引锭模式、引锭保持模式、引锭拉坯模式、稳定铸造模式（连铸机内充满铸坯）、更换中间罐模式、拉尾坯模式］时，扇形段不能进行标定零点和功能测试。

表2-11-2中第11种模式（重拉坯模式）既不能进行标定零点和功能测试，也不能进行正常拉坯。

在引锭装入模式到本浇次结束以前，扇形段不能在动态轻压下、半动态轻压下和静态

表 2-11-1　动态轻压下时连铸机运转模式

序号	运转模式		连铸机运转模式说明	备注
1	维修模式		所有扇形段辊缝设定为径向平行辊缝（指每个扇形段内外弧中心辊子沿曲率半径径向平行）；也可以人工调整为其他辊缝	
2	辊缝测量模式		所有扇形段采用普通收缩辊缝或径向平行辊缝	
3	准备模式		所有扇形段辊缝设定为径向平行辊缝，即结晶器出口值 + ΔD。 ΔD 为智能扇形段空载和负荷标定时的辊缝差，$\Delta D = 1 \sim 2$mm，对 R 钢铁公司 230mm × 1650mm 连铸机，暂取 $\Delta D = 1.5$mm	
4	引锭装入模式			
5	点动装引锭模式			
6	引锭保持模式			
7	引锭拉坯模式		引锭头端行走到距某扇形段入口辊 500mm 时，该扇形段切换保持为径向平行辊缝	见图 2-11-2
		引锭头端离开某扇形段出口辊 500mm 时	拉速 < v_{zd}，采用普通收缩辊缝。v_{zd} 为实行动态轻压下的最低拉速，对于 R 钢铁公司 230mm × 1650mm 连铸机 190mm、230mm 两种厚度，暂定 $v_{zd} = 0.6 \sim 0.9$m/min	见图 2-11-3
			拉速 ≥ v_{zd}，跟踪凝固终点，采用动态轻压下实时辊缝	
8	稳定铸造模式（1）（连铸机内充满铸坯）	拉速达到基准值 v_j 且恒定铸造时	采用动态轻压下实时辊缝	
	稳定铸造模式（2）（连铸机内充满铸坯）	当拉速从特定钢种、特定断面规定的基准拉速 v_j 降为 v_{zd} 以下时	从当时结晶器液面算起，连铸机内降速前的铸坯采用动态轻压下实时辊缝，新浇注的铸坯采用普通收缩辊缝	见图 2-11-4 及图 2-11-5
		当拉速从降下来的某一数值提升到 ≥ v_{zd} 时	拉速从小于 v_{zd} 的某个值升到大于等于 v_{zd} 之间的铸坯采用普通收缩辊缝； 拉速 ≥ v_{zd} 以后，从当时结晶器液面算起，新浇注的铸坯跟踪凝固终点，采用动态轻压下实时辊缝	见图 2-11-6 及图 2-11-7
9	更换中间罐模式		根据拉速升降，与稳定铸造模式（2）处理方式相同	
10	拉尾坯模式		（1）拉尾坯时，如果不降拉速，动态轻压下作业正常实施。坯尾到达距扇形段入口辊 500mm 时，该扇形段切换为径向平行辊缝，当坯尾距离正在实施轻压下的每个扇形段入口辊 6m 时，该扇形段切换为普通收缩辊缝，并保持到浇注结束； （2）拉尾坯时，如果人工干预降拉速，则所有扇形段采用普通收缩辊缝。坯尾距扇形段入口 500mm 时，该扇形段切换为径向平行辊缝，并保持到浇注结束	见图 2-11-8 及图 2-11-9
11	重拉坯模式	漏钢处理（1）	接收到漏钢信号时，若坯头处于连铸机内，所有扇形段切换为结晶器出口值 + 增量；若坯头已经出了连铸机，所有扇形段辊缝值自动调整为结晶器出口值，人工设定拉速值进行拉坯。一旦打滑拉不动铸坯时，可将驱动辊压力人工升到设定值的 150%。压力提升后，仍然拉不动铸坯，则放弃拉坯	
		漏钢处理（2）	在漏钢处理（1）放弃拉坯后，按照操作手册规定方法，立即进行事故处理	
		打滑或滞坯	（1）发出打滑滞坯信号；（2）拉速自动降为 0；（3）所有扇形段保持当前辊缝；（4）振动装置调整为当前模式的最小频率；（5）人工重新启动连铸机驱动装置；（6）当拉速 > 0.4m/min 时，传动辊压下力分组依次自动增大为 150%，所有扇形段辊缝值调整为结晶器出口值；（7）当拉速 ≥ 0.8m/min，以结晶器液面为假想坯头开始跟踪，扇形段辊缝同引锭拉坯模式；（8）跟踪完毕，所有驱动辊液压缸压力自动恢复为正常值，发出处理结束信号	

表 2-11-2　扇形段控制方式

<table>
<tr><th>序号</th><th>运转模式</th><th>动态轻压下</th><th>半动态轻压下（无垫块，位置闭环）</th><th>静态压下（垫块，开环）</th><th>普通收缩辊缝</th><th>标定零点</th><th>功能测试</th></tr>
<tr><td>1</td><td>维修模式</td><td rowspan="3">不能进行动态轻压下</td><td rowspan="3">不能进行半动态轻压下</td><td rowspan="3">不能进行静态轻压下</td><td rowspan="3">—</td><td rowspan="3">零点标定以压力闭环控制方式标定零点，标定压力可人工设定；
零点位置具备从二级系统读入和自动从一级系统记录双重功能</td><td rowspan="3">位置闭环控制
压力闭环控制
开环控制（有垫块）</td></tr>
<tr><td>2</td><td>辊缝测量模式</td></tr>
<tr><td>3</td><td>准备模式（即待机模式）</td></tr>
<tr><td>4</td><td>引锭装入模式</td><td rowspan="7">读取实时计算辊缝</td><td rowspan="7">普通收缩辊缝 +固定拉速的轻压下辊缝</td><td rowspan="7">系统压下夹紧，此时辊缝为普通收缩辊缝</td><td rowspan="7">普通收缩辊缝</td><td rowspan="8">不能标定零点</td><td rowspan="8">不能功能测试</td></tr>
<tr><td>5</td><td>点动装引锭模式</td></tr>
<tr><td>6</td><td>引锭保持模式</td></tr>
<tr><td>7</td><td>引锭拉坯模式</td></tr>
<tr><td>8</td><td>稳定铸造模式（连铸机内充满铸坯）</td></tr>
<tr><td>9</td><td>更换中间罐模式</td></tr>
<tr><td>10</td><td>拉尾坯模式</td></tr>
<tr><td>11</td><td>重拉坯模式</td><td colspan="4">普通收缩辊缝或工艺设定的径向平行辊缝</td></tr>
</table>

注：动态轻压下、半动态轻压下、静态压下、普通收缩辊缝、标定零点和功能测试是连铸机每一个扇形段的控制方式。

轻压下三种控制方式之间相互切换。

更换中间罐模式开始时间为拉速开始降低的时刻，结束时间为拉速升高到稳定值的时刻。

11.2.3　扇形段辊缝理论零点标定

扇形段辊缝理论零点标定，就是当扇形段内弧辊子的顶面连线处于公用内弧弧线上时，把扇形段夹紧液压缸中位移传感器此时的位置视为辊缝自动控制的零点，对其进行标定和记忆。

扇形段辊缝理论零点标定分为在线和离线两种方式，在线标定零点只能在连铸机处于维修模式、准备模式和辊缝测量模式时完成，扇形段标定零点过程如下：

（1）撤掉扇形段中上框架和侧框架间的垫块。

（2）扇形段以静态压下控制方式夹紧，并以此时位移传感器的位置作为初始零点。

（3）扇形段以半动态压下控制方式使上框架抬起到一个给定位置。

（4）把四个控制辊缝的定距块安放在扇形段内外弧入口和出口的辊子之间。

（5）扇形段以静态压下控制方式（人工设定压力）夹紧，把此时位移传感器的位置标定为零点。

（6）扇形段以半动态压下控制方式使上框架抬起到一个给定位置并撤掉定距块，标定零点完成。

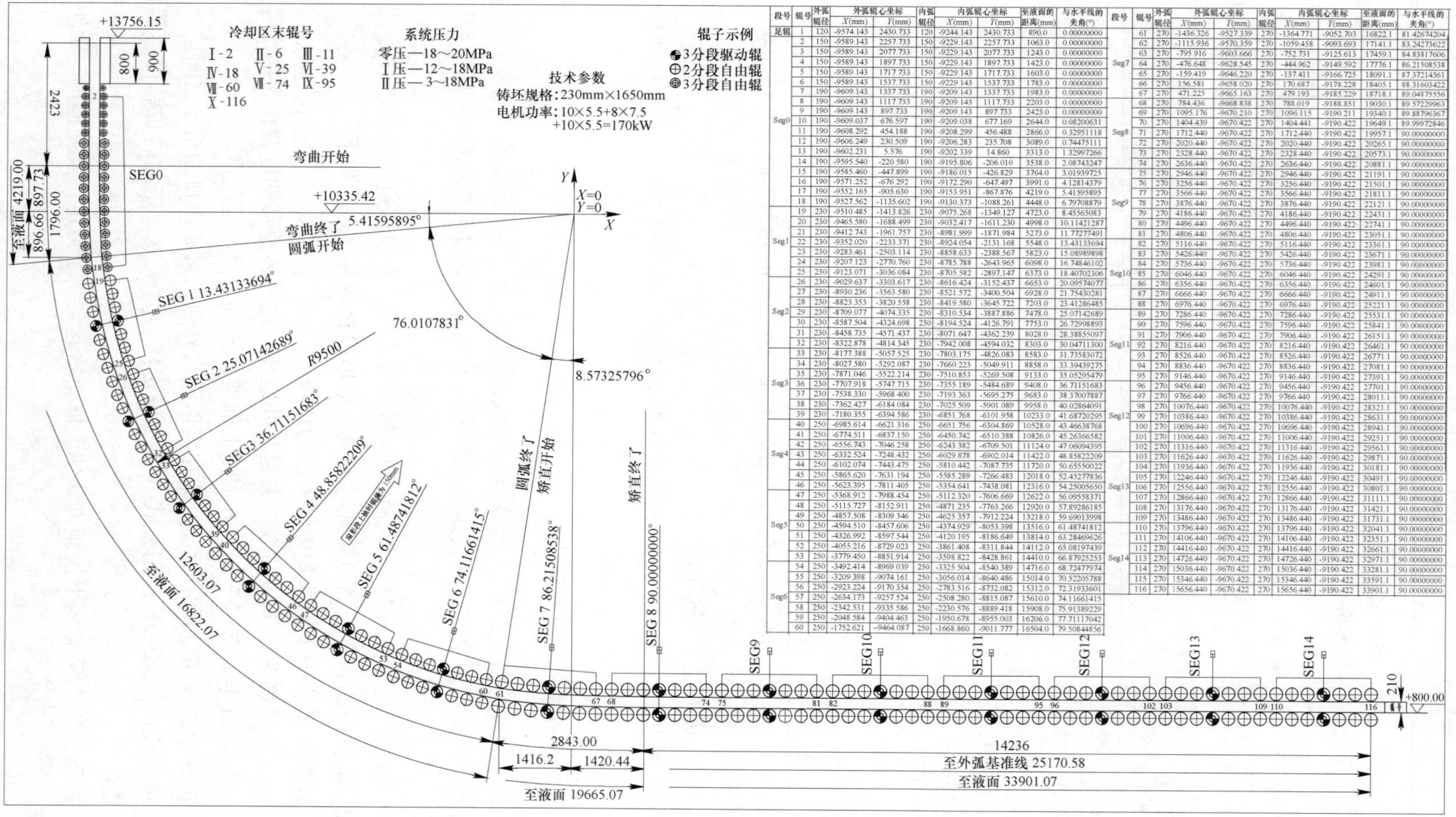

段号	辊号	外弧辊径	外弧辊心坐标 X(mm)	外弧辊心坐标 Y(mm)	内弧辊径	内弧辊心坐标 X(mm)	内弧辊心坐标 Y(mm)	至液面的距离(mm)	与水平线的夹角(°)
足辊	1	120	-9574.143	2430.733	120	-9244.143	2430.733	890.0	0.00000000
Seg0	2	150	-9589.143	2257.733	150	-9229.143	2257.733	1063.0	0.00000000
	3	150	-9589.143	2077.733	150	-9229.143	2077.733	1243.0	0.00000000
	4	150	-9589.143	1897.733	150	-9229.143	1897.733	1423.0	0.00000000
	5	150	-9589.143	1717.733	150	-9229.143	1717.733	1603.0	0.00000000
	6	150	-9589.143	1537.733	150	-9229.143	1537.733	1783.0	0.00000000
	7	190	-9609.143	1337.733	190	-9209.143	1337.733	1983.0	0.00000000
	8	190	-9609.143	1117.733	190	-9209.143	1117.733	2203.0	0.00000000
	9	190	-9609.143	897.733	190	-9209.143	897.733	2423.0	0.00000000
	10	190	-9609.037	676.597	190	-9209.038	677.169	2644.0	0.08200631
	11	190	-9608.292	454.188	190	-9208.299	456.488	2866.0	0.32951118
	12	190	-9606.249	230.509	190	-9206.283	235.708	3089.0	0.74475111
	13	190	-9602.231	5.576	190	-9202.339	14.860	3313.0	1.32997266
	14	190	-9595.540	-220.580	190	-9195.806	-206.010	3538.0	2.08743247
	15	190	-9585.460	-447.899	190	-9186.015	-426.829	3764.0	3.01939725
	16	190	-9571.252	-676.292	190	-9172.290	-647.497	3991.0	4.12814379
	17	190	-9552.165	-905.630	190	-9153.951	-867.876	4219.0	5.41595895
	18	190	-9527.562	-1135.602	190	-9130.373	-1088.261	4448.0	6.79708879
Seg1	19	230	-9510.485	-1413.826	230	-9075.268	-1349.127	4723.0	8.45565083
	20	230	-9465.580	-1688.499	230	-9032.417	-1611.230	4998.0	10.11421287
	21	230	-9412.743	-1961.757	230	-8981.999	-1871.984	5273.0	11.77277491
	22	230	-9352.020	-2233.371	230	-8924.054	-2131.168	5548.0	13.43133694
	23	230	-9283.461	-2503.114	230	-8858.633	-2388.567	5823.0	15.08989898
	24	230	-9207.123	-2770.760	230	-8785.788	-2643.965	6098.0	16.74846102
	25	230	-9123.071	-3036.084	230	-8705.582	-2897.147	6373.0	18.40702306
Seg2	26	230	-9029.637	-3303.617	230	-8616.424	-3152.437	6653.0	20.09574077
	27	230	-8930.236	-3563.580	230	-8521.572	-3400.504	6928.0	21.75430281
	28	230	-8823.353	-3820.558	230	-8419.580	-3645.722	7203.0	23.41286485
	29	230	-8709.077	-4074.335	230	-8310.534	-3887.886	7478.0	25.07142689
	30	230	-8587.504	-4324.698	230	-8194.524	-4126.791	7753.0	26.72998893
	31	230	-8458.735	-4571.437	230	-8071.647	-4362.239	8028.0	28.38855097
	32	230	-8322.878	-4814.345	230	-7942.008	-4594.032	8303.0	30.04711300
Seg3	33	230	-8177.388	-5057.525	230	-7803.175	-4826.083	8583.0	31.73583072
	34	230	-8027.580	-5292.087	230	-7660.223	-5049.911	8858.0	33.39439275
	35	230	-7871.046	-5522.214	230	-7510.853	-5269.508	9133.0	35.05295479
	36	230	-7707.918	-5747.715	230	-7355.189	-5484.689	9408.0	36.71151683
	37	230	-7538.330	-5968.400	230	-7193.363	-5695.275	9683.0	38.37007887
	38	230	-7362.427	-6184.084	230	-7025.509	-5901.089	9958.0	40.02864091
	39	230	-7180.355	-6394.586	230	-6851.768	-6101.958	10233.0	41.68720295
Seg4	40	250	-6985.614	-6621.316	250	-6651.756	-6304.869	10528.0	43.46638768
	41	250	-6774.511	-6837.150	250	-6450.742	-6510.388	10826.0	45.26366582
	42	250	-6556.743	-7046.258	250	-6243.382	-6709.501	11124.0	47.06094395
	43	250	-6332.524	-7248.432	250	-6029.878	-6902.014	11422.0	48.85822209
	44	250	-6102.074	-7443.475	250	-5810.442	-7087.735	11720.0	50.65550022
	45	250	-5865.620	-7631.194	250	-5585.289	-7266.483	12018.0	52.45277836
	46	250	-5623.395	-7811.405	250	-5354.641	-7438.081	12316.0	54.25005650
Seg5	47	250	-5368.912	-7988.454	250	-5112.320	-7606.669	12622.0	56.09558371
	48	250	-5115.727	-8152.911	250	-4871.235	-7763.266	12920.0	57.89286185
	49	250	-4857.508	-8309.346	250	-4625.357	-7912.224	13218.0	59.69013998
	50	250	-4594.510	-8457.606	250	-4374.929	-8053.398	13516.0	61.48741812
	51	250	-4326.992	-8597.544	250	-4120.195	-8186.649	13814.0	63.28469626
	52	250	-4055.216	-8729.023	250	-3861.408	-8311.844	14112.0	65.08197439
	53	250	-3779.450	-8851.914	250	-3598.822	-8428.861	14410.0	66.87925253
Seg6	54	250	-3492.414	-8969.039	250	-3325.504	-8540.389	14716.0	68.72477974
	55	250	-3209.398	-9074.161	250	-3056.014	-8640.486	15014.0	70.52205788
	56	250	-2923.224	-9170.354	250	-2783.516	-8732.082	15312.0	72.31933601
	57	250	-2634.173	-9257.524	250	-2508.280	-8815.087	15610.0	74.11661415
	58	250	-2342.531	-9335.586	250	-2230.576	-8889.418	15908.0	75.91389229
	59	250	-2048.584	-9404.463	250	-1950.678	-8955.003	16206.0	77.71117042
	60	250	-1752.621	-9464.087	250	-1668.860	-9011.777	16504.0	79.50844856

段号	辊号	外弧辊径	外弧辊心坐标 X(mm)	外弧辊心坐标 Y(mm)	内弧辊径	内弧辊心坐标 X(mm)	内弧辊心坐标 Y(mm)	至液面的距离(mm)	与水平线的夹角(°)
Seg7	61	270	-1436.326	-9527.339	270	-1364.771	-9052.703	16822.1	81.42674204
	62	270	-1115.936	-9570.359	270	-1059.458	-9093.693	17141.1	83.24273622
	63	270	-795.916	-9603.666	270	-752.731	-9125.613	17459.1	84.83817606
	64	270	-476.648	-9628.545	270	-444.962	-9149.592	17776.1	86.21508538
	65	270	-159.419	-9646.220	270	-137.411	-9166.725	18091.1	87.37214361
	66	270	156.581	-9658.020	270	170.687	-9178.228	18405.1	88.31603422
	67	270	471.225	-9665.163	270	479.193	-9185.229	18718.1	89.04875556
Seg8	68	270	784.436	-9668.838	270	788.019	-9188.851	19030.1	89.57229963
	69	270	1095.176	-9670.210	270	1096.115	-9190.211	19340.1	89.88796367
	70	270	1404.439	-9670.422	270	1404.441	-9190.422	19649.1	89.99972846
	71	270	1712.440	-9670.422	270	1712.440	-9190.422	19957.1	90.00000000
	72	270	2020.440	-9670.422	270	2020.440	-9190.422	20265.1	90.00000000
	73	270	2328.440	-9670.422	270	2328.440	-9190.422	20573.1	90.00000000
	74	270	2636.440	-9670.422	270	2636.440	-9190.422	20881.1	90.00000000
Seg9	75	270	2946.440	-9670.422	270	2946.440	-9190.422	21191.1	90.00000000
	76	270	3256.440	-9670.422	270	3256.440	-9190.422	21501.1	90.00000000
	77	270	3566.440	-9670.422	270	3566.440	-9190.422	21811.1	90.00000000
	78	270	3876.440	-9670.422	270	3876.440	-9190.422	22121.1	90.00000000
	79	270	4186.440	-9670.422	270	4186.440	-9190.422	22431.1	90.00000000
	80	270	4496.440	-9670.422	270	4496.440	-9190.422	22741.1	90.00000000
	81	270	4806.440	-9670.422	270	4806.440	-9190.422	23051.1	90.00000000
Seg10	82	270	5116.440	-9670.422	270	5116.440	-9190.422	23361.1	90.00000000
	83	270	5426.440	-9670.422	270	5426.440	-9190.422	23671.1	90.00000000
	84	270	5736.440	-9670.422	270	5736.440	-9190.422	23981.1	90.00000000
	85	270	6046.440	-9670.422	270	6046.440	-9190.422	24291.1	90.00000000
	86	270	6356.440	-9670.422	270	6356.440	-9190.422	24601.1	90.00000000
	87	270	6666.440	-9670.422	270	6666.440	-9190.422	24911.1	90.00000000
	88	270	6976.440	-9670.422	270	6976.440	-9190.422	25221.1	90.00000000
Seg11	89	270	7286.440	-9670.422	270	7286.440	-9190.422	25531.1	90.00000000
	90	270	7596.440	-9670.422	270	7596.440	-9190.422	25841.1	90.00000000
	91	270	7906.440	-9670.422	270	7906.440	-9190.422	26151.1	90.00000000
	92	270	8216.440	-9670.422	270	8216.440	-9190.422	26461.1	90.00000000
	93	270	8526.440	-9670.422	270	8526.440	-9190.422	26771.1	90.00000000
	94	270	8836.440	-9670.422	270	8836.440	-9190.422	27081.1	90.00000000
	95	270	9146.440	-9670.422	270	9146.440	-9190.422	27391.1	90.00000000
Seg12	96	270	9456.440	-9670.422	270	9456.440	-9190.422	27701.1	90.00000000
	97	270	9766.440	-9670.422	270	9766.440	-9190.422	28011.1	90.00000000
	98	270	10076.440	-9670.422	270	10076.440	-9190.422	28321.1	90.00000000
	99	270	10386.440	-9670.422	270	10386.440	-9190.422	28631.1	90.00000000
	100	270	10696.440	-9670.422	270	10696.440	-9190.422	28941.1	90.00000000
	101	270	11006.440	-9670.422	270	11006.440	-9190.422	29251.1	90.00000000
	102	270	11316.440	-9670.422	270	11316.440	-9190.422	29561.1	90.00000000
Seg13	103	270	11626.440	-9670.422	270	11626.440	-9190.422	29871.1	90.00000000
	104	270	11936.440	-9670.422	270	11936.440	-9190.422	30181.1	90.00000000
	105	270	12246.440	-9670.422	270	12246.440	-9190.422	30491.1	90.00000000
	106	270	12556.440	-9670.422	270	12556.440	-9190.422	30801.1	90.00000000
	107	270	12866.440	-9670.422	270	12866.440	-9190.422	31111.1	90.00000000
	108	270	13176.440	-9670.422	270	13176.440	-9190.422	31421.1	90.00000000
	109	270	13486.440	-9670.422	270	13486.440	-9190.422	31731.1	90.00000000
Seg14	110	270	13796.440	-9670.422	270	13796.440	-9190.422	32041.1	90.00000000
	111	270	14106.440	-9670.422	270	14106.440	-9190.422	32351.1	90.00000000
	112	270	14416.440	-9670.422	270	14416.440	-9190.422	32661.1	90.00000000
	113	270	14726.440	-9670.422	270	14726.440	-9190.422	32971.1	90.00000000
	114	270	15036.440	-9670.422	270	15036.440	-9190.422	33281.1	90.00000000
	115	270	15346.440	-9670.422	270	15346.440	-9190.422	33591.1	90.00000000
	116	270	15656.440	-9670.422	270	15656.440	-9190.422	33901.1	90.00000000

图 2-11-1　R 钢铁公司 230mm×1650mm 连铸机辊列

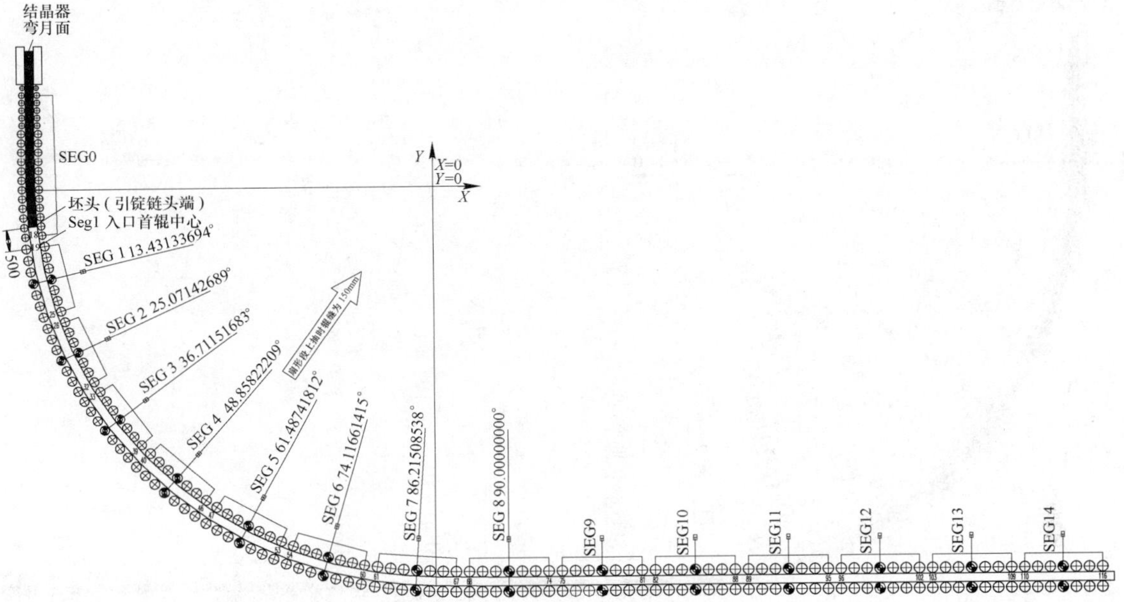

图 2-11-2　引锭头端行走到距某扇形段入口辊 500mm

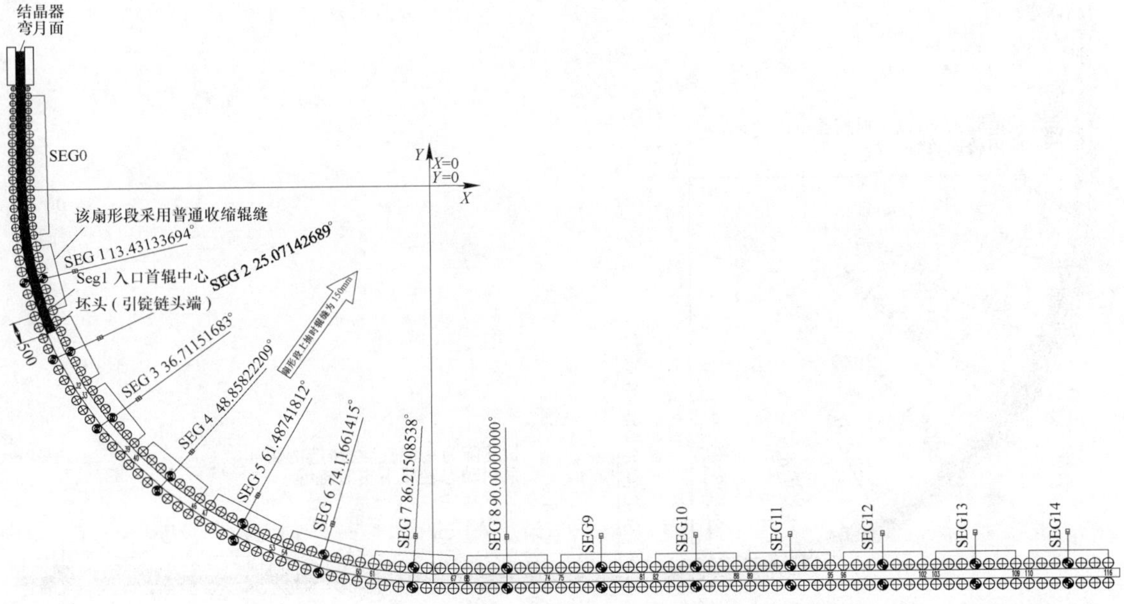

图 2-11-3　引锭头端离开某扇形段出口辊 500mm

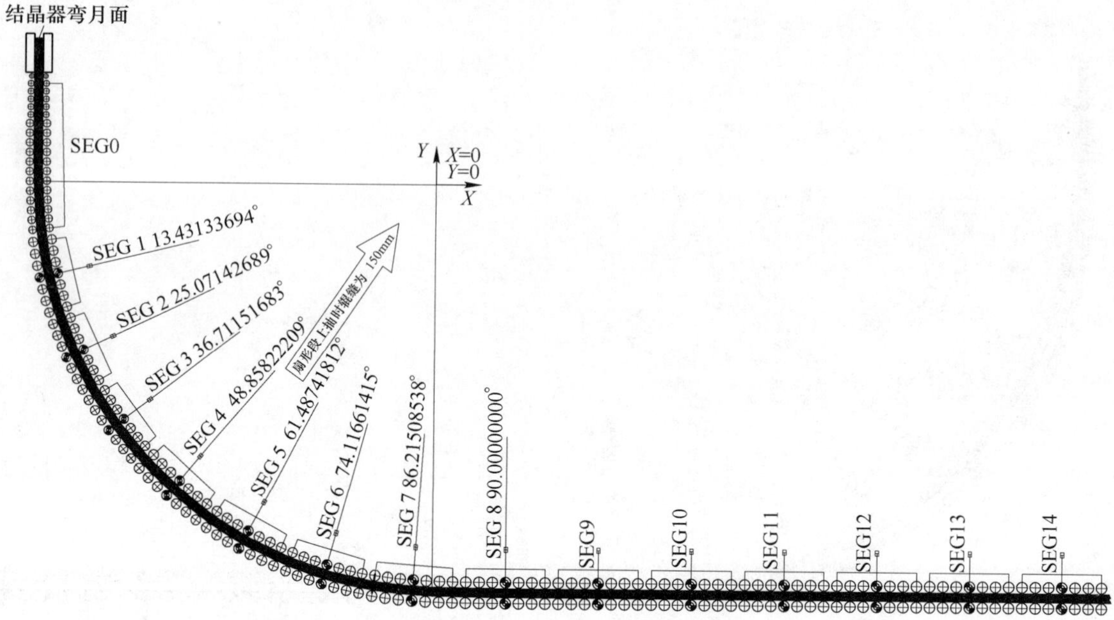

图 2-11-4　特定钢种、特定断面规定的基准拉速 v_j 降为 v_{zd}

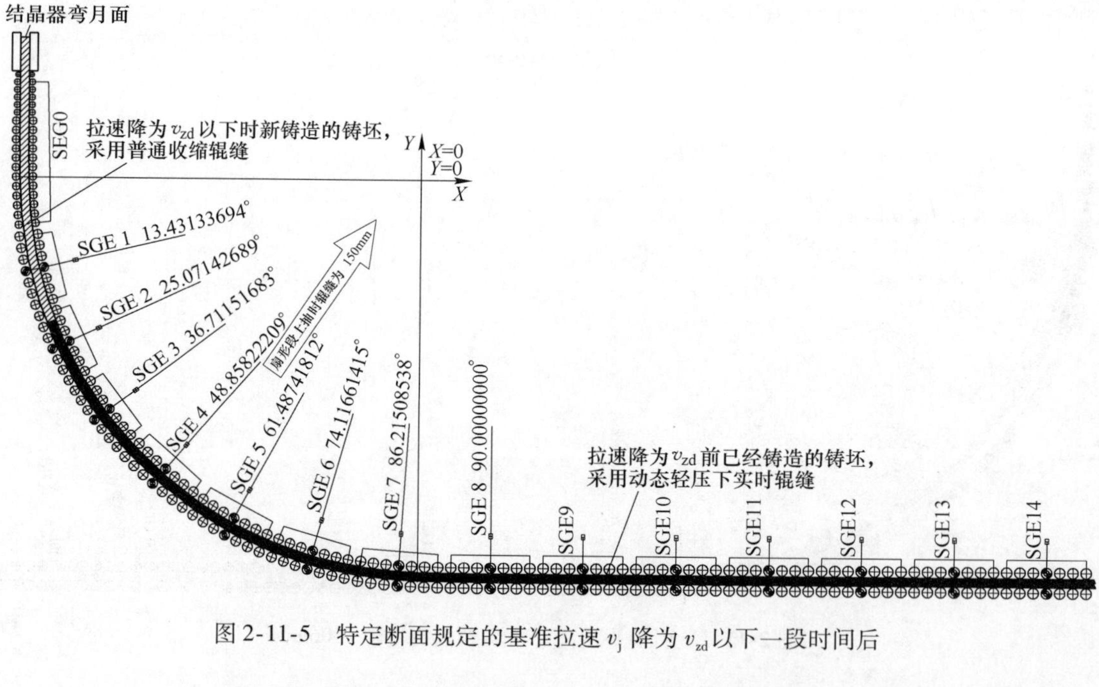

图 2-11-5　特定断面规定的基准拉速 v_j 降为 v_{zd} 以下一段时间后

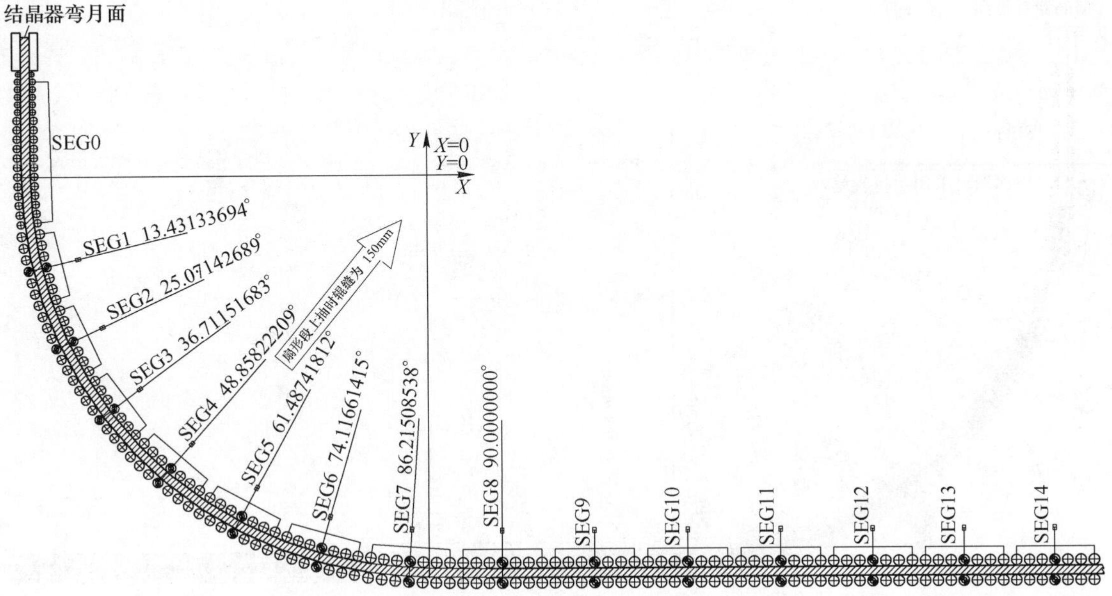

图 2-11-6 拉速从降下来的某一数值提升到≥v_{zd}

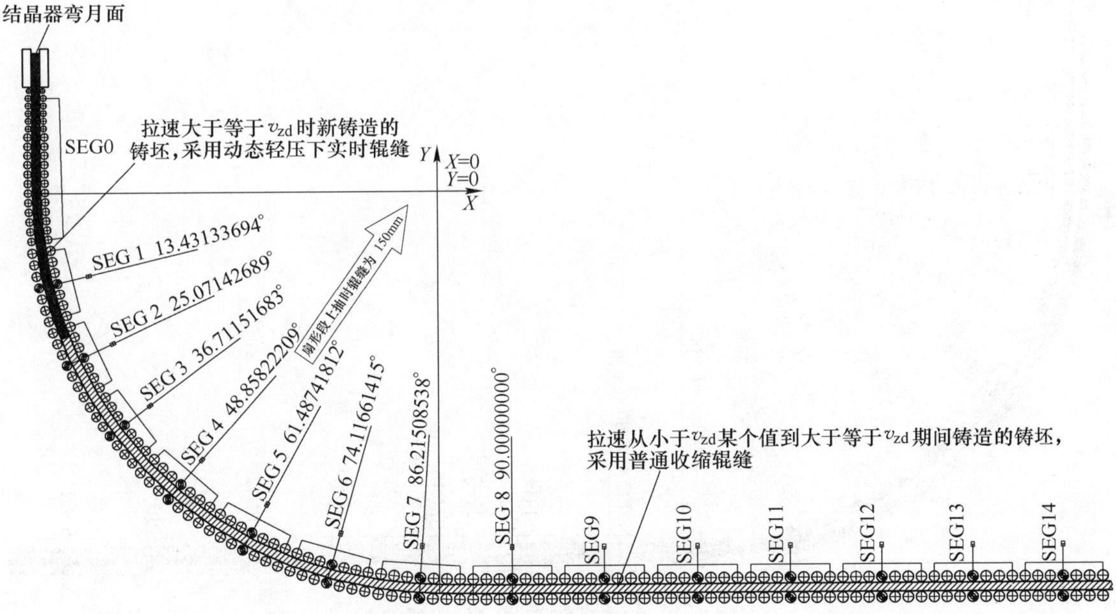

图 2-11-7 拉速从降下来的某一数值提升到≥v_{zd}一段时间后

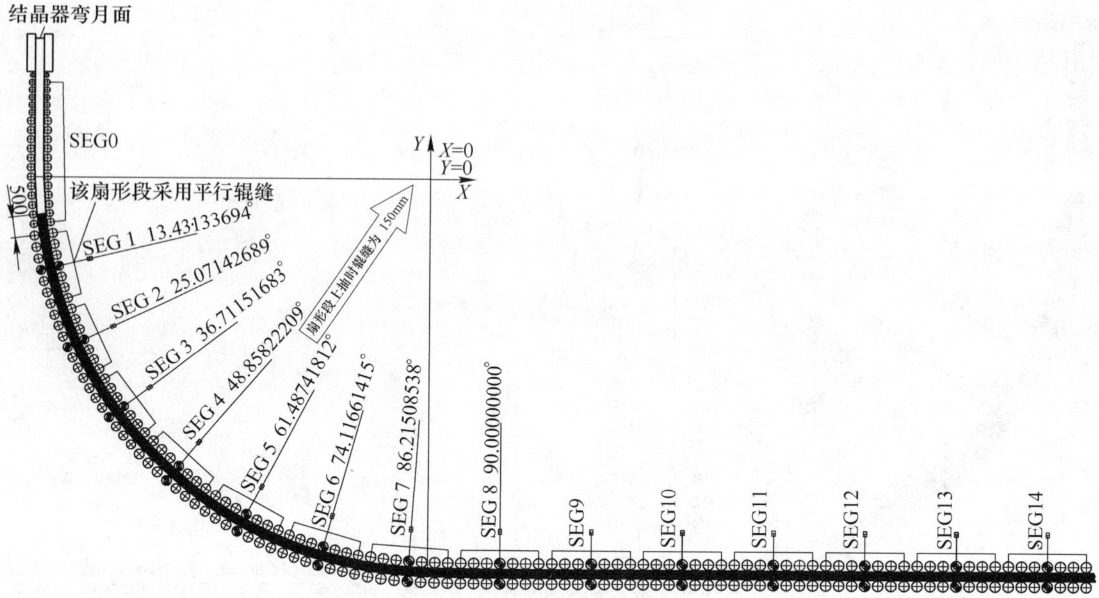

图2-11-8　拉尾坯时，坯尾到达距扇形段入口辊500mm

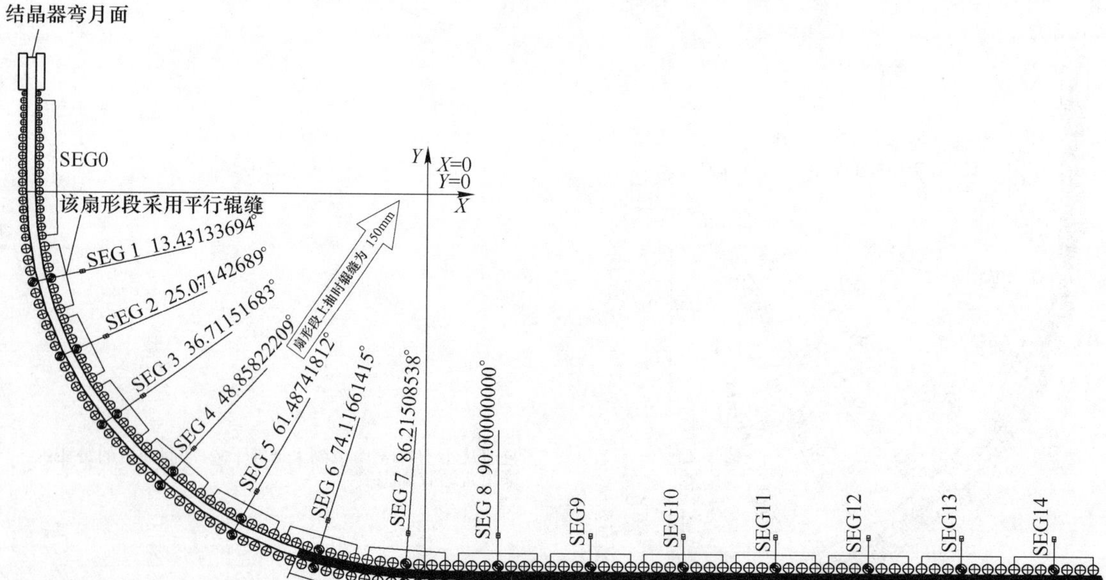

图2-11-9　拉尾坯时，如果不降拉速，当坯尾距离正在实施轻压下的每个扇形段入口辊6m时

11.3　与动态轻压下有关的计算

11.3.1　总压下量确定

11.3.1.1　确定总压下量的原则

压下量应完全补偿压下区间内钢液在凝固过程中的体积收缩量，以防止富集溶质钢液的流动。但是压下量过大会出现负偏析，即倒“V”偏析，甚至出现连铸坯内裂，压下量过小，对中心偏析和疏松改善不明显，消除不了“V”偏析。因此，压下量大小必须满足以下三个要求：

（1）能够补偿压下区间内的凝固收缩，消除“V”偏析。

（2）避免出现倒“V”偏析，更应避免出现连铸坯产生内裂纹，压下量与内裂纹之间的关系如图2-11-10所示。

（3）对连铸坯压下时产生的反作用力在连铸机扇形段设计时应事先给予考虑，以保证轻压下的扇形段有足够的刚度。

11.3.1.2　已知试验数据与拟合

碳含量对凝固收缩的影响见表2-11-3。

对表2-11-3中碳含量和凝固收缩的已知点进行拟合，得到5次方曲线

$$y = 264.583x^5 - 574.621x^4 + 385.873x^3 - 76.5397x^2 + 2.52296x + 2.18204 \quad (2\text{-}11\text{-}1)$$

式中　x——碳含量,%；

y——凝固收缩率,%。

式（2-11-1）可用图2-11-11来表示。从图中可以看出，碳含量<0.3%时凝固收缩率变化不大，当碳含量>0.3%而<0.6%时，随着碳含量的增加，凝固收缩率也在增加，凝固收缩率最大值大约出现在碳含量0.6%~0.7%之间，了解这些对制定压下总量有帮助。

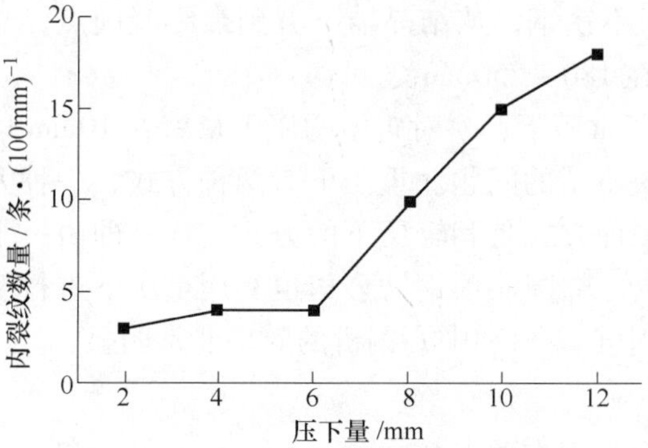

图2-11-10　压下量与内裂纹的关系

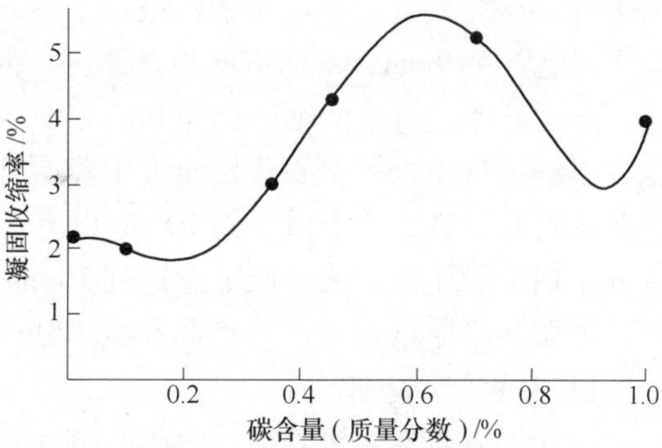

图2-11-11　碳含量对凝固收缩率的影响

表2-11-3　碳含量对凝固收缩的影响

碳含量（质量分数）/%	纯铁（0.01）	0.10	0.35	0.45	0.70	1.00
凝固收缩率/%	2.2	2.0	3	4.3	5.3	4.0

11.3.1.3　根据拟合公式计算所需的凝固收缩率

几个所需特殊点的凝固收缩率，计算结果见表 2-11-4。

表 2-11-4　几个特殊点的凝固收缩率

碳含量（质量分数）/%	0.08	0.14	0.20	0.25	0.31
凝固收缩率/%	2.07	1.89	1.88	2.07	2.55

11.3.1.4　轻压下总量设定

考虑凝固收缩及包晶反应时的相变收缩，其轻压下总量计算与设定见表 2-11-5。

表 2-11-5　不同钢种轻压下总量计算方法

序号	钢　种	碳当量	计算公式	最小压下总量 δ_{min}/mm	最大压下总量 δ_{max}/mm
1	低碳钢	<0.08	$\delta = 0.007D + 0.40$	1.80	3.20
2	包晶钢	0.08 ~ 0.14	$\delta = 0.009D + 0.45$	2.25	4.00
3	中碳钢	>0.14 ~ 0.20	$\delta = 0.009D + 0.60$	2.40	4.20
4	高碳钢	>0.20	$\delta = 0.011D + 0.60$	2.80	5.00

注：D—连铸坯名义厚度，mm（最大板坯厚度 $D_{max}=400$mm）；δ—轻压下总量，mm；δ_{min}—最小压下总量，对应板坯厚度 200mm，小于 200mm 按照 200mm 计算；δ_{max}—最大压下总量，对应板坯厚度 400mm。

设计所给的轻压下总量都是比较安全和保守的，所谓安全就是轻压下不至于把板坯压出内裂来，这是一般设计者设计的出发点，在生产应用中，板坯厚度 250 ~ 300mm 的板坯，最大总压下量可到 6mm。

1995 年，《CAMP-ISIJ》Vol.8 期发表了“未凝固压下鑄造法による内部割れ發生舉動の解析”一文，日本川崎制铁就报道了 SUS430 不锈钢，从结晶器下方到最终凝固点，总压下量达 2 ~ 19mm，不锈钢的板坯厚度一般都在 180 ~ 250mm 之间。

最近几年，日本的钢铁公司和商家 D 又搞了重压下，一对辊子的压下量就在 10mm 以上，以解决特厚板坯中心疏松而采用轻压下解决不了的问题。重压下有两种方式，一种方式是一对辊子就将压下量压到 10mm 以上，第二种方式是和轻压下的方式一样，即由一个或几个扇形段压下，使总压下量达到 10mm 以上。韩国浦项钢铁公司也利用重压下进行生产，证明解决厚钢板（最终产品厚度 120mm）中心疏松和中心偏析的效果非常明显。

11.3.1.5　说明

事实上，对合金钢来说，凝固收缩还和合金元素有关，公式如下

$$\varepsilon_v = \varepsilon_c + \varepsilon_x$$

$$\varepsilon_x = \sum K_i \cdot X_i = K_1X_1 + K_2X_2 + K_3X_3 + \cdots$$

式中　ε_v——合金钢的体积收缩率，%；

ε_c——碳钢的体积收缩率，%；

ε_x——合金元素的体积收缩率，%；

K_i——各种合金元素对体积收缩量的影响系数，见表2-11-6；
X_i——合金钢中各元素含量的百分数,%。

表2-11-6 合金元素对体积收缩量的影响系数

合金元素	W	Ni	Mn	Cr	Si	Al
影响系数/%	-0.53	-0.0354	+0.0585	+0.12	1.03	+1.7

从表中可以看出，对多数钢来说，主要是锰和硅影响体积收缩量，含钨的钢种很少，含镍铬高的钢种为不锈钢，铝在钢中的含量很少且主要在低碳钢中。

因此，在设定轻压下总量时，应考虑合金元素的影响，同时考虑用碳当量代替碳含量。

11.3.2 结晶器窄面上、下口尺寸规定

11.3.2.1 碳钢连铸机

$$MD_s = 1.028D + \Delta t \tag{2-11-2}$$

$$MD_x = 1.020D + \Delta t \tag{2-11-3}$$

式中 D——板坯名义厚度，mm；
MD_s——连铸机窄面上口尺寸，mm；
MD_x——连铸机窄面下口尺寸，mm；
Δt——经验值，对于不进行轻压下的连铸机，$\Delta t = 3 \sim 4$mm，对于进行轻压下的连铸机，$\Delta t = 5 \sim 8$mm。

对同一台连铸机中的同一个板坯厚度，Δt 数值必须相同，即结晶器上口和下口厚度尺寸计算时，不能取不同的 Δt 值。

11.3.2.2 不锈钢连铸机

$$MD_s = 1.025D + \Delta b \tag{2-11-4}$$

$$MD_x = 1.019D + \Delta b \tag{2-11-5}$$

式中 Δb——经验值，对于不锈钢连铸机，无轻压下，$\Delta b = 1.5 \sim 4$mm。

对同一台连铸机中的同一个板坯厚度，Δb 数值必须相同，即结晶器上口和下口厚度尺寸计算时，不能取不同的 Δb 值。

11.3.2.3 以往结晶器上、下口数值

以往，对板坯连铸机结晶器上、下口厚度尺寸数值，没有碳钢和不锈钢之分，均按下列公式计算。

$$MD_s = 1.025D + 2 \tag{2-11-6}$$

$$MD_x = 1.019D + 2 \tag{2-11-7}$$

11.3.3 最小辊缝确定

对有轻压下的连铸机最小辊缝，指轻压下实施以后的辊缝。

过去 $$D_{xg} = (1.012 \sim 1.020)D \tag{2-11-8}$$

现在 $$D_{xg} = (1.006 \sim 1.022)D \tag{2-11-9}$$

统计显示，大多数连铸机按下列公式计算

$$D_{xg} = (1.012 \sim 1.016)D \tag{2-11-10}$$

11.3.4　轻压下力和轻压下阻力计算

11.3.4.1　轻压下力

图 2-11-12a 是连铸带带液芯的板坯断面示意图，图 2-11-12b 是以辊子为研究对象给出的轻压下力及相关尺寸的关系，由材料力学可知：

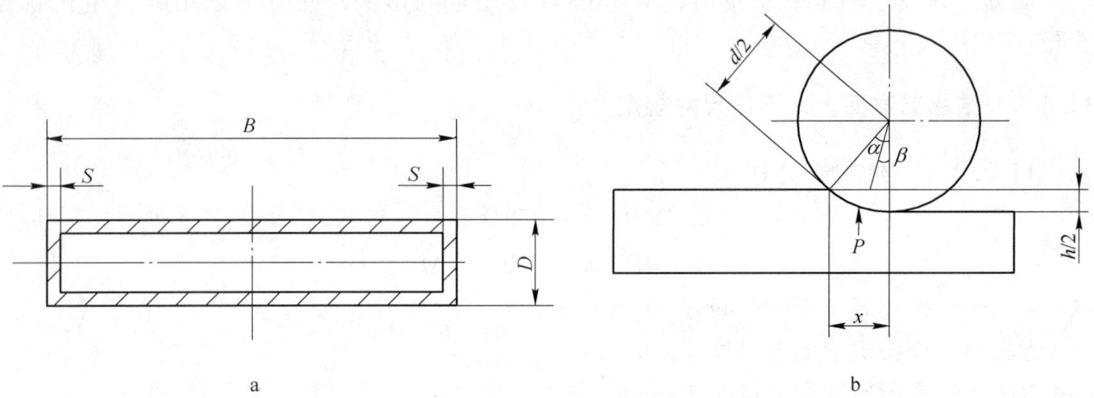

图 2-11-12　连铸板坯断面（a）及辊子轻压下示意（b）

$$P = \frac{\sigma \cdot S \cdot x}{500}$$

式中　P —— 一对辊子的轻压下力，kN；

σ —— 平均变形抗力，见图 2-11-13，$\sigma = 40 \sim 100\text{MPa}$，板坯是碳钢时，可根据经验取中间的任何一个值，板坯是不锈钢或热板坯变形抗力大时，取上限值，当计算机计算不进行输入时，则默认 $\sigma = 70\text{MPa}$；

S —— 单侧坯壳厚度，计算最大轻压下力时，取 $S = D/2$，D 为板坯厚度，mm；

x —— 轻压下辊子接触弧长的投影，mm。

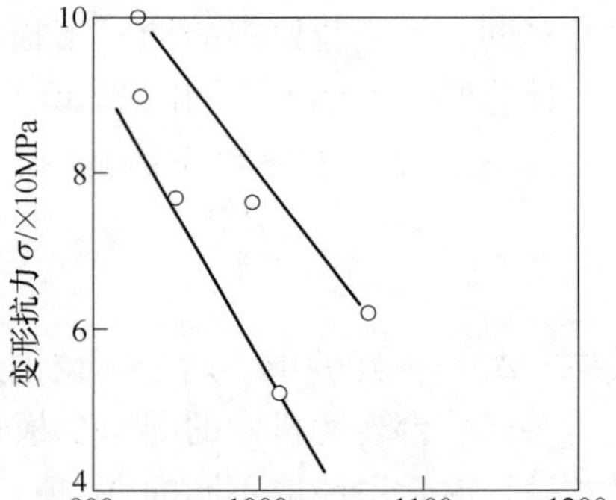

图 2-11-13　板坯平均温度与变形抗力之间的关系

计算 x 有两种方法，从图 2-11-12b 可以看出，一种方法是

$$x = \sqrt{\left(\frac{d}{2}\right)^2 - \left(\frac{d}{2} - \frac{h}{2}\right)^2} = \sqrt{h \cdot \frac{d}{2} - \frac{h^2}{4}} \approx \sqrt{h \cdot \frac{d}{2}}$$

式中　h—— 一对辊子的压下量，对于单个辊子，压下量为 $h/2$，h = 辊距×单位长度的压下量，mm；

d —— 辊子的直径，mm。

于是 $$P = \frac{\sigma \cdot S}{500}\sqrt{h \cdot \frac{d}{2}} \tag{2-11-11}$$

从图 2-11-12b 可以看出，计算 x 的第二种方法是

$$x = \frac{d}{2} \cdot \sin\alpha$$

其中

$$\alpha = \arccos\left(\frac{\frac{d}{2} - \frac{h}{2}}{\frac{d}{2}}\right) = \arccos\left(1 - \frac{h}{d}\right)$$

$$P = \frac{d \cdot S \cdot \sigma}{1000}\sin\left[\arccos\left(1 - \frac{h}{d}\right)\right] \tag{2-11-12}$$

商家 A 常用式（2-11-11），商家 F 常用式（2-11-12）。

当已知条件 $d = 230\text{mm}$，$S = 160\text{mm}$，$\sigma = 70\text{MPa}$，$h = 0.42\text{mm}$ 时，两种方法实例比较如下：用式（2-11-11）计算得 $F = 155.68\text{kN}$；用式（2-11-12）计算得 $F = 155.60\text{kN}$。所以用式（2-11-11）计算安全，简便。

11.3.4.2 轻压下产生的拉坯阻力计算

$$\begin{aligned} &\alpha = \arccos\left(1 - \frac{h}{d}\right) \\ &\beta = (0.45 \sim 0.5)\alpha \\ &\beta \approx 0.5\alpha \\ &F = 2P\tan\beta \end{aligned} \tag{2-11-13}$$

式中 α ——接触角度，(°)；

β ——导辊铅垂中心连线与过合力作用点的半径之间夹角，(°)；

F ——一对辊子轻压下阻力，kN。

11.3.4.3 总的轻压下力和轻压下阻力

$$\begin{aligned} \sum P &= \sum_{j=1}^{n} P_j \\ \sum F &= \sum_{j=1}^{n} F_j \end{aligned} \tag{2-11-14}$$

式中 n ——参加轻压下的辊子对数；

$\sum P, \sum F$ ——分别为总的轻压下力和总的轻压下产生的拉坯阻力，kN。

11.3.4.4 举例

（1）输入数据见表 2-11-7 和表 2-11-8。

（2）计算结果见表 2-11-9。

表 2-11-7 输入数据 A

板坯名义厚度/mm	平均变形拉力/MPa	单位长度压下量/$\text{mm} \cdot \text{m}^{-1}$
320	70	1.5

表 2-11-8　输入数据 B

参加轻压下的辊子序号	参加轻压下的辊子在辊列中的排号	压下辊子的直径/mm	辊距/mm
1	50	230	280
2	51	230	280
3	52	230	280
4	53	230	280
5	54	230	280
6	55	230	280
7	56	230	280

表 2-11-9　计算结果

一对辊子的压下量/mm	轻压下力/kN	轻压下产生的拉坯阻力/kN
0. 42	155. 7	9. 41
0. 42	155. 7	9. 41
0. 42	155. 7	9. 41
0. 42	155. 7	9. 41
0. 42	155. 7	9. 41
0. 42	155. 7	9. 41
0. 42	155. 7	9. 41
合计	1089. 9	65. 87

由表 2-11-9 可见，7 对辊子产生的轻压下力为 1089. 9kN；7 对辊子轻压下产生的拉坯阻力为 65. 87kN。

11. 3. 5　拉坯力监测

连续铸钢过程中，通过监测内外弧传动电机电流的变化来监测有轻压下和无轻压下时拉坯力的变化。计算方法如下

$$P = 1.73205 \cdot U \cdot I \cdot \cos\phi \tag{2-11-15}$$

$$P = F \cdot v \tag{2-11-16}$$

式中　P——电机输出功率，W；

U——电压，V；

I——电流，A；

$\cos\phi$——功率因数；

F——力，N；

v——速度，m/s。

由式（2-11-15）和式（2-11-16）可得

$$F = \frac{U \cdot I \cdot \cos\phi}{34.641 \cdot v_c}$$

式中　v_c——拉坯速度，m/min。

11. 3. 6　矫直反力

$$F_{jz} = \frac{10K \cdot (L_i \cdot D)^m \cdot S^2\left(\frac{D}{4} - \frac{S}{6}\right)}{2^{m-2} \cdot (L_0 \cdot R_0)^m \cdot l_i} \tag{2-11-17}$$

式中　F_{jz}——矫直反力，kN；

K——常数项，取 28.3×10^6；

D——连铸坯厚度，m；

m——常数项，取 0. 34；

S——坯壳厚度，m；

L_i——i 号矫直辊子距离矫直终点的外弧线长度，m；

L_0——矫直区弧线总长度，m；

R_0——连铸机主半径，m；

l_i——辊间距，m。

11.4　板坯连铸动态轻压下计算机控制系统描述

11.4.1　动态轻压下计算机控制系统拓扑结构图

动态轻压下系统是在板坯连铸生产过程中，根据现场采集数据，如浇注速度、各个冷却区水量、钢种及浇注温度等信息，实时计算连铸机内铸坯的温度场、坯壳厚度和铸坯中心固相率等数据，并实时计算出每个扇形段的辊缝，通过电气、液压和机械执行机构来动态调整扇形段辊缝，计算机控制系统如图 2-11-14 所示。

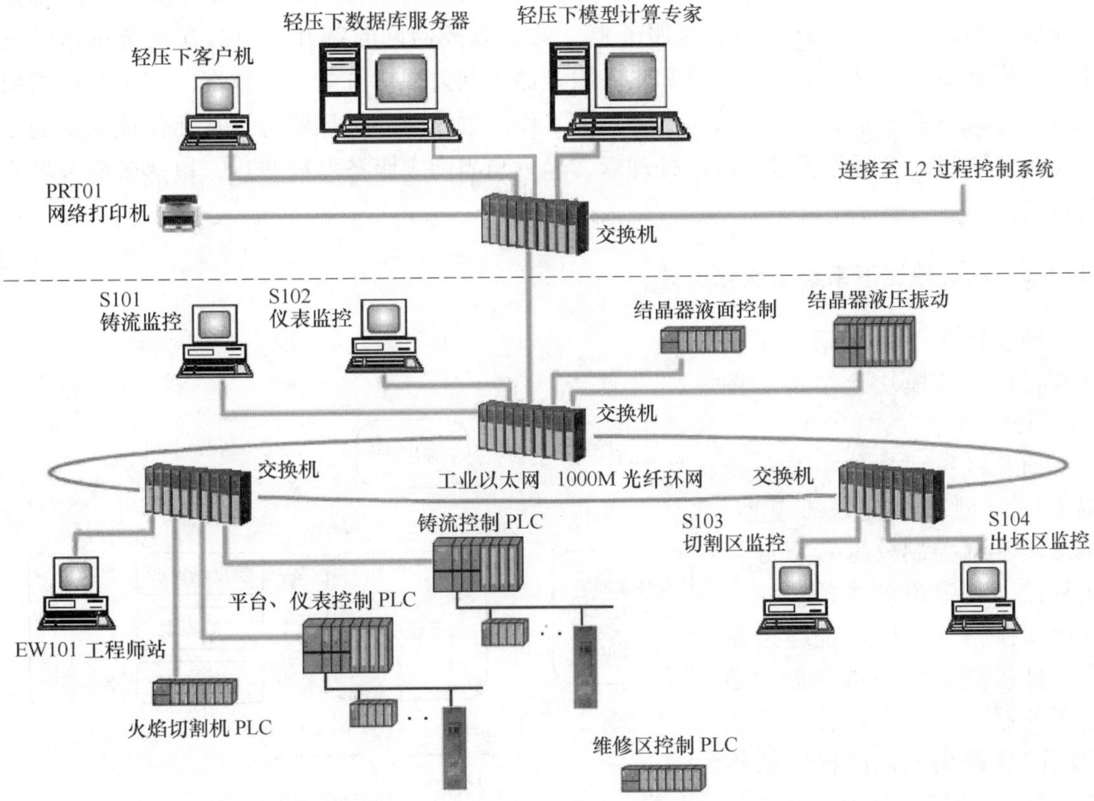

图 2-11-14　动态轻压下计算机控制系统拓扑结构

11.4.1.1　轻压下数据库服务器

动态轻压下 L2 过程控制系统采用 ORACLE 10G 数据库进行数据的采集和存储，并为 L2 的轻压下各模型算法提供数据支撑。

11.4.1.2　轻压下模型计算专家

通过工业以太网读取数据库中相关参数进行温度场模型计算，同时将温度场模型计算结果存储到数据库中，并且利用温度场模型计算结果，读取数据库以及下位机中相关参数进行压下模型计算，将压下模型计算结果存储到数据库中。

11.4.1.3　轻压下客户机

轻压下客户机运行 L2 过程计算机控制系统客户端显示界面，可通过画面实现对各扇形段压下设备的远程监控，同时，轻压下 L2 系统通过 100/1000M 自适应工业以太网与 Level 2 过程计算机控制系统、Level 1 监控系统通信。一方面通过工业以太网实现对 PLC 基础自动化数据的采集并存储于轻压下数据库服务器中用于轻压下模型的计算，另一方面轻压下模型计算的数据存储于数据库中并实时传给 L2 过程计算机控制系统客户端显示界面，供操作人员实时查看当前连铸机状态。

11.4.1.4　动态轻压下系统服务器

动态轻压下系统服务器采用双机热备份模式架构，在双机热备份模式下，一台服务器为主服务器，另一台服务器为热备服务器，两台服务器同时都在运行。在系统正常情况下，主服务器对外提供访问，并且和热备服务器相互监视对方的运行情况。当主服务器出现异常时，热备服务器自动接管主服务器的工作，继续对外提供服务，从而保证系统的正常运行。原来的主服务器进行故障处理后，经过与当前主服务器同步后，以热备服务器身份继续工作。

11.4.2　动态轻压下系统模块化设计

动态轻压下系统采取了模块化设计，其模块化结构如图 2-11-15 所示。

动态轻压下软件主要包括温度场模型、二次冷却模型、扇形段辊缝控制模型和服务器主程序。其中温度场模型、二次冷却模型、扇形段辊缝控制模型打包成为动态链接库，通过服务器主程序实现各个模型之间的数据交换，使程序结构层次分明，程序逻辑清楚。

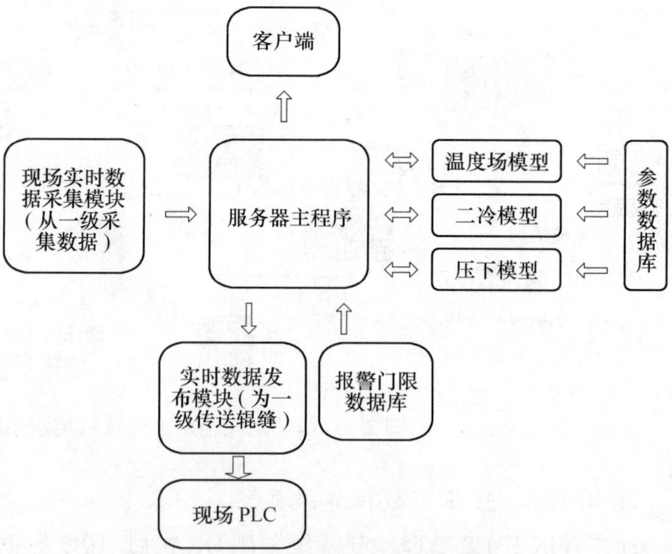

图 2-11-15　动态轻压下系统模块化结构

11.4.3　动态轻压下系统运行的简要流程图

图 2-11-16 是动态轻压下系统运行的简要流程图。

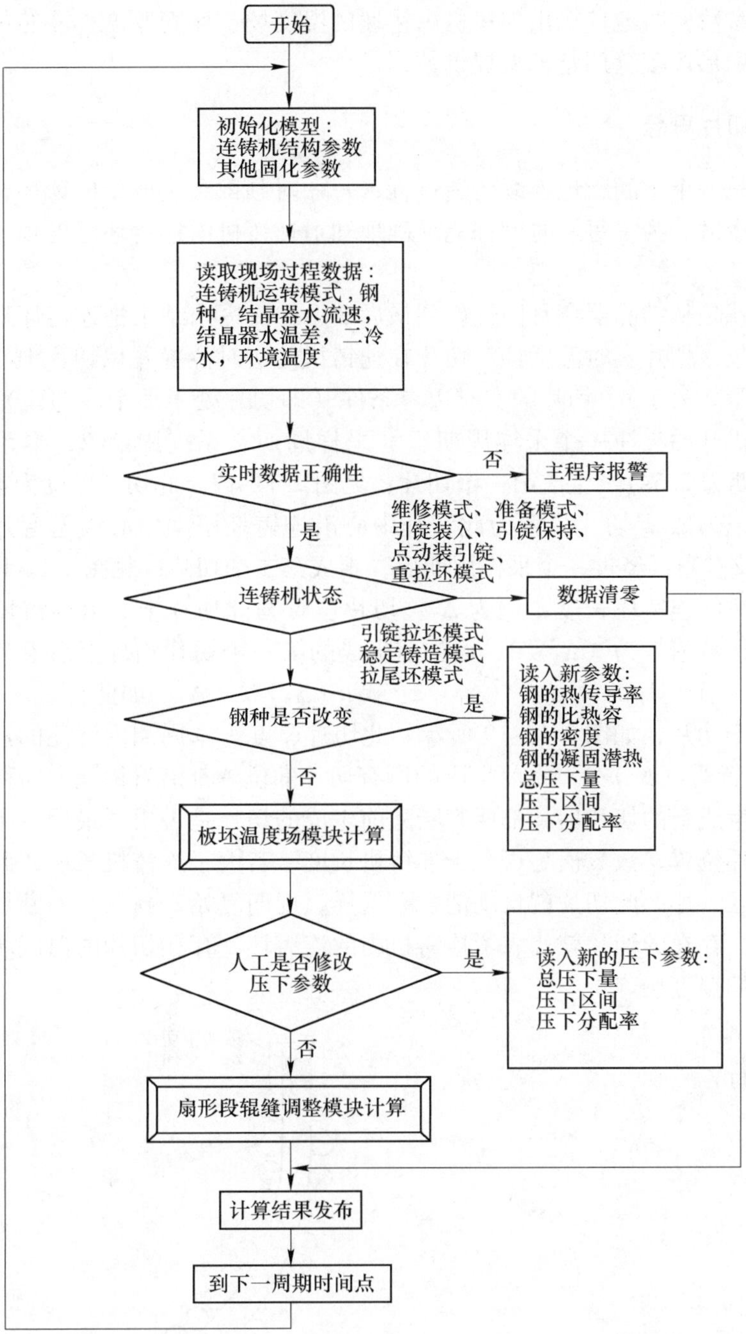

图 2-11-16　动态轻压下系统计算流程

11.5　板坯连铸动态轻压下温度场模型

11.5.1　功能描述

板坯连铸温度场模型功能是在连续铸钢过程中根据连铸机状态、钢种、浇注温度、拉速、二冷水等参数实时地计算出连铸机内铸坯的温度场、坯壳厚度、液芯位置和中心固相率等数据，为扇形段辊缝调整模型提供数据。

11.5.2 动态切片思想

连续铸钢是一个不间断地连续铸造过程，每一时刻都会生成新的铸坯，同时每一时刻都有铸坯出二冷区。为了每一时刻都能准确地知道连铸机内连铸坯温度场，本文提出了动态切片思想。

动态切片就是从结晶器弯月面开始到最后一个二冷区末结束把连铸坯划分为一系列切片，每个切片包含切片实时温度场、切片在连铸机的实时位置（以切片中心沿连铸坯厚度中线至弯月面距离表示）、切片的实时边界条件（即切片处于那个冷却区）和切片厚度等参数。当连铸机开始浇注一个采样周期后（采样周期 = 系统周期/2，本系统系统周期为 5s，故采样周期为 2.5s），生成第一个切片，见图 2-11-17。此切片厚度为本周期内浇注的连铸坯长度，记为 Δ_1，切片位置为此切片中心沿连铸坯厚度中心线至弯月面的距离，数值上为 $(\Delta_1)/2$；当再经过一个采样周期后，生成第二个切片，见图 2-11-18。此切片厚度为本周期内浇注的连铸坯长度，记为 Δ_2，切片位置为此切片中心沿连铸坯厚度中心线至弯月面的距离，数值上为 $(\Delta_2)/2$，而先前生成的第一个切片物理上沿着铸流方向移动了 Δ_2 距离，故第一个切片的位置由 $(\Delta_1)/2$ 变为 $(\Delta_1)/2+\Delta_2$；如此再过 $n-2$ 个采样周期后，生成第 n 个切片，如图 2-11-19 所示。此切片厚度为本周期内浇注的连铸坯长度，记为 Δ_n，切片位置为 $(\Delta_n)/2$，先前生成的所有切片的位置都沿着铸流方向移动了 Δ_n 距离。每个采样周期生成新的切片后，都要判断先前生成的切片是否出了最后一个二冷区，判断方法是比较切片位置参数数值是否大于连铸机长度，若大于连铸机长度，此切片已经出了最后一个二冷区，那么此切片就自动消亡。这样，周而复始，新切片不断地生成，已有切片不断地消亡，存在的切片就代表了连铸机内的连铸坯，存在切片的温度场也就代表了连铸机内连铸坯的温度场。

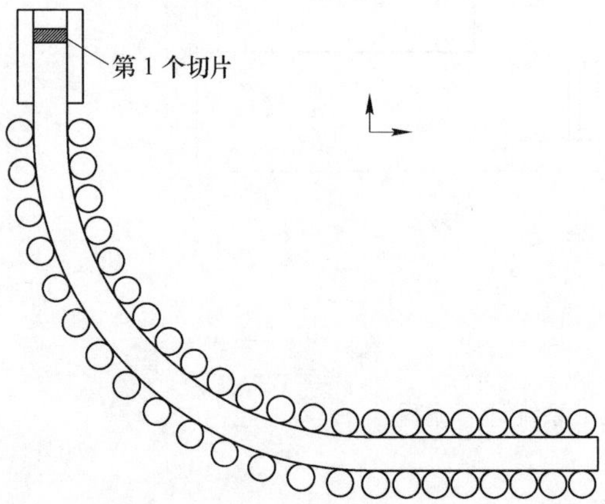

图 2-11-17 第 1 个跟踪切片生成示意

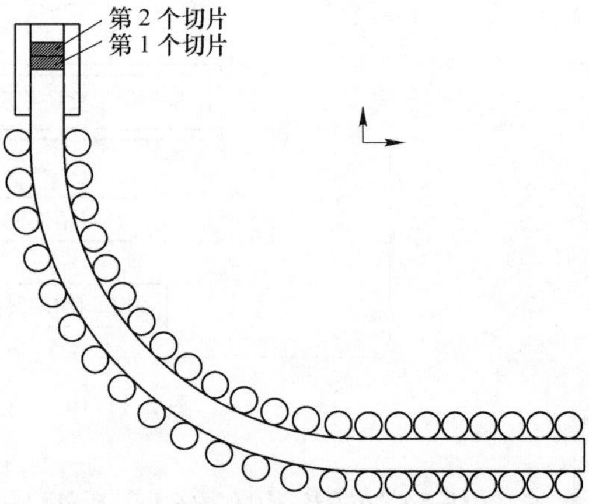

图 2-11-18 第 2 个跟踪切片生成示意

当采样周期为 2.5s 时，切片厚度最短为 8.33mm，对应拉速为 0.2m/min；切片厚度最长为 83.3mm，对应拉速为 2.0m/min。

11.5.3 连铸板坯凝固传热方程描述

钢液在连续铸造过程中，从结晶器弯月面开始以一定的拉速沿着铸流方向移动，热量从中心向表面传递，钢液由外向内逐渐凝固为连铸坯。

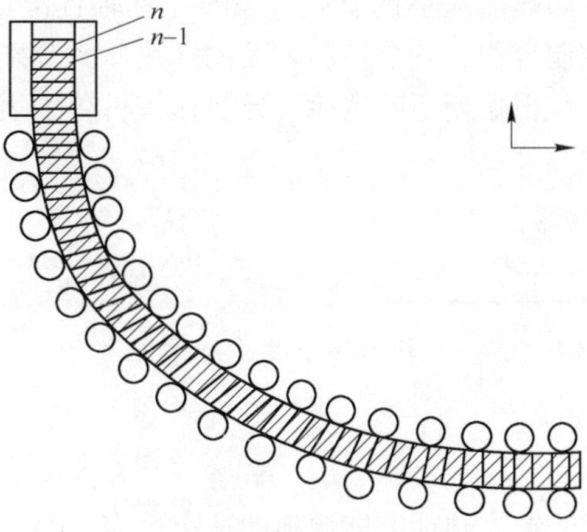

图 2-11-19 第 n 个跟踪切片生成示意

11.5.3.1 控制容积的能量守恒

假设从结晶器弯月面沿连铸坯中心取一高度为 dz，厚度为 dx，宽度为 dy 的无限小的微元控制容积 $dxdydz$，此微元控制容积与连铸坯一起沿着铸流方向移动，如图 2-11-20 所示，根据热力学第一定律（能量守恒定律），此微元控制容积在一个瞬间（本系统时间步长 $t=0.05s$）热平衡为

$$\Delta E_{st} \equiv E_{in} - E_{out} + E_g \tag{2-11-18}$$

式中 ΔE_{st}——在时间段 Δt 内贮存在控制容积中的热能；

E_{in}——进入控制容积的热能；

E_{out}——离开控制容积的热能；

E_g——在时间段 Δt 内控制容积产生的热能。

如果在能量项上方加一个点号表示速率，式（2-11-18）就可表示成为

$$\dot{E}_{st} \equiv \dot{E}_{in} - \dot{E}_{out} + \dot{E}_g \tag{2-11-19}$$

11.5.3.2 热传导方程

如图 2-11-21 所示，假设热能从垂直于 x、y 和 z 坐标轴且位置为 x、y 和 z 的各个控制表面进入控制容积，各个控制表面的导热速率分别记作 q_x、q_y 和 q_z。

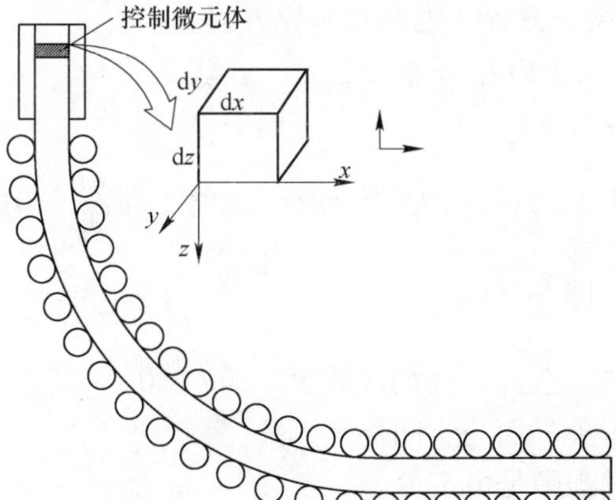

图 2-11-20 微元控制体积示意

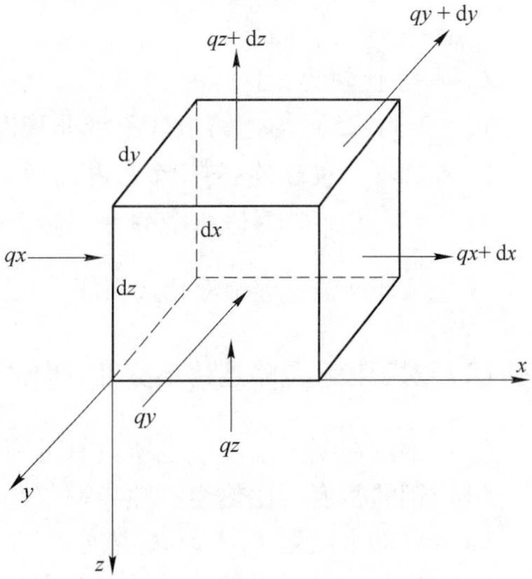

图 2-11-21 直角坐标系中传热分析的微元控制体积 $dxdydz$

热能从垂直于 x、y 和 z 坐标轴且位置为 $x+\mathrm{d}x$、$y+\mathrm{d}y$ 和 $z+\mathrm{d}z$ 的各个控制表面离开控制容积，各个控制表面的导热速率分别记作 $q_{x+\mathrm{d}x}$、$q_{y+\mathrm{d}y}$ 和 $q_{z+\mathrm{d}z}$。

根据傅里叶定律，导热速率可分别表示为

$$q_x = -\lambda \frac{\partial T}{\partial x}\mathrm{d}x;\quad q_y = -\lambda \frac{\partial T}{\partial y}\mathrm{d}y;\quad q_z = -\lambda \frac{\partial T}{\partial z}\mathrm{d}z \tag{2-11-20a}$$

$$q_{x+\mathrm{d}x} = q_x + \frac{\partial q_x}{\partial x}\mathrm{d}x;\quad q_{y+\mathrm{d}y} = q_y + \frac{\partial q_y}{\partial y}\mathrm{d}y;\quad q_{z+\mathrm{d}z} = q_z + \frac{\partial q_z}{\partial z}\mathrm{d}z \tag{2-11-20b}$$

式中 λ——热导率，W/(m · ℃)。

$$\dot{E}_{\mathrm{in}} = q_x + q_y + q_z \tag{2-11-21}$$

$$\dot{E}_{\mathrm{out}} = q_{x+\mathrm{d}x} + q_{y+\mathrm{d}y} + q_{z+\mathrm{d}z} \tag{2-11-22}$$

产生热能的能源项的速率可表示为

$$\dot{E}_{\mathrm{g}} = \dot{q}\mathrm{d}x\mathrm{d}y\mathrm{d}z \tag{2-11-23}$$

式中 $\dot{q}$——单位体积介质的产能速率，W/m^3。

能量贮存项的变化速率可表示为

$$\dot{E} = \rho c_p \frac{\partial T}{\partial t}\mathrm{d}x\mathrm{d}y\mathrm{d}z \tag{2-11-24}$$

式中 $\rho c_p \dfrac{\partial T}{\partial t}$——单位体积介质的显热能的时间变化率。

将式（2-11-20）~式（2-11-24）代入式（2-11-19）并化简得

$$\rho c_p \frac{\partial T}{\partial t} = \frac{\partial}{\partial x}\left(\lambda \frac{\partial T}{\partial x}\right) + \frac{\partial}{\partial y}\left(\lambda \frac{\partial T}{\partial y}\right) + \frac{\partial}{\partial z}\left(\lambda \frac{\partial T}{\partial z}\right) + \dot{q} \tag{2-11-25}$$

式中 T——温度，℃；

t——时间，s；

ρ——密度，kg/m^3；

c_p——比热容，J/(kg · ℃)。

式（2-11-25）为连铸板坯三维非稳态传热微分方程，也叫热传导方程。

11.5.3.3 板坯连铸一维无内热源非稳态传热的热传导方程

对上述三维非稳态传热微分方程做合理假设与简化。

（1）板坯连铸过程中液相穴很深，z 方向（拉坯方向）的热传递予以忽略，即 $\dfrac{\partial T}{\partial z}=0$。

（2）对于板坯忽略连铸坯宽度方向的传热，即 $\dfrac{\partial T}{\partial y}=0$。

（3）钢液在凝固温度以上所具有的凝固潜热，全部在两相区放出，即 $\dot{q}=0$。

（4）钢的密度、比热容、热导率仅与温度有关，而与空间位置无关。

（5）冷却水温度 T_{w} 与环境温度 T_{a} 在浇注过程中是恒定值。

（6）忽略结晶器周期性振动以及弯月面波动对凝固过程传热的影响。

（7）忽略连铸坯的曲率，认为连铸坯内外弧传热过程完全一致，计算区域做几何对称处理。

（8）忽略铸坯凝固收缩对凝固过程传热的影响。

（9）不考虑对流场和溶质浓度场进行耦合计算，用过热度、距离结晶器液面的距离、是否有电磁搅拌以及固相分数等因素初步估计出一个对流影响系数，并用其来近似描述钢液的对流传热效果。

通过以上合理假设，式（2-11-25）可以简化为

$$\rho c_p \frac{\partial T}{\partial t} = \frac{\partial}{\partial x}\left(\lambda \frac{\partial T}{\partial x}\right) \tag{2-11-26}$$

因为

$$H = \int c_p \mathrm{d}T \tag{2-11-27}$$

式（2-11-26）可表示为

$$\rho \frac{\partial H}{\partial t} = \frac{\partial}{\partial x}\left(\lambda \frac{\partial T}{\partial x}\right) \tag{2-11-28}$$

式中　H——热焓，J/kg。

式（2-11-28）为板坯连铸一维无内热源非稳态传热的热传导方程的热焓表达式。

11.5.3.4　有关连铸板坯凝固传热方程的说明

国内外学者在推导板坯凝固传热方程时，当考虑拉坯方向的对流传热时，其凝固传热方程为

$$\rho c_p \frac{\partial T}{\partial t} + v\rho c_p \frac{\partial T}{\partial z} = \frac{\partial}{\partial x}\left(\lambda \frac{\partial T}{\partial x}\right) + \frac{\partial}{\partial y}\left(\lambda \frac{\partial T}{\partial y}\right) + \frac{\partial}{\partial z}\left(\lambda \frac{\partial T}{\partial z}\right) + \dot{q} \tag{2-11-29}$$

式中　v——拉速，m/min。

对上式第二项 $v\rho c_p \frac{\partial T}{\partial z}$，有些学者是这样处理的

$$v\rho c_p \frac{\partial T}{\partial z} = \rho c_p \frac{\partial z}{\partial t} \cdot \frac{\partial T}{\partial z} = \rho c_p \frac{\partial T}{\partial t} \tag{2-11-30}$$

并且假设板坯凝固传热是一个稳态过程，即板坯温度不随时间变化而变化，所以，

$$\frac{\partial T}{\partial t} = 0 \tag{2-11-31}$$

将式（2-11-30）和式（2-11-31）代入式（2-11-29），可得

$$\rho c_p \frac{\partial T}{\partial t} = \frac{\partial}{\partial x}\left(\lambda \frac{\partial T}{\partial x}\right) + \frac{\partial}{\partial y}\left(\lambda \frac{\partial T}{\partial y}\right) + \frac{\partial}{\partial z}\left(\lambda \frac{\partial T}{\partial z}\right) + \dot{q}$$

但是，作者认为，这种处理方式虽然结果是对的，但是也有质疑之处，在做连铸板坯凝固传热数学模型假设时，有的学者假设它是一个非稳态过程，板坯温度随时间变化而变化，直到完全平衡，所以 $\frac{\partial T}{\partial t} \neq 0$；而有的学者假设它为一个稳态过程，板坯温度不随时间变化而变化，所以 $\frac{\partial T}{\partial t} = 0$。

作者认为，造成这两种不同的假设的原因是在研究板坯温度场过程中所选择的参考点不同。

（1）所选择的参考点为结晶器弯月面的中心，当整个生产过程很稳定时，主要是拉速和钢液浇注温度很稳定时，在整个连铸坯空间任何一点的温度几乎是恒定的，我们可以认

为连铸板坯凝固传热是一个稳态过程，即 $\frac{\partial T}{\partial t}=0$。

（2）所选择的参考点为连铸坯上的每一个切片，即每一个切片以自己为参考点，在这种情况下，切片上几乎每一点的温度随时间变化而变化，即 $\frac{\partial T}{\partial t}\neq 0$；另外，不管拉速是多少，在每一个切片的坐标系中切片是静止的，实际上是切片和坐标系一起沿着铸流方向移动，即式（2-11-29）第二项 $v\rho c_p\frac{\partial T}{\partial z}$ 中 $v=0$，则 $v\rho c_p\frac{\partial T}{\partial z}=0$。所以式（2-11-29）可化简为

$$\rho c_p\frac{\partial T}{\partial t}=\frac{\partial}{\partial x}\left(\lambda\frac{\partial T}{\partial x}\right)+\frac{\partial}{\partial y}\left(\lambda\frac{\partial T}{\partial y}\right)+\frac{\partial}{\partial z}\left(\lambda\frac{\partial T}{\partial z}\right)+\dot{q}\tag{2-11-32}$$

11.5.4　有限差分方程的建立

11.5.4.1　节点网格

将热平衡偏微分方程化为差分方程时，必须首先建立差分网格。

由于假设连铸坯内外弧传热过程一致，因此，计算区域取连铸坯横截面的一半，即以连铸坯宽度方向和厚度方向的对称轴为 z 轴，方向为拉坯方向，x 轴为连铸坯厚度方向，方向指向内弧。假想在结晶器钢液弯月面处取一薄片，将其在 x 轴方向分成许多相等的格子，每个格子中心代表一个节点，节点的温度代表该小区的平均温度，如图 2-11-22 所示。

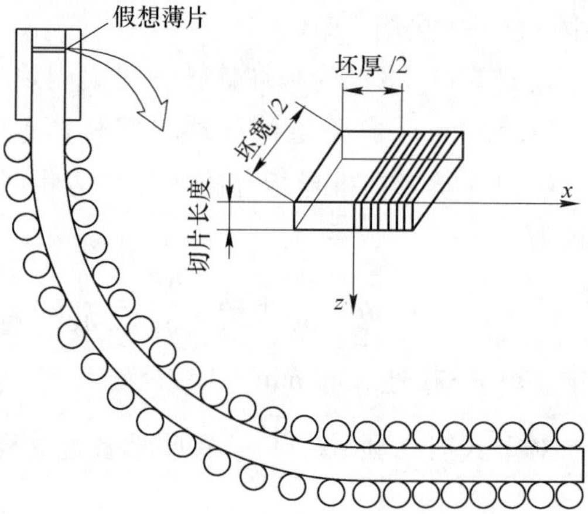

图 2-11-22　切片节点网格

设连铸坯的二分之一厚度为 a，厚度方向共有 n 个节点，则节点之间的距离 Δx（即空间步长）为

$$\Delta x=\frac{a}{n-1}\tag{2-11-33}$$

本系统空间步长 $\Delta x=0.002\text{m}$。

同时薄片由结晶器随连铸坯向下运动，每一个时间周期 ΔT 产生一个切片，设拉速为 v，则切片厚度 Δz 为

$$\Delta z=\Delta T\cdot v\tag{2-11-34}$$

11.5.4.2　导热方程的有限差分显示形式

由泰勒级数展开式知

$$T_{i+1}^p=T_i^p(x_i+\Delta x)=T_i^p+\frac{\Delta x}{1!}\left(\frac{\partial T}{\partial x}\right)_i^p+\frac{(\Delta x)^2}{2!}\left(\frac{\partial^2 T}{\partial x^2}\right)_i^p+\cdots\tag{2-11-35a}$$

$$T_{i-1}^p=T_i^p(x_i-\Delta x)=T_i^p-\frac{\Delta x}{1!}\left(\frac{\partial T}{\partial x}\right)_i^p+\frac{(\Delta x)^2}{2!}\left(\frac{\partial^2 T}{\partial x^2}\right)_i^p-\cdots\tag{2-11-35b}$$

将以上两式相加，省略高阶项得

$$\left(\frac{\partial^2 T}{\partial x^2}\right)_i^p=\frac{T_{i+1}^p-2T_i^p+T_{i-1}^p}{(\Delta x)^2}\tag{2-11-36}$$

同理可得

$$\left(\frac{\partial H}{\partial t}\right)_i^p = \frac{H_i^{p+1} - H_i^p}{\Delta t} \tag{2-11-37}$$

将式（2-11-36）和式（2-11-37）代入式（2-11-35）得

$$H_i^{p+1} = H_i^p + \frac{\Delta t \cdot \lambda}{\rho \cdot (\Delta x)^2}(T_{i+1}^p - 2T_i^p + T_{i-1}^p) \tag{2-11-38}$$

对于连铸坯表面节点（$i=m$）得

$$H_i^{p+1} = H_i^p + \frac{2\Delta t \cdot \lambda}{\rho \cdot (\Delta x)^2}(T_{i-1}^p - T_i^p) - \frac{2h \cdot \Delta t(T_i^p - T_\mathrm{f}^p)}{\rho \cdot \Delta x} \tag{2-11-39}$$

对于连铸坯中心节点（$i=0$）得

$$H_i^{p+1} = H_i^p + \frac{2\Delta t \cdot \lambda}{\rho \cdot (\Delta x)^2}(T_{i+1}^p - T_i^p) \tag{2-11-40}$$

式中 H_i^{p+1}——i 节点在 $p+1$ 时刻的热焓，J/kg；
H_i^p——i 节点在 p 时刻的热焓，J/kg；
T_f^p——p 时刻与 i 节点接触的环境温度,℃；
T_i^p——i 节点在 p 时刻的温度,℃；
T_{i-1}^p——$i-1$ 节点在 p 时刻的温度,℃；
Δt——时间步长，s；
Δx——空间步长，m。

上述显示法的一个缺点是它不是无条件稳定的，其解有可能发生数值上的振荡，这在物理上是不允许的。为了避免这种错误结果，给定的 Δt 值应低于某个极限，这个极限与 Δx 及其他参数有关，这个关系称为稳定性判据。而这个稳定性判据按下述规定来确定：所计算节点在前一时刻有关的系数要大于或等于零。

对于内部节点，即式（2-11-38）的收敛条件为

$$\Delta t \leqslant \frac{\rho c_p (\Delta x)^2}{\lambda} \tag{2-11-41}$$

对于表面节点，即式（2-11-39）的收敛条件为

$$\Delta t \leqslant \frac{\rho c_p}{\dfrac{2\lambda}{(\Delta x)^2} + \dfrac{2h}{\Delta x}} \tag{2-11-42}$$

对于中心节点，即式（2-11-40）的收敛条件为

$$\Delta t \leqslant \frac{\rho c_p (\Delta x)^2}{\lambda} \tag{2-11-43}$$

11.5.4.3 热焓与温度的对应关系

由式（2-11-27）可知

$$\begin{cases} \Delta H_{T_\mathrm{C}-T_\mathrm{L}} = \displaystyle\int_{T_\mathrm{L}}^{T_\mathrm{C}} c_\mathrm{L} \mathrm{d}T = c_\mathrm{L}(T_\mathrm{C} - T_\mathrm{L}) & T_\mathrm{L} < T < T_\mathrm{C} \\ \Delta H_{T_\mathrm{L}-T_\mathrm{S}} = \displaystyle\int_{T_\mathrm{S}}^{T_\mathrm{L}} c_\mathrm{Melt} \mathrm{d}T + L_\mathrm{F} = c_\mathrm{Melt}(T_\mathrm{L} - T_\mathrm{S}) + L_\mathrm{F} & T_\mathrm{L} > T > T_\mathrm{S} \\ \Delta H_{T_\mathrm{S}-T} = \displaystyle\int_{T}^{T_\mathrm{S}} c_\mathrm{S} \mathrm{d}T = c_\mathrm{S}(T_\mathrm{S} - T) & T < T_\mathrm{S} \end{cases} \tag{2-11-44}$$

由式（2-11-28）可知

$$\Delta H=\begin{cases} c_{L}(T_{C}-T) & T_{L}<T<T_{C} \\ \Delta H_{T_{C}-T_{L}}+c_{Melt}(T_{L}-T)+\dfrac{T_{L}-T}{T_{L}-T_{S}}L_{F} & T_{L}>T>T_{S} \\ \Delta H_{T_{C}-T_{L}}+\Delta H_{T_{L}-T_{S}}+c_{S}(T_{S}-T) & T<T_{S} \end{cases} \tag{2-11-45}$$

由式（2-11-28）可推出

$$T=\begin{cases} T_{C}-\dfrac{\Delta H}{c_{L}} & T_{L}<T<T_{C} \\ \dfrac{\Delta H_{T_{C}-T_{L}}+\dfrac{T_{L}}{T_{L}-T_{S}}L_{F}+c_{Melt}\cdot T_{L}-\Delta H}{c_{Melt}+\dfrac{L_{F}}{T_{L}-T_{S}}} & T_{S}\leqslant T\leqslant T_{L} \\ T_{S}+\dfrac{\Delta H_{T_{C}-T_{L}}+\Delta H_{T_{L}-T_{S}}-\Delta H}{c_{S}} & T_{S}<T \end{cases} \tag{2-11-46}$$

式中　T——温度,℃；

T_{C}——浇注温度,℃；

T_{L}——液相线温度,℃；

T_{S}——固相线温度,℃；

c_{L}——液相比热容，J/(kg · ℃)；

c_{Melt}——两相比热容，J/(kg · ℃)；

c_{S}——固相比热容，J/(kg · ℃)；

ΔH——温度从 T_{C} 下降到 T 时的焓降，J/kg；

$\Delta H_{T_{C}-T_{L}}$——温度从 T_{C} 下降到 T_{L} 时的焓降，J/kg；

$\Delta H_{T_{L}-T_{S}}$——温度从 T_{L} 下降到 T_{S} 时的焓降，J/kg。

11.5.5　钢的物性参数处理

11.5.5.1　碳当量、液相线温度和固相线温度

以下四个公式在 8.10 节众多公式中已经出现，这里只选择列出，不再编号。

（1）碳当量计算公式

$$C_{eq}(\%)=w(C)+\frac{w(Mn)}{6}+\frac{w(Si)}{24}+\frac{w(Ni)}{40}+\frac{w(Cr)}{5}+\frac{w(Mo)}{4}+\frac{w(V)}{14}$$

（2）碳钢液相线温度计算公式

$$T_{L}=1538-\{55[C]+80[C]^{2}+13[Si]+4.8[Mn]+1.5[Cr]+4.3[Ni]+30[P]+30[S]\}$$

（3）不锈钢液相线温度计算公式

$$T_{L}=1536.6-\{90[C]+8[Si]+5[Mn]+30[P]+25[S]+3[Al]+1.55[Cr]+4[Ni]+2[Mo]+18[Ti]+80[N]+5[Cu]\}$$

（4）硅钢液相线温度计算公式

$$T_L = 1539 - \{65[C] + 8[Si] + 5[Mn] + 30[P] + 25[S] + 5[Cu] + 4[Ni] + 2[Mo] + 2[V] + 1.5[Cr]\}$$

（5）固相线温度计算公式

$$T_S = 1536 - \{415.3[C] + 12.3[Si] + 6.8[Mn] + 124.5[P] + 183.9[S] + 4.3[Ni] + 1.4[Cr] + 4.1[Al]\}$$

11.5.5.2　凝固潜热 L_f

凝固潜热是指钢液从液相线温度冷却到固相线温度时释放出的热量，不同的钢种对应不同的凝固潜热，见表2-11-10。

表 2-11-10　不同钢种的凝固潜热

钢　种	潜热/J·kg⁻¹
高合金钢	270000
低合金钢	270000
中合金钢	274950
包晶合金钢	270000
高碳钢	270000
低碳钢	270000
中碳钢	274950
包晶钢	270000

11.5.5.3　固相率计算

设固相率为 f_s，则

$$f_s = \frac{T_L - T}{T_L - T_S} \tag{2-11-47}$$

式中，T 为连铸坯两相界温度，℃。

11.5.5.4　热导率 λ 的处理

热导率 λ 的处理分为下面两种情况：

A　连铸坯中的钢液不相对流动时

$$\lambda = \begin{cases} \lambda_L & T \geqslant T_L \\ \lambda_{Melt} & T_L \geqslant T \geqslant T_S \\ \lambda_S & T_S \geqslant T \end{cases} \tag{2-11-48}$$

式中　λ——热导率，W/(m·℃)；

λ_L——连铸坯中的钢液不相对流动时液相的热导率，W/(m·℃)；

λ_{Melt}——连铸坯中的钢液不相对流动时两相的热导率，W/(m·℃)；

λ_S——连铸坯固相热导率，W/(m·℃)。

不同钢种的热导率见表2-11-11。

B　钢液流动铸坯传热造成较大影响时

在弯月面以下2~3m长度的空间内，由于钢液的流动对铸坯传热造成的影响较大，因此引入对流影响系数 A_{con}，A_{con} 用于描述湍流的钢液对液相及两相区导热系数的影响效果。由于不耦合流场的计算，A_{con} 的值可以根据过热度、至弯月面的距离以及两相区固相分率来近似加以处理

表 2-11-11　不同钢种的热导率

钢　种	热导率/W·(m·℃)⁻¹		
	固　相	两　相	液　相
高合金钢	29.008	35.470	35.470
低合金钢	31.333	41.270	41.270
中合金钢	30.672	39.955	39.955
包晶合金钢	30.667	39.075	39.075
高碳钢	29.008	35.470	35.470
低碳钢	31.333	41.270	41.270
中碳钢	30.672	39.955	39.955
包晶钢	31.041	41.700	41.700

弯月面以下0.0~1.0m

$$A_{con} = \begin{cases} 6.0 - 4\dfrac{T_C - T}{T_C - T_L} & T \geqslant T_L \\ 2.0 - 2.0f_s & T_L \geqslant T \geqslant T_S \end{cases} \tag{2-11-49a}$$

弯月面以下 1.0～3.0m

$$A_{con}=\begin{cases}1.0-\dfrac{T_C-T}{T_C-T_L} & T \geqslant T_L \\ 0.0 & T_L \geqslant T \geqslant T_S\end{cases} \tag{2-11-49b}$$

弯月面以下 3.0m 长度以上

$$A_{con}=0.0 \tag{2-11-49c}$$

式中　T_C——浇注温度,℃;

f_s——固相分率,%。

液相区时有效热导率 λ'_L 的表达式如下

$$\lambda'_L=(1+A_{con})\cdot\lambda_L \tag{2-11-50}$$

固液两相区时热导率的并联表达式和串联表达式分别为式（2-11-51）和式（2-11-52）

$$\lambda_{Melt-Par}=(1+A_{con})\cdot(1-f_S)\cdot\lambda_L+f_S\cdot\lambda_S \tag{2-11-51}$$

$$\lambda_{Melt-Ser}=\frac{(1+A_{con})\cdot\lambda_L\cdot\lambda_S}{(1+A_{con})\cdot\lambda_L f_S+(1-f_S)\cdot\lambda_S} \tag{2-11-52}$$

将固液两相区热导率的并联表达式和串联表达式进行平均即得到固液两相区的有效热导率 λ'_{Melt}。

$$\lambda'_{Melt}=\frac{\lambda_{Melt-Par}+\lambda_{Melt-Ser}}{2} \tag{2-11-53}$$

11.5.5.5　比热容 c_p 的处理

比热容 c_p 采用下列公式计算

$$c_p=\begin{cases}c_L & T_L<T \\ c_{Melt} & T_S\leqslant T\leqslant T_L \\ c_S & T<T_S\end{cases} \tag{2-11-54}$$

式中　c_L——连铸坯液相比热容，J/(kg·℃)；

c_{Melt}——连铸坯两相比热容，J/(kg·℃)；

c_S——连铸坯固相比热容，J/(kg·℃)。

不同钢种的比热容见表2-11-12。

11.5.5.6　密度 ρ 的处理

密度 ρ 采用下列公式计算：

$$\rho=\begin{cases}\rho_L & T_L<T \\ \rho_{Melt} & T_S\leqslant T\leqslant T_L \\ \rho_S & T<T_S\end{cases} \tag{2-11-55}$$

式中　ρ_L——连铸坯液相密度，kg/m^3；

ρ_{Melt}——连铸坯两相密度，kg/m^3；

ρ_S——连铸坯固相密度，kg/m^3。

不同钢种的密度见表2-11-13。

表 2-11-12 不同钢种的比热容

钢　种	比热容/J·(kg·℃)$^{-1}$		
	固　相	两　相	液　相
高合金钢	658.811	650.0	691.667
低合金钢	665.311	700.0	743.500
中合金钢	661.975	700.0	740.556
包晶合金钢	664.083	700.0	753.571
高碳钢	658.811	650.0	691.667
低碳钢	665.311	700.0	743.500
中碳钢	661.975	700.0	740.556
包晶钢	663.641	700.0	740.000

表 2-11-13 不同钢种的密度

钢　种	密度/kg·m^{-3}		
	固　相	两　相	液　相
高合金钢	7600	7400	7200
低合金钢	7600	7400	7200
中合金钢	7600	7400	7200
包晶合金钢	7600	7400	7200
高碳钢	7600	7400	7200
低碳钢	7600	7400	7200
中碳钢	7600	7400	7200
包晶钢	7600	7400	7200

11.5.6 连铸坯凝固传热的边界条件

11.5.6.1 结晶器边界条件

结晶器的热流密度有多种表达形式，大多数使用铸坯在结晶器内停留的时间作为参数，其中最著名的表达形式为：

$$\phi = A - B\sqrt{t} \tag{2-11-56}$$

式中 ϕ——热流密度，W/m^2；

t——铸坯在结晶器中停留的时间，s。

其中 A、B 视具体情况而定，对于板坯连铸机 $A=2680$，$B=276$。

由于本系统要实现板坯连铸温度场全程的动态跟踪，往往会涉及拉速较低甚至为零的状态。对于公式（2-11-56）来说，当 t 值过大时，热流密度 ϕ 会变为负值，显然不符合实际，因此没有选用此公式。

在系统中采用了另一种结晶器内热流密度表达形式

$$\phi = 2.0 \cdot v_g^{0.56} e^{-1.5Z} \times 10^6 \tag{2-11-57a}$$

式中 ϕ——热流密度，W/m^2；

v_g——拉坯速度，m/min；

Z——到结晶器液面的距离，m。

由于结晶器的铜板有厚有薄，浇注的钢种及保护渣也多种多样，不可能用一个表达式涵盖所有工况，因此对式（2-11-57a）进行修正，修正后如下：

$$\phi = K_1 \cdot 2.0 \cdot v_g^{0.56} e^{-1.5Z} \times 10^6 \tag{2-11-57b}$$

式中，K_1 可根据现场生产过程中通过结晶器铜板的实际水流量及进出口水的温度差来实时进行修正，修正方法如下

$$K_1 = \frac{3 \cdot Q_L \cdot \Delta T \times 4.18685}{4 \cdot B \cdot v_g^{0.56} \cdot (1 - e^{-1.5 \cdot L_M})} \tag{2-11-58}$$

式中 Q_L ——内弧铜板的通水量，m^3/s；

ΔT——内弧铜板进出口水温差,℃;

B——板坯宽度，m;

L_M——实时结晶器有效长度，m。

11.5.6.2 二冷区边界条件

连铸坯在二冷区的换热采用等效换热系数 h 来表示。

A 喷淋区的等效换热系数

喷淋水的传热公式有很多，本数学模型使用如下公式

$$h = a \cdot T_W^m \cdot W^n \tag{2-11-59}$$

式中 h——等效换热系数，$W/(m^2 \cdot ℃)$;

W——水流密度，$L/(m^2 \cdot s)$;

T_W——铸坯表面温度,℃。

a、m、n 为常数，可根据喷嘴特性和铸坯表面温度的实验数据进行多元线性回归得到。本系统中，对于纯水冷却喷嘴，a、m、n 取值分别为 1.98×10^9、-2.295、0.709；对于气水冷却喷嘴，a、m、n 取值分别为 1466.2、-2.295、0.815。

3 个参数可根据现场实际情况做出适当调整。

B 辐射区和压缩空气冷却段的传热

$$q = \varepsilon \cdot \sigma \cdot [(T_W + 273)^4 - (T_f + 273)^4] \tag{2-11-60}$$

式中 q——辐射热流密度，W/m^2;

ε——发射率（铸坯表面黑度系数），$\varepsilon = 0.8$;

T_f——环境温度,℃;

σ——斯蒂芬·玻耳兹曼常数，$\sigma = 5.67 \times 10^{-8} W/(m^2 \cdot K^4)$。

压缩空气冷却的换热系数和压缩空气的温度及压缩空气的流动速度密切相关，在连铸环境下压缩空气的流动速度为 15~20m/s，该条件下的换热系数约为 $45W/(m^2 \cdot K)$。

11.5.7 程序计算流程以及参数的输入输出

11.5.7.1 程序计算流程

程序计算流程（见图 2-11-23）。

11.5.7.2 计算参数的输入与输出

程序的输入参数包括工艺及介质参数、钢种热物性参数及计算条件、设备参数三大类。其中时间步长和空间步长为程序的固化参数，只能在程序中修改；浇注钢种、结晶器热流密度修正系数、冷却区钢液是否流动、冷却水温度、换热系数参数、压缩空气换热系数、环境温度、压缩空气温度、液相线温度、固相线温度、热导率、比热容、密度、连铸坯断面、结晶器内钢液高度、各二冷区结构和连铸机长度在程序执行时一次性读入；浇注温度、拉坯速度和二冷区各个区域的水流密度程序在每一个采样周期都要读入。

输出参数为连铸坯表面温度、连铸坯中心温度、连铸坯中心固相率和连铸坯坯壳厚度等，如图 2-11-24 所示。

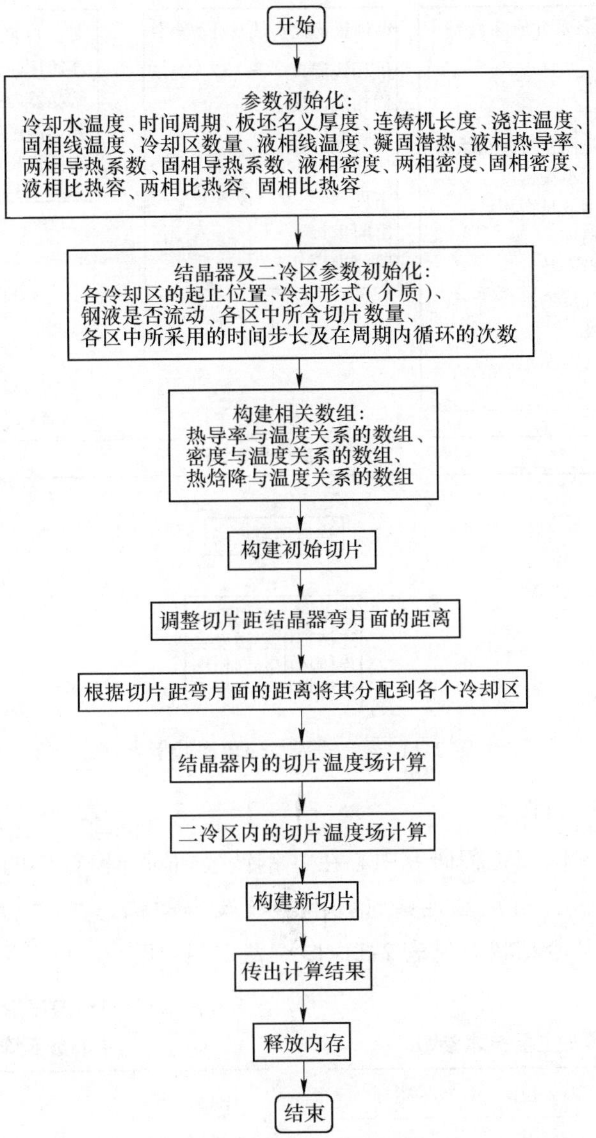

图 2-11-23　温度场计算流程

11.5.8　温度场模型的验证与应用

11.5.8.1　验证温度场模型计算结果的两种方法

(1) 射钉法：连铸坯出结晶器后，在某几个位置射入钢钉，在钉子上加工两道沟槽，沟槽中镶嵌硫化物，低熔点的硫化物在射钉进入连铸坯液相穴中会迅速扩散，用酸侵蚀和硫印，根据硫化物的扩散情况就可显示出连铸坯的液芯厚度，从而测量出连铸坯凝固壳厚度，并和温度场模型计算的坯壳厚度进行对比。

(2) 测定连铸坯表面温度：在二冷区的不同冷却段和刚出二冷区处，选取几个测温点，在拉速稳定时，用红外线高温测温仪测定不同位置的连铸坯表面温度，并和温度场模

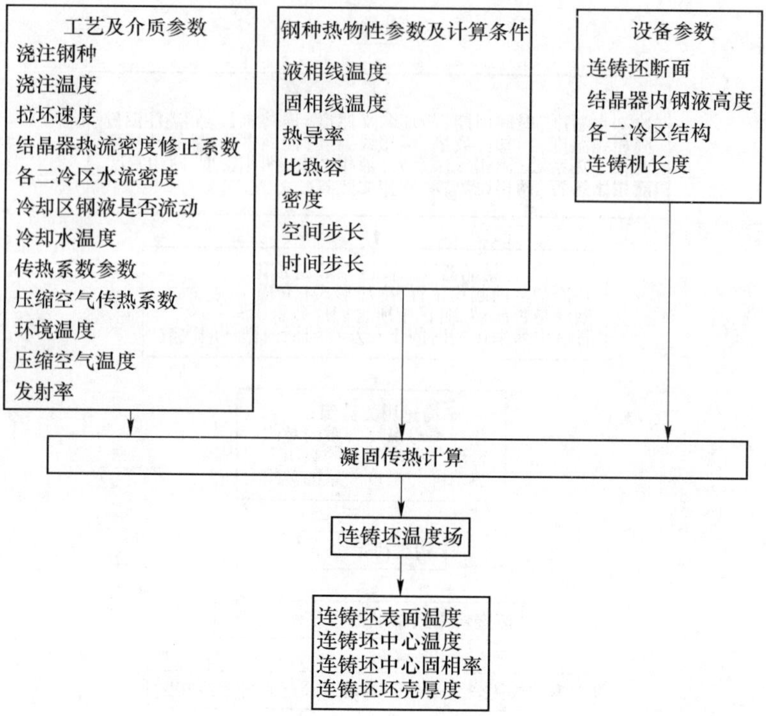

图 2-11-24　输入与输出参数关系

型计算的表面温度进行对比。

这里采用连铸技术国家工程研究中心在 B 钢铁公司对连铸板坯的实测结果。

11.5.8.2　B 钢铁公司板坯连铸机技术参数及冷却状态

连铸机技术参数及冷却状态见表 2-11-14 ~ 表 2-11-18。

表 2-11-14　连铸机主要技术参数

序号	项　　目	单　位	技术指标
1	连铸机产量	万吨/年	40
2	连铸坯厚度	mm	210，250，300
3	连铸坯宽度	mm	1200 ~ 1800
4	连铸机台数 × 流数	台 × 流	1 × 1
5	连铸机主半径	m	10.5
6	冶金长度	m	28.3
7	拉坯速度	m/min	0.7 ~ 1.4
8	结晶器长度	mm	900
9	矫直半径	m	14.0，21.5，42.0

表 2-11-15　各扇形段出口沿板坯厚度中心线至弯月面距离

序号	位　　置	沿板坯厚度中心线至弯月面距离/mm
1	零段出口	4290
2	Seg. 1 出口	5987
3	Seg. 2 出口	7846
4	Seg. 3 出口	9751
5	Seg. 4 出口	11661
6	Seg. 5 出口	13658
7	Seg. 6 出口	15658
8	Seg. 7 出口	17663
9	Seg. 8 出口	19781
10	Seg. 9 出口	21810
11	Seg. 10 出口	23940
12	Seg. 11 出口	26100
13	Seg. 12 出口	28250

表 2-11-16　冷却区参数

冷却区代号		各冷却区包含设备名称	各冷却区末辊至弯月面距离/mm	冷却方式
Ⅰ	宽面		1282	水
	窄面			
Ⅱ	L	零段上部	2275	水
	F			
Ⅲ	L	零段下部	4290	水
	F			
Ⅳ	L	Seg. 1	5987	气水
	F			
Ⅴ	L	Seg. 2 ~ 3	9751	气水
	F			
Ⅵ	L	Seg. 4 ~ 5	13658	气水
	F			
Ⅶ	L	Seg. 6 ~ 9	21810	气水
	F			
Ⅷ	L	Seg. 10 ~ 12	28250	气水
	F			

表 2-11-17　结晶器冷却水

板坯断面/mm × mm	250 × 1200	250 × 1400	250 × 1600	250 × 1800
宽面/$L \cdot min^{-1}$	2800			
窄面/$L \cdot min^{-1}$	450	430	420	400
进水温度/℃	25 ~ 30			
出水温度/℃	35 ~ 40			

表 2-11-18　250mm 厚度板坯用二冷水表

冷却区代号		冷却方式（六）			冷却方式（八）		
		a	b	c	a	b	c
Ⅰ	L&F	0	165	−5	0	165	−5
	两侧	0	85	0	0	70	0
Ⅱ	L&F	0	420	0	0	420	0
Ⅲ	L&F	0	250	0	0	250	0
Ⅳ	L	0	65	0	0	65	0
	F	0	90	0	0	90	0
Ⅴ	L	0	100	0	0	110	0
	F	0	140	0	0	160	0

续表 2-11-18

冷却区代号		冷却方式（六）			冷却方式（八）		
		a	b	c	a	b	c
Ⅵ	L	0	65	-5	0	90	-5
	F	0	100	-10	0	130	-10
Ⅶ	L	0	55	-5	0	65	0
	F	0	85	-10	0	100	-5
Ⅷ	L	0	0	0	0	0	0
	F	0	0	0	0	0	0

11.5.8.3　坯壳厚度实际测量结果

断面为 250mm×1800mm 低碳钢连铸坯，对应拉速为 0.9m/min，比水量为 0.45L/kg，液芯在扇形段 10 中部完全凝固。

断面为 250mm×1400mm 低碳钢连铸坯，对应拉速为 1.1m/min，比水量为 0.58L/kg，液芯在扇形段 10 末至扇形段 11 初完全凝固。

断面为 250mm×1200mm 低碳钢连铸坯，对应拉速为 1.2m/min，比水量为 0.68L/kg，液芯在扇形段 11 中部完全凝固。

断面为 250mm×1800mm 低碳钢连铸坯，对应拉速为 0.85m/min，比水量为 0.48L/kg，液芯在扇形段 9 末完全凝固。

连铸板坯连铸射钉试验结果见表 2-11-19。

表 2-11-19　B 钢铁公司板坯连铸射钉试验结果

序号	钢种	拉速 /m·min⁻¹	断面 /mm×mm	二冷方式	过热度 /℃	射钉位置/mm		坯壳厚度 /mm	液芯厚度 /mm
						纵向	横向		
1	Q370	0.9	250×1800	方式 6	11，16，13	Seg. 7 出口	450	90～95	60～70
2	Q370	0.9	250×1800	方式 6	16，21，19	Seg. 8 出口	450	107	36
3	Q370	0.9	250×1800	方式 6	19，20，18	Seg. 9 出口	400	115	20
4	16MnR	1.1	250×1400	方式 6	17，20，25	Seg. 9 出口	350	103	44
5	16MnR	1.1	250×1400	方式 6	21，19，20	Seg. 8 出口	375	97	56
6	L415MB	1.2	250×1200	方式 6	26，27，26	Seg. 11 出口	300	125	12
7	L415MB	1.2	250×1200	方式 6	28，25，26	Seg. 10 出口	270	119	12
8	AH32	1.2	250×1200	方式 6	17，26，27	Seg. 10 出口	300	>110	<30
9	A709-50	1.2	250×1800	方式 6	18，19，21	Seg. 10 出口	400	125	0
10	S50c	0.85	250×1800	方式 8	20，24，20	Seg. 8 出口	450	>101	<48
11	S50c	0.85	250×1800	方式 8	24，29，28	Seg. 9 出口	400	>90	<70
12	S50c	0.85	250×1800	方式 8	27，26，28	Seg. 8 出口	450	110	30

11.5.8.4　温度场模型计算结果

A　断面为 250mm × 1800mm 低碳钢连铸坯，对应拉速为 0.9m/min，对应冷却方式（六），计算结果

图 2-11-25 是数据输入界面，图 2-11-26 是数据输出结果，可以看出，凝固终点大约在弯月面以下 21.9m 左右。

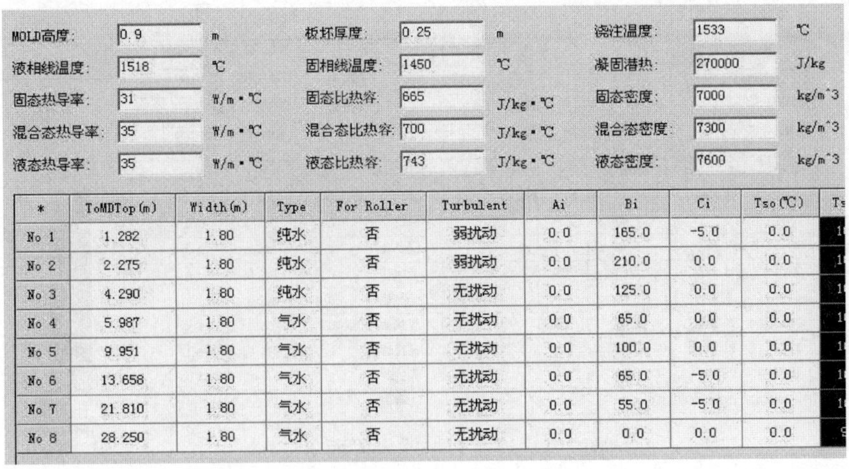

*	ToMDTop(m)	Width(m)	Type	For Roller	Turbulent	Ai	Bi	Ci	Tso(℃)
No 1	1.282	1.80	纯水	否	弱扰动	0.0	165.0	-5.0	0.0
No 2	2.275	1.80	纯水	否	弱扰动	0.0	210.0	0.0	0.0
No 3	4.290	1.80	纯水	否	无扰动	0.0	125.0	0.0	0.0
No 4	5.987	1.80	气水	否	无扰动	0.0	65.0	0.0	0.0
No 5	9.951	1.80	气水	否	无扰动	0.0	100.0	0.0	0.0
No 6	13.658	1.80	气水	否	无扰动	0.0	65.0	-5.0	0.0
No 7	21.810	1.80	气水	否	无扰动	0.0	55.0	-5.0	0.0
No 8	28.250	1.80	气水	否	无扰动	0.0	0.0	0.0	0.0

图 2-11-25　数据输入界面（一）

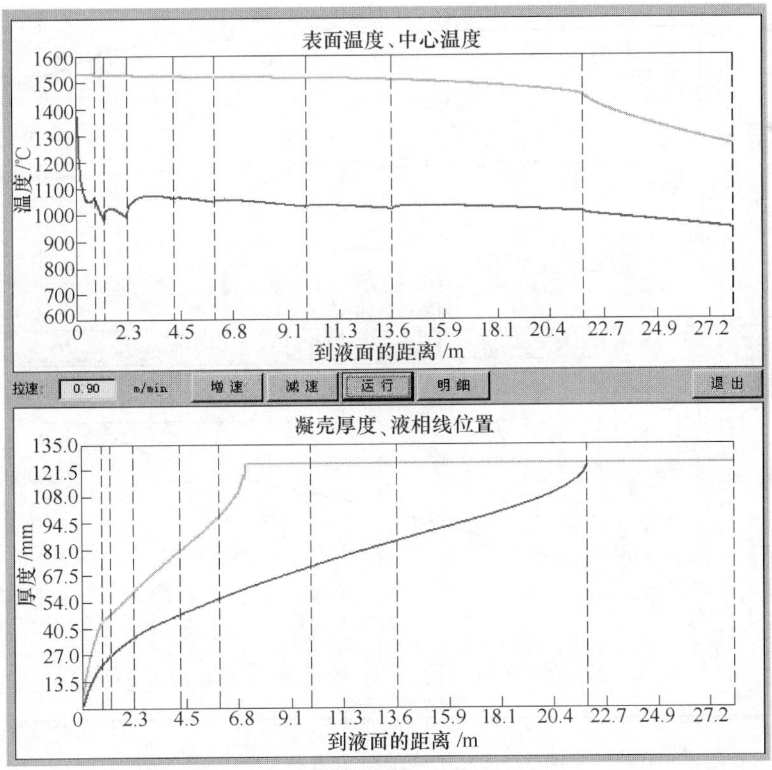

图 2-11-26　数据输出界面（一）

B　断面为 250mm×1400mm 低碳钢连铸坯，对应拉速为 1.1m/min，对应冷却方式（六），计算结果

图 2-11-27 是数据输入界面，图 2-11-28 是数据输出结果，从图 2-11-28 可以看出，凝固终点大约在弯月面以下 25.4m 左右。

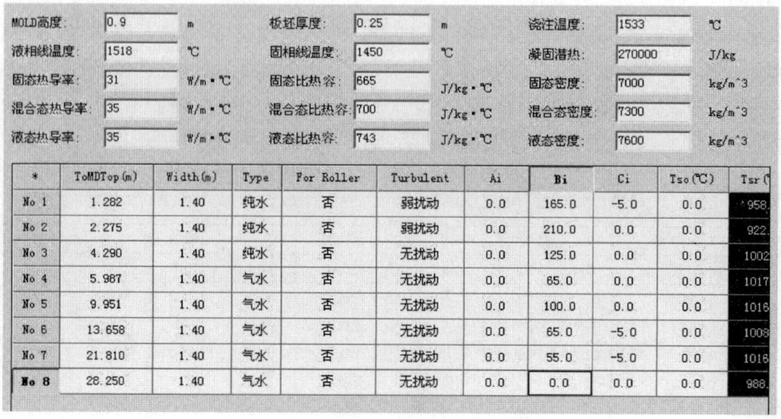

*	ToMDTop(m)	Width(m)	Type	For Roller	Turbulent	Ai	Bi	Ci	Tso(℃)	Tsr(
No 1	1.282	1.40	纯水	否	弱扰动	0.0	165.0	-5.0	0.0	958.
No 2	2.275	1.40	纯水	否	弱扰动	0.0	210.0	0.0	0.0	922.
No 3	4.290	1.40	纯水	否	无扰动	0.0	125.0	0.0	0.0	1002
No 4	5.987	1.40	气水	否	无扰动	0.0	65.0	0.0	0.0	1017
No 5	9.951	1.40	气水	否	无扰动	0.0	100.0	0.0	0.0	1016
No 6	13.658	1.40	气水	否	无扰动	0.0	65.0	-5.0	0.0	1008
No 7	21.810	1.40	气水	否	无扰动	0.0	55.0	-5.0	0.0	1016
No 8	28.250	1.40	气水	否	无扰动	0.0	0.0	0.0	0.0	988.

图 2-11-27　数据输入界面（二）

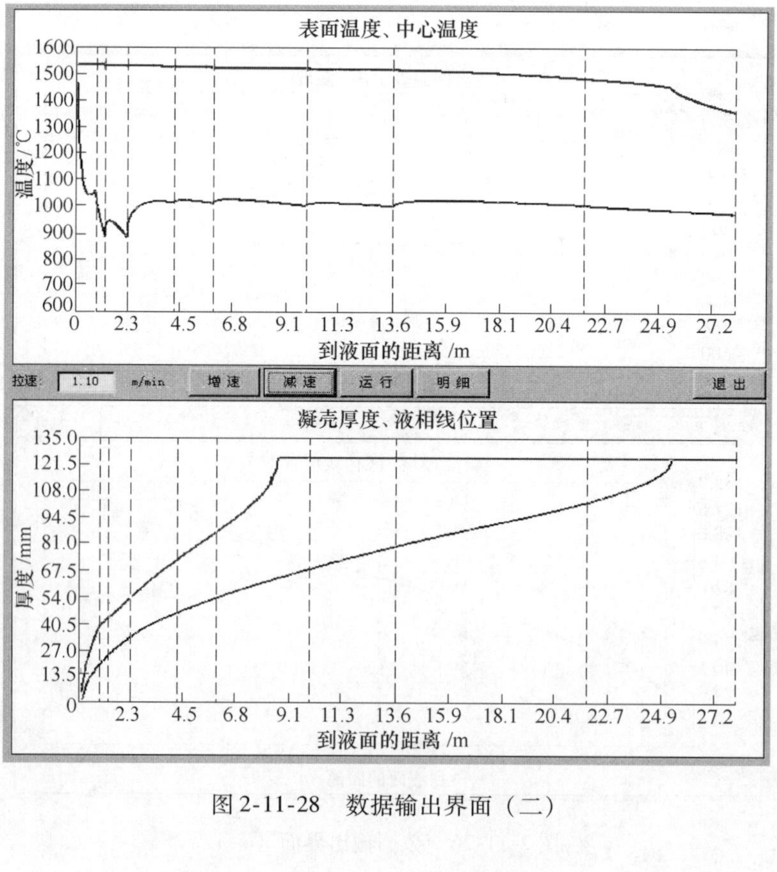

图 2-11-28　数据输出界面（二）

C　断面为250mm×1200mm低碳钢连铸坯，对应拉速为1.2m/min，对应冷却方式（六），计算结果

图2-11-29是数据输入界面，图2-11-30是数据输出结果，从图2-11-30可以看出，凝固终点大约在弯月面以下26.5m左右。

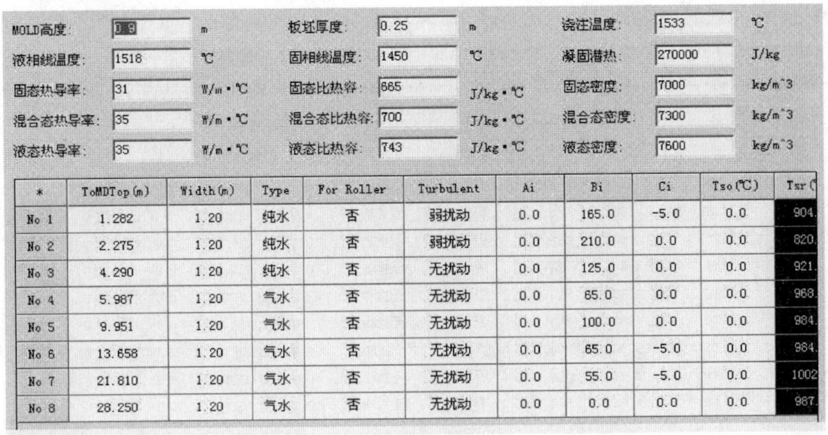

*	ToMDTop(m)	Width(m)	Type	For Roller	Turbulent	Ai	Bi	Ci	Tso(℃)	Tsr(
No 1	1.282	1.20	纯水	否	弱扰动	0.0	165.0	-5.0	0.0	904.
No 2	2.275	1.20	纯水	否	弱扰动	0.0	210.0	0.0	0.0	820.
No 3	4.290	1.20	纯水	否	无扰动	0.0	125.0	0.0	0.0	921.
No 4	5.987	1.20	气水	否	无扰动	0.0	65.0	0.0	0.0	968.
No 5	9.951	1.20	气水	否	无扰动	0.0	100.0	0.0	0.0	984.
No 6	13.658	1.20	气水	否	无扰动	0.0	65.0	-5.0	0.0	984.
No 7	21.810	1.20	气水	否	无扰动	0.0	55.0	-5.0	0.0	1002
No 8	28.250	1.20	气水	否	无扰动	0.0	0.0	0.0	0.0	967.

图2-11-29　数据输入界面（三）

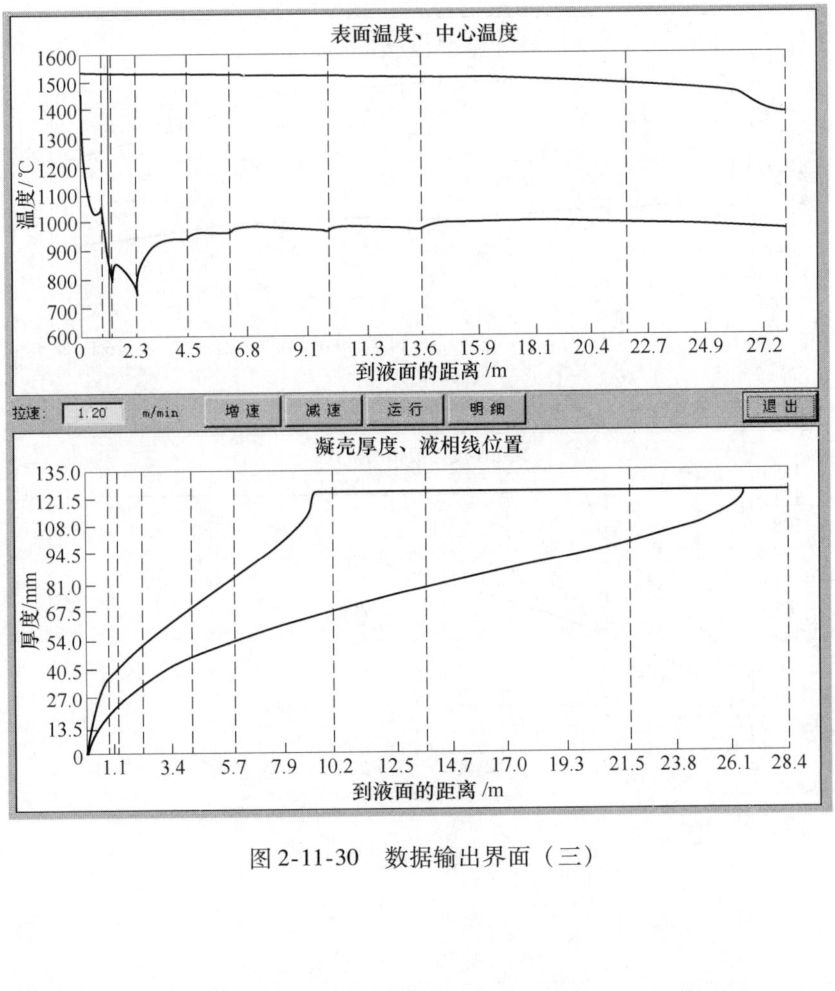

图2-11-30　数据输出界面（三）

D　断面为 250mm × 1800mm 低碳钢连铸坯，对应拉速为 0.85m/min，对应冷却方式（六），计算结果

图 2-11-31 是数据输入界面，图 2-11-32 是数据输出结果，从图 2-11-32 可以看出，凝固终点大约在弯月面以下 20.6m 左右。

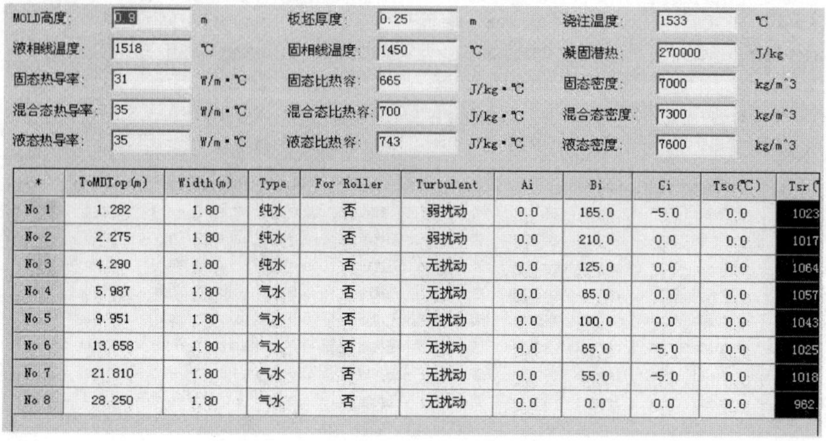

MOLD高度:	0.9	m	板坯厚度:	0.25	m	浇注温度:	1533	℃
液相线温度:	1518	℃	固相线温度:	1450	℃	凝固潜热:	270000	J/kg
固态热导率:	31	W/m·℃	固态比热容:	665	J/kg·℃	固态密度:	7000	kg/m^3
混合态热导率:	35	W/m·℃	混合态比热容:	700	J/kg·℃	混合态密度:	7300	kg/m^3
液态热导率:	35	W/m·℃	液态比热容:	743	J/kg·℃	液态密度:	7600	kg/m^3

*	ToMDTop(m)	Width(m)	Type	For Roller	Turbulent	Ai	Bi	Ci	Tso(℃)	Tsr(℃
No 1	1.282	1.80	纯水	否	弱扰动	0.0	165.0	-5.0	0.0	1023
No 2	2.275	1.80	纯水	否	弱扰动	0.0	210.0	0.0	0.0	1017
No 3	4.290	1.80	纯水	否	无扰动	0.0	125.0	0.0	0.0	1064
No 4	5.987	1.80	气水	否	无扰动	0.0	65.0	0.0	0.0	1057
No 5	9.951	1.80	气水	否	无扰动	0.0	100.0	0.0	0.0	1043
No 6	13.658	1.80	气水	否	无扰动	0.0	65.0	-5.0	0.0	1025
No 7	21.810	1.80	气水	否	无扰动	0.0	55.0	-5.0	0.0	1018
No 8	28.250	1.80	气水	否	无扰动	0.0	0.0	0.0	0.0	962.

图 2-11-31　数据输入界面（四）

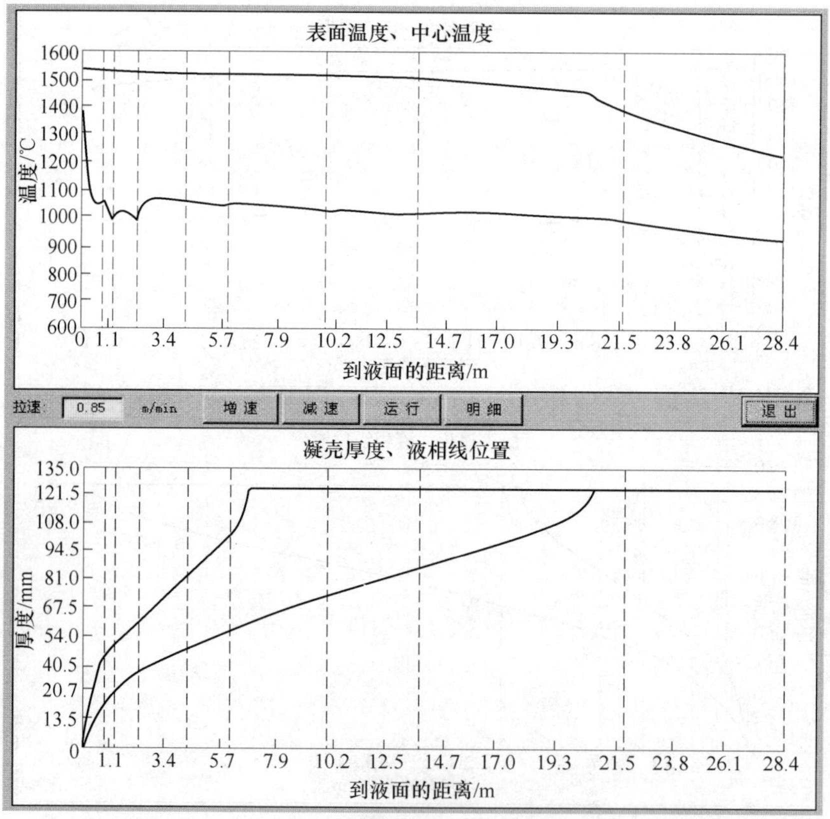

图 2-11-32　数据输出界面（四）

11.5.8.5　B钢铁公司连铸板坯坯壳厚度及液芯位置测定结果与温度场模型计算值的对比

对比结果见表2-11-20。

表2-11-20　连铸板坯坯壳厚度及液芯位置测定结果与模型计算值的对比

序号	钢种	拉速 /m·min⁻¹	断面 /mm×mm	射钉位置/mm		实际测量值/mm		模型计算值/mm		坯壳厚度相对误差 /%	液芯位置相对误差 /%
				纵向	横向	坯壳厚度	液芯位置	坯壳厚度	液芯位置		
1	Q370	0.9	250×1800	Seg. 7 出口	450	90~95		97		+4	
2	Q370	0.9	250×1800	Seg. 8 出口	450	107	22870	108	21900	+0.9	-4.2
3	Q370	0.9	250×1800	Seg. 9 出口	400	115		121		+5	
4	16MnR	1.1	250×1400	Seg. 9 出口	350	103	24150	104	25300	+1	+4.8
5	16MnR	1.1	250×1400	Seg. 8 出口	375	97		96		-1	
6	L415MB	1.2	250×1200	Seg. 11 出口	300	125		119		-4.8	
7	L415MB	1.2	250×1200	Seg. 10 出口	270	119	25010	108	26400	-9.2	+5.6
8	AH32	1.2	250×1200	Seg. 10 出口	300	>110		108		-1.8	
9	A709-50	1.2	250×1800	Seg. 10 出口	400	125		108		-13.6	
10	S50c	0.85	250×1800	Seg. 8 出口	450	>101	21810	110	20600	< +8.9	-5.5
11	S50c	0.85	250×1800	Seg. 8 出口	450	110		110		0.0	

从程序模拟的坯壳厚度和液芯位置值与实测值的对比可见，在模型没有做修正的情况下，两种铸造状态下相对误差平均分别为4.56%和5.03%，模型修正后，误差还可以减少，因此所建立的模型计算结果可信，程序合理可行。

11.5.9　对铸坯温度场影响因素分析

11.5.9.1　过热度对凝固终点的影响

在断面为250mm×1400mm，低碳钢，拉速为1.1m/min，过热度为15℃的正常浇注基础上，过热度分别增加10℃和减少10℃，则对应凝固终点分别向后移动80mm和向前移动160mm，可见过热度对凝固终点的影响较小。计算结果分别如图2-11-33～图2-11-35所示。

11.5.9.2　拉坯速度对凝固终点的影响

在断面为250mm×1400mm，低碳钢，拉速为1.1m/min，过热度为15℃的正常浇注基础上，拉速分别增加0.1m/min和减少0.1m/min，则对应凝固终点分别向后移动2.5m和向前移动2.2m，可见拉速对凝固终点影响非常大。计算结果如图2-11-36～图2-11-38所示。

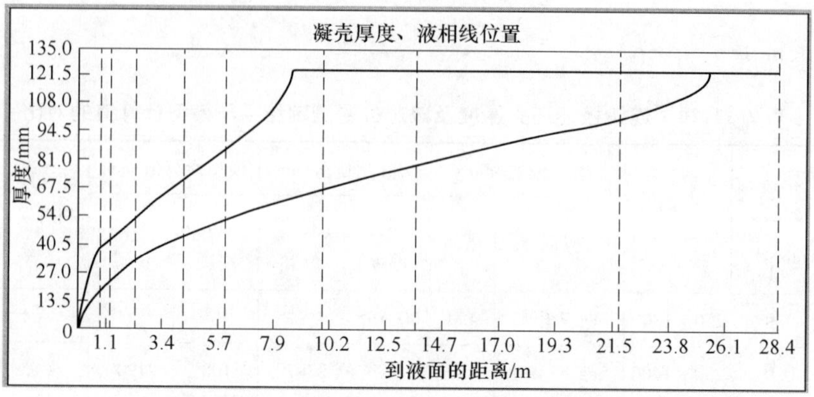

图 2-11-33　过热度为 15℃时的凝固终点

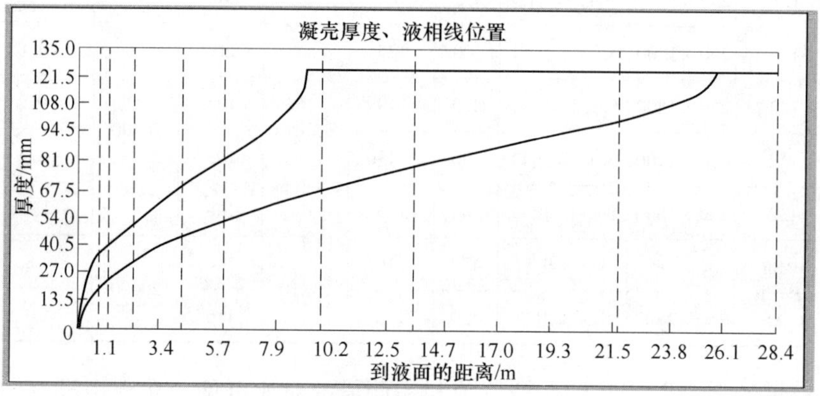

图 2-11-34　过热度为 25℃时的凝固终点

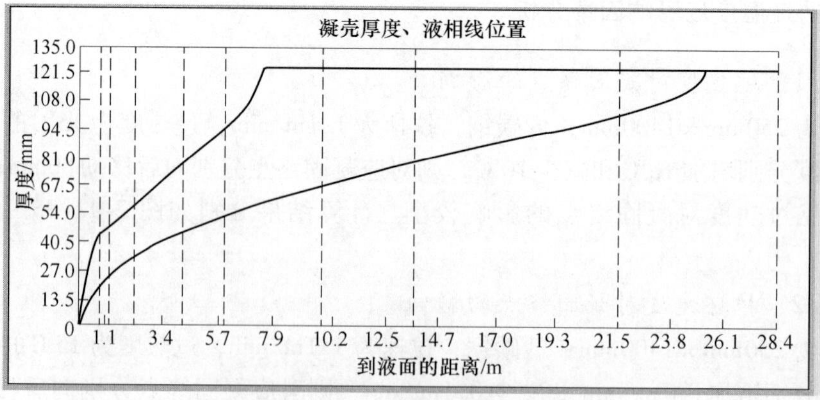

图 2-11-35　过热度为 5℃时的凝固终点

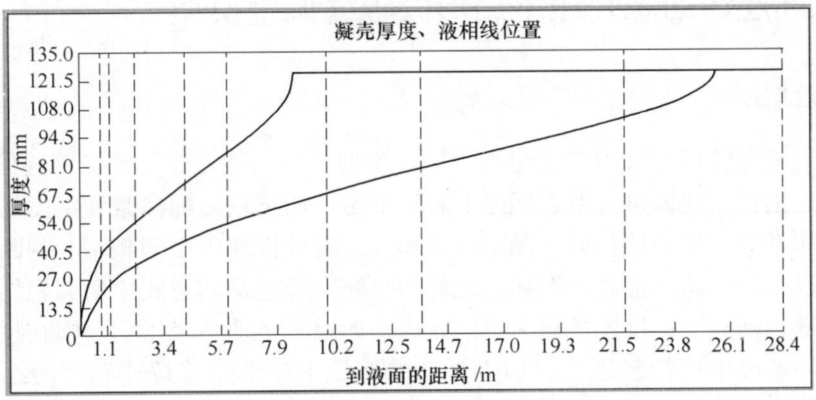

图 2-11-36　拉速为 1.1m/min 时凝固终点位置

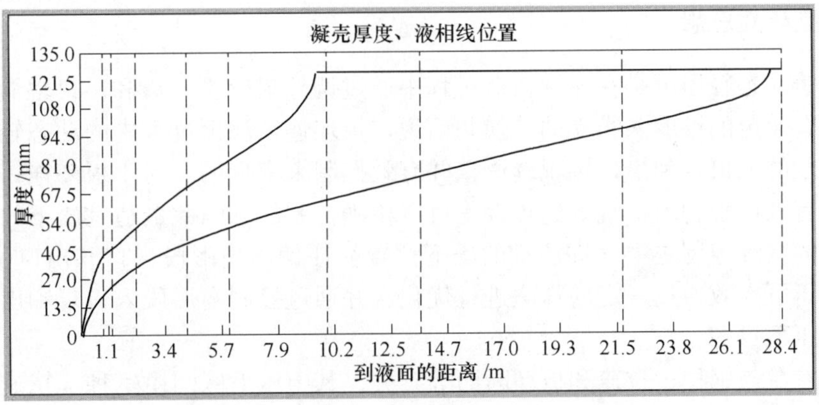

图 2-11-37　拉速为 1.2m/min 时凝固终点位置

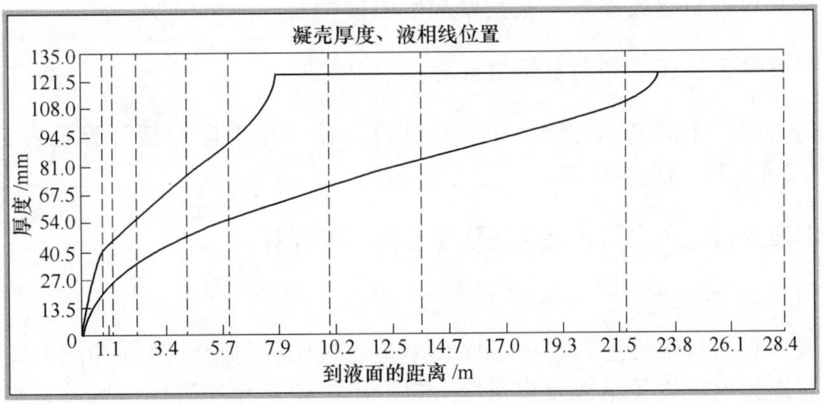

图 2-11-38　拉速为 1.0m/min 时凝固终点位置

11.6　板坯连铸动态轻压下扇形段辊缝调整模型

11.6.1　功能描述

扇形段辊缝调整模型（习惯上也称为压下模型）的功能是在连铸浇钢过程中根据连铸机运转模式、钢种、连铸机参数、轻压下总压下量、压下量分配参数和温度场模型计算连铸坯中心固相率等，周期计算扇形段出口辊和入口辊处板坯中心固相率、判断扇形段是否参与轻压下以及是否调整辊缝。例如，是普通收缩辊缝还是动态或半动态轻压下，如果是普通收缩辊缝，则在引锭拉坯过程中予以完成；如果是半动态轻压下，则在拉速正常后在事先设定的扇形段中进行轻压下；如果是动态轻压下，则随着拉速和凝固终点的位置变化，对凝固终点进行实时计算跟踪，并按照设定参数进行扇形段辊缝调整即轻压下。如果是静态轻压下，则在浇钢前设定好轻压下位置和辊缝，静态轻压下仅对垫块式夹紧的扇形段而言。

11.6.2　模型建立思想

板坯连铸动态轻压下是在连续铸造过程中通过调整扇形段入口和出口辊缝尺寸，从而使扇形段具有一定的锥度来实现的。换句话说，板坯连铸浇钢过程中的动态轻压下过程是通过对扇形段的入口辊和出口辊辊缝调整并有效控制来实现的。对于板坯连铸机扇形段设备来说，只有入口辊和出口辊处的辊缝是可以精确控制的，因此最适宜压下的位置往往并不在连铸机的精确控制之中（即适宜的压下位置往往偏离扇形段入口和出口位置）。因此必须将理论压下参数通过一定的算法进行优化，并通过控制扇形段入口辊和出口辊辊缝来达到动态轻压下目的。

轻压下参数与钢种、拉速和板坯断面等有关，其中压下区间由钢种、拉速和板坯断面决定，压下量由钢种和板坯断面决定，压下率由钢种决定。在本模型中，轻压下参数（压下固相率区间、总压下量和压下率）不做计算，作为参数需人工输入。

需要指出的是，连铸坯轻压下效果的好坏，最终以板坯质量优劣为判定基准。如果达不到预期效果，可调整有关参数，甚至修改凝固模型及二冷水模型。

11.6.3　扇形段是否轻压下判断及辊缝计算

扇形段是否轻压下的判断方法、压下量计算方法及扇形段辊缝计算见表 2-11-21 ~ 表 2-11-26 和图 2-11-39 ~ 图 2-11-96。

11.6.4　扇形段入口辊和出口辊处连铸坯中心固相率计算

11.6.4.1　代号设定

扇形段入口和出口辊处连铸坯中心固相率是通过比较每个计算周期内的铸坯中心固相率分布位置与连铸机位置关系以及扇形段入口、出口位置和连铸机位置关系来实现的，每个计算周期内铸坯中心固相率位置与连铸机位置关系见表 2-11-27，扇形段入口、出口位置和连铸机位置关系见表 2-11-28。

表 2-11-21 扇形段是否轻压下的判断方法、压下量计算方法及扇形段辊缝计算

<table>
<tr><th>序号</th><th colspan="2">类 型</th><th>说 明</th><th>备 注</th></tr>
<tr><td>1</td><td colspan="2">计算扇形段入口辊和出口辊处板坯中心固相率并判断扇形段入口或出口是否压下</td><td>1. 根据温度场计算结果，实时计算每个扇形段入口和出口辊处板坯中心固相率 f_s；
2. 根据设定好的压下区间，如 $f_s=0.3\sim0.7$，再假设轻压下区域扇形段分别为："扇形段 A"、"扇形段 B"、"扇形段 C" 及 "扇形段 D"，然后规定扇形段是否压下。根据参与压下的扇形段数量，分为以下 5 种类型：
（1）无扇形段压下，分两种情况，为了叙述方便，假设压下区间位于 "扇形段 A" 内和压下区间位于 "扇形段 A" 和 "扇形段 B" 之间两种情况，详细说明见表 2-11-22；
（2）一个扇形段压下，假设 "扇形段 B" 压下，分 8 种情况，详细说明见表 2-11-23；
（3）两个扇形段压下，假设 "扇形段 B" 和 "扇形段 C" 压下，分 16 种情况，详细说明见表 2-11-24；
（4）三个扇形段压下，假设 "扇形段 B"、"扇形段 C" 和 "扇形段 D" 压下，分 16 种情况，详细说明见表 2-11-25；
（5）四个扇形段压下，假设 "扇形段 B"、"扇形段 C"、"扇形段 D" 和 "扇形段 E" 压下，分 16 种情况，详细说明见表 2-11-26</td><td>"扇形段 A"、"扇形段 B"、"扇形段 C"、"扇形段 D"、"扇形段 E" 及 "扇形段 F" 为连铸机中任意 6 个沿浇铸方向连续编号的扇形段，次序为 ABCDEF</td></tr>
<tr><td>2</td><td colspan="2">计算参与压下的扇形段入口和出口处的理论压下量</td><td>根据参与压下的扇形段入口和出口辊处固相率 f_s，查询设定好的压下分配率函数通过插值来确定扇形段入口和出口辊处压下分配率；
扇形段入口和出口辊处压下量计算公式为：压下量 = 总压下量 × 压下分配率。压下分配率是固相率的函数，由人工输入设定，如下表
<table><tr><td>固相率</td><td>0.1</td><td>0.2</td><td>0.3</td><td>0.4</td><td>0.5</td><td>0.6</td><td>0.7</td><td>0.8</td><td>0.9</td><td>1.0</td><td>备注</td></tr><tr><td>压下分配率/%</td><td>0</td><td>0</td><td>20</td><td>40</td><td>60</td><td>80</td><td>100</td><td>100</td><td>100</td><td>100</td><td>人工设定</td></tr></table></td><td></td></tr>
<tr><td>3</td><td>扇形段入口和出口辊处实际压下量修正</td><td>稳定性修正</td><td>为保证相邻计算周期内同一扇形段入口和出口辊处计算压下量的波动，在某一范围内，确保扇形段动作的稳定性，在每个计算周期内对每个扇形段入口和出口辊处计算分配的压下量进行稳定性修正，方法为：
如果相邻周期计算结果相差大于设定偏差值 δ（暂定 $\delta=0.3$mm），则修正当前周期计算结果，公式为：
$$A_{mount}=\begin{cases}A_{mount_{cur}} & \mid A_{mount_{cur}}-A_{mount_{pre}}\mid\leqslant\delta\\A_{mount_{pre}}+\delta & A_{mount_{cur}}-A_{mount_{pre}}>\delta\\A_{mount_{cur}}-\delta & A_{mount_{pre}}-A_{mount_{cur}}>\delta\end{cases}$$
式中 A_{mount}——修正后的压下量，mm；
$A_{mount_{cur}}$——当前周期计算压下量，mm；
$A_{mount_{pre}}$——上一周期实际压下量，mm；
δ——设定偏差值，mm</td><td></td></tr>
</table>

续表 2-11-21

序号	类型	说明		备注
3	扇形段入口和出口辊处实际压下量修正	入口锥度修正	为防止相邻扇形段锥度偏差过大造成附加机械应力，在每个周期内对每个扇形段入口辊处计算分配压下量进行锥度修正，方法为： 如果“扇形段 A”为压下扇形段，当“扇形段 B”入口辊与“扇形段 A”出口辊所成的锥度大于“扇形段 A”锥度时，修正“扇形段 B”入口辊压下量，使与“扇形段 A”锥度相同； 如果“扇形段 A”为压下扇形段，当“扇形段 B”入口辊与“扇形段 A”出口辊所成的锥度小于“扇形段 A”锥度时，采用本计算周期“扇形段 B”入口计算压下量； 如果“扇形段 A”为非压下扇形段，“扇形段 B”入口压下量不做锥度修正	
		安全值修正	为保证设备安全，在每个计算周期内对每个扇形段入口辊处计算分配压下量进行安全值修正，方法为： 如果经上述修正后，扇形段入口和出口辊处压下量大于该扇形段所允许的最大压下量，则将扇形段入口和出口辊处压下量调整为扇形段允许的最大压下量。否则，扇形段入口和出口辊处压下量采用经稳定性修正和入口锥度修正后的结果。 最大压下量按扇形段长度计算，即最大压下量 = 扇形段长度（m）×压下率（mm/m）	
4	图表中代号说明	a_1—压下开始或结束位置距“扇形段 A”入口辊距离；a_2—压下开始或结束位置距“扇形段 A”出口辊距离		
		b_1—压下开始或结束位置距“扇形段 B”入口辊距离；b_2—压下开始或结束位置距“扇形段 B”出口辊距离		
		c_1—压下开始或结束位置距“扇形段 C”入口辊距离；c_2—压下开始或结束位置距“扇形段 C”出口辊距离		
		d_1—压下开始或结束位置距“扇形段 D”入口辊距离；d_2—压下开始或结束位置距“扇形段 D”出口辊距离		
		e_1—压下开始或结束位置距“扇形段 E”入口辊距离；e_2—压下开始或结束位置距“扇形段 E”出口辊距离		
		f_1—压下开始或结束位置距“扇形段 F”入口辊距离；ΔG —每个扇形段入口或出口普通收缩辊缝值		
		ΔR —每个扇形段入口或出口计算修正后的压下量		
		ΔT —修正后的总压下量		

表 2-11-22 无扇形段压下

序号	压下扇形段数量	压下开始位置	压下结束位置	Seg. A 是否压下		Seg. B 是否压下		Seg. A 辊缝值		Seg. B 辊缝值		Seg. A 前扇形段辊缝值	Seg. B 后扇形段辊缝值	插图
				入口	出口	入口	出口	入口	出口	入口	出口			
1	0	Seg. A 内且 $a_1>200$	Seg. A 且 $a_2>100$	不压下	不压下	不压下	不压下	ΔG	ΔG	ΔG	ΔG	ΔG	ΔG	图 2-11-39
2		Seg. A 与 Seg. B 间且 $a_2>200$	Seg. A 与 Seg. B 间且 $b_1>100$	不压下	不压下	不压下	不压下	ΔG	ΔG	ΔG	ΔG	ΔG	ΔG	图 2-11-40

表 2-11-23 一个扇形段压下（假设“扇形段 B”压下）

序号	压下扇形段数量	压下开始位置	压下结束位置	Seg. B 是否压下		Seg. B 辊缝值		Seg. B 前扇形段辊缝值	Seg. B 后扇形段辊缝值	插 图
				入口	出口	入口	出口			
1	1	Seg. A 与 Seg. B 间且 $a_2>200$	Seg. B 内且 $b_2>100$	压下	不压下	$\Delta G+\Delta R$	$\Delta G+\Delta T$	ΔG	$\Delta G+\Delta T$	图 2-11-41
2		Seg. A 与 Seg. B 间且 $a_2>200$	Seg. B 内且 $b_2\leqslant100$	压下	压下	$\Delta G+\Delta R$	$\Delta G+\Delta R$	ΔG	$\Delta G+\Delta T$	图 2-11-42
3		Seg. A 与 Seg. B 间且 $a_2>200$	Seg. B 与 Seg. C 间且 $c_1>100$	压下	压下	$\Delta G+\Delta R$	$\Delta G+\Delta R$	ΔG	$\Delta G+\Delta T$	图 2-11-43
4		Seg. B 内且 $b_1\leqslant200$	Seg. B 内且 $b_2>100$	压下	不压下	$\Delta G+\Delta R$	$\Delta G+\Delta T$	ΔG	$\Delta G+\Delta T$	图 2-11-44
5		Seg. B 内且 $b_1\leqslant200$	Seg. B 内且 $b_2\leqslant100$	压下	压下	$\Delta G+\Delta R$	$\Delta G+\Delta R$	ΔG	$\Delta G+\Delta T$	图 2-11-45
6		Seg. B 内且 $b_1\leqslant200$	Seg. B 与 Seg. C 间且 $c_1>100$	压下	压下	$\Delta G+\Delta R$	$\Delta G+\Delta R$	ΔG	$\Delta G+\Delta T$	图 2-11-46
7		Seg. B 内且 $b_1>200$	Seg. B 内且 $b_2\leqslant100$	不压下	压下	ΔG	$\Delta G+\Delta R$	ΔG	$\Delta G+\Delta T$	图 2-11-47
8		Seg. B 内且 $b_1>200$	Seg. B 与 Seg. C 间且 $c_1>100$	不压下	压下	ΔG	$\Delta G+\Delta R$	ΔG	$\Delta G+\Delta T$	图 2-11-48

表 2-11-24　两个扇形段压下（假设“扇形段 B”和“扇形段 C”压下）

序号	压下扇形段数量	压下开始位置	压下结束位置	Seg. B 是否压下		Seg. C 是否压下		Seg. B 辊缝值		Seg. C 辊缝值		Seg. B 前扇形段辊缝值	Seg. C 后扇形段辊缝值	插图
				入口	出口	入口	出口	入口	出口	入口	出口			
1	2	Seg. A 与 Seg. B 间且 $a_2>200$	Seg. B 与 Seg. C 间且 $c_1\leqslant100$	压下	压下	压下	不压下	$\Delta G+\Delta R$	$\Delta G+\Delta R$	$\Delta G+\Delta R$	$\Delta G+\Delta T$	ΔG	$\Delta G+\Delta T$	图 2-11-49
2		Seg. A 与 Seg. B 间且 $a_2>200$	Seg. C 内且 $c_2>100$	压下	压下	压下	不压下	$\Delta G+\Delta R$	$\Delta G+\Delta R$	$\Delta G+\Delta R$	$\Delta G+\Delta T$			图 2-11-50
3		Seg. A 与 Seg. B 间且 $a_2>200$	Seg. C 内且 $c_2\leqslant100$	压下	压下	压下	压下	$\Delta G+\Delta R$	$\Delta G+\Delta R$	$\Delta G+\Delta R$	$\Delta G+\Delta R$			图 2-11-51
4		Seg. A 与 Seg. B 间且 $a_2>200$	Seg. C 与 Seg. D 间且 $d_1>100$	压下	压下	压下	压下	$\Delta G+\Delta R$	$\Delta G+\Delta R$	$\Delta G+\Delta R$	$\Delta G+\Delta R$			图 2-11-52
5		Seg. B 内且 $b_1\leqslant200$	Seg. B 与 Seg. C 间且 $c_1\leqslant100$	压下	压下	压下	不压下	$\Delta G+\Delta R$	$\Delta G+\Delta R$	$\Delta G+\Delta R$	$\Delta G+\Delta T$			图 2-11-53
6		Seg. B 内且 $b_1\leqslant200$	Seg. C 内且 $c_2>100$	压下	压下	压下	不压下	$\Delta G+\Delta R$	$\Delta G+\Delta R$	$\Delta G+\Delta R$	$\Delta G+\Delta T$			图 2-11-54
7		Seg. B 内且 $b_1\leqslant200$	Seg. C 内且 $c_2\leqslant100$	压下	压下	压下	压下	$\Delta G+\Delta R$	$\Delta G+\Delta R$	$\Delta G+\Delta R$	$\Delta G+\Delta R$			图 2-11-55
8		Seg. B 内且 $b_1\leqslant200$	Seg. C 与 Seg. D 间且 $d_1>100$	压下	压下	压下	压下	$\Delta G+\Delta R$	$\Delta G+\Delta R$	$\Delta G+\Delta R$	$\Delta G+\Delta R$			图 2-11-56
9		Seg. B 内且 $b_1>200$	Seg. B 与 Seg. C 间且 $c_1\leqslant100$	不压下	压下	压下	不压下	ΔG	$\Delta G+\Delta R$	$\Delta G+\Delta R$	$\Delta G+\Delta T$			图 2-11-57
10		Seg. B 内且 $b_1>200$	Seg. C 内且 $c_2>100$	不压下	压下	压下	不压下	ΔG	$\Delta G+\Delta R$	$\Delta G+\Delta R$	$\Delta G+\Delta T$			图 2-11-58
11		Seg. B 内且 $b_1>200$	Seg. C 内且 $c_2\leqslant100$	不压下	压下	压下	压下	ΔG	$\Delta G+\Delta R$	$\Delta G+\Delta R$	$\Delta G+\Delta R$			图 2-11-59
12		Seg. B 内且 $b_1>200$	Seg. C 与 Seg. D 间且 $d_1>100$	不压下	压下	压下	压下	ΔG	$\Delta G+\Delta R$	$\Delta G+\Delta R$	$\Delta G+\Delta R$			图 2-11-60
13		Seg. B 与 Seg. C 间且 $b_2\leqslant200$	Seg. B 与 Seg. C 间且 $c_1\leqslant100$	不压下	压下	压下	不压下	ΔG	$\Delta G+\Delta R$	$\Delta G+\Delta R$	$\Delta G+\Delta T$			图 2-11-61
14		Seg. B 与 Seg. C 间且 $b_2\leqslant200$	Seg. C 内且 $c_2>100$	不压下	压下	压下	不压下	ΔG	$\Delta G+\Delta R$	$\Delta G+\Delta R$	$\Delta G+\Delta T$			图 2-11-62
15		Seg. B 与 Seg. C 间且 $b_2\leqslant200$	Seg. C 内且 $c_2\leqslant100$	不压下	压下	压下	压下	ΔG	$\Delta G+\Delta R$	$\Delta G+\Delta R$	$\Delta G+\Delta R$			图 2-11-63
16		Seg. B 与 Seg. C 间且 $b_2\leqslant200$	Seg. C 与 Seg. D 间且 $d_1>100$	不压下	压下	压下	压下	ΔG	$\Delta G+\Delta R$	$\Delta G+\Delta R$	$\Delta G+\Delta R$			图 2-11-64

表 2-11-25 三个扇形段压下（假设“扇形段 B”、“扇形段 C” 和 “扇形段 D” 压下）

序号	压下扇形段数量	压下开始位置	压下结束位置	Seg. B 是否压下		Seg. C 是否压下		Seg. D 是否压下		Seg. B 辊缝值		Seg. C 辊缝值		Seg. D 辊缝值		Seg. B 前扇形段辊缝值	Seg. D 后扇形段辊缝值	插图
				入口	出口	入口	出口	入口	出口	入口	出口	入口	出口	入口	出口			
1	3	Seg. A 与 Seg. B 间且 $a_2>200$	Seg. C 与 Seg. D 间且 $d_1\leqslant100$	压下	压下	压下	压下	压下	不压下	$\Delta G+\Delta R$	$\Delta G+\Delta R$	$\Delta G+\Delta R$	$\Delta G+\Delta R$	$\Delta G+\Delta R$	$\Delta G+\Delta T$	ΔG	$\Delta G+\Delta T$	图 2-11-65
2		Seg. A 与 Seg. B 间且 $a_2>200$	Seg. D 内且 $d_2>100$	压下	压下	压下	压下	压下	不压下	$\Delta G+\Delta R$	$\Delta G+\Delta R$	$\Delta G+\Delta R$	$\Delta G+\Delta R$	$\Delta G+\Delta R$	$\Delta G+\Delta T$			图 2-11-66
3		Seg. A 与 Seg. B 间且 $a_2>200$	Seg. D 内且 $d_2\leqslant100$	压下	压下	压下	压下	压下	压下	$\Delta G+\Delta R$	$\Delta G+\Delta R$	$\Delta G+\Delta R$	$\Delta G+\Delta R$	$\Delta G+\Delta R$	$\Delta G+\Delta R$			图 2-11-67
4		Seg. A 与 Seg. B 间且 $a_2>200$	Seg. D 与 Seg. E 间且 $e_1>100$	压下	压下	压下	压下	压下	压下	$\Delta G+\Delta R$	$\Delta G+\Delta R$	$\Delta G+\Delta R$	$\Delta G+\Delta R$	$\Delta G+\Delta R$	$\Delta G+\Delta R$			图 2-11-68
5		Seg. B 内且 $b_1\leqslant200$	Seg. C 与 Seg. D 间且 $d_1\leqslant100$	压下	压下	压下	压下	压下	不压下	$\Delta G+\Delta R$	$\Delta G+\Delta R$	$\Delta G+\Delta R$	$\Delta G+\Delta R$	$\Delta G+\Delta R$	$\Delta G+\Delta T$			图 2-11-69
6		Seg. B 内且 $b_1\leqslant200$	Seg. D 内且 $d_2>100$	压下	压下	压下	压下	压下	不压下	$\Delta G+\Delta R$	$\Delta G+\Delta R$	$\Delta G+\Delta R$	$\Delta G+\Delta R$	$\Delta G+\Delta R$	$\Delta G+\Delta T$			图 2-11-70
7		Seg. B 内且 $b_1\leqslant200$	Seg. D 内且 $d_2\leqslant100$	压下	压下	压下	压下	压下	压下	$\Delta G+\Delta R$	$\Delta G+\Delta R$	$\Delta G+\Delta R$	$\Delta G+\Delta R$	$\Delta G+\Delta R$	$\Delta G+\Delta R$			图 2-11-71
8		Seg. B 内且 $b_1\leqslant200$	Seg. D 与 Seg. E 间且 $e_1>100$	压下	压下	压下	压下	压下	压下	$\Delta G+\Delta R$	$\Delta G+\Delta R$	$\Delta G+\Delta R$	$\Delta G+\Delta R$	$\Delta G+\Delta R$	$\Delta G+\Delta R$			图 2-11-72
9		Seg. B 内且 $b_1>200$	Seg. C 与 Seg. D 间且 $d_1\leqslant100$	不压下	压下	压下	压下	压下	不压下	ΔG	$\Delta G+\Delta R$	$\Delta G+\Delta R$	$\Delta G+\Delta R$	$\Delta G+\Delta R$	$\Delta G+\Delta T$			图 2-11-73
10		Seg. B 内且 $b_1>200$	Seg. D 内且 $d_2>100$	不压下	压下	压下	压下	压下	不压下	ΔG	$\Delta G+\Delta R$	$\Delta G+\Delta R$	$\Delta G+\Delta R$	$\Delta G+\Delta R$	$\Delta G+\Delta T$			图 2-11-74
11		Seg. B 内且 $b_1>200$	Seg. D 内且 $d_2\leqslant100$	不压下	压下	压下	压下	压下	压下	ΔG	$\Delta G+\Delta R$	$\Delta G+\Delta R$	$\Delta G+\Delta R$	$\Delta G+\Delta R$	$\Delta G+\Delta R$			图 2-11-75
12		Seg. B 内且 $b_1>200$	Seg. D 与 Seg. E 间且 $e_1>100$	不压下	压下	压下	压下	压下	压下	ΔG	$\Delta G+\Delta R$	$\Delta G+\Delta R$	$\Delta G+\Delta R$	$\Delta G+\Delta R$	$\Delta G+\Delta R$			图 2-11-76
13		Seg. B 与 Seg. C 间且 $b_2\leqslant200$	Seg. C 与 Seg. D 间且 $d_1\leqslant100$	不压下	压下	压下	压下	压下	不压下	ΔG	$\Delta G+\Delta R$	$\Delta G+\Delta R$	$\Delta G+\Delta R$	$\Delta G+\Delta R$	$\Delta G+\Delta T$			图 2-11-77
14		Seg. B 与 Seg. C 间且 $b_2\leqslant200$	Seg. D 内且 $d_2>100$	不压下	压下	压下	压下	压下	不压下	ΔG	$\Delta G+\Delta R$	$\Delta G+\Delta R$	$\Delta G+\Delta R$	$\Delta G+\Delta R$	$\Delta G+\Delta T$			图 2-11-78
15		Seg. B 与 Seg. C 间且 $b_2\leqslant200$	Seg. D 内且 $d_2\leqslant100$	不压下	压下	压下	压下	压下	压下	ΔG	$\Delta G+\Delta R$	$\Delta G+\Delta R$	$\Delta G+\Delta R$	$\Delta G+\Delta R$	$\Delta G+\Delta R$			图 2-11-79
16		Seg. B 与 Seg. C 间且 $b_2\leqslant200$	Seg. D 与 Seg. E 间且 $e_1>100$	不压下	压下	压下	压下	压下	压下	ΔG	$\Delta G+\Delta R$	$\Delta G+\Delta R$	$\Delta G+\Delta R$	$\Delta G+\Delta R$	$\Delta G+\Delta R$			图 2-11-80

表 2-11-26 四个扇形段压下（假设“扇形段 B”、“扇形段 C”和“扇形段 D”、“扇形段 E”压下）

序号	压下扇形段数量	压下开始位置	压下结束位置	Seg. B 是否压下		Seg. C 是否压下		Seg. D 是否压下		Seg. E 是否压下		Seg. B 辊缝值		Seg. C 辊缝值		Seg. D 辊缝值		Seg. E 辊缝值		Seg. B 前扇形段辊缝值	Seg. E 后扇形段辊缝值	插图
				入口	出口	入口	出口	入口	出口	入口	出口	入口	出口	入口	出口	入口	出口	入口	出口			
1	4	Seg. A 与 Seg. B 间且 $a_2>200$	Seg. D 与 Seg. E 间且 $e_1\leqslant 100$	压下	压下	压下	压下	压下	压下	压下	不压下	$\Delta G+\Delta R$	$\Delta G+\Delta R$	$\Delta G+\Delta R$	$\Delta G+\Delta R$	$\Delta G+\Delta R$	$\Delta G+\Delta R$	$\Delta G+\Delta R$	$\Delta G+\Delta T$	ΔG	$\Delta G+\Delta T$	图 2-11-81
2		Seg. A 与 Seg. B 间且 $a_2>200$	Seg. E 内且 $e_2>100$	压下	压下	压下	压下	压下	压下	压下	不压下	$\Delta G+\Delta R$	$\Delta G+\Delta R$	$\Delta G+\Delta R$	$\Delta G+\Delta R$	$\Delta G+\Delta R$	$\Delta G+\Delta R$	$\Delta G+\Delta R$	$\Delta G+\Delta T$			图 2-11-82
3		Seg. A 与 Seg. B 间且 $a_2>200$	Seg. E 内且 $e_2\leqslant 100$	压下	压下	压下	压下	压下	压下	压下	压下	$\Delta G+\Delta R$	$\Delta G+\Delta R$	$\Delta G+\Delta R$	$\Delta G+\Delta R$	$\Delta G+\Delta R$	$\Delta G+\Delta R$	$\Delta G+\Delta R$	$\Delta G+\Delta R$			图 2-11-83
4		Seg. A 与 Seg. B 间且 $a_2>200$	Seg. E 与 Seg. F 间且 $f_1>100$	压下	压下	压下	压下	压下	压下	压下	压下	$\Delta G+\Delta R$	$\Delta G+\Delta R$	$\Delta G+\Delta R$	$\Delta G+\Delta R$	$\Delta G+\Delta R$	$\Delta G+\Delta R$	$\Delta G+\Delta R$	$\Delta G+\Delta R$			图 2-11-84
5		Seg. B 内且 $b_1\leqslant 200$	Seg. D 与 Seg. E 间且 $e_1\leqslant 100$	压下	压下	压下	压下	压下	压下	压下	不压下	$\Delta G+\Delta R$	$\Delta G+\Delta R$	$\Delta G+\Delta R$	$\Delta G+\Delta R$	$\Delta G+\Delta R$	$\Delta G+\Delta R$	$\Delta G+\Delta R$	$\Delta G+\Delta T$			图 2-11-85
6		Seg. B 内且 $b_1\leqslant 200$	Seg. E 内且 $e_2>100$	压下	压下	压下	压下	压下	压下	压下	不压下	$\Delta G+\Delta R$	$\Delta G+\Delta R$	$\Delta G+\Delta R$	$\Delta G+\Delta R$	$\Delta G+\Delta R$	$\Delta G+\Delta R$	$\Delta G+\Delta R$	$\Delta G+\Delta T$			图 2-11-86
7		Seg. B 内且 $b_1\leqslant 200$	Seg. E 内且 $e_2\leqslant 100$	压下	压下	压下	压下	压下	压下	压下	压下	$\Delta G+\Delta R$	$\Delta G+\Delta R$	$\Delta G+\Delta R$	$\Delta G+\Delta R$	$\Delta G+\Delta R$	$\Delta G+\Delta R$	$\Delta G+\Delta R$	$\Delta G+\Delta R$			图 2-11-87
8		Seg. B 内且 $b_1\leqslant 200$	Seg. E 与 Seg. F 间且 $f_1>100$	压下	压下	压下	压下	压下	压下	压下	压下	$\Delta G+\Delta R$	$\Delta G+\Delta R$	$\Delta G+\Delta R$	$\Delta G+\Delta R$	$\Delta G+\Delta R$	$\Delta G+\Delta R$	$\Delta G+\Delta R$	$\Delta G+\Delta R$			图 2-11-88
9		Seg. B 内且 $b_1>200$	Seg. D 与 Seg. E 间且 $e_1\leqslant 100$	不压下	压下	压下	压下	压下	压下	压下	不压下	ΔG	$\Delta G+\Delta R$	$\Delta G+\Delta R$	$\Delta G+\Delta R$	$\Delta G+\Delta R$	$\Delta G+\Delta R$	$\Delta G+\Delta R$	$\Delta G+\Delta T$			图 2-11-89
10		Seg. B 内且 $b_1>200$	Seg. E 内且 $e_2>100$	不压下	压下	压下	压下	压下	压下	压下	不压下	ΔG	$\Delta G+\Delta R$	$\Delta G+\Delta R$	$\Delta G+\Delta R$	$\Delta G+\Delta R$	$\Delta G+\Delta R$	$\Delta G+\Delta R$	$\Delta G+\Delta T$			图 2-11-90
11		Seg. B 内且 $b_1>200$	Seg. E 内且 $e_2\leqslant 100$	不压下	压下	压下	压下	压下	压下	压下	压下	ΔG	$\Delta G+\Delta R$	$\Delta G+\Delta R$	$\Delta G+\Delta R$	$\Delta G+\Delta R$	$\Delta G+\Delta R$	$\Delta G+\Delta R$	$\Delta G+\Delta R$			图 2-11-91
12		Seg. B 内且 $b_1>200$	Seg. E 与 Seg. F 间且 $f_1>100$	不压下	压下	压下	压下	压下	压下	压下	压下	ΔG	$\Delta G+\Delta R$	$\Delta G+\Delta R$	$\Delta G+\Delta R$	$\Delta G+\Delta R$	$\Delta G+\Delta R$	$\Delta G+\Delta R$	$\Delta G+\Delta R$			图 2-11-92
13		Seg. B 与 Seg. C 间且 $b_2\leqslant 200$	Seg. D 与 Seg. E 间且 $e_1\leqslant 100$	不压下	压下	压下	压下	压下	压下	压下	不压下	ΔG	$\Delta G+\Delta R$	$\Delta G+\Delta R$	$\Delta G+\Delta R$	$\Delta G+\Delta R$	$\Delta G+\Delta R$	$\Delta G+\Delta R$	$\Delta G+\Delta T$			图 2-11-93
14		Seg. B 与 Seg. C 间且 $b_2\leqslant 200$	Seg. E 内且 $e_2>100$	不压下	压下	压下	压下	压下	压下	压下	不压下	ΔG	$\Delta G+\Delta R$	$\Delta G+\Delta R$	$\Delta G+\Delta R$	$\Delta G+\Delta R$	$\Delta G+\Delta R$	$\Delta G+\Delta R$	$\Delta G+\Delta T$			图 2-11-94
15		Seg. B 与 Seg. C 间且 $b_2\leqslant 200$	Seg. E 内且 $e_2\leqslant 100$	不压下	压下	压下	压下	压下	压下	压下	压下	ΔG	$\Delta G+\Delta R$	$\Delta G+\Delta R$	$\Delta G+\Delta R$	$\Delta G+\Delta R$	$\Delta G+\Delta R$	$\Delta G+\Delta R$	$\Delta G+\Delta R$			图 2-11-95
16		Seg. B 与 Seg. C 间且 $b_2\leqslant 200$	Seg. E 与 Seg. F 间且 $f_1>100$	不压下	压下	压下	压下	压下	压下	压下	压下	ΔG	$\Delta G+\Delta R$	$\Delta G+\Delta R$	$\Delta G+\Delta R$	$\Delta G+\Delta R$	$\Delta G+\Delta R$	$\Delta G+\Delta R$	$\Delta G+\Delta R$			图 2-11-96

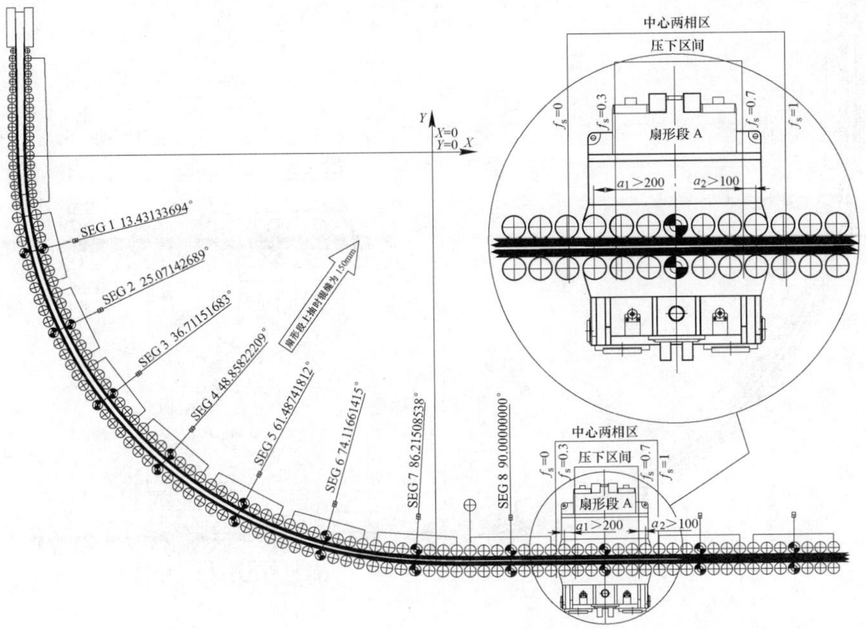

图 2-11-39　压下区间处于“扇形段 A”内且压下区间开始位置与“扇形段 A”入口辊距离 $a_1>200$mm，压下区间结束位置与“扇形段 A”出口辊距离 $a_2>100$mm

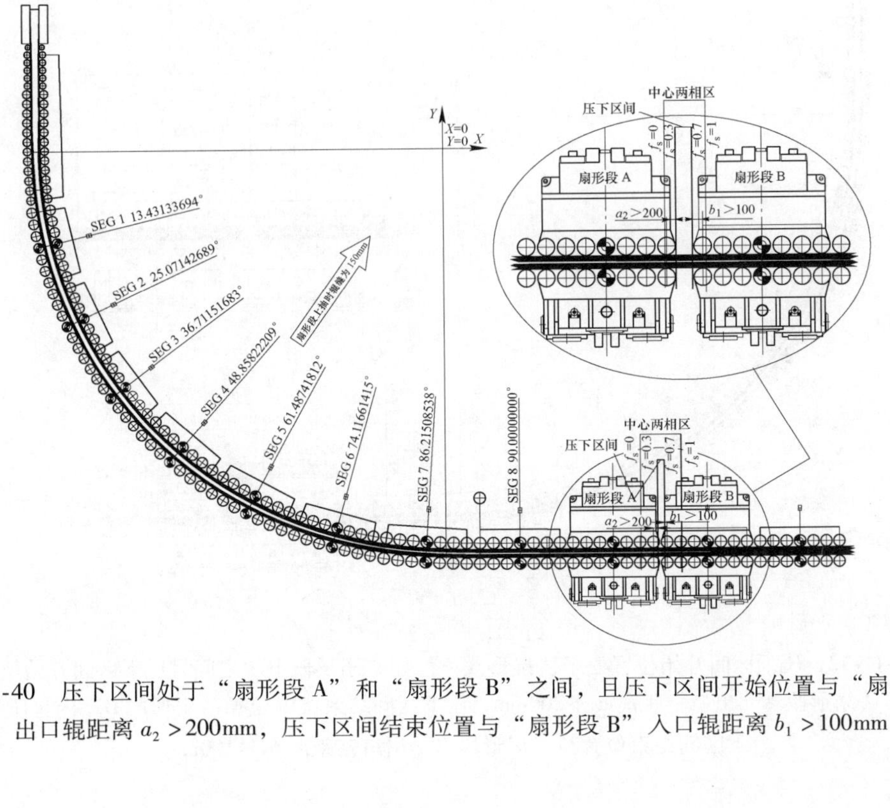

图 2-11-40　压下区间处于“扇形段 A”和“扇形段 B”之间，且压下区间开始位置与“扇形段 A”出口辊距离 $a_2>200$mm，压下区间结束位置与“扇形段 B”入口辊距离 $b_1>100$mm

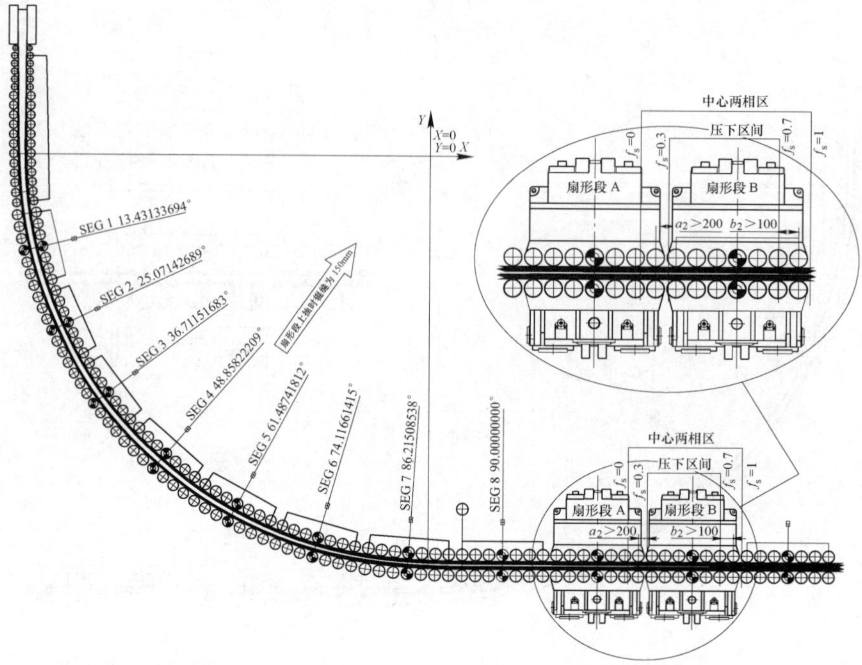

图 2-11-41　压下区间开始位置处于“扇形段 A”和“扇形段 B”之间且压下区间开始位置与“扇形段 A”出口辊距离 $a_2>200$mm，压下区间结束位置处于“扇形段 B”内且压下区间结束位置与“扇形段 B”出口辊距离 $b_2>100$mm

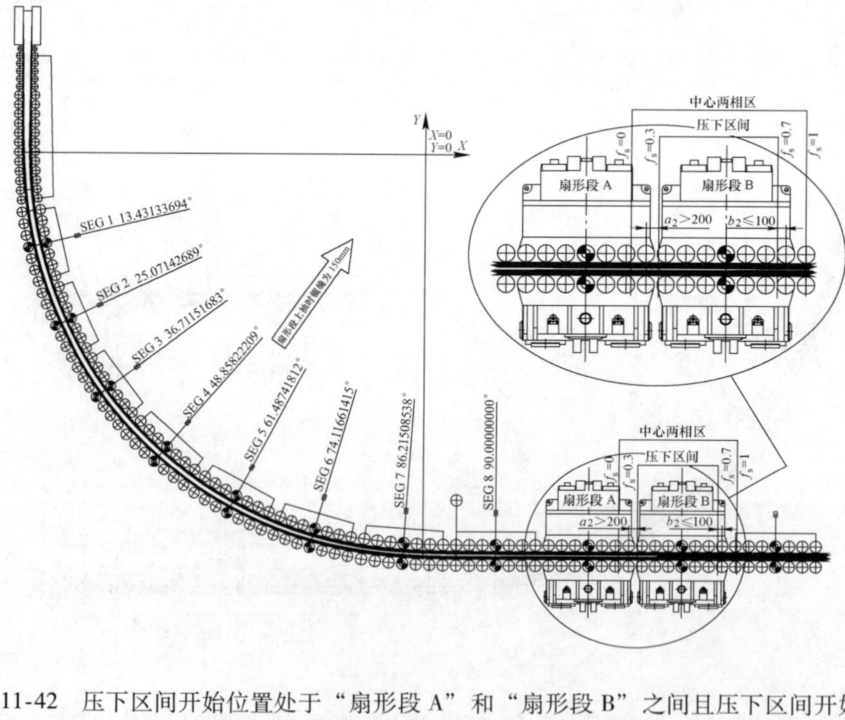

图 2-11-42　压下区间开始位置处于“扇形段 A”和“扇形段 B”之间且压下区间开始位置与“扇形段 A”出口辊距离 $a_2>200$mm，压下区间结束位置处于“扇形段 B”内且压下区间结束位置与“扇形段 B”出口辊距离 $b_2\leqslant100$mm

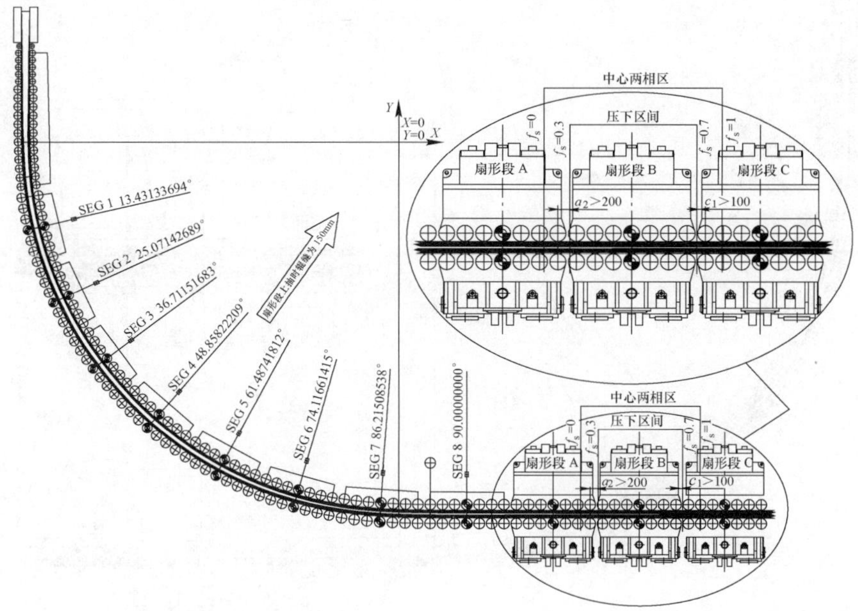

图 2-11-43　压下区间开始位置处于“扇形段 A”和“扇形段 B”之间且压下区间开始位置与“扇形段 A”出口辊距离 $a_2>200$mm，压下区间结束位置处于“扇形段 B”和“扇形段 C”之间且压下区间结束位置与“扇形段 C”入口辊距离 $c_1>100$mm

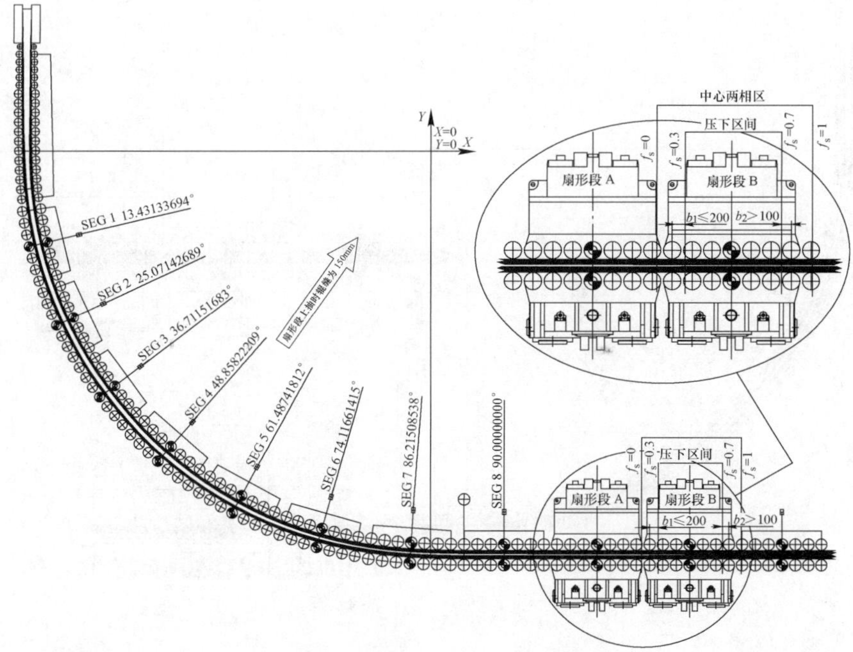

图 2-11-44　压下区间处于“扇形段 B”内且压下区间开始位置与“扇形段 B”入口辊距离 $b_1\leqslant200$mm，压下区间结束位置与“扇形段 B”出口辊距离 $b_2>100$mm

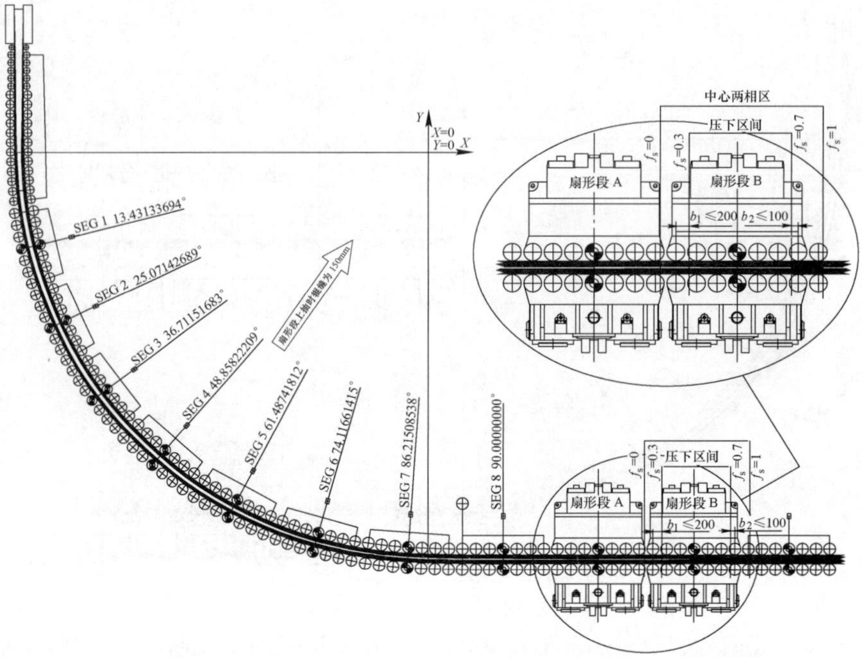

图 2-11-45　压下区间处于“扇形段 B”内且压下区间开始位置与“扇形段 B”入口辊距离 $b_1 \leqslant 200$mm，压下区间结束位置与“扇形段 B”出口辊距离 $b_2 \leqslant 100$mm

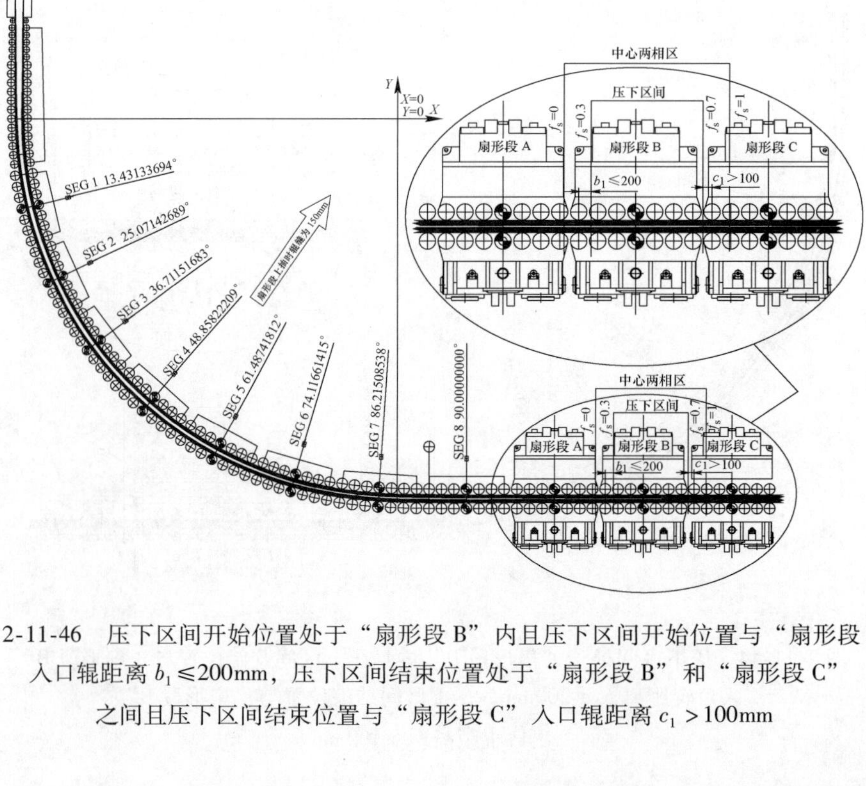

图 2-11-46　压下区间开始位置处于“扇形段 B”内且压下区间开始位置与“扇形段 B”入口辊距离 $b_1 \leqslant 200$mm，压下区间结束位置处于“扇形段 B”和“扇形段 C”之间且压下区间结束位置与“扇形段 C”入口辊距离 $c_1 > 100$mm

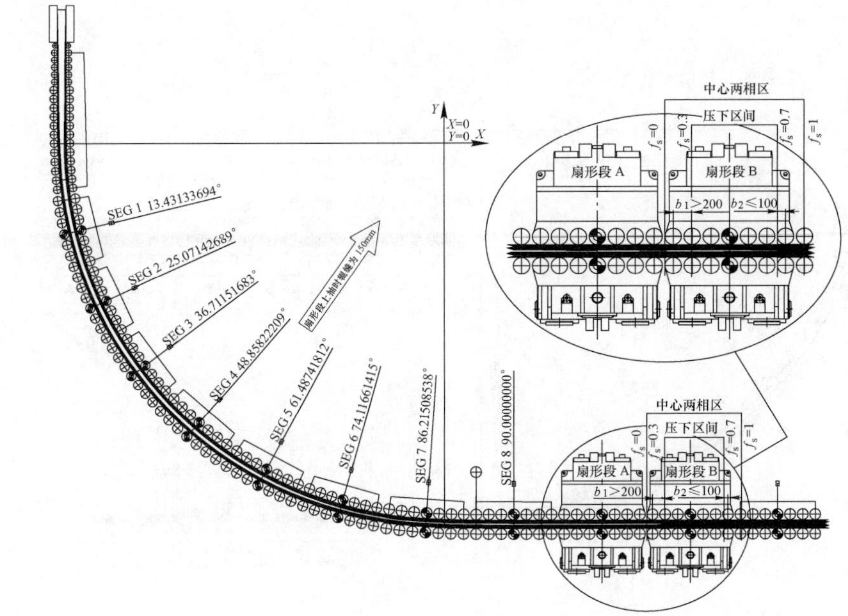

图 2-11-47　压下区间处于“扇形段 B”内且压下区间开始位置与“扇形段 B”入口辊距离 $b_1>200$mm，压下区间结束位置与“扇形段 B”出口辊距离 $b_2 \leqslant 100$mm

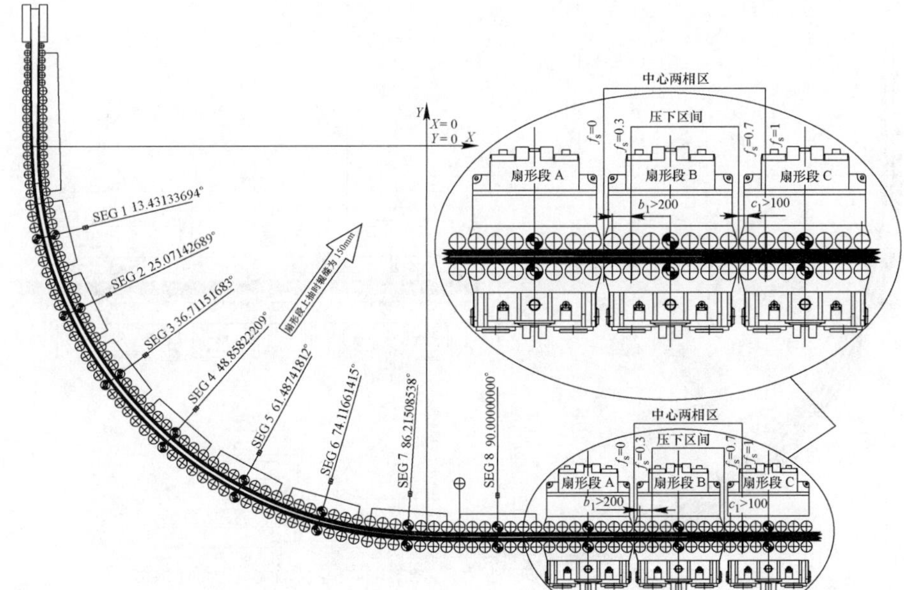

图 2-11-48　压下区间开始位置处于“扇形段 B”内且压下区间开始位置与“扇形段 B”入口辊距离 $b_1>200$mm，压下区间结束位置处于“扇形段 B”和“扇形段 C”之间且压下区间结束位置与“扇形段 C”入口辊距离 $c_1>100$mm

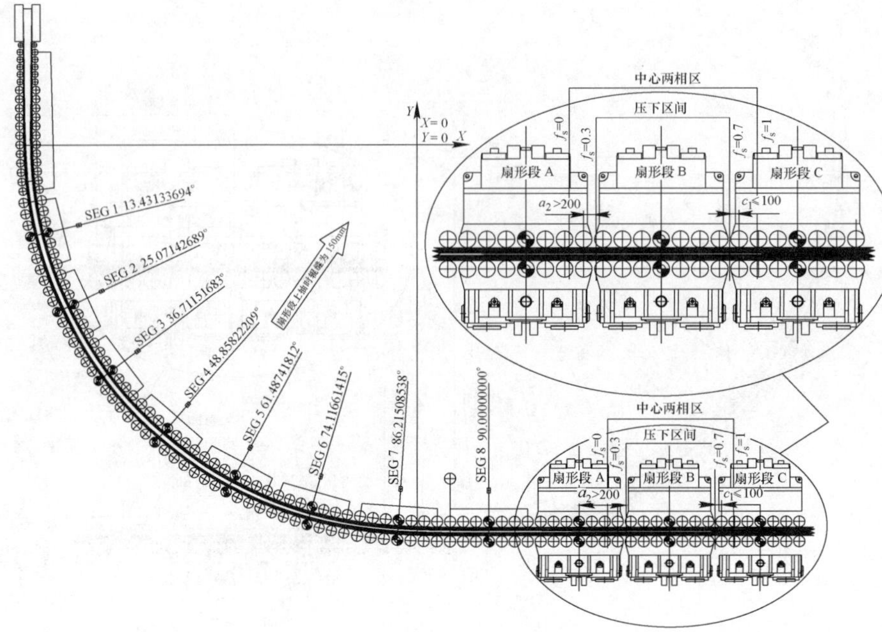

图 2-11-49　压下区间开始位置处于“扇形段 A”和“扇形段 B”之间且压下区间开始位置与“扇形段 A”出口辊距离 $a_2>200$mm，压下区间结束位置处于“扇形段 B”和“扇形段 C”之间且压下区间结束位置与“扇形段 C”入口辊距离 $c_1 \leqslant 100$mm

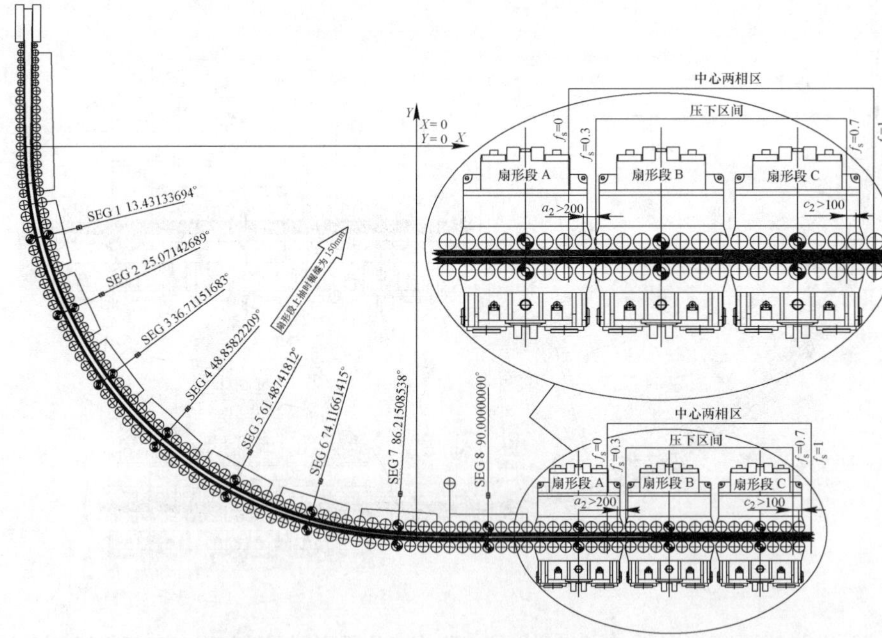

图 2-11-50　压下区间开始位置处于“扇形段 A”和“扇形段 B”之间且压下区间开始位置与“扇形段 A”出口辊距离 $a_2>200$mm，压下区间结束位置处于“扇形段 C”内且压下区间结束位置与“扇形段 C”出口辊距离 $c_2>100$mm

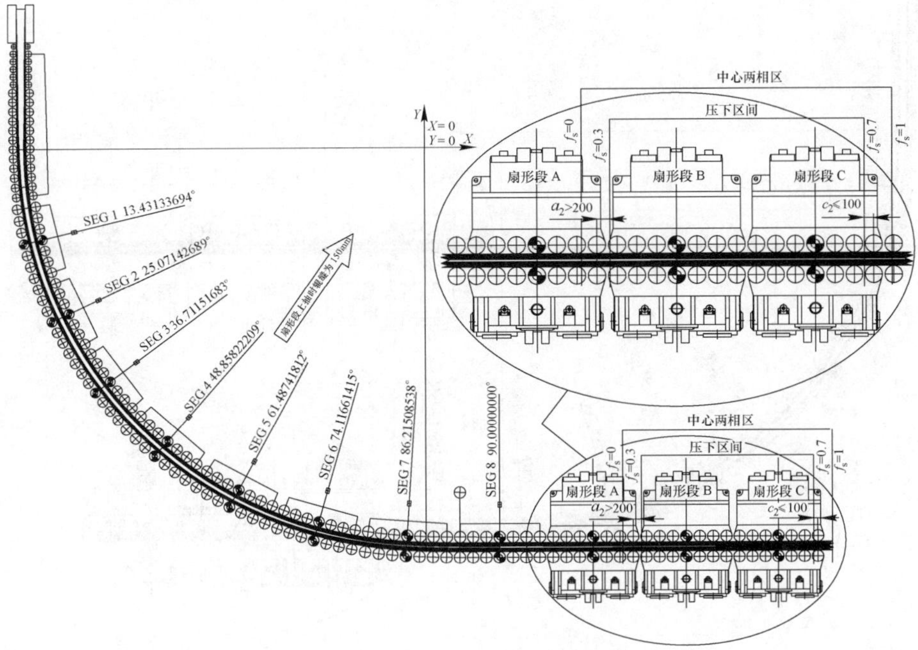

图 2-11-51　压下区间开始位置处于“扇形段 A”和“扇形段 B”之间且压下区间开始位置与“扇形段 A”出口辊距离 a_2 >200mm，压下区间结束位置处于“扇形段 C”内且压下区间结束位置与“扇形段 C”出口辊距离 c_2 ≤100mm

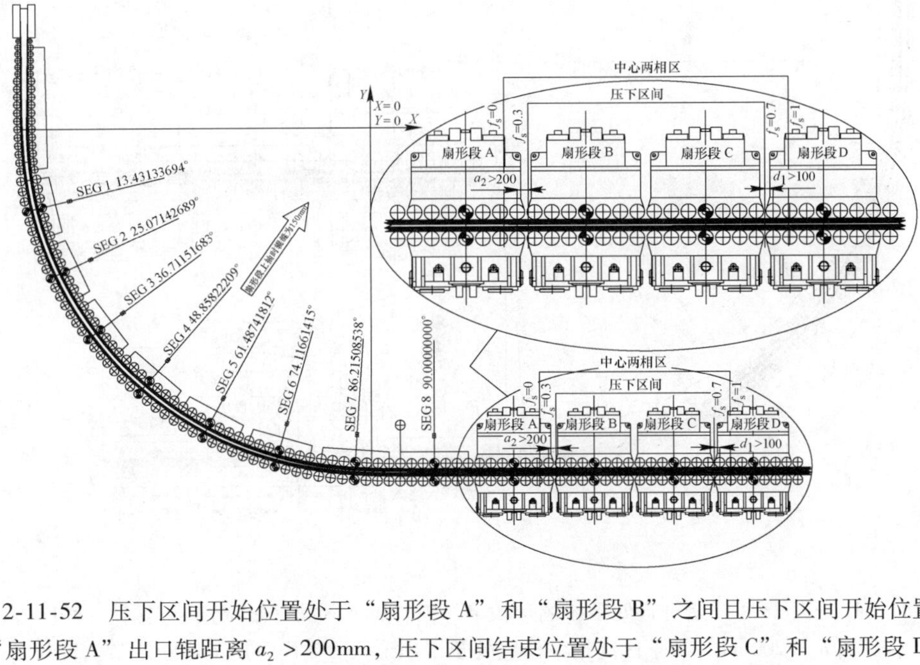

图 2-11-52　压下区间开始位置处于“扇形段 A”和“扇形段 B”之间且压下区间开始位置与“扇形段 A”出口辊距离 a_2 >200mm，压下区间结束位置处于“扇形段 C”和“扇形段 D”之间且压下区间结束位置与“扇形段 D”入口辊距离 d_1 >100mm

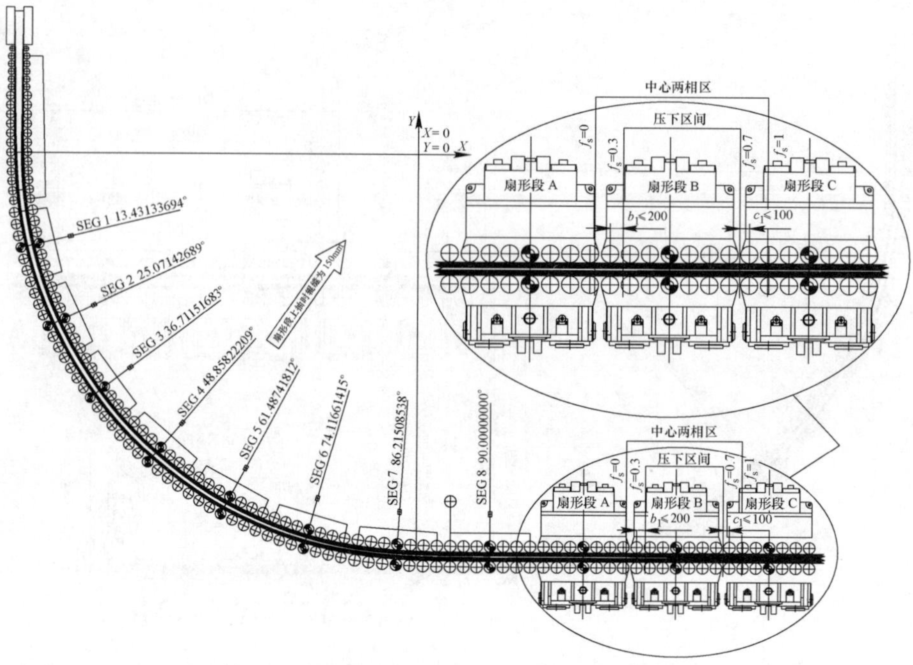

图 2-11-53　压下区间开始位置处于“扇形段 B”内且压下区间开始位置与“扇形段 B”入口辊距离 $b_1\leqslant200$mm，压下区间结束位置处于“扇形段 B”和“扇形段 C”之间且压下区间结束位置与“扇形段 C”入口辊距离 $c_1\leqslant100$mm

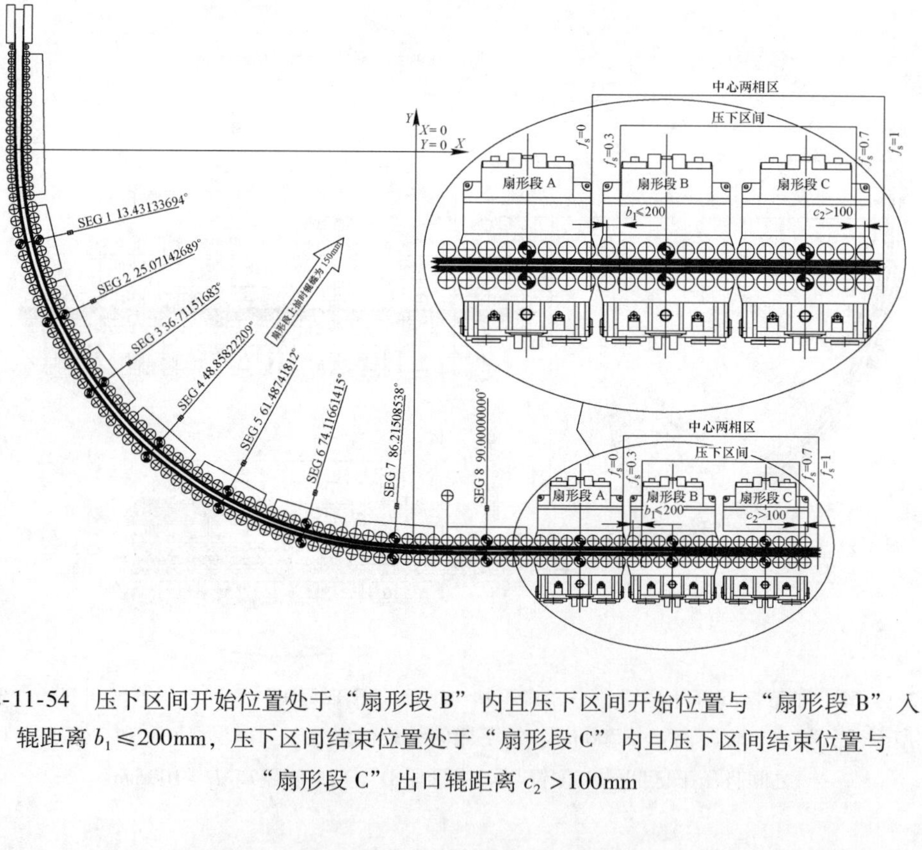

图 2-11-54　压下区间开始位置处于“扇形段 B”内且压下区间开始位置与“扇形段 B”入口辊距离 $b_1\leqslant200$mm，压下区间结束位置处于“扇形段 C”内且压下区间结束位置与“扇形段 C”出口辊距离 $c_2>100$mm

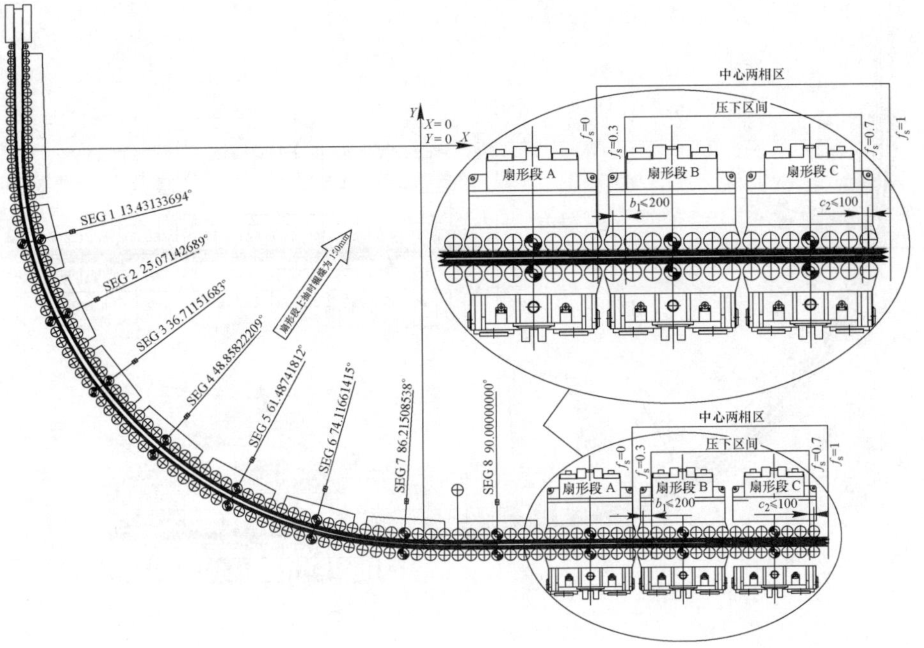

图 2-11-55 压下区间开始位置处于"扇形段 B"内且压下区间开始位置与"扇形段 B"入口辊距离 $b_1 \leqslant 200$mm，压下区间结束位置处于"扇形段 C"内且压下区间结束位置与"扇形段 C"出口辊距离 $c_2 \leqslant 100$mm

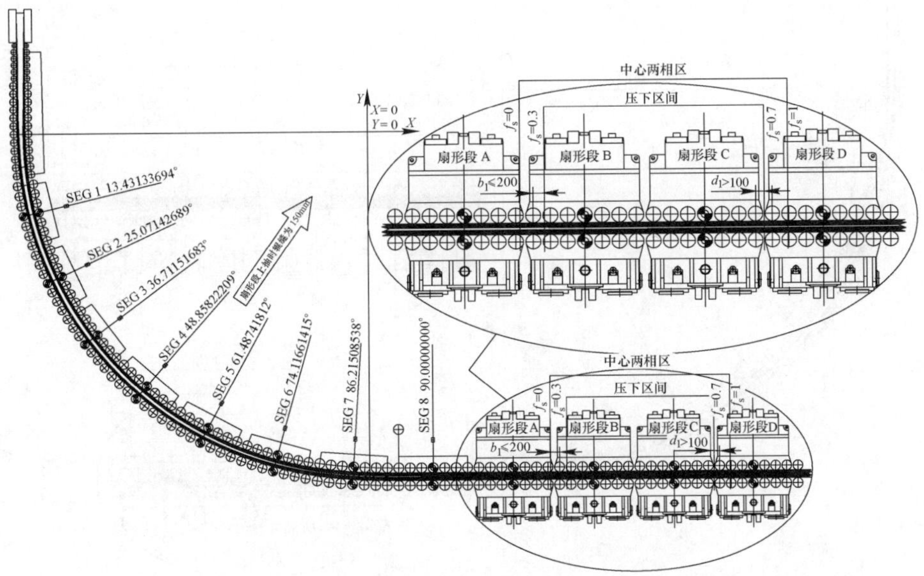

图 2-11-56 压下区间开始位置处于"扇形段 B"内且压下区间开始位置与"扇形段 B"入口辊距离 $b_1 \leqslant 200$mm，压下区间结束位置处于"扇形段 C"和"扇形段 D"之间且压下区间结束位置与"扇形段 D"入口辊距离 $d_1 > 100$mm

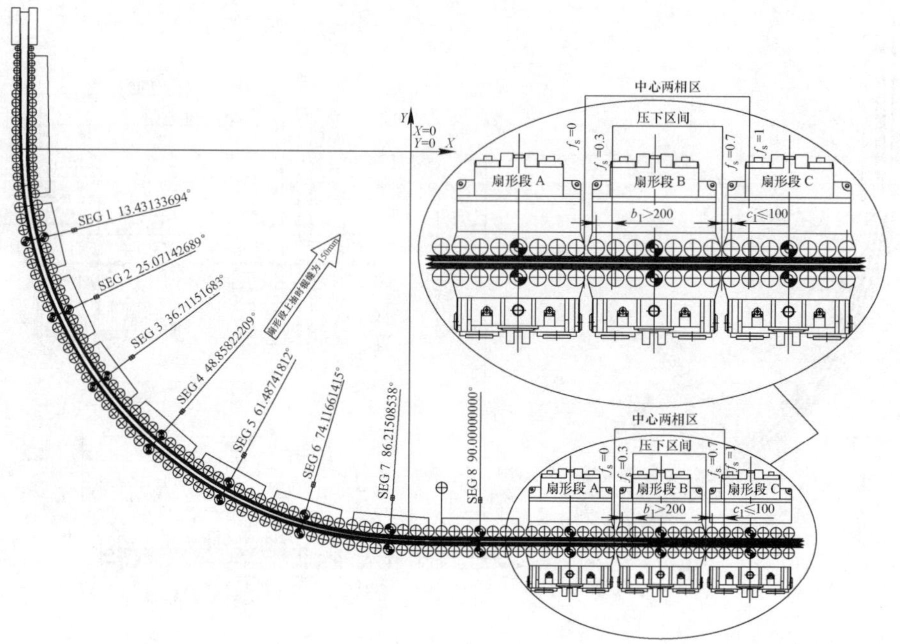

图 2-11-57　压下区间开始位置处于“扇形段 B”内且压下区间开始位置与“扇形段 B”入口辊距离 b_1 >200mm，压下区间结束位置处于“扇形段 B”和“扇形段 C”之间且压下区间结束位置与“扇形段 C”入口辊距离 c_1 ≤100mm

图 2-11-58　压下区间开始位置处于“扇形段 B”内且压下区间开始位置与“扇形段 B”入口辊距离 b_1 >200mm，压下区间结束位置处于“扇形段 C”内且压下区间结束位置与“扇形段 C”出口辊距离 c_2 >100mm

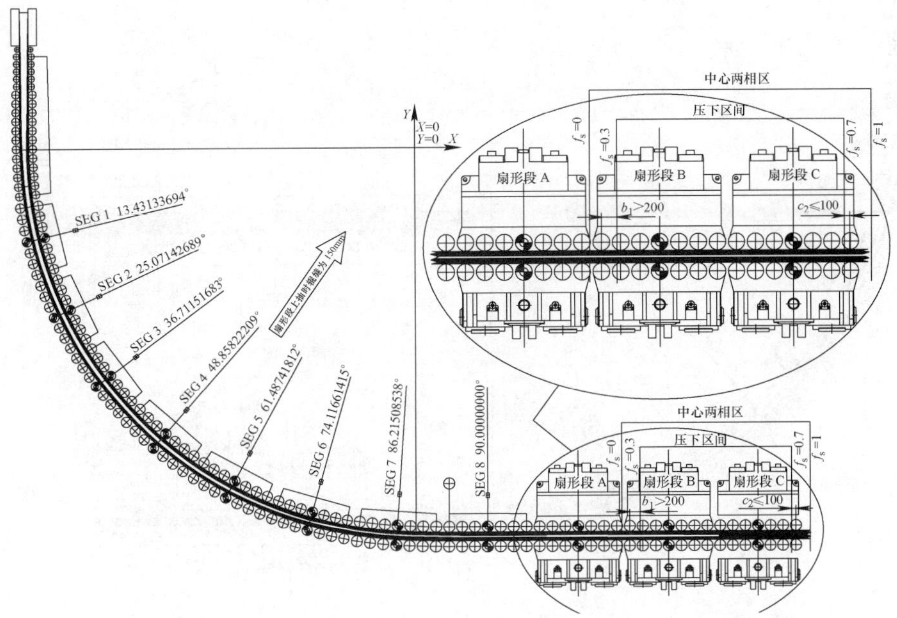

图 2-11-59 压下区间开始位置处于“扇形段 B”内且压下区间开始位置与“扇形段 B”入口辊距离 $b_1>200$mm，压下区间结束位置处于“扇形段 C”内且压下区间结束位置与“扇形段 C”出口辊距离 $c_2\leqslant100$mm

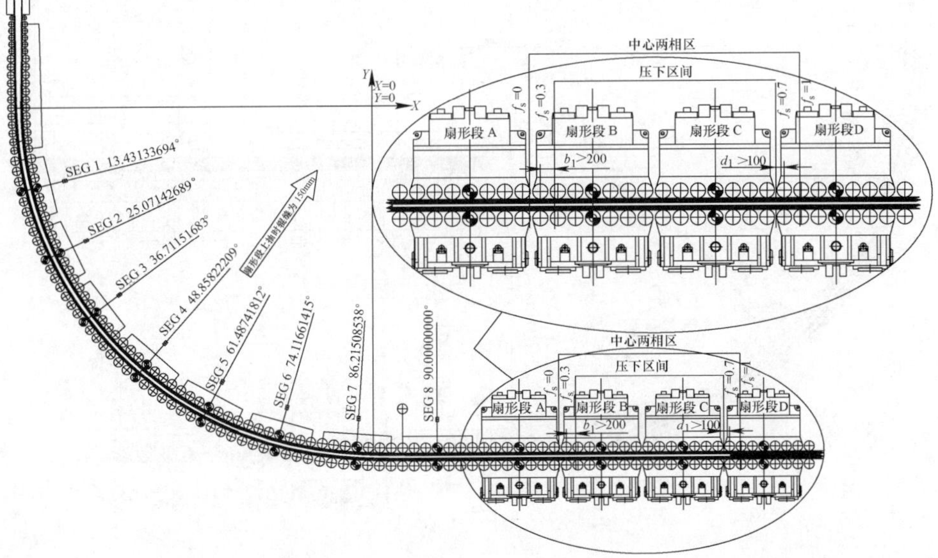

图 2-11-60 压下区间开始位置处于“扇形段 B”内且压下区间开始位置与“扇形段 B”入口辊距离 $b_1>200$mm，压下区间结束位置处于“扇形段 C”和“扇形段 D”之间且压下区间结束位置与“扇形段 D”入口辊距离 $d_1>100$mm

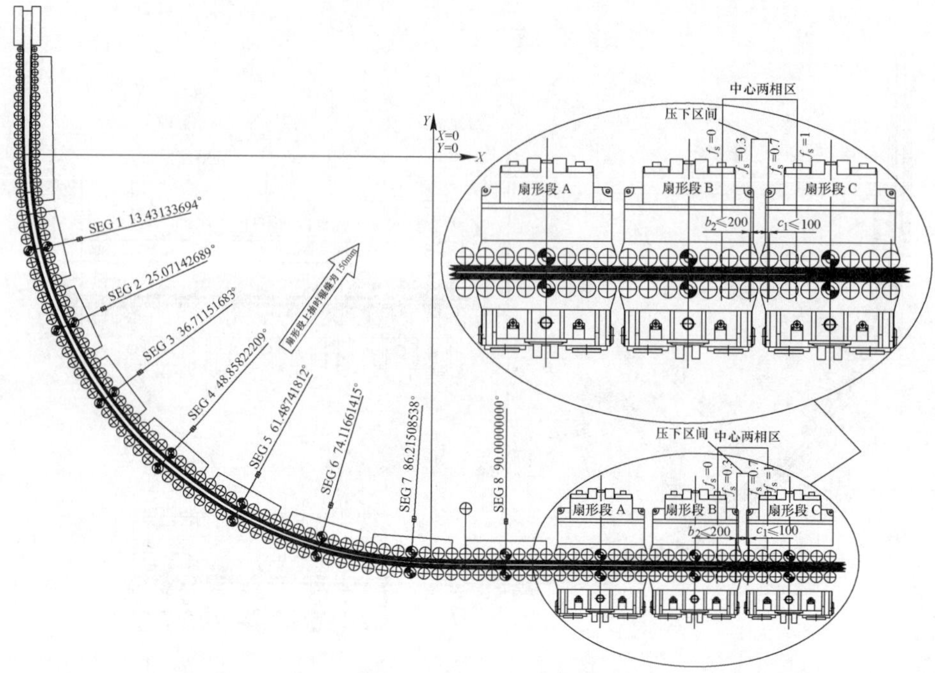

图 2-11-61　压下区间位于“扇形段 B”和“扇形段 C”之间且压下区间开始位置与“扇形段 B”出口辊距离 $b_2 \leqslant 200$mm，压下区间结束位置与“扇形段 C”入口辊距离 $c_1 \leqslant 100$mm

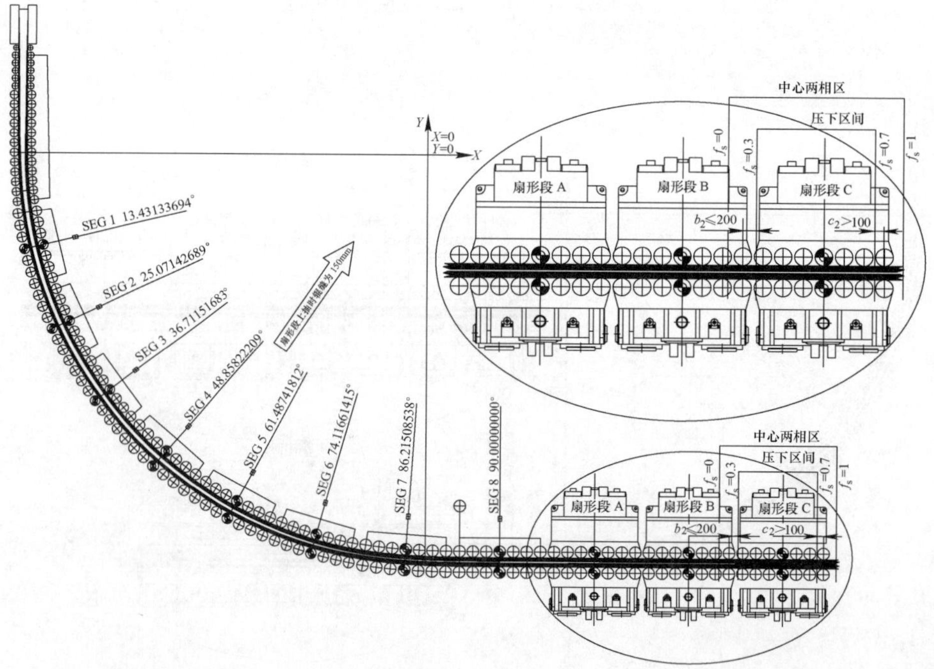

图 2-11-62　压下区间开始位置处于“扇形段 B”和“扇形段 C”之间且压下区间开始位置与“扇形段 B”出口辊距离 $b_2 \leqslant 200$mm，压下区间结束位置处于“扇形段 C”内且压下区间结束位置与“扇形段 C”出口辊距离 $c_2 > 100$mm

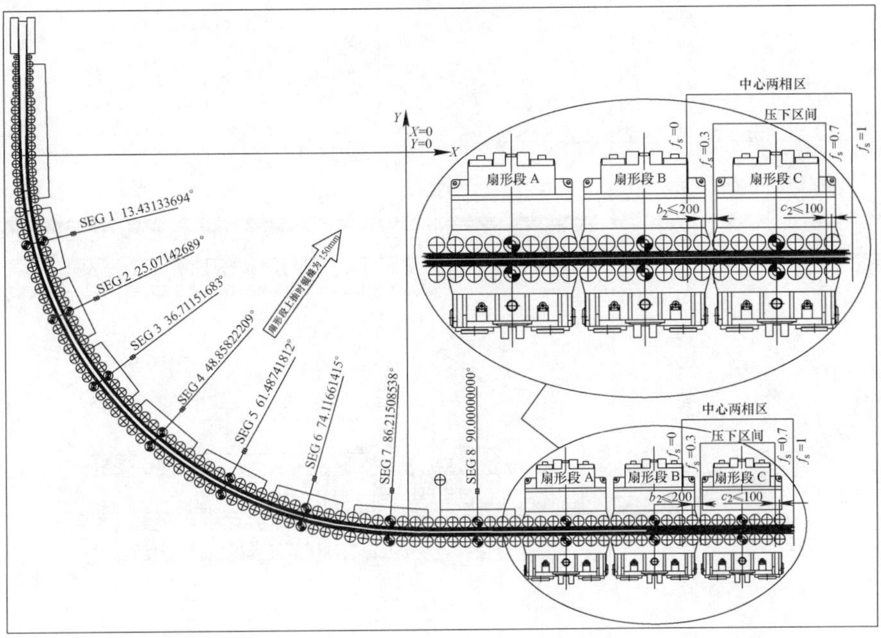

图 2-11-63　压下区间开始位置处于“扇形段 B”和“扇形段 C”之间且压下区间开始位置与“扇形段 B”出口辊距离 $b_2 \leqslant 200$mm，压下区间结束位置处于“扇形段 C”内且压下区间结束位置与“扇形段 C”出口辊距离 $c_2 \leqslant 100$mm

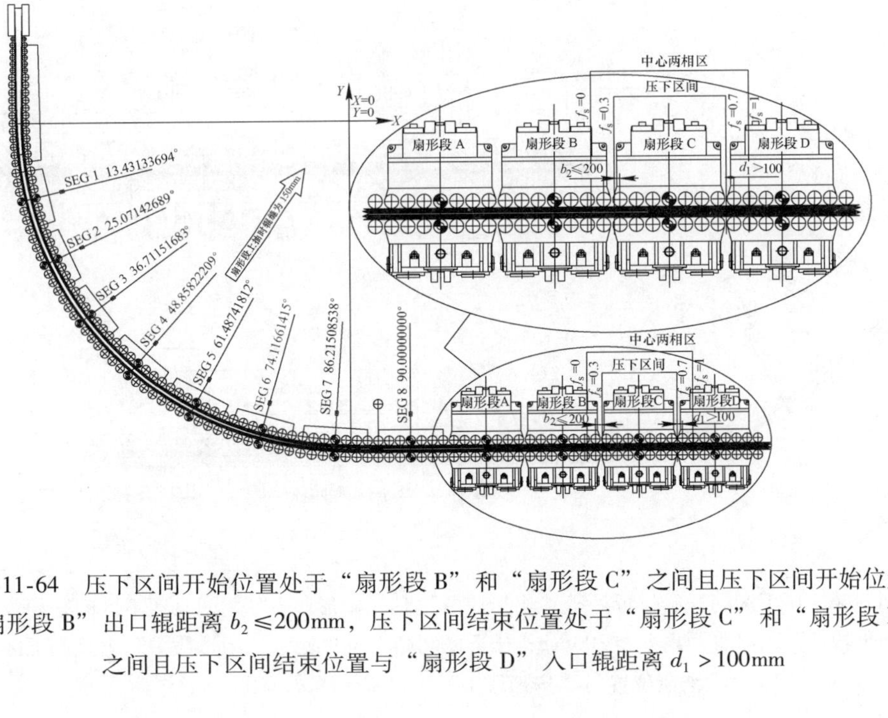

图 2-11-64　压下区间开始位置处于“扇形段 B”和“扇形段 C”之间且压下区间开始位置与“扇形段 B”出口辊距离 $b_2 \leqslant 200$mm，压下区间结束位置处于“扇形段 C”和“扇形段 D”之间且压下区间结束位置与“扇形段 D”入口辊距离 $d_1 > 100$mm

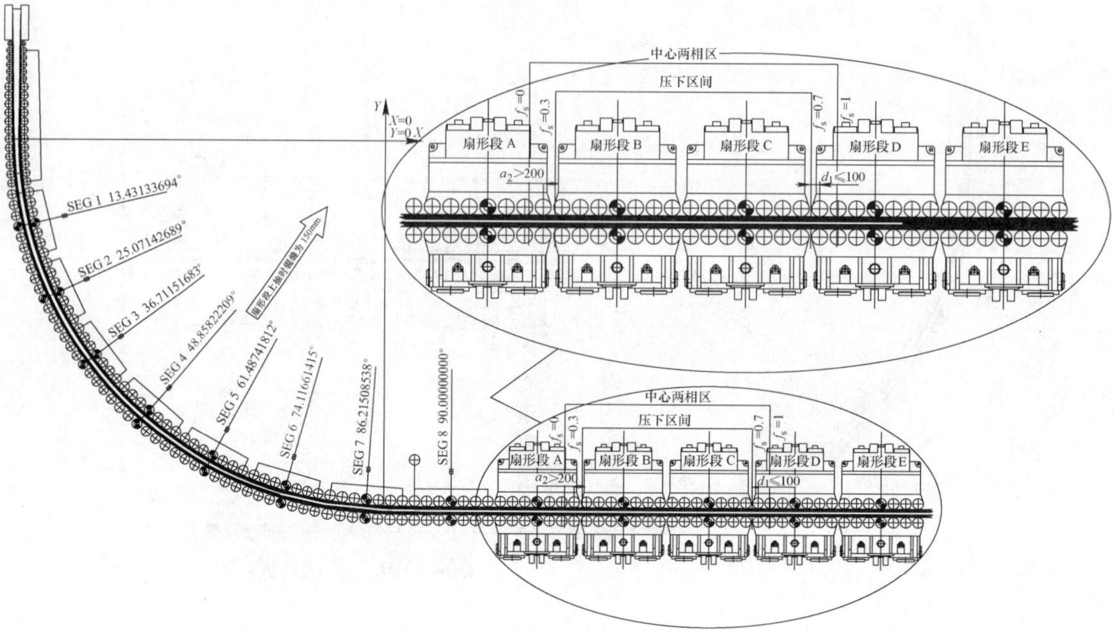

图 2-11-65　压下区间开始位置处于“扇形段 A”和“扇形段 B”之间且压下区间开始位置与“扇形段 A”出口辊距离 $a_2>200$mm，压下区间结束位置处于“扇形段 C”和“扇形段 D”之间且压下区间结束位置与“扇形段 D”入口辊距离 $d_1\leqslant100$mm

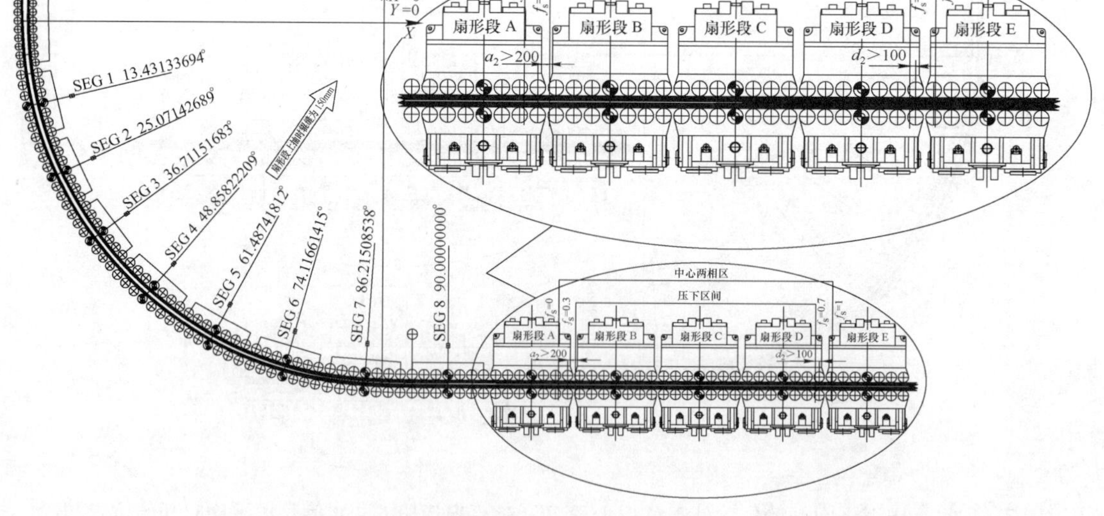

图 2-11-66　压下区间开始位置处于“扇形段 A”和“扇形段 B”之间且压下区间开始位置与“扇形段 A”出口辊距离 $a_2>200$mm；压下区间结束位置处于“扇形段 D”内且压下区间结束位置与“扇形段 D”出口辊距离 $d_2>100$mm

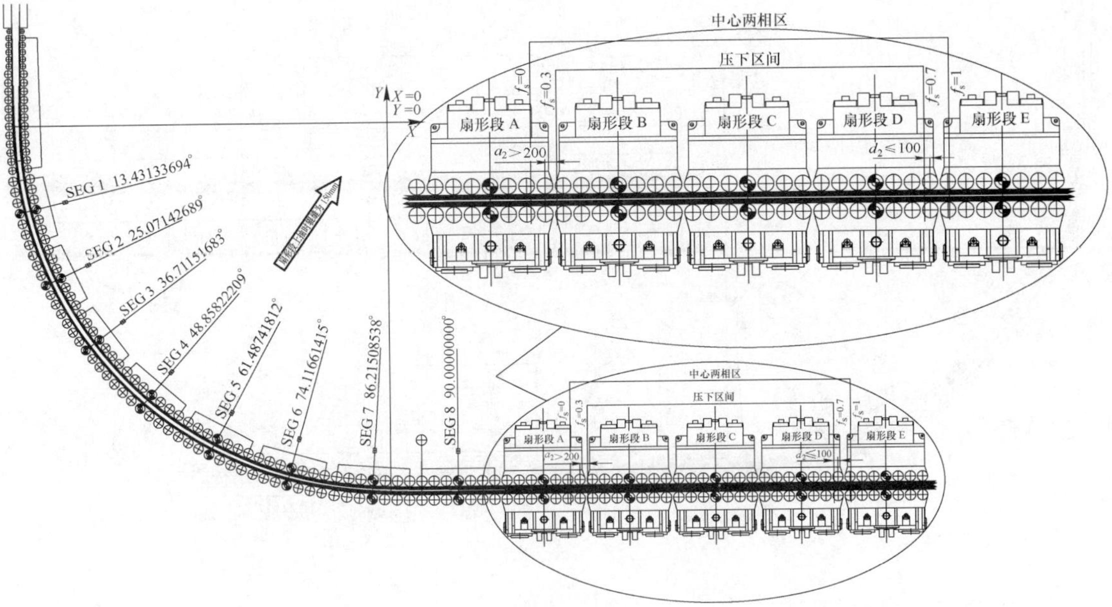

图 2-11-67　压下区间开始位置处于“扇形段 A”和“扇形段 B”之间且压下区间开始位置与“扇形段 A”出口辊距离 $a_2>200$mm；压下区间结束位置处于“扇形段 D”内且压下区间结束位置与“扇形段 D”出口辊距离 $d_2\leqslant100$mm

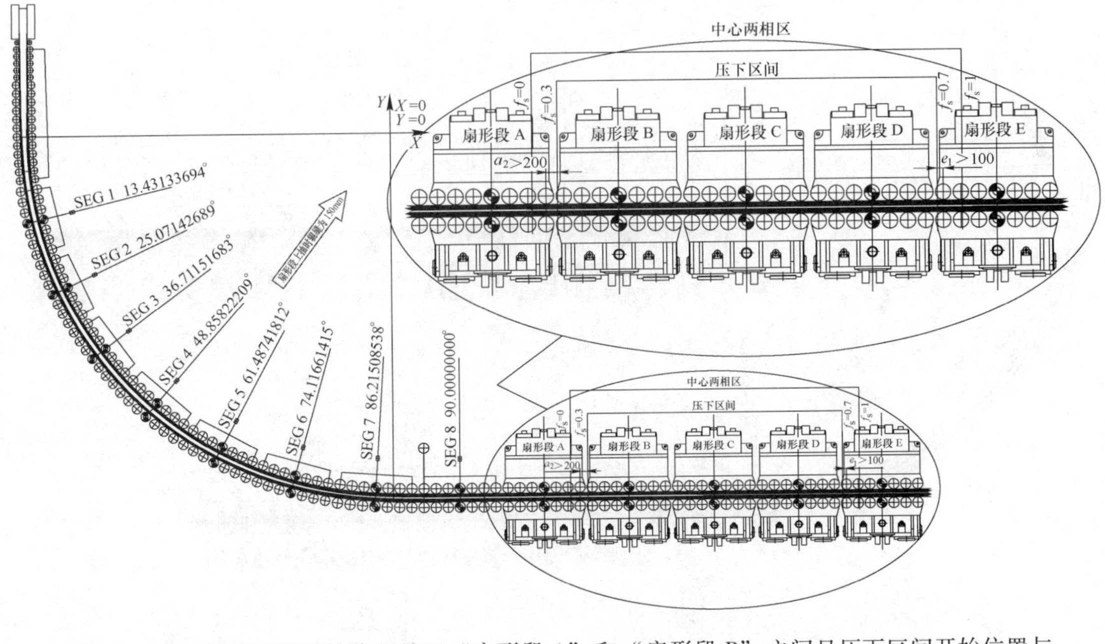

图 2-11-68　压下区间开始位置处于“扇形段 A”和“扇形段 B”之间且压下区间开始位置与“扇形段 A”出口辊距离 $a_2>200$mm；压下区间结束位置处于“扇形段 D”和“扇形段 E”之间且压下区间结束位置与“扇形段 E”入口辊距离 $e_1>100$mm

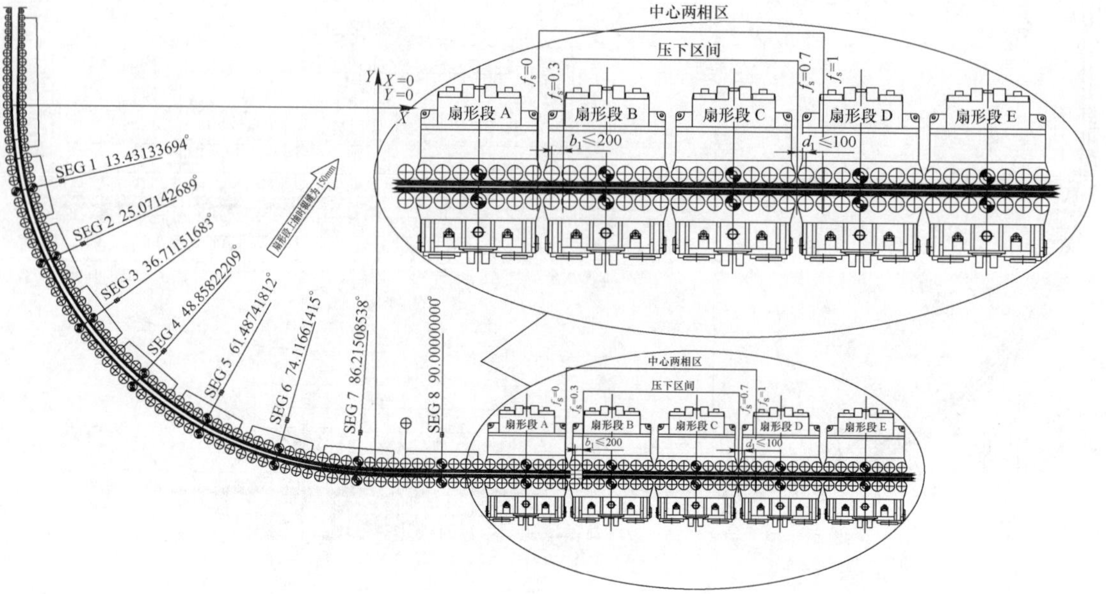

图 2-11-69　压下区间开始位置处于“扇形段 B”内且压下区间开始位置与“扇形段 B”入口辊距离 $b_1 \leqslant 200$mm；压下区间结束位置处于“扇形段 C”和“扇形段 D”之间且压下区间结束位置与“扇形段 D”入口辊距离 $d_1 \leqslant 100$mm

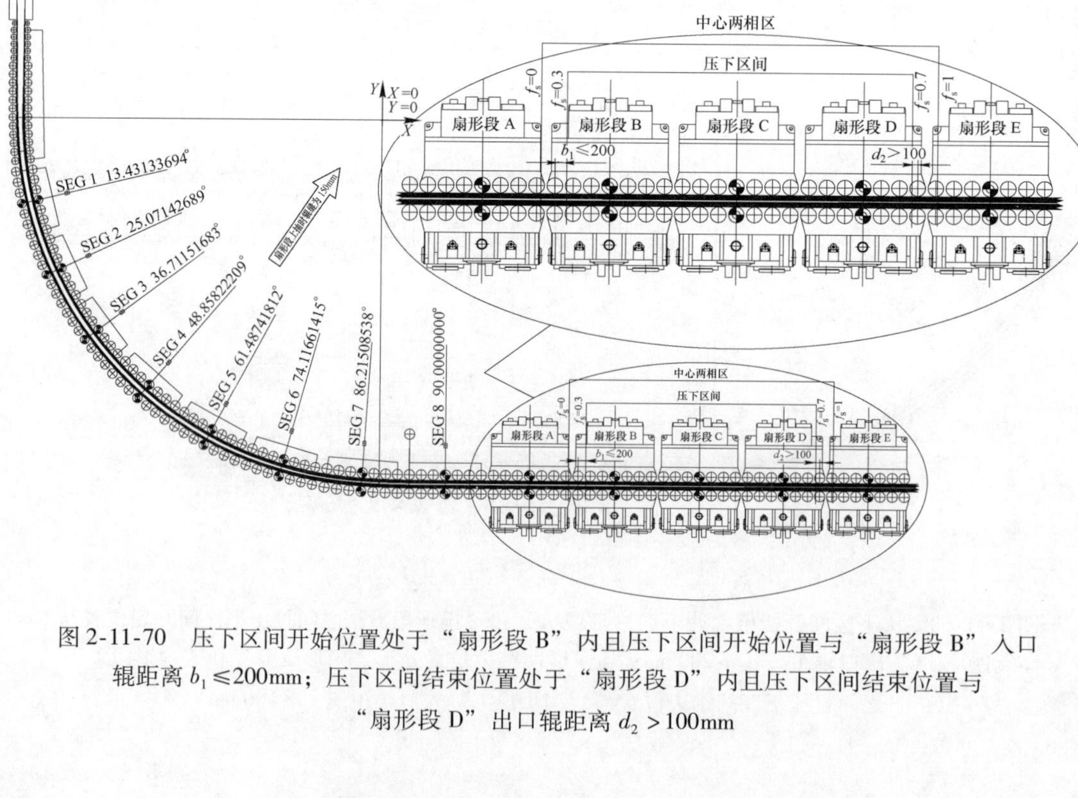

图 2-11-70　压下区间开始位置处于“扇形段 B”内且压下区间开始位置与“扇形段 B”入口辊距离 $b_1 \leqslant 200$mm；压下区间结束位置处于“扇形段 D”内且压下区间结束位置与“扇形段 D”出口辊距离 $d_2 > 100$mm

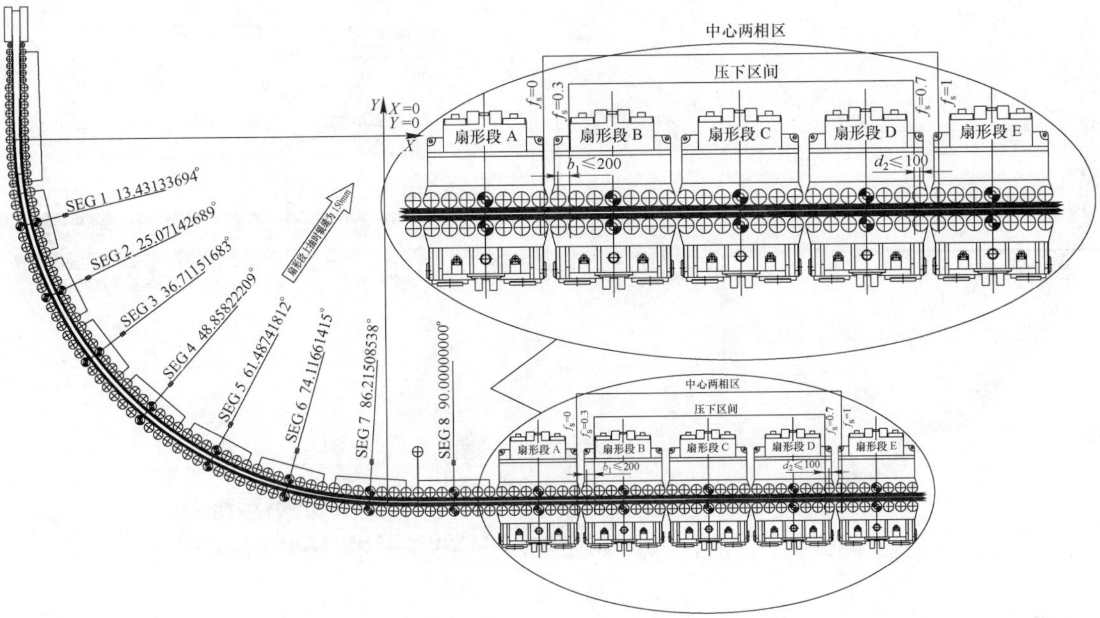

图 2-11-71 压下区间开始位置处于“扇形段 B”内且压下区间开始位置与“扇形段 B”入口辊距离 $b_1 \leqslant 200$mm；压下区间结束位置处于“扇形段 D”内且压下区间结束位置与“扇形段 D”出口辊距离 $d_2 \leqslant 100$mm

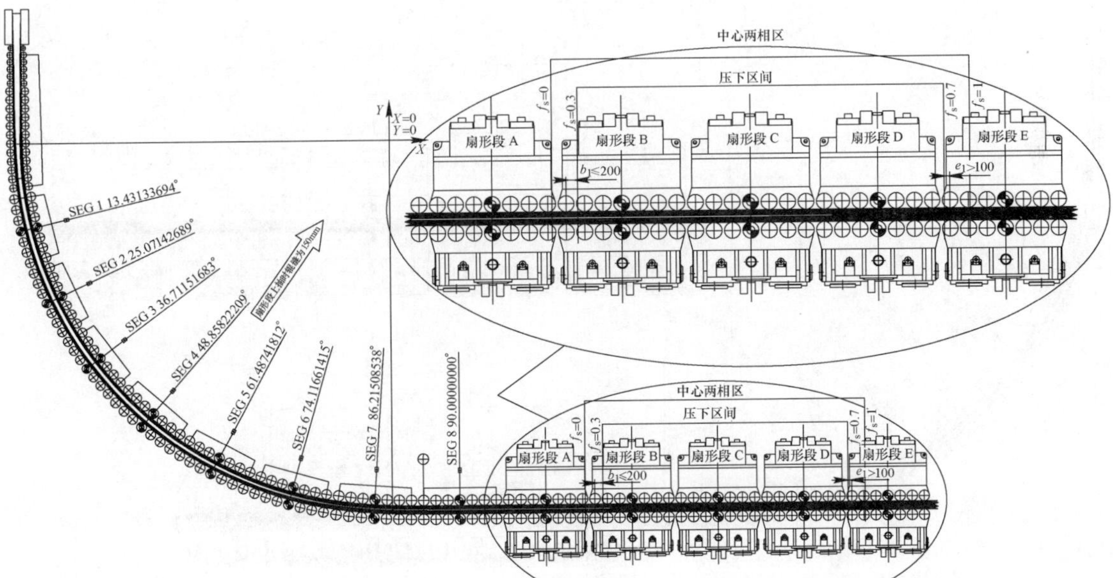

图 2-11-72 压下区间开始位置处于“扇形段 B”内且压下区间开始位置与“扇形段 B”入口辊距离 $b_1 \leqslant 200$mm；压下区间结束位置处于“扇形段 D”和“扇形段 E”之间且压下区间结束位置与“扇形段 E”入口辊距离 $e_1 > 100$mm

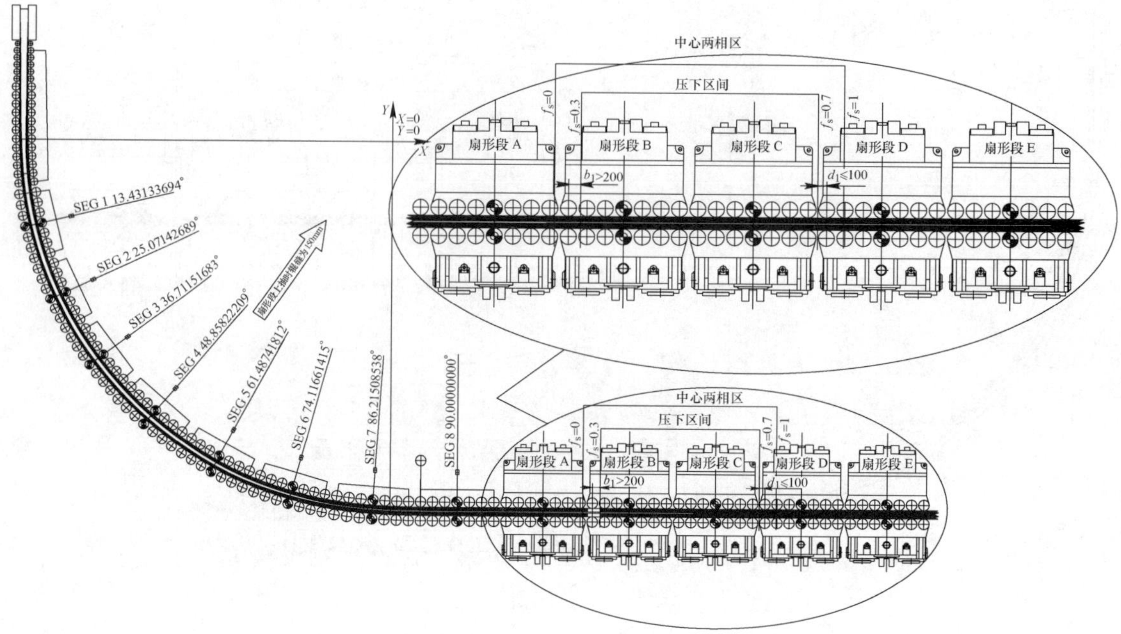

图 2-11-73　压下区间开始位置处于"扇形段 B"内且压下区间开始位置与"扇形段 B"入口辊距离 b_1 >200mm；压下区间结束位置处于"扇形段 C"和"扇形段 D"之间且压下区间结束位置与"扇形段 D"入口辊距离 d_1 ≤100mm

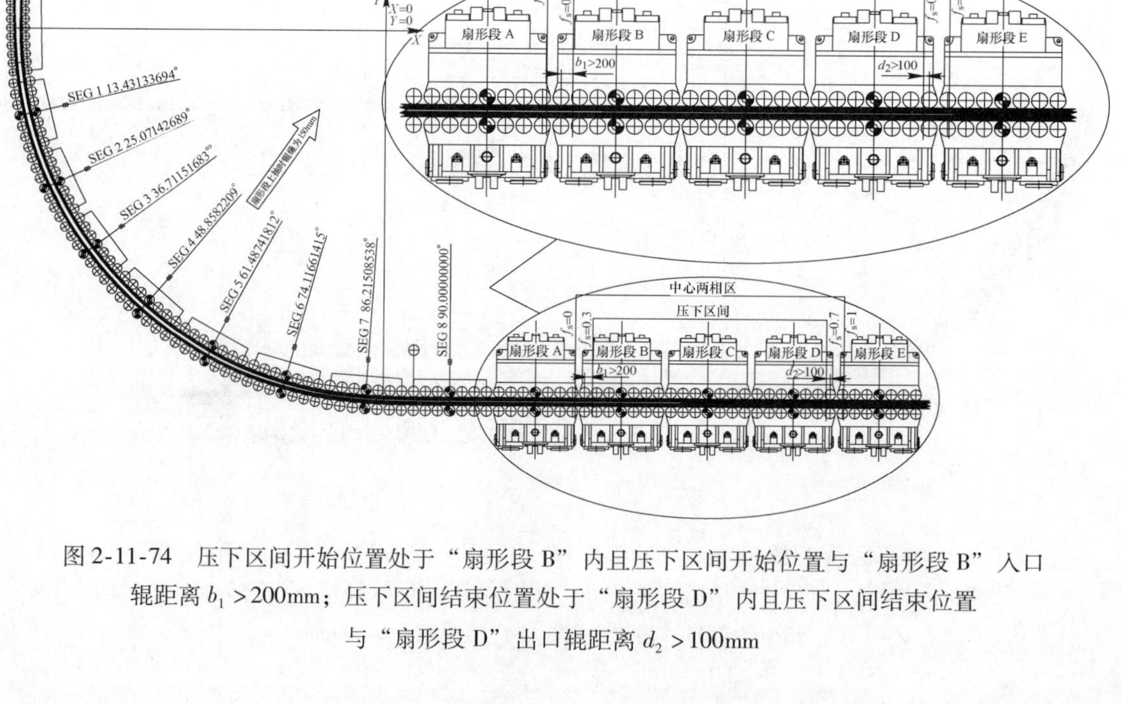

图 2-11-74　压下区间开始位置处于"扇形段 B"内且压下区间开始位置与"扇形段 B"入口辊距离 b_1 >200mm；压下区间结束位置处于"扇形段 D"内且压下区间结束位置与"扇形段 D"出口辊距离 d_2 >100mm

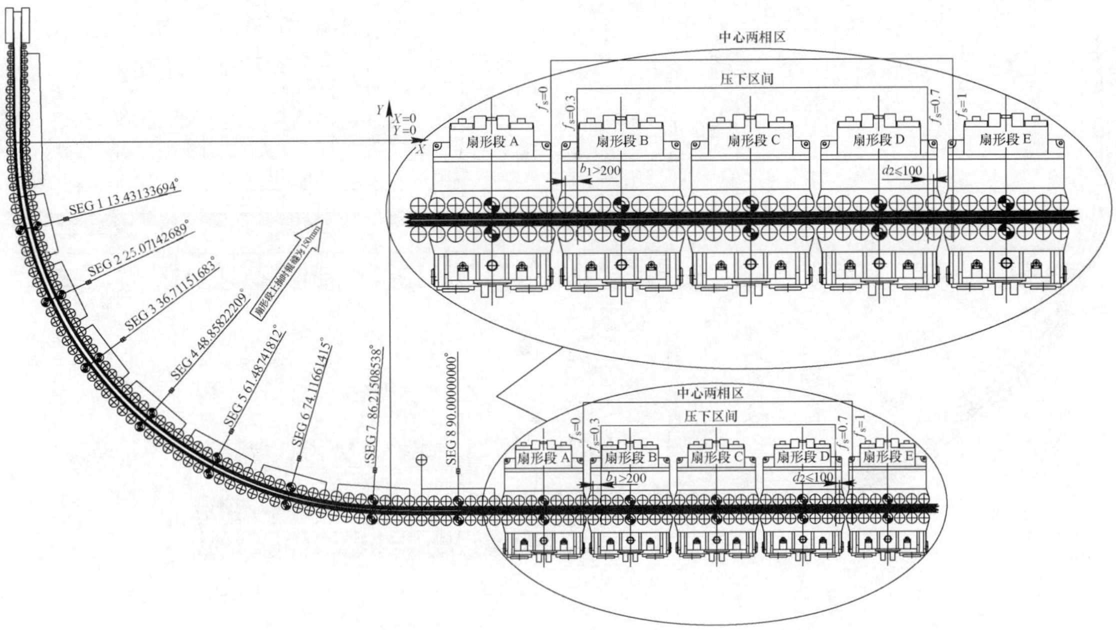

图 2-11-75　压下区间开始位置处于“扇形段 B”内且压下区间开始位置与“扇形段 B”入口辊距离 $b_1>200$mm；压下区间结束位置处于“扇形段 D”内且压下区间结束位置与“扇形段 D”出口辊距离 $d_2\leqslant100$mm

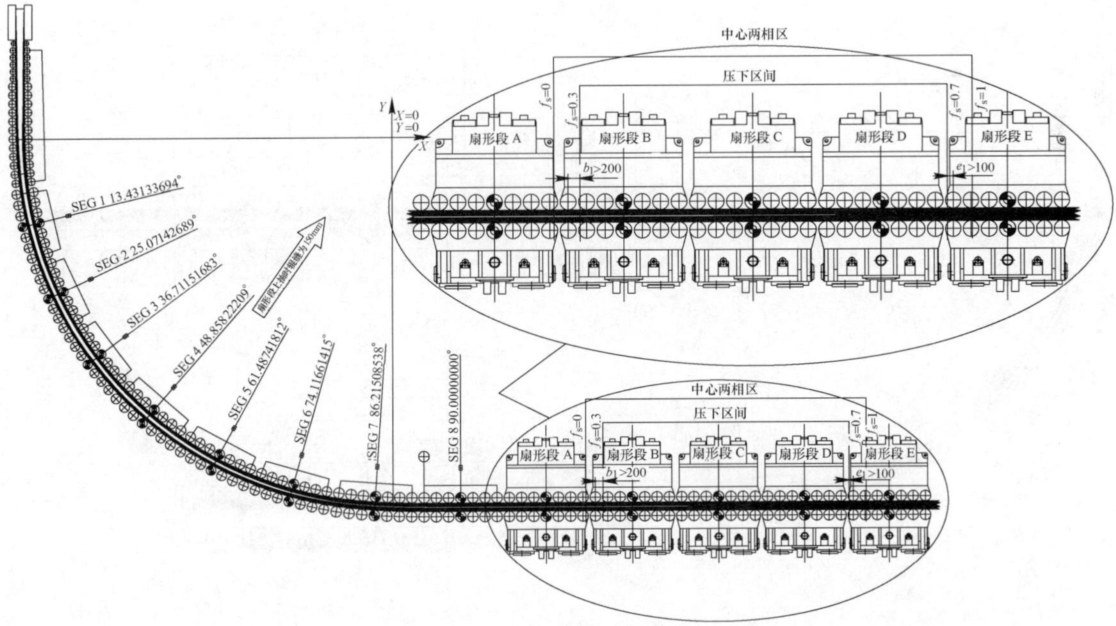

图 2-11-76　压下区间开始位置处于“扇形段 B”内且压下区间开始位置与“扇形段 B”入口辊距离 $b_1>200$mm；压下区间结束位置处于“扇形段 D”和“扇形段 E”之间且压下区间结束位置与“扇形段 E”入口辊距离 $e_1>100$mm

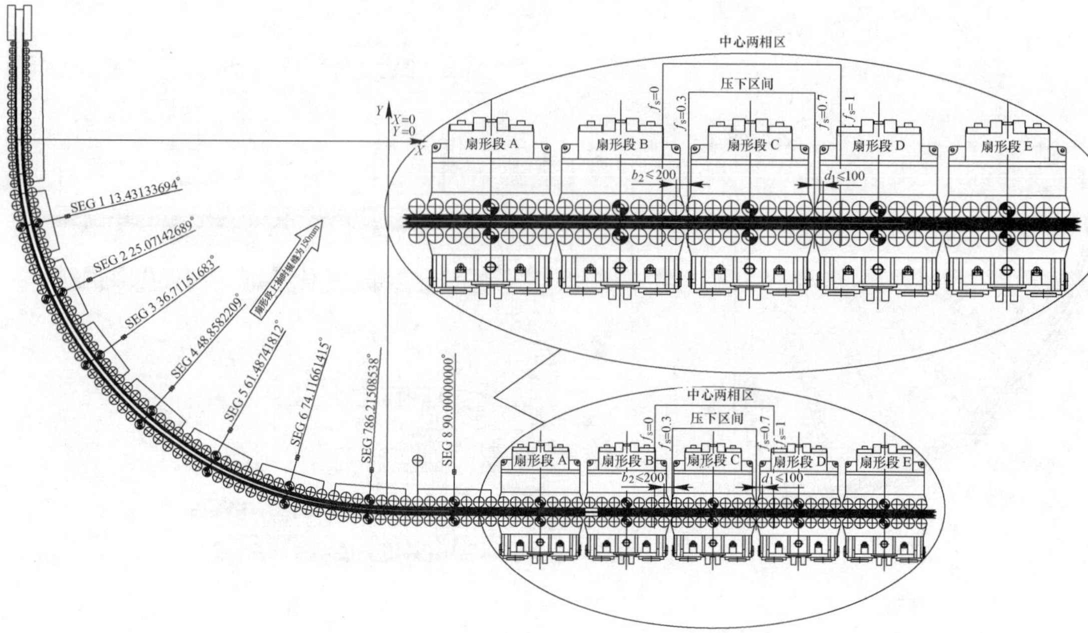

图 2-11-77　压下区间位于“扇形段 B”和“扇形段 C”之间且压下区间开始位置与“扇形段 B”出口辊距离 $b_2 \leqslant 200$mm；压下区间结束位置处于“扇形段 C”和“扇形段 D”之间且压下区间结束位置与“扇形段 D”入口辊距离 $d_1 \leqslant 100$mm

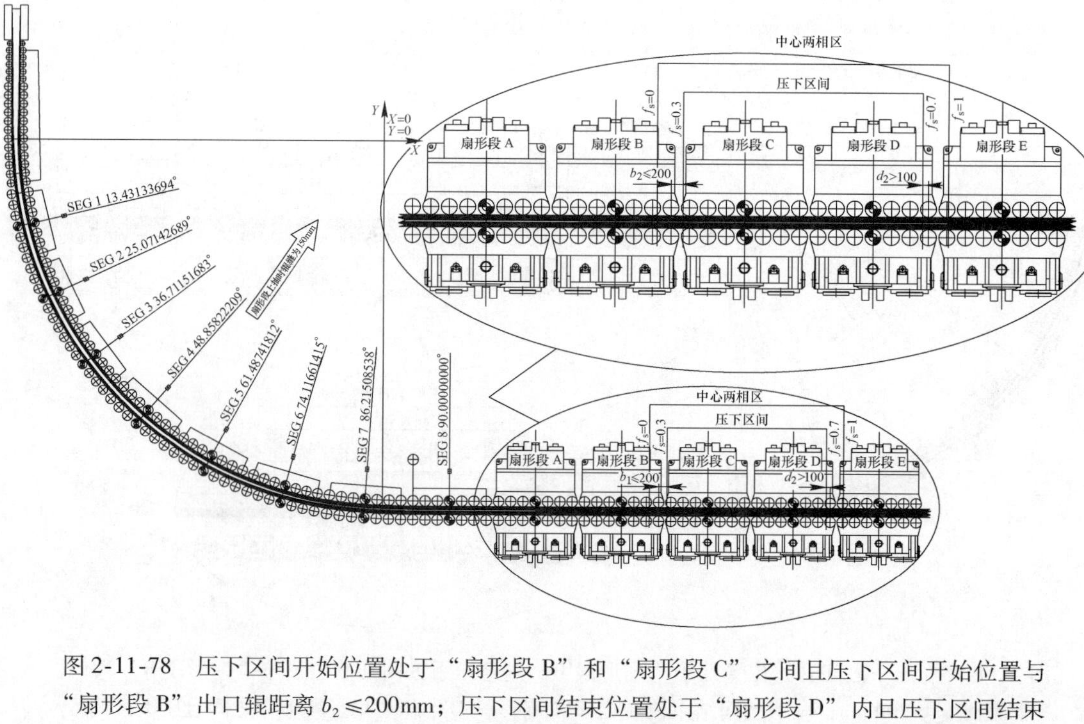

图 2-11-78　压下区间开始位置处于“扇形段 B”和“扇形段 C”之间且压下区间开始位置与“扇形段 B”出口辊距离 $b_2 \leqslant 200$mm；压下区间结束位置处于“扇形段 D”内且压下区间结束位置与“扇形段 D”出口辊距离 $d_2 > 100$mm

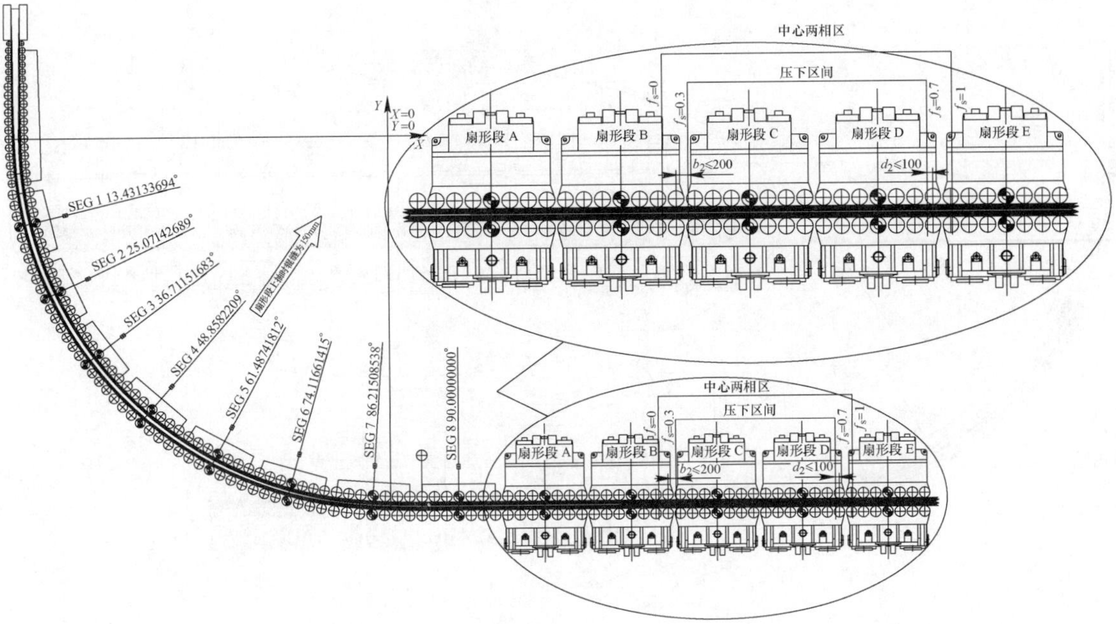

图 2-11-79 压下区间开始位置处于“扇形段 B”和“扇形段 C”之间且压下区间开始位置与“扇形段 B”出口辊距离 $b_2 \leqslant 200$mm；压下区间结束位置处于“扇形段 D”内且压下区间结束位置与“扇形段 D”出口辊距离 $d_2 \leqslant 100$mm

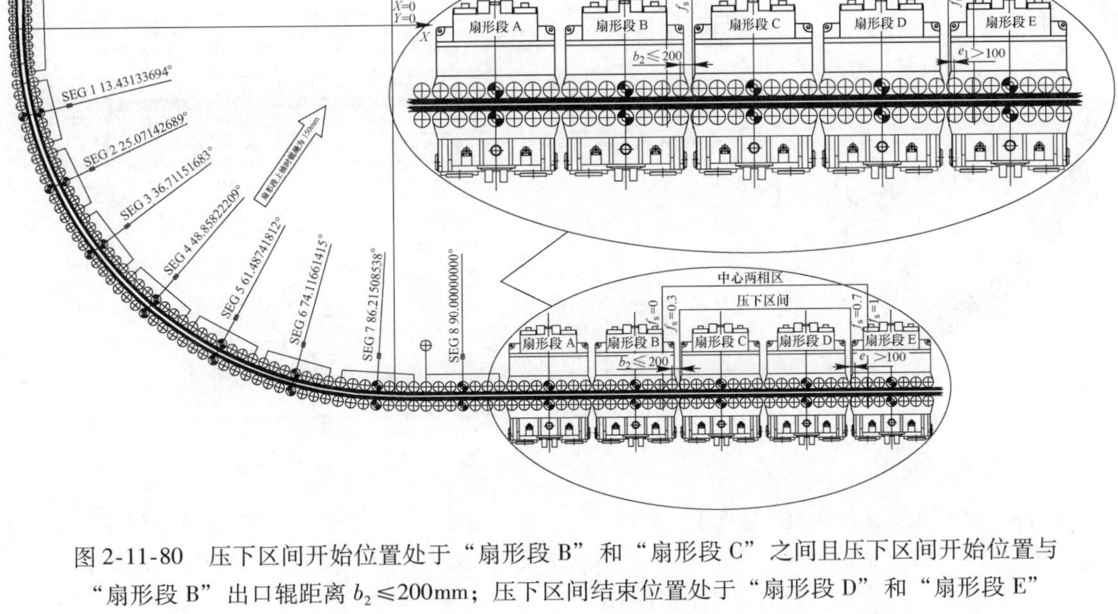

图 2-11-80 压下区间开始位置处于“扇形段 B”和“扇形段 C”之间且压下区间开始位置与“扇形段 B”出口辊距离 $b_2 \leqslant 200$mm；压下区间结束位置处于“扇形段 D”和“扇形段 E”之间且压下区间结束位置与“扇形段 E”入口辊距离 $e_1 > 100$mm

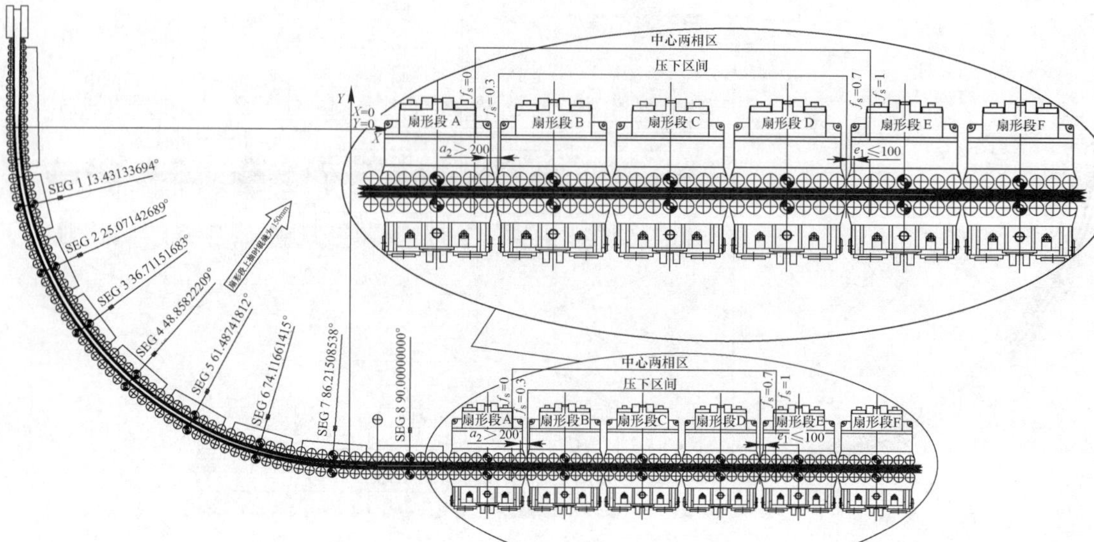

图 2-11-81　压下区间开始位置处于“扇形段 A”和“扇形段 B”之间且压下区间开始位置与“扇形段 A”出口辊距离 $a_2>200$mm；压下区间结束位置处于“扇形段 D”和“扇形段 E”之间且压下区间结束位置与“扇形段 E”入口辊距离 $e_1\leqslant100$mm

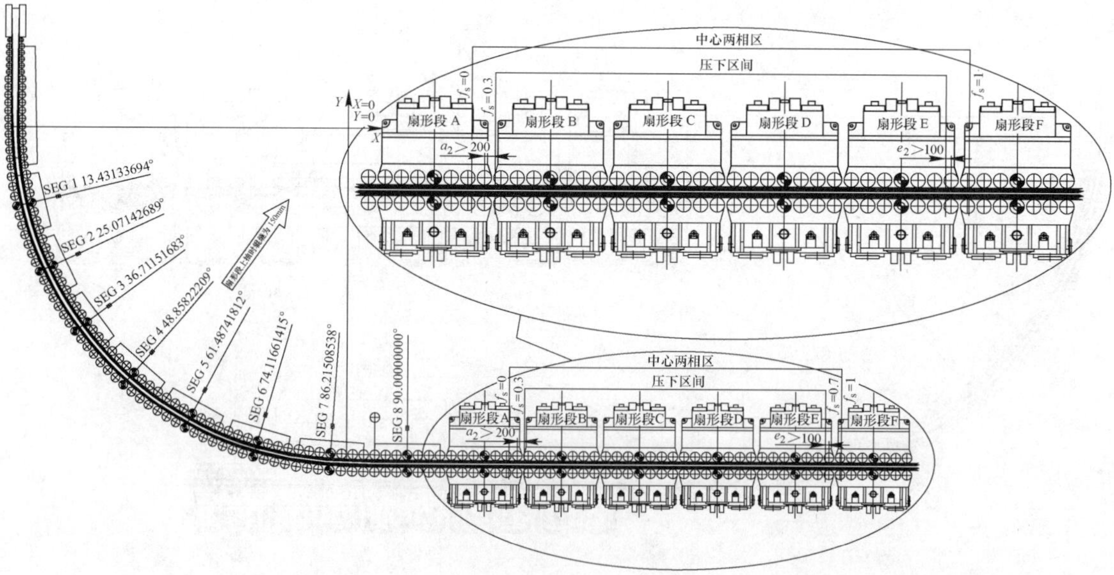

图 2-11-82　压下区间开始位置处于“扇形段 A”和“扇形段 B”之间且压下区间开始位置与“扇形段 A”出口辊距离 $a_2>200$mm；压下区间结束位置处于“扇形段 E”内且压下区间结束位置与“扇形段 E”出口辊距离 $e_2>100$mm

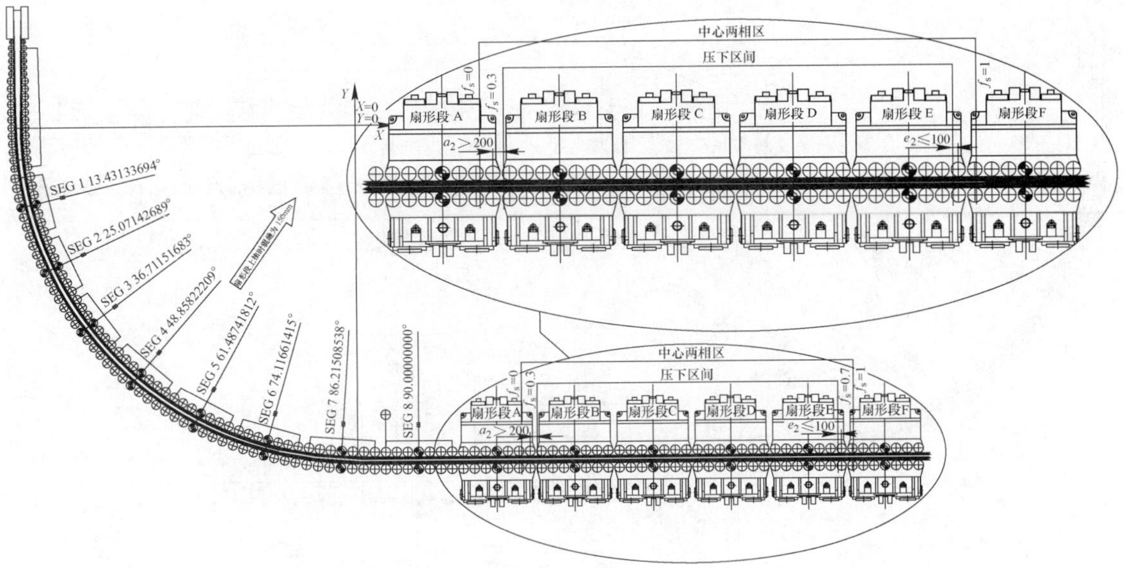

图 2-11-83　压下区间开始位置处于“扇形段 A”和“扇形段 B”之间且压下区间开始位置与“扇形段 A”出口辊距离 $a_2>200$mm；压下区间结束位置处于“扇形段 E”内且压下区间结束位置与“扇形段 E”出口辊距离 $e_2\leqslant 100$mm

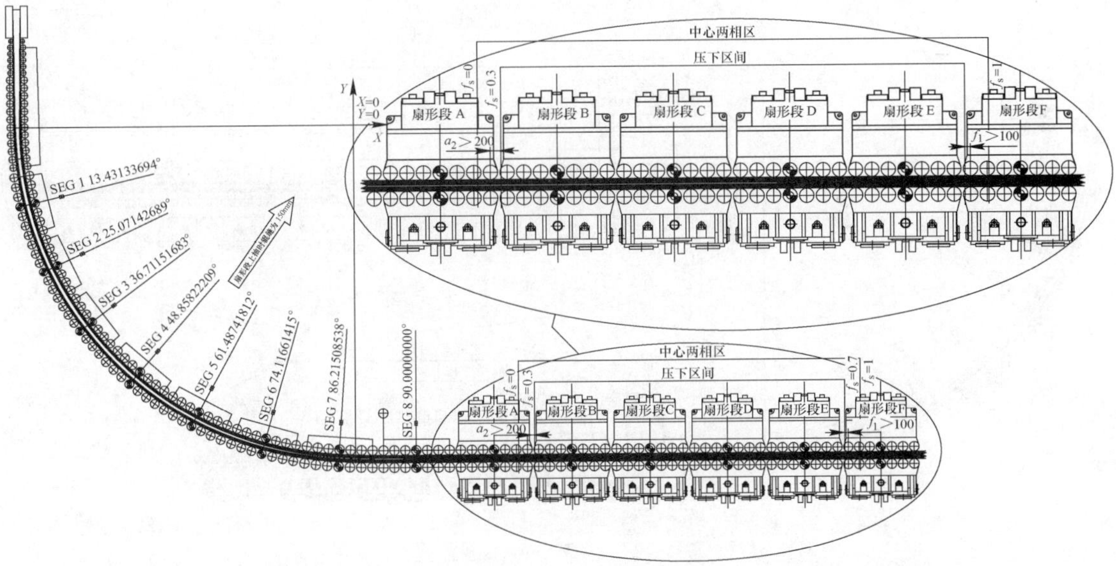

图 2-11-84　压下区间开始位置处于“扇形段 A”和“扇形段 B”之间且压下区间开始位置与“扇形段 A”出口辊距离 $a_2>200$mm；压下区间结束位置处于“扇形段 E”和“扇形段 F”之间且压下区间结束位置与“扇形段 F”入口辊距离 $f_1>100$mm

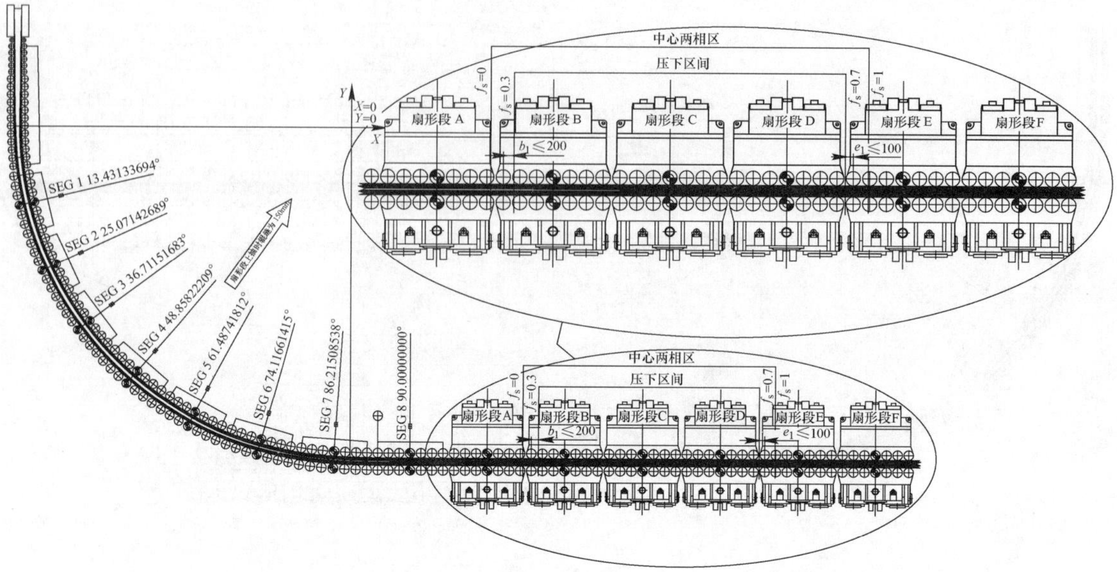

图 2-11-85　压下区间开始位置处于“扇形段 B”内且压下区间开始位置与“扇形段 B”入口辊距离 $b_1 \leqslant 200$mm；压下区间结束位置处于“扇形段 D”和“扇形段 E”之间且压下区间结束位置与“扇形段 E”入口辊距离 $e_1 \leqslant 100$mm

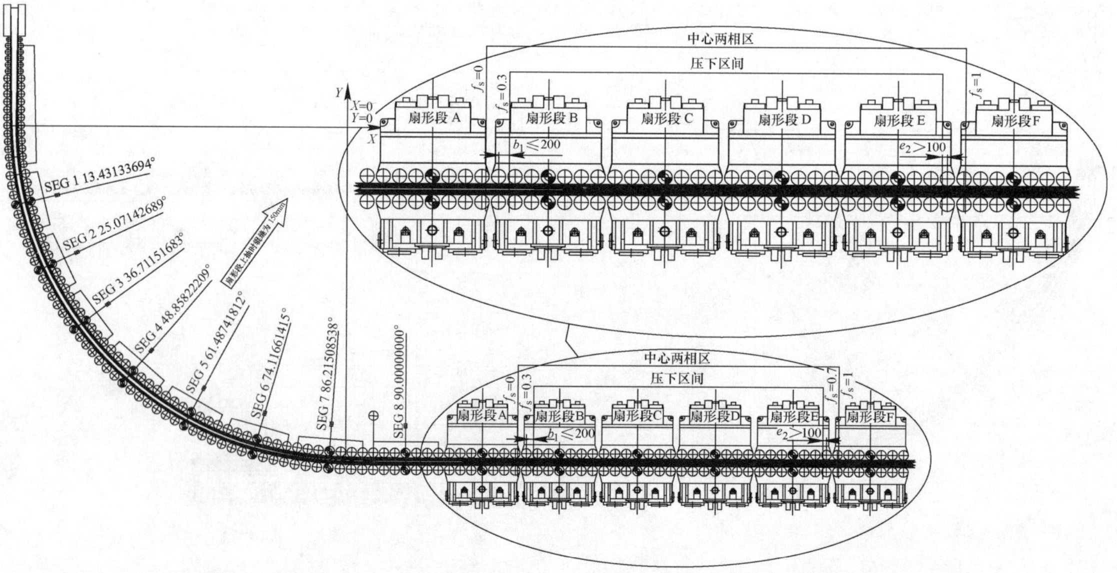

图 2-11-86　压下区间开始位置处于“扇形段 B”内且压下区间开始位置与“扇形段 B”入口辊距离 $b_1 \leqslant 200$mm；压下区间结束位置处于“扇形段 E”内且压下区间结束位置与“扇形段 E”出口辊距离 $e_2 > 100$mm

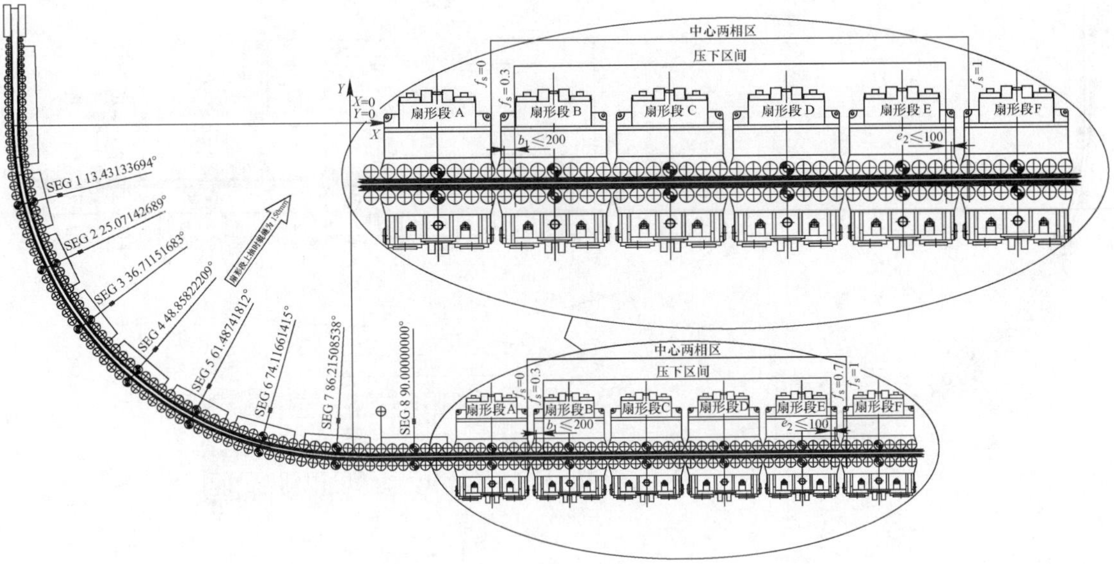

图 2-11-87　压下区间开始位置处于“扇形段 B”内且压下区间开始位置与“扇形段 B”入口辊距离 $b_1 \leqslant 200$mm；压下区间结束位置处于“扇形段 E”内且压下区间结束位置与“扇形段 E”出口辊距离 $e_2 \leqslant 100$mm

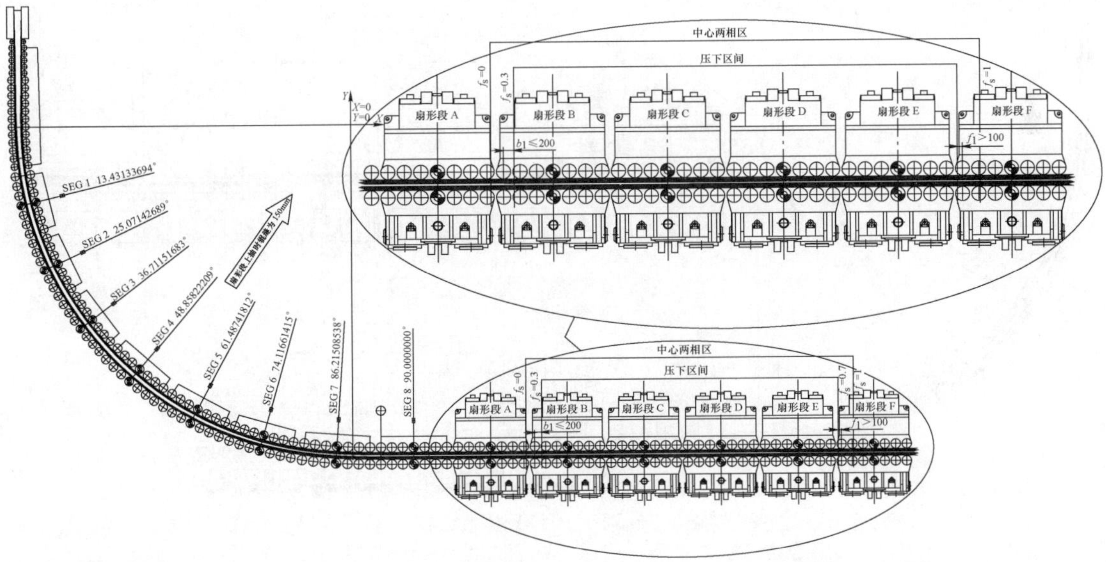

图 2-11-88　压下区间开始位置处于“扇形段 B”内且压下区间开始位置与“扇形段 B”入口辊距离 $b_1 \leqslant 200$mm；压下区间结束位置处于“扇形段 E”和“扇形段 F”之间且压下区间结束位置与“扇形段 E”入口辊距离 $f_1 > 100$mm

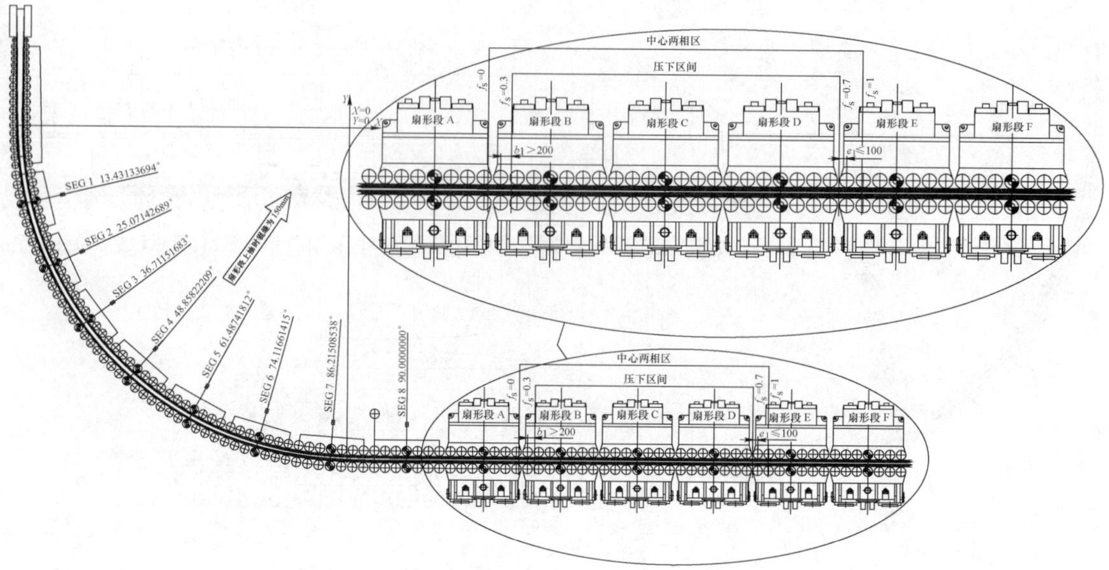

图 2-11-89　压下区间开始位置处于“扇形段 B”内且压下区间开始位置与“扇形段 B”入口辊距离 $b_1>200$mm；压下区间结束位置处于“扇形段 D”和“扇形段 E”之间且压下区间结束位置与“扇形段 E”入口辊距离 $e_1\leqslant100$mm

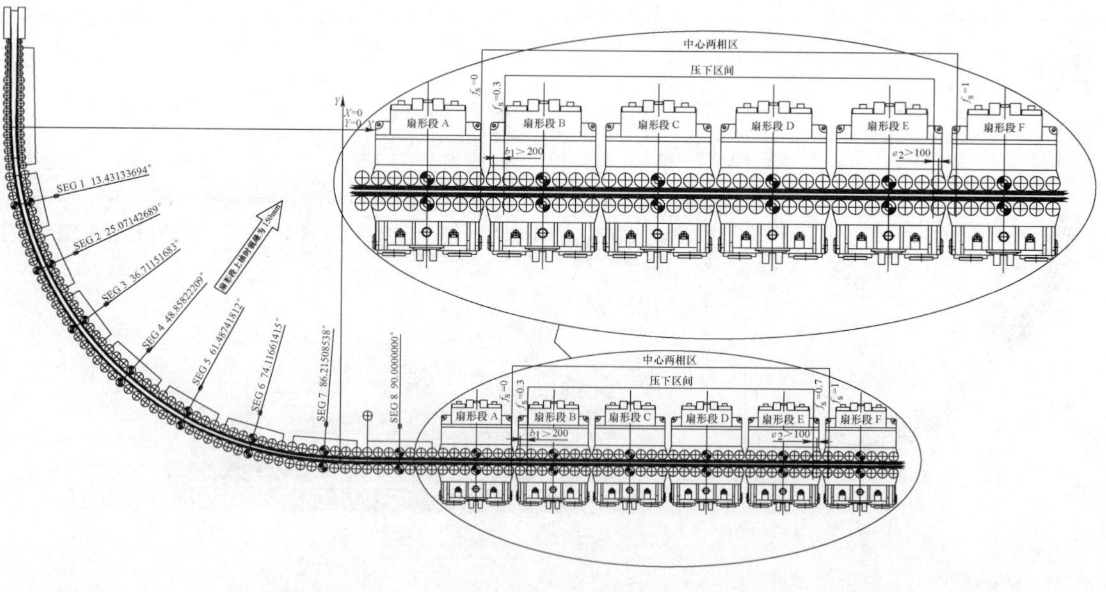

图 2-11-90　压下区间开始位置处于“扇形段 B”内且压下区间开始位置与“扇形段 B”入口辊距离 $b_1>200$mm；压下区间结束位置处于“扇形段 E”内且压下区间结束位置与“扇形段 E”出口辊距离 $e_2>100$mm

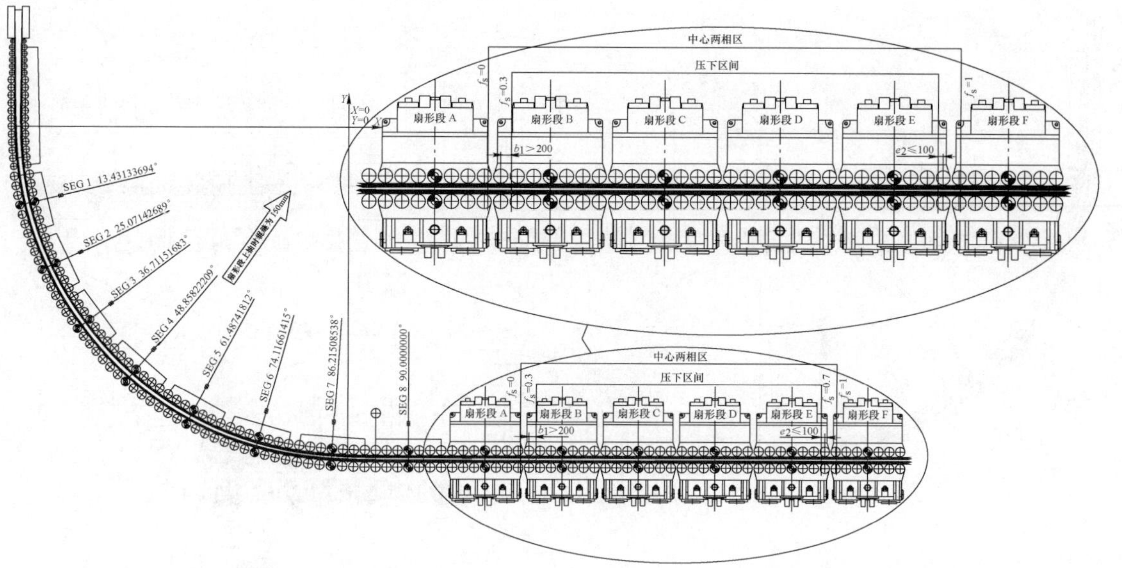

图 2-11-91　压下区间开始位置处于“扇形段 B”内且压下区间开始位置与“扇形段 B”入口辊距离 $b_1>200$mm；压下区间结束位置处于“扇形段 E”内且压下区间结束位置与“扇形段 E”出口辊距离 $e_2\leqslant100$mm

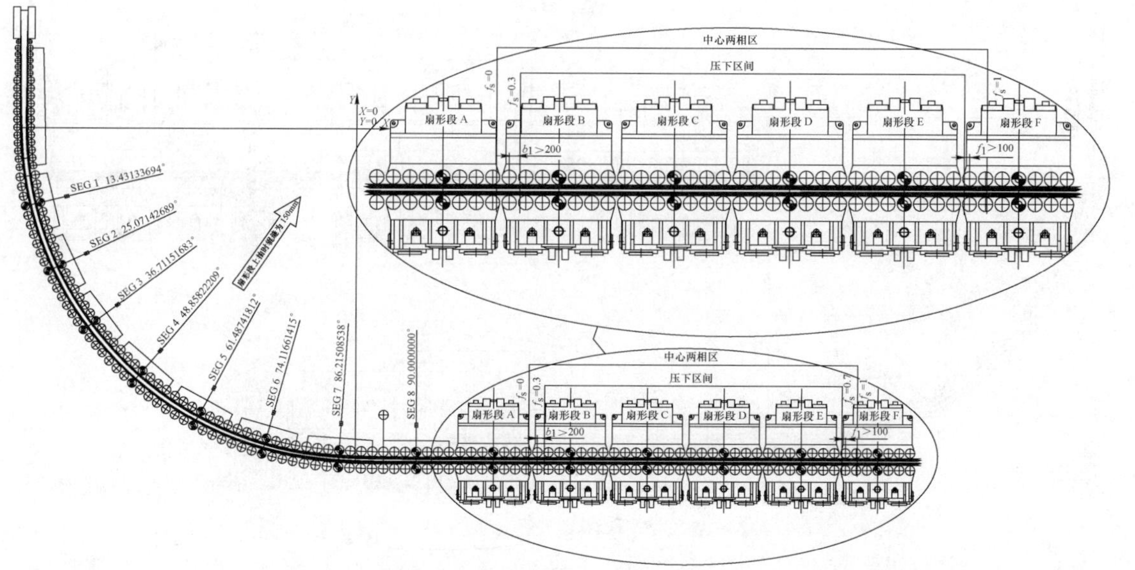

图 2-11-92　压下区间开始位置处于“扇形段 B”内且压下区间开始位置与“扇形段 B”入口辊距离 $b_1>200$mm；压下区间结束位置处于“扇形段 E”和“扇形段 F”之间且压下区间结束位置与“扇形段 F”入口辊距离 $f_1>100$mm

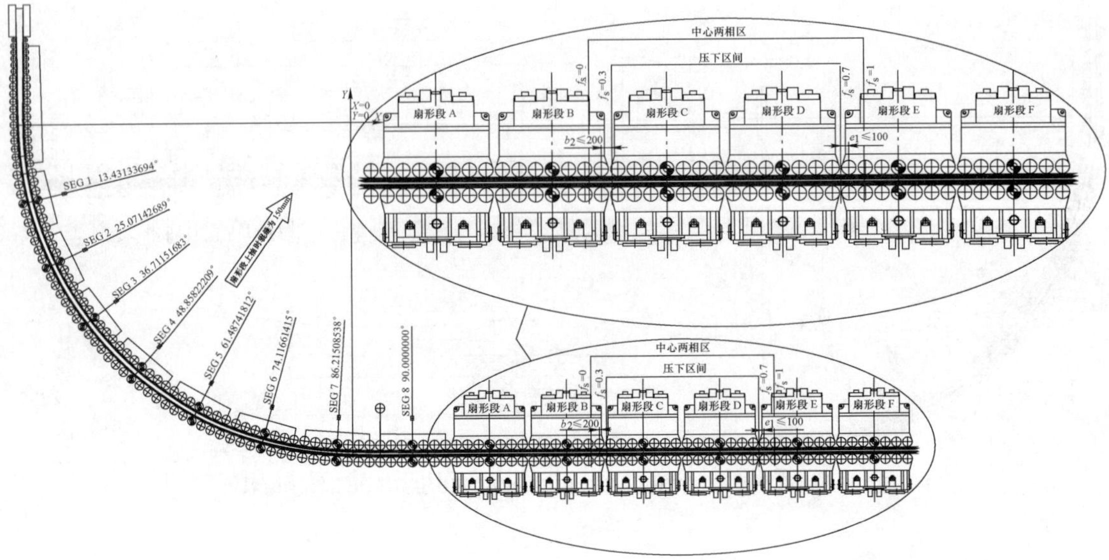

图 2-11-93　压下区间位于“扇形段 B”和“扇形段 C”之间且压下区间开始位置与“扇形段 B”出口辊距离 $b_2 \leqslant 200$mm；压下区间结束位置处于“扇形段 D”和“扇形段 E”之间且压下区间结束位置与“扇形段 E”入口辊距离 $e_1 \leqslant 100$mm

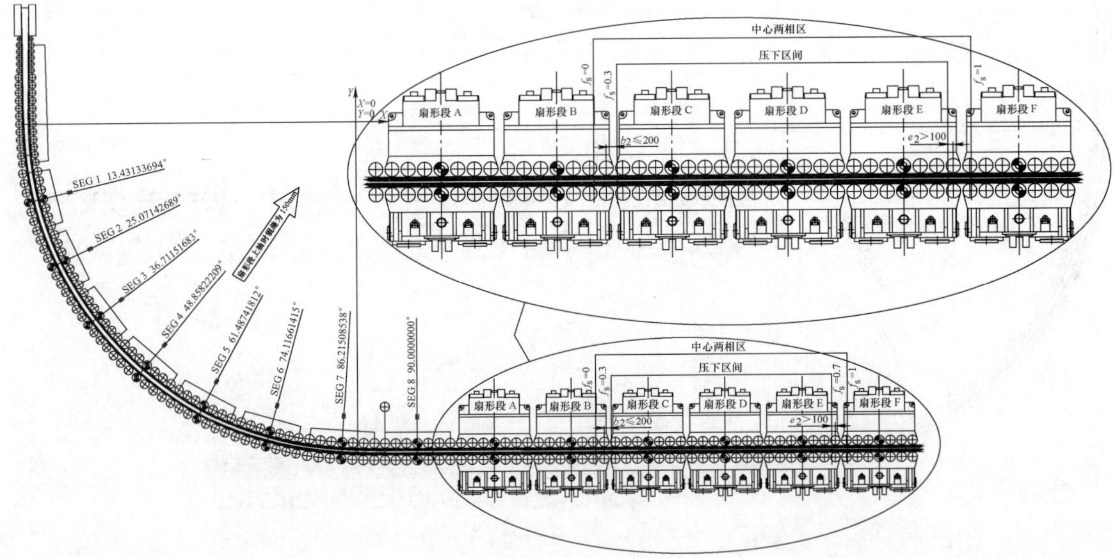

图 2-11-94　压下区间开始位置处于“扇形段 B”和“扇形段 C”之间且压下区间开始位置与“扇形段 B”出口辊距离 $b_2 \leqslant 200$mm；压下区间结束位置处于“扇形段 E”内且压下区间结束位置与“扇形段 E”出口辊距离 $e_2 > 100$mm

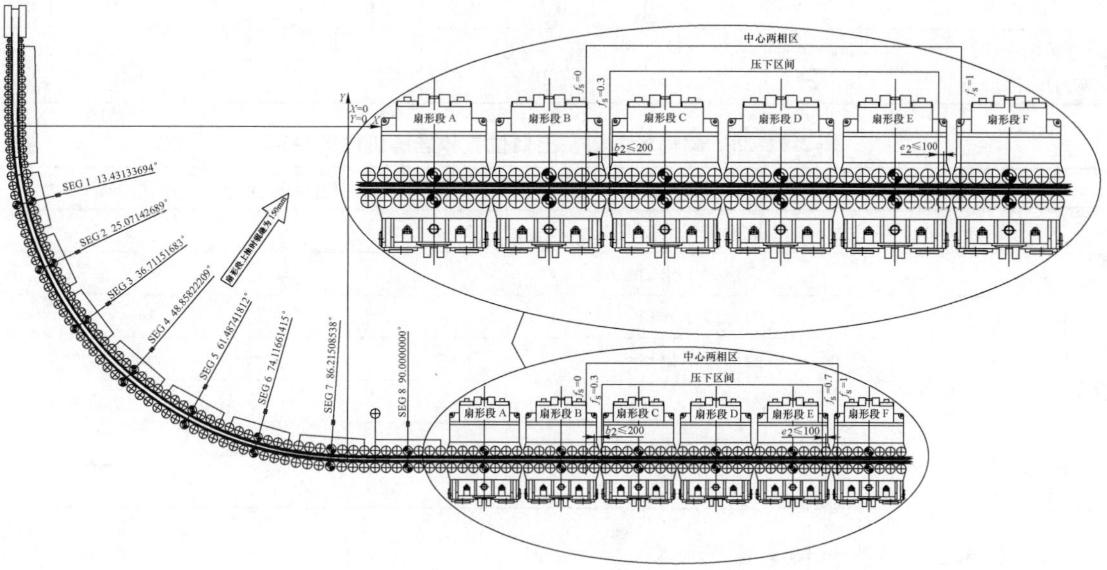

图 2-11-95 压下区间开始位置处于“扇形段 B”和“扇形段 C”之间且压下区间开始位置与“扇形段 B”出口辊距离 $b_2 \leqslant 200$mm；压下区间结束位置处于“扇形段 E”内且压下区间结束位置与“扇形段 E”出口辊距离 $e_2 \leqslant 100$mm

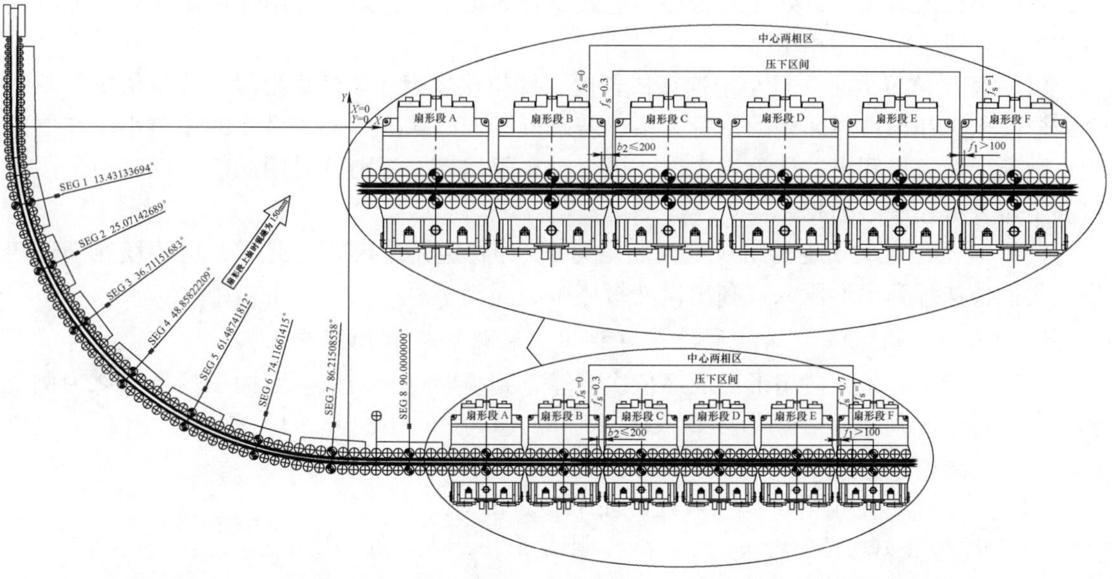

图 2-11-96 压下区间开始位置处于“扇形段 B”和“扇形段 C”之间且压下区间开始位置与“扇形段 B”出口辊距离 $b_2 \leqslant 200$mm；压下区间结束位置处于“扇形段 E”和“扇形段 F”之间且压下区间结束位置与“扇形段 F”入口辊距离 $f_1 > 100$mm

表 2-11-27　每个计算周期内铸坯中心固相率与连铸机位置关系

固相率	0.0	0.1	0.2	0.3	0.4	0.5	0.6	0.7	0.8	0.9	1.0
沿连铸坯中心线至弯月面距离/mm	a_0	a_1	a_2	a_3	a_4	a_5	a_6	a_7	a_8	a_9	a_{10}

表 2-11-28　扇形段入口、出口位置和连铸机位置关系

序号	扇　形　段	沿连铸坯中心线至弯月面距离/mm
1	扇形段 1 入口	b_1
2	扇形段 1 出口	c_1
3	扇形段 2 入口	b_2
4	扇形段 2 出口	c_2
⋮	⋮	⋮
$2n-1$	扇形段 n 入口	b_n
$2n$	扇形段 n 出口	c_n

11.6.4.2　坯头和坯尾位置判断

坯头位置用坯头沿连铸坯厚度中心线至弯月面距离标示，坯尾位置用坯尾沿连铸坯厚度中心线至弯月面距离标示。坯头位置及坯尾位置与冶金长度的关系分下面三种情况处理。

（1）坯头位置小于等于连铸机长度，即引锭拉坯模式。从扇形段 1 开始依次判断每个扇形段入口和出口与坯头的位置关系，若扇形段入口和出口至弯月面的距离大于坯头位置，则扇形段入口和出口处无连铸坯，也就没有固相率，否则就要用插值法计算扇形段入口和出口处板坯中心固相率。

（2）坯尾位置大于 0 且小于连铸机长度，即拉尾坯模式。从扇形段 1 开始依次判断每个扇形段入口和出口与坯尾的位置关系，若扇形段入口和出口至弯月面的距离小于坯尾位置，则扇形段入口和出口处无连铸坯，也就没有固相率，否则就要用插值法计算扇形段入口和出口处板坯中心固相率。

（3）坯头位置大于连铸机长度且坯尾为 0，即稳定铸造模式。此时，连铸坯充满连铸机，用插值法计算扇形段入口和出口处板坯中心固相率。

11.6.4.3　插值法计算扇形段入口和出口处板坯中心固相率

从扇形段 1 开始，按扇形段顺序依次计算，到扇形段 n 结束。下面以扇形段 2 为例说明。分 4 种情况判断 b_2（扇形段 2 入口）与 a_0、a_1、…、a_9、a_{10}的关系。

（1）$b_2 \leqslant a_0$，则扇形段 2 入口处铸坯中心固相率为 0；

（2）$b_2 \geqslant a_{10}$，则扇形段 2 入口处铸坯中心固相率为 1；

（3）若 b_2 正好等于 a_1、a_2、…、a_9，则扇形段 2 入口处铸坯中心固相率为表 2-11-27 中 a_1、a_2、…、a_9 所对应的值；

（4）若 b_2 处于（a_0，a_1）、（a_1，a_2）、（a_2，a_3）、…、（a_9，a_{10}）的任何一个开区间内，则 b_2 处板坯中心固相率用线性插值法进行计算，插值公式为

$$f_s(a) = \frac{a - a_{i+1}}{a_i - a_{i+1}} \cdot f_s(a_i) + \frac{a - a_i}{a_{i+1} - a_i} \cdot f_s(a_{i+1}) \quad a_i < a < a_{i+1} \qquad (2\text{-}11\text{-}61)$$

式中 a——某扇形段入口或出口至弯月面的距离，mm；

a_i——板坯中心固相率为0、0.1、0.2、0.3、0.4、0.5、0.6、0.7、0.8、0.9任一值时，其所在位置至弯月面的距离，mm，其中 $i=1$，2，…，9；

a_{i+1}——板坯中心固相率为0.1、0.2、0.3、0.4、0.5、0.6、0.7、0.8、0.9、1.0任一值时，其所在位置至弯月面的距离，mm，其中 $i=1$，2，…，9；

$f_s(a)$——a 处板坯中心固相率；

$f_s(a_i)$——a_i 处板坯中心固相率；

$f_s(a_{i+1})$——a_{i+1}处板坯中心固相率。

11.6.5 扇形段过负荷压力报警

在连续铸钢过程中，特别是新钢种调试时，可能由于扇形段压下参数设置不合理，压下量和压下力过大，使扇形段承受过大负荷，为了保证生产正常进行并保护设备，需要对扇形段夹紧液压缸设定压力报警功能。

压力报警只针对轻压下扇形段，若非轻压下扇形段过负荷报警，则认为是压力设定值小或意外情况，人工重新设定压力即可。

对于轻压下扇形段，为了叙述方便做以下假定，假定有两个扇形段参与轻压下，分别为“扇形段A”和“扇形段B”（出坯方向为A→B）且“扇形段A”和“扇形段B”入口和出口都压下，这样，共有4个控制点来控制轻压下，分别为“扇形段A”入口，记为A1；“扇形段A”出口，记为A2；“扇形段B”入口，记为B1；“扇形段B”出口，记为B2。“扇形段A”入口对应的一组“液压缸 a_1”，“扇形段A”出口对应的一组“液压缸 a_2”；“扇形段B”入口对应的一组“液压缸 b_1”，“扇形段B”出口对应的一组“液压缸 b_2”。

轻压下扇形段压力报警分以下两种情况处理。

（1）“液压缸 b_2”对应的一组压力传感器报警，其他传感器不管是否报警，换句话说就是只要压下区间未对应的压力传感器报警，判定为温度场计算有偏差，则把压下区间向结晶器方向移动0.25m。

（2）“液压缸 b_2”对应的一组压力传感器不报警，其他一组或几组传感器报警，则把报警传感器对应的扇形段入口或出口辊缝增大。

11.6.6 扇形段辊缝调整模型的编程

11.6.6.1 程序计算流程

扇形段辊缝调整模型程序计算流程如图2-11-97所示。

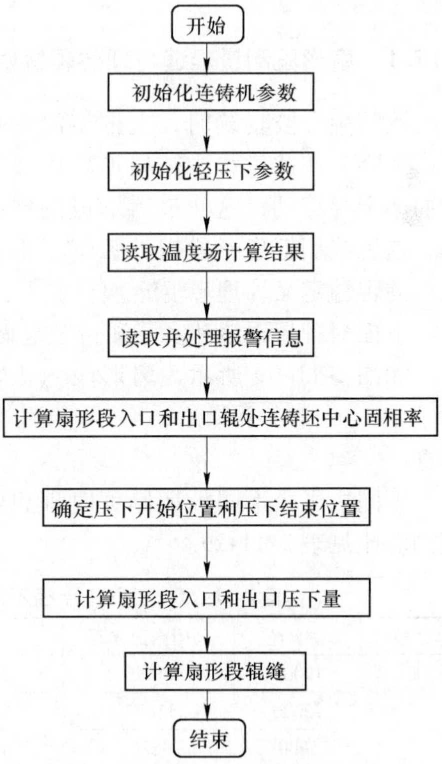

图2-11-97 扇形段辊缝调整模型程序计算流程

11.6.6.2　程序所涉及的输入参数和输出参数关系

扇形段辊缝调整模型采用 C++ 语言编程，所涉及的输入参数和输出参数关系如图 2-11-98 所示。

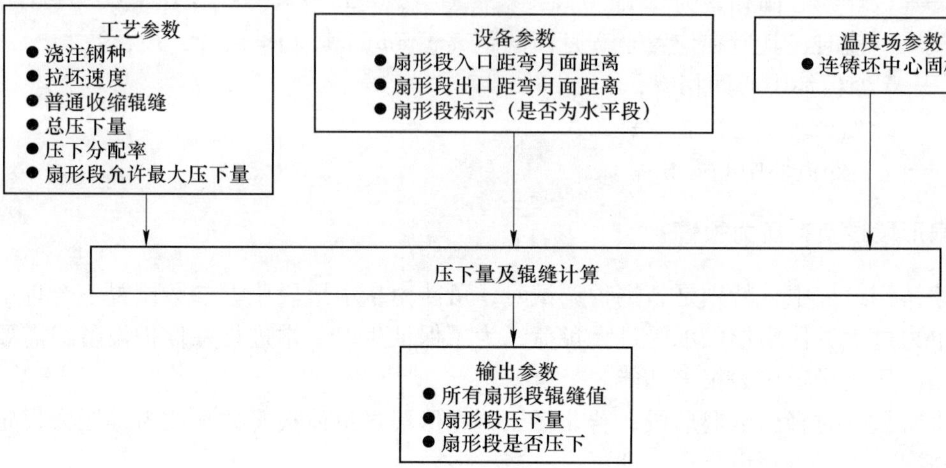

图 2-11-98　扇形段辊缝调整模型输入输出参数

11.7　扇形段辊缝测量

11.7.1　扇形段测量辊缝与理想辊缝对比

调整扇形段辊缝时，上框架沿着扇形段中心线上升或下降，在此过程中，扇形段内弧辊子并不都是沿着曲率半径移动，这样最后形成的辊缝并不是理想辊缝，这里我们把扇形段内外弧辊子都在曲率半径方向上时的辊缝定义为理想辊缝。

下面对理想辊缝和实际测量辊缝做一对比。

如图 2-11-99 所示，扇形段内弧辊子以公用内弧为基础，上升或下降后，g_1 为实测辊缝，g_2 为理想辊缝。

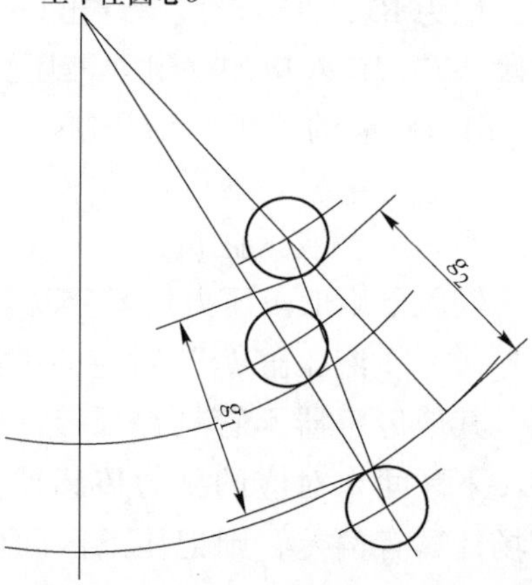

图 2-11-99　实测辊缝和理想辊缝

不同主半径不同板坯厚度时理想辊缝和实际辊缝值的对比见表 2-11-29。

表 2-11-29　不同主半径不同板坯厚度时理想辊缝和实际辊缝值的对比　（mm）

序号	主半径	公用内弧半径	辊径	辊缝	测量辊缝	理想辊缝	绝对误差
1	12000	11675	280	250	250.29	250.25	0.04
2	12000	11675	280	400	399.77	399.74	0.03
3	5000	4880	175	70	70.483	70.397	0.086
4	5000	4880	175	170	169.657	169.595	0.062
5	9500	9290	250	190	190.093	190.088	0.005

从表2-11-29可知，主半径为12m，公用内弧半径为11.675m，辊缝为250mm和400mm时，实际测量辊缝和理想辊缝的绝对误差分别为0.04mm和0.03mm，完全在允许范围之内；主半径为5m，公用内弧半径为4.88m，辊缝为70mm和170mm时，实际测量辊缝和理想辊缝的绝对误差分别为0.086mm和0.062mm，也在允许范围之内。

11.7.2　扇形段测量辊缝与液压缸行程关系

11.7.2.1　图形及公式中代号意义

板坯连铸机在动态轻压下时，扇形段辊缝的控制是通过控制液压缸的行程来实现的，但扇形段辊缝的增大和减少和液压缸并不是简单的线性关系，它们之间的关系是由扇形段结构决定的。下面对扇形段进口侧和出口侧辊缝值与进口侧和出口侧液压缸行程的关系进行说明，图2-11-100及后续公式中所用代号意义如下：

b_1——扇形段进口辊缝，mm；

b_2——扇形段出口辊缝，mm；

b——扇形段进出口平均辊缝，mm；

a——扇形段公用内弧时辊缝，mm（R钢铁公司2号板坯连铸机公用内弧辊缝为210mm）；

Δ_1——扇形段进口辊缝由公用内弧辊缝调整为 b_1 时，进口侧液压缸行程，mm；

Δ_2——扇形段出口辊缝由公用内弧辊缝调整为 b_2 时，出口侧液压缸行程，mm；

Δ——扇形段出口和入口辊缝由公用内弧辊缝调整为 $(b_1+b_2)/2$ 时，进口侧与出口侧的液压缸行程，mm；

d——辊子直径，mm；

α——上框架内外弧出口辊中心连线与竖直方向的夹角中的锐角，(°)；

γ——上框架绕中心旋转的角度，(°)；

β_1——扇形段进口侧内外弧辊子中心连线与扇形段竖直中心线之间夹角中的钝角，(°)，对于弧形区及矫直区，$90° < \beta_1 < 180°$，对于水平区，$\beta_1 = 180°$；

β_2——扇形段出口侧内外弧辊子中心连线与扇形段竖直中心线之间夹角中的钝角，对于弧形区及矫直区，$90° < \beta_2 < 180°$，对于水平区，$\beta_2 = 180°$；

e——液压缸中心到扇形段竖直中心线的距离，mm；

f_1——进口侧内弧辊心到扇形段竖直中心线的距离，mm；

f_2——出口侧内弧辊心到扇形段竖直中心线的距离，mm。

11.7.2.2　已知扇形段入口和出口辊缝求液压缸的行程

设定连铸机辊缝为公用内弧辊缝时，液压缸的行程为0，即此时液压缸的位置为零点位置。

A　第一种情况

扇形段上框架抬起。这时的辊缝大于公用内弧辊缝，即 $b_1 > a$ 和 $b_2 > a$，如图2-11-100所示。

求解思路分三步：第一步，假设扇形段上框架沿扇形段中心线向上抬起，计算此时入口侧和出口侧液压缸行程；第二步，假设扇形段上框架绕扇形段中心线旋转一个角度，形成其入口侧和进口侧的辊缝值，计算此时入口侧和出口侧液压缸行程；第三步，将前两步计算结果进行线性叠加求出入口侧和出口侧液压缸行程。

a　计算步骤一

假设扇形段入口侧和出口侧辊缝分别为 $b_1 > a$ 和 $b_2 > a$，经上框架调整后，进口侧和出口侧辊缝均调整为 b。

b 值的计算采用反推法：假设扇形段进出口侧辊缝变化值与内弧辊心坐标变化值成正比，第二步扇形段上框架转动时，由于是绕扇形段中心线旋转，因此入口侧和出口侧的夹角 γ 相等，因此有

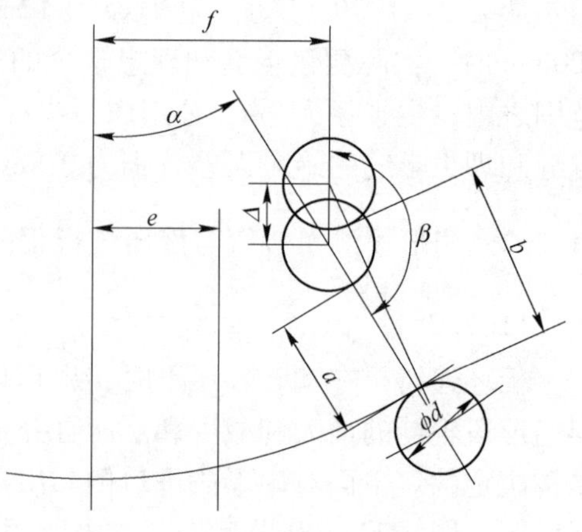

图 2-11-100　扇形段上框架抬起

$$\frac{f_1}{f_2} = \frac{b_1 - b}{b - b_2} \tag{2-11-62}$$

则

$$b = \frac{f_1 b_2 + f_2 b_1}{f_1 + f_2} \tag{2-11-63}$$

如图 2-11-100 所示，根据三角形余弦定理得

$$(b + d)^2 = \Delta^2 + (a + d)^2 - 2\Delta(a + d)\cos\beta \tag{2-11-64a}$$

整理得

$$\Delta^2 - 2\Delta(a + d)\cos\beta + (a + d)^2 - (b + d)^2 = 0 \tag{2-11-64b}$$

求得

$$\Delta = (a + d)\cos\beta \pm \sqrt{(a + d)^2(\cos^2\beta - 1) + (b + d)^2} \tag{2-11-64c}$$

取正值

$$\Delta = (a + d)\cos\beta + \sqrt{(a + d)^2(\cos^2\beta - 1) + (b + d)^2} \tag{2-11-64d}$$

进口侧和出口侧 β 值不相等，就意味着进口侧和出口侧 Δ 值也不相等。

b　计算步骤二（简称“方法 1”）

这时扇形段上框架为转动，旋转一个角度 γ。第二步的核心是计算角度 γ。通过两个三角形的公用边 x 相等计算夹角 γ，然后相对扇形段中心计算入口侧和出口侧内弧辊心坐标变化值，再根据比例关系计算进出口侧液压缸行程。

入口侧

$$(b_1 + d)^2 = x_1^2 + (b + d)^2 - 2x_1(b + d)\cos\left(\pi - a_1 - \frac{\gamma}{2}\right) \tag{2-11-65}$$

$$x_1 = f_1\sin\left(\frac{\gamma}{2}\right) \tag{2-11-66}$$

$$a_1 = \arcsin\left(\frac{a + d}{b + d}\sin\beta_1\right) \tag{2-11-67}$$

出口侧

$$(b_2 + d)^2 = x_2^2 + (b + d)^2 - 2x_2(b + d)\cos\left(a_2 + \frac{\gamma}{2}\right) \tag{2-11-68}$$

$$x_2 = f_2\sin\left(\frac{\gamma}{2}\right) \tag{2-11-69}$$

$$a_2 = \arcsin\left(\frac{a + d}{b + d}\sin\beta_2\right) \tag{2-11-70}$$

进口侧和出口侧辊缝由 b 分别调整为 b_1、b_2 时，进口侧和出口侧液压缸行程的调整量分别为进口侧

$$\frac{e}{f_1}\left[f_1\sin\left(\frac{\gamma}{2}\right)\right] \tag{2-11-71}$$

出口侧

$$\frac{e}{f_2}\left[f_2\sin\left(\frac{\gamma}{2}\right)\right] \tag{2-11-72}$$

c　计算步骤三

当扇形段进口侧和出口侧辊缝分别由 a 调整为 b_1、b_2（b_1、b_2 均大于 a）时，进口侧和出口侧液压缸的行程 Δ_1 和 Δ_2 分别为

$$\Delta_1 = (a + d)\cos\beta_1 + \sqrt{(a + d)^2(\cos^2\beta_1 - 1) + \left(\frac{f_1b_2 + f_2b_1}{f_1 + f_2} + d\right)^2} + \frac{e}{f_1}\left[f_1\sin\left(\frac{\gamma}{2}\right)\right] \tag{2-11-73}$$

$$\Delta_2 = (a + d)\cos\beta_2 + \sqrt{(a + d)^2(\cos^2\beta_2 - 1) + \left(\frac{f_1b_2 + f_2b_1}{2} + d\right)^2} - \frac{e}{f_2}\left[f_2\sin\left(\frac{\gamma}{2}\right)\right] \tag{2-11-74}$$

d　计算步骤二的简化方法（简称“方法 2”）

由于 γ 角的计算方程为超越方程没有解析解，只能采用数值解法。这里采用简化计算方法，简化计算方法与上述方法的差别在于计算步骤二，具体方法如下：

假设辊缝变化值与扇形段内弧进出口辊心坐标变换值成正比关系，则液压缸行程与辊缝变化值成正比。当进口侧和出口侧辊缝由 b 分别调整为 b_1、b_2 时，液压缸行程的调整量分别为

进口侧
$$\frac{e}{f_1}(b_1 - b) \tag{2-11-75}$$

出口侧
$$\frac{e}{f_2}(b_2 - b) \tag{2-11-76}$$

因此，当扇形段进口侧和出口侧辊缝分别由 a 调整为 b_1、b_2（b_1、b_2 均大于 a）时，进口侧和出口侧液压缸的行程 Δ_1 和 Δ_2 分别为

$$\Delta_1 = (a + d)\cos\beta_1 + \sqrt{(a + d)^2(\cos^2\beta_1 - 1) + \left(\frac{f_1b_2 + f_2b_1}{2} + d\right)^2} + \frac{e}{f_1}\left(b_1 - \frac{f_1b_2 + f_2b_1}{f_1 + f_2}\right) \tag{2-11-77}$$

$$\Delta_2 = (a+d)\cos\beta_2 + \sqrt{(a+d)^2(\cos^2\beta_2 - 1) + \left(\frac{f_1b_2 + f_2b_1}{2} + d\right)^2 + \frac{e}{f_2}\left(b_2 - \frac{f_1b_2 + f_2b_1}{f_1 + f_2}\right)} \tag{2-11-78}$$

e　两种方法计算结果比较

以 R 钢铁公司 2 号板坯连铸机参数为例，分别采用两种方法对液压缸行程进行计算，计算结果见表 2-11-30。

表 2-11-30　两种方法液压缸行程计算对比　（mm）

序　号	扇形段	b_1	b_2	Δ_1		Δ_2	
				方法 1	方法 2	方法 1	方法 2
1	Seg. 1	236. 0	234. 0	25. 5814	25. 5797	24. 5975	24. 5992
2	Seg. 2	235. 8	233. 8	25. 3807	25. 3790	24. 3968	24. 3986
3	Seg. 3	235. 6	233. 6	25. 1800	25. 1783	24. 1962	24. 1979
4	Seg. 4	235. 4	233. 4	24. 9839	24. 9820	24. 0219	24. 0239
5	Seg. 5	235. 2	233. 2	24. 7831	24. 7812	23. 8211	23. 8231
6	Seg. 6	235. 0	233. 0	24. 5823	24. 5804	23. 6203	23. 6223
7	Seg. 7	234. 8	232. 8	24. 3967	24. 3925	23. 3129	23. 3123
8	Seg. 8	234. 6	232. 6	24. 1692	24. 1679	23. 0323	23. 0318
9	Seg. 9	234. 4	232. 4	23. 9376	23. 9376	22. 8624	22. 8624
10	Seg. 10	234. 2	232. 2	23. 7376	23. 7376	22. 6624	22. 6624
11	Seg. 11	234. 1	232. 1	23. 6376	23. 6376	22. 5624	22. 5624
12	Seg. 12	233. 9	231. 9	23. 4376	23. 4376	22. 3624	22. 3624
13	Seg. 13	233. 8	231. 8	23. 3376	23. 3376	22. 2624	22. 2624
14	Seg. 14	233. 6	231. 6	23. 1376	23. 1376	22. 0624	22. 0624

从计算结果来看，方法 2（近似计算）结果的精度完全满足连铸生产要求。

B　第二种情况

扇形段上框架压下，也就是辊缝小于公用内弧辊缝，即 $b_1 \leqslant a$ 和 $b_2 \leqslant a$，如图 2-11-101 所示。

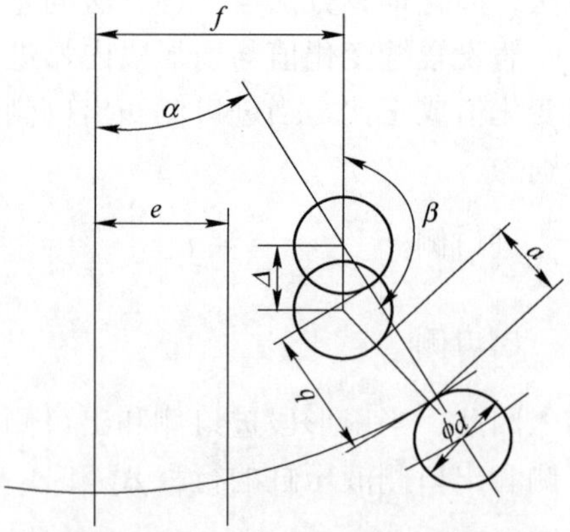

图 2-11-101　扇形段上框架压下

a　计算步骤一

假设扇形段进口侧和出口侧辊缝分别为 $b_1 \leqslant a$ 和 $b_2 \leqslant a$，经上框架调整后，进口侧和出口侧辊缝均调整为 b，见公式（2-11-63）。

根据三角形余弦定律

$$(b+d)^2 = \Delta^2 + (a+d)^2 - 2\Delta(a+d)\cos(180° - \beta) \tag{2-11-79a}$$

整理得

$$(b+d)^2 = \Delta^2 + (a+d)^2 + 2\Delta(a+d)\cos\beta \tag{2-11-79b}$$

$$\Delta^2 + 2\Delta(a+d)\cos\beta + (a+d)^2 - (b+d)^2 = 0$$

求解得

$$\Delta = -(a+d)\cos\beta \pm \sqrt{(a+d)^2(\cos^2\beta - 1) + (b+d)^2} \tag{2-11-80a}$$

取负值

$$\Delta = -(a+d)\cos\beta - \sqrt{(a+d)^2(\cos^2\beta - 1) + (b+d)^2} \tag{2-11-80b}$$

b　计算步骤二

当进口侧和出口侧辊缝由 b 分别调整为 b_1、b_2 时，液压缸行程的调整量分别为

进口侧
$$\frac{e}{f_1}(b_1 - b) \tag{2-11-81}$$

出口侧
$$\frac{e}{f_2}(b_2 - b) \tag{2-11-82}$$

c　计算步骤三

当扇形段进口侧和出口侧辊缝分别由 a 调整为 b_1、b_2（b_1、b_2 均大于 a）时，进口侧和出口侧液压缸的行程 Δ_1 和 Δ_2 分别为

$$\Delta_1 = -(a+d)\cos\beta_1 - \sqrt{(a+d)^2(\cos^2\beta_1 - 1) + \left(\frac{f_1 b_2 + f_2 b_1}{f_1 + f_2} + d\right)^2} + \frac{e}{f_1}\left(b_1 - \frac{f_1 b_2 + f_2 b_1}{f_1 + f_2}\right) \tag{2-11-83}$$

$$\Delta_2 = -(a+d)\cos\beta_2 - \sqrt{(a+d)^2(\cos^2\beta_2 - 1) + \left(\frac{f_1 b_2 + f_2 b_1}{f_1 + f_2} + d\right)^2} + \frac{e}{f_2}\left(b_2 - \frac{f_1 b_2 + f_2 b_1}{f_1 + f_2}\right) \tag{2-11-84}$$

11.7.2.3　已知液压缸行程计算辊缝

A　第一种情况

扇形段上框架抬起（辊缝大于公用内弧辊缝），即 $b_1 > a$ 和 $b_2 > a$，如图 2-11-100 所示，假设扇形段进口和出口液压缸行程分别为 Δ_1 和 Δ_2，上框架微调后，扇形段进口和出口液压缸行程都为 $\Delta = (\Delta_1 + \Delta_2)/2$。

根据三角形余弦定律

$$(b+d)^2 = \Delta^2 + (a+d)^2 - 2\Delta(a+d)\cos\beta \tag{2-11-85}$$

解得

$$b = \sqrt{\Delta^2 + (a+d)^2 - 2\Delta(a+d)\cos\beta} - d \tag{2-11-86a}$$

$$b = \sqrt{\frac{(\Delta_1 + \Delta_2)^2}{4} + (a+d)^2 - 2\,\frac{\Delta_1 + \Delta_2}{2}(a+d)\cos\beta} - d \tag{2-11-86b}$$

当扇形段进口侧和扇形段出口侧液压缸行程由 Δ 分别调整为 Δ_1 和 Δ_2 时，进口侧辊缝和出口侧辊缝的调整量分别为

$$\frac{f_1}{e}(\Delta_1 - \Delta) = \frac{f_1}{e}\left(\Delta_1 - \frac{\Delta_1 + \Delta_2}{2}\right) = \frac{f_1(\Delta_1 - \Delta_2)}{2e} \tag{2-11-87}$$

$$\frac{f_2}{e}(\Delta_2 - \Delta) = \frac{f_2}{e}\left(\Delta_2 - \frac{\Delta_1 + \Delta_2}{2}\right) = \frac{f_2(\Delta_2 - \Delta_1)}{2e} \tag{2-11-88}$$

所以，当扇形段进口侧和扇形段出口侧液压缸行程分别为 Δ_1 和 Δ_2 时，扇形段进口辊缝和出口辊缝 b_1 和 b_2 分别为

$$b_1 = \sqrt{\frac{(\Delta_1 + \Delta_2)^2}{4} + (a+d)^2 - (\Delta_1 + \Delta_2)(a+d)\cos\beta_1} - d + \frac{f_1(\Delta_1 - \Delta_2)}{2e} \tag{2-11-89}$$

$$b_2 = \sqrt{\frac{(\Delta_1 + \Delta_2)^2}{4} + (a+d)^2 - (\Delta_1 + \Delta_2)(a+d)\cos\beta_2} - d + \frac{f_2(\Delta_2 - \Delta_1)}{2e} \tag{2-11-90}$$

B　第二种情况

扇形段上框架压下，辊缝小于等于公用内弧辊缝，即 $b_1 \leqslant a$ 和 $b_2 \leqslant a$，如图 2-11-101 所示，假设扇形段进口和扇形段出口液压缸行程分别为 Δ_1 和 Δ_2，上框架微调后，扇形段进口和扇形段出口液压缸行程都为 $\Delta = (\Delta_1 + \Delta_2)/2$。

根据三角形余弦定律

$$(b+d)^2 = \Delta^2 + (a+d)^2 - 2\Delta(a+d)\cos(180° - \beta) \tag{2-11-91a}$$

整理得

$$(b+d)^2 = \Delta^2 + (a+d)^2 + 2\Delta(a+d)\cos\beta \tag{2-11-91b}$$

求解得

$$b = \sqrt{\Delta^2 + (a+d)^2 + 2\Delta(a+d)\cos\beta} - d \tag{2-11-92a}$$

$$b = \sqrt{\frac{(\Delta_1 + \Delta_2)^2}{4} + (a+d)^2 + 2\frac{\Delta_1 + \Delta_2}{2}(a+d)\cos\beta} - d \tag{2-11-92b}$$

当扇形段进口侧和扇形段出口侧液压缸行程由 Δ 分别调整为 Δ_1 和 Δ_2 时，扇形段进口侧辊缝和扇形段出口侧辊缝的调整量分别为

$$\frac{f_1}{e}(\Delta_1 - \Delta) = \frac{f_1}{e}\left(\Delta_1 - \frac{\Delta_1 + \Delta_2}{2}\right) = \frac{f_1(\Delta_1 - \Delta_2)}{2e} \tag{2-11-93}$$

$$\frac{f_2}{e}(\Delta_2 - \Delta) = \frac{f_2}{e}\left(\Delta_2 - \frac{\Delta_1 + \Delta_2}{2}\right) = \frac{f_2(\Delta_2 - \Delta_1)}{2e} \tag{2-11-94}$$

所以，当扇形段进口侧和扇形段出口侧液压缸行程分别为 Δ_1 和 Δ_2 时，扇形段进口辊缝和扇形段出口辊缝 b_1 和 b_2 分别为

$$b_1 = \sqrt{\frac{(\Delta_1 + \Delta_2)^2}{4} + (a+d)^2 + (\Delta_1 + \Delta_2)(a+d)\cos\beta_1} - d + \frac{f_1(\Delta_1 - \Delta_2)}{2e} \tag{2-11-95}$$

$$b_2 = \sqrt{\frac{(\Delta_1 + \Delta_2)^2}{4} + (a+d)^2 + (\Delta_1 + \Delta_2)(a+d)\cos\beta_2} - d + \frac{f_2(\Delta_2 - \Delta_1)}{2e} \tag{2-11-96}$$

11.7.2.4　R 钢铁公司 2 号板坯连铸机扇形段部分参数

R 钢铁公司 2 号板坯连铸机扇形段夹紧液压缸行程与进、出口辊缝涉及参数见表 2-11-31。

表 2-11-31　扇形段夹紧液压缸行程与进、出口辊缝涉及参数

<table>
<tr><th>序号</th><th>扇形段</th><th>a</th><th>d</th><th>β_1</th><th>β_2</th><th>e</th><th>f_1</th><th>f_2</th></tr>
<tr><td>1</td><td>Seg. 1</td><td rowspan="14">210</td><td rowspan="3">230</td><td colspan="2" rowspan="3">175. 02431388</td><td rowspan="3">395</td><td colspan="2" rowspan="3">805. 75</td></tr>
<tr><td>2</td><td>Seg. 2</td></tr>
<tr><td>3</td><td>Seg. 3</td></tr>
<tr><td>4</td><td>Seg. 4</td><td rowspan="3">250</td><td colspan="2" rowspan="3">174. 60816559</td><td rowspan="3">425</td><td colspan="2" rowspan="3">887. 19</td></tr>
<tr><td>5</td><td>Seg. 5</td></tr>
<tr><td>6</td><td>Seg. 6</td></tr>
<tr><td>7</td><td>Seg. 7</td><td rowspan="8">270</td><td>175. 21165667</td><td>177. 16632981</td><td>480</td><td>935. 47</td><td>931. 17</td></tr>
<tr><td>8</td><td>Seg. 8</td><td>179. 57229963</td><td>180</td><td>525</td><td>925. 43</td><td>924</td></tr>
<tr><td>9</td><td>Seg. 9</td><td colspan="2" rowspan="6">180</td><td rowspan="6">500</td><td colspan="2" rowspan="6">930</td></tr>
<tr><td>10</td><td>Seg. 10</td></tr>
<tr><td>11</td><td>Seg. 11</td></tr>
<tr><td>12</td><td>Seg. 12</td></tr>
<tr><td>13</td><td>Seg. 13</td></tr>
<tr><td>14</td><td>Seg. 14</td></tr>
</table>

11. 8　钢的高温物性参数

11. 8. 1　美国几个碳钢高温物性参数

11. 8. 1 ~ 11. 8. 3 小节中所用代号意义：

T——温度，K；

λ——热导率，W/(m · K)；

c_p——比热容，kJ/(kg · K)；

E——弹性模量，MPa；

ΔH_f——凝固潜热，kJ/kg。

（1）AISI 1008（大致对应中国钢号：08、08F），见表 2-11-32。

表 2-11-32　AISI 1008 钢种成分

成　分	C	Si	Mn	S	P	Ni	固相线温度/K	液相线温度/K
质量分数/%	0. 08	0. 08	0. 31	0. 05	0. 029	0. 045	1768	1808

热导率，W/(m · K)	温度范围/K
$\lambda = 74.344 - 0.043971T$	$373 < T \leqslant 873$
$\lambda = 69.343 - 0.0384T$	$873 < T \leqslant 1122$
$\lambda = 13.575 + 0.0113T$	$1122 < T \leqslant 1768$
$\lambda = 280.719 - 0.1398T$	$1768 < T$

比热容，kJ/(kg · K)　　温度范围/K

$c_p = 0.52280 - 3.7427 \times 10^{-4} T + 7.2679 \times 10^{-7} T^2$　　$T \leqslant 973$

$c_p = -4.6716 + 5.68 \times 10^{-3} T$　　$973 < T \leqslant 1023$

$c_p = 4.7195 - 3.5 \times 10^{-3} T$　　$1023 < T \leqslant 1073$

$c_p = 2.6213 - 1.545 \times 10^{-3} T$　　$1073 < T \leqslant 1273$

$c_p = 0.5927 + 4.8 \times 10^{-5} T$　　$1273 < T$

固相密度 7860kg/m^3，$T = 288$K。

（2）AISI 1026（大致对应中国钢号：25Mn），见表 2-11-33。

表 2-11-33　AISI 1026 钢种成分

成　分	C	Si	Mn	S	P	Ni	固相线温度/K	液相线温度/K
质量分数/%	0.23	0.08	0.31	0.05	0.029	0.045	1768	1798

热导率，W/(m · K)　　温度范围/K

$\lambda = 60.719 - 0.027857T$　　$T \leqslant 851$

$\lambda = 78.542 - 0.0488T$　　$851 < T \leqslant 1082$

$\lambda = 15.192 + 0.0097T$　　$1082 < T \leqslant 1768$

$\lambda = 349.991 - 0.1797T$　　$1768 < T \leqslant 1798$

比热容，kJ/(kg · K)　　温度范围/K

$c_p = 0.51376 - 3.3504 \times 10^{-4} T + 6.8929 \times 10^{-7} T^2$　　$T \leqslant 973$

$c_p = -10.539 + 1.17 \times 10^{-2} T$　　$973 < T \leqslant 1023$

$c_p = 11.873 - 1.0208 \times 10^{-2} T$　　$1023 < T \leqslant 1100$

$c_p = 0.644$　　$1100 < T \leqslant 1379$

$c_p = 0.35434 + 2.1 \times 10^{-4} T$　　$1379 < T$

固相密度 7860kg/m^3，$T = 288$K。

（3）AISI 1086（大致对应中国钢号：85），见表 2-11-34。

表 2-11-34　AISI 1086 钢种成分

成　分	C	Si	Mn	S	P	Cr	Ni	固相线温度/K	液相线温度/K
质量分数/%	0.80	0.13	0.32	0.009	0.008	0.11	0.13	1660	1754

热导率，W/(m · K)　　温度范围/K

$\lambda = 58.37 - 0.029280T$　　$T \leqslant 980$

$\lambda = 88.480 - 0.06T$　　$980 < T \leqslant 1073$

$\lambda = 8.5615 + 0.0145T$　　$1073 < T \leqslant 1660$

$\lambda = 130.357 - 0.0588T$　　$1660 < T \leqslant 1754$

比热容，kJ/(kg · K)　　温度范围/K

$c_p = 0.34550 + 3.8607 \times 10^{-4} T$　　$T \leqslant 970$

$c_p = -23.7774 + 2.5280 \times 10^{-2} T$　　$970 < T \leqslant 1023$

$c_p = 32.403 - 2.967 \times 10^{-2} T$　　$1023 < T \leqslant 1080$

$c_p = 0.45522 + 1.34 \times 10^{-4} T$　　1073 < T

固相密度 7850kg/m³，$T = 288$K。

（4）1.2%C（大致对应中国钢号：T12），见表 2-11-35。

表 2-11-35　1.2%C 钢种成分

成　分	C	Si	Mn	S	P	Cr	Ni	固相线温度/K	液相线温度/K
质量分数/%	1.22	0.16	0.35	0.015	0.009	0.11	0.13	1598	1725

热导率，W/(m · K)　　温度范围/K

$\lambda = 52.910 - 0.023429T$　　$T \leqslant 934$

$\lambda = 65.274 - 0.038T$　　$934 < T \leqslant 1090$

$\lambda = 11.0609 + 0.011714T$　　$1090 < T \leqslant 1598$

$\lambda = 92.713 - 0.0393T$　　$1598 < T \leqslant 1725$

比热容，kJ/(kg · K)　　温度范围/K

$c_p = 0.34550 + 3.8607 \times 10^{-4} T$　　$T \leqslant 970$

$c_p = -23.7774 + 2.5280 \times 10^{-2} T$　　$970 < T \leqslant 1023$

$c_p = 32.403 - 2.967 \times 10^{-2} T$　　$1023 < T \leqslant 1080$

$c_p = 0.45522 + 1.34 \times 10^{-4} T$　　$1073 < T$

固相密度 7830kg/m³，$T = 288$K。

11.8.2　美国几个合金钢高温物性参数

（1）1%Cr，见表 2-11-36。

表 2-11-36　1%Cr 钢种成分

成　分	C	Si	Mn	S	P	Cr	Ni	Mo	固相线温度/K	液相线温度/K
质量分数/%	0.315	0.2	0.69	0.036	0.039	1.09	0.073	0.012	1693	1793

热导率，W/(m · K)　　温度范围/K

$\lambda = 59.370 - 0.031257T$　　$473 < T \leqslant 1073$

$\lambda = 14.543 + 0.0105T$　　$1073 < T \leqslant 1693$

$\lambda = 91.736 - 0.0351T$　　$1693 < T \leqslant 1793$

$\lambda = 7.8468 + 0.011684T$　　$1793 < T$

比热容，kJ/(kg · K)　　温度范围/K

$c_p = 0.57444 - 5.7079 \times 10^{-4} T + 8.9368 \times 10^{-7} T^2$　　$293 < T \leqslant 973$

$c_p = -29.758 + 3.1483 \times 10^{-2} T$　　$973 < T \leqslant 1033$

$c_p = 51.857 - 4.7525 \times 10^{-2} T$　　$1033 < T \leqslant 1073$

$c_p = 3.8644 - 2.8 \times 10^{-3} T$　　$1073 < T \leqslant 1173$

$c_p = 0.43569 + 1.22 \times 10^{-3} T$　　$1173 < T \leqslant 1683$

固相密度 7840kg/m³。

凝固潜热，$\Delta H_f = 251$kJ/kg。

（2）1.5%Mn，见表2-11-37。

表2-11-37 1.5%Mn钢种成分

成 分	C	Si	Mn	S	P	Cr	Ni	Cu	固相线温度/K	液相线温度/K
质量分数/%	0.23	0.12	1.51	0.038	0.03	0.06	0.04	0.1	1777	1801

热导率，W/(m·K)	温度范围/K
$\lambda = 52.80 - 0.017T$	$373 < T \leqslant 547$
$\lambda = 58.349 - 0.027137T$	$547 < T \leqslant 1185$
$\lambda = 12.556 + 0.01156T$	$1185 < T \leqslant 1777$
$\lambda = 441.45 - 0.22981T$	$1777 < T \leqslant 1801$

比热容，kJ/(kg·K)	温度范围/K
$c_p = 0.49602 - 3.0144 \times 10^{-4}T + 6.6786 \times 10^{-7}T^2$	$293 < T \leqslant 973$
$c_p = -11.229 + 1.24 \times 10^{-2}T$	$973 < T \leqslant 1023$
$c_p = 14.224 - 1.248 \times 10^{-2}T$	$1023 < T \leqslant 1100$
$c_p = -1.1677 + 2.3627 \times 10^{-3}T - 7.7084 \times 10^{-7}T^2$	$1100 < T \leqslant 1573$

固相密度7850kg/m^3。

凝固潜热，$\Delta H_f = 277$kJ/kg。

（3）2%Si，见表2-11-38。

表2-11-38 2%Si钢种成分

成 分	C	Si	Mn	S	P	Cr	Ni	Cu	固相线温度/K	液相线温度/K
质量分数/%	0.485	1.98	0.9	0.047	0.044	0.04	0.156	0.637	1761	1770

热导率，W/(m·K)	温度范围/K
$\lambda = 9.7951 - 0.0739T - 6.5 \times 10^{-5}T^2$	$273 < T \leqslant 573$
$\lambda = 30.9$	$573 < T \leqslant 850$
$\lambda = 52.058 - 0.025T$	$850 < T \leqslant 1073$
$\lambda = 18.075 - 0.0065T$	$1073 < T \leqslant 1273$
$\lambda = 7.0877 - 0.0151T$	$1273 < T \leqslant 1761$
$\lambda = 457.22 - 0.24051T$	$1761 < T \leqslant 1777$

比热容，kJ/(kg·K)	温度范围/K
$c_p = 0.502$	$T \leqslant 373$
$c_p = 0.54608 - 3.7528 \times 10^{-4}T + 6.8929 \times 10^{-7}T^2$	$373 < T \leqslant 973$
$c_p = -4.386 + 5.36 \times 10^{-3}T$	$973 < T \leqslant 1073$
$c_p = 9.3162 - 7.4112 \times 10^{-3}T$	$1073 < T \leqslant 1180$
$c_p = 0.42560 + 1.650 \times 10^{-4}T$	$1180 < T \leqslant 1573$

固相密度7730kg/m^3。

凝固潜热，$\Delta H_f = 232.5$kJ/kg。

11.8.3 美国几个不锈钢高温物性参数

（1）AISI 303（对应中国旧钢号：Y1Cr18Ni9；新钢号：Y12Cr18Ni9），见表2-11-39。

表2-11-39　AISI 303 钢种成分

成　分	C	Si	Mn	S	P	Ni	Cr	Mo	固相线温度/K	液相线温度/K
质量分数/%	0.15	1.00	2.00	0.15	0.20	8～10.0	17～19	0.60		

热导率，W/(m·K)　　温度范围/K

$\lambda = 10.717 + 0.014955T$　　$T \leqslant 780$

$\lambda = 12.076 + 0.013213T$　　$780 < T \leqslant 1672$

$\lambda = 217.12 - 0.1094T$　　$1672 < T \leqslant 1727$

$\lambda = 8.278 + 0.0115T$　　$1727 < T$

固相密度 $8000 kg/m^3$。

凝固潜热，$\Delta H_f = 304 kJ/kg$。

（2）AISI 304（对应中国旧钢号：0Cr18Ni9；新钢号：06Cr19Ni10），见表2-11-40。

表2-11-40　AISI 304 钢种成分

成　分	C	Si	Mn	S	P	Ni	Cr	固相线温度/K	液相线温度/K
质量分数/%	0.08	1.00	2.00	0.030	0.045	8～10.5	18～20	1672	1727

热导率，W/(m·K)　　温度范围/K

$\lambda = 10.717 + 0.014955T$　　$T \leqslant 780$

$\lambda = 12.076 + 0.013213T$　　$780 < T \leqslant 1672$

$\lambda = 217.12 - 0.1094T$　　$1672 < T \leqslant 1727$

$\lambda = 8.278 + 0.0115T$　　$1727 < T$

比热容，kJ/(kg·K)　　温度范围/K

$c_p = 0.43895 + 1.98 \times 10^{-4} T$　　$T \leqslant 773$

$c_p = 0.13793 + 5.9 \times 10^{-4} T$　　$773 < T \leqslant 873$

$c_p = 0.87125 - 2.5 \times 10^{-4} T$　　$873 < T \leqslant 973$

$c_p = 0.55520 + 7.75 \times 10^{-5} T$　　$973 < T$

固相密度 $8000 kg/m^3$。

凝固潜热，$\Delta H_f = 304 kJ/kg$。

（3）AISI 304L（对应中国旧钢号：00Cr19Ni10；新钢号：022Cr19Ni10），见表2-11-41。

表2-11-41　AISI 304L 钢种成分

成　分	C	Si	Mn	S	P	Ni	Cr	固相线温度/K	液相线温度/K
质量分数/%	0.03	1.00	2.00	0.03	0.045	8～12	18～20		

热导率，W/(m · K) 温度范围/K

$\lambda = 10.717 + 0.014955T$ $T \leqslant 780$

$\lambda = 12.076 + 0.013213T$ $780 < T \leqslant 1672$

$\lambda = 217.12 - 0.1094T$ $1672 < T \leqslant 1727$

$\lambda = 8.278 + 0.0115T$ $1727 < T$

固相密度 $8000 kg/m^3$。

凝固潜热，$\Delta H_f = 304 kJ/kg$。

（4）AISI 316（对应中国旧钢号：0Cr17Ni12Mo2；新钢号：06Cr17Ni12Mo2），见表 2-11-42。

表 2-11-42 AISI 316 钢种成分

成 分	C	Si	Mn	S	P	Ni	Mo	Cr	固相线温度/K	液相线温度/K
质量分数/%	0.08	1.00	2.00	0.030	0.045	10 ~ 14	2 ~ 3	16 ~ 18	1644	1672

热导率，W/(m · K) 温度范围/K

$\lambda = 8.7082 + 0.015968T$ $T \leqslant 807$

$\lambda = 11.107 + 0.012994T$ $807 < T \leqslant 1644$

$\lambda = 355.93 - 0.1968T$ $1644 < T \leqslant 1672$

$\lambda = 6.597 + 0.01214T$ $1672 < T$

固相密度 $8000 kg/m^3$。

（5）AISI 317（对应中国旧钢号：0Cr19Ni13Mo3；新钢号：06Cr19Ni13Mo3），见表 2-11-43。

表 2-11-43 AISI 317 钢种成分

成 分	C	Si	Mn	S	P	Ni	Mo	Cr	固相线温度/K	液相线温度/K
质量分数/%	0.08	1.00	2.00	0.030	0.045	11 ~ 15	3 ~ 4	18 ~ 20	1644	1672

热导率，W/(m · K) 温度范围/K

$\lambda = 8.0942 + 0.01623T$ $T \leqslant 820$

$\lambda = 10.503 + 0.01329T$ $820 < T \leqslant 1644$

$\lambda = 364.02 - 0.2018T$ $1644 < T \leqslant 1672$

$\lambda = 6.327 + 0.01214T$ $1672 < T$

固相密度 $8000 kg/m^3$。

（6）AISI 321（对应中国旧钢号：0Cr18Ni10Ti；新钢号：06Cr18Ni11Ti），见表 2-11-44。

表 2-11-44 AISI 321 钢种成分

成 分	C	Si	Mn	S	P	Ni	Mo	Cr	固相线温度/K	液相线温度/K
质量分数/%	0.08	1.00	2.00	0.030	0.045	9 ~ 12		17 ~ 19		

热导率，W/(m·K)　温度范围/K

$\lambda = 9.4594 + 0.01582T$　$T \leqslant 820$

$\lambda = 11.968 + 0.01276T$　$820 < T \leqslant 1672$

$\lambda = 194.63 - 0.0965T$　$1672 < T \leqslant 1727$

$\lambda = 7.081 + 0.01205T$　$1727 < T$

固相密度 8000kg/m^3。

（7）AISI 347(对应中国旧钢号：0Cr18Ni11Nb；新钢号：06Cr18Ni11Nb)，见表2-11-45。

表2-11-45　AISI 347 钢种成分

成　分	C	Si	Mn	S	P	Ni	Mo	Cr	固相线温度/K	液相线温度/K
质量分数/%	0.08	1.00	2.00	0.030	0.045	9~13		17~19	1672	1727

热导率，W/(m·K)　温度范围/K

$\lambda = 9.4594 + 0.01582T$　$T \leqslant 820$

$\lambda = 11.968 + 0.01276T$　$820 < T \leqslant 1672$

$\lambda = 194.63 - 0.0965T$　$1672 < T \leqslant 1727$

$\lambda = 7.081 + 0.01205T$　$1727 < T$

固相密度 8000kg/m^3。

（8）AISI 410（对应中国旧钢号：1Cr13；新钢号：12Cr13），见表2-11-46。

表2-11-46　AISI 410 钢种成分

成　分	C	Si	Mn	S	P	Ni	Mo	Cr	固相线温度/K	液相线温度/K
质量分数/%	0.15	1.00	1.00	0.030	0.040			11.5~13.5	1755	1805

热导率，W/(m·K)　温度范围/K

$\lambda = 23.112 + 0.014035T - 0.11137 \times 10^{-4}T^2$　$T \leqslant 1060$

$\lambda = 13.731 + 0.011107T$　$1060 < T \leqslant 1755$

$\lambda = 160.382 - 0.0724T$　$1755 < T \leqslant 1805$

$\lambda = 8.61 + 0.01168T$　$1805 < T$

固相密度 7700kg/m^3。

（9）AISI 420（对应中国旧钢号：2Cr13；新钢号：20Cr13），见表2-11-47。

表2-11-47　AISI 420 钢种成分

成　分	C	Si	Mn	S	P	Ni	Mo	Cr	Cu	固相线温度/K	液相线温度/K
质量分数/%	0.3	0.41	0.48	0.011	0.02	0.5	0.06	13.1	0.12	1727	1783

热导率，W/(m·K)　温度范围/K

$\lambda = 20.045 + 0.0061476T$　$T \leqslant 1727$

$\lambda = 133.39 - 0.059486T$　$1727 < T \leqslant 1783$

$\lambda = 6.4981 + 0.011684T$　$1783 < T$

比热容，kJ/(kg·K)　温度范围/K

$c_p = 0.44216 + 1.172 \times 10^{-4}T$　$T \leqslant 528$

$c_p = 0.12634 + 7.154 \times 10^{-4} T$ $528 < T \leqslant 1150$

$c_p = 1.91904 - 1.5875 \times 10^{-2} T$ $1150 < T \leqslant 1173$

$c_p = 0.569$ $1173 < T$

固相密度 7700kg/m³。

液相密度 7000kg/m³。

凝固潜热，$\Delta H_f = 290$kJ/kg。

（10）AISI 430（对应中国旧钢号：1Cr17；新钢号：10Cr17），见表 2-11-48。

表 2-11-48 AISI 430 钢种成分

成 分	C	Si	Mn	S	P	Ni	Mo	Cr	固相线温度/K	液相线温度/K
质量分数/%	0.12	1.00	1.00	0.030	0.040			16 ~ 18	1750	1775

热导率，W/(m · K) 温度范围/K

$\lambda = 20.345 + 0.004982T$ $T \leqslant 353$

$\lambda = 20.890 + 0.0034393T$ $353 < T \leqslant 1026$

$\lambda = 12.651 + 0.011468T$ $1026 < T \leqslant 1750$

$\lambda = 309.43 - 0.158T$ $1750 < T \leqslant 1775$

$\lambda = 7.088 + 0.01233T$ $1775 < T$

固相密度 7770kg/m³。

11.8.4 收集到的钢的高温物性参数

收集到的钢的高温物性参数见表 2-11-49。

表 2-11-49 收集到的钢的高温物性参数

序号	钢 种	液相线温度/℃	固相线温度/℃	热导率 /W · (m · K)$^{-1}$			比热容 /J · (kg · K)$^{-1}$			密度/kg · m^{-3}			凝固潜热 /J · kg^{-1}
				液相	两相	固相	液相	两相	固相	液相	两相	固相	
1	Stb32z	1533	1517			29.4	810		670	7090	7250	7400	320000
2	AISI 1010 碳钢	1522	1477			36.6	710		682			7400	272000
3	Q235	1522	1490			28.02				7032		7324	
4	37Mn2	1500.2	1428.3			30.6	7000	7200	7400	740.5	700	661.9	274950
5	42CrMo	1496.4	1416.3			30.6	7000	7200	7400	740.5	700	661.9	274950
6	YQ450NQR1	1518	1463.7			30.6	7000	7200	7400	753.5	700	664.0	270000
7	AH	1504	1421.5			29.0	7000	7200	7400	691.6	650	658.8	270000
8	AL	1524	1498.1			31.3	7000	7200	7400	743.5	700	665.3	270000
9	AM	1512.1	1445			30.6	7000	7200	7400	740.5	700	661.9	274950
10	AP	1514.4	1453.3			30.6	7000	7200	7400	753.5	700	664.0	270000
11	HC	1505.3	1425.4			29.0	7000	7200	7400	691.6	650	658.8	270000
12	LC	1528.5	1506.9			31.3	7000	7200	7400	743.5	700	665.3	270000
13	MC	1513.2	1446.1			30.6	7000	7200	7400	740.5	700	661.9	274950

续表 2-11-49

序号	钢种	液相线温度/℃	固相线温度/℃	热导率/W·(m·K)$^{-1}$			比热容/J·(kg·K)$^{-1}$			密度/kg·m^{-3}			凝固潜热/J·kg^{-1}
				液相	两相	固相	液相	两相	固相	液相	两相	固相	
14	P	1521.3	1461.3			74.5	7000	7200	7400	740	700	663.6	270000
15	45	1496.0	1413.0			29.0	7000	7200	7400	818	755	691	270000
16	HRB400	1505.4	1436.2			31.3	7000	7200	7400	743.5	700	665.3	270000
17	HRB335	1505.5	1436.2			31.3	7000	7200	7400	743.5	700	665.3	270000
18	20MnSiV	1505.5	1436.2			31.3	7000	7200	7400	743.5	700	665.3	270000
19	20MnSi	1505.54	1436.2			31.3	7000	7200	7400	743.5	700	665.3	270000
20	27MnV	1506.3	1447.3			30.6	7000	7200	7400	740.5	700	661.9	274950
21	30MnV	1501.3	1427.4			29.0	7000	7200	7400	818	755	691	270000
22	30MnV-1	1501.3	1427.4			29.0	7000	7200	7400	818	755	691	270000
23	30MnV-2	1501.3	1427.4			29.0	7000	7200	7400	818	755	691	270000
24	20	1515.5	1462.7			31.3	7000	7200	7400	743.5	700	665.3	270000
25	Q195	1524.1	1458.2			31.0	7000	7200	7400	740	700	663.6	270000
26	Q235	1518.5	1457.4			31.3	7000	7200	7400	743.5	700	665.3	270000
27	Q235A	1518.5	1457.4			31.3	7000	7200	7400	743.5	700	665.3	270000
28	Q235B	1518.5	1457.4			31.3	7000	7200	7400	743.5	700	665.3	270000
29	SS400	1518.5	1457.4			31.3	7000	7200	7400	743.5	700	665.3	270000
30	Q215	1518.5	1457.4			31.3	7000	7200	7400	743.5	700	665.3	270000
31	Q215A	1518.5	1457.4			31.3	7000	7200	7400	743.5	700	665.3	270000
32	Q215B	1518.5	1457.4			31.3	7000	7200	7400	743.5	700	665.3	270000
33	35	1503.7	1430.6			29.0	7000	7200	7400	818	755	691	270000
34	27Mn(C)	1506.2	1444.4			30.6	7000	7200	7400	740.5	700	661.9	274950
35	35Mn2(C)	1499.6	1428.0			29.0	7000	7200	7400	818	755	691	270000
36	40Cr	1498.3	1418.4			29.0	7000	7200	7400	818	755	691	270000
37	510L	1513.2	1455.7			31.0	7000	7200	7400	740	700	663.6	270000
38	50	1493.5	1404.4			29.0	7000	7200	7400	818	755	691	270000
39	27SiMn	1493.5	1426.4			30.6	7000	7200	7400	740.5	700	661.9	274950
40	50Mn	1490.8	1403.3			29.0	7000	7200	7400	818	755	691	270000
41	LZ50	1491.3	1406.8			29.0	7000	7200	7400	818	755	691	270000
42	25Mn	1509.7	1447.1			30.6	7000	7200	7400	740.5	700	661.9	274950
43	Q235D	1523.6	1471.8			31.0	7000	7200	7400	740	700	663.6	270000
44	20Mn	1514.0	1455.3			30.6	7000	7200	7400	740.5	700	661.9	274950
45	Q345B	1513.5	1457.9			31.3	7000	7200	7400	743.5	700	665.3	270000
46	S48C	1494.9	1414.2			29.0	7000	7200	7400	818	755	691	270000
47	SWRCH38K	1499.9	1425.6			31.3	7000	7200	7400	743.5	700	665.3	270000
48	X65	1518.4	1470.1			30.6	7000	7200	7400	753.5	700	661.9	270000

续表 2-11-49

序号	钢 种	液相线温度/℃	固相线温度/℃	热导率 /W·(m·K)$^{-1}$			比热容 /J·(kg·K)$^{-1}$			密度/kg·m^{-3}			凝固潜热 /J·kg^{-1}
				液相	两相	固相	液相	两相	固相	液相	两相	固相	
49	25MnV	1506.2	1446.3			30.6	7000	7200	7400	740.5	700	661.9	274950
50	25	1511.4	1456.6			30.6	7000	7200	7400	740.5	700	661.9	274950
51	X42-1	1514.7	1466.7			31.0	7000	7200	7400	740	700	663.6	270000
52	35CrMo	1501.0	1427.6			29.0	7000	7200	7400	818	755	691	270000
53	N80-1	1495.3	1422.3			29.0	7000	7200	7400	818	755	691	270000
54	P590L	1520.9	1474.0			30.6	7000	7200	7400	753.5	700	664.0	270000
55	40CrV	1498.2	1424.4			29.0	7000	7200	7400	818	755	691	270000
56	JS45	1495.9	1413.0			29.0	7000	7200	7400	818	755	691	270000
57	36Mn2V	1498.6	1430.6			29.0	7000	7200	7400	818	755	691	270000
58	20CrMnTi(X)	1512.0	1457.5			30.6	7000	7200	7400	740.5	700	661.9	270000
59	50(YQ)	1490.3	1391.4			29.0	7000	7200	7400	740.5	700	661.9	270000
60	St37-2	1525.2	1467.8			31.0	7000	7200	7400	740	700	663.6	270000
61	38CrMoAl	1495.9	1416.4			29.0	7000	7200	7400	818	755	691	270000
62	37Mn	1499.1	1426.9			29.0	7000	7200	7400	818	755	691	270000
63	45CrMnMoA	1492.4	1409.8			29.0	7000	7200	7400	818	755	691	270000
64	20CrMnTi	1511.5	1460.8			30.6	7000	7200	7400	740.5	700	661.9	274950
65	34Mn2V	1501.6	1437.1			29.0	7000	7200	7400	818	755	691	270000
66	S45Cr	1495.3	1410.6			29.0	7000	7200	7400	818	755	691	270000
67	JZ35	1499.5	1429.1			29.0	7000	7200	7400	818	755	691	270000
68	B1	1515.9	1466.4			31.3	7000	7200	7400	743.5	700	665.3	270000
69	20C	1515.9	1466.4			31.3	7000	7200	7400	743.5	700	665.3	270000
70	B	1515.9	1466.4			31.3	7000	7200	7400	743.5	700	665.3	270000
71	SWRCH18K	1514.7	1463.8			30.6	7000	7200	7400	740.5	700	661.9	274950

注：1. 序号1摘自重庆大学硕士论文《连铸板坯凝固传热数学模型的研究与应用》，pp. 61。Stb32z可能对应热轧带钢15钢。

2. 序号2摘自论文：B. Lally，L. Blegler，H. Henein，Finite Difference Heat-Transfer Modeling for Continuous Casting，Metallurgical Transaction B，Vol. 21B，Ausust1990－766。1010是美国钢号，对应中国钢号10F。

3. 序号3摘自重庆大学博士论文《方坯连铸宏观传输现象复合数值模拟的研究》，作者冯科；另外，固相热导率28.02的温度为1490℃。

4. 序号4～71摘自东北大学学术报告，仅供参考。

11.8.5 中外部分钢种高温物性参数

中外部分碳素钢高温物性参数汇总见表2-11-50。

中外部分不锈钢及耐热钢高温物性参数汇总见表2-11-51。

表 2-11-50 中外部分碳素钢高温物性参数汇总

材料	密度 /g·cm^{-3}	熔点 /℃	比热容 c /℃, J·(kg·℃)$^{-1}$, (cal·(g·℃)$^{-1}$)	热导率 λ /℃, W·(m·℃)$^{-1}$, (kcal·(m·h·℃)$^{-1}$)	线膨胀系数 α_l /℃, 10^{-6}·℃$^{-1}$	备注
碳钢	7.85	1400～1500	20，502，(0.12)	20，46.5 (40)	20～100，10.6～12.2 20～300，12.1～13.5 20～600，13.5～14.3	
08 钢	7.85	约 1400		0，65.3，(56.17) 100，60.3，(51.87) 200，54.8，(47.14) 400，45.2，(38.88) 500，41.0，(35.27) 600，36.4，(31.31)	0 20～100，11.6 20～200，12.6 20～400，13.6 20～500，14.2 20～600，14.6	
15 号钢	7.85	约 1400	100，486，(0.116) 200，503，(0.120) 300，515，(0.123) 400，528，(0.126) 500，549，(0.131)	100，40.0，(34.41) 200，46.7，(40.17) 300，45.5，(39.14) 400，43.1，(37.08) 500，40.3，(34.67)	100，11.87 200，12.33 300，13.16 400，13.66 500，14.07	E：20℃，213GPa 100℃，209GPa 200℃，202GPa 300℃，194GPa 400℃，185GPa 500℃，178GPa
20 号钢	7.85	约 1400		100，50.7，(43.61) 200，48.6，(41.81) 300，46.11，(39.66) 400，42.3，(36.39) 500，38.9，(33.46) 600，35.6，(30.62)	0～100，11.16 0～200，12.12 0～300，12.78 0～400，13.38 0～500，13.93 0～600，14.38 0～700，14.81 0～800，12.92 0～900，12.48 0～1000，13.16	

续表2-11-50

材　料	密度 /g·cm^{-3}	熔点 /℃	比热容 c /℃,J·(kg·℃)$^{-1}$,(cal·(g·℃)$^{-1}$)	热导率 λ /℃,W·(m·℃)$^{-1}$,(kcal·(m·h·℃)$^{-1}$)	线膨胀系数 α_l /℃,10^{-6}·℃$^{-1}$	备　注
30号钢	7.86		100，505 200，516 300，520 400，537 500，557	100，57.0 200，53.0 300，50.0 400，41.0 500，37.0	0~100，10.8 0~200，12.3 0~300，13.1 0~400，13.6 0~500，13.9 0~600，14.4 0~700，14.7	E：20℃，217GPa 100℃，214GPa 200℃，207GPa 300℃，203GPa 400℃，194GPa 500℃，183GPa
45号钢	7.81		0~100，468.922 0~200，481.482 0~400，523.350 0~600，573.592	100，48.15 300，43.96 500，38.10 700，31.82 800，25.96 900，25.96 1000，26.80 1100，28.05 1200，29.73	0~100，11.59 0~200，7.82 0~300，13.09 0~500，14.18 0~600，14.76 0~700，15.08 0~800，12.50 0~900，13.56 0~1000，14.40	E：20℃，201GPa 20~100℃，201GPa 20~200℃，193GPa 20~300℃，190GPa 20~400℃，172GPa 20~450℃，158GPa
60号钢	7.85		100，494 200，504 300，517 400，522 500，760	20，47.0 100，43.0 200，42.0 300，40.0 400，39.0 500，37.0	0~100，9.6 0~200，11.5 0~300，12.6 0~400，13.3 0~500，13.9 0~600，14.3 0~700，14.5	E：20℃，212GPa 100℃，209GPa 200℃，205GPa 300℃，199GPa 400℃，192GPa 500℃，182GPa

续表 2-11-50

材 料	密度 /g·cm^{-3}	熔点 /℃	比热容 c /℃,J·(kg·℃)$^{-1}$,(cal·(g·℃)$^{-1}$)	热导率 λ /℃,W·(m·℃)$^{-1}$,(kcal·(m·h·℃)$^{-1}$)	线膨胀系数 α_l /℃,10^{-6}·℃$^{-1}$	备 注
T8 钢 T8A 钢	7.83		300, 615.46 400, 640.58 500, 640.58 600, 665.70 700, 669.89 800, 678.26 900, 682.45			
T10 钢 T10A 钢	7.81			20, 40.19 100, 43.96 300, 41.03 600, 98.10 900, 33.91	0, 11.0 100, 11.5 200, 13.0 300, 14.3 400, 14.8 500, 15.1 600, 16.0 700, 15.8 800, 32.1 900, 32.4	
T12 钢 T12A 钢	7.81		300, 548.47 500, 728.50 700, 648.95 900, 636.39		100, 11.5 200, 13.0 300, 14.3 500, 15.1 700, 15.8 900, 32.4	

续表 2-11-50

材　料	密度 /g·cm^{-3}	熔点 /℃	比热容 c /℃,J·(kg·℃)$^{-1}$,(cal·(g·℃)$^{-1}$)	热导率 λ /℃,W·(m·℃)$^{-1}$,(kcal·(m·h·℃)$^{-1}$)	线膨胀系数 α_l /℃,10^{-6}·℃$^{-1}$	备　注
40Cr（调质钢）	7.63			100，32.66 200，30.98 300，29.31 400，28.05 500，26.80	20～200，11.9～12.0 20～300，13.3～13.4 20～400，14.3～14.4 20～500，15.0～15.1 20～600，15.3～15.4 20～700，15.4～15.5	
（35CrMo）42CrMo（调质钢）	（7.87，7.82）	（1403）	（561.599）	（47.7）	20～100，11.1 20～200，12.1 20～300，12.9 20～400，13.5 20～500，13.9 20～600，14.1	α_l = 12.3～12.5（20℃时）
40CrNi（调质钢）	7.28			100，44.8 200，42.71 300，41.03 400，39.36	20～100，11.9 20～200，13.4 20～400，14.1 20～500，14.6 20～600，14.9 20～700，15.1	
30CrNi3（调质钢）	7.768		24，464.73 204，544.28 512，640.58	200，37.68 300，36.01 400，34.75 600，32.66	25～100，11.6 25～200，13.2 25～400，14.3 25～600，13.5	

续表 2-11-50

材　料	密度 /g·cm^{-3}	熔点 /℃	比热容 c /℃,J·(kg·℃)$^{-1}$, (cal·(g·℃)$^{-1}$)	热导率 λ /℃,W·(m·℃)$^{-1}$, (kcal·(m·h·℃)$^{-1}$)	线膨胀系数 α_l /℃,10^{-6}·℃$^{-1}$	备　注
30CrMnSiNi2A (调质钢)			20, 473.11 100, 527.54 300, 640.58 500, 753.62 600, 833.17	20, 25.75 100, 28.05 300, 29.94 500, 28.26 700, 25.75 900, 22.32	20, 10.55 17～100, 11.37 17～300, 12.68 17～500, 13.55 17～700, 13.9 17～900, 12.1	
20CrMnTi (调质钢)					20～200, 11.7 20～300, 12.5 20～400, 13.7 20～500, 14.2 20～600, 14.4 20～700, 14.5	
18CrMnNiMo (气体碳氮共渗钢)					20～100, 11.3 20～200, 11.8 20～300, 12.0 20～400, 12.3 20～500, 12.4 20～600, 12.8	
18Cr2Ni2WA (渗碳，碳氮共渗)	7.91		70, 485 230, 514 530, 773 900, 723	70, 23.826 230, 25.498 530, 28.006 900, 24.244	20～200, 11.2 20～300, 12.5 20～400, 13.0 20～500, 13.6 20～700, 13.8	
65Mn (弹簧钢)					25～100, 11.1 25～300, 12.9 25～600, 14.6	

续表 2-11-50

材　料	密度 /g·cm^{-3}	熔点 /℃	比热容 c /℃, J·(kg·℃)$^{-1}$, (cal·(g·℃)$^{-1}$)	热导率 λ /℃, W·(m·℃)$^{-1}$, (kcal·(m·h·℃)$^{-1}$)	线膨胀系数 α_l /℃, 10^{-6}·℃$^{-1}$	备　注
65Si2Mn （弹簧钢）					25～200，12.8 25～400，13.1～13.9 25～600，13.6～14.5	
50CrVA （弹簧钢）					25～100，11.3 25～200，12.4 25～400，12.9 25～500，13.75	
GH1140 （铁-镍基高温合金） （Cr22，N38，W，Mo 和 Al，Ti 复合固溶强化）	8.09		150，566.8，(0.136) 200，571.0，(0.137) 300，608.5，(0.146) 400，650.2，(0.156) 500，704.3，(0.169) 600，779.4，(0.187)	100，15.07，(12.96) 200，16.74，(14.4) 300，18.0，(15.48) 400，19.25，(16.56) 500，22.67，(18.0) 600，23.61，(19.08) 700，24.94，(20.16) 800，26.72，(21.6)	20～100，12.7 20～200，13.8 20～300，14.3 20～400，14.6 20～500，15.1 20～600，15.4 20～700，15.8 20～800，16.3 20～900，16.7 20～1000，17.5	是以钨、钼、铝、钛等元素固溶强化的 Fe-Ni-Cr 基耐热合金。 采用电弧炉加电渣重熔以及有衬电渣加电渣重熔的双联工艺冶炼。 工作温度在≤850℃下长期使用，可作为 GH3030 代用料
GH3030 （Cr21，Ni78，Fe） （固溶强化型镍基耐热合金）	8.40		150，562.6，(0.135) 200，596.0，(0.143) 300，671.0，(0.161) 400，737.7，(0.177) 500，816.9，(0.196) 600，966.9，(0.232)	100，14.65，(12.6) 200，16.74，(14.4) 300，18.42，(15.84) 400，20.51，(17.64) 500，22.61，(19.44) 600，24.70，(21.24) 700，26.79，(23.04) 800，28.88，(24.84) 900，31.81，(27.36)	20～100，12.8 20～200，13.5 20～300，14.3 20～400，15.0 20～500，15.5 20～600，16.1 20～700，17.0 20～800，17.5 20～900，18.0	GH3030 是属于固溶强化型镍基耐热合金，具有良好的抗氧化性能，良好的工艺性能和满意的焊接性能。采用电弧炉冶炼或电渣重熔的冶炼工艺。主要用于涡轮发动机燃烧室及其他高温部件

续表 2-11-50

材料	密度 /g·cm^{-3}	熔点 /℃	比热容 c /℃, J·(kg·℃)$^{-1}$, (cal·(g·℃)$^{-1}$)	热导率 λ /℃, W·(m·℃)$^{-1}$, (kcal·(m·h·℃)$^{-1}$)	线膨胀系数 α_l /℃, 10^{-6}·℃$^{-1}$	备注
Ni200 (C≤0.15, F≤0.40, Ni + Co≥99%) (热加工纯镍)	8.89	1435 ~ 1446	456, (0.11)	20, 70.3, (60.47) 100, 66.5, (57.20) 300, 56.8, (48.86) 400, 55.4, (47.65) 500, 57.6, (49.55) 700, 61.8, (53.16) 800, 64.0, (55.05) 1000, 68.2, (58.66)	20, — 100, 13.3 300, 14.2 400, 14.8 500, 15.3 700, 15.8 800, 16.2 1000, 16.9 1100, 17.1	居里温度（即磁性转变点）360℃
Incoloy 800H (美国钢号) (相当中国钢号: Cr20Ni32Fe)	8.0	1350 ~ 1400	室温, 498, (0.119)	100 ~ 800, 15 ~ 25, (12.9 ~ 21.5)	100 ~ 800, 14 ~ 18	是 C < 0.1%, Cr ≈20%, Ni ≈32% 并含少量 Al、Ti 的铁-镍耐蚀合金，是 Ni-Fe-Cr 系合金的代表牌号。热加工性能良好，类似一般 Cr-Ni 奥氏体不锈钢；冷加工及焊接性能均良好
1Cr18Ni9 (AISI 302)	8.0	1400 ~ 1420	0 ~ 100, 500, (0.12)	100, 16.2, (13.94) 500, 21.5, (18.49)	0 ~ 100, 17.2 0 ~ 315, 17.8 0 ~ 538, 18.4	奥氏体不锈钢
17-7PH (0Cr17Ni7Al)	7.81	1415 ~ 1450	室温, 460.6, (0.11)	200 ~ 10 400 ~ 12	200 ~ 400, 8.5 ~ 9.5	半奥氏体型沉淀硬化不锈钢，钢含 Al 沉淀硬化元素
1Cr17Ni7 (AISI 301)	8.0	1400 ~ 1420	20, 500, (0.12)	100, 16.2, (13.94) 500, 21.5, (18.49)	0 ~ 100, 17.0 0 ~ 315, 17.2 0 ~ 538, 18.2	是一种亚稳定奥氏体不锈钢

续表 2-11-50

材料	密度 /g·cm^{-3}	熔点 /℃	比热容 c /℃,J·(kg·℃)$^{-1}$,(cal·(g·℃)$^{-1}$)	热导率 λ /℃,W·(m·℃)$^{-1}$,(kcal·(m·h·℃)$^{-1}$)	线膨胀系数 α_l /℃,10^{-6}·℃$^{-1}$	备注
S32205 (相当00Cr22Ni5Mo3N)						双相不锈钢，焊接性能好，热裂纹倾向低，脆化倾向小，很多情况用来替代304L和316L
0Cr19Ni13Mo3 (AISI 317)	8.0	1375~1400	0~100，500，(0.12)	100，16.2，(13.94) 500，21.5，(18.49)	0~100，15.9 0~315，16.2 0~538，17.5	奥氏体不锈钢
1Cr18Ni12 (AISI 305)	8.0	1400~1450	20，500，(0.12)	100，16.2，(13.94) 500，21.5，(18.94)	0~100，17.2 0~315，17.8 0~538，18.4	奥氏体不锈钢
0Cr17Ni12Mo2 (AISI 316)	8.0	1371~1398	20，444，(0.106) 204，515，(0.123) 427，561，(0.134) 649，582，(0.139) 871，628，(0.150)	20，13.4，(11.53) 204，15.5，(13.33) 427，18.8，(16.17) 649，21.8，(18.75) 871，24.3，(20.90)	20~95，15.7 20~204，16.3 20~427，17.5 20~649，18.3 20~871，18.9	奥氏体不锈钢
00Cr17Ni14Mo2 (AISI 316L)	7.98		20，485，(0.116)	20，14，(12.04) 100，15，(12.90) 300，18，(15.48) 500，21，(18.06)	0~100，16.0 0~300，17.5	奥氏体不锈钢
3Cr13	7.74	1365	100，473，(0.113) 200，502，(0.12) 300，531，(0.127) 400，544，(0.130) 500，553，(0.132)	100，24.6，(21.16) 200，28.5，(24.52) 300，28.6，(24.60) 400，28.9，(24.86) 500，28.2，(24.26)	20~100，10.21 20~200，10.78 20~300，11.13 20~400，11.46 20~500，11.67	马氏体不锈钢
0Cr 13Al (AISI 405)	8.027	1482~1532	常温，502，(0.12)	100，27.0，(23.23)	0~100，10.8 0~316，11.52 0~538，12.06 0~649，12.96	低铬铁素体不锈钢。由于低碳且加铝，从而抵制了高温时α→γ的转变，而成铁素体不锈钢

表 2-11-51　中外部分不锈钢及耐热钢高温物性参数汇总

材料	密度 /g·cm^{-3}	熔点 /℃	比热容 c_p		热导率 λ		线膨胀系数 α_l/10^{-6}·℃$^{-1}$				备注
			J/(kg·℃)	cal/(g·℃)	W/(m·℃)	kcal/(m·h·℃)	20~100℃	20~300℃	20~600℃	20~900℃	
碳钢	7.85	1400~1500	502(20℃)	0.12(20℃)	46.5(20℃)	40(20℃)	10.6~12.2	12.1~13.5	13.5~14.3		
铬钢	7.75						11.2	12.4	13.6		
3Cr13	7.74	1482~1510	473(100℃) 531(300℃) 553(500℃)	0.113(100℃) 0.127(300℃) 0.132(500℃)	24.6(100℃) 28.6(300℃) 28.2(500℃)	21.16(100℃) 24.60(300℃) 24.25(500℃)	10.21(100℃)	11.13(300℃)	11.67(500℃)		
1Cr18Ni9	7.92	1395~1420	511(100℃) 544(300℃) 590(500℃)	0.122(100℃) 0.130(300℃) 0.141(500℃)	16.3(100℃) 18.8(300℃) 21.4(500℃)	14.0(100℃) 16.17(300℃) 18.40(500℃)	15.5(100℃)	18.4(300℃)	20.3(600℃)	20.6(900℃)	
1Cr18Ni9Ti	7.9		16.6(100℃) 17.2(300℃) 17.9(500℃)	0.004(100℃) 0.0041(300℃) 0.0042(500℃)	*16.3(100℃) 18.8(300℃) 21.8(500℃)	14.0(100℃) 16.17(300℃) 18.75(500℃)					热导率: 23.5(600℃) 24.7(700℃) 26.4(800℃) 28.5(900℃)
GCr15	7.81	1395~1460	552.66(45℃) 787.12(525℃) 728.50(981℃)	0.132(45℃) 0.183(525℃) 0.174(981℃)	40.11(20℃) (900℃退火)	34.5(20℃) (900℃退火)	13.29	13.76	15.33	14.85	
镍	8.9	1452	452(20℃)	0.108(20℃)	59.3(20℃)	51(20℃)	13.2	14.2	15.5	16.6	居里点 Ni:358℃ 铁:770℃
Incoloy 800 (1Cr20Ni32Fe)	8.0	1350~1400	498(20℃)	0.119(20℃)	24.4(20℃)	~21(20℃)				14~18.0	冷热加工性能良好,类似于Cr-Ni奥氏体不锈钢
CH3030 (Cr21、Ni78、Fe)	8.4		585.2(100℃) 674.1(300℃) 820.6(500℃)	0.140(100℃) 0.161(300℃) 0.196(500℃)	15.1(100℃) 18.0(300℃) 20.9(500℃)	12.99(100℃) 15.48(300℃) 17.97(500℃)	12.8	14.3	16.4	18.0	
CH1140 (Cr22、Ni38、Fe)	8.09		580(200℃) 620(300℃) 780(600℃)	0.139(200℃) 0.148(300℃) 0.186(600℃)	12(200℃) 22(600℃) 25(800℃)	10.3(200℃) 18.9(600℃) 21.5(800℃)	8.0(100℃)	14.3(300℃)	15.4(600℃)	16.8(900℃)	
T10	7.81		*548.47(300℃) 728.50(500℃) 648.95(700℃)	0.131(300℃) 0.174(500℃) 0.155(700℃)	43.96(100℃) 98.10(600℃) 33.91(900℃)	37.8(100℃) 844.4(600℃) 29.2(900℃)	11.5(100℃)	14.3(300℃)	16.0(600℃)	15.8(700℃) 32.1(800℃) 32.4(900℃)	比热容数值取自T12钢

11.8.6 《金属凝固与铸造过程数值模拟》一书中金属的高温物性参数

杨全、张真在 1996 年浙江大学出版社出版的《金属凝固与铸造过程数值模拟》一书第 291 ~298 页介绍了部分金属的高温物性参数。

11.8.6.1 典型液态金属物性值

典型液态金属物性值见表 2-11-52，括号内的数值是与物性值相对应的温度。

表 2-11-52 典型液态金属物性值

物性值	低合金铸钢（1600℃）	普通铸铁（1400℃）	纯铝（700℃）	纯铜（1100℃）	纯镁（700℃）
液相线温度/℃	1430 ~ 1530	1123 ~ 1180	660	1083	651
密度/kg · m^{-3}	6800 ~ 7000	6500 ~ 6900	2350	7900	1580
比热容/kJ ·（kg · K）$^{-1}$	0.61	0.92	1.09	0.50	1.26
热导率/W ·（m · K）$^{-1}$	40（纯铁）	—	100	170	80
凝固潜热/J · g^{-1}	251 ~ 268	209 ~ 268	394	205	230
凝固收缩率/%	3 ~ 4	-0.8 ~ 0.5	6.5	4.2	4.2
表面张力/MN · m^{-2}	1700	920	900	1300	560
黏度/MPa · s	6	5 ~ 8	1.1 ~ 2	4	1.2
热辐射系数	0.3 ~ 0.45（全辐射系数）	0.3 ~ 0.45（全辐射系数）	0.12（相对 0.65 μm 的波长）	0.1（相对 0.66 μm 的波长）	—

11.8.6.2 合金元素及合金的密度与潜热

合金元素及合金的密度与潜热见表 2-11-53，其中 ρ_1（20℃）表示 20℃时的密度，ρ_s（TS）表示刚凝固时的密度。

表 2-11-53 合金元素及合金的密度与潜热

金属或合金	ρ_1(20℃)/kg · m^{-3}	ρ_s(TS)/kg · m^{-3}	L_f/kJ · kg^{-1}
Fe	7800	7035	277
Cr	7100	6280	330
Mn	7400	5730	268
Si	2340	2510	1808
Al	2702	2380	398
Cu	8920	8000	205
Mg	1740	1590	368
Ni	8900	7900	297
Zn	7140	6575	113
1% Cr 钢	7810	—	277
1.5% Mn 钢	7850	—	277
2% Si 钢	7730	—	333
奥氏体不锈钢	7700	7000	294

续表 2-11-53

金属或合金	ρ_l(20℃)/kg·m^{-3}	ρ_s(TS)/kg·m^{-3}	L_f/kJ·kg^{-1}
铁素体不锈钢	8000	—	304
0.08%C 钢	7800	7030	
0.23%C 钢	7860	7030	
0.80%C 钢	7850	6990	
1.20%C 钢	7830	6900	
白口铸铁	7650	(7000)	
灰口铸铁	7100	(6650)	
Al-4.5%Cu	2980	(2630)	—
AlSi7Mg	2680	(2360)	—
Cu-30Zn	8390	(7520)	—
Mg-3Al-1Zn-5Mn	1850	(1690)	370
Ni-15Cr-7Fe-2.5Ti-1Nb-0.9Al-0.7Mn-0.4Si-0.04C	6087	(5100)	

11.8.6.3 金属的热物性值

金属的热物性值见表 2-11-54，ρ 表示密度，T_L表示液相线温度，T_S表示固相线温度。

表 2-11-54 金属的热物性值

金属	温度/K	比热容 /kJ·(kg·K)$^{-1}$	热导率 /W·(m·K)$^{-1}$	密度 ρ/Mg·m^{-3} (液、固相温度 T_L、T_S/K)
纯 铁	298	0.448	80.5	ρ=7.88(293K) =7.3(1773K) =7.0(1873K)
	473	0.519	63.5	
	673	0.607	50.3	
	1042	1.498	31.0	
	1073	0.962	29.6	
	1273	0.619	29.5	
	1773	0.753	34.3	
镇静钢 (C0.08%)	273	0.469	59.4	ρ=7.86(288K)
	473	0.519	53.6	
	673	0.594	44.7	
	1073	0.962	28.5	
	1473	0.661	29.7	
软钢 (C0.23%)	273	0.469	51.8	ρ=7.86(288K)
	473	0.519	48.6	
	673	0.594	42.6	
	1073	0.954	25.9	
	1473	0.661	29.7	
中碳钢 (C0.4%)	273	0.469	51.8	ρ=7.85(288K)
	473	0.510	48.1	
	673	0.586	41.8	
	1073	0.619	24.6	
	1473	0.653	29.7	

续表 2-11-54

金　属	温度/K	比热容 /kJ·(kg·K)$^{-1}$	热导率 /W·(m·K)$^{-1}$	密度 ρ/Mg·m^{-3} (液、固相温度 T_L、T_S/K)
Cr1% 钢	293 473 673 1073 1473	0. 477 0. 519 0. 594 0. 863 0. 610	 44. 4 38. 5 25. 9 30. 1	ρ = 7. 84(288K) T_S = 1693 T_L = 1793
不锈钢 (Cr13. 1%，Ni0. 5%)	293 473 673 1073 1473	0. 477 0. 498 0. 611 0. 895 0. 569	22. 0 22. 9 24. 2 26. 6 29. 0	ρ = 7. 7(288K) T_S = 1727 T_L = 1783
不锈钢 (Cr18%~20% Ni8%~12%)	273 473 673 1073 1473	0. 494 0. 536 0. 569 0. 644 0. 669	14. 7 18. 0 20. 8 26. 3 31. 9	T_S = 1672 T_L = 1727
过共晶灰口铸铁 (比热容相对于普通铸铁)	293 473 673 1073 1273	0. 536 0. 561 0. 586 0. 703 0. 723	65. 4 52. 0 39. 5 30. 0 22. 3	ρ = 7. 0(288K)
共晶灰口铸铁	293 473 673 1073 1273		77. 7 59. 0 43. 7 29. 4 15. 0	
球墨铸铁	293 473 673 1073 1273	0. 5	42. 3 36. 5 30. 0 21. 2 17. 0	ρ = 7. 1(288K)
白口铸铁	293 473 673 1073 1273		18. 7 21. 4 22. 3 19. 6 20. 1	ρ = 7. 5 ~ 7. 8(288K)
纯　铜	293 473 873 1273	0. 385 0. 403 0. 443 0. 483	399 390 366 336	ρ = 8. 92 $T_S = T_L$ = 1356

11. 8. 6. 4　其他数据汇集

(1) 含 0. 16% C ~ 2. 75% Ni ~ 1. 5% Cr 的低合金钢

热导率，J/(cm·s·K)	温度范围/K
$\lambda = 0.1821 - 0.000053T$	$T \leqslant 1073$
$\lambda = 0.0451 + 0.000018T$	$1073 < T \leqslant 1744$
$\lambda = 0.7726 - 0.00021T$	$1744 < T \leqslant 1778$

$\lambda = 0.0889$	$T > 1778$
比热容，J/(kg·K)	温度范围/K
$c_p = 119.34 + 0.0528T$	$T \leqslant 673$
$c_p = -10.69 + 0.1603T$	$673 < T \leqslant 973$
$c_p = -8566.05 + 5.05T$	$973 < T \leqslant 1033$
$c_p = 14988.5 - 7.62T$	$1033 < T \leqslant 1073$
$c_p = 1194.33 - 0.4807T$	$1073 < T \leqslant 1173$
$c_p = 134.07 + 0.0216T$	$1173 < T \leqslant 1744$
$c_p = -268156.5 + 85.5T$	$1744 < T \leqslant 1778$
$c_p = 201.5$	$T > 1778$
密度，kg/m^{-3}	温度范围/K
$\rho = 7978.8 - 0.00202T$	$T \leqslant 1744$
$\rho = 9385.5 - 0.737T$	$T > 1778$

$T_L = 1778K$，$T_S = 1744K$

(2) 含0.71%C的碳钢

热导率，J/(cm·s·K)	温度范围/K
$\lambda = 0.18 - 0.000050T$	$T \leqslant 980$
$\lambda = 0.2781 - 0.00011T$	$980 < T \leqslant 1073$
$\lambda = 0.02638 + 0.000025T$	$1073 < T \leqslant 1660$
$\lambda = 0.3931 - 0.0001T$	$1660 < T \leqslant 1754$
$\lambda = 0.0838$	$T > 1754$
比热容，J/(kg·K)	温度范围/K
$c_p = 97.26 + 0.0779T$	$T \leqslant 973$
$c_p = -7682.35 + 4.52T$	$973 < T \leqslant 1023$
$c_p = -9888.38 - 5.02T$	$1023 < T \leqslant 1073$
$c_p = 141.43 + 0.0244T$	$1073 < T \leqslant 1660$
$c_p = -31937.05 + 10.76T$	$1660 < T \leqslant 1754$
$c_p = 214.4$	$T > 1754$
密度，kg/m^3	温度范围/K
$\rho = 8007.8 - 0.00202T$	$T \leqslant 1660$
$\rho = 18600 - 3.72T$	$1660 < T \leqslant 1754$
$\rho = 8453.6 - 0.51T$	$T > 1754$

$T_L = 1754K$，$T_S = 1660K$

(3) 石墨冷铁（$\rho = 1938kg/m^3$）

热导率，J/(cm·s·K)	温度范围/K
$\lambda = 0.6398 - 0.00028T$	$T \leqslant 811$
$\lambda = 0.3544 - 0.000085T$	$811 < T \leqslant 1367$
$\lambda = 0.2099 - 0.000027T$	$T > 1367$
比热容，J/(kg·K)	温度范围/K

$c_p = -35.83 + 0.4831T$　　$T \leqslant 506$

$c_p = 200.45 + 0.2233T$　　$506 < T \leqslant 811$

$c_p = 418.99 + 0.07349T$　　$T > 811$

（4）含 3.4%~3.7% C，2.5% Si 的灰铸铁

热导率，J/(cm · s · K)　　温度范围/K

$\lambda = 0.8158 - 0.00058T$　　$T \leqslant 601$

$\lambda = 0.5480 - 0.00015T$　　$601 < T \leqslant 990$

$\lambda = 0.8799 - 0.0004T$　　$990 < T \leqslant 1175$

$\lambda = 0.2212 + 0.00039(T - 1655)$　　$1175 < T \leqslant 1417$

$\lambda = 0.3928 - 0.0044(T - 2090)$　　$1417 < T \leqslant 1431$

$\lambda = 0.2835 + 0.00057(T - 2115)$　　$T > 1431$

比热容，J/(kg · K)　　温度范围/K

$c_p = 168 + 0.02286T$　　$T \leqslant 935$

$c_p = 68.07 + 0.2541T$　　$935 < T \leqslant 1077$

$c_p = 727.68 - 0.1104T$　　$1077 < T \leqslant 1473$

$c_p = 485.64 - 0.0069T$　　$T > 1473$

$T_L = 1431\text{K}$，$T_S = 1417\text{K}$

（5）含 0.5%~0.6% C，0.4%~0.5% Mn 和 0.2%~0.4% Si 的铸钢

热导率，J/(cm · s · K)　　温度范围/K

$\lambda = 0.6072 - 0.000279T$　　$T < 851$

$\lambda = 0.7854 + 0.000488T$　　$851 \leqslant T < 1082$

$\lambda = 0.1519 + 0.000097T$　　$1082 \leqslant T < 1700$

$\lambda = 5.0965 - 0.0028T$　　$1700 \leqslant T < 1756$

$\lambda = 0.16094$　　$T \geqslant 1756$

比热容，J/(kg · K)　　温度范围/K

$c_p = 152.4 + 0.06458(T - 200)$　　$T < 700$

$c_p = 191.15 + 0.1912(T - 800)$　　$700 \leqslant T < 978$

$c_p = 286.7 - 0.1395(T - 1300)$　　$978 \leqslant T < 1256$

$c_p = 216.99 + 0.0564(T - 1800)$　　$1256 \leqslant T < 1700$

$c_p = 262.2 + 61.996(T - 2600)$　　$1700 \leqslant T < 1728$

$c_p = 3362 - 61.996(T - 2650)$　　$1728 \leqslant T < 1756$

$c_p = 262.2 + 0.7013(T - 2700)$　　$T \geqslant 1756$

密度，kg/m^3　　温度范围/K

$\rho = 7569.8$　　$T < 1500$

$\rho = 8330 - 0.72T$　　$T \geqslant 1500$

$T_L = 1756\text{K}$，$T_S = 1700\text{K}$

11.8.7　《连铸过程原理及数值模拟》中的相关内容

闫小林在 2001 年河北科学技术出版社出版的《连铸过程原理及数值模拟》一书第 53

~54 页介绍了钢的密度、比热容、热导率随温度的变化曲线，如图 2-11-102 ~ 图 2-11-104 所示，与这三个图匹配的钢种见表 2-11-55。

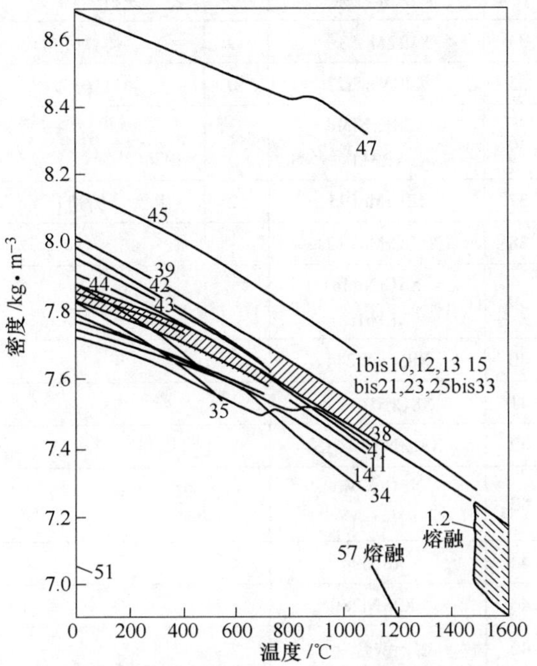

图 2-11-102 钢的密度随温度的变化

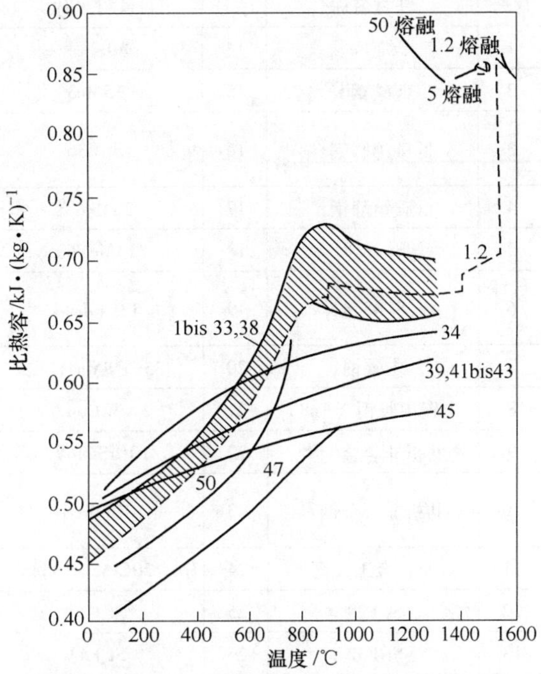

图 2-11-103 钢的比热容随温度的变化

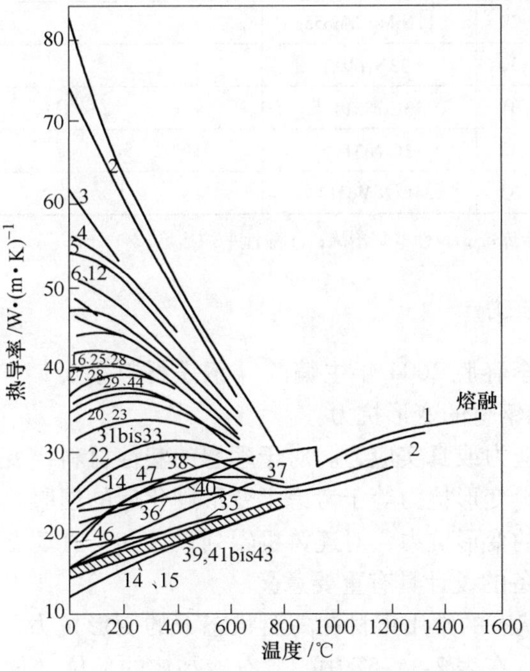

图 2-11-104 钢的热导率随温度的变化

表 2-11-55　与图 2-11-102 ~ 图 2-11-104 对应的钢种

(a) 非合金钢		(b) 低合金钢		(c) 高合金钢		(d) 其他	
序号	铁材名称	序号	铁材名称	序号	铁材名称	序号	铁材名称
1	纯 Fe	14	49Si8④	34	X122Mn13③	49	铸铁
2	低碳钢①	15	15Mo3	35	X40MnCr22	50	灰口铸铁
3	低碳沸腾钢②	16	St E36	36	X20CrNiMo V2311	51	合金铸铁
4	低碳镇静钢②	17	23Mn6②	37	12CrMo195	52	生铁（铸造厂）
5	St 35. 8	18	14MoV63	38	X20CrMoV121		
6	St 45. 8	19	13CrMo44	39	X8CrNiMo Nb1616		
7	中碳钢	20	35CrNiMo412④	40	X85CrNi244		
8	中碳沸腾钢（En8）	21	32Cr4	41	X8CrNi198③		
9	共析非合金钢③	22	10CrSiMoV7	42	X8CrNiNb1613		
10	共析非合金钢②	23	10CrMo910	43	X8CrNiMo VNb1613		
11	非合金工具钢	24	20CrMoV135	44	X8Ni9		
12	St E29	25	St E39	45	X28Ni28		
13	St E32	26	St E43	46	镍-铁合金		
		27	St E47	47	X72CrVW4118		
		28	15NiCuMoNb5	48	钴-铁-铬合金		
		29	11NiMnCrMo55				
		30	33Ni14④				
		31	33CrNi314③				
		32	33CrNi314④				
		33	34CrNiMo3144				

注：①纯铁；②碱性平炉冶炼；③碱性电炉冶炼；④酸性平炉冶炼。

11.8.8　常用钢材变形抗力

中国机械工程学会李春胜 2004 年主编的《钢铁材料手册》（江西科学技术出版社）第 58 ~ 59 页给出了常用钢材的变形抗力。

变形抗力也称流动应力或真实应力。对于理想的塑性材料，变形抗力等于材料的屈服点；对于塑性硬化材料，变形抗力等于考虑了变形硬化后的屈服点。

掌握钢材高温状态的变形抗力，对连铸机辊列设计和具有动态轻压下（含锻压式的动态轻压下）的连铸机设备的设计具有重要意义。

表 2-11-56 是退火状态的常用钢材在高温状态下的变形抗力，表 2-11-57 是钢在模锻结束温度下的变形抗力。在表 2-11-57 中，含有冷却快的部位（如薄壁、薄幅等）的锻件选用表中垂直方向高一级的变形抗力。例如锻造 45 钢的该类锻件时应取 65MPa 替代 60MPa。

表 2-11-56　常用钢材（退火状态）高温下的变形抗力

（变形速率为 $5\times10^{-4}s^{-1}$，变形率 20%）

牌　号	变形抗力/MPa						
	600℃	700℃	800℃	900℃	1000℃	1100℃	1200℃
Q235-A	160	112	80	50	30	21	15
Q275	200	124	82	52	36	22	15
10	140	98	68	47	32.5	22.6	15.8
50	215	136	86	56	35.5	22.8	14.6
30Mn	196	126	83	54.5	35.5	23.2	15.2
10Mn2	158	108	74	50	33.4	22	15.1
30CrMnSi	265	170	108	69	44	28	18
40Cr	220	139	86	57.5	36.5	23.2	15
12CrNi3	194	130	89	60.5	41	28	19
12Cr2Ni4	202	137	93	63.5	43	29.5	20
45CrNiMoV	243	160	104	67	44	29	18.5
T8	228	144	93	61	38	24	15.9
T10	235	150	93	58	37	21.5	13
T12	240	149	92	58	38	23	14
Cr	232	147	92	57	36	22.5	14
CrMn	222	140	91	58	37.6	25	16
5CrMnMo	231	145	90	59	36	24	15.4
3Cr2W8V	370	248	163	105	69	45.5	30
CrWMn	246	154	99	65	41	26	17
8CrV	230	145	94	60	37	24	16
W	248	156	100	65	40.5	25.5	17
W2	255	167	108	71	46	30.6	2.0
V	229	144	88	58	35	22	14.5
9Cr	234	148	93	59	37	23	15
W9Cr4V2	500	325	206	132	85	55	35
1Cr13	200	127	84	55	35	23	15.4
3Cr13	235	150	92	61	39	25	16
4Cr13	315	190	116	71	43	26.2	16
Cr14	202	128	84	55	35	23	15
Cr17	220	138	91	59	38	24	16
1Cr18Ni9Ti	410	262	166	108	70	45	29
1Cr25Al5	290	177	109	62	40	21.2	13
4Cr14Ni14W2Mo	430	270	173	110	68	43.5	28
70	240	150	92	59	37	24	15.6
60Mn	225	140	87	58	36	23	15
GCr15	260	162	100	63	37	23	14.2

注：4Cr14Ni14W2Mo 为高温阀门用钢，使用温度 <750℃。

表 2-11-57　钢在模锻结束温度下的变形抗力　（MPa）

钢 的 特 性	锤上模锻	曲柄压力机模锻	平锻机上模锻	热切边
碳的质量分数小于 0.25% 的碳素结构钢（例如：10、20 钢）	55	60	70	100
碳的质量分数高于 0.25% 的碳素结构钢或碳的质量分数低于 0.25% 的低合金结构钢（例如：45、20Cr 等）	60	65	80	120
碳的质量分数高于 0.25% 的低合金结构钢（例如：40Cr、45CrNi）	65	70	90	150
高合金结构钢（例如：GCr15、45CrNiMoA、硅铬合金钢等）	75	80	100	200
合金工具钢（例如：3Cr2W8、7Cr3 等）	90 ~ 100	100 ~ 120	120 ~ 140	250

12　连铸机运转方案

12.1　引锭上装时连铸机运转方案

12.1.1　连铸机基本运转模式

从钢包回转台开始至火焰切割机以前的设备叫做连铸机设备。所谓连铸机运转方案也就是过去常说的设备动作程序。在设备的总体设计和设备设计进行过程中或设计完成后，为了使电气、仪表、计算机、液压、生产操作、水处理、工厂设计等方面能够顺利地开展工作，需要对设备的运转方案进行尽可能详细地介绍。运转方案往往与设备的配置和结构有一定关系，下面以图2-12-1所示的A钢铁公司连铸机设备（辊列参看图2-2-1）为例进行说明，该连铸机的引锭系统采用上装方式，没有动态轻压下系统。

连铸机本身的运转，包括准备模式在内，均为周期性地进行。连铸机设备的基本运转模式共五种，如图2-12-1所示。从电气控制系统角度来说，每种模式均设定自动运转和联锁项目。

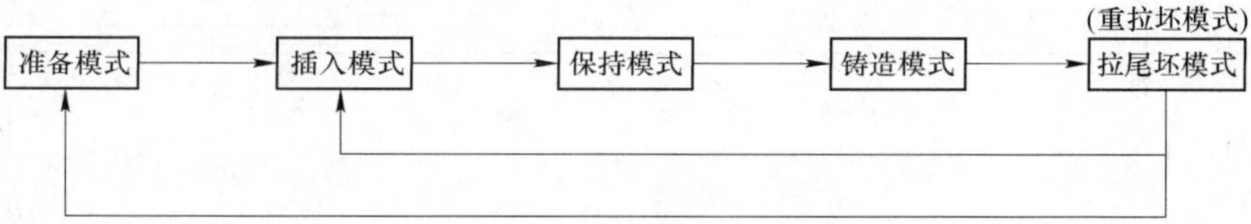

图2-12-1　连铸机的基本运转模式

（1）准备模式。这种模式用于维修和调整。为了保护设备，所有联锁均被解除，各设备均可以单独运转，此方式只能从拉尾坯模式后开始。

（2）插入模式。这种模式用于装引锭，可进行装引锭的有关操作。该模式既可以从准备模式后或拉尾坯模式后开始，也可以从拉尾坯模式尚未结束的某一适当时刻开始。

（3）保持模式。这是一种把引锭固定在结晶器内，等待铸造的模式。其过程是从插入模式结束开始到钢液开浇为止。此模式开始后，为了防止引锭下滑，夹持引锭的驱动辊处于制动状态。

（4）铸造模式。这种模式用于铸造，只能从保持模式后开始。

（5）拉尾坯模式（重拉坯模式）。这种模式用于浇注结束时，只能从铸造模式后开始。重拉坯模式是指中间罐更换时间过长，或因其他铸造事故引起正常操作中断时的拉坯。

12.1.2　准备模式下的运转程序

该模式下的运转程序称为引锭插入运转Ⅰ，如图2-12-2和图2-12-3所示。该模式下

本章作者：杨拉道，高琦；审查：张奇，王公民，黄进春，王蓉

的维修和调整时间不包括在下面动作程序中。

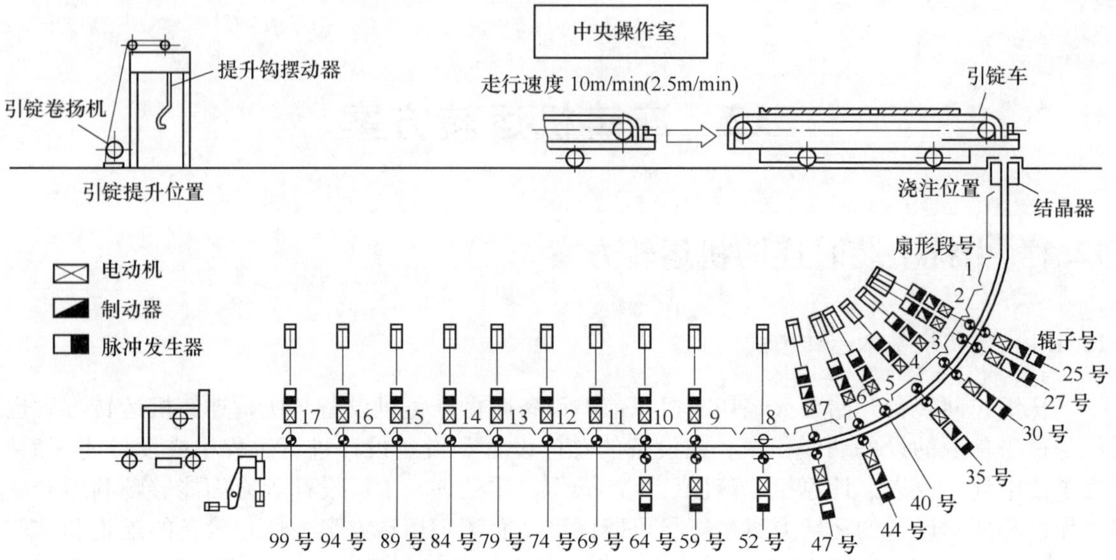

图 2-12-2　引锭插入运转 I （1/2）

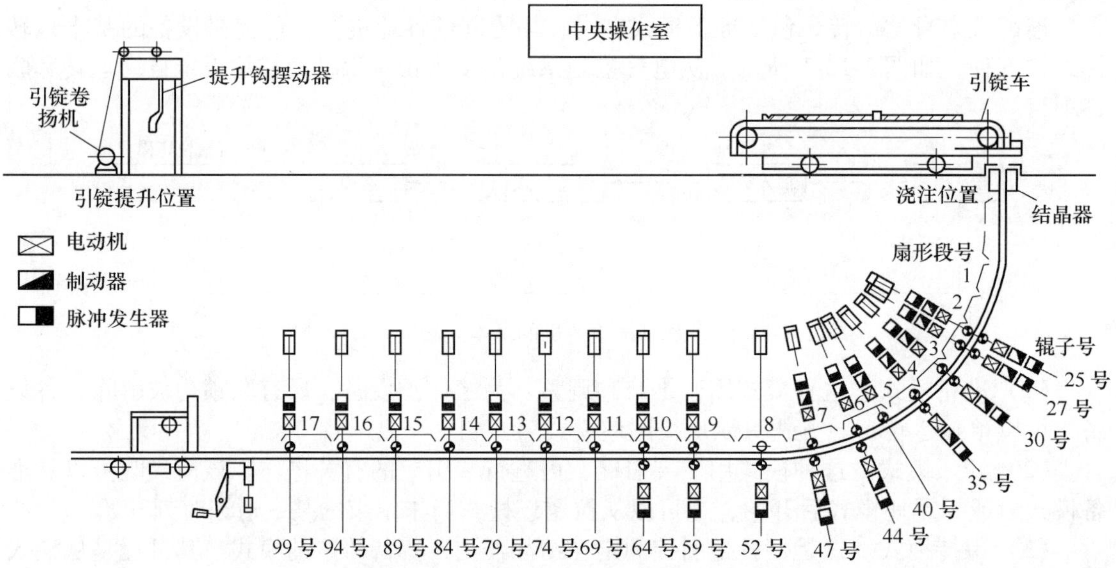

图 2-12-3　引锭插入运转 I （2/2）

12.1.2.1　引锭车行走（见图 2-12-2）

（1）引锭车以 10m/min 的速度从引锭提升位置向浇注位置运行，也可以在铸造模式时运行。

（2）离浇注位置还有一定距离时，引锭车的行走速度从 10m/min 降低到 2.5m/min。

（3）到浇注位置时，引锭车停止。

12.1.2.2　打开驱动辊（见图 2-12-3）

（1）25 ~ 52 号辊之间的驱动辊全部打开。

（2）经过 20 多秒钟后，59 ~ 99 号辊之间的驱动辊全部打开。

12.1.3 插入模式下的运转程序

该模式下的运转程序称为引锭插入运转Ⅱ，如图 2-12-4 ~ 图 2-12-7 所示。

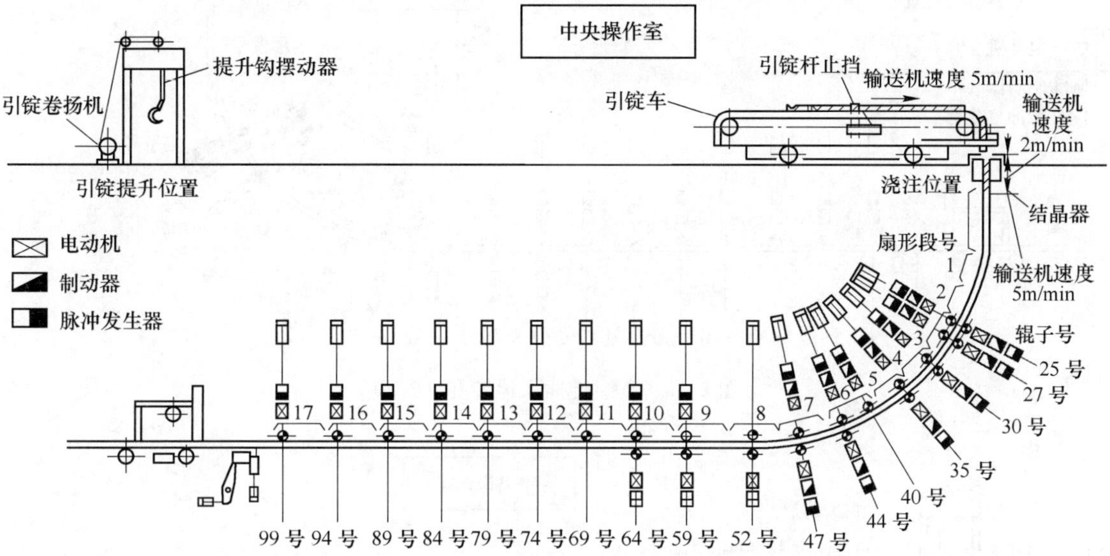

图 2-12-4 引锭插入运转Ⅱ（1/4）

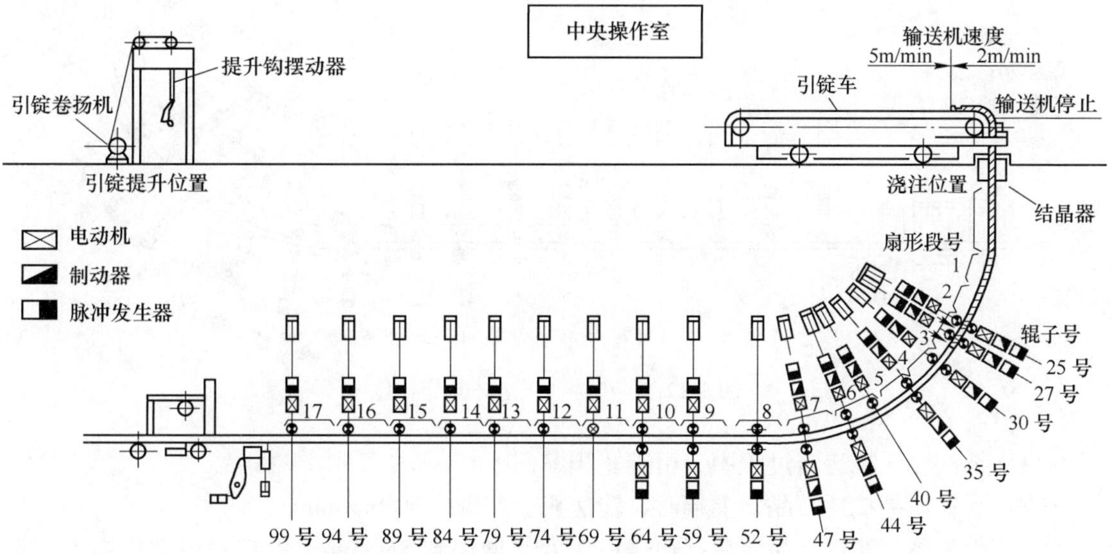

图 2-12-5 引锭插入运转Ⅱ（2/4）

12.1.3.1 存放引锭的链式输送机的运转（见图 2-12-4）

（1）插入模式开始（可在拉尾坯模式时运行），链式输送机以 5m/min 的速度正向运转。

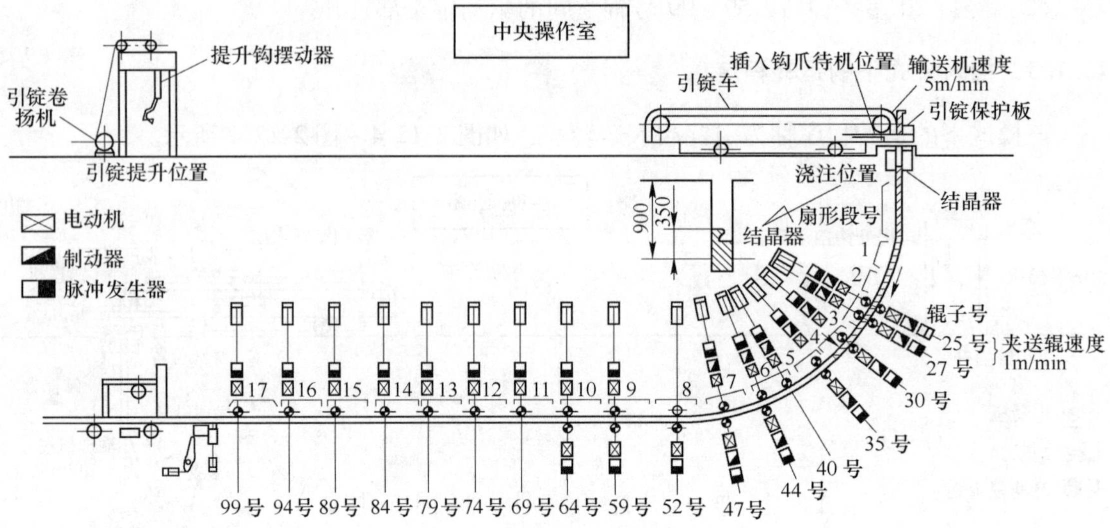

图 2-12-6　引锭插入运转Ⅱ（3/4）

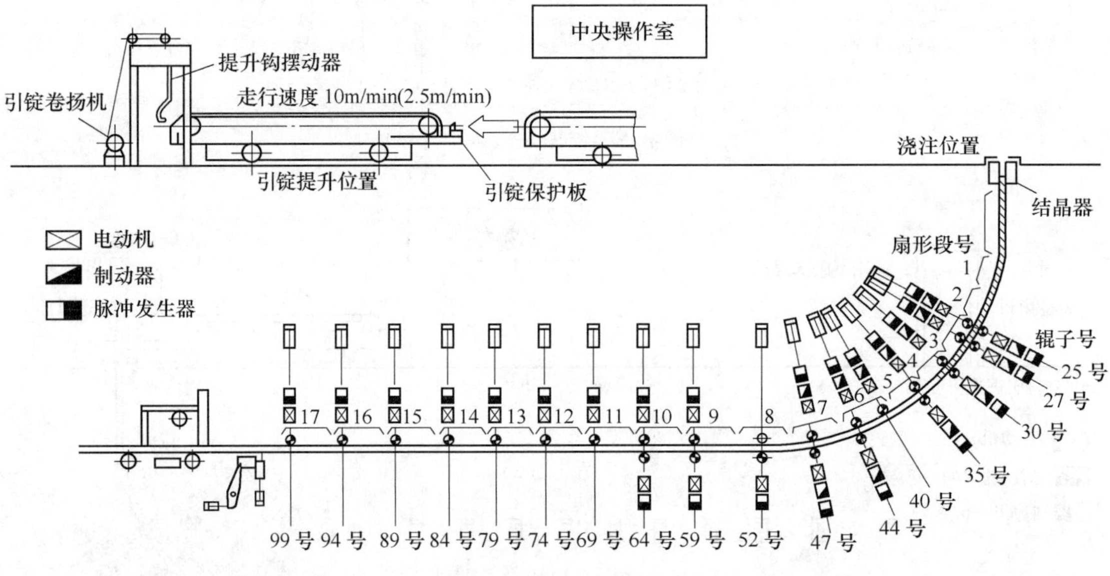

图 2-12-7　引锭插入运转Ⅱ（4/4）

（2）链式输送机运转过程中，引锭止挡缩回。

（3）引锭尾端接近结晶器上端时，输送机速度减小到 2m/min。

（4）引锭尾部通过结晶器后，输送机速度又增加到 5m/min，引锭对中动作在上述运动中进行。

12.1.3.2　夹引锭运转（见图 2-12-5）

（1）以 5m/min 运行的输送机，当引锭头离结晶器顶部一定距离时，减速到 2m/min。

（2）链式输送机的钩爪处于即将脱离引锭位置时，停止输送引锭。

（3）钩着引锭头的链式输送机停止后，25 号和 27 号两对驱动辊同时夹紧引锭尾部。

12.1.3.3 引锭定位运转（见图2-12-6）

（1）链式输送机以5m/min的速度正向旋转，钩着引锭的钩爪自动与引锭分离，并运转至待机位置。

（2）在引锭钩爪与引锭脱离后，25号和27号驱动辊以1m/min的速度使引锭杆继续运行。

（3）引锭尾部通过30号驱动辊后，该驱动辊开始夹紧，此时有三对驱动辊夹引锭。

12.1.3.4 引锭车离开浇注位置运转（见图2-12-7）

（1）引锭头离开链式输送机上的保护装置后，引锭车便以10m/min的速度向引锭提升位置运行。

（2）离引锭提升位置一定距离时，引锭车的行走速度减小到2.5m/min。

（3）引锭车行至提升位置后停止。

12.1.4 保持模式下的运转程序

12.1.4.1 引锭提升钩下降运转（见图2-12-8）

（1）引锭提升钩的脱钩装置设置在卷扬装置上。

（2）提升钩以5m/min的速度开始下降，此时要观察下降的终点位置，此位置不应该存在前一个浇注周期中的板坯。

（3）引锭压辊下降。

（4）提升钩离终点一定距离时，减速到1m/min。

（5）提升钩到终点停止。

（6）提升钩的终点停止位置设有引锭宽度导向装置。

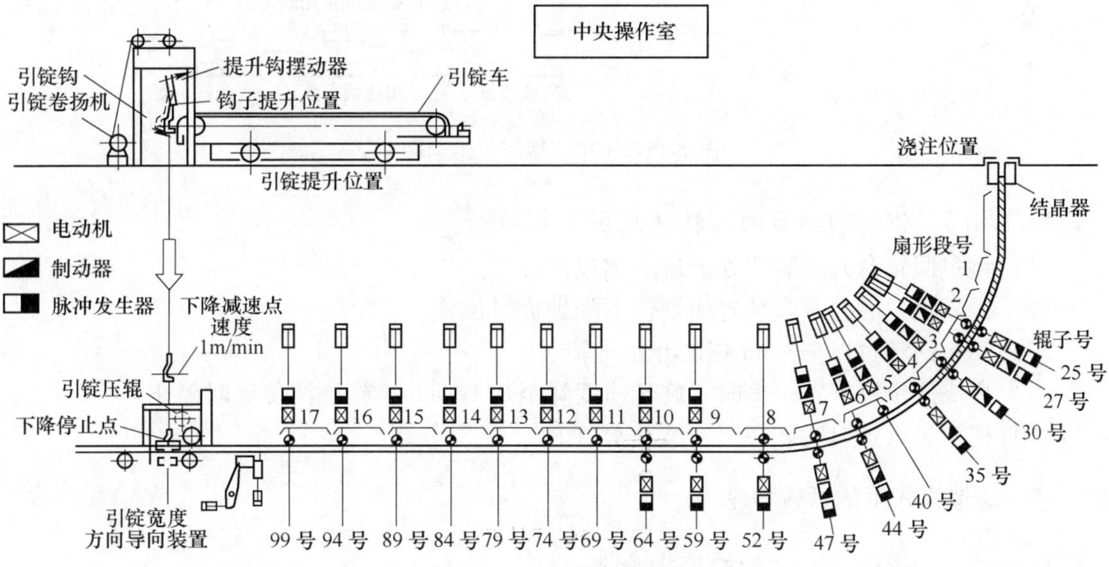

图2-12-8 引锭提升钩下降运转

12.1.4.2　中间罐车行走运转（见图 2-12-9）

（1）中间罐预热完了后，中间罐升降装置上升 600mm。

（2）中间罐车以 30m/min 的速度向浇注位置行走。

（3）中间罐车行走至离浇注位置一定距离时，减速到 10m/min，到浇注位置时停止。

（4）中间罐车停止后，其升降装置下降 600mm（长水口安装装置和中间罐升降装置同时升降）。

（5）沿板坯厚度方向对中间罐进行对中。

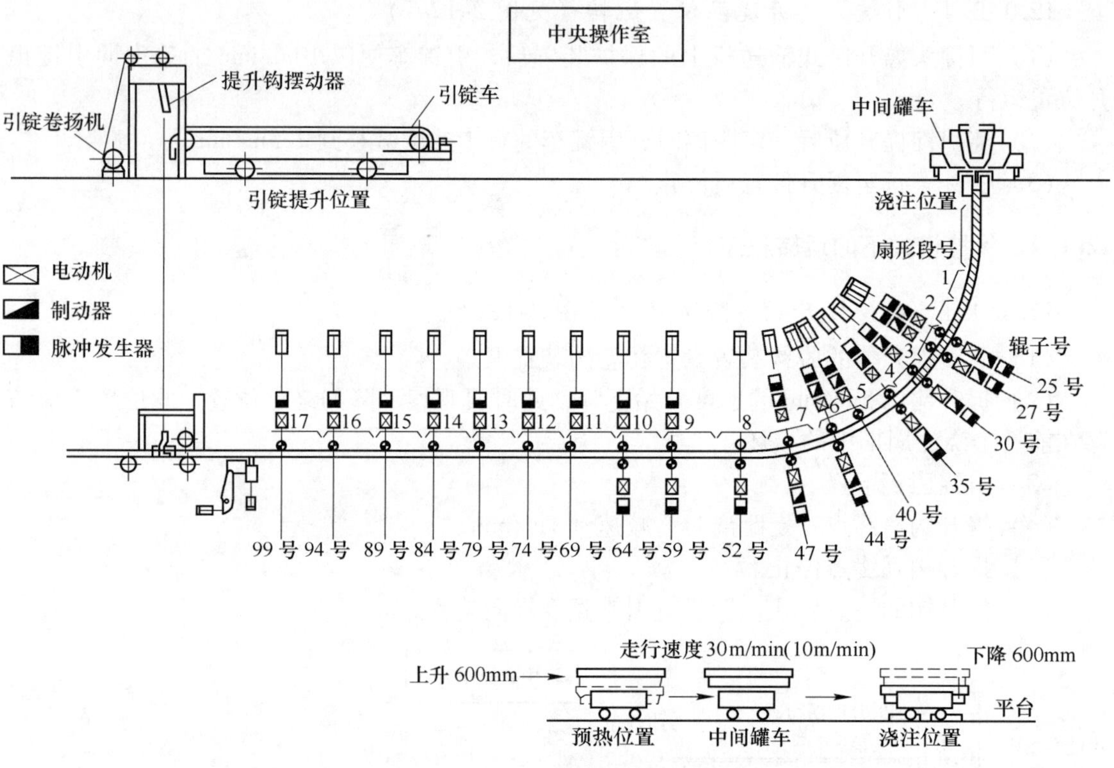

图 2-12-9　中间罐车行走运转

12.1.4.3　钢包回转台的运转（见图 2-12-10）

（1）钢包回转台升降装置处于接受钢包位置。

（2）接收钢包后，升降装置使钢包下降到称量位置。

（3）钢包回转台以 1r/min 速度开始旋转。

（4）离浇注位置一定距离时，旋转速度降至 0.1r/min，到浇注位置时停止。

（5）把钢包长水口安装在钢包滑动水口上。

12.1.5　铸造模式下的运转程序

12.1.5.1　铸造模式开始的前提条件

除具备上述各模式的条件外，铸造模式开始前还必须具备下列三个条件：

（1）蒸汽排出装置已经运转。

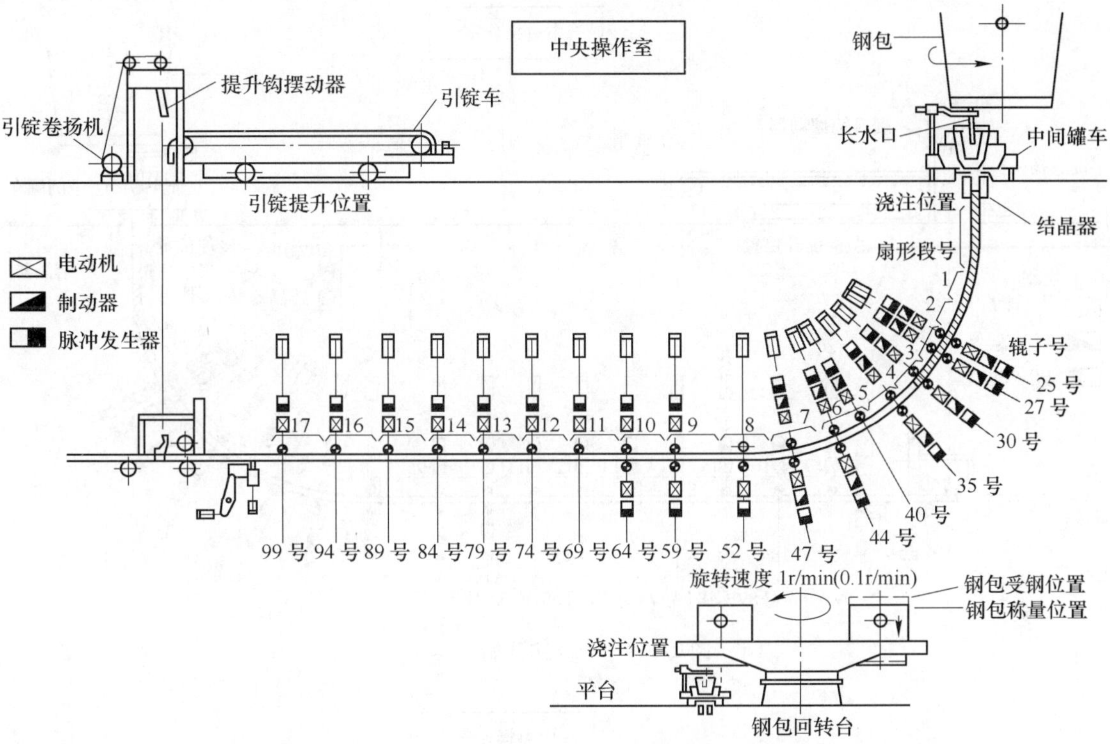

图 2-12-10 钢包回转台的运转

（2）冷却板坯的冷却水泵及气水冷却用的空压机已经运转。

（3）结晶器冷却水、设备冷却水、二次冷却水等相关介质系统的截止阀处于打开状态，结晶器冷却水、设备冷却水处于循环运行状态。

12.1.5.2 浇注开始的运转（见图 2-12-11）

（1）打开钢包滑动水口，钢液流入中间罐。

（2）中间罐钢液达到一定重量，打开中间罐滑动水口和塞棒，钢液流入结晶器。

（3）结晶器液面上升到距铜板顶面一定距离（为了安全起见，该距离必须大于100mm）时，连铸机驱动辊开始运转，结晶器振动装置同时工作。

12.1.5.3 引锭在连铸机里的运转（见图 2-12-12）

（1）引锭尾端通过驱动辊 300mm 时，驱动辊用Ⅰ号压力压紧。

（2）引锭头端部离驱动辊 2600mm 时，驱动辊用Ⅰ号压力打开。

（3）在 40 号辊以后，拉着板坯的引锭头端部离开驱动辊 300mm 时，驱动辊用Ⅱ号压力压紧板坯（关于压力问题将在液压与润滑一节中介绍）。

12.1.5.4 二次冷却区冷却水打开运转（见图 2-12-13）

（1）浇注一开始，打开冷却区 1、2 冷却水，结晶器足辊窄面冷却水一并打开，也可延迟若干秒钟后打开。

（2）引锭头端部距 7 号辊 300mm 时，打开冷却区 3 冷却水。

（3）引锭头端部距 14 号辊 300mm 时，打开冷却区 4 冷却水。

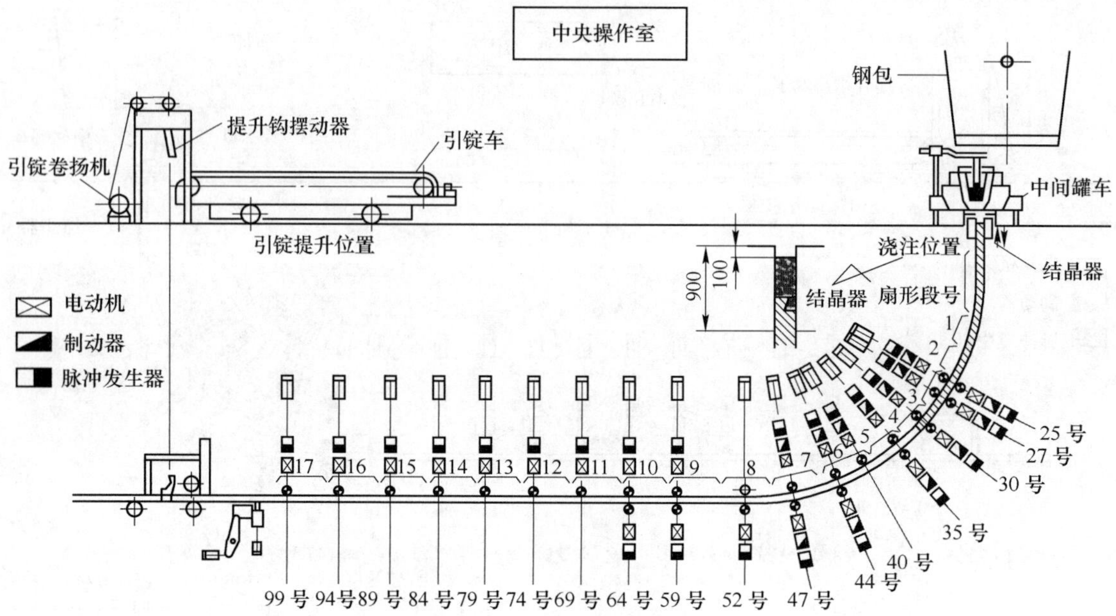

图 2-12-11　浇注开始的运转

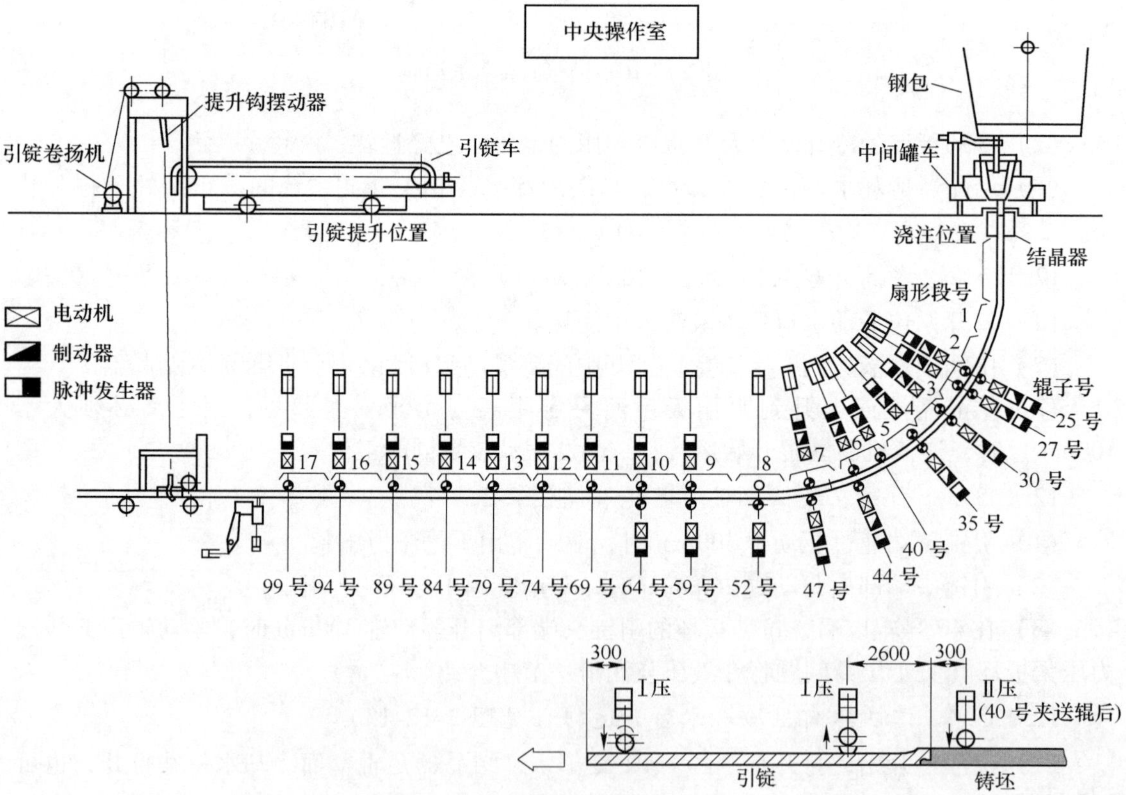

图 2-12-12　引锭在连铸机里的运转

（4）引锭头端部距 19 号辊 300mm 时，打开冷却区 5 冷却水。
（5）引锭头端部距 29 号辊 300mm 时，打开冷却区 6 冷却水。
（6）引锭头端部距 39 号辊 300mm 时，打开冷却区 7 冷却水。
（7）引锭头端部距 54 号辊 300mm 时，打开冷却区 8 冷却水。
（8）引锭头端部距 74 号辊 300mm 时，打开冷却区 9 冷却水。

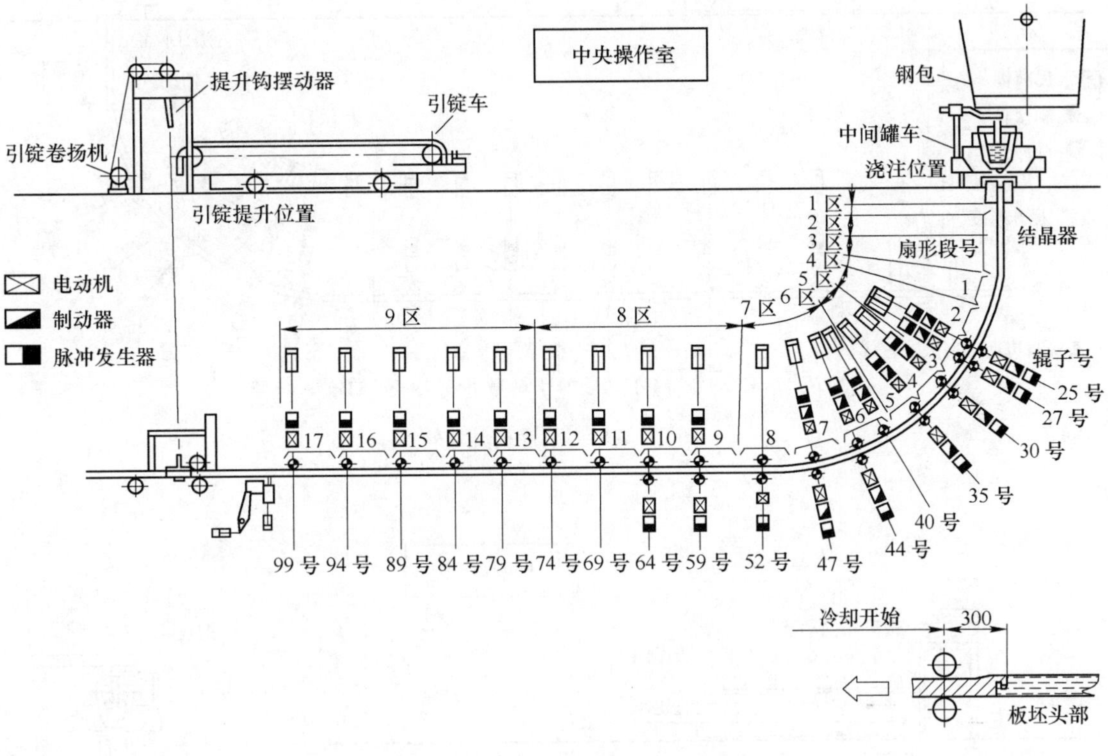

图 2-12-13 二次冷却区冷却水打开运转

12.1.5.5 引锭提升运转（见图 2-12-14）

（1）引锭尾端位于被提升位置时，提升装置以 2～3m/min 的提升速度开始工作，与此同时，引锭杆宽度导向装置退回。

（2）经过一定时间后，引锭提升速度与拉坯速度同步。

12.1.5.6 脱锭运转（见图 2-12-15）

（1）引锭头部到达脱锭位置时，脱锭装置运转。

（2）脱锭后，引锭提升速度增加到 5m/min，同时引锭压辊上升。

12.1.5.7 脱锭后的引锭提升运转（见图 2-12-16）

（1）钩着引锭的钩子接近引锭防滑落装置时，引锭提升速度降至 2m/min。

（2）钩着引锭的钩子通过引锭防滑落装置时，该装置闭合。

（3）引锭到达提升终点后，提升停止，引锭导向装置同时导向。

（4）链式输送机以 2m/min 的速度正向运转，引锭和其提升钩一旦分离，运转即停止。

（5）引锭提升钩被推到退回位置。

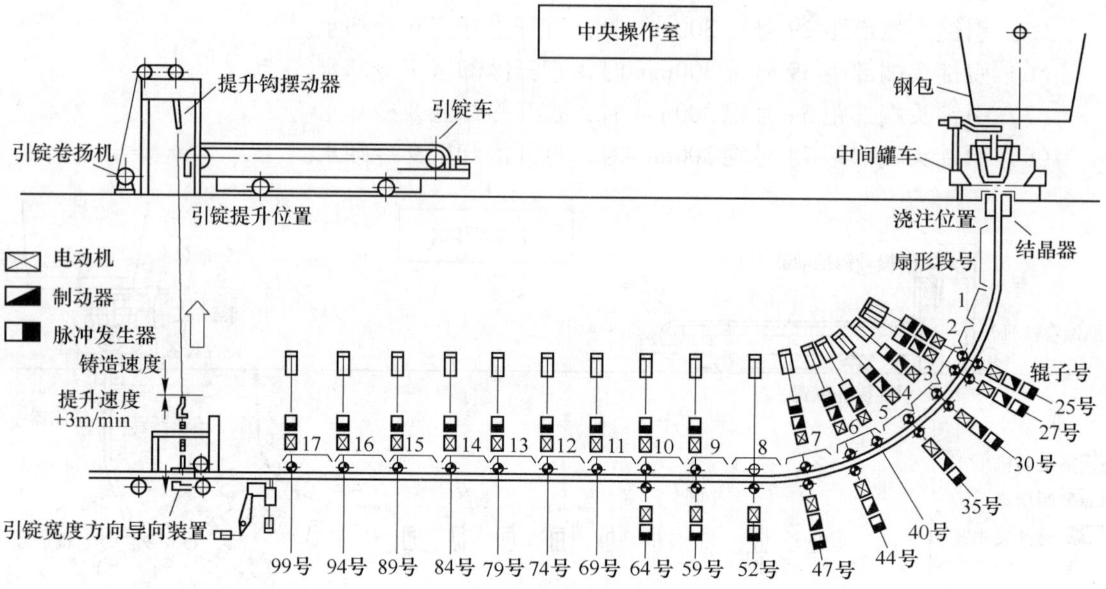

图 2-12-14　引锭提升运转

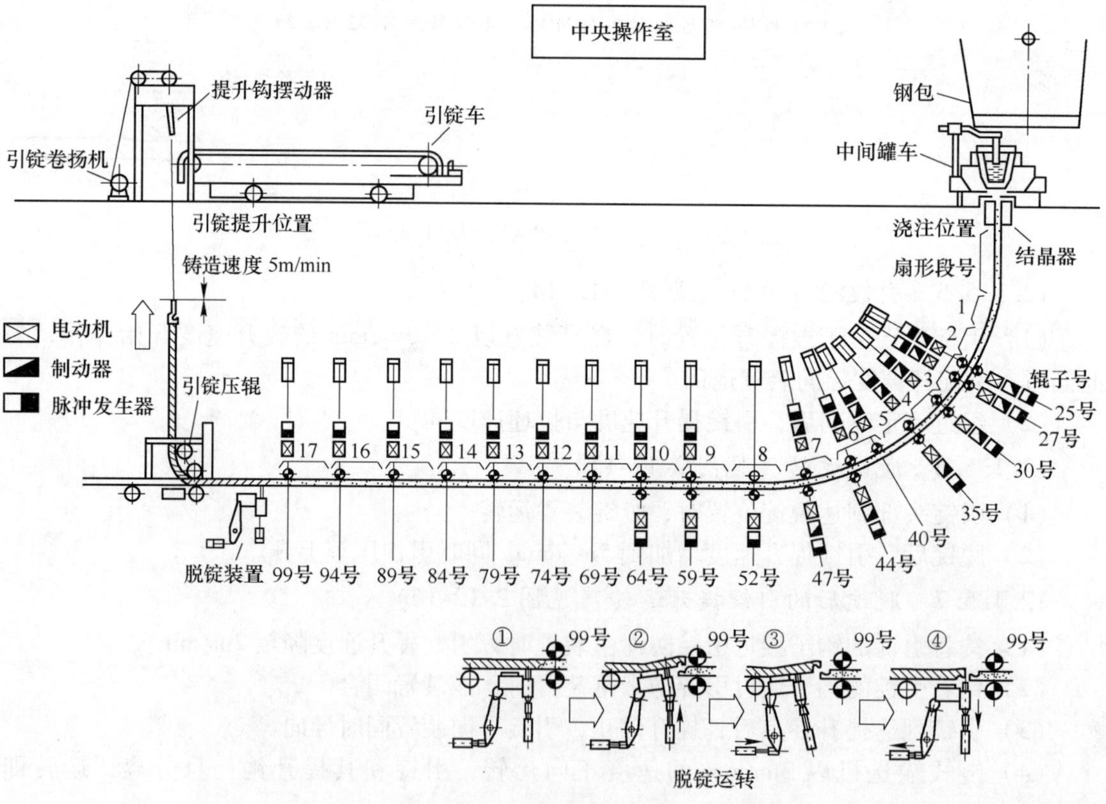

图 2-12-15　脱锭运转

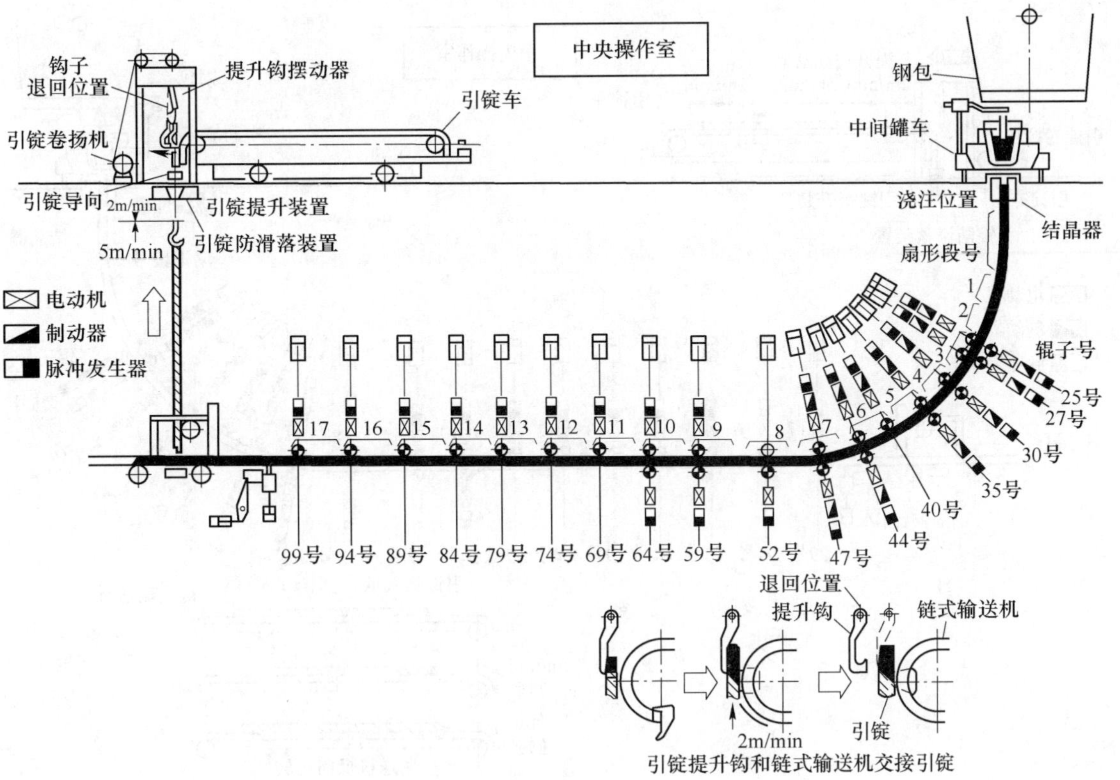

图 2-12-16　脱锭后的引锭提升运转

12.1.5.8　引锭进入链式输送机的运转（见图 2-12-17）

（1）存放引锭的链式输送机在一定时间里，用 2m/min 的速度收容引锭，然后将速度增至 5m/min。

（2）引锭被收容到减速位置，链式输送机将速度减到 2m/min，运行一定距离后停止。

（3）为了使引锭和链式输送机的插入爪接触，引锭车上的止挡块上升，链式输送机反向运转（速度 2m/min），当链式输送机的引锭提升爪收回，插入爪伸出并接触引锭后，运转停止。

12.1.6　拉尾坯模式下的运转程序

12.1.6.1　板坯尾部处理运转（见图 2-12-18）

（1）钢液浇完后，驱动辊停止运转，还存在有残渣残钢的钢包和中间罐离开浇注位置。

（2）板坯尾部用冷钢处理后，驱动辊又开始运转，当板坯尾部离开结晶器后，结晶器振动装置停止。根据生产操作经验，拉尾坯可以减速，也可以不减速。

（3）板坯尾端到达某驱动辊之前相邻的辊子时，该驱动辊用 P I 压提起并继续运转，延时 2min 停止运转。

（4）板坯尾部离开 35 号辊后，下一个浇次的上装引锭才可以进行插入模式运转。

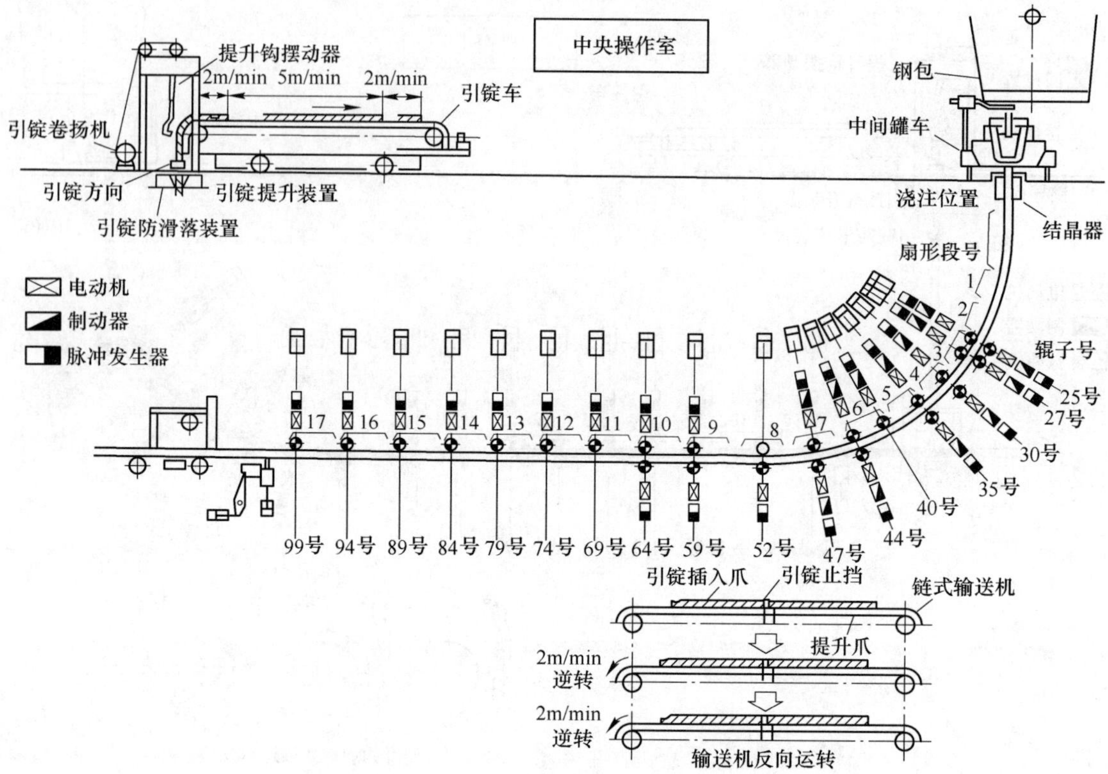

图 2-12-17　引锭进入链式输送机的运转

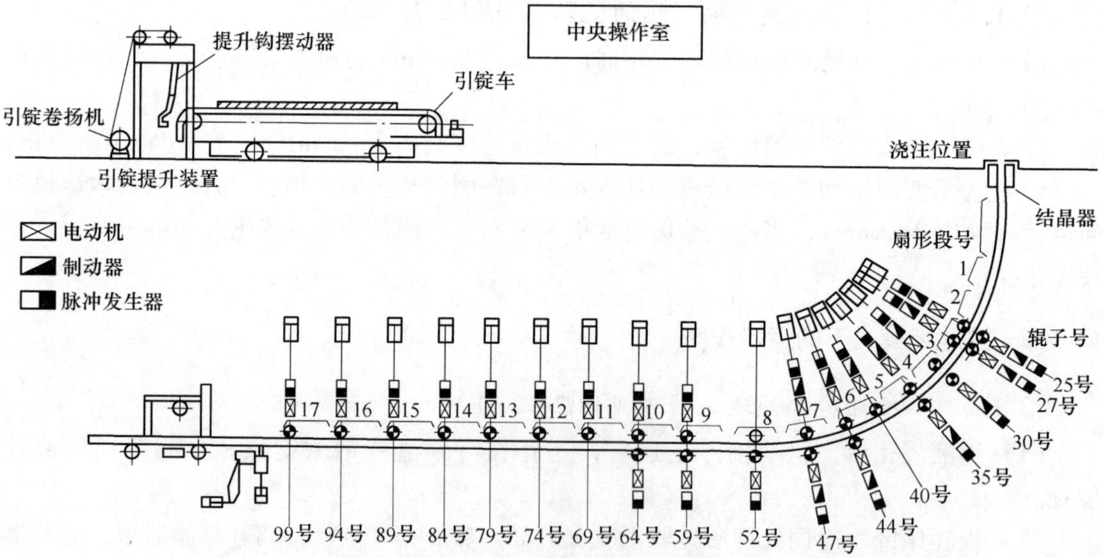

图 2-12-18　板坯尾部处理运转

12.1.6.2　二次冷却水关闭运转（见图 2-12-19）

（1）板坯尾部通过 7 号辊后，关闭冷却区 1、2 冷却水。

（2）板坯尾部通过14号辊后，关闭冷却区3冷却水。

（3）板坯尾部通过19号辊后，关闭冷却区4冷却水。

（4）板坯尾部通过29号辊后，关闭冷却区5冷却水。

（5）板坯尾部通过39号辊后，关闭冷却区6冷却水。

（6）板坯尾部通过54号辊后，关闭冷却区7冷却水。

（7）板坯尾部通过74号辊后，关闭冷却区8冷却水。

（8）板坯尾部通过99号辊后，关闭冷却区9冷却水。

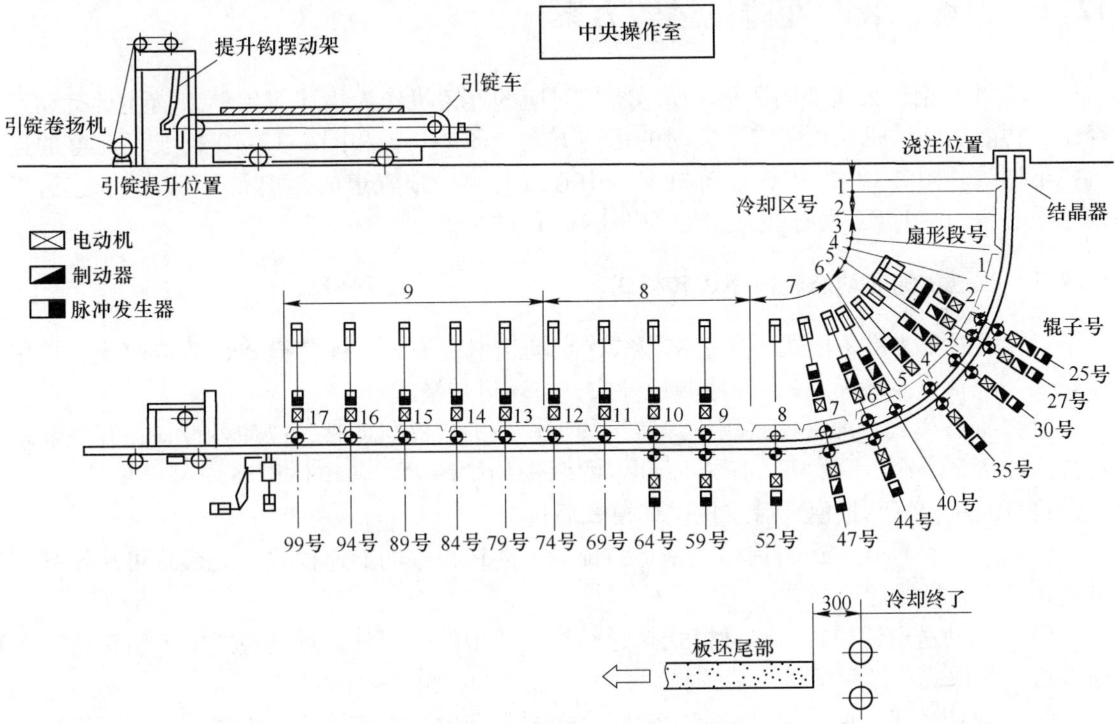

图2-12-19　二次冷却水关闭运转

12.1.7　停电时的运转方案与设备保护措施

12.1.7.1　停电时的运转方案

（1）钢包回转台气动马达通过离心式离合器带动钢包回转台回转，使钢包离开浇注位置。

（2）钢包滑动水口用气动马达关闭。

（3）中间罐滑动水口关闭。

（4）事故水塔以正常水量的30%供给设备保护用水，在此期间柴油机起动。柴油机起动后，设备冷却水、结晶器冷却水、二次冷却喷水均以最大水量30%供水，可持续40min，这是因为停电时地坑无排水泵，溢流之前只能存40min的水量。

（5）气水冷却用压缩空气以正常用量的30%通过压缩空气储气罐供气。

（6）此时，如果引锭在机中，液压缸由Ⅰ号压力自动切换到0号压力，压引锭20min。

12. 1. 7. 2　设备保护措施

（1）高架水罐，保证停电时板坯不烧坏机械设备。

（2）钢包回转台气动马达用来事故回转带钢水的钢包，钢包滑动水口气动马达用来切断流入中间罐的钢液。

（3）中间罐滑动水口液压装置，保证停电时把正向结晶器注入的钢液切断。

（4）柴油机发电装置，可保证停电时起动，满足和维持水泵供电 40min。

12. 2　引锭下装时连铸机运转方案

本节以 E 钢铁公司如图 2-9-3 所示辊列对应的连铸机作为描述对象，来描述具有动态轻压下功能的连铸机采用引锭下装时的运转方案，图 2-9-3 和图 2-12-20 构成了完整的连铸机出坯线。图 2-12-20 中，连铸机末辊中心线与第一根辊道的距离是 1700mm。连铸机末辊中心线与“1/C”柱子的距离是 666. 84mm。

12. 2. 1　改进后的非动态轻压下运转模式

运转模式分为准备模式，送引锭模式，点动送引锭模式，保持模式，铸造模式，拉尾坯模式（包括重拉坯模式），辊缝测量模式，滞坯运转模式。

（1）准备模式。准备模式用于连铸机线上设备的维修与调整，以使各设备在开浇前达到待运转状态。在该模式下，所有原设定的联锁均被解除，各单体设备均可以单独运转。此模式只能从辊缝测量模式后或拉尾坯模式后选择。

（2）送引锭模式。送引锭模式是将引锭送入连铸机中的操作模式，此模式可从辊缝测量模式或准备模式后选择。

（3）点动送引锭模式。点动模式是送引锭模式中的一部分，点动模式中，引锭将不自动跟踪，此模式从送引锭模式后选择。

（4）保持模式。保持模式是把引锭固定在结晶器内，等待铸造的模式，从送引锭模式后开始到钢液开浇为止。此模式开始后，为了防止引锭下滑，20 号、28 号、36 号驱动辊处于制动状态。

（5）铸造模式。铸造模式用于正常铸造，只能从保持模式后选择。

（6）拉尾坯模式（包括重拉坯模式）。拉尾坯模式用于铸造末期对结晶器中钢液面进行封顶处理后进行的操作，只能从铸造模式后开始。此模式包括重拉坯，即各种原因致使正常铸造操作中断时的拉坯，拉尾坯模式不降拉速。

（7）辊缝测量模式。在对二次冷却区内辊子对弧状况、辊缝等进行测量时需采用辊缝测量模式。此模式可从拉尾坯模式后选择。应该注意到此模式为定期运行，根据生产经验，当认为需要测量辊缝时才运行此模式，并不是每个铸造周期一开始都需要运行此模式。在不需要运行此模式时，运转模式可由拉尾坯模式直接转换为准备模式。

辊缝测量仪测量数据的采集、显示，正确与错误的判断由辊缝测量仪厂商所提供的应用软件完成。

（8）滞坯运转模式。滞坯运转模式从重拉坯模式后开始，用于重拉坯失效后滞坯处理，此模式完毕后，转入准备模式。

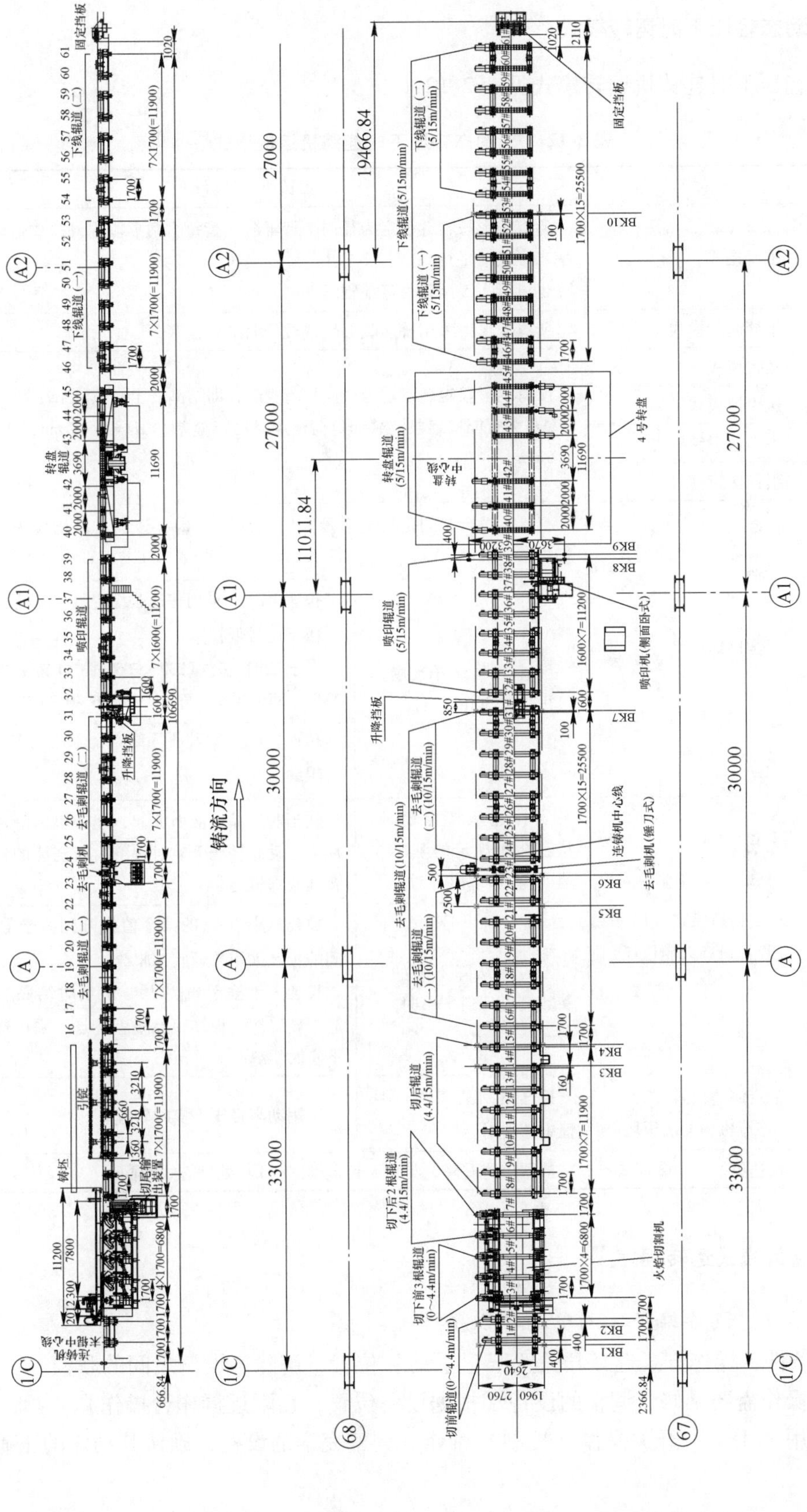

图 2-12-20　出坯区辊道及检测器布置

12.2.2　动态轻压下时运转模式

动态轻压下时连铸机运转模式见表 2-12-1。

表 2-12-1　动态轻压下时连铸机运转模式

<table>
<tr><th>序号</th><th>运转模式</th><th colspan="2">连铸机运转说明</th></tr>
<tr><td>1</td><td>维修模式</td><td colspan="2">所有扇形段辊缝设定为径向平行辊缝（指每个扇形段内外弧中心辊子沿曲率半径径向平行）；
也可以人工调整为其他辊缝</td></tr>
<tr><td>2</td><td>辊缝测量模式</td><td colspan="2">所有扇形段采用普通收缩辊缝或径向平行辊缝</td></tr>
<tr><td>3</td><td>准备模式</td><td colspan="2" rowspan="4">所有扇形段辊缝设定为径向平行辊缝，即结晶器出口值 $+\Delta D$；
ΔD 为智能扇形段空载和负荷标定时的辊缝差，$\Delta D = 1 \sim 2$mm，暂取 $\Delta D = 1.5$mm</td></tr>
<tr><td>4</td><td>送引锭模式</td></tr>
<tr><td>5</td><td>点动送引锭模式</td></tr>
<tr><td>6</td><td>引锭保持模式</td></tr>
<tr><td rowspan="3">7</td><td rowspan="3">引锭拉坯模式</td><td colspan="2">引锭头端行走到距某扇形段入口辊 500mm 时，该扇形段切换为径向平行辊缝</td></tr>
<tr><td rowspan="2">引锭头端离开某扇形段出口辊 500mm 时</td><td>拉速 $< v_{zd}$，采用普通收缩辊缝。v_{zd} 为实行动态轻压下的最低拉速；
对于 E 钢铁公司 $230 \times 2050\text{mm}^2$ 连铸机的 210mm、230mm 两种厚度，暂定 $v_{zd} = 0.6 \sim 0.8$m/min</td></tr>
<tr><td>拉速 $\geqslant v_{zd}$，跟踪凝固终点，采用动态轻压下实时辊缝</td></tr>
<tr><td rowspan="3">8</td><td rowspan="2">稳定铸造模式（1）
（连铸机内充满板坯）</td><td>当拉速从特定钢种、特定断面规定的基准拉速 v_j 降为 v_{zd} 以下时</td><td>从当时结晶器液面算起，连铸机内降速前的板坯采用动态轻压下实时辊缝，新浇注的板坯采用普通收缩辊缝</td></tr>
<tr><td>当拉速从降下来的某一数值提升到 $\geqslant v_{zd}$ 时</td><td>拉速从小于 v_{zd} 的某个值提升到大于等于 v_j 之间的板坯采用普通收缩辊缝；
拉速大于等于 v_{zd} 以后，从当时结晶器液面算起，新浇注的板坯跟踪凝固终点，采用动态轻压下实时辊缝</td></tr>
<tr><td>稳定铸造模式（2）
（连铸机内充满板坯）</td><td>拉速达到基准值 v_j 且恒定铸造时</td><td>采用动态轻压下实时辊缝</td></tr>
<tr><td>9</td><td>快速更换中间罐模式</td><td colspan="2">根据拉速升降，与稳定铸造模式（1）处理方式相同</td></tr>
</table>

12.2.3　准备模式运转程序

12.2.3.1　设备维修、调整运转程序

前提条件：操作方式选择开关置于“手动”位置，解除各设备之间的联锁。

（1）操作需要维修、调整的设备（根据设备位置，在附近操作台操作）。

（2）用“手动”开关操作（控制）维修、调整完毕的设备，确认其动作的正确性。

12.2.3.2　浇铸前准备模式的运转程序

前提条件：解除各设备间的联锁并确认各设备及相关条件的正确性。

(1) 扇形段1~15各夹紧液压缸处于位移控制状态，且P0压（18~20MPa）正常。

(2) 扇形段上的20号、28号、36号、44号、51号、58号、65号、72号、79号、86号、93号、100号、107号、114号、121号等驱动辊处于PⅠ压（也叫引锭压，12~18MPa）升起状态。

12.2.4　送引锭模式运转程序

前提条件：确认辊缝测量模式或准备模式完成。

操作方式选择开关置于送引锭模式位置（根据情况可“手动”也可“自动”）。

(1) 引锭存放装置以7.3m/min速度横移引锭。

(2) 引锭横移到切割后辊道中心线时，接近开关（SQ13）发出信号，横移停止，延时2s后对中引锭。

(3) 对中位置的3个行程开关分别为SQ6、SQ8、SQ10，对中装置从待机位置升起到对中位置，行程开关SQ6、SQ8、SQ10同时发出信号，推动引锭与连铸机中心线对中。对中动作完成后，延时2s，对中装置恢复到待机位，待机的停止位置分别由3个行程开关SQ7、SQ9、SQ11发出信号，对中周期结束。

(4) 引锭对中完成并延时2s后，切割后辊道、切割下辊道后2根辊道同时反转启动，以15m/min速度输送引锭。再延时34s后，切割前辊道及切割下前3根辊道同时以4.4m/min速度反向启动，此时，切割后辊道、切割下辊道后，2根辊道切换为4.4m/min速度送引锭。

(5) 参看图2-12-20：出坯区辊道及检测器布置，引锭头端越过切割前辊道2号辊400mm时，光电开关BK2发出信号，切割后辊道停止运转，连铸机扇形段驱动辊以4.4m/min速度反转启动。此时切割下辊道，切割前辊道，连铸机扇形段驱动辊继续以4.4m/min速度上送引锭。

(6) 参看图2-12-21：引锭上送过程，引锭头端越过切割前辊道1号辊前部的光电开关BK1时，光电开关BK1发出信号并记录引锭运行距离，待引锭头端越过121号驱动辊2000mm（即对应引锭头端越过光电开关BK1 4110mm）时，121号驱动辊以PⅠ压压下，121号驱动辊光电编码器开始计数，即跟踪系统启动，对引锭进行跟踪测量。

(7) 引锭头端越过114号驱动辊2000mm时，114号驱动辊以PⅠ压压下。同时切割下辊道停止运转。

(8) 引锭头端越过107号驱动辊2000mm时，107号驱动辊以PⅠ压压下。

(9) 引锭头端越过100号驱动辊2000mm时，100号驱动辊以PⅠ压压下，100号驱动辊光电编码器开始计数，同时切割前辊道停止运转。当引锭尾端通过切割前辊道1号辊前部的光电开关BK1时，121号与100号驱动辊光电编码器根据引锭长度重新更正引锭头的上送位置。

(10) 引锭尾端距121号驱动辊300mm时，121号驱动辊以PⅠ压升起。

(11) 引锭头端越过93号驱动辊2000mm时，93号驱动辊以PⅠ压压下。

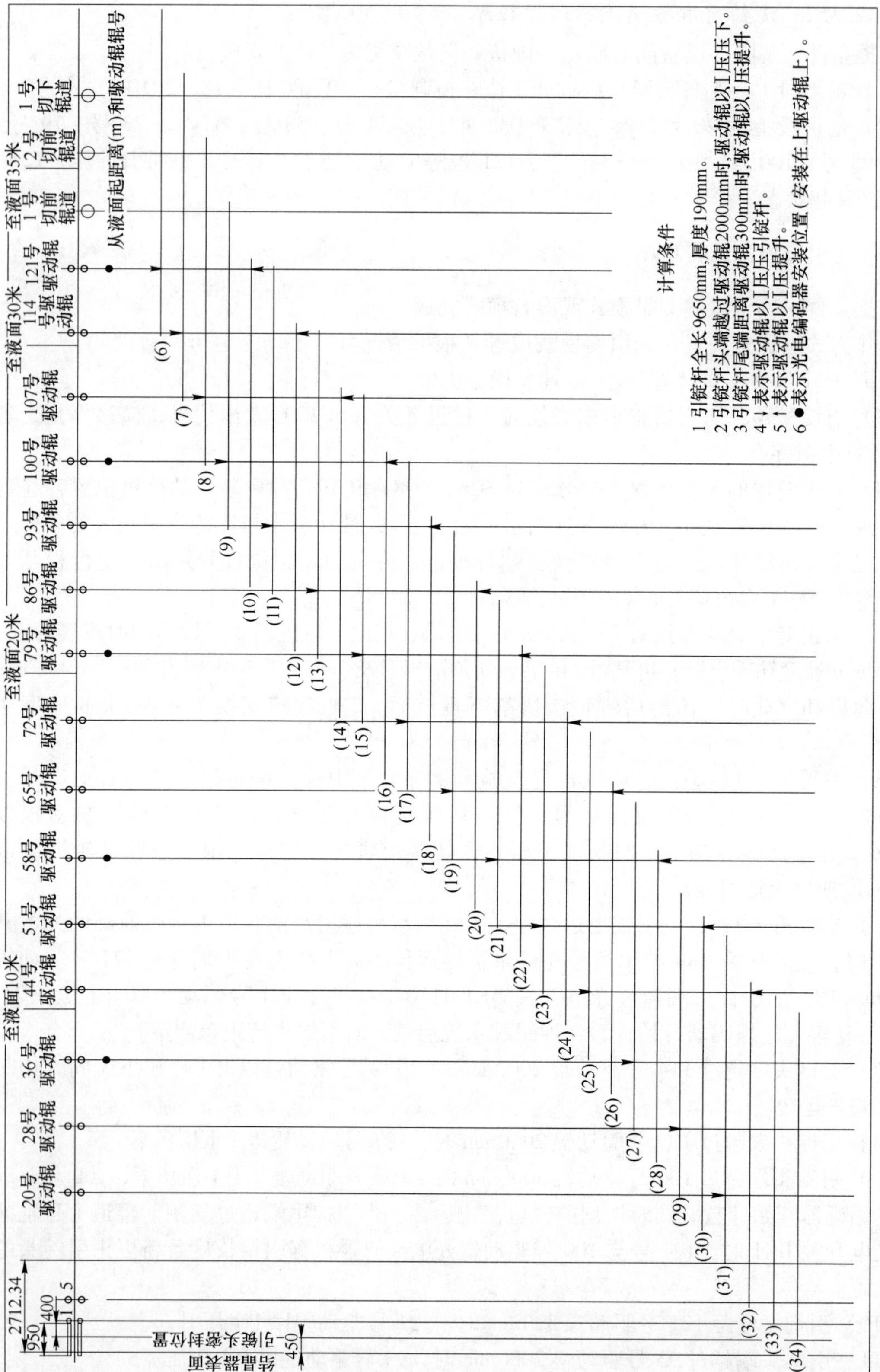

图 2-12-21 引锭上送过程

（12）引锭尾端距114号驱动辊300mm时，114号驱动辊以PⅠ压升起。

（13）引锭头端越过86号驱动辊2000mm时，86号驱动辊以PⅠ压压下。

（14）引锭尾端距107号驱动辊300mm时，107号驱动辊以PⅠ压升起。

（15）引锭头端越过79号驱动辊2000mm时，79号驱动辊以PⅠ压压下。79号驱动辊光电编码器开始计数。

（16）引锭尾端距100号驱动辊300mm时，100号驱动辊以PⅠ压升起。

（17）引锭头端越过72号驱动辊2000mm时，72号驱动辊以PⅠ压压下。

（18）引锭尾端距93号驱动辊300mm时，93号驱动辊以PⅠ压升起。

（19）引锭头端越过65号驱动辊2000mm时，65号驱动辊以PⅠ压压下。

（20）引锭尾端距86号驱动辊300mm时，86号驱动辊以PⅠ压升起。

（21）引锭头端越过58号驱动辊2000mm时，58号驱动辊以PⅠ压压下。58号驱动辊光电编码器开始计数。

（22）引锭尾端距79号驱动辊300mm时，79号驱动辊以PⅠ压升起。

（23）引锭头端越过51号驱动辊2000mm时，51号驱动辊以PⅠ压压下。

（24）引锭尾端距72号驱动辊300mm时，72号驱动辊以PⅠ压升起。

（25）引锭头端越过44号驱动辊2000mm时，44号驱动辊以PⅠ压压下。

（26）引锭尾端距65号驱动辊300mm时，65号驱动辊以PⅠ压升起。

（27）引锭头端越过36号驱动辊2000mm时，36号驱动辊以PⅠ压压下。36号驱动辊光电编码器开始计数。

（28）引锭尾端距58号驱动辊300mm时，58号驱动辊以PⅠ压升起。

（29）引锭头端越过28号驱动辊2000mm时，28号驱动辊以PⅠ压压下。

（30）引锭尾端距51号驱动辊300mm时，51号驱动辊以PⅠ压升起。

（31）引锭头端越过20号驱动辊2000mm时，20号驱动辊以PⅠ压压下。

（32）引锭尾端距44号驱动辊300mm时，44号驱动辊以PⅠ压升起，同时连铸机扇形段驱动辊停止运转。

（33）延时2s后，启动20号、28号、36号驱动辊以2.0m/min速度继续上送引锭。引锭头端到达1号辊时，20号、28号、36号驱动辊停止运转，然后切换为点动送引锭模式。

12.2.5　点动送引锭模式运转程序

前提条件：送引锭模式完成，跟踪系统停止。

操作方式选择开关置“点动送引锭模式”位置，只能选择手动。

（1）手动启动20号、28号、36号驱动辊，把引锭缓缓送入结晶器中。

（2）引锭头端距结晶器上口450～550mm（结晶器长度950mm）时（此距离的长短也可由用户自行确定），20号、28号、36号驱动辊停止转动，制动器制动，三对驱动辊压下缸处于PⅠ压压下状态。

12.2.6　引锭保持模式运转程序

引锭头进入结晶器内指定位置，引锭被保持不动时，操作方式选择开关置于“保持模式”位置。此时，结晶器振动装置、连铸机扇形段驱动装置均不得进行操作，由人工对结晶器内的引锭头进行密封、垫铺等操作。

12.2.6.1　中间罐车运转

（1）中间罐预热完后，预热装置烧嘴由人工操作升起，人工操作载有中间罐的中间罐车升降装置上升，到上限位时，位移传感器 - SQ128（ - SQ158）发出信号，停止上升。

（2）人工启动中间罐车以 20m/min 的速度向浇注位置行走。

（3）中间罐车离浇注位置一定距离（即减速位）约 2000mm 时，行程开关 - SQ120（ - SQ150）发出信号减速到 2m/min 运行，到浇注位置时行程开关 - SQ121（ - SQ151）发出信号，中间罐车停止运行。

（4）中间罐车停止运行后，如果中间罐浸入式水口在板坯宽度方向不对中时，手动操作使其对中。

（5）启动中间罐升降装置使浸入式水口下降到浇注位时，位移传感器 - SQ129（ - SQ159）发出信号，中间罐升降装置停止下降。

（6）测量中间罐浸入式水口在板坯厚度方向的对中精度，若不对中，手动操作使其对中。

12.2.6.2　钢包回转台运转

（1）接收钢包后，人工启动钢包回转台以 1r/min 速度开始回转。

（2）离浇注位置一定距离时，编码器（GP101）发出减速信号，使回转速度逐渐降至 0.1r/min 继续旋转至浇注位置，到浇注位置时，编码器（GP101）发出信号，回转台停止转动，液压盘式制动器锁紧。

（3）人工操作中间罐车上的钢包长水口安装装置，将长水口安装在钢包滑动水口上（中间罐车和钢包回转台详细运转见单体设备控制要求）。

12.2.7　引锭拉坯模式运转程序

（1）前提条件。

1）排蒸汽风机运转，冷却水泵及二冷气水冷却用压缩空气的空压机运转。

2）二次冷却水、气总管压力正常，水、气总管截止阀均已打开，二次冷却水各回路流量调节阀打开，3 个二冷气回路的压力调节阀打开。

3）结晶器冷却水，设备冷却水以给定的压力和流量循环。

4）结晶器振动装置处于待机状态。

（2）浇注开始的运转。如图 2-9-5 所示，引锭拉坯位置、驱动辊升降、拉坯力变化图。

1）打开钢包滑动水口，钢液注入中间罐。

2）当中间罐钢液面达到生产操作规程的高度（例如≥300mm）时，打开中间罐塞棒，使钢液注入结晶器中。

3）结晶器液面上升到距铜板顶面一定距离（为了安全起见，该距离必须大于 100mm）时，二冷扇形段驱动辊全部启动，PⅠ压夹引锭的 20 号、28 号、36 号驱动辊以操作规程规定的起步拉速开始拉坯，同时，结晶器振动装置启动，引锭跟踪系统启动，设置在36号内弧驱动辊上的光电编码器开始计数，Ⅰ区宽面和Ⅱ区二次冷却水同时打开。当引锭头端由静止向下移动300mm时，Ⅰ区窄面二次冷却水打开。当引锭头端到达1号辊时，根据生产操作规程规定的拉速提升原则逐步提高拉速。

（3）引锭头端到达6号辊时，二次冷却Ⅲ区、Ⅳ区冷却水打开。

（4）见图2-9-5，引锭尾端越过44号驱动辊300mm时，44号驱动辊以PⅠ压压引锭。

（5）引锭头端距20号驱动辊2000mm时，20号驱动辊以PⅠ压升起，同时二次冷却Ⅴ区冷却水打开。

（6）引锭尾端越过51号驱动辊300mm时，51号驱动辊以PⅠ压压引锭。

（7）引锭头端距28号驱动辊2000mm时，28号驱动辊以PⅠ压升起。

（8）引锭头端越过20号驱动辊300mm时，20号驱动辊以PⅡ压（板坯压力）压板坯，同时二次冷却Ⅵ区冷却水打开。

（9）引锭尾端越过58号驱动辊300mm时，58号驱动辊以PⅠ压压引锭。

（10）引锭头端距36号驱动辊2000mm时，36号驱动辊以PⅠ压升起。

（11）引锭头端越过28号驱动辊300mm时，28号驱动辊以PⅡ压压板坯。

（12）引锭尾端越过65号驱动辊300mm时，65号驱动辊以PⅠ压压引锭。

（13）引锭头端距44号驱动辊2000mm时，44号驱动辊以PⅠ压升起。

（14）引锭头端越过36号驱动辊300mm时，36号驱动辊以PⅡ压压板坯，同时二次冷却Ⅶ区冷却水打开。

（15）引锭尾端越过72号驱动辊300mm时，72号驱动辊以PⅠ压压引锭。

（16）引锭头端距51号驱动辊2000mm时，51号驱动辊以PⅠ压升起。

（17）引锭头端越过44号驱动辊300mm时，44号驱动辊以PⅡ压压板坯。

（18）引锭尾端越过79号驱动辊300mm时，79号驱动辊以PⅠ压压引锭。

（19）引锭头端距58号驱动辊2000mm时，58号驱动辊以PⅠ压升起。

（20）引锭头端越过51号驱动辊300mm时，51号驱动辊以PⅡ压压板坯。同时二次冷却Ⅷ区冷却水打开。

（21）引锭尾端越过86号驱动辊300mm时，86号驱动辊以PⅠ压压引锭。

（22）引锭头端距65号驱动辊2000mm时，65号驱动辊以PⅠ压升起。

（23）引锭头端越过58号驱动辊300mm时，58号驱动辊以PⅡ压压板坯。

（24）引锭尾端越过93号驱动辊300mm时，93号驱动辊以PⅠ压压引锭。

（25）引锭头端距72号驱动辊2000mm时，72号驱动辊以PⅠ压升起，同时二次冷却Ⅸ区冷却水打开。

（26）引锭头端越过65号驱动辊300mm时，65号驱动辊以PⅡ压压板坯。

（27）引锭尾端越过100号驱动辊300mm时，100号驱动辊以PⅠ压压引锭。

（28）引锭头端距79号驱动辊2000mm时，79号驱动辊以PⅠ压升起。

（29）引锭头端越过72号驱动辊300mm时，72号驱动辊以PⅡ压压板坯。

（30）引锭尾端越过107号驱动辊300mm时，107号驱动辊以PⅠ压压引锭。

（31）引锭头端距86号驱动辊2000mm时，86号驱动辊以PⅠ压升起。

（32）引锭头端越过79号驱动辊300mm时，79号驱动辊以PⅡ压压板坯。

（33）引锭尾端越过114号驱动辊300mm时，114号驱动辊以PⅠ压压引锭。

（34）引锭头端距93号驱动辊2000mm时，93号驱动辊以PⅠ压升起。

（35）引锭头端越过86号驱动辊300mm时，86号驱动辊以PⅡ压压板坯。

（36）引锭尾端越过121号驱动辊300mm时，121号驱动辊以PⅠ压压引锭。

（37）引锭头端距100号驱动辊2000mm时，100号驱动辊以PⅠ压升起。

（38）引锭尾端通过光电开关BK1时，启动切前辊道，切下辊道前3根，速度同拉坯速度。

（39）引锭头端越过93号驱动辊300mm时，93号驱动辊以PⅡ压压板坯，同时二次冷却X区（此区冷却水冷却扇形段辊子）冷却水打开。

（40）引锭头端距107号驱动辊2000mm时，107号驱动辊以PⅠ压升起。

（41）引锭头端越过100号驱动辊300mm时，100号驱动辊以PⅡ压压板坯。

（42）引锭头端距114号驱动辊2000mm时，114号驱动辊以PⅠ压升起。

（43）引锭头端越过107号驱动辊300mm时，107号驱动辊以PⅡ压压板坯。

（44）引锭头端距121号驱动辊2000mm时，121号驱动辊以PⅠ压升起。

（45）引锭头端越过114号驱动辊300mm时，114号驱动辊以PⅡ压压板坯。

（46）引锭头端越过121号驱动辊300mm时，121号驱动辊以PⅡ压压板坯。

（47）引锭头端越过切割机测量装置时，切割机开始记数显示板坯长度。当越过切割机切割原点的坯头长度达到设定的300～400mm时（具体长度现场也可根据钢种和生产经验自行设定），切割机开始坯头切割。

（48）坯头切割完毕后，坯头切断处以后的切割下辊道和切割后辊道同时以15m/min速度启动，运送带着坯头的引锭向引锭存放装置方向运行，当引锭尾端越过切割后辊道第7根辊子时，光电开关BK3发出信号，切割后辊道速度切换为4.4m/min，当引锭尾端越过切割后辊道第8根辊子的引锭运行终点位置后，光电开关BK4发出信号，切割后辊道断电，引锭停止运行，等候在接受位置的引锭存放小车将引锭横移到设定的存放位置，到位后接近开关－SQ12发出信号，停止横移。

（49）当板坯到达规定的定尺长度时，切割机按照设定的程序进行定尺切割，详细动作程序见切割机操作说明。

（50）无论切割机切坯头、坯尾、试样，还是正常定尺切割，当切割枪距离切割下辊道2～5号辊任意一个辊子的中心线300mm时，切割机发出信号，该辊子由液压缸驱动向下摆动，直至液压缸的行程终点即停止摆动。切割下辊道任意一根辊子摆动的终点位置即为液压缸的行程终端。

（51）正在切割板坯的切割枪越过该辊子中心300mm时，切割机发出信号，摆动到下位的该辊子由行程开关SQ1～SQ4控制恢复到下摆之前的位置。

（52）切割下辊道中2～5号辊子按上述动作依次运行，直至板坯切断为止。

12.2.8　稳定铸造模式运转程序

见表2-12-1，稳定铸造模式是指连铸机内充满板坯的铸造模式，分两种情况：一是拉速有一定幅度变化的铸造模式；二是恒定拉速的铸造模式。

前一种情况按照表2-12-1所示要求进行。

第二种情况有“连铸机内充满板坯”和“恒定拉速”两个前提条件。

然而，引锭拉坯模式运转程序中，会出现引锭还在连铸机里，而拉速就达到了所浇钢种、所浇断面规定的“恒定拉速”的指标。即使如此，还应属于引锭拉坯模式。只有当引锭头端离开连铸机，引锭跟踪系统停止工作后，才算恒定拉速的稳定铸造模式。

12.2.9 快速更换中间罐模式运转程序

在一个浇次内，由于中间罐耐火材料浸蚀、脱落或其他原因造成中间罐不能正常使用时，快速更换中间罐是必不可少的。

（1）操作工判断中间罐不能正常浇注时，应迅速启动回转操作箱上的“快速更换中间罐”按钮，发出快速更换中间罐的指令。这时，所有操作规程均围绕“快速更换中间罐”进行，二冷水的喷淋制度转换为“快速更换中间罐”方式。

（2）按照操作规程要求和步骤快速更换中间罐，0 拉速的时间不超过 4min。

（3）中间罐快速更换完毕后，按照拉速的提升规律逐步提升，使连铸机进入稳定铸造模式。

12.2.10 拉尾坯模式运转程序

（1）钢包滑动水口关闭且钢包长水口脱离后，钢包回转台回转使浇注完毕的钢包离开浇注位置。

（2）中间罐钢液降至生产操作规程规定的液面时，关闭塞棒并插上盲板，然后启动中间罐车升降机构，将中间罐上升到高位，位移传感器 –SQ128（–SQ158）发出信号，中间罐停止上升。载有中间罐的中间罐车以 20m/min 速度离开浇注位置，行走至放渣位前的减速位置时，行程开关 –SQ123（–SQ153）发出信号，将 20m/min 的行走速度切换为 2m/min，继续行至放渣位再由行程开关 –SQ124（–SQ154）发出信号，中间罐车停止在渣盘位置放渣。

（3）关闭中间罐塞棒，标志着拉尾坯模式正式开始，拉坯速度按生产操作规程确定（可逐渐降低拉速封顶，也可不降低拉速封顶，但是不允许停止拉速封顶）。封顶完毕后，由操作工发出封顶完毕信号。

（4）板坯尾端到达 3 号自由辊时，结晶器振动装置停止运转。

（5）板坯尾端到达 17 号自由辊时，二次冷却Ⅰ、Ⅱ、Ⅲ、Ⅳ区冷却水关闭。

（6）板坯尾端到达 19 号自由辊时，20 号驱动辊以 PⅠ压提起并继续运转，延时 2min 停止运转。

（7）板坯尾端到达 27 号自由辊时，28 号驱动辊以 PⅠ压提起并继续运转，延时 2min 停止运转。

（8）板坯尾端到达 28 号自由辊时，二次冷却Ⅴ区冷却水关闭。

（9）板坯尾端到达 35 号自由辊时，36 号驱动辊以 PⅠ压提起并继续运转，延时 2min 停止运转，二次冷却Ⅵ区冷却水关闭。

（10）板坯尾端到达 43 号自由辊时，44 号驱动辊以 PⅠ压提起并继续运转，延时 2min 停止运转。

（11）板坯尾端到达 50 号自由辊时，51 号驱动辊以 PⅠ压提起并继续运转，延时 2min 停止运转。

（12）板坯尾端到达57号自由辊时，58号驱动辊以PⅠ压提起并继续运转，延时2min停止运转，二次冷却Ⅻ区冷却水关闭。

（13）板坯尾端到达64号自由辊时，65号驱动辊以PⅠ压提起并继续运转，延时2min停止运转。

（14）板坯尾端到达71号自由辊时，72号驱动辊以PⅠ压提起并继续运转，延时2min停止运转，二次冷却水Ⅷ区关闭。

（15）板坯尾端到达78号自由辊时，79号驱动辊以PⅠ压提起并继续运转，延时2min停止运转。

（16）板坯尾端到达85号自由辊时，86号驱动辊以PⅠ压提起并继续运转，延时2min停止运转。

（17）板坯尾端到达92号自由辊时，93号驱动辊以PⅠ压提起并继续运转，延时2min停止运转，二次冷却Ⅸ区冷却水关闭。

（18）板坯尾端到达99号自由辊时，100号驱动辊以PⅠ压提起并继续运转，延时2min停止运转。

（19）板坯尾端到达106号自由辊时，107号驱动辊以PⅠ压提起并继续运转，延时2min停止运转。

（20）板坯尾端到达113号自由辊时，114号驱动辊以PⅠ压提起并继续运转，延时2min停止运转。

（21）板坯尾端到达120号自由辊时，121号驱动辊以PⅠ压提起并继续运转，延时2min停止运转，二次冷却水Ⅹ区关闭。同时二冷水和压缩空气的总截止阀均关闭。

（22）当板坯尾端离开切割前第一根辊子5min时，蒸汽排出装置关闭，结晶器冷却水关闭（但是，当更换结晶器时，结晶器振动装置停止运转的同时，即可关闭结晶器冷却水），15min甚至大于15min时，设备冷却水关闭，至此，一个铸造周期结束。

12.2.11　重拉坯模式（打滑或滞坯）运转程序

重拉坯操作是指正常拉坯无法进行时的拉热坯操作，如果重拉坯失败，即进入滞坯事故处理状态。重拉坯起因主要是换中间罐、换水口、拉尾坯、轻微漏钢、停电、变压器事故、电气系统跳闸、网线或其他接线掉落等，重拉坯情况比较复杂，下列重拉坯模式运转程序仅供参考。

（1）正常拉坯无法进行时，立即停止钢液注入结晶器，进行重拉坯。

生产操作中，有些能够预测到可能引起的重拉坯时，扇形段压下缸的压力根据液压装置分组情况应进行调整，可把倒数第一组或倒数第一、二组压力适当提高，必要时增大到最大18MPa。提高的具体数值应经过计算，原则是PⅡ压所产生的正压力引起的阻力而构成的总阻力能够让驱动辊产生的拉坯力克服，换言之，驱动辊拉坯力（应考虑电机的启动过载和最大过载）必须大于连铸机任何运转状态的总阻力。也可狭义地理解为压下缸压力产生的摩擦力应≤电机的额定拉坯力。重拉坯推荐采用PⅡ压进行，因为PⅠ压是引锭压，调节范围小且不能远程调节，与电机的额定拉坯力匹配的灵活性不如PⅡ压。

对于E钢铁有限公司的板坯连铸机，重拉坯时扇形段1～15的压下缸压力PⅡ压可以由操作工设定，如果操作工不设定，则自动化系统按照压力分组所列的最大值作为默认值。

（2）重拉坯时应该降低拉速。

（3）重拉坯时，每个冷却区的二冷水均以正常操作的最小水量喷洒。

（4）重拉坯时，板坯尾端到达3号辊时，结晶器振动装置停止运转。

（5）~(22)与12.2.10“拉尾坯模式运转程序”中的(5)~(22)内容相同。

（23）必须注意，重拉坯时，在不能够判断确定热板坯完全凝固的情况下，绝对不能松开扇形段夹紧液压缸，以免弄巧成拙，损坏夹紧液压缸、扇形段框架、压下辊活动梁，或者由于板坯鼓肚及板坯向圆心方向弯曲而增大了拉坯阻力。

（24）重拉坯时，如果能够判断确定热板坯完全凝固，就应松开弧形区扇形段或部分水平区扇形段夹紧液压缸，以减少重拉坯阻力，对此E钢铁公司有成功的案例。

12.2.12　辊缝测量模式运转程序

前提条件：确认拉尾坯和准备模式完成。

此模式运转程序的各动作以引锭头端及尾端为基准，辊缝测量仪替代引锭头装于引锭杆上，辊缝测量仪传感器与引锭头端相对距离的换算由辊缝测量仪厂商完成。

操作方式选择开关置于辊缝测量模式位置，根据情况可“手动”也可“自动”。

（1）首先用“辊缝仪头端”代替“引锭头端”。用“送引锭模式运转程序”将引锭送到结晶器下口。

（2）当辊缝仪头端送向结晶器，越过1号辊时，20号、28号、36号驱动辊停止转动。

（3）启动20号、28号、36号辊正向转动向下拉引锭，其余驱动辊也正向转动，引锭跟踪系统启动。

（4）引锭尾端越过44号辊300mm时，44号辊以PⅠ压压引锭。

（5）辊缝仪头端距20号辊2000mm时，20号辊以PⅠ压升起，并停止转动。

（6）引锭尾端越过51号辊300mm时，51号辊以PⅠ压压引锭。

（7）辊缝仪头端距28号辊2000mm时，28号辊以PⅠ压升起，并停止转动。

（8）引锭尾端越过58号辊300mm时，58号辊以PⅠ压压引锭。

（9）辊缝仪头端距36号辊2000mm时，36号辊以PⅠ压升起，并停止转动。

（10）引锭尾端越过65号辊300mm时，65号辊以PⅠ压压引锭。

（11）辊缝仪头端距44号辊2000mm时，44号辊以PⅠ压升起，并停止转动。

（12）引锭尾端越过72号辊300mm时，72号辊以PⅠ压压引锭。

（13）辊缝仪头端距51号辊2000mm时，51号辊以PⅠ压升起，并停止转动。

（14）引锭尾端越过79号辊300mm时，79号辊以PⅠ压压引锭。

（15）辊缝仪头端距58号辊2000mm时，58号辊以PⅠ压升起，并停止转动。

（16）引锭尾端越过86号辊300mm时，86号辊以PⅠ压压引锭。

（17）辊缝仪头端距65号辊2000mm时，65号辊以PⅠ压升起，并停止转动。

（18）引锭尾端越过93号辊300mm时，93号辊以PⅠ压压引锭。

（19）辊缝仪头端距72号辊2000mm时，72号辊以PⅠ压升起，并停止转动。

（20）引锭尾端越过100号辊300mm时，100号辊以PⅠ压压引锭。

（21）辊缝仪头端距 79 号辊 2000mm 时，79 号辊以 PⅠ压升起，并停止转动。

（22）引锭尾端越过 107 号辊 300mm 时，107 号辊以 PⅠ压压引锭。

（23）辊缝仪头端距 86 号辊 2000mm 时，86 号辊以 PⅠ压升起，并停止转动。

（24）引锭尾端越过 114 号辊 300mm 时，114 号辊以 PⅠ压压引锭。

（25）辊缝仪头端距 93 号辊 2000mm 时，93 号辊以 PⅠ压升起，并停止转动。

（26）引锭尾端越过 121 号辊 300mm 时，121 号辊以 PⅠ压压引锭。

（27）辊缝仪头端距 100 号辊 2000mm 时，100 号辊以 PⅠ压升起，并停止转动。

（28）辊缝仪头端距 107 号辊 2000mm 时，107 号辊以 PⅠ压升起，并停止转动。

（29）辊缝仪头端距 114 号辊 2000mm 时，114 号辊以 PⅠ压升起，并停止转动。

（30）辊缝仪头端距 121 号辊 2000mm 时，121 号辊以 PⅠ压升起，并停止转动。

（31）引锭尾端通过光电开关 BK1 时，启动切割前辊道、切割下辊道前 3 根辊子，以 4. 4m/min 速度开始运转。当辊缝仪头端离开切割前辊道 2 号辊前部的光电开关 BK2 时，延时 40s，BK2 发出信号，切割前辊道及切割下辊道前 3 根辊子断电，同时以 15m/min 速度启动切割下辊道后 2 根辊子及切割后辊道运送引锭到切割后辊道。

（32）当引锭尾端越过切后辊道第 7 根辊子时，光电开关 BK3 发出信号，切割后辊道速度切换为 4. 4m/min，当引锭尾端越过切割后辊道第 8 根辊子的引锭运行终点位置后，光电开关 BK4 发出信号，切割后辊道断电，引锭停止运行。等候在接受位置的引锭存放小车将引锭横移到设定的存放位置，到位后接近开关 - SQ12 发出信号，停止横移。引锭进入存放位置后，辊缝测量过程结束。

根据辊缝仪采集的数据，由人工判定将要转入送引锭模式，还是转入准备模式对设备进行维修和调整。

当确认暂时不测量辊缝时，则用引锭头换下辊缝仪。使引锭处于送引锭前的准备状态。

12. 2. 13　连铸机停电时运转方案与设备保护措施

（1）钢包滑动水口关闭，切断进入中间罐的钢液。

（2）钢包回转台由液压马达驱动回转，使钢包离开浇注位置。

（3）操作工手动关闭中间罐塞棒并插上盲板，切断进入结晶器内的钢液。

（4）停电后，大型 UPS 电源作为连铸机扇形段驱动装置备用电源自动切换并供电 30min，将扇形段内的板坯快速拉出扇形段。此时的运转模式为拉尾坯模式。

（5）事故水（塔）以正常水量的 25% 供给事故水，避免损坏机械设备。其中结晶器冷却水供给 15min，二次冷却水、设备冷却水供给 20min。

（6）气水冷却用压缩空气以正常用量的 25%~30% 由储气罐供气。

（7）停电时，如果引锭在连铸机中，则用引锭拉坯模式将扇形段内的板坯拉出扇形段。液压缸夹紧的 PⅠ压应保证夹紧引锭 30min。

（8）说明：

1）大型 UPS 电源自动开启接替正常使用电源，驱动连铸机扇形段驱动辊，此时的拉速应≥1. 2m/min，保证已经浇入连铸机中的板坯能够拉出到连铸机之外。大型 UPS 电源设计的供电时间为 30min。

2）当连铸机中的板坯被拉出后，扇形段驱动辊停止运转。

3）因大型 UPS 电源不给火焰切割机供电，大型 UPS 电源独立对扇形段驱动辊进行驱动的这段时间里，拉出连铸机的板坯只能停放在辊道上。

4）如果条件具备，在停电时可用人工代替火焰切割机对正常电源停电期间拉出的板坯进行切割。如果没有条件，只能等待正常电源到来后，用火焰切割机和人工切割停放在辊道上的板坯。当然，这对辊道的烘烤损伤是难以避免的。

12.2.14 出坯区设备运转方案

这里以图 2-12-20 所示的出坯区为例进行说明。出坯区设备是实现接送引锭、板坯运送、板坯定尺切割、毛刺去除、板坯喷号、出坯下线等过程的设备，其设备的基本功能在下面简要描述。

（1）切割前辊道。切割前辊道可以独立运行，也可以与连铸机扇形段驱动辊同步运行。用来输送板坯或输出引锭及装入引锭。切割前辊道与相关设备配合将板坯和引锭从水平扇形段运送到切割下辊道及切割后辊道，或与相关设备配合将引锭送入到连铸机中。该运行是在自动方式下进行，在切割室操作台进行手动操作。

（2）切割下辊道。切割下辊道位于切割前辊道之后，火焰切割机下，用于运送板坯并装入、输出引锭，切割下辊道共 5 根，前 3 根辊道与连铸机扇形段驱动辊和切割前辊道同步运行，后 2 根辊道与切割后辊道同步运行，切割下辊道反复摆动以躲避辊子被火焰切割机割嘴割伤。

一旦火焰切割机的切割枪接近切割下辊道的某个辊子时，该辊子则向着与出坯方向相反的方向摆动，切割枪过后，该辊子恢复原位。

该运行是在自动方式下进行。也可以在切割室操作台手动运行。

（3）火焰切割机。位于切割下辊道上方的火焰切割机用于将连续铸造出的板坯分割成块。还可以用于板坯头尾的切割、交接坯（中间罐更换交接坯和异钢种连浇交接坯）的切割及板坯取样。

火焰切割机可以通过主控制室的控制盘或现场操作盘实现手动、半自动或全自动运行。

（4）坯尾收集装置。用于将切下的板坯尾部（长度 400 ~ 600mm）收集到坯尾箱内，无控制设备。

（5）切割后辊道。用于输送引锭和切割后的板坯，同时引锭链上送之前在此对中，控制方式有手动和自动两种。

（6）脱锭装置。引锭链和热坯头的分离通过脱锭装置来实现。当带着坯头的引锭链到达切割后辊道的规定位置时，引锭链收集装置的牵引小车沿斜面上升，将引锭链带到其存放装置上。此功能由跟踪系统自动实现，也可手动或半自动操作。

在引锭链存放装置上，由手动操作液压缸将坯头从引锭头上顶下，落入坯头箱内，完成脱锭操作。

（7）去毛刺辊道（一）、（二）。输送板坯到去毛刺机，去除掉坯头和坯尾处的切割毛刺。控制方式有手动和自动两种。

（8）锤刀式去毛刺机。是去除坯头和坯尾处切割毛刺的专用设备，属于机电一体品。

去毛刺机控制方式有手动和自动两种。

(9) 喷印机。板坯喷印机（侧面卧式）主要适用于高温状态下的红热板坯或常温板坯进行喷号标记，以便连铸工厂对板坯进行管理，实现物流跟踪及质量跟踪，且保证去除板坯表面喷印之处氧化物以达到喷号号码的清晰和持久存在。

喷印机控制方式有手动和自动两种。

(10) 喷印辊道。板坯在此辊道上时，对板坯侧面进行喷号，喷完号后将板坯送到转盘上。喷印辊道控制方式有手动和自动两种。

(11) 转盘辊道（沿出坯线方向）。喷印辊道上的板坯经转盘辊道过渡（转盘为原有利旧设备不旋转），最后输送到板坯存放跨。6 根辊子的转盘辊道（沿出坯线方向）和一般出坯辊道的功能相同，控制方式有手动和自动两种。

(12) 下线辊道（一）、（二）。布置在板坯存放跨的下线辊道，主要用于板坯下线。控制方式有手动和自动两种。

12.3 出坯区域的板坯流程

在整条板坯连铸机生产线中，连续铸造出来的板坯被火焰切割后形成了具有规定长度的一块块坯子，这些坯子要经过出坯区域才能够最终送往热轧厂。

根据连铸技术当前的生产水平、钢种及板坯质量情况，可以将板坯分为清理坯和非清理坯。所谓清理坯，是指需要在冷状态下进行清理的板坯；所谓非清理坯，是指质量合格，可直接送往热轧厂或直接装进热轧厂加热炉的板坯，亦称热送坯。需要进一步说明的是，非清理坯并非一点不“清理”，对于每个浇注周期中的头坯和尾坯以及多炉连浇的交接坯都需要经过清理，只不过这种清理可能是热清理而不是冷清理。

出坯区域的板坯流程，也就是板坯的去向。决定出坯区板坯流程的主要因素：一是出坯区年处理板坯的能力；二是对板坯质量的判断及其清理。下面结合 A 钢铁公司的出坯区布置进行介绍。

A 钢铁公司的板坯连铸机共有两台，每台有两流，1 号板坯连铸机为 1、2 流，2 号板坯连铸机为 3、4 流。出坯区域的板坯流程共分为 10 个，其在板坯总流程中的位置如图 2-12-22 所示。图 2-12-22 所示为概念性的板坯总流程。图 2-12-23 和图 2-12-24 是 A 钢铁公司出坯区域的设备布置及总体划分。从图 2-12-23 可见，板坯横移车以后的区域我们把它划分为出坯区域，此区域的设备称为出坯区域设备。从图 2-12-24 可以得到一个总的印象：标记有“A”的出坯线称作热送线，标记有“B”的出坯线称作机械清理线，标记有“C”的出坯线称作人工清理线。下面介绍 10 个板坯流程。

12.3.1 非清理坯（包括部分热清理坯）流程

这类板坯就钢种来说，绝大部分是没有任何缺陷的，不经过清理就可以直接热送到轧钢厂。只有少数头尾坯和多炉连浇的交接坯有轻度缺陷，稍经热清理也可以直接送往热轧厂。在正常情况下，板坯横移车将四流板坯均送往 A1 辊道，但当 A1 辊道发生故障时，可改用 B1 辊道输出，因此，该流程共有四条路线，见图 2-12-24。不管前边有几条路线，其最终去向均为热轧厂。

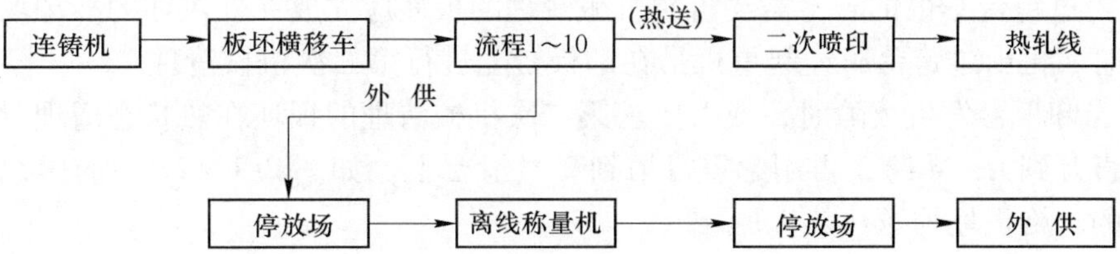

图 2-12-22 板坯运转总流程

12.3.2 冷清理坯（合格坯）流程

这种流程主要是在试生产阶段，用于热送坯中的异常坯和高级钢种的清理。该流程有三条路线，如图 2-12-25 所示。

（1）正常情况下，从 1 号连铸机来的板坯经 A1 辊道、1 号推钢机和垛板台和从 2 号连铸机来的板坯经过 2 号推钢机和垛板台下线，在空冷场经 48h 空冷后，运到板坯停放场，再用起重机吊至卸板台上进行机械清理或人工清理，然后运往热轧厂或由滑台下线外供。如图 2-12-25 中的实线所示。

（2）当推钢机、垛板台发生故障或板坯宽度异常时，板坯则由 1 号滑台或 2 号滑台下线去空冷场。如图 2-12-25 中的虚线所示。板坯宽度异常是指两流板坯不同时调宽时，一块正常坯与一块梯形坯重叠在一起，夹钳起重机无法夹吊；或者当调宽过渡段锥度太大（≥150mm）时，夹钳起重机无法起吊。

（3）当卸板台发生故障时，板坯需从停放场用过跨台车运至 L－M 跨内，再用起重机吊到 2 号滑台上进行清理。如图 2-12-25 中的点划线所示。

12.3.3 人工清理后再清理的板坯流程

（1）第一次人工清理后的板坯如果符合要求，就可以送往热轧厂或外供。若需要再次清理，可直接返回 3 号滑台进行手工清理，如图 2-12-26 所示。

（2）人工清理后，如果由于其他原因（如起重机忙）使得需要再次清理的板坯不能直接返回时，可用起重机将板坯吊至板坯过跨台车送往停放场，一旦人工清理空闲时，再从停放场将板坯吊到卸板台上，再次进行机械或人工清理。

（3）当卸板台发生故障时，再次进行清理的板坯需用起重机吊至过跨台车，然后再吊到 2 号滑台上进行人工或机械清理。如图 2-12-26 中的虚线所示。

无论哪一种情况，最终板坯的去向不是热轧厂就是外供。

12.3.4 热清理不顺利，冷却后再次机械清理的板坯流程

所谓热清理不顺利是指火焰清理机清理效果差，缺陷未能完全清理掉，以及火焰清理机本身出现故障两种情况，见图 2-12-27。

（1）第一次机械清理不彻底的板坯，先经 4 号滑台，用起重机吊至过跨台车上，由于卸板台不能承受热板坯，则过跨台车上的板坯需用起重机吊到 M—N 跨空冷场进行冷却，然后把冷却后的板坯再用起重机吊到卸板台上进行第二次机械清理，待清理彻底后，将板坯送往热轧厂。

（2）当过跨台车很忙时，需要再次机械清理的板坯应先放在外供坯的冷却场冷却，待条件具备时，再由过跨台车经起重机吊在卸板台上进行第二次机械清理。

（3）当卸板台发生故障时，或者要求第二次机械清理的板坯在热状态清理时，则过跨台车应一直开到 L—M 跨，再用起重机吊到 2 号滑台上。如图 2-12-27 中的虚线所示。机械清理后的合格板坯均送往热轧厂。

12.3.5　人工清理后再次切割的板坯流程

再次切割是指板坯某一部分缺陷严重，必须切除掉的切割。它是在人工清理线检查判定（或计算机质量判定）后进行的冷坯切割，见图 2-12-28。

（1）空冷场的板坯被送到卸板台上，沿 B 列辊道经人工清理场检查清理，如需进行再次切割时，先经 4 号滑台，用起重机吊到外供坯停放场，然后吊到再次切割场进行切割。切割后的合格坯，可外供或送往热轧厂。

（2）当卸板台发生故障时，经 2 号滑台送坯，如图 2-12-28 中虚线所示。

（3）当 A1 辊道或推钢机、垛板台发生故障时，由 1 号或 2 号滑台将板坯吊往冷却场，如图 2-12-28 中虚线所示。

（4）当板坯宽度异常时，也由 1 号或 2 号滑台用起重机吊往冷却场。

12.3.6　清理前再次切割的板坯流程

清理前再次切割的板坯属于清理坯。由于硫印用的试样因切割机的原因而未能切割或未能完全切割下来，或者需要切取试样坯时，则先切割后清理，见图 2-12-29。

（1）由连铸机出来的板坯，经过空冷吊到过跨台车上，运到再次切割场进行切割，然后再吊到卸板台上进行机械清理或人工清理，或机械、人工同时清理。清理后的板坯送往热轧厂或外供。

（2）当卸板台、推钢机和垛板台、A1 辊道发生故障时，与人工清理后再切割的路线相同，如图 2-12-29 中虚线所示，这里不再赘述。

12.3.7　预定热送坯（包括人工清理坯）再次切割的流程

预定热送坯也就是热送坯。由于某种原因，切割机切下来的板坯长度大于定尺长度要求，需要再次切割，见图 2-12-30。

（1）对于不需清理的热送坯，从 1 号或 2 号推钢机垛板台下线后去空冷场冷却，然后用过跨台车运至再次切割场进行切割，切割后的板坯经滑台 4 和 A9 辊道送往热轧厂。

（2）对于需要清理的热送坯，经火焰清理后，于滑台 4 下线，在外供坯停放场和空冷场冷却后，然后吊到再次切割场进行切割，切割完后返回 4 号滑台，经 A9 辊道送往热轧厂。

（3）当 A1 辊道、推钢机和垛板台发生故障，以及板坯宽度异常时的路线如图 2-12-30 中虚线所示。

12.3.8　保留坯的流程

保留坯分两类：一类是经计算机判断后认为质量可能有问题而不能直接热送需要保留

的热送板坯；二是经计算机判断成分不合格或有其他质量问题而需要保留的冷板坯；保留板坯均需由 1 号或 2 号推钢机垛板台下线送往空冷场冷却。

保留板坯一旦经检查确认后，即按缺陷的有无或程度分别以不同的路线进行机清、手清、热送或外供，见图 2-12-31。

当 A1 辊道、推钢机和垛板台发生故障或板坯宽度异常时，板坯流向如图 2-12-31 中虚线所示。

12.3.9 废坯的流程

一部分废坯是由连铸计算机的质量判定系统判定的，另一部分废坯是在人工清理线上由人工判定的。计算机判定的废坯经 1 号滑台或 2 号滑台下线空冷，空冷后的废坯再用过跨台车和起重机送到外供跨作为废料处理。人工判定的废坯经 4 号滑台下线到外供跨，同样当废料处理，见图 2-12-32。应注意废坯一定从滑台下线。不能从推钢机、垛板台下线，以免与合格板坯相混。

当 A1 辊道和卸板台发生故障时，板坯流向如图中 2-12-32 虚线所示。

12.3.10 强制下线的板坯流程

强制下线的板坯均为热送坯。主要由于运输线操作方面的原因而使板坯拥挤堵塞需强制下线。其流程如图 2-12-33 所示。

（1）板坯从 1 号推钢机垛板台或 2 号推钢机垛板台下线空冷后，用过跨台车将板坯经 4 号滑台送往热轧厂，或者经卸板台进行机械清理后送往热轧厂。

（2）如果板坯来不及从 1 号和 2 号推钢机垛板台下线，则从 4 号滑台下线，然后在外供板坯冷却场冷却，冷却后暂时存放或者直接送热轧厂，或者机械清理后再送往热轧厂。

（3）当 A1 辊道、推钢机和垛板台、卸板台发生故障，或板坯宽度异常时，板坯流向如图 2-12-33 中虚线所示。

比较典型的板坯流程就这十种。但在实际生产中，往往会出现各种复杂情况，这些则需要在生产实践中针对具体问题灵活解决。但作为设计者，所要考虑的就已经很周全了。

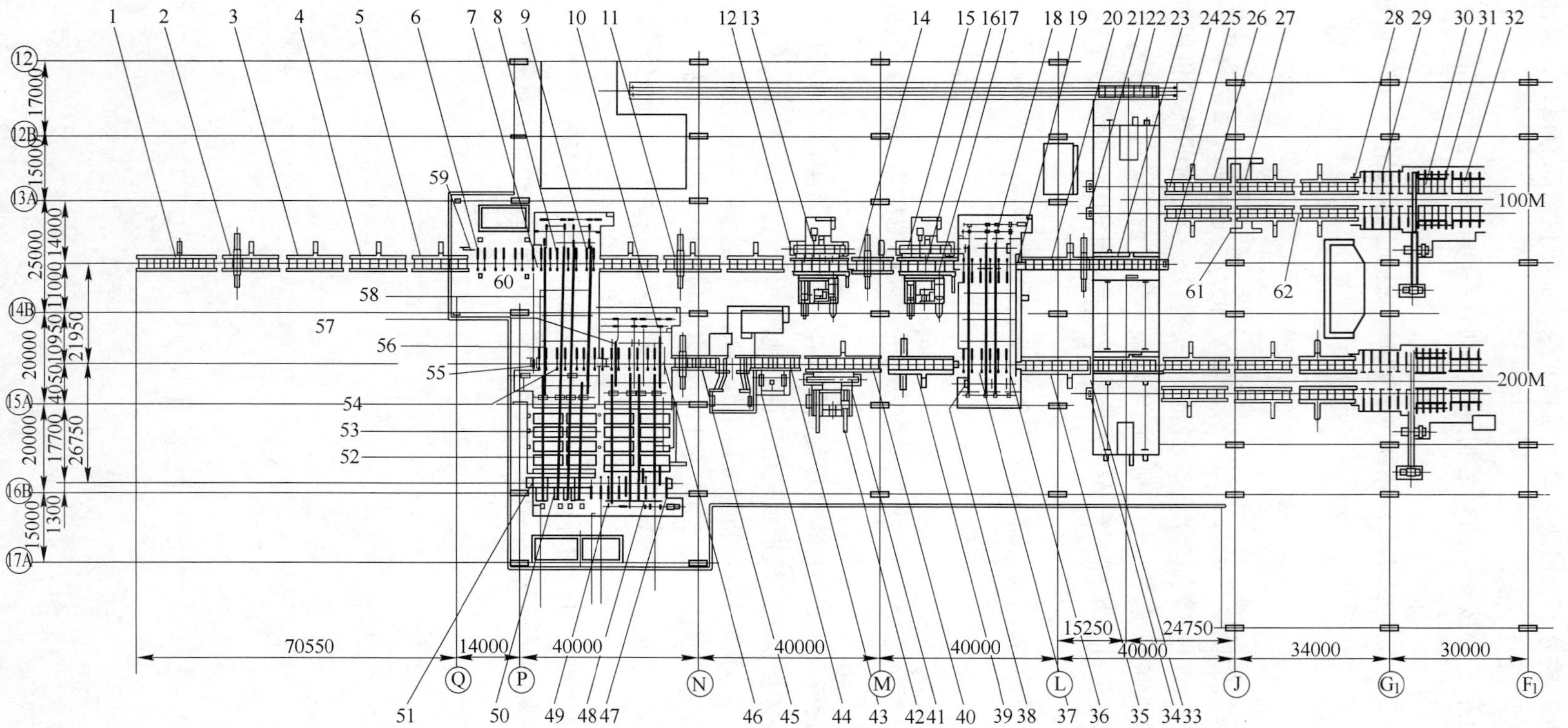

图 2-12-23　A 钢铁公司板坯连铸机出坯区域设备配置

1—热轧厂直送 A15；2—热轧厂直送 A14；3—热轧厂直送 A13；4—热轧厂直送 A12；5—热轧厂直送 A11；6，27—喷印辊道；7，24，33，56—升降挡板；8—A9 辊道；9，18，38，57—固定滑台；10—移载机 CT2；11—A7 辊道；12，17，42—推钢机；13，15—堆垛机；14—A4 辊道；16—空冷板坯搬出辊道；19—A2 辊道；20—A1 辊道；21，25，34，47，51，55—固定挡板；22—板坯过跨台车；23—板坯移送台车；26—等待辊道；28—去毛刺辊道；29—切割后辊道；30—切头输出辊道；31—切割辊道及切割机；32—切割前辊道；35—B1 辊道；36—移载机 CT1；37—移载机出侧辊道；39—B3 辊道；40—冷板坯搬入辊道；41—卸垛机；43—清理机前辊道；44—机器清理用位置调整装置；45—清理机后辊道；46—上表面局部清理前辊道；48—上表面局部清理后辊道 C1；49—局部清理用翻坯机；50—下表面局部清理前升降辊道 C2；52—下表面局部清理输送机；53—上表面局部清理输送机；54—下表面局部清理后辊道；58—移载机 CT3；59—喷印机；60—称量机；61—喷印机；62—去毛刺机

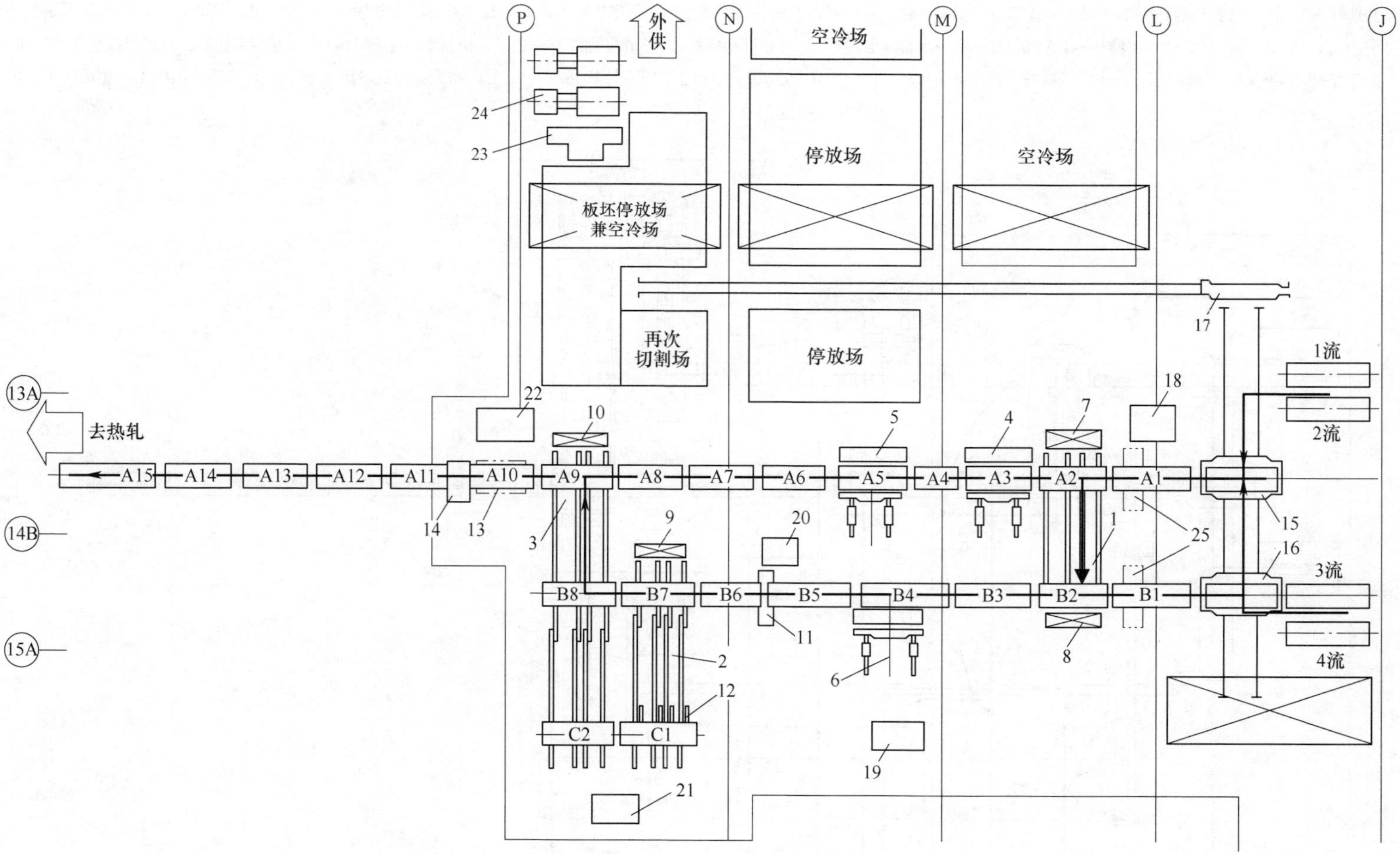

图 2-12-24 非清理坯（包括少量清理坯）流程

A—A 列辊道；B—B 列辊道；C—C 列辊道；1—拉钢机（CT-1）；2—拉钢机（CT-2）；3—拉钢机（CT-3）；4—1 号推钢机、垛板台；5—2 号推钢机、垛板台；6—推钢机、卸板台；7—1 号滑台；8—2 号滑台；9—3 号滑台；10—4 号滑台；11—火焰清理机；12—翻坯机；13—在线板坯称量机；14—喷印机；15—横移车 A；16—横移车 B；17—过跨台车；18—板坯管理室；19—后面操作室；20—火焰清理机操作室；21—局部清理管理室（人工）；22—喷印机操作室；23—外供板坯称量机；24—60t 平板车；25—热坯缺陷检查预留处

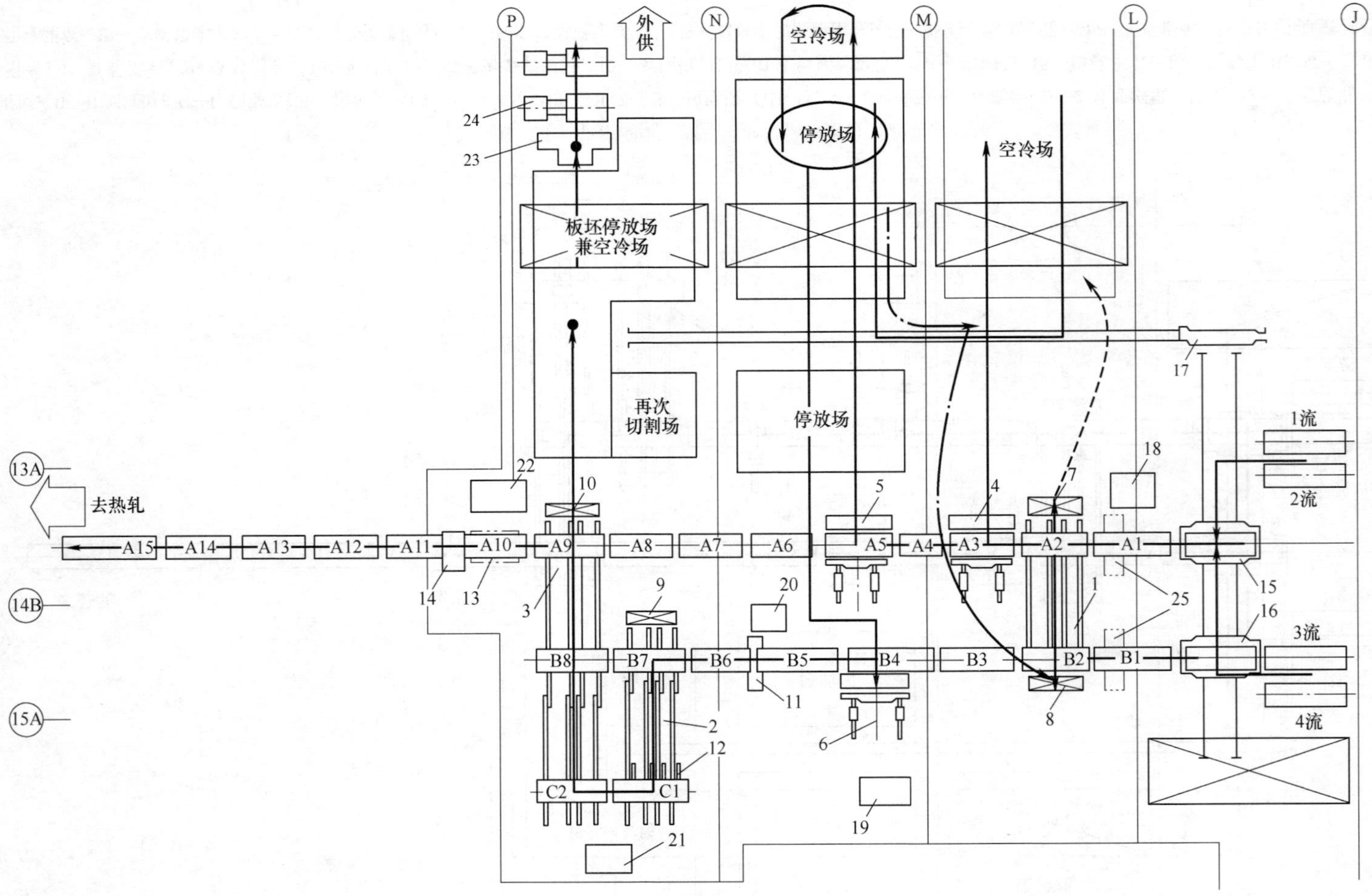

图 2-12-25　冷清理坯（合格坯）流程

A—A 列辊道；B—B 列辊道；C—C 列辊道；1—拉钢机（CT-1）；2—拉钢机（CT-2）；3—拉钢机（CT-3）；4—1 号推钢机、垛板台；5—2 号推钢机、垛板台；6—推钢机、卸板台；7—1 号滑台；8—2 号滑台；9—3 号滑台；10—4 号滑台；11—火焰清理机；12—翻坯机；13—在线板坯称量机；14—喷印机；15—横移车 A；16—横移车 B；17—过跨台车；18—板坯管理室；19—后面操作室；20—火焰清理机操作室；21—局部清理管理室（人工）；22—喷印机操作室；23—外供板坯称量机；24—60t 平板车；25—热坯缺陷检查预留处

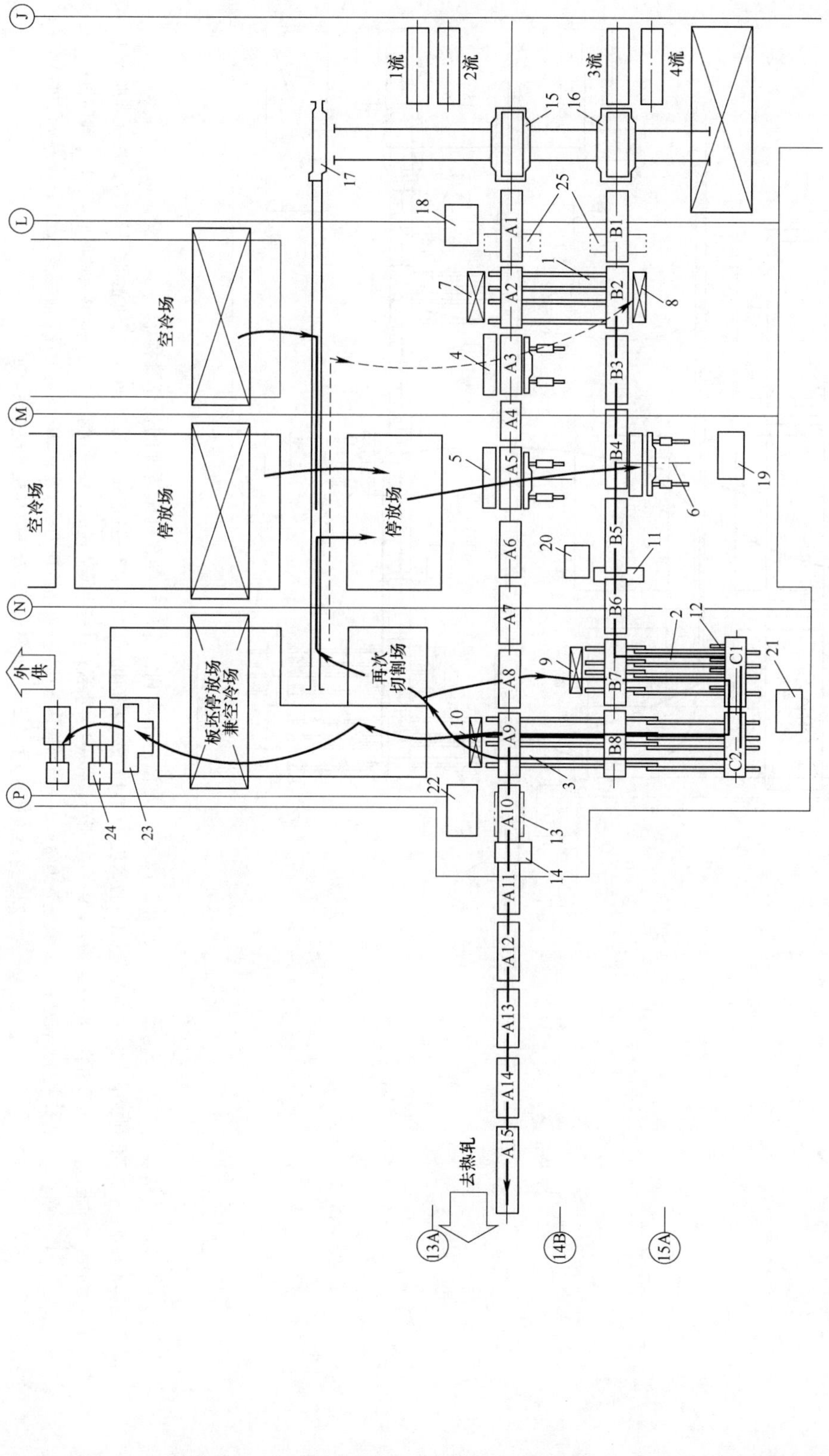

图 2-12-26　人工清理后再清理的板坯流程

A—A 列辊道；B—B 列辊道；C—C 列辊道；1—拉钢机（CT-1）；2—拉钢机（CT-2）；3—拉钢机（CT-3）；4—1 号推钢机、垛板台；5—2 号推钢机、垛板台；6—推钢机、卸板台；7—1 号滑台；8—2 号滑台；9—3 号滑台；10—4 号滑台；11—火焰清理机；12—翻坯机；13—在线板坯称量机；14—喷印机；15—横移车 A；16—横移车 B；17—过跨台车；18—板坯管理室；19—后面操作室；20—火焰清理机操作室；21—局部清理管理室（人工）；22—喷印机操作室；23—外供板坯称量机；24—60t 平板车；25—热坯缺陷检查预留处

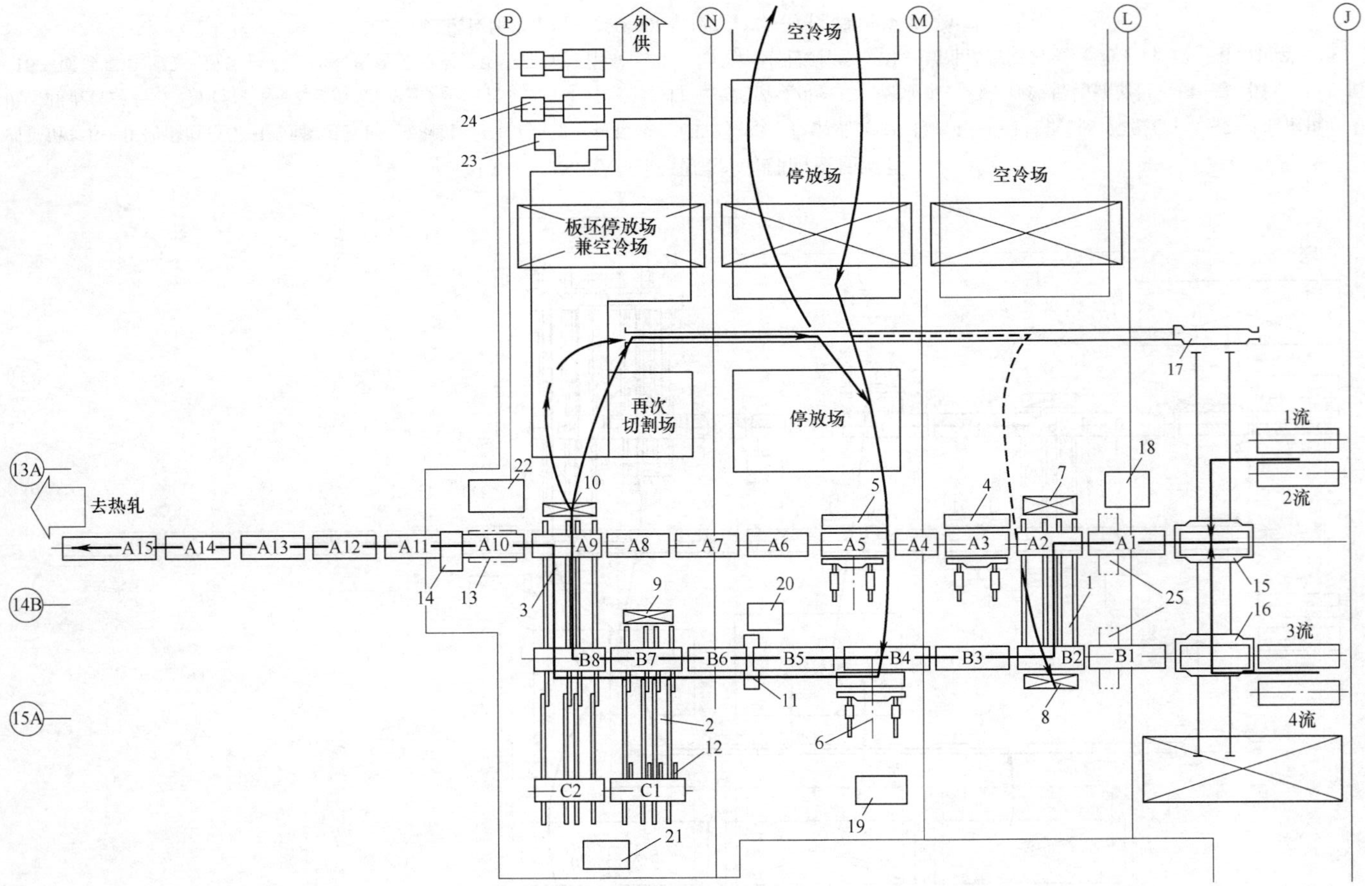

图 2-12-27　热清理不顺利，冷却后再次机械清理的板坯流程

A—A 列辊道；B—B 列辊道；C—C 列辊道；1—拉钢机（CT-1）；2—拉钢机（CT-2）；3—拉钢机（CT-3）；4—1 号推钢机、垛板台；5—2 号推钢机、垛板台；6—推钢机、卸板台；7—1 号滑台；8—2 号滑台；9—3 号滑台；10—4 号滑台；11—火焰清理机；12—翻坯机；13—在线板坯称量机；14—喷印机；15—横移车 A；16—横移车 B；17—过跨台车；18—板坯管理室；19—后面操作室；20—火焰清理机操作室；21—局部清理管理室（人工）；22—喷印机操作室；23—外供板坯称量机；24—60t 平板车；25—热坯缺陷检查预留处

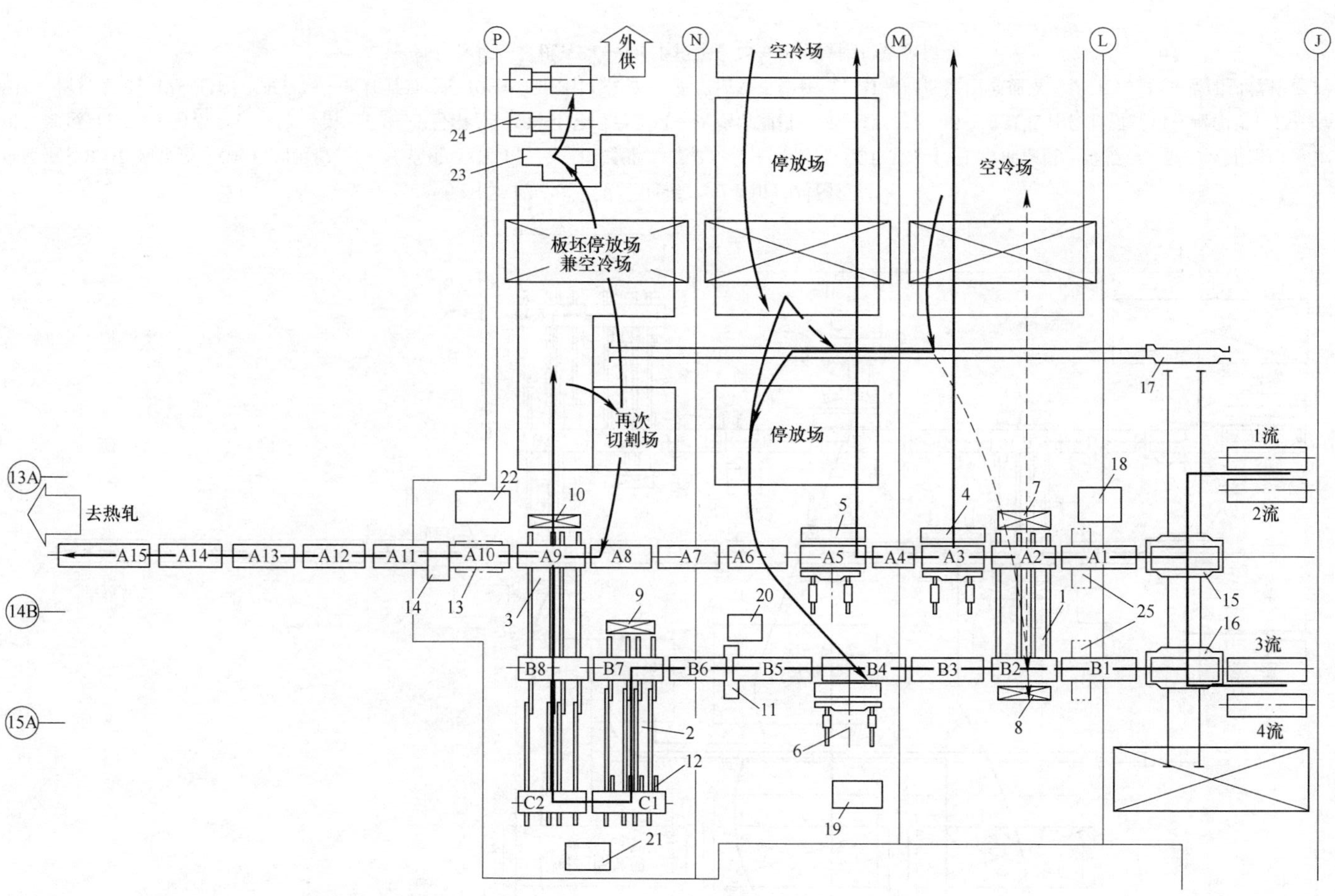

图 2-12-28 人工清理后再次切割的板坯流程

A—A 列辊道；B—B 列辊道；C—C 列辊道；1—拉钢机（CT-1）；2—拉钢机（CT-2）；3—拉钢机（CT-3）；4—1 号推钢机、垛板台；5—2 号推钢机、垛板台；6—推钢机、卸板台；7—1 号滑台；8—2 号滑台；9—3 号滑台；10—4 号滑台；11—火焰清理机；12—翻坯机；13—在线板坯称量机；14—喷印机；15—横移车 A；16—横移车 B；17—过跨台车；18—板坯管理室；19—后面操作室；20—火焰清理机操作室；21—局部清理管理室（人工）；22—喷印机操作室；23—外供板坯称量机；24—60t 平板车；25—热坯缺陷检查预留处

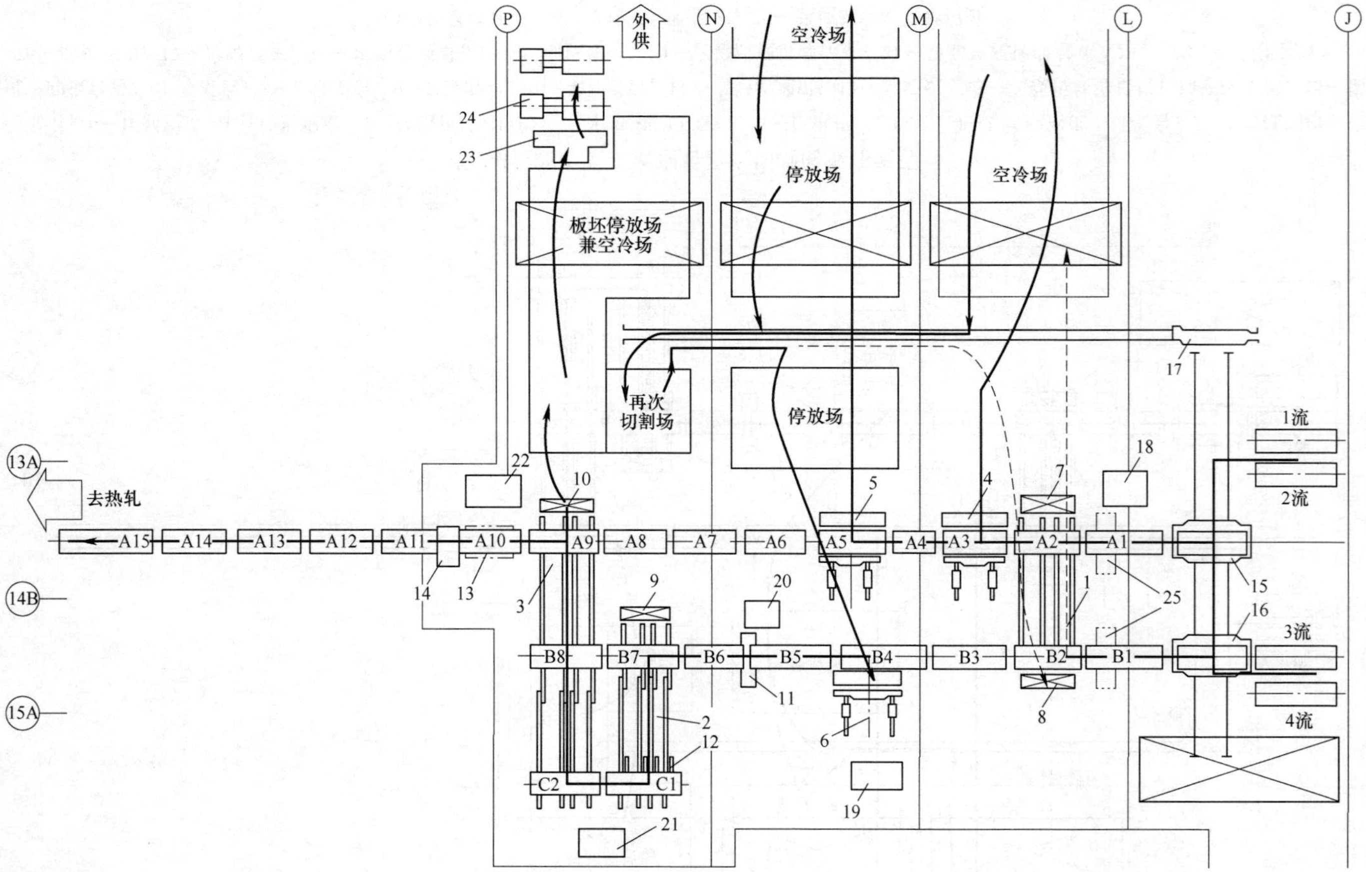

图 2-12-29　清理前再次切割的板坯流程

A—A 列辊道；B—B 列辊道；C—C 列辊道；1—拉钢机（CT-1）；2—拉钢机（CT-2）；3—拉钢机（CT-3）；4—1 号推钢机、垛板台；5—2 号推钢机、垛板台；6—推钢机、卸板台；7—1 号滑台；8—2 号滑台；9—3 号滑台；10—4 号滑台；11—火焰清理机；12—翻坯机；13—在线板坯称量机；14—喷印机；15—横移车 A；16—横移车 B；17—过跨台车；18—板坯管理室；19—后面操作室；20—火焰清理机操作室；21—局部清理管理室（人工）；22—喷印机操作室；23—外供板坯称量机；24—60t 平板车；25—热坯缺陷检查预留处

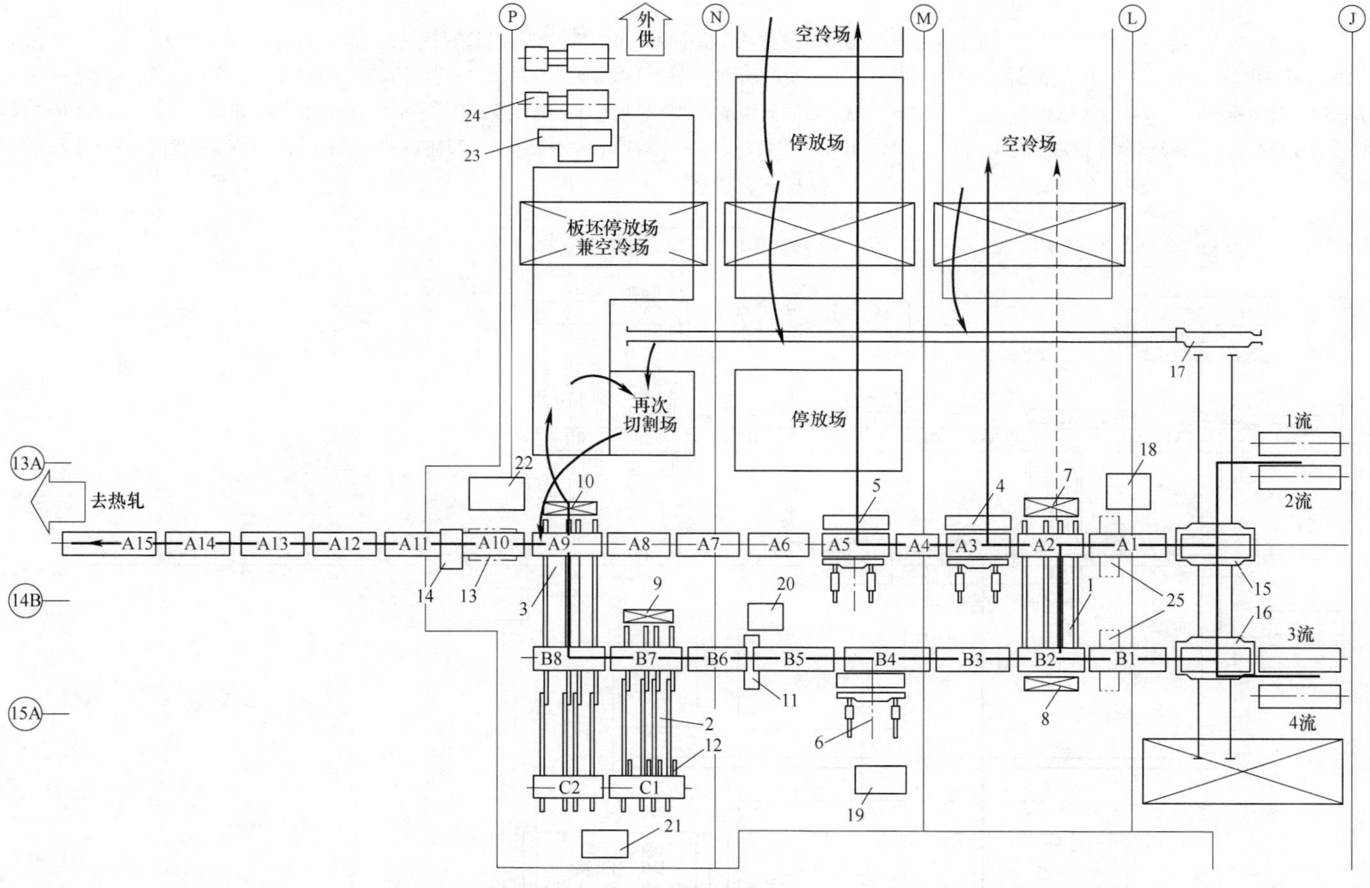

图 2-12-30 预定热送坯（包括人工清理坯）再次切割的流程

A—A 列辊道；B—B 列辊道；C—C 列辊道；1—拉钢机（CT-1）；2—拉钢机（CT-2）；3—拉钢机（CT-3）；4—1 号推钢机、垛板台；5—2 号推钢机、垛板台；6—推钢机、卸板台；7—1 号滑台；8—2 号滑台；9—3 号滑台；10—4 号滑台；11—火焰清理机；12—翻坯机；13—在线板坯称量机；14—喷印机；15—横移车 A；16—横移车 B；17—过跨台车；18—板坯管理室；19—后面操作室；20—火焰清理机操作室；21—局部清理管理室（人工）；22—喷印机操作室；23—外供板坯称量机；24—60t 平板车；25—热坯缺陷检查预留处

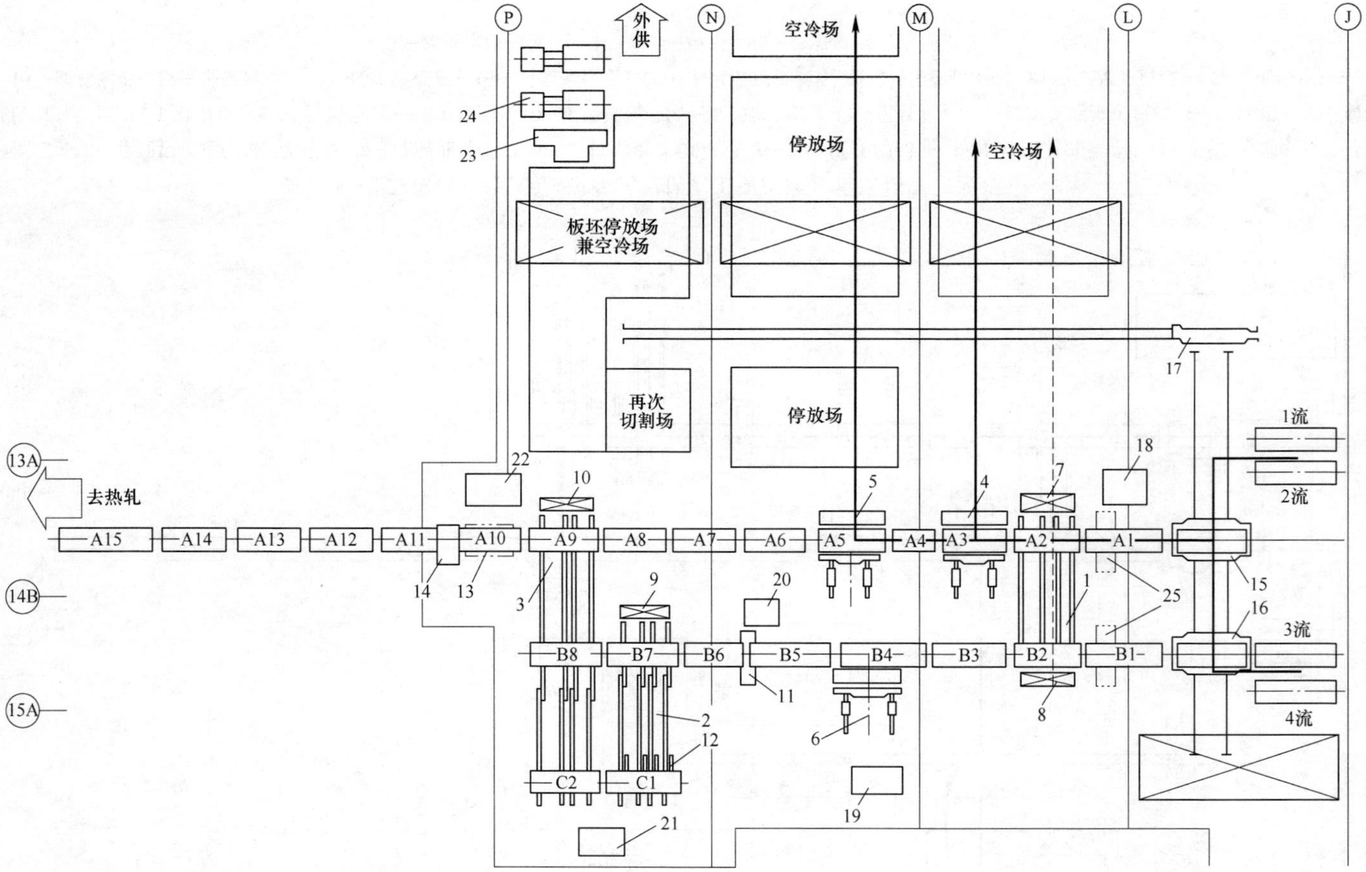

图 2-12-31　保留坯的流程

A—A 列辊道；B—B 列辊道；C—C 列辊道；1—拉钢机（CT-1）；2—拉钢机（CT-2）；3—拉钢机（CT-3）；4—1 号推钢机、垛板台；5—2 号推钢机、垛板台；6—推钢机、卸板台；7—1 号滑台；8—2 号滑台；9—3 号滑台；10—4 号滑台；11—火焰清理机；12—翻坯机；13—在线板坯称量机；14—喷印机；15—横移车 A；16—横移车 B；17—过跨台车；18—板坯管理室；19—后面操作室；20—火焰清理机操作室；21—局部清理管理室（人工）；22—喷印机操作室；23—外供板坯称量机；24—60t 平板车；25—热坯缺陷检查预留处

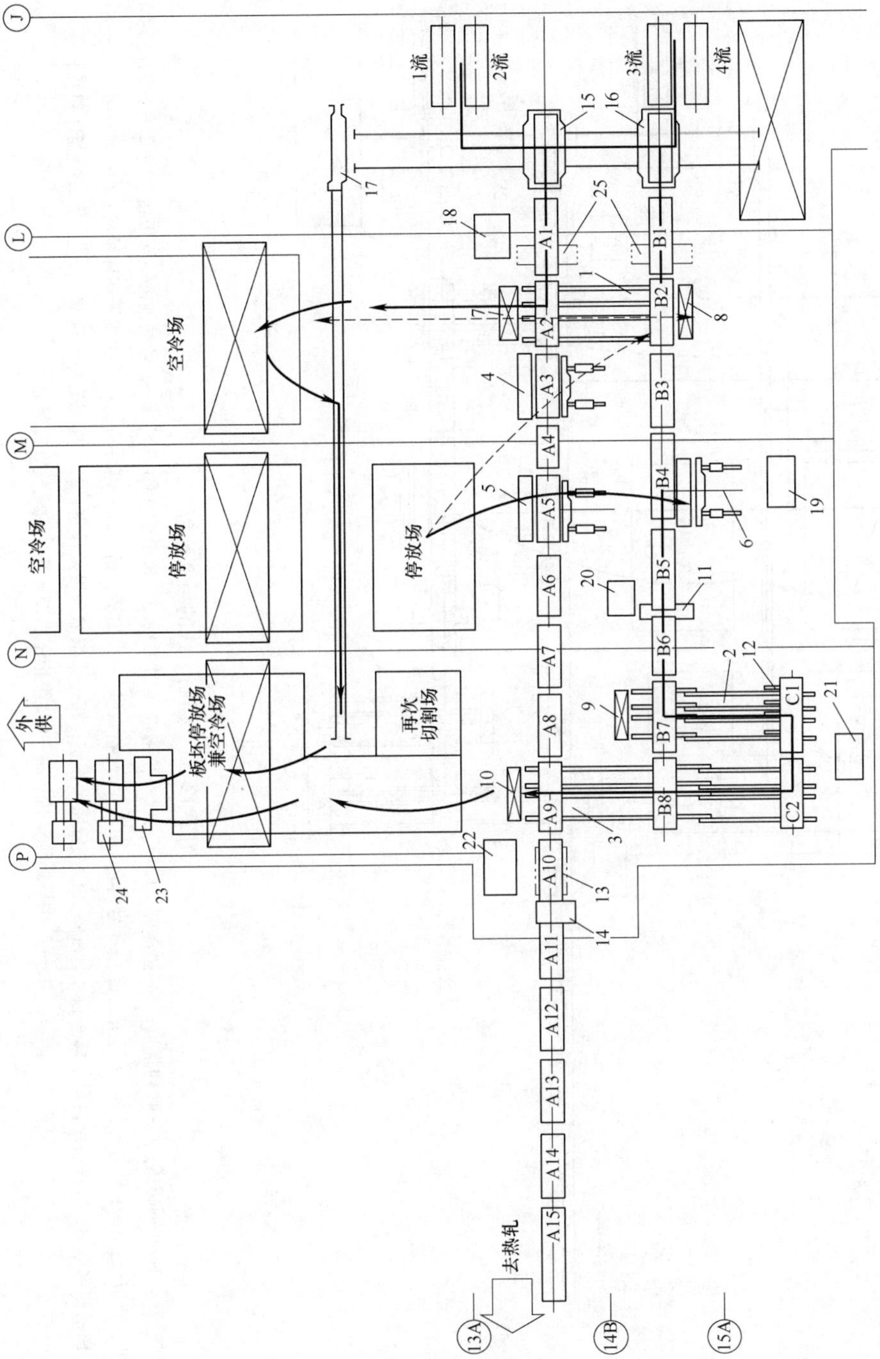

图 2-12-32 废坯的流程

A—A 列辊道；B—B 列辊道；C—C 列辊道；1—拉钢机（CT-1）；2—拉钢机（CT-2）；3—拉钢机（CT-3）；4—1 号推钢机、垛板台；5—2 号推钢机、垛板台；6—推钢机、卸板台；7—1 号滑台；8—2 号滑台；9—3 号滑台；10—4 号滑台；11—火焰清理机；12—翻坯机；13—在线板坯称量机；14—喷印机；15—横移车 A；16—横移车 B；17—过跨台车；18—板坯管理室；19—后面操作室；20—火焰清理机操作室；21—局部清理管理室（人工）；22—喷印机操作室；23—外供板坯称量机；24—60t 平板车；25—热坯缺陷检查预留处

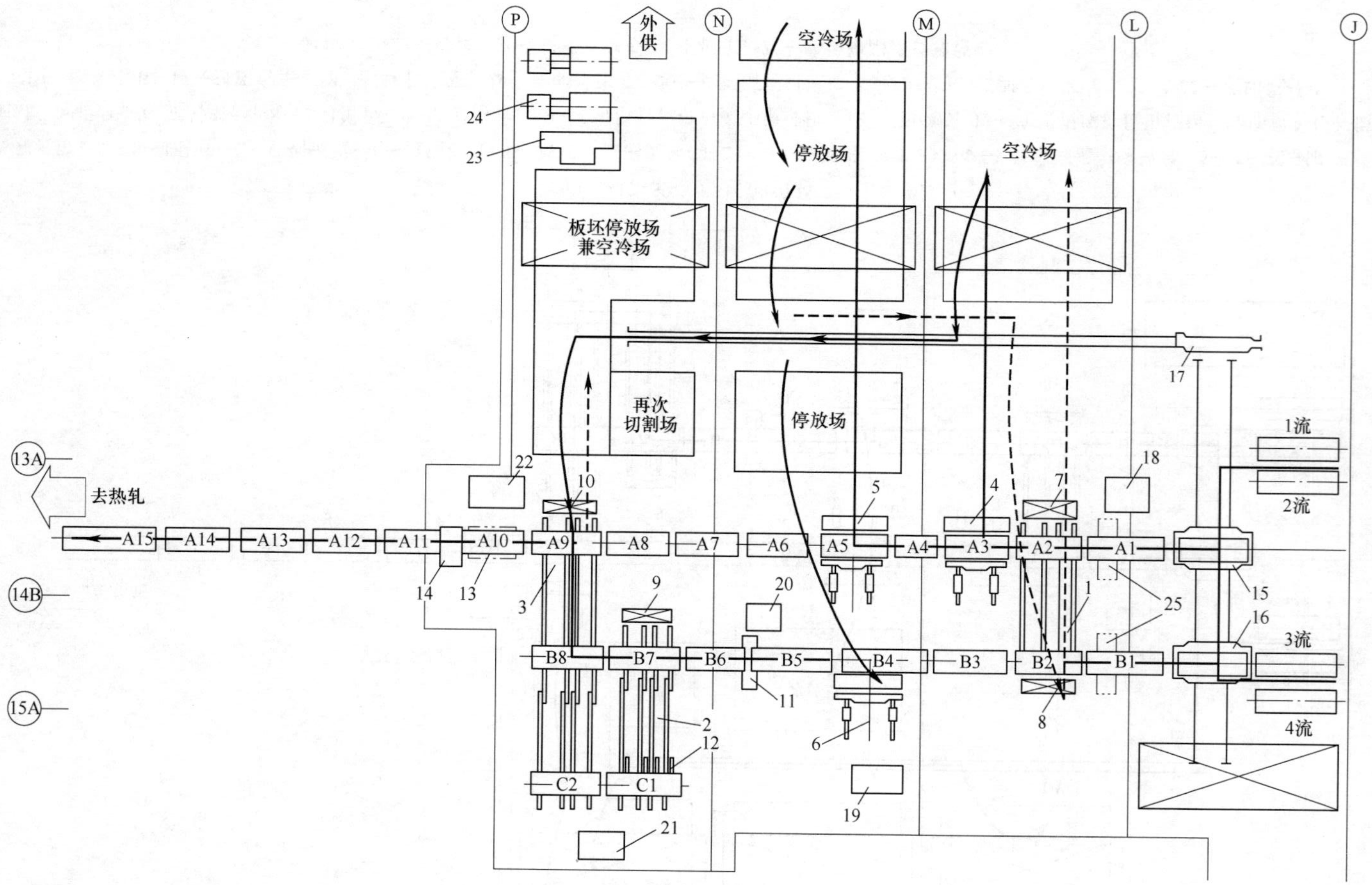

图 2-12-33　强制下线的板坯流程

A—A 列辊道；B—B 列辊道；C—C 列辊道；1—拉钢机（CT-1）；2—拉钢机（CT-2）；3—拉钢机（CT-3）；4—1 号推钢机、垛板台；5—2 号推钢机、垛板台；6—推钢机、卸板台；7—1 号滑台；8—2 号滑台；9—3 号滑台；10—4 号滑台；11—火焰清理机；12—翻坯机；13—在线板坯称量机；14—喷印机；15—横移车 A；16—横移车 B；17—过跨台车；18—板坯管理室；19—后面操作室；20—火焰清理机操作室；21—局部清理管理室（人工）；22—喷印机操作室；23—外供板坯称量机；24—60t 平板车；25—热坯缺陷检查预留处

13 压缩铸造与电磁搅拌

13.1 压缩铸造

压缩铸造出现于20世纪70年代初期，原西德曼内斯曼发表了一篇介绍压缩铸造原理的文章，新日铁就把这项当时的新技术应用于工业生产，最初用在新日铁大分厂4、5号板坯连铸机上，后来又应用到君津厂3号板坯连铸机上，简称CPC。1980年，日立造船和福山钢铁公司共同开发了新的压缩铸造技术，并应用于福山4号板坯连铸机上，简称CST。

老式的连铸机均为一点矫直，压缩铸造技术的应用主要是为了减小或消除一点矫直时，板坯内弧侧凝固界面处因矫直而产生的拉伸变形。压缩铸造技术出现不久，又出现了一种减小一点矫直时凝固界面处拉伸变形的新方法——多点矫直技术。多点矫直只是机械设备本身的设计制造问题，不像压缩铸造那样需要在生产中进行复杂控制和操作。

连铸厂家普遍认为，生产普碳钢时，只要凝固界面处的拉伸应变小于0.5%就可以满足生产要求。就这点来说，多点矫直完全可以替代压缩铸造，满足板坯所要求的应变值。因此，新设计的连铸机，可以考虑不采用压缩铸造而采用多点矫直或连续矫直，这样可以节省操作费用，而设备高度增加不多。

对老式的一点矫直连铸机，其基础、厂房和设备高度已不能改变。只能改造设备，采用压缩铸造技术显然必要，而且效果比较明显。

老式的一点矫直连铸机已经被改造得所剩无几，压缩铸造这种方法目前已经是过时的技术。但考虑到思考这种技术的出发点和解决问题的思路及方法仍然对以后的科研、设计有着提示和借鉴作用，因此，我们把《板坯连铸机设计与计算》一书中的内容重新整理，保留于本书中。这里将把图2-2-1所示的A钢铁公司的辊列图作为本节描述的依据，该辊列图所支撑的连铸机是直弧形，5点弯曲、4点矫直，机长39.39m。

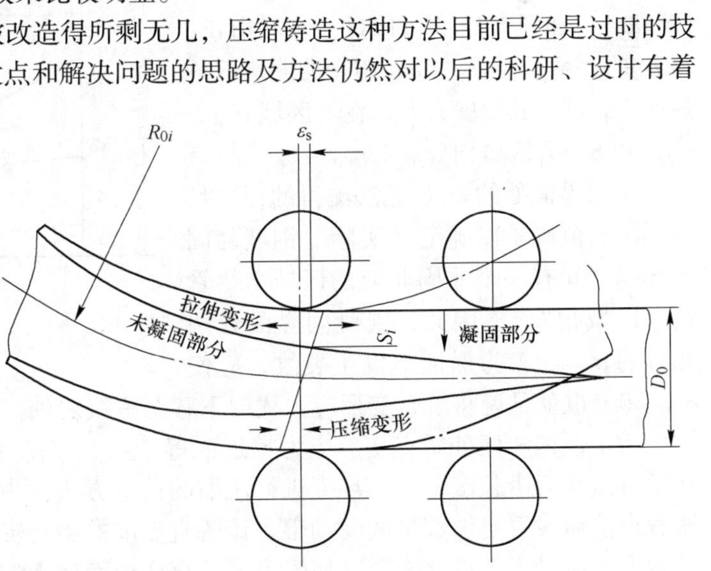

图2-13-1 带液芯的板坯被矫直时的状态

13.1.1 压缩铸造原理

13.1.1.1 凝固界面处内裂的产生

如图2-13-1所示，由于未

本章作者：杨拉道，易兵；审查：李爱武，钟连秋，王公民，黄进春完全凝固的板坯受到矫直力的作用，在板坯厚度中心线外侧的坯壳会产生压缩变形，而其内侧的坯壳则产生拉伸变形，这种变形的变形率为

$$\varepsilon_s = (D_0 - 2S_i)/(2R_{0i}) \times 100\% \qquad (2\text{-}13\text{-}1)$$

式中　ε_s——内侧坯壳拉伸变形率,%；

D_0——板坯矫直厚度，mm；

S_i——矫直处的坯壳厚度，mm；

R_{0i}——连铸机的主半径，mm。

另一方面，在高温状态下，坯壳的应变和应力有如下关系

$$\sigma = k\varepsilon_0^m \qquad (2\text{-}13\text{-}2)$$

式中　σ——坯壳的应力，MPa；

ε_0——凝固界面应变,%；

k——常数，$k = 27.75\text{MPa}$；

m——常数，$m = 0.34$。

由式（2-13-1）和式（2-13-2）得

$$\sigma_{SB} = k[(D_0 - 2S_i)/(2R_{0i})]^m \qquad (2\text{-}13\text{-}3)$$

式中，σ_{SB}为一点矫直时矫直变形率ε_s所引起的凝固界面处的应力，MPa。

如果设裂纹产生的极限应力为σ_T，则任一矫直点产生裂纹的条件为：

$$\sigma_{SB} \geqslant \sigma_T \qquad (2\text{-}13\text{-}4)$$

这就是说，当凝固界面处矫直变形应力σ_{SB}大于裂纹产生的极限应力时裂纹就产生了。

13.1.1.2　压缩铸造的原理

图 2-13-2 表示了一般铸造（不进行压缩的铸造）时坯壳应力的分布状况。由式（2-13-4）和图 2-13-2 可以进一步看出σ_{SB}与σ_T的关系。在σ_T与σ_{SB}相交的阴影区域内产生裂纹，其宽度为l_L，在l_L区域$\sigma_{SB} > \sigma_T$，在$S_i - l_L$区域内$\sigma_{SB} < \sigma_T$。

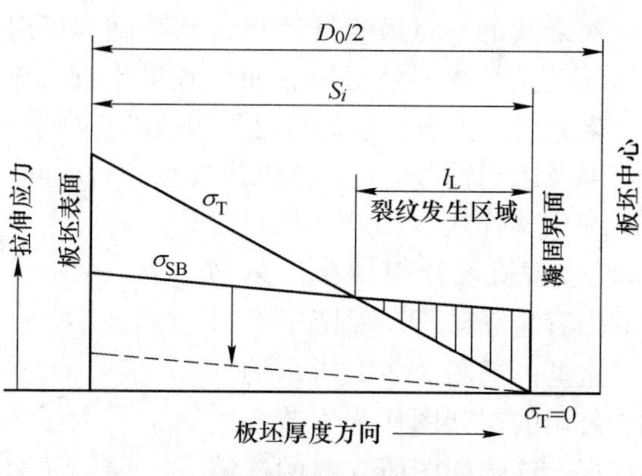

图 2-13-2　不进行压缩铸造时坯壳应力分布

凝固界面处的σ_T是无法测得的，况且两相区的范围难以确定（实际上钢液与固体坯壳之间有一个非固非液的区域，尽管这一区域很窄），因此，视凝固界面处两相区的$\sigma_T = 0$。为保证不发生裂纹，应使$\sigma_{SB} = 0$，也就是说将矫直变形应力线向下移至虚线之处。

为了使两相区处矫直变形应力接近或等于零，以防止板坯出现内裂，确保板坯质量，在矫直点前后沿长度方向对坯壳进行压缩的铸造方法称为压缩铸造法。具体来说，就是在矫直点前后设置足够数量的驱动辊，让矫直点前的驱动辊产生驱动力，而让矫直点后的驱动辊产生制动力，以此来消除坯壳内因矫直变形而产生的应力。

13.1.2　压缩铸造的受力分析

为了消除或缓和矫直时的变形应力，如图 2-13-3 所示，需要在矫直点的横断面处产生

一压缩力 C_0

$$C_0 = \sigma_c \cdot F(v_g \cdot D_0 \cdot B_b) \quad (2\text{-}13\text{-}5)$$

式中 σ_c——由必要的压缩力产生的压缩应力，MPa；

v_g——拉速，m/min；

B_b——板坯宽度，mm。

矫直点前的驱动力 P 和矫直点后水平部分驱动辊应该发挥的制动力 B_R 可分别由下式表示

$$P = R_{BB} + T_{MB} + C_0 - P_{SS} \quad (2\text{-}13\text{-}6)$$

$$B_R = C_0 - (T_{MB} + R_H) \quad (2\text{-}13\text{-}7)$$

式中 R_{BB}——矫直点以前的辊子阻力，kN；

T_{MB}——矫直阻力，kN；

P_{SS}——板坯自重产生的下滑力，kN；

R_H——矫直点以后辊子的阻力，kN。

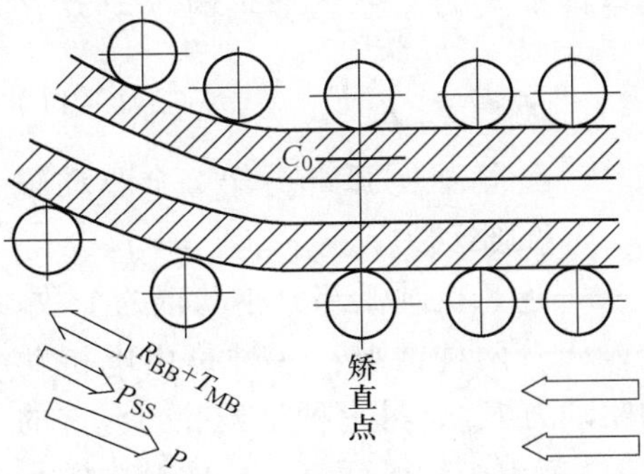

图 2-13-3 给矫直点处施加压缩力

13.1.3 理论计算

13.1.3.1 必要的压缩力 C_0

如图 2-13-4 和图 2-13-5 所示，压缩铸造抵消了一般铸造时的矫直变形。必要的压缩力可通过实测和材料力学推导出如下计算公式

$$C_c = \sigma_c[D_0 B_b - (D_0 - 2S_i)(B_b - 2S_i)] \quad (2\text{-}13\text{-}8)$$

$$\sigma_c = 27.75\varepsilon_{u(i)}^{0.34}$$

$\varepsilon_{u(i)}$ 为凝固界面处的矫直应变，即第 3 章中公式（2-3-15）。

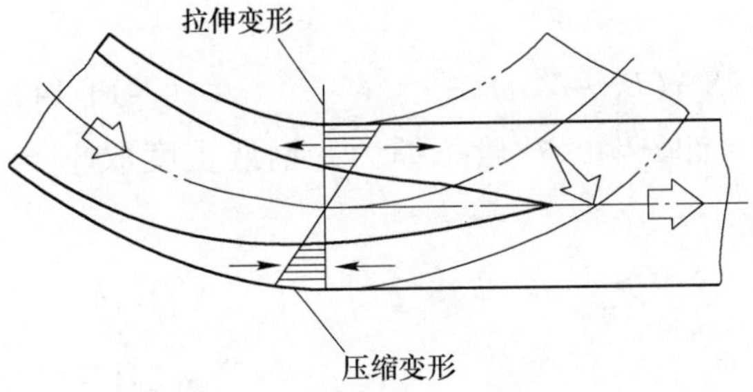

图 2-13-4 一般铸造时的矫直变形

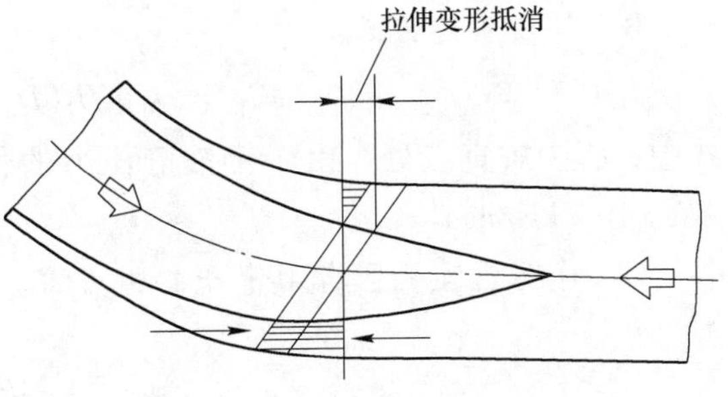

图 2-13-5 压缩铸造时的拉伸变形抵消

13.1.3.2 发生的压缩力 C

发生的压缩力是根据连铸机有关参数及浇注条件计算所能够产生的驱动力和制动力来求得的。根据压缩铸造原理 C 应大于 C_0，如果此条件不满足，就要重新调整驱动辊。

如图 2-13-6 所示，发生的压缩力 C 可用下式计算

圆弧区 $$C = P - C_L - R_{BB} + P_{SS} - T_{MB} \quad (2\text{-}13\text{-}9)$$

水平区 $$C = B_R - C_L + R_H + T_{MB} \quad (2\text{-}13\text{-}10)$$

A　连铸机圆弧部分驱动辊的驱动力 P

$$P \leqslant \sum_{i=1}^{n_9} F_{gi} \qquad (2\text{-}13\text{-}11)$$

式中　F_{gi}——连铸机圆弧部分第 i 个驱动辊的驱动力；

n_9——连铸机圆弧部分驱动辊的个数。

其中，F_{gi}分两种情况：一种是由电机功率产生的驱动力 F_{gi1}，另一种是鼓肚力允许的驱动力 F_{gi2}。就单个辊子而言，应取其中的小者；就成组辊子而言，按照电机功率和鼓肚力分别计算出各个驱动辊处的 F_{gi1} 和 F_{gi2} 力，以及 F_{gi1} 与 F_{gi2} 的比值，然后确定驱动力 P，详见后面的实例。

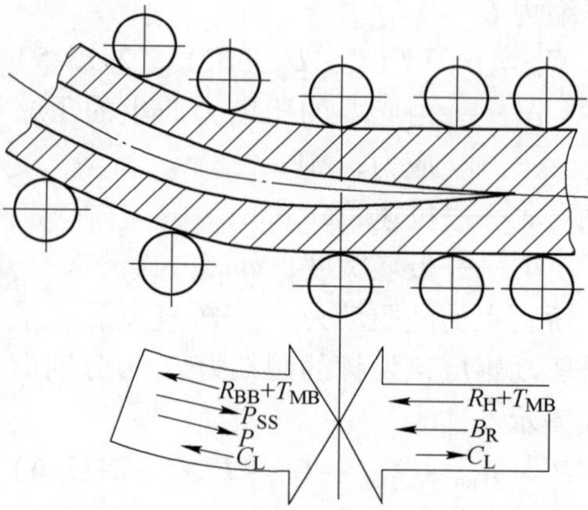

图 2-13-6　给矫直点处施加压缩力

电机产生的驱动力

$$F_{gi1} = 60.02\eta \cdot N_e / v_{max} \qquad (2\text{-}13\text{-}12)$$

鼓肚允许的驱动力

$$F_{gi2} = \mu_p \cdot P'_i \qquad (2\text{-}13\text{-}13)$$

式中　F_{gi1}——电机产生的驱动力，kN；

F_{gi2}——鼓肚允许的驱动力，kN；

N_e——驱动电机额定功率，kW；

v_{max}——机械设备的最大速度，m/min；

P'_i——第 i 个驱动辊处钢液静压力引起的鼓肚力，kN；

η——机械效率，$\eta = 0.85$；

μ_p——摩擦系数，取 $\mu_p = 0.332$。

B　补偿压缩力 C_L

$$C_L = \gamma_0 \cdot H_i (D_0 - 2S_i)(B_b - 2S_i) \qquad (2\text{-}13\text{-}14)$$

式中，C_L为矫直点处，由于钢液静压力的作用而产生的补偿压缩力，钢液重度取 $\gamma_0 = 7.2 \times 10^{-8}$kN/mm^3。

C　连铸机圆弧区自由辊子的阻力 R_{BB}

$$R_{BB} = \sum_{i=1}^{n_{10}} \mu_2 (F_{ii} + F_{0i}) \qquad (2\text{-}13\text{-}15)$$

式中　μ_2——自由辊滚动轴承摩擦系数，$\mu_2 = 0.024$；

n_{10}——圆弧区自由辊子的对数；

F_{ii}——内弧侧辊子的受力，kN，

$$F_{ii} = P'_i + P_j = S_g (B_b - 2S_i) \cdot H_i \cdot \gamma_0 + P_i$$

F_{0i}——外弧侧辊子的受力，kN，

$$F_{0i} = P'_i + P_j + F_{si} = S_g (B_b - 2S_i) \cdot H_i \cdot \gamma_0 + P_j + F_{si}$$

P_j——矫直反力，kN；

S_g——可用板坯厚度中心线上的辊距 l_i 或外弧辊距 l_i' 代替（见图 2-13-7），mm；

F_{si}——对应于 S_g 长度的坯壳自重，可忽略不计。

要计算内弧侧辊子的受力，必须先知道矫直反力 P_j。由图 2-13-8 可知

力的平衡方程为 $$2(P_j + 2P_j) = 6P_j$$

力矩的平衡方程为 $$M_i = 2P_jl_i + P_j2l_i = 4P_jl_i$$

所以 $$P_j = \frac{M_i}{4l_i}$$

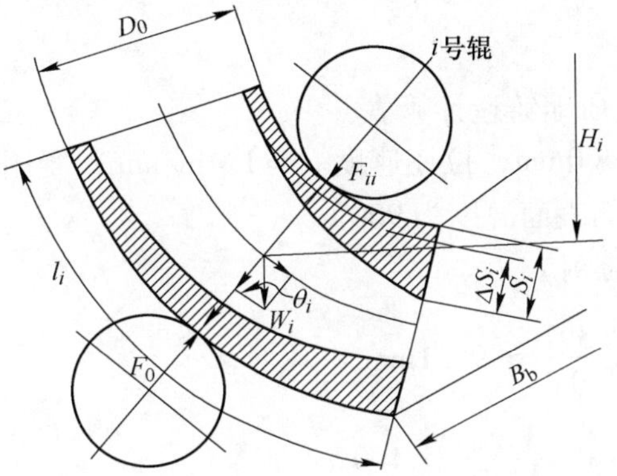

图 2-13-7　矫直反力计算公式代号

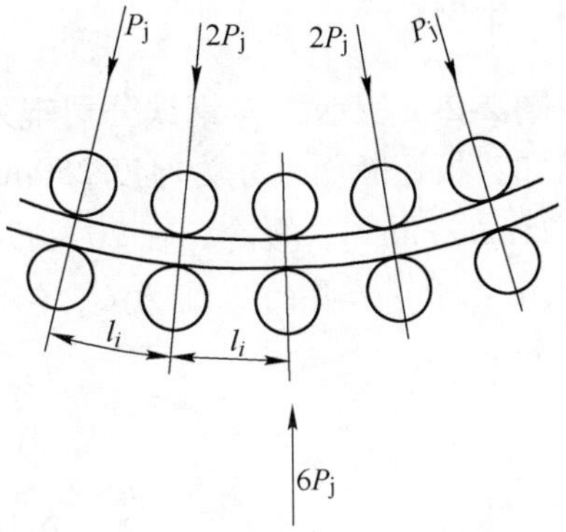

图 2-13-8　商家 L 的矫直反力模型

对于中间的下辊，矫直反力为 $6P_j$，其中

$$M_i = 2kB_b\left(\frac{1}{R_{0i}} - \frac{1}{R_{0i+1}}\right)^m \frac{1}{m+2}\left[\left(\frac{D_0}{2}\right)^{m+2} - \left(\frac{D_0}{2} - S_i\right)^{m+2}\right] \tag{2-13-16}$$

D　板坯自重产生的下滑力 P_{SS}

$$P_{SS} = \sum_{i=1}^{n_{11}} \rho_0 \cdot D_0 \cdot B_b \cdot l_i\cos\theta_i \tag{2-13-17}$$

式中　n_{11}——圆弧区的辊子对数；

ρ_0——重度，考虑到固液状态取 $\rho_0 = 7.5 \times 10^{-8}\,kN/mm^3$；

θ_i——见图 2-13-7。

E　连铸机水平区自由辊子的阻力 R_H

$$R_H = \sum_{i=1}^{n_{12}} \mu_2(F_{ii} + F_{0i}) \tag{2-13-18}$$

式中，n_{12} 为水平区自由辊子对数。

F　连铸机水平区驱动辊能够发挥的制动力

$$B_R' \leqslant \sum_{i=1}^{n_{13}} \mu_p P_i' \tag{2-13-19}$$

式中，n_{13} 为制动辊个数。

需要说明的是，能够发挥的制动力 B_R' 是由于鼓肚力的原因，而实际上电机应发挥的制动力 B_R 按下式确定

$$B_R = C + C_L - (R_H + T_{MB}) \tag{2-13-20}$$

就是说尽管鼓肚力可以允许较大的制动力，而生产中并不需要那么大，需要多大，要根据圆弧区的受力情况来定。式（2-13-20）中的未知数 C 可表示成 $C = P - C_L - R_{BB} + P_{SS} - T_{MB}$，这一点将举例说明。

G　矫直阻力 T_{MB}

$$T_{MB} = \frac{1}{1+m}\left(\frac{1}{R_i - \frac{D_0}{2}} - \frac{1}{R_{i+1} - \frac{D_0}{2}}\right)M_i \tag{2-13-21}$$

13.1.4　举例

以图 2-2-1 所示的 A 钢铁公司辊列为例进行压缩铸造计算。

已知：板坯断面尺寸为厚度 250mm，宽度 1400mm；拉坯速度 $v_g = 1.4\text{m/min}$；凝固系数 $K = 25\text{mm/min}^{1/2}$；缓冷，在 20～99 号辊之间的表面温度为 900℃。

13.1.4.1　必要的压缩力 C_0（以 53 号辊为例）

$$S_{53} = K\sqrt{\frac{L}{v_g}} = 25\sqrt{\frac{19.397}{1.4}} \approx 93.1\text{mm}$$

$$\varepsilon_{53} = \left(\frac{D_0}{2} - S_i\right)\left(\frac{1}{R_i - \frac{D_0}{2}} - \frac{1}{R_{i+1} - \frac{D_0}{2}}\right)\times 100\%$$

$$= \left(\frac{250}{2} - 93.1\right)\left(\frac{1}{31000 - 250/2} - \frac{1}{\infty - 250/2}\right)\times 100\%$$

$$\approx 0.103\%$$

$$\sigma_c = k\varepsilon_{53}^m = 27.75(0.103\%)^{0.34} \approx 2.7\text{MPa}$$

$$C_{053} = \sigma_c[D_0 \cdot B_b - (D_0 - 2S_i)(B_b - 2S_i)]$$

$$= 2.7[250\times1400 - (250 - 2\times93.1)(1400 - 2\times93.1)]$$

$$\approx 740\text{kN}$$

同理，可以计算出 46、48、51、53 号辊子的 C_0 值，见表 2-13-1。

表 2-13-1　46、48、51、53 号辊子的 C_0 值

代号 / 辊号	S_i /mm	$\varepsilon_{u(i)}$ /%	C_0 /kN	C /kN
No. 6 矫直点（46 号辊）	85.6	0.0713	610	约 766
No. 7 矫直点（48 号辊）	87.8	0.0926	680	约 1052
No. 8 矫直点（51 号辊）	91.0	0.1040	730	约 968
No. 9 矫直点（53 号辊）	93.1	0.1034	740	1084

13.1.4.2　发生的压缩力 C

A　连铸机圆弧区驱动辊的驱动力 P

按照电机功率和鼓肚力分别计算出各个驱动辊处的 F_{gi1} 与 F_{gi2}，以及 F_{gi1} 与 F_{gi2} 的比值，然后确定驱动力 P。以 25 号辊为例进行计算。

电机产生的驱动力

$$F_{gi1} = 60.02\eta \frac{N_e}{v_{max}} = 60.02 \times 0.85 \times \frac{5.5}{2.5} \approx 112\text{kN}$$

鼓肚力允许的驱动力

$$\begin{aligned} F_{gi2} &= \mu_p[l_i \cdot (B_b - 2S_i)H_i \cdot \gamma_0] \\ &= 0.332 \times [382.5 \times (1400 - 2 \times 60.01) \times 7790.6 \times 7.2 \times 10^{-8}] \\ &\approx 91\text{kN} \end{aligned}$$

$$F_{gi2}/F_{gi1} = 91/112 = 0.81$$

用同样方法可以计算出其他驱动辊处的 F_{gi1} 与 F_{gi2} 力，其结果列入表 2-13-2 中。

表 2-13-2　计算结果

驱动辊号	电机功率 N_e/kW	电机产生的驱动力 F_{gi1}/kN	鼓肚力 P_i'/kN	鼓肚力允许的驱动力 F_{gi2}/kN	F_{gi2}/F_{gi1}	驱动力 P_{gi}/kN
25 号$^{上}_{下}$	5.5	112	275	91	0.81	69
	5.5	112		91		69
27 号$^{上}_{下}$	5.5	112	294	97	0.87	69
	5.5	112		97		69
30 号$^{上}_{下}$	7.5	153	337	112	0.73	95
	7.5	153		112		95
35 号$^{上}_{下}$	7.5	153	385	128	0.84	95
	7.5	153		128		95
40 号^{上}	11	224	418	138	0.62	139
44 号$^{上}_{下}$	11	224	443	147	0.66	139
	11	224		147		139
47 号$^{上}_{下}$	11	224	468	155	0.69	139
	11	224		155		139
52 号$_{下}$	11	224	470	156	0.70	139
合　计	118	2404	—	1754	—	$P = 1490$

由表 2-13-2 可见，40 号辊鼓肚允许的驱动力 F_{gi2} 与电机产生的驱动力 F_{gi1} 之比值最小。由于圆弧区电气采用的是分组控制，为了不使驱动辊与板坯打滑，电机发挥的力应小于鼓肚力所允许的驱动力，因此各驱动辊的驱动力 P_{gi} 均应是电机产生的驱动力 F_{gi1} 乘以 0.62。最后得各驱动力之和 $P = 1490\text{kN}$。

B　补偿压缩力 C_L（以 53 号辊为例）

$$\begin{aligned} C_L &= \gamma_0 \cdot H_i(D_0 - 2S_i)(B_b - 2S_i) \\ &= 7.2 \times 10^{-8} \times 12636(250 - 2 \times 93.1)(1400 - 2 \times 93.1) \\ &= 70\text{kN} \end{aligned}$$

C　连铸机圆弧区自由辊子的阻力 R_{BB}（以 53 号辊为例）

已知：计算机计算得 53 号辊处上辊矫直反力为零，下辊矫直反力 $P_j = 540.51\text{kN}$，53 号辊处板坯自重引起的重力 $F_{si} = F_{S53} = 8.84\text{kN}$。则 53 号辊内弧辊受力

$$\begin{aligned} F_{i53} &= P_i' + P_j = S_g(B_b - 2S_i) \cdot H_i \cdot \gamma_0 + P_j \\ &= 425 \times (1400 - 2 \times 93.1) \times 12636 \times 7.2 \times 10^{-8} + 0 \\ &= 469.33\text{kN} \end{aligned}$$

外弧辊受力　$F_{053} = P'_i + P_j + F_{si} = S_g(B_b - 2S_i) \cdot H_i \cdot \gamma_0 + P_j + F_{si}$

$= 469.33 + 540.51 + 8.84$

$= 1018.68\text{kN}$

53 号自由辊的阻力为

$$R_{BB53} = \mu_2(F_{ii} + F_{0i}) = 0.024 \times (F_{i53} + F_{053})$$
$$= 0.024 \times (469.33 + 1018.68) = 36\text{kN}$$

用同样方法可求得 53 号辊以上各辊的阻力，然后相加即得 $R_{BB} = 662\text{kN}$。

D　板坯自重产生的下滑力 P_{SS}

$$P_{SS} = \sum_{i=1}^{n_{11}} \rho_0 \cdot B_b \cdot D_0 \cdot l_i \cos\theta_i$$
$$= \rho_0 \cdot B_b \cdot D_0 \cdot H_i$$
$$= 7.5 \times 10^{-8} \times 1400 \times 250 \times 12636$$
$$\approx 332\text{kN}$$

E　矫直阻力 T_{MB}（以 51 号辊为例）

$$M_i = 2kB_b\left(\frac{1}{R_{0i}} - \frac{1}{R_{0i+1}}\right)^m \cdot \frac{1}{m+2}\left[\left(\frac{D_0}{2}\right)^{m+2} - \left(\frac{D_0}{2} - S_i\right)^{m+2}\right]$$

$$M_{51} = 2 \times 27.75 \times 10^{-3} \times 1400\left(\frac{1}{16000 - 125} - \frac{1}{31000 - 125}\right)^{0.34} \times \frac{1}{0.34 + 2}\left[\left(\frac{250}{2}\right)^{0.34+2} - \left(\frac{250}{2} - 91\right)^{0.34+2}\right]$$
$$= 74471.78\text{kN} \cdot \text{mm}$$

$$T_{MB51} = \frac{1}{m+1}\left(\frac{1}{R_i - \frac{D_0}{2}} - \frac{1}{R_{i+1} - \frac{D_0}{2}}\right) \cdot M_{51}$$
$$= \frac{1}{0.34+1}\left(\frac{1}{16000 - 125} - \frac{1}{31000 - 125}\right) \times 74471.78$$
$$= 1.701\text{kN}$$

用同样方法可以计算出 46、48、53 号辊的矫直阻力，因此，在圆弧区

$$T_{MB} = T_{MB46} + T_{MB48} + T_{MB51} + T_{MB53}$$
$$= 0.843 + 1.302 + 1.701 + 1.884$$
$$\approx 6\text{kN}$$

在水平区

$$T_{MB} = T_{MB53} = 2\text{kN}$$

F　水平区自由辊子的阻力 R_H

与圆弧区的计算方法相同，其结果为

$$R_H = 716\text{kN}$$

所以，发生的压缩力 C 为

$$C = P - C_L - R_{BB} + P_{SS} - T_{MB}$$
$$= 1490 - 70 - 662 + 332 - 6$$

$$=1084\text{kN}$$

用同样方法可以计算出46、48、51号辊所发生的压缩力 C，见表2-13-1。而应发挥的制动力为

$$B_R = C + C_L - (R_H + T_{MB}) = 1084 + 70 - (716 + 2) = 436\text{kN}$$

计算结果表明，当施加于圆弧区的驱动力 $P = 1490\text{kN}$ 时，水平区应产生436kN的制动力，这时产生于53号辊处的压缩力为 $C_{53} = 1084\text{kN}$，与必要的压缩力 C_{053} 相比较

$$C_{53} = 1084\text{kN} > C_{053} = 740\text{kN}$$

水平区驱动辊能够发挥的制动力 B'_R 的计算，与驱动力 P 的计算相同，计算结果见表2-13-3。

由表2-13-3可知，89、94、99号三个驱动辊处因板坯已凝固，鼓肚力 P'_i 为零，所以不能产生制动力，其余驱动辊由电机产生的驱动力均大于鼓肚允许的驱动力。因此，每个驱动辊能够发挥的最大制动力，也正是该辊鼓肚允许的驱动力。

这里应注意，能够发挥的驱动力与应该发挥的驱动力是不同的，前者须大于后者，表2-13-3中的合力1240kN大于前面计算出的应该发挥的制动力436kN就说明了这一点。

表2-13-3　计算结果

驱动辊号	电机功率 N_e/kW	电机产生的驱动力 F_{gi1}/kN	鼓肚力 P'_i/kN	鼓肚力允许的驱动力 F_{gi2}/kN	能够发挥的制动力 B'_R/kN
59号上	11	224	475	157	157
59号下	11	224		157	157
64号上	11	224	471	156	156
64号下	11	224		156	156
69号上	11	224	468	155	155
74号上	11	224	465	154	154
79号上	11	224	461	153	153
84号上	11	224	458	152	152
89号上	11	224	0	0	0
94号上	11	224	0	0	0
99号上	11	224	0	0	0
合　计	121	2464	—	1240	1240

13.1.4.3　矫直区驱动辊不驱动时，对53号辊子处各力的影响

A　当47号上辊不驱动时

$$P = 1490 - 139 = 1351\text{kN}$$

$$C = 1351 - 70 - 662 + 332 - 6 = 945\text{kN}$$

$$B_R = 945 + 70 - 716 - 2 = 297\text{kN}$$

B　当47号上、下辊不驱动时

$$P = 1490 - 2 \times 139 = 1212\text{kN}$$

$$C = 806\text{kN}$$

$$B_R = 158\text{kN}$$

C　当47号上、下辊和52号下辊不驱动时

$$P = 1490 - 3 \times 139 = 1073\text{kN}$$

$$C = 667\text{kN}$$

$$B_R = 19\text{kN}$$

同理，也可以计算出46号、48号、51号、53号辊子处由于矫直区驱动辊不驱动时的各力的计算数值，见表2-13-4。

表2-13-4　计算结果

辊号 \ 项目	坯壳厚度 S_i/mm	矫直变形率 $\varepsilon_{u(i)}$/%	必要的压缩力 C_0/kN	发生的压缩力 C/kN			
				47号上辊不驱动	47号$^{上}_{下}$辊不驱动	47号$^{上}_{下}$辊与51号下辊不驱动	全部驱动
No.6矫直点（46号辊）	85.6	0.0713	610	768	767	766	769
No.7矫直点（48号辊）	87.8	0.0926	680	916	775	774	1053
No.8矫直点（51号辊）	91.0	0.1040	730	830	691	690	969
No.9矫直点（53号辊）	93.1	0.1034	740	945	806	667	1084

13.1.5　压缩铸造的控制

以A钢铁公司板坯连铸机为例，把驱动辊从图2-2-1辊列图中提取出来分为三个区，如图2-13-9所示，圆弧区有25~44号驱动辊；多点矫直区有47~52号驱动辊；水平区有59~99号驱动辊。

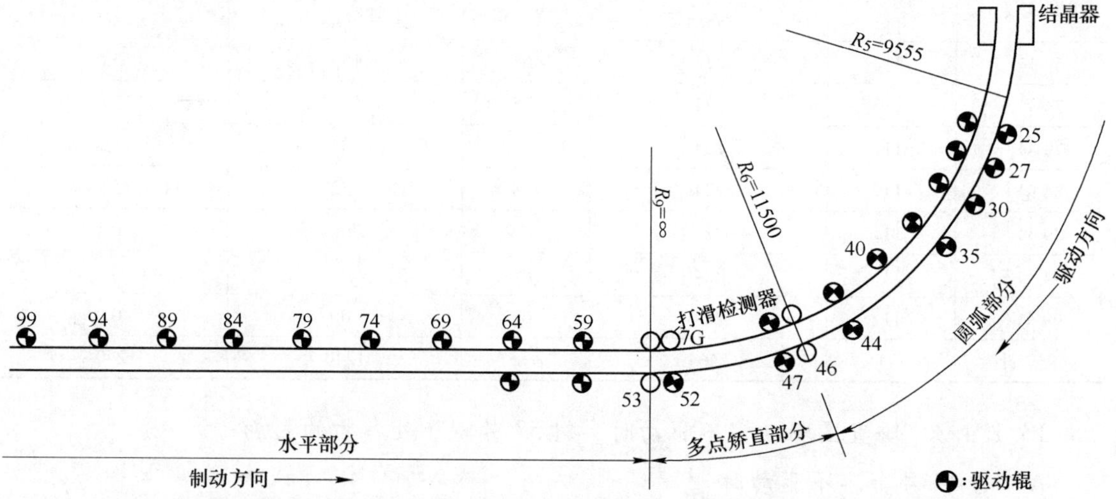

图2-13-9　A钢铁公司板坯连铸机主机驱动辊配置

扇形段号	3		4	5	6		7	8	9	10	11	12	13	14	15	16	17
驱动辊号	$25^{上}_{下}$	$27^{上}_{下}$	$30^{上}_{下}$	$35^{上}_{下}$	$40^{上}$	$44^{上}_{下}$	$47^{上}_{下}$	$52_{下}$	$59^{上}_{下}$	$64^{上}_{下}$	$69^{上}$	$74^{上}$	$79^{上}$	$84^{上}$	$89^{上}$	$94^{上}$	$99^{上}$
辊径/mm	ϕ335	ϕ335	ϕ350	ϕ350	ϕ350	ϕ350	ϕ375 ϕ385	ϕ385	ϕ405	ϕ405	ϕ405	ϕ405	ϕ405	ϕ405	ϕ405	ϕ405	ϕ405
电机（矢量控制）	5.5kW，1000r/min		7.5kW，1000r/min		11kW，1000r/min												

（1）圆弧区。该区无论是否进行压缩铸造，均进行成组速度控制，其目的在于保证设定的拉坯速度。由前面列举的例子可知，在这一区域电机设定的驱动力都是相同的，也就是将40号辊额定功率所产生驱动力的60%作为该区各电机的设定驱动力。

（2）多点矫直区。该区被设定为力矩控制，力矩大小与圆弧区驱动辊一致，它也是将电机驱动力的60%作为该区各电机的设定驱动力。不过，这一区的驱动辊可以设定全部参加压缩铸造，也可以设定某一个、几个或全部驱动辊不参加压缩铸造。不参加压缩铸造的驱动辊均按额定力矩值+3%（“+”号表示与铸造方向相同）进行运转，以克服自身的机械阻力。

（3）水平区。该区被设定为力矩控制，亦即向铸造的相反方向设定制动力矩。该区每个驱动辊都可以单独控制，都可以设定为参与或不参与压缩铸造。不参与压缩铸造的驱动辊均按额定力矩值+5%运转，以克服自身的机械阻力。

13.1.6　压缩铸造时的运转方案

13.1.6.1　设定模式

压缩铸造的设定模式有三种，即手动、自动和计算机模式。各种模式的切换是在连铸机主控制室（也叫主操作室）的操作盘上进行的。

A　手动模式

手动模式一般只用在连铸机的试运转和维修后的调整过程中。在选定手动模式后，要确认自动模式和计算机模式脱开，电控系统正常。

在选定手动模式后，必须进行数据设定。首先，要确定47号上、下辊和52号下辊是否参与压缩铸造，对参与的辊子应给予必要的驱动力，对不参与的辊子设定其按+3%力矩运转。然后，确定水平区的辊子哪一些参与压缩铸造，对参与的辊子给予必要的制动力矩，对不参与的辊子给予+5%的驱动力矩。

B　自动模式

选定自动模式后，确须认手动和计算机模式已经脱开，电控系统正常。

自动模式的数据设定与手动相同。

应发挥的制动力 B_R 的设定是按照不同的铸造条件计算出必要的压缩力 C_0 后计算得到的。把水平区参与压缩铸造的驱动辊的总制动力 B_R 按拉坯速度分成7个相对应的设定制动力数据列入表2-13-5中。

把这些数据输入到可编程序控制器（PLC）中进行验算，确定出制动力的比例常数 E_B，从而求出各个辊的相等的制动力设定值。设各驱动辊的制动力设定值为 B_i，则

$$B_i = \frac{B_R}{n'_{13}} \cdot E_B \tag{2-13-22}$$

式中　B_R——总的制动力，kN；

n'_{13}——参加制动的驱动辊个数；

E_B——制动力的比例常数，板坯的断面尺寸不一样，E_B 也不相同。

表2-13-5　动力数据

$v_g/m \cdot min^{-1}$	B_R/kN
$v_{g1}=0.00$	$B_{R1}=1100$
$v_{g2}=0.33$	$B_{R2}=1250$
$v_{g3}=0.67$	$B_{R3}=1300$
$v_{g4}=1.00$	$B_{R4}=1320$
$v_{g5}=1.33$	$B_{R5}=1200$
$v_{g6}=1.67$	$B_{R6}=1150$
$v_{g7}=2.00$	$B_{R7}=1150$

C　计算机模式

选定计算机模式后，须确认手动、自动模式脱开，电控正常。

把设定的数据输入到计算机中（如总制动力 B_R、各驱动辊的制动力 B_i 等），由计算机通知压缩铸造的主控装置，给电机发出指令。在铸造过程中，随着浇注条件的变化不断修正指令。当计算机发生故障时，能保持故障前的指令，而对发生故障及发生故障后的指令均无效。

13.1.6.2　压缩铸造的控制流程

A　准备工作

准备工作包括：压缩铸造控制的确定，确认电气可编程序控制器 PLC 正常，各驱动辊控制装置运转准备工作的完成，压缩铸造控制模式的确定，生产方式的确定（即铸造方式还是拉尾坯方式），压缩铸造控制条件的成立等。

B　运转开始

驱动辊运转开始后，圆弧区的 25 ~ 44 号驱动辊按速度控制进行运转，此时引锭拉着板坯沿铸造方向行走；矫直区的 47 号和 52 号驱动辊按 +3% 的驱动力控制；水平区的 59 ~ 99 号驱动辊均按 +5% 的驱动力控制。

拉着板坯的引锭头端面穿过水平区 59 号辊 300mm 时，59 号驱动辊液压系统压力由Ⅰ压切换为Ⅱ压（驱动辊液压缸Ⅰ压为 10 ~ 18.5MPa，Ⅱ压为 3 ~ 18.5MPa），并按照设定的制动力运转。这时，矫直区的 47 ~ 52 号驱动辊按照设定的驱动力运转，水平区的其他驱动辊按 +5% 驱动力运转，25 ~ 59 号驱动辊的打滑检测器开始工作。如图 2-13-10 所示。

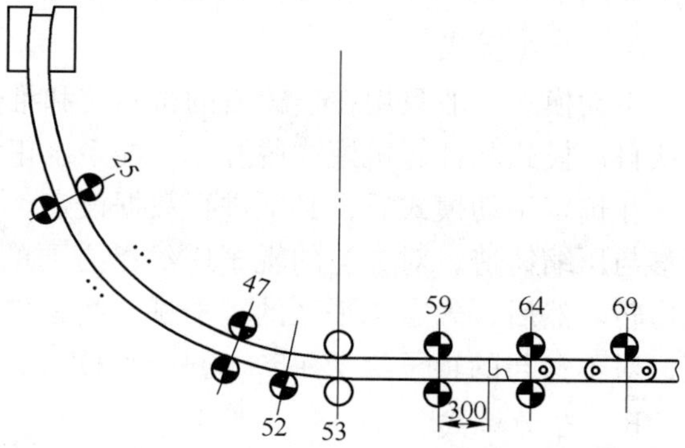

图 2-13-10　打滑检测器开始工作的时刻

当引锭头穿过 64 号驱动辊 300mm 时，64 号驱动辊由Ⅰ压切换成Ⅱ压并按设定的制动力运转，69 ~ 99 号驱动辊仍然按照 +5% 的驱动力运转。依次类推，直到引锭头出连铸机为止。

当铸造结束时，拉尾坯运转开始，当板坯尾端距 25 号驱动辊一定距离（这一距离现场确定）时，25 号驱动辊的上下辊打滑检测器解除工作。依次类推，直到板坯尾端距 44 号驱动辊一定值时，全部驱动辊都解除压缩铸造工作，而改用速度控制，其速度由操作者确定，各辊的打滑检测器也全部解除。

到此为止，一个浇注周期即告结束。

13.1.6.3　发生打滑时的压缩铸造控制

打滑有两种情况：一是板坯打滑；二是辊子打滑。所谓板坯打滑是指板坯的实际速度小于基准速度，板坯打滑是对整体而言的。如果发生板坯打滑而不能及时排除容易发生结晶器钢液向外溢出现象，因此是非常危险的。辊子打滑是指驱动辊的圆周速度大于板坯的实际速度，且超过了一定值，辊子打滑是对局部而言。

A　板坯打滑

弧形区的25～44号辊子按设定的速度控制运转，而各驱动辊的实际速度可由脉冲发生器PLG检测，这些实际速度被送入电动控制装置VS-686TV中，经选择确定一个基准速度。这种基准速度尽管也是设定的，但它与一开始的设定速度概念不同。数值也不一定相同。在52号上辊这个自由辊上装一打滑检测器TG，由电压、电流和转速的关系即可测出板坯的实际速度。设板坯打滑速度为Δv_1，则

$$\Delta v_1 = v_C - v_T \tag{2-13-23}$$

式中　v_C——基准速度，m/min；

v_T——打滑检测器测出的板坯实际速度，m/min。

当$\Delta v_1 > 0.1$m/min并持续2s时，就判定为板坯打滑。发生板坯打滑时，主控室报警，并由带键盘的显示装置显示有关板坯打滑字样。此时，水平区各驱动辊的制动力设定为0，各驱动辊均成为自由辊，被板坯推着旋转。若解除制动力20s后，打滑不再发生，可再按照制动力的设定值逐渐增加到压缩铸造所需的制动力。

B　辊子打滑

a　圆弧区驱动辊打滑

设该区驱动辊的打滑速度为Δv_2，则

$$\Delta v_2 = v_{CC} - v_T \tag{2-13-24}$$

式中　v_{CC}——圆弧区驱动辊的圆周速度，m/min。

当$\Delta v_2 > 0.1$m/min并持续1s时，电气可编程序控制器（PLC）则判定某驱动辊打滑，这时计算机发出打滑报警信号，并在主控室报警与显示，但驱动力和制动力不予调整。圆弧区各驱动辊的判定方法相同。

b　矫直区驱动辊打滑

设矫直区驱动辊的打滑速度为Δv_3，则

$$\Delta v_3 = v_{cb} - v_T \tag{2-13-25}$$

式中　v_{cb}——矫直区驱动辊的圆周速度，m/min。

当$\Delta v_3 > 0.1$m/min并持续5s时，即确定该区某驱动辊打滑，主控室报警并显示。此时，将该辊子的驱动力设定为0，亦即消除了该辊子的驱动力。当$\Delta v_3 \leqslant 0.1$m/min并维持15s后，压缩铸造的PLC发出指令，该驱动辊将驱动力逐渐增加到设定值。

c　水平区驱动辊打滑

设水平区驱动辊打滑速度为Δv_4，则

$$\Delta v_4 = v_T - v_{ca} \tag{2-13-26}$$

式中　v_{ca}——水平区某驱动辊的圆周速度，m/min。

当$\Delta v_4 > 0.1$m/min并持续5s时，压缩铸造的PLC发出报警和显示，并将该驱动辊的制动力设定为0，即消除该辊的制动力。当$\Delta v_4 \leqslant 0.1$m/min并维持15s后，PLC又指令该驱动辊逐渐恢复到设定值。

13.1.6.4　制动力和驱动力发生渐增、渐减的场合

（1）手动、自动及计算机的设定数据变化时。

（2）压缩铸造模式转换（手动←→自动←→计算机）时。

(3) 压缩铸造控制开始及终了时。

(4) 打滑状态结束，压缩铸造重新开始时。

13.1.6.5　制动力发生急减的场合

(1) 当板坯打滑时，水平区驱动辊制动力急减。

(2) 当水平区某辊子打滑时，则该辊子制动力急减。

13.1.6.6　计算机控制和电气控制的相互关系

对电气控制来说，计算机提示：

(1) 47 ~52 号各驱动辊驱动力设定值。

(2) 59 ~99 号各驱动辊制动力设定值。

(3) 47 ~99 号各驱动辊是否参加压缩铸造。

(4) 计算机系统工作正常。

对计算机来说，电气控制提供：

(1) 47 ~52 号各驱动辊驱动力的实际值。

(2) 59 ~99 号各驱动辊制动力的实际值。

(3) 25 ~99 号各驱动辊的打滑速度。

(4) 25 ~99 号各驱动辊的打滑发生信号。

(5) 板坯打滑速度。

(6) 板坯打滑发生信号。

(7) 电气控制系统工作正常。

(8) 实际拉坯速度。

13.1.7　压缩铸造的应用效果

图 2-13-11 所示是日本新日铁君津厂 3 号板坯连铸机（多点矫直）的试验结果。它表明进行压缩铸造与不进行压缩铸造时，内裂的发生情况大不一样，而且当比水量大时内裂减少。图 2-13-12 所示是日本新日铁大分厂 4 号板坯连铸机（单点矫直）的实测结果，它也表明了进行压缩铸造后，评点低，内裂少，板坯质量有所提高。

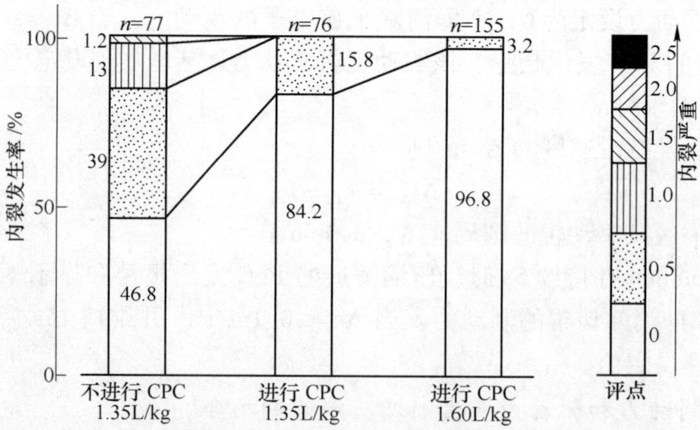

图 2-13-11　新日铁君津厂 3 号板坯连铸机压缩铸造试验结果

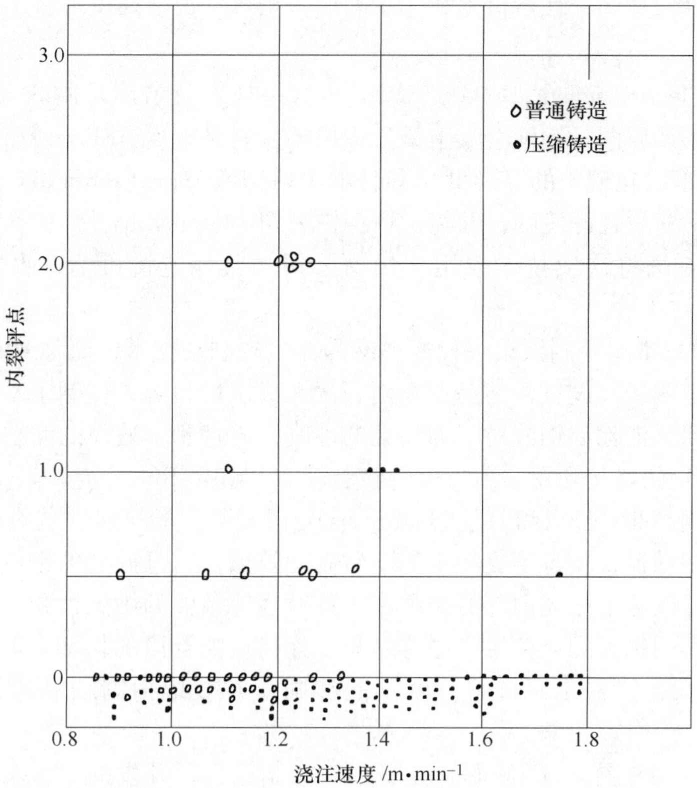

图 2-13-12 新日铁大分厂 4 号板坯连铸机压缩铸造试验结果

13.2 板坯连铸电磁冶金技术

13.2.1 板坯连铸电磁冶金技术的发展概况

13.2.1.1 板坯连铸结晶器电磁冶金技术

A 电磁搅拌技术

板坯连铸结晶器电磁搅拌技术的开发始于 1978 年，是由法国钢铁研究院在 Dillinger 首先完成的。此后，法国、日本、瑞典等国开发了三类板坯结晶器电磁搅拌器；第一类是法国 IRSID-CEM 的双边垂直行波磁场搅拌器，安装在德国 Dillinger Hütte 厂，用于解决低碳铝镇静钢的皮下质量，第二类是 NSC 的双边平行波磁场搅拌器，于 1981 年安装在 Hirohata 厂，用于解决准沸腾钢的 CO 气孔，此后应用表明，它对表面温度和坯壳生长的均匀化，减少表面夹杂物和减小振痕深度等均有良好的效果；第三类是 20 世纪 80 年代末和 20 世纪 90 年代初由 NKK 开发的多模式 M-EMS，它由 4 个水平行波磁场搅拌器组成，两两成对地安装在结晶器的两个宽面上，用于控制结晶器内从浸入式水口两个侧孔流出的钢液速度，或加速（EMLA）或减速（EMLS），避免由弯月面波动引起的渣子和保护渣的卷吸及表面缺陷。最近的发展是基于 NKK 的可灵活调整的多模式结晶器电磁搅拌（MM-EMS）系统，可按加速（拉速低时）、减速（拉速高时）或水平旋转（需要钢液温度均匀时）等搅拌模式运行，以便在同一连铸机上适用于断面、钢种和浇注速度等多工况的变化。

B　电磁制动技术

电磁制动（Electromagnetic Brake，EMBR）这一技术及名词是由 S. Kollerg 在 1982 年英国伦敦举行的第四届国际钢铁会议上最先提出的。它是瑞典 ASEA 公司（后来经过重组的 ABB 公司，总部设在瑞士的苏黎世）和日本川崎钢铁公司（Kawasaki Steel Corporation）于 20 世纪 80 年代初联合开发的，并在川崎钢铁公司 Okayama 钢铁厂的 5 号板坯连铸机上进行了试验，接着又将这项技术应用于川崎公司的其他连铸机上，收到了良好的冶金效果。

ASEA 公司和日本川崎制铁第一代板坯结晶器电磁制动技术，简称 EMBR（ + - ），是基于局部区域恒定磁场，设置在结晶器宽面、浸入式水口两侧，控制了从浸入式水口流出的钢液速度和方向，消除了钢液对窄面坯壳的冲刷，并抑制了液面的波动，减少了卷渣。

1991 年，ABB 公司又开发了第二代电磁制动（EMBR-Ruler）技术，也称全幅一段电磁制动技术，法国 Sollac 公司和荷兰 Hoogovens 公司安装实验了第二代覆盖整个板坯宽度的水平磁场电磁制动器，获得了更稳定的电磁制动效果，弯月面处的钢液流动稳定，消除了保护渣的卷入，改善了板坯内部的洁净度，且对浇铸条件的敏感性减小。具有良好的抑制混合功能，在不同钢种的连铸生产中，缩短了连铸坯混合段的长度。但这类电磁制动器受位置的影响较大，位置稍不合适，就不能够同时有效地抑制结晶器钢液表面和下部流动。

第三代电磁制动装置（FC-Mold）是日本川崎制铁公司开发的，由两个覆盖住整个板坯宽度的水平磁场构成，其中一个磁场设在弯月面处，以优化连铸结晶器内钢液的流动；另一个设在浸入式水口的下方，可同时减小弯月面处的钢液流速和结晶器下部钢液的向下流速。因此也把第三代结晶器电磁制动技术称为全幅二段电磁制动技术，也有人将其称为流动控制结晶器技术。

目前，结晶器电磁制动技术已成为高速板坯连铸结晶器中，特别是薄板坯连铸机控制结晶器内钢液流动的重要技术手段。在薄板坯连铸中，从浸入式水口流出的钢液流速很大，这样就使得结晶器内的钢液产生剧烈的湍流，产生卷渣现象，而且使得射流流股对结晶器壁冲击剧烈，有使窄面凝固壳重熔的危险。另外，流股的穿透深度也很大，使一些夹杂物来不及上浮和分散就卷进正在凝固的凝壳中，这些对板坯的表面质量及内部质量均有很大的影响。

C　中国国内使用情况

20 世纪 90 年代末期，中科院力学所与冶金部自动化院及济钢自主研发了结晶器局部区域磁场电磁制动技术。目前中国国内采用的结晶器电磁冶金只有电磁搅拌和电磁制动两种，有的用户反映，电磁搅拌更好一些。这些技术都是从国外引进的。

实际上，结晶器中的电磁冶金就是三种情况：电磁搅拌；电磁制动；既能制动又能搅拌。

13.2.1.2　板坯连铸二次冷却区的电磁搅拌技术

20 世纪 70 年代初，板坯连铸电磁搅拌技术问世以来，法国钢铁研究院（IRSID）、日本新日铁（NSC）、瑞典 ASEA、德国 AEG-Elotherm 等通过不断试验和工业应用的实践，逐步完善和发展了板坯连铸二冷区电磁搅拌技术。1978 年，法国钢铁研究院和法国电机公司（IRSID-CEM）等在德国 Dillinger Hütte 厂首次进行了辊式电磁搅拌器的工业应用；日本 NSC 的插入辊缝的插入式电磁搅拌器和瑞典 ASEA 的辊后式（箱式）电磁搅拌器也先后投入工业应用。这三类电磁搅拌器都采用水平行波磁场。现在，板坯连铸 S-EMS 主要用于改善不锈钢、硅钢、品种钢等的凝固组织。

据报道，住友金属（Sumitomo）开发了直流传导型电磁搅拌技术，但至今未见推广应用。

20 世纪 80 年代初，钢铁研究总院与济南钢厂在板坯连铸机上自主开发了恒定磁场的 S-EMS；20 世纪 90 年代中期，岳磁、中科院力学所在吸收引进装置的基础上，自主开发出舞阳钢厂 300mm × 1900mm 厚板坯连铸的插入辊缝的双边行波磁场 S-EMS，鞍山亚赛与鞍钢开发了辊式行波磁场 S-EMS。

值得指出的是，2007 年以来，湖南中科电气股份有限公司基于其专利技术创新研发的辊式电磁搅拌器，其主要技术性能已经超过引进装置的水平。截止到 2014 年 6 月，已在 80 多流不同断面、不同钢种的板坯连铸机上得到推广应用或者已经签约，推广如此迅速足以说明这一技术的强大生命力以及推动板坯连铸技术科技进步的重要意义。

在电磁搅拌器研发的同时，东北大学深入开展方坯、板坯连铸电磁搅拌的数值模拟和实验研究，取得了很多成果；上海大学和有关钢厂合作率先开展了中间罐电磁搅拌技术的研发和应用；此外，钢铁研究总院、北京科技大学、东北大学、昆明理工大学和中科院力学所等先后进行了电磁搅拌冶金机理和冶金效果的理论和实验研究以及在线工业试验；中科院力学所、钢铁研究总院、内蒙古科技大学等还进行了电磁搅拌设计理论和方法的研究。

13.2.1.3 国外连铸用电磁技术的发展里程碑

表 2-13-6 简要列举了国外里程碑式的连铸用电磁技术。

表 2-13-6 国外连铸用电磁技术的发展里程碑

年份	里 程 碑
1922	美国 J. D. Mcneill 获得了 EMS 控制凝固过程的专利
1948	瑞典 ASEA 公司 Dreyfils 博士制造出世界上第一台电磁搅拌器并用于电弧炉炼钢
1952	德国的半工业连铸机实现二冷区电磁搅拌；奥地利进行了结晶器工频旋转电磁搅拌的工业试验
1973	法国 SAFE 厂，首先在四流方坯连铸机采用电磁搅拌技术，开辟了连铸电磁搅拌技术的工业应用。世界首台板坯连铸机二冷段电磁搅拌器（DKS）在新日铁君津厂投入使用
1976	板坯连铸机结晶器电磁搅拌第一次用于德国的 Forges & Acieries de Dillingen 的立式板坯连铸机上（布置在板坯连铸机结晶器的每个宽面，目前已不再使用）
1977	法国 Rotelec 公司为小、大方坯结晶器搅拌器注册商标。ABB 提出辊后箱式搅拌的设想，安装在铸流奥氏体钢（无磁性）支撑辊后面
1979	法国 Rotelec 公司采用新型搅拌辊，进行了板坯连铸的二冷区电磁搅拌
1981	NSC 提出了旋转式结晶器电磁搅拌，减少针孔、气孔、夹杂类等皮下缺陷
1982	日本川崎钢铁公司和瑞典 ABB 共同开发了结晶器电磁制动装置，并用于川崎公司的连铸机上
1991	日本 NKK 引进了钢液能加速或减速离开浸入式水口的 EMLS/EMLA（电磁液面减速器/电磁液面加速器）工艺，以及能使钢液旋转的 EMRS

续表 2-13-6

年份	里　程　碑
1994	加拿大 Ispat Sidbec 公司首次采用双线圈电磁搅拌——位于弯月面和结晶器的下部，以提高高碳钢和合金钢的内部质量
1995	在中间罐到结晶器之间，日本神户制钢开发的电磁搅拌技术，解决了长水口堵塞问题，并实现低过热度浇注
1996	NSC 提出了 IMF（Level Magnetic Field）制动技术
2002	多模式电磁搅拌技术（MM-EMS）应用于 POSCO 浦项厂 3 号板坯连铸机
2003	多模式电磁搅拌技术（MM-EMS）应用于 POSCO 光阳厂的 1～3 号连铸机
2008	ABB 发明复合磁场末端电磁搅拌技术

13.2.2　板坯连铸电磁冶金技术的分类

（1）结晶器电磁搅拌（Mold Electromagnetic Stirring，简称 M-EMS）。电磁搅拌器安装在连铸机的结晶器区或结晶器中，对结晶器中的钢液实施电磁搅拌。

（2）结晶器电磁制动（Electromagnetic Brake，简称 EMBR）。电磁制动器安装在连铸机的结晶器区或结晶器中，对结晶器中的钢液实施电磁控流。

（3）多模式结晶器电磁搅拌（简称 MM-EMS）系统，可使钢液加速、减速或水平旋转，使用灵活多变，适用于浇注断面、钢种和浇注速度等多工况变化。

（4）二冷区电磁搅拌（Strand Electromagnetic Stirring，简称 S-EMS）。电磁搅拌器安装在连铸机的二次冷却区域，按照电磁搅拌器的安装方式可分为辊间插入式、辊后箱式、辊内绕组式三种。

（5）凝固末端电磁搅拌（Final Electromagnetic Stirring，简称 F-EMS）。一般用于大方坯或矩形坯，但由于动态轻压下技术的出现和普及，即使在方坯和矩形坯连铸机上，凝固末端电磁搅拌也逐步被动态轻压下技术所替代。

13.2.3　板坯连铸电磁冶金技术的主要特点和冶金功能

13.2.3.1　结晶器电磁流动控制技术的主要特点

（1）恒定磁场的板坯结晶器电磁制动技术（EMBR）只能对从 SEN 流出的流股产生制动作用，制动力的大小基本上与流股的速度成正比，对速度为零的钢液不起作用，更不能使钢液加速。

（2）行波磁场的常规板坯结晶器电磁搅拌技术（M-EMS）是在结晶器的两个宽面上激发方向相反的行波磁场，产生方向相反的电磁力，从而使钢液产生水平旋转搅拌，一般来说，它只起到使钢液加速的作用，而不能制动钢液。

（3）多模式板坯结晶器电磁搅拌技术（MM-EMS），不仅可以产生制动力，使从 SEN 两侧孔流出的流股同时减速，也可以产生加速力，使从 SEN 两侧孔流出的流股同时加速，还可以让钢液产生水平旋转搅拌，使结晶器中部的钢液形成一个大的水平环流。这样，可以按照不同的钢种、断面、浇注速度等浇注条件来选择最合适的搅拌和制动方式，使该系统的运行灵活方便。

三种电磁流动控制技术的主要特点见表 2-13-7。

表 2-13-7　三种电磁流动控制技术的主要特点

电磁流动控制技术		EMBR	M-EMS	MM-EMS
搅拌器	配置方式	沿板坯宽面配置两台制动器	沿板坯宽面配置两台搅拌器	沿板坯宽面配置四台搅拌器
	安装位置	水口侧孔流出的流股主流处	介于弯月面和水口侧孔之间	结晶器半高处
	磁场形态	恒定直流磁场	行波磁场	行波磁场
	电源	直流	低频、三相	低频、两相
流动形态		制动从 SEN 侧孔流出的流股，使其减速	加速钢液使其水平旋转	可使钢液加速、减速或水平旋转
控制特征		被动控制	能动控制	能动控制
对结晶器要求		常规铜板	低电导率的薄铜板	低电导率的薄铜板
主要应用范围		薄板坯、高拉速	中厚板、低拉速	中厚板坯、高拉速

13.2.3.2　板坯连铸二冷区电磁搅拌的主要形式及特点

A　主要形式

为了提高板坯质量，板坯连铸要求细辊密排，辊距中需要喷水和压缩空气对板坯进行雾化冷却，而电磁搅拌又要求电磁搅拌器尽可能靠近铸坯，这样就可以使用较小的功率产生较高的搅拌强度，所以支承辊和搅拌器的安装有较大的矛盾。为了解决这一矛盾，世界各国曾探索过电磁搅拌器的各种构形和合理的安装方式，但无论哪种方式，其核心问题仍是解决板坯支撑的问题。经过几十年的优胜劣汰，目前常用的二冷区电磁搅拌器主要有三种模式：

(1) 日本新日铁公司（NSC）和日本安川电机（YASKAWA）开发的插入辊缝的双边行波磁场搅拌器（新日铁称 DKS），又称为插入式电磁搅拌器。

(2) 由瑞典 ASEA（现为 ABB 公司）公司开发的辊后单边行波磁场搅拌器，又称辊后箱式电磁搅拌器。

(3) 由法国 ROTELEC 公司开发的辊内式行波磁场搅拌器（Roll Travelling Field Stirrer，RTS）又称辊内式电磁搅拌器。

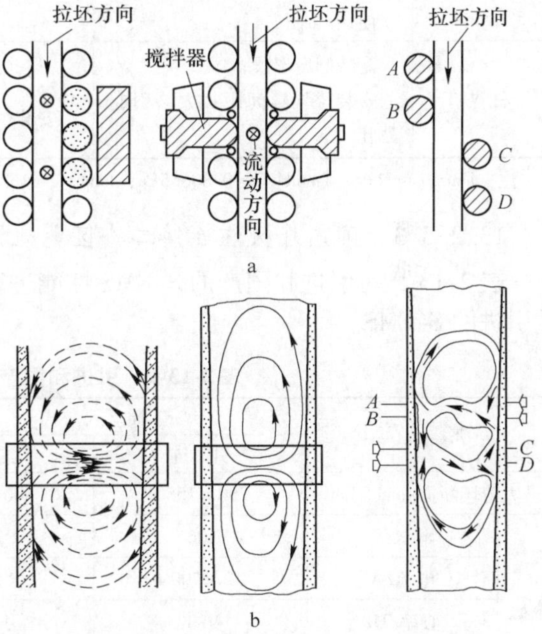

图 2-13-13　板坯二冷区电磁搅拌的主要形式
a—电磁搅拌器及其安装方式；b—相应的流动形貌

三种不同结构形式的电磁搅拌器如图 2-13-13a 所示，相应的流动形貌如图 2-13-13b 所示。

B　主要技术特点

板坯连铸机二次冷却区三种类型的电磁搅拌器（S-EMS）的主要技术特点见表 2-13-8。

表 2-13-8 三种类型 S-EMS 的主要技术特点

类 型	插 入 式	辊 后 式	辊 内 式
感应器数量	2台对置组成一对	1台单面安装	4根辊组成两对
感应器绕组	铜管绕组，克兰姆式	铜管绕组叠绕式	扁铜线绕组，克兰姆式
相数	3	2	2
频率/Hz	4~20	0.3~3	4~10
电流/A	2×700	2×1000	2×400
冷却方式	一次内水冷	一次内水冷	一次外水冷
中心电磁推力/mmFe	85~110	35~50	一对：60~80 两对并列：90~110
作用面	内外弧双面	单面	内外弧双面
对扇形段改造	需特殊扇形段，辊列结构需改变	辊列结构及连铸机结构需改变	几乎不改变扇形段及连铸机的任何结构
安装位置	可灵活安装在第1~6扇形段	适合安装在直弧段，位置不可调	可灵活安装在直弧段末及1~6扇形段
优点	电磁力大，可适应对所有钢种的搅拌； 可根据不同钢种灵活调整安装位置； 使用寿命长	使用寿命长	高磁力辊电磁力较大，可适应大部分钢种的搅拌； 两对并列使用可适应所有钢种的搅拌； 不改变扇形段及辊列结构； 可根据不同钢种灵活调整安装位置
缺点	需特制扇形段； 安装位置辊间距加大会引起鼓肚	电磁力小； 安装位置不可调	使用寿命不长； 维护较麻烦

注：1mmFe≈71Pa；1mmH_2O≈9.80665Pa；1mmHg≈133.322Pa

13.2.3.3 国内外板坯连铸二冷区电磁搅拌性能的比较

表2-13-9对引进和国产的S-EMS性能进行比较，可见国产S-EMS的性能已达到或超过引进的S-EMS。

表 2-13-9 引进和国产电磁搅拌器性能比较

形 式		插入式		辊式	
		引进	国产	引进	国产
最大铸坯断面/mm×mm		250×1550	300×1700	250×1700	250×1700
电磁搅拌器参数	电压/V	106	288	151	166
	电流/A	2×700	2×700	2×400	2×400
	频率/Hz	4~8	4~20	2~8	5~11
	相数	3	3	2	2
	极数	2	2	2	2
	视在功率/kV·A	2×128	2×350	2×121（两对辊）	2×133（两对辊）
	中心推力/mmFe	65	110	40.6	81

13.2.3.4 各类电磁搅拌技术的冶金功能

表2-13-10简要列举了4种电磁冶金技术的冶金功能。

表 2-13-10 各类电磁冶金技术的冶金功能

EMS模式 / 冶金功能	S-EMS	F-EMS	M-EMS	EMBR
改进铸坯质量	1. 增加等轴晶率； 2. 减少中心裂纹； 3. 减小中心偏析； 4. 减小中心疏松和缩孔	1. 减小中心偏析； 2. 减小中心疏松和缩孔； 3. 减小中心裂纹； 4. 减小V形偏析	1. 增加等轴晶率； 2. 减小表面和皮下夹渣； 3. 防止表面和皮下气孔和针孔	1. 改进内部清洁度； 2. 减少皮下夹渣； 3. 减少表面和皮下气孔、针孔
简化连铸工艺	1. 放宽过热度的限制； 2. 放宽对连铸机的某些限制； 3. 可增加拉速； 4. 可降低压缩比	1. 放宽过热度； 2. 可增加拉速； 3. 可降低压缩比	1. 减少表面精整量； 2. 增加热装和热送	1. 减少表面精整量； 2. 增加热装和热送； 3. 减少漏钢危险； 4. 可增加拉速
改进产品性能	1. 厚钢板； 2. 轮胎钢； 3. 无缝钢管； 4. 铁素体不锈钢； 5. 管线用钢； 6. 工具钢	1. 轮胎钢； 2. 滚珠轴承钢	1. 冷轧薄板； 2. 线、棒材钢； 3. 弹簧钢； 4. 焊丝钢； 5. 准沸腾钢	1. 厚钢板； 2. 冷轧薄板； 3. 深冲薄钢板； 4. 镀锡钢板

13.2.4 板坯连铸电磁搅拌器的安装位置

板坯连铸二冷区电磁搅拌器安装位置的选择与方坯连铸的相类似，在给定板坯断面、钢种、拉速和冷却条件下，搅拌位置决定了柱状晶区（坯壳）厚度和等轴晶区（液芯）厚度之比。另外，在弧形板坯连铸机中，大型夹杂物常在内弧侧板厚1/4处偏聚，恰当的搅拌位置和搅拌方式有利夹杂物的上浮分离。考虑上述因素，板坯二冷区电磁搅拌器中心的最佳位置约在液芯为坯厚的35%~60%范围内。插入式EMS的安装位置，其坯壳厚度为坯厚的31%，即其液芯为坯厚的38%。具体地说对不同的坯厚，搅拌器的安装位置离弯月面约为2.5~10m。

板坯连铸二冷区电磁搅拌器安装位置的几点注意事项如下：

（1）不同的EMS形式需要不同安装位置。辊后式EMS通常安装在连铸机的高位（弯曲段），接近结晶器，离弯月面约3~4m。此处辊径小，EMS至板坯表面的距离也小（典型距离为220mm）。目的是要尽可能缩小EMS与铸坯表面的距离，减小EMS所需功率和运行费用。

而辊式EMS应在内外弧边邻边或面对面安装，因为感应器安装在机械旋转的辊套内，要求最小辊径最好为ϕ240mm。目前国外已能制造分节搅拌辊和直径小于ϕ240mm的搅拌辊，而国内分节搅拌辊正在研制，但已能制造ϕ225mm的搅拌辊。

（2）不同钢种需要不同安装位置。实践表明，硅钢和不锈钢连铸，要求铸坯有较高的等轴晶率，需要选择较高的安装位置，而如船板钢、管线钢和容器钢等要求铸坯的中心偏析小，中心缩孔少，这样需要选择较低的安装位置。

安装位置不能太低，太低不能产生大的等轴晶区；安装位置也不能太靠近结晶器，避免搅拌扰动结晶器内的钢液流动并诱发弯月面的波动。

13.2.5　板坯连铸电磁搅拌应用效果及实例

表 2-13-11 列举了各类电磁冶金技术的适应条件、冶金机理和冶金效果。后面列举几个国内厂家的使用情况。

表 2-13-11　各类板坯电磁冶金技术的应用简述

EMS 模式	钢种、断面	冶金机理	冶金效果
M-EMS	中厚板坯（低拉速） 准沸腾钢，超低碳钢，生产厚板和管线的高级钢	1. 防止气泡、夹杂被凝固面捕获； 2. 提高弯月面温度且均匀化； 3. 抑制不均匀坯壳生长； 4. 放宽氧含量限制避免 CO 气孔产生	1. 减少气泡； 2. 减少表面和皮下夹杂物； 3. 减少纵向裂纹； 4. 稳定浇注操作
多模式 EMS EMLS（电磁水平稳定器） EMLA（电磁水平加速器） EMRS（电磁旋转搅拌）	中厚板坯（高拉速） 低碳和超低碳钢	1. 降低窄面波高、弯月面流速和弯月面波动； 2. 阻止窄面附近渣层变薄和阻止保护渣膜剪切； 3. 改进弯月面传热和保护渣的熔融率； 4. 单环和不稳定流动转变成最佳双环流动； 5. 减少镇静钢中的氩气泡； 6. 减少准沸腾钢中的 CO 气孔； 7. 减少包晶钢纵裂	1. 减少保护渣性缺陷（条状裂纹、管状裂纹）； 2. 窄面润滑降低漏钢事故和报警； 3. 减少铝基夹杂缺陷； 4. 防止弯月面变冷和冻结； 5. 渣斑阻塞报警； 6. 纵向裂纹； 7. 机械去除表面和皮下气孔及针孔； 8. 弯月面附近温度均匀
EMBR 局部区域： 全幅一段（Ruler）； 全幅二段（FC-Mold）	薄板坯（高拉速，Ruler），中厚板坯 厚板钢，冷轧钢，深冲薄板钢，镀锡板	1. 减小流股侵入液相穴深度； 2. 抑制窄面附近反转流动； 3. 减弱流股对窄面的冲击； 4. 稳定弯月面	1. 改进钢的清洁度； 2. 减少皮下夹渣； 3. 减少表面和皮下气孔、针孔
S-EMS 辊径 > 240mm 用辊式 EMS 或插入式 EMS； 辊径 ≤ 200mm 用辊后式（箱式）EMS	所有断面 铁素体不锈钢，奥氏体不锈钢，硅钢，板和管类的中高碳钢	1. 冷热钢液混合促进过热度尽早消失； 2. 扩大宽且细的等轴晶区	1. 扩大等轴晶区，减少单向波纹和发纹； 2. 减少导致大型不变形夹杂物的难溶成分的晶间析出； 3. 扩大等轴晶区并细化晶粒； 4. 减小中心缩孔和偏析使之减小超声缺陷和裂纹的敏感性

（1）A 钢铁公司一炼钢厂：板坯断面为 250mm × 1900mm，拉速为 1.2m/min，铝沸腾钢，DKS 安装在第 4 扇形段，至弯月面 10.98m，未凝固率为 39%。

（2）D 钢铁公司二炼钢厂：板坯断面为 210mm × 1050mm，拉速为 0.7m/min，硅钢，DKS 安装在第 2 扇形段，至弯月面 4.5m。

（3）B 钢铁公司炼钢厂：板坯断面为 300mm × 1900mm，拉速为 0.8m/min，钢种为 A36、

SM490B、16MnR 等，DKS 安装在第 4 扇形段，至弯月面 10. 85m，其未凝固率为 34. 5%。

13. 3　扇形段辊子间插入式电磁搅拌

13. 3. 1　插入式电磁搅拌基本情况

13. 3. 1. 1　功能

连铸过程中，降低钢液温度可以改善板坯质量，但温度太低，容易使中间罐水口堵塞，对连续铸钢生产操作不利。提高钢液温度，可使板坯内部的柱状晶区扩大，等轴晶率减少，温度太高，易造成中心偏析，特别是板坯内弧侧中心偏析更为严重。插入式电磁搅拌器（DKS）能够减少柱状晶，扩大等轴晶，改善中心偏析，提高板坯质量，尤其是在特殊钢和厚板钢生产中显得更为重要。

电磁搅拌器的搅拌力越强，等轴晶区就越宽，但随之而来的是亮带（负偏析）的产生。亮带中含硫量低，含碳量也低。亮带边沿对板坯质量有影响已经有报道。用户一般不希望亮带过宽。

插入式电磁搅拌器（DKS）可以安装在板坯的一面或两面，安装在两面时搅拌效果更好，但花钱较多。关于电磁搅拌技术下面作以简要介绍。

13. 3. 1. 2　工作原理

按一定规律排列的线圈安装在离连铸板坯一定距离范围内，当线圈中有定向电流通过时，就会产生定向的磁场推力，在磁场推力的作用下，板坯坯壳中未凝固的钢液沿一定方向循环运动，从而使钢液的成分均匀化，达到改善板坯内部质量的目的。

由图 2-13-14 可以看到磁场推力的形成过程。电流方向为铅垂向下，利用右手螺旋定则，将右手伸直的大拇指指着电流方向，弯曲的四指则指向磁力线回转方向。然后，再利用左手定则，使大拇指与其四指垂直，让磁力线穿过手心，四指指向电流方向，其大拇指的指向就是磁场推力的方向。图 2-13-15 是钢液运动方向示意图。改变电流方向，磁场推力方向（亦即钢液运动方向）也随之改变，若周期交替进行，就是前面提到的交变搅拌。

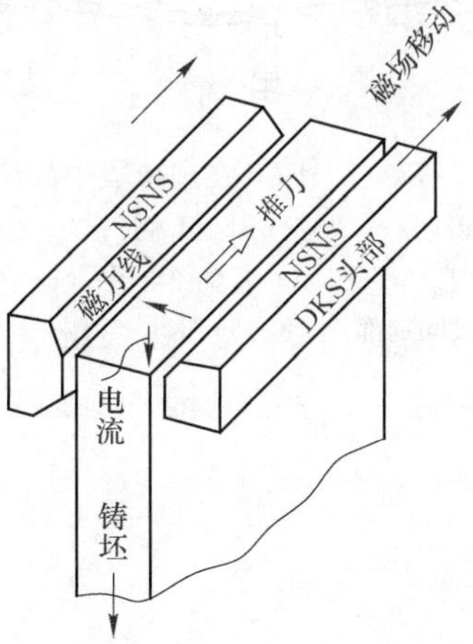

图 2-13-14　DKS 工作原理

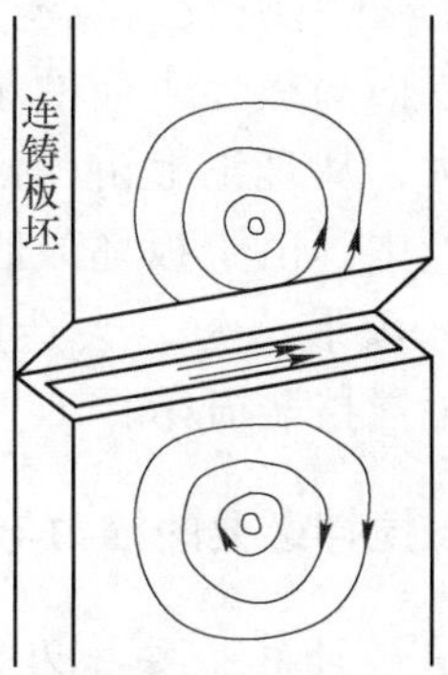

图 2-13-15　钢液被搅拌状况

13.3.1.3　电磁搅拌器构造

电磁搅拌器主要由铁芯、线圈、外罩、接线柱等组成，如图 2-13-16 所示。线圈内通水冷却。外罩是用不锈钢制成的双层结构，可以通水冷却，因此也叫冷却水套。电磁搅拌器供电装置安装在扇形段上。为了防止结露引起锈蚀，在电磁搅拌器内部吹以氮气。

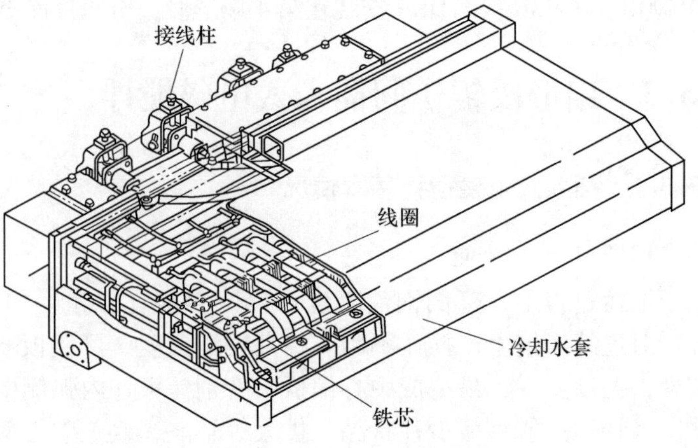

图 2-13-16　电磁搅拌器结构

13.3.1.4　电磁搅拌器的安装位置

图 2-13-17 是 A 钢铁公司 250mm × 1930mm 板坯连铸机电磁搅拌器安装在导辊段上的剖面图。为了叙述方便，我们把内弧侧简称为“L 面”，把外弧侧简称为“F 面”。安装电磁搅拌器，需要对扇形段进行许多修改。例如：大直径的辊子要变为小直径的分段辊（A 钢铁公司采用的是六分段辊）；电磁搅拌器安装区域的钢结构（包括分段辊）应改用非磁性材料——不锈钢等。

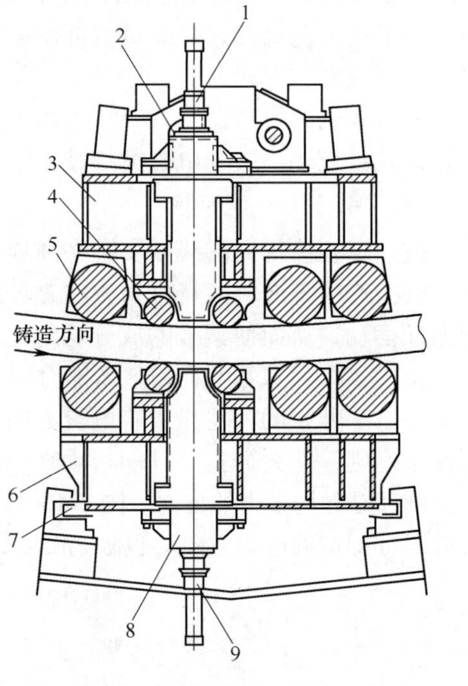

图 2-13-17　DKS 在扇形段中的位置

1—配线盒；2—上 DKS（L 侧）；3—上框架；4—小直径辊子；5—大直径辊子；6—下框架；7—扇形段固定部分；8—下 DKS（F 侧）；9—配线盒

图 2-13-18 是 250mm × 1930mm 板坯连铸机上使用的电磁搅拌器的外形尺寸。由图可知，电磁搅拌器端部离板坯表面的距离为 20mm，这一尺寸很重要。其他尺寸及有关参数均标注在图中。

需要强调指出的是，安装电磁搅拌器的区域采用非导磁材料非常重要，不然大多数磁力线就会被导磁材料吸收，减弱搅拌力。另外，电磁搅拌器端面与板坯表面的距离，对电磁力的影响也很大，从理论上讲，该距离越小搅拌力越大。生产中，由于板坯鼓肚、氧化铁皮等的影响，如果安装太近，会造成该缝隙堵塞，进而引起电磁搅拌器损坏。

13.3.2　电磁搅拌必要的推力与频率

13.3.2.1　计算必要推力的前提条件

（1）以圆弧型和立弯型连铸机作为确定对象。

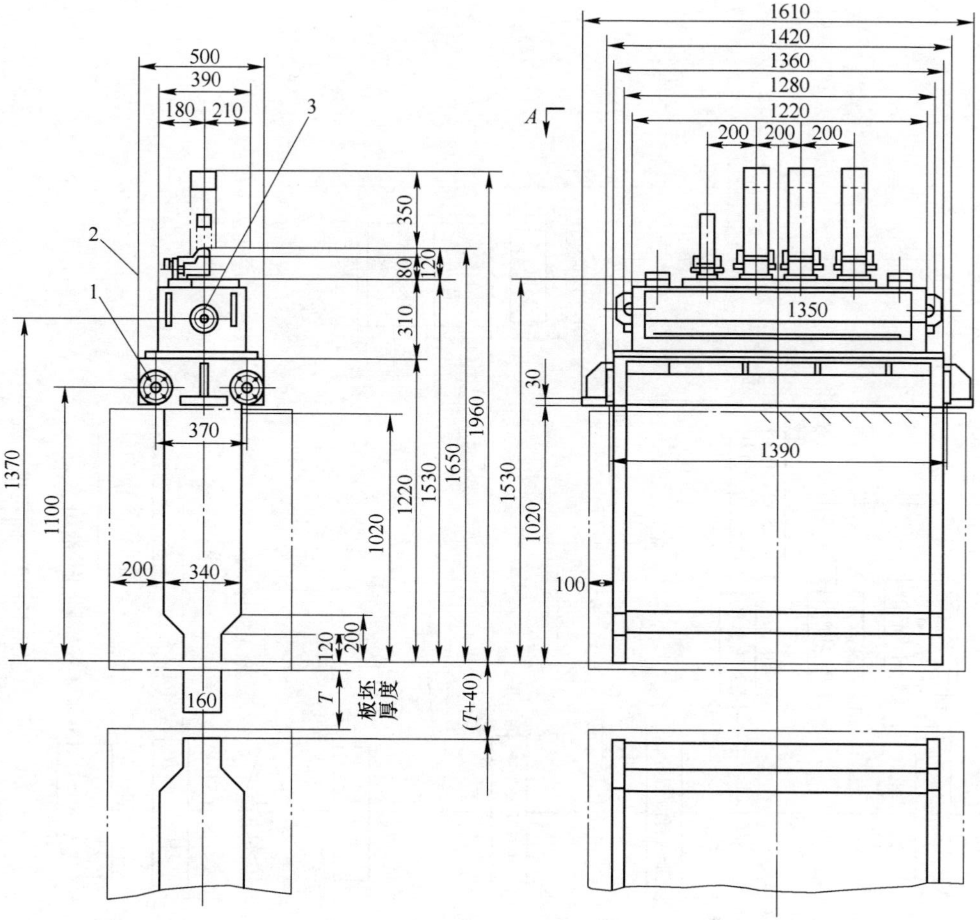

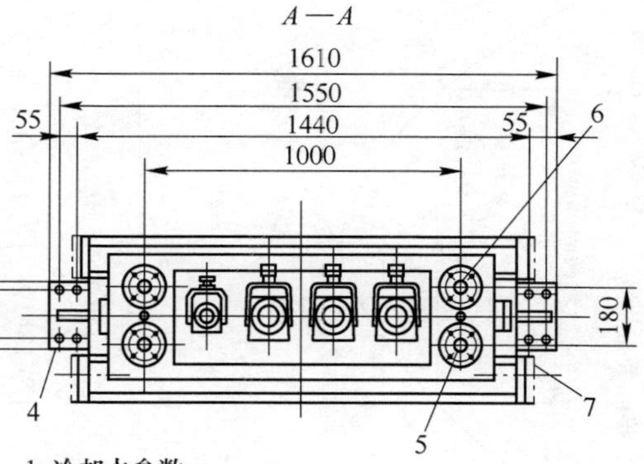

1. 冷却水参数

项目	常用值	
	流量 /L·min^{-1}	压损 /MPa
线圈冷却水	100	0.15
铁芯冷却水	60	0.05
外罩冷却水	300	0.05

2.N_2 气参数

常用压力 /MPa	0.02
最低压力 /MPa	0.01
最高使用压力 /MPa	0.05

3. 概略重量 2.6t

图 2-13-18　DKS 外形尺寸及所需介质参数

1—外罩冷却水出口；2—外罩冷却水入口；3—铁芯冷却水出口（对称侧为入口）；
4—安装孔；5—线圈冷却水入口；6—线圈冷却水出口；7—N_2 气供给口

(2) 以板坯L面未凝固部分的平均推力作为必要推力，如图2-13-19所示。

在推导必要推力的过程中采用的频率为16Hz，若采用频率为8Hz，必要推力须进行转换。

(3) 使用的拉坯速度是实际生产中的稳定拉速。

13.3.2.2　确定必要推力的流程和指标流程

确定必要推力的流程如图2-13-20所示。

确定必要推力的指标流程如图2-13-21所示。这里采用的是新日铁君津厂硫印评点等级与自由晶率关系的数据，如图2-13-22所示。

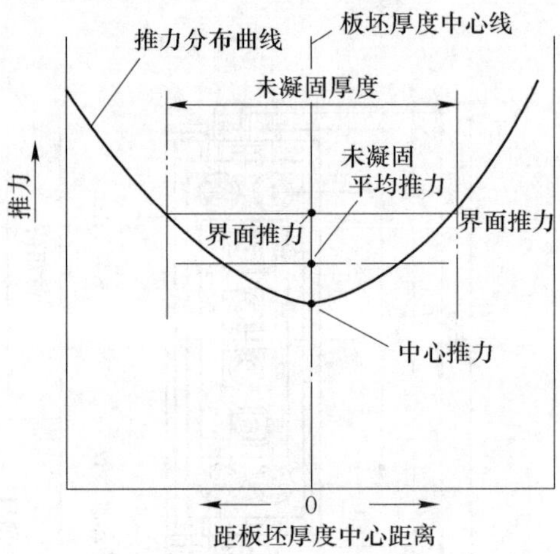

图2-13-19　推力分布

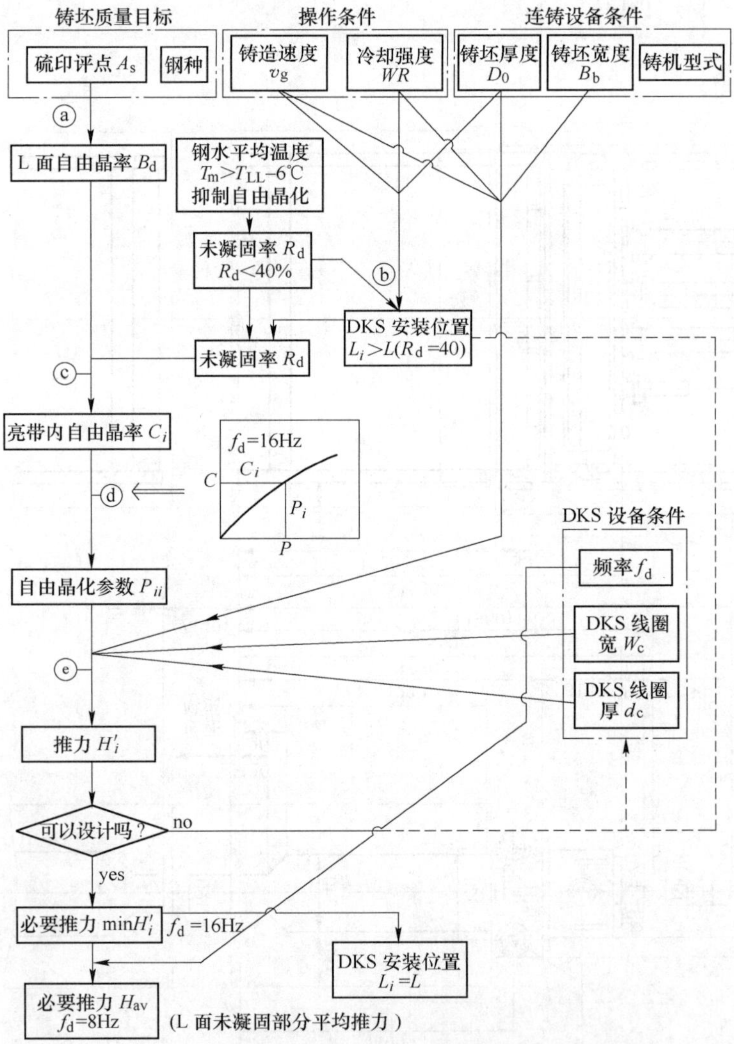

图2-13-20　确定推力流程

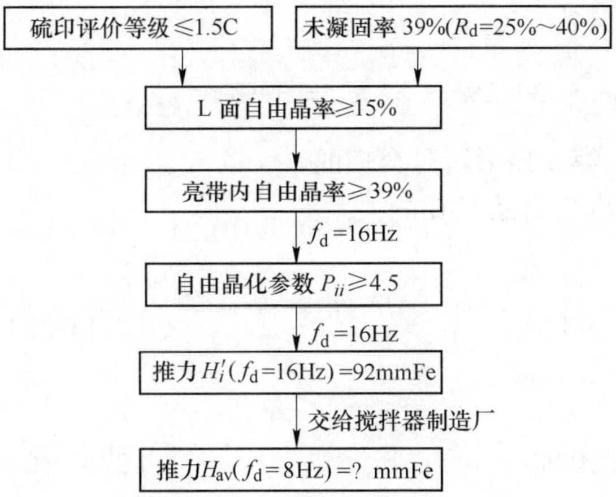

图 2-13-21　确定推力的指标流程

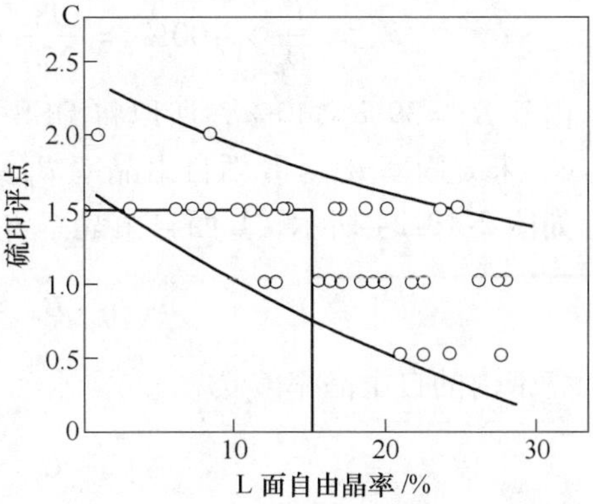

图 2-13-22　L 面自由晶率和硫印评点关系

13. 3. 2. 3　电磁搅拌必要推力计算举例

A　已知条件

（1）采用的是直结晶器圆弧型多点矫直连铸机，板坯断面为 250mm × 1930mm。

（2）浇注速度 $v_g = 1.2\text{m/min}$，凝固系数 $K = 25\text{mm/min}^{1/2}$。

（3）对板坯质量的要求：一般 Al-Si 镇静钢的硫印评点 ≤1. 5C；L 面的自由晶率 ≥15%。

L 面的自由晶率与硫印评点的关系如图 2-13-22 所示。该图曲线是通过对不同钢种进行硫印试验而得出的。L 面自由晶率取 15%，是根据硫印评价等级 1. 5C 时两条曲线的平均值。图中曲线与图 2-13-20 中的@ 相对应。

B　确定电磁搅拌器的安装位置

a　电磁搅拌器安装处的钢液平均温度 T'_m

$$T'_m \geqslant T_{LL} - 6 \tag{2-13-27}$$

式中　T_{LL}——液相线平均温度，℃。

如图 2-2-1 所示，根据拉速 $v_g = 1.2\text{m/min}$，其未凝固率 R_d 可初步确定 <40%，凝固系数 $K = 25\text{mm/min}^{1/2}$，初步估计到 DKS 可能安装在第 4 扇形段上，第 4 扇形段距结晶器液面的距离为 10. 98m，然后校核 R_d。

b　未凝固率 R_d 的校核

$$R_d = \frac{l_h}{D_0} \times 100\% \tag{2-13-28}$$

$$l_h = D_0 - 2S_i$$

$$S_i = K\sqrt{\frac{L}{v_g}}$$

式中，l_h、D_0、S_i 为带液芯的板坯断面的相关尺寸，见图 2-13-23。

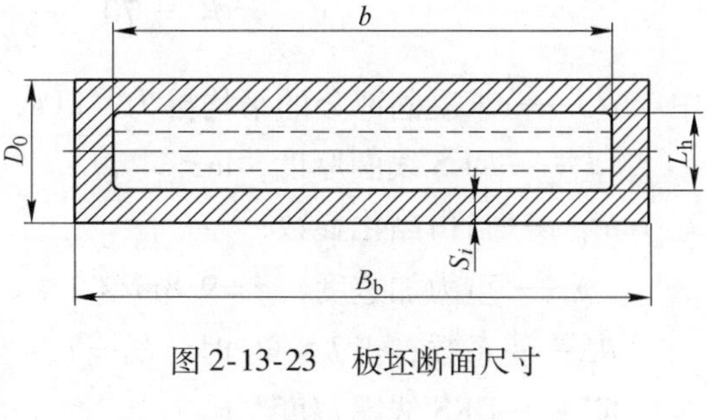

图 2-13-23　板坯断面尺寸

$$S_i = K\sqrt{\frac{L}{v_g}} = 25\sqrt{\frac{10.9}{1.2}} = 76\text{mm}$$

$$l_h = D_0 - 2S_i = 250 - 2 \times 76 = 98\text{mm}$$

$$R_d = \frac{l_h}{D_0} \times 100\% = \frac{98}{250} \times 100\% \approx 39.2\% \quad 取 R_d = 39\%$$

由于 $R_d = 39\% < 40\%$，所以将 DKS 安装在第 4 扇形段是合理的。

c　未凝固率 R_d 与 L 面自由晶率 B_d 及亮带内自由晶率 C_i 的关系

如图 2-13-24 所示，L 面自由晶率 B_d 为

$$B_d = \frac{l_{22}}{l_{00}} \times 100\% \tag{2-13-29}$$

亮带内的自由晶率 C_i 为

$$C_i = \frac{l_{22}}{l_{11}} \times 100\% \tag{2-13-30}$$

图 2-13-25 所示为未凝固率与 L 面自由晶率及亮带内自由晶率的关系。图中 T、C、M、H、N、O 分别代表不同钢铁厂，下角数字为该厂连铸机的号数。该图表明，电磁搅拌器安装在未凝固率 $R_d = (25 \sim 40)\%$ 范围内最合适，因为这时的自由晶率高。如果未凝固率低，则坯壳厚，钢液黏度大，搅拌效果不好；如果未凝固率高，钢液温度也高，抑制了自由晶化。

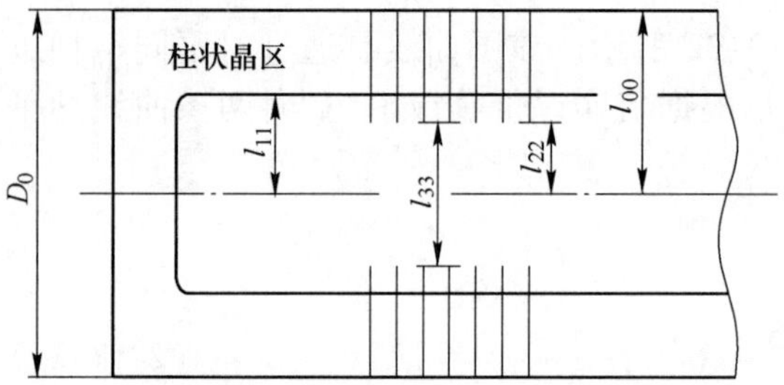

图 2-13-24　自由晶率

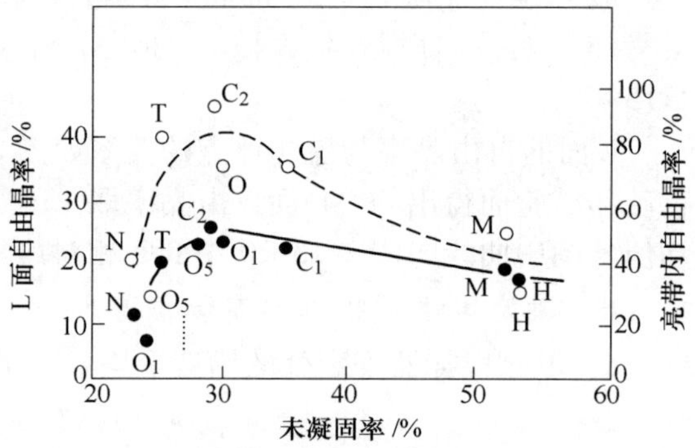

图 2-13-25　未凝固率与 L 面自由晶率的关系

C　必要推力 H_i' 的计算式（经验公式）

$$H_i' = 70 \frac{1 + \lambda_0 \cdot \frac{b}{d_0'}}{2gK_4} \frac{P_{ii} \cdot v_g}{d_c} \tag{2-3-31}$$

式中　H_i'——未凝固部分的平均推力，kPa；

d_c——DKS 线圈厚度，m；

P_{ii}——自由晶化参数；

g——重力加速度，$g = 9.8\text{m/s}^2$；

K_4——系数，当 $b \geq W_c$ 时，$K_4 = 1$；当 $b < W_c$ 时，$K_4 = b/W_c$；

W_c——DKS 线圈宽度，m；

d_0'——相当管径，m；

λ_0——阻力系数，是雷诺数及管壁粗度的函数，

$$\lambda_0 = \left[\frac{1}{1.14 - 2\lg(\varepsilon_d/d_0')}\right]^2$$

$$\frac{\varepsilon_d}{d_0'} = 0.056\frac{D_0 - l_h}{d_0'}$$

$$d_0' = 4\frac{d_c' \cdot l_h}{2(d_c' + l_h)}$$

ε_d——相当于管壁凹凸高度的平均高度；

d_c'——线圈厚度方向钢液搅拌区域，$d_c' = 0.16\text{m}$，如图 2-13-26 所示。

其中 b 和 l_h 为钢液宽度和厚度，单位为 m，浇注速度 v_g 单位为 m/s。

自由晶化参数 P_{ii} 的确定方法参看图 2-13-27。由公式（2-13-28）~式（2-13-30）可得亮带内的自由晶率关系为

$$C_i = \frac{B_d}{R_d} \times 100\% \qquad (2\text{-}13\text{-}32)$$

已知：$R_d = 39\%$，$B_d = 15\%$，则

$$C_i = \frac{B_d}{R_d} \times 100\% = \frac{15\%}{39\%} \times 100\% \approx 39\%$$

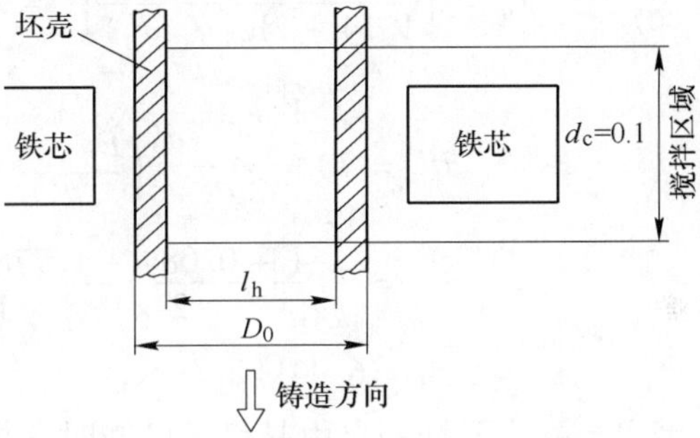

图 2-13-26 线圈厚度方向的搅拌区域

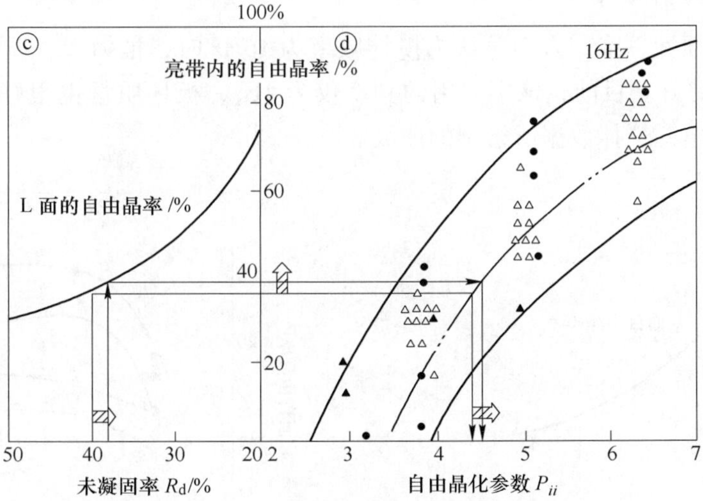

图 2-13-27 自由晶化参数

根据亮带内的自由晶率 $C_i = 39\%$，在双点划曲线对应的横坐标上可以找到自由晶化参数 $P_{ii} = 4.5$。

把实际数据代入

$$v_g = 1.2\text{m/min} = 0.02\text{m/s}$$

$$b = 1.93 - 0.076 \times 2 = 1.778\text{m}$$

$$d_c = 0.1$$

$$g = 9.8\text{m/s}^2$$

$$K_4 = 1(\because b \geqslant W_c)$$

$$d_0' = 4\frac{d_c' \cdot l_h}{2(d_c' + l_h)} = 4 \times \frac{0.16 \times (0.25 - 2 \times 0.076)}{2[0.16 + (0.25 - 2 \times 0.076)]} = 0.122\text{m}$$

$$D_0 = 0.25\text{m}$$

$$l_h = C_0 - 2S_i = 0.25 - 0.076 \times 2 = 0.098\text{m}$$

$$\frac{\varepsilon_d}{d_0'} = 0.056\frac{D_0 - l_h}{d_0'} = 0.056 \times \frac{0.25 - 0.098}{0.122} = 0.07$$

$$\lambda_0 = \left[\frac{1}{1.14 - 2\lg(\varepsilon_d/d_0')}\right]^2 = \left(\frac{1}{1.14 - 2\lg 0.070}\right)^2 = 0.084$$

$$H_i' = 70\frac{1 + \lambda_0\dfrac{b}{d_0'}}{2gK_4}\left(\frac{P_{ii} \cdot v_g}{d_c}\right)^2$$

$$= 70\frac{1 + 0.084 + 1.778/0.122}{2 \times 9.8 \times 1} \cdot \left(\frac{4.5 \times 0.02}{0.1}\right)^2$$

$$= 6.44\text{kPa}$$

事实上，当 L 面的自由晶率为已知时，根据图 2-13-28 所示的曲线，由未凝固率 R_d 查自由晶化参数 P_{ii} 更为方便。

13.3.2.4　搅拌频率

凭想象力和惯性思维，人们总认为搅拌频率为 16Hz 时，推力大，质量好。但实践证明，8Hz 时效果更好。目前，该厂应用的频率仅为 4Hz，板坯质量也很好。图 2-13-29 是根据某厂连铸机电磁搅拌数据所绘制的曲线。

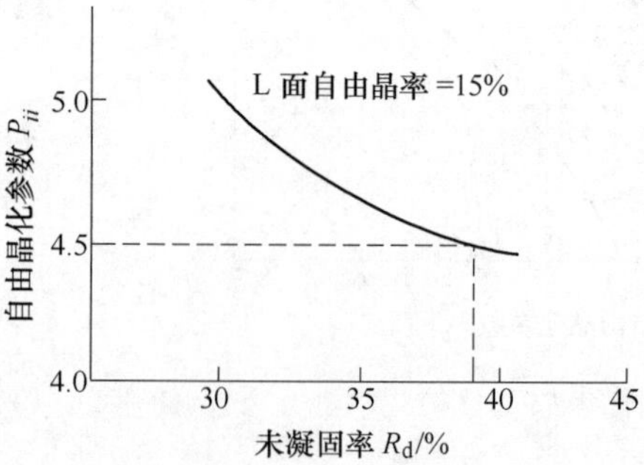

图 2-13-28　未凝固率和自由晶化参数关系

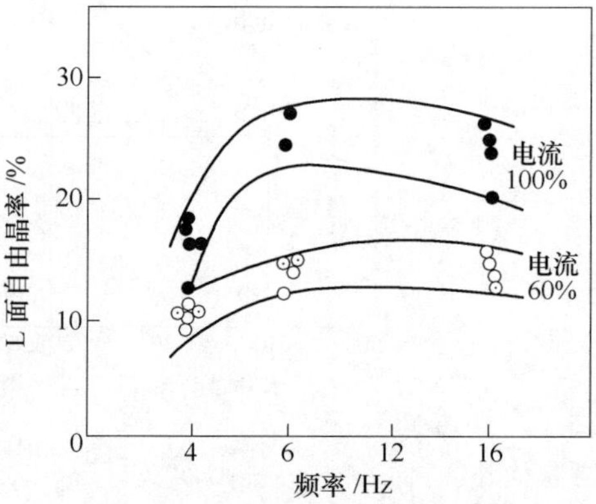

图 2-13-29　频率和 L 面自由晶率关系

搅拌频率的大小，涉及电磁搅拌装置的费用及生产费用，因此要多方面考虑。

13.3.2.5　A 钢铁公司板坯连铸机电磁搅拌必要推力的计算

已知：凝固系数 $K = 25\text{mm/min}^{1/2}$，结晶器液面离第 4 扇形段的距离为 10.98m，电磁搅拌器极距 480 ×2P，线圈宽度 960mm、厚度 100mm。

按照前面介绍的方法，分别计算了板坯厚度为210mm、230mm、250mm时的必要推力H_i'，其结果列入表2-13-12。

表2-13-12　板坯厚度210mm、230mm、250mm时的必要推力

板坯厚度（冷坯/热坯）/mm	板坯宽度/mm	拉坯速度/m·min^{-1}	坯壳厚度S_i/mm	未凝固率R_d/%	自由晶化参数P_{ii}	必要未凝固平均推力（16Hz时）H_i'	
						kPa	mmFe
210/216	900	1.3	73	32.7	4.8	8.40	120
		1.4	70	35.2	4.65	8.75	125
	1100	1.3	73	32.7	4.8	7.35	105
		1.4	70	35.2	4.65	7.63	109
	1500	1.3	73	32.7	4.8	8.75	125
		1.4	70	35.2	4.65	9.10	130
	1930	1.3	73	32.7	4.8	10.29	147
		1.4	70	35.2	4.65	10.64	152
230/237	900	1.2	76	36.2	4.6	6.16	88
		1.3	73	38.7	4.5	6.65	95
	1100	1.2	76	36.2	4.6	5.32	76
		1.3	73	38.7	4.5	5.74	82
	1500	1.2	76	36.2	4.6	6.22	88.9
		1.3	73	38.7	4.5	6.72	96
	1930	1.2	76	36.2	4.6	7.21	103
		1.3	73	38.7	4.5	7.77	111
250/258	900	1.1	79	38.8	4.5	4.76	68
		1.2	76	41.4	4.45	5.39	77
	1100	1.1	79	38.8	4.5	4.13	59
		1.2	76	41.4	4.45	4.62	66
	1500	1.1	79	38.8	4.5	4.69	67
		1.2	76	41.4	4.45	5.25	75
	1930	1.1	79	38.8	4.5	5.39	77
		1.2	76	41.4	4.45	6.02	86

13.3.3　16Hz频率转换成8Hz时必要推力的计算

13.3.3.1　板坯中心推力H_c

本节所描述的“推力”均指单位面积的力。参看图2-13-30和图2-13-31，有

$$H_c = 7.37 \times 10^{-5} \times I^2 \times \Phi(gap) \times \Phi(f_d) \times K_\phi \tag{2-13-33}$$

式中　H_c——板坯中心推力，Pa；

I——电流，$I=0\sim700$A；

$\Phi(gap)$——铁芯之间距离gap的函数，见图2-13-32；

$\Phi(f_d)$——频率 f_d 的函数，见图 2-13-33；

K_ϕ——系数，对于 0.9m 板坯宽度 $K_\phi = 1$，对于≥0.96m 板坯宽度，$K_\phi = 0.93$。

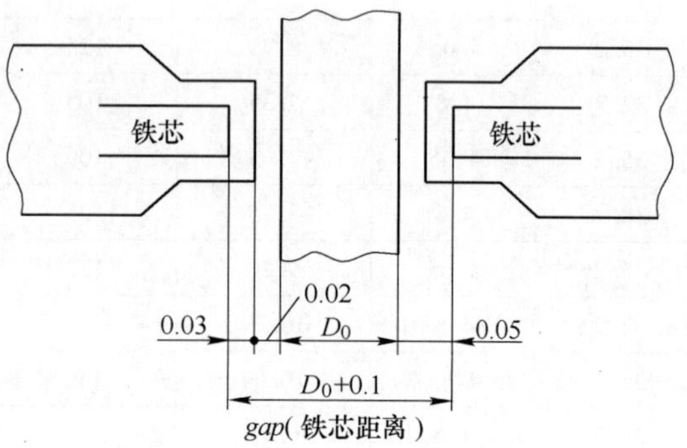

图 2-13-30　铁芯距离尺寸（m）

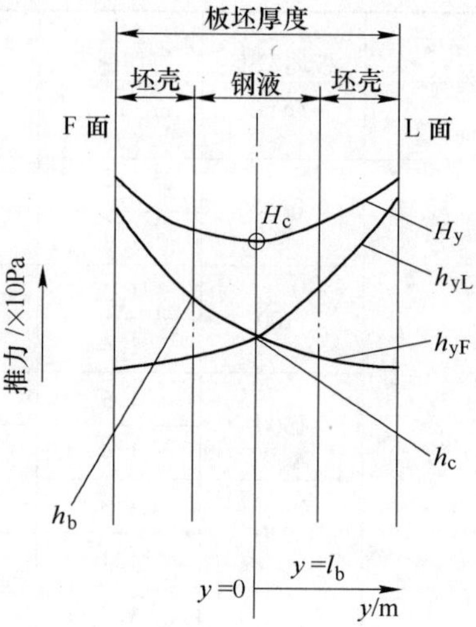

图 2-13-31　推力计算

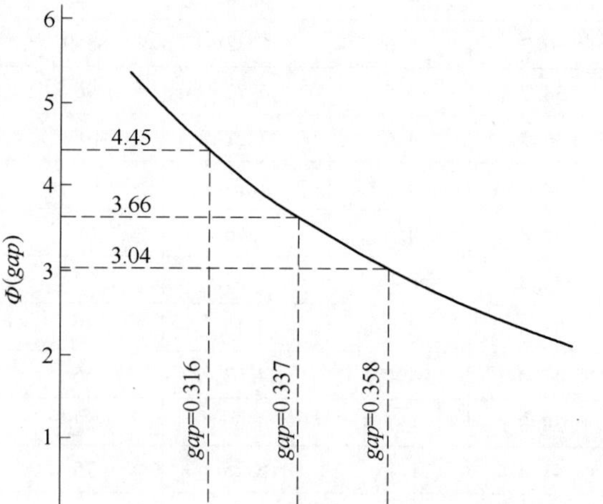

图 2-13-32　铁芯距离及其函数

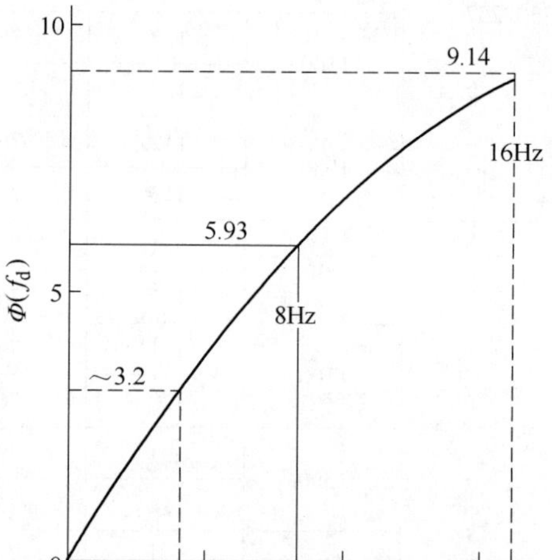

图 2-13-33　频率及其函数

例：

（1）当热坯厚度 0.258m，频率 $f_d = 16$Hz 时

$$H_c = 7.37 \times 10^{-5} \times 700^2 \times 3.04 \times 9.14 \times 0.93 \approx 930\text{Pa}$$

（2）当热坯厚度为 0.216m，搅拌频率 $f_d = 8$Hz 时

$$H_c = 7.37 \times 10^{-5} \times 700^2 \times 4.45 \times 5.93 \approx 950\text{Pa}$$

包括其他情况的计算结果列入表 2-13-13 中。

表 2-13-13 计算结果

板坯厚度/m		Gap/m（铁芯距离）	H_c（坯宽 = 0.9m）/Pa		H_c（坯宽≥0.96m）/Pa	
冷坯	热坯		8Hz	16Hz	8Hz	16Hz
0.210	0.216	0.316	880	1370	950	1470
0.230	0.237	0.337	730	1130	780	1210
0.250	0.258	0.358	600	930	650	1000

13.3.3.2 未凝固部分的平均推力 H_{av}

由图2-13-31 可以看到，板坯厚度方向的坐标为 y，两条交叉的曲线 h_{yL} 和 h_{yF} 是单侧搅拌时的推力分布，曲线 H_y 是两侧搅拌时的推力分布，其表达式为

$$H_y = h_{yL} + h_{yF} + 2\sqrt{h_{yL} + h_{yF}} \tag{2-13-34}$$

式中 h_{yL}——L 面励磁时的推力；

h_{yF}——F 面励磁时的推力。

$$h_{yL} = h_c \cdot e^{\left(\frac{2.88 \cdot \pi \cdot y}{0.48}\right)} \tag{2-13-35}$$

式中 h_c——L 面、F 面励磁时推力的交点，见图 2-13-31。

$$h_{yF} = h_c \cdot e^{\left(-\frac{2.88 \cdot \pi \cdot y}{0.48}\right)} \tag{2-13-36}$$

$$h_c = \frac{H_c}{4}$$

设未凝固部分的平均推力为 H_{av}，则

$$H_{av} = \frac{1}{l_b}\int_0^{l_b} H_y d_y \qquad l_b = \frac{b}{2}$$

令 $\frac{2.88\pi}{0.48} = n$，代入式（2-13-34）得

$$\begin{aligned}
H_{av} &= \frac{1}{l_b}\int_0^{l_b} H_y \mathrm{d}y = \frac{1}{l_b}\int_0^{l_b}\left(h_c e^{ny} + h_c e^{-ny} + 2\sqrt{h_c^2 e^{ny} e^{-ny}}\right)\mathrm{d}y \\
&= \frac{1}{l_b}\left(\frac{h_c}{n}e^{ny} - \frac{h_c}{n}e^{-ny} + 2h_c y\right)_0^{l_b} \\
&= \frac{h_c}{l_b n}\left(e^{nl_b} - e^{-nl_b}\right) + 2h_c \\
&= \frac{h_c}{l_b n}\left(\frac{e^{2nl_b} - 1}{e^{nl_b}}\right) + 2h_c = \frac{h_c}{\ln e^{nl_b}}\left(\frac{e^{2nl_b} - 1}{e^{nl_b}}\right) + 2h_c \\
&= h_c\left(\frac{e^{2nl_b} - 1}{e^{nl_b} \cdot \ln e^{nl_b}}\right) + 2h_c = \frac{h_c^2 \cdot e^{2nl_b} - h_c^2}{h_c \cdot e^{nl_b} \cdot \ln e^{nl_b}} + 2h_c \\
&= \frac{h_c^2 \cdot e^{2nl_b} - h_c^2}{h_c \cdot e^{nl_b} \cdot \ln \dfrac{h_c \cdot e^{nl_b}}{h_c}} + 2h_c
\end{aligned}$$

令 $h_{bc} = h_c \cdot e^{nl_b}$，则

$$H_{av} = \frac{h_{bc}^2 - h_c^2}{h_{bc}\ln \dfrac{h_{bc}}{h_c}} + 2h_c \tag{2-13-37}$$

这里，把各种不同条件时的计算结果列入表 2-13-14 中，读者可以自己进行验证。

表 2-13-14　不同条件的推力计算结果

热板坯厚度 /m	浇注速度 /m · min^{-1}	坯壳厚度 /m	l_b /m	推力（宽度 =0.9m）/Pa			推力（宽度≥0.96m）/Pa		
				h_c	h_b	H_{av}	h_c	h_{bc}	H_{av}
0.216	1.3	0.073	0.035	342.5	662	1420	367.5	711	1520
	1.4	0.070	0.038	342.5	701	1430	367.5	752	1530
0.237	1.2	0.076	0.0425	282.5	629	1190	302.5	674	1280
	1.3	0.073	0.0455	282.5	666	1200	302.5	713	1290
0.258	1.1	0.079	0.050	232.5	597	1000	250.0	642	1080
	1.2	0.076	0.053	232.5	631	1010	250.0	679	1090

图 2-13-34 所示为 0.216m 厚度板坯，按 16Hz 和 8Hz 频率计算所得推力分布图。

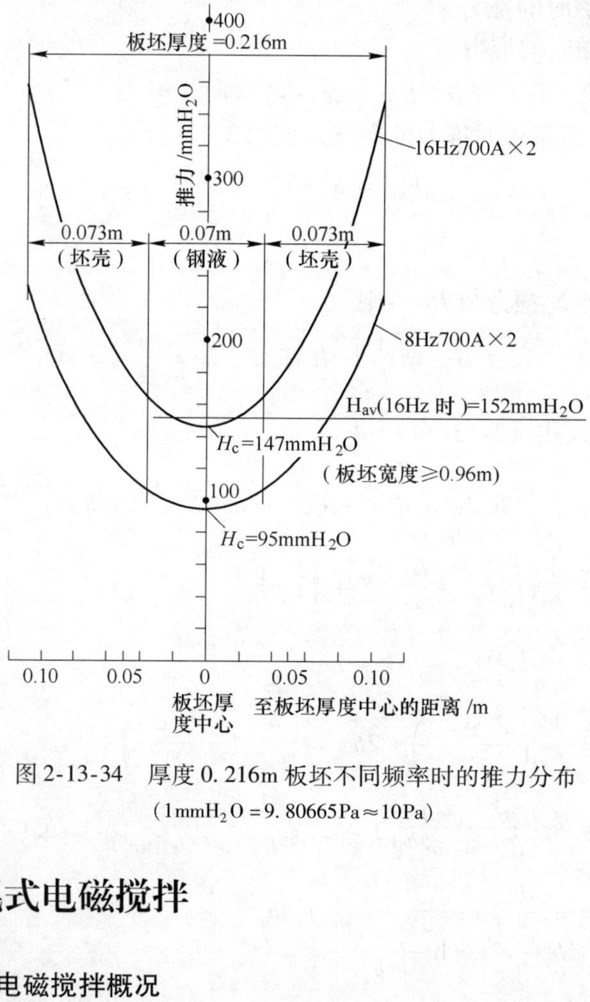

图 2-13-34　厚度 0.216m 板坯不同频率时的推力分布

（$1mmH_2O = 9.80665Pa \approx 10Pa$）

13.4　扇形段辊式电磁搅拌

13.4.1　扇形段辊式电磁搅拌概况

13.4.1.1　扇形段辊式电磁搅拌器的直观概念

辊式电磁搅拌器是 1979 年由法国 ROTELEC 公司开发完成的，其结构主要由一个完全固定的激发磁场的感应器（主体部分）、起调节作用的轴承和辊套（机械部分）、接线盒及冷却水路构成。感应器主要由铁芯和线圈组成，采用纯净水直接冷却，辊套由非磁高强度不锈耐热合金钢制成。图 2-13-35 是装配后的电磁搅拌辊。图 2-13-36 是安装于扇形段入口侧和出口侧的 4 根高推力电磁搅拌辊。

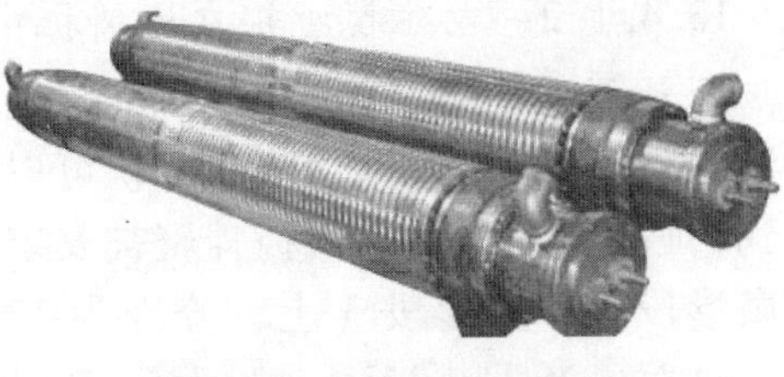

图 2-13-35　辊式电磁搅拌器

该电磁搅拌辊实现了电磁搅拌器（辊）与连铸扇形段支撑辊的互换，可以根据工艺要求灵活

a　　b

图 2-13-36　安装于扇形段入口侧和出口侧的 4 根高推力电磁搅拌辊

a—高推力电磁搅拌辊安装正面图；b—高推力电磁搅拌辊安装侧面图

调整电磁搅拌器（辊）位置，安装十分方便，对连铸机改动量小，因而很受用户欢迎。但由于需替代扇形段支撑辊，因此感应器的大小受到限制，产生的电磁推力相对辊后式电磁搅拌器或插入式电磁搅拌器较小，以往设计的辊式电磁搅拌器大多应用在硅钢连铸线上。

为了扩大辊式电磁搅拌器的适应范围，满足钢铁企业的需求，2007 年由湖南中科电气股份有限公司（以下简称中科电气）对辊式电磁搅拌器进行了国产化创新，开发完成了具有自主知识产权的板坯二冷区高推力辊式电磁搅拌成套装备。设计上，采用了无齿槽圆柱形铁芯结构、磁屏蔽（或称磁定向）技术以及辅助支撑辊结构，使其产生的电磁推力较以往设计的辊式搅拌器提高 1.5 倍左右，能够承受连铸板坯钢水静压力的能力提高到 2 倍以上，成功地将辊式电磁搅拌器推广到各钢种的连铸机上。表 2-13-15 是到 2013 年 12 月底国内各种形式板坯连铸机二冷区电磁搅拌的应用情况。可以看出高推力辊式电磁搅拌器发展势头强劲。

表 2-13-15　国内各形式板坯二冷区电磁搅拌应用情况

板坯 SEMS 形式		应用连铸机流数	占 SEMS 国内应用百分比/%
辊后式（箱式）电磁搅拌器		8	7.5
插入式电磁搅拌器		2	1.9
辊式电磁搅拌器	中国高推力型	81	76.4
	进口及其他	15	14.2
合　计		106	100

13.4.1.2　电磁搅拌辊在连铸机中的安装位置

把 E 钢铁公司图 2-9-3 所示的辊列布置图局部放大成图 2-13-37，就可以看到，画有剖面线的电磁搅拌辊被安装在扇形段 1 ~ 扇形段 3 上，分别为 17 号、24 号、25 号、32 号、33 号、40 号辊对，这些辊子都是带一定支撑的整体辊。17 号辊对距离结晶器液面最近为 4005.03mm，40 号辊对距离结晶器液面最远 9568.64mm。这种布置最大的优点是：

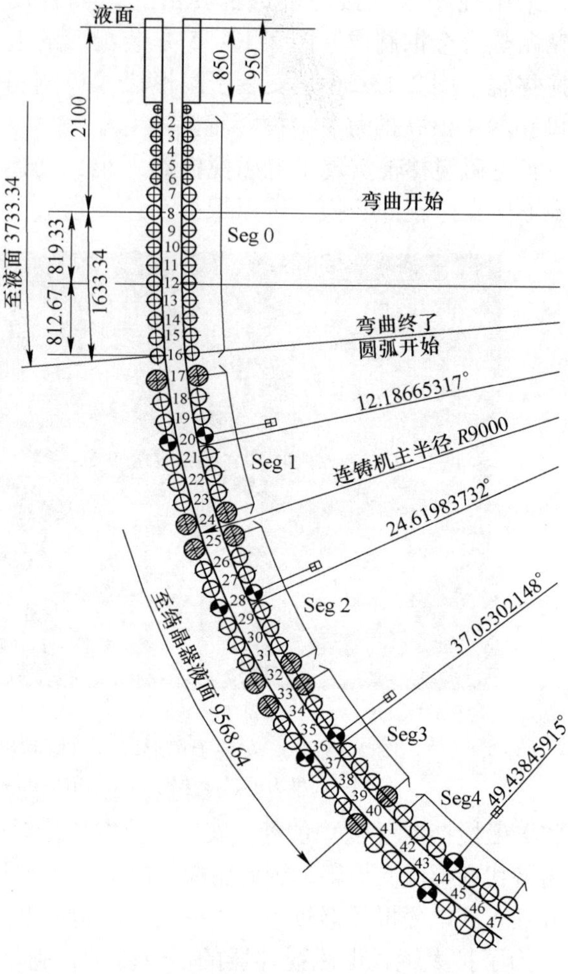

图 2-13-37　电磁搅拌辊在连铸机扇形段中的位置

（1）电磁搅拌辊安装在扇形段的入口和出口，安装、拆卸及其电气接线都很方便。

（2）生产中容易观察到电磁搅拌辊及其支撑结构的使用状态。

（3）生产中一般都是两对辊子工作，可以产生 5 个搅拌区域。即 17 号、24 号为第一区域，24 号、25 号为第二区域，25 号、32 号为第三区域，32 号、33 号为第四区域，33 号、40 号为第五区域。这五个区域给不同钢种和不同拉速的板坯连铸生产带来了极大的方便，人们可以灵活地选用不同区域。

（4）由于电磁搅拌辊用特殊的超级奥氏体不锈钢制成，非常昂贵。当选定了某两对辊子作为电磁搅拌辊后，其余能够安装电磁搅拌辊的位置，就可以用分段的非电磁搅拌辊代替。这样可以节省电磁搅拌辊。

（5）辊式电气搅拌扇形段结构比插入式和辊后箱式扇形段结构简单。成本低，维修量小，节省人力。

13.4.1.3　辊式电磁搅拌的工作原理

辊式电磁搅拌器是一种借助电磁感应将电能转化成钢水动能的装置。安装在板坯连铸机二冷段的适当位置，面对面或边对边布置一对或多对辊式电磁搅拌器。在通以两相或三相低频电流后它们之间会产生一个 N-S 极始终对应的交变磁场 B，并按一定的速度朝同一方向运动（行波磁场）。该行波磁场 B 在铸坯内会感生感应电流 I，而此电流 I 又会与磁场 B 相互作用，在铸坯的钢水内产生电磁力 F，F 的方向始终与行波磁场的运动方向一致，如图 2-13-38 所示。电磁力 F 推动铸坯内的钢液从铸坯的一个窄面向另一个窄面运动，当运动的钢液碰到窄面后便会沿着拉坯方向上下各形成一个回路，从而形成蝴蝶型的钢水流动形貌，如图2-13-39所示。这就是板坯二冷区电磁搅拌的工作原理。

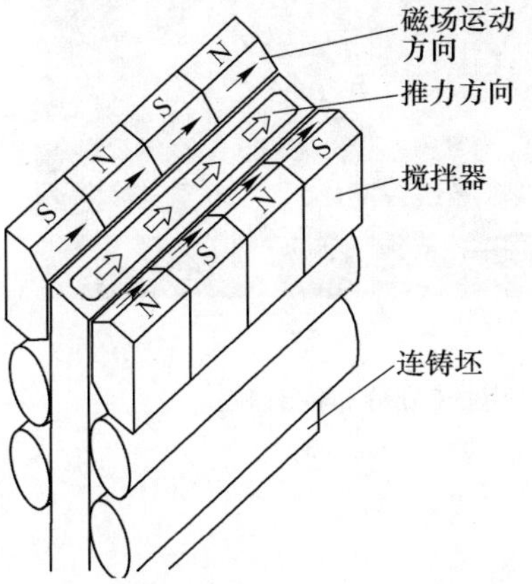

图2-13-38　连铸板坯二冷区电磁搅拌工作原理

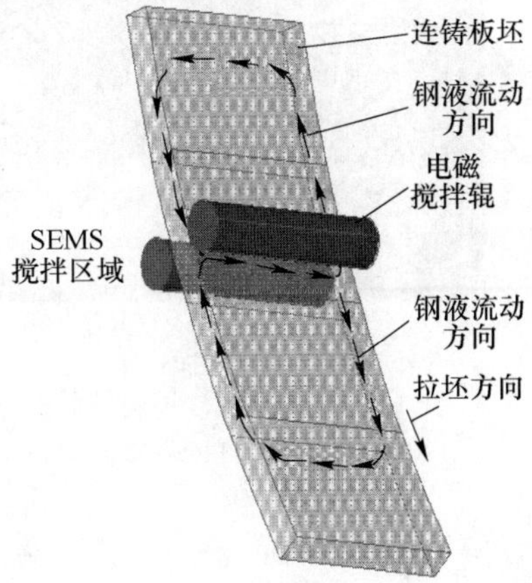

图2-13-39　辊式电磁搅拌形成的钢液流场

13.4.1.4　冶金原理及效果

电磁搅拌器的实质是借助电磁力的作用来强化铸坯中未凝固钢水的运动，从而改变钢水凝固过程中的流动、传热和迁移过程，有效地改善连铸坯内部组织，大大增加等轴晶率、减少中心偏析及中心缩孔，从而提高铸坯质量。因此电磁搅拌是生产多品种、高品质钢材和提高生产率的重要技术手段，而二冷区电磁搅拌装置也成为设计板坯连铸机时所要考虑的配置之一。

A　形成等轴晶区

电磁搅拌所引起的钢液强制流动加速了熔液的传热，而使钢液内的过热度迅速消失，当钢液温度下降到液相线温度和固相线温度之间时，又会出现一些小晶核，并保留在液体中，连同因电磁搅拌冲刷凝固前沿，折断柱状晶形成的游离晶核一起被打碎、熔蚀而增殖，最终以体积结晶方式凝固，形成细等轴晶结构的凝固组织。

柱状晶与等轴晶体现出来的力学性能有区别。同一尺寸的铸坯进行轧制，铸坯等轴晶区大小与轧制后的钢材强度成正比，与延伸率成反比。另外增加等轴晶区后，铸坯内部更加致密，可以使用更小的压缩比进行轧制。

等轴晶的形成对连铸坯凝固成分的均质化有一定作用。钢的结晶过程中，因选分结晶，于结晶前沿会有溶质元素析出并积聚，如凝固前沿为柱状晶，析出的部分溶质元素会顺着柱状晶缝隙聚集到铸坯中心，如图2-13-40a所示，而等轴晶组织则能将其吸附在晶间细小缝隙中，如图2-13-40b所示，从而使得铸坯内成分更加均匀。

B　解决中间裂纹缺陷

铸坯经过二次冷却区时冷却不均匀，凝固前沿的固液交界面及附近区域富集溶质元素聚集，温度回升大而孕育发生的热应力是造成中间裂纹的原因之一。

电磁搅拌就是对两相区施加一电磁搅拌力，使不能流动的两相区流动起来，这种运动使得凝固前沿的温度和溶质浓度场更加均匀，创造了等轴晶形成的条件，杜绝了温度回升产生热应力形成的中间裂纹。一般认为，在连铸机处于正常状态时，使用电磁搅拌后形成的等轴晶区内不会有中间裂纹形成。

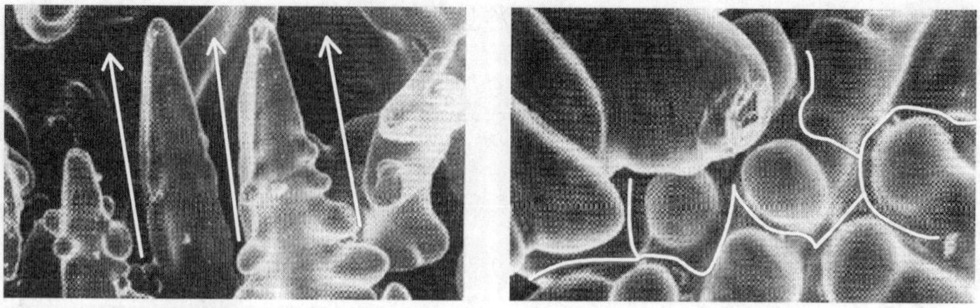

a　　　　　　　　　　　　　　b

图 2-13-40　柱状晶（a）、等轴晶（b）对成分分布的影响

（Proceedings of Cast. Conf.，Metal Society，1982，London）

C　解决中心偏析、中心缩孔及中心疏松缺陷

如果配备二冷区电磁搅拌预期的冶金效果是减少或消除中心偏析、中心线裂纹，那么搅拌位置应适当低一些，使得作用区域更接近凝固末端，因而对凝固末端的影响更直接，从而改变最后凝固阶段的传热及物质迁移，防止晶界搭桥，使其均质化。大大减少了连铸板坯的中心偏析、中心缩孔及中心疏松等内部质量缺陷。

值得指出的是，二冷区电磁搅拌器安装位置不能太低，越接近凝固末端钢水体积减少，流动性降低，二冷区电磁搅拌器反而不能起到搅拌作用。一般来说二冷区电磁搅拌器安装位置的未凝固液芯厚度不应小于铸坯厚度的 20%。

13.4.1.5　影响连铸电磁搅拌冶金效果的主要因素

板坯连铸二冷区电磁搅拌的实质在于依靠电磁力来改变钢液凝固过程中的流动，达到改善铸坯质量的目的。影响连铸电磁搅拌冶金效果的主要因素在于：

（1）电磁搅拌器能否提供足够大的电磁推力。

（2）不同钢种的未凝固钢液需要多大的电磁推力。

（3）电磁搅拌的作用区域是否足够大。

（4）电磁搅拌的安装位置是否恰当。

（5）一套电磁搅拌装置要达到最佳的冶金效果，除了要求其本身性能优良外，还要求操作者必须积累一定的实践经验。

13.4.1.6　对电磁搅拌器的总体要求

连铸电磁搅拌器是一种工作在高温高湿度及渣尘等环境下的电气设备。为了达到必要的电磁推力并尽量减小电磁搅拌器的体积，往往需要大电流、低电压、低频率，所有这些对电磁搅拌器本体还是对其电源系统，都提出了比较高的要求。电磁搅拌器的冷却，逆变电源的性能及可靠性，各种保护功能的有效性也变得至关重要。这不但从参数确定及结构设计上要精细化及科学化，其设备制造的工艺性和制造质量、正确的使用操作及维护也相当重要。

13.4.2　板坯二冷区辊式电磁搅拌器的结构特点

下面从感应器（主体部分）、辊套、支撑座及辅助支撑装置（机械部分）、接线盒及冷却水路进行介绍。

13.4.2.1　感应器

感应器是辊式电磁搅拌器的核心部件，置于辊套内，因空间有限，因此绕组采用实心铜线。依据铁芯等可分为两类。

A　E字形铁芯结构

E字形铁芯的辊式电磁搅拌器采用圆铜线、克兰姆环行绕组形式。E字铁芯电磁搅拌辊典型结构如图2-13-41，图2-13-43a所示。

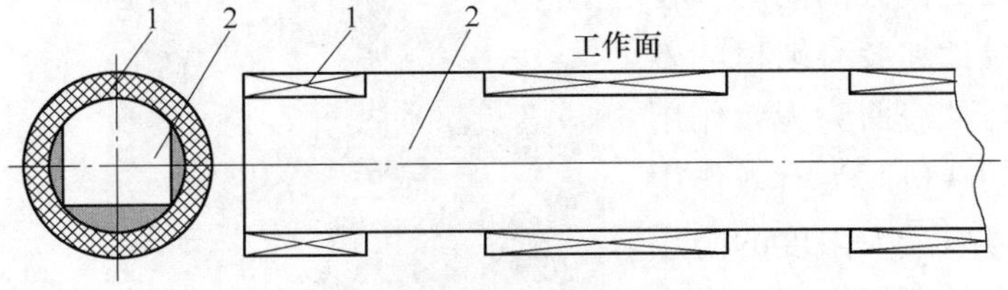

图2-13-41　E字铁芯结构感应器的绕组与铁芯结构

1—绕组；2—E字形铁芯

B　圆柱形铁芯结构

不带齿槽的圆柱形铁芯结构采用扁铜线、克兰姆环行绕组形式，新增设了磁屏蔽环。不带齿槽的圆柱形铁芯电磁搅拌辊典型结构如图2-13-42，图2-13-43c所示。

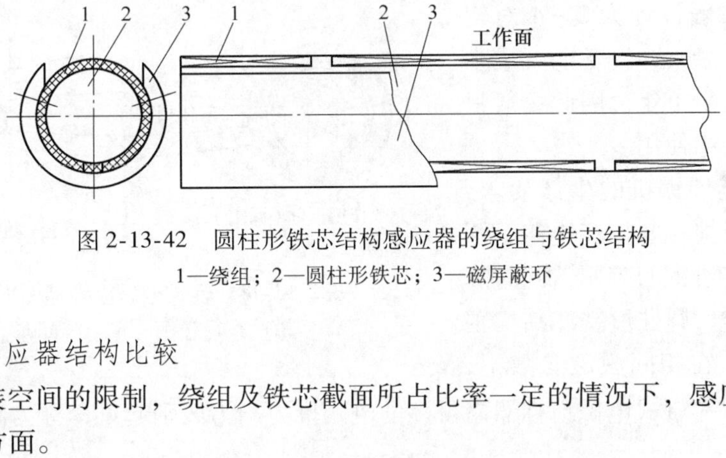

图2-13-42　圆柱形铁芯结构感应器的绕组与铁芯结构

1—绕组；2—圆柱形铁芯；3—磁屏蔽环

C　两种感应器结构比较

受辊内安装空间的限制，绕组及铁芯截面所占比率一定的情况下，感应器设计的合理性体现在两个方面。

a　相同体积情况下线圈安匝数、铜线截面积及铁芯导磁面积

E字铁芯为“齿槽”结构，铁芯主体的背侧部分（无效作用面）用玻璃钢填充，铁芯导磁面积小。绕组需绕制于“槽”内，为保证安匝数，只能采用截面积较小的圆铜线。

圆柱形铁芯为不带齿槽的圆柱体，增加了铁芯导磁面积，无齿槽结构及扁铜线可使得绕组的空间利用率达到最大。

b　有效作用区间内磁感应强度

辊式电磁搅拌器一般成对安装，中间为连铸坯，因此面对连铸坯的区间为有效作用区间，其他方向为无效作用区间，即漏磁，如图2-13-44所示。设计中，应使得有效作用区间内的磁感应强度越高越好。

E字铁芯感应器在工作的情况下，产生的磁场主要集中在“E字”的齿上，虽然有偏移

铁芯主体设计（见图 2-13-41），但仍不能避免在铁芯四周发散分布，漏磁大，使得工作面磁场小、磁通密度不高。而圆柱形铁芯的漏磁较 E 字铁芯更为严重，见图 2-13-43b。

为了利用圆柱形铁芯空间利用率高的优点，解决漏磁偏大的问题，在辊套与铁芯之间设计加装有缺口的磁屏蔽环，磁屏蔽环外表面为无效作用区间，磁屏蔽环的缺口面为有效作用区间，这种设计可以最大限度的防止磁场从不做功的方向泄漏，从而大大增加了工作面的磁场强度，增强了电磁搅拌力，见图 2-13-42 和图 2-13-43c。

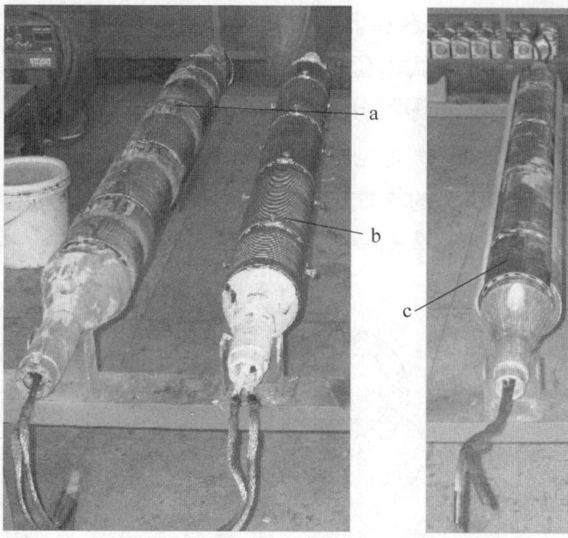

图 2-13-43　辊式电磁搅拌器的感应器
a—E 字铁芯感应器；b—圆柱形铁芯感应器；
c—带磁屏蔽的圆柱形铁芯感应器

D　应用情况比较

E 字铁芯结构辊式电磁搅拌器需从国外进口，一般设计为 2 ~ 4 对辊组合使用，维护量大，设备购置成本高，订货周期至少 1 年，因此一般只在电工钢板生产中使用。

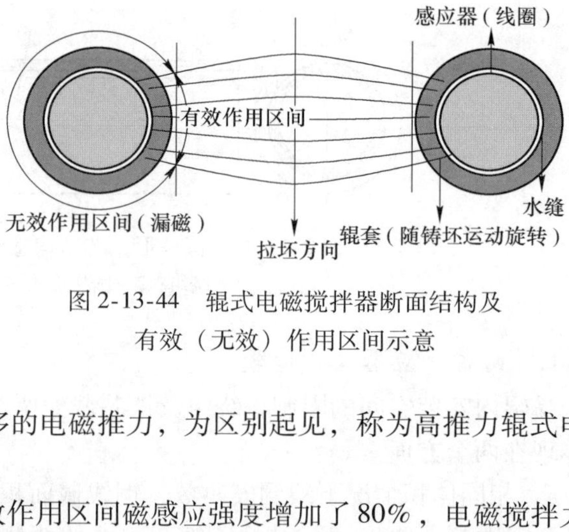

图 2-13-44　辊式电磁搅拌器断面结构及有效（无效）作用区间示意

为满足板坯连铸机的生产要求，拓展辊式电磁搅拌在厚板坯连铸、不锈钢连铸等连铸机中的应用，同时降低设备投资成本，圆柱形铁芯结构辊式电磁搅拌器，在相同激磁参数下，能产生比 E 字铁芯辊式电磁搅拌器高得多的电磁推力，为区别起见，称为高推力辊式电磁搅拌器。

经测试，高推力辊式电磁搅拌器有效作用区间磁感应强度增加了 80%，电磁搅拌力增加了 120%，效果相当明显。电磁搅拌力的增加，使得电磁搅拌辊既保留了辊式行波磁场搅拌器安装方便、成本低廉、不用改动连铸机扇形段结构的优点，又实现了磁极插入式行波磁场电磁搅拌器搅拌力大，冶金效果好的优点，完全能适应不同钢种、不同板坯厚度和不同板坯宽度的搅拌需求。

13.4.2.2　辊套、轴承座及辅助支撑装置

A　辊套、轴承座

如图 2-13-45 所示，辊套、支撑座替代扇形段原支撑辊作用。辊套与连铸坯直接接触，辊面有螺旋纹，利于转动并减少传热面积。辊套一般采用高 Ni-Cr 耐热耐磨特种合金钢制

作，表面硬度大于 HB280，无导磁性，一是保证强度，二是加强透磁性能。支撑座的安装尺寸一般与扇形段原支撑座一致，以保证与原支撑辊的互换性，内置轴承、密封环等，用螺栓与扇形段固定，通油润滑，通水冷却。

图 2-13-45　辊式电磁搅拌器的辊套、轴承座、接线盒

B　密封圈

辊式电磁搅拌器轴承座端部旋转处需密封圈进行水电分离，密封采用传统结构的双油封密封结构或机械密封结构，如图 2-13-46 所示。

a

b

图 2-13-46　轴承座的密封方式
a—油封；b—机械密封

油封材料采用橡胶。油封的特点是耐磨性和耐高温性低一些，容易变形，同时对密封内外圆的同轴度要求高，所以使用寿命受到限制，一般 3～6 个月须进行更换。

机械密封结构的材质有碳化硅、氮化硅陶瓷及合金金属材料等，耐磨、耐高温、防变形性能优良。但碳化硅、氮化硅陶瓷材料易碎，所以一般机械密封采用合金材料。机械密封的可靠性高，一般 6～12 个月须进行更换。

C　辅助支撑装置

采用辊套、支撑座设计可以满足宽度为 1700mm 及以下断面的板坯连铸机使用要求。但在断面宽度大于 1700mm 的厚板坯连铸机上，由于辊式电磁搅拌器必须与安装在板坯连铸机上的普通支撑辊大小相近，辊径一般不大于 250mm，因此采用通辊辊套、支撑座设计，其机械强度就显得不够，很可能出现辊套变形甚至断裂等事故。

设计中，通过增大通辊辊套的辊径或采用分节结构设计能够解决机械强度问题，但会改变扇形段辊列结构或隔断磁路。采用板坯二冷区辊式电磁搅拌器的支撑结构可以较好地解决这一难题。辅助支撑装置如图 2-13-47 所示，在辊套下安装可滚动小托辊，分担连铸坯对辊套、支撑座的作用力。采用支撑结构后，不但可以保持原有辊式电磁搅拌器的直径与长度不变，而且有效地改善了其承受的最大弯曲应力，可将辊套的壁厚减薄 20%～30%，壁厚的减薄更利于磁场的穿透，使工作面磁场强度增加。采用此支承装置使辊式电磁搅拌器能适用各型号板坯连铸机的要求，目前已将辊式电磁搅拌器推广应用到生产断面为 450mm×2600mm、320mm×2850mm 的板坯连铸机上。

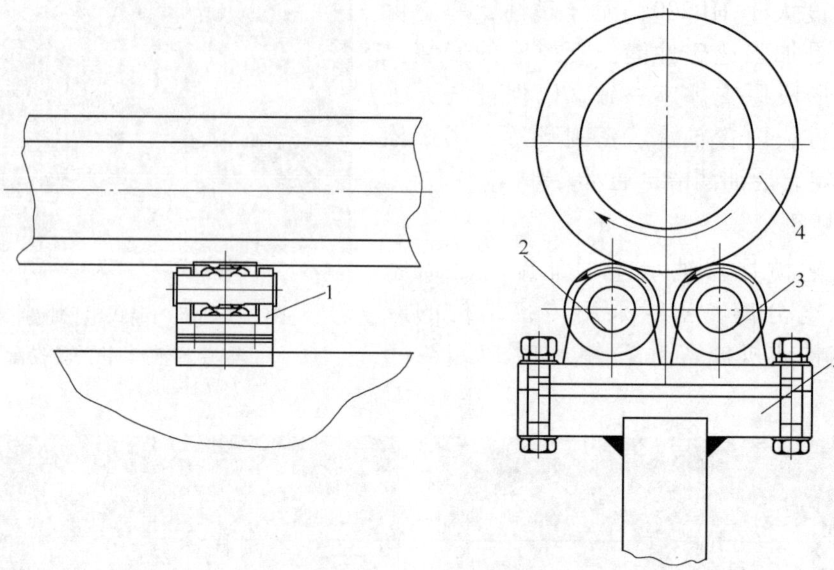

图 2-13-47 辊式电磁搅拌器的辅助支承装置

1—支架；2—左支撑辊；3—右支撑辊；4—电磁搅拌辊；5—支撑装置

13.4.2.3 接线盒、冷却水路

A 接线盒

辊式电磁搅拌器的接线盒为冷却水、电缆的接入点，其中电缆接入可采用常规螺栓连接、专用快速电缆连接器连接两种方式，如图 2-13-48 所示。

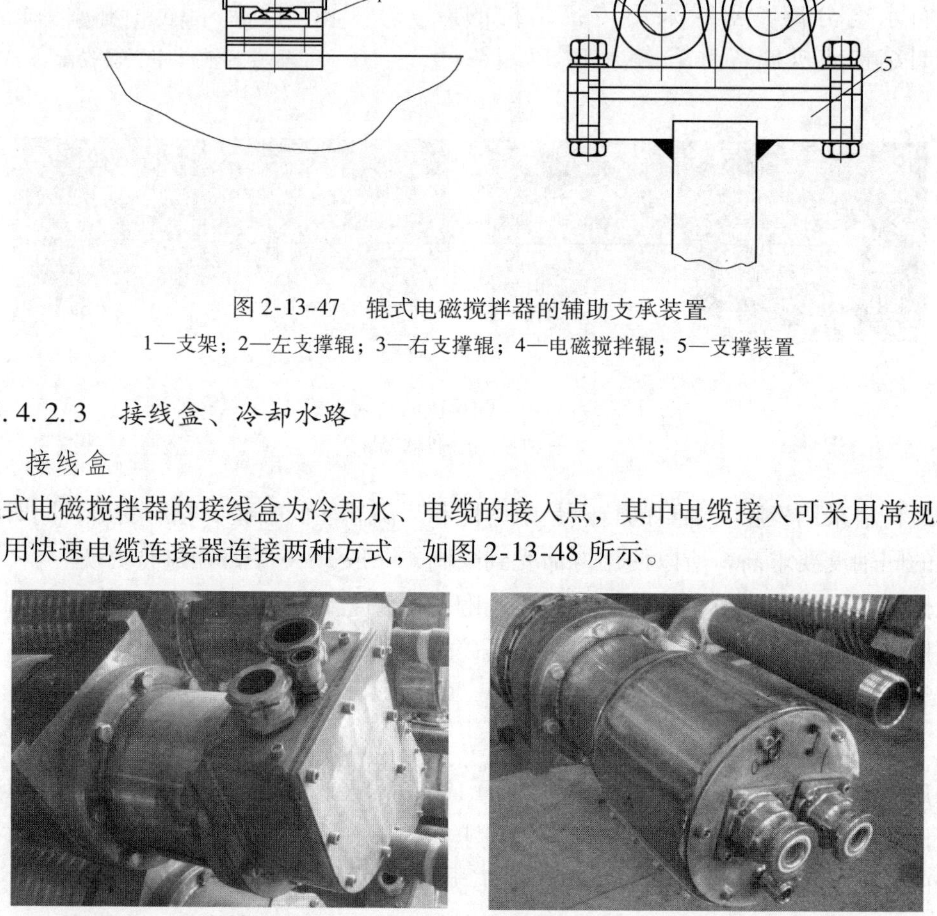

a b

图 2-13-48 接线盒接线方式

a—常规螺栓连接方式；b—专用快速电缆连接器连接方式

螺栓连接，出线栓套进行密封，每次拆装电磁搅拌辊都要将电缆卸下，装卸十分麻烦。而且用扳手拧螺栓要求力矩要保持在一定范围内，力矩大易损坏接线柱密封和螺纹，导致漏水；力矩小则连接不牢靠容易产生接触电阻，导致电流发热而烧毁连接头。密封方面采用栓套密封，密封不可靠，水蒸气和潮气易侵入，导致电源对地拉弧而损坏。

采用专用快速电缆连接器连接，拆卸十分方便快速，不动用内部接线柱，使用十分可靠；密封牢靠，内部绝缘优良。另外在接线盒内采用通干燥氮气，始终保持出线盒内处于正压，杜绝外部潮湿气体的侵入，可以保持接线盒内部干燥，绝缘良好。

B　冷却水路

冷却水路从辊式电磁搅拌器的一端接线盒进入，通过辊套与感应器中间的缝隙，从另一端接线盒流出。冷却水路主要起到带走辊套的传递热和感应器自身发热的作用。

13.4.3　板坯连铸机二冷区辊式电磁搅拌成套装备

13.4.3.1　成套装备构成

一台单流板坯连铸机配置的板坯二冷区高推力辊式电磁搅拌器成套装备主要由两对4根高推力辊式电磁搅拌器、1台主变压器、1面电源分配柜及工控柜、两面变频电源柜、1套冷却水循环装置（含纯水制备装置、水系统现场操作柜）及1台监控操作工控机等构成，见表2-13-16。单流板坯连铸机辊式电磁搅拌成套装备系统架构图见图2-13-49。

表2-13-16　单流板坯连铸机高推力辊式电磁搅拌成套装备主要设备清单

名称		数量	备注
电磁搅拌器	高磁力辊式电磁搅拌器	4根	单流板坯配置
	专用快速电缆连接器	16套	每根辊配置4套
	辅助支撑装置	4~12套	数量及形式依据设计确定
电气控制系统	主变压器	1台	提供主电源，使系统与工厂电网进行隔离
	电源分配及系统工控柜	1面	
	变频电源柜	2面	
	水系统现场操作柜	1面	冷却水系统中水泵、仪表的信号处理
	工控机及软件	1套	
	中继端子箱	4个	每对辊配置2个
	耐磨耐高温电缆	若干	置于二冷室内，连接中继端子箱与电磁搅拌器
	常规动力电缆	若干	
	信号电缆等其他电缆	若干	
冷却水系统	冷却水循环装置	1套	
	不锈钢液管及附件	2套	连接冷却水循环装置与电磁搅拌器
其他可选设备	EPS电源柜	1面	事故状态下为冷却水循环装置水泵提供电源
	纯水制备机	1套	为冷却水循环装置纯水箱提供稳定可靠的水源

13.4.3.2　高推力辊式电磁搅拌器的主要技术参数

表2-13-17列出了高推力辊式电磁搅拌器的主要技术参数。

13.4.3.3　电气控制系统

电磁搅拌电气控制系统是一个独立、完整的系统，该系统由供电部分、变频电源部分和远程监控操作三部分组成。其中供电部分是由1台主变压器通过电源分配柜给变频电源供电；变频电源部分在每流连铸机上各配一套变频电源控制柜，给电磁搅拌器提供特定频率和电流的电源；远程监控操作部分是采用远程工控机、PLC主站、网络通信组件等组成

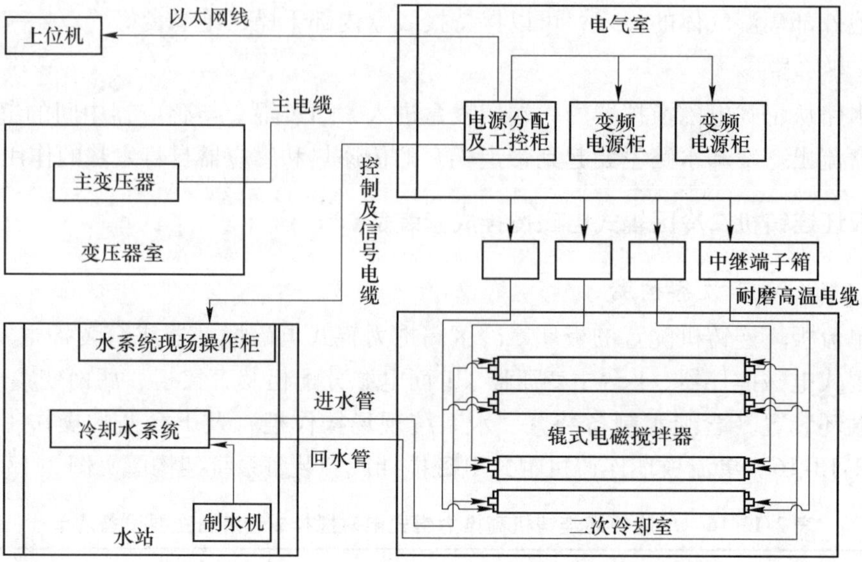

图 2-13-49　辊式电磁搅拌成套装备系统架构

的网络，用以实时监控整个电磁搅拌控制系统。

A　主变压器功能和参数

a　主变压器功能

主变压器用于承担电磁搅拌系统主电源的供应并与其他用电设备的隔离，主要功能如下：

（1）变压：输出一个符合电磁搅拌器工作的电压。

（2）隔离：使一次侧与二次侧的电气完全绝缘，也使该回路隔离。另外，利用其铁芯高频损耗大的特点，抑制高频杂波传入控制回路，并能有效地抑制 3 次和 7 次谐波。

（3）安全：隔离危险电压，保护电磁搅拌电源柜侧操作和维护人员的人身安全。

b　主要技术参数

主要技术参数见表 2-13-18。

表 2-13-17　高推力辊式电磁搅拌器主要技术参数

适用连铸坯厚度/mm	70～400
适用连铸坯宽度/mm	700～2850
单辊辊径（常用）/mm	160～280
单辊冷却水量/$m^3 \cdot h^{-1}$	5～16
冷却水压/MPa	0.3～0.4
一对辊子额定电流/A	300～600
一对辊子额定电压/V	380～500
一对辊子额定频率/Hz	11～5
对地绝缘	通水前≥500MΩ；通水加压 0.4MPa，24h 后≥200MΩ
绝缘等级	F 级
相数	2 相
极对数	1 对

表 2-13-18　主变压器主要技术参数

序号	项　目	技　术　参　数
1	容量	根据连铸坯断面由小至大，单流两对辊式电磁搅拌器需求 260～690kVA
2	电压等级	一次侧电压由工厂条件确定，二次侧电压 380～500V
3	形式	低损耗、低噪声，节能型干式变压器
4	接线方式	Dyn11 接线方式
5	短路阻抗比	6%

B 电源分配及工控柜

电源分配及工控柜包含电源分配部分及 PLC 控制部分，主要功能如下：

（1）电源分配部分的主要功能是对主变压器输送过来的电源进行分断控制后送入每个变频电源柜。电源分配部分由 1 个总断路器、两个分开关及交流电压表等组成。

（2）控制部分的主要功能是对冷却水系统进行电路控制。

（3）分配部分与控制部分前后布置，中间通过钢板隔离，性能稳定，又能够节省空间。

C 变频电源柜

a 电磁搅拌专用变频电源柜特点

电磁搅拌器采用的变频电源泛指能为电磁搅拌器提供符合现场生产运行要求的电流、频率等参数的大功率电源系统，同时具有对电磁搅拌器的运行进行实时监控、出现故障时进行快速保护等功能。

变频电源按照其适用性主要有两种类型：一种是通用变频电源系统，主要用于控制电机的运行；一种是专用低频大电流变频电源系统，用于控制电磁搅拌器的运行。通用变频器与专用变频电源两者存在以下差别：

（1）两者的控制对象有本质不同：电机功率因数高，相当于电阻性负载。而电磁搅拌器功率因数低，一般在 0.3 左右，属于电感性负載。因此通用变频器不能用于电磁搅拌器而需要开发专用变频电源。

（2）通用变频器的电流和频率是互相耦合而相互影响的。电磁搅拌器专用变频电源可以分别给定电流和频率，相互不会有影响，从而可以方便得到最佳搅拌参数。

（3）电磁搅拌器需要在连续、间歇、交替、同步等不同方式下运行，电磁搅拌器专用变频电源可以提供这些功能，而通用变频器没有这些功能。

变频电源柜包含一个预充电回路，利用缓冲电阻，降低合闸时的冲击电流；一个整流电路，用于将交流电整流为直流电；一个储能滤波电容组，用于能量交换与滤波；一个逆变器，用于产生频率和电流可控的交流电源；一个漏电流检测回路，用于实时检测系统设备因绝缘问题而产生的对地漏电流；一个变频器控制单元，用于控制所述逆变器。变频电源柜的工作原理见图 2-13-50。

b 主要技术参数

NBF 系列变频电源柜功能及主要技术参数见表 2-13-19。

D 上位机

上位机用于远程控制与参数设定等，采用组态软件进行组态，构成一个友好人机界面，具有电流、频率等工艺参数的显示及设置、历史记录存贮、打印、查询、运行和故障显示等功能。

网络预留了接口供其他设备使用，用户可将此网络组态至其设备的控制系统，或由上位机提供 ODBC 等标准数据库给用户设备访问，可以使用户的调度管理系统能够集中统一管理并有效调度，实现生产管理自动化。电磁搅拌系统网络图如图 2-13-51 所示，工控机监控画面如图 2-13-52 所示。

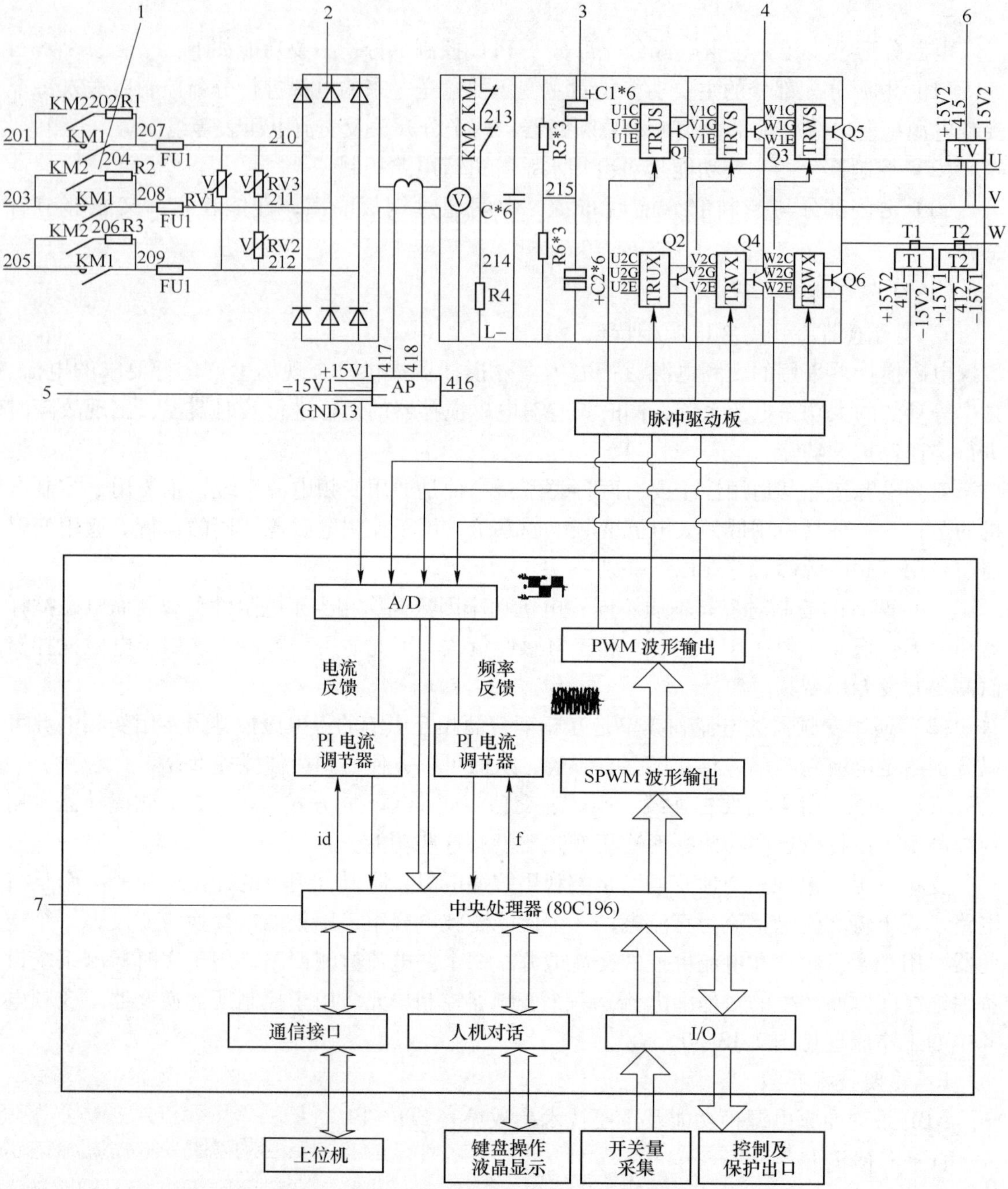

图 2-13-50 变频电源柜工作原理

1—预充电回路；2—整流电路；3—储能滤波电容组；4—逆变器；
5—漏电流检测回路；6—变频电源输出端；7—变频器控制单元

13.4.3.4 冷却水系统

A 系统简介

冷却水系统由冷却水循环装置、连接不锈钢水管等组成。

表 2-13-19 NBF 系列变频电源柜功能及技术参数

项目			技术性能及参数
输入电源	电压频率		输入电压由工厂条件确定，三相，50Hz/60Hz；三相不对称度<5%
	允许波动		电压：+10%；频率：+5%
	预期短路电流		在进线电缆采用相匹配的熔断器时最大容许的短路电流为（IEC60439-1）1 秒内 65kA
	不平行度		最大为电网额定电压的+3%
	基波功率因数		0.98
控制与输出参数	输出额定电流范围		300～1600A
	输出额定电压范围		380～500V
	输出频率范围		1～16Hz
	控制系统		基于 DSP 的高性能矢量控制变频电源系统
	电磁搅拌电源控制		电压开环输出电磁搅拌电源，电流闭环输出电磁搅拌电源
	电流误差		<3%
	输出波形畸变率		<5%
	电流上升时间		<0.5s
	正反向换相时间		<1s
	频率误差		<0.1Hz
	保护时间		<10ms
保护功能	保护		主要完成过/欠电压、过电流、过热、短路、三相不平衡、缺相、水流量、漏电流过大、接地、水温等报警和故障停机功能
	参数保护		通过设定管理员密码和解码，保护逆变器参数
运行	输入信号	开关量采集	远方/就地、急停、散热器过热、风机失电、预充电接触器、系统故障、主接触器、系统启动
		模拟量采集	反馈电流、反馈频率、漏电流、给定电流、给定频率
		参数给定	参数给定包含电流、频率、正反转模式、正反转时间、漏电流大小。可远方或就地给定以上全部参数
		故障复位	当保护功能处于有效状态时，可以自动复位故障装填
	输出信号	开关量输出	预充电接触器中继，主接触器中继，风机及系统起动中继，逆变器运行中继，变频器故障报警
		模拟量输出	输出电流、电压、频率
人机交互	运行信息		给定电流、频率、正反转模式、正反转时间、漏电流大小； 显示三相电流、运行频率、电压、漏电流和直流电压
	故障信息		电流保护，过热，漏电流保护，风机故障，断相保护，水系统故障，过/欠压保护
通讯	DP 通讯		可通过 DP 完成与 PLC 主站通讯，进而通过以太网完成与上位机的通信，主要有遥测、遥信、保护信息上传，控制命令及参数给定的下传
	光纤通讯		可通过光纤实现远距离的通讯及多台变频器的同步通讯
脉冲	采用 SPWM 调制方式，由 DSP 输出 6 个 SPWM 波形，驱动 6 个 IGBT，输出三相（或者二相）正弦（或者正交）电源		

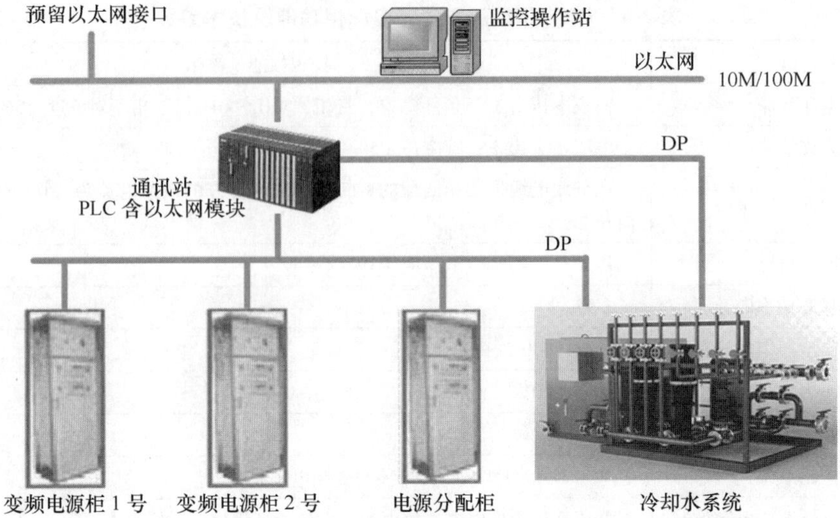

图 2-13-51　电磁搅拌系统网络

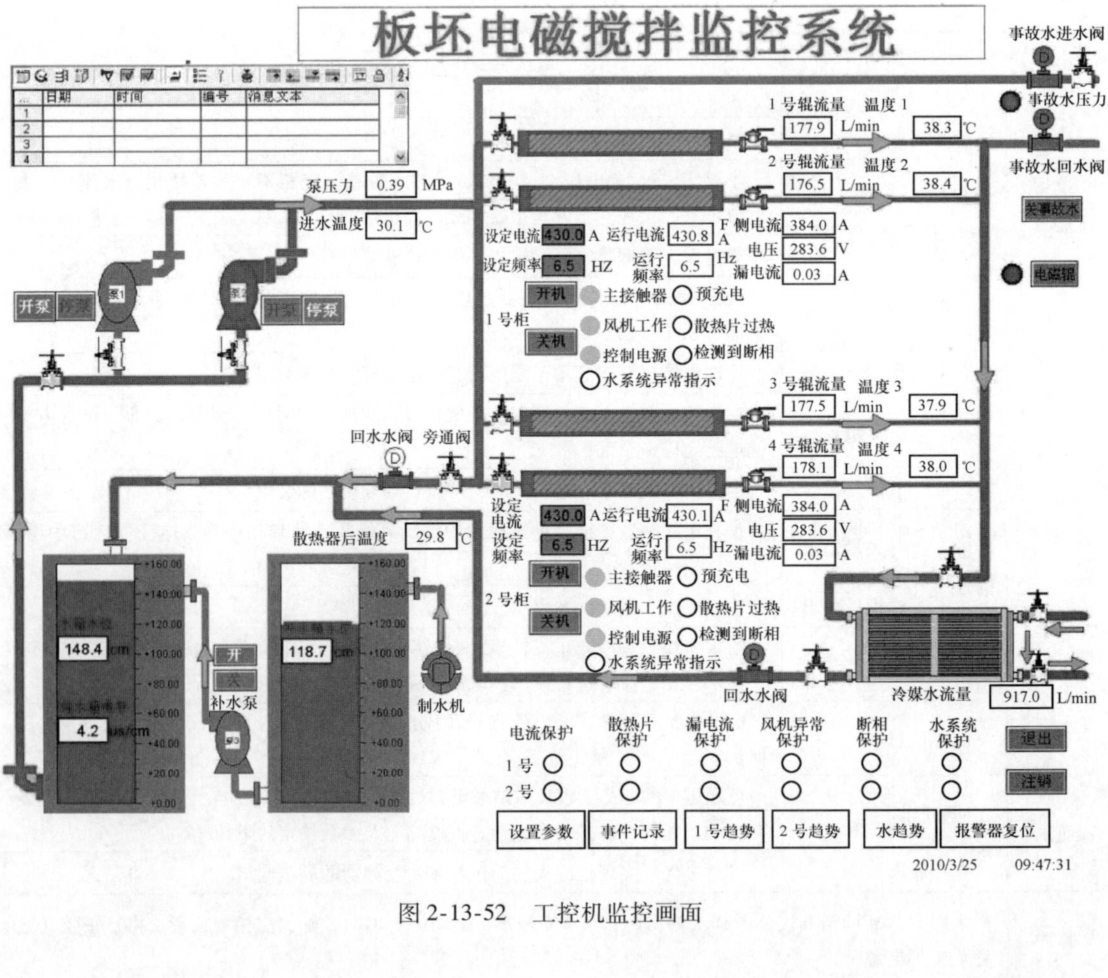

图 2-13-52　工控机监控画面

冷却水循环装置由纯水箱、水泵、热交换器、流量调节装置、流量检测仪表、压力检测仪表、温度检测仪表、水质检测仪表、液位检测仪表、管道、过滤装置等构成，向电磁搅拌器提供稳定不间断的、可靠的内循环冷却水。所有部件和器件都组装在一个约4500mm×2500mm 的框架上，高约2500mm，可以方便地整体吊装、移位。

纯水箱用储存内循环冷却水；水泵为一备一开；流量调节装置设计在电磁搅拌器之前，可按要求分配每台电磁搅拌器的用水量；流量检测用于每台电磁搅拌器用水量的远程控制，具有流量偏低报警功能；温度检测用于观察电磁搅拌器出水温度情况，为流量调节提供依据；水质检测用于观察纯水箱内水的导电率并具有报警功能。冷却水循环系统工作原理如图 2-13-53 所示。

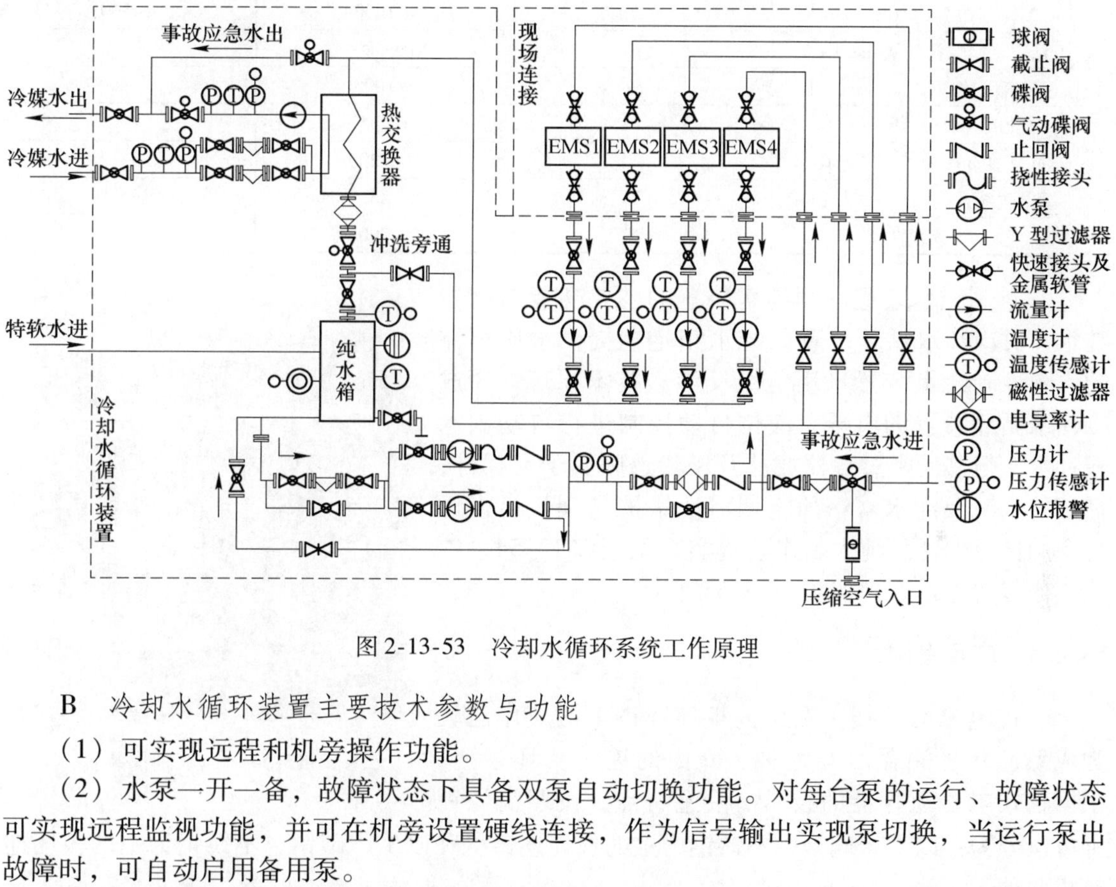

图 2-13-53　冷却水循环系统工作原理

B　冷却水循环装置主要技术参数与功能

（1）可实现远程和机旁操作功能。

（2）水泵一开一备，故障状态下具备双泵自动切换功能。对每台泵的运行、故障状态可实现远程监视功能，并可在机旁设置硬线连接，作为信号输出实现泵切换，当运行泵出故障时，可自动启用备用泵。

（3）冷却水循环装置的运行状态监测功能：如流量、压力、温度、水位、水质，当运行状态异常时，可向远方输送报警信息，同时机旁有硬结点，作为报警信号或者联停逆变系统。

（4）采用板式热交换器，保证系统产生的热量被带走。

冷却水循环装置采用的水源水质要求较为严格，见表 2-13-20。

13.4.3.5　其他设备

（1）EPS 电源柜。EPS 电源的主要功能是在冷却水循环装置水泵电源供应异常情况下，自动切换为EPS 电源系统供电，保证水泵继续工作，从而确保电磁搅拌器不因缺水故障而损坏。

表 2-13-20　冷却水循环装置水质要求

项目 \ 类型		内循环冷却水	热交换器冷媒水	事故应急水
流量		依据设计确定	内循环水流量的 1.5～2 倍	内循环水流量的 1/3～1/2
压力/MPa		0.3～0.4	0.6～1.1	0.2～0.5
进水温度/℃		≤40，不允许结冰	≤40，不允许结冰	≤40，不允许结冰
水源		特软水，如除盐水等	中等水，如工厂设备冷却水等	中等水，如工厂设备事故应急水等
水质要求	pH 值	6.5～8.5	7～9	7～9
	25℃时电导率/$\mu S \cdot cm^{-1}$	<50	<1000	<4500
	总悬浮物颗粒含量/$mg \cdot L^{-1}$	<10	10～20	—
	总溶解固体颗粒含量/$mg \cdot L^{-1}$	—	≤1000	—
	总硬度/$mg \cdot L^{-1}$ ($CaCO_3$)	≤10	≤285	—
	M 碱度/$mg \cdot L^{-1}$ ($CaCO_3$)	—	50～200	—
	铁磁颗粒含量/$mg \cdot L^{-1}$ (Fe)	≤1	≤5	—
	悬浮物最大直径/μm	≤20	≤200	—

（2）制纯水装置。制纯水装置的主要功能是制造纯水，对冷却水循环装置的纯水箱定期提供水质可靠的水源。制纯水装置采用二级反渗透技术原理，通过冷却水循环装置的电导、液位自动控制进行自动制水或补水。但其精密过滤器滤芯及反渗透膜属于易损件，良好的水源及纯水水箱的定期清洗维护是延长易损件寿命的良好保证。纯水制作装置实物见图 2-13-54，纯水制作装置工作原理如图 2-13-55 所示。

图 2-13-54　纯水制作装置

13.4.4　应用案例

辊式电磁搅拌技术在国内板坯连铸上的应用已较为成熟，几乎涵盖所有钢种、断面的连铸板坯生产。根据辊式电磁搅拌器的技术、冶金特点，按照浇注钢种可以分为：以生产硅钢、不锈钢为主的板坯连铸机和以生产碳钢、不锈钢为主的板坯连铸机两种。

按照应用断面可分为板坯宽度≤1700mm 的连铸机和板坯宽度 >1700mm 的连铸机两种。

13.4.4.1　以生产硅钢、不锈钢为主的板坯连铸机案例

硅钢连铸板坯在未采用电磁搅拌时，凝固过程中柱状晶生长发达、尺寸较大，热轧过程中由于动态回复和再结晶缓慢这些柱状晶不能彻底破碎，使得热轧板的板厚中心附近为粗大伸长的形变晶粒，以后冷轧和退火，它们难以再结晶，从而产生表面“瓦楞状缺陷”。而此类钢种恰恰需要较高的表面光洁度，因此在生产高牌号硅钢冷轧产品时，最主要的缺陷就是“瓦楞状缺陷”。从“瓦楞状缺陷”的产生原因我们发现它与连铸坯的等轴晶率关系密切，连铸板坯等轴晶率大于40%后，冷轧硅钢瓦楞缺陷状会得到明显改善。

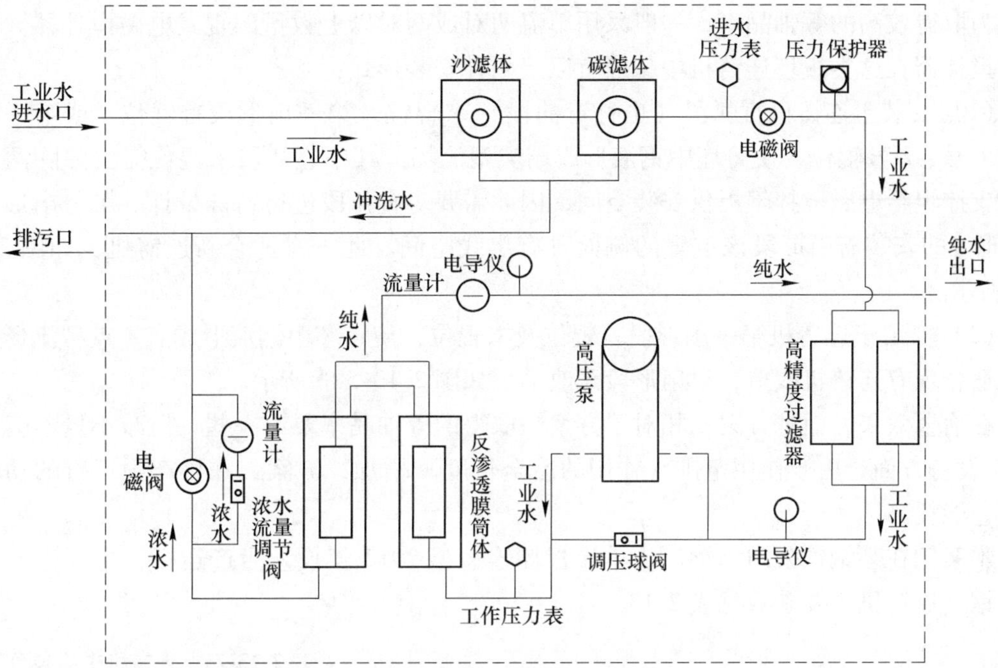

图 2-13-55 纯水制作装置工作原理

不锈钢连铸板坯的单向波纹显现为在深冲之后不锈钢薄片上的波形，如果波纹高度太高，对许多应用来说是有害的。研究认为，当不锈钢连铸板坯等轴晶率达到或超过40%时，柱状晶对最终冷轧退火板折皱缺陷的不利影响已基本弱化，其表面抗折皱特性趋于稳定，如图2-13-56所示。

等轴晶扩大，冷轧薄板的单向波纹高度减小，如能确保等轴晶率在40%以上，则单向波纹高度在50μm以下，可以得到几乎与模铸相当的单向波纹性能，如图2-13-57所示。

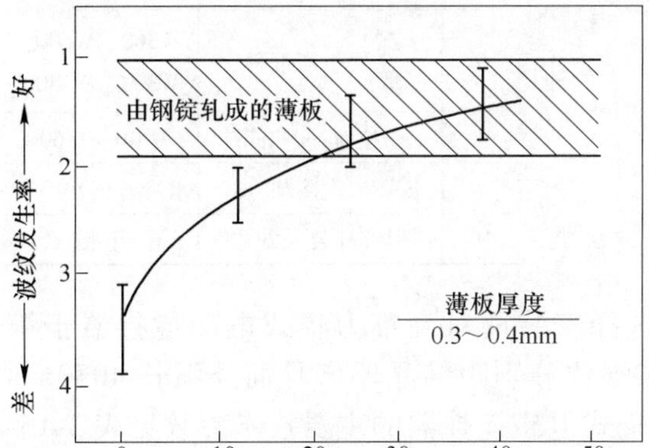

图 2-13-56 不锈钢板坯等轴晶率与冷轧薄板波纹缺陷的关系

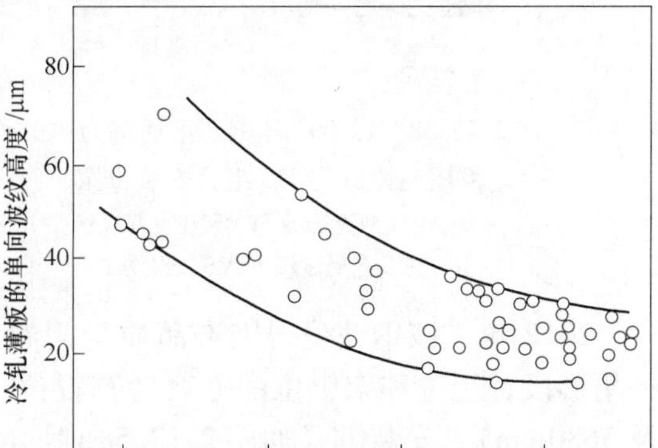

图 2-13-57 单向波纹高度与等轴晶率的关系
（钢种：SUS430；板坯厚度：215mm
过热度：15～25℃；搅拌方式：S-EMS）

而板坯二冷区电磁搅拌对形成等轴晶区来说，是非常有效的手段。硅钢及不锈钢连铸板坯为取得较高的等轴晶率，一般采用单流两对或两对以上数量的辊式电磁搅拌器。辊式电磁搅拌器在这类板坯连铸机中一般有以下两种安装形式：

(1) 安装于连铸机直弧段（也称弯曲段）末辊位及第一扇形段首辊位，或第一扇形段的 1 号、2 号辊位，使铸坯中钢液形成蝴蝶型流场。其中直弧段末辊位需要移除两对原有的支撑辊给电磁搅拌辊提供安装空间，因此需要对直弧段进行特殊设计。第一扇形段的 2 号辊位的安装需扇形段该位置的侧面具有出线空间。此方案适合新连铸机，如图 2-13-58a 所示。

(2) 安装于连铸机第一扇形段首辊位及末辊位，使铸坯中钢液形成三零点型流场。此方案适合现有连铸机改造，对扇形段无改动。如图 2-13-58b 所示。

在冶金效果方面，方案二相对于方案一取得的等轴晶率要小一些，但减小量不会超过 5%。设备方面，由于作用范围（作用的冶金长度）增加，方案二在生产中运行的功率要更大，能耗高。

本案例在某钢铁公司炼钢厂，单流板坯连铸机 2012 年投入生产运行，主要生产钢种为硅钢。连铸机主要参数见表 2-13-21。

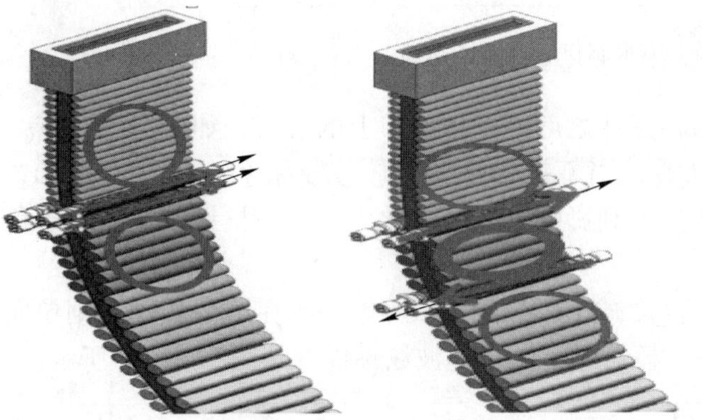

图 2-13-58 以生产硅钢、不锈钢为主的板坯连铸机 SEMS 组合安装方案
a—蝴蝶型流场的 SEMS 安装方式；
b—三零点型流场 SEMS 安装方式

表 2-13-21 连铸机主要参数

序号	项 目	主要技术参数
1	连铸机机型	垂直弯曲型连续弯曲、连续矫直
2	连铸机基本半径/m	9
3	垂线段长度/mm	2560
4	连铸机长度/m	26. 877
5	板坯厚度/mm	200
	板坯宽度/mm	700 ~ 1300
6	主要生产钢种	W360、W600、W800、W1300
7	工作拉速/$m \cdot min^{-1}$	0. 40 ~ 1. 60
8	板坯二次冷却方式	水冷 + 气水冷却
9	引锭杆装入方式	下装

2012 年，该钢铁公司因产品质量问题，选择安装两对高推力辊式电磁搅拌器于第一扇形段首辊位和末辊位的方案（首辊位、末辊位分别距结晶器弯月面外弧长 4030mm 及 5680mm），安装方式如图 2-13-58b 所示，辊式电磁搅拌器的主要技术参数见表 2-13-22。

在某个浇次，在近似的连铸工艺条件下，对无取向硅钢 W800 采用电磁搅拌进行对比试验，表 2-13-23 是未使用辊式电磁搅拌的情况，表 2-13-24 是使用辊式电磁搅拌的情况，可以看出使用辊式电磁搅拌后，等轴晶率和板坯内部质量得到明显改善。

表 2-13-22 辊式电磁搅拌器的主要技术参数

项 目	主要技术参数	项 目	主要技术参数
型号	DJST-14024SGZ	视在功率/kV · A	300
适应的铸坯截面/mm × mm	200 ×（700 ~ 1300）	有功功率/kW	80
		极对数	1 对
型式	辊式行波磁场，2 根对置，共4 对	对地绝缘	通水前≥500MΩ
	蝴蝶形流场		
	二冷区搅拌，辊式，克莱姆绕组		通水加压 0.4MPa，24h 后≥200MΩ
冷却方式	扁线绕组外冷	绝缘等级	F 级
额定电流/A	400	自重/kg	550
额定电压/V	380	两相直流电阻差	≤ ±1%
频率/Hz	1 ~ 16(10)	冷却水/$m^3 \cdot h^{-1}$	11
相数	2 相	外形尺寸/mm × mm	1400 × ϕ240

表 2-13-23 未使用辊式电磁搅拌器的等轴晶率和板坯内部质量

坯样信息	取样日期 2014-10-15	钢种牌号 W800	断面 200mm × 1215mm
	中间罐温度 1567℃	拉速 0.90m/min	
辊式电磁搅拌	未使用	使用电流（ - ）	使用频率（ - ）
化学成分（质量分数）	C 0.0015%	Si 1.07%	Mn 0.24%
	P 0.081%	S 0.0057%	
低倍缺陷评级	中心偏析 C 类 1.0 级	中心疏松 0.5 级	中间裂纹 1.0 级
	无角部裂纹	无夹杂气泡	
中心等轴晶	中心等轴晶厚度 15mm	铸坯厚度 200mm	中心等轴晶厚度比例 8%
板坯断面状况	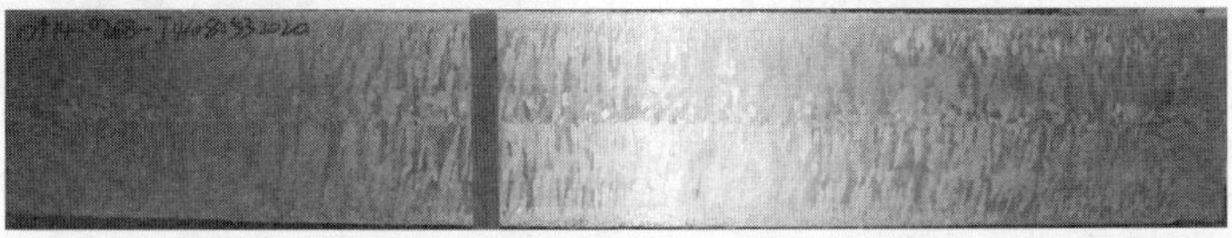		

表 2-13-24 使用辊式电磁搅拌器后的等轴晶率和板坯内部质量

坯样信息	取样日期 2014-10-15	钢种牌号 W800	断面 200mm × 1215mm
	中间罐温度 1569℃	拉速 0.90m/min	
辊式电磁搅拌	使用	使用电流 380A	使用频率 6Hz
化学成分（质量分数）	C 0.0018%	Si 1.01%	Mn 0.22%
	P 0.075%	S 0.0052%	
低倍缺陷评级	中心偏析 C 类 0.5 级	中心疏松 0.5 级	中间裂纹 0.5 级
	无角部裂纹	无夹杂气泡	
中心等轴晶	中心等轴晶厚度 90mm	铸坯厚度 200mm	中心等轴晶厚度比例 45%
板坯断面状况	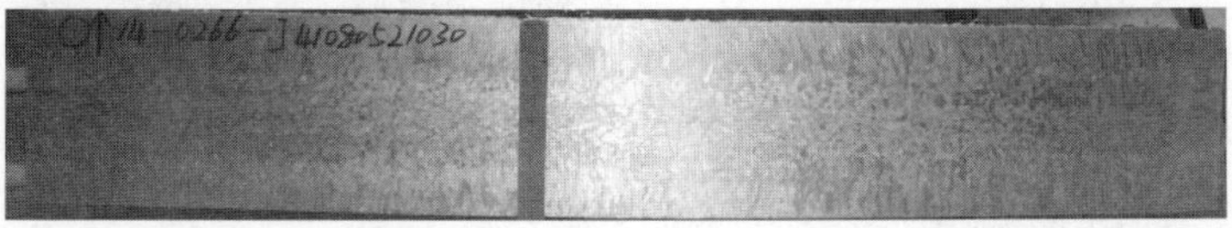		

13.4.4.2　以生产碳钢、合金钢为主的板坯连铸机案例

A　辊式电磁搅拌器安装形式

碳钢、合金钢板坯连铸坯存在中间裂纹、中心裂纹、中心疏松、中心偏析等。连铸坯的中心缺陷主要在二冷区逐步形成，因此二冷区电磁搅拌可以有效地抑制板坯中心缺陷的产生。针对该类连铸机，辊式电磁搅拌器安装形式大体有两种：

（1）安装于连铸机扇形段 2（或扇形段 3、4）末辊位和扇形段 3（或扇形段 4、5）首辊位的方案，为低位加强型蝴蝶流场安装形式。此方案适合主要解决铸坯中心偏析，其次解决中间裂纹的连铸机，安装方式如图 2-13-59a 所示。

（2）采用三对辊式电磁搅拌器组合的方案，一对辊安装于连铸机扇形段 1 首辊位，另两对安装于连铸机扇形段 2（或扇形段 3、4）末辊位和扇形段 3（或扇形段 4、5）首辊位，使电磁搅拌有效影响区域延伸为扇形段 1 ~ 5，为多段组合搅拌形式。此方案适合所有板坯连铸机，特别是中、特厚板坯连铸机，即可形成较大的等轴晶区，解决中间裂纹，又能改善中心偏析。安装方式如图 2-13-59b 所示。

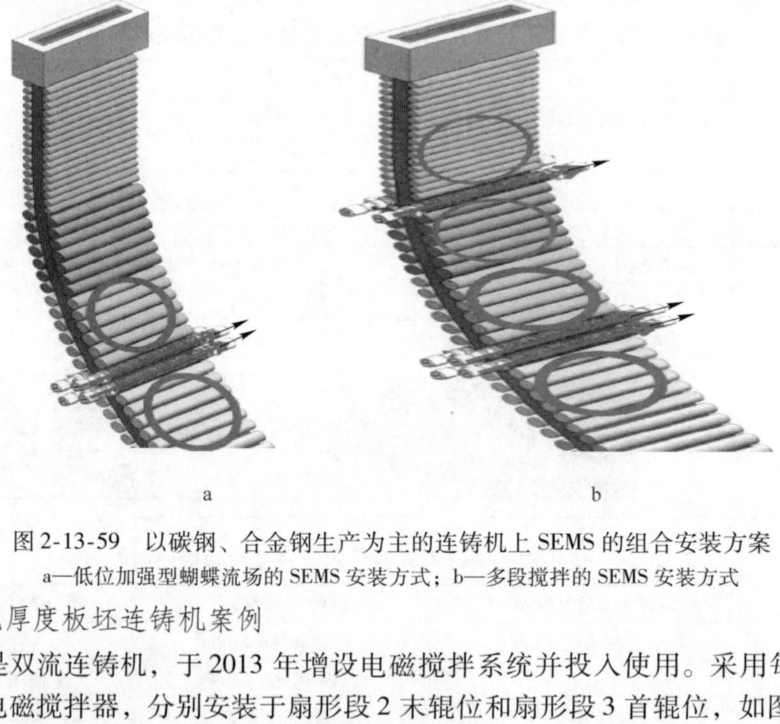

a　　b

图 2-13-59　以碳钢、合金钢生产为主的连铸机上 SEMS 的组合安装方案

a—低位加强型蝴蝶流场的 SEMS 安装方式；b—多段搅拌的 SEMS 安装方式

B　常规厚度板坯连铸机案例

本案例是双流连铸机，于 2013 年增设电磁搅拌系统并投入使用。采用每流连铸机安装两对辊式电磁搅拌器，分别安装于扇形段 2 末辊位和扇形段 3 首辊位，如图 2-13-59a 所示。连铸机及电磁搅拌器主要参数见表 2-13-25。

表 2-13-25　连铸机及电磁搅拌器主要参数

序号	项　目	主要技术参数
1	连铸机机型	垂直弯曲型连续弯曲、连续矫直
2	连铸机基本半径/m	10
3	板坯厚度/mm	230
	板坯宽度/mm	1260

续表 2-13-25

序号	项　目		主要技术参数
4	生产的主要钢种		低碳钢，低合金高强度钢，碳素结构钢，压力容器钢，桥梁钢，汽车大梁钢，车轮钢，焊瓶钢，塑料模具钢，支架钢、高强度汽车用钢、管线钢等
5	工作拉速/$m \cdot min^{-1}$		0.60～1.50
6	板坯二次冷却方式		水冷＋气水冷却
7	引锭杆装入方式		下装
8	辊式电磁搅拌配置	型号	DJST-17025SGZ
		额定电流/A	550
		额定电压/V	400
		数量	每流2对
		安装方式	低位加强型蝴蝶流场
		安装位置	扇形段2末辊位、扇形段3首辊位

投用后，钢厂在低合金钢系列、汽车用高强度钢、高碳钢等钢种上做了为期1年的数据采样及分析，以验证二冷区电磁搅拌的冶金功能。通过分钢种的电磁搅拌投用以及一年的低倍采样及缺陷评级分析，中心偏析B类0.5级以上产生的几率为9.37%，发生中心疏松在1.0级以上的几率为0；发生中间裂纹1.0级以上的几率4.81%，取得了很好的冶金效果，见表2-13-26。表2-13-27是未使用辊式电磁搅拌的情况，表2-13-28是使用辊式电磁搅拌的情况。

表2-13-26　2013年10月～2014年10月低倍评级统计

年份	月份	低倍数量/块	中心偏析			中心疏松		中间裂纹	
			≤B类0.5级或C类	>B类0.5级	A类	0～1.0级	>1.0级	0～1.0级	>1.0级
2013	十月	51	48	3	0	51	0	48	3
	十一月	52	47	5	0	52	0	49	3
	十二月	40	36	4	0	40	0	39	1
2014	一月	28	25	3	0	28	0	27	1
	二月	38	34	4	0	38	0	36	2
	三月	50	46	4	0	50	0	47	3
	四月	23	20	3	0	23	0	22	1
	六月	28	25	3	0	28	0	27	1
	七月	57	51	6	0	57	0	54	3
	八月	16	15	1	0	16	0	16	0
	九月	6	6	0	0	6	0	5	1
	十月	6	5	1	0	6	0	6	0
合　计		395	358	37	0	395	0	376	19
百分比/%		100	90.63	9.37	0	100	0	95.19	4.81

表 2-13-27　常规厚度板坯连铸机未使用辊式电磁搅拌的情况

坯样信息	取样日期 2014-5-26	钢种牌号 27SiMn	断面 230mm × 1260mm
	中间罐温度 1532℃	拉速 1.00m/min	
辊式电磁搅拌	未使用	使用电流（－）	使用频率（－）
化学成分（质量分数）	C 0.264%	Si 1.122%	Mn 0.134%
	P 0.080%	S 0.0081%	
低倍缺陷评级	中心偏析 B 类 1.5 级	中心疏松 0.5 级	中间裂纹 1.0 级
	无角部裂纹	无夹杂气泡	
中心等轴晶	中心等轴晶厚度 0mm	铸坯厚度 230mm	中心等轴晶厚度比例 0%
板坯断面状况	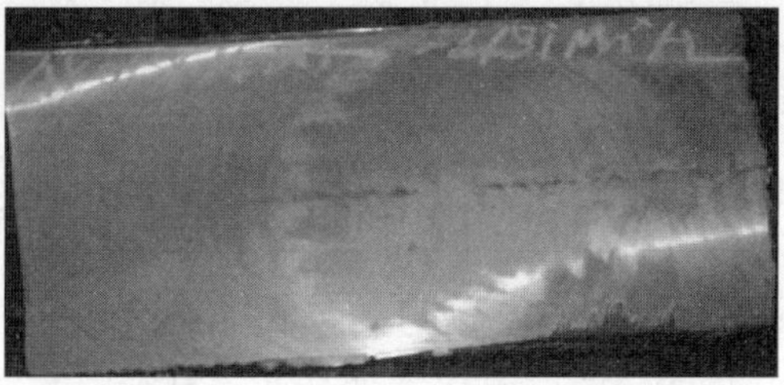		

表 2-13-28　常规厚度板坯连铸机使用辊式电磁搅拌后的情况

坯样信息	取样日期 2014-5-26	钢种牌号 27SiMn	断面 230mm × 1260mm
	中包温度 1529℃	拉速 1.00m/min	
辊式电磁搅拌	使用	使用电流 460A	使用频率 6Hz
化学成分（质量分数）	C 0.263%	Si 1.120%	Mn 0.131%
	P 0.083%	S 0.0079%	
低倍缺陷评级	中心偏析 C 类 0.5 级	中心疏松 0.5 级	中间裂纹 0.5 级
	无角部裂纹	无夹杂气泡	
中心等轴晶	中心等轴晶厚度 110mm	铸坯厚度 230mm	中心等轴晶厚度比例 48%
板坯断面状况	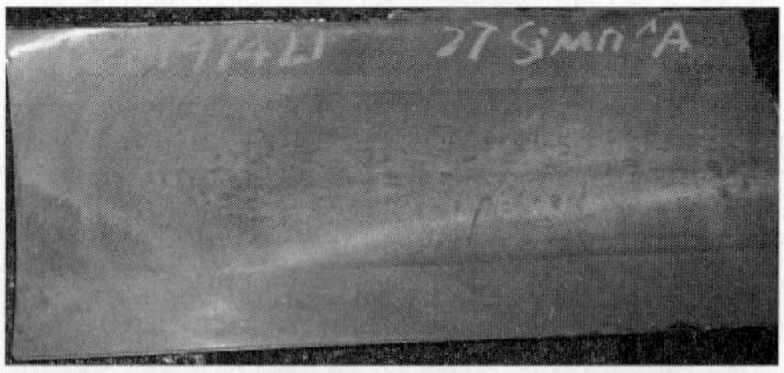		

C　特厚板坯连铸机案例

在中厚、特厚板坯连铸机上，由于连铸坯断面长度大于 1700mm，因此辊式电磁搅拌器需增设辅助支承装置才能应用。

本案例是单流特厚板连铸机，于 2012 年增设电磁搅拌系统并投入使用。采用每流连铸机安装 3 对辊式电磁搅拌器，安装于第 1 扇形段 4 号辊位和第 3 扇形段末辊位、第 4 扇形段首辊位，即多段搅拌组合安装方式，如图 2-13-59b 所示。搅拌辊用三对辅助支撑辊及框架结构如图 2-13-60 所示。连铸机及配置的辊式电磁搅拌器主要技术参数见表 2-13-29，未使用辊式电磁搅拌的情况见表 2-13-30，使用辊式电磁搅拌的情况见表 2-13-31。

a　　　　　　b　　　　　　c

图 2-13-60　安装辅助支撑辊的框架及支撑辊安装后实物

a—原辊子框架支撑结构；b—电磁搅拌辊框架支撑结构；c—电磁搅拌辊辅助支撑辊安装后结构

表 2-13-29　连铸机及配置的辊式电磁搅拌器主要技术参数

序号	项　目		主要技术参数	
1	连铸机机型		垂直弯曲型连续弯曲、连续矫直	
2	连铸机基本半径/m		11	
3	第 1 扇形段 4 号辊位距液面外弧长度/mm		约 5000	
4	单个扇形段外弧长度/mm		约 1900	
5	板坯厚度/mm		200 ~ 450	
	板坯宽度/mm		1300 ~ 2600	
6	生产的主要钢种		碳素结构钢、桥梁钢、容器钢、低合金钢、高强度结构钢、船板钢、模具钢等	
7	工作拉速/m · min^{-1}		0. 35 ~ 1. 30	
8	板坯二次冷却方式		水冷 + 气水冷却	
9	引锭杆装入方式		下装	
10	辊式电磁搅拌配置	型号	DJST-26025SGZ/2F	DJST-26023SGZ/2F
		额定电流/A	500	500
		额定电压/V	500	500
		数量	每流 1 对	每流 2 对
		安装方式	多段搅拌组合	
		安装位置	第 1 扇形段 4 号辊位	第 3 扇形段末辊位、第 4 扇形段首辊位

表 2-13-30　未使用辊式电磁搅拌的情况

坯样信息	取样日期 2012-11-15	钢种牌号 Q345B	断面 370mm×2080mm
	中间罐温度 1530℃	拉速 0.60m/min	
辊式电磁搅拌	未使用	使用电流（－）	使用频率（－）
化学成分（质量分数）	C 0.20%	Si 0.55%	Mn 1.20%
	P 0.020%	S 0.018%	
低倍缺陷评级	中心偏析 A 类 1.0 级	中心疏松 1.0 级	中间裂纹 1.0 级
	无角部裂纹	无夹杂气泡	
中心等轴晶	中心等轴晶厚度 20mm	铸坯厚度 370mm	中心等轴晶厚度比例 6%
板坯断面状况	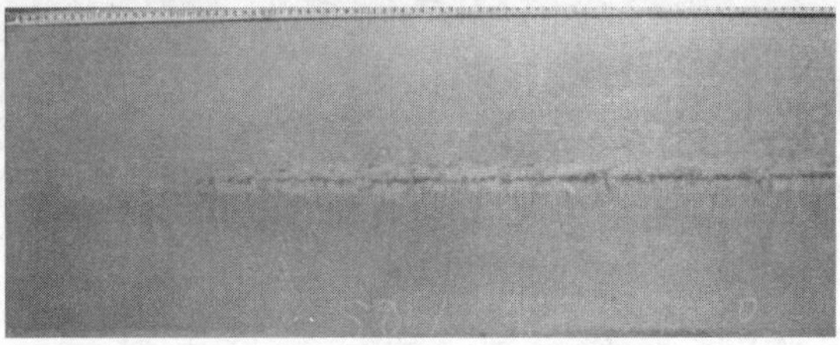		

表 2-13-31　使用辊式电磁搅拌后的情况

坯样信息	取样日期 2012-11-15	钢种牌号 Q345B	断面 370mm×2080mm
	中间罐温度 1532℃	拉速 0.60m/min	
辊式电磁搅拌	使用	使用电流 380A	使用频率 5Hz
化学成分（质量分数）	C 0.20%	Si 0.55%	Mn 1.20%
	P 0.020%	S 0.018%	
低倍缺陷评级	中心偏析 C 类 0.5 级	中心疏松 0.5 级	中间裂纹 0.5 级
	无角部裂纹	无夹杂气泡	
中心等轴晶	中心等轴晶厚度 155mm	铸坯厚度 370mm	中心等轴晶厚度比例 42%
板坯断面状况	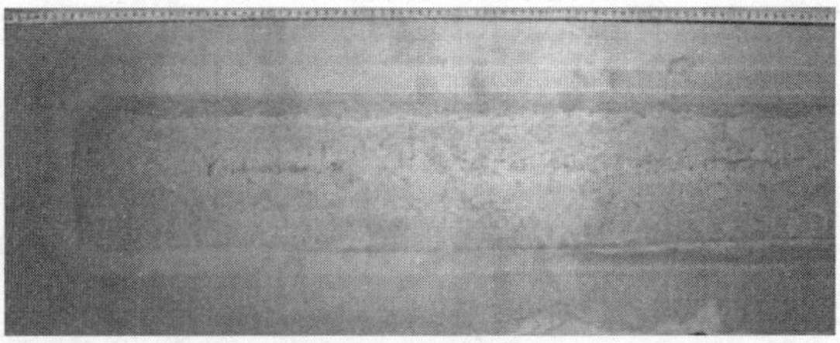		

13.4.5　连铸板坯二冷区辊式电磁搅拌技术与轻压下技术结合应用

改善板坯中心疏松、中心偏析和中心缩孔的对策主要有两种：一是补偿由凝固收缩引起的体积变化，即采用轻压下技术等，二是阻碍残余钢水向收缩空洞的渗透流动，即采用低过热度浇注或使用电磁搅拌。由于板坯二冷区辊式电磁搅拌技术与轻压下技术都有改善中心偏析的作用，下面对两种技术对比说明。

13.4.5.1　两种技术的国内应用现状

国内多数板坯连铸机都是多断面多钢种生产，在同一断面位置，板坯宽面 1/4 处液芯比宽面 1/2 处液芯要长。据日本钢管 NKK 公司实测，这种长度最长时可以达到 2m，即宽面1/4处液芯最后凝固，铸坯凝固终点呈“W”形状，如图2-13-61所示，板坯宽度1/4处偏析严重，影响铸坯内部质量并扩展到轧材当中。

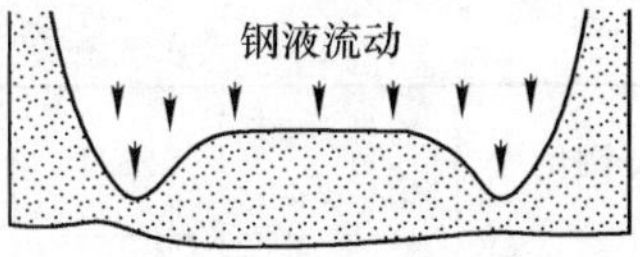

2-13-61　板坯凝固终点“W”形状

因此连铸机采用了轻压下或动态轻压下技术，但是由于呈“W”形状凝固终点的存在，即使动态轻压下也不能彻底改变凝固末端的形状，甚至还会加重板坯宽度方向1/4处的偏析。这就是NKK公司曾经用过的“人为鼓肚再轻压下技术”的原因。

电磁搅拌是通过消除过热度，抑制凝固前沿的柱状晶生长，形成等轴晶区来改善中心偏析，能够一定程度的改变凝固过程。因此如将两者结合起来，取长补短，达到既能产生宽而细的等轴晶组织，又显著改善中心疏松、中心偏析和中心缩孔，特别是偏析均匀性。

这里我们提出板坯SEMS+轻压下的集成技术。

13.4.5.2　板坯SEMS+轻压下集成技术的作用

在SEMS+轻压下集成技术中，要清晰阐明SEMS对轻压下技术的影响，目前还有困难，需要进一步作理论探讨和实践经验的积累，但SEMS的机理对轻压下技术具有正面影响。

（1）由于SEMS的作用，加速铸坯向外传热，铸坯凝固加快，使铸坯凝固终点的位置提前，这样就有可能减小轻压下区域的长度。

（2）由于SEMS的作用，打断凝固搭桥，同时使铸坯凝固前沿变得光滑，从而使钢水向下补缩顺畅。这样有可能减小轻压下的压下量。

（3）由于SEMS的作用，两相区内钢水在进入轻压下区域之前已处于较活跃的流动状态，这有利于强化轻压下的效果。

（4）由于SEMS的作用，在铸坯内部产生较大的等轴晶区，等轴晶率的提高，不仅有利于提高铸坯芯部质量，也将减轻轻压下技术的“负担”。

13.4.5.3　板坯SEMS+轻压下集成技术的应用案例

本案例是单流特厚板连铸机，于2012年增设电磁搅拌系统并投入使用。采用每流安装2对辊式电磁搅拌器，安装于扇形段2末辊位、扇形段3首辊位。

案例采用高强度结构钢Q390D为试验对象，其主要技术参数见表2-13-32。

表2-13-32　SEMS试验取样炉次的钢种及参数

钢种	牌号	板坯规格/mm×mm	中间罐温度/℃	平均拉速/$m \cdot min^{-1}$	凝固末端/m	取样日期
高强度结构钢	Q390D	300×2200	1535	1.05	18.0	2012-8

实测钢种成分（质量分数）/%

C	Si	Mn	P	S	V
0.18	0.38	1.41	0.007	0.014	0.15

通过对试样进行酸蚀处理，取得图2-13-62～图2-13-64低倍组织。对低倍组织进行观察及评级，结合连铸工艺条件和电磁搅拌参数，得出表2-13-33所列数据。

表 2-13-33　SEMS 试验取样低倍等轴晶情况

图例	铸坯断面 /mm × mm	SEMS	SEMS 使用电流/A	SEMS 使用频率/Hz	轻压下固相率计算区间	轻压下压下量/mm	中心偏析	等轴晶率（等轴晶区厚度/铸坯厚度）/%
图 2-13-62	200 × 2200	无	无	无	30%~90%	5	B1.0	<10
图 2-13-63	200 × 2200	采用两对辊	450	6	30%~90%	5	A1.0	>32
图 2-13-64	200 × 2200	采用两对高推力辊	450	6	30%~110%	5	C0.5	>32

图 2-13-62　采用轻压下，未使用 SEMS 的连铸坯低倍照片

可见，在连铸机生产中，由于“W”形状凝固终点的存在，使用轻压下计算固相率 30%~90% 区间，在连铸坯宽度方向的 1/4 位置出现严重的中心偏析，使用电磁搅拌后，这种现象可观察得更加仔细，通过调整轻压下区间（110% 的计算值并不代表实际情况），中心偏析得到明显的改善。这就是集成技术的效果。

若单独使用轻压下，则加大压下量甚至延长压下区间；若单独使用电磁搅拌，则增加电磁搅拌器数量、功率，下移安装位置。两者取长补短，可取得最佳效果。

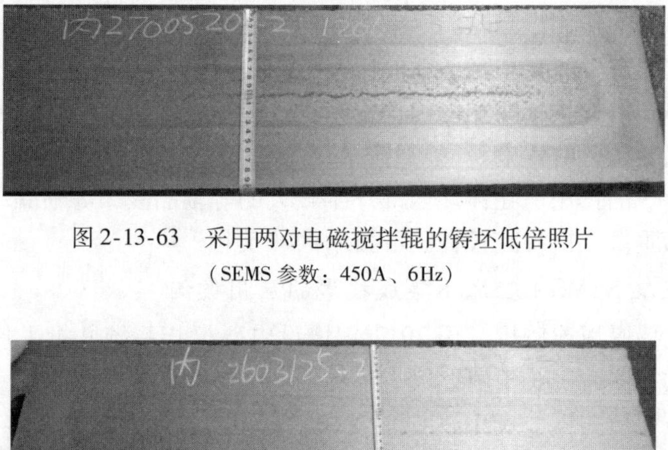

图 2-13-63　采用两对电磁搅拌辊的铸坯低倍照片
（SEMS 参数：450A、6Hz）

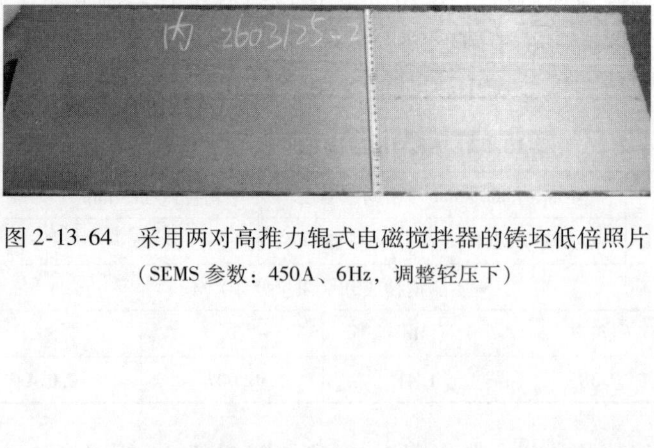

图 2-13-64　采用两对高推力辊式电磁搅拌器的铸坯低倍照片
（SEMS 参数：450A、6Hz，调整轻压下）

14 结晶器振动的理论与实践

14.1 概述

14.1.1 结晶器振动技术的发展历史

最初用于试验的连铸机其结晶器是静止的，在拉坯过程中摩擦力很大，坯壳极易与结晶器壁发生粘结，使连续铸钢作业无法正常进行。

无振动的固定式结晶器有很多研究：1941 年美国的 Bethlehem 钢铁厂、1946 年英国布拉德福的 Low Moor 合金钢厂、1948 年伦敦的 Bisra Battersea 实验室、1944 年俄罗斯莫斯科的 Tsniichermet 实验室、1947 年日本尼崎的住友金属、1946 年奥地利泰尔尼茨的 Schoeller-Bleckmann 公司、1948 年德国 Mitterdorf 的 Edelstahl Breitenfeld 公司、1949 年奥地利卡芬堡（Kapfenberg）的 Boehler 公司和 1950 年法国 Unieux 的 Holtzer 公司等都曾研究过。

使结晶器做短程上下往复运动，以减小结晶器摩擦力的概念由美国纽约新罗谢尔（New Rochelle）的 Cornelius W. van Ranst 于 1919 年首先提出，并于 1921 年获得专利，他当时设计了一个薄壁结晶器，采取了垂直驱动的机械式结晶器振动系统，但当时未获应用。

1933 年，在德国乌尔姆（Ulm）的 Wieland-werke 股份公司，著名的黑森林钟表店的经理，神秘的发明家西格弗里德·容汉斯（Siegfried Junghans）申报了全球专利，对铜连铸进行实验性研究，研究中采用了垂直振动的短结晶器，解决了减小结晶器摩擦力这一难题。

1936 年，美国纽约市的工程师兼商人艾尔文·罗西（Irving Rossi）遇到了容汉斯（Junghans），获准在德国以外使用容汉斯的专利权，这一合作最终推动了连铸技术向工业化生产发展。

1937 年，罗西（Rossi）将第一台有色金属连铸机卖给著名的康涅狄格“铜谷”的 Scovill 制造公司，这是一家创新式企业，当时已经应用数项连铸工艺，包括振动结晶器及哈兹黑兹莱特（Hazelett）工艺。开始试用阶段真正实现了连续 7 天的浇注操作。这给容汉斯-罗西（Junghans-Rossi）的带振动结晶器的立式连铸机（短式铜结晶器长 0.45 ~ 0.70m，积木式结构，镀铬，钻有水通道，采用菜籽油润滑和惰性气体保护，振动行程 12 ~ 50mm）在有色冶炼工业的迅速推广起到很好的带头作用，到 1951 年共建造和投产了 12 台连铸机，其中德国和美国各 5 台，英国 2 台。

罗西继续独立研究，并将由他设计、Koppers 公司制造的第一台连续铸钢机卖给纽约 Watervliet 的 Allegheny Ludlum 钢铁公司，1949 年这台机器开始投入生产，主要浇注 140mm ×

本章作者：杨拉道，曾晶；审查：张奇，马玉堂，王公民，黄进春

140mm 的方坯和 75mm × 380mm 的小板坯。每小时至少浇注 20t 钢，他对这台机器的产量和产品质量均作出承诺，因此该连铸机可看作是连续铸钢机商业化的首次尝试。

1950 年，Rossi 与 Allegheny Ludlum 和 Koppers 等股东在美国 Wilmington 注册成立了连续金属铸造工程公司。不久便得到另外四台连铸机的订单，这些订单主要来自特种钢厂家，即加拿大安大略省韦兰的 Atlas 钢厂、英国的 Barrow 钢厂、瑞典的 Nyby Bruks 厂和法国的 Forges d' Allevard 厂。为了经营海外业务，罗西于 1954 年在瑞士的苏黎世成立了 Concast 公司。

艾尔文 · 罗西对振动技术进行了积极地改善，振动结晶器技术可以实现通过提高拉速来提高钢厂产量的要求，尤其是将结晶器向下运动的速度调整得大于拉坯速度后，就形成了“负滑动”（有时候，汉语和日语也翻译成“负滑脱”）技术，“负滑动”技术于 20 世纪 50 年代初由伊恩 · 哈里蒂（Iain Halliday）引入应用。

有“负滑动”的结晶器振动技术，随后就被应用到了所有传统钢连铸工艺的推进企业，如 Rossi/Concast 集团，Demag-Mannesmann-Boehler 集团，以及前苏联的设备制造商。由于哈利迪（Halliday）在 1956 年采用了将铸坯从竖直方向到水平方向的弯曲技术，则可以充分利用振动结晶器技术实现高拉速。因此，1963 年全球在线连铸机总产能达到 400 万吨，也就是说当时全球钢铁总产量的连铸比达到了 1.0%。

这样，在连续铸钢工业化一开始，除了那些众多的小规模机器制造厂外，在连铸机设计和供应上形成了两大竞争集团。弧形连铸机的发明最终使 DMB（Demag-Mannesmann-Boehler）和 Concast 两大公司联合起来，于 1963 年在苏黎世成立了合资公司，取名为“MBC（Mannesmann-Boehler-Concast）”，以便共同进行专利开发。1969 年，Boehler 离开该联盟去支持新的连铸机企业 VAI，而 Mannesmann 与 Concast 的合作一直持续到 1981 年 Concast 解体。

振动结晶器技术装备推动了连续铸钢技术的商业化生产，从此，结晶器振动装置便成了连铸机的标准配置，而对结晶器振动方式的研究也从未停止过。

14.1.2　结晶器振动波形的类别

结晶器振动波形即结晶器振动速度随时间的变化规律是结晶器振动技术中最基本的内容。结晶器振动波形从最早的矩形波、梯形波发展到现在的正弦波和非正弦波。波形的不断发展表明连续铸钢技术的不断进步，从连铸发展的历史看，每当结晶器采用一种新的较过去更为合理的振动波形时，总会对连铸坯的质量、拉坯速度及稳定生产操作产生重大影响。

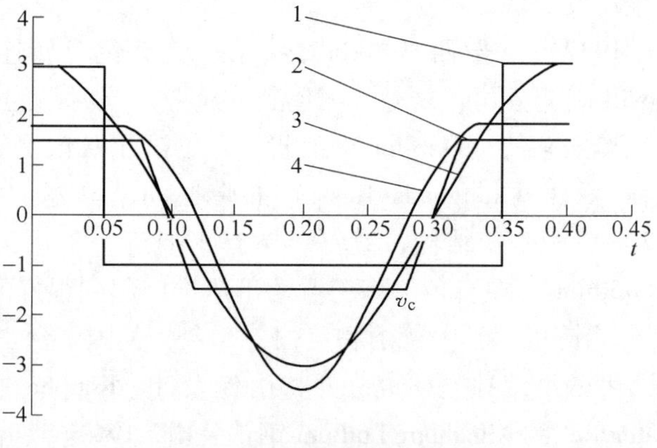

图 2-14-1　结晶器振动波形

1—同步振动；2—负滑振动；3—正弦振动；4—非正弦振动

如图 2-14-1 中 4 条曲线所示，

矩形波是同步振动，梯形波、正弦波和非正弦波都是负滑动振动。严格地讲，除正弦波外的所有振动波形都可称为非正弦波形，但后面大篇幅介绍的非正弦波形指的是偏斜正弦波形，相对于正弦波形，偏斜正弦波形具有一定偏斜率。

14.1.2.1　矩形波速度规律

矩形波速度规律也叫同步振动方式，是最早出现的一种振动方式，其速度变化规律如图2-14-1中的曲线1所示。它的主要特点是：结晶器在下降时和铸坯做同步运动，然后以3倍的拉坯速度上升。由于同步振动减少了拉坯阻力，漏钢事故明显减小，铸坯质量有所改善，因而，在连铸技术开发初期比较常用。

但此种振动方式所存在的主要问题是：实现运动规律的凸轮加工制造比较麻烦，为了保证严格的同步运动，振动机构和拉坯机构之间要实行严格的电气联锁；在上升和下降的转折点处速度变化很大，加速度在理论上等于无穷大。虽然由于凸轮曲线的上升和下降段之间有过渡曲线相连接，使加速度达不到无穷大，但仍然是很大的。这对铸坯的质量和振动系统的正常运转是不利的，也不能采用高频率振动。

矩形波速度规律已经变为历史，在当今工业生产中已不再使用。

14.1.2.2　梯形波速度规律

梯形波速度规律是矩形波速度规律的改进，其速度变化规律如图2-14-1中的曲线2所示。它的主要特点是：结晶器在向下运动的过程中有较长一段时间其速度稍大于拉坯速度，即所谓的“负滑动运动”。使粘结的坯壳强迫脱模；结晶器在上升和下降的转折点处，速度变化比较缓和，振动装置运行比较平稳。

实践证明，梯形波速度规律是一种较好的负滑动振动方式，因此沿用了多年。但该运动规律也需由凸轮机构来实现，在机械、电气控制及使用效果上延续了并不太理想的矩形波速度规律，因此，梯形波速度规律在当今工业生产中同样不再被采用。

14.1.2.3　正弦波速度规律

如图2-14-1中曲线3所示，采用正弦振动方式，打破了结晶器和铸坯之间要有一定的速度关联的要求，着重发挥它的脱模作用，结晶器在运动过程中虽没有稳定速度阶段，但仍存在负滑动时间阶段，因此，正弦振动具有脱模作用。由于速度按正弦规律变化，其加速度必然按余弦规律变化，所以过渡比较平稳，没有很大的冲击，可以提高振动频率，以减轻铸坯表面振痕深度。此外，正弦波可以通过偏心轮（轴）或曲柄连杆来代替凸轮实现，具有加工制造容易、操作维护简单的特点；同时，结晶器与铸坯之间没有严格的速度匹配关系，无须采用电气联锁系统，因而，简化了驱动装置，可用交流变频电机驱动。

正弦波速度规律是目前连铸生产中使用最为广泛的振动方式。它在方坯、板坯及薄板坯连铸机上都在应用。

14.1.2.4　非正弦波速度规律

如图2-14-1中曲线4所示，采用非正弦振动方式，结晶器振动过程中，上升运动比下降运动时间长，负滑动时间较短，正滑动时间较长，结晶器振动速度（v_m）与拉坯速度（v_c）之间速度差较小，坯壳与结晶器铜板之间的摩擦（与正弦方式相比）有了较大的减轻；结晶器向上的运动速度与铸坯运动速度差较小，可减小结晶器施加给铸坯向上作用的摩擦力，即可减小坯壳中的拉应力；同时，因正滑动时间较长，可使液态保护渣膜向出口方向扩展，有利于保护渣向结晶器与凝固坯壳之间的缝隙渗透，从而改善润滑效果，提高拉速，提高铸坯质量。因此，非正弦波速度规律更适应高拉速连铸过程。特别是控制较短的负滑动时间，使得振痕深度变浅，有利于消除铸坯横向裂纹，特别是顽固性的角横裂，如图 2-14-2 所示。

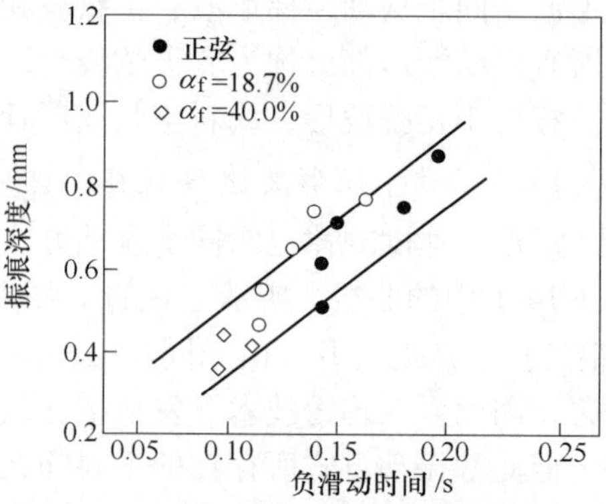

图 2-14-2　振痕深度与负滑动时间的关系

14.1.3　动态调整振动参数的液压振动装置

根据 M. M. Wolf 先生 20 世纪 90 年代和 2003 年的报告，1962 年，加拿大的 Koppers 公司就开始研究结晶器液压振动装置，1965 年日本三菱重工开始研究，1977 年日本钢管（NKK）公司开始研究。将结晶器液压振动装置最早应用于大方坯连铸的是德国的 KSW 公司，最早应用于小方坯连铸的是日本的 SHI/Topiy 公司，最早应用于板坯的是 NKK 公司。

20 世纪 80 年代初期，日本住友重机和日本钢管公司合作，在日本钢管京滨 2 号试验样机上开始液压振动装置试验，1985 年首次应用在福山 5 号板坯连铸机上，此后又应用到福山 6 号板坯连铸机等许多连铸机上。这种液压振动装置最初采用的是单液压缸伺服驱动短臂四连杆式，后来发展成单缸电液执行机构带动的短臂四连杆式，它和被替代的电机机械偏心轴式在机械结构上的最大不同除了液压缸代替偏心轴外，还设置有一个很庞大的配重块。

液压振动的主要目的是在浇注过程中动态控制振幅、频率及波形偏斜率（主要是调整结晶器上升与下降时间）。当高速浇注时，结晶器上升时间延长，下降时间相对缩短，负滑动时间相对减少，低熔点保护渣下流速度加快，从而降低了因拉速提高使结晶器铜板与坯壳之间的摩擦力增加的幅度。据报道，结晶器总摩擦力可减少 25%~30%。另外，负滑动时间缩短能使板坯振动痕迹变浅，控制了板坯表面横向裂纹产生的根源。

西门子奥钢联（VAI）开发的双缸对称驱动的伺服液压振动装置，于 1997 年和 1998 年分别应用在林茨钢厂和日本中山钢厂。新一代 DYNAFLEX 型分离式对称振动台架液压振动装置，于 1988 年和 1999 年分别应用于巴西的一家钢铁公司和中国安阳钢铁公司，后来就变成了板坯连铸机的标准配置，迅速推广。

日立造船在快速更换台式的振动装置上去掉了电动四偏心振动发生机构，而在左右两侧加了两个步进缸（由石川岛播磨制造），其振动行程通过脉冲检测（1 个脉冲 50μm）。1998 年该装置成功地应用于川崎制铁水岛 4 号双流板坯连铸机上，液压系统压力为 21MPa，动力站马达容量 110kW ×4 台，振动体重量 50t。

液压振动装置的另一种形式——谐振式结晶器是德马克公司于 1992 年发明的。1993 年首次投入生产，后来在薄板坯和常规板坯连铸机上取代机械式振动，成为该公司供应连铸机的标准配置。这种结晶器的铜板和水箱一起相对于结晶器外框架进行振动，它除了具有液压振动装置所应有的功能外，还具有振动时导向精度高，振动质量和惯性力被导向的重叠板弹簧组补偿，激振力仅仅是为了克服铸坯摩擦力和铸造条件的变化因素。这种谐振结晶器依靠两侧两个液压缸垂直作用于振动体上，液压缸布置形式与奥钢联和日立造船开发的液压振动装置液压缸布置形式相同。

西马克公司设计的双液压缸伺服控制振动装置，首次应用于1998年投产的德国迪林根Stahlwerke厂立弯型板坯连铸机上。

达涅利（戴维）公司开发的双缸对称布置液压伺服控制的液压振动装置，首次应用于1999年投产的韩国浦项光阳厂4号双流板坯连铸机上，液压缸的更换时间为4h，伺服阀寿命7500h。

液压振动可以达到正弦或非正弦振动的效果，它能够动态控制结晶器上升与下降时间，如果上升和下降时间相同是正弦振动，如果上升和下降时间不同就是非正弦振动（即偏斜正弦振动），液压振动和四偏心机械振动机构的振动其位移、速度、加速度的表达式是不一样的。

德马克液压非正弦振动试验表明，对于表面横裂敏感钢种的无缺陷率会由四偏心振动时的55%提高到75%。

开始时，液压振动和谐振结晶器大多用于高速连铸机，由于液压振动能够动态调整振幅、调波形偏斜率，后来板坯连铸机就全部采用液压振动。

液压非正弦振动在低拉速、起步拉速及变换拉速时对提高板坯质量（如边角裂纹）也很有效果。反向振动是奥钢联开发的另一种新的生产操作振动模型，即拉速提高，频率下降，振幅增大。他们认为这样可以控制并减少保护渣的消耗量。这对传统的拉速提高时频率提高、振幅减小的振动理论不同。说明液压振动和谐振式结晶器还具有潜在的发展优势和应用前景。

液压振动可以在浇注过程中调整振幅、频率、波形偏斜率（结晶器上升、下降时间及速度），从而取得最佳的负滑动时间和保护渣熔化流动效果，因而在20世纪90年代中后期迅速得到推广，在传统的板坯连铸机上已经取代了机械振动。

14.2　正弦波振动规律

14.2.1　正弦波振动的位移、速度和加速度

通过偏心轮（轴）实现的正弦振动其原理如图2-14-3a所示，偏心轮（轴）正弦振动实际上就是一个曲柄连杆机构。

设振动装置的位移、速度和加速度分别为s、v_m、a，偏心距为e，连杆长度为l，见图2-14-3，根据图2-14-3a的几何关系得到位移

$$s = OB = OO_1 - BO_1 = (l+e) - BO_1$$

$$BO_1 = BD + DO_1$$

$$DO_1 = O_1A\cos\varphi = e\cos\varphi \tag{2-14-1}$$

$$BD = \sqrt{AB^2 - AD^2} = \sqrt{l^2 - (e\sin\varphi)^2} = l\sqrt{1 - \left(\frac{e}{l}\right)^2 \sin^2\varphi}$$

这样就得到

$$s = (l+e) - \left[e\cos\varphi + l\sqrt{1 - \left(\frac{e}{l}\right)^2 \sin^2\varphi}\right]$$

$$= e(1-\cos\varphi) + l\left[1 - \sqrt{1 - \left(\frac{e}{l}\right)^2 \sin^2\varphi}\right] \tag{2-14-2}$$

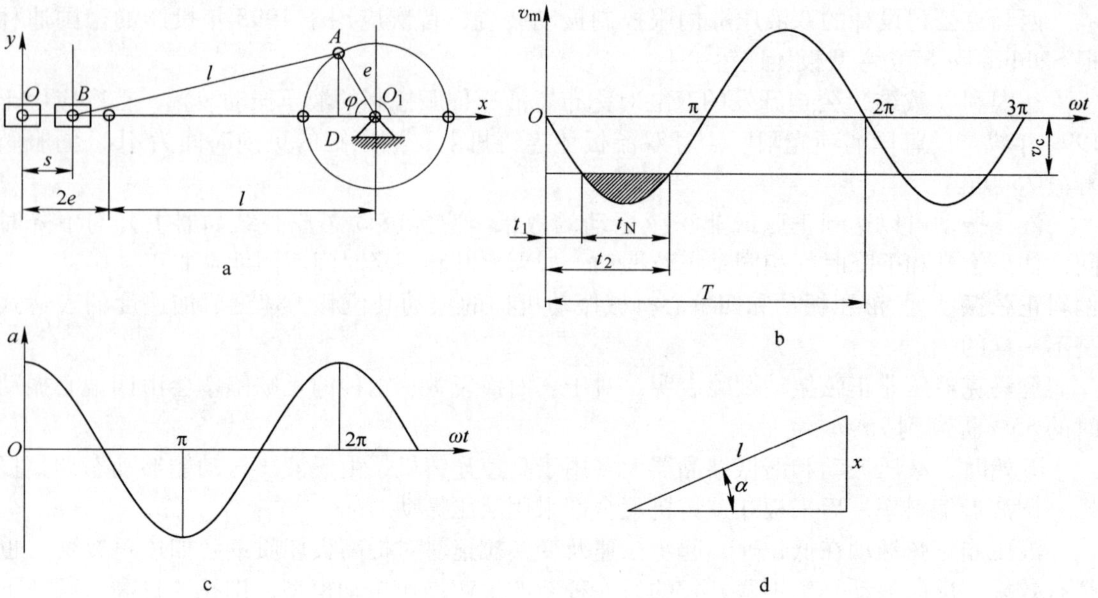

图 2-14-3　偏心轮（轴）正弦振动

令
$$\frac{e}{l} = \lambda_e \qquad \varphi = \omega t$$

则
$$s = e(1 - \cos\omega t) + l(1 - \sqrt{1 - \lambda_e^2 \sin^2 \omega t}) \tag{2-14-3}$$

式中　ω ——角速度，rad/s；

　　t ——时间，s。

由于 $\lambda_e = \frac{e}{l}$ 很小，至少小于1/100，所以 $\lambda_e^2 \sin^2 \omega t$ 远小于1，应用数学近似公式，当

$$z \ll l \text{ 时} \qquad \sqrt[n]{1 \pm z} \approx 1 \pm \frac{1}{n} z$$

于是
$$\sqrt{1 - \lambda_e^2 \sin^2 \omega t} \approx 1 - \frac{1}{2} \lambda_e^2 \sin^2 \omega t$$

又
$$\sin^2 \omega t = \frac{1}{2}(1 - \cos 2\omega t)$$

$$\begin{aligned} s &= e(1 - \cos\omega t) + l\left[1 - \left(1 - \frac{1}{2}\lambda_e^2 \sin^2 \omega t\right)\right] \\ &= e(1 - \cos\omega t) + l\frac{\lambda_e^2}{4}(1 - \cos 2\omega t) \\ &= e(1 - \cos\omega t) + e\frac{\lambda_e}{4} - e\frac{\lambda_e}{4}\cos 2\omega t \end{aligned} \tag{2-14-4}$$

所以，偏心轮（轴）振动的位移方程为

$$s = e\left(1 - \cos\omega t - \frac{\lambda_e}{4}\cos 2\omega t + \frac{\lambda_e}{4}\right) \tag{2-14-5}$$

偏心轮（轴）振动的速度方程为

$$v_m = \frac{ds}{dt} = \frac{d}{dt}\left[e\left(1 - \cos\omega t - \frac{\lambda_e}{4}\cos 2\omega t + \frac{\lambda_e}{4}\right)\right]$$

$$= e\left(\omega\sin\omega t + \frac{\lambda_e\omega}{2}\sin2\omega t\right)$$

$$= e\omega\left(\sin\omega t + \frac{1}{2}\lambda_e\sin2\omega t\right) \tag{2-14-6}$$

偏心轮（轴）振动的加速度方程为

$$a = \frac{d^2s}{dt^2} = e\omega^2(\cos\omega t + \lambda_e\cos2\omega t) \tag{2-14-7}$$

14.2.2 正弦波振动的负滑动时间

由于 λ 很小，我们可以把振动速度 v_m 简化成式（2-14-8）、式（2-14-9），这就是人们常用的正弦振动公式，对偏心轮（轴）振动

$$v_m = e\omega\sin\omega t \tag{2-14-8}$$

对于液压缸作为动力源的直上直下振动

$$v_m = e\omega\sin\omega t \tag{2-14-9}$$

也可以表示为

$$v_m = v_a\sin\omega t \qquad v_a = e\omega \tag{2-14-10}$$

$$\omega t_1 = \arcsin\left(\frac{v_c}{e\omega}\right)$$

$$t_1 = \frac{1}{\omega}\left[\arcsin\left(\frac{v_c}{e\omega}\right)\right] \tag{2-14-11}$$

$$\pi - \omega t_2 = \arcsin\left(\frac{v_c}{e\omega}\right)$$

$$t_2 = \frac{1}{\omega}\left[\pi - \arcsin\left(\frac{v_c}{e\omega}\right)\right]$$

以上 t_1、t_2 中的反正弦函数均为角度，下面变为弧度，于是

$$t_N = t_2 - t_1 = \frac{1}{\omega}\left[\pi - \frac{2\pi}{180}\arcsin\left(\frac{v_c}{e\omega}\right)\right] \tag{2-14-12}$$

式中 t_N——正弦波振动的负滑动时间，s；

v_c——拉速，m/min；

e——振幅，也就是振动偏心轮（轴）的偏心距，mm；

v_a——最大振动速度，mm/s。

$$\omega = \frac{\pi f}{30}$$

$$t_N = \frac{1}{\frac{\pi f}{30}}\cdot\pi\left[1 - \frac{1}{90}\arcsin\left(\frac{v_c}{2\pi ef}\right)\right]$$

$$= \frac{30}{f}\left[1 - \frac{1}{90}\arcsin\left(\frac{v_c}{\pi hf}\right)\right] \tag{2-14-13}$$

式中 f——振动频率，min^{-1}；

h——振动行程，$h = 2e$，mm。

进一步简化改写 t_N，由三角函数运算公式知

$$\sin^2\alpha + \cos^2\alpha = 1$$

$$\sin^2\alpha = 1 - \cos^2\alpha = \cos^2\left(\frac{\pi}{2} - \alpha\right)$$

$$\frac{\pi}{2} - \alpha = \arccos\sqrt{1 - \cos^2\alpha}$$

$$\alpha = \frac{\pi}{2} - \arccos\sqrt{1 - \cos^2\alpha}$$

如图 2-14-3d 所示

$$x = \sin\alpha \qquad \cos\alpha = \frac{\sqrt{1 - x^2}}{1} = \sqrt{1 - x^2}$$

$$x^2 = \sin^2\alpha = 1 - \cos^2\alpha$$

$$x = \sqrt{1 - \cos^2\alpha}$$

$$\alpha = \arcsin x$$

$$\because \alpha = \frac{\pi}{2} - \arccos\sqrt{1 - \cos^2\alpha},\ \alpha = \arcsin x,\ x = \sqrt{1 - \cos^2\alpha}$$

$$\therefore \arcsin x = \frac{\pi}{2} - \arccos x$$

于是

$$t_N = \frac{30}{f}\left[1 - \frac{1}{90}\arcsin\left(\frac{v_c}{\pi hf}\right)\right] = \frac{30}{f}\left\{1 - \frac{1}{90}\left[90 - \arccos\left(\frac{v_c}{\pi hf}\right)\right]\right\}$$

$$= \frac{1}{3f}\arccos\left(\frac{v_c}{\pi hf}\right) \tag{2-14-14}$$

运用工程单位，即拉速 v_c 用 m/min，振幅用 mm，则最终公式为

$$t_N = \frac{1}{3f}\arccos\left(\frac{1000v_c}{\pi hf}\right) \tag{2-14-15}$$

14.2.3　正弦波振动的其他参数

14.2.3.1　负滑动时间比率 NSR

$$NSR = \frac{t_N}{T/2} \times 100\% = t_N \cdot \frac{2}{T} \times 100\% = t_N \cdot \frac{2f}{60} \times 100\% \tag{2-14-16}$$

其中

$$T = \frac{60}{f} = \frac{2\pi}{\omega},\quad \omega = \frac{\pi f}{30} \tag{2-14-17}$$

代入 t_N 得

$$NSR = \frac{f}{30} \cdot \frac{1}{3f}\arccos\left(\frac{v_c}{\pi hf}\right) \times 100\%$$

$$= \frac{1}{90}\arccos\left(\frac{v_c}{\pi hf}\right) \times 100\% \tag{2-14-18}$$

运用工程单位，则

$$NSR = \frac{1}{90}\arccos\left(\frac{1000v_c}{\pi hf}\right) \times 100\% \tag{2-14-19}$$

式中，T 为振动周期，s。

14.2.3.2 结晶器振动平均速度

$$\bar{v}_m = \frac{\omega}{\pi}\int_0^{\pi/\omega} v_a \sin(\omega t)\,dt = \frac{2v_a}{\pi} \tag{2-14-20}$$

式中 $\bar{v}_m$——结晶器振动平均速度，m/min；

v_a——结晶器振动最大速度，m/min。

因为 $v_a = e\omega = h\pi f$，所以

$$\bar{v}_m = 2hf \tag{2-14-21}$$

运用工程单位，则

$$\bar{v}_m = \frac{2hf}{1000} \tag{2-14-22}$$

14.2.3.3 负滑动速度比率 NS

负滑动速度比率 NS 就是人们叫习惯的负滑动率，计算结果总是负值，表示为

$$NS = \frac{v_c - \bar{v}_m}{v_c} \times 100\% = \frac{v_c - 2hf/1000}{v_c} \times 100\% \tag{2-14-23}$$

14.2.3.4 正滑动时间 t_P

$$\begin{aligned} t_P &= T - t_N = \frac{60}{f} - \frac{1}{3f}\arccos\left(\frac{1000v_c}{\pi hf}\right) \\ &= \frac{1}{3f}\left[180 - \arccos\left(\frac{1000v_c}{\pi hf}\right)\right] \end{aligned} \tag{2-14-24}$$

14.3 李宪奎教授发明的非正弦（偏斜正弦）波振动规律

14.3.1 非正弦振动速度函数的建立

14.3.1.1 波形偏斜率概念

如图 2-14-4 和图 2-14-5 所示。把非正弦振动视为正弦振动的演变。非正弦振动相对于正弦振动的改变程度用波形偏斜率 α_f 表示。

$$\alpha_f = \frac{t_m}{T/4} \qquad t_m = \frac{T}{4}\alpha_f \tag{2-14-25}$$

式中，t_m 为非正弦振动最大位移相对于正弦振动最大位移的滞后时间，s。

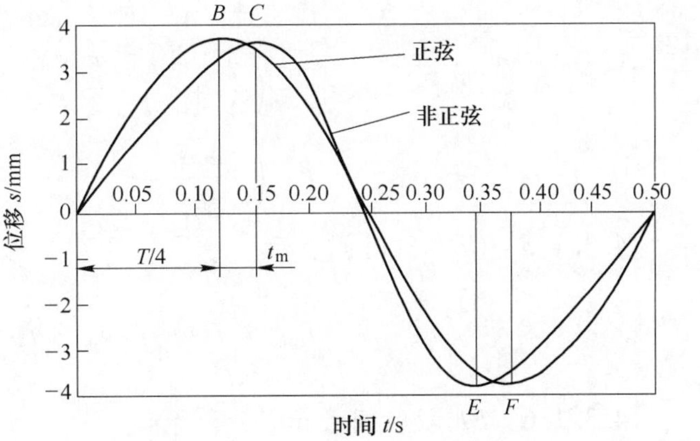

图 2-14-4 非正弦振动位移随时间的变化

14.3.1.2　正弦振动位移和速度曲线表示

图 2-14-4、图 2-14-5 中的正弦振动的位移 s 和速度 v_m 曲线表示如下

$$s = \frac{h}{2}\sin(2\pi ft) \tag{2-14-26}$$

$$v_m = \pi fh\cos(2\pi ft) \tag{2-14-27}$$

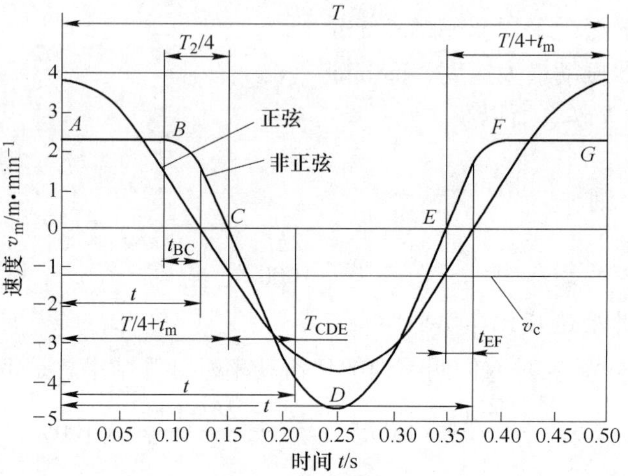

图 2-14-5　非正弦振动速度随时间的变化

14.3.1.3　偏斜 t_m 后的时间表示

$$\frac{T}{4} + t_m = \frac{T}{4} + \frac{T}{4}\alpha_f = \frac{T}{4}(1 + \alpha_f) = \frac{1 + \alpha_f}{4f}$$

$$T = \frac{1}{f} \tag{2-14-28}$$

14.3.1.4　*BC* 段时间表示

$$t + \left(\frac{T_2}{4} - t_{BC}\right) = \frac{T}{4} + t_m$$

$$t_{BC} = t - \left(\frac{T}{4} + t_m\right) + \frac{T_2}{4} = t - \frac{1 + \alpha_f}{4f} + \frac{1}{4f_2} \tag{2-14-29}$$

$$= t - \left(\frac{1 + \alpha_f}{4f} - \frac{1}{4f_2}\right)$$

14.3.1.5　*CDE* 段时间表示

$$t_{CDE} = t - \frac{T}{4} + t_m = t - \frac{1 + \alpha_f}{4f} \tag{2-14-30}$$

14.3.1.6　*EF* 段时间表示

$$t_{EF} = t - \left(T - \frac{T}{4} + t_m\right) = t - \left(\frac{1}{f} - \frac{1 + \alpha_f}{4f}\right) \tag{2-14-31}$$

14.3.1.7　设定非正弦振动速度曲线

如图2-14-5所示，非正弦振动的速度曲线被设定为水平直线段 *AB*，余弦曲线段 *BC*，正弦曲线段 *CDE* 和 *EF*，水平直线段 *FG* 光滑连接而成，所谓光滑连接是指在连接点处有公切线。

14.3.1.8　曲线 *CDE* 段的速度方程

设正弦曲线段 *CDE* 的周期为 T_1，频率为 f_1，行程为 h，则

$$T_1/4 = T/4 - t_m = (1 - \alpha_f)T/4$$

$$f_1 = f/(1 - \alpha_f) \tag{2-14-32}$$

从而正弦曲线段 *CDE* 的方程可写为：

$$v_{CDE} = -\frac{\pi fh}{1 - \alpha_f}\sin\left[\frac{2\pi f}{1 - \alpha_f}\left(t - \frac{1 + \alpha_f}{4f}\right)\right] \tag{2-14-33}$$

14.3.1.9　曲线 *BC* 段、*EF* 段的速度方程

设余弦曲线段 *BC* 及正弦曲线段 *EF* 的周期为 T_2，频率为 f_2，速度最大值为 v_2，则

$$v_{BC} = v_2\cos\left\{2\pi f_2\left[t - \left(\frac{1 + \alpha_f}{4f} - \frac{1}{4f_2}\right)\right]\right\} \tag{2-14-34}$$

$$v_{EF} = v_2\sin\left\{2\pi f_2\left[t - \left(\frac{1}{f} - \frac{1 + \alpha_f}{4f}\right)\right]\right\} \tag{2-14-35}$$

14.3.1.10　直线段 *AB* 及 *FG* 的速度方程

$$v_{AB} = v_2 \tag{2-14-36}$$

$$v_{FG} = v_2 \tag{2-14-37}$$

14.3.1.11　计算 v_2

由 *C* 点曲线有公切线的边界条件知

$$\frac{dv_{BC}}{dt}\bigg|_{t=\frac{1+\alpha}{4f}} = \frac{dv_{CDE}}{dt}\bigg|_{t=\frac{1+\alpha}{4f}} \tag{2-14-38}$$

$$\frac{dv_{BC}}{dt} = -v_2 \cdot 2\pi f_2\sin\left[2\pi f_2\left(t - \frac{1 + \alpha_f}{4f} + \frac{1}{4f_2}\right)\right] \tag{2-14-39}$$

当 $t = \dfrac{1 + \alpha_f}{4f}$ 时

$$\frac{dv_{BC}}{dt} = -v_2 \cdot 2\pi f_2\sin\frac{\pi}{2} = -2v_2\pi f_2$$

$$\frac{dv_{CDE}}{dt} = -\frac{\pi fh}{1 - \alpha_f} \cdot \frac{2\pi f}{1 - \alpha_f}\cos\left[\frac{2\pi f}{1 - \alpha_f}\left(t - \frac{1 + \alpha_f}{4f}\right)\right] \tag{2-14-40}$$

当 $t = \dfrac{1 + \alpha_f}{4f}$ 时

$$\frac{dv_{CDE}}{dt} = \frac{2\pi^2 f^2 h}{(1 - \alpha_f)^2}$$

由于

$$\frac{dv_{BC}}{dt} = \frac{dv_{CDE}}{dt}$$

$$v_2 = \frac{\pi f^2 h}{f_2(1 - \alpha_f)^2} \tag{2-14-41}$$

14.3.1.12　计算 f_2

位移协调条件

$$\int_{t_B}^{t_C} v_{BC}\mathrm{d}t + v_2 t_B = \frac{h}{2} \tag{2-14-42}$$

已知

$$v_2 = \frac{\pi f^2 h}{f_2(1-\alpha_f)^2};\quad t_C = \frac{T}{4} + t_m = \frac{1+\alpha_f}{4f}$$

$$t_B = \frac{T}{4} + t_m - \frac{T_2}{4} = \frac{1+\alpha_f}{4f} - \frac{1}{4f_2};\quad v_{BC} = v_2\cos\left\{2\pi f_2\left[t - \left(\frac{1+\alpha_f}{4f} - \frac{1}{4f_2}\right)\right]\right\}$$

$$\int_{t_B}^{t_C} v_{BC}\mathrm{d}t$$

$$= \int_{t_B}^{t_C} v_2\cos\left(2\pi f_2 t - 2\pi f_2\cdot\frac{1+\alpha_f}{4f} + \frac{2\pi f_2}{4f_2}\right)\mathrm{d}t$$

$$= \int_{t_B}^{t_C} v_2\cos\left(2\pi f_2 t - 2\pi f_2\cdot\frac{1+\alpha_f}{4f} + \frac{\pi}{2}\right)\mathrm{d}t$$

$$= \frac{v_2}{2\pi f_2}\sin\left(2\pi f_2 t - 2\pi f_2\cdot\frac{1+\alpha_f}{4f} + \frac{\pi}{2}\right)\Bigg|_{t_B}^{t_C}$$

$$= \frac{v_2}{2\pi f_2}\left[\sin\left(2\pi f_2 t_C - 2\pi f_2\cdot\frac{1+\alpha_f}{4f} + \frac{\pi}{2}\right) - \sin\left(2\pi f_2 t_B - 2\pi f_2\cdot\frac{1+\alpha_f}{4f} + \frac{\pi}{2}\right)\right]$$

$$= \frac{v_2}{2\pi f_2}\left[\sin\left(2\pi f_2\cdot\frac{1+\alpha_f}{4f} - 2\pi f_2\cdot\frac{1+\alpha_f}{4f} + \frac{\pi}{2}\right) - \sin\left(2\pi f_2\frac{1+\alpha_f}{4f} - 2\pi f_2\cdot\frac{1}{4f_2} - 2\pi f_2\frac{1+\alpha_f}{4f} + \frac{\pi}{2}\right)\right]$$

$$= \frac{v_2}{2\pi f_2}\left(\sin\frac{\pi}{2} - \sin 0\right) = \frac{v_2}{2\pi f_2}$$

于是

$$\frac{v_2}{2\pi f_2} + v_2 t_B = \frac{h}{2},\quad \frac{v_2}{2\pi f_2} + \frac{v_2(1+\alpha_f)}{4f} - \frac{v_2}{4f_2} = \frac{h}{2}$$

代入 v_2 得

$$\frac{\pi f^2 h}{2\pi f_2 f_2(1-\alpha_f)^2} + \frac{\pi f^2 h}{f_2(1-\alpha_f)^2}\cdot\frac{1+\alpha_f}{4f} - \frac{\pi f^2 h}{f_2(1-\alpha_f)^2}\cdot\frac{1}{4f_2} = \frac{h}{2}$$

消去 h 得

$$\frac{f^2}{f_2^2(1-\alpha_f)^2} + \frac{\pi f}{f_2(1-\alpha_f)^2}\cdot\frac{1+\alpha_f}{4} - \frac{\pi f^2}{4f_2^2(1-\alpha_f)^2} = \frac{1}{2}$$

$$\frac{f^2}{f_2^2(1-\alpha_f)^2} + \frac{\pi f(1+\alpha_f)}{2f_2(1-\alpha_f)^2} - \frac{\pi f^2}{2f_2^2(1-\alpha_f)^2} = 1$$

两边乘 $2f_2^2(1-\alpha_f)^2$ 得

$$2f^2 + \pi f f_2(1+\alpha_f) - \pi f^2 = 2f_2^2(1-\alpha_f)^2$$

$$2(1-\alpha_f)^2\cdot f_2^2 - \pi f(1+\alpha_f)\cdot f_2 + f^2(\pi - 2) = 0 \tag{2-14-43}$$

解一元二次方程得

$$f_2 = \frac{\pi f(1+\alpha_f) \pm \sqrt{\pi^2 f^2(1+\alpha_f)^2 - 8(1-\alpha_f)^2(\pi-2)f^2}}{4(1-\alpha_f)^2}$$

$$= \frac{\pi f(1+\alpha_f)}{4(1-\alpha_f)^2} \pm \frac{f}{4(1-\alpha_f)^2}\sqrt{\pi^2(1+\alpha_f)^2 - 8(\pi-2)(1-\alpha_f)^2} \quad (2\text{-}14\text{-}44)$$

当偏斜正弦波的偏斜率 α_f 为零时，余弦段 BC、正弦段 CDE、正弦段 EF 的频率 f_2 应当为 f；而当式（2-14-43）中 ± 号取“－”号时，再取 $\alpha_f=0$，则 $f_2=\left(\frac{\pi}{2}-1\right)f$，显然不合理，被舍去，于是

$$f_2 = \frac{\pi f(1+\alpha_f)}{4(1-\alpha_f)^2} + \frac{f}{4(1-\alpha_f)^2}\sqrt{\pi^2(1+\alpha_f)^2 - 8(\pi-2)(1-\alpha_f)^2} \quad (2\text{-}14\text{-}45)$$

14.3.1.13 非正弦振动曲线速度表达式

由此可见，组成这种非正弦振动曲线的各曲线段仅仅是 α_f、f、h 的函数。当 α_f、f、h 给定后，非正弦振动的速度曲线就被唯一确定，设非正弦振动的速度为 v_{mf}，则

$$v_{mf} = \begin{cases} v_2 & 0 \leqslant t \leqslant t_B \\ v_2\cos\left\{2\pi f_2\left[t-\left(\frac{1+\alpha_f}{4f}-\frac{1}{4f_2}\right)\right]\right\} & t_B \leqslant t \leqslant t_C \\ -\frac{\pi f h}{1-\alpha_f}\sin\left[\frac{2\pi f}{1-\alpha_f}\left(t-\frac{1+\alpha_f}{4f}\right)\right] & t_C \leqslant t \leqslant t_E \\ v_2\sin\left\{2\pi f_2\left[t-\left(\frac{1}{f}-\frac{1+\alpha_f}{4f}\right)\right]\right\} & t_E \leqslant t \leqslant t_F \\ v_2 & t_F \leqslant t \leqslant T \end{cases} \quad (2\text{-}14\text{-}46)$$

式中

$$v_2 = \frac{\pi f^2 h}{f_2(1-\alpha_f)^2}$$

$$f_2 = \frac{\pi f(1+\alpha_f)}{4(1-\alpha_f)^2} + \frac{f}{4(1-\alpha_f)^2}\sqrt{\pi^2(1+\alpha_f)^2 - 8(\pi-2)(1-\alpha_f)^2}$$

由式（2-14-46）可以看出，时间 t 总在闭区间内。

14.3.2 非正弦振动曲线位移与加速度

14.3.2.1 位移表达式

$$s_f = \begin{cases} v_2 \cdot t & 0 \leqslant t \leqslant t_B \\ \frac{v_2}{2\pi f_2}\cdot\sin\left\{2\pi f_2\left[t-\left(\frac{1+\alpha_f}{4f}-\frac{1}{4f_2}\right)\right]\right\}+v_2\cdot\left(\frac{1+\alpha_f}{4f}-\frac{1}{4f_2}\right) & t_B \leqslant t \leqslant t_C \\ \frac{h}{2}\cos\left[\frac{2\pi f}{1-\alpha}\left(t-\frac{1+\alpha_f}{4f}\right)\right] & t_C \leqslant t \leqslant t_E \\ -\frac{v_2}{2\pi f_2}\cdot\cos\left\{2\pi f_2\left[t-\left(\frac{1}{f}-\frac{1+\alpha_f}{4f}\right)\right]\right\}-v_2\cdot\left(\frac{1+\alpha_f}{4f}-\frac{1}{4f_2}\right) & t_E \leqslant t \leqslant t_F \\ v_2\cdot\left(t-\frac{1}{f}\right) & t_F \leqslant t \leqslant T \end{cases} \quad (2\text{-}14\text{-}47)$$

14. 3. 2. 2　加速度表达式

$$a_f = \begin{cases} 0 & 0 \leqslant t \leqslant t_B \\ -\dfrac{2\pi^2 f^2 h}{(1-\alpha_f)^2}\cdot \sin\left\{2\pi f_2\left[t-\left(\dfrac{1+\alpha_f}{4f}-\dfrac{1}{4f_2}\right)\right]\right\} & t_B \leqslant t \leqslant t_C \\ -\dfrac{2\pi^2 f^2 h}{(1-\alpha_f)^2}\cdot \cos\left[\dfrac{2\pi f}{1-\alpha_f}\left(t-\dfrac{1+\alpha_f}{4f}\right)\right] & t_C \leqslant t \leqslant t_E \\ \dfrac{2\pi^2 f^2 h}{(1-\alpha_f)^2}\cdot \cos\left\{2\pi f_2\left[t-\left(\dfrac{1}{f}-\dfrac{1+\alpha_f}{4f}\right)\right]\right\} & t_E \leqslant t \leqslant t_F \\ 0 & t_F \leqslant t \leqslant T \end{cases} \tag{2-14-48}$$

14. 3. 3　非正弦振动曲线负滑动时间

$$v_{CDE} = -\frac{\pi f h}{1-\alpha_f}\sin\left[\frac{2\pi f}{1-\alpha_f}\left(t-\frac{1+\alpha_f}{4f}\right)\right]$$

如图 2-14-6 所示，当 $v_{CDE}=v_C$，上式中 $t=t_2$ 才有负滑动，而 $t=t_1$ 时还无负滑动，所以

$$\frac{2\pi f}{1-\alpha_f}t_2 = \frac{\pi(1+\alpha_f)}{2(1-\alpha_f)} + \arcsin\left(-v_c\frac{1-\alpha_f}{\pi f h}\right)$$

$$t_2 = \frac{1+\alpha_f}{4f} + \frac{1-\alpha_f}{2\pi f} + \arcsin\left(-v_c\frac{1-\alpha_f}{\pi f h}\right) \tag{2-14-49}$$

$$t_1 = t_{CH} + \frac{1+\alpha_f}{4f} \qquad \left(\because\ \frac{T}{4}+t_m = \frac{1+\alpha_f}{4f}\right)$$

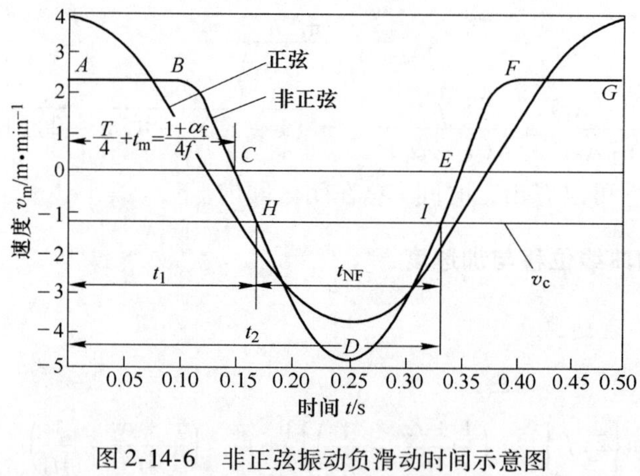

图 2-14-6　非正弦振动负滑动时间示意图

设非正弦振动的负滑动时间为 t_{NF}，求 t_{CH}

$$\frac{T}{4} + t_m + 2t_{CH} + t_{NF} + t_m = \frac{3}{4}T$$

$$\because t_m = \frac{T}{4}\alpha_f \qquad \therefore 2t_m + 2t_{CH} + t_N = \frac{T}{2}$$

$$2t_{CH} = \frac{T}{2} - t_{NF} - 2t_m = \frac{1}{2f} - \frac{\alpha_f}{2f} - t_{NF} = \frac{1-\alpha_f}{2f} - t_{NF} \tag{2-14-50}$$

$$\therefore t_{CH} = \frac{1-\alpha_f}{4f} - \frac{t_N}{2}$$

所以

$$t_1 = \frac{1+\alpha_f}{4f} + t_{NF} = \frac{1+\alpha_f}{4f} + \frac{1-\alpha_f}{4f} - \frac{t_{NF}}{2} = \frac{1}{2f} - \frac{t_{NF}}{2} \tag{2-14-51}$$

$$t_{NF} = t_2 - t_1 = \frac{1+\alpha_f}{4f} + \frac{1-\alpha_f}{2\pi f}\arcsin\left[-\frac{(1-\alpha_f)v_c}{\pi fh}\right] - \frac{1}{2f} + \frac{t_{NF}}{2}$$

$$\frac{t_{NF}}{2} = \frac{1+\alpha_f}{4f} - \frac{1}{2f} + \frac{1-\alpha_f}{2\pi f}\arcsin\left[-\frac{(1-\alpha_f)v_c}{\pi fh}\right]$$

$$t_{NF} = \frac{1+\alpha_f}{2f} - \frac{1}{f} + \frac{1-\alpha_f}{\pi f}\arcsin\left[-\frac{(1-\alpha_f)v_c}{\pi fh}\right] \tag{2-14-52}$$

$$= \frac{\alpha_f - 1}{2f} + \frac{1-\alpha_f}{\pi f}\arcsin\left[-\frac{(1-\alpha_f)v_c}{\pi fh}\right]$$

$$t_{NF} = -\left\{\frac{1+\alpha_f}{2f} - \frac{1-\alpha_f}{\pi f}\arcsin\left[-\frac{(1-\alpha_f)v_c}{\pi fh}\right]\right\}$$

$$= -\frac{1-\alpha_f}{\pi f}\left\{\frac{\pi}{2} - \arcsin\left[-\frac{(1-\alpha_f)v_c}{\pi fh}\right]\right\}$$

$$= -\frac{1-\alpha_f}{\pi f}\arccos\left[-\frac{(1-\alpha_f)v_c}{\pi fh}\right]$$

$$= \frac{1-\alpha_f}{\pi f}\left\{\pi + \arccos\left[\frac{(1-\alpha_f)v_c}{\pi fh}\right]\right\}$$

于是

$$t_{NF} = \frac{1-\alpha_f}{\pi f}\arccos\left[\frac{(1-\alpha_f)v_c}{\pi fh}\right] \tag{2-14-53}$$

运用工程单位，并考虑将反余弦函数由角度转化为弧度，则

$$t_{NF} = \frac{60(1-\alpha_f)}{\pi f} \times \frac{\pi}{180}\arccos\frac{1000(1-\alpha_f)v_c}{\pi fh}$$

$$= \frac{1-\alpha_f}{3f}\arccos\frac{1000(1-\alpha_f)v_c}{\pi fh} \tag{2-14-54}$$

如果令 $Z = h/v_c$，有

$$t_{NF} = \frac{1-\alpha_f}{3f}\arccos\frac{1000(1-\alpha_f)}{\pi fZ} \quad (\mathrm{s}) \tag{2-14-55}$$

14.3.4　非正弦振动曲线其他参数

14.3.4.1　负滑动速度比率 NS_F

$$NS_F = \frac{v_c - \bar{v}_m}{v_c} \times 100\% \tag{2-14-56}$$

式中，$\bar{v}_m$ 是结晶器向下振动的平均速度，即图 2-14-5 中 v_{CDE} 的平均速度，根据式（2-14-31），有

$$NS_{\mathrm{F}} = \left(1 - \frac{\bar{v}_{\mathrm{m}}}{v_{\mathrm{c}}}\right) \times 100\% = \left(1 - \frac{2f_1 h}{1000 v_{\mathrm{c}}}\right) \times 100\%$$

$$= \left[1 - \frac{2fh}{1000(1 - \alpha_{\mathrm{f}}) v_{\mathrm{c}}}\right] \times 100\% \qquad (2\text{-}14\text{-}57)$$

$$NS_{\mathrm{F}} = \left[1 - \frac{2fZ}{1000(1 - \alpha_{\mathrm{f}})}\right] \times 100\% \qquad (2\text{-}14\text{-}58)$$

14.3.4.2　负滑动时间比率 NSR_{F}

$$NSR_{\mathrm{F}} = \frac{t_{\mathrm{NF}}}{0.5T} \times 100\% = \frac{f t_{\mathrm{NF}}}{30} \times 100\%$$

$$= \left[\frac{f}{30} \frac{1 - \alpha_{\mathrm{f}}}{3f} \arccos \frac{1000(1 - \alpha_{\mathrm{f}}) v_{\mathrm{c}}}{\pi f h}\right] \times 100\%$$

$$= \left[\frac{1 - \alpha_{\mathrm{f}}}{90} \arccos \frac{1000(1 - \alpha_{\mathrm{f}}) v_{\mathrm{c}}}{\pi f h}\right] \qquad (2\text{-}14\text{-}59)$$

14.3.4.3　正滑动时间 t_{PF}

$$t_{\mathrm{PF}} = T - t_{\mathrm{NF}} = \frac{60}{f} - \frac{1 - \alpha_{\mathrm{f}}}{3f} \arccos \frac{1000(1 - \alpha_{\mathrm{f}}) v_{\mathrm{c}}}{\pi f h}$$

$$= T - 0.5T \cdot NSR_{\mathrm{F}}$$

$$= \frac{1}{f} - \frac{NSR_{\mathrm{F}}}{2f} = \frac{1}{f}\left(1 - \frac{NSR_{\mathrm{F}}}{2}\right)$$

$$= \frac{1}{f} - \frac{1 - \alpha_{\mathrm{f}}}{180f} \arccos\left[\frac{1000(1 - \alpha_{\mathrm{f}}) v_{\mathrm{c}}}{\pi f h}\right] \qquad (2\text{-}14\text{-}60)$$

14.3.4.4　负滑动超前量 NSA

该参数是负滑动时间里结晶器相对铸坯的位移量，综合反映了负滑动现象。

$$NSA = \int_{t_1}^{t_2} (v_{\mathrm{m}} - v_{\mathrm{c}}) \mathrm{d}t = 2\int_{T/2 - t_{\mathrm{NF}}/2}^{T/2} (|v_{\mathrm{CDE}}| - |v_{\mathrm{c}}|) \mathrm{d}t$$

$$= h \sin \arccos \frac{(1 - \alpha_{\mathrm{f}}) v_{\mathrm{c}}}{\pi f h} - \frac{(1 - \alpha_{\mathrm{f}}) v_{\mathrm{c}}}{\pi f} \arccos \frac{(1 - \alpha_{\mathrm{f}}) v_{\mathrm{c}}}{\pi f h} \qquad (2\text{-}14\text{-}61)$$

设
$$\gamma = \arccos \frac{(1 - \alpha_{\mathrm{f}}) v_{\mathrm{c}}}{\pi f h} \qquad 0 \leqslant \gamma \leqslant \pi$$

则

$$\cos\gamma = \frac{(1 - \alpha_{\mathrm{f}}) v_{\mathrm{c}}}{\pi f h}$$

$$\sin\gamma = \sqrt{1 - \left[\frac{(1 - \alpha_{\mathrm{f}}) v_{\mathrm{c}}}{\pi f h}\right]^2}$$

$$NSA = \frac{v_{\mathrm{c}}}{\pi f} \sqrt{\left(\pi f \frac{h}{v_{\mathrm{c}}}\right)^2 - (1 - \alpha_{\mathrm{f}})^2} - \frac{(1 - \alpha_{\mathrm{f}}) v_{\mathrm{c}}}{\pi f} \arccos \frac{(1 - \alpha_{\mathrm{f}}) v_{\mathrm{c}}}{\pi f h} \qquad (2\text{-}14\text{-}62)$$

运用工程单位，并考虑将反余弦函数由角度转化为弧度，则

$$NSA = \frac{1000 v_{\mathrm{c}}}{\pi f} \sqrt{\left(\pi f \frac{h}{1000 v_{\mathrm{c}}}\right)^2 - (1 - \alpha_{\mathrm{f}})^2} -$$

$$\frac{1000(1-\alpha_f)v_c}{\pi f}\times\frac{\pi}{180}\arccos\frac{1000(1-\alpha_f)v_c}{\pi fh}$$

$$=\frac{v_c}{\pi f}\sqrt{(\pi fZ)^2-10^6\ (1-\alpha_f)^2}-\frac{50(1-\alpha_f)v_c}{9f}\arccos\frac{1000(1-\alpha_f)v_c}{\pi fZ} \tag{2-14-63}$$

14.3.4.5　正滑动速度差 Δv

正滑动速度差 Δv 是指结晶器向上运动速度的最大值与拉坯速度之差。

$$\Delta v = v_{m\max} - v_c = v_{AB} - (-v_c)$$

$$= v_{AB} + v_c = \frac{\pi hf^2}{f_2(1-\alpha_f)^2} + v_c$$

$$= \frac{4\pi hf}{\pi(1+\alpha_f)+\sqrt{\pi^2(1+\alpha_f)^2-8(\pi-2)(1-\alpha_f)^2}} + v_c \tag{2-14-64}$$

运用工程单位，有

$$\Delta v = \frac{4\pi fh\times10^{-3}}{\pi(1+\alpha_f)+\sqrt{\pi^2(1+\alpha_f)^2-8(\pi-2)(1-\alpha_f)^2}} + v_c \tag{2-14-65}$$

14.4　法国索拉克公司“三角形”振动波形

14.4.1　三角形振动的位移和速度曲线

1993 年 5 月，法国索拉克公司弗洛朗日厂开始采用了一种称之为“三角形”振动的非正弦振动波形曲线，如图2-14-7 所示。位移曲线为三角形，而速度曲线为矩形。其速度曲线和非正弦振动的速度曲线具有相同的特征，即向上运动的时间长而速度低；向下运动的时间短而速度快。它的位移曲线向上达到最大值时也和非正弦振动的位移曲线一样，与正弦振动的位移曲线向上达到最大值时相比在时间上有个滞后，如图 2-14-8 所示。图中 t_{PF} 为正滑动时间，t_{NF} 为负滑动时间。

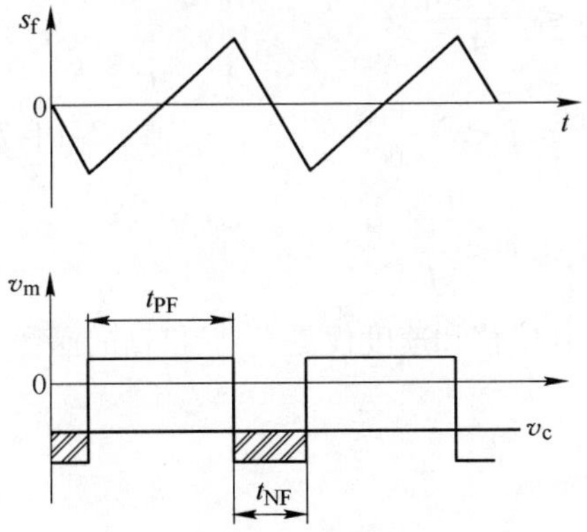

图 2-14-7　三角形振动波形

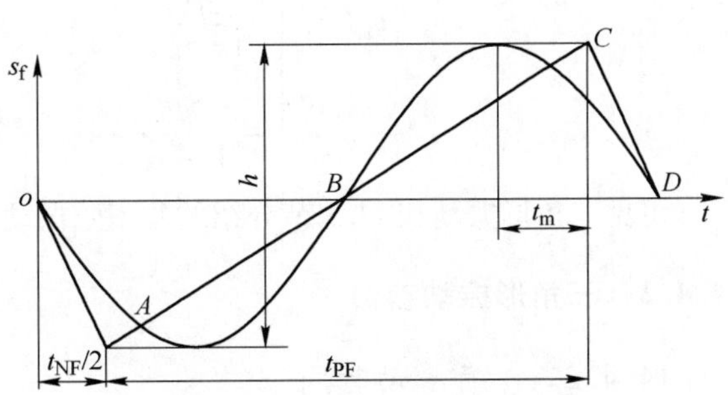

图 2-14-8　三角形振动参数表示

三角形振动位移方程和速度方程的建立如下，设其滞后时间为 t_m，滞后程度由波形偏斜率 α_f 表示，令

$$\alpha_f = \frac{t_m}{T/4} \times 100 \quad (\%) \tag{2-14-66}$$

由图 2-14-8 可知

$$t_m = \frac{T}{4} - \frac{t_{NF}}{2} \tag{2-14-67}$$

将式（2-14-67）代入式（2-14-66）得

$$\alpha_f = 1 - 2ft_{NF}$$

$$t_{NF} = \frac{1 - \alpha_f}{2f} \tag{2-14-68}$$

设三角形振动的位移方程为

$$s_f = \begin{cases} v_0 t & 0 \leqslant t \leqslant \dfrac{t_{NF}}{2} \\ v_1 t + b & \dfrac{t_{NF}}{2} \leqslant t \leqslant T - \dfrac{t_{NF}}{2} \\ v_1 t + c & T - \dfrac{t_{NF}}{2} \leqslant t \leqslant T \end{cases} \tag{2-14-69}$$

由图可知，根据 A$\left(\dfrac{t_{NF}}{2},\ -\dfrac{h}{2}\right)$、B$\left(\dfrac{T}{2},\ 0\right)$、C$\left(T-\dfrac{t_{NF}}{2},\ \dfrac{h}{2}\right)$、D$(T,\ 0)$ 四点坐标及式（2-14-69）可求得三角形振动的位移方程为：

$$s_f = \begin{cases} -\dfrac{2fh}{1-\alpha_f}t & 0 \leqslant t \leqslant \dfrac{1-\alpha_f}{4f} \\ \dfrac{2fh}{1-\alpha_f}t - \dfrac{h}{1+\alpha} & \dfrac{1-\alpha_f}{4f} \leqslant t \leqslant \dfrac{3+\alpha_f}{4f} \\ -\dfrac{2fh}{1-\alpha_f}t + \dfrac{2h}{1-\alpha_f} & \dfrac{3+\alpha_f}{4f} \leqslant t \leqslant \dfrac{1}{f} \end{cases} \tag{2-14-70}$$

对式（2-14-70）求导数，可得三角形波的速度方程

$$v_{mf} = \begin{cases} -\dfrac{2fh}{1-\alpha_f}t & 0 \leqslant t \leqslant \dfrac{1-\alpha_f}{4f} \\ \dfrac{2fh}{1-\alpha_f} & \dfrac{1-\alpha_f}{4f} \leqslant t \leqslant \dfrac{3+\alpha_f}{4f} \\ -\dfrac{2fh}{1-\alpha_f} & \dfrac{3+\alpha_f}{4f} \leqslant t \leqslant \dfrac{1}{f} \end{cases} \tag{2-14-71}$$

可见三角形振动和 14.3 节介绍的非正弦振动一样，其位移和速度仅是 h、f 和 α_f的函数。

14.4.2　三角形振动参数

14.4.2.1　负滑动时间

$$t_{NF} = \frac{1-\alpha_f}{2f} \tag{2-14-72}$$

14.4.2.2 正滑动时间

$$t_{PF} = T - t_{NF} = \frac{1 + \alpha_f}{2f} \tag{2-14-73}$$

14.4.2.3 负滑动量

$$NSA = \int_{t_1}^{t_2} (v_m - v_c) dt = h - \frac{(1 - \alpha_f) v_c}{2f} \tag{2-14-74}$$

14.4.3 有关参数分析

（1）负滑动时间分析。由式（2-14-72）可作出负滑动时间与频率的关系曲线，如图2-14-9所示。从图2-14-9可以看出，三角形振动的负滑动时间曲线与正弦振动和非正弦振动的负滑动时间曲线不同。三角形振动的负滑动时间和振动频率成等边双曲线关系。

该曲线不存在临界频率（负滑动时间等于0时的振动频率）f_0，t_{NF} 是 f 的减函数，也是波形偏斜率 α_f 的减函数。当 $f < 200\text{min}^{-1}$ 时上述关系最为明显。

（2）正滑动时间分析。由式（2-14-73）可作出正滑动时间 t_{PF} 与频率 f 的关系曲线，如图2-14-10所示。

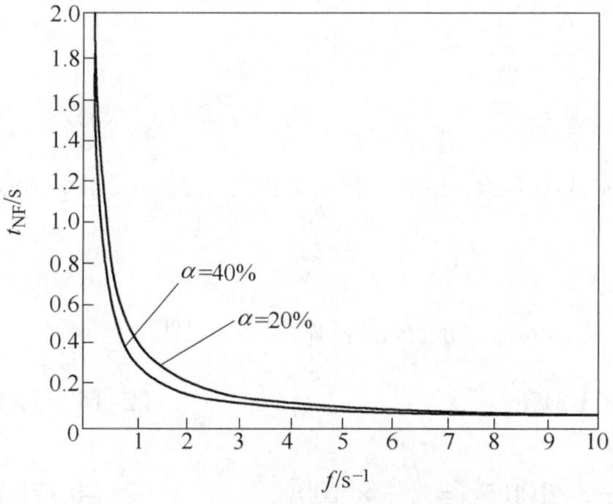

图2-14-9 三角形振动负滑动时间与频率的关系

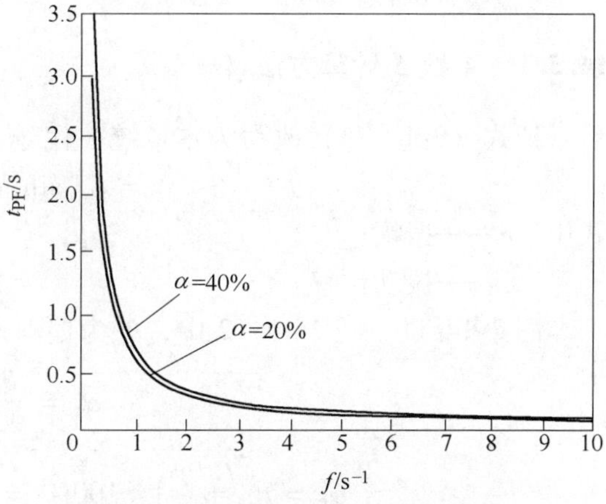

图2-14-10 三角形振动正滑动时间与频率的关系

三角形振动的正滑动时间和振动频率也成等边双曲线关系。t_{PF} 为 f 的减函数，但却是 α_f 的增函数。当 $f < 200\text{min}^{-1}$ 时上述关系最明显。

（3）负滑动量分析。由式（2-14-74）可见，当 α_f、h 选定时，为了保持一定的负滑动量 NSA，频率 f 与拉速 v_c 应保持式（2-14-74）所确定的关系，即可通过高拉速 v_c 与频率 f 的匹配关系来保持一定的负滑动量。

（4）波形偏斜率分析。由前面对工艺参数的分析可知，波形偏斜率增大，则负滑动时间 t_{NF} 减小，正滑动时间 t_{PF} 增大。若 α_f 太小，三角形振动相对于正弦振动的优越性就体现不出来。一般认为，选取 $\alpha_f = 20\%\sim40\%$ 为宜。

（5）分析结论。

1）结晶器采用三角形振动，通过选取适当的 α_f 值即可减小负滑动时间，使铸坯表面振痕变浅，又可增加正滑动时间，使保护渣消耗量增加，改善结晶器与坯壳之间的润滑。

2）当振幅 $e(e=h/2)$ 和波形偏斜率 α_f 选定后，可以通过调整拉速 v_c 与频率 f 的匹配关系来保持一定的负滑动量。

3）三角形振动波形偏斜率 α_f 一般可在 20%~40% 范围内选取。

14.5　德马克非正弦（偏斜正弦）波振动曲线

英文版《MPT International》1996 年№5 刊登了“Operational experience with a resonance mould with hydraulic drive used in slab casting”文章，后来又翻译成中文在 1997 年№1 中文版《MPT》中刊登，题目是“板坯连铸用液压驱动共振结晶器的操作实践”，该文章给出了非正弦振动的原始位移公式

$$s(t) = h \cdot \sin[\omega t - \Delta \cdot \sin(\omega t)] \tag{2-14-75}$$

式中　h——振幅，mm；

ω——角速度，rad/s；

t——振动装置运行时间，s；

$s(t)$——位移，mm。

14.5.1　系数 Δ 计算方法（一）

把式（2-14-75）改写为本章统一代号

$$s_f = e \cdot \sin[\omega t - \Delta\sin(\omega t)] \tag{2-14-76}$$

式中　e——振幅；

s_f——振动位移。

图 2-14-11、图 2-14-12 中，θ_m 为偏斜角，$\theta_m=\omega t_m$，波形偏斜率为 α_f，则

$$\alpha_f = \frac{\theta_m}{90°} \times 100\% \tag{2-14-77a}$$

$$\alpha_f = t_m \Big/ \left(\frac{T}{4}\right) \times 100\% = \frac{4ft_m}{60} \times 100\% = \frac{ft_m}{15} \times 100\% \tag{2-14-77b}$$

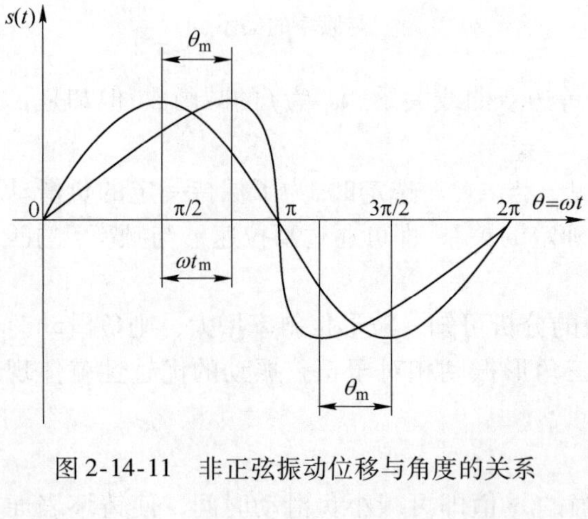

图 2-14-11　非正弦振动位移与角度的关系

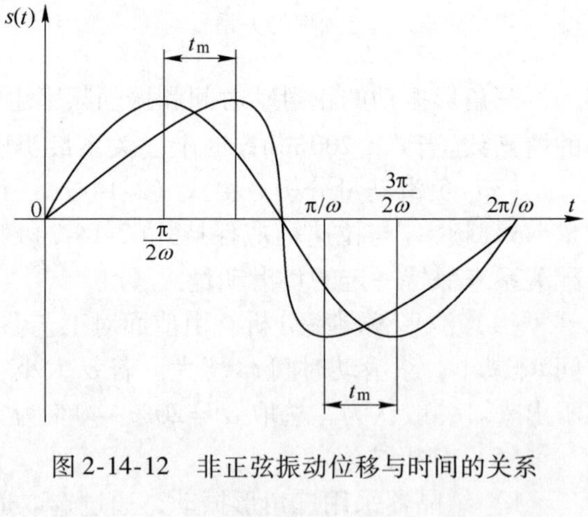

图 2-14-12　非正弦振动位移与时间的关系

式中　t_m——非正弦振动位移相对于正弦振动位移在时间上的滞后值，s；

T——振动周期，$T = \frac{60}{f}$ s；

f——振动频率，$\min^{-1}$。

对式（2-14-76）求导数并令其等于0，得

$$v_{mf} = \frac{ds_f}{dt}\Big|_{t=(\frac{\pi}{2\omega}+t_m)} = e\cos\left[\left(\frac{\pi}{2}+\omega t_m\right) - \Delta\sin\left(\frac{\pi}{2}+\omega t_m\right)\right]\cdot\left[\omega - \omega\Delta\cos\left(\frac{\pi}{2}+\omega t_m\right)\right] = 0 \tag{2-14-78}$$

从上面求导结果可看出，两因式中总有一项为0，即

$$1 - \Delta\cos\left(\frac{\pi}{2}+\omega t_m\right) = 0 \tag{2-14-79a}$$

$$\cos\left[\left(\frac{\pi}{2}+\omega t_m\right) - \Delta\sin\left(\frac{\pi}{2}+\omega t_m\right)\right] = 0 \tag{2-14-79b}$$

因为 $\theta_m = \omega t_m$，由式（2-14-79a）得 $\Delta = -\frac{1}{\sin\theta_m}$。

在这里，考虑到振动波形总是向右偏斜（即结晶器下降时间总是短，亦即 $\theta \geqslant 0$），应舍去 $\Delta = -\frac{1}{\sin\theta_m}$ 这一解。

利用三角函数基本关系式对式（2-14-79b）进行换算

$$\cos\left[\left(\frac{\pi}{2}+\theta_m\right) - \Delta\sin\left(\frac{\pi}{2}+\theta_m\right)\right] = 0$$

$$\cos\left[\left(\frac{\pi}{2}+\theta_m\right) - \Delta\cos\theta_m\right] = 0 \tag{2-14-79c}$$

因为　$$\cos(\alpha-\beta) = \cos\alpha\cos\beta + \sin\alpha\sin\beta$$

式（2-14-79c）变为

$$\cos\left(\frac{\pi}{2}+\theta_m\right)\cdot\cos(\Delta\cos\theta_m) + \sin\left(\frac{\pi}{2}+\theta_m\right)\cdot\sin(\Delta\cos\theta_m) = 0$$

$$-\sin\theta_m\cos(\Delta\cos\theta_m) + \cos\theta_m\sin(\Delta\cos\theta_m) = 0$$

$$\sin\theta_m\cos(\Delta\cos\theta_m) = \cos\theta_m\sin(\Delta\cos\theta_m)$$

$$\mathrm{tsn}\theta_m = \tan(\Delta\cos\theta_m)$$

所以　$$\theta_m = \Delta\cos\theta_m$$

则　$$\Delta = \frac{\theta_m}{\cos\theta_m} \tag{2-14-80}$$

由此可知，连铸机生产当中，如果设定了波形偏斜率，偏斜角 θ_m 就被唯一确定，Δ 也被唯一确定。于是式（2-14-76）可写成

$$s_f = e\cdot\sin\left(\omega t - \frac{\theta_m}{\cos\theta_m}\sin\omega t\right) \tag{2-14-81}$$

振动速度

$$v_{mf} = \frac{ds_f}{dt} = e\omega(1-\Delta\cos\omega t)\cdot\cos(\omega t - \Delta\sin\omega t)$$

$$= e\omega\left(1-\frac{\theta_{m}}{\cos\theta_{m}}\cos\omega t\right)\cdot\cos\left(\omega t-\frac{\theta_{m}}{\cos\theta_{m}}\sin\omega t\right) \tag{2-14-82}$$

当 $\omega t=\pi$ 时，$v_{m}(t)=v_{m\,min}$，于是

$$v_{mf\,min} = -e\omega\left(1+\frac{\theta_{m}}{\cos\theta}\right) \tag{2-14-83}$$

当 $\omega t=0$ 时，$v_{m}(t)=v(0)$，则

$$v_{mf}(0) = -e\omega\left(1-\frac{\theta_{m}}{\cos\theta_{m}}\right) \tag{2-14-84}$$

注意 $v_{mf}(0)$ 可能等于 $v_{mf\,max}$，也可能不等于 $v_{mf\,max}$，在运行过程中，当 $\theta=\omega t=0$ 时，$v_{mf}(0)>0$，故

$$\frac{\theta_{m}}{\cos\theta_{m}}\leqslant 1$$

振动的加速度

$$a_{f} = -e\omega^{2}\left[1-\frac{\theta}{\cos\theta}\cos(\omega t)\right]^{2}\cdot\sin\left[\omega t-\frac{\theta}{\cos\theta}\sin(\omega t)\right]+ e\omega^{2}\frac{\theta}{\cos\theta}\sin(\omega t)\cdot\cos\left[\omega t-\frac{\theta}{\cos\theta}\sin(\omega t)\right] \tag{2-14-85}$$

当振动频率、振幅和非正弦振动的波形偏斜率随时间变化时，所绘制的位移与速度曲线分别如图 2-14-13a ~ c 所示。

14.5.2　计算 θ_{m} 的临界值和最大偏斜率

14.5.2.1　用下列简单程序计算 θ_{m} 临界值

```
900: "X" INPUT  "SS ="; SS
902: S = SS
904: FOR I = 1  T0  2000 STEP 1
906: S = S + 0.0000000001 * I
910: X = S * π/180
920: Y = cos S
930: IF ABS Y - X < 0.000000001 THEN 940
932: NEXT I
940: WAIT 500: BEEP 5: PRINT "S ="; S
950: GOTO 900
960: END
```

经过反复逼近，当输入的初始值 $SS=42.34645$ 时，最终计算得

$$\theta_{m}=S=42.34645884$$

$$\cos\theta_{m}=\cos 42.34645884=0.7390851331$$

$$\theta_{m}=42.34645884\times\pi/180=0.7390851333$$

即

$$\theta_{m}\text{的临界值为 }42.34645884^{\circ} \tag{2-14-86a}$$

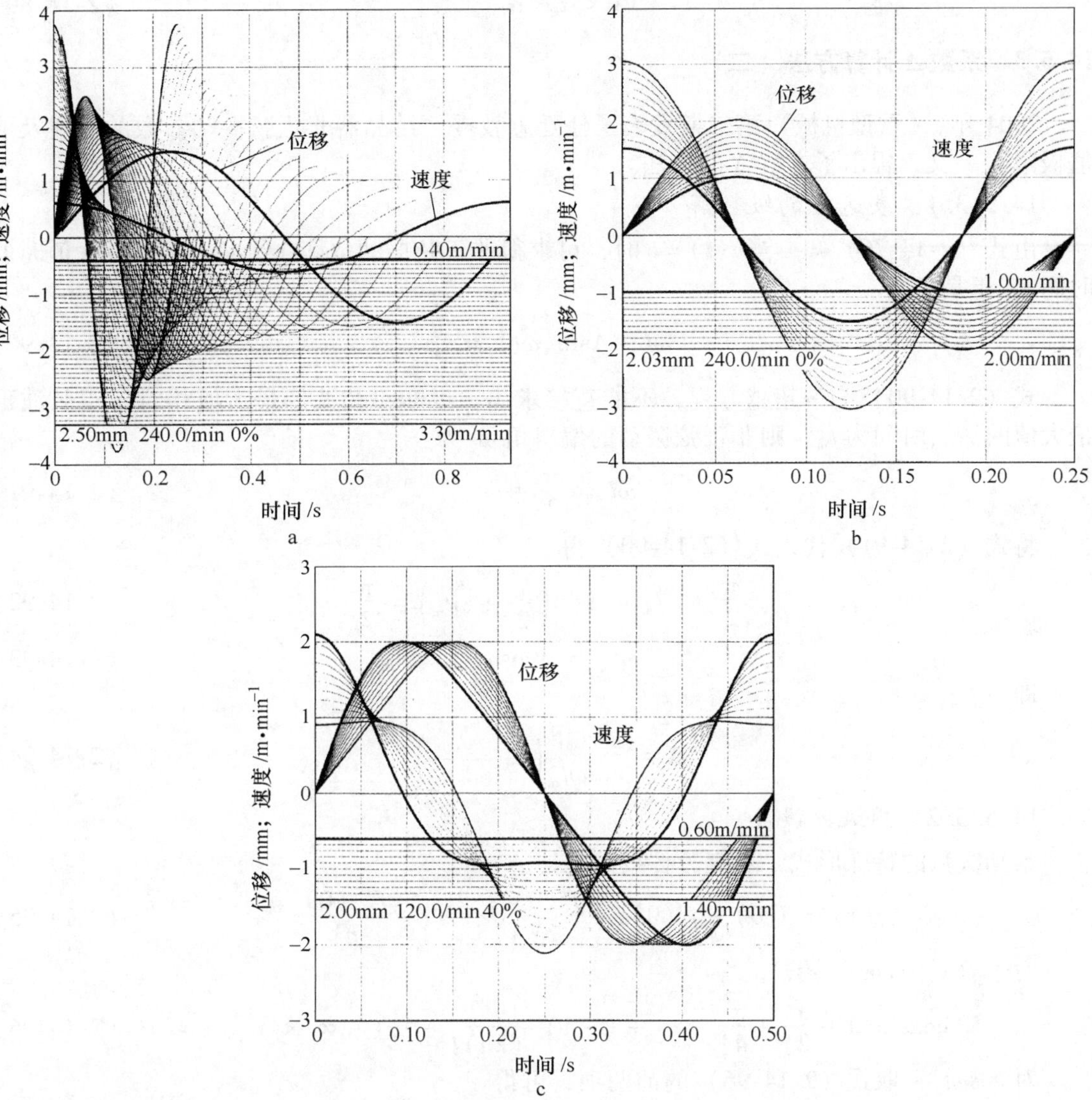

图 2-14-13　振动参数变化时，位移、速度随时间的变化

a— 频率变化时；b—振幅变化时；c—非正弦波形偏斜率变化时

也可以写成

$$\theta_{\mathrm{m\,max}} = 0.2352581047\pi \qquad (2\text{-}14\text{-}86b)$$

所以 θ_{m}的取值范围是

$$0 < \theta_{\mathrm{m}} < \theta_{\mathrm{m\,max}} \qquad (2\text{-}14\text{-}87)$$

14.5.2.2　非正弦振动最大偏斜率

$$\alpha_{\mathrm{f\,max}} = \frac{\theta_{\mathrm{m\,max}}}{90^\circ} \times 100\% = \frac{42.34645884^\circ}{90^\circ} \times 100\%$$

$$= 47.05162093\% \approx 47\% \qquad (2\text{-}14\text{-}88)$$

所以 α_{f}的取值范围是

$$0 < \alpha_f < \alpha_{f\,max} \tag{2-14-89}$$

14.5.3　系数 Δ 计算方法（二）

2004 年，《重型机械》第二期发表了任廷志教授“结晶器非正弦振动参数的构建及取值极限”一文，提出了求解 Δ 的方法。

14.5.3.1　表达 Δ 的级数解

由式（2-14-76）知，当 $s(t)=e$ 时，可求得非正弦振动位移曲线向上达到最大值时的时间 t，于是

$$\omega t - \Delta \sin(\omega t) = \frac{\pi}{2} \tag{2-14-90}$$

式（2-14-90）为一超越方程，不能直接求出，设非正弦波形最大值相对于正弦波形最大值的滞后时间为 t_m，则非正弦振动的偏斜角 ωt 为

$$\omega t = \frac{\pi}{2} + \omega t_m \tag{2-14-91}$$

将式（2-14-91）代入式（2-14-90）得

$$\frac{\pi}{2} + \omega t_m - \Delta \sin\left(\frac{\pi}{2} + \omega t_m\right) = \frac{\pi}{2} \tag{2-14-92}$$

$$\omega t_m = \Delta \cos \omega t_m \tag{2-14-93}$$

即

$$\Delta = \frac{\omega t_m}{\cos \omega t_m}\left(= \frac{\theta_m}{\cos \theta_m}\right) \tag{2-14-94}$$

14.5.3.2　用级数解 Δ

泰勒级数的特殊形式，麦克劳林级数是

$$f(x) = f(0) + f'(0)x + \frac{f''(0)}{2!}x^2 + \cdots + \frac{f^{(0)}(0)}{n!}x^n + \cdots \tag{2-14-95}$$

对于 $f(x) = \cos x$，有

$$\cos x = 1 - \frac{x^2}{2!} + \frac{x^4}{4!} - \cdots + (-1)^n \frac{x^{2n}}{(2n)!} + \cdots (-\infty < x < +\infty) \tag{2-14-96}$$

对 $\cos \omega t_m$，取式（2-14-96）的前两项，可得

$$\cos \omega t_m = 1 - \frac{\omega^2 t_m^2}{2} \tag{2-14-97}$$

设波形偏斜率为 α_f

$$\alpha_f = \frac{\theta_m}{\frac{\pi}{2}} = \frac{\omega t_m}{\frac{\pi}{2}}$$

$$\omega t_m = \frac{\pi}{2}\alpha_f \tag{2-14-98}$$

将式（2-14-97）、式（2-14-98）代入式（2-14-94），有

$$\Delta = \frac{\frac{\pi}{2}\alpha_f}{1 - \frac{\omega^2 t_m^2}{2}} = \frac{\frac{\pi}{2}\alpha_f}{1 - \frac{\left(\frac{\pi}{2}\alpha_f\right)^2}{2}} = \frac{\frac{\pi\alpha_f}{2}}{1 - \frac{\pi^2\alpha_f^2}{8}} \tag{2-14-99}$$

整理得

$$\Delta = \frac{4\pi\alpha_f}{8 - \pi^2\alpha_f^2} \tag{2-14-100}$$

对 $\cos\omega t$，如果取 $\cos x$ 级数展开式的前 3 项，可得

$$\cos\omega t_m = 1 - \frac{\omega^2 t_m^2}{2} + \frac{\omega^4 t_m^4}{24} \tag{2-14-101}$$

将式（2-14-98）代入式（2-14-101）得

$$\cos\omega t_m = 1 - \frac{\left(\frac{\pi}{2}\alpha_f\right)^2}{2} + \frac{\left(\frac{\pi}{2}\alpha_f\right)^4}{24} = 1 - \frac{\pi^2\alpha_f^2}{8} + \frac{\pi^4\alpha_f^4}{16\times 24}$$

$$= \frac{384 - 48\pi^2\alpha_f^2 + \pi^4\alpha_f^4}{384} \tag{2-14-102}$$

将式（2-14-102）代入式（2-14-94）得

$$\Delta = \frac{\frac{\pi\alpha_f}{2}}{\frac{384 - 48\pi^2\alpha_f^2 + \pi^4\alpha_f^4}{384}}$$

整理得

$$\Delta = \frac{192\pi\alpha_f}{384 - 48\pi^2\alpha^2 + \pi^4\alpha^4} \tag{2-14-103}$$

14.5.3.3 验算 Δ 表达式精度

当弧度值为 $\theta_m = 0.7390851333$，即角度值为 $\theta_m = 42.34645884°$时

$$\alpha_f = \frac{\theta_m}{90°} \times 100\% = 47.05162093\%$$

将 $\alpha_f = 0.4705162093$ 分别代入式（2-14-80）、式（2-14-100）、式（2-14-103），可得

$$\Delta = \frac{\theta_m}{\cos\theta_m} = 0.9950791086$$

$$\Delta = \frac{4\pi\alpha_f}{8 - \pi^2\alpha_f^2} = 1.016795905$$

$$\Delta = \frac{192\pi\alpha_f}{384 - 48\pi^2\alpha_f^2 + \pi^4\alpha_f^4} = 0.9996967668$$

由以上三个公式计算的 Δ，可知式（2-14-80）最精确，式（2-14-100）最不精确。

取不同波形偏斜率 α_f 时，计算的 Δ 值列入表 2-14-1。从表中可以看出，按照生产实际所选取 $\alpha_f = 10\% \sim 40\%$ 范围中，如果取两位小数，式（2-14-103）和式（2-14-100）计算误差都在可以接受的范围内。

表 2-14-1 用不同波形偏斜率 α_f 计算的 Δ 值

采用公式	$\alpha_f = 20\%$	$\alpha_f = 40\%$
式（2-14-100）	0.330467166	0.782846171
式（2-14-103）	0.330326137	0.776562962

14.5.3.4 位移与速度的重新表达

将式（2-14-100）代入式（2-14-83）、式（2-14-84）两式中，并且 $\omega = \frac{2\pi f}{60}$ 得

$$s_f = e\sin\left(\frac{2\pi ft}{60} - \frac{4\pi\alpha_f}{8-\pi^2\alpha_f^2}\cdot\sin\frac{2\pi ft}{60}\right) \tag{2-14-104}$$

$$v_{mf} = \frac{2\pi fe}{1000}\left(1 - \frac{4\pi\alpha_f}{8-\pi^2\alpha_f^2}\cdot\cos\frac{2\pi ft}{60}\right)\cdot\cos\left(\frac{2\pi ft}{60} - \frac{4\pi\alpha_f}{8-\pi^2\alpha_f^2}\sin\frac{2\pi ft}{60}\right) \tag{2-14-105}$$

式（2-14-104）表示非正弦振动时的位移，式（2-14-105）表示非正弦振动时的速度，如图 2-14-14 所示。

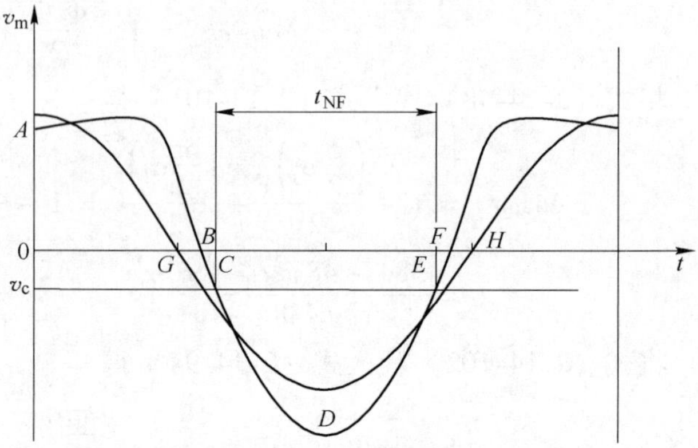

图 2-14-14 非正弦振动速度与时间的关系

14.5.4 负滑动时间

14.5.4.1 设定函数

设非正弦振动负滑动时间为 t_{NF}，先设定一个函数，然后根据边界条件和振动波形曲线进行拟合，构建出负滑动时间 t_N的计算公式。

设函数

$$v_c = v_{mf\,min} + (at_{NF})^b \tag{2-14-106}$$

式中 v_c——拉坯速度，m/min；

a——待定系数；

b——待定系数；

$v_{mf\,min}$——结晶器最小振动速度，m/min。

当 $\omega t = 0$ 时
$$v_{mf} = v_{mf0} = \frac{2\pi fe}{1000}\left(1 - \frac{4\pi\alpha_f}{8-\pi^2\alpha_f^2}\right) \tag{2-14-107}$$

当 $\omega t = \frac{\pi}{2}$时
$$v_{mf} = v_{mf\frac{\pi}{2}} = \frac{2\pi fe}{1000}\sin\left(\frac{4\pi\alpha_f}{8-\pi^2\alpha_f^2}\right) \tag{2-14-108}$$

当 $\omega t = \pi$ 时

$$v_{mf\,min} = -\frac{2\pi fe}{1000}\left(1 + \frac{4\pi\alpha_f}{8-\pi^2\alpha_f^2}\right) \tag{2-14-109}$$

将式（2-14-109）代入式（2-14-106）得

$$v_c = -\frac{2\pi fe}{1000}\left(1 + \frac{4\pi\alpha_f}{8-\pi^2\alpha_f^2}\right) + (at_{NF})^b \tag{2-14-110}$$

14.5.4.2 按照 $v_c = 0$ 的边界条件求解 a

当 $v_c = 0$ 时，从图 2-14-12 中可以看出

$$\frac{t_{NF}}{2} = \frac{T}{4} - t_m \qquad \frac{t_{NF}}{2} = \frac{60}{4f} - t_m$$

$$t_{NF} = 2\left(\frac{60}{4f} - t_m\right) = \frac{60 - 4ft_m}{2f} \tag{2-14-111}$$

$$\alpha_f = \frac{t_m}{\frac{60}{4f}} = \frac{4ft_m}{60} \qquad 4ft_m = 60\alpha_f$$

$$t_{NF} = \frac{60(1-\alpha_f)}{2f} \tag{2-14-112}$$

假设 $v_c=0$，式（2-14-106）变为

$$v_{mf\,min} + (at_{NF})^b = 0 \tag{2-14-113}$$

暂令

$$A = \left(1+\frac{4\pi\alpha}{8-\pi^2\alpha_f^2}\right) \qquad B = \frac{2\pi fe}{1000} \tag{2-14-114}$$

式（2-14-109）变为

$$v_{mf\,min} = -B\cdot A \tag{2-14-115}$$

将式（2-14-115）代入式（2-14-113）得

$$(at_{NF})^b = BA$$

则

$$a = \frac{(BA)^{\frac{1}{b}}}{t_{NF}} \tag{2-14-116}$$

将式（2-14-112）代入式（2-14-116）得

$$a = \frac{(BA)^{\frac{1}{b}}}{\dfrac{60(1-\alpha_f)}{2f}} \tag{2-14-117}$$

14.5.4.3　计算 t_{NF}

将式（2-4-114）代入式（2-4-110）得

$$v_c = -B\cdot A + (at_{NF})^b$$

$$t_{NF} = \frac{(v_c+BA)^{\frac{1}{b}}}{a} \tag{2-14-118}$$

将式（2-14-117）代入式（2-14-118）得

$$t_{NF} = \frac{(v_c+BA)^{\frac{1}{b}}}{(BA)^{\frac{1}{b}}}\cdot\frac{60(1-\alpha_f)}{2f} = \frac{60(1-\alpha_f)}{2f}\left(\frac{v_c}{BA}+1\right)^{\frac{1}{b}} \tag{2-14-119}$$

还原 A、B 得

$$t_{NF} = \frac{60(1-\alpha_f)}{2f}\left[1+\frac{v_c}{\dfrac{2\pi fe}{1000}\left(1+\dfrac{4\pi\alpha_f}{8-\pi^2\alpha_f^2}\right)}\right]^{\frac{1}{b}} \tag{2-14-120}$$

令 $Z=\dfrac{2e}{v_c}$

$$t_{NF} = \frac{60(1-\alpha_f)}{2f}\left[1+\frac{1000}{\pi fZ}\left(1+\frac{4\pi\alpha_f}{8-\pi^2\alpha_f^2}\right)^{-1}\right]^{\frac{1}{b}} \tag{2-14-121}$$

令 $Z=-\dfrac{2e}{v_c}$

$$t_{NF} = \frac{60(1-\alpha_f)}{2f}\left[1-\frac{1000}{\pi fZ}\left(1+\frac{4\pi\alpha_f}{8-\pi^2\alpha_f^2}\right)^{-1}\right]^{\frac{1}{b}} \tag{2-14-122}$$

式（2-14-121）v_c以负值代入；式（2-14-122）v_c以正值代入。

根据振动波形速度曲线 t 坐标轴以下部分对式（2-14-122）进行拟合，得到 t_N计算公式

$$t_N = \frac{60(1-\alpha_f)}{2f}\left[1-\frac{1000}{\pi fZ}\left(1+\frac{4\pi\alpha_f}{8-\pi^2\alpha_f^2}\right)^{-1}\right]^{\frac{1}{(\alpha_f+1.11)^{-7}+1.28}} \tag{2-14-123}$$

其中系数 b 用多次方拟合，非常繁琐，这里略去。当 $\alpha_f<35\%$ 时，有较为精确解。

14.5.4.4　验证 t_{NF}

当 $v_c=1.2\text{m/min}$，振幅 $e=\pm3.5\text{mm}$，频率 $f=150\text{r/min}$ 时。

A　用正弦振动公式

$$t_N=\frac{1}{3f}\arccos\left(\frac{v_c}{\pi hf}\right)=\frac{1}{3\times150}\arccos\left(\frac{1.2}{\pi\times0.007\times150}\right)=0.1525940248\text{s}$$

B　用非正弦振动公式

$$t_{NF}=\frac{60(1-\alpha_f)}{2f}\left[1-\frac{1000}{\pi fZ}(1+\Delta)^{-1}\right]^{\frac{1}{(\alpha_f+1.11)^{-7}+1.28}}$$

$$\Delta=\frac{4\pi\alpha_f}{8-\pi^2\alpha_f^2}\quad 或\quad \Delta=\frac{192\pi\alpha_f}{384-48\pi^2\alpha_f^2+\pi^4\alpha_f^4}$$

当 $\alpha_f=0$ 时 $\Delta=0$，则

$$t_{NF}=\frac{30}{f}\left(1+\frac{1000}{\pi fZ}\right)^{\frac{1}{1.11^{-7}+1.28}}=\frac{30}{150}\times\left(1+\frac{1000}{\pi\times150\times\dfrac{7}{-1.2}}\right)^{\frac{1}{1.11^{-7}+1.28}}=0.154720277\text{s}$$

在这里 $v_c=1.2\text{m/min}$ 以负值代入，$Z=\dfrac{2e}{v_c}$。

C　用公式（2-14-55）

$$t_{NF}=\frac{1-\alpha_f}{3f}\arccos\frac{1000(1-\alpha_f)}{\pi fZ}$$

当 $\alpha_f=0$ 时，也就是正弦振动的负滑动时间计算公式，亦即 t_{NF} 变成了 t_N，即

$$t_N=\frac{1}{3f}\arccos\frac{v_c}{\pi fh}$$

代入以上数据

$$t_N=\frac{1}{3\times150}\arccos\left(\frac{1000\times1.2}{\pi\times7\times150}\right)=0.1525940248\text{s}$$

14.5.5　负滑动速度比率计算

14.5.5.1　求解负滑动速度比率 NS_F

如图 2-14-11 所示，先求出 t_B、t_F，再求出 NS_F

$$t_B=\frac{T}{4}+t_m=\frac{60+4ft_m}{4f}=\frac{60+4\times\dfrac{60\omega}{2\pi}t_m}{4f}$$

$$t_B=\frac{60\left(1+\dfrac{2\omega t_m}{\pi}\right)}{4f}=\frac{60(1+\alpha_f)}{4f}=\frac{15+15\alpha_f}{f}\qquad(2\text{-}14\text{-}124)$$

$$t_F=\frac{3}{4}T-t_m=\frac{3\times60}{4f}-t_m=\frac{45}{f}-t_m=\frac{45-ft_m}{f}$$

$$=\frac{45-\dfrac{60\omega}{2\pi}t_m}{f}=\frac{4\times45-\dfrac{2\times60\omega}{\pi}t_m}{4f}$$

$$t_F = \frac{60(3-\alpha_f)}{4f} = \frac{15(3-\alpha_f)}{f} = \frac{45-15\alpha_f}{f} \tag{2-14-125}$$

在正弦振动中，我们知道负滑动速度比率为

$$NS = \frac{v_c - \bar{v}_m}{v_c} \times 100\%$$

可以将非正弦振动时的负滑动率描述为

$$NS_F = \frac{1}{(t_F - t_B)v_c}\left(\int_{t_B}^{t_F} v_m \mathrm{d}t - \int_{t_B}^{t_F} v_c \mathrm{d}t\right) \times 100\% \tag{2-14-126}$$

在式（2-14-126）中，设

$$S_1 = (t_F - t_B)v_c \tag{2-14-127}$$

S_1为图 2-14-14 中 B、F 两点的铅垂线与表示拉速的直线所围成的面积，再设

$$S_2 = \int_{t_B}^{t_F} v_c \mathrm{d}t \tag{2-14-128}$$

S_2为图 2-14-14 中 B、D、F 所围成的面积，这样式（2-14-126）就可以写作

$$NS_F = \frac{S_1 - S_2}{S_1} \times 100\% \tag{2-14-129}$$

$$\begin{aligned} S_1 &= (t_F - t_B)v_c = \left(\frac{45-15\alpha_f}{f} - \frac{15+15\alpha_f}{f}\right)v_c \\ &= \frac{v_c}{f}(45 - 15\alpha_f - 15 - 15\alpha_f) = \frac{30v_c}{f}(1-\alpha_f) \end{aligned} \tag{2-14-130}$$

暂令 $\Delta = \dfrac{4\pi\alpha}{8-\pi^2\alpha^2}$，代入式（2-14-105），对式（2-14-128）进行积分，有

$$S_2 = \int_{t_B}^{t_F} v_{mf}\mathrm{d}t = \int_{t_B}^{t_F}\left[\frac{2\pi fe}{1000}\left(1 - \Delta\cos\frac{2\pi ft}{60}\right)\cos\left(\frac{2\pi ft}{60} - \Delta\sin\frac{2\pi ft}{60}\right)\right]\mathrm{d}t$$

由于式（2-14-105）是式（2-14-104）求导数所得，则积分的结果应该是

$$S_2 = \int_{t_B}^{t_F} v_{mf}\mathrm{d}t = e\sin\left[\frac{2\pi ft}{60} - \Delta\sin\frac{2\pi ft}{60}\right]_{\frac{15+15\alpha_f}{f}}^{\frac{45-15\alpha_f}{f}} \tag{2-14-131}$$

$$\begin{aligned} S_2 = e\Big\{&\sin\left[\frac{2\pi f}{60}\cdot\frac{45-15\alpha_f}{f} - \Delta\sin\frac{2\pi f}{60}\cdot\frac{45-15\alpha_f}{f}\right] - \\ &\sin\left[\frac{2\pi f}{60}\cdot\frac{15+15\alpha_f}{f} - \Delta\sin\frac{2\pi f}{60}\cdot\frac{15+15\alpha_f}{f}\right]\Big\} \end{aligned} \tag{2-14-132}$$

$$\begin{aligned} = e\Big\{&\sin\left[\frac{\pi(3-\alpha_f)}{2} - \Delta\sin\frac{\pi(3-\alpha_f)}{2}\right] - \\ &\sin\left[\frac{\pi(1+\alpha_f)}{2} - \Delta\sin\frac{\pi(1+\alpha_f)}{2}\right]\Big\} \end{aligned}$$

由于

$$\sin\frac{\pi(3-\alpha_f)}{2} = \sin\left(\frac{3\pi}{2} - \frac{\pi\alpha_f}{2}\right) = -\cos\frac{\pi\alpha_f}{2}$$

$$\sin\frac{\pi(1+\alpha_f)}{2} = \sin\left(\frac{\pi}{2} + \frac{\pi\alpha_f}{2}\right) = \cos\frac{\pi\alpha_f}{2}$$

于是

$$S_2 = e\left\{\sin\left[\frac{\pi}{2}(3-\alpha_f)+\Delta\cos\frac{\pi\alpha_f}{2}\right]-\sin\left[\frac{\pi}{2}(1+\alpha_f)-\Delta\cos\frac{\pi\alpha_f}{2}\right]\right\} \tag{2-14-133}$$

用和、差化积的三角函数公式 $\sin\alpha-\sin\beta=2\cos\frac{\alpha+\beta}{2}\cdot\sin\frac{\alpha-\beta}{2}$ 整理上式得

$$S_2 = 2e\left[\cos\frac{\frac{\pi}{2}(3-\alpha_f)+\Delta\cos\frac{\pi\alpha_f}{2}+\frac{\pi}{2}(1+\alpha_f)-\Delta\cos\frac{\pi\alpha_f}{2}}{2}\times\right.$$

$$\left.\sin\frac{\frac{\pi}{2}(3-\alpha_f)+\Delta\cos\frac{\pi\alpha_f}{2}-\frac{\pi}{2}(1+\alpha_f)+\Delta\cos\frac{\pi\alpha_f}{2}}{2}\right]$$

由于

$$\frac{3\pi}{2}-\frac{\pi\alpha_f}{2}+\frac{\pi}{2}+\frac{\pi\alpha_f}{2}=2\pi$$

$$\frac{3\pi}{2}-\frac{\pi\alpha_f}{2}-\frac{\pi}{2}-\frac{\pi\alpha_f}{2}=\pi-\pi\alpha_f=\pi(1-\alpha_f)$$

有

$$\begin{aligned}S_2 &= 2e\left[\cos\pi\cdot\sin\frac{\pi(1-\alpha_f)+2\Delta\cos\frac{\pi\alpha_f}{2}}{2}\right]\\ &= -2e\sin\left(\frac{\pi}{2}-\frac{\pi\alpha_f}{2}+\Delta\cos\frac{\pi\alpha_f}{2}\right)\\ &= -2e\sin\left[\frac{\pi}{2}-\left(\frac{\pi\alpha_f}{2}-\Delta\cos\frac{\pi\alpha_f}{2}\right)\right]\\ &= -2e\cos\left(\frac{\pi\alpha_f}{2}-\Delta\cos\frac{\pi\alpha_f}{2}\right)\end{aligned} \tag{2-14-134}$$

$$\begin{aligned}NS_F &= \frac{S_1-S_2}{S_1}\times100\%\\ &= \frac{\frac{30v_c}{f}(1-\alpha_f)+2e\cos\left(\frac{\pi\alpha_f}{2}-\Delta\cos\frac{\pi\alpha_f}{2}\right)}{\frac{30v_c}{f}(1-\alpha_f)}\times100\%\\ &= \left[1+\frac{2ef}{30(1-\alpha_f)v_c}\cos\left(\frac{\pi\alpha_f}{2}-\Delta\cos\frac{\pi\alpha_f}{2}\right)\right]\times100\%\\ &= \left[1+\frac{ef}{15(1-\alpha_f)v_c}\cos\left(\frac{\pi\alpha_f}{2}-\Delta\cos\frac{\pi\alpha_f}{2}\right)\right]\times100\%\end{aligned}$$

这里 f 的单位为 Hz，e 的单位为 m，如果将 f 单位变为 r/min，e 单位变为 mm，则

$$\begin{aligned}NS_F &= \left[1+\frac{60ef}{15\times1000(1-\alpha_f)v_c}\cos\left(\frac{\pi\alpha_f}{2}-\frac{4\pi\alpha_f}{8-\pi^2\alpha_f^2}\cos\frac{\pi\alpha_f}{2}\right)\right]\times100\%\\ &= \left[1+\frac{ef}{250(1-\alpha_f)v_c}\cos\left(\frac{\pi\alpha_f}{2}-\frac{4\pi\alpha_f}{8-\pi^2\alpha_f^2}\cos\frac{\pi\alpha_f}{2}\right)\right]\times100\%\end{aligned} \tag{2-14-135}$$

14.5.5.2　举例验算

振幅 $e=3.5\text{mm}$，频率 $f=120$，拉速 $v_c=1.2\text{m/min}$，$\alpha_f=0$

A　用正弦振动时的公式计算

$$NS=\frac{v_c-\bar{v}_m}{v_c}\times 100\% =\frac{v_c-4ef/1000}{v_c}\times 100\%$$

$$=\frac{1.2-4\times 3.5\times 120/1000}{1.2}\times 100\% = -40\%$$

B　用非正弦振动时的公式计算

v_c以负值代入。

$$NS_F=\left[1+\frac{ef}{250(1-\alpha_f)v_c}\cos\left(\frac{\pi\alpha_f}{2}-\frac{4\pi\alpha_f}{8-\pi^2\alpha^2}\cos\frac{\pi\alpha_f}{2}\right)\right]\times 100\%$$

$$=\left(1+\frac{ef}{250v_c}\right)\times 100\% =-40\%$$

由此可见，所导出的非正弦振动的负滑动率计算公式是正确的。

14.5.6 其他参数计算

14.5.6.1　负滑动时间比率 NSR_F

$$NSR_F=\frac{t_{NF}}{T/2}\times 100\% =\frac{2f}{60}t_{NF}\times 100\%$$

$$=\frac{2f}{60}\left\{\frac{60(1-\alpha_f)}{2f}\left[1-\frac{1000}{\pi fZ}(1+\Delta)^{-1}\right]^{\frac{1}{(\alpha_f+1.11)^{-7}+1.28}}\right\}\times 100\%$$

化简有

$$NSR_F=(1-\alpha_f)\left[1-\frac{1000}{\pi fZ}(1+\Delta)^{-1}\right]^{\frac{1}{(\alpha_f+1.11)^{-7}+1.28}}\times 100\% \qquad (2\text{-}14\text{-}136)$$

式中　$\Delta=\dfrac{4\pi\alpha_f}{8-\pi^2\alpha_f^2}$　或　$\Delta=\dfrac{192\pi\alpha_f}{384-48\pi^2\alpha_f^2+\pi^4\alpha_f^4}$

14.5.6.2　负滑动量 NSA

该参数为负滑动时间内结晶器相对铸坯的位移。

$$NSA=\int_{t_C}^{t_E}\frac{1000}{60}(v_{mf}-v_c)\mathrm{d}t=\int_{t_C}^{t_E}\frac{1000}{60}v_{mf}\mathrm{d}t-\int_{t_C}^{t_E}\frac{1000}{60}v_c\mathrm{d}t \qquad (2\text{-}14\text{-}137)$$

从图 2-14-14 中可以看出，

$$t_C=\frac{60}{2f}-\frac{t_{NF}}{2};t_E=\frac{60}{2f}+\frac{t_{NF}}{2};$$

$$\frac{1000}{60}\int_{t_C}^{t_E}v_c\mathrm{d}t=\frac{1000}{60}(t_E-t_C)v_c=\frac{1000}{60}\left[\frac{60}{2f}+\frac{t_{NF}}{2}-\left(\frac{60}{2f}-\frac{t_{NF}}{2}\right)\right]=\frac{1000}{60}t_{NF}\cdot v_c$$

(2-14-138)

参见式（2-14-104）和式（2-14-105），有

$$\int_{t_C}^{t_E}\frac{1000}{60}v_{mf}\mathrm{d}t=e\sin\left[\frac{2\pi ft}{60}-\Delta\sin\frac{2\pi ft}{60}\right]_{\frac{60}{2f}-\frac{t_{NF}}{2}}^{\frac{60}{2f}+\frac{t_{NF}}{2}}$$

$$= e\left\{\sin\left[\frac{2\pi f}{60}\left(\frac{60}{2f}+\frac{t_{NF}}{2}\right)-\Delta\sin\frac{2\pi f}{60}\left(\frac{60}{2f}+\frac{t_{NF}}{2}\right)\right]-\right.$$

$$\left.\sin\left[\frac{2\pi f}{60}\left(\frac{60}{2f}-\frac{t_{NF}}{2}\right)-\sin\frac{2\pi f}{60}\left(\frac{60}{2f}-\frac{t_{NF}}{2}\right)\right]\right\}$$

$$= e\left\{\sin\left[\pi+\frac{\pi f t_{NF}}{60}-\Delta\sin\left(\pi+\frac{\pi f t_{NF}}{60}\right)\right]-\sin\left[\pi-\left(\frac{\pi f t_{NF}}{60}+\Delta\sin\left(\pi-\frac{\pi f t_{NF}}{60}\right)\right)\right]\right\}$$

$$= e\left\{-\sin\left[\frac{\pi f t_{NF}}{60}+\Delta\sin\left(\frac{\pi f t_{NF}}{60}\right)\right]-\sin\left[\frac{\pi f t_{NF}}{60}+\Delta\sin\left(\frac{\pi f t_{NF}}{60}\right)\right]\right\} \tag{2-14-139}$$

整理得负滑动量 NSA 的表达式为

$$NSA = -2e\sin\left(\frac{\pi f t_{NF}}{60}+\Delta\frac{\pi f t_{NF}}{60}\right)-\frac{1000 t_{NF}\cdot v_c}{60} \tag{2-14-140}$$

式中　$\Delta = \dfrac{4\pi\alpha_f}{8-\pi^2\alpha_f^2}$　或　$\Delta = \dfrac{192\pi\alpha_f}{384-48\pi^2\alpha_f^2+\pi^4\alpha_f^4}$

14.5.6.3　临界频率

临界频率 f_0 为负滑动时间等于零时的振动频率，当负滑动时间 $t_{NF}=0$ 时，由式（2-14-121）得

$$1+\frac{1000}{\pi f_0 Z}(1+\Delta)^{-1} = 0$$

$$f_0 = -\frac{1000}{\pi Z}(1+\Delta)^{-1} \qquad Z = \frac{2e}{v_c} \tag{2-14-141}$$

v_c 以负值代入，当 $f<f_0$ 时不出现负滑动。

14.5.6.4　正滑动速度差 Δv

正滑动速度差 Δv 是指结晶器向上运动速度的最大值和拉坯速度之差。

$$\Delta v = v_{mf\,max} - v_c \tag{2-14-142}$$

当 $t=0$ 时，v_A 为

$$v_A = \frac{2\pi fe}{1000}(1-\Delta)$$

通过计算分析知，当 $\alpha_f \leqslant 0.23$ 时，$v_{mf\,max}=v_A$，当 $0.23<\alpha_f\leqslant 0.46$ 时，$v_{mf\,max}$ 给出近似式。则式（2-14-142）变为

$$\Delta v = \begin{cases} \dfrac{2\pi fe}{1000}(1-\Delta)-v_c & \alpha_f \leqslant 0.23 \\ \dfrac{2\pi fe}{1000}(0.32-1.26\alpha_f)-v_c & 0.23<\alpha\leqslant 0.46 \end{cases}$$

14.5.6.5　正滑动时间 t_{PF}

$$t_{PF} = T - t_{NF} = \frac{60}{f}-\frac{60(1-\alpha_f)}{2f}\left[1+\frac{1000}{\pi f Z}(1+\Delta)^{-1}\right]^{\frac{1}{(\alpha_f+1.11)^{-7}+1.28}} \tag{2-14-143}$$

$Z=\dfrac{2e}{v_c}$，v_c 以负值代入。

14.6　其他非正弦（偏斜正弦）波曲线

14.6.1　薛百忍教授构造的结晶器非正弦（偏斜正弦）波振动曲线

14.6.1.1　位移曲线

如图 2-14-15 所示，该非正弦波曲线由正弦波曲线①和正弦波曲线②的不同区段构成，相对曲线②，曲线①的频率较低。设曲线①和曲线②的频率、角速度、周期分别为 f_L、ω_L、T_L 和 f_H、ω_H、T_H。设将要构成的振动波形频率、角速度、周期分别为 f、ω、T，表 2-14-2 分别表示了这些波形参数的相互关系。

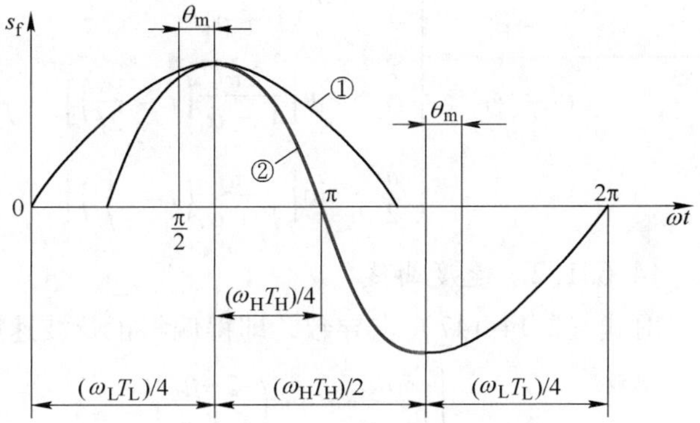

图 2-14-15　非正弦振动位移曲线的构成

表 2-14-2　波形参数的相互关系

波形参数	曲线①（低频）	曲线②（低频）	构成的振动波形
频率	$f_L = \dfrac{\pi}{\pi+2\theta_m}f$	$f_H = \dfrac{\pi}{\pi-2\theta_m}f$	f
角频率	$\omega_L = \dfrac{\pi}{\pi+2\theta_m}\omega$	$\omega_H = \dfrac{\pi}{\pi-2\theta_m}\omega$	$\omega = 2\pi f$
周期	$T_L = \dfrac{\pi+2\theta_m}{\pi}T$	$T_H = \dfrac{\pi-2\theta_m}{\pi}T$	$T = \dfrac{1}{f}$
振幅	e	e	e

只要得到生产操作给定的偏斜角 θ_m 或波形偏斜率 α_f、频率 f、振幅 e，便可以计算得 $\dfrac{\pi}{\pi+2\theta_m}$、$\dfrac{\pi+2\theta_m}{\pi}$、$\dfrac{\pi}{\pi-2\theta_m}$、$\dfrac{\pi-2\theta_m}{\pi}$，即可方便地求出 f_L、ω_L、T_L、f_H、ω_H、T_H。而曲线①、曲线②即被确定。若生产时 $\theta_m=0$，则为正弦振动。

非正弦波位移曲线为

$$s_f = \begin{cases} e\cdot\sin\left(\dfrac{\pi}{\pi+2\theta_m}\omega t\right) & 0\leqslant \omega t\leqslant \dfrac{\pi}{2}+\theta_m \\ e\cdot\cos\left[\dfrac{\pi}{\pi-2\theta_m}\omega\left(t-\dfrac{\pi+2\theta_m}{2\omega}\right)\right] & \dfrac{\pi}{2}+\theta_m\leqslant \omega t\leqslant \dfrac{3}{2}\pi-\theta_m \\ e\cdot\sin\left[\dfrac{\pi}{\pi+2\theta_m}\omega\left(t-\dfrac{3\pi-2\theta_m}{2\omega}\right)\right] & \dfrac{3}{2}\pi-\theta_m\leqslant \omega t\leqslant 2\pi \end{cases} \quad (2\text{-}14\text{-}144)$$

设正弦波曲线①的一个周期为 T_L，正弦波曲线②的一个周期为 T_H，整个非正弦位移曲线的周期为

$$T = T_L/4 + T_H/2 + T_L/4 \quad (2\text{-}14\text{-}145)$$

可以推出

$$T_{\mathrm{L}} = \frac{1+\alpha_{\mathrm{f}}}{f} \quad T_{\mathrm{H}} = \frac{1-\alpha_{\mathrm{f}}}{f} \tag{2-14-146}$$

设波形偏斜率为 α_{f} 、频率为 f、振动行程为 h。此时，偏斜正弦波位移曲线又可表示为

$$s_{\mathrm{f}} = \begin{cases} \dfrac{h}{2} \cdot \sin\left(\dfrac{2\pi ft}{1+\alpha_{\mathrm{f}}}\right) & 0 \leqslant t \leqslant \dfrac{1+\alpha_{\mathrm{f}}}{4f} \\ \dfrac{h}{2} \cdot \sin\left[\dfrac{2\pi f}{1-\alpha_{\mathrm{f}}}\left(t - \dfrac{\alpha_{\mathrm{f}}}{2f}\right)\right] & \dfrac{1+\alpha_{\mathrm{f}}}{4f} \leqslant t \leqslant \dfrac{3-\alpha_{\mathrm{f}}}{4f} \\ \dfrac{h}{2} \cdot \sin\left[\dfrac{2\pi f}{1+\alpha_{\mathrm{f}}}\left(t - \dfrac{1}{f}\right)\right] & \dfrac{3-\alpha_{\mathrm{f}}}{4f} \leqslant t \leqslant \dfrac{1}{f} \end{cases} \tag{2-14-147}$$

14.6.1.2　速度曲线

对式（2-14-147）求导数，即得偏斜正弦波速度表达式

$$v_{\mathrm{mf}} = \begin{cases} \dfrac{\pi fh}{1+\alpha_{\mathrm{f}}} \cdot \cos\left(\dfrac{2\pi ft}{1+\alpha_{\mathrm{f}}}\right) & 0 \leqslant t \leqslant \dfrac{1+\alpha_{\mathrm{f}}}{4f} \\ \dfrac{\pi fh}{1-\alpha_{\mathrm{f}}} \cdot \cos\left[\dfrac{2\pi f}{1-\alpha_{\mathrm{f}}}\left(t - \dfrac{\alpha_{\mathrm{f}}}{2f}\right)\right] & \dfrac{1+\alpha_{\mathrm{f}}}{4f} \leqslant t \leqslant \dfrac{3-\alpha_{\mathrm{f}}}{4f} \\ \dfrac{\pi fh}{1+\alpha_{\mathrm{f}}} \cdot \cos\left[\dfrac{2\pi f}{1+\alpha_{\mathrm{f}}}\left(t - \dfrac{1}{f}\right)\right] & \dfrac{3-\alpha_{\mathrm{f}}}{4f} \leqslant t \leqslant \dfrac{1}{f} \end{cases} \tag{2-14-148}$$

14.6.1.3　加速度曲线

对式（2-14-148）求导数，即得偏斜正弦波加速度表达式

$$a_{\mathrm{f}} = \begin{cases} -\dfrac{2\pi^2 f^2 h^2}{(1+\alpha_{\mathrm{f}})^2} \cdot \sin\left(\dfrac{2\pi ft}{1+\alpha_{\mathrm{f}}}\right) & 0 \leqslant t \leqslant \dfrac{1+\alpha_{\mathrm{f}}}{4f} \\ -\dfrac{2\pi^2 f^2 h^2}{(1-\alpha_{\mathrm{f}})^2} \cdot \sin\left[\dfrac{2\pi f}{1-\alpha_{\mathrm{f}}}\left(t - \dfrac{\alpha_{\mathrm{f}}}{2f}\right)\right] & \dfrac{1+\alpha_{\mathrm{f}}}{4f} \leqslant t \leqslant \dfrac{3-\alpha_{\mathrm{f}}}{4f} \\ -\dfrac{2\pi^2 f^2 h^2}{(1+\alpha_{\mathrm{f}})^2} \cdot \sin\left[\dfrac{2\pi f}{1+\alpha_{\mathrm{f}}}\left(t - \dfrac{1}{f}\right)\right] & \dfrac{3-\alpha_{\mathrm{f}}}{4f} \leqslant t \leqslant \dfrac{1}{f} \end{cases} \tag{2-14-149}$$

14.6.1.4　其他参数

由于这种曲线的向下振动部分的表现形式与 14.3 节提出的一样，所以偏斜正弦振动的相关参数也和 14.3 节提出的一样。

负滑动时间 t_{NF}

$$t_{\mathrm{NF}} = \frac{1-\alpha_{\mathrm{f}}}{3f}\arccos\frac{1000(1-\alpha_{\mathrm{f}})v_{\mathrm{c}}}{\pi fh}$$

正滑动时间 t_{PF}

$$\begin{aligned} t_{\mathrm{PF}} &= T - t_{\mathrm{NF}} = \frac{60}{f} - \frac{1-\alpha_{\mathrm{f}}}{3f}\arccos\frac{1000(1-\alpha_{\mathrm{f}})v_{\mathrm{c}}}{\pi fh} \\ &= T - 0.5T \cdot NSR_{\mathrm{F}} \\ &= \frac{1}{f} - \frac{NSR_{\mathrm{F}}}{2f} = \frac{1}{f}\left(1 - \frac{NSR_{\mathrm{F}}}{2}\right) \end{aligned}$$

负滑动量 NSA

$$NSA = h\sin\arccos\frac{(1-\alpha_f)v_c}{\pi fh} - \frac{(1-\alpha_f)v_c}{\pi f}\arccos\frac{(1-\alpha_f)v_c}{\pi fh}$$

负滑动速度比率

$$NS_F = \left[1 - \frac{2fh}{1000(1-\alpha_f)v_c}\right]\times 100\%$$

最大振动速度 $v_{m\max}$

$$v_{m\max} = \left|-\frac{\pi fh}{1-\alpha_f}\right| = \frac{\pi fh}{1-\alpha_f}$$

连续段上最大加速度 $a_{f\max}$

$$a_{f\max} = \left|-\frac{2\pi^2 f^2 h}{(1-\alpha_f)^2}\right| = \frac{2\pi^2 f^2 h}{(1-\alpha_f)^2}$$

14.6.2　基于三角级数的非正弦（偏斜正弦）波振动曲线

14.6.2.1　振动位移与振动速度表达式

设非正弦振动的位移曲线和速度曲线方程式为

$$s_f = s_f(t)$$
$$v_{mf} = s_f'(t) = v_{mf}(t)$$

如图 2-14-16 所示，非正弦振动位移曲线是关于坐标原点对称的周期函数。由于位移曲线和速度曲线均满足狄里赫利条件（即：在满足一定条件时，周期信号才能展开成傅里叶级数），故可采用如下三角级数近似表达：

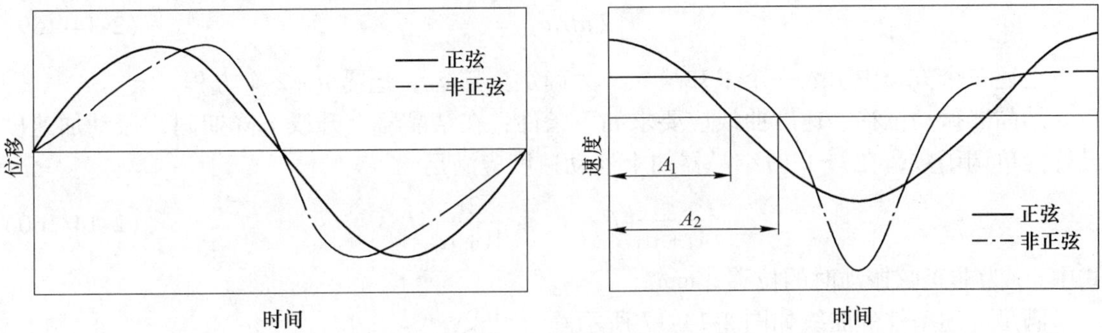

图 2-14-16　非正弦振动波形曲线

$$s_f(t) = \sum_{K=1}^{n}[a_K\sin(2\pi fKt) + b_K\cos(2\pi fKt)] \tag{2-14-150}$$

$$v_{mf}(t) = s_f'(t) = \sum_{K=1}^{n}[2\pi fKa_K\cos(2\pi fKt) - 2\pi fKb_K\sin(2\pi fKt)] \tag{2-14-151}$$

式中

$$a_K = \frac{1}{\pi}\int_{-\pi}^{\pi}s_f(t)\cos(2\pi fKt)\,dt \tag{2-14-152}$$

$$b_K = \frac{1}{\pi}\int_{-\pi}^{\pi}s_f(t)\sin(2\pi fKt)\,dt \tag{2-14-153}$$

由于速度曲线是关于纵轴对称的周期偶函数，由此可以推出

$$b_K = 0 \tag{2-14-154}$$

所以，非正弦振动位移和速度曲线方程可写成如下统一形式

$$s_f = s_f(t) = \sum_{K=1}^{n} a_K \sin(2\pi f K t) \tag{2-14-155}$$

$$v_{mf} = s_f'(t) = \sum_{K=1}^{n} 2\pi f K a_K \cos(2\pi f K t) \tag{2-14-156}$$

14.6.2.2　建立方程组，计算系数 a_K。

确定非正弦振动波形的任务就是要根据工艺要求确定上式中的参数 a_K，其中，含有 n 个未知数，需 n 个方程联立才能求解。

如图 2-14-14 所示，定义波形偏斜率 α_f 为

$$\alpha_f = \frac{A_2 - A_1}{A_1} \times 100\% \tag{2-14-157}$$

设振幅为 e，则式（2-14-155）和式（2-14-156）应满足如下条件

当 $t = \dfrac{1+\alpha_f}{4f}$ 时

$$\sum_{K=1}^{n} a_K \sin(2\pi f K t) = e \tag{2-14-158}$$

$$\sum_{K=1}^{n} 2\pi f K a_K \cos(2\pi f K t) = 0$$

当 $t = 0$ 时

$$\sum_{K=1}^{n} 2\pi f K a_K = v_a \tag{2-14-159}$$

上述三个方程中引入一个未知量 v_a，为确定全部 a_K，还需 $n-2$ 个方程。

结晶器振动位移、速度曲线应要求如下条件：在结晶器上升或下降期间，振动加速度最好为单调函数，在 $t=0$ 时结晶器向上运动速度应满足

$$\frac{r}{1+\alpha_f}4f \leqslant v_a \leqslant \frac{2r}{1+\alpha_f}4f \tag{2-14-160}$$

式中，r 为非正弦振动时的位移，mm。

满足上述条件的曲线如图 2-14-17 所示。

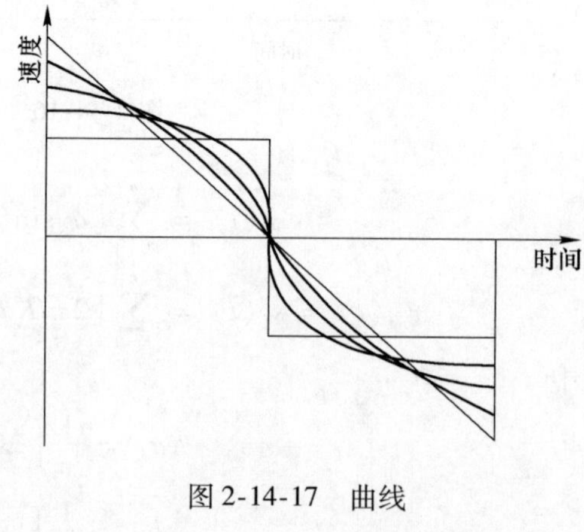

图 2-14-17　曲线

根据上述条件，可假设在结晶器上升的 $0 \sim \tau$ 时间内，上升速度基本恒定为 $v_a\left(0 < \tau < \dfrac{1+\alpha_f}{4f}\right)$，具体 τ 值可根据振动最大加速限制进行选取，τ 越大，最大加速度越大。当 $\tau = \dfrac{1+\alpha_f}{4f}$ 时，最大加速度趋于无穷。

在 $0 \sim \tau$ 时间内任意选取 $n-2$ 个时刻，并假设其上升速度等于 v_a，可建立另外 $n-2$ 个方程。

当 $t = t_i$ 时有

$$2\pi fKa_K\cos(2\pi fKt_i) = v_a \quad (0 < t_i < \tau, i = 1 \sim n-2) \tag{2-14-161}$$

由此，式（2-14-155）和式（2-14-156）已全部封闭，对任意给定的波形偏斜率联立方程求解上述线性方程组可得 a_K。

下面应用上述方法确定振幅为4.5mm、波形偏斜率为18.7%的非正弦振动位移曲线和速度曲线。

取 $K=3$，将 $t = \dfrac{1+\alpha_f}{4f}$、$s_f = r$、$v_{mf} = 0$ 及 $t = 0$ 和 $t = \dfrac{1}{16f}$、$v_{mf} = v_a$ 代入式（2-14-155）和式（2-14-156）可得

$$\begin{cases} 4.5 = a_1\sin\left(\dfrac{\pi}{2} \times 1.187\right) + a_2\sin(\pi \times 1.87) + a_3\sin\left(\dfrac{3}{2}\pi \times 1.87\right) \\ 0 = a_1\cos\left(\dfrac{\pi}{2} \times 1.187\right) + 2a_2\cos(\pi \times 1.87) + 3a_3\cos\left(\dfrac{3}{2}\pi \times 1.87\right) \\ v_a = 2\pi f(a_1 + 2a_2 + 3a_3) \\ v_a = 2\pi f\left[a_1\cos\left(\dfrac{\pi}{8}\right) + 2a_2\cos\left(\dfrac{\pi}{4}\right) + 3a_3\cos\left(\dfrac{3}{8}\pi\right)\right] \end{cases} \tag{2-14-162}$$

解方程组得

$$\begin{cases} a_1 = 4.3207 \\ a_2 = -0.707 \\ a_3 = 0.0357 \end{cases} \tag{2-14-163}$$

将式（2-14-163）代入式（2-14-155）和式（2-14-156）中得到振动位移和振动速度方程为

$$\begin{cases} s_f = 4.3207\sin(2\pi ft) - 0.707\sin(4\pi ft) + 0.0357\sin(6\pi ft) \\ v_{mf} = 2\pi[4.3207\cos(2\pi ft) - 1.414\cos(4\pi ft) + 0.1071\cos(6\pi ft)] \end{cases} \tag{2-14-164}$$

式（2-14-164）中取 $f=1$，可计算一个周期的位移、速度曲线，如图2-14-18中实线所示。

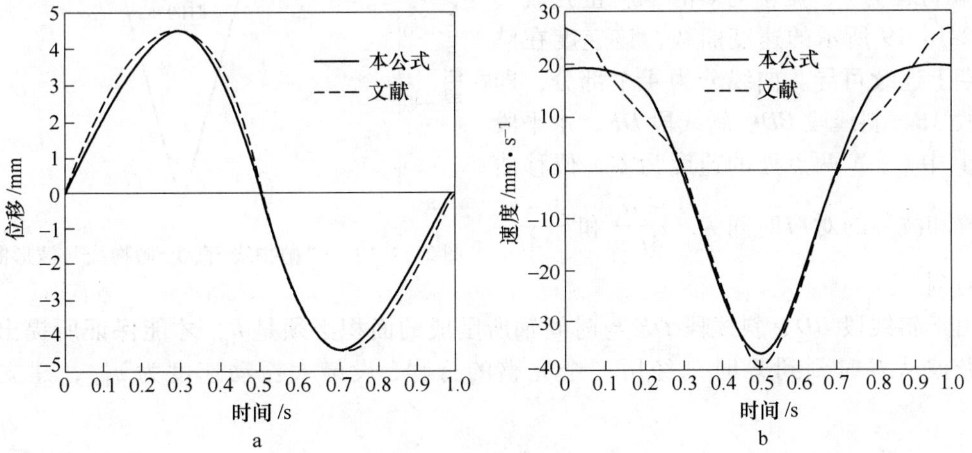

图2-14-18 非正弦振动波形的比较

a—位移曲线；b—速度曲线

14.6.2.3　另一种波形计算方法

有的文献在分析非正弦振动速度波形的基础上给出了另一种波形计算方法，其计算思路是：

当 $t=0$ 时，$v_{mf}=v_a$，向上速度最大；

当 $t=\dfrac{1+\alpha_f}{4f}$ 时，$v_{mf}=0$；

当 $t=\dfrac{1}{2f}$ 时，$v_{mf}=v_d$，向下速度最大。

并定义

$$v_d=\frac{1+\alpha_f}{1-\alpha_f}v_a$$

$$t=t_n,\ v_{mf}=\beta_n v_a \qquad (n=1,\ 2,\ 3,\ \cdots,\ n)$$

式中，β_n 为与速度曲线的形状有关的已知常数，其值保证速度曲线不出现尖点。

该计算方法由于强制性地给出

$$v_d=\frac{1+\alpha_f}{1-\alpha_f}v_a \tag{2-14-165}$$

相当于

$$\frac{v_a}{v_d}=\frac{1-\alpha_f}{1+\alpha_f}=\frac{v_{上平均}}{v_{下平均}} \tag{2-14-166}$$

所以使得计算出的向上运动的最大速度 v_a 偏大，这对降低初生坯壳中的拉伸应力是不利的。

日本采用此种形式的非正弦振动波形，其波形偏斜率取为 18.7%，但其波形计算方法一直没有公开。

14.6.3　曾晶高级工程师构造的非正弦（偏斜正弦）波振动曲线

这种非正弦振动曲线是由“直线-抛物线-直线”构成。

14.6.3.1　理论速度曲线的构造

假设有一波形偏斜率为 α_f、振动频率为 f、振动行程为 h、振幅为 e 的偏斜正弦波具有图 2-14-19 所示的速度曲线，该速度在整个周期上连续可导。曲线分为 4 个部分，即水平段 AB、斜线段 BD、斜线段 DF、水平段 FG，其中 C、E 两点处的速度为零，位移曲线波峰和波谷的对应时间为 $\dfrac{1+\alpha_f}{4f}$ 和 $\dfrac{3-\alpha_f}{4f}$ 两个时刻。

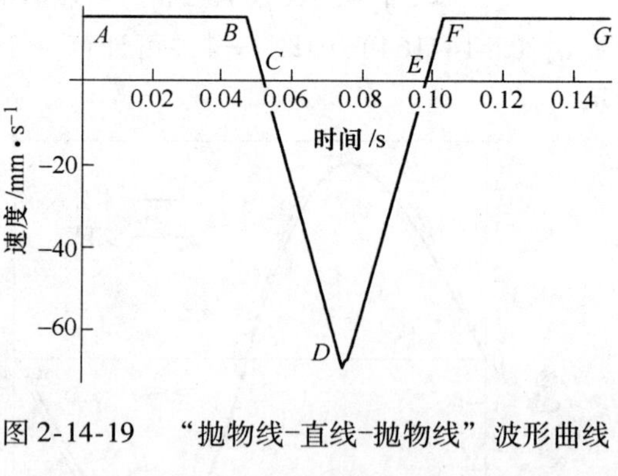

图 2-14-19　“抛物线-直线-抛物线”波形曲线

由于斜线段 BD、斜线段 DF 与时间轴所围成的面积必须是 h，才能保证所提出的偏斜正弦波从 C 时刻到 E 时刻经历一个完整的行程，设最大振动速度为 v_{max}，建立如下方程

$$\frac{1}{2}(t_E-t_C)v_{max}=h \tag{2-14-167}$$

$$v_{\max} = \frac{4fh}{1 - \alpha_f} \tag{2-14-168}$$

从 t_C 时刻到 t_E 时刻的任意曲线和时间轴所围成的面积只要等于 h，其最大斜率的绝对值必然大于斜线段 CD 或斜线段 DE 斜率的绝对值。因此该振动曲线具有最小的加速度。

设水平段 AB 的速度为 v_0，斜线段 BD 的斜率为 $-k_f$，斜线段 DF 的斜率为 k_f，列出振动速度 v_{mf} 的分段函数表达式如下

$$v_{mf} = \begin{cases} v_0 & t_A \leqslant t \leqslant t_B \\ -k_f\left(t - \dfrac{1 + \alpha_f}{4f}\right) & t_B \leqslant t \leqslant t_D \\ k_f\left(t - \dfrac{3 - \alpha_f}{4f}\right) & t_D \leqslant t \leqslant t_F \\ v_0 & t_F \leqslant t \leqslant t_G \end{cases} \tag{2-14-169}$$

其中斜率 $k_f = \dfrac{v_{\max}}{t_E - t_D} = \dfrac{\dfrac{4fh}{1 - \alpha_f}}{\dfrac{1 - \alpha_f}{4f}} = \dfrac{16f^2h}{(1 - \alpha_f)^2}$，因此式（2-14-169）也可以写成

$$v_{mf} = \begin{cases} v_0 & t_A \leqslant t \leqslant t_B \\ -\dfrac{16f^2h}{(1 - \alpha_f)^2}\left(t - \dfrac{1 + \alpha_f}{4f}\right) & t_B \leqslant t \leqslant t_D \\ \dfrac{16f^2h}{(1 - \alpha_f)^2}\left(t - \dfrac{1 - \alpha_f}{4f} - \dfrac{1}{2f}\right) & t_D \leqslant t \leqslant t_F \\ v_0 & t_F \leqslant t \leqslant t_G \end{cases} \tag{2-14-170}$$

直线段 AB、斜线段 BC 与时间轴所围成的面积是 $\dfrac{h}{2}$，设从点 B 到点 C 的时间为 t_2，可建立以下方程

$$\begin{cases} v_0 = k_f t_2 \\ \dfrac{\left[\dfrac{1 + \alpha_f}{4f} + \left(\dfrac{1 + \alpha_f}{4f} - t_2\right)\right]v_0}{2} = \dfrac{h}{2} \end{cases}$$

$$\begin{cases} t_2 = \dfrac{v_0(1 - \alpha_f)^2}{16f^2h} \\ \left(\dfrac{1 + \alpha_f}{2f} - t_2\right)v_0 = h \end{cases}$$

$$\begin{cases} v_0 = \dfrac{4fh(1 \pm \sqrt{\alpha_f})^2}{(1 - \alpha_f)^2} \\ t_2 = \dfrac{(1 \pm \sqrt{\alpha_f})^2}{4f} \end{cases} \tag{2-14-171}$$

因为 $t_2 \leqslant \dfrac{1 + \alpha_f}{4f}$，所以 $\dfrac{(1 \pm \sqrt{\alpha_f})^2}{4f} \leqslant \dfrac{1 + \alpha_f}{4f}$，如果 $t_2 = \dfrac{(1 + \sqrt{\alpha_f})^2}{4f}$，当 $0 < \alpha_f < 1$

时显然不合理，应当舍去 $\begin{cases} v_0 = \dfrac{4fh(1+\sqrt{\alpha_f})^2}{(1-\alpha_f)^2} \\ t_2 = \dfrac{(1+\sqrt{\alpha_f})^2}{4f} \end{cases}$ 这组解，因此有

$$\begin{cases} v_0 = \dfrac{4fh(1-\sqrt{\alpha_f})^2}{(1-\alpha_f)^2} \\ t_2 = \dfrac{(1-\sqrt{\alpha_f})^2}{4f} \end{cases} \tag{2-14-172}$$

14.6.3.2　位移曲线

将式（2-14-170）积分就可以得到位移表达式

$$s_f = \begin{cases} v_0 t & t_A \leqslant t \leqslant t_B \\ -\dfrac{8f^2h}{(1-\alpha_f)^2}\left(t-\dfrac{1+\alpha}{4f}\right)^2 + A & t_B \leqslant t \leqslant t_D \\ \dfrac{8f^2h}{(1-\alpha_f)^2}\left(t-\dfrac{1-\alpha}{4f}-\dfrac{1}{2f}\right)^2 + B & t_D \leqslant t \leqslant t_F \\ v_0\left(t-\dfrac{1}{f}\right) & t_F \leqslant t \leqslant t_G \end{cases} \tag{2-14-173}$$

其中，A、B 为常数，由原函数必连续的定理可知，位移图像在 t_B、t_F 时刻也连续，于是建立方程为：

$$\begin{cases} -\dfrac{8f^2h}{(1-\alpha_f)^2}\left(t_B-\dfrac{1+\alpha_f}{4f}\right)^2 + A = v_0 t_B \\ \dfrac{8f^2h}{(1-\alpha_f)^2}\left(t_F-\dfrac{1+\alpha_f}{4f}\right)^2 + B = v_0 t_F \end{cases}$$

$$\begin{cases} -\dfrac{8f^2h}{(1-\alpha_f)^2}\left[\left(\dfrac{1+\alpha_f}{4f}-t_2\right)-\dfrac{1+\alpha_f}{4f}\right]^2 + A = \dfrac{4fh(1-\sqrt{\alpha_f})^2}{(1-\alpha_f)^2}\left(\dfrac{1+\alpha_f}{4f}-t_2\right) \\ \dfrac{8f^2h}{(1-\alpha_f)^2}\left[\left(\dfrac{3-\alpha_f}{4f}+t_2\right)-\dfrac{1+\alpha_f}{4f}\right]^2 + B = \dfrac{4fh(1-\sqrt{\alpha_f})^2}{(1-\alpha_f)^2}\left(\dfrac{3-\alpha_f}{4f}+t_2\right) \end{cases}$$

$$\begin{cases} -\dfrac{8f^2h}{(1-\alpha_f)^2}\left\{\left[\dfrac{1+\alpha_f}{4f}-\dfrac{(1-\sqrt{\alpha_f})^2}{4f}\right]-\dfrac{1+\alpha_f}{4f}\right\}^2 + A = \dfrac{4fh(1-\sqrt{\alpha_f})^2}{(1-\alpha_f)^2}\left[\dfrac{1+\alpha_f}{4f}-\dfrac{(1-\sqrt{\alpha_f})^2}{4f}\right] \\ \dfrac{8f^2h}{(1-\alpha_f)^2}\left\{\left[\dfrac{3-\alpha_f}{4f}+\dfrac{(1-\sqrt{\alpha_f})^2}{4f}\right]-\dfrac{1+\alpha_f}{4f}\right\}^2 + B = \dfrac{4fh(1-\sqrt{\alpha_f})^2}{(1-\alpha_f)^2}\left[\dfrac{3-\alpha_f}{4f}+\dfrac{(1-\sqrt{\alpha_f})^2}{4f}\right] \end{cases}$$

所以

$$\begin{cases} A = \dfrac{h}{2} \\ B = -\dfrac{h}{2} \end{cases} \tag{2-14-174}$$

所以位移的最终表达式为

$$s_{\mathrm{f}}=\begin{cases}v_0 t & t_{\mathrm{A}}\leqslant t\leqslant t_{\mathrm{B}}\\ -\dfrac{8f^2h}{(1-\alpha_{\mathrm{f}})^2}\left(t-\dfrac{1+\alpha_{\mathrm{f}}}{4f}\right)^2+\dfrac{h}{2} & t_{\mathrm{B}}\leqslant t\leqslant t_{\mathrm{D}}\\ \dfrac{8f^2h}{(1-\alpha_{\mathrm{f}})^2}\left(t-\dfrac{1-\alpha_{\mathrm{f}}}{4f}-\dfrac{1}{2f}\right)^2-\dfrac{h}{2} & t_{\mathrm{D}}\leqslant t\leqslant t_{\mathrm{F}}\\ v_0\left(t-\dfrac{1}{f}\right) & t_{\mathrm{F}}\leqslant t\leqslant t_{\mathrm{G}}\end{cases}\tag{2-14-175}$$

14.6.3.3　加速度曲线

将式（2-14-170）求导就可以得到加速度 a_{f}的表达式如下

$$a_{\mathrm{f}}=\begin{cases}0 & t_{\mathrm{A}}\leqslant t\leqslant t_{\mathrm{B}}\\ -\dfrac{16f^2h}{(1-\alpha_{\mathrm{f}})^2} & t_{\mathrm{B}}\leqslant t\leqslant t_{\mathrm{D}}\\ \dfrac{16f^2h}{(1-\alpha_{\mathrm{f}})^2} & t_{\mathrm{D}}\leqslant t\leqslant t_{\mathrm{F}}\\ 0 & t_{\mathrm{F}}\leqslant t\leqslant t_{\mathrm{G}}\end{cases}\tag{2-14-176}$$

14.6.3.4　负滑动时间

$$\left(\frac{1-\alpha_{\mathrm{f}}}{4f}-\frac{t_{\mathrm{NF}}}{2}\right)k_{\mathrm{f}}=v_{\mathrm{c}}$$

$$t_{\mathrm{NF}}=2\left(\frac{1-\alpha_{\mathrm{f}}}{4f}-\frac{v_{\mathrm{c}}}{k_{\mathrm{f}}}\right)=2\left[\frac{1-\alpha_{\mathrm{f}}}{4f}-\frac{v_{\mathrm{c}}(1-\alpha_{\mathrm{f}})^2}{16f^2h}\right]$$

$$t_{\mathrm{NF}}=\frac{1-\alpha_{\mathrm{f}}}{2f}-\frac{v_{\mathrm{c}}(1-\alpha_{\mathrm{f}})^2}{8f^2h}\tag{2-14-177}$$

14.6.3.5　正滑动时间

$$t_{\mathrm{PF}}=\frac{1}{f}-\frac{1-\alpha_{\mathrm{f}}}{2f}+\frac{v_{\mathrm{c}}(1-\alpha_{\mathrm{f}})^2}{8f^2h}\tag{2-14-178}$$

14.6.3.6　负滑动量

$$\begin{aligned}NSA&=\frac{1}{2}t_{\mathrm{N}}(v_{\mathrm{mf\,max}}-v_{\mathrm{c}})\\&=\frac{1}{2}\left[\frac{1-\alpha_{\mathrm{f}}}{2f}-\frac{v_{\mathrm{c}}(1-\alpha_{\mathrm{f}})^2}{8f^2h}\right]\left(\frac{4fh}{1-\alpha_{\mathrm{f}}}-v_{\mathrm{c}}\right)\end{aligned}\tag{2-14-179}$$

14.6.3.7　负滑动速度比率

$$\begin{aligned}NS_{\mathrm{F}}&=\frac{v_{\mathrm{c}}-\bar{v}_{\mathrm{m}}}{v_{\mathrm{c}}}=1-\frac{\dfrac{h}{t_{\mathrm{E}}-t_{\mathrm{C}}}}{v_{\mathrm{c}}}\\&=1-\frac{2hf}{(1-\alpha_{\mathrm{f}})v_{\mathrm{c}}}\end{aligned}\tag{2-14-180}$$

14.6.3.8　最大速度

$$v_{\mathrm{mf\,max}}=\frac{4fh}{1-\alpha_{\mathrm{f}}}\tag{2-14-181}$$

14.6.3.9 最大加速度

$$a_{\mathrm{f\,max}} = \frac{16f^2h}{(1-\alpha_{\mathrm{f}})^2} \tag{2-14-182}$$

14.6.4 曾晶高级工程师对非正弦（偏斜正弦）波三角级数表达式的破解与分析

14.6.4.1 三角级数原始表达式

日本《鉄と鋼》杂志1992年第1号（创刊第78年）以铃木干熊、宫原忍等6人署名发表的一篇题为“高速鋳造时の鋳型内传热と润滑挙动におよばす鋳型振动波形の影响”的文章给出了偏斜正弦波可以用多个正弦波的叠加而产生的基本概念，其位移 y 的原始表达式为

$$y = \sum_{i=1}^{5} a_i \cdot \sin(2\cdot\pi\cdot f\cdot i\cdot t) \tag{2-14-183}$$

式中 f——振动频率；

a_i——第 i 个正弦波的振幅；

i——级数的第 i 项；

t——时间。

该公式中所涉及的系数 a_i 的设定，文章没有表述。

14.6.4.2 求系数 A_n

由傅里叶三角级数一般项系数的求解公式，给出 A_n 的显函数表达式

$$A_i = \frac{2}{L}\left\{\int_0^{t_{\mathrm{B}}}[v_0 t\sin(2i\pi ft)]\mathrm{d}t + \int_{t_{\mathrm{B}}}^{t_{\mathrm{D}}}\left[\left(\lambda_n(t-\beta)^2+\frac{h}{2}\right)\cdot\sin(2i\pi ft)\right]\mathrm{d}t\right\}$$

式中，$t_{\mathrm{B}} = \dfrac{1+\alpha_{\mathrm{f}}}{4f} - \dfrac{(1-\sqrt{\alpha_{\mathrm{f}}})^2}{4f}$，$\beta = \dfrac{1+\alpha_{\mathrm{f}}}{4f}$，$\lambda_n = \dfrac{8f^2h}{(1-\alpha_{\mathrm{f}})^2}$，$v_0 = \dfrac{4fh(1-\sqrt{\alpha_{\mathrm{f}}})^2}{(1-\alpha_{\mathrm{f}})^2}$，$t_{\mathrm{D}} = \dfrac{1}{2f}$。

令 $A_i = \dfrac{2}{L}(A+B+C)$，其中 $L = T/2$

$$A = \int_0^{t_{\mathrm{B}}}[v_0 t\sin(2i\pi ft)]\mathrm{d}t = \left.\frac{[-2fi\pi\cdot\cos(2fi\pi ft)+\sin(2fi\pi ft)]v_0}{4f^2n^2\pi^2}\right|_0^{t_{\mathrm{B}}}$$

$$B = \int_{t_{\mathrm{B}}}^{t_{\mathrm{D}}}[\lambda_n(t-\beta)^2\cdot\sin(2i\pi ft)]\mathrm{d}t$$

$$= \left.\frac{\{\lambda_n[(1-2f^2i^2\pi^2(t-\beta)^2)\cdot\cos(2i\pi ft)+2i\pi f(t-\beta)\cdot\sin(2i\pi ft)]\}}{4f^3i^3\pi^3}\right|_{t_{\mathrm{B}}}^{t_{\mathrm{D}}}$$

$$C = \int_{t_{\mathrm{B}}}^{t_{\mathrm{D}}}\left[\frac{h}{2}\sin(2i\pi ft)\right]\mathrm{d}t = \left[-\frac{h\cos(2i\pi ft)}{4fi\pi}\right]\Bigg|_{t_{\mathrm{B}}}^{t_{\mathrm{D}}}$$

$$A_i = \frac{[\sin(2i\pi ft_{\mathrm{B}})-2i\pi ft_{\mathrm{B}}\cdot\cos(2i\pi ft_{\mathrm{B}})]v_0}{f(i\pi)^2} + (-1)^n\left\{\frac{\lambda_n\left[1-2\left(i\pi f\left(\frac{1}{2f}-\beta\right)\right)^2\right]}{f^2(i\pi)^3} - \frac{h}{i\pi}\right\} -$$

$$\left\{\frac{\lambda_n\{[1-2(i\pi f(t_B-\beta))^2]\cdot\cos(2i\pi f t_B)+2i\pi f(t_B-\beta)\cdot\sin(2i\pi f t_B)\}}{f^2(i\pi)^3}-\frac{h\cos(2i\pi f t_B)}{i\pi}\right\}$$

最终化简结果

$$A_i=\frac{8h[\cos(i\pi\sqrt{\alpha_f})-(-1)^n]}{(i\pi)^3\cdot(1-\alpha_f)^2} \tag{2-14-184}$$

由于三角级数在使用过程当中只用到有限的3~5项，因此和原理论曲线存在着一定的误差，主要表现为偏斜率和振幅。通过图2-14-20~图2-14-22可以看到这一现象。

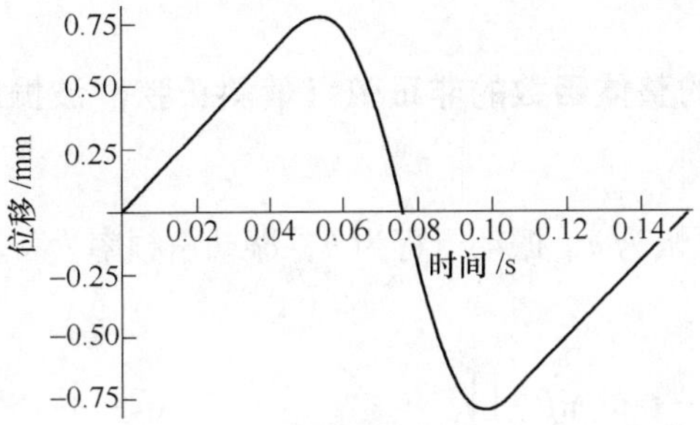

图2-14-20　“直线-抛物线-直线”位移曲线

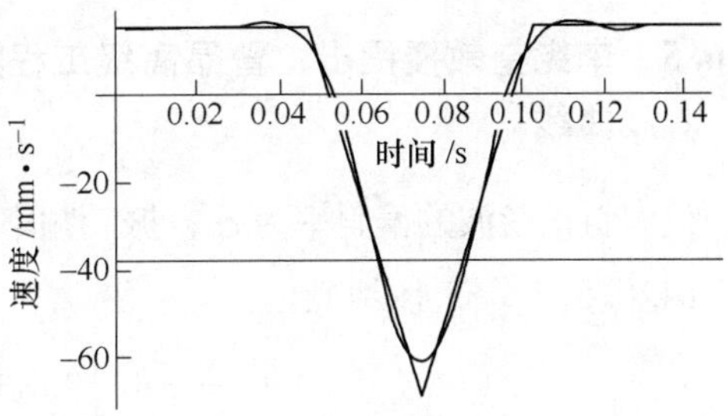

图2-14-21　“直线-抛物线-直线”速度曲线

对于偏斜率的修正在数学上寻求精确的解析解几乎是不可能的，但是借助计算机程序，用二分法原理，以速度为零作为依据，很快就能获取精确度很高的数值解。在IBM-R52上进行的计算实验，用时约0.1~0.2ms，偏斜率的精确度为1/10000。

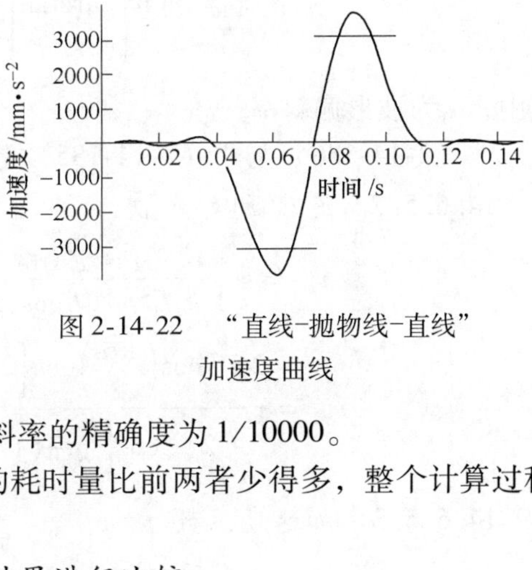

图2-14-22　“直线-抛物线-直线”加速度曲线

同理，对于高精度的负滑动时间，可以借助计算机程序，采用二分法原理，以与拉坯速度的差值为依据，很快就能得到答案。在IBM-R52上进行的计算实验，耗时约0.1~0.2ms，偏斜率的精确度为1/10000。

对于振幅的修正及其他参数的计算，计算机的耗时量比前两者少得多，整个计算过程共耗时0.7~0.8ms。

14.6.4.3　与日本1992年提出的三角级数结果进行比较

针对$h=1.56$mm、$f=400$r/min、$\alpha=40\%$，做出位移、速度、加速度曲线，如图2-14-23~图2-14-25所示，与日本原曲线完全重合。

通过对位移、速度、加速度三个图像的比较，曲线几乎完全重合，由此可以断定，这里提出的三角级数和“高速鋳造时の鋳型内传热と润滑挙动にぉょばす鋳型振动波形の影响”提出的三角级数是等同的。

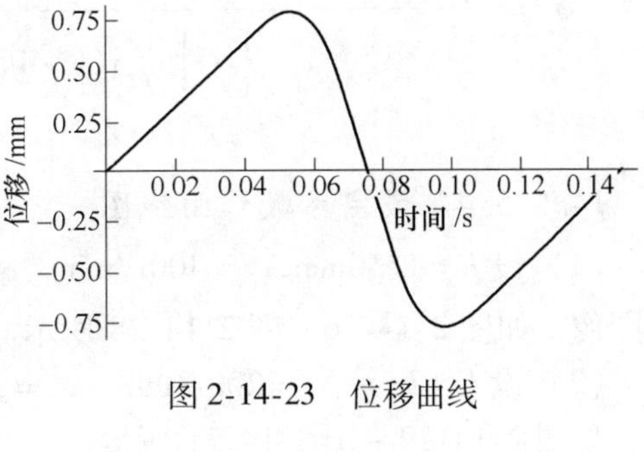

图2-14-23　位移曲线

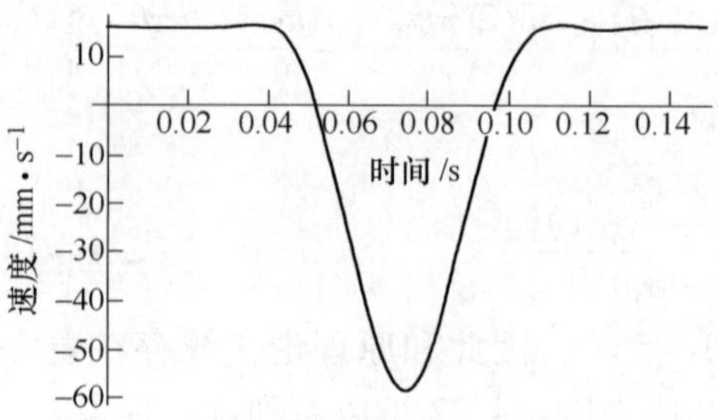

图 2-14-24　速度曲线

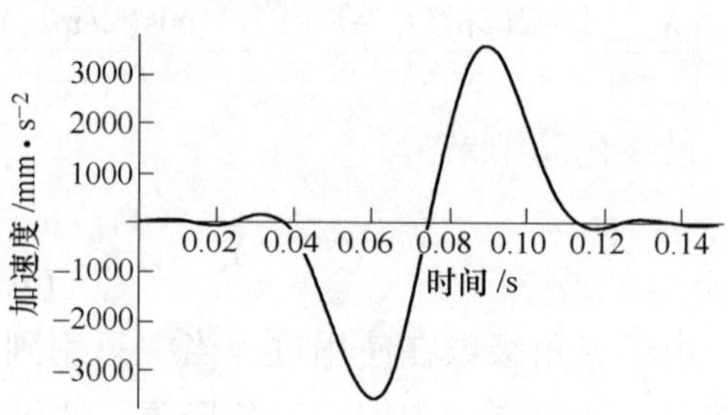

图 2-14-25　加速度曲线

14.6.5　李宪奎教授提出、曾晶高级工程师整理的整体函数的非正弦（偏斜正弦）波振动曲线

设偏斜正弦波的偏斜率为 α_f，振动频率为 f，振幅为 e，振动行程为 h，振动角频率为 ω。

14.6.5.1　位移函数

$$s_f = e\sin\left\{2\arctan\left[\frac{1+E}{1-E}\tan(\pi ft)\right]\right\} \tag{2-14-185}$$

式中，E 为波形偏斜因子，与波形修正率 α_f 有对应关系。

$$s_f = e\sin\left\{2\arctan\left[\frac{1}{\tan\left[\frac{(1+\alpha_f)\pi}{4}\right]}\tan(\pi ft)\right]\right\} \tag{2-14-186}$$

式中，α_f 为波形偏斜率。

式（2-14-186）与式（2-14-185）等效。

14.6.5.2　速度函数

$$v_{mf} = e\frac{(1-E^2)\omega}{1+E^2-2E\cos(\omega t)}\cos\left\{2\arctan\left[\frac{1+E}{1-E}\tan(\pi ft)\right]\right\} \tag{2-14-187}$$

$$v_{mf} = \frac{2\pi fh\cos\left(\frac{\pi\alpha_f}{2}\right)\cos\left\{2\arctan\left[\cot\left(\frac{\pi(1+\alpha_f)}{4}\right)\tan(\pi ft)\right]\right\}}{2-\cos\left[\frac{1}{2}\pi(1+4ft+\alpha_f)\right]-\sin\left(2f\pi t-\frac{\pi\alpha_f}{2}\right)} \tag{2-14-188}$$

14.6.5.3　加速度函数

$$a_f = \frac{4\pi^2f^2h\sin(2\pi ft)\left\{2\cos\left(\frac{\pi\alpha_f}{2}\right)+2\cos\left(\frac{3\pi\alpha_f}{2}\right)+\sin[\pi(2ft-\alpha_f)]-\sin[\pi(2ft+\alpha_f)]\right\}}{\left\{\cos\left[\frac{1}{2}\pi(1+4ft+\alpha_f)\right]+\sin\left(2f\pi t-\frac{\pi\alpha_f}{2}\right)-2\right\}^3} \tag{2-14-189}$$

14.6.5.4　设定参数作曲线图

（1）设 $h=1.56$mm，$f=400$r/min，$\alpha_f=40\%$，作出振动位移、振动速度、振动加速度图像，如图 2-14-26 ~ 图 2-14-28 所示。

（2）设 $h=3$mm，$f=200$r/min，$\alpha_f=20\%$，作出振动位移、振动速度、振动加速度图像，如图 2-14-29 ~ 图 2-14-31 所示。

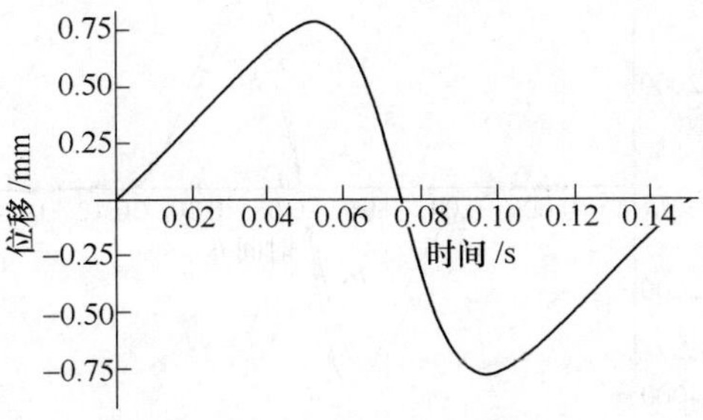

图 2-14-26　与式（2-14-186）对应的位移曲线

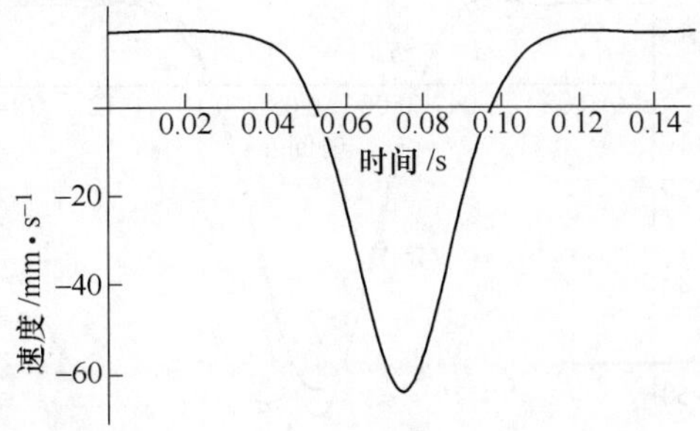

图 2-14-27　与式（2-14-188）对应的速度曲线

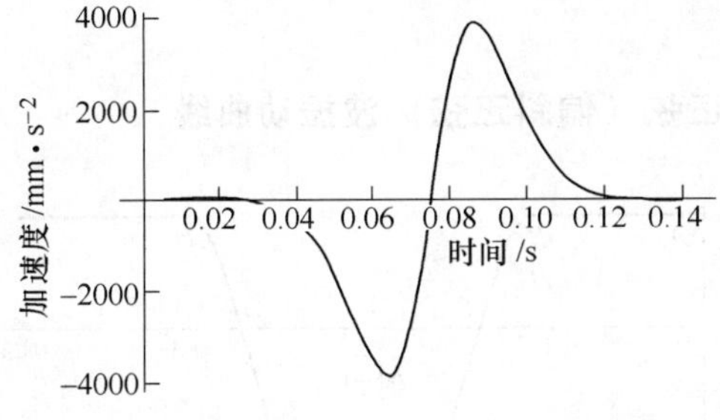

图 2-14-28　与式（2-14-189）对应的加速度曲线

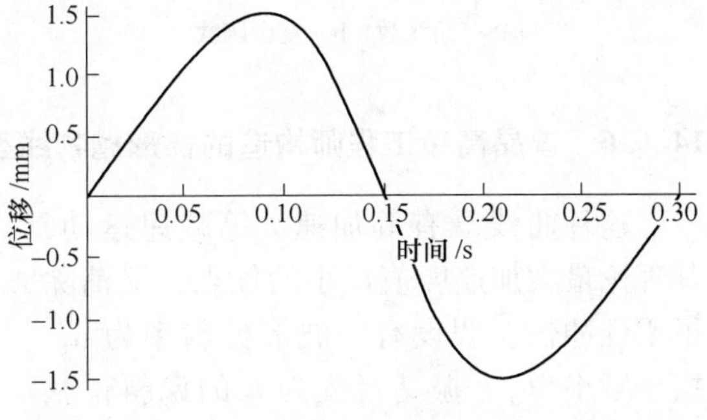

图 2-14-29　与式（2-14-186）对应的位移曲线

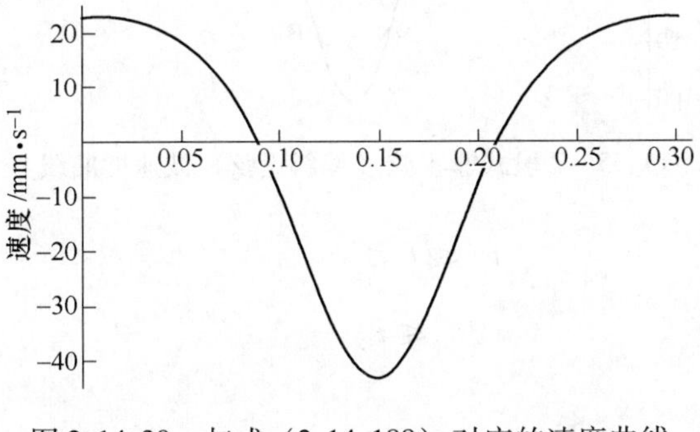

图 2-14-30　与式（2-14-188）对应的速度曲线

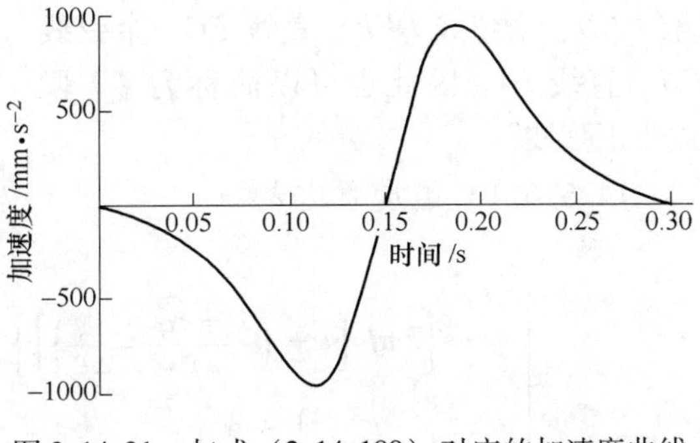

图 2-14-31　与式（2-14-189）对应的加速度曲线

（3）与“抛物线-直线-抛物线”形式的三角级数偏斜正弦波曲线的比较。设 $h=3\text{mm}$，$f=200\text{r/min}$，$\alpha_f=20\%$，曲线 a 是三角级数偏斜正弦波曲线，曲线 b 是复合函数偏斜正弦波曲线，从中可以看出，两者十分接近。其振动位移、振动速度、振动加速度曲线如图 2-14-32 ~ 图 2-14-34 所示。

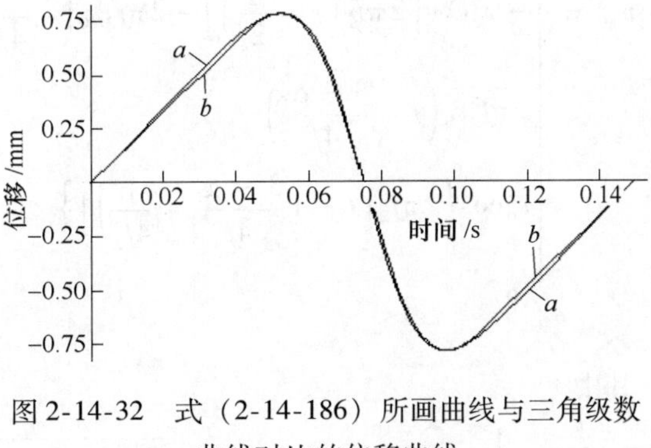

图 2-14-32　式（2-14-186）所画曲线与三角级数曲线对比的位移曲线

a—三角级数；b—复合函数

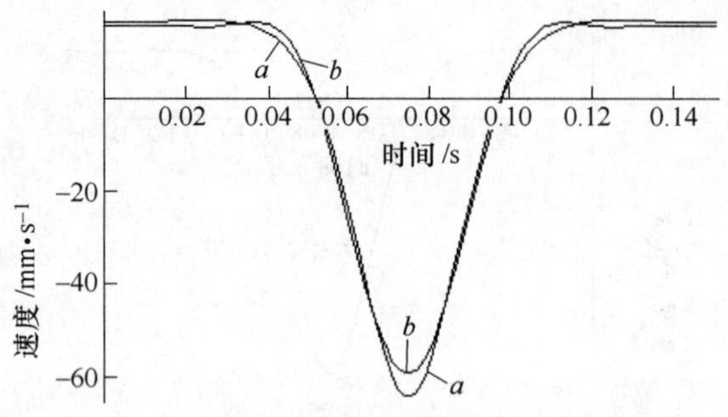

图 2-14-33 式（2-14-188）所画曲线与三角级数曲线对比的速度曲线

a—三角级数；b—复合函数

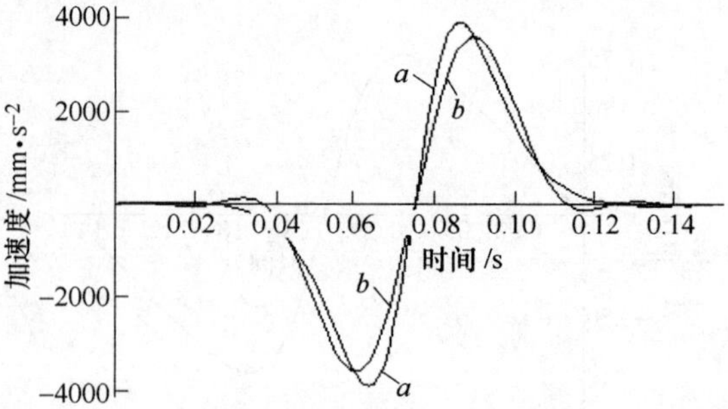

图 2-14-34 式（2-14-189）所画曲线与三角级数曲线对比的加速度曲线

a—三角级数；b—复合函数

14.6.6 曾晶高级工程师构造的梯形抛物线型非正弦（偏斜正弦）波振动曲线

这种曲线既有等加速、等减速运动，其理论最大加速度值最小的优点，又消除了柔性冲击。假设有一波形偏斜率为 α_f、振动频率为 f、振动行程为 h 的偏斜正弦波具有图 2-14-35 所示的速度曲线，曲线共分为 7 个部分，直线段 AB、余弦线 BC、直线 CD、余弦线 DEF、直线 FG、余弦线 GH、直线 HI。因此也可以简称为“7 段式非正弦波”。

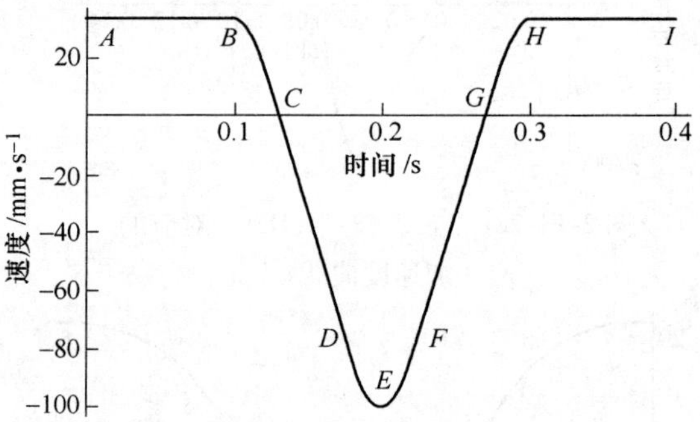

图 2-14-35 7 段式非正弦（偏斜正弦）波速度曲线

14.6.6.1 速度表达式

$$
v_{\mathrm{mf}} = \begin{cases}
v_0 & t_A \leqslant t \leqslant t_B \\
v_0\cos\left\{2\pi f_2\left[t-\left(\dfrac{1+\alpha_f}{4f}-\dfrac{1}{4f_2}\right)\right]\right\} & t_B \leqslant t_C \\
-2\pi f_2 v_0\left(t-\dfrac{1+\alpha_f}{4f}\right) & t_C \leqslant t \leqslant t_D \\
-v_0\cos\left[2\pi f_2\left(t-\dfrac{1}{2f}\right)\right]-2\pi f_2 v_0\left(\dfrac{1-\alpha_f}{4f}-\dfrac{1}{4f_2}\right) & t_D \leqslant t \leqslant t_F \\
2\pi f_2 v_0\left(t-\dfrac{3-\alpha_f}{4f}\right) & t_F \leqslant t \leqslant t_G \\
v_0\cos\left\{2\pi f_2\left[t-\left(\dfrac{3-\alpha_f}{4f}+\dfrac{1}{4f_2}\right)\right]\right\} & t_G \leqslant t \leqslant t_H \\
v_0 & t_H \leqslant t \leqslant t_I
\end{cases}
\tag{2-14-190}
$$

其中

$$
f_2 = \frac{1}{\pi(1-\alpha_f)^2}\left\{2f(1+\alpha_f)+\sqrt{f^2\left[-4\pi(1-\alpha_f)^2+\pi^2(1-\alpha_f)^2+4(1+\alpha_f)^2\right]}\right\}
$$

$$v_0 = \frac{h\pi[f(-4+\pi)(1+\alpha_f) + f_2(-2+\pi)(1-\alpha_f)^2]}{2[-3+\pi(1-\alpha_f)^2 - 2\alpha_f + \pi^2\alpha_f - 3\alpha_f^2]}$$

14.6.6.2　位移表达式

$$s_f = \begin{cases} v_0 t & t_A \leqslant t \leqslant t_B \\ \dfrac{v_0}{2\pi f}\sin\left\{2\pi f_2\left[t-\left(\dfrac{1+\alpha_f}{4f}-\dfrac{1}{4f_2}\right)\right]\right\} + v_0\left(\dfrac{1+\alpha_f}{4f}-\dfrac{1}{4f_2}\right) & t_B \leqslant t_C \\ -2\pi f_2 v_0\left(t-\dfrac{1+\alpha_f}{4f}\right)^2 + \dfrac{h}{2} & t_C \leqslant t \leqslant t_D \\ -\dfrac{v_0}{2\pi f}\sin\left[2\pi f_2\left(t-\dfrac{1}{2f}\right)\right] - 2\pi f_2 v_0\left(\dfrac{1-\alpha_f}{4f}-\dfrac{1}{4f_2}\right)t + \dfrac{\pi f_2 v_0}{f}\cdot\left(\dfrac{1-\alpha_f}{4f}-\dfrac{1}{4f_2}\right) & t_D \leqslant t \leqslant t_F \\ 2\pi f_2 v_0\left(t-\dfrac{3-\alpha_f}{4f}\right)^2 - \dfrac{h}{2} & t_F \leqslant t \leqslant t_G \\ \dfrac{v_0}{2\pi f}\sin\left\{2\pi f_2\left[t-\left(\dfrac{3-\alpha_f}{4f}+\dfrac{1}{4f_2}\right)\right]\right\} - v_0\left(\dfrac{1+\alpha_f}{4f}-\dfrac{1}{4f_2}\right) & t_G \leqslant t \leqslant t_H \\ v_0\left(t-\dfrac{1}{f}\right) & t_H \leqslant t \leqslant t_I \end{cases} \tag{2-14-191}$$

14.6.6.3　加速度表达式

$$a_f = \begin{cases} 0 & t_A \leqslant t \leqslant t_B \\ -2\pi f_2 v_0 \sin\left\{2\pi f_2\left[t-\left(\dfrac{1+\alpha_f}{4f}-\dfrac{1}{4f_2}\right)\right]\right\} & t_B \leqslant t_C \\ -2\pi f_2 v_0 & t_C \leqslant t \leqslant t_D \\ 2\pi f_2 v_0 \sin\left[2\pi f_2\left(t-\dfrac{1}{2f}\right)\right] & t_D \leqslant t \leqslant t_F \\ 2\pi f_2 v_0 & t_F \leqslant t \leqslant t_G \\ -2\pi f_2 v_0 \sin\left\{2\pi f\left[t-\left(\dfrac{3-\alpha_f}{4f}+\dfrac{1}{4f_2}\right)\right]\right\} & t_G \leqslant t \leqslant t_H \\ 0 & t_H \leqslant t \leqslant t_I \end{cases} \tag{2-14-192}$$

14.6.6.4　参数计算与曲线图

负滑动时间：0.10394s；正滑动时间：0.49601s；负滑动量：1.930557mm；上升最大速度：15.6071mm/s；下降最大速度：61.5952mm/s；最大加速度：783.374mm/s^2。

设 $h = 6.2\text{mm}$，$f = 100\text{r/min}$，$\alpha_f = 40\%$，作位移、速度、加速度曲线，如图2-14-36～图2-14-38所示。

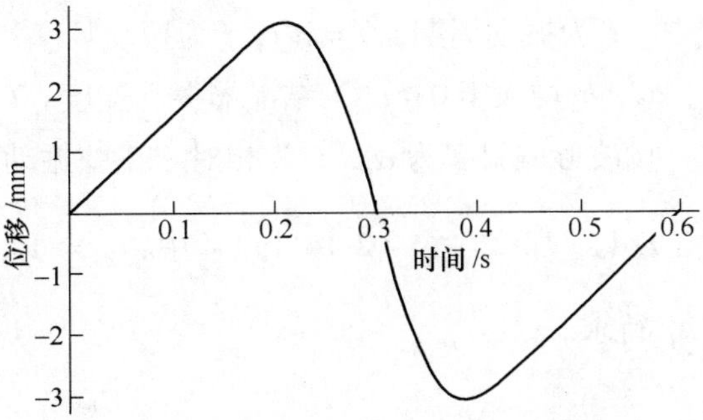

图2-14-36　式（2-14-191）对应的位移曲线

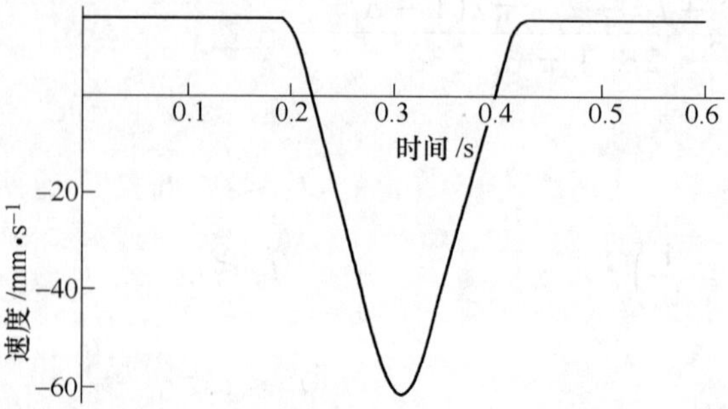

图 2-14-37　式（2-14-190）对应的速度曲线

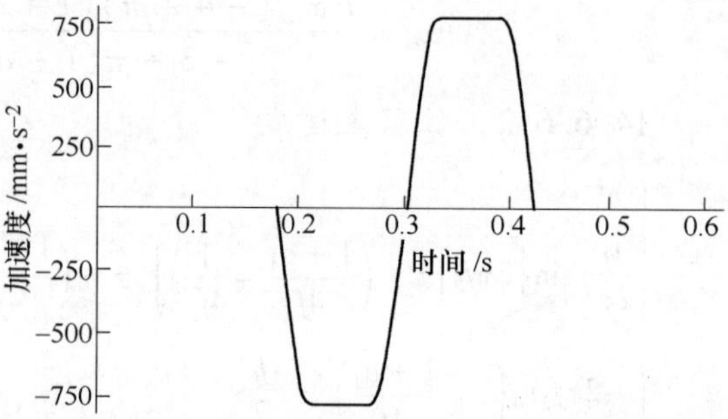

图 2-14-38　式（2-14-192）对应的加速度曲线

14.6.7　张兴中教授给出的复合函数的非正弦（偏斜正弦）波振动曲线

14.6.7.1　速度函数的构成

速度波形采用图 2-14-39 所示的 7 段曲线构成的非正弦振动波形，其中 *AB* 和 *HI* 段为直线，*BC* 和 *GH* 为圆弧，*CD* 和 *FG* 为直线，*DEF* 为圆弧。速度波形函数见式（2-14-193）。

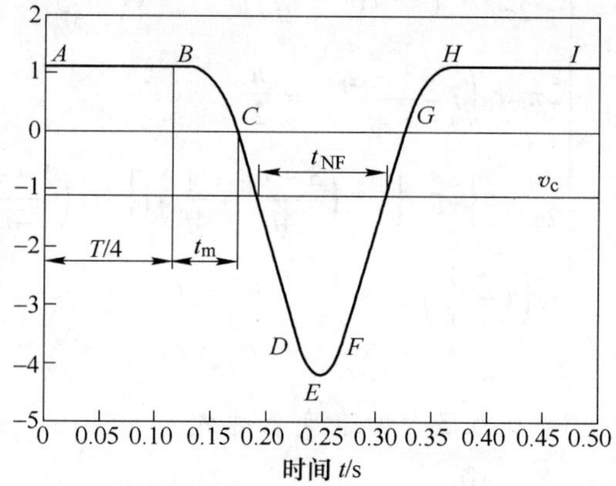

图 2-14-39　构造的速度曲线

$$
\begin{cases}
v_{mf} = v_B & 0 \leqslant t \leqslant t_B \\
(v_{mf} + b_1)^2 + (t - a_1)^2 = r_1^2 & t_B \leqslant t \leqslant t_C \\
v_{mf} = k_m(t - t_C) & t_C \leqslant t \leqslant t_D \\
(v_{mf} + b_2)^2 + (t - a_2)^2 = r_2^2 & t_D \leqslant t \leqslant t_F \\
v_{mf} = -k_m(t - t_G) & t_F \leqslant t \leqslant t_G \\
(v_{mf} + b_1)^2 + (t - T + a_1)^2 = r_1^2 & t_G \leqslant t \leqslant t_H \\
v_{mf} = v_B & t_H \leqslant t \leqslant T
\end{cases}
\tag{2-14-193}
$$

式中，T 为振动周期，$T = 1/f$；f 为振动频率；k_m 为常数（$k_m < 0$），代表最大加速度；a_1、b_1、a_2、b_2 均大于 0；v_{mf} 为结晶器振动速度；t 为时间；r_1、r_2 为待定常数。

设波形偏斜率为 α_f，t_m 为相对于正弦振动结晶器运动到顶部位置时的滞后时间，$\alpha_f = t_m/(T/4)$，那么在式（2-14-193）中，$t_B = a_1, t_C = \dfrac{1+\alpha_f}{4f}, t_F = T - t_D, t_G = T - t_C, t_H = T - t_B, t_D$ 待求。

$$v_B = r_1 - b_1 \tag{2-14-194}$$

$$b_1 = \sqrt{r_1^2 - (t_C - a_1)^2} = \sqrt{r_1^2 - \left(\frac{1+\alpha_f}{4f} - a_1\right)^2} \tag{2-14-195}$$

$$a_1 = t_C - \sqrt{\frac{k_m^2 r_1^2}{1 + k_m^2}} = \frac{1 + \alpha_f}{4f} - \sqrt{\frac{k_m^2 r_1^2}{1 + k_m^2}} \tag{2-14-196}$$

$$e = a_1(r_1 - b_1) + \frac{\pi r_1^2 \beta}{2\pi} - \frac{1}{2}\left(\frac{1 + \alpha_f}{4f} - a_1\right)b_1 \tag{2-14-197}$$

式中，$\beta = \arctan(-k)$；e 为振幅；v_B为 AB 段的速度（见图 2-14-39）；t_B、t_C、t_D、t_F、t_G、t_H分别为 B、C、D、F、G、H 点对应的时间，由式（2-14-195）~式（2-14-197）可求出 r_1、a_1、b_1 。

在式（2-14-193）中

$$a_2 = \frac{T}{2} \tag{2-14-198}$$

$$t_D = a_2 - \sqrt{\frac{k_m^2 r_2^2}{1 + k_m^2}} = \frac{T}{2} - \sqrt{\frac{k_m^2 r_2^2}{1 + k_m^2}} \tag{2-14-199}$$

$$b_2 = -k_m\left(t_D - \frac{1 + \alpha_f}{4f}\right) - \sqrt{r_2^2 - (t_D - a_2)^2} \tag{2-14-200}$$

$$-e = \frac{k_m}{2}\left(\frac{1}{f} - t_C - t_D\right)(t_D - t_C) - \frac{r_2^2\beta}{2} + \frac{1}{2}\left(\frac{1}{2f} - t_D\right)[-k_m(t_D - t_C) - b_2] \tag{2-14-201}$$

由式（2-14-199）~式（2-14-201）可求出 r_2、b_2、t_D 。

14.6.7.2 位移函数

$$s_f = \begin{cases} v_B t & 0 \leqslant t \leqslant t_B \\ v_B t_B - b_1(t - t_B) + \dfrac{r_1^2}{4}[\sin(2\varphi_2) - \sin(2\varphi_1) + 2\varphi_2 - 2\varphi_1] & t_B \leqslant t \leqslant t_C \\ \dfrac{k_m}{2}(t - t_C)^2 + e & t_C \leqslant t \leqslant t_D \\ \dfrac{k_m}{2}(t_D - t_C)^2 - b_2(t - t_D) - \dfrac{r_2^2}{4}[\sin(2\beta_2) - \sin(2\beta_1) + 2\beta_2 - 2\beta_1] + e & t_D \leqslant t \leqslant t_F \\ -\dfrac{k_m}{2}\left(\dfrac{1}{f} - t_C - t\right) - e & t_F \leqslant t \leqslant t_G \\ -b_1(t - t_G) + \dfrac{r_1^2}{4}[\sin(2\gamma_2) - \sin(2\gamma_1) + 2\gamma_2 - 2\gamma_1] - e & t_G \leqslant t \leqslant t_H \\ -v_B\left(\dfrac{1}{f} - t\right) & t_H \leqslant t \leqslant T \end{cases} \tag{2-14-202}$$

其中

$$\varphi_1 = \arcsin\frac{t_B - a_1}{r_1} \tag{2-14-203}$$

$$\varphi_2 = \arcsin\frac{t - a_1}{r_1} \tag{2-14-204}$$

$$\beta_1 = \arcsin\frac{t_D - a_2}{r_2} \tag{2-14-205}$$

$$\beta_2 = \arcsin\frac{t - a_2}{r_2} \tag{2-14-206}$$

$$\gamma_1 = \arcsin\frac{t_G - (1/f - a_1)}{r_1} \tag{2-14-207}$$

$$\gamma_2 = \arcsin\frac{t - (1/f - a_1)}{r_1} \tag{2-14-208}$$

14.6.7.3　加速度函数

$$a_f = \begin{cases} 0 & 0 \leqslant t \leqslant t_B \\ -(t-a_1)/\sqrt{r_1^2-(t-a_1)^2} & t_B \leqslant t \leqslant t_C \\ k_m & t_C \leqslant t \leqslant t_D \\ (t-a_2)/\sqrt{r_2^2-(t-a_2)^2} & t_D \leqslant t \leqslant t_F \\ -k_m & t_F \leqslant t \leqslant t_G \\ -(t-T+a_1)/\sqrt{r_1^2-(t-T+a_1)^2} & t_G \leqslant t \leqslant t_H \\ 0 & t_H \leqslant t \leqslant T \end{cases} \tag{2-14-209}$$

14.6.7.4　波形及其特点

A　波形

当振幅 $e = 3\text{mm}$，振动频率 $f = 2\text{Hz}$，$k_m = -1.1\text{m/s}^2$，波形偏斜率 α_f 分别取 25%、30%、35%、40% 共 4 种不同值时的位移波形、速度波形和加速度波形如图 2-14-40 ~ 图 2-14-42 所示。

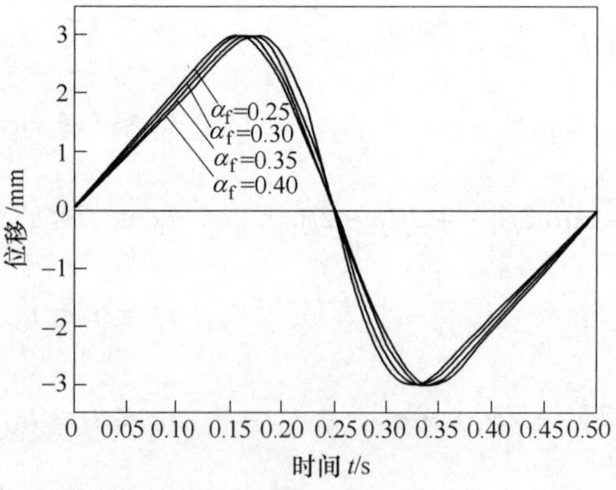

图 2-14-40　位移曲线

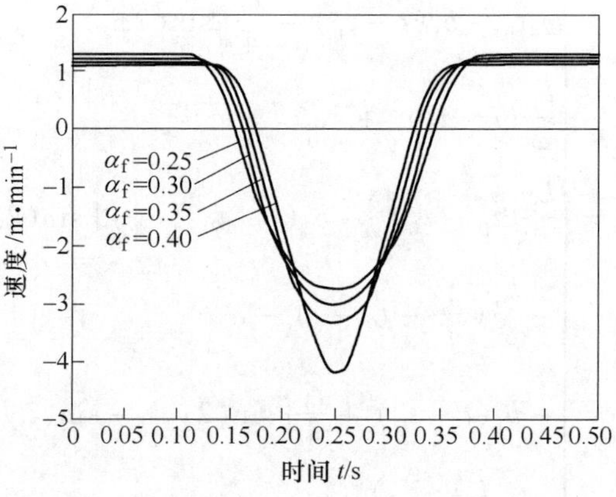

图 2-14-41　速度曲线

如图 2-14-43 所示，在速度波形函数中，k_m 是 CD 直线段的斜率，为最大加速度值，即结晶器运动到最上、最下死点位置时的加速度。k_m 值在确定波形函数时可以设定，并保持恒定不变，即不随波形偏斜率的变化而变化，为一常数。k_m 值越小结晶器运动的平稳性就越好，但可设定的最小值 $k_{m\,min}$ 受到波形偏斜率、振动频率和振幅的制约，其关系如式为式中，$k_{m\,min}$为可设定的加速度最小值。

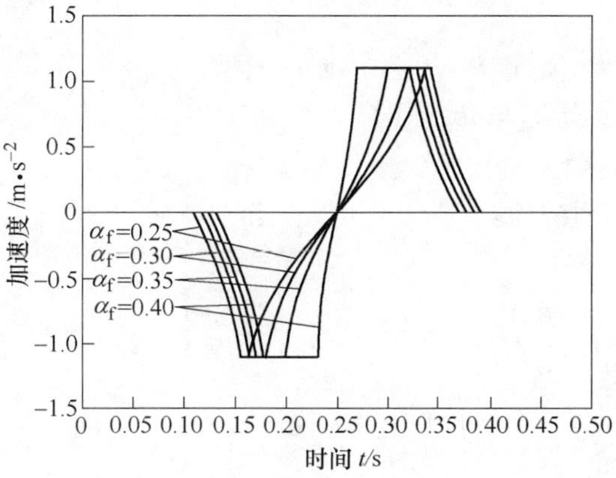

图 2-14-42　加速度曲线

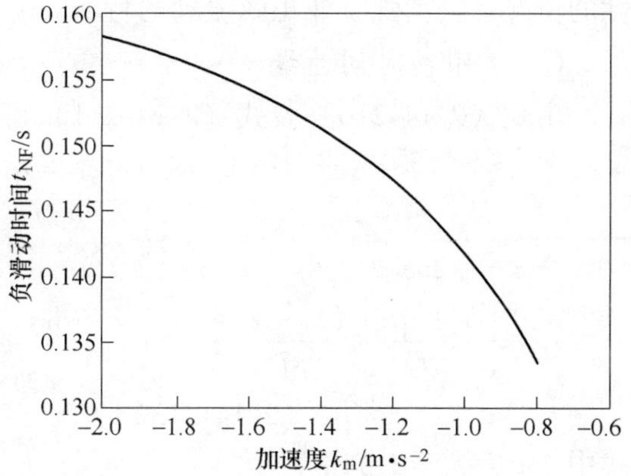

图 2-14-43　t_{NF}与 k_m 的关系

$$k_{m\,min} = -\frac{32f^2h}{(1-\alpha_f)^2} \tag{2-14-210}$$

结晶器振动过程中，若速度函数有突变，在突变点处加速度为无穷大，会产生刚性冲击，若速度函数不连续，在间断点处加速度会有突变，会产生柔性冲击。为保证结晶器运动的平稳性，加速度不应有突变，故 k_m 不一定取最小值。

B　负滑动时间与 α_f 及 k_m 的关系

负滑动时间是结晶器向下运动的速度大于拉坯速度所经历的时间，由图 2-14-39 和式（2-14-193）得

$$t_{NF} = \frac{1-\alpha_f}{2f} - \frac{2v_c}{k_m} \tag{2-14-211}$$

式中，t_{NF}为负滑动时间；v_c 为拉坯速度。

当 $\alpha_f = 30\%$，$f = 120$r/min，$v_c = -1$m/min 时，t_{NF}随加速度 k_m 值的变化关系如图 2-14-43 所示。当 $k_m = -1.1$m/s^2，$f = 120$r/min，$v_c = -1$m/min 时，t_{NF}随 α_f 的变化关系如图 2-14-44 所示。

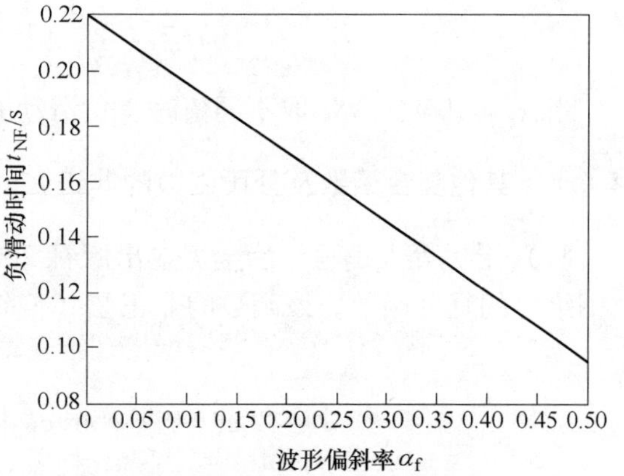

图 2-14-44　t_{NF}与 α_f 的关系

由图 2-14-43 和图 2-14-44 可以看出，拉坯速度、振动频率和波形偏斜率一定时，负滑动时间随结晶器振动加速度的减小而减小，而当拉速、频率、振动加速度一定时，负滑动时间随波形偏斜率的减小而增加。这些特点体现了此波形函数的优越性。对于一般的非正弦振动波形函数，波形偏斜率越大，负滑动时间越短，非正弦振动特征越明显，但同时振动的加速度也显著增加。此波形函数可以在波形偏斜率不变的情况下，通过减小振动加速度来减小负滑动时间，相当于在增强了非正弦振动特征的情况下，提高了结晶器运动的平稳性；同时也可以在振动

加速度不变的情况下，通过增加波形偏斜率来减小负滑动时间，相当于在不改变运动平稳性的情况下，增强了非正弦振动的特征。

C　负滑动时间曲线

由式（2-14-210）及式（2-14-211）可知，当 $k_m = nk_{m\ min}$ 时

$$t_{NF} = \frac{1-\alpha_f}{2f} + \frac{v_c(1-\alpha_f)^2}{16f^2 ne} \tag{2-14-212}$$

令 $z = -2ne/v_c$，得

$$t_{NF} = \frac{1-\alpha_f}{2f} - \frac{(1-\alpha_f)^2}{8f^2 z} \tag{2-14-213}$$

式中，n 为大于 1 的常数。

那么不出现负滑动的截止频率 f_0 为

$$f_0 = (1-\alpha_f)/z \tag{2-14-214}$$

当 $\alpha_f = 30\%$，z 取不同值时的负滑动时间曲线如图 2-14-45 实线所示。

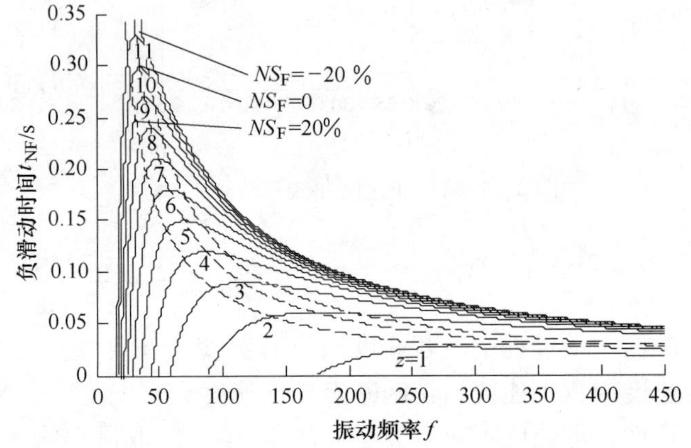

图 2-14-45　t_{NF} 与 f 及 NS_F 的关系

D　负滑动率等值曲线

由速度函数可知，负滑动率 NS_F 可由下式计算。

$$NS_F = \frac{v_c - \bar{v}_m}{v_c} \times 100\%;\ NS_F = 1 + 4fe/[(1-\alpha_f)v_c] \tag{2-14-215}$$

由式（2-14-212）及式（2-14-215）可得

$$t_{NF} = \frac{1-\alpha_f}{2f}\left[1 - \frac{1}{2n(1-NS_F)}\right] \tag{2-14-216}$$

当 $\alpha_f = 30\%$，NS_F 取不同值时，负滑动率等值曲线如图 2-14-45 中虚线所示。

14.6.8　其他复合函数及分段函数的非正弦（偏斜正弦）波振动曲线简介

（1）干勇等人编写，冶金工业出版社 2001 年出版的《连续铸钢过程数学物理模拟》一书给出的复合函数。该函数的非正弦（偏斜正弦）波振动曲线，其位移曲线为

$$s_f = -e\cos\varphi \tag{2-14-217}$$

$$\varphi = \frac{\pi}{2} + \arccos\left[\frac{1+c}{1-c}\tan\left(\frac{2\pi ft}{60}\right)\right] \tag{2-14-218}$$

式中　e——振幅，mm；

f——频率，min^{-1}；

c——与波形有关的常数，给定不同的 c 值，则可得到不同偏斜波形的振动方程，$c=0$ 时为正弦波振动。

（2）商家 D 采用的两段式函数（TWN 函数曲线）。该两段式函数是以两个不同频率

的正弦函数组成一个非正弦振动函数式，其中频率小的为上升段函数，频率大的为下降段函数，其速度函数的表达式为

$$\begin{cases} v_{mf下} = \dfrac{h}{2}\dfrac{2\pi f}{1+\alpha_f}\cos\left(\dfrac{2\pi f}{1+\alpha_f}t\right) & -\dfrac{1+\alpha_f}{4f} \leqslant t \leqslant \dfrac{1+\alpha_f}{4f} \\ v_{mf下} = \dfrac{h}{2}\dfrac{2\pi f}{1+\alpha_f}\cos\left[\dfrac{2\pi f}{1-\alpha_f}\left(t-\dfrac{\alpha_f}{2f}\right)\right] & \dfrac{1+\alpha_f}{4f} \leqslant t \leqslant \left(1-\dfrac{1+\alpha_f}{4}\right)\dfrac{1}{f} \end{cases}$$

(2-14-219)

（3）中冶南方级数函数（WIS 函数）。该函数利用傅里叶级数构造的非正弦振动波形，其位移三角函数的表达式为

$$s_f(t) = \frac{h}{2}\left[a_1\sin\left(\frac{2\pi f}{60}t\right) + a_2\sin\left(2\,\frac{2\pi f}{60}t\right) + a_3\sin\left(3\,\frac{2\pi f}{60}t\right) + a_4\sin\left(4\,\frac{2\pi f}{60}t\right)\right]$$

(2-14-220)

式中，参数 a_1、a_2、a_3、a_4 的部分系数值见表 2-14-3。

表 2-14-3 WIS 函数非正弦曲线系数值

α_f	a_1	a_2	a_3	a_4
0	1	0	0	0
0.1	0.9490	−0.0851	−0.0341	0.0102
0.2	0.9478	−0.1685	0.0065	0.0036
0.3	0.9209	−0.2357	0.0458	−0.0042

（4）中冶赛迪工程技术有限公司级数函数（CIS 函数）。中冶赛迪的龙灏等人采用傅里叶级数构造出的另一种非正弦振动曲线形式，其位移函数表达式为

$$s_f(t) = \frac{h}{2}h_x[\sin(\omega t) - \Delta\sin(2\omega t) + \Delta^2\sin(3\omega t) - \Delta^3\sin(4\omega t) + \Delta^4\sin(5\omega t)] \quad (2\text{-}14\text{-}221)$$

式中，h_x 为振幅系数，$0 \leqslant h_x \leqslant 1$；$\Delta$ 为收敛因子，$0 \leqslant \Delta \leqslant 1$，表 2-14-4 为其部分参数系数。

表 2-14-4 CIS 函数非正弦曲线系数值

α_f	0	0.1	0.2	0.3	0.4
Δ	0	0.07880076	0.1584021	0.2384035	0.3176947
h_x	1	0.9937928	0.975006	0.9435593	0.8982164

（5）燕山大学刘云峰硕士学位论文“VAI 结晶器振动反向控制模型及参数研究”中给出的非正弦振动曲线形式，当采用工程单位时，其位移、速度、加速度函数表达式分别为

$$s_f = -\frac{\cos[\pi(1+\alpha_f)]}{\sin^3\left[\dfrac{\pi}{2}(1+\alpha_f)\right]}e\left\{\sin\frac{2\pi ft}{60} - \frac{\cos\left[\dfrac{\pi}{2}(1+\alpha_f)\right]}{2\cos[\pi(1+\alpha_f)]}\sin\frac{4\pi ft}{60}\right\} \quad (2\text{-}14\text{-}222)$$

$$v_{mf} = -\frac{2\pi fe}{1000}\frac{\cos[\pi(1+\alpha_f)]}{\sin^3\left[\frac{\pi}{2}(1+\alpha_f)\right]}\left\{\cos\frac{2\pi ft}{60} - \frac{\cos\left[\frac{\pi}{2}(1+\alpha_f)\right]}{\cos[\pi(1+\alpha_f)]}\cos\frac{4\pi ft}{60}\right\} \tag{2-14-223}$$

$$a_f = \frac{4\pi^2 f^2 e}{1000}\frac{\cos[\pi(1+\alpha_f)]}{\sin^3\left[\frac{\pi}{2}(1+\alpha_f)\right]}\left\{\sin\frac{2\pi ft}{60} - \frac{2\cos\left[\frac{\pi}{2}(1+\alpha_f)\right]}{\cos[\pi(1+\alpha_f)]}\sin\left(\frac{4\pi ft}{60}\right)\right\} \tag{2-14-224}$$

（6）西安理工大学李好文教授在 2010 年《钢铁》№9 中发表了“连铸结晶器非正弦振动系统神经元控制研究”一文中给出的非正弦振动曲线形式为

$$s_f = \begin{cases} e\sin[2\pi ft/(1+\alpha_f)] & t = 0 \sim t_2 \\ e\sin[-\alpha_f\pi/(1-\alpha_f) + 2\pi ft/(1-\alpha_f)] & t = t_1 \sim t_2 \\ e\sin[2\alpha_f\pi/(1+\alpha_f) + 2\pi ft/(1+\alpha_f)] & t = t_2 \sim T \end{cases} \tag{2-14-225}$$

$$t_1 = (1+\alpha_f)/4f$$

$$t_2 = (3-\alpha_f)/4f$$

$$T = 1/f$$

（7）燕山大学任廷志教授在 2014 年 12 月 9 日 B07 版《世界金属导报》“连铸机非正弦振动系统及工程应用”一文中构造了两种非正弦振动的函数：

第一种函数。行程和结晶器振动速度分别用 s_f 和 v_{mf} 表示，公式为

$$s_f = h\sin\left[\frac{D+1}{\sqrt{D^2-\varepsilon^2}}\arctan\frac{\sqrt{D^2-\varepsilon^2}\sin(\omega t)}{\varepsilon + D\cos(\omega t)} - \omega t\right] \tag{2-14-226}$$

$$v_{mf} = \frac{60\omega h}{1000}\frac{1-\varepsilon\cos(\omega t)}{D+\varepsilon\cos(\omega t)}\cos\left[\frac{D+1}{\sqrt{D^2-\varepsilon^2}}\arctan\frac{\sqrt{D^2-\varepsilon^2}\sin(\omega t)}{\varepsilon + D\cos(\omega t)} - \omega t\right] \tag{2-14-227}$$

式中，h 为振动行程；ω 为角速度；f 为频率；参数 D 由偏斜系数 ε 表示，可见该非正弦振动曲线仅是 ε、f、h 的函数。当 ε、f、h 给定后非正弦振动速度曲线则唯一确定。

第二种函数。结晶器振动速度用 v_{mf}（m/s）表示，公式为：

$$v_{mf} = \begin{cases} \frac{c\omega_z h}{1000} = \frac{2c\pi f_z h}{1000} & 0 < \varphi_c \leqslant \beta \\ \frac{\omega_z h\cos(\varphi_c - \beta/2)}{1000 i_n} = \frac{2\pi f_z h\cos(\varphi_c - \beta/2)}{1000 i_n} & \beta < \varphi_c \leqslant 2\pi \end{cases} \tag{2-14-228}$$

这种非正弦速度波形曲线是光滑连续的，因此具有连续的加速度曲线。另外，当参数 h 和 f 固定后，c 控制结晶器的最大速度，β 控制匀速段的时间比，匀速段的时间随 β 的增大而增大，相应的结晶器向下运动的时间减少，也就是说 β 可以控制负滑动时间，这样就可以实现振动频率和振幅不变的情况下，分别独立的调整结晶器最大正滑动速度和负滑动时间，使得结晶器工艺参数的调整更加灵活并且有针对性。

燕山大学“国家冷轧板带装备及工艺工程技术研究中心”为实现所构建的非正弦振动波形研制了一系列机械驱动非正弦振动发生装置，其中式（2-14-228）所示的非正弦驱动

系统由变频电机、变速减速箱和偏心机构组成，其中变速机构由新型平面非圆齿轮组成的非正弦驱动装置，适用于单侧驱动的结晶器；由正交轴非圆齿轮与面齿轮传动，应用于双侧驱动的结晶器非正弦振动系统。该驱动装置实现如图 2-14-46 所示的非正弦振动波形。在相同的频率和振幅下，与普通非圆齿轮相比，不仅可以实现更小的正滑动速度差，降低结晶器与铸坯间的摩擦力，而且可以改变几何参数 c 和 β，可以分别调整结晶器最大正滑动速度和负滑动时间，能更加充分地发挥出非正弦振动的优势。

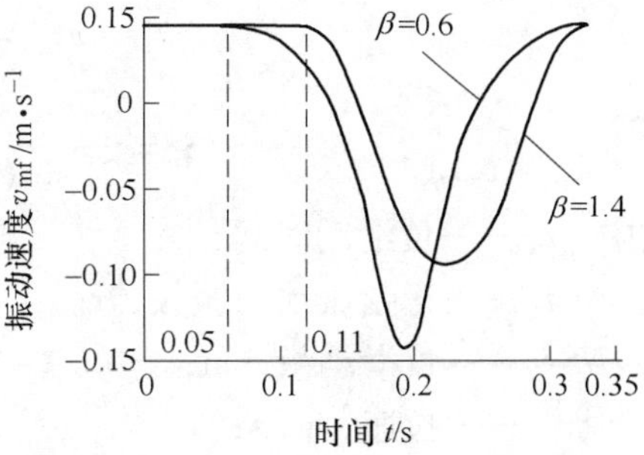

图 2-14-46　第二种函数非正弦速度波形

14.7　新型结晶器振动同步控制模型

该模型由曾晶高级工程师构建，具有创新价值和普遍意义，本节中公式代号和单位自成体系。

目前连铸机上应用的振动同步控制模型的模式上大致分为正向振动模型和反向振动模型两种。所谓正向振动模型是指振动的频率随拉速的增加而增加、反向振动模型则相反。

新型结晶器振动同步控制模型建立后，振幅、振频与拉速的关系将不再是简单的归属于正向振动模式或是反向振动模式；偏斜率的取值不再单单依赖于经验，且可以随着拉速的变化而动态变化；所有这些振动参数的确立将完全取决于连铸生产的要求。

14.7.1　模型的建立

结晶器振动的目的就是使铸坯在结晶器内顺利脱模，防止结晶器铜板与铸坯发生粘结，同时促使保护渣在结晶器内充分而均匀地润滑。

由此，可以将结晶器的振动过程分解为上升和下降两部分。在结晶器上升的过程中，结晶器向上的速率越快则弯月面区域结晶器铜板与坯壳之间的摩擦力也就越大，初生坯壳被拉裂或拉断的几率也就越高。因此可以引入控制变量对结晶器向上振动的速率给予限定。在结晶器下降的过程中，下行的最大速度应超过拉坯速度，使得结晶器相对于铸坯产生负滑动，利于脱模。在负滑动的过程中，可以引入相应的控制变量对结晶器下行的动作进行限定。

对于正弦振动来说，通常用负滑动时间、负滑动量对结晶器的振动行为进行考量。反过来，我们可以先根据生产的实际情况设定不同拉速下合理的负滑动时间、负滑动量，然后反算出振幅及振频。对于非正弦振动来说，通常使用偏斜率来控制结晶器向上振动的行为。其实，正滑动时间、正向振动最大速度才是最重要的考核指标。因此，我们也可以通过设定合理的最大正向振动速度，然后反向计算出该条件下的偏斜率。

基于以上思路，可先假定结晶器的振动为正弦振动，其振动曲线方程如下

$$F_s(t) = S \cdot \sin(2\pi f_1 t) \tag{2-14-229}$$

若 $F_s(t)$ 满足设定的负滑动量及负滑动时间，则可建立方程如式（2-14-230）、式（2-14-231）所示。

$$v_{gm} = \frac{\pi f_1 \cdot NSA}{\tan(\pi f_1 t_N) - \pi f_1 t_N} \tag{2-14-230}$$

$$S = \frac{NSA}{2[\sin(\pi f_1 t_N) - \pi f_1 t_N \cos(\pi f_1 t_N)]} \tag{2-14-231}$$

式中　t_N——负滑动时间，s；

f_1——正弦振动的振频，r/s；

NSA——负滑动量，m；

v_{gm}——拉速，m/s；

S——振幅，m。

式（2-14-230）不能转换为 f_1 关于 v_{gm} 的显式表达式，但可以通过计算机得到 f_1 精确的数值解。将 f_1 代入式（2-14-231）可得到振幅 S。

在保证结晶器向下振动满足式（2-14-230）、式（2-14-231）的前提下，为进一步控制结晶器向上振动的行为，应重新建构结晶器向上振动的曲线，并保证该曲线与式（2-14-229）的下行曲线光滑连接。

为保证振动加速度曲线的连续性，可在速度层面上对结晶器向上振动的曲线进行建构，如图 2-14-47 所示。

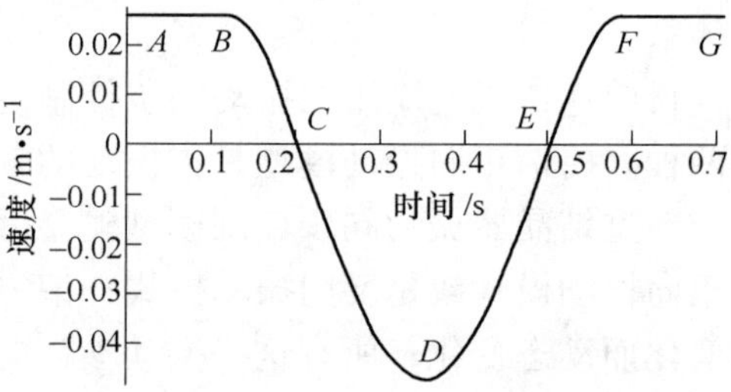

图 2-14-47　非正弦振动速度曲线建构

图 2-14-47 所示的单个周期内的速度曲线连续、可导。曲线共分为 5 段。其中，AB、FG 为直线段、BC、EF、CDE 为正弦或余弦曲线。由于振动的速度图像为对称图形，所以曲线 BC、EF 的振幅、频率一样，直线段 AB、FG 的长度一样，且有相同的纵坐标。

设曲线 CDE 的方程为

$$v(t) = 2\pi f_1 S\cos(2\pi f_1 t) \tag{2-14-232}$$

式中　f_1——曲线 CDE 的振频，Hz。

设曲线 BC 的方程为

$$v(t) = 2\pi f_2 S_2 \cos(2\pi f_2 t) \tag{2-14-233}$$

式中　S_2——曲线 BC 的振幅，m；

f_2——曲线 BC 的振频，s^{-1}。

设曲线 CDE 中最大的速度为 v_{max}。

设曲线 AB 所对应的速度为 $v_0 = \beta v_{max}$，$0 \leqslant \beta \leqslant 1$。$\beta$ 为振动上行速度与最大下行速度的比值。

设曲线 AB 的长度为 t_0。

图 2-14-47 中的曲线可由结晶器正弦振动同步模型来确定其振幅 S、频率 f_1。根据图 2-14-47 的图像特性和结晶器振动的特性可知曲线 BC 和曲线 CDE 在 C 点的斜率相同、曲线 ABC 与坐标轴所围成的面积应等于曲线 CDE 与坐标轴所围成的面积的一半。因此可建立如下位移方程。

$$\begin{cases} v_0 t_0 + S_2 = S \\ f_1^2 S = f_2^2 S_2 \\ v_0 = 2\pi f_2 S \\ v_{\max} = 2\pi f_1 S \\ v_0 = \beta v_{\max} \end{cases} \tag{2-14-234}$$

求解后可得　　$f_2 = \dfrac{f_1}{\beta}$　　$S_2 = \beta^2 \cdot S$　　$t_0 = \dfrac{1-\beta^2}{2\beta\pi f_1}$

图2-14-47所示的非正弦振动速度曲线可由参数β、f_1、f_2、S、S_2、t_0完全确定。通过计算可得到非正弦振动曲线的其他相关参数。

非正弦振动曲线的频率为

$$f = \frac{2\pi\beta f_1}{(1+\beta)[2+(\pi-2)\beta]} \tag{2-14-235}$$

非正弦振动曲线的波形偏斜率（%）为

$$\alpha_f = 100\left\{\frac{(\beta-1)[(\pi-2)(\beta-2)]}{(\beta+1)[(\pi-2)(\beta+2)]}\right\} \tag{2-14-236}$$

波形偏斜率α_f与β的关系可由图2-14-48直观的反映，偏斜率α_f与β成反比关系，随着结晶器上升的最大速率v_0越来越接近结晶器下降时的最大速率$v_{\max}$，偏斜率逐渐变小最终趋近于零。当$\beta=1$时，$v_0=v_{\max}$，此时非正弦振动变为正弦振动。也就是说在本文所提到的结晶器非正弦振动同步模型涵盖了结晶器正弦振动同步控制模型，结晶器正弦振动同步控制模型只是该振动同步控制模型的一种特殊情况。

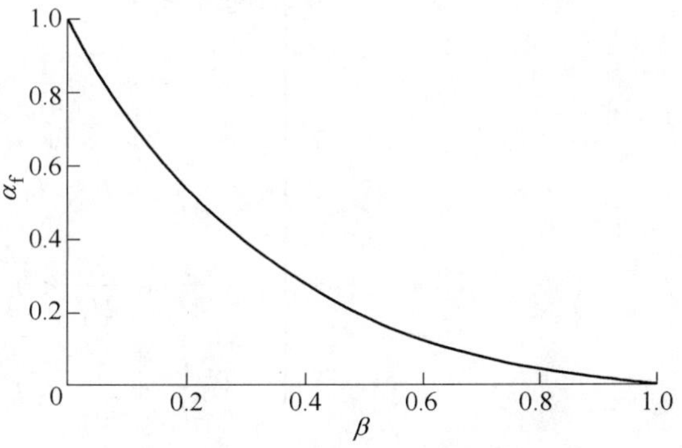

图2-14-48　偏斜率α_f与β的关系

在连续铸钢生产中，结晶器偏斜率的取值多依赖于经验，取值范围介于0到40%。根据式（2-14-239）可知β的取值范围应当介于0.285534到1之间。也就是说在采用该结晶器非正弦振动模型时，可将结晶器向上振动的最大速率控制在0.285534到1倍$v_{\max}$范围内。

当非正弦振动的速度曲线相关参数确定后，可得到非正弦振动的位移表达式、速度表达式和加速度表达式，分别见式（2-14-237）~式(2-14-239)。

$$\begin{cases} v_0 t \\ v_0 t_0 + S_2 \sin[2\pi f_2 (t - t_0)] \\ S\sin\left\{2\pi f_1\left[t - \left(t_0 + \dfrac{1}{4f_2} - \dfrac{1}{4f_1}\right)\right]\right\} \\ S_2 \sin\left\{2\pi f_2\left[t - \left(t_0 + \dfrac{1}{2f_1} - \dfrac{1}{2f_2}\right)\right]\right\} - v_0 t_0 \\ v_0\left[t - \left(2t_0 + \dfrac{1}{2f_1} - \dfrac{1}{2f_2}\right)\right] \end{cases} \tag{2-14-237}$$

$$\begin{cases} v_0 \\ 2\pi f_2 S_2 \cos[2\pi f_2(t - t_0)] \\ 2\pi f_1 S \cos\left\{2\pi f_1\left[t - \left(t_0 + \dfrac{1}{4f_2} - \dfrac{1}{4f_1}\right)\right]\right\} \\ 2\pi f_2 S_2 \cos\left\{2\pi f_2\left[t - \left(t_0 + \dfrac{1}{2f_1} - \dfrac{1}{2f_2}\right)\right]\right\} \\ v_0 \end{cases} \tag{2-14-238}$$

$$\begin{cases} 0 \\ -4\pi^2 f_2^2 S_2 \sin[2\pi f_2(t - t_0)] \\ -4\pi^2 f_1^2 S \sin\left\{2\pi f_1\left[t - \left(t_0 + \dfrac{1}{4f_2} - \dfrac{1}{4f_1}\right)\right]\right\} \\ -4\pi^2 f_2^2 S_2 \sin\left\{2\pi f_2\left[t - \left(t_0 + \dfrac{1}{2f_1} - \dfrac{1}{2f_2}\right)\right]\right\} \\ 0 \end{cases} \tag{2-14-239}$$

式（2-14-237）~式（2-14-239）中的变量取值范围见式（2-14-240）

$$\begin{cases} 0 \leqslant t \leqslant t_0 \\ t_0 < t \leqslant t_0 + \dfrac{1}{4f_2} \\ t_0 + \dfrac{1}{4f_2} < t \leqslant t_0 + \dfrac{1}{4f_2} + \dfrac{1}{2f_1} \\ t_0 + \dfrac{1}{4f_2} + \dfrac{1}{2f_1} < t \leqslant t_0 + \dfrac{1}{2f_2} + \dfrac{1}{2f_1} \\ t_0 + \dfrac{1}{2f_2} + \dfrac{1}{2f_1} < t \leqslant 2t_0 + \dfrac{1}{2f_2} + \dfrac{1}{2f_1} \end{cases} \tag{2-14-240}$$

14.7.2　模型的应用

针对某钢种在拉速 1.8m/min 的条件下，设定负滑动时间 $t_N = 0.15\text{s}$、负滑动量 $NSA = 3.5\text{mm}$、振动上行速率与最大下行速率的比值 $\beta = 0.4$，可得

$\alpha_f = 0.26925 = 26.925\%$

$S = 0.004495\text{m} = 4.495\text{mm}$

$f = 1.7011\text{Hz} = 102.07\text{min}^{-1}$

对应的位移曲线、速度曲线、加速度曲线分别如图 2-14-49 ~ 图 2-14-51 所示。

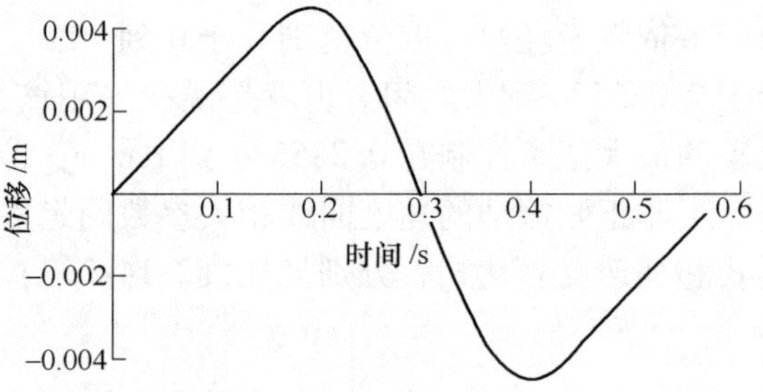

图 2-14-49　位移曲线

在生产过程中，拉速根据实际生产情况会发生变化，结晶器非正弦振动的振幅、频率、偏斜率也会随着拉速在实时地动态改变。我们可以根据钢种类型及该钢种的最大稳定生产拉速，按照本模型的计算方法计算出不同拉速下的非正弦振动参数，从而实现结晶器非正弦振动的同步控制。

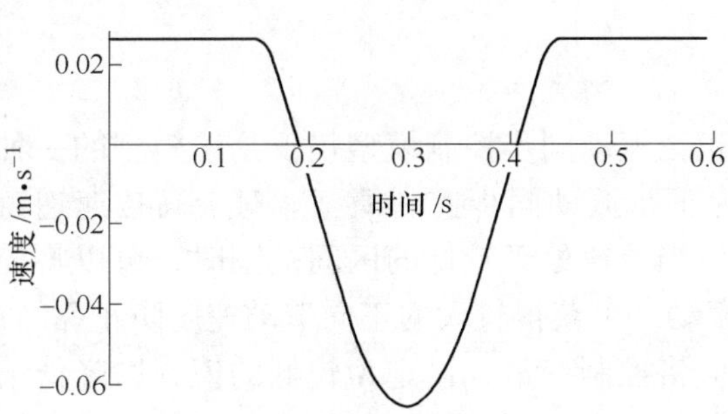

图 2-14-50　速度曲线

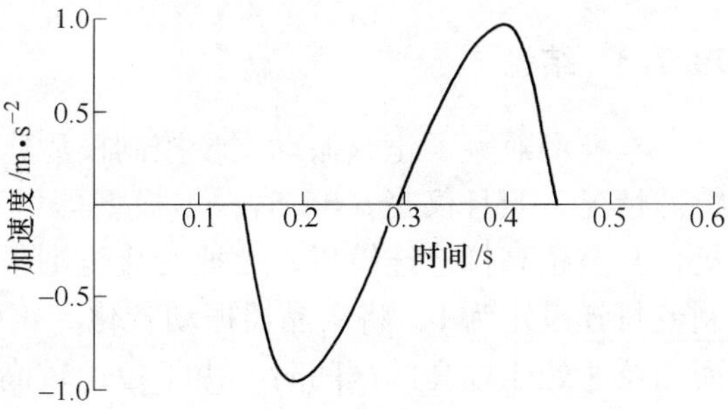

图 2-14-51　加速度曲线

若按表 2-14-5 连铸生产参数要求，通过本同步模型计算方法我们可以得到不同拉速下的非正弦振动参数，见表 2-14-6。

表 2-14-5　连铸生产参数

负滑动时间 t_N 变换范围/s	0.155 ~ 0.120
最高拉速 v_{max}/m · min^{-1}	1.8
振动上行最大速率与下行最大速率之比 β	1.0 ~ 0.4
负滑动量 NSA 变换范围/mm	3.5 ~ 2.0

表 2-14-6　不同拉速下的非正弦振动参数

拉速 v_{gm} / m · s^{-1}	拉速 v_c /m · min^{-1}	计算振幅 e /mm	振动频率 f /min^{-1}	偏斜率 α /%	频率 f_1 /min^{-1}	负滑动时间 t_N/s	负滑动量 NSA/mm	β
0.0	0.0	1.75	200.00	0.00	200.00	0.151	3.50	1
0.1/60	0.1	1.83	196.56	0.00	196.56	0.149	3.42	1
0.2/60	0.2	1.92	193.36	0.00	193.36	0.147	3.33	1
0.3/60	0.3	2.00	190.37	0.00	190.37	0.145	3.25	1
0.4/60	0.4	2.09	187.55	0.00	187.55	0.143	3.17	1
0.5/60	0.5	2.18	184.91	0.00	184.91	0.141	3.09	1
0.6/60	0.6	2.26	182.42	0.00	182.42	0.140	3.00	1
0.7/60	0.7	2.35	180.06	0.00	180.06	0.138	2.92	1
0.8/60	0.8	2.44	177.80	0.00	177.80	0.137	2.83	1
0.9/60	0.9	2.52	175.66	0.00	175.66	0.135	2.75	1
1.0/60	1.0	2.61	173.61	0.00	173.61	0.133	2.66	1
1.1/60	1.1	2.70	171.62	0.00	171.62	0.132	2.58	1
1.2/60	1.2	2.79	156.86	7.57	169.71	0.130	2.50	0.70
1.3/60	1.3	2.88	151.51	9.73	167.85	0.128	2.41	0.65
1.4/60	1.4	2.97	145.71	12.24	166.04	0.127	2.33	0.60
1.5/60	1.5	3.06	139.35	15.16	164.25	0.125	2.25	0.55
1.6/60	1.6	3.15	132.38	18.53	162.49	0.123	2.17	0.50
1.7/60	1.7	3.24	124.70	22.43	160.75	0.122	2.09	0.45
1.8/60	1.8	3.33	116.19	26.92	159.00	0.120	2.01	0.40

14.7.3　结论

本模型兼顾了正弦振动同步控制模型，即正弦振动同步控制模型仅仅是该模型的一种特殊情况，当且仅当$\beta=1$时，本模型即可变为正弦振动同步控制模型。对于高拉速连铸机，甚至超高拉速连铸机，拉速变化范围很大。当拉速处于较低的区间范围时，可以将控制变量β设定为1，将结晶器振动转化为正弦振动，可获得较大的正向滑动速度防止黏结；而当拉速处于较高的区间时，由于拉速较高，应将控制变量β设定为较低的值，以降低结晶器向上振动时相对于铸坯的速度，降低结晶器内初生坯壳被拉裂的风险。显然，结晶器非正弦振动同步控制模型比正弦振动同步控制模型有更好的适应性。同样，控制变量β随拉速的变化也可以是非线性的，这使得该模型的调整更为灵活。

14.8　生产应用当中的振动模式

14.8.1　常用振动模式举例

表 2-14-7 列举出十一种振动模式。

表 2-14-7　十一种振动模式

振动模式	波形类别	频率 f/min^{-1}	振幅 e/mm	波形偏斜率 α_f/%
振动模式（一）	正弦	$f=100+50v_c$	±2.5、±2.75	0
振动模式（二）	正弦	$f=120+20v_c$	$e=0.75+1.5v_c$	0
振动模式（三）	非正弦	$f=120+20v_c$	$e=0.75+1.5v_c$	18
振动模式（四）	正弦	$f=\frac{(100+NS)v_c}{200\times 2e}$ NS 为正弦波负滑动率（%） NS 有 20% 和 30% 两种	±2.75	0
振动模式（五）	非正弦	$f=\frac{(100+NS)v_c}{200\times 2e}$ $NS=10\%$	±2.5	18
振动模式（六）	正弦	$f=180-20v_c$	$e=2.5+0.8v_c$	0
振动模式（七）	非正弦	$f=180-20v_c$	$e=2.5+0.8v_c$	20
振动模式（八）	非正弦	$f=180-20v_c$	$e=2.5+0.8v_c$	30
振动模式（九）	正弦	$f=115v_c$	±3.0	0
振动模式（十）	正弦	$f=75v_c+50$	±3.5	0
振动模式（十一）	正弦	$f=50v_c+50$	±3.5	0

注：全部振动模式中，当最低拉速对应的振动频率小于$60\mathrm{min}^{-1}$时，均按照$60\mathrm{min}^{-1}$设定。

14.8.1.1　振动模式（一），正弦波

$$f=\frac{(100+NS)v_c}{200\times 2e}$$

$$f=100+50v_c, e=\pm 2.5\mathrm{mm}, e=\pm 2.75\mathrm{mm}, \alpha_f=0$$

正弦波负滑动时间

$$t_N = \frac{60}{\pi f}\arccos\left(\frac{1000v_c}{\pi hf}\right) = \frac{60}{\pi f}\frac{\pi}{180}\arccos\left(\frac{1000v_c}{\pi hf}\right) = \frac{1}{3f}\arccos\left(\frac{1000v_c}{\pi hf}\right)$$

正弦波负滑动速度比率

$$NS = (1 - 2fh)/(1000v_c) \times 100\%$$

正弦波负滑动时间比率

$$NSR = \frac{ft_N}{30} \times 100\% = \frac{2}{\pi}\frac{\pi}{180}\arccos\left(\frac{1000v_c}{\pi hf}\right) \times 100\% = \frac{1}{90}\arccos\left(\frac{1000v_c}{\pi hf}\right) \times 100\%$$

式中 h——振动行程，$h = 2e$，即2倍于振幅，mm；

v_c——拉速，m/min。

计算结果见表2-14-8和表2-14-9。

表2-14-8 计算结果（一）

拉速 v_c /m · min^{-1}	频率 f/min^{-1}	振幅 e/mm	负滑动时间 t_N/s	负滑动速度比率 NS/%	负滑动时间比率 NSR/%
0.4	120	±2.5	0.22	-200.00	86.39
0.6	130	±2.5	0.19	-116.67	81.01
0.8	140	±2.5	0.16	-75.00	76.30
1.0	150	±2.5	0.14	-50.00	72.10
1.2	160	±2.5	0.13	-33.33	68.31
1.4	170	±2.5	0.11	-21.43	64.87
1.6	180	±2.5	0.10	-12.50	61.71
1.8	190	±2.5	0.09	-5.56	58.79
2.0	200	±2.5	0.08	0.00	56.07

表2-14-9 计算结果（二）

拉速 v_c /m · min^{-1}	频率 f/min^{-1}	振幅 e/mm	负滑动时间 t_N/s	负滑动速度比率 NS/%	负滑动时间比率 NSR/%
0.4	120	±2.75	0.22	-230.00	87.64
0.6	130	±2.75	0.19	-138.33	82.79
0.8	140	±2.75	0.17	-92.50	78.54
1.0	150	±2.75	0.15	-65.00	74.78
1.2	160	±2.75	0.13	-46.67	71.42
1.4	170	±2.75	0.12	-33.57	68.37
1.6	180	±2.75	0.11	-23.75	65.60
1.8	190	±2.75	0.10	-16.11	63.06
2.0	200	±2.75	0.09	-10.00	60.71

14.8.1.2 振动模式（二），正弦波

$f = 120 + 20v_c, e = 0.75 + 1.5v_c, \alpha_f = 0$；计算结果见表2-14-10。

表 2-14-10　计算结果（三）

拉速 v_c /m · min^{-1}	频率 f/min^{-1}	振幅 e/mm	负滑动时间 t_N/s	负滑动速度比率 NS/%	负滑动时间比率 NSR/%
0.4	128	±1.35	0.18	−72.80	75.98
0.6	132	±1.65	0.16	−45.20	71.11
0.8	136	±1.95	0.15	−32.60	68.12
1.0	140	±2.25	0.14	−26.00	66.28
1.2	144	±2.55	0.14	−22.40	65.18
1.4	148	±2.85	0.13	−20.51	64.57
1.6	152	±3.15	0.13	−19.70	64.30
1.8	156	±3.45	0.12	−19.60	64.27
2.0	160	±3.75	0.12	−20.00	64.40

14.8.1.3　振动模式（三），非正弦波

$$f = 120 + 20v_c, e = 0.75 + 1.5v_c, \alpha_f = 18\%$$

非正弦波负滑动时间

$$t_{NF} = \frac{60(1-\alpha_f)}{\pi f}\arccos\frac{1000(1-\alpha_f)v_c}{\pi fh} = \frac{60(1-\alpha_f)}{\pi f} \times \frac{\pi}{180}\arccos\frac{1000(1-\alpha_f)v_c}{\pi fh}$$

$$= \frac{1-\alpha_f}{3f}\arccos\frac{1000(1-\alpha_f)v_c}{\pi fh}$$

非正弦波负滑动速度比率

$$NS_F = \left[1 - \frac{2fh}{1000(1-\alpha_f)v_c}\right] \times 100\%$$

非正弦波负滑动时间比率

$$NSR_F = \frac{ft_{NF}}{30} \times 100\%$$

式中，α_f 为非正弦波形偏斜率，$\alpha_f = 18\%$，计算时输入小数。计算结果见表 2-14-11。

表 2-14-11　计算结果（四）

拉速 v_c /m · min^{-1}	频率 f/min^{-1}	振幅 e/mm	负滑动时间 t_{NF}/s	负滑动速度比率 NS_F/%	负滑动时间比率 NSR_F/%
0.4	128	±1.35	0.15	−110.73	65.98
0.6	132	±1.65	0.14	−77.07	62.80
0.8	136	±1.95	0.13	−61.71	60.88
1.0	140	±2.25	0.13	−53.66	59.70
1.2	144	±2.55	0.12	−49.27	59.00
1.4	148	±2.85	0.12	−46.97	58.61
1.6	152	±3.15	0.12	−45.98	58.44
1.8	156	±3.45	0.11	−45.85	58.42
2.0	160	±3.75	0.11	−46.34	58.51

14.8.1.4　振动模式（四），正弦波

$$f = \frac{(100 + NS)v_c}{200 \times 2e}, e = \pm 2.75\text{mm}, NS = -20\%, NS = -30\%, \alpha_f = 0$$

式中，NS 为正弦波负滑动速度比率,%，计算时 -20% 代入 20，-30% 代入 30；v_c 为拉速，mm/min。计算结果见表 2-14-12 和表 2-14-13。

表 2-14-12　计算结果（五）（$NS = 20\%$）

拉速 v_c /m·min^{-1}	频率 f/min^{-1}	振幅 e/mm	负滑动时间 t_N/s	负滑动速度比率 NS/%	负滑动时间比率 NSR/%
0.4	44	±2.75	0.44	设定 -20	64.40
0.6	65	±2.75	0.30	设定 -20	64.40
0.8	87	±2.75	0.22	设定 -20	64.40
1.0	109	±2.75	0.18	设定 -20	64.40
1.2	131	±2.75	0.15	设定 -20	64.40
1.4	153	±2.75	0.13	设定 -20	64.40
1.6	175	±2.75	0.11	设定 -20	64.40
1.8	196	±2.75	0.10	设定 -20	64.40
2.0	218	±2.75	0.09	设定 -20	64.40

表 2-14-13　计算结果（六）（$NS = 30\%$）

拉速 v_c /m·min^{-1}	频率 f/min^{-1}	振幅 e/mm	负滑动时间 t_N/s	负滑动速度比率 NS/%	负滑动时间比率 NSR/%
0.4	47	±2.75	0.43	设定 -30	67.42
0.6	71	±2.75	0.29	设定 -30	67.42
0.8	95	±2.75	0.21	设定 -30	67.42
1.0	118	±2.75	0.17	设定 -30	67.42
1.2	142	±2.75	0.14	设定 -30	67.42
1.4	165	±2.75	0.12	设定 -30	67.42
1.6	189	±2.75	0.11	设定 -30	67.42
1.8	213	±2.75	0.10	设定 -30	67.42
2.0	236	±2.75	0.09	设定 -30	67.42

14.8.1.5　振动模式（五），非正弦波

$$f = \frac{(100 + NS)v_c}{200 \times 2e}, e = \pm 2.5\text{mm}, NS = 10\%, \alpha_f = 18\%$$；计算结果见表 2-14-14。

表 2-14-14　计算结果（七）

拉速 v_c /m·min^{-1}	频率 f /min^{-1}	振幅 e /mm	负滑动时间 t_{NF}/s	正弦波负滑动速度比率 NS/%	非正弦波负滑动速度比率 NS_F/%	负滑动时间比率 NSR_F/%
0.4	44	±2.5	0.38	10	-34.15	56.19
0.6	66	±2.5	0.26	10	-34.15	56.19
0.8	88	±2.5	0.19	10	-34.15	56.19

续表 2-14-14

拉速 v_c /m · min^{-1}	频率 f /min^{-1}	振幅 e /mm	负滑动时间 t_{NF}/s	正弦波负滑动速度比率 NS/%	非正弦波负滑动速度比率 NS_F/%	负滑动时间比率 NSR_F/%
1.0	110	±2.5	0.15	10	-34.15	56.19
1.2	132	±2.5	0.13	10	-34.15	56.19
1.4	154	±2.5	0.11	10	-34.15	56.19
1.6	176	±2.5	0.10	10	-34.15	56.19
1.8	198	±2.5	0.09	10	-34.15	56.19
2.0	220	±2.5	0.08	10	-34.15	56.19

14.8.1.6　振动模式（六），正弦波

$f = 180 - 20v_c, e = 2.5 + 0.8v_c, \alpha_f = 0$；计算结果见表 2-14-15。

表 2-14-15　计算结果（八）

拉速 v_c /m · min^{-1}	频率 f/min^{-1}	振幅 e/mm	负滑动时间 t_N/s	负滑动速度比率 NS/%	负滑动时间比率 NSR/%
0.4	172	±2.82	0.1598	-385.0	91.6
0.6	168	±2.98	0.1568	-233.8	87.8
0.8	164	±3.14	0.1538	-157.5	84.1
1.0	160	±3.30	0.1510	-111.2	80.5
1.2	156	±3.46	0.1480	-79.9	77.0
1.4	152	±3.62	0.1450	-57.2	73.5
1.6	148	±3.78	0.1417	-39.9	69.9
1.8	144	±3.94	0.1381	-26.1	66.3
2.0	140	±4.10	0.1341	-14.8	62.6

14.8.1.7　振动模式（七），非正弦波

$f = 180 - 20v_c, e = 2.5 + 0.8v_c, \alpha_f = 20\%$；计算结果见表 2-14-16。

表 2-14-16　计算结果（九）

拉速 v_c /m · min^{-1}	频率 f/min^{-1}	振幅 e/mm	负滑动时间 t_{NF}/s	负滑动速度比率 NS_F/%	负滑动时间比率 NSR_F/%
0.4	172	±2.82	0.1302	-506.3	74.6
0.6	168	±2.98	0.1289	-317.2	72.2
0.8	164	±3.14	0.1278	-221.9	69.9
1.0	160	±3.30	0.1267	-164.0	67.6
1.2	156	±3.46	0.1257	-124.9	65.4
1.4	152	±3.62	0.1247	-96.5	63.2
1.6	148	±3.78	0.1237	-74.8	61.0
1.8	144	±3.94	0.1225	-57.6	58.8
2.0	140	±4.10	0.1213	-43.5	56.6

14.8.1.8　振动模式（八），非正弦波

$f = 180 - 20v_c, e = 2.5 + 0.8v_c, \alpha_f = 30\%$；计算结果见表2-14-17。

表2-14-17　计算结果（十）

拉速 v_c /m·min^{-1}	频率 f/min^{-1}	振幅 e/mm	负滑动时间 t_{NF}/s	负滑动速度比率 NS_F/%	负滑动时间比率 NSR_F/%
0.4	172	±2.82	0.1149	-592.9	65.9
0.6	168	±2.98	0.1143	-376.8	64.0
0.8	164	±3.14	0.1139	-267.8	62.3
1.0	160	±3.30	0.1135	-201.7	60.5
1.2	156	±3.46	0.1132	-157.0	58.9
1.4	152	±3.62	0.1129	-124.6	57.2
1.6	148	±3.78	0.1126	-91.3	55.5
1.8	144	±3.94	0.1123	-80.1	53.9
2.0	140	±4.10	0.1119	-64.0	52.2

14.8.1.9　振动模式（九），正弦波

$f = 115v_c, e = \pm 3.0$mm；计算结果见表2-14-18。

表2-14-18　计算结果（十一）

拉速 v_c /m·min^{-1}	频率 f/min^{-1}	振幅 e/mm	负滑动时间 t_N/s	负滑动速度比率 NS/%	负滑动时间比率 NSR/%
0.4	46	±3.0	0.45	-38	69.5
0.6	69	±3.0	0.30	-38	69.5
0.8	92	±3.0	0.23	-38	69.5
1.0	115	±3.0	0.18	-38	69.5
1.2	138	±3.0	0.15	-38	69.5
1.4	161	±3.0	0.13	-38	69.5
1.6	184	±3.0	0.11	-38	69.5
1.8	207	±3.0	0.10	-38	69.5
2.0	±230	±3.0	0.09	-38	69.5

14.8.1.10　振动模式（十），正弦波

$f = 75v_c + 50, e = \pm 3.5$mm；计算结果见表2-14-19。

表2-14-19　计算结果（十二）

拉速 v_c /m·min^{-1}	频率 f/min^{-1}	振幅 e/mm	负滑动时间 t_N/s	负滑动速度比率 NS/%	负滑动时间比率 NSR/%
0.4	80	±3.5	0.32	-180	85.4
0.6	95	±3.5	0.26	-122	81.5
0.8	110	±3.5	0.21	-93	78.5

续表 2-14-19

拉速 v_c /m · min^{-1}	频率 f/min^{-1}	振幅 e/mm	负滑动时间 t_N/s	负滑动速度比率 NS/%	负滑动时间比率 NSR/%
1.0	125	±3.5	0.18	-75	76.3
1.2	140	±3.5	0.16	-63	74.5
1.4	155	±3.5	0.14	-55	73.1
1.6	170	±3.5	0.13	-49	71.8
1.8	185	±3.5	0.11	-44	70.8
2.0	200	±3.5	0.10	-40	69.9

14.8.1.11　振动模式（十一），正弦波

$f = 50v_c + 50, e = \pm 3.5mm$；计算结果见表 2-14-20。

表 2-14-20　计算结果（十三）

拉速 v_c /m · min^{-1}	频率 f/min^{-1}	振幅 e/mm	负滑动时间 t_N/s	负滑动速度比率 NS/%	负滑动时间比率 NSR/%
0.4	70	±3.5	0.357	-145	83.3
0.6	80	±3.5	0.292	-87	77.8
0.8	90	±3.5	0.245	-58	73.5
1.0	100	±3.5	0.210	-40	69.9
1.2	110	±3.5	0.183	-28	67.0
1.4	120	±3.5	0.161	-20	64.4
1.6	130	±3.5	0.144	-14	62.2
1.8	140	±3.5	0.129	-9	60.2
2.0	150	±3.5	0.117	-5	58.5

14.8.2　反向控制模型

14.8.2.1　基本概念

钢种、拉速等浇注条件变化时动态调整结晶器振动装置的振幅、频率、波形偏斜率等的函数关系式称之为结晶器振动控制模型。

过去的四偏心机械振动机构控制模型只是在线调整振动频率，振幅不可调整，如图 2-14-52 所示。其缺点是拉速提高时，振动频率随之增大，负滑动时间虽然减小，但不能控制保护渣消耗。商家 A 给出的液压振动反向控制模型如图 2-14-53 所示，其振幅和频率均可随拉速动态调整，其显著特点是振动频率随拉速的增大而减小，而振幅随拉速的增大呈上升趋势，负滑动时间随拉速的增大略有变小，正滑动时间随拉速的增加略有增大，这不仅有利于铸坯表面振痕的改善，还可控制保护渣的消耗量，对提高拉速有好处。

14.8.2.2　反向控制模型及振动参数简介

商家 D 给出的结晶器振动系统反向控制模型是

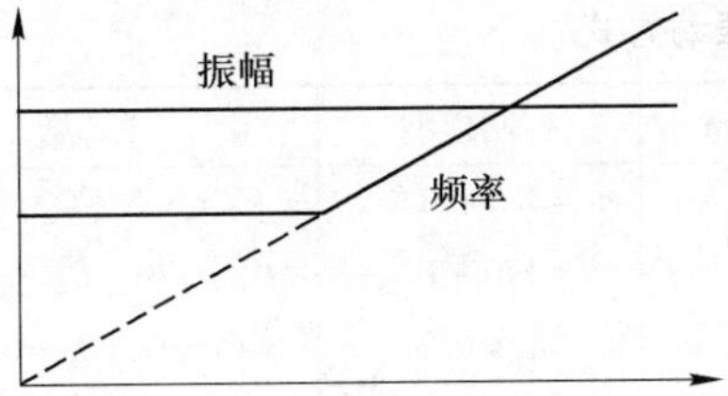

图 2-14-52 常规控制模型

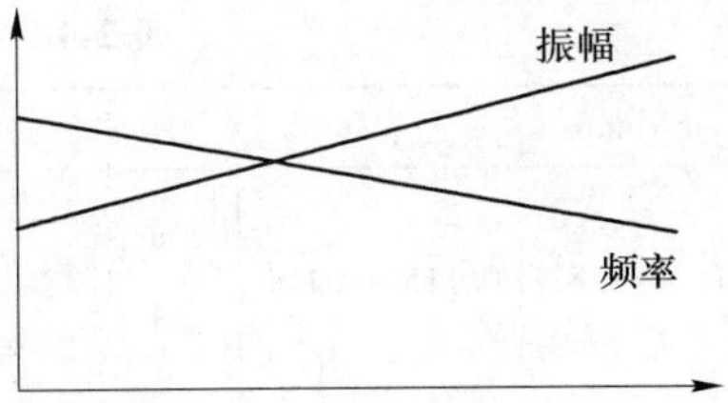

图 2-14-53 反向控制模型

$$h = C_1 + C_2 v_c \tag{2-14-241}$$

$$f = C_3 + C_4 v_c + C_5 \frac{v_c}{2h} \tag{2-14-242}$$

式中 h——振动行程，mm；

f——振动频率，r/min；

v_c——拉坯速度，m/min；

C_1——零拉速下的振动行程，mm；

C_2——振动行程/拉速系数，min；

C_3——零拉速下的频率，r/min；

C_4——振动频率/拉速系数，1/mm；

C_5——负滑动速度系数。

C_6 的取值范围为0.5～0.7，其取值决定了结晶器振动方式为正弦或非正弦振动。当 $C_6=0.5$ 时，振动方式为正弦振动，当 $0.5<C_6\leqslant 0.7$ 时，振动方式为非正弦振动。商家 D 提供的非正弦系数 C_6 与波形偏斜率 α_f 的函数关系式为

$$\alpha_f = \frac{C_6 - 0.5}{0.5} = 2(C_6 - 0.5) \tag{2-14-243}$$

式中 C_6——非正弦系数。

振动模型的负滑动时间 t_N、正滑动时间 t_P 及振动周期 T，表达式分别如下

$$t_N = \{120(1 - C_6)\arccos[4(1 - C_6)/(\pi k_D)]\}/(\pi f) \tag{2-14-244}$$

其中

$$k_D = 2hf/(1000 v_c) \tag{2-14-245}$$

$$t_N = \{60(1 - \alpha_f)\arccos[1000(1 - \alpha_f)v_c/(\pi f h)]\}/(\pi f) \tag{2-14-246}$$

若令 $Z=h/v_c$，则有

$$t_N = \{60(1 - \alpha_f)\arccos[1000(1 - \alpha_f)/(\pi f Z)]\}/(\pi f) \tag{2-14-247}$$

$$t_P = 60/f - t_N$$

$$T = 60/f$$

14.8.2.3 振动参数解析结果

对商家 A 提供的 14 组振动参数（C_1、C_2、C_3、C_4、C_5、C_6）研究发现，其提供的振动模型可分为两类：正弦反向和非正弦反向控制模型。其中第 5、7～12 组的 $C_6>0.5$，为非正弦反向振动方式；第 1～4、6、13、14 组的 $C_6=0.5$，为正弦反向振动方式。解析结果见表 2-14-21 和表 2-14-22。

表 2-14-21　非正弦反向振动方式

分组	v_c/m·min^{-1}	t_{NF}/s	Z/min	f/r·min^{-1}	h/mm	控制模型	系　数
7 组	0.6～1.8	0.115～0.112	8.83 4.94	164 152	5.3 8.9	$h=3.5+3.0v_c$ $f=170-10v_c$ $\alpha_f=0.3$	$C_1=3.5$，$C_2=3.0$， $C_3=170$，$C_4=-10$， $C_5=0$，$C_6=0.65$
8 组	0.6～1.8	0.155～0.147	10.2 5.72	154 142	6.1 10.3	$h=4.0+3.5v_c$ $f=160-10v_c$ $\alpha_f=0.1$	$C_1=4.0$，$C_2=3.5$， $C_3=160$，$C_4=-10$， $C_5=0$，$C_6=0.55$
9 组	0.6～1.8	0.120～0.121	6.33 4.11	148 124	3.8 7.4	$h=2.0+3.0v_c$ $f=160-20v_c$ $\alpha_f=0.3$	$C_1=2.0$，$C_2=3.0$， $C_3=160$，$C_4=-20$， $C_5=0$，$C_6=0.65$
10 组	0.6～1.8	0.114～0.094	5.67 2.89	154 142	3.4 5.2	$h=2.5+1.5v_c$ $f=160-10v_c$ $\alpha_f=0.3$	$C_1=2.5$，$C_2=1.5$， $C_3=160$，$C_4=-10$， $C_5=0$，$C_6=0.65$
11 组	0.6～1.8	0.121～0.119	7.17 4.39	151 133	4.3 7.9	$h=2.5+3.0v_c$ $f=160-15v_c$ $\alpha_f=0.3$	$C_1=2.5$，$C_2=3.0$， $C_3=160$，$C_4=-15$， $C_5=0$，$C_6=0.65$
12 组	0.6～1.8	0.133～0.120	7.83 3.94	156 138	4.7 7.1	$h=3.5+2.0v_c$ $f=165-15v_c$ $\alpha_f=0.2$	$C_1=3.5$，$C_2=2.0$， $C_3=165$，$C_4=-15$， $C_5=0$，$C_6=0.60$

表 2-14-22　正弦反向振动方式

组数	v_c/m·min^{-1}	t_N/s	Z/min	f/r·min^{-1}	h/mm	控制模型	系　数
2 组	0.6～1.8	0.178～0.167	9.83 5.94	144 132	5.9 10.7	$h=3.5+4.0v_c$ $f=150-10v_c$ $\alpha_f=0$	$C_1=3.5$，$C_2=4.0$， $C_3=150$，$C_4=-10$， $C_5=0$，$C_6=0.5$
3 组	0.6～1.8	0.169～0.160	9.67 5.22	153 129	5.8 9.4	$h=4.0+3.0v_c$ $f=165-20v_c$ $\alpha_f=0$	$C_1=4.0$，$C_2=3.0$， $C_3=165$，$C_4=-20$， $C_5=0$，$C_6=0.5$
4 组	0.6～1.8	0.164～0.159	9.00 5.67	156 138	5.4 10.2	$h=3.0+4.0v_c$ $f=165-15v_c$ $\alpha_f=0$	$C_1=3.0$，$C_2=4.0$， $C_3=165$，$C_4=-15$， $C_5=0$，$C_6=0.5$
6 组	0.6～1.8	0.170～0.140	7.50 4.17	143 119	4.5 7.5	$h=3.0+2.5v_c$ $f=155-20v_c$ $\alpha_f=0$	$C_1=3.0$，$C_2=2.5$， $C_3=155$，$C_4=-20$， $C_5=0$，$C_6=0.5$
13 组	0.6～1.8	0.175～0.164	9.33 5.44	146 128	5.6 9.8	$h=3.5+3.5v_c$ $f=155-15v_c$ $\alpha_f=0$	$C_1=3.5$，$C_2=3.5$， $C_3=155$，$C_4=-15$， $C_5=0$，$C_6=0.5$
14 组	0.6～1.8	0.204～0.174	9.67 5.22	121 103	5.8 9.4	$h=4.0+3.0v_c$ $f=130-15v_c$ $\alpha_f=0$	$C_1=4.0$，$C_2=3.0$， $C_3=130$，$C_4=-15$， $C_5=0$，$C_6=0.5$

14.8.2.4 国外某公司振动模式中的系数（表2-14-23）

表2-14-23 振动模式中的系数

振动模式	C_1	C_2	C_3	C_4	C_5	C_6
1	3.5	2.8	145	-10	0.00	0.50
2	2.0	4.0	160	-10	0.00	0.50
3	2.0	4.0	160	-10	0.00	0.70
4	3.0	4.0	130	10	0.00	0.50
5	3.0	4.0	130	10	0.00	0.70
6	8.0	0.0	0	0	±1.35	0.50
7	6.0	0.0	0	0	1.30	0.50
8	2.0	4.0	170	-10	0.00	0.50
9	2.0	4.0	180	-5	0.00	0.50
10	14.0	0.0	0	0	1.30	0.50
11	5.0	0.0	0	0	1.40	0.50

14.8.2.5 对 C_5 系数的分析

C_5 是负滑动速度系数。式（2-14-23）给出了负滑动速度 NS 的表达式，即

$$NS = \frac{v_c - \bar{v}_m}{v_c}$$

这是国内的表达方式，计算结果为负值。西方学者往往把它写成如下形式，计算出的 NS 为正值。

$$NS = \frac{\bar{v}_m - v_c}{v_c} = \frac{2hf}{v_c} - 1 \qquad (2\text{-}14\text{-}248)$$

于是

$$f = (1 + NS)\frac{v_c}{2h} \qquad (2\text{-}14\text{-}249)$$

对于式（2-14-249），从表2-14-23中可以看出，当 C_5 不为0时，C_3、C_4 一定为0，由式（2-14-249）知

$$f = C_3 + C_4 v_c + C_5 \frac{v_c}{2h} = C_5 \frac{v_c}{2h} \qquad (2\text{-}14\text{-}250)$$

所以

$$C_5 = 1 + NS \qquad (2\text{-}14\text{-}251)$$

表2-14-23中 C_5 分别等于1.35和1.3，即说明，负滑动速度 NS 分别为35%和30%。

14.8.3 振动参数及有关参数的相互关系

14.8.3.1 振痕间距

振痕间距与振痕深度是考察铸坯表面质量的两个重要指标，特别是振痕深度。随着结

晶器的周期性上下振动，在铸坯表面的横向会形成具有一定分布规律的振动痕迹，简称振痕，振痕之间的距离——振痕间距由下式进行计算

$$p = \frac{1000v_c}{f} \tag{2-14-252}$$

式中　p——振痕间距，mm；

v_c——拉坯速度，m/min；

f——振动频率，$r \cdot min^{-1}$。

14.8.3.2　振痕深度

振痕深度受多种因素的影响，钢种的化学成分、润滑方式、保护渣的黏度、结晶器的振动方式与振动参数等都会影响振痕的深度。大量研究指出，采用相同的润滑方式、相同的保护渣黏度，浇注特定的钢种时，振痕深度随着负滑动时间的增大而增大，如图 2-14-2 所示。振痕深度和频率的关系如图 2-14-54 所示。振痕深度指数和频率的关系如图 2-14-55 所示。

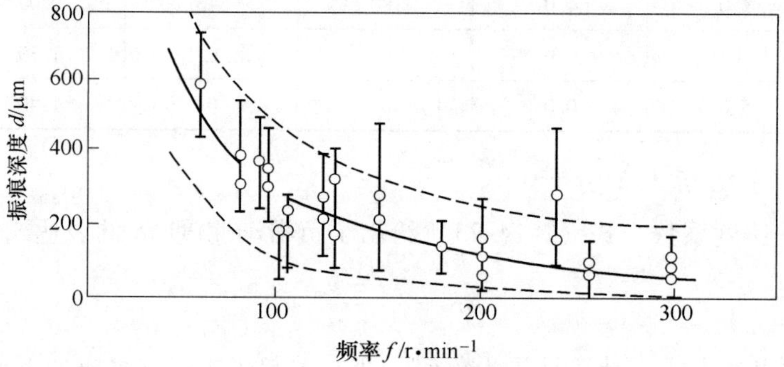

图 2-14-54　振痕深度和频率的关系

振痕深度的第一种表示方式为

$$d = 1000k_d \frac{t_N}{\sqrt{\eta}} \tag{2-14-253}$$

式中　d——振痕深度，mm；

k_d——比例常数，$(N/s)^{1/2}$；

t_N——负滑动时间，s；

η——保护渣黏度，Pa · s。

振痕深度的第二种表示方式为

$$d_1 = 600\left(\frac{h}{f_1}\right)^{0.5} \tag{2-14-254}$$

式中　d_1——振痕深度，μm；

h——振动行程，cm；

f_1——振动频率，r/s。

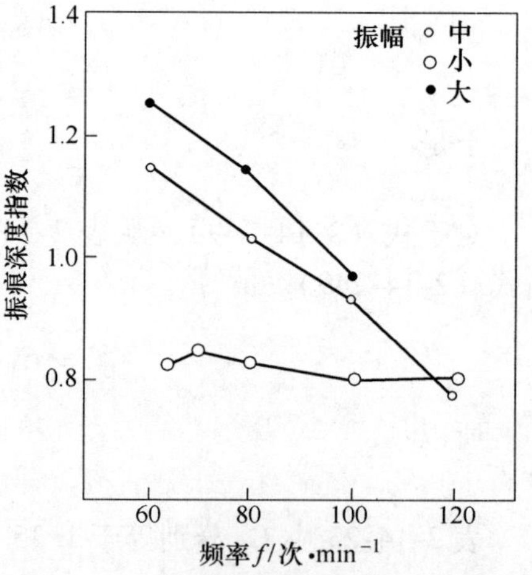

图 2-14-55　振痕深度指数和频率的关系

式（2-14-254）适用于振痕深度小于 400μm 的条件下。振痕深度还跟保护渣的性能、拉速、钢水过热度等参数有关。研究表明，1300℃时，v_c 越大，振痕越浅，但尚无定量的

计算公式。

瑞典皇家理工学院 Jessica Elfsberg 先生研究报告称，振痕深度与钢水过热度有关，无过热度和过热度为30℃时，振痕深度分别为0.34mm 和0.17mm。

14.8.3.3 振动参数与保护渣消耗量

充足的保护渣消耗量确保结晶器内壁与铸坯之间有足够厚度的渣膜，是结晶器内壁与铸坯润滑良好的前提，关于渣膜是在结晶器振动周期的哪段时间里形成的，目前尚无统一意见，多数研究学者认为渣膜是在正滑动时间形成的，也有人认为熔渣在正、负滑动时间都有流入。Jun-ichi OHTAKE 等通过实验证明，熔渣在一个振动周期内均有流入，只是与负滑动时间相比，熔渣在正滑动时间里流入速度明显要快，流入量明显要大。连铸结晶器最佳振动模式也认为，正滑动时间的增大有助于保护渣消耗量的增加，从而使得液渣膜厚度增大，铸坯与结晶器之间的液体摩擦力减小，润滑改善。连铸结晶器最佳振动模式确定原理如图2-14-56所示。

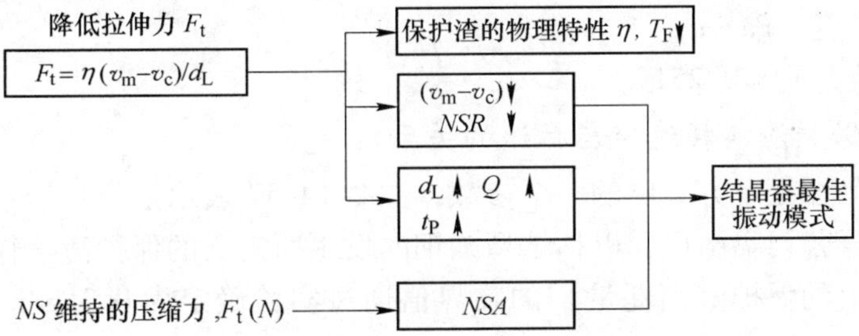

图2-14-56 连铸结晶器最佳振动模式确定原理

v_m—结晶器振动速度；v_c—拉坯速度；η—保护渣黏度；d_L—液渣膜厚度；T_F—保护渣熔点；t_P—正滑动时间；$NSR=t_N/(T/2)$ —负滑动时间比率；Q—保护渣消耗量；NSA—负滑动量

有学者研究认为，保护渣消耗量与正滑动时间成正比，与拉速、保护渣黏度成反比，并给出了保护渣消耗量 Q 的计算公式

$$Q = K_x \frac{t_P}{\sqrt{\eta} \cdot v_c} \tag{2-14-255}$$

式中 Q——保护渣消耗量，kg/m²；

K_x——比例常数；

t_P——正滑动时间，s；

η——保护渣黏度，Pa · s。

M. S. Kulkarni, A. Subash Babu 在《Journal of Materials Processing Technology》166 (2005) 发表了 "Managing quality in continuous casting process using product quality" 一文，在第299页给出了与主要振动参数有关的最佳保护渣消耗量（Q）为0.15～0.45kg/m²，而确定结晶器振动和结晶器保护渣特性的。公式如下

当0.08 < %C < 0.16 时

$$Q = 0.74\left(\frac{2}{h}\right)^{0.3}\left(\frac{60}{f}\right)[\eta(v_c)^2]^{-0.5} + 0.17 \tag{2-14-256}$$

当0.16 < %C < 0.08 时

$$Q = 0.70\left(\frac{2}{h}\right)^{0.3}\left(\frac{60}{f}\right)[\eta(v_c)^2]^{-0.5} + 0.22 \quad (2\text{-}14\text{-}257)$$

同一篇文章中，引述了 Wolf 教授的详尽方程

$$Q = K_w\left(\frac{T_{surf}}{T_{sol}}\right)\left(\frac{L_m}{v_c}\right)\frac{(\eta)^{0.5}(h)^{-0.25}(f)^{0.25}(v_c)^{0.25}}{7.7} \quad (2\text{-}14\text{-}258)$$

式中　Q——最佳保护渣消耗量，kg/m^2；

T_{surf}——铸坯表面温度，℃；

T_{sol}——保护渣凝固温度，℃；

L_m——结晶器长度，m；

v_c——铸造速度，m/min；

h——振动行程，m；

f——振动频率，r/min；

η——黏滞度，Pa · s；

K_w——常数，$K_w = 0.251$。

14.8.3.4　保护渣消耗速率与拉速的关系

拉速作为结晶器振动方式中的一个参数，图 2-14-57 表示了保护渣消耗速率与拉速的关系。在日本钢管公司福山厂，以粘结型漏钢的发生所定义的保护渣消耗率（所铸造板坯表面的单位面积上的保护渣消耗量）的临界值通过实验确定为 $0.3kg/m^2$，即为了稳定连续铸造，保护渣消耗速率应该高于 $0.3kg/m^2$。在正弦振动方式下，当铸造速度为 2.2m/min 时保护渣消耗率达到临界值，而在非正弦振动方式下，即使当铸造速度为 2.5m/min 时也能够确保稳定的保护渣消耗率高于 $0.3kg/m^2$。

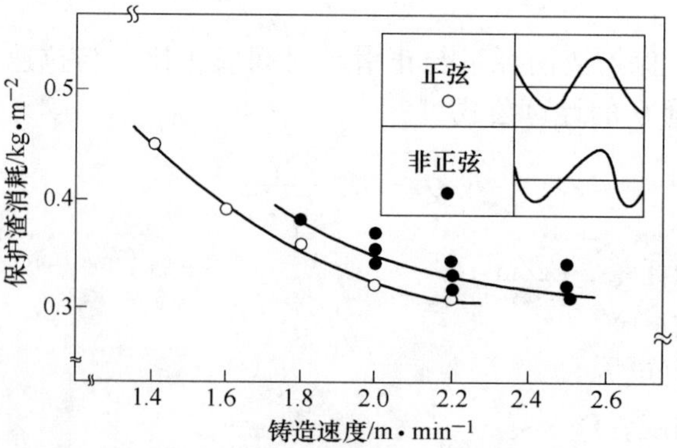

图 2-14-57　拉速对保护渣消耗率的影响

14.8.3.5　振痕间距的限定条件

振痕间距的极限值不应该导致振痕的深度大于 400μm。根据 Nakato 等人的研究，这个间距值约为 25mm。振痕间距可以通过拉速和频率的比值 v_c/f 确定，该限制条件可以叙述为

$$\frac{v_c}{f} < 25mm \quad (2\text{-}14\text{-}259)$$

14.8.3.6 振动速度与拉速的约束条件

坯壳在弯月面的形成是一个很重要的现象。Kor研究了坯壳形成的早期阶段，并且观察到因为凝固坯壳的强度很弱，在整个振动循环期间，液体结晶器保护渣的平均流动总是在移动的钢坯壳方向上，这是一个优点。这样可以降低坯壳表面处的剪切应力。可以通过将结晶器的振动速度（v_m）保持为大于铸造速度（v_c）来保证。在另外一个研究中，Engoyan还建议，为了确保顺利拉坯并在结晶器与铸坯表面之间良好的液体渣的流动，v_m和v_c的比值要大于1.2，即

$$\frac{v_m}{v_c} > 1.2 \qquad (2\text{-}14\text{-}260)$$

15 总体技术中其他技术问题

15.1 连铸工厂的平面布置

15.1.1 平面布置的先决条件

直弧形板坯连铸机的立面布置在第一章里已经用图 2-1-2 和图 2-1-4 进行了表示。所有板坯连铸机的立面布置的最大差异主要就是引锭采用上装还是下装，二冷扇形段更换是采用浇注平台开缺口用车间起重机更换方式（目前使用的绝大部分板坯连铸机都是这种更换方式）还是在浇注平台下方用专用更换装置更换方式，切割区域的切割辊道是摆动式还是平移式，不锈钢连铸机还要在切割时喷铁粉从而增设除尘装置。除这些以外，都大同小异。

而平面布置各个工厂则有很大区别，因此，本节重点介绍平面布置。

进行板坯连铸工厂平面布置设计前，下述情况应该说基本上是清楚的，否则工厂平面布置就无法进行。这些先决条件是：

（1）炼钢厂、热轧厂的位置和生产能力是否已确定，因为要据此综合考虑来确定连铸工厂的位置。

（2）年产合格板坯的重量。

（3）热装热送坯的比例及分钢种的热送温度。

（4）热清理坯的比例。

（5）冷清理坯的比例。

（6）各种板坯的出厂路线。

（7）板坯厚、宽、长和重量以及拉坯速度等。

（8）结晶器是否在线热态调宽。

（9）是否采用动态轻压下。

（10）是否采用电磁冶金。

（11）冷坯出厂温度。

（12）停电措施。

（13）风向。

15.1.2 考虑热送热装

（1）新建钢厂应采用炼钢—炉外精炼—连铸—轧钢四位一体的优化组合，现代板坯连铸机总体设计必须有利于钢水运送和连铸板坯热送热装。

本章作者：杨拉道，高琦；审查：张奇，王公民，黄进春，王蓉

（2）旧厂改造时有下列两种情况：

1）连铸机布置在炼钢车间靠近轧钢车间时，应设有红坯专用线输送板坯。

2）连铸机靠近轧钢车间而不布置在炼钢车间时，一般只能适用于炉子容量较大的炼钢车间，应设有专用的钢水运送线，同时用辊道直接输送红坯。

15.1.3　连铸机在车间内的布置方式

（1）横向布置：连铸机与各跨间垂直，连铸操作分在各跨进行，互不干扰。

（2）纵向布置：连铸机与各跨间平行，适用于车间内连铸机台数不多或总图布置等其他条件适于采用这种布置的场合。一般来说，除利用旧厂房或受厂区条件限制以外，新建的板坯连铸机车间均采用横向布置。

15.1.4　连铸设备平面布置时的注意事项

（1）平面布置应尽可能考虑改善连续铸钢的生产条件，考虑厂内材料的运输和设备维修、更换及生产操作的方便性。

（2）连铸机布置在炼钢车间时，应把连铸机放在钢水供应的最佳位置，减少钢包倒运次数，缩短钢水运行距离，避免干扰。有多台连铸机时，应尽量将连铸机分设在冶炼炉两侧。

（3）宜尽量采用钢包回转台过跨浇注的布置，使钢水供应、铸造操作及维修分设在两跨内，减少干扰。

（4）必须有足够的中间罐、结晶器、弯曲段和扇形段等设备的离线维修面积。中间罐维修区一般布置在浇注跨，而机械维修区一般布置在切割跨和出坯跨。

（5）当连铸机建设在气候潮湿的地区时，可考虑耐火材料和保护渣的防湿储存及干燥设施。

（6）根据钢种、产量和生产流程，留有一定的板坯检查、精整和堆存面积，一些特殊钢种，例如某些不锈钢，必要时采用辊道保温罩和增加板坯下线缓冷措施。连续铸钢的发展趋势是生产无缺陷板坯直接热送到轧钢厂进行热装，不宜设置过多的精整设备和过大的精整面积。

（7）热送热装时，应考虑热送热装板坯的比例、下线板坯比例、机械清理和手工清理板坯的比例、辊道是否设置保温罩等。

（8）应具有不合格钢水回炉重炼的条件及事故钢水的处理设施。

（9）对于多台板坯连铸机及双流板坯连铸机，板坯的汇流可采用移载机或板坯横移台车。板坯横移台车停止精度 ±25mm，板坯在辊道上运行时的停止精度 ±50mm。

（10）对于老厂房建新连铸机或对老连铸机进行改造，如果连铸机出坯高度较低，而板坯运送辊道高度较高时，可用液压式或机械式升降辊道或斜坡辊道送坯，斜坡辊道的斜度小于 4°。

（11）汇流后的板坯走向根据生产要求和厂房条件，可以直走，也可以通过转盘使板坯旋转 90°（也可以旋转任意角度）成“Γ”字形单向出坯、“T”字形双向出坯或非 90°单向出坯。

（12）出坯精整区域的设备布置应当计算每台设备运转的时间周期，以使该区域的生产节奏与连铸机生产节奏相协调。

（13）配合热连轧机的板坯连铸机，一般只设置一台一次火焰切割机把板坯切成定尺坯，如果连铸速度高，经过切割周期计算也可设置两台一次火焰切割机，配合中厚板轧机或宽厚板轧机的板坯连铸机，必须设置二次火焰切割机，把一次火焰切割机切成的倍尺坯再切成定尺坯。二次火焰切割机可设置在连铸车间，也可以设置在轧钢车间。一般来说，当板坯采用热送辊道时，二次火焰切割机设置在轧钢车间，这种设置因连铸车间热送辊道的间距较大而能够节省一次性投资。

（14）一次切割区域、二次切割区域的长度由铸造速度、切割速度、板坯断面尺寸、碳当量所决定的切割周期计算确定。

（15）为了降低起重机作业率，并避免板坯及吊具对辊道的冲击，宜采用上下线推钢机、堆（卸）垛机方式使板坯上、下线。

（16）需两面清理的下线板坯数量较多时，应设置翻坯机，以规范生产过程，减少起重机作业率。

（17）板坯堆放场面积按照板坯堆放高度约 2000mm，存放 65h，温度由 900℃降低到 160℃的原则设计。板坯空冷场面积按照板坯存放高度约 1000mm，存放 48h，温度由 900℃降低到 100℃的原则设计。无论堆放场还是空冷场，其所在的位置应考虑风向，使人和设备不致因风向原因受到热流袭扰。

（18）需要人工清理的板坯，板坯温度应 <250℃。清理温度过高，清理后会再次产生氧化铁皮。

（19）起重机吊运板坯应尽可能避免经过设备和车间内建筑物，特别是某些不锈钢板坯在运行过程中由于振动可能引起断裂，其调运设施和环境更应考虑周全。

（20）在连铸机出坯线的适当位置设置跨越出坯辊道的人行过桥，可以方便行走，保障人身安全。

（21）为了加强管理，可根据用户的具体情况，对输送到轧钢厂的板坯进行称量，称量辊道和称量机一般布置在靠热轧厂方向，亦即上线、下线辊道后。

（22）必须考虑连铸板坯、保护渣等的检验、化验设施。

（23）主操作室的配置位置应适中安全，视野广阔，和主电室、变电站的位置协调一致，既不互相干扰，又节省电缆长度。主电室的防水处理必须引起重视。各值班室、操作室要尽量避开起重机。

（24）液压站应远离热坯区，并考虑室内温度和通风。配水室与液压站应集中在机旁。液压站应尽量与电气室分开或远离，液压管线和电缆管线不能同时布置在一个管沟内。应尽可能减少地下沟槽。为了方便观察漏气，燃气管线一般应架空布置。

（25）当连铸浇注平台较高时，可在适当的位置设置垂直升降电梯。

（26）板坯宽度 1600 ~ 2500mm 的双流板坯连铸机流间距为 5.5 ~ 7.5m。过去，A 钢铁公司板坯连铸机浇铸板坯最大宽度为 1930mm，由于快速更换台（QC 台，实际上也就是机械式振动装置）之间间距、扇形段更换装置布置等原因定为 6.1m。近年来，板坯连铸机都采用液压振动装置，双流板坯连铸机的流间距主要依据液压振动装置的外形尺寸，其原则是两台液压振动装置的间距要保证设备安装和维修人员的维修方便，如更换振动液压缸，这个距离必须大于 300mm。

(27) 板坯宽度1600~2500mm的两台双流板坯连铸机台间距一般为40~50m。两台单流板坯连铸机台间距一般为36m左右，间距的决定主要是考虑每台连铸机的中间罐及中间罐车沿板坯宽度方向的尺寸，连铸机操作维护的方便，还要考虑厂房设计标准，如车间柱列的标准柱距等。

(28) 连铸机金属收得率按97%考虑，如果易产生表面裂纹的钢种多，精整金属收得率可按98%考虑，整个连铸工厂的金属收得率可按95%考虑。

(29) 厂房应尽可能低一些，以降低造价。

(30) 新建板坯连铸机出坯辊道标高一般为+800~+1300mm。

(31) 连铸机氧化铁皮流槽斜度为4%，出连铸机后为2%，这样可以使水处理的氧化铁皮坑稍浅一些。火焰清理机鳞皮多，斜度为5.5%。

(32) 水处理氧化铁皮坑和高架水槽应离连铸机尽可能近些，以减少其深度。

(33) 常规设计时，基础最深为零平面以下6000mm。

(34) 连铸机的二次灌浆料必须采用“高强度无收缩自流平灌浆料”，此灌浆料80h就可达到额定强度，20h就可以达到额定强度的一半。二次灌浆的预留高度为50~100mm，边缘最好倒成45°角，把机械设备的地板暴露出来，以便将来更换。

(35) 钢包起重机跨度应尽量缩小。

(36) 钢包起重机升到最高时，钢包底面与钢包回转台顶面应留足尺寸。

(37) 钢包回转台回转半径应尽量缩小，以减少倾翻力矩。

(38) 钢包回转台上面距车间横梁之间应留30mm的空隙，以放置隔热板，这一点很重要。

(39) 钢包回转台底座的预紧螺栓距水泥基础的边缘不得小于400mm。

(40) 钢包回转台基础和连铸机基础用无收缩水泥做成一体，当基础下沉后，可保证连铸机的弧线精度。

(41) 对于不锈钢板坯连铸机，浇注400系列不锈钢要修磨，浇注300系列不锈钢头尾坯也要修磨，这时，就要根据产量配置修磨设备。修磨设备能够满足热修磨（>400℃）和冷修磨。

(42) 考虑起重机的起重量，吊中间罐应考虑满罐钢水和吊具重量，同时起吊结晶器和弯曲段或单独起吊弯曲段和扇形段要考虑滞留的事故坯和吊具重量，单独起吊结晶器，只考虑结晶器和吊具的重量，结晶器内不能有滞留坯。

15.1.5　典型的连铸生产厂平面布置举例

(1) A钢铁公司一炼钢厂板坯连铸工厂的平面布置。

A钢铁公司一炼钢厂板坯连铸机于1989年投产，两台4机4流板坯连铸机所设计的年生产能力为：合格板坯400万吨，其中热送坯200万吨，热清理坯20万吨，冷清理坯180万吨。由于技术进步和设备改造，现在已经远远超过这些指标。

A钢铁公司两台4机4流板坯连铸机以引进技术为主，尽管投产较早，但当时中日双方经过长时间的谈判、协商、技术交流所形成的技术文件和平面布置，其中的科学性、材料流程的全面性与合理性、生产操作的方便性至今仍然是一个典型和样板。

图2-15-1是A钢铁公司板坯连铸工厂各类设备总体布置图，图2-15-2是A钢铁公司

板坯连铸主机设备布置图。板坯连铸精整设备布置图见第 12 章图 2-12-24。这三张图构成了 A 钢铁公司板坯连铸工厂完整布置。

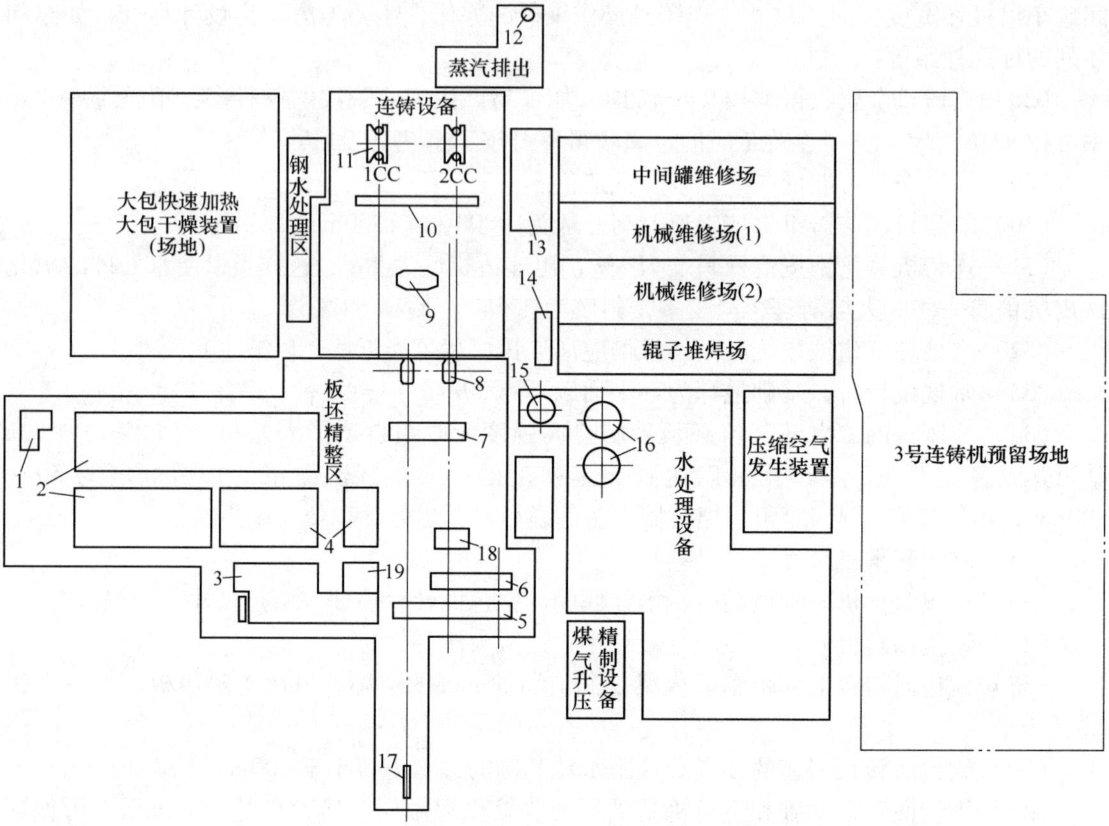

图 2-15-1　A 钢铁公司板坯连铸工厂各类设备总体布置

1—钢水处理用除尘机；2—板坯空冷场；3—板坯空冷场和停放场；4—板坯停放场；5—拉钢机（CT-3）；6—拉钢机（CT-2）；7—拉钢机（CT-1）；8—板坯横移车；9—切割机操作室；10—连铸机操作室；11—钢包回转台；12—蒸汽排出装置烟囱；13—连铸机电气室、计算机室等；14—快速硫印室；15—事故水塔；16—氧化铁皮坑；17—去热轧厂最末一组辊道（A15 辊道）；18—火焰清理机；19—再次切割场

（2）E 钢铁公司板坯连铸工厂的平面布置。

E 钢铁公司第二炼钢厂一共有 7 ~ 10 号 4 台板坯连铸生产线，是单机单流连铸机，图 2-15-3［在本书（上册）最后］是 E 钢铁公司板坯连铸工厂真实的平面布置图，它的布置很有特点。每一台连铸机都配备喷印机和去毛刺机，每一台连铸机出坯线末端都有一个双向出坯的转盘，连铸坯旋转 90°就可送往热轧厂，这种转盘只要转 90°就可以把东西南北接通，省时间，效率高。

8 号板坯连铸机和 10 号板坯连铸机转盘以后沿出坯线在 A1 和 A3 跨还有两组辊道，主要用于该跨起重机调运板坯下线。

在热送线上还有个 5 号转盘，这个转盘主要有两个功能，一是 5 台板坯连铸机热送坯的热送；二是像 8 号和 10 号板坯连铸机一样，在 A1 和 A3 跨，也就是 5 号转盘的南面，有两组冷坯上线辊道和推钢机，5 号转盘的北面紧接着热轧厂加热炉前的辊道，则 5 号转盘的南北两面辊道都可以让冷坯上热轧厂加热炉的炉前辊道。

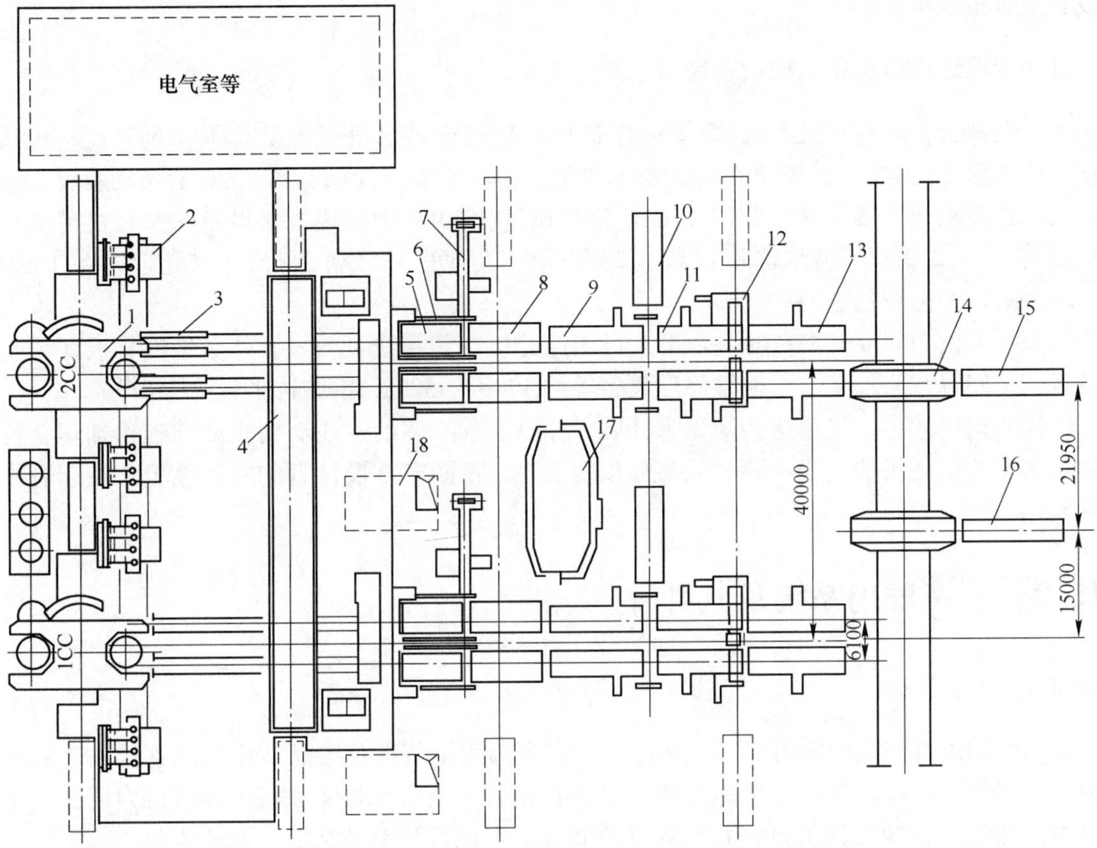

图 2-15-2　A 钢铁公司板坯连铸主机设备总体布置示意图

1—钢包回转台；2—中间罐车等；3—引锭车；4—连铸机主操作室；5—切割下辊道；6—切割机；7—切头输出装置；8—切割后辊道；9—去毛刺辊道；10—去毛刺装置；11—喷印辊道；12—喷印机；13—等待辊道；14—横移车；15—B 列辊道；16—A 列辊道；17—切割操作室；18—主机液压站

4 台板坯连铸的西边有一个南北向过跨台车，能够把需要线外维修的结晶器、振动装置单元体、弯曲段、二冷扇形段运往各维修跨进行维修。

板坯堆放场主要在 A1 和 A2 跨之间和 A2 和 A3 跨之间。

E 钢铁公司板坯连铸工厂的平面布置图上有明细表、技术参数和说明，读者可自行阅读和研究。

（3）K 钢铁公司炼钢厂板坯连铸工厂的平面布置。

K 钢铁公司炼钢厂一共有 1 号、2 号两台 4 机 4 流板坯连铸生产线，图 2-15-4［在本书（上册）最后］是 K 钢铁公司板坯连铸工厂真实的平面布置图，它的布置也很有特点，是双机双流板坯连铸机的典型布置。每一台连铸机都配备喷印机和去毛刺机，每一台连铸机出坯线末端都有一个横移台车，热轧线就在 1 号、2 号两台板坯连铸的中间，由每一流的横移台车把热送坯送到轧钢厂的板坯接受辊道上。

每一台连铸机都有一个推钢机和垛板台，非热送的板坯从此处堆垛，用起重机起吊下线。

1 号板坯连铸机的左边布置有中间罐维修区设备、机械维修一区设备、机械维修二区设备以及板坯堆放场。

15.1.6 板坯连铸设备机械设备重量

A 钢铁公司两台 4 机 4 流 250mm × 1930mm 板坯连铸机机械设备总重 25657t（不包括钢结构平台），其中：连铸机在线设备 10285t，操作更换件（结晶器、QC 台振动装置、弯曲段、二冷扇形段四大件）2772t；板坯精整设备 3663t；中间罐维修设备 525t；机械维修厂设备（1）253t；机械维修厂设备（2）294t；其他机械设备 7865t；水处理设备 1393t（不包括除尘用水处理设备）。

板坯宽度 2000mm 左右的一台单流板坯连铸机，其在线设备、操作更换件、板坯精整设备、中间罐维修设备、机械维修厂设备等约 4000 ~ 4500t，钢结构平台约 750t。

需要指出的是，仅靠这些知识来开展工作是远远不够的，还需要更多的理论知识，特别是多年扎根现场的实践经验。从某种程度上讲，不断丰富设计者的实践经验往往起着主导作用。

15.2 蒸汽排出系统及其计算

15.2.1 主要设备

蒸汽排出系统是用来将板坯喷水冷却时产生的大量蒸汽及结晶器排烟装置排入蒸汽密封室的烟气一起排出厂房之外的设备。以 A 钢铁公司两台 4 机 4 流板坯连铸机为例，它主要由冷却室（也叫蒸汽密封室）输入管路和通道、风机与驱动装置、调节阀门、输出管路和通道、消声器、烟囱等组成，如图 2-15-5 所示。

（1）冷却室。为了防止喷水冷却产生的蒸汽向四周扩散，每流连铸机的周围用钢板围起一个基本上是密闭的小室，这就是我们通常所说的冷却室或叫蒸汽密封室。A 钢铁公司板坯连铸机的冷却室从结晶器底部开始至连铸机最后一对导向辊为止，大约 40m 长，它包括侧壁、上盖、支柱、阶梯、走廊、门、蒸汽排出口、传动轴用保护套、特殊涂料等。冷却室侧壁的一部分安装在浇注平台钢结构下部基础上，有三个尺寸大小不同的抽气孔。设有室内设备检修用的窗口和门。上盖利用扇形段的上部框架，用钢板搭接起来，而扇形段的更换不受影响。在扇形段上还可以利用独特的“隧道式”结构，从机侧观察设备运转情况。

（2）输入管路和通道。输入管路和通道是指抽风机抽风侧的钢管式气路和水泥通道，管路从第一个抽风口算起（不包括三个抽风管的拐弯长）约 27m，设有管支架，位于 E-F_1 跨之间。与水泥通道在 E 柱子附近交接，水泥通道在地下，约 8m 长。

（3）抽风机及驱动装置。抽风机的通风口通过伸缩接手与输入水泥通道相接，排风口通过伸缩接手与输出水泥通道相接，抽风机通过联轴器与电机连接，抽风机及驱动装置在 D-E 跨，均在地下，其上方有一盖板，维修时可以打开。维修时驱动装置旁边有一手动优先的安全切断阀，使得主操作室的起动按钮失灵，以便安全维修。

（4）调节阀门。在抽风机的抽风口和排风口分别装有电动调节阀门和手动调节阀门，风机起动前，电动阀门关闭，以便电机起动。

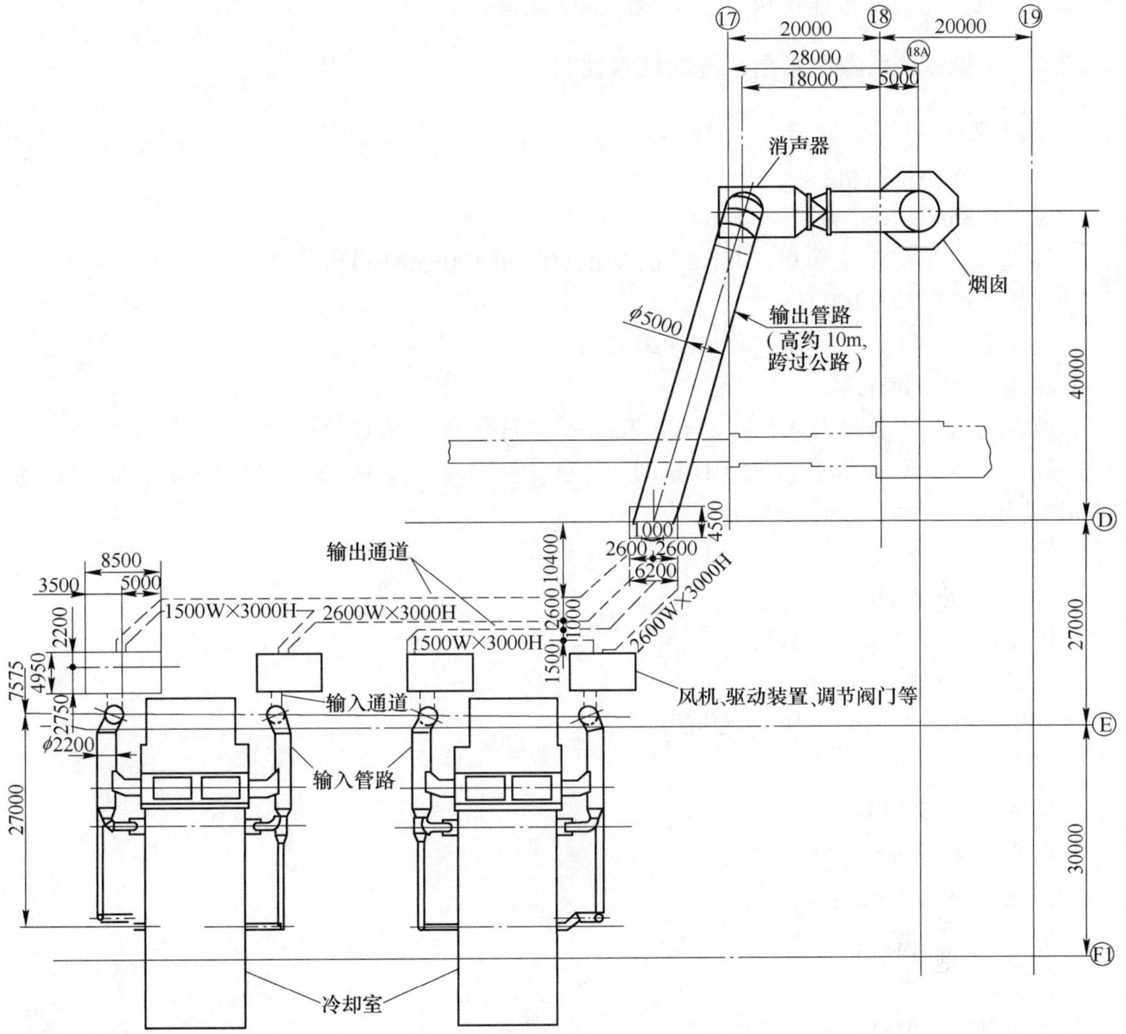

图 2-15-5　A 钢铁公司蒸汽排出系统

(5) 输出管路和通道。输出管路和通道是指抽风机排风侧的水泥通道和钢管式气路，此水泥通道最长的一段约 80m，在 D 柱子附近与钢管式气路相接，亦即输出水泥通道在 D-E 跨内。钢管通道从 D 柱子开始，延长约 40m，与消声器相接。

(6) 消声器。消声器是降低噪声的专用设备，前面与蒸汽管道相接，后面与相距 20 多米处的烟囱相接。

(7) 烟囱。烟囱是钢制直立式，高 40m 左右，内径 4m。图 2-15-5 所示的烟囱是在板坯连铸车间以外。新的板坯连铸机其蒸汽排除的烟囱就沿车间厂房的柱子直接从车间顶部排出，这样可以降低抽风机的功率，也比较好施工。对于一台双机双流板坯连铸机，每一流一个烟囱；对于一台单机单流板坯连铸机，每一流两个烟囱。

(8) 工作过程。每流板坯连铸机均配有一套抽风机及驱动装置，每台板坯连铸机（二流）通过地下水泥通道汇流，然后，两台板坯连铸机又通过地面钢管汇流，见图 2-15-5。当连铸机开浇且板坯二冷水打开之前，就要关闭风机输入侧电动挡板，无负荷起动电机带动风机工作，这是连铸机开始浇钢的前提条件。

15.2.2　A 钢铁公司蒸汽排出系统的技术性能

15.2.2.1　风机

形式：离心排风机；

风量：$3500m^3/min$；

静风压：在密度 $\gamma_m = 0.81kg/m^3$ 时为 1.90kPa（$190mmH_2O$）；

气体温度：70～100℃；

气体密度：$0.81 \sim 1.3kg/m^3$（0～20℃）；

转速：980r/min；

所需动力：$P_w = 267kW$（在 $\gamma_m = 1.2kg/m^3$，温度等于 20℃时）；

叶片材质：耐大气腐蚀钢 CHR-3，成分：5.3%［C］，0.48%［Mo］，0.34%［Mn］，2.68%［Nb］，1.85%［Si］；

硬度：65～68HRC；

轮毂材质：SC46；

机壳材质：耐大气腐蚀钢；

压力损失：约 0.23 kPa；

效率：叶片风机 $\eta_w = 0.60 \sim 0.70$。

15.2.2.2　电机

功率：AC 300kW；

转速：980r/min。

15.2.2.3　电动调节阀门

形式：百叶窗型；

材质：耐大气腐蚀钢；

驱动电机：AC 0.1kW ×4P。

15.2.2.4　管道

材质：普通钢或耐候钢；

主管内径：约 2000mm；

气体流速：约 18.6m/s。

15.2.2.5　消声器

形式：横型分离式；

估计消减的声量：约 23dB(A)；

消减后的目标噪声：90dB(A)；

压力损失：400Pa。

15.2.2.6　烟囱

形式：钢板制作直立式；

内径：约 4m；

高度：约 40m。

15.2.2.7　冷却室

长度：约40m；

蒸汽排出口：3个。

15.2.3　冷却室抽风机容量计算及电机功率选择

15.2.3.1　冷却室的气量 Q_w

$$Q_w = K_0(Q_{w1} + Q_{w2} + Q_{w3} + Q_{w4}) \tag{2-15-1}$$

式中　Q_w——冷却室的气量，m^3/min；

K_0——余量系数，按经验取 $K_0 = 1.1$；

Q_{w1}——板坯喷水冷却产生的气量，m^3/min，

$$Q_{w1} = \frac{10\% \times 65\% Q_a}{\gamma_1} \tag{2-15-2}$$

10%——根据经验，纯水冷却时，有10%的水量变成了蒸汽；

65%——A钢铁公司板坯连铸机当时全部喷水量的65%为纯水；

γ_1——蒸汽在100℃时的密度，$\gamma_1 = 0.598kg/m^3$；

Q_a——一流连铸机的总水量（L/min），可从辊列设计凝固计算得到，也可以用下式粗略计算，

$$Q_a = 1000 \times WR \times F_m \times v_c \times \rho_b \tag{2-15-3}$$

WR——比水量，老式的连铸机全部为纯水冷却，取 $WR = 2.0L/kg$ 钢，对于65%采用纯水冷却，35%采用气水冷却的连铸机，取 $WR = 1.5L/kg$ 钢，现在的板坯连铸机几乎都是结晶器足辊采用纯水冷却，其余二次冷却区域全部采用气水冷却，根据经验可取 $WR = 1.0 \sim 1.2L/kg$ 钢。这些都是设计水量，实际生产中用不到这么大；

F_m——板坯所选断面或最大断面积，m^2；

v_c——对应板坯所选断面或最大断面积的相应拉速，m/min；

ρ_b——冷板坯密度，$\rho_b = 7.8t/m^3$；

Q_{w2}——板坯气水冷却所产生的气量，m^3/min，

$$Q_{w2} = \frac{15\% \times 35\% Q_a}{\gamma_1} \tag{2-15-4}$$

15%——根据经验，气水混合喷射时，有15%的水量变成了蒸汽；

35%——A钢铁公司板坯连铸机当时全部喷水量的35%为气水冷却；

Q_{w3}——气水冷却用压缩空气，Nm^3/min，

$$Q_{w3} = Q'_{w3}\frac{273 + \Delta T_w}{273} \tag{2-15-5}$$

Q'_{w3}——0℃时，板坯气水冷却所需的气体量，A钢铁公司板坯连铸机 $Q'_{w3} \approx 136Nm^3/min$；

ΔT_w——温度计算值，$\Delta T_w = 20℃$；

Q_{w4}——从冷却室外进入的气体，m^3/min，进入冷却室的空气按照总气量的30%计算，则

$$Q_{w4} = \frac{3}{7}(Q_{w1} + Q_{w2} + Q_{w3}) \tag{2-15-6}$$

将A钢铁公司板坯连铸机的有关数据代入式（2-15-1）～式（2-15-5），即得冷却室的气量

$$Q_a = 1000 \times WR \times F_m \times v_c \times \rho_b$$
$$= 1.5 \times (1.93 \times 0.25) \times 1.8 \times 7.8 \times 1000 = 10162\text{L/min}$$

$$Q_{w1} = \frac{10\% \times 65\% Q_a}{\gamma_1} = \frac{10\% \times 65\% \times 10162}{0.598} \approx 1105\text{m}^3/\text{min}$$

$$Q_{w2} = \frac{15\% \times 35\% Q_a}{\gamma_1} = \frac{15\% \times 35\% \times 10162}{0.598} \approx 892\text{m}^3/\text{min}$$

$$Q_{w3} = Q'_{w3}\frac{273 + \Delta T_w}{273} = 136 \times \frac{273 + 20}{273} \approx 146\text{m}^3/\text{min}$$

$$Q_{w4} = \frac{3}{7}(Q_{w1} + Q_{w2} + Q_{w3})$$
$$= \frac{3}{7}(1105 + 892 + 146) \approx 919\text{m}^3/\text{min}$$

$$Q_w = K_0(Q_{w1} + Q_{w2} + Q_{w3} + Q_{w4})$$
$$= 1.1(1105 + 892 + 146 + 919) \approx 3368\text{m}^3/\text{min}$$

为了安全并记忆方便，取 $Q_w = 3500\text{m}^3/\text{min}$，据此来计算电机功率。

15.2.3.2　冷却室内的平均温度和混合气体的密度

A　蒸汽和空气混合后的平均温度 T_{wm}

$$T_{wm} = \frac{c_1 W_{ws} T_{w1} + c_2 W_{wa} T_{w2}}{c_1 W_{ws} + c_2 W_{wa}} \tag{2-15-7}$$

式中　c_1——蒸汽比热容，$c_1 = 1.8924\text{kJ/(kg·℃)}$；

c_2——空气比热容，$c_2 = 1.0048\text{kJ/(kg·℃)}$；

W_{ws}——冷却室内蒸汽量，kg/min，

$$W_{ws} = (Q_{w1} + Q_{w2})\gamma_1 \tag{2-15-8}$$

W_{wa}——冷却室内空气量，kg/min，

$$W_{wa} = [Q_w - (Q_{w1} + Q_{w2})]\gamma_2 \tag{2-15-9}$$

γ_2——空气密度，0℃时，$\gamma_2 = 1.25\text{kg/m}^3$；20℃时，$\gamma_2 = 1.2\text{kg/m}^3$；

T_{w1}——蒸汽温度，$T_{w1} = 273 + 100 = 373\text{K}$；

T_{w2}——空气温度，$T_{w2} = 273 + 20 = 293\text{K}$。

将已知数代入上述公式得：

$$W_{ws} = (Q_{w1} + Q_{w2})\gamma_1 = (1105 + 892) \times 0.598 = 1194\text{kg/min}$$

$$W_{wa} = [Q_w - (Q_{w1} + Q_{w2})]\gamma_2 = [3500 - (1105 + 892)] \times 1.2 = 1804\text{kg/min}$$

$$T_{wm} = \frac{c_1 W_{ws} T_{w1} + c_2 W_{wa} T_{w2}}{c_1 W_{ws} + c_2 W_{wa}}$$
$$= \frac{1.8924 \times 1194 \times 373 + 1.0048 \times 1804 \times 293}{1.8924 \times 1194 + 1.0048 \times 1804} \approx 337.3\text{K}$$
$$\approx 64.2℃$$

一般情况下，蒸汽室内的温度为65～70℃。

B　混合气体密度 γ_m

$$\gamma_m = \frac{W_{ws} + W_{wa}}{Q_w} \tag{2-15-10}$$

代入数据得

$$\gamma_m = \frac{1194 + 1804}{3500} \approx 0.857\text{kg/m}^3$$

这是 $T_{wm} = 64.2$℃时的密度，为安全起见选取 $T_{wm} = 70$℃时的密度，$\gamma_m = 0.81\text{kg/m}^3$。

15.2.3.3　抽气口抽气量的分配

A钢铁公司板坯连铸机蒸汽密封式室抽气口如图2-15-6所示。根据经验，设A、B、C三个抽气口，对应的抽气量分别是 Q_A、Q_B、Q_C，则抽气量分配比例是

$Q_A = 55\% Q_w$

$= 0.55 \times 3500 = 1925\text{m}^3/\text{min} = 32.08\text{m}^3/\text{s}$

$Q_B = 30\% Q_w$

$= 0.30 \times 3500 = 1050\text{m}^3/\text{min} = 17.50\text{m}^3/\text{s}$

$Q_C = 15\% Q_w$

$= 0.15 \times 3500 = 525\text{m}^3/\text{min} = 8.75\text{m}^3/\text{s}$

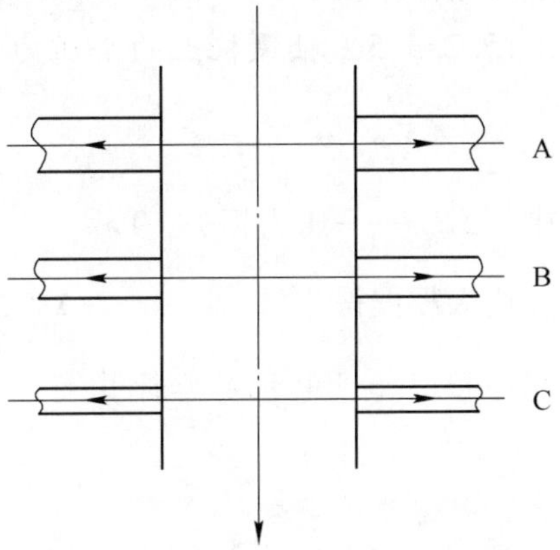

图2-15-6　蒸汽密封室排风口布置

以这种比例来确定抽风口管径。

15.2.3.4　压力损失的计算

这里只举例直管和弯管，各种情况的阻力损失可参考有关流体力学方面的书籍和专业资料。

直管
$$\Delta P = 10 \times \lambda \frac{l_w}{D} \cdot \frac{v^2}{2g}\gamma_m \tag{2-15-11}$$

弯管
$$\Delta P = 10 \times \xi \frac{v^2}{2g}\gamma_m \tag{2-15-12}$$

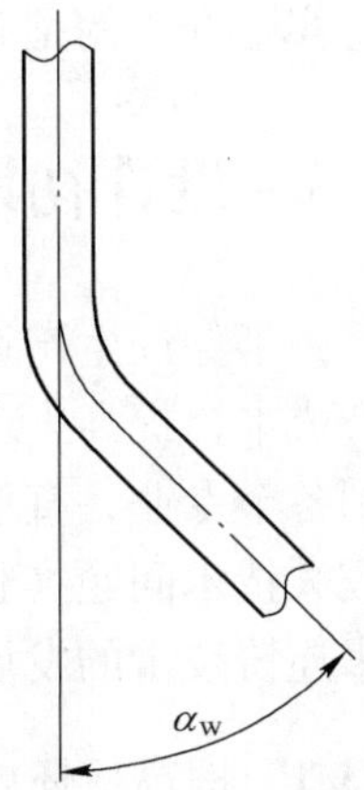

图2-15-7　管子角度

式中　ΔP——压力损失，Pa；

λ——沿程阻力系数，可由图2-15-8查得；当通道为水泥材质时，查出的 λ 值再乘以系数1.31；

v——流体速度，m/s；

l_w——管子长度，m；

ξ——局部阻力系数，根据图2-15-7和表2-15-1确定；

D——管子直径，m，对于方形通道

$$D = 1.3\left[\frac{(a \cdot b)^5}{(a+b)^2}\right]^{\frac{1}{8}} \tag{2-15-13}$$

a, b——分别为方形通道长和宽，m；

g——重力加速度，9.80665m/s^2。

表 2-15-1　管子角度与局部阻力系数的关系

α_w	30°~45°	60°~90°	吸气口	排气口
ξ	0.13	0.26	0.5	0.1

管路系统的压力损失计算相当繁琐，仅靠以上所介绍的知识还不够，还需要参考流体力学方面的书籍，全面掌握。

A 钢铁公司每流板坯连铸机蒸汽排出装置的压力损失为：抽风机的抽风一侧 605.4Pa，排风一侧 769.1Pa；整个管路压力损失 $\Delta P_1 = 605.4 + 769.1 \approx 1380\text{Pa}$；消声器压力损失 $\Delta P_2 = 400\text{Pa}$；抽风机压力损失 $\Delta P_3 = 230\text{Pa}$；全部压力损失 $\Delta P = \Delta P_1 + \Delta P_2 + \Delta P_3 = 2010\text{Pa}$。

15.2.3.5　抽风机上的全压力损失

$$\Delta P_{全} = \Delta P \times \frac{\gamma_2}{\gamma_m} \tag{2-15-14}$$

式中　$\Delta P_{全}$——压力损失，Pa。

代入数据得

$$\Delta P_{全} = 2010 \times \frac{1.2}{0.81} \approx 2980\text{Pa}$$

15.2.3.6　电机功率计算

$$P_w = 1.05 \frac{\Delta P_{全} \cdot Q_w}{60020 \cdot \eta_w} \tag{2-15-15}$$

式中　P_w——电机功率，kW；

η_w——叶片风机的效率，取 $\eta_w = 0.67$。

$$P_w = 1.05 \frac{2980 \times 3500}{60020 \times 0.67} \approx 272\text{kW}$$

实际选用的是 300kW 的高压电机。

15.3　设计初期阶段的总体技术措施

为了保证生产钢种和板坯质量的前提下实现连铸工厂的年产量，节省设备投资，降低生产成本，提高生产效率，满足用户要求，在总体设计的初期阶段，总体技术要相应地落实到各个专业，直至用户。这里所说的总体技术是指影响成套设备是否能够达到设计要求的较大技术问题（也包括一些最基本的生产措施），而不是设备的单机技术问题。总结近年来连铸技术的发展，下面简要介绍一些主要技术措施。

15.3.1　提高板坯内部质量的措施

15.3.1.1　防止钢水二次氧化产生二次氧化物并避免皮下气孔、针孔等的措施

（1）要求钢水精炼车间运到连铸机的钢水，其成分的夹杂含量、各种有害气体含量（如氧、氢、氮）、各种有害元素（如硫、磷、砷、铅、锡等）的含量必须达到规定要求。

（2）钢包长水口和滑动水口、中间罐浸入式水口和滑动水口、各滑动水口氩气密封的采用、氩气流量控制装置的采用，钢包和中间罐进行加盖等，能有效地防止钢水氧化产生二次氧化物，避免钢水过多增氮，后者还可以起到保温作用。需要强调的是，保护浇注的

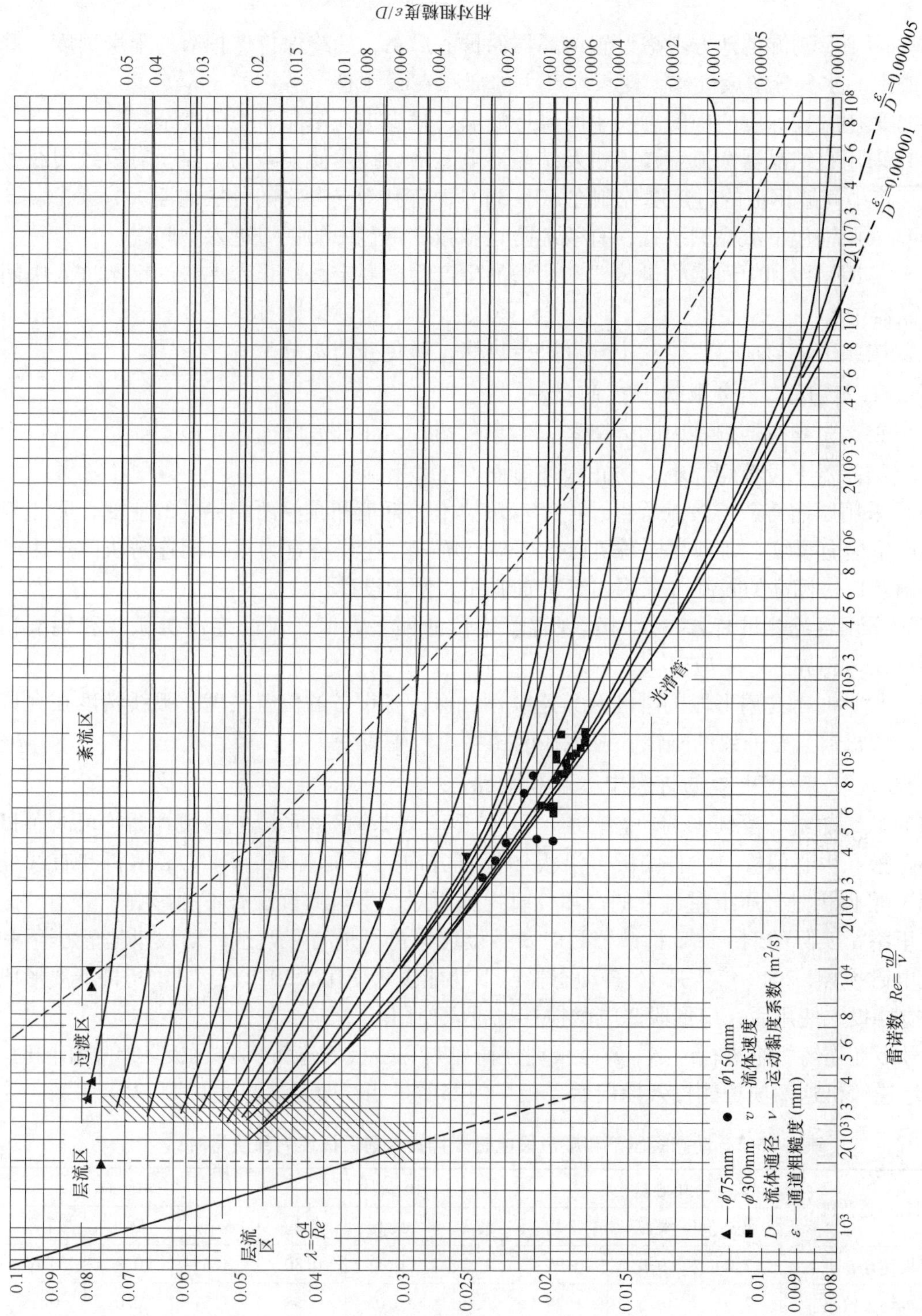

图 2-15-8　莫迪（L. F. Moody）曲线

氩封用氩量的控制非常重要，氩气量用多了会在铸坯中产生气泡，用少了又达不到氩封的效果。

（3）多雨及潮湿的地方考虑设置结晶器保护渣烘箱，始终保持保护渣的干燥程度，避免保护渣中的水分分解成气体，使板坯产生内部和表面气泡。

（4）采用合理深度的中间罐及中间罐挡渣墙，减少进入结晶器中的夹杂物。

（5）采用直结晶器圆弧型连铸机及结晶器电磁冶金技术使夹杂物上浮。对氢致裂纹敏感钢种，将中间罐钢液的过热度控制在 30～35℃，有利于夹杂物的分散上浮。

（6）采用钢包下渣检测装置，有效地防止和减少钢包中的钢渣进入中间罐。

（7）采用钢包和中间罐称量装置和严格的生产管理规定，防止带夹渣的钢水进入中间罐和结晶器中。

（8）按照干燥与加热规律对中间罐进行烘烤，避免残留水分。

15.3.1.2　防止内部裂纹产生的措施

（1）采用包括驱动辊在内的分段辊以缩小辊距，防止因鼓肚而产生内裂。

（2）结晶器下设置侧导辊，防止板坯侧面产生鼓肚。

（3）采用压缩铸造、多点矫直、连续弯矫技术，抵消和减少两相界处的应变，防止板坯内部产生横向裂纹。新型的连铸机以采用多点矫直、连续矫直为宜，旧连铸机改造由于受到基础及厂房标高的限制可采用连续矫直曲线，便于设计。

（4）采用辊缝测量装置，及时发现辊子错位的偏差数值，保证连铸机弧线和辊缝精度，避免在两相界上产生应变。

（5）设计时考虑扇形段的刚性及其连续性，保持各设备的位置精度、弧线精度在允许范围内，使机器具有一致的刚性，避免在两相界上产生应变。

15.3.1.3　防止中心偏析和中心疏松的措施

（1）收缩辊缝、凝固末端动态轻压下及重压下、二冷区扇形段电磁搅拌器均可改善板坯中心疏松和中心偏析。中心偏析有沿板坯长度方向的 V 形偏析，倒 V 形偏析和直线偏析，倒 V 形偏析是轻压下量过大的产物，直线偏析对产生氢致裂纹有不利影响。

这里举个实际的例子，E 钢铁公司对 8 号板坯连铸机进行了改造，增设动态轻压下和扇形段电磁搅拌，2012 年 7 月 16 日动态轻压下功能投入使用，2012 年 7 月 19 日继扇形段 1 电磁搅拌投入使用后，扇形段 2 电磁搅拌也投入使用。

9 号板坯连铸机未进行改造，8 号板坯连铸机与 9 号板坯连铸机浇注板坯厚度相同时，8 号板坯连铸机这两项功能投入使用后，板坯内部质量明显改善，见表 2-15-2。

表 2-15-2　动态轻压下和扇形段电磁搅拌投入前后板坯内部质量对比

相同规格连铸机	中心疏松			中间裂纹			三角区裂纹		
	最高	最低	平均	最高	最低	平均	最高	最低	平均
8 号板坯连铸机	2.0	0.0	0.95	1.5	0.5	0.80	1.5	0.0	0.65
9 号板坯连铸机	2.0	0.5	1.25	2.0	0.0	0.88	1.5	0.0	0.75

表 2-15-3 是 210mm 厚度板坯在这两项功能投入使用后中心疏松的明显改善。图 2-15-9 和图 2-5-10 分别是 8 号板坯连铸机和 9 号板坯连铸机的铸坯金相组织低倍照片。图 2-15-

11 和图 2-5-12 分别是 8 号板坯连铸机有动态轻压下和无动态轻压下时中心偏析的低倍照片。图 2-15-13 是 8 号板坯连铸机只有电磁搅拌时连铸坯低倍照片。图 2-15-14 和图 2-15-15 分别是 8 号板坯连铸机既有电磁搅拌，又有动态轻压下时的连铸坯金相组织低倍照片，照片显示，质量改善非常明显。

表 2-15-3　动态轻压下和扇形段电磁搅拌投入前后的中心疏松质量对比

序号	年．月．日	钢种	拉速/m·min^{-1}	板坯宽度/mm	低倍结果	是否轻压下	是否 S-EMS	质检报告序号
1	2012. 6. 29	Q345B3	1. 40	1520	中心疏松 1. 0	否	是	D1206069
2	2012. 6. 30	Q345BV	1. 40	1520	中心疏松 1. 5	否	是	D1206069
3	2012. 6. 30	Q235B2	1. 45	1520	中心疏松 1. 5	否	是	D1206068
4	2012. 7. 1	Q235B2	1. 40	1520	中心疏松 1. 0	否	是	D1206068
5	2012. 7. 2	Q345BV	1. 40	1520	中心疏松 1. 5	否	是	D1206069
6	2012. 7. 3	Q345BV	1. 40	1520	中心疏松 0. 5	否	是	D1206071
7	2012. 7. 4	Q235B2	1. 50	1520	中心疏松 1. 0	否	是	D1206070
8	2012. 7. 17	Q235B2	1. 35	1540	中心疏松 0. 5	是	否	D1206074
9	2012. 7. 18	Q345B2	1. 40	1540	中心疏松 0. 5	是	否	D1206073
10	2012. 7. 18	A36B2	1. 35	1540	中心疏松 0. 5	是	否	D1206076
11	2012. 7. 18	A36B2	1. 35	1540	中心疏松 0. 5	是	否	D1206076
12	2012. 7. 20	Q235B2	1. 50	1540	中心疏松 0. 5	是	是	D1206074
13	2012. 7. 23	Q345B2	1. 40	1540	中心疏松 0. 5 中心偏析 0. 5	是	是	D1206079
14	2012. 7. 24	Q235B2	1. 50	1540	中心疏松 0. 5	是	是	D1206077
15	2012. 7. 24	Q235B2	1. 50	1540	中心疏松 0. 5	是	否	D1206077
16	2012. 7. 26	Q235B2	1. 50	1540	中心疏松 0. 5 中心偏析 0. 5	是	否	D1206077
17	2012. 7. 27	SS400B2	1. 35	1540	中心疏松 0. 5	是	是	D1206078

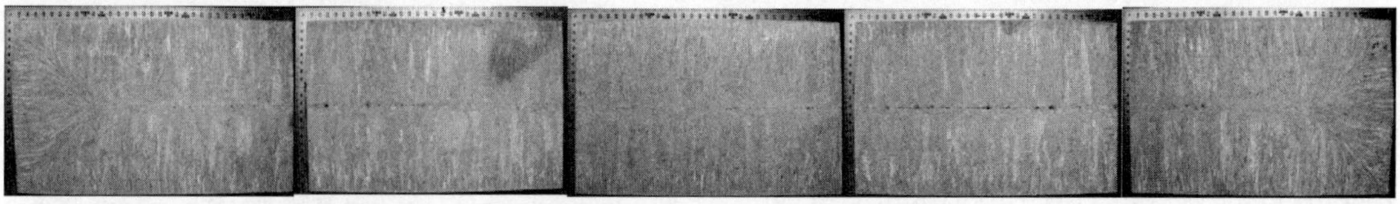

图 2-15-9　8 号板坯连铸机金相组织的低倍照片

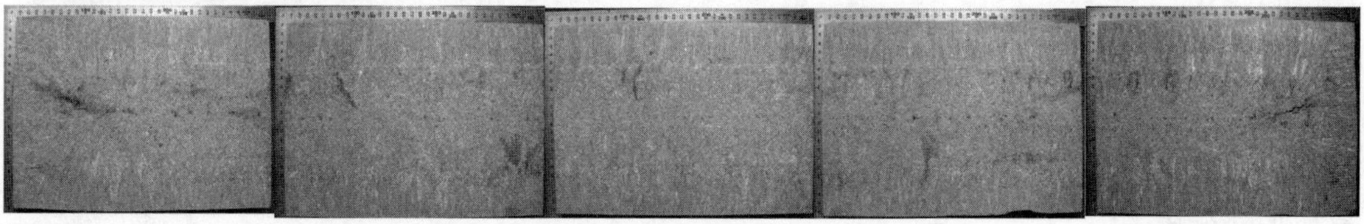

图 2-15-10　9 号板坯连铸机金相组织的低倍照片

图 2-15-11　8 号板坯连铸机
有动态轻压下实物图片

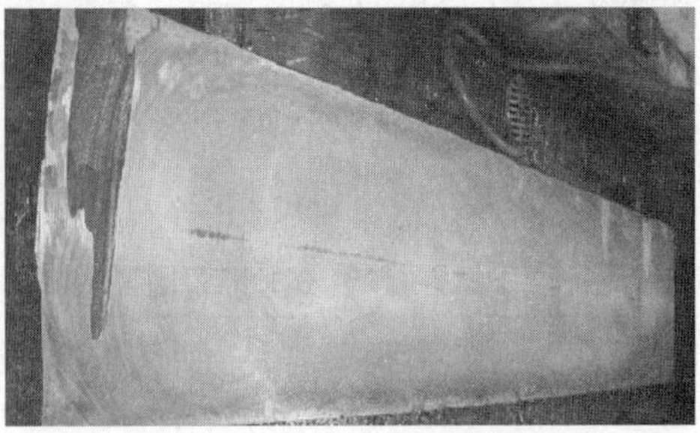

图 2-15-12　8 号板坯连铸机
无动态轻压下实物图片

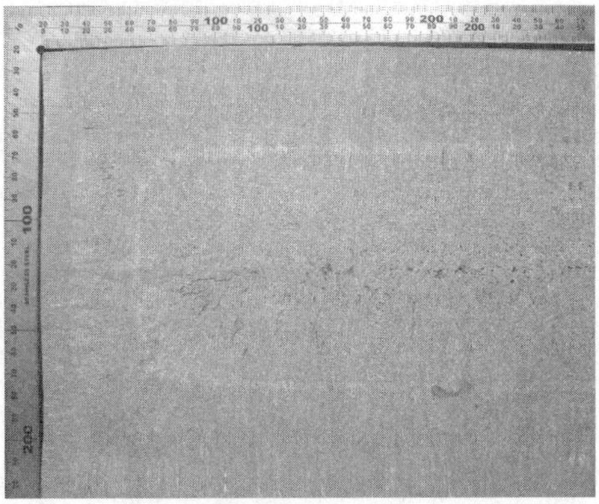

图 2-15-13　8 号板坯连铸机只有电磁
搅拌时的金相组织低倍图片
（中心疏松 1.5 级；中间裂纹 1.5 级；三角区裂纹 1.5 级）

图 2-15-14　8 号板坯连铸机有电磁搅拌和
动态轻压下时的金相组织低倍图片
（中心偏析 0.5 级；中间裂纹 0.5 级）

图 2-15-15　8 号板坯连铸机有电磁搅拌和
动态轻压下时的金相组织低倍图片

（2）提高辊子刚性，将辊子变形量控制在 0.5mm 以下，也可减少中心偏析。

（3）中间罐钢水过热度对中心偏析有影响，当不影响夹渣上浮、水口堵塞时，尽可能低温浇注。

（4）据测量，普通连铸坯在凝固过程中其凝固终点的 W 形状在拉速 2m/min 以上时，谷底和顶部的距离可以达到 2m 长，为了使凝固终点成为一条直线，日本 NKK 公司发明了“人为鼓肚再轻压下”的技术诀窍，亦即在前面的几个扇形段把辊缝逐渐放大，最大到 4.6mm，然后再对末端进行轻压下的方法，他们常采用的轻压下率是 0.9 ~ 1.2mm/m。采用这种方法可以更为精确地掌握凝固终点，最大程度地发挥轻压下的作用。

（5）采用压下量大于 10mm 以上的重压下可以解决特厚板坯的中心疏松和偏析，保证所轧制厚钢板的最终质量。

(6) 中间罐感应加热或等离子加热可以让钢水温度基本恒定，对防止中心疏松和偏析有利。

15.3.2　提高板坯表面质量的措施

(1) 前面提到的无氧化浇注措施，可提高钢水的纯净度，也能保证板坯表面质量和其后轧材的表面质量。

(2) 采用电镀结晶器铜板，可提高板坯表面质量，减少星状裂纹。目前各板坯连铸生产厂家已普遍采用这种技术。有镍铬、镍铁、镍钴、钴镍等镀层。

(3) 根据钢种选择性能匹配的结晶器保护渣，可使结晶器和板坯之间得到良好润滑，以改善板坯表面质量。

(4) 采用成熟有效的液面检测控制装置，避免结晶器液面波动范围超过允许限度。

(5) 设计好辊列，防止周期性液面波动，可避免保护渣卷渣，结晶器润滑变差，振痕加深。

(6) 浸入式水口的对中及使用时间长短对结晶器流场产生很大影响，从而影响热流的正常传输，使坯壳变得不均匀。前者，设计中间罐和中间罐车时要考虑周全；后者，要对浸入式水口材质和使用时间多加考究，使不同材质、不同类型的浸入式水口适应不同钢种。

(7) 热顶结晶器的试验与应用，证明能够缓解结晶器液面处的散热，对不需要液面处剧烈冷却的钢种，如包晶钢很有好处，科学的结晶器散热能够避免很多质量缺陷。

(8) 为了防止板坯表面产生横向裂纹，可采用较高频率的结晶器振动装置，并能够调节振幅，目前双液压缸单元体式液压振动装置是最好的选择。最大的好处是能够将负滑动时间控制在所要求的范围内（最佳0.1~0.15s），使振动痕迹变浅，同时还可以使结晶器保护渣下渣量增加，从而提高拉速和生产能力，拉速高板坯表面温度就高，再加上振痕浅就能够有效地防止横向裂纹。曾经有报道说，当拉速为1m/min时，负滑动时间由0.05s提高到0.25s，振痕深度由0.1~0.2mm增加到0.4~0.6mm。

(9) 采用辊子格栅，可使板坯均匀冷却。均匀冷却和缓慢冷却可防止板坯表面产生横向裂纹和角部裂纹。

(10) 为了防止板坯产生角部裂纹，特别是连铸界的老大难问题“角横裂”，主要措施是提升板坯角部温度，减小边角部冷却强度。采用气水雾化进行二次冷却并恰当地控制板坯宽度方向的水量十分有效。仪表幅切或者喷嘴升降控制较宽板坯宽度方向的水量是目前最常用的做法。当然还有斜喷嘴向内喷射以避免角部过冷。弯矫区对弧精度以及辊缝尺寸和精度对角横裂影响亦很大。

(11) 使用最优的二次冷却区喷水模型，可减少表面纵裂、横裂和角裂，对于包晶钢和对表面裂纹比较敏感的钢种，二次冷却应该考虑弱的冷却方式，特别是结晶器足辊处和弯曲段处的冷却强弱更要仔细研究，千万不能过强，但过弱鼓肚就会变得更加严重。

(12) 二次冷却区的最后一个冷却区域不冷却板坯而冷却辊子，这不仅可以达到冷却辊子的目的，更重要的是硬化和冲掉了板坯表面的氧化铁皮，消除了氧化铁皮积渣在板坯表面产生的凹坑。

（13）采用刮刀式或锤刀式去毛刺机，去掉板坯切割残留下的焊瘤，保证轧材质量和轧材的金属收得率。

（14）采用正倒角或反倒角结晶器，可以减缓或消除铸坯角部过冷，减少角横裂。正倒角结晶器浇注出的板坯有倒角；反倒角结晶器浇注出的板坯没有倒角，只能提高板坯出结晶器的角部温度。

（15）二次冷却区所划分的每个小冷却区域，每排喷嘴安装高度不一样，水压头有高低，设计时要考虑安装能够调节流量的流量孔板，消除小冷却区域上面水量密度小、下面水量密度大的违反冷却规律情况发生，使冷却更加符合连铸机前面水量密度大，后面水量密度小的规律。从而保证板坯表面温度的规律性，不致温差过大，不致板坯回热，保证板坯表面质量。

（16）自动加保护渣设备及人工局部补充相结合可以使保护渣能够稳定地补给，既能减少卷渣、降低工人劳动强度，又能保证坯壳厚度的均匀程度。

15.3.3　提高拉坯速度的措施

提高拉坯速度是提升产量的直接措施，但随之而来的是漏钢的危险性增加，结晶器铜板热应力加大等负面效应，为了有效地提高拉坯速度，应采取以下措施：

（1）采用能够提高拉速的低熔点保护渣及开浇渣，既能减少结晶器铜板与钢水粘结，又可以保证结晶器内部形成均匀的凝固壳，大大减少了漏钢，为稳定地高速浇注奠定了基础。

（2）用最佳的传热方式设计结晶器，以降低结晶器铜板表面温度，防止铜板被烧伤，使坯壳能够均匀生长。

（3）结晶器铜板采用热应力较小的铜铬锆合金，可防止铜板产生裂纹和变形，提高结晶器使用寿命。

（4）采用结晶器专家系统，可预报结晶器铜板的温度峰值变化及粘结情况，检测结晶器热流，减少漏钢。首钢迁钢公司两台 4 机 4 流板坯连铸机不漏钢的记录保持了 27 个月。

（5）结晶器下方对高温板坯有效的支撑，例如格栅、梳子板等，较强喷水冷却，均可预防漏钢。

（6）中间罐钢水重量和钢水过热度的控制、结晶器液面控制、定速浇注等都可以使高速浇注趋于稳定，减少漏钢事故。

（7）切割机实行双枪快速切割，并采用设备防护措施，以适应高速浇注。板坯定尺短时，还可以采用双切割机。

（8）连铸机驱动系统要有足够的拉坯力，满足高拉速要求。

（9）提高拉坯速度，一定要符合操作规程，不能随意提高，否则会引起液芯板坯出连铸机后鼓肚的情况，如图 2-15-16 所示，高拉速后由于板坯出扇形段后仍然带有液芯，由于钢水静压力的作用而出现鼓肚，这种鼓肚的板坯不小心会撞坏切割机割枪，只能人工切割，人工切割下线后也是废坯。

15.3.4　提高连铸机作业率的措施

（1）采用上述减少漏钢的措施，能够提高作业率。

图 2-15-16　液芯板坯出连铸机后鼓肚

（2）提高辊子的使用寿命，既可以减少机器故障，降低生产成本，还可以减少维修次数，提高作业率。因此，设计扇形段辊子时，既要考虑正常的鼓肚负荷，又要考虑快速更换中间罐及头尾坯冷却时的弯曲和矫直负荷。对辊子材料也必须予以重视。过去连铸机辊子材料大多采用13CrMo44，但此材料易发生断辊。日立造船开发的HZ102F、中国的R73、42CrMo 等辊子材料，使用效果很好，使用寿命较长。但是对于42CrMo 等材质，辊子表面必须堆焊，辊子的寿命才能够大幅度提高。而扇形段框架的刚性也对连铸机的作业率有影响，目前采用厚钢板作为扇形段辊子支撑梁已经取代了过去箱型支撑梁，是一个很大的进步。

（3）提高液压系统设计的可靠性，设置系统检测装置，采用阻燃油或不易起火的液压介质，以确保连铸机正常运转。

（4）采用引锭上装系统，可缩短浇注准备时间，显著地提高作业率。

（5）各扇形段采用在线远程调辊缝，可节约浇注准备时间。

（6）结晶器、弯曲段整体更换，扇形段和水平段快速更换可使浇注准备时间缩到最短。

（7）采用大型中间罐，提高多炉连浇的炉数，并在允许的条件下实现不同钢种的连续浇注以延长铸造时间，也可提高作业率。

（8）在线热状态结晶器调宽技术的采用，既满足了热轧厂对连铸板坯宽度规律性变化的要求，又可使停机次数减少，铸造时间延长。在线热状态结晶器调宽技术在国内外许多钢铁公司已成熟采用，调宽时可不改变拉坯速度或者少量降低拉坯速度。20 世纪 80 年代初，新日铁堺厂的结晶器调宽速度其每一边就达到了100mm/min。

（9）提高钢包与中间罐的升降速度可缩短快速更换中间罐的时间，延长铸造时间，目前不少厂家已经能够在3.5min 以内将中间罐更换完毕。

（10）浸入式水口的快速更换能够延长中间罐使用寿命，几乎成为板坯连铸机的标准配置。

（11）提高操作人员的综合素质和业务水平，是实现稳定生产，完成作业率指标的重要保证。

（12）连铸机轴承采用油气润滑可以延长使用寿命，提高作业率，明显减少油脂对水的污染，但是需要压缩空气，增加生产成本，增加环境噪声。

15.3.5　进行热装热送、直接轧制时应采取的措施

众所周知，连续铸钢技术出现的最大优点之一就是节约了能源，然而，20 世纪 80 年

代以来，热装热送、直接轧制技术的出现又使这一优点显得更为突出，进一步降低了生产成本。20 世纪 80 年代新日铁大分、君津等厂热送比已达 90% 以上，新日铁堺厂和日本钢管福山厂均进行过直接轧制，我国很多钢铁企业也实现了比例可观的热装热送。因此，总体设计时必须考虑充分发挥这种技术的优越性。

热装热送、直接轧制要求连铸设备能够生产出高温、无缺陷板坯，为此应采取以下措施：

（1）高温出坯首先要防止凝固了的板坯温度下降，可在连铸机内外采取必要的保温措施，如保温罩。其次，应尽可能早地进行火焰切割。直接轧制时，还应采用板坯边部加热装置或在线加热装置。

（2）高温出坯势必产生更大的鼓肚力，在两相界上更容易产生裂纹，最有效的预防办法是采用细辊密布，而细辊无疑应做成分段辊较为合理，自由式分段辊应以完全断开式为最好。

（3）高温出坯对连铸机本体是不利的，为了防止连铸机吸收过多的热量，必须对设备采取保护措施，例如辊子结构、冷却条件、辊子外冷、设备隔热、采用耐热干油润滑等措施，并且恰当地选用导辊轴承。另外还应对切割机加强保护。

（4）高温出坯，必须缓慢冷却，为了防止喷嘴堵塞，采用大口径的气水喷嘴最为理想。

（5）热装热送、直接轧制要求无缺陷板坯，特别对板坯表面质量要求更高。因此，除上面讲到的各种提高板坯表面质量的措施外，还应该考虑热板坯表面缺陷检查装置。这种装置要求能够在线检查板坯表面质量，以保证热装热送、直接轧制的顺利进行。目前使用的有激光式、电磁涡流式和最近几年出现的摄像式等，据现场介绍，摄像式使用效果良好。

（6）板坯精整区设置在线去毛刺装置，可除掉因火焰切割而遗留下来的板坯下端部毛刺，使热送坯的表面质量进一步提高。

（7）金属丝喷印书写机最近几年受到青睐，热送线设置在线热板坯书写喷印装置，为热装热送的生产管理提供了方便。

（8）热装热送的钢种多炉连浇时，会出现不同炉号钢水的交接坯，这些板坯需要热清理后才能热送，因此在全面考虑投资费用及设备利用率的情况下，需要考虑是否采用热板坯火焰清理装置，以提高连铸板坯的热送比。

（9）并不是所有的钢种都可以热装热送，有些钢种是不能进行热装热送的，如造船用结构钢 WDYA、WGYA、WDYB、WGYB，铁路用耐大气腐蚀钢 W09CuPTiRe（A）、W09CuPCrNi，焊接气瓶用钢 W15，溶解乙炔气瓶用钢 15MnHPY，石油输送管用高级钢种，搪瓷浴缸用钢 06YT，200L 钢桶用钢 GT295，军用野战管线用钢 X60JY 等。

（10）能够热装热送的钢种并不是板坯表面温度越高越好，为了保证最终轧材的质量，不同类型的钢种有不同的热装热送温度，有些钢种只能 200 ~ 300℃ 热送，有些钢种 300 ~ 400℃ 热送，有些钢种可以到 500 ~ 600℃ 热送，这已经成为一些钢铁公司的商业秘密。

15.3.6　连铸机总体技术措施实例

表 2-15-4 是 E 钢铁公司板坯连铸机主要的总体技术措施。

表 2-15-4　E 钢铁公司板坯连铸机主要的总体技术措施

序号	项　　目	提高内部质量（包括克服各种内部及皮下裂纹）	提高表面质量（包括克服各种表面裂纹）	提高作业率、可靠性生产、加强管理、提高设备使用寿命	减少维修或降低成本或提高金属收得率
1	钢液质量控制管理	○	○		
2	钢液温度控制管理	○		○	
3	钢液温度测量	○			
4	钢流防氧化保护浇铸	○	○		
5	氩气流量检测与控制	○	○		
6	适应不同钢种的保护渣		○	○	
7	钢包下渣检测装置	○			○
8	钢包钢液自动称量	○		○	○
9	中间罐钢液自动称量	○		○	○
10	大容量带挡渣墙中间罐	○	○		
11	中间罐连续测温	○		○	
12	浸入式水口自动变渣线			○	○
13	浸入式水口快速更换装置	○		○	○
14	结构合理的浸入式水口	○	○	○	
15	直弧形连铸机机型	○	○		
16	连续弯曲、连续矫直	○	○		
17	细辊密布，全部分段辊	○			
18	结晶器涡流式液面检测控制	○	○	○	
19	结晶器铜板冷却结构优化	○	○	○	
20	能够实现动态调整振动参数的正弦曲线和非正弦曲线的液压振动装置或机械振动		○	○	○
21	大刚度板坯诱导装置及刚性连续性	○		○	
22	远程调辊缝扇形段、动态轻压下	○			○
23	夹紧缸及压下缸专用阀组			○	
24	扇形段自由辊全断开、调心轴承	○		○	○
25	二冷电磁搅拌	○			
26	二冷区气雾冷却及自动控制	○	○		
27	从浇注平台整体上抽二冷扇形段			○	○
28	金属丝自动喷印机			○	
29	锤刀式板坯去毛刺机		○		○
30	连铸机设备单机整体吊装更换			○	
31	主机设备各种冷却水路、气路自动接通			○	
32	连铸机在线设备全交流传动			○	○
33	完善的线外维修设施	○	○	○	○
34	出坯精整区板坯自动跟踪			○	○
35	各种板坯表面及皮下质量清理设施	○	○		

15.4　能源介质

所谓能源介质，是指连续铸钢设备在生产中所必须的流体。能源介质一词始出于西方人之口，日本人称为“配管”，我国习惯上称为公用设施。我们认为，“公用设施”范围较广，“配管”容易混淆，又不合乎中国人的习惯。因此，在这里不妨称为“能源介质”。

能源介质包括除油、脂、消防液和消防气以外的所有流体。有水、氧气、煤气、压缩空气、氩气、氮气、乙炔、霞普气、天然气、蒸汽等。这里不准备过多涉及能源介质的设备设置，而主要以其用途、用量及质量要求为目标，以引进技术的 A 钢铁公司为例予以介绍，然后再列举 E 钢铁公司的能源介质的用途、用量及质量要求，让读者了解这几年连铸技术的发展在能源介质方面有哪些变化。

15.4.1　A 钢铁公司用水

把 1600℃钢水变成表面温度 800 ~ 900℃板坯的连续铸钢生产过程中，如果离开了水几乎是不可想象的。连铸工厂水的用量相当可观，仅连铸专用水处理场动力设备的电力水泵就占整个连铸工厂耗电量的将近一半。水的循环系统大体上分为清循环和污循环两种。清循环系统包括结晶器冷却水、设备内冷水和其他用水，污循环系统包括板坯喷淋冷却水、设备外冷水和火焰清理机（包括除尘）用水等。

15.4.1.1　结晶器冷却水

A　结晶器用水量

$$Q_M = K_M \cdot L_M \tag{2-15-16}$$

式中　Q_M——结晶器用水量，L/min；

L_M——最大板坯断面周长，mm；

K_M——系数，L/(min · mm)，过去 $K_M = 1.8 \sim 2.0$，近几年随着拉速的提高，设计时 $K_M = 2.0 \sim 2.4$，有时候结晶器宽窄面单独计算时，窄面可取到 $K_M = 2.4 \sim 2.6$。但实际生产应用中，常规板坯连铸机 K_M 都在 2.0 以下，特别是包晶钢结晶器用水量最低。

例：当板坯断面为 250mm × 1930mm 时，1 流连铸机用水量

$$Q_{M1} = 2L_M = 2 \times [2 \times (250 + 1930)] = 8720\text{L/min}$$

两台 4 流连铸机用水量

$$Q_M = 4Q_{M1} + q_M = 4 \times 8720 + 300 = 35180\text{L/min}$$

式中，q_M 为自清洗过滤器的用水量，L/min。

B　结晶器冷却水的流速

常规板坯连铸机结晶器冷却水流速生产使用时一般为 5.5 ~ 8m/s，大多按照 9m/s 设计，但商家 B 给 A 钢铁公司常规板坯连铸机结晶器设计的水流速为 10m/s。一般来说，板坯越薄，拉速越高，结晶器水流速就越大。薄板坯和小方坯设计和使用的水流速比较高，比如 U 钢铁公司第二炼钢厂浇注 160mm × 160mm 方坯，多数拉速 3.0 ~ 3.2m/min，浇注 HRB400E 钢最大拉速 3.6m/min，设计的结晶器水流速为 14m/s，结晶器凝固系数

21.5mm/min$^{0.5}$。

C　结晶器冷却水参数

结晶器冷却水参数，见表2-15-5。

表2-15-5　结晶器冷却水参数

水路	温度/℃	压力/MPa	流量/$L\cdot min^{-1}$	事故水量/$L\cdot min^{-1}$
进水	≤33	0.83(FL-4000)	35180（4流） （每流宽面2×3860；每流窄面2×500；过滤器300）	为正常水量的0.3倍
回水	≤42	0.13(FL-3900)	34880（4流）	

15.4.1.2　设备冷却水

设备冷却水主要是连铸机本体扇形段的冷却，对扇形段来说，冷却水经由辊子进入框架进行冷却，根据辊子直径，每根辊子冷却水量取40～60L/min。

A　1流连铸机设备冷却水用量

1流连铸机设备冷却水用量，见表2-15-6。

表2-15-6　1流连铸机设备冷却水用量

用　　途	正常水量/$L\cdot min^{-1}$		事故水量/$L\cdot min^{-1}$（为正常水量的0.3倍）
	分项水量	汇总管水量	
支撑导向段侧框架	220		
QC台偏心轴轴承座	20		
支撑导向段上下导辊（6～14号辊）及轴承	630	3370	1011
扇形段1～5	2500		
扇形段6～11		3000	900
扇形段12～17		3000	900
板坯表面温度测量装置	4.5（3台）		
脱锭装置	180		
引锭导向装置	100	683.5	205
切割机	333		
测量轮	2×33（2个）		
电磁搅拌器		500	
合计		10553.5	3016
1、2流共用过滤器	350		
3、4流共用过滤器	350		
1、2流油压装置冷却水	250		
3、4流油压装置冷却水	250		
1、2流中间罐滑动水口油压装置	80		
3、4流中间罐滑动水口油压装置	80		

B　两台4流连铸机设备冷却水计算

$$Q_{j4} = 4Q_{j1} - 2q_{j1} + 2q_{j2} + 2q_{j3} + q_{j4} \qquad (2\text{-}15\text{-}17)$$

式中　Q_{j4}——两台4流连铸机设备冷却水用量，L/min；

Q_{j1}——1流连铸机用水量，L/min；

q_{j1}——一台电磁搅拌器的用水量，L/min；

q_{j2}——2流连铸机油压装置用水量，L/min；

q_{j3}——2流连铸机中间罐油压装置用水量，L/min；

q_{j4}——2流连铸机过滤器的用水量，L/min。

式中各项数值可以从表2-15-6中查得。因为两个过滤器不是同时工作，所以只计算一个过滤器的用水量。

C　设备冷却水参数

设备冷却水参数见表2-15-7。

表2-15-7　设备冷却水参数

项目	温度/℃	压力/MPa	流量/L·min^{-1}	事故水流量/L·min^{-1}
进水	≤33	0.74（FL-2900）	42224	为正常水量的0.3倍
回水	约38	0.13（FL-3900）	41592	

15.4.1.3　板坯二次冷却水（喷淋冷却水）

A　水量计算

可以采用二冷水模型计算的水量，也可以按照蒸汽排出一节中计算的水量，在蒸汽排出一节中计算得到1流连铸机的用水量 $Q_a = 10162\text{L/min}$。

1流连铸机的实际用水量为

$$Q_{p1} = Q_a + q_w + q_x + q_d \qquad (2\text{-}15\text{-}18)$$

式中　Q_{p1}——1流连铸机二次冷却水用量，L/min；

q_w——水平段辊子外冷所增加的水量，L/min；

q_x——区间内一台小型过滤器的用水量，L/min；

q_d——电磁搅拌处小直径辊子外冷用水量，L/min。

一台2流连铸机的用水量为

$$Q_{p2} = 2Q_{p1} + q_g + q_q \qquad (2\text{-}15\text{-}19)$$

式中　Q_{p2}——1台2流连铸机二次冷却水用量，L/min；

q_g——2流连铸机共用一台大过滤器，其过滤器的用水量，L/min；

q_q——两台火焰清理机粒化水用量，L/min。

两台4流连铸机用水量 Q_{p4} 为

$$Q_{p4} = 2Q_{p2} - 2q_d - q_g \qquad (2\text{-}15\text{-}20)$$

将A钢铁公司板坯连铸机数据代入得

$$\begin{aligned}Q_{p1} &= Q_a + q_w + q_x + q_d\\ &= 10162 + 1025 + 70 + 100 = 11357\text{L/min}\\ Q_{p2} &= 2Q_{p1} + q_g + q_q\\ &= 2\times 11357 + 310 + 666 = 23690\text{L/min}\\ Q_{p4} &= 2Q_{p2} - 2q_d - q_g\\ &= 2\times 23690 - 2\times 100 - 310 = 46870\text{L/min}\end{aligned}$$

B　1 流板坯连铸机用水量

1 流板坯连铸机用水量，见表 2-15-8。

表 2-15-8　1 流板坯连铸机二冷水用量

冷却区		包括范围		用水量/L·min^{-1}	事故水量/L·min^{-1}
水冷区	Ⅰ区	结晶器足辊	宽面	645	为正常用水量的 0.3 倍
			窄面	250	
	Ⅱ区	支撑辊子上半段		1910	
	Ⅲ区	支撑辊子下半段		2680	
气水冷却区	Ⅳ区	扇形段 1		909	
	Ⅴ区	扇形段 2、3		1365	
	Ⅵ区	扇形段 4、5		890	
	Ⅶ区	扇形段 6～8		1039	
	Ⅷ区	扇形段 9～12		1397	
	Ⅸ区	扇形段 13～17		1115	
水平段辊子外冷		扇形段 9～17		1499	
电磁搅拌辊外冷		2 流		200	
区间小型过滤器		8 台，两种型式		2×70；6×50	
大型过滤器		2 台（每 2 流 1 台）		2×310	
火焰切割机粒化用水		4 台		4×333	

注：1. 冷却水量的计算是前Ⅶ个区水量再加水平段辊子外冷水及后面各项的部分数值。对于Ⅷ、Ⅸ区的冷却水，是在有些钢种时采用，这时水平段辊子外冷水关闭，其他区冷却水可能也要减小，这是生产厂的技术诀窍。

2. 水量蒸发比例为 1.5%。

C　板坯二次冷却水参数

温度：≤35℃；

压力：1.5～1.55MPa（FL-3950）；

流量：46870L/min（4 流连铸机）。

D　二次冷却用压缩空气（见压缩空气部分）

15.4.1.4　直接冷却水

A　1 流板坯连铸机直接冷却水用量

1 流板坯连铸机直接冷却水用量，见表 2-15-9。

表 2-15-9　1 流板坯连铸机直接冷却水用量

用　　途	用量/L·min^{-1}
切割前辊道辊身表面洒水	50×4 个辊＝200
切割下辊道辊身表面洒水	50×5 个辊＝250
切割后辊道辊身表面洒水	50×6 个辊＝300
去毛刺辊道辊径洒水	3×7 个辊＝21
喷印辊道辊径洒水	3×7 个辊＝21
等待辊道辊径洒水	3×8 个辊＝24

续表 2-15-9

用　　途	用量/L·min⁻¹
氧化铁皮槽冲洗（前侧）	1000
氧化铁皮槽冲洗（后侧）	1000
切割机辊道侧面冲氧化铁皮用水	1500
切割机辊道下面冲氧化铁皮用水	7000
合　　计	11316

B　直接冷却水参数

温度：55℃；

压力：0.25～0.28MPa(FL+800)；

两台4流连铸机用水量：4×11316=45264L/min。

15.4.1.5　火焰清理机用水

(1) 清理机除尘用水：1330L/min；

(2) 清理机高压用水：20980L/min；

(3) 清理机板坯除鳞水：1000L/min；

(4) 水的蒸发比例：对 (2)、(3) 两项为2%；

(5) 清理机低压水：2300L/min；

(6) 侧面流动水：1000L/min。

15.4.1.6　过滤水

过滤水是悬浮固体较低的一种循环水，过滤水设备和连铸厂水处理设备不在同一位置。表2-15-10是过滤水用量。

表 2-15-10　过滤水用量

使用场所	台数		最大流量/L·min⁻¹		平均流量/L·min⁻¹
	设备	工作台数	1台	合计	
火焰清理机	1	1	25.4	25.4	13.2
板坯喷印装置	2	2	12	24	1
热轧厂侧喷印装置	1	1	12	12	0.82
ISE 硫印用	1	1	30	30	2
DKS 纯水补给	2	1	50（给水时）	50	
合　计				141.4	

15.4.1.7　其他用水

上述用水均与总体设计联系密切。除此之外还有水泵密封、机械设备清洗、通水试压、生活用水及消防用水等。

15.4.1.8　对水处理设施的要求

(1) 应保证用水要求的水温、水压及用量。

(2) 停电时，结晶器冷却水、机械冷却水、板坯二次冷却水均应利用事故水塔以正常设计供应量的30%供应，时间为5min。待工作时间为40min的柴油机起动后，仍以30%的水量继续供应，直至事故电源接通。

（3）水质应尽量减少结垢，减少腐蚀，水缝不堵塞。主要用水的水质要求见表2-15-11。

表2-15-11　主要用水的水质要求

水质项目	单　位	工业用水	过滤水	清循环水	污循环水包括清理机除尘水	清理机用水
pH值		7~8	7~8	7~8	7~9	7~9
悬浮物	$\times10^{-6}$	10	2	20	30	
全硬度	$\times10^{-6}$（指 $CaCO_3$）	100	100	140	300	250
Ca硬度	$\times10^{-6}$（指 $CaCO_3$）	50	50	70	150	125
碱度	$\times10^{-6}$（指 $CaCO_3$）	60	60			
Cl离子	$\times10^{-6}$（Cl^-）	平均60 最大220	平均60 最大220			
SO_4^- 离子	$\times10^{-6}$（SO_4^-）	100	100	140	300	250
全铁	$\times10^{-6}$（Fe^{3+}）	2	2	3	6	5
可溶性 SiO_2	$\times10^{-6}$（SiO_2）	6	6			
蒸发残渣	mg/L	约300	约300			
电导率	μS/cm	约500	约500	1500	1250	500
油				≤1		

注：事故水塔中的水质应和结晶器用水质相同，以免事故状态堵塞结晶器。

15.4.2　A钢铁公司其他介质

15.4.2.1　氧气

就A钢铁公司而言，氧气来源于制氧车间。经过火焰清理机的专用贮气罐（120m³），把氧气送到火焰清理机上（经过氧气罐后的压力为1.5MPa）；经过氧气阀站把氧气送到其余各使用点（经阀站后的使用压力为1.5MPa）。对氧气的要求主要是对纯度的要求。

A　氧气的用途、用量及压力

氧气的用途、用量及压力，见表2-15-12。

表2-15-12　氧气的用途、用量及压力

用　　途	压力/MPa	台数	流量（标态）/$m^3 \cdot h^{-1}$	
			1台	合　计
火焰清理机	1.5	1		26766
在线人工清理	0.9~1.3	2处	900	1800
离线人工清理	0.9~1.3			300
火焰切割机	1.5	4	272	1088
钢水处理设备	1.5			50
钢包盖修理厂	1.5			50

续表 2-15-12

用 途	压力/MPa	台数	流量（标态）/$m^3 \cdot h^{-1}$	
			1 台	合 计
ISE 设备	0.7～1.5			15.5
辊子堆焊补修设备	0.4～1.0			0.4
手提式切割装置	0.9～0.99	2 处	45	90
一般服务点	0.16～1.0	41 处		1438
中间罐维修厂服务点	0.5～0.7	5 处		102
合 计				31700

B 氧气参数

温度：常温；

压力：1.7～3.0MPa（交接点处）；

流量（标态）：最大 31734m^3/h，平均 8080m^3/h；

氧气纯度：>99.6%。

15.4.2.2 焦炉煤气

A 预热和福利设施用焦炉煤气

a 未经精制和加压的预热和福利设施用焦炉煤气量

未经精制和加压的预热和福利设施用焦炉煤气量，见表 2-15-13。

表 2-15-13 未经精制和加压的预热和福利设施用焦炉煤气量

用 途	压力/kPa	台 数	流量（标态）/$m^3 \cdot h^{-1}$	
			1 台	合 计
钢包快速加热装置	8～16	3 台（同时运转 2 台）	1200	2400
钢包干燥装置	8～16			900
钢包盖修理厂	8～16			30
钢水处理设备	8～16			max220
辊子堆焊补修设备	8～16			320
中间罐预热装置	8～16	4 台（同时运转 3 台）	1050	3150
中间罐水口预热（两个水口）	8～16	4 台（同时运转 3 台）	50	150
中间罐干燥装置	8～16	4 台（同时运转 3 台）		1000
中间罐盖干燥用	8～16			12

b 预热和福利设施用焦炉煤气参数

温度：24～27℃；

压力：8～16kPa（800～1600mmH_2O，1mmH_2O≈10Pa）；

流量（标态）：9060m^3/h。

B 切割、清理用焦炉煤气

切割、清理用焦炉煤气需进行精制和加压。精制主要是脱焦油、脱硫（H_2S），精制后的煤气根据火焰清理机和火焰切割机的条件进行加压，把压力提高到 0.85MPa。加压后的煤气再经调压设备进行调压，把火焰清理机用的煤气压力调到（0.57±0.03）MPa，把火焰切割机用的煤气压力调到0.3MPa。

a　切割、清理焦炉煤气用量

切割、清理焦炉煤气用量，见表2-15-14。

表2-15-14　切割、清理焦炉煤气用量

用　途	压力/MPa	台　数	流量（标态）/$m^3 \cdot h^{-1}$	
			1台	合　计
火焰清理机	0.54～0.57			max2924
火焰切割机	0.3	4	180	720
在线手工清理	0.08～0.14	2处	45	90
离线手工清理	0.08～0.14			15
手提式切割装置	0.08～0.10			6
一般服务点	0.08～0.14	41处		—
快速硫印设备	0.08～0.12			2.75
中间罐维修厂一般服务点	0.1			12.2

b　切割、清理用焦炉煤气参数

温度：24～27℃；

压力：加压前4.0～6.3kPa；

流量（标态）：切割、清理用1800m^3/h。

C　对焦炉煤气的要求

根据使用设备所需焦炉煤气的发热值和对煤气中所含杂质的限制，总体设计时，可向焦炉煤气设计单位提出要求。

15.4.2.3　压缩空气

连铸工厂设置压缩空气站，空压机供给气水冷却用压缩空气、一般用压缩空气和仪表用压缩空气。

A　气水冷却用压缩空气

a　每流连铸机气水冷却用压缩空气量

每流连铸机气水冷却用压缩空气量，见表2-15-15。

表2-15-15　每流连铸机气水冷却用压缩空气量

二　冷　区　间		流量（标态）/$m^3 \cdot h^{-1}$
Ⅳ区	上	1029
	下	1077
Ⅴ区	上	1474
	下	1689
Ⅵ区	上	940
	下	1121
Ⅶ区	上	1062
	下	1415
水平段辊子外冷		1350
合　计		9807+1350

b　压缩空气参数

温度：常温；

压力：0.35MPa；

流量（标态）：38080m³/h。

B　一般用压缩空气

a　一般用压缩空气的用途与用量

一般用压缩空气的用途与用量，见表 2-15-16。

表 2-15-16　一般用压缩空气的用途与用量

用　途		压力/MPa	台数	流量（标态）/$m^3 \cdot h^{-1}$	
				1 台	合计
回转台事故用	回转固定装置	0.4～0.7	2	253	506
	操纵电磁阀	0.4～0.7	2	216	432
	气动马达	0.4～0.7	2	1800	3600
	气动抱闸	0.5～0.7	2	72	144
	水口用气缸	0.4～0.7	4	7.2	28.8
中间罐滑动水口、塞棒及钢包长水口机械手		0.4～0.7	4	330	1320
钢包滑动水口冷却及滑动水口气动马达		0.4～0.7	2	240	480
切割机		0.4～0.7	4	20	80
去毛刺装置		0.4～0.7	4	677	2708
板坯喷印机		0.4～0.7	2	168	336
气水喷嘴保护用		0.1	4	474	1898
本体用升降挡板		0.4～0.7	4	71	284
气送管（1 号或 2 号机）（接收用）		0.4～0.7			24
气送管（1 号或 2 号机）（搬送用）		0.4～0.7			621
气送管（KIP、CAS 站）		0.4～0.7			363
钢水处理设备		0.4～0.7			125
火焰清理机		0.66～0.71			2088
ISE 室		0.4～0.7			60
清理机前辊道上夹紧辊		0.66～0.71			613.4
清理机前辊道下夹紧辊		0.66～0.71			1073.6
清理机后辊道上夹紧辊		0.66～0.71			1108.4
清理机后辊道下夹紧辊		0.66～0.71			380
板坯移送台车升降挡板		0.4～0.7			71
推钢机喷干油（A3、A5 辊道）		0.4～0.7	2	28.8	57.6
垛板机喷干油（A3、A5 辊道）		0.4～0.7	2	28.8	57.6
推钢机喷干油（B4 辊道）		0.4～0.7			28.8
卸垛机喷干油（B4 辊道）		0.4～0.7			28.8

续表 2-15-16

用　　途	压力/MPa	台数	流量（标态）/$m^3 \cdot h^{-1}$	
			1 台	合计
升降挡板（A9 辊道用）	0.4～0.7			71
升降挡板（B7 辊道用）	0.4～0.7			71
热轧厂方向喷印机	0.4～0.7			216
清理机后辊道气动挡板（去除氧化铁皮水）	0.5～0.7			600
电除尘器	0.4～0.7			61.2
清理机切换倾倒器用气缸（清理时）	0.5～0.7			33.2
辊子喷淋试验	0.4～0.7			420
中间罐内耐火物解体及黏附物去除用	0.5～0.7			132
解体装置冲击器用	0.5～0.7			198
清理机切换倾倒器用气缸（非清理时）	0.5～0.7			26.7
一般服务用	0.4～0.7			max2100
钢包盖修理厂用	0.4～0.7			25
水处理设备	0.4～0.7			110.3
浸入式水口解体及空气罐回收用服务点	0.5～0.7			264
塞棒通气试验用服务点	0.5～0.7			42

注：气水喷嘴用压缩空气，主要指在线的气水喷嘴不用时应通压缩空气，以防堵塞。

b　一般用压缩空气参数

温度：常温；

压力：0.69～0.71MPa；

流量（标态）：最大 13940m^3/h，平均 7218m^3/h，一般服务用最大耗量 2348m^3/h。

C　仪表用压缩空气

a　仪表用压缩空气用量

仪表用压缩空气用量，见表 2-15-17。

表 2-15-17　仪表用压缩空气用量

用　　途	压力/MPa	台数	流量（标态）/$m^3 \cdot h^{-1}$	
			1 台	合计
钢包快速加热装置	0.4～0.7			10
钢水处理设备	0.4～0.7			1253
水处理设备	0.4～0.7			19.2
中间罐预热装置	0.4～0.7	4	124.1	496.4
煤气精制升压设备	0.4～0.7			26.9
结晶器液面计	0.4～0.7	4	18.6	74.4
钢包干燥装置	0.4～0.7			5
冷却水及各种配管调节阀	0.4～0.7	121	1.8	217.8
冷却水及各种配管用液压缸驱动阀（操作用）	0.4～0.7	190	0.8	152
中间罐干燥装置	0.4～0.7			124.1

b　仪表用压缩空气参数

温度：常温；

压力：0.69～0.71MPa；

流量（标态）：最大 2254.9m^3/h，平均 546m^3/h。

c　清扫用压缩空气用量

清扫用压缩空气用量，见表 2-15-18。

表 2-15-18　清扫用压缩空气用量

用　途	压力/MPa	台数	流量（标态）/$m^3 \cdot h^{-1}$	
			1 台	合计
结晶器调宽装置	0.1	4	3.9	15.6
工业电视清扫（板坯搬送用）	0.1	5	12	60
工业电视清扫（连铸机用）	0.1	10	12	120
板坯表面温度测量装置清扫	0.1	4 组	63（3 台）	252
工业电视清扫（操作平台上）	0.1	2	18	36

d　清扫用压缩空气参数

温度：常温；

压力：0.1MPa；

流量（标态）：最大 484m^3/h。

15.4.2.4　氩气

A　氩气用量

氩气用量，见表 2-15-19。

表 2-15-19　氩气用量

用　途	压力/MPa	流量（标态）/$m^3 \cdot h^{-1}$
钢水处理设备	1.2～1.3	475
辊子堆焊补修设备	0.4～0.8	8.4
1 号板坯连铸机钢包长水口密封用	0.3～0.8	30
1 号板坯连铸机钢包钢水搅拌	0.8	30
1 号中间罐车（第 1 流） 中间罐上部水口、上部板，防止浸入式水口堵塞	0.3～0.8	3.0
2 号中间罐车（第 1 流） 中间罐上部水口、上部板，防止浸入式水口堵塞	0.3～0.8	3.0
1 号中间罐车（第 1 流） 中间罐下部水口及浸入式水口密封	0.3～0.8	18
2 号中间罐车（第 1 流） 中间罐下部水口及浸入式水口密封	0.3～0.8	18
1 号中间罐车（第 2 流） 中间罐上部水口、上部板，防止浸入式水口堵塞	0.3～0.8	3.0
2 号中间罐车（第 2 流） 中间罐上部水口、上部板，防止浸入式水口堵塞	0.3～0.8	3.0
1 号中间罐车（第 2 流） 中间罐下部水口及浸入式水口密封	0.3～0.8	18

续表 2-15-19

用　　途	压力/MPa	流量（标态）/$m^3 \cdot h^{-1}$
2 号中间罐车（第 2 流） 中间罐下部水口及浸入式水口密封	0.3～0.8	18
2 号板坯连铸机钢包长水口密封	0.3～0.8	30
2 号板坯连铸机钢包钢水搅拌	0.8	30
3 号中间罐车（第 3 流） 中间罐上部水口、上部板，防止浸入式水口堵塞	0.3～0.8	3.0
4 号中间罐车（第 3 流） 中间罐上部水口、上部板，防止浸入式水口堵塞	0.3～0.8	3.0
3 号中间罐车（第 3 流） 中间罐下部水口及浸入式水口密封	0.3～0.8	18
4 号中间罐车（第 3 流） 中间罐下部水口及浸入式水口密封	0.3～0.8	18
3 号中间罐车（第 4 流） 中间罐上部水口、上部板、防止浸入式水口堵塞	0.3～0.8	3.0
4 号中间罐车（第 4 流） 中间罐上部水口、上部板、防止浸入式水口堵塞	0.3～0.8	3.0
3 号中间罐车（第 4 流） 中间罐下部水口及浸入式水口密封	0.3～0.8	18
4 号中间罐车（第 4 流） 中间罐下部水口及浸入式水口密封	0.3～0.8	18

B　氩气参数

温度：常温；

压力：1.2～1.3MPa（交接点处）；

流量（标态）：最大 687.4m^3/h，平均 600m^3/h。

15.4.2.5　氮气

A　氮气用量

氮气用量，见表 2-15-20。

表 2-15-20　氮气用量

用　　途	压力/MPa	台数	流量（标态）/$m^3 \cdot h^{-1}$	
			1 台	合计
中间罐干燥装置清扫用	0.5～0.7			42
中间罐预热装置清扫用	0.5～0.7	4	42	168
电磁搅拌装置	0.5～0.7	2	5	10
连铸设备油压装置室蓄能器补充用	0.5～0.7	2		
钢水处理设备	0.5～0.7			1280
精整设备油压装置蓄能器补充用	0.5～0.7			
一般服务用	0.5～0.7	3		max100
焦炉煤气水封阀用		2		

B　氮气参数

温度：常温；

压力：0.5～0.7MPa（交接点处）；

流量（标态）：最大2186m³/h，平均1750m³/h，一般服务用100m³/h。

15.4.2.6　蒸汽

A　蒸汽用量

蒸汽用量，见表2-15-21。

表2-15-21　蒸汽用量

用　途	压力/MPa	台数	流量/kg·h⁻¹	
			1台	合计
焦炉煤气配管用	0.1	7	146	1022
防止冻结用	0.1			537
清理机维修用	0.7			45
煤气精制升压设备用	0.7			172
一般服务用	0.7	4处		230
辅助厂房取暖用	0.1			250

B　蒸汽参数

温度：170℃；

压力：0.7MPa；

流量：1800kg/h。一般服务点流量：230kg/h，蒸汽配管散热耗用量：大约578kg/h。

15.4.3　E钢铁公司对能源介质的品质要求

（1）冷却水品质要求，见表2-15-22。

表2-15-22　冷却水品质要求

水质项目	单位	结晶器冷却水	设备间接冷却水	二次冷却水	设备直接冷却水	电搅装置冷却水
pH		7～9	7～8	7～9	7～9	6.5～8.5
悬浮物	$\times 10^{-6}$	≤20	≤20	≤30	≤30	≤20
悬浮物最大粒径	mm	≤0.1	≤0.1	≤0.2	≤0.2	≤0.02
全硬度	$\times 10^{-6}$	≤20	≤140	≤300	≤183	≤10
钙硬度	$\times 10^{-6}$	≤20	≤75	≤150	≤142	（Ca＋Mg）3～15°Dh
M-碱度	$\times 10^{-6}$	≤20～200	—	—	—	—
氯离子	$\times 10^{-6}$	≤50	≤140	≤300	≤300	—
硫酸离子	$\times 10^{-6}$	≤20	≤140	≤300	≤500	—
全铁	$\times 10^{-6}$	≤0.5	≤3.0	≤5	≤5	≤0.5，max5μm

续表 2-15-22

水质项目	单位	结晶器冷却水	设备间接冷却水	二次冷却水	设备直接冷却水	电搅装置冷却水
可溶性 SiO_2	$\times 10^{-6}$	≤40	≤60	≤120	≤120	—
油	$\times 10^{-6}$	无	2	2	5	—
电导率	μS/cm	600	—	—	—	25℃时≤50
备注		软水	清循环水	浊循环水		生活循环水

（2）霞普气（用于火焰切割机）。

发热值（标态）：≥92.11MJ/m^3（≥22000kcal/m^3）；

温度：24～27℃；

压力：≥0.05MPa。

（3）转炉煤气（用于中间罐预热和烘烤）。

发热值（标态）：≥5.43～6.27MJ/m^3（≥1300～1500kcal/m^3）；

温度：24～27℃；

压力：0.005～0.007MPa。

（4）氧气。

纯度：≥99.6%；

温度：常温；

压力：≥1.5MPa。

（5）氮气。

纯度：≥99.9%；

温度：常温；

压力：≥0.4～0.7MPa。

（6）氩气。

纯度：≥99.9%；

温度：常温；

压力：0.3～0.8MPa。

（7）压缩空气。

露点：-20℃（表示水分含量。-20℃时，水分含量1.074g/m^3）；

温度：常温；

清洁度：干净、无油；

压力：0.4～0.7MPa。

（8）蒸汽。

温度：170℃；

压力：0.6MPa。

如果是不锈钢板坯连铸机，切割时还要喷铁粉，铁粉的耗量在0.04～0.07kg/t钢，铁粉一般用氮气或压缩空气输送，商家D给T钢铁公司提供的技术要求中铁粉露点-23℃，商家G给C钢铁公司提供的技术要求中铁粉露点为-40℃（表示水分含量。露点-40℃时，水分含量0.1757g/m^3）。

15.4.4　E 钢铁公司能源介质主要参数和用量

（1）结晶器及电磁搅拌热交换器用冷却水，见表 2-15-23。

表 2-15-23　结晶器及电磁搅拌热交换器用冷却水

用途＼名称		压力/MPa	流量/L · min⁻¹	温度/℃
结晶器正常用水	进水	>1.0	11257	≤35 ~ 38（夏天允许进水最高温度≤38，其余季节进水温度仍然是≤35℃）
	回水	0.3	11257	进、出水温差≤10
结晶器事故用水	进水	≥0.3	2814	≤35
	回水	约 0.05	2814	
电磁搅拌热交换器		0.6 ~ 1.1	1600	≤40（压差大于 0.4MPa）

注：结晶器进水、回水 11257L/min 系给工厂设计提供资料数据，实际设计水量为 11140L/min。

（2）板坯二次冷却用水、板坯二次冷却及电磁搅拌吹扫用压缩空气，见表 2-15-24。

表 2-15-24　板坯二次冷却用水、板坯二次冷却及电磁搅拌吹扫用压缩空气

用途＼名称		压力/MPa	流量	温度/℃
板坯二次冷却用水	正常	1.0	8067L/min	≤35
	事故	≥0.3	2017L/min	≤35
板坯二次冷却用压缩空气（标态）		≥0.4	$7245m^3/h$	常温
电磁搅拌辅助支撑氧化铁皮吹扫用压缩空气（标态）		1.0	$250m^3/h$	≤35

（3）设备冷却用水，见表 2-15-25。

表 2-15-25　设备冷却用水

用途＼名称		压力/MPa	流量/L · min⁻¹	温度/℃
主机设备间接冷却进水	正常	0.8	10800	≤35
	事故	≥0.3	2700	≤35
主机设备间接冷却回水	正常	0.25	10800	进、出水温差≤10
	事故	约 0.05	2700	—
液压润滑设备冷却水		0.8	800	≤35
后部辊道直接冷却水		0.4	2100	≤35
火焰切割粒化水		0.6 ~ 1.0	167	≤35
火焰切割机设备冷却水		0.4 ~ 0.7	250	≤35
火焰切割机定尺摄像头冷却水		0.4 ~ 0.7	100	≤35
火焰切割机定尺激光检测仪冷却水		0.4 ~ 0.7	70	≤35
氧化铁皮槽前侧冲水		0.4	2500	≤45

续表 2-15-25

名称 / 用途	压力/MPa	流量/L·min^{-1}	温度/℃
切下辊道下面冲氧化铁皮用水	0.4	3000	≤45
切下辊道两个侧面冲氧化铁皮用水	0.4	2000	≤45
机械维修区水压及喷水试验用水	1.0	500	≤35
电磁搅拌器用（生活用水）	0.3~0.5	40	≤40

（4）转炉煤气，见表2-15-26。

表 2-15-26 转炉煤气

名称 / 用途	压力/MPa	最大耗量（标态）/m^3·h^{-1}	备注
中间罐预热装置	0.005~0.007	1280×2 工位	两工位不会同时使用，（已含在线抽吸式水口预热用量）
中间罐干燥装置	0.005~0.007	0	
中间罐工作层胎膜	0.005~0.007	0	

（5）氧气，见表2-15-27。

表 2-15-27 氧气

名称 / 用途	压力/MPa	最大耗量（标态）/m^3·h^{-1}	备注
火焰切割机	≥1.5	70×4 把枪	高峰用量
事故切割（3 把枪）	≥1.5	70×3 把枪	同时工作按 3 把枪考虑
浇注平台区临时切割	≥1.5	60	1 把枪用量

（6）霞普气，见表2-15-28。

表 2-15-28 霞普气（丙烷）

名称 / 用途	压力/MPa	最大耗量（标态）/m^3·h^{-1}	备注
火焰切割机	≥0.05	10×4 把枪	高峰值
事故切割（3 把枪）	≥0.05	11×3 把枪	同时工作按 3 把枪考虑
中间罐干燥掺入的霞普气	≥0.05	0	
中间罐浸入式水口离线预热	≥0.05	15	
中间罐预热完全用霞普气	≥0.05	85×2	两工位不会同时使用，已含点火烧嘴用量
浇注平台区临时切割	≥0.05	11	1 把枪用量

（7）氮气，见表2-15-29。

表 2-15-29　氮气

名称 用途	压力/MPa	最大耗量（标态） $/m^3 \cdot h^{-1}$	备注
中间罐预热装置管路清扫用	0.4～0.7	40×2	两工位不会同时使用
中间罐干燥装置管路清扫用	0.4～0.7	0	
连铸机蓄能器补充及其他仪表	0.4～0.7	3	具备氮气和压缩空气两套系统
扇形段轻压下液压组件冷却	0.4～0.7	70	
电磁搅拌辊接线盒干燥用	0.2～0.5	0.5	
中间罐钢液连续测温仪表盘通风接头冷却用	0.4～0.7	12×2	两工位不会同时使用

注：原液压振动装置仪表组件冷却、结晶器液面检测、连铸机仪表系统（含板坯二次冷却气动阀门）用气，其要求的介质为“仪表用压缩空气”，根据 E 钢铁公司实际情况，这 3 项设备所需“仪表用压缩空气”已由氮气代替。

（8）氩气，见表 2-15-30。

表 2-15-30　氩气

名称 用途	压力/MPa	最大耗量（标态） $/m^3 \cdot h^{-1}$	备注
中间罐浸入式水口上水口密封	0.8	1.5	三者合并在同一交接点上交接
中间罐塞棒吹冷	0.8	2.0	
中间罐水口快换机构滑板间密封	0.3～0.8	1.5	
钢包长水口密封	0.8	6	

（9）压缩空气，见表 2-15-31。

表 2-15-31　压缩空气

名称 用途	压力/MPa	最大耗量（标态） $/m^3 \cdot h^{-1}$	备注
火焰切割机同步机构	0.4～0.7	10	连续
中间罐预热装置	0.4～0.7	40×2 工位	断续，两工位不会同时使用（含点火烧嘴）
中间罐浸入式水口预热	0.4～0.7	40×2 工位	断续，两工位不会同时使用
中间罐干燥装置	0.4～0.7	0	
液压振动组件冷却	0.4～0.7	25×2 个缸	连续，仪表用压缩空气（现场已改为氮气代替）
机械维修区设备清扫	0.4～0.7	200	断续 说明：因原柱旁都已留有接口，所以 10 号机维修区此处不再增加新的接点图，只是要求供气总管道里增加用量即可
中间罐维修区水口快换机构清扫	0.4～0.7	0	
结晶器液面检测	0.4～0.7	20	连续，仪表用压缩空气（现场已改为氮气代替）

续表 2-15-31

用途 \ 名称	压力/MPa	最大耗量（标态）$/m^3 \cdot h^{-1}$	备注
中间罐水口离线预热	0.4～0.7	40	断续
连铸机仪表系统（板坯二次冷却气动阀门）用气	0.4～0.7	90	断续，仪表用压缩空气（现场已改为氮气代替）
升降挡板	0.4～0.7	120	断续，每次单程动作时间约3s
中间罐工作层胎膜	0.4～0.7	0	
钢包滑动水口机构冷却	0.4～0.7	20	
喷印机	0.5～0.7	60	要求：清洁、干燥

15.4.5　E 钢铁公司能源介质汇总

E 钢铁公司能源介质汇总，见表 2-15-32。

表 2-15-32　E 钢铁公司能源介质汇总

序号	介质名称	用　途	介质类别	压力/MPa	1 流连铸机用量	单位	备　注
1	正常用水	结晶器冷却水	软水	1.0	11257	L/min	
2		电磁搅拌热交换器		0.6～1.1	1600	L/min	
		软水合计			**12857**	**L/min**	
3		主机设备间接冷却水	清循环水	0.8	10800	L/min	
4		液压润滑设备冷却水	清循环水	0.8	800	L/min	
5		火焰切割机冷却水	清循环水	0.4～0.7	250	L/min	
6		火焰切割机定尺摄像头冷却水	清循环水	0.4～0.7	100	L/min	
7		火焰切割机定尺激光检测仪冷却水	清循环水	0.4～0.7	70	L/min	
8		机械维修区用水	清循环水	1.0	500	L/min	
		清循环水合计			**12520**	**L/min**	
9		**电磁搅拌器用冷却水**	**生活用水**	0.3～0.5	40	L/min	
		生活用水合计			**40**	**L/min**	
10		二次冷却水	浊循环水	1.0	8067	L/min	
11		电磁搅拌辅助支撑氧化铁皮吹扫	浊循环水	1.0	250	L/min	
12		后部设备直接冷却水	浊循环水	0.4	2100	L/min	
13		中间罐维修区搅拌机用水	浊循环水	0.4	0	L/min	
14		切割机粒化水	浊循环水	0.6～1.0	167	L/min	
15		氧化铁皮槽前侧冲水	浊循环水	0.4	2500	L/min	
16		切下辊道下面冲氧化铁皮用水	浊循环水	0.4	3000	L/min	
17		切下辊道两个侧面冲氧化铁皮用水	浊循环水	0.4	2000	L/min	
		浊循环水合计			**18084**	**L/min**	

续表 2-15-32

序号	介质名称	用途	介质类别	压力/MPa	1 流连铸机用量	单位	备注
18	事故用水	结晶器事故水	软水	≥0.3	2814	L/min	事故水塔
19		设备间接冷却事故水	软水	≥0.3	2700	L/min	
20		二次冷却事故水	软水	≥0.3	2017	L/min	
		事故水合计			**7531**	**L/min**	
21	压缩空气（标态）	二次冷却		0.4～0.7	7245	m^3/h	连续
22		火焰切割机同步机构		0.4～0.7	10	m^3/h	连续
23		中间罐预热装置		0.4～0.7	40	m^3/h	断续，正常开启 1 台的量
24		中间罐浸入式水口预热		0.4～0.7	40	m^3/h	断续，正常开启 1 台的量
25		中间罐干燥装置		0.4～0.7	0	m^3/h	
26		液压振动组件冷却		0.4～0.7	50	m^3/h	连续，仪表用压缩空气（现场已改为氮气代替）
27		机械维修区设备清扫		0.4～0.7	200	m^3/h	断续
28		中间罐维修区水口快换机构清扫		0.4～0.7	0	m^3/h	
29		结晶器液面检测		0.4～0.7	20	m^3/h	（现场已改为氮气代替）
30		中间罐水口离线预热		0.4～0.7	40	m^3/h	
31		连铸机仪表系统（板坯二次冷却气动阀门）用气		0.4～0.7	90	m^3/h	（现场已改为氮气代替）
32		升降挡板		0.4～0.7	120	m^3/h	每次单程动作时间约 3s
33		中间罐工作层胎膜		0.4～0.7	0	m^3/h	
34		钢包滑动水口机构冷却		0.4～0.7	20	m^3/h	
35		喷印机		0.5～0.7	60	m^3/h	要求：清洁、干燥
		压缩空气合计			**7935**	**m^3/h**	
36	转炉煤气（标态）	中间罐预热		0.005～0.007	1280	m^3/h	正常开启 1 台的量
37		中间罐工作层胎膜		0.005～0.007	0	m^3/h	
		转炉煤气合计			**1280**	**m^3/h**	
38	氧气（标态）	火焰切割机	4 枪切割用量	≥1.5	280	m^3/h	高峰用量
39		事故切割	共 3 把手工枪	≥1.5	210	m^3/h	同时工作按 3 把枪考虑
40		浇注平台区临时切割	1 把枪用量	≥1.5	60	m^3/h	
		氧气合计			**550**	**m^3/h**	

续表 2-15-32

序号	介质名称	用　途	介质类别	压力/MPa	1 流连铸机用量	单位	备　注
41	霞普气（标态）	火焰切割机	4 枪切割用量	≥0.05	40	m^3/h	高峰用量
42		事故切割	共 3 把手工枪	≥0.05	33	m^3/h	同时工作按 3 把枪考虑
43		中间罐干燥掺入的霞普气		≥0.05	0	m^3/h	
44		中间罐浸入式水口离线预热		≥0.05	15	m^3/h	
45		中间罐预热完全用霞普气		≥0.05	85	m^3/h	正常开启 1 台的量
46		浇注平台区临时切割	1 把枪用量	≥0.05	11	m^3/h	
		霞普气（丙烷）合计			**184**	$\mathbf{m^3/h}$	
47	氮气（标态）	中间罐预热装置管路清扫		0.4~0.7	40	m^3/h	正常开启 1 台的量
48		中间罐干燥装置管路清扫		0.4~0.7	0	m^3/h	
49		连铸机蓄能器补充其他仪表		0.4~0.7	3	m^3/h	具备氮气和压缩空气两套系统
50		扇形段轻压下液压组件冷却		0.4~0.7	70	m^3/h	
51		电磁搅拌辊接线盒干燥用		0.4~0.7	0.5	m^3/h	
52		中间罐钢水连续测温仪表盘通风接头用		0.4~0.7	12	m^3/h	
		氮气合计			**126**	$\mathbf{m^3/h}$	
53	氩气（标态）	中间罐浸入式水口上水口密封		0.8	1.5	m^3/h	三者合并在同一交接点上交接
54		中间罐塞棒吹冷		0.8	2.0	m^3/h	
55		中间罐水口快换机构滑板间密封		0.3~0.8	1.5	m^3/h	
56		钢包长水口密封		0.8	6	m^3/h	
		氩气合计			**11**	$\mathbf{m^3/h}$	

参 考 文 献

[1] 杨拉道，谢东钢．常规板坯连铸技术［M］．北京：冶金工业出版社．2002：1～4.
[2] 刘明延，李平，等．板坯连铸机设计与计算［M］．北京：机械工业出版社．1992：37～224，253～270，1457～1476.
[3] 熊毅刚．板坯连铸［M］．北京：冶金工业出版社．1994：184～186.
[4] Manfred M Wolf. Responding to the Challenge of High-speed Slab Casting［J］. A Steel Times/ Steel. Times International Supplement，1994：4～5.
[5] 贺秀芳．高硅钢的高速连铸技术［J］．连铸，1996（3）：35.
[6] Hyytinen T. 高效不锈钢板坯连铸机［J］．钢铁，2004，39（12）：34.
[7]［日］杉澤元達．表面欠陥フリーステンレス鋼の高速連續鑄造技術——千葉第 4 連鑄機の建設と操業［J］．川崎制铁技报，1996，28（1）：14～19.
[8] Zum Entwicklungsstand der Stranggießtechnologie. Stahl und eisen. 2009，Nr7：129.
[9] 程乃良，等．板坯连铸结晶器液面周期性波动问题的探讨［J］．炼钢，2009（6）：59～62.
[10]［日］草野，等．連鋳鋳片の中心割れの発生機構［J］．鉄と鋼，1998（1）.
[11] 李宪奎，史宸兴．关于连续矫直（弯曲）曲线的理论探讨［A］．见：中国金属学会连铸分会．发展中国家连铸会议论文选集．湖北武汉，1997：306～312.
[12]《数学手册》编写组．数学手册［M］．北京：高等教育出版社．1979：225～226，401.
[13] 工科高等数学编写组．高等数学（工科用）［M］．上海：上海人民出版社．1974：206～207.
[14] 蔡庆森，王小平．连续矫直曲线的研究及应用［J］．重型机械，2001（5）：49～55.
[15] 杨拉道，雷华，等．直弧形连铸机辊列设计中基本概念的最新阐述［J］．重型机械，2006（2）：4～8.
[16] 曾晶，杨拉道，等．连铸机中弯曲矫直曲线的进一步探讨［J］．重型机械，2006（5）：5～7.
[17] 曾晶，杨超武，等．连铸机中连续弯矫曲线求解［J］．重型机械，2009（5）：20～26.
[18] 魏祖康．直弧形连铸机辊列连续弯矫曲线研究［J］．重型机械，2010（4）：18～25.
[19] 刘兴文．铁路轨道［M］．成都：西南交通大学出版社．2011：103～108.
[20] 潘秀兰，王艳红，等．国内外电磁搅拌技术的发展与展望［J］．鞍钢技术，2005（4）：9～15.
[21] 毛斌，张桂芳，等．连续铸钢用电磁搅拌的理论与技术．2012.
[22] 王宝峰，李建超．连铸电磁搅拌和电磁制动的理论与实践［M］．北京：冶金工业出版社，2011.
[23] 吴存有，周月明，等．电磁搅拌技术的发展［J］．世界钢铁，2010（2）：36～41.
[24] 张文钺．焊接冶金学［M］．北京：机械工业出版社，2004.
[25] 方大成、姚曼，等．凝固科学基础［M］．北京：冶金工业出版社，2013.
[26] 周建安．结晶器锥度及其较好配合拉速的计算探讨［J］．炼钢，1999，(2).
[27] 陈礼，吴勇华．流体力学与热工基础［M］．北京：清华大学出版社，2002.
[28]［日］川上公成，等．軽压下法による鑄片變形舉動と内質．連續鑄造における力學的舉動［C］．日本東京都：いばらき印刷株式会社，昭和 60 年（1985）.
[29] 陈家祥．连续铸钢手册［M］．北京：冶金工业出版社．1991：81.
[30] 干勇，倪满森．现代连续铸钢实用手册［M］．北京：冶金工业出版社．2010：57～69.
[31] 杨吉春．连续铸钢生产技术［M］．北京：化学工业出版社．2011：74～75.
[32] 蔡开科，程士富．连续铸钢原理与工艺［M］．北京：冶金工业出版社，1994：259.
[33] 李春胜．钢铁材料手册［M］．南昌：江西科学技术出版社，2004：58～59.
[34] 王一成，胡鹏．［J］．炼钢，2015（2）.
[35] 李宪奎，张德明．连铸结晶器振动技术［M］．北京：冶金工业出版社．2000：35～59.
[36] 干勇，仇圣桃．连续铸钢过程数学物理模拟［M］．北京：冶金工业出版社．2001：199～205.

[37] Gerhand Böcher，等．板坯连铸用液压驱动共振结晶器的操作实践［J］．冶金设备和技术，1997（2）：38～46.

[38] Gerhand Böcher etc. Operational experience with a resonance mould with hydraulic drive used in slab casting［J］. MPT international，1996（5）：52.

[39]［日］鈴木幹熊，宮原忍，等．高速鋳造時の鋳型内传熱と潤滑挙動におよばす鋳型振動波形の影響［J］．鉄と鋼，1992（1）：113～120.

[40] 曾晶，雷华，等．用于结晶器液压振动的几种偏斜波形［J］．重型机械，2010（1）：52～54.

[41] 张兴中，刘庆国，等．连铸结晶器非正弦振动函数及工艺参数研究［J］．钢铁，2014（8）：42～47.

[42] 马春武．关于结晶器非正弦振动波形的一些探讨［J］．连铸，2014（1）：22～28.

[43] 龙灏，唐元政，等．结晶器非正弦振动曲线的构造与参数计算［J］．冶金自动化，2008（S2）：848～851.

[44] 刘才，刘云峰，等．VAI 结晶器振动反向控制模型及参数的研究［J］．重型机械，2013（4）：16～21.

[45] 刘云峰，刘才，等．VAI 结晶器振动参数的研究［J］．重型机械，2013（5）：22～27.

[46] 李好文，闫海宁，等．连铸结晶器非正弦振动系统神经元控制研究［J］．钢铁，2010（9）：36～39.

[47] 任廷志．结晶器非正弦振动参数的构建及取值极限［J］．重型机械，2004（2）：38～54.

[48] 任廷志．连铸机非正弦振动系统及工程应用［N］．世界金属导报，2014-12-9：B07.

[49] Jessica Elfsberg. Oscillation Mark Formation in Continuous Casting Processes［R］. Royal Institute. of Technology SE-100 44 Stockholm，Sweden2013：Akademisk avhandling som med tillstånd av Kungliga. Tekniska Högskolan framlägges till offentlig granskning för avläggande av Teknologie. Licentiatexamen，fredag 31 oktober 2003.

[50] Mikio etc. Development of a New Mold Oscillation Mode for High-speed Continuous Casting of Steel. Slabs［J］. ISIJ International，Vol 31，1991（3）：254～261.

[51] Kulkarni M S，Babu A S. Managing quality in continuous casting process using product quality.［J］. Journal of Materials Processing Technology，2005（166）：294～306.